普通高等教育“十一五”国家级规划教材
“互联网十”新形态教材

材料性能学

（第三版）

张　帆　郭益平　周伟敏　主编

上海交通大學出版社

内容提要

本书介绍材料使役性能的相关知识。全书分为绪论及正文共10章：绪论简要论述材料性能的概念和划分，材料性能在表征、机制、影响因素和测试等方面的共性问题；第1～5章为材料的力学性能，分别介绍常规力学试验和相应性能指标、变形和强化、断裂和韧化、疲劳性能，以及材料在高温、冲击、摩擦和腐蚀性介质等常见工程环境下的力学性能；第6～9章为材料的物理性能，分别介绍材料的热学、磁学、电学及光学性能。

本书力求从试验测试、宏观规律、微观机理及影响因素四个层面阐述材料性能，注重基本理论与工程应用的结合，并强调不同材料的共性和个性。本书涉及的知识面宽，信息量大，基础性强，主要用作材料科学与工程一级学科的专业基础课教材，也可供研究生和相关工程技术人员参考。

图书在版编目(CIP)数据

材料性能学/张帆，郭益平，周伟敏主编. —3版
. —上海：上海交通大学出版社，2021.7(2022.11重印)
ISBN 978-7-313-25031-5

Ⅰ.①材… Ⅱ.①张…②郭…③周… Ⅲ.①工程材料-结构性能-高等学校-教材 Ⅳ.①TB303

中国版本图书馆CIP数据核字(2021)第109383号

材料性能学(第三版)
CAILIAO XINGNENGXUE (DI-SAN BAN)

主　　编：张　帆　郭益平　周伟敏
出版发行：上海交通大学出版社　　地　　址：上海市番禺路951号
邮政编码：200030　　电　　话：021-64071208
印　　制：上海新艺印刷有限公司　　经　　销：全国新华书店
开　　本：787mm×1092mm　1/16　　印　　张：29.75
字　　数：731千字
版　　次：2009年11月第1版　2021年7月第3版　　印　　次：2022年11月第8次印刷
书　　号：ISBN 978-7-313-25031-5　　音像书号：ISBN 978-7-88941-467-8
定　　价：69.00元

第三版前言

本教材自2014年3月第二版出版以来，又经历了7年教学实践的检验。基于如下两个原因，我们认为有必要对第二版进行再次修订：第一，在教学活动中我们持续收到师生们对本教材提出的宝贵意见，加之编著者对材料性能学内涵认识进一步提高，有必要在新版教材中得到体现；第二，在本校教学改革中，将原属一门课程的“材料性能”(48学时)划分为“材料性能1·力学性能”和“材料性能2·物理性能”两门课程，各32学时。为此有必要将本教材的框架做适当改动，以适应两门课程共用一本教材的教学需要。

在本次修订中，除保留绪论以外，将原三大部分共10章的整体框架改为两大部分，共9章。第1～5章为材料的力学性能；第6～9章为材料的物理性能；而将原第10章材料的耐环境性能删除。为结合新时代教学发展的特点，特提供了慕课视频资料(见文中二维码及▶符号处)，读者在重要的知识点处都可以扫描二维码进行在线学习。

力学性能方面的章节框架以及基本内容未做大的改动，只是在每一章中添加了一些新的知识点作为选学或自学内容，同时为了节省篇幅删去或修订了一部分内容。例如新增了微小试样拉伸、复合材料力学性能、断裂能量分析部分内容；删去了水果压缩试验、应变诱发塑料-橡胶转变、金属间化合物的反常强化等内容；修订了塑性变形机制、辐照条件下力学性能等。

在物理性能方面，根据教学实践及学科发展的状况对材料热学、磁学、电学及光学4部分都进行了修订和充实。比如在热学性能部分，增加了量子涨落的导热方式；在磁学性能部分，对自发磁化形成的充分必要条件进行了补充；在电学性能方面加强了离子导电及锂离子电池部分的知识；在光学性能方面，增加了材料显色的机制介绍，引入了负折射率材料及透明陶瓷材料的介绍。另外结合学科发展现状，在应用实例方面进行了更新及拓展。

除了对以上内容的增删外，本次再版还对原书中的文字、图表、公式等印刷错误进行了订正。

本版教材第1～5章由张帆修订，第6～9章由郭益平修订。虽然我们在修订中做了很多工作，但书中仍然难免存在错误和不当之处，请读者继续提出宝贵意见。

第二版前言

本教材自 2009 年 1 月出版以来已近五年，经过教学实践，师生们对教材提出了不少宝贵的意见和建议，同时编著者对材料性能学的内涵又有了进一步认识，因此我们认为有必要对教材进行修订再版。

本次修订后，本书仍保持第一版的整体框架不变，即第 1～5 章为材料的力学性能；第 6～9 章为材料的物理性能；第 10 章为材料的耐环境性能。

力学性能部分的章节框架以及基本内容未做改动，只是在每一章中添加了一些新的知识点作为选学或自学内容，例如第 3 章增加了弹塑性断裂力学，第 5 章增加了材料在极端环境下的行为等。

为了便于各个知识点之间的融合贯通，在物理性能部分对材料热学、磁学及电学方面的知识点进行重新调整，并根据教学实践及学科发展的状况对这三部分进行了修订和充实。比如在热学性能部分，使用了浅显易懂的插图介绍声子的概念，增加了陶瓷、碳基材料及聚合物方面的知识；在电学性能部分增加了半导体物理效应的知识，删除了元素导电部分的内容；在磁性能部分则增加了应用实例。

材料的耐环境性能部分(第 10 章)未做改动。

除了对以上教材内容的增删外，本次再版还对原书中的文字、图表、公式等印刷错误进行了订正。

本版教材第 1～5 章由张帆修订，第 6～9 章由郭益平修订。虽然我们在修订中做了很多工作，但书中仍然难免存在错误和不当之处，请读者继续提出宝贵意见。

第一版前言

随着国家“高等教育面向21世纪教学内容和课程体系改革计划”的实施，加强学生素质教育，培养其创新精神已被放在重要的地位。根据总体优化人才培养过程的要求，为了给学生的学习留出一定的时间和空间，在新的教学计划中，相关课程的合并、整合以及课堂教学总学时数的大幅减少也成为必然趋势，已有不少学校将材料科学与工程学科的两门专业基础课“材料的力学性能”和“材料的物理性能”合并为一门课程“材料性能学”进行教学，因此编写一本适应新教学计划和要求的教材是十分必要和紧迫的任务。本书即为此目的而撰写，本书作为普通高等教育“十一五”国家级规划教材，可作为材料科学与工程一级学科主干专业基础课教材，也可作为相关学科专业本科生、研究生以及工程技术人员的参考书。

本书的绪论对材料性能的概念、划分、表征、宏观规律、微观本质、影响因素以及测试方法的共性和个性问题进行了扼要的论述，供读者作为开始学习和结束学习后进行复习的提纲。除绪论外的正文内容分为三大部分，共10章：第1～5章为力学性能部分，分别介绍包括拉、压、弯、扭、剪、缺口、硬度及冲击等最常见的力学性能试验方法和相应的力学性能指标（第1章），材料的变形及强化（第2章），材料的断裂及韧化（第3章），材料的疲劳（第4章）和材料在高温、高速冲击、腐蚀性环境、摩擦等不同条件下的力学性能（第5章）；第6～9章为物理性能部分，分别介绍材料的热容、热膨胀、热传导等热学性能（第6章），材料的磁学性能（第7章），材料的导电、介电、铁电、压电、热释电等电学性能（第8章）以及材料对光的折射、反射、吸收、散射、透射和发光等光学性能（第9章）；第10章为全书的第三部分，介绍材料的耐环境性能，包括金属材料的腐蚀和高分子材料的老化。

通过本课程的学习，应掌握材料各种主要性能的宏观规律、物理本质以及工程意义；了解影响材料性能的主要因素，基本掌握改善或提高材料性能指标，充分发挥材料潜力的主要途径；了解材料性能测试的原理、方法以及相关仪器设备；初步具备合理选用材料、开发新型材料的必要基础知识和基本技能。

本书力求有丰富的知识覆盖面、足够的信息量和适当的理论深度。在内容编排上，把过去分散在不同专业、不同课程中的有关材料性能的内容，如金属材料的力学性能和物理性能、无机材料的物理性能、高分子材料的力学性能、材料的腐蚀等，进行综合优化、系统介绍。因此，本书的内容涉及面较广，要求学生具有“材料科学基础”“材料加工原理”等主干专业课程以及“普通物理”“材料力学”“物理化学”“固体物理”等基础课程的相关知识基础。同时，本书在满足基本教学要求的基础上，也为学生提供了自学或选学的内容（书中小字部分），帮助学生拓宽知识面和加深理论基础。此外，在每一章末尾都附有本章小结和名词及术语表，帮助学生对所学内容进行复习和巩固。一定量的思考题和习题则考查学生对所学内容的理解和应用能力。

本书第1～5章由张帆撰写，第6～9章由周伟敏撰写，第10章由张绍宗、江学良撰写。全书由张帆统稿。本书在编写过程中，参考和引用了一些学者的书籍资料，列于参考文献，在此向他们致以感谢。

由于编者水平有限，书中存在的疏漏和欠妥之处，敬请读者批评指正。

张　帆
2007年1月4日

目　录

绪　论

0.1　材料性能研究的意义

材料分为天然材料和人造材料两大类。自然界赋予了天然材料以组成、结构和天然属性(性能)。人造材料则经历了成分选择确定、制备工艺实施,达成相应组织结构,最终获得一定性能的完整过程。**成分**、**工艺**、**结构**和**性能**这四个材料链环中的环节通常称为材料的四要素,它们既有相对独立的内涵,又相互联系密不可分。成分的选择大致确定了可行的制备工艺,工艺则决定了结构,而结构又决定了性能。因此材料的四要素以及它们之间的相互关系都是材料科学研究的核心内容。

任何有关材料的研究,其最终目标都是应用。而材料应用的最基本要求是其某一方面(或某几方面)的性能达到规定要求,以满足工程需要,并且在规定的服役期限内能安全可靠地使用。这里提到的性能通常称为使用性能或使役性能。例如,受力机械零件需要刚度、强度、塑性较高的材料;接触零件需要耐磨性高的材料;刀具、刃具需要硬度高和有一定韧性的材料;桥梁、锅炉等大型构件需要韧性高的材料;在高温自然环境下工作的机件需要抗蠕变性能高和抗氧化性好的材料;在海水、化学气氛环境下工作的构件需要耐腐蚀性高的材料;传输电需要电导率高的材料;加热炉既需要发热率高的加热元件,也需要防止热散失的低导热材料;等等。

此外,在使用性能满足工程需要的同时,也要考虑经济性,即设计、制造与维修费用尽可能低,使产品具有价格竞争力。涉及材料制备、加工中的性能一般称为工艺性能,以金属材料为例就包括提纯性、可锻性、可热处理性(如淬透性)、可焊性、可切削性等。这些工艺性能关乎材料是否能够经济、可靠地制造出来,因此材料工艺性能也是材料科学研究的核心问题之一。

可以说,材料性能的研究既是材料开发的出发点,也是其重要归属。鉴于篇幅限制以及避免与先期课程“材料加工原理”重复,本书对材料工艺性能不做介绍,以下提到材料性能的概念即指使用性能。

0.2　材料性能的概念及划分

在中文里,材料的“性能”可以有两层含义。第一层含义是表征材料在给定外界物理场刺激下产生的响应行为(behavior)或表现(performance)。例如,在力的作用下,材料会发生变形,根据力的大小和材料的不同,可能呈现弹性变形、黏性变形、黏弹性变形、塑性变形、黏塑性变形等不同形式。当力的作用超过极限后,材料将会损伤或断裂。这些都属于材料的力学行为;在热(或温度变化)的作用下,材料可发生吸收热能、热传导、热膨胀、热辐射等热学行为;在电场作用下,材料会发生导电(正常导电、半导电、超导电)、介电等电学行为;在光波作用下,材料可发生对光的折射、反射、吸收、散射以及发光等光学行为。应强调指出两点,第一,所谓“给定外界物理场刺激”可以是一种，也可以是两种或两种以上的叠加。例如，应力腐蚀行为就是在应力和环境介质共同作用下发生的行为；蠕变就是在外力场和环境温度场共同作用下的行为；类似的还有光电、光磁、电光、声光等物理耦合效应。第二，对特定的材料，在一种外界物理场刺激下，材料有可能同时发生两种或两种以上不同的行为。例如，对某一类电介质施加压力，除产生变形(力学行为)以外，还会产生压电性(电学行为)；类似的还有逆压电、热释电、热电等效应，可称为转换效应。

材料性能的第二层含义是表征材料响应行为发生程度的参数(parameter)，常称为性能指标，简称性能(property)。例如，衡量弹性变形难易的弹性模量；衡量能承受弹性变形的最大应力——弹性极限；衡量各种规定变形量和断裂时的应力——强度；衡量塑性变形能力的伸长率、断面收缩率；衡量导电性的电阻率；衡量介电性的介电常数、介电强度；衡量热学性能的比热容、热导率、热膨胀系数等。实际上，材料有多少行为，就至少会有多少性能，所以材料的性能是繁多的，并且可以有多种分类方法。表 0-2-1 简单归纳了材料使用性能的分类、表现行为以及相应的性能指标，一些诸如缺口敏感性、抗弹穿入性、抗元素渗入性、乐器悦耳性、刀锋尖锐性、颜色等复杂的性能没有列入表中。

表 0-2-1 材料使用性能划分

性能大类	基本性能	响应行为	性能指标
力学性能	弹性	弹性变形	弹性模量、弹性比功、比例极限、弹性极限等
	塑性	塑性变形	伸长率、断面收缩率、应变硬化指数、屈服强度等
	硬度	表面局部塑性变形	硬度
	韧性	静态断裂	抗拉强度、断裂强度、静力韧度、断裂韧度等
	强度	磨损	稳定磨损速率、耐磨性等
		冲击	冲击韧度、冲击功、多冲寿命等
		疲劳	疲劳极限、疲劳寿命、疲劳裂纹扩展速率等
		高温变形及断裂	蠕变速率、蠕变极限、持久强度、松弛稳定性等
		低温变形及断裂	韧脆转变温度、低温强度等
		应力腐蚀	应力腐蚀抗力、应力腐蚀裂纹扩展速率等
物理性能	热学性能	吸热、放热	比热容
		热胀冷缩	线膨胀系数、体膨胀系数
		热传导	导热系数、导温系数
		急冷、急热及热循环	抗热振断裂因子、抗热振损伤因子等
	磁学性能	磁化	磁化率、磁导率、剩磁、矫顽力、居里温度等
		磁各向异性	磁各向异性常数等
		磁致伸缩	磁致伸缩系数、磁弹性能等
	电学性能	导电	电阻率、电阻温度系数等
		介电(极化)	介电常数、介质损耗、介电强度等
		热电	热电系数、热电优值等
		压电	压电常数、机电耦合系数等
		铁电	极化率、自发极化强度
		热释电	热释电系数

（续表）

性能大类	基本性能	响应行为	性能指标
物理性能	光学性能	折射	折射率、色散系数等
		反射	反射系数
		吸收	吸收系数
		散射	散射系数
		发光	发光寿命、发光效率等
	声学性能	吸收	吸收因子
		反射	反射因子、声波阻抗等
耐环境性能	耐腐蚀性	表面腐蚀	标准电极电位、腐蚀速率、腐蚀强度、耐蚀性等
	老化	性能随时间下降	各种性能随时间变化的稳定性，如老化时间、脆点时间等
	抗辐照性	高能离子轰击	中子吸收截面积、中子散射系数等

0.3 材料性能的宏观表征

材料性能是对行为的量度，因此对材料性能的表征是建立在对行为描述的基础上的。行为可以定义为一个状态（始态）到另一个状态（终态）的过程。通常可以用外界物理场的某一参量（外参量）与材料内部某一参量（内参量）之间的变化联系来描述行为，外参量的变化导致了内参量的相应变化，两者之间的关系由试验给出，其中一部分还能由理论描述。这样的方法有人称为“黑箱法”，即不知道或不需要知道材料内部的结构，把它当作一个系统（黑箱），仅从该系统的输入信号与它的输出信号之间的试验关系来定义性能。

在行为发展到不同阶段（时刻），可以定义出不同的性能，这里大致可有 3 种情况。

(1) 定义输入或输出量的终态值。如断裂强度就是材料断裂时的应力值（输入量）。

(2) 定义输入或输出量的某一时刻中间值。如塑性变形量（输出值）达到 0.2%时的应力值（输入值）为屈服强度。

(3) 定义某一阶段内或终态时的输入量与输出量的联系值。例如，在弹性变形阶段，应力与应变成正比：$\sigma=E\epsilon$，比例系数 E（杨氏模量）就是联系应力和应变两个参量的联系值；在均匀塑性变形阶段，真应力 S 与真应变 e 之间符合 Hollomon 方程：$S=Ke^n$，硬化系数 K 和硬化指数 n 就是联系真应力和真应变的联系值。这样的联系值有人称为“传递函数”或“传递值”，它们也可以定义为材料的性能。

表 0-3-1 给出了一些力学和物理行为描述及性能表征的例子。

表 0-3-1 材料行为描述及性能表征类型举例

行为	行为亚类	行为描述		性能表征		
		试验关系	定量描述	中间值	终态值	联系值
变形	弹性变形	应力-应变（弹性段）	胡克定律		弹性极限	杨氏模量
	塑性变形	应力-应变（屈服至最高点）	Hollomon 方程	屈服强度	抗拉强度	硬化指数
	蠕变变形	变形-时间（蠕变曲线）	蠕变律，本构方程	蠕变极限	持久寿命	稳态蠕变速率
	表面变形	压力-压痕深度或面积				硬度

(续表)

行为	行为亚类	行为描述		性能表征		
		试验关系	定量描述	中间值	终态值	联系值
断裂	静态断裂	应力-裂纹长度	格里菲斯方程		断裂强度	断裂韧度
	冲击断裂	动态应力-应变(曲线)	动态本构方程	动态屈服强度	冲击韧度	动态断裂韧度
	多冲断裂	冲击功-冲击寿命			多冲抗力	
	蠕变断裂	应力-时间	Monkman-Grant 方程		持久强度	
	疲劳断裂	应力-寿命(疲劳曲线)	Basquin 方程		疲劳强度	
热	吸热升温	热量-温度				比热容
	热膨胀	长度-温度				膨胀系数
	热传导	热量(变化)-温度梯度	傅里叶定律			热导率
磁	磁化	磁化(磁感应)强度-磁场强度(磁化曲线、磁致回线)		剩磁、矫顽力	饱和磁化强度	磁导率、磁化率、磁能积
电	导电	电压-电流	安培定律			电阻率
	介电	电位移-电场强度				介电常数
		极化强度-电场强度				极化率
	热电	热电势-温度				热电系数
	压电	电位移-压力	压电方程			压电常数
	热释电	电位移-温度				热释电常数
光	折射	入射角-折射角	折射定律			折射率
	色散	折射率-入射光波长				色散系数
	反射	入射波能量-反射波能量	反射定律			反射系数
	吸收	光强-入射深度	朗伯定律			吸收系数
	散射	光强-入射深度				散射系数
	发光	发光强度-发光波长				发射光谱
		发光强度-激发光波长				激发光谱
		发光强度-时间				发光寿命
		发光功率-输入功率				发光效率

材料性能的表征还有以下几点值得注意。

(1) 材料性能指标通常采用归一化量,如强度为单位面积上的力,硬度是单位压痕面积承受的力,线膨胀系数是单位长度试样升高单位温度时的伸长量,比热容是单位质量的物质升高单位温度时吸收的热量,电阻率是单位长度和单位截面积试样的电阻,等等。这样的归一化量可以排除试验材料的尺寸、体积、质量等的影响,是真正的材料性能,便于进行相互比较。

(2) 性能除与材料本身有关外，还受外界因素影响，如载荷形式、温度、环境介质等。性能指标必定与明确的外界条件相联系。换句话说，不同的外界条件下，可以定义不同的性能。以强度为例，同一种材料在拉伸、压缩、弯曲、扭转、剪切、交变载荷、高速载荷作用下的变形和断裂抗力(即强度)是不同的，故而可定义出拉伸强度、压缩强度、弯曲强度、剪切强度、疲劳强度、冲击强度等。同样，在高温、室温和低温条件下，强度也是不同的，可分别定义高温强度、室温强度和低温强度。因此，单纯笼统地提强度是没有明确意义的，必须界定所指强度的含义。假如我们说，45 钢的抗拉强度是 600MPa，从工程角度来看，这个叙述已足够确切，因为人们可以理解为这个性能规定的外界条件是室温、大气环境、单向拉伸载荷、工业标准规定的拉伸速度等。再比如说，某材料的电导率是 $3.5\times10^{8}(\Omega\cdot cm)^{-1}$，通常指的是室温时的电导率。

(3) 还有一些性能指标是通过性能与外界条件变化的关系定义出来的，这一部分性能没有列在表 0-3-1 中。温度几乎对所有性能都有影响，那么试验或理论研究某一具体性能与温度的关系就颇为重要，并为此定义出另一些材料性能指标，如描述电阻率与温度关系的电阻温度系数、描述介电常数与温度关系的介电常数温度系数、描述磁性与温度关系的居里温度、描述热容与温度关系的德拜温度等。

0.4　材料性能的微观本质

材料的宏观行为和性能是材料内部因素在一定外界因素作用下的综合反映。例如，材料弹性变形的微观本质是在力的作用下，所有原子做偏离平衡位置的短距离可逆位移(不破坏键合)；材料导电行为的微观本质是在电场作用下，材料内部的带电粒子做定向流动。表 0-4-1 简单归纳了一些材料宏观行为(性能)的微观本质，可见在外界物理场作用下，材料内部微观结构组元的运动特征决定了宏观行为的特征和发展的程度。因此，只有深入了解材料性能的微观本质，才能真正理解材料的宏观规律，明确提高材料性能的方向和途径，这正是材料科学工作者的中心任务。

表 0-4-1　材料宏观行为的微观本质

宏观行为(性能)	微观本质
弹性变形	键合在不破坏条件下的伸缩或旋转(可逆)
塑性变形	晶体的滑移、孪生、扭折；非晶体的黏性流动(不可逆)
黏弹性变形	高分子链段的伸展＋黏性流动
蠕变	晶体滑移、晶界滑移、原子扩散
断裂	裂纹萌生＋裂纹扩展
磨损	表面局部塑性变形＋断裂
吸热(热容)	晶格热振动加剧
热膨胀	晶格热振动加剧导致晶格平衡间距加大
热传导	晶格热振动传播＋自由电子传热
磁化(磁性)	磁矩转向

(续表)

宏观行为(性能)	微 观 本 质
导电性(包括热电性)	载流子定向流动
介电性(包括压电、铁电、热释电性)	电极化(电荷中心短程分离);电偶极矩转向
光的折射	极化导致光速减慢
光的吸收	光子能量被电子吸收,导致光子湮灭
光的散射	光子与固体中的粒子碰撞,改变方向
固体发光	电子由高能级向低能级跃迁,发射光子
非线性光学效应	在强光作用下产生非线性极化

0.5 材料性能的影响因素

影响材料性能的因素可以分为外部因素(外因)和内部因素(内因)两大类。

一般来说,外因主要包括温度、介质气氛、载荷形式、试样尺寸和形状等。在这些因素中,温度是最重要的,几乎所有性能指标都受温度的影响;介质气氛、载荷形式等因素通常是针对力学性能而言。

内部因素可称为结构影响因素。材料的结构大致可分为 3 个层次:第一是原子结构,包括电子结构和化学键性质;第二是凝聚态结构,包括晶体或非晶体结构、晶体点缺陷(空位、杂质或溶质原子)和线缺陷(位错)等;第三是组织结构,包括多晶体晶界、多相材料相界、第二相形态、大小、分布、组织缺陷(疏松、气孔、偏析、缩孔等)和裂纹等。对所有的性能指标,都可以按上述影响因素一一进行分析。掌握这部分内容,有助于通过工艺改变结构,而达到控制性能的目的,这也是材料科学工作者需要掌握的重要知识。

不同的性能对不同层次结构的敏感性不同。有些非常敏感,有些比较敏感,而有些性能则不受某一类结构的控制,称为结构不敏感性能。例如,金属材料的弹性模量是第二和第三层次结构的非敏感性能,而其他力学性能(强度、塑性、韧性)则对所有层次结构均敏感。再比如,热容以及某些与自发磁化有关的性能对原子结构和凝聚态结构敏感,对组织结构不是很敏感;而与技术磁化有关的性能以及电阻率等其他物理性能则对组织结构比较敏感。

不同层次的结构对性能的影响程度不同,有些是主要控制因素,有些是次要控制因素。一般来说,原子结构决定了材料宏观行为的基本属性。例如,金属、陶瓷、高分子聚合物三大类材料宏观性能的差异主要是由化学键(原子结构)差异决定的。金属材料以典型的金属键结合,内部有大量能自由运动的电子,因而导电性好;在变形时不会破坏整体的键合,因而塑性好。陶瓷材料通常以离子键、共价键或这两种键的混合形式结合,不存在自由电子,键的结合力大且有方向性,故导电性、导热性、塑性差,但介电性好。虽然原子结构决定了材料的基本属性,但第二或第三层次的结构却能强烈影响性能的高低,甚至成为主要控制因素。例如,陶瓷化学键很强,理论上强度应该很高,但由于生产工艺的限制,工程陶瓷材料内部存在很多气孔和微裂纹,使得强度远低于预期值,可以说,微裂纹和气孔就是控制陶瓷材料强度的主要结构因素。同样地,金属材料强度的主要结构控制因素就是晶体缺陷,特别是位错和界面。

鉴于结构对性能的重要性，材料工作者对几乎所有的性能都进行了结构影响因素的研究，力图找出结构-性能之间明确、具体的关系，以指导生产实践。但是由于问题的复杂性，只有少量"结构-性能"关系得到了理论解析表达式，可进行定量或半定量的估算，如"晶格间距-弹性模量""位错密度-流变应力""裂纹长度-断裂强度"等；还有部分"结构-性能"关系是通过大量试验数据拟合的经验关系，如"晶粒直径-屈服强度""溶质浓度-屈服强度"等，这样的经验关系也可用来做半定量的分析，但要注意其适用对象、条件和范围；大多数"结构-性能"的理论和经验关系并未得到，只能做定性分析。因此，"结构-性能"关系的研究还需要材料工作者长期、艰苦的努力。作为一个例子，表 0-5-1 给出了一些典型力学性能与结构之间关系的特征，包括主要或次要控制因素、敏感性、定量(半定量)或定性关系等。读者若能在学习完本书后，可以就物理性能与结构之间的关系也列出这样的总结表，将会对材料性能与结构关系有更全面的理解。

表 0-5-1　某些力学性能与结构之间的关系

结构尺度	埃(Å)* 级	埃(Å)～纳米(nm)级			纳米(nm)～微米(μm)～毫米(mm)级		
层次	原子结构	凝聚态结构			组织结构		
性能	化学键(电子结构)	晶体(非晶体)结构	位错	溶质原子	界面	第二相	缺陷、裂纹
弹性模量	主控因素 定量	不敏感 定量	不敏感 定性	不敏感 定性	不敏感 定性	敏感 定量	不敏感 定性
屈服强度	敏感 定性	敏感 定性	主控因素 半定量	敏感 半定量	敏感 定量	敏感 半定量	不敏感
伸长率	敏感 定性	主控因素 敏感 定性	敏感 定性	敏感 定性	敏感 定性	敏感 定性	敏感 定性
断裂韧度	敏感 定性	敏感 定性	敏感 定性	敏感 定性	敏感 定性	敏感 定性	主控因素 定量
疲劳寿命	敏感 定性	敏感 定性	敏感 定性	敏感 定性	敏感 定性	敏感 定性	主控因素 定量

* 1 Å=0.1 nm=10^{-10} m。

应该指出，由于材料性能繁多，影响因素又复杂，限于篇幅，本书不可能对每个性能都一一具体分析，故有所取舍。本书对性能影响因素的内容采取了 4 种处理方法：第一是专节介绍，如弹性模量、屈服强度等；第二是分散在各小节介绍，如断裂韧度、磁性、导电性等；第三是正文不做介绍，但安排了习题、思考题，供学生独立思考完成；第四是舍去，对于舍去的部分，读者可以根据材料性能的微观本质自己去分析和理解。

0.6 材料性能的测试

对材料性能的研究是建立在试验基础上的,而在所有产品设计或材料选择的实践活动中,所需参考的性能数据都必须是由试验测试得到的。因此,材料性能的测试(包括测试原理、测试设备、测试方法等)也应是研究材料性能的一个重要方面。

为了使产品设计合理、准确,以及性能相互比较更加可靠,所有性能数据均应当从尽可能接近实际使用条件的试验中选取。这意味着性能测试试验对所采用的试样(几何尺寸或质量)、试验仪器(类型和精度)、试验步骤、试验结果处理等均应典型化、规范化。为此,各国都制定了大体相同的各种力学、物理和化学性能试验标准。

我国采用的是国家标准,标准号的形式为“GB ●●●●－○○○○”,其中,GB 为“国标”汉语拼音的缩写,●●●●为序号,○○○○为标准颁布年份。在标准号后为试验方法名称。例如《GB/T228－2002 金属拉伸试验方法》《GB/T229－1994 金属夏比缺口冲击试验方法》等。

国家标准的一般格式如下。

(1) 原理:对试验原理做简单描述。

(2) 定义:对试验参数的符号、名称和单位进行规定和说明。

(3) 试样:对试样形状、尺寸、数量以及从原材料上的截取方法等进行说明。

(4) 设备:对试验采用的仪器、记录装置等的类型和精度进行说明。

(5) 试验条件:对温度、环境、试验速度等条件进行规定。

(6) 试验步骤:对试验过程中的具体细节和步骤进行规定。

(7) 结果处理:对试验数据的修约、性能的计算以及试验结果有效性判断进行规定。

(8) 试验报告:对试验报告的格式和内容做出描述。

只有严格按照标准执行,测定的性能指标才能互相比较并作为材料选用及产品设计的依据。

关于性能测试国家标准,还有下列几点说明。

(1) 多数性能测试已有国家标准,少量还未建立国家标准的可以参照部颁标准执行,例如原冶金部标准(YB),或者参照其他国家或组织的相应标准执行,例如 ISO 标准(国际标准化组织)、ASTM 标准(美国)、BS 标准(英国)、JIS 标准(日本)等。

(2) 对同一种性能,可以采用不同的方法测试,因而有不同的标准。例如,弹性模量既可以采用静态法(拉伸)测定,也可以采用动态法测定,各有其不同标准。这两种方法测定的弹性模量有较大差异,动态法测定的值一般比静态法测定值高 5%～10%。

(3) 即使测同一种性能,材料属性或产品形态、尺寸不同,标准也会不同。同样以拉伸为例,金属和塑料就有不同的拉伸试验标准;同为金属,丝材、线材的拉伸标准与板材和棒材的标准不同。

(4) 材料试验技术的发展日新月异,新的试验方法层出不穷,旧的试验方法也在不断改进和完善,国家和一些行业协会会不定期颁布新的试验标准。因此,读者在进行材料性能测试的实践中,应随时注意这方面的动态。

0.7 结语

综上所述，材料性能的宏观表征、微观本质、影响因素和测试方法是掌握材料性能的四个方面，也可称之为材料性能的“四要素”。理解性能的宏观表征是“知其然”，理解性能的微观本质则是“知其所以然”。而了解性能影响因素有助于通过工艺改变结构而达到控制性能的目的，这也是材料科学工作者需要掌握的重要知识。

最后应指出，本书的内容涉及面较广，要求学生具有主干专业课程“材料科学基础”以及“普通物理”“材料力学”“物理化学”“固体物理”等基础课程的相关知识作为学习本书的基础。表 0-7-1 归纳了先修课程相关知识点与本课程相关内容的联系，复习和掌握好这些先修课程的相关知识，对于本课程的学习有重要帮助。

表 0-7-1　先修基础知识与本课程的联系

<table>
<tr><th>先修课程</th><th>基础知识点</th><th>相关本课程内容</th></tr>
<tr><td rowspan="2">材料力学</td><td>应力、应变概念</td><td rowspan="2">各种静载力学性能试验方法及性能指标</td></tr>
<tr><td>拉、压、弯、扭、剪的应力分布</td></tr>
<tr><td rowspan="3">材料科学基础</td><td>金属、陶瓷、聚合物的结构（化学键、晶体结构、非晶体结构、组织结构等）</td><td>结构对各种性能的影响</td></tr>
<tr><td>塑性变形</td><td>塑性变形机制</td></tr>
<tr><td>位错理论</td><td>屈服强度、材料强化</td></tr>
<tr><td rowspan="6">普通物理</td><td>晶格热振动</td><td>热容、热膨胀、热传导本质</td></tr>
<tr><td>电学（电流、电压、电容、电感基本概念及安培定律）</td><td>电学性能</td></tr>
<tr><td>光的基本性质（衍射、折射、反射、干涉、散射等）</td><td>光学性能</td></tr>
<tr><td>气体动理论</td><td>热容经典理论、经典导电理论等</td></tr>
<tr><td>振动与波基本概念</td><td>应力波、光波等</td></tr>
<tr><td>磁学基本概念</td><td>磁性</td></tr>
<tr><td rowspan="2">固体物理</td><td>固体电子理论</td><td>导电性</td></tr>
<tr><td>电介质理论基本概念</td><td>介电性</td></tr>
<tr><td rowspan="2">物理化学</td><td>热力学（熵、焓、内能、自由能等基本概念和理论）</td><td>某些过程的能量分析</td></tr>
<tr><td>电化学基本概念</td><td>耐腐蚀性</td></tr>
</table>

1　材料的常规力学性能

材料的常规力学性能通常是指强度、弹性、塑性、韧性、硬度等。这些性能都是通过基本的力学性能试验方法测定的。本章介绍拉伸、压缩、弯曲、扭转、剪切、冲击和硬度试验方法、相应的性能指标以及它们的工程意义，同时介绍缺口对材料力学性能的影响。

材料的常规力学性能

1.1　单向静拉伸试验及性能

自17世纪意大利科学家伽利略(Galileo)为验证解析法求构件的安全尺寸而提出拉伸试验，并设计制造出第一台用砝码加载的试验机以来，单向静拉伸试验已经成为工业上最重要和应用最广泛的力学性能试验方法。这是因为通过该试验可以揭示材料在静载荷作用下常见的3种失效形式，即过量弹性变形、塑性变形和断裂，更重要的是可以标定出材料的基本力学性能指标，如屈服强度 $\sigma_{0.2}$、抗拉强度 σ_b、伸长率 δ、断面收缩率 ψ、杨氏模量 E 等。这些性能指标不但是结构设计、选材的基本依据，也是材料研发、工艺评定及内外贸易定货的主要依据。

1.1.1　单向静拉伸试验 ▶

单向静拉伸试验(uniaxial static tensile test)是指在室温、大气环境中，对长棒状试样(横截面可为圆形或矩形)沿轴向缓慢施加单向拉伸载荷，使其伸长变形直到断裂的过程。

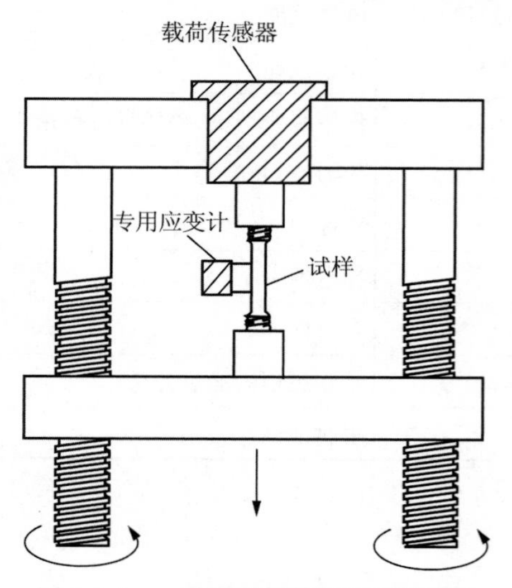

图 1-1-1　一种电子拉伸试验机示意图

对试样加载的试验机有多种类型，一般带有载荷传感器(load cell)、位移传感器(LVDT)和自动记录装置，可把作用于试样上的载荷(力)及所引起的伸长量自动记录下来，绘出载荷-伸长曲线，简称拉伸曲线或拉伸图。当前较先进的有电子拉伸试验机(见图1-1-1)和液压伺服材料试验机，它们都配有专门的控制系统、测试软件及专用应变计(extensometer)，除可得到载荷-伸长曲线外，还可直接绘出工程应力 σ 与工程应变 ε 的关系曲线，简称**应力-应变曲线**(stress-strain curve)。应力-应变曲线是表征材料拉伸行为的重要资料，可由它获得基本的拉伸性能指标。

工程应力的定义为

$$\sigma = P/A_0 \tag{1-1-1}$$

式中，P 为载荷；A_0 为试样工作段的原始横截面积。应力的法定计量单位为MPa(MN/m²)或Pa(N/m²)。

工程应变的定义为

$$\varepsilon = \Delta l/l_0 \tag{1-1-2}$$

式中，Δl 为试样长度方向上的伸长量；l_0 为试样工作段的原始标距长度。

在先进的试验机上，对试样加载可分别采取 3 种不同的控制模式，即位移控制、载荷控制和应变控制。进行拉伸试验一般只采用位移控制或载荷控制模式。

1.1.2 拉伸曲线

1.1.2.1 载荷-伸长曲线和应力-应变曲线

图 1-1-2(a)，(b)分别为退火低碳钢的载荷-伸长曲线及应力-应变曲线，两者在形状上是相似的，但纵、横坐标的量和单位均不同。

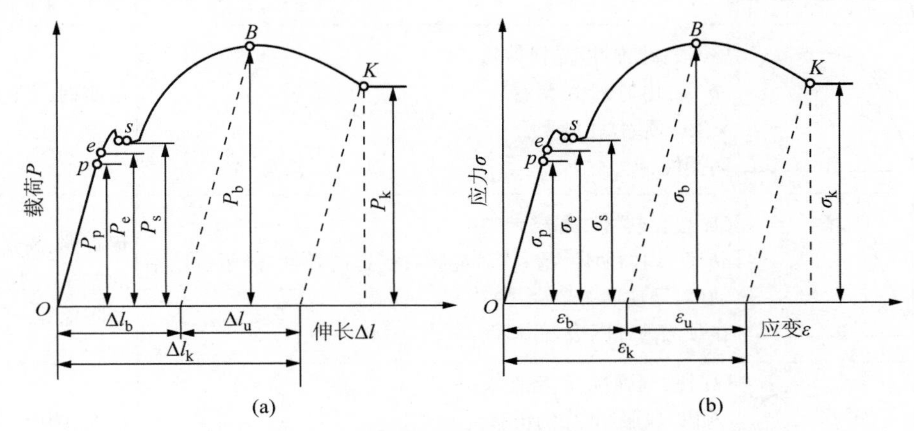

图 1-1-2 退火低碳钢拉伸曲线示意图

(a)载荷-伸长曲线；(b)应力-应变曲线

退火低碳钢拉伸时的力学响应大致分为**弹性变形**(elastic deformation)、**塑性变形**(plastic deformation)和**断裂**(fracture)3 个阶段。

在 e 点以下，为弹性变形阶段，卸载后试样即刻完全恢复原状。特别是在 p 点以下，为线弹性变形，载荷与伸长量之间以及应力与应变之间均呈正比。

从 e 点到 K 点为塑性变形阶段，在其中任一点卸载，试样都会保留一部分残余变形。例如在 B 点卸载，载荷(应力)及伸长量(应变)沿平行于线弹性段的直线回落(见图 1-1-2 中虚线)，将弹性变形量回复，而保留残余塑性变形量 Δl_b(残余应变 ε_b)。塑性变形还可细分为变形特征不同的几个阶段：① 应力超过弹性极限不多时发生少量塑性变形(e 点到 s 点)，塑性应变 ε_p 一般小于 1×10^{-4}，故称为**微塑性变形**(microplastic deformation)，在通常的拉伸试验中，因应变测量精度不高，该阶段被掩盖；② 当载荷或应力达到一定值时，突然有一较小的降落，随后曲线上出现平台或锯齿，表示在载荷不增加或略有减小的情况下试样仍然继续伸长，这种现象称为**屈服**(yield)；③ 从 s 点到 B 点为均匀塑性变形，在外加载荷增高的同时，试样在工作标距内均匀伸长。这种随塑性变形增大，变形抗力不断增高的现象称为**应变硬化**(strain hardening)，也称为**加工硬化**(work hardening)；④ 从 B 点到 K 点为非均匀塑性变形，试样的某一部位截面开始急剧缩小，出现了**颈缩**(necking)，以后的变形主要集中在颈缩附近。由于颈缩处截面急剧缩小，外加载荷下降，所以，B 点为曲线最高点。

最后，试样在 K 点发生断裂，曲线沿平行于线弹性段的虚线卸载，保留塑性伸长量 Δl_k(塑性应变量 ε_k)。

实际工程材料种类繁多,微观结构复杂,其拉伸曲线可表现出多种形式,表1-1-1简单归纳了可能出现的应力-应变曲线形状、宏观特征、微观实质及材料实例。

表1-1-1 拉伸应力-应变曲线归纳

类型	应力-应变曲线形状	宏观特征/微观实质	材料实例
(a)	σ, a, O, ε	*Oa* 段:完全线弹性/晶格伸长 无塑性变形	室温的玻璃、陶瓷、岩石,热固性聚合物,低温下的体心立方金属等
(b)	σ, a, b, c, O, ε	*Oa* 段:线弹性/晶格伸长 *ab* 段:均匀塑性/滑移 *bc* 段:颈缩/孔洞聚合 高塑性	调质钢、有色金属等
(c)	σ, a, b, O, ε	*Oa* 段:线弹性/晶格伸长 *ab* 段:均匀塑性/滑移(对金属);受迫高弹性/分子链段活动(对硬玻璃态聚合物) 在颈缩前即断裂,低塑性	铝青铜、高锰钢、硬玻璃态聚合物、高温下的陶瓷等
(d)	σ, a, b, c, d, O, ε	*Oa* 段:线弹性/晶格伸长 *ab* 段:屈服/非均匀滑移 *bc* 段:均匀塑性/滑移 *cd* 段:颈缩/孔洞聚合 高塑性	正火、调质、退火低碳钢,低合金结构钢,工业纯铁等
(e)	σ, a, b, c, O, ε	*Oa* 段:线弹性/共价键键长、键角可逆变化 *ab* 段:受迫高弹性/分子链段活动 *bc* 段:屈服/分子链段伸展 受迫高弹性及屈服阶段的变形借助适当加热仍可回复,本质为高弹性、低塑性	软玻璃态聚合物
(f)	σ, a, b, O, ε	*Oa* 段:线弹性/共价键键长、键角可逆变化 *ab* 段:高弹性/分子链伸展 低塑性	橡胶、高弹态聚合物
(g)	σ, a, b, c, d, O, ε	*Oa* 段:线弹性/晶区晶格伸长 *ab* 段:受迫高弹性/分子链段活动 *bc* 段:屈服/结晶区碎化 *cd* 段:应变硬化/分子链定向排列(纤维化) 有较高塑性	结晶态聚合物
(h)	σ, a, b, O, ε	*Oa* 段:线弹性/晶格伸长 *ab* 段:锯齿状塑性变形/孪生或间隙原子“钉扎”与“脱钉” 有一定塑性	低溶质固溶体铝合金、含间隙杂质铁合金、低温下的某些体心立方金属等

非常规试样拉伸试验

一般的拉伸试样为棒材或板材，其几何尺寸在国标里有具体规定。但拉伸试验也可以适用于非常规几何形状、尺寸的试样，如管材、片材、薄膜、链条、丝、线、纤维等。在用这类非常规试样进行拉伸试验时，除了在夹头部分要做特殊处理外，更重要的是其拉伸性能不仅取决于试样材质本身，还与试样的几何尺寸有关。图 1-1-3 为不同厚度导电高分子薄膜的拉伸应力-应变曲线及杨氏模量随厚度的变化，可见随薄膜厚度增加，应力-应变曲线向右下方移动，表现为强度降低和模量降低，但存在一个临界厚度，超过此厚度后，拉伸性能就不再变化了，真正体现了材质本身的性能。

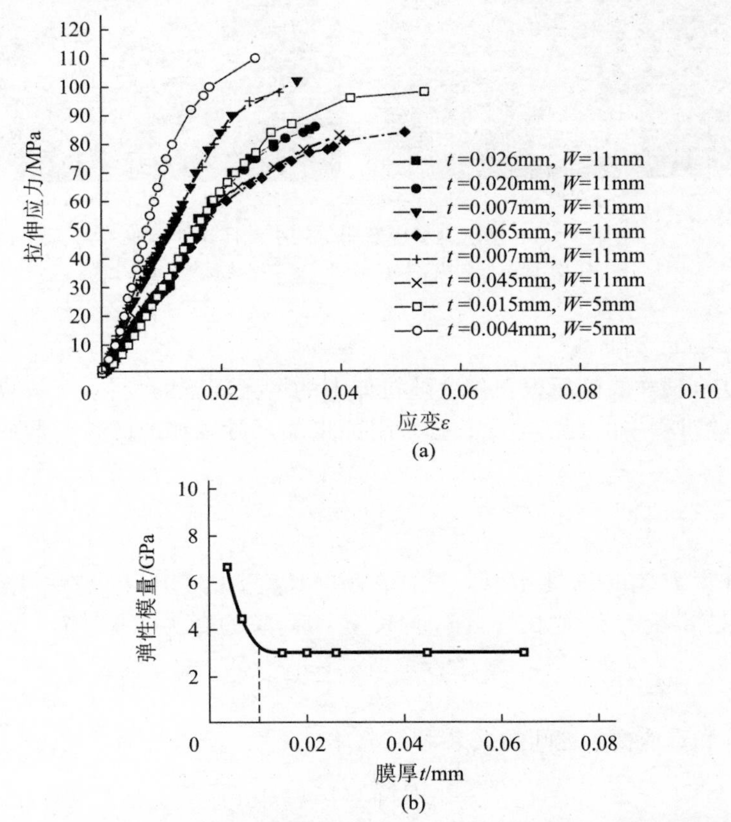

图 1-1-3　不同厚度导电高分子薄膜的应力-应变曲线及杨氏模量随膜厚的变化

(a) 拉伸应力-应变曲线；(b) 弹性模量与膜厚的关系

另一类非常规试样是三维尺寸均很小的小试样。小试样长度范围为毫米级至微米级，甚至小到纳米级(数百纳米)。这类试验主要针对以下几种情况：因成本、技术等原因而使被测材料的体积受限，因而无法制备满足尺寸要求的标准样品；工业领域在役设备的在线检测与寿命评估；非均匀结构(如焊接区、冲压件)的原位(in situ)力学性能分析与损伤行为预测；以微观尺度为特征服役尺度的微电子机械系统(MEMS)、梯度材料、生物材料等。

小试样拉伸虽然与标准试样拉伸的力学原理相同，但有其独特之处。

(1) 根据试样长度的级别，试样分别在小型力学试验机或特制微型试验机，甚至在扫描电子显微镜下进行原位拉伸，对试样制备、装夹配合的技术要求高。

(2) 试样尺寸形状须与标准试样保持“几何相似”，以保证试样的单向应力状态。

(3) 由于试样尺寸小，常规应变计无法使用，应变数据的获取成为关键。一般有两种方法：一是直接测量试样伸长量或位移，然后通过经验或数学方法关联获得应变值；二是采用数字图像相关(digital image

correlation，DIC)方法测量小样品的应变。数字图像相关方法是一种非接触式光学测量方法，该方法基于连续图像拍摄，通过计算机算法获取变形前后图像的像素子集，进而得到变形过程中位移与应变的全场分布。图 1-1-4 为某材料基于全场应变测量的小试样拉伸试验的实物照片。

(4) 小试样的性能数据分散性大于标准试样。

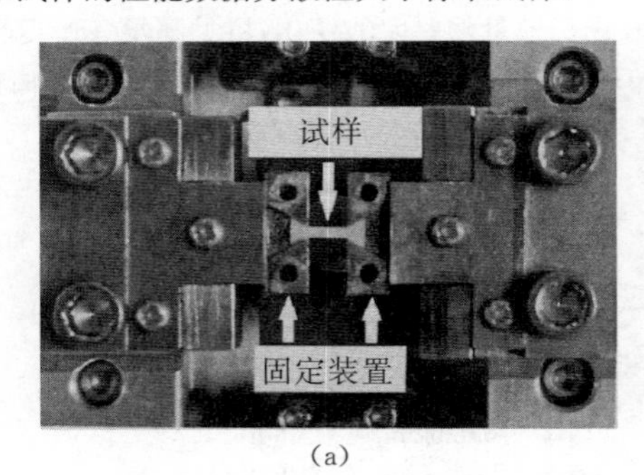

(a)

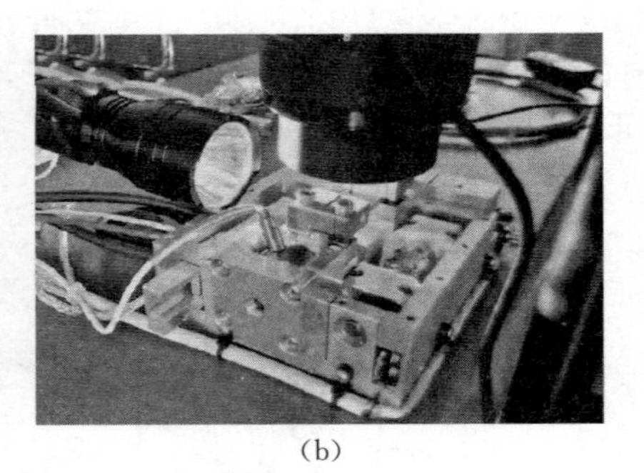

(b)

图 1-1-4　基于全场应变测量的小试样拉伸试验

(a)小试样与卡具工装；(b)DIC 光学应变测量系统

1.1.2.2　真应力-真应变曲线

在拉伸过程中，试样的截面积和长度随拉伸力的增大而不断变化，工程应力-应变曲线并不能完全反映试验过程中的真实情况。如果用拉伸力 P 除以相应的瞬时截面积 A，则可得到瞬时的真实应力

$$S = \frac{P}{A} \tag{1-1-3}$$

同样，当拉伸力 P 有一增量 dP 时，试样在瞬时长度 l 的基础上也有一增量 dl，于是应变的微分增量应该是 $de = dl/l$，则试样自 l_0 伸长至 l 后，总的真实应变量为

$$e = \int_0^e de = \int_{l_0}^{l} \frac{dl}{l} = \ln\frac{l}{l_0} \tag{1-1-4}$$

于是，工程应变 ε 和真应变 e 之间的关系为

$$e = \ln\frac{l}{l_0} = \ln\left(\frac{l_0 + \Delta l}{l_0}\right) = \ln(1 + \varepsilon) \tag{1-1-5}$$

显然，真应变总是小于工程应变，且变形量愈大，两者的差距也愈大。

在体积不变的假设下，可以推导出真应力与工程应力之间的如下关系

$$S = \sigma(1 + \varepsilon) \tag{1-1-6}$$

这说明拉伸过程中真应力总是大于工程应力。

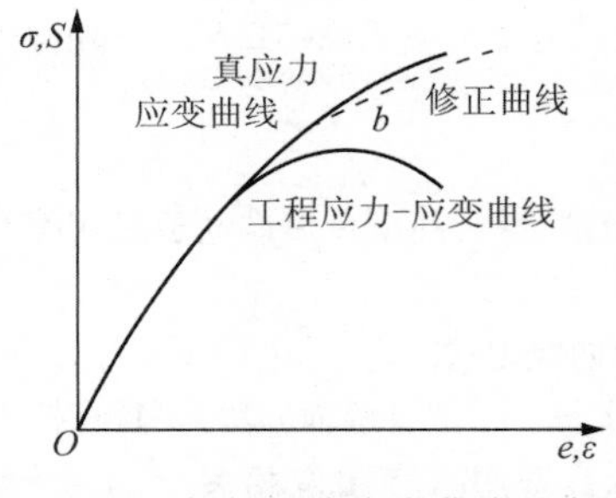

图 1-1-5　真应力-真应变曲线示意图

以真应力 S 和真应变 e 为坐标绘制的曲线称为**真应力-真应变曲线**(true stress-true strain curve)，如图 1-1-5 所示。在弹性变形阶段，由于试样的伸长和截面的缩小都很小，S-e 曲线和 σ-ε 曲线基本重合；但在塑性变形阶段，两曲线出现显著差异，S-e 曲线位于 σ-ε 曲线上方，变形量愈大时，两者的差别也愈大。特别是在颈缩阶段，工程应力是连续下降直到断裂，而真应力则是连续上升直到断裂。因此，真实断裂强度 $S_k(P_k/A_k)$ 是大于工程断裂强

度 σ_k 以及抗拉强度 σ_b 的。

在工程应用中，多数构件的变形量限制在弹性变形或微塑性变形范围内，两者的差别可以忽略，同时工程应力和工程应变容易测量和计算，因此工程设计和材料选用中一般以工程应力和工程应变为依据。但在金属材料的大变形量塑性加工中，真应力与真应变将具有重要意义。

1.1.3　单向静拉伸基本力学性能指标 ▶

1.1.3.1　弹性模量

多数固体材料在静拉伸的最初阶段都会发生弹性变形，表现为正应力 σ 与正应变 ε 成正比：

$$\sigma = E\varepsilon \tag{1-1-7}$$

此式即为**胡克定律**(Hooke's law)，式中比例系数 E 即为正弹性模量，简称**弹性模量**(modulus of elasticity)，又称**杨氏模量**(Young's modulus)，其几何意义是应力-应变曲线上直线段的斜率，而物理意义是产生 100%弹性变形所需的应力，单位与应力相同。

在工程中，E 为材料刚度，A 为构件的截面积，把 EA 称为构件的刚度。刚度表征材料或构件对弹性变形的抗力，其值愈大，在相同应力条件下产生的变形愈小。在机械零件或建筑结构设计时，为了保证不产生过量的弹性变形，都要考虑所选用材料的弹性模量达到规定要求。因此，弹性模量是结构材料的重要力学性能之一。

1.1.3.2　比例极限和弹性极限

比例极限 $\boldsymbol{\sigma_p}$(proportional limit)是能保持应力与应变成正比关系的最大应力，即在应力-应变曲线上刚开始偏离直线时的应力

$$\sigma_p = \frac{P_p}{A_0} \tag{1-1-8}$$

式中，P_p 为拉伸曲线上开始偏离直线时所对应的载荷；A_0 为试样的原始截面积。

对那些在服役时需要严格保持应力-应变线性关系的构件，如测力弹簧等，比例极限是重要的设计参数和选材的性能指标。

弹性极限 $\boldsymbol{\sigma_e}$(elastic limit)是材料发生可逆弹性变形的上限应力值。应力超过此值，则材料开始发生塑性变形

$$\sigma_e = \frac{P_e}{A_0} \tag{1-1-9}$$

式中，P_e 为拉伸曲线上由弹性变形过渡到塑性变形的临界点所对应的载荷；A_0 为试样的原始截面积。

对工作条件不允许产生微量塑性变形的零件，其设计或选材的依据应是弹性极限。例如，如果选用的弹簧材料弹性极限较低，弹簧工作时就可能产生塑性变形，尽管每次变形可能很小，但时间长了，弹簧的尺寸将发生明显变化，导致弹簧失效。

理论上，比例极限低于弹性极限。对于大多数工程材料，比例极限接近或稍低于弹性极限。但若材料具有非线性弹性特性[见表 1-1-1 中的(f)类的高弹体]，则比例极限比弹性极限低很多。

在常规的拉伸试验中，很难精确确定开始偏离直线的点(比例极限点)和开始产生塑性变

形的点(弹性极限点)。采用逐级加载-卸载法虽能确定相应的极限点,但步骤较烦琐,在生产实践中很不方便。所以,现在倾向于采用规定非比例伸长应力(也可称规定残余伸长应力)的概念来表征比例极限和弹性极限,即能产生规定残余应变时所对应的应力。用作图法确定规定非比例伸长应力的原理如图 1-1-6 所示。

规定的残余应变视要求而定,一般比例极限规定的残余变形稍小,为 0.001%~0.01%,对应的比例极限记为 $\sigma_{0.001}$ 和 $\sigma_{0.01}$;弹性极限规定的残余变形稍大,为 0.005%~0.05%,如图 1-1-7 所示。按照规定残余伸长应力的概念,比例极限和弹性极限都可以认为是抵抗微塑性变形的抗力,现在国标中已用规定非比例伸长应力取代比例极限和弹性极限。

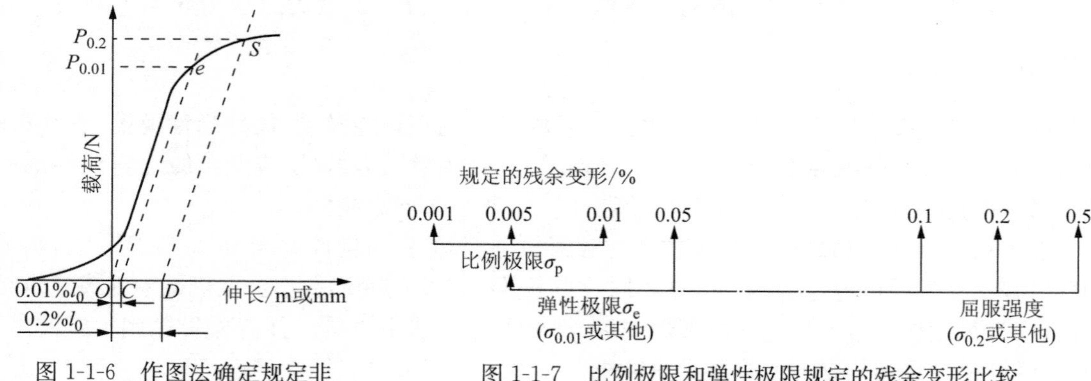

图 1-1-6 作图法确定规定非比例伸长应力

图 1-1-7 比例极限和弹性极限规定的残余变形比较

1.1.3.3 弹性比功

材料在外力作用下发生弹性变形时,要将吸收的外力功以弹性应变能的形式储存起来,即吸收弹性变形功。**弹性比功**是单位体积材料在塑性变形前吸收的最大弹性变形功,用 a_e 表示,它在数值上等于应力-应变曲线弹性段以下所包围的面积,如图 1-1-8 所示的阴影区,即

$$a_e = \frac{1}{2}\sigma_e \varepsilon_e = \frac{\sigma_e^2}{2E} \tag{1-1-10}$$

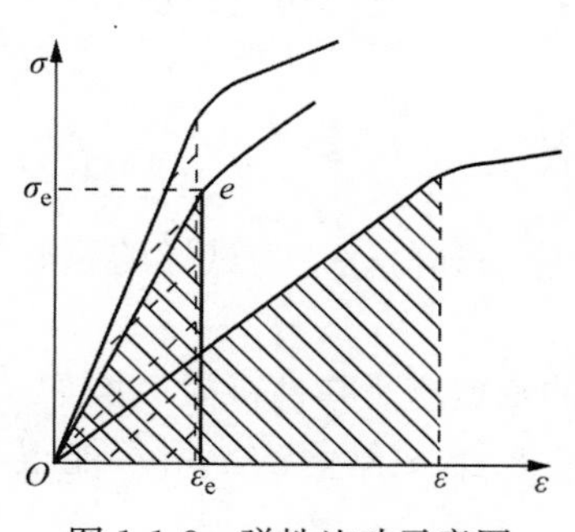

图 1-1-8 弹性比功示意图

由式(1-1-10)可见,弹性比功取决于弹性极限 σ_e 和弹性模量 E,可以用提高 σ_e 或降低 E(提高弹性极限应变 ε_e)的方法提高弹性比功,如图 1-1-8 中上、下两条曲线所示。

必须强调指出,刚度与弹性是不同的概念。刚度表征材料对弹性变形的抗力,弹性模量 E 愈高,刚度也愈高,弹性变形愈困难;弹性则表征材料弹性变形的能力,通常以弹性比功的高低来区分材料弹性的好坏。例如,弹簧是典型的弹性元件,主要起减振、储能的功效,要求具有高的弹性比功。制造弹簧的弹性材料主要是弹簧钢、铍青铜、磷青铜等,通常采取诸如热处理、合金化、冷变形等方法尽量提高弹性极限来达到增强弹性比功的目的。另有一类高分子材料,如橡胶,虽然弹性极限不高,弹性模量也很低,但其弹性极限应变极高,因此也具有较高的弹性比功,也是很好的弹性材料,但刚度太低,不能作为受力结构件。

1.1.3.4 屈服极限

材料的**屈服极限**(yield limit)定义为应力-应变曲线上屈服平台的应力

$$\sigma_s = \frac{P_s}{A_0} \tag{1-1-11}$$

对于那些在拉伸中不出现屈服的材料，仍然采用规定非比例伸长应力的概念，人为规定产生一定非比例伸长时的应力作为**条件屈服强度**，有时简称为**屈服强度**(yield strength)。规定的非比例伸长量视需要而定，一般有0.01%、0.2%、0.5%、1.0%等，相应的屈服强度记为$\sigma_{0.01}$、$\sigma_{0.2}$、$\sigma_{0.5}$和$\sigma_{1.0}$，其中以$\sigma_{0.2}$最为常用(以后若不特别说明，即以$\sigma_{0.2}$作为屈服强度)。

屈服强度是工程技术上最为重要的力学性能指标之一。因为在生产实际中，绝大部分的工程构件和机器零件在其服役过程中都要求处于弹性变形状态，不允许有塑性变形产生，因此屈服强度是进行结构设计和材料选择的基本参数。一般机器结构件，如机座、机架、普通车轴等，用$\sigma_{0.2}$作为屈服强度；高压容器用的紧固螺栓由于保持气密的关系不能允许有微小的残留变形，需采用$\sigma_{0.01}$甚至$\sigma_{0.001}$作为屈服强度，后者已与比例极限的含义相同；反之，桥梁、一般容器、建筑物构件等可允许的残余变形量较大，则相应的条件屈服强度可采用$\sigma_{0.5}$，甚至$\sigma_{1.0}$。

对于高分子材料，由于残余塑性变形量不容易区分，一般把其应力-应变曲线上刚开始屈服降落的应力定义为屈服强度。

对于脆性很大的材料，如陶瓷、玻璃、硬玻璃态聚合物等，单向拉伸时在弹性阶段或仅发生极微量的塑性变形时就发生了断裂，此时将不存在屈服强度值。

微屈服强度

如前所述，在工程上把残余(塑性)应变ε_p为2×10^{-3}(即0.2%)时所对应的应力称为屈服强度$\sigma_{0.2}$，它表征了材料抵抗起始宏观塑性变形的抗力。对于一般工程构件，用$\sigma_{0.2}$进行设计已足够精确。

然而从理论上来说，只要有位错进行不可逆滑移，便产生塑性变形，而使单个或少量位错开始滑移所需的应力很低。大量试验表明，金属在极低的应力下即可屈服。例如，软金属的临界切应力一般在1MPa左右；硬金属在10MPa左右。这个应力值远低于工程上测定的弹性极限，并且随着应变测量精度的提高，临界切应力还会降低，甚至为0。因此，广义上可把$\varepsilon_p<2\times10^{-3}$的变形过程称为微塑性变形(微屈服)，在精密仪器仪表、精密光学构件、电子封装等行业，微屈服甚至是特指ε_p为10^{-7}～10^{-5}，并且把产生残余应变为10^{-6}所对应的应力定义为**微屈服强度**(**microyield strength, MYS**)。在这些领域内，材料或构件服役时哪怕极微量的塑性变形也不被允许，材料对微塑性变形的抗力变得十分重要。

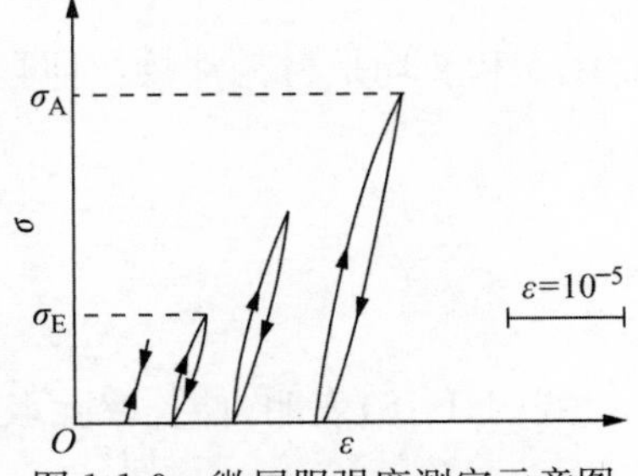

图1-1-9 微屈服强度测定示意图

微屈服强度的测定一般采用逐级加载-卸载法，其测试原理如图1-1-9所示。当载荷很低时，加载和卸载线重合，并呈直线，表示处于弹性阶段；当逐级增加载荷到σ_E时，加载、卸载线开始呈现封闭滞后环，表示材料进入非比例的滞弹性变形，再增加载荷到σ_A，滞后环开始不封闭，产生残余塑性变形，如果应变测量精度足够高，便可测得残余应变达到10^{-6}时所对应的应力，此即微屈服强度。

1.1.3.5 抗拉强度

抗拉强度$\boldsymbol{\sigma}_b$(ultimate strength, UTS)是试样拉断前最大载荷所决定的条件临界应力，即试样所能承受的最大载荷P_b除以原始截面积A_0：

$$\sigma_b = \frac{P_b}{A_0} \tag{1-1-12}$$

对塑性很好的韧性材料来说,塑性变形最后阶段会产生颈缩,致使载荷下降,所以最大载荷就是拉伸曲线上的峰值载荷。虽然断裂时试样断裂面上所承受的真实应力高过抗拉强度,但工程界更关心的是抗拉强度。对于脆性材料,断裂前仅发生弹性变形或少量塑性变形,不会颈缩,故最大载荷就是断裂时的载荷,此时抗拉强度就是断裂强度。

虽然对于韧性材料,工程设计采用的主要参数是屈服强度而非抗拉强度,但后者也有意义:首先,抗拉强度比屈服强度更容易测定,试验时不需要应变参数;其次,它表征了材料在拉伸条件下所能承受载荷的最大应力值,低于抗拉强度,材料有可能变形失效,但不会发生断裂;再次,抗拉强度也是成分、结构和组织的敏感参数,它可用来初步评定材料的强度性能以及各种加工、处理工艺质量;最后,对于脆性材料,它也是结构设计的基本依据。

1.1.3.6 伸长率和断面收缩率

断裂前材料发生塑性变形的能力叫作塑性。虽然表示材料塑性变形能力的参数有很多,但在工程上,一般用材料断裂时的最大相对塑性变形来表示,即伸长率 δ 和断面收缩率 ψ。

伸长率(elongation)是断裂后试样标距长度的相对伸长量

$$\delta = \frac{l_k - l_0}{l_0} \times 100\% \tag{1-1-13}$$

式中,l_0 为原始标距长度;l_k 为断裂后标距长度。

伸长率的测定方法:试验前,在试样的工作段标距长度 l_0 两端做好记号,拉伸断裂后,将断裂的两截试样在断口处细致地吻合对接,然后再测量出标距间长度 l_k,再利用式(1-1-13)计算伸长率。

对于有颈缩的塑性材料,试样的标距长度和直径对伸长率有很大影响。试样拉断后的总伸长 Δl_k 由均匀伸长 Δl_B 和缩颈处的集中伸长 Δl_u 两部分组成

$$\Delta l_k = \Delta l_B + \Delta l_u \tag{1-1-14}$$

根据试验结果,有

$$\Delta l_B = \beta l_0 \tag{1-1-15}$$

$$\Delta l_u = \gamma \sqrt{A_0} \tag{1-1-16}$$

式中,β 和 γ 均是材料常数,对同一材料制成的几何形状相似的试样为恒定值。所以有

$$\Delta l_k = \beta l_0 + \gamma \sqrt{A_0} \tag{1-1-17}$$

$$\delta = \frac{\Delta l_k}{l_0} = \beta + \gamma \frac{\sqrt{A_0}}{l_0} \tag{1-1-18}$$

式(1-1-18)表明,伸长率除取决于 β 和 γ 外,还受试样尺寸的影响,随着 $\frac{\sqrt{A_0}}{l_0}$ 的减小而减小。为了使同一种材料不同尺寸的试样得到一样的伸长率,必须取 $\frac{\sqrt{A_0}}{l_0}=$ 常数,即试样必须按比例地增大或减小其长度和截面积。为此,我国和世界大多数国家一样,规定 $\frac{l_0}{\sqrt{A_0}}=5.65$ 或 11.3,对圆柱形试样相当于 $l_0/d_0=5$ 或 10,前者称为短试样,后者称为长试样。用短试样试验测定的伸长率用 δ_5 表示,用长试样测定的伸长率用 δ_{10} 表示。按上述两种比例关系制备的试样称为比例试样,否则,即为非比例试样。非比例试样测定的伸长率既不能与比例试样相

互比较，也不能与其他人的非比例试样测定值相比较。另外，同一材料的 δ_5 和 δ_{10} 数值上也是不相等的，两者之间也不能比较。一般来说，短试样的伸长率大于长试样的伸长率，约有 $\delta_5=(1.2\sim1.5)\delta_{10}$。由于短试样可以节约原材料且加工较方便，目前各国标准中有优先选取短试样的趋势，我国也逐步向这方面统一。

另外还应指出，若试样断裂面不在试样中段，而是靠近标距处，则缩颈处的集中伸长就有可能延伸到标距外，这样测出的伸长率就有可能偏小。因此需要进行移位处理，移位的办法和细节请参看国家标准。

断面收缩率(reduction of area)是断裂后试样截面的相对收缩率：

$$\psi=\frac{A_0-A_k}{A_0}\times100\% \tag{1-1-19}$$

式中，A_0 为原始截面积；A_k 为断裂后的最小截面积，一般在颈缩处。

断面收缩率的测定对圆柱形试样比较简单，在缩颈处两个相互垂直的方向上测量其直径(需要时，应将断裂的两截试样在断裂面处对接起来)，用两者的算术平均值计算。对矩形截面试样，用缩颈处的最大宽度 b_1 乘以最小厚度 a_1 来确定断裂后的截面积，如图 1-1-10 所示。

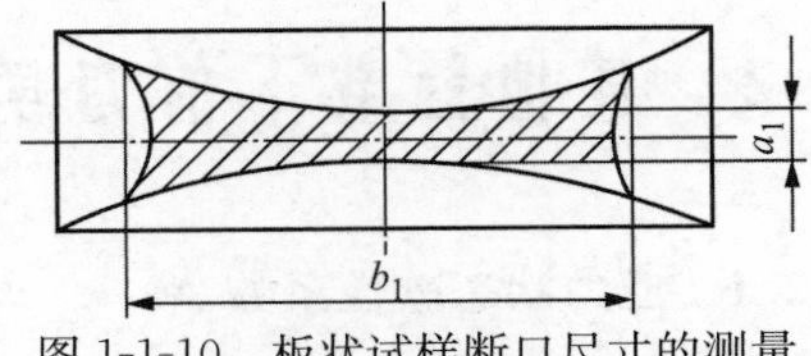

图 1-1-10　板状试样断口尺寸的测量

试验表明，断面收缩率与试样尺寸无关。

1.1.3.7　静力韧度

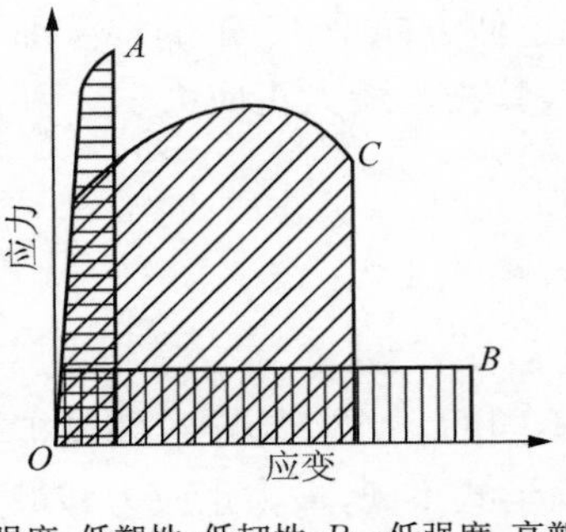

韧度是衡量材料韧性大小的力学性能指标，韧性是指材料断裂前吸收变形功和断裂功的能力。韧性和脆性是相反的概念，韧性愈小，意味着材料断裂所消耗的能量愈小，则材料的脆性愈大。一般情况下，韧度可以理解为应力-应变曲线下的面积，如图 1-1-11 所示，只有在强度和塑性有较好的配合时，才能获得较高的韧性(见图 1-1-11 曲线 C)，而过分追求强度而忽视塑性(见图 1-1-11 曲线 A)或片面追求塑性而不兼顾强度(见图 1-1-11 曲线 B)都不能得到高韧性。

A—高强度、低塑性、低韧性；B—低强度、高塑性、低韧性；C—中等强度、中等塑性、高韧性。

图 1-1-11　强度与塑性对韧性的影响

根据试样的状态以及试验方法，韧度一般分为三类，即静力韧度、冲击韧度和断裂韧度。冲击韧度将在 1.5 节介绍，断裂韧度将在第 3 章介绍，在此仅简单介绍静力韧度的概念。

通常将静拉伸的应力-应变曲线下包围的面积减去试验断裂前吸收的弹性变形功定义为静力韧度，其数学表达式可用材料的真应力-真应变曲线求得。图 1-1-12 所示为近似的 S-e 曲线塑性变形部分，其方程为

$$S=\sigma_{0.2}+e\tan\alpha=\sigma_{0.2}+De \tag{1-1-20}$$

式中，D 为形变强化模数。静力韧度的表达式为

$$a=\frac{S_k+\sigma_{0.2}}{2}e_f \tag{1-1-21}$$

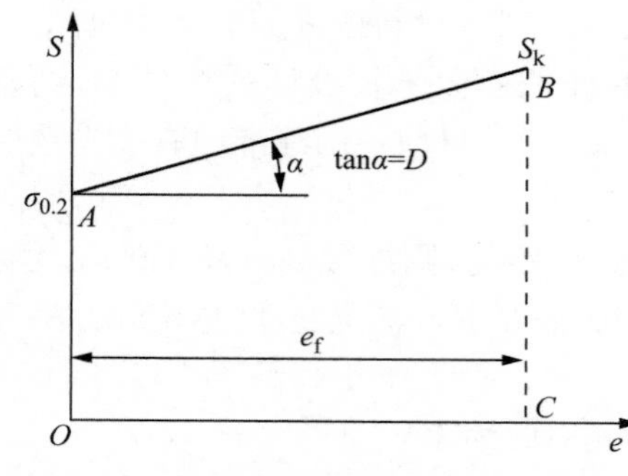

图 1-1-12　利用 S-e 曲线求静力韧度

因为 $e_f=\dfrac{S_k-\sigma_{0.2}}{D}$，所以

$$a=\frac{S_k^2-\sigma_{0.2}^2}{2D} \tag{1-1-22}$$

可见，静力韧度 a 与 S_k、$\sigma_{0.2}$、D 这 3 个量有关，是派生的力学性能指标。但 a 与 S_k、$\sigma_{0.2}$ 的关系比塑性与它们的关系更密切，故在改变材料的组织状态或改变外界因素(如温度、应力等)时，韧度的变化比塑性变化更显著。

静力韧度对于按屈服强度设计，但在服役中不可避免地存在偶然过载的机件，如链条、拉杆、吊钩等，是必须考虑的重要力学性能指标。

1.2　其他静载下的力学试验及性能

1.2.1　应力状态软性系数▶

在外力作用下，材料内任一点的应力可以用截面上的正应力分量和切应力分量表示，随截面方位不同，正应力和切应力的数值以及它们的比值也不同。必然存在具有最大正应力的截面和具有最大切应力的截面，这两个截面的方位是不同的，并且随载荷形式的不同方位而改变。例如，单向拉伸时，垂直截面上的正应力最大，为 σ；与拉伸方向呈 45°角的斜截面上切应力最大，为 $\sigma/2$。在复杂应力状态下，由于要考虑泊松效应，其相当最大正应力 σ_{max} 和最大切应力 τ_{max} 分别为

$$\sigma_{max}=\sigma_1-\nu(\sigma_2+\sigma_3),\quad \tau_{max}=\frac{1}{2}(\sigma_1-\sigma_3) \tag{1-2-1}$$

式中，ν 为泊松比；σ_1、σ_2、σ_3 为所讨论点的 3 个主应力，且有 $\sigma_1>\sigma_2>\sigma_3$。

材料在变形和断裂过程中，正应力和切应力的作用是不同的。前者易导致裂纹扩展而产生脆性断裂；后者则易导致塑性变形而产生韧性断裂。载荷形式不同，最大正应力和最大切应力的数值及方向均不同，导致塑性变形和断裂特征不同。为便于分析和比较，特定义最大切应力与相当最大正应力的比值为**应力状态软性系数 $\boldsymbol{\alpha}$**(coefficient of stress state)，即

$$\alpha=\frac{\tau_{max}}{\sigma_{max}}=\frac{\sigma_1-\sigma_3}{2[\sigma_1-\nu(\sigma_2+\sigma_3)]} \tag{1-2-2}$$

α 值越大，最大切应力所占比重越大，材料越容易发生塑性变形，然后断裂；反之，则易脆断。表 1-2-1 给出了几种加载方式的应力状态软性系数，可以看出，拉伸是比较“硬”的加载方式，特别是三向等拉伸，$\alpha=0$，不可能产生塑性变形，是完全脆性断裂；压缩是比较“软”的加载方式，α 较大，这也是为什么铸铁在拉伸时呈现脆性断裂而在压缩时却能呈现一定塑性。扭转应力状态的软硬介于拉伸和压缩之间。

表 1-2-1　不同加载状态下的 α(取 $\nu=0.25$)

加载方式	σ_1	σ_2	σ_3	α
扭转	σ	0	$-\sigma$	0.8
单向拉伸	σ	0	0	0.5
三向等拉伸	σ	σ	σ	0
三向不等拉伸	σ	$8/9\sigma$	$8/9\sigma$	0.1
单向压缩	0	0	$-\sigma$	2.0
双向压缩	0	$-\sigma$	$-\sigma$	1.0
三向压缩	$-\sigma$	-2σ	-2σ	∞

1.2.2　压缩

压缩(compression)试样采用圆柱形,分为短圆柱和长圆柱两大类。短圆柱试样供破坏试验用,为保持稳定性,试样长径比 h_0/d_0 不能太大,一般为 1.0～2.0;长圆柱试样供测量弹性性能和微量塑性变形抗力用。压缩试样的两个端面是直接承受压力载荷的面,要求两端面平行并与长轴线垂直。

压缩试验时,材料抵抗外力变形和破坏的情况可用压力和位移的关系曲线来描述,称为压缩曲线。同样,根据工程应力、应变的定义,也可由压缩曲线换算或直接由试验系统得到压缩压力-应变曲线。图 1-2-1 为塑性材料(低碳钢)和脆性材料(铸铁)的压缩压力-应变曲线。

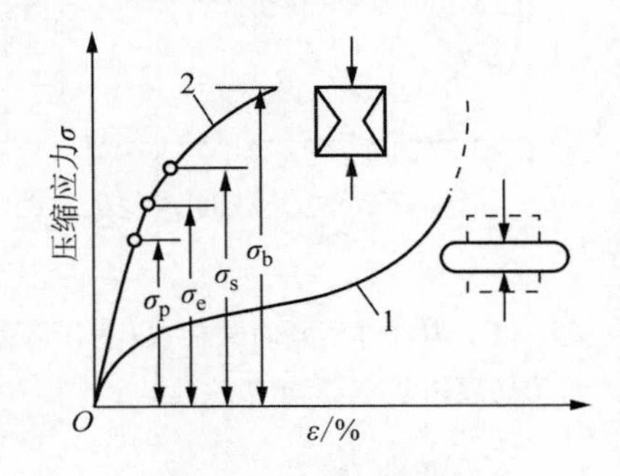

1—塑性材料;2—脆性材料。

图 1-2-1　压缩压力-应变曲线

压缩可以看作是反向拉伸,拉伸试验时所定义的各个力学性能指标和相应的计算公式在压缩试验中基本上都适用。因此,通过压缩曲线,也可以计算压缩强度(包括各种规定非比例伸长应力和抗压强度)和塑性(包括相对压缩率和断面扩胀率)。

规定非比例伸长应力
$$\sigma_{pc}=\frac{P_{pc}}{A_0} \tag{1-2-3}$$

抗压强度
$$\sigma_{bc}=\frac{P_{bc}}{A_0} \tag{1-2-4}$$

相对压缩率
$$\delta_c=\frac{h_0-h_f}{h_0}\times 100\% \tag{1-2-5}$$

相对断面扩胀率
$$\varphi_{fc}=\frac{A_f-A_0}{A_0}\times 100\% \tag{1-2-6}$$

式(1-2-3)～式(1-2-6)中,P 为载荷;A 为试样截面积;h 为试样高度;下标 c 表示压缩;下标 0 表示初始值;下标 f 表示断裂时的值;下标 p 表示各种规定非比例伸长时的值,如对比例极限,p=0.001%～0.01%,对弹性极限,p=0.005%～0.05%,对屈服强度,p=0.02%;下标 b 表示最大载荷点,对脆性材料,也是断裂点 f。

对于压缩试验及压缩力学性能的分析和应用,应注意以下几点。

(1) 压缩试验中试样的截面积不断增大,塑性很好的材料甚至可以压成圆饼状而不断裂,致使载荷急剧增高,如图 1-2-1 所示曲线 1 的虚线部分,只能测得弹性变形和微量塑性变形的指标,而不能测得抗压强度。因此对于塑性很好的材料,除特定需要外,一般不采用压缩试验。相反,由于压缩状态的应力软性系数 α 较高,在拉伸、扭转和弯曲试验时脆性材料不能显示的塑性行为在压缩时有可能获得。

(2) 由于压缩时试样截面要变粗,在上、下压头与试样端面之间存在很大的摩擦力。这不仅影响试验结果,还会改变断裂方式。为减小摩擦阻力的影响,试件的两端面必须光滑平整,相互平行,并涂润滑油或石墨粉进行润滑。

(3) 式(1-2-4)表示的是条件抗压强度,试件的真实抗压强度等于 P_f/A_f。由于 A_f 大于 A_0,真实抗压强度小于条件抗压强度。

(4) 对于金属材料,弹性变形和微量塑性变形的指标,如模量、比例极限、弹性极限、屈服极限等,拉伸和压缩时差别不大。但因为裂纹和类裂纹缺陷对压缩载荷不敏感,所以抗压强度的绝对值一般要高于抗拉强度。这一点在陶瓷、铸铁等脆性材料中表现得非常明显。

压环强度试验

在陶瓷材料工业中,管状制品很多,故在研究、试制和质量检验中,也常采用圆环压缩强度试验。此外,在粉末冶金制品的质量检验中,也常采用这种试验方法。这种试验采用圆环试样,其形状与加载方式如图 1-2-2 所示。

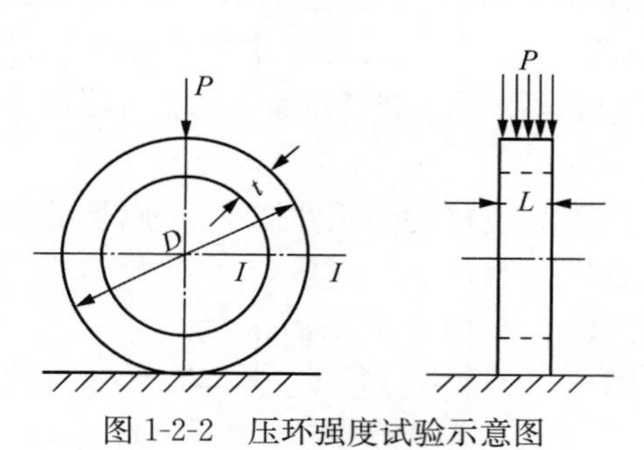

图 1-2-2　压环强度试验示意图

试验时将试样放在试验机上、下压头之间,自上向下加压直至试样破坏。由材料力学可知,试件的 $I—I$ 截面处受到最大弯矩的作用,该处拉应力最大。试件断裂时该截面的最大拉应力即为压环强度,即

$$\sigma_\tau = 1.908 P_\tau \frac{D-t}{2Lt^2} \tag{1-2-7}$$

式中,P_τ 为试件压断时载荷;D 为压环外径;t 为试件壁厚;L 为试件宽度。应该注意保证试样的圆整度、表面无伤痕以及壁厚均匀。

1.2.3　弯曲

弯曲(bending)试验采用圆柱形试样或矩形截面长条试样,在万能材料试验机上进行。加载方式分为**三点弯曲**(three point bending)和**四点弯曲**(four point bending)两种,如图 1-2-3 所示。采用四点弯曲,在两加载点之间为等弯矩,因此试样通常在该长度内具有组织缺陷的地方发生断裂,可以较好地反映材料的缺陷(特别是表面缺陷)性质,并且试验结果也较准确,但四点弯曲试验时必须注意加载的均衡;三点弯曲试验时,试样总是在加载中心线(最大弯矩处)断裂,该法试验操作简单易行,故常采用。

在三点弯曲试验中,通过记录载荷 P 及试样跨距中心处的挠度 f 得到载荷-挠度曲线,简称弯曲曲线或弯曲图。图 1-2-4 为 3 种不同塑性材料的弯曲曲线,对于塑性较好的材料,载荷达到最高点时仍不发生断裂,如图 1-2-4 中曲线(a)和(b)所示,进一步弯曲所需载荷逐步下降,曲线可以延续很长而不断裂,因此弯曲试验难以测定塑性材料的破坏强度;对于脆性材料,可根据弯曲图[见图 1-2-4(c)]求得**抗弯强度**(flexural strength)

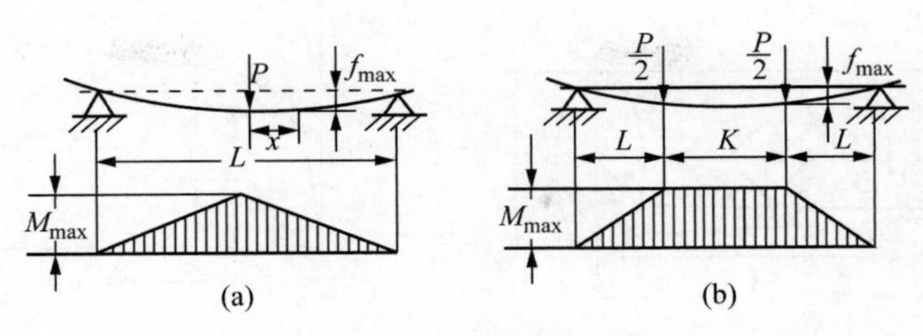

图 1-2-3　弯曲试验加载

(a) 三点弯曲加载；(b) 四点弯曲加载

$$\sigma_{bb}=\frac{M_b}{W} \tag{1-2-8}$$

式中，M_b 为试样断裂时的弯矩，对三点弯曲，$M_b=P_bL/4$，对四点弯曲，$M_b=P_bL/2$；P_b 为断裂时的最大载荷；L 的含义如图 1-2-3 所示；W 为试样截面抗弯系数，对直径为 d 的圆柱试样，$W=\pi d^3/32$，对宽为 b、高为 h 的矩形截面试样，$W=bh^2/6$。

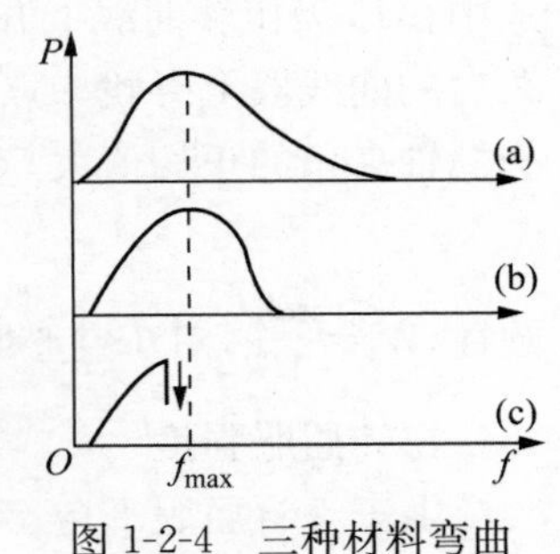

图 1-2-4　三种材料弯曲曲线示意图

(a) 高塑性；(b) 中等塑性；(c) 脆性

弯曲试验不受试样偏斜的影响，可以稳定地测定脆性材料和低塑性材料的抗弯强度，同时用挠度表示塑性，能明显地显示脆性材料和低塑性材料的塑性。故弯曲试验常用于评定陶瓷材料、硬质合金、工具钢以及铸铁的力学性能。

虽然弯曲试验不能破坏塑性很好的材料，不能测定其抗弯强度，但是可用于比较一定弯曲条件下不同材料的塑性，如进行弯曲工艺性能试验。

弯曲试验时，试样截面上应力分布不均匀，表面应力最大，可以较灵敏地反映材料的表面缺陷情况，用于检查材料的表面质量。

1.2.4　扭转 ▶

扭转试验(torsion test)一般采用长圆柱形试样[见图 1-2-5(a)]在扭转试验机上进行。试样两端分别被夹持在试验机的两个夹头中，由两个夹头相对旋转(或一个夹头固定，另一个夹头旋转)对试样施加扭矩 M，同时测量试样标距长度 l_0 的两个截面之间的相对扭转角 φ，可绘制出 M-φ 曲线，称为扭转图。图 1-2-5(b)为退火低碳钢的扭转图，它也存在弹性变形阶段和塑性变形阶段，与拉伸曲线不同的有两点：其一是不存在屈服；其二是不存在颈缩，即扭转塑性变形时，载荷(扭矩)不会下降，而是一直升高，直至断裂。

根据扭转图和材料力学知识，可以确定一系列扭转性能指标。

剪切模量(shear modulus)(切变模量)：

$$G=\frac{\tau}{\gamma}=\frac{32Ml_0}{\pi\varphi d_0^4} \tag{1-2-9}$$

式中，M 和 φ 的取值一定要在线弹性范围内。

扭转比例极限

$$\tau_p=\frac{M_p}{W} \tag{1-2-10}$$

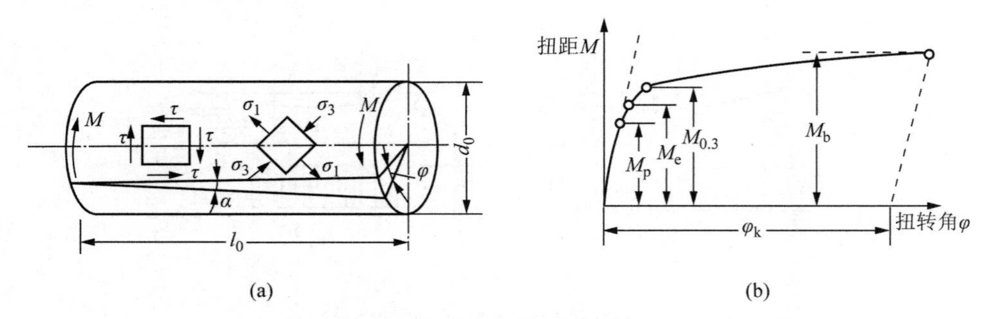

图 1-2-5　扭转试样的变形及扭转图

(a) 扭转试样及变形示意图；(b) 退火低碳钢扭转曲线

式中，M_p 为扭转曲线上开始偏离直线时的扭矩。采用作图法确定 M_p 的方法：在偏离直线不久后的曲线段上寻找一点，使该点的切线与纵坐标轴夹角的正切值比扭转曲线的直线段与纵坐标轴夹角的正切值大 50%，则该点对应的扭矩即为 M_p。式中的 W 为截面系数，对于实心圆柱，$W=\dfrac{\pi d_0^3}{16}$，对于空心圆柱，$W=\dfrac{\pi d_0^3\left(1-\dfrac{d_1^4}{d_0^4}\right)}{16}$，其中 d_0 为外径，d_1 为内径。

扭转屈服强度

由于没有屈服平台，采用条件屈服强度的概念，即

$$\tau_{0.3}=\frac{M_{0.3}}{W} \tag{1-2-11}$$

式中，$M_{0.3}$ 为残余扭转切应变为 0.3%时对应的扭矩。残余切应变取 0.3%，是为了与拉伸时残余正应变为 0.2%相当。

抗扭强度

$$\tau_b=\frac{M_b}{W} \tag{1-2-12}$$

式中，M_b 为试样断裂时的最大扭矩。应注意，这里 τ_b 是按弹性状态下的公式计算的，它比真实的抗扭强度要大，故称为条件抗扭强度，也可称为抗剪强度。工程设计时更关心的是条件抗扭强度而非真实抗扭强度。

扭转相对残余切应变

扭转时的塑性可用扭转相对残余切应变 γ_k 表示，即

$$\gamma_k=\frac{\varphi_k d_0}{2l_0}\times 100\% \tag{1-2-13}$$

式中，φ_k 为断裂后的残余扭转角。

塑性材料和脆性材料都可在扭转载荷下发生破断，但断口特征不同。塑性材料为切断，其断面与试样轴线垂直，有回旋状塑性变形痕迹，这是切应力作用的结果，属于韧性断裂[见图 1-2-6(a)]；脆性材料为正断，断面与试样轴线约成 45°角，呈螺旋形状或斜劈形状，这是正应力作用的结果，属于脆性断裂[见图 1-2-6(b)]。扭转时也可能出现第三种断口，呈层状或木片状，如图 1-2-6(c)所示。一般认为这是由于金属锻造或轧制过程中夹杂或偏析物沿轴向分布，降低了轴向切断抗力，形成纵向和横向的组合切断断口。

基于扭转的应力、应变状态，扭转试验的特点和应用有如下几个方面。

（1）扭转时试样中的最大切应力和最大正应力在数值上相近，因此可以测定材料的剪切强度性能，包括剪切比例极限、剪切屈服强度和剪切断裂强度。

（2）扭转应力状态比拉伸软（软性系数 $\alpha=0.8$），可以使低塑性材料处于韧性状态测定它们的强度和塑性。

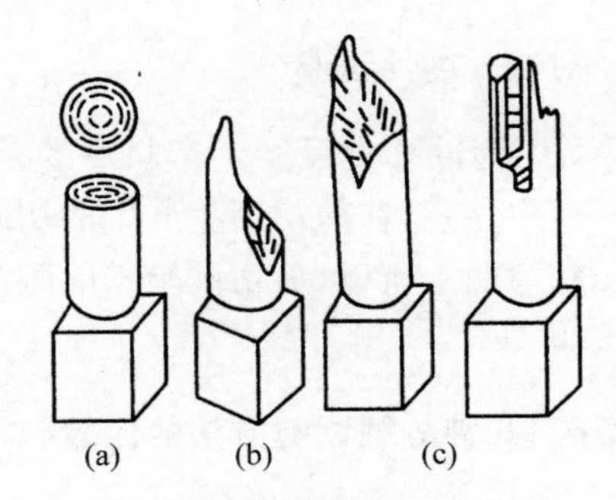

图 1-2-6　扭转断口形态

(a) 切断断口；(b) 正断断口；(c) 层状断口

（3）扭转试验时，试样沿长度方向的塑性变形是均匀的，不会发生单向拉伸时的颈缩现象。因此对于塑性很好的试样，也可精确测定其应力-应变关系。可见，无论是塑性材料还是脆性材料，都可采用扭转试验进行强度和塑性的测定，是一种较为理想的力学性能试验方法，尤其对承受剪切或扭转载荷的机件，如铆钉、传动主轴等。

（4）扭转试验时，表面应力、应变最大。因此，扭转可以灵敏地反映材料的表面缺陷，用于评价表面淬火、化学热处理等表面强化工艺的质量。

1.2.5　剪切

制造承受剪切载荷的机件材料，如铆钉、销子这样的零件，通常要进行剪切试验，以模拟实际服役条件，并提供材料的抗剪强度数据作为设计的依据。

常用的剪切试验方法包括单剪试验、双剪试验、冲孔试验，其试验原理如图 1-2-7 所示。

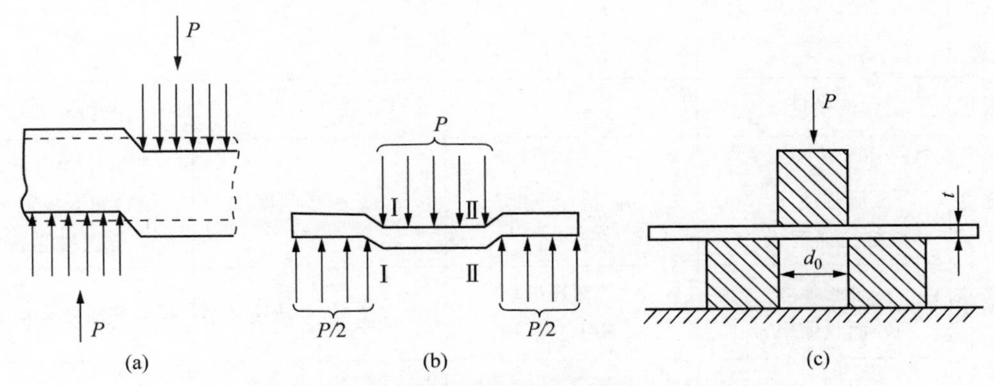

图 1-2-7　线材及板材短横向剪切试验原理示意图

(a)单剪；(b)双剪；(c)冲孔剪切

试验时将试件固定在底座上，然后对上压模加压，直到试件沿剪切面剪断，这时剪切面上的最大切应力即为材料的抗剪强度 τ_b，可以根据试件被剪断时的最大载荷 P_b 和剪切面上的原始截面积 A_0 求得。

对单剪试验

$$\tau_b=\frac{P_b}{A_0} \tag{1-2-14}$$

对双剪试验

$$\tau_b=\frac{P_b}{2A_0} \tag{1-2-15}$$

对冲孔剪切试验

$$\tau_b = \frac{P_b}{\pi d_0 t} \tag{1-2-16}$$

式中，d_0 为冲孔直径；t 为板料厚度。

但应注意，在剪切面上产生的切应力分布是比较复杂的，因为在试样受剪切时，还伴随着挤压和弯曲。所以，剪切试验不能测定剪切比例极限和剪切屈服强度，若需测定，则需采用扭转试验。

1.2.6　几种静载试验方法的比较

由以上讨论可见，对于不同的静载试验方法，应力状态、试验曲线、性能指标均不同。表 1-2-2 简单归纳了拉伸、压缩、弯曲和扭转 4 种静载试验方法的应力分布特征、应力状态软性系数、技术指标和载荷-变形曲线。

表 1-2-2　几种静载试验方法的比较

试验方法		拉　伸	压　缩	弯　曲	扭　转
横截面上的应力分布		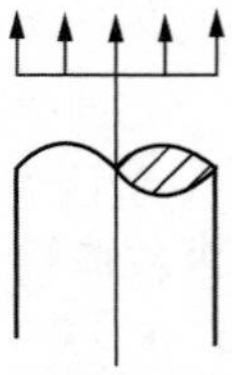	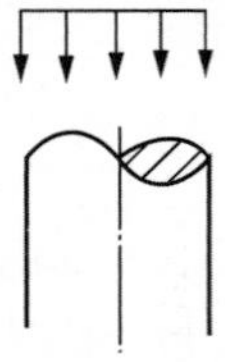	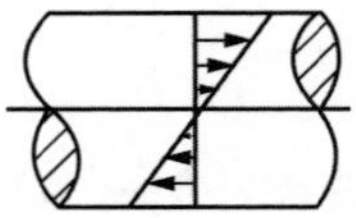	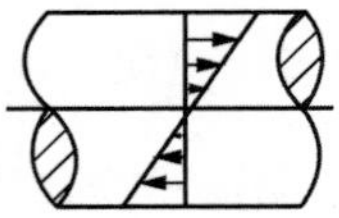
		均匀分布		不均匀分布，最大应力出现在表面层	
应力状态系数		0.5	2		0.8
主要的技术指标	模量	弹性模量 E			剪切模量 G
	强度	比例极限 σ_p 屈服强度 $\sigma_{0.2}$ 抗拉强度 σ_b	σ_{bc} 抗压强度	σ_{bb} 抗弯强度	扭转比例极限 τ_p 扭转屈服极限 $\tau_{0.3}$ 抗扭强度 τ_b
	塑性	伸长率 δ 断面收缩率 ψ	δ_c 相对压缩率 ψ_c 断面扩胀率	f_{max} 最大挠度	扭转相对残余应变 γ_k
淬火钢的载荷-变形曲线		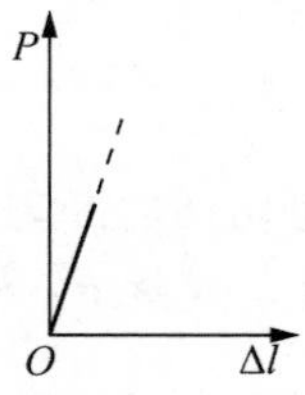 P, O, Δl	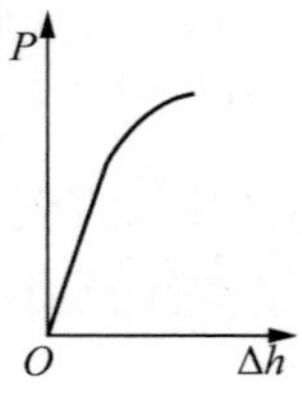 P, O, Δh	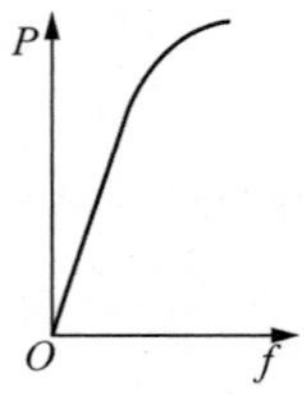 P, O, f	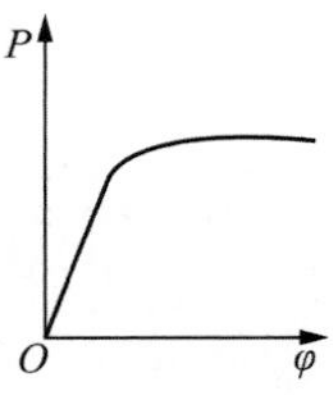 P, O, φ

1.3 缺口效应▶

构件由于本身结构和加工制造的特点,往往存在截面突变的台阶和缺口,如键槽、螺纹、油孔、退刀槽等。这些部位改变了受力条件,造成硬性的应力状态(α 值较小),同时还会引起局部应力集中。这两种原因造成了材料的脆化倾向。因此,研究构件的**缺口效应**(notch effect)很有实际意义。

1.3.1 缺口处应力分布及缺口效应

由弹性力学可知,物体受载变形时必须保持变形的协调性。光滑构件受单向载荷时,其横截面上各部分均匀分担外载荷,即各点应力是相等的。但对于带缺口构件,缺口上下的自由表面不能承担载荷,必然会将这部分载荷分摊到邻近的截面上,并且这样的分摊是不均匀的,愈靠近缺口顶端,分摊得愈多。这就造成了**缺口效应 1——缺口顶端应力集中**。这样的现象可用一个形象化的概念——力线来描述,如图 1-3-1 所示。

缺口顶端应力分布不均匀的程度通常用理论应力集中系数 K_t 表征:

$$K_t = \frac{\sigma_{max}}{\sigma} \tag{1-3-1}$$

式中,σ_{max} 为缺口顶端的最大应力;σ 为平均应力,即远场应力。

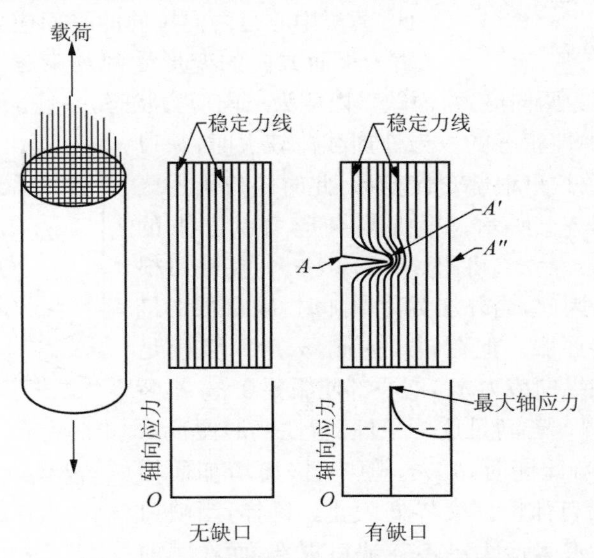

图 1-3-1 阐述力线及缺口应力集中的概念

缺口顶端轴向应力的不均匀分布,会导致**缺口效应 2——近缺口顶端区产生两向应力状态(对薄板)或三向应力状态(对厚板)**,如图 1-3-2 所示。

产生多向应力状态的原因可以简单解释如下(见图 1-3-3):设想将薄板从缺口根部沿 x 轴方向把平板分割成多个小拉伸试样 $a, b, c, d, \cdots, p, q$,每个小试样所承受的纵向拉伸应力 $\bar{\sigma}_y$ 随距缺口根部的距离不同而不同,相应的纵向应变 ε_y 也不同。由泊松关系知,每个小试样的横向(x 方向)收缩应变 ε_x($\varepsilon_x = -\nu\varepsilon_y$,$\nu$ 为泊松比)也不同。如果自由收缩,小试样将彼

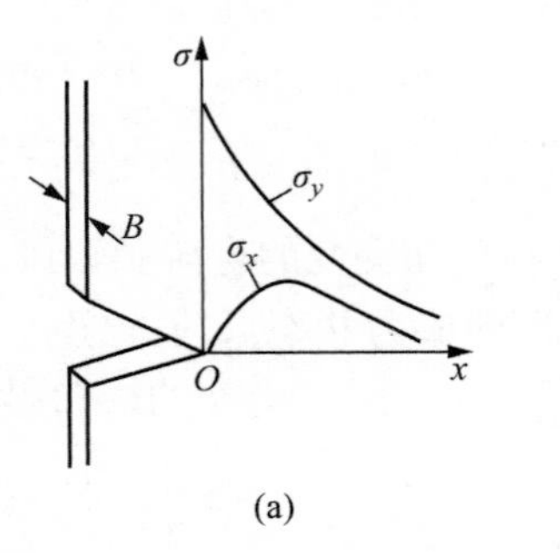

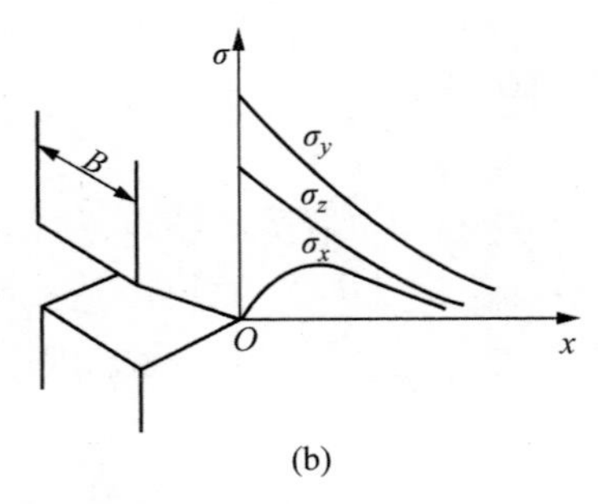

图 1-3-2 缺口板材拉伸时弹性应力分布特征
(a) 薄板;(b) 厚板

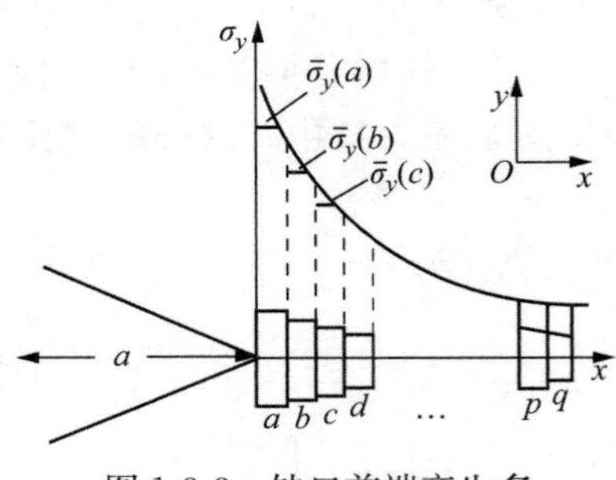

图 1-3-3 缺口前端产生多向应力的解释图

此分离。但薄板是整体,要保持连续性而不允许横向自由收缩,于是必然在垂直于相邻小试样界面处产生横向拉应力 σ_x。应注意,与 σ_y 随 x 增加而连续、单调下降的分布规律不同,σ_x 分布先增后减,且在缺口根部 σ_x 为零。这是因为缺口根部无约束,所以 σ_x 等于零;在 x 较小时,σ_y 较大,使 σ_x 迅速增加;当 x 较大时,σ_y 逐渐减小,相邻小试样间的纵向应变差减小,于是 σ_x 下降。此外,由于薄板在垂直于板面方向上可以自由变形,于是 $\sigma_z=0$。因此,薄板中心是两向拉伸的平面应力状态。对于厚板,垂直于板面方向的变形受到约束,$\varepsilon_z=0$,故 $\sigma_z\neq 0$,$\sigma_z=\nu(\sigma_x+\sigma_y)$,即缺口根部为两向应力,而缺口内侧为三向应力状态,并且 $\sigma_y>\sigma_z>\sigma_x$。

以上分析是针对弹性状态的。当外加载荷较大时,缺口根部的应力集中将导致缺口根部塑性变形,此时缺口附近区域的应力分布如图 1-3-4 所示。根据复杂应力状态下的 Tresca 屈服条件 $\sigma_y-\sigma_x=\sigma_s$,可得 $\sigma_y=\sigma_x+\sigma_s$。在缺口根部,$\sigma_x=0$,故 $\sigma_y=\sigma_s$。因此,当外加载荷增加时,缺口根部最先满足 $\sigma_y=\sigma_s$ 而开始屈服。但在缺口内侧,$\sigma_x\neq 0$,要满足 Tresca 判据,必须增加纵向应力 σ_y,即心部屈服要在 σ_y 不断增加的情况下才能实现。若满足这一条件,塑性变形便自缺口根部向心部扩展。与此同时,σ_y、σ_z 随 σ_x 快速增加而增加,一直增加到塑性区与弹性区交界处为止。这样,当缺口前方产生塑性变形后,最大应力已不在缺口根部,而在其前方一定距离处。该处 σ_x 最大,所以 σ_y 和 σ_z 也最大。越过交界,σ_x 是连续下降的,所以 σ_y 和 σ_z 也连续下降。显然,随塑性变形逐步向内迁移,不但各应力峰越来越高,而且峰的位置也逐步移向中心。

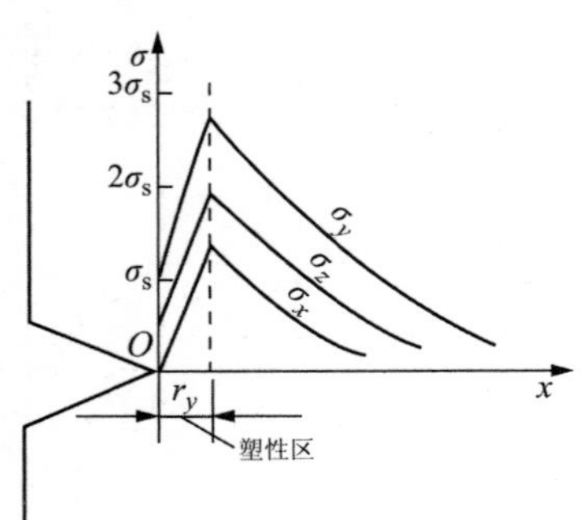

图 1-3-4 缺口前方局部屈服后的应力分布

上述分析表明,在有缺口条件下,由于出现了三向拉应力,试样的屈服应力比光滑试样的屈服应力要高,即产生**缺口效应 3——缺口强化**。

缺口处很陡的应力梯度必然导致很陡的应变梯度,这就是**缺口效应 4——缺口顶端应变集中**。常用 Neuber 法则描述缺口应变集中规律:

$$K_\varepsilon \cdot K_\sigma = K_t^2 \quad (1\text{-}3\text{-}2)$$

式中，K_ε 为塑性应变集中系数，等于缺口处的局部应变与名义应变之比；K_σ 为塑性应力集中系数，等于缺口的实际应力与名义应力之比；K_t 为理论应力集中系数。

缺口应变集中导致两个重要的后果：第一是裂纹在缺口附近产生；第二是缺口附近区域的材料有很高的应变速率，约比远离缺口区域的应变速率高 2 个数量级。

1.3.2　缺口敏感度

缺口根部的应力集中会促进裂纹的萌生，加上根部较硬的多向拉应力状态使构件趋于甚至处于脆性状态，两者的共同作用将导致缺口构件脆性断裂的危险性增大，这就是缺口脆化效应。

在一定的缺口状态下，不同的材料所表现的脆化倾向是不同的。在保证强度的前提下，其脆化倾向愈小，就愈能保证具有缺口的构件处于安全的韧性状态，免于脆断危险。因此，对于构件，在选用材料时除了考虑一般的力学性能之外，还应考虑缺口脆化倾向。尤其是带缺口的构件，后者更为重要。**缺口敏感性**(notch sensitivity)试验就是用于测定材料的缺口脆化倾向的，以常用缺口试样的抗拉强度 σ_{bN} 与同一材料等截面尺寸光滑试样的抗拉强度 σ_b 的比值来评价材料的缺口脆化倾向，称为缺口敏感度(notch sensitivity factor)q，即

$$q = \frac{\sigma_{bN}}{\sigma_b} \quad (1\text{-}3\text{-}3)$$

q 值越大，敏感性越小。当 $q<1$ 时，说明缺口处还未明显塑性变形时就早期脆断了，陶瓷、玻璃、铸铁等脆性材料属于此类情况；当 $q>1$ 时，说明缺口处发生了塑性变形，q 值越大，表示塑性变形量越大，缺口敏感性就小，甚至不敏感，塑性很好的材料即为此种情况。由此启发我们，在选用制作带缺口零件时，不能盲目追求高强度，而应注意足够的塑性配合。

材料的缺口敏感性除与材料本身性能有关外，还与缺口形状、尺寸有关。缺口顶端的曲率半径愈小，缺口愈深，材料对缺口的敏感性愈大；缺口相同条件下，试样截面尺寸愈大，缺口敏感性也愈大。因此，在采用缺口试样拉伸试验来测定缺口敏感性时，为便于比较，所用缺口试样的缺口形状和尺寸应有所规定，具体的试验细节可参见国家标准。

1.4　硬度

硬度(hardness)是表征材料软硬程度的一种力学性能指标。测定硬度的试验方法有多种，大体可分为压入法和刻痕法两大类，如图 1-4-1 所示。

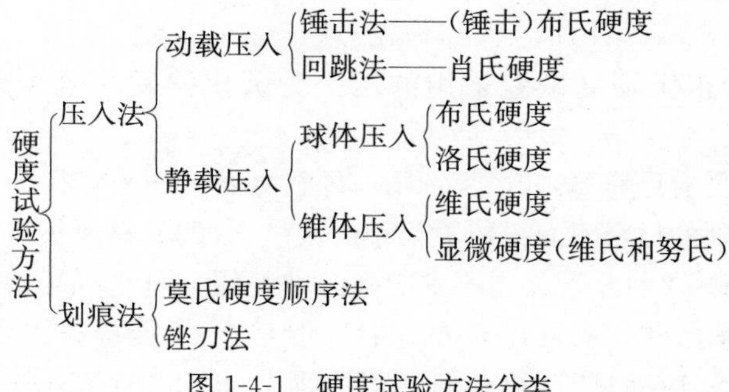

图 1-4-1　硬度试验方法分类

在压入法中,根据加载速度不同又分为静载压入法和动载压入法,后者又称弹性回跳法。静载压入法的基本原理:利用机械装置将标准压头在规定载荷下压入待测材料表面,保持一定时间后卸载,然后测量残留在材料表面的压痕的某一几何量,如压痕面积、压痕深度或压痕对角线长度等,用来表征材料的软硬。显然,压痕面积或压痕深度愈大,材料硬度愈低。

硬度的物理意义随试验方法不同,其含义也不同。例如,压入法的硬度代表了材料表面抵抗另一物体压入时所引起塑性变形的能力;刻痕法硬度表示材料抵抗表面局部断裂的能力;弹性回跳法硬度是代表金属弹性变形功的大小。因此,硬度值实际上不是一个单纯的物理量,它是表征着材料的弹性、塑性、形变强化、强度和韧性等一系列不同物理量组合的一种综合性能指标。

目前工业实践中,静载压入法应用最广。这是因为,第一,它的应力状态较软($\alpha>2$),能测量大部分材料标志塑性变形抗力的硬度;第二,硬度试验方法简单易行,不损坏部件,适于产品成批检验以及评价材料加工、处理,特别是表面处理工艺质量的好坏;第三,硬度在一定条件下与材料的抗拉强度有正比关系,可以由硬度大致推测出材料的强度水平。

1.4.1 布氏硬度

布氏硬度(Brinell hardness)试验是1900年由瑞典工程师J. B. Brinell提出的,是目前最常用的硬度试验方法之一。布氏硬度试验原理如图1-4-2所示,以一定大小的载荷P(kgf或N)将直径为D的球形压头压入试样表面,经规定保持时间后卸除载荷,根据压痕的表面积A(mm^2),计算单位面积上所承受的载荷来表征硬度。该硬度用符号HB表示,计算公式如下

$$\mathrm{HB}=\frac{P}{A}=\frac{P}{\pi Dh} \tag{1-4-1}$$

在实际试验时,由于测量压痕直径d比压痕深度h方便,将式(1-4-1)中的h换算成d的表达式。根据几何关系

$$h=\frac{D}{2}-\frac{1}{2}\sqrt{D^2-d^2}$$

当载荷单位为kgf时,有

$$\mathrm{HB}=\frac{2P}{\pi D(D-\sqrt{D^2-d^2})} \tag{1-4-2a}$$

当载荷单位为N时,有

$$\mathrm{HB}=\frac{0.102\times 2P}{\pi D(D-\sqrt{D^2-d^2})} \tag{1-4-2b}$$

式中,只有d是变数,试验时只要测量出压痕直径d(mm),可通过计算或查布氏硬度表得到HB值。

按最新国标规定,布氏硬度试验采用的压头为碳化钨硬质合金球,硬度符号用HBW表示。

材料有硬有软,工件有厚有薄,如果只选用一种载荷P和压头直径D的组合条件进行试验,则可能发生下列情况:硬的材料表面只留下很小的浅坑;软的材料压头将深深埋入材料内部;或者薄的工件被"压透"。后2种情况将得不到准确的硬度值。因此,布氏硬度试验要求根据具体情况来选择不同的载荷P和压头直径D的组合。但是,为了能统一比较,载荷P和压头直径D的组合不能任意选择,应满足"压痕几何相似原理"。图1-4-3表示了同一种材料制成的工

件在 2 组不同 P -D 组合下的压痕几何，要想两者的硬度值相同(因为相同材料)，必须保证两者压痕的几何形状相似，即保证压入角 φ 相等。由于 $d=D\sin\frac{\varphi}{2}$，将其代入式(1-4-2a)得

$$\mathrm{HB}=\frac{P}{D^2}\frac{2}{\pi\left(1-\sqrt{1-\sin^2\frac{\varphi}{2}}\right)} \tag{1-4-3}$$

式(1-4-3)说明，若压入角 φ 不变，为了使同一材料在两种 P-D 组合下测得的硬度不变，则要求 P/D^2 也应保持为常数，即

$$\frac{P_1}{D_1^2}=\frac{P_2}{D_2^2}=\cdots=\text{常数} \tag{1-4-4}$$

此即相似性条件。

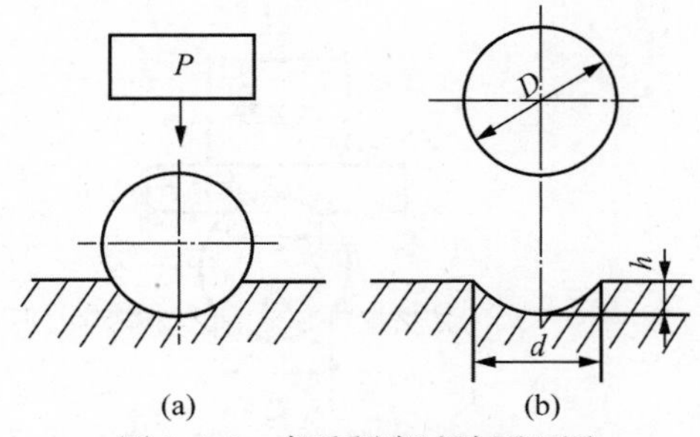

图 1-4-2 布氏硬度试验原理图

(a) 压头压入试样表面；(b) 卸载后测量压痕直径

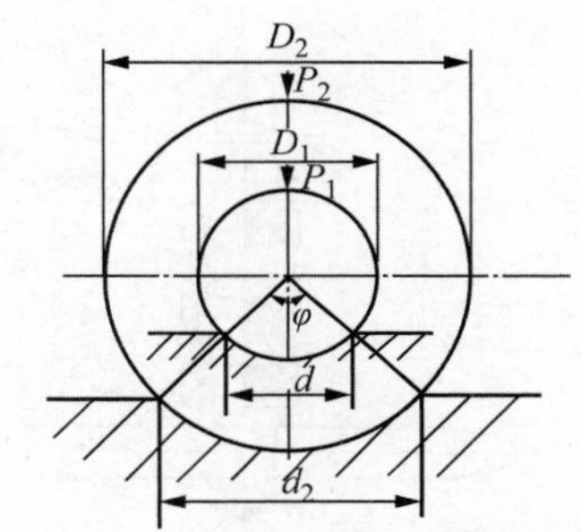

图 1-4-3 压痕几何相似原理示意图

大量试验表明，上述相似性原理只有在压痕满足 $0.24D\leqslant d\leqslant 0.6D$ 的条件下才成立，为此，国家标准规定了 3 种 P/D^2 的值，即 30、10、2.5，可根据材料及工件厚度选取，如表 1-4-1 所示。

表 1-4-1 布氏硬度试验规范

金属类型	布氏硬度值 HB/(kgf/mm²)	试样厚度/mm	压头球直径 D/mm	载荷 P/kgf	P～D 关系	载荷保持时间/s
黑色金属	140～150	6～3	10	3000	$P=30D^2$	10
		4～2	5	750		
		<2	2.5	187.5		
	<140	>6	10	1000	$P=10D^2$	10
		6～3	5	250		
		<3	2.5	62.5		
有色金属	>130	6～3	10	3000	$P=30D^2$	30
		4～2	5	750		
		<2	2.5	187.5		
	36～130	9～3	10	1000	$P=10D^2$	30
		6～3	5	250		
		<3	2.5	62.5		
	8～35	>6	10	250	$P=2.5D^2$	60
		6～3	5	62.5		
		<3	2.5	15.6		

布氏硬度的特点是压痕面积较大，故不宜在成品件上直接进行检验，另外，硬度不同的材料需要更换压头直径和载荷，压痕直径的测量较麻烦。但优点在于硬度值能反映材料在较大区域内各组成相的平均性能，试验数据稳定，重复性高。特别是对很多材料，尤其是金属材料，布氏硬度值与抗拉强度值有正比关系，即

$$\sigma_b = k \cdot \text{HB} \tag{1-4-5}$$

式中，k 为比例系数。对于不同的金属，k 值不同；对于同一种金属，热处理不改变 k 值，但冷变形使 k 值变化。

锤击布氏硬度

在工厂内，日常检验大锻件、大铸件和钢材时，为了免除切取试样的困难和浪费材料，可采用轻便的锤击式简易布氏硬度计。图 1-4-4 为锤击式布氏硬度计示意图，图 1-4-5 为测试原理。

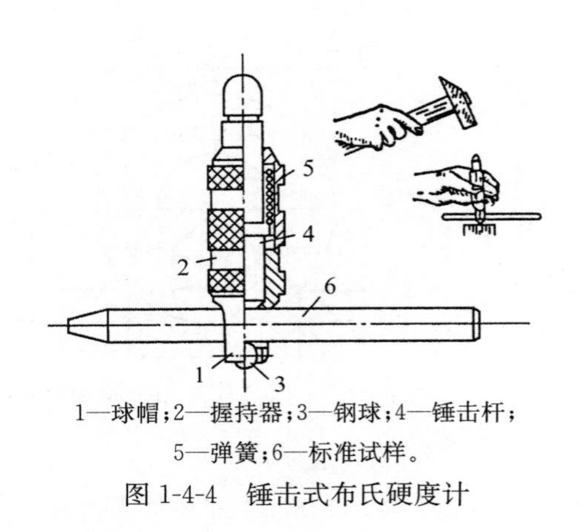

1—球帽；2—握持器；3—钢球；4—锤击杆；5—弹簧；6—标准试样。

图 1-4-4　锤击式布氏硬度计

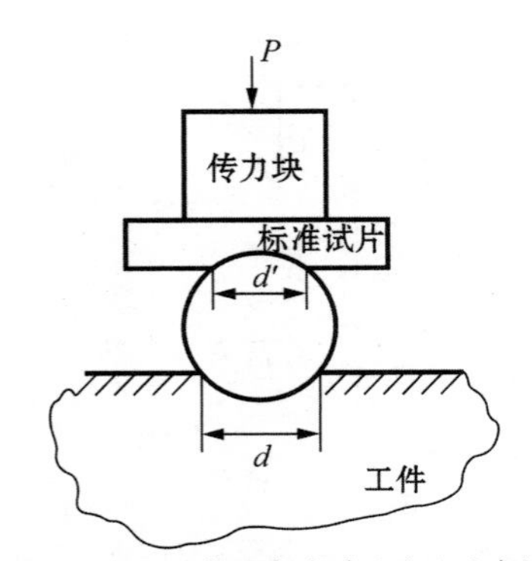

图 1-4-5　压痕几何相似原理示意图

试验前，首先估计被测工件大致的硬度，选择与其硬度值相近的标准块插入硬度计内，使压头抵住待测工件表面，然后用手锤敲击锤击杆顶部一次。这样会在标准块和试件表面各打出一个压痕，根据布氏硬度原理有标准块硬度：

$$\text{HB}' = \frac{2P}{\pi D\left(D - \sqrt{D^2 - d_1^2}\right)} \tag{1-4-6}$$

工件硬度：

$$\text{HB} = \frac{2P}{\pi D\left(D - \sqrt{D^2 - d^2}\right)} \tag{1-4-7}$$

由于作用在标准快和工件上的力是相等的，则有

$$\text{HB} = \text{HB}' \frac{D - \sqrt{D^2 - d_1^2}}{D - \sqrt{D^2 - d^2}} \tag{1-4-8}$$

因此，只要将测得的 d、d_1 和已知的标准块硬度 HB′代入式(1-4-8)或查表，便可求出待测工件的硬度。

锤击布氏硬度试验简单，但是需要一组不同硬度值的标准试样，而且试验误差较大。所以，锤击布氏硬度值一般不作为产品验收依据，只能当作参考。

1.4.2　洛氏硬度

洛氏硬度(Rockwell hardness)是美国的 S. P. Rockwell 和 H. M. Rockwell 兄弟于 1919

年提出的，它也是最常用的硬度试验方法之一。洛氏硬度也用压痕法测得，但与布氏硬度不同的是，它是以残余压痕的深度而非面积来表征硬度的，用 HR 表示。

洛氏硬度试验采用的压头有两种：其一是圆锥角 $\alpha=120^{\circ}$、尖端曲率半径 $R=0.2\mathrm{mm}$ 的金刚石圆锥体，适用于淬火钢等硬度较高的材料；其二是直径 $D=1.588\mathrm{mm}$ 或 $D=3.175\mathrm{mm}$ 的碳化钨硬质合金球，适用于有色金属等硬度较低的材料。试验原理如图 1-4-6 所示，首先对压头施加初载荷 P_0，使其压入试样一定深度 h_0，将这一深度作为测量压痕深度的基线。随后再施加主载荷 P_1，压痕深度的增量为 h_1，其中也包括了弹性变形。经规定保持时间后卸除 P_1，则发生弹性恢复，在试样上留下由 P_1 造成的残余压痕深度 e。e 值越大，硬度越低。为了适应人们习惯上数值越大硬度越高的概念，人为规定用一个常数 k 减去 e 表示硬度值，并规定每 0.002mm 为一个洛氏硬度单位，则洛氏硬度值可用下式计算：

$$\mathrm{HR}=\frac{k-e}{0.002} \tag{1-4-9}$$

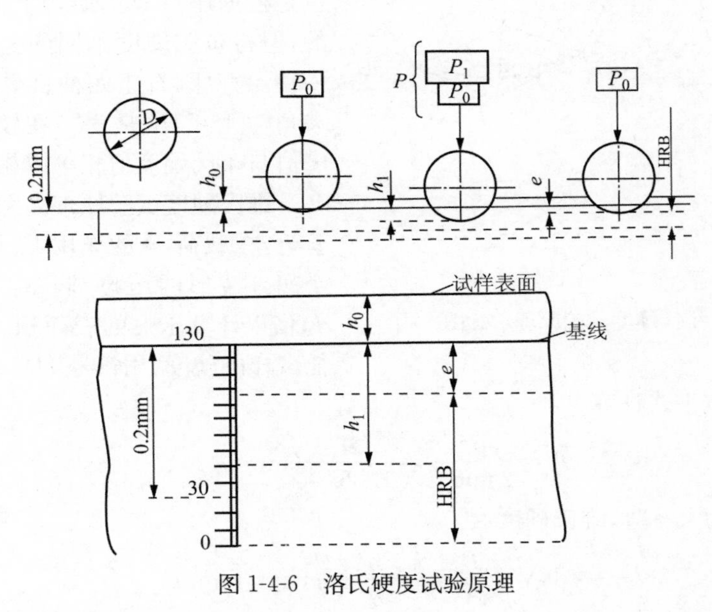

图 1-4-6　洛氏硬度试验原理

可见洛氏硬度是一个无量纲的量。对于金刚石压头，k 取 0.2mm；对于淬火钢球压头，k 取 0.26mm。在洛氏硬度计中，压痕深度已经换算成标尺刻度，根据具体试验时指针所指的位置，可直接读出硬度值。这种方法比较方便，免去了布氏硬度需先人工测量再计算或查表的麻烦。

为了能用一种硬度计测定从软到硬的材料硬度，可采用不同的压头和总载荷，构成一系列不同标尺。国家标准规定了 A、B、C、D、E、F、G、H、K、L、M、P、R 和 S 共 14 种标尺，其中最常用的有 A、B、C 这 3 种，其硬度值分别以 HRA、HRB、HRC 表示，表 1-4-2 给出了其试验规范。

洛氏硬度压痕小，不损坏工件，操作简便，适合于批量检验。硬度值范围广，从软到硬均可测，各种厚度工件也均可测。但易于引起操作误差，试验值较分散，特别是各种标尺的硬度值不能直接比较和换算。

表 1-4-2 洛氏硬度试验规范

标尺	测量范围	初载荷/N(kgf)	主载荷/N(kgf)	压头类型	K/mm	k/mm
HRA	60～85	98.1(10)	490.3(50)	金刚石圆锥体	0.2	0.002
HRC	20～67	98.1(10)	1 373(140)	金刚石圆锥体	0.2	0.002
HRB	25～100	98.1(10)	882.6(90)	碳化钨合金球	0.26	0.002

1.4.3 维氏硬度

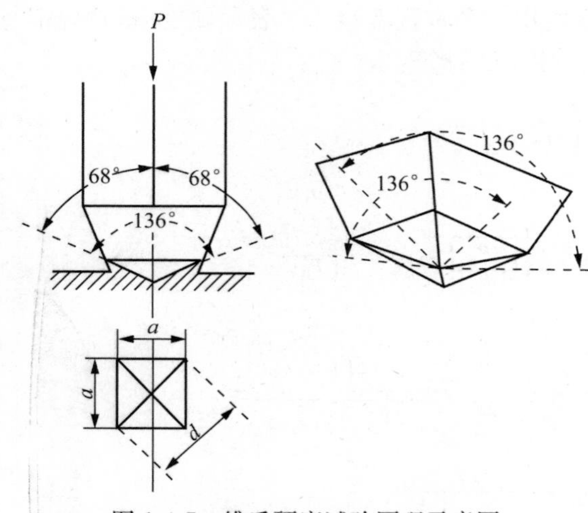

图 1-4-7 维氏硬度试验原理示意图

维氏硬度(Vickers hardness)是为了克服布氏硬度只能测定硬度值小于 450 的较软材料和洛氏硬度标尺太多且不能直接换算的缺点而提出的又一种硬度试验法。它也是根据压痕单位面积上的载荷表征硬度的,但与布氏硬度不同的是,它的压头只有一种,为金刚石正四棱锥体,其两相对面间夹角为 136°,这是为了在较低硬度时,其硬度值与布氏硬度值相等或相近。

维氏硬度试验原理如图 1-4-7 所示。试验时,在载荷 P 的作用下,试样表面压出一个四方棱形的压痕,测量压痕对角线长度 d,借以计算压痕的表面积 A,以 P/A 值表征试样的硬度,用符号 HV 表示。

压痕面积可按下式计算:

$$A=\frac{d^2}{2\sin 68^\circ}=\frac{d^2}{1.8544}(\text{mm}^2) \tag{1-4-10}$$

当载荷单位为 kgf 时,维氏硬度

$$\text{HV}=\frac{P}{A}=\frac{1.8544P}{d^2}(\text{kgf/mm}^2) \tag{1-4-11}$$

当载荷单位为 N 时,维氏硬度

$$\text{HV}=0.102\times\frac{1.8544P}{d^2}=0.1891\frac{P}{d^2}(\text{N/mm}^2) \tag{1-4-12}$$

根据试样大小、厚薄和其他条件,载荷 P 可在 0.5～120kgf 选择,但最常用的是 0.5、1、5、10、30kgf 等几种。

与布氏硬度和洛氏硬度相比较,维氏硬度具有很多优点:它不存在布氏硬度试验那种载荷与压头直径比例关系的约束,也不存在压头变形问题;由于角锥压痕轮廓清晰,采用对角线长度计量,精确可靠;维氏硬度不存在洛氏硬度的硬度级无法统一的缺点,而且比洛氏硬度能更好地测定极薄试样的硬度。维氏硬度试验的缺点是需要测量对角线长度,然后计算或查表,因此效率不够高。

1.4.4　其他硬度

1.4.4.1　显微硬度

显微硬度(microscopic hardness)用符号 HV_m 表示，其试验原理与维氏硬度相同，但所选载荷更小(压痕很小)，并以 gf 为载荷单位，以 μm 为长度单位，故计算公式如下

$$HV_m = 1\,854.4\frac{P}{d^2} \tag{1-4-13}$$

显微硬度试验一般使用的载荷为 2、5、10、50、100 及 200gf，由于压痕微小，可研究微小区域的硬度，例如合金中不同相的硬度。但需抛光、制成金相试样，并在显微镜下测量对角线长度 d，故较烦琐，工业生产中不常采用，多用于材料研究。

1.4.4.2　努氏硬度

努氏硬度(Knoop hardness)用符号 HK 表示，它也是一种显微硬度试验方法，但与显微硬度的区别有两点：其一是压头形状不同，采用棱角为 172.5°及 130°的四角棱锥压头；其二是硬度值为载荷除以压痕投影面积，计算公式如下：

$$HK = 0.102 \times 14.23\frac{P}{l^2} \tag{1-4-14}$$

式中，l 为长对角线长度。努氏硬度的特点是压痕细长，且只测量长对角线长度，故精确度较高，适于测定表面渗层、镀层及淬硬层的硬度分布等。

1.4.4.3　肖氏硬度

肖氏硬度(Shore hardness)属于动态试验法，其原理是将具有一定质量的带有金刚石或合金钢球的重锤从一定高度落向试样表面，根据重锤回跳的高度来表征材料硬度(HS)的大小。回跳越高，HS 值越大，材料越硬。

肖氏硬度计一般为手提式，便于携带，使用方便，可测现场大型工件的硬度，但准确性受人为因素影响较大，测量精度低，且只适于材料弹性模量相同时比较。

1.4.4.4　莫氏硬度

莫氏硬度(Moh hardness)属于刻痕法，一般适用于陶瓷及矿物材料。它只能表示硬度从大到小的顺序，顺序高的材料可以划破顺序低的材料表面，但不能给出具体硬度值。早期的标准将莫氏硬度分为 10 级，而新标准则划分为 15 级顺序，如表 1-4-3 所示。

表 1-4-3　莫氏硬度顺序

旧标准		新标准	
顺序	材料	顺序	材料
1	滑石	1	滑石
2	石膏	2	石膏
3	方解石	3	方解石
4	萤石	4	萤石
5	磷灰石	5	磷灰石
6	正长石	6	正长石
7	石英	7	SiO_2 玻璃
8	黄玉	8	石英

(续表)

旧标准		新标准	
顺序	材料	顺序	材料
9	刚玉	9	黄玉
10	金刚石	10	石榴石
		11	熔融氧化锆
		12	刚玉
		13	碳化硅
		14	碳化硼
		15	金刚石

1.4.5　常用材料的硬度

常用工程材料的硬度如表1-4-4所示。可见，金属材料、陶瓷材料和高分子材料的硬度有巨大差异，这主要是由材料的组成和结构决定的。

表1-4-4　常用工程材料的硬度

材料	条件	硬度/(kgf/mm²)	材料	硬度/(kgf/mm²)
金属材料			BN(立方)	7500
99.5%铝	退火	20	金刚石	6000～10000
	冷轧	40	玻璃	
铝合金(Al-Zn-Mg-Cu)	退火	60	硅石	700～750
	沉淀硬化	170	钠钙玻璃	540～580
软钢(w_C=0.2%)	正火	120	光学玻璃	550～600
	冷轧	200	高分子聚合物	
轴承钢	正火	200	高压聚乙烯	40～70
	淬火(830℃)	900	酚醛塑料(填料)	30
	回火(150℃)	750	聚苯乙烯	17
陶瓷材料			有机玻璃	16
			聚氯乙烯	14～17
WC	烧结	1500～2400	ABS	8～10
金属陶瓷(w_{Co}=60%，余量WC)	20℃	1500	聚碳酸酯	9～10
	750℃	1000	聚甲醛	10～11
Al_2O_3		～1500	聚四氟乙烯	10～13
B_4C		2500～3700	聚砜	10～13

从结合键的角度来看，键合愈强，其硬度一般愈高。对于一价键的材料，其硬度按以下顺序递降：共价键≥离子键≥金属键≥氢键≥范德瓦耳斯键。

从聚集态结构的角度来看，结构愈致密、分子间作用力愈强的材料，其硬度愈高，如具有高度交联网状结构的热固性塑料的硬度比未交联的要高得多。

1.4.6　纳米硬度

纳米硬度(nanohardness，NH)试验也属于压痕法，但所采用的压头极其微细，施加的载荷也极其微小，达微牛(μN)数量级，可得到纳米(nm)级压痕深度。因为压痕极微，所以测定的是原位(in situ)性能，也即微区性能，而不代表材料整体性能。

纳米压痕试验采用纳米力学探针或附带显微成像系统的原子力显微镜，在载荷控制模式下进行压痕试验，可连续加载与卸载，并通过激光位移检测器测量压入深度，原位成像观察压痕状况。图 1-4-8 为加载与卸载过程中典型的载荷-位移曲线。图中最大载荷 P_{max} 产生的总位移用 h_{max} 表示，包括加载时样品表面的位移以及压头进入材料内部的深度。h_c 是最大载荷 P_{max} 下的真实接触深度，它由最初卸载曲线的切线外推法决定。卸载后由于弹性回复，压痕剩余深度用 h_r 表示。压痕面积是与位移 h_c 和压头形状有关的函数，可由下式计算

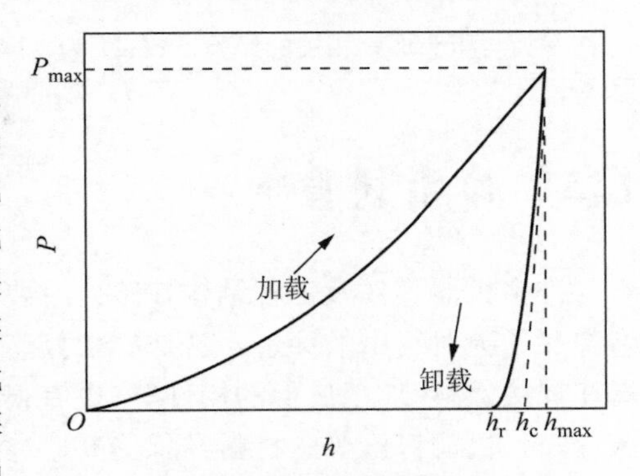

图 1-4-8 纳米压痕试验的载荷-位移曲线

$$A = 24.5h_c^2 + C_1h_c + C_2h_c^{\frac{1}{2}} + C_3h_c^{\frac{1}{4}} + \cdots + C_8h_c^{\frac{1}{128}} \tag{1-4-15}$$

式中，A 为压痕面积；$C_1 \sim C_8$ 为常数。式(1-4-15)中等号右边第一项表示完好压头形状，剩下各项为压头钝化偏离最初的 Berkovich 压头的修正项。

纳米硬度的表征仍然是单位压痕面积上的平均载荷，即

$$\mathrm{HN} = \frac{P}{A} \tag{1-4-16}$$

通过载荷-位移曲线还可求得被测试材料的原位弹性模量。加载过程中，材料经历弹塑性变形，而卸载初期材料为弹性变形，因此可由最初卸载曲线斜率 $\mathrm{d}P/\mathrm{d}h$ 得到材料的弹性模量，其公式为

$$\left.\begin{aligned} \frac{\mathrm{d}P}{\mathrm{d}h} &= \alpha E_r A^{0.5} \\ \frac{1}{E_r} &= \frac{1-\nu_s^2}{E_s} + \frac{1-\nu_i^2}{E_i} \end{aligned}\right\} \tag{1-4-17}$$

式中，α 为与压头形状有关的常数；A 为实际压入面积；E_r、E_s、E_i 分别为体系约化模量、材料弹性模量、压头模量；ν_s、ν_i 分别为材料和压头的泊松比。对于金刚石压头，$E_i = 1\,140\text{GPa}$，$\nu_i = 0.07$。

此外，利用载荷-位移曲线中卸载曲线部分，还可估算在压痕载荷下微区的塑性变形能力 h_r/h_{max}。

由以上讨论可见，纳米压痕法不仅能测定硬度，还能测定弹性模量、塑性变形能力等，因此属于微区力学性能试样方法，近来得到广泛的应用。国际标准化组织也于 2002 年发布了国际标准 ISO 14577-1：2002 *Metallic materials-instrumented indentation test for hardness and materials parameters-Part1*：*Test method*，对纳米压痕试验的设备、样品和试验过程进行了统一和规范。近年来，有人利用纳米压痕试验进行了其他性能测试的探索，如下。

(1) 测定薄膜、涂层、镀层等材料的硬度、模量以及与基底材料的结合力。对于一维尺度很小、二维尺度较大的膜或层状材料，无法运用常规力学性能试验方法。一般硬度受压头影响较大，也会受到基底的影响，纳米压痕法正可以克服此类缺陷。

(2) 研究复合材料界面及近界面微区力学性能分布特征。复合材料由于增强体与基体的模量和热膨胀系数有很大差异，复合后会在界面附近区域造成物理、力学性能(如硬度、塑性、残余应力应变、热导率等)的不均匀分布，虽然不均匀分布的区域很小(微米量级)，但对复合材料的屈服、断裂、疲劳、尺寸稳定性等宏观性能有很大影响。利用纳米压痕法研究复合材料微区力学性能不均匀性及其影响因素，对优化复合材料设计和改善复合材料性能大有裨益。

(3) 测定脆性薄膜或陶瓷材料微小区域的断裂韧度。当压头压入脆性材料时，可能会在压痕周围产生径向微裂纹，根据微裂纹尺度及硬度估算断裂韧度，即

$$K_c = \alpha\left(\frac{E}{H}\right)^{\frac{1}{2}}\left(\frac{P}{C^{\frac{3}{2}}}\right) \tag{1-4-18}$$

式中,α 为与压头形状相关的经验系数;H 为硬度;C 为径向裂纹长度;E 为杨氏模量。断裂韧度的概念参见第 3 章。

1.5 冲击韧度

许多机器零件及工程结构在工作时要受到冲击载荷的作用,如空间飞行器受陨石的撞击,炮弹和子弹对装甲的穿透,飞机降落时起落架与地面的碰撞,汽车驶过凹坑和凸起,经受锻造、爆炸焊接、爆炸加工成形的构件等;也有很大一部分是利用冲击能量来工作的机件,如锻锤、冲床、凿岩机、铆钉枪等。材料在承受高速冲击载荷后,其变形、断裂行为以及性能指标的表征方法有别于准静态。目前,常用于表征材料冲击性能和行为的试验方法有 3 种:第一种是大能量一次冲击试验;第二种是小能量多次冲击试验;第三种是冲击拉伸试验。大能量一次冲击试验通常又称为夏比缺口冲击试验,可测定材料的冲击韧度,可评定材料的韧脆性质,且试验非常简单,故在生产上很常用,在本节做主要介绍。多次冲击试验测定材料的多冲抗力,材料的破坏是在多次冲击下由损伤累积、发展而导致的,变形和断裂行为类似于疲劳,相关内容在第 4 章介绍。冲击拉伸试验可测定材料在高速加载下的应力-应变曲线和相应的强度、塑性指标,能分析材料对高速载荷的力学响应特征,但试验装置复杂,试验较困难,故多用于理论研究,工程实践中很少应用。这部分内容将在第 5 章相关小节介绍。

1.5.1 夏比缺口冲击试验

夏比缺口冲击试验(Charpy notch impact test)试验装置及原理如图 1-5-1 所示。将欲测定的材料先制备成带缺口的标准试样,然后放置在试验机支座上,将质量为 G 的摆锤举至一定高度 h,使其获得位能 Gh,再将摆锤释放,摆锤下落至最低位置时冲断试样,剩余的动能会将摆锤再扬起一定高度 h',即冲断试样后摆锤剩余的能量为 Gh'。冲断试样所用的能量称为**冲击功**(impact energy),以 A_k(单位 N・m)表示:

$$A_k = G(h - h') \tag{1-5-1}$$

将冲击功除以试样缺口处截面积 A_0 的值定义为**冲击韧度**(impact toughness),用 a_k(单位为 N・m/m²)表示:

$$a_k = \frac{A_k}{A_0} \tag{1-5-2}$$

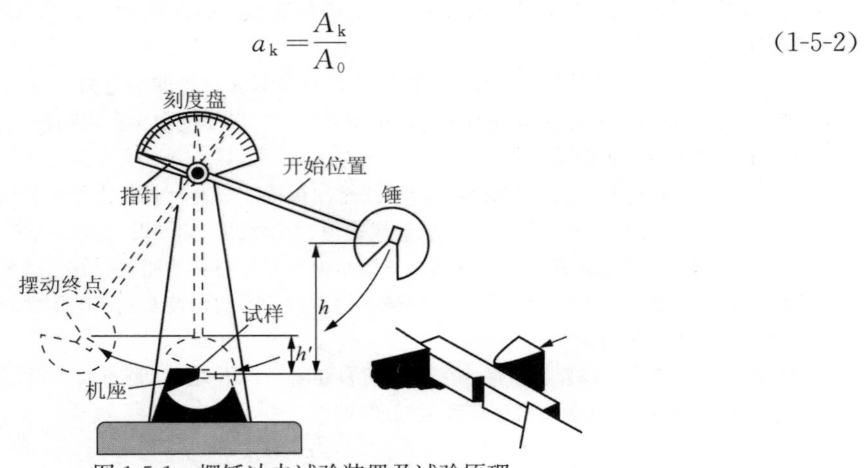

图 1-5-1 摆锤冲击试验装置及试验原理

试样带缺口是为了在缺口附近造成应力集中，使塑性变形局限在缺口附近不大的区域内，并保证在缺口处发生破断以便正确测定材料承受冲击载荷的能力。同一种材料，缺口越深、越尖锐，塑性变形的体积就越小，冲击功也越小，材料表现脆性越显著。正因如此，不同类型和尺寸试样的冲击韧度是不能相互换算和直接比较的。另外，对于脆性很大的材料，如球墨铸铁、工具钢、陶瓷等，常采用不带缺口的试样。

1.5.2 冲击韧度和冲击功的适用性

长期以来，人们习惯把冲击韧度 a_k 值作为评定材料韧脆程度及承受冲击载荷的抗力指标，这是有待商榷的。冲击功 A_k 为试验断裂前吸收的能量，有确切的物理意义。而 a_k 表示的是单位面积上的冲击功，失去了明确的物理意义，成为一个纯粹的数学量。这是因为，试样断裂行为在断面上是不相同的，一来试样承受的是弯曲载荷，二来有缺口存在，缺口截面上应力分布是不均匀的，因而塑性变形程度也不相同，塑性变形主要集中在缺口附近，试验吸收的冲击功也主要消耗在缺口附近。目前，国际上通用的是把 A_k 作为材料承受冲击载荷的抗力指标。

A_k 为冲断试样消耗的总功，实际上它只有一部分消耗于试样的变形和断裂，另一部分则消耗于试样的抛出、机座的振动等“废功”。对于金属材料，后一项值很小，一般略去；对于陶瓷等脆性材料，第一项值很小，故应采用小能量摆锤试验，避免后一项所占比例过大带来大的误差；对于有些高分子材料（如聚甲基丙烯酸甲酯类塑料），试样抛出功有时可达总能量的 50%，这时除采用小能量的摆锤以外，还要对试验结果进行修正。

1.5.3 冲击试验的应用

虽然 a_k 值作为一个力学性能指标有种种不足之处，但其在生产中被长期应用，积累了大量有价值的资料和数据，特别是冲击试验非常简单，所以至今仍被广泛采用。冲击试验主要应用在下列几个方面。

(1) 作为材料承受大能量冲击时的抗力指标或作为评定某些构件寿命与可靠性的结构性能指标。对于某些特殊条件下服役的机件，如炮弹、装甲板等，均承受大能量冲击，这时 A_k 值就是一个重要的抗力指标。对于一些服役时可能承受大能量冲击的构件，如船用钢板，A_k 值也可作为一个结构性能指标，以防发生脆断。应该指出，a_k 或 A_k 指标不能直接用来进行结构设计和计算，只能根据试验和经验作为选材的依据。例如，美国在第二次世界大战期间及战后的几年间，共有数百多艘海船发生了脆断事故，造成了巨大经济损失和人员伤亡。为了查清事故原因，曾进行了大量的调查和事故分析。调查表明，海船发生事故时的海水温度大多数在 4.4℃附近或以下，此温度下的船用钢板的冲击功大部分均低于 10 ft・lbf(13.56J)，而且裂纹起源都在如结构拐弯、焊接缺陷及意外损伤所引起的缺口等应力集中处。经过综合分析，认为船用钢板冲击功过低，是引起脆断的重要原因。因此，规定在工作温度下船用钢板的冲击功应大于 15ft・lbf(20.34J)，从而杜绝了脆断事故。

(2) 评定原材料的冶金质量以及材料热加工后的产品质量。原材料的宏观和微观缺陷，如夹杂、气泡、严重分层、偏析、夹杂物超级等，以及锻造和热处理所造成的缺陷，如过热、过烧、白点、回火脆性、淬火及锻造裂纹等，将严重影响材料的质量，而冲击韧度对组织缺陷非常敏感，因而通过测定冲击韧度可以间接地评定冶金缺陷和热加工缺陷存在的严重程度。

(3) 确定应变失效敏感性。钢铁材料，尤其是低碳钢板经过冷加工变形后长期处于较高温度下工作时，其塑性和韧性会下降，而屈服强度升高，这一现象称为**应变时效**(strain aging)。应变时效敏感性用材料时效前后的冲击功之差与时效前的冲击功之比的百分数表示：

$$时效敏感性=\frac{A_{k前}-A_{k后}}{A_{k前}}\times 100\% \tag{1-5-3}$$

(4) 评定材料在不同温度下的韧脆性转化趋势。由于冲击试验过程非常快，可以将试样在所需要的温度(包括低温、高温)下保持一段时间后达到规定的温度，然后迅速将试样放置在试验机支座上(室温)，在试样温度还来不及变化时就将试样冲断，便可得到冲击功与温度的关系，这样的试验称为系列冲击试验。

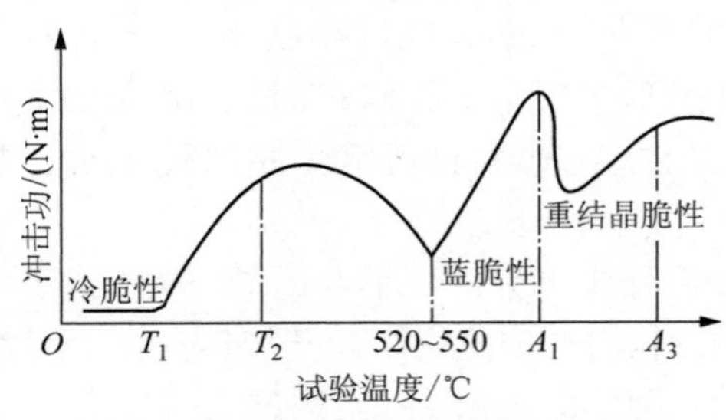

图 1-5-2　钢的几个脆性温度范围

图 1-5-2 为通过系列冲击试验测定的钢的冲击功与温度的关系，总的趋势是随温度降低，冲击功下降，但并非单调下降，存在 3 个温度区间使材料呈现脆性状态(冲击功为谷值)。钢在 $A_1\sim A_3$ 温度区存在重结晶脆性，它与钢处于两相混合组织区有关；在 520～550℃的中温区，存在一个脆性谷，此温度下钢的氧化皮呈蓝色，故称为蓝脆。蓝脆的原因可能与氢、氮等间隙原子的扩散有关。当温度再降低到某一数值时，冲击功急剧降低，钢材由韧性断裂转变为脆性断裂，称为韧-脆转变(或冷脆转变)，转变的温度称为韧-脆转变温度，钢在低温下的脆性就称为冷脆性。冷脆性是体心立方金属，特别是中、低强度钢的典型特征，非常重要，将在第 3 章的相关小节中讨论。

1.6　强度的统计学分析

材料强度(失效抗力)取决于材料自身的成分、组织，即使是同一型号、同批生产的材料，由于成分、组织、缺陷的不均匀性，其力学性能也会有一定分散度。人们自然要问，在实验室中用小试样或少数试样测定的性能数据究竟能否代表材料的强度?

相比较而言，韧性材料(如金属)的强度分散性远远小于脆性材料(如玻璃、陶瓷、纤维等)，如图 1-6-1 所示。因此在测定脆性材料的强度时，常常显示每个试样的强度差别很大。图 1-6-2 给出了 125 根相同石墨纤维的强度分布，纤维的强度不是一个集中值，而是分布在一个范围内。在此种情况下，像金属材料那样用少数试样(3～5 个)数据的算术平均值来表征该测定材料的强度就不够精确，必须对强度数据的分布特征进行统计学分析。

描述强度的分布至少需要两个参数，分别用于表征分布的宽度和量级。面临的问题是这种分布的形式不能预先知道，这时就需用合适的函数来拟合。这样的函数在统计学范畴称为概率分布函数，或分布密度函数，可用的有 Weibull 分布、正态分布、对数正态分布等。选定了分布函数并通过试验确定了分布密度函数中的特征参数，就可以求其数学期望和方差，来分别表征强度和它们的分散性，通过对分布密度函数的积分就可以求出断裂概率。

现以图 1-6-2 所示的纤维强度分布特征，来简单分析该种纤维的性能。假定纤维强度服从双参数 Weibull

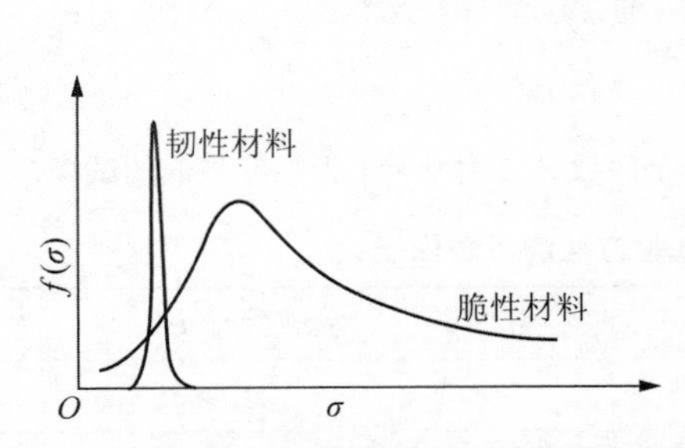

图 1-6-1 韧性材料和脆性材料强度(σ)分布特征

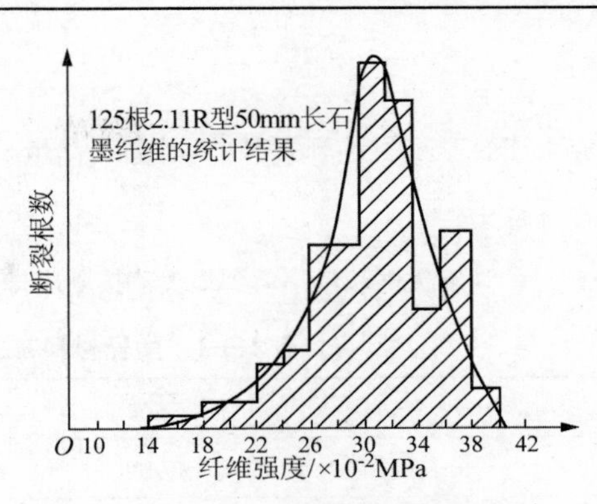

图 1-6-2 石墨纤维强度的分布

分布，则其强度分布密度函数为

$$f(\sigma) = L\alpha\beta\sigma^{\beta-1}\exp(-L\alpha\sigma^{\beta}) \tag{1-6-1}$$

式中，L 为纤维长度；α 为尺度参数；β 为形状参数。纤维的平均强度 $\bar{\sigma}$ 为该分布的数学期望，即

$$\bar{\sigma} = \int_0^{\infty} \sigma f(\sigma)\mathrm{d}\sigma = (\alpha L)^{-\frac{1}{\beta}}\Gamma\left(1+\frac{1}{\beta}\right) \tag{1-6-2}$$

式中，$\Gamma(\ )$为误差函数，其数学定义为 $\Gamma(x)=\int_0^{\infty}\sigma^{x-1}\mathrm{e}^{-\sigma}\mathrm{d}\sigma$，参数 x 确定后，其值可查数学用表。

纤维强度的分散性用标准偏差(即方差)表示，即

$$S = \int_0^{\infty}(\sigma-\bar{\sigma})^2 f(\sigma)\mathrm{d}\sigma = (\alpha L)^{\frac{1}{\beta}}\left[\Gamma\left(1+\frac{2}{\beta}\right)-\Gamma^2\left(1+\frac{1}{\beta}\right)\right]^{\frac{1}{2}} \tag{1-6-3}$$

纤维的强度分布函数

$$F(\sigma) = \int_0^{\infty} f(\sigma)\mathrm{d}\sigma = 1-\exp(-\alpha L\sigma^{\beta}) \tag{1-6-4}$$

它表示了 L 长度的纤维在应力不超过 σ 时的断裂概率。

通常认为，陶瓷材料的强度分布服从三参数 Weibull 分布，这样，在拉应力作用下的断裂概率为

$$F = 1-\exp\left[-\int_V\left(\frac{\sigma-\sigma_{\min}}{\sigma_0}\right)^m\right]\mathrm{d}V \tag{1-6-5}$$

式中，m 为 Weibull 模数，它确定了强度分布的宽度，其值愈大，则强度值的波动就愈小；σ_0 为特征强度，它确定了分布在应力空间中的位置；$\sigma_{\min}$ 为最低强度。陶瓷的 m 值通常为 5～20。

在许多场合中采用 $\sigma_{\min}=0$ 而得到双参数 Weibull 分布，则式(1-6-5)可简化为

$$\ln\left(\frac{1}{1-F}\right) = L_{\mathrm{F}}V\left(\frac{\sigma_{\max}}{\sigma_0}\right)^m = \left(\frac{\sigma_{\max}}{\sigma_0^*}\right)^m \tag{1-6-6}$$

式中，$\sigma_{\max}$ 为最大外加应力；V 为承载的体积；L_{F} 为承载因子。承载因子反映的是物体内部的应力状态，在单轴拉伸条件下其值为 1。σ_0 可以解释为具有单位体积的物体在断裂概率为 0.632 时所具有的单轴强度。使用参数 $\sigma_0^*=\sigma_0(L_{\mathrm{F}}V)^{1/m}$ 更方便一些。这一参数表示了对于特定的 V 和 L_{F} 在 $F=0.632$ 时的比特征强度。承载因子是与单轴拉伸情况相比较所获得的物体承载效率的一个量度。乘积($L_{\mathrm{F}}V$)通常称为有效体积，因为它说明了物体是如何“有效地”承受应力的。表 1-6-1 给出了一些常用试验方法的承载因子。上述分析是假定裂纹分布在整个材料体积内的。通过用面积项取代体积项，类似的分析也适用于只含有表面裂纹的物体。

在分析强度数据时，式(1-6-6)通常写成

$$\ln\ln\left(\frac{1}{1-F}\right) = m\ln\sigma_{\max} - m\ln\sigma_0^* \tag{1-6-7}$$

将式(1-6-7)左边的项对强度的自然对数作图将得到一条直线，其斜率为 m，由截距项($=-m\ln\sigma_0^*$)可以确定 σ_0^*。而参数 σ_0^* 与平均强度 σ_{av} 之间的关系为

$$\sigma_{av} = \sigma_0^* \Gamma\left(1+\frac{1}{m}\right) \tag{1-6-8}$$

在上述处理过程中，需要对每一个试样给出一个断裂概率。通常这个断裂概率由下式估计得到：

$$F = \frac{n-0.5}{N} \tag{1-6-9}$$

N 个试样的强度数据从最小值到最大值按顺序排列，给出了一个序数 n，其中 $n=1$ 为强度最低的试样。

表 1-6-1 陶瓷材料常见力学性能试验方法的承载因子

几 何 构 型		承载因子 L_F
单 轴 拉 伸		1
弯曲试验	纯弯曲	$\frac{1}{2(m+1)}$
	三点弯曲	$\frac{1}{2(m+1)^2}$
	四点弯曲(L_1 为内跨距，L_0 为外跨距)	$\frac{mL_1+L_0}{2L_0(m+1)}$

由上述分析可见，脆性陶瓷材料的强度取决于部件的尺寸及其承载方式。图 1-6-3(a)给出了 2 组具有不同体积但在同样的加载方式下发生破坏的强度值。可以预期具有较大体积的试样将表现出较低的强度，这是因为在大试样中“发现”较大裂纹的概率将会增大。在试样体积相同的情况下，承载方式变得重要起来。一般来说，弯曲试样中应力对物体的作用不如拉伸试验中那么有效。所以在试样尺寸相同的情况下，弯曲试验得到的强度值应该大于单轴拉伸的结果[见图 1-6-3(b)]。显然，多轴加载也会降低强度[见图 1-6-3(c)]。

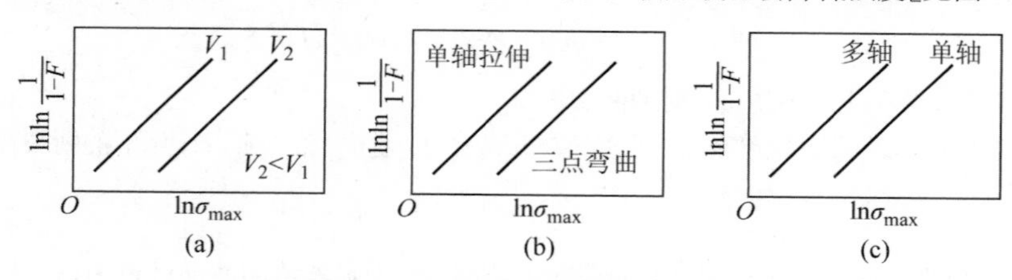

图 1-6-3 不同因素对强度分布的影响

(a) 试样尺寸；(b) 加载方式；(c) 多轴加载

本 章 小 结

本章主要介绍了在工程上最常用的几种力学性能试验方法以及通过这些试验方法标定的相应力学性能指标。

单向静拉伸试验是最重要的力学性能试验。拉伸试验可以得到材料的应力-应变曲线，它能反映材料在不同力的范围内的宏观响应特征，如弹性变形、塑性变形和断裂。更重要的是，通过拉伸试验可以标定一系列性能指标，包括杨氏模量 E、比例极限 σ_p、弹性极限 σ_e、弹性比功 a_e、条件屈服强度 $\sigma_{0.2}$(或屈服点 σ_s)、抗拉强度 σ_b、断裂强度 σ_k、伸长率 δ、断面收缩率 ψ、真实断裂强度 S_k、静力韧度 a 等。在上述诸指标中，表征强度的 $\sigma_{0.2}$ 和 σ_b 以及表征塑性的 δ 和 ψ 这 4 个指标应用最广，也是最基本的材料力学性能指标。在最新的国家标准中，比例极限、弹性极限和条件屈服强度都可以用规定非比例伸长应力来表示，它们表征了材料对不同数量级微塑性变形的抗力，因而可以直接用于强度计算和结构设计。

塑性指标不能直接用于设计计算。通常根据经验确定材料应有的 δ 和 ψ 值，以保证机件安全工作。用断面收缩率 ψ 评定材料的塑性比用伸长率 δ 合理，但对于受拉伸的等截面长杆类机件用材以及塑性较小的材料，则可以用 δ 来评定。

由于拉伸试验简单可靠，人们在研究材料的成分、组织以及加工工艺时，常使用 $\sigma_{0.2}$、σ_b、δ 和 ψ 这 4 个指标作为优化成分和工艺的初始依据。

材料在静载下的力学性能除采用拉伸试验方法测定以外，还常采用压缩、弯曲、扭转等试验方法测定。尽管金属材料在这几种加载方式下都存在弹性变形、塑性变形和断裂 3 个阶段，但由于不同加载方式造成的应力状态不同，这 3 个阶段所反映的性能在量和质上都有各自的特点。扭转和压缩试验的应力状态较软，弯曲试验可以克服拉伸试验时偏斜对试验结果的影响。因此，这几种静载试验方法主要适用于脆性材料，以反映静拉伸时难以显示的材料在韧性状态下的力学行为。当然，对于服役在扭转、压缩或弯曲受载状态下的机件，采用相应的试验方法测定的性能指标也是其确定计算和结构设计所必需的参数。

缺口拉伸试验主要用来评定材料对缺口的敏感性。一般来说，缺口有造成材料或机件脆化的倾向，使脆性断裂发生的可能性大大增加。而缺口顶端的应力集中现象对于理解本书第 3 章将要介绍的含裂纹体脆性断裂和断裂韧度很有帮助。

硬度不是材料独立的力学性能，其物理意义随试验方法而不同。压入硬度综合反映了材料的弹性、微量塑性变形抗力、形变强化能力等性能。生产上最常用的是布氏硬度和洛氏硬度，其硬度值虽不能作为设计参数，但常用于热处理质量检验和材料研究中，在很多情况下，合格的产品常对硬度指标有规定。

冲击弯曲试验也是工程上应用最为广泛的力学性能试验之一，它主要是用来评定材料的脆性大小。冲击弯曲试验测定的性能指标是冲击韧度 a_k 和冲击功 A_k，它们虽然不能直接用于结构设计和计算，但对于很多结构件，常根据经验规定其值必须在某一数值之上，以避免在服役过程中发生脆性断裂。此外，冲击韧度对材料的结构和组织十分敏感，所以也常作为材料制备、加工质量检验和材料成分结构、组织优化的依据。冲击韧度的一个重要应用是通过在系列温度下的试验来测定材料韧-脆转变温度 T_C，该值也是衡量材料韧性和脆度好坏的重要指标。

名词及术语

单向静拉伸	应力-应变曲线	弹性变形	塑性变形
断裂	弹性模量	比例极限	弹性极限
屈服极限	屈服强度	抗拉强度	伸长率(伸长率)
断面收缩率	抗压强度	抗弯强度	抗扭强度
剪切屈服强度	剪切模量	布氏硬度	洛氏硬度
维氏硬度	显微硬度	努氏硬度	肖氏硬度
莫氏硬度	纳米硬度	缺口效应	缺口敏感度
冲击韧度	静力韧度		

思考题及习题

1. 已知钢的杨氏模量为210 000MPa。试问直径为2.5mm,长度为120mm的线材承受450N载荷时的变形量是多少？若用同样长度的铝线来承受同样的载荷,并且要求变形量也相同,铝丝的直径应为多少(铝的杨氏模量为70 000MPa)?

2. 某钢棒需要承受14 500N载荷,如钢棒允许承受的应力为150MPa,那么钢棒的直径应为多少？若钢棒长度为50.6mm,杨氏模量E为210 000MPa,那么钢棒的弹性变形量ΔL是多少?

3. 一直径为2.5mm,长度为200.0mm的杆,在2 000N的载荷作用下,直径缩至2.2mm,试求:

(1) 杆的最终长度;

(2) 在该载荷作用下的真实应力和真实应变;

(3) 在该载荷作用下的工程应力和工程应变。

4. 铝、铜、钨和尼龙6/6的杨氏模量分别为70 000MPa,122 500MPa,388 080MPa和2 830MPa。假定未发生屈服,试计算承受5 000N载荷时,各材料试样的伸长量(试样长度为1 000mm、横截面积为10mm×10mm)。

5. 某材料拉伸试验时,当应力为180MPa时,工程应变量为8.4×10^{-4},而当应力为710MPa时,工程应变量为33.4×10^{-4},设材料的$\sigma_{0.01}$为1 010MPa,试确定该材料的杨氏模量和极限弹性应变。

6. 硅酸盐玻璃的杨氏模量为68 947.6MPa,其应力-应变曲线直到断裂都是线弹性的。普通窗玻璃的强度大约是34.5MPa,钢化玻璃的强度大约是345MPa,光学波导管强度可以超过3 450MPa。试计算这些玻璃各自失效时的应变量,将它们的应力-应变曲线绘制在同一个坐标系中。

7. 试述下列力学性能指标的物理意义,并在应力-应变曲线上表示出来:① 弹性模量E;② 规定残余伸长应力$\sigma_{0.01}$;③ 屈服点σ_s;④ 抗拉强度σ_b;⑤ 伸长率δ_k。

8. 现有直径为10mm的圆棒长试样和短试样各一根,测得其伸长率δ_{10}和δ_5均为25%。试问长试样和短试样的断面收缩率是否相等?

9. 一个典型拉伸试样的标距为50mm,直径为13mm,试验后将试样对接起来以重现断裂时的外形,试问:

(1) 若对接后的标距为81mm,伸长率是多少?

(2) 若缩颈处最小直径为6.9mm,则断面收缩率是多少?

10. 现已知某一材料的剪切屈服强度为430MPa,拉伸断裂强度为750MPa,试问该材料在单向拉伸以及纯扭转条件下分别发生脆性断裂还是韧性断裂？为什么?

11. 用d_0=20mm、L_0=200mm的低碳钢试样进行扭转试验,试验数据如12题表所示:

12题表　低碳钢试验数据

扭 矩 等 级	大等级				小 等 级							
扭矩 M/(N·m)	50	100	150	200	220	240	260	280	300	320	340	360
扭转角 φ/(°)	0	0.4	0.8	1.2	1.35	1.5	1.65	1.9	2.3	2.95	3.90	5.35

试用图解法确定该材料的 τ_p 和 $\tau_{0.3}$，并计算其剪切弹性模量 G。

12. 有一飞轮壳体，材料为灰铸铁，技术要求抗弯强度应大于 400N/mm^2，现用 ϕ30mm×340mm 试样进行三点弯曲试验，实测结果为：第一组，$d=30.2$mm，$L=300$mm，$P_{bb}=14.2$kN；第二组，$d=32.2$mm，$L=300$mm，$P_{bb}=18.3$kN。试问该试样是否满足技术要求？

13. 设有一铸铁试样，直径 $d=30$mm，原始标距长度 $h_0=45$mm。在压缩试验时，当载荷达到 485kN 时发生破坏，试验后长度 $h=40$mm。试求其抗压强度和相对收缩率。

14. 双剪试样尺寸为 ϕ12.5mm，当受到载荷为 22.45kN 时，试样发生断裂。试求其抗剪强度。

15. 今欲用冲床从薄钢板上冲剪出一定直径的孔，在确定需要多大冲剪力时应采用哪种力学性能指标？采用何种试验方法测定它？

16. 某单位力学性能试验室配备有各种力学性能试验机。现需测定下列材料的塑性：① 40CrNiMo 调质钢；② 20Cr 渗碳淬火钢；③ W18Cr4V 淬火回火钢；④ 灰铸铁。请问应分别选用哪种试验机？采用何种试验方法？为什么？

17. 在用压入法测量硬度时，试讨论如下情况的误差：① 压入点过于接近试样端面；② 压入点过于接近其他测试点；③ 试样太薄。

18. 某厂生产了一个 5t 重的大型铸钢件(ZG40)，经正火处理后需检查硬度，但不能在工件上截取试样，请考虑可采用哪几种硬度试验方法？

19. 现有如下零件需测定硬度：① 渗碳层的硬度分布；② 淬火钢；③ 灰铸铁；④ 仪表小黄铜齿轮；⑤ 氮化层；⑥ 高速钢刀具；⑦ 硬质合金；⑧ 双相钢中的铁素体和马氏体；⑨ 退火软钢；⑩ 红宝石。试说明应分别选用何种硬度试验方法为宜？

20. 现需测定以下材料的冲击韧度，试问哪些材料的试样需要开缺口？哪些不需要开缺口？① W18Cr4V；② Cr12MoV；③ 3Cr2W8V；④ 40CrNiMo；⑤ 20CrMnTi；⑥ 铸铁；⑦ 钢化玻璃；⑧ 环氧树脂。

21. 布氏硬度测试：运用 10mm 的直径压头和 500kg 的力，在铝板上产生 4.5mm 的凹痕。确定金属的布氏硬度值。

22. 在钢的布氏硬度测试中，当 3×10^4N 的力作用在 10mm 的直径压头球上，产生 3.1mm 的凹痕。估算钢的抗拉强度。

23. 材料的纳米硬度如何测量？

24. 用直径 d_0 为 11.29mm，长 l_0 为 50mm 的试样进行拉伸试验，测定载荷 P 与标距间的伸长量 Δl，其结果如 24 题表所示：

24 题表 拉伸试验数据

加载次序	载荷 P/N	伸长量 Δl/mm
1	2250	0.005
2	4500	0.010
3	9000	0.020
4	13500	0.030
5	18000	0.040
6	22500	0.050

(续表)

加载次序	载荷 P/N	伸长量 Δl/mm
7	24 000	0.054
8	25 500	0.060
9	27 000	0.068
10	28 500	0.076
11	30 000	0.085

试按纵坐标 1mm 表示 300N,横坐标 1mm 表示 0.001mm 伸长的比例作图,绘出 $P-\Delta l$ 曲线,用作图法求出 $\sigma_{P0.01}$,并计算弹性模量 E。

25. 某合金钢的布氏硬度为 355,若取直径 D 为 10mm 的球形压头施加载荷 2×10^4N,试计算压痕的直径,并估计该合金钢的抗拉强度。

2 材料的变形

第1章介绍了材料的各种常规力学性能，其中多数性能指标都是表征材料的变形抗力和变形能力。但是，材料种类繁多，其成分、结构、组织千变万化，不同材料或同一材料不同状态表现出来的变形特征大不相同，造成性能有很大差异。因此，进一步了解材料变形的宏观规律、微观机制以及影响因素，对改善性能指标、挖掘材料潜力、开发研制新材料大有裨益。这一方面的知识对材料工作者尤其重要。

材料的变形

本章介绍弹性变形、黏弹性变形和塑性变形的宏观规律及微观机制，在此基础上对金属、陶瓷和高分子聚合物三大类工程材料在变形方面的基本特点和差异做较详细讨论，最后对新型材料的变形和强度也进行了简要介绍。

2.1 弹性变形

2.1.1 弹性变形的宏观描述

2.1.1.1 胡克定律

1678年，英国科学家罗伯特·胡克(Robert Hooke)在一篇名为《弹簧》的论文中首先指出，施加在弹簧上的拉力 F 大小与弹簧的伸长量 x 成正比

$$F = kx \tag{2-1-1}$$

式中，k 为比例系数，又称弹簧常数。此即著名的表述弹性变形特征的**胡克定律**(Hooke's Law)。

19世纪初，英国科学家托马斯·杨(Thomas Young)在总结了胡克等的研究成果后指出，弹性体的其他形状改变也符合胡克定律。这样，在拉伸弹性变形时，有正应力 σ 与正应变 ε 之间的正比关系

$$\sigma = E\varepsilon \tag{2-1-2}$$

在剪切弹性变形时，有切应力 τ 与切应变 γ 之间的正比关系

$$\tau = G\gamma \tag{2-1-3}$$

以上两式的比例系数均称为弹性模量，其中 E 为正弹性模量，简称**弹性模量**(modulus of elasticity)；比例系数 G 为剪切弹性模量，简称**剪切模量**(shear modulus)。为了纪念 Thomas Young 的工作，后人常常把正弹性模量又称为**杨氏模量**(Young's modulus)。

在复杂多向应力状态下，应力、应变之间的关系不是如此简单。在物体连续、均匀、无初应力以及变形微小几个基本假设下，利用连续介质力学可证明，弹性体中任意一点的某一应力分量可由该点的6个独立应变分量线性叠加得到，即

$$\sigma_{xx} = C_{11}\varepsilon_{xx} + C_{12}\varepsilon_{yy} + C_{13}\varepsilon_{zz} + C_{14}\gamma_{yz} + C_{15}\gamma_{zx} + C_{16}\gamma_{xy}$$
$$\sigma_{yy} = C_{21}\varepsilon_{xx} + C_{22}\varepsilon_{yy} + C_{23}\varepsilon_{zz} + C_{24}\gamma_{yz} + C_{25}\gamma_{zx} + C_{26}\gamma_{xy}$$

$$\sigma_{zz}=C_{31}\varepsilon_{xx}+C_{32}\varepsilon_{yy}+C_{33}\varepsilon_{zz}+C_{34}\gamma_{yz}+C_{35}\gamma_{zx}+C_{36}\gamma_{xy} \tag{2-1-4}$$
$$\tau_{yz}=C_{41}\varepsilon_{xx}+C_{42}\varepsilon_{yy}+C_{43}\varepsilon_{zz}+C_{44}\gamma_{yz}+C_{45}\gamma_{zx}+C_{46}\gamma_{xy}$$
$$\tau_{zx}=C_{51}\varepsilon_{xx}+C_{52}\varepsilon_{yy}+C_{53}\varepsilon_{zz}+C_{54}\gamma_{yz}+C_{55}\gamma_{zx}+C_{56}\gamma_{xy}$$
$$\tau_{xy}=C_{61}\varepsilon_{xx}+C_{62}\varepsilon_{yy}+C_{63}\varepsilon_{zz}+C_{64}\gamma_{yz}+C_{65}\gamma_{zx}+C_{66}\gamma_{xy}$$

式中，C_{ij} 为常数，称为刚度系数，也可称为弹性常数。此即**广义胡克定律**(generalized Hooke's law)，它也可以写为简洁的矩阵表达式

$$\boldsymbol{\sigma}=\boldsymbol{C\varepsilon} \tag{2-1-5}$$

式中，$\boldsymbol{\sigma}$ 和 $\boldsymbol{\varepsilon}$ 均为 6 阶列矢量，$\boldsymbol{C}$ 为 6×6 阶方阵。

广义胡克定律还可写成应变表达式

$$\boldsymbol{\varepsilon}=\boldsymbol{S\sigma} \tag{2-1-6}$$

式中，$\boldsymbol{S}_{ij}$ 称为柔度系数，可由刚度矩阵求逆得到 $\boldsymbol{S}=\boldsymbol{C}^{-1}$。

刚度矩阵和柔度矩阵都有 36 个元素。但可以证明，它们都是对称矩阵，即 $\boldsymbol{C}_{ij}=\boldsymbol{C}_{ji}$，$\boldsymbol{S}_{ij}=\boldsymbol{S}_{ji}$，这使得弹性常数减少为 21 个。

2.1.1.2 弹性各向异性

对一个完全各向异性固体，描述其弹性应力-应变关系需要 21 个弹性常数。当固体存在弹性对称面时，独立的弹性常数将减少，直至完全各向同性时，独立的弹性常数减少为 2 个。

所谓弹性对称面是指过物体中的每一个点都有这样一种平面，相对于该平面的对称方向上，弹性相同。垂直于弹性对称面的轴称为弹性主轴。由弹性对称面的定义可知，当把弹性主轴倒置时，应具有相同的应力-应变关系，即 C_{ij} 不会改变。然而，应变能 W 是应变的单值、标量函数，不会因坐标的改变(弹性轴倒置)而改变其数值，但是当坐标轴倒置后，某些应变分量将变号，因此会限制某些刚度系数的取值。利用上述原理，可以简单地得出不同弹性对称性状态下的刚度系数矩阵。表 2-1-1 给出了具有不同弹性对称性固体的刚度系数矩阵表达式。

表 2-1-1 具有不同对称性时的刚度系数矩阵及独立的刚度系数个数

弹性对称性	弹性对称面	刚度系数矩阵	独立刚度系数个数
一个弹性对称面	xOy 面	$\begin{vmatrix} C_{11} & C_{12} & C_{13} & 0 & 0 & C_{16} \\ C_{12} & C_{22} & C_{23} & 0 & 0 & C_{26} \\ C_{13} & C_{23} & C_{33} & 0 & 0 & C_{36} \\ 0 & 0 & 0 & C_{44} & C_{45} & 0 \\ 0 & 0 & 0 & C_{45} & C_{55} & 0 \\ C_{16} & C_{26} & C_{36} & 0 & 0 & C_{66} \end{vmatrix}$	13
正交各向异性	xOy 面 xOz 面 yOz 面	$\begin{vmatrix} C_{11} & C_{12} & C_{13} & 0 & 0 & 0 \\ C_{12} & C_{22} & C_{23} & 0 & 0 & 0 \\ C_{13} & C_{23} & C_{33} & 0 & 0 & 0 \\ 0 & 0 & 0 & C_{44} & 0 & 0 \\ 0 & 0 & 0 & 0 & C_{55} & 0 \\ 0 & 0 & 0 & 0 & 0 & C_{66} \end{vmatrix}$	9

（续表）

弹性对称性	弹性对称面	刚度系数矩阵	独立刚度系数个数
横观各向同性	横观各向同性面 xOy	$\begin{vmatrix} C_{11} & C_{12} & C_{12} & 0 & 0 & 0 \\ C_{12} & C_{22} & C_{12} & 0 & 0 & 0 \\ C_{12} & C_{12} & C_{33} & 0 & 0 & 0 \\ 0 & 0 & 0 & C_{44} & 0 & 0 \\ 0 & 0 & 0 & 0 & C_{44} & 0 \\ 0 & 0 & 0 & 0 & 0 & \frac{1}{2}(C_{11}-C_{12}) \end{vmatrix}$	5
完全各向同性	所有面	$\begin{vmatrix} C_{11} & C_{12} & C_{12} & 0 & 0 & 0 \\ C_{12} & C_{11} & C_{12} & 0 & 0 & 0 \\ C_{12} & C_{12} & C_{11} & 0 & 0 & 0 \\ 0 & 0 & 0 & \frac{1}{2}(C_{11}-C_{12}) & 0 & 0 \\ 0 & 0 & 0 & 0 & \frac{1}{2}(C_{11}-C_{12}) & 0 \\ 0 & 0 & 0 & 0 & 0 & \frac{1}{2}(C_{11}-C_{12}) \end{vmatrix}$	2

2.1.1.3 广义胡克定律的工程表示法

在各向同性体中，通常用柔度系数 S_{11} 和 S_{12} 来定义以下工程常用的弹性常数。

弹性模量
$$E=\frac{1}{S_{11}} \tag{2-1-7}$$

剪切模量
$$G=\frac{1}{2(S_{11}-S_{12})} \tag{2-1-8}$$

泊松比
$$\nu=-\frac{S_{12}}{S_{11}} \tag{2-1-9}$$

这 3 个常数之间的关系为
$$G=\frac{E}{2(1+\nu)} \tag{2-1-10}$$

可见各向同性体的工程弹性常数也只有两个是独立的。

工程弹性常数表示的各向同性体广义胡克定律为

$$\varepsilon_{xx}=\frac{1}{E}[\sigma_{xx}-\nu(\sigma_{yy}+\sigma_{zz})] \tag{2-1-11a}$$

$$\varepsilon_{yy}=\frac{1}{E}[\sigma_{yy}-\nu(\sigma_{zz}+\sigma_{xx})] \tag{2-1-11b}$$

$$\varepsilon_{zz}=\frac{1}{E}[\sigma_{zz}-\nu(\sigma_{xx}+\sigma_{yy})] \tag{2-1-11c}$$

$$\gamma_{yz}=\frac{1}{G}\tau_{yz};\gamma_{zx}=\frac{1}{G}\tau_{zx};\gamma_{xy}=\frac{1}{G}\tau_{xy} \tag{2-1-11d}$$

在单轴拉伸时(取 x 方向)，则式(2-1-11)简化为

$$\varepsilon_{xx}=\frac{1}{E}\sigma_{xx} \tag{2-1-12}$$

$$\varepsilon_{yy}=\varepsilon_{zz}=-\frac{\nu}{E}\sigma_{xx} \tag{2-1-13}$$

由此可见,即使在单轴加载条件下,材料不仅有受拉方向上的应变,而且还有垂直于受拉方向的横向收缩应变。

2.1.2 弹性变形的微观本质 ▶

2.1.2.1 弹性变形的特点

变形可回复是弹性变形的最基本特点。根据热力学理论,弹性回复力可表示为

$$f=\left(\frac{\partial U}{\partial l}\right)_{T,V}-T\left(\frac{\partial S}{\partial l}\right)_{T,V} \tag{2-1-14}$$

式中,U 为内能;S 为熵;l 为长度;T 为绝对温度;V 为体积。该式表明,材料在等温等容条件下发生弹性回复的驱动力由内能变化和熵变化两部分组成。弹性回复究竟是以内能减小为主来驱动,还是由熵增大为主来驱动,取决于材料微结构特征,并且也决定了材料的弹性行为特征。

晶体材料弹性变形时,原处于平衡结点上的原子沿应力方向伸长,原子间的引力加大,内能增加。去除载荷后,内能自发减小的过程将使变形回复。由于晶体材料变形时微观有序度基本不变,则熵值基本不变。这种由内能变化为主导致的弹性变形称为**能弹性**。能弹性的基本特点:①应力与应变之间保持单值、唯一的关系,与加载路径无关,且符合胡克定律,所以能弹性材料也可称为胡克弹性体;②弹性变形与时间无关,即弹性变形是瞬时达到的;③弹性变形量较小,一般为 0.1%~1%;④弹性模量较大,可达 10^5 MPa 数量级;⑤绝热伸长时变冷(吸热),回复时放热。

对于天然橡胶或线性非晶态聚合物的高弹态(温度高于玻璃化温度),变形主要是由原处于卷曲状态的长分子链沿应力方向伸展而实现,伸展的分子链由于构象数较少,因而熵较小。当外力去除后,熵增大的自发过程将使分子链重新回复到卷曲状态,产生弹性回复。这种由熵变化为主导致的弹性变形称为**熵弹性**。熵弹性的基本特点与能弹性刚好相反。

由于属于能弹性的材料在工程上居多,一般把能弹性简称为弹性,它具有线弹性特点,符合胡克定律。今后如不特别说明,即指此类。

2.1.2.2 弹性模量的微观分析

从微观角度看,弹性变形是在力作用下由原子间键合拉长或缩短实现的。显然,弹性变形的难易受控于键合强弱。在简单的情况下,两个固体原子之间相互的 Lennard-Jones 势可表示为

$$\Phi(r)=\frac{pq}{p-q}\varepsilon_b\left[\frac{1}{p}\left(\frac{a_0}{r}\right)^p-\frac{1}{q}\left(\frac{a_0}{r}\right)^q\right] \tag{2-1-15}$$

式中,ε_b 是势能极小值;p 和 q 是反映势能变化趋势的常数;a_0 为原子平衡间距;r 为在力作用下两原子间的实际距离。对于惰性元素(如 Ar)固体和金属,$p=12$,$q=6$,式(2-1-15)简化为

$$\Phi(r)=\varepsilon_b\left[\left(\frac{a_0}{r}\right)^{12}-2\left(\frac{a_0}{r}\right)^6\right] \tag{2-1-16}$$

式中,右端第一项是势能的相斥部分;第二项为势能的相吸部分。

原子间相互作用力为

$$F=\frac{\mathrm{d}\Phi}{\mathrm{d}r}=12\varepsilon_{\mathrm{b}}a_{0}^{6}\left(\frac{a_{0}^{6}}{r^{13}}-\frac{1}{r^{7}}\right) \tag{2-1-17}$$

势能曲线及原子间相互作用力曲线如图 2-1-1 所示。原子间距离为 a_0 时，势能最低，原子间无相互作用力。无论固体受到拉应力还是压应力，原子偏离平衡位置都将引起势能增加，使得原子间受到吸引力或排斥力。假设对双原子键合作用一微扰力 dF 使之产生微位移 dr，在微位移不大时(即在 a_0 附近)，两者呈线性关系，即 $\mathrm{d}F=E_{\mathrm{m}}\mathrm{d}r$，式中的比例系数 E_{m} 称为**微观弹性模量**，为一常数，其值为

$$E_{\mathrm{m}}=\frac{\mathrm{d}F}{\mathrm{d}r}=\left(\frac{\mathrm{d}^{2}\Phi}{\mathrm{d}r^{2}}\right)_{r=a_{0}} \tag{2-1-18}$$

将式(2-1-16)和式(2-1-17)代入式(2-1-18)，得

$$E_{\mathrm{m}}=\frac{60\varepsilon_{\mathrm{b}}}{91a_{0}} \tag{2-1-19}$$

式(2-1-19)表明，弹性常数与原子间互作用势能曲线的形状有关，特别是势能曲线在平衡间距附近区域的曲率。势能最小值的绝对值越大，则势阱愈深，改变原子间相对距离所做的功越大，弹性模量愈高。图 2-1-2 给出了离子键固体和共价键固体势能曲线的比较，共价键较强的方向性引起了一个较深的势阱，且在最小势能位置处有更尖锐的曲率，因而具有较离子键固体更高的弹性模量。

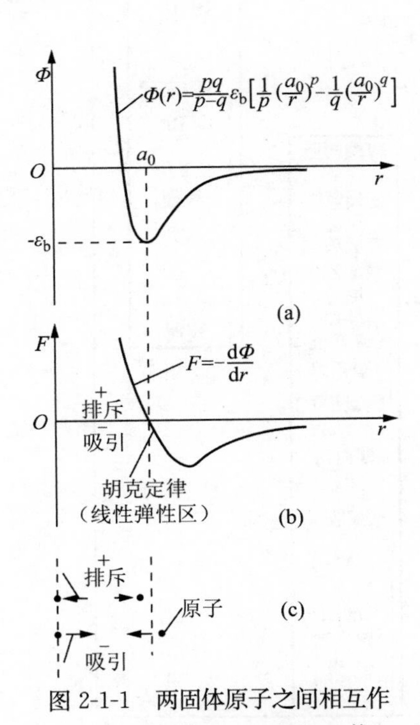

图 2-1-1　两固体原子之间相互作用的 Lennard-Jones 势

(a) 原子间相互作用势函数 ϕ 与原子间距 r 的关系；
(b) 原子间相互作用力与 r 的关系；
(c) 互作用力方向和符号

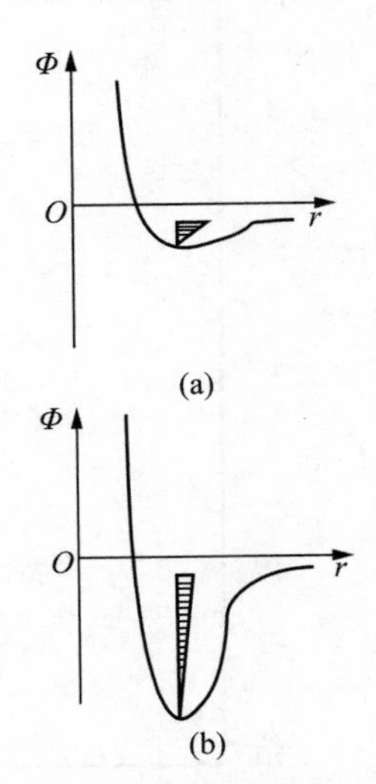

图 2-1-2　离子键与强共价键的原子间相互作用势能的比较

(a) 离子键；(b) 共价键

弹性模量与原子间结合力(键的强弱)有关,而材料的熔点高低也反映其原子间结合力的大小,因此,弹性模量与熔点也会有密切关系,例如在300K下,弹性模量与熔点 T_m 之间存在下列正比关系

$$E=\frac{100kT_m}{V_a} \tag{2-1-20}$$

式中,V_a 为原子体积或分子体积;k 为玻耳兹曼常数。

2.1.3 弹性模量影响因素

2.1.3.1 键合方式及材料种类

固体的键合方式决定了材料的种类。三大类工程材料——金属、陶瓷和聚合物的弹性模量差别很大,即使在同一类材料中,弹性模量也有很大差别。图2-1-3给出了三大类工程材料中的一些典型材料以及复合材料的弹性模量柱状比较,从模量最低的泡沫聚合物到模量最高的金刚石,模量相差达6个数量级。

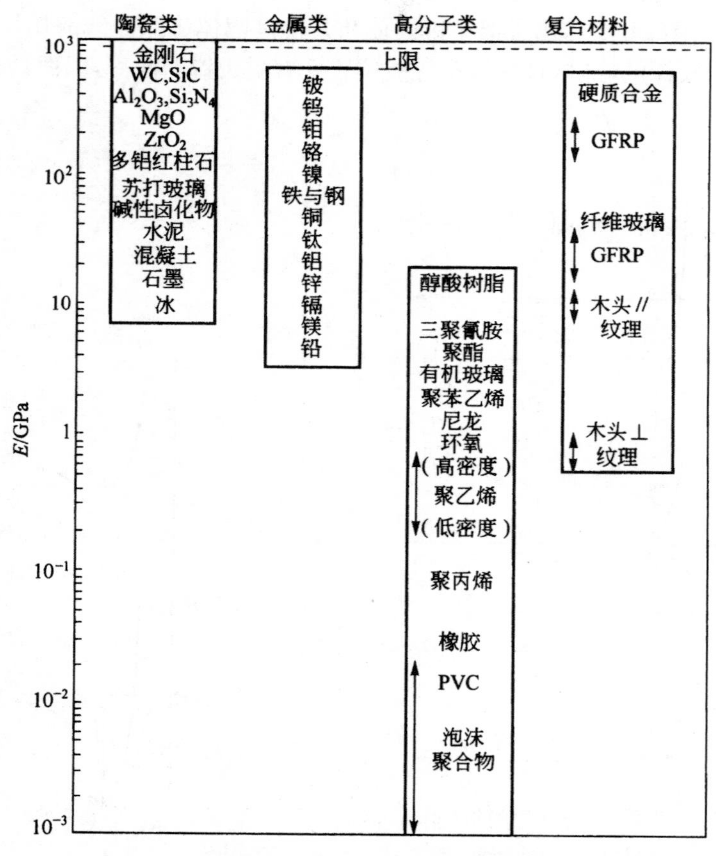

图2-1-3 常见典型工程材料弹性模量柱状比较

在所有固体材料中,金刚石的模量最高,达到1 000GPa,这源自其极强的碳原子共价键结合。在陶瓷当中,其他一些共价键和极性结合键(离子键与共价键的混合键)固体,例如氧化铝(Al_2O_3)、碳化硅(SiC)及氮化硅(Si_3N_4),模量也很高,仅次于金刚石。这些材料的高刚度、高

强度及低密度使得它们在高温结构材料方面的应用具有诱人的前景。

离子键固体(如碱土化合物)的模量不如共价键固体高。这是因为离子键的键合强度低于共价键。另一种形式的碳——石墨的模量要比金刚石低两个数量级。这是由于石墨是层状结构,在层内碳原子的键合很强,而层间结合却很弱。但是若将石墨制成纤维,则沿纤维方向可得到很高的模量。冰的模量较低,因为冰是氢键(范德瓦耳斯键的一种)结合。

金属键结合也较强,所以金属材料的模量也很高,但比共价键固体低。金属之间的模量差别也很大,最低模量的金属是 Pb,最高的是 Os。在常用工程金属材料中,难熔金属,如 W、Mo、Cr 等,具有较高的模量。

工程聚合物的最高模量仅相当于最低模量金属(Pb)的水平,即约为 10GPa。这取决于聚合物的化学和分子结构。聚合物有两种结构特征:一是网络结构(热固性聚合物);二是链状结构(热塑性聚合物)。在链内和网络内的化学键是共价键,而在链之间以及网络结构的段之间是较弱的范德瓦耳斯键。

复合材料的模量介于组成它们的组元的模量之间,例如,碳纤维增强塑料、玻璃纤维增强塑料等均是如此。这一规律也适用于复合材料的强度。但是,复合材料的韧性却常常超过其组元的韧性,这也是复合材料能作为优良结构材料的原因之一。

为了选择空间飞行器、运动构件用材料,使结构既有高的刚性,又有较轻的重量,常采用**比模量**(specific modulus)的概念作为选择材料的依据。比模量 E_{specific} 是指材料的弹性模量 E 与材料密度 ρ 的比值,即 E/ρ。一些常用结构材料的比模量如表 2-1-2 所示,可见陶瓷材料的比模量一般较高;金属材料中,铍的比模量最高,钛的比模量也比较突出,因而其在航空、航天领域的应用有很大潜力。

表 2-1-2 几种常用结构材料的比模量

材　料	铜	钼	铁	钛	铝	铍	氧化铝	碳化硅
比模量/($\times 10^{-8}$cm)	1.3	2.7	2.6	4.1	2.7	16.8	10.5	17.5

另外,为保证材料在最小的重量下具有最大刚度,需要进行最优化的材料性能在一定程度上取决于承载方式。对于单轴拉伸,设计参数为 E/ρ;对于弯曲,设计参数则可能是 E/ρ^2 或 E/ρ^3。作为设计的辅助手段,已经建立了材料选择图,即在双对数坐标系中的 E-ρ 关系图。图 2-1-4 给出了一个示意图。借助于斜率分别为 1、2 和 3 的直线,具有最大 E/ρ、E/ρ^2 或 E/ρ^3 的材料很容易确定。如图 2-1-4 所示,纤维增强复合材料以及共价键结合的陶瓷具有高的 E/ρ 值。另一个事实也是很显然的,那就是泡沫材料和诸如木材这样的天然材料具有高的 E/ρ^2 和 E/ρ^3 值。

2.1.3.2 晶体结构的弹性各向异性

对于单晶体,在不同晶向上,原子排列密度不同,也表现出弹性各向异性。不同晶向上杨氏模量的大小可由始于坐标系原点的一个径向矢量的长度来表示。例如,对于立方晶体可得

$$\frac{1}{E}=S_{11}-2\left(S_{11}-S_{12}-\frac{S_{44}}{2}\right)(a_1^2a_2^2+a_2^2a_3^2+a_1^2a_3^2) \tag{2-1-21}$$

式中,a_i 为所考虑的方向与 x_i 轴之间夹角的余弦。表 2-1-3 给出了各种晶系的杨氏模量随晶向的变化关系,图 2-1-5 则为氟化钾(立方)不同晶向杨氏模量值的立体示意图,而表 2-1-4 则列出了立方系晶体两个重要取向以及它们的多晶体(准各向同性)的杨氏模量。

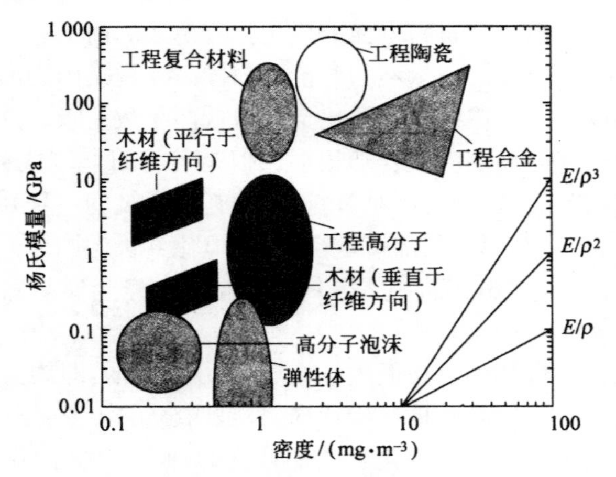

图 2-1-4 常见工程材料杨氏模量与密度的关系

注:表示 E/ρ、E/ρ^2 和 E/ρ^3 为常数的标注线有助于对限制变形的设计,选择具有最小质量的材料

表 2-1-3 不同晶型单晶杨氏模量随方向的变化

晶体类型	计算 $1/E$ 公式
立方	$S_{11}-2(S_{11}-S_{12}-S_{44}/2)(a_1^2a_2^2+a_2^2a_3^2+a_1^2a_3^2)$
四方	$S_{11}(a_1^4+a_2^4)+S_{33}a_3^4+(2S_{12}+S_{66})(a_1^2a_2^2)+(2S_{13}+S_{44})(a_3^2-a_3^4)+2S_{25}a_1a_3(3a_2^2-a_1^2)$
六方	$S_{11}(1-a_3^2)+S_{33}a_3^4+(2S_{13}+S_{44})(a_3^2-a_3^4)$
斜方	$S_{11}a_1^4+2S_{12}a_1^2a_2^2+2S_{13}a_1^2a_3^2+S_{22}a_2^4+2S_{33}a_2^2a_3^2+S_{33}a_3^4+S_{44}a_2^2a_3^2+S_{55}a_1^2a_3^2+S_{66}a_1^2a_2^2$
三方	$S_{11}(1-a_3^2)^2+S_{33}a_3^4+(2S_{13}+S_{44})(a_3^2-a_3^4)+2S_{14}a_2a_3(3a_1^2-a_2^2)+2S_{25}a_1a_3(3a_2^2a_1^2)$
单斜	$S_{11}a_1^4+2S_{12}a_1^2a_2^2+2S_{13}a_1^2a_3^2+2S_{15}a_1^3a_3+S_{22}a_2^4+2S_{23}a_2^2a_3^2+2S_{25}a_1a_2^2a_3+S_{33}a_3^4+2S_{35}a_1a_3^3+S_{44}a_2^2a_3^2+S_{46}a_1a_2^2a_3+S_{55}a_1^2a_3^2+S_{66}a_1^2a_2^2$
三斜	$S_{11}a_1^4+2S_{12}a_1^2a_2^2+2S_{13}a_1^2a_3^2+2S_{15}a_1^3a_3+S_{22}a_2^4+2S_{23}a_2^2a_3^2+2S_{25}a_1a_2^2a_3+S_{33}a_3^4+2S_{35}a_1a_3^3+S_{44}a_2^2a_3^2+S_{46}a_1a_2^2a_3+S_{55}a_1^2a_3^2+S_{66}a_1^2a_2^2+2S_{14}a_1^2a_2a_3+2S_{16}a_1^3a_2+2S_{24}a_2^3a_3+2S_{26}a_1a_2^3+2S_{34}a_2a_3^3+2S_{36}a_1a_2a_3^2+2S_{45}a_1a_2a_3^2+2S_{56}a_1^2a_2a_3$

注:所考虑的方向[hkl]与 x、y 和 z 轴夹角的余弦分别为 a_1、a_2 和 a_3

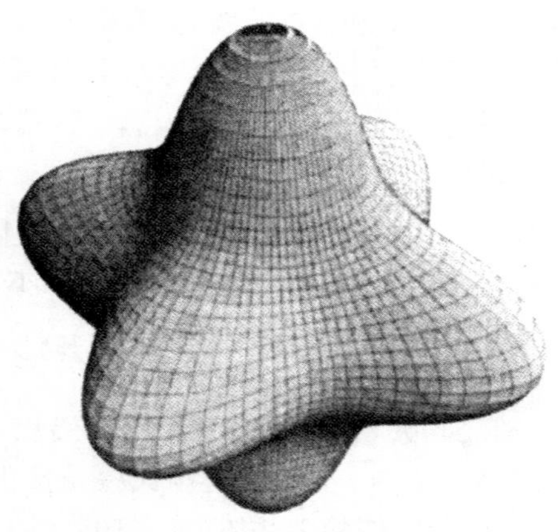

图 2-1-5 单晶氟化钾杨氏模量倒数随晶向变化立体示意图

表 2-1-4 一些立方晶系材料的最大和最小杨氏模量

材料种类	材料	$E_{polycrystal}$ / (10^9 N/m^2)	$E_{\langle 111\rangle}$ / (10^9 N/m^2)	$E_{\langle 100\rangle}$ / (10^9 N/m^2)	$E_{\langle 100\rangle}/E_{\langle 111\rangle}$	各向异性比
金属	Al	70	76	64	0.84	0.81
	Au	78	117	43	0.37	0.35
	Cu	121	192	67	0.35	0.31
	α-Fe	209	276	129	0.47	0.41
	W	411	411	411	1.00	1.00
共价键固体	金刚石	—	1200	1050	0.88	0.83
	TiC	—	429	476	1.11	1.14
离子键固体	MgO	310	343	247	0.72	0.65
	NaCl	37	32	44	1.38	1.38

2.1.3.3 成分、组织结构的影响

1）金属材料

在固态完全互溶的情况下，二元固溶体的弹性模量作为溶质原子浓度的函数一般呈直线变化。这类连续固溶体有 Cu-Ni、Cu-Au、Ag-Cu 等。如果组成合金的组元含有过渡族金属，则合金的弹性模量随浓度增加呈向上凸出的曲线变化，如图 2-1-6 所示。这主要与过渡族元素具有未填满电子次壳层的原子结构有关。

就有限固溶体而言，溶质对合金模量的影响可能有如下几个方面：溶质原子的加入造成点阵畸变，使模量降低；溶质原子又可能阻碍位错线的弯曲和运动，使模量增高；当溶质和溶剂原子间结合力比溶剂原子间结合力大时，会使合金模量增加，反之则会使模量下降。

溶质既可能使合金模量增加，也可能使模量降低。例如，在铜基和银基中加入元素周期表中与其相邻的元素（铜中加入砷、硅、锌；银中加入镉、锡、铟），则随浓度 c 增加，模量呈直线减小，如图 2-1-7 所示。溶质的价数 z 越高，弹性模量减小越多，且有如下关系

$$\frac{dE}{dc} \propto cz^2 \tag{2-1-22}$$

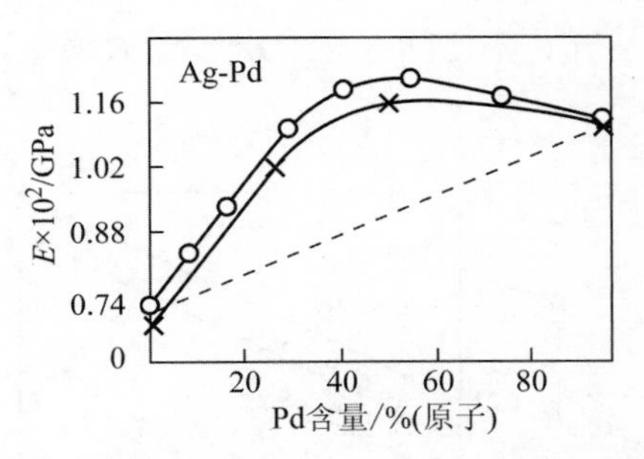

图 2-1-6 Ag-Pd 及 Au-Pd 合金成分对弹性模量的影响

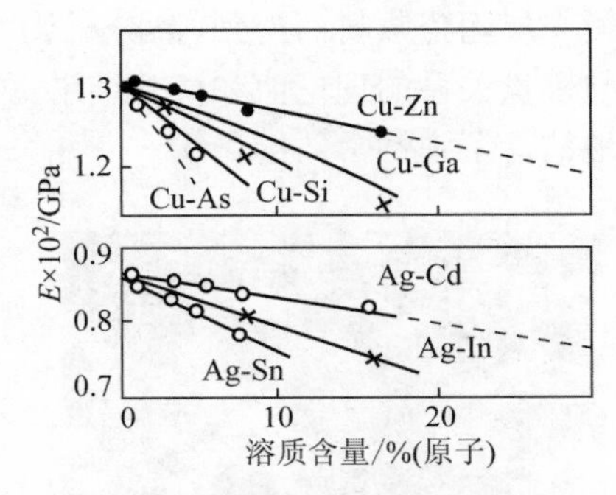

图 2-1-7 铜、银合金中溶质含量对弹性模量的影响

溶剂与溶质的原子半径差 ΔR 对合金弹性模量也有影响。理论证明,合金弹性模量随溶剂与溶质的原子半径差增大而线性下降。

在合金成分不变的情况下,显微组织对模量的影响较小,晶粒大小对模量也无明显影响。多相合金的模量有点复杂,视第二相的体积分数和分布状态而定,大致可按两相混合物体积比例的加权平均值计算。对铝合金的研究表明,具有高模量的第二相粒子可以提高合金的弹性模量,铍青铜时效后模量可提高约 20%。但对于作为结构材料使用的大多数金属材料,其中第二相所占比例较小的情况下,可以忽略其对模量的影响。因此,金属材料的弹性模量是一个对组织不敏感的力学性能指标。

综上所述,在选择了基体组元后,很难通过形成连续固溶体的办法进一步实现弹性模量的大幅度提高,除非更换材料。但是,如果能在合金中形成高熔点的第二相,则有可能较大地提高合金弹性模量。目前,常用的高弹性合金往往通过合金化及热处理来形成,诸如 Ni_3Mo、Ni_3Nb、$Ni_3(Al,Ti)$、$(Fe,Ni)_3Ti$、Fe_2Mo 等中间相,在实现弥散硬化的同时提高材料的弹性模量。

2) 陶瓷材料

工程陶瓷弹性模量的大小与构成陶瓷的相的种类、粒度、分布、比例及气孔率有关,因此作为复杂多相体的陶瓷,很难用理论来估算模量。陶瓷材料中存在的气孔导致其模量与金属材料有两个不同的特征:第一,气孔降低模量;第二,压缩弹性模量高于拉伸弹性模量。

对于含有少量气孔的陶瓷,弹性模量与气孔率的关系可表示为

$$E = E_0(1 - Ap + Bp^2) \tag{2-1-23}$$

式中,E_0 为致密材料的杨氏模量;A 和 B 均为常数,其值分别为 1.9 和 0.9;p 为气孔体积分数。当气孔率很低时,式(2-1-23)可简化为

$$E = E_0(1 - Ap) \tag{2-1-24}$$

即随气孔率增加,陶瓷弹性模量线性下降。

对于气孔率很大($p > 0.7$)的陶瓷泡沫材料,Gibson 和 Ashby 则提出了如下的模量估算式:

$$E = E_0(1 - p)^2 \tag{2-1-25}$$

$$G = G_0(1 - p)^2 \tag{2-1-26}$$

图 2-1-8 为一种具有开放结构的氧化铝泡沫材料的显微结构,这一结构通常在高分子泡沫上涂覆一层陶瓷浆料而得到,高分子则在烧结过程中被除去。图 2-1-9 则为该种泡沫陶瓷致密度与模量关系的理论值和试验结果,可见模量与气孔率之间存在二次幂函数关系,但理论值过高地估计了弹性常数的量级。

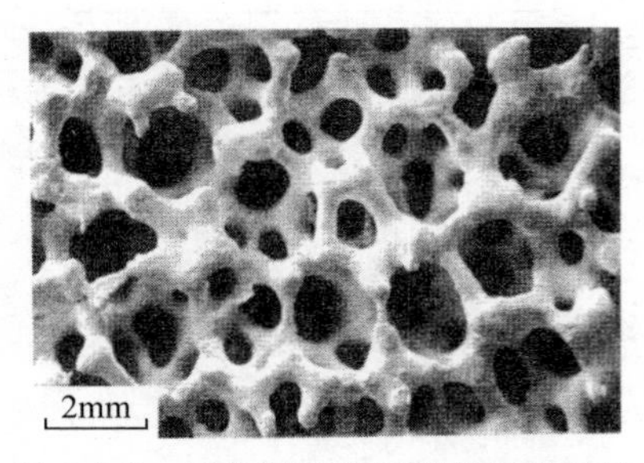

图 2-1-8　氧化铝泡沫材料的显微结构

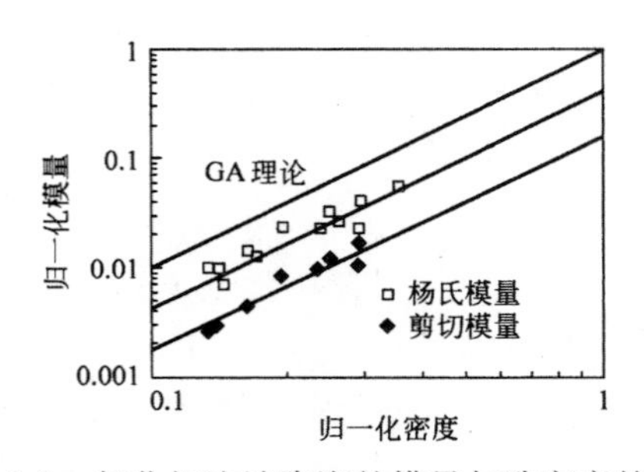

图 2-1-9　氧化铝泡沫陶瓷的模量与致密度的关系

2.1.3.4　温度的影响

从弹性模量的物理本质不难理解，随温度升高，原子间距加大，相互作用力减弱，弹性模量将降低。弹性模量随温度的变化一般用**弹性模量温度系数** β 来表征：

$$\beta=\frac{1\mathrm{d}E}{E\mathrm{d}T} \tag{2-1-27}$$

即模量的下降与温度的升高呈正比，比例系数即为 β，它表示温度升高 1℃时模量的相对降低值。一般金属的 $\beta=-(300\sim1\,000)\times10^{-6}/℃$，低熔点金属的 β 值较大，而高熔点金属与难熔化合物的 β 值较小。合金的模量随温度而下降的趋势与纯金属大致相同，具体数据可以从材料手册上查到。

当温度高于 $0.5T_{\mathrm{m}}$ 时，弹性模量和温度之间不再是线性关系，而呈指数关系，即

$$\frac{\Delta E}{E}\propto\exp\left(-\frac{Q}{RT}\right) \tag{2-1-28}$$

式中，Q 为模量效应的激活能；R 为气体常数；T 为绝对温度。

另外，有一类铁磁性金属在一定的温度区间内会出现“反常”的随温度升高模量也升高的现象，这称为爱林瓦效应，它是制备恒弹性合金(爱林瓦合金)的基础。爱林瓦效应与铁磁性转变的某些特征有关。

2.1.4　橡胶弹性

经验告诉我们，天然橡胶具有很高的弹性变形能力，一般能够产生超过 1 000%的可回复弹性变形，这与最大只有百分之十几的线弹性恰成鲜明对比。通常把这种弹性称为橡胶弹性或高弹性，具有这种弹性行为的物体称为高弹体。除了天然橡胶以外，非晶态聚合物在 T_{g}(玻璃化转变温度)$\sim T_{\mathrm{f}}$(黏流态转变温度)的温度区间也会出现高弹性。这与高分子聚合物的分子运动机理有关。

由高分子聚合物材料的分子运动理论可知，当温度低于 T_{g} 时，高分子的链段和整链都被“冻结”，在外力作用下，首先是分子链中共价键的键长和键角响应应力而位移，外力去除后，键长和键角又回复到其平衡位置，即这样的变形是由内能控制的能弹性变形，服从胡克定律。当温度高于 T_{g} 时，分子链段可以运动，在无外力时一般做无规的布朗运动，分子链整体呈构象数最高(有序度最低)的卷曲状态。然而在外力作用下，分子链段将沿外力方向伸展，实现很大的变形。如 2.1.2.1 节所述，这样的伸展变形将导致构象数减少，有序度增加，使得体系的熵明显减小。在外力去除后，熵增大的自发过程会使分子链重新回到卷曲状态，消除变形，如图 2-1-10 所示。因此，高弹性的本质就是由熵变控制的熵弹性。

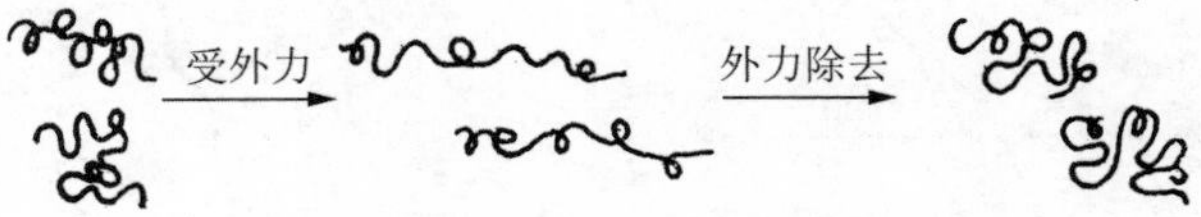

受外力　外力除去

图 2-1-10　熵弹性示意图

目前，研究者对熵弹性进行了热力学及统计热力学的分析，提出了许多模型来描述高弹态的状态方程。下式为一种单向拉伸时的状态方程

$$\sigma=NkT\left(\frac{\overline{h}^{2}}{\overline{h}_{0}^{2}}\right)\left(\lambda-\frac{1}{\lambda^{2}}\right) \tag{2-1-29}$$

式中，N 为单位体积中的有效网链数；k 为玻耳兹曼常数；T 为绝对温度；$\bar{h}^2$ 为网链的均方末端距；$\bar{h}_0^2$ 为高斯链的均方末端距；λ 为拉伸比(L/L_0)。由此状态方程可知，橡胶拉伸时的应力-应变关系是非线性的。当应变 ε 较小时，由应力-应变曲线的起始线性部分来计算弹性模量 E；当应变 ε 较大时，应力-应变关系已不符合胡克定律，弹性模量已不是常数。此时，可测定规定应变 ε 或伸长比 λ 条件下的表观模量 σ/ε。显然表观模量也不是常数，工程上常用**"定伸强度"**来表征表观模量，如 300%定伸强度、500%定伸强度等。

2.1.5 非理想弹性变形 ▶

对于理想的弹性材料，在外载荷作用下应同时满足以下 3 个条件：应变对应力的响应是线性的，服从胡克定律；应力和应变同相位，应变是瞬时达到的，与时间无关；应变是应力的单值函数，应变与应力的加载路径无关。实际上，绝大多数固体材料的弹性行为很难满足上述条件，一般都或多或少地表现出某种非理想弹性性质，如包申格效应、滞弹性、伪弹性、内耗、黏弹性等。工程中的材料按理想弹性来分析只是一种近似处理，但是当材料的非理想弹性特征表现得比较明显时，就必须加以考虑。本小节仅简要介绍上述前 4 种非理想弹性行为，而黏弹性是高分子聚合物材料中的重要特性，将在 2.2 节重点讨论。

2.1.5.1 包辛格效应

包辛格效应(Bauschinger effect)是指材料经过预先加载产生少量塑性变形后，再同向加载使弹性极限提高，或反向加载使弹性极限下降的现象。图 2-1-11 为退火轧制黄铜包辛格效应的示意图，在第一次拉伸时的弹性极限为 24kgf/mm^2，若不拉断试样就卸载，并且立即反向(压缩)加载，测得弹性极限为 17.8kgf/mm^2，这说明反向加载降低了弹性极限数值。若第三次仍为压缩(与第二次同向)加载，则弹性极限升高到 28.7kgf/mm^2，再反向(拉伸)加载，弹性极限又降低了(8.5kgf/mm^2)。

关于包辛格效应的机制有很多理论，其中用位错理论解释较为普遍。如图 2-1-12 所示，当金属加载产生微量塑性变形后，会在滑移面的障碍处(如晶界、相界等)产生位错塞积群，这个塞积群对位错源产生一个反向作用力 τ'。就是这个 τ' 在反向加载时起着一个附加的助力作用，使反向加载在较低的外载荷情况下就可使位错源开动，反向弹性极限载荷就低于正向弹性极限载荷，如果接着不是反向加载，而是同向加载，则 τ' 起着阻力作用，外加载荷只有大于原先载荷时位错源才能开动，使这次弹性极限载荷高于前一次。

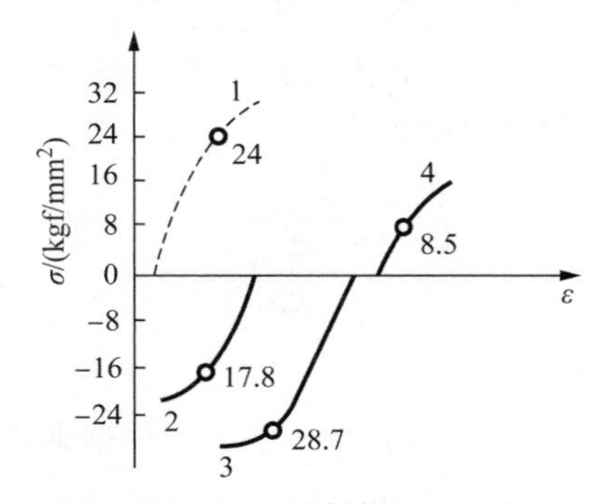

图 2-1-11 退火轧制黄铜的包辛格效应

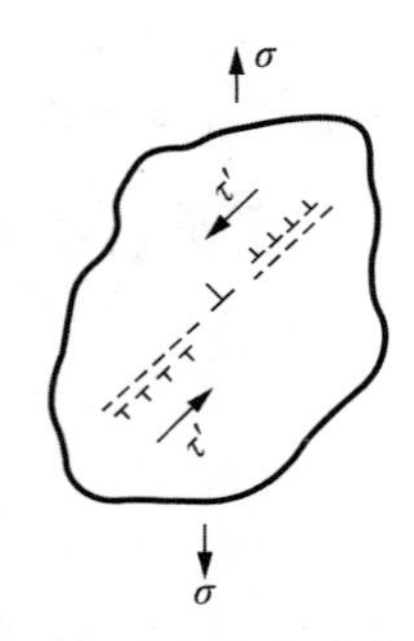

图 2-1-12 产生包辛格效应的位错理论解释示意图

对于某些钢和钛合金，包辛格效应可使规定残余伸长应力降低 15%～20%。所有退火态和高温回火态的金属都有包辛格效应，因此包辛格效应是多晶体金属具有的普遍现象。

对于一些预先经受一定程度冷变形的材料，如使用时承受与冷变形方向相反的载荷，就要考虑包辛格效应的影响，以免使微量塑性变形抗力下降而造成有害的结果。另一方面，也可以利用包辛格效应，如薄板反向弯曲成型、拉拔的钢棒经过辊压校直等。

消除包辛格效应的方法很简单，一是预先进行大变形量的变形；二是进行较高温度（300～400℃）的再结晶退火。

2.1.5.2 滞弹性

滞弹性（anelasticity）又称**弹性后效**（elastic aftereffect），是指材料在快速加载到一定值并保持时，随时间延长而产生附加弹性应变的特性。滞弹性材料的应力（σ）-应变（ε）-时间（t）关系如图 2-1-13 所示，当突然施加一应力 σ_0（低于材料的弹性极限）于拉伸试样时，试样立即沿 OA 线产生瞬时应变 Oa，然后随应力保持时间延长（应力：$A \to B$，保持不变；时间：$a \to b$），试样持续产生应变 aH，在此时瞬时卸载，试样立即产生回复应变 He，此时试样尚未回复到原始长度，剩余应变 eO 是随卸载后时间延长（$c \to d$）逐渐回复的。一般把加载过程中的滞弹性（aH）称为正弹性后效或弹性蠕变，而把卸载后的滞弹性（eO）称为反弹性后效。

弹性后效速率和滞弹性应变量与材料成分、组织以及试验条件有关。一般来说，组织越不均匀，滞弹性倾向越大；温度升高，滞弹性倾向增大；加载状态的切应力分量越大，滞弹性倾向也越大。相比较而言，滞弹性在金属材料和高分子材料中表现较明显。

材料的滞弹性对仪器仪表和精密机械中重要传感元件的测量精度有很大影响，因此选用材料时需要考虑滞弹性问题。如长期受载的测力弹簧、薄膜传感器等，若所选材料的滞弹性较明显，则会使仪表精度不足，甚至无法使用。

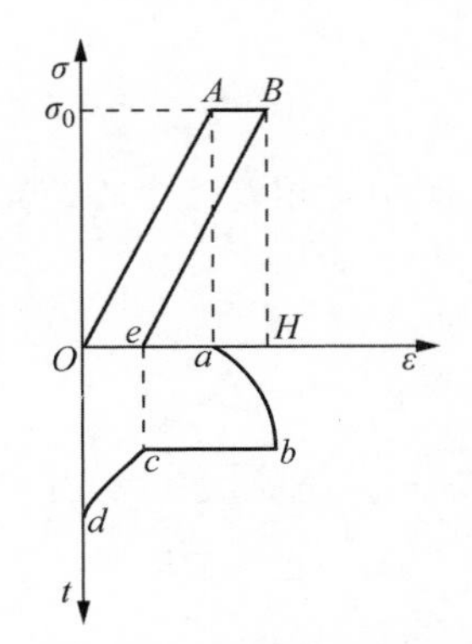

图 2-1-13 滞弹性示意图

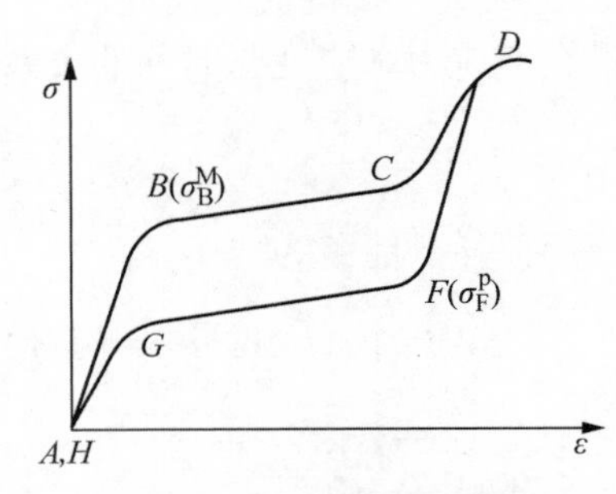

图 2-1-14 伪弹性示意图

2.1.5.3 伪弹性

对于某一类金属或陶瓷材料，在某一恒定温度（如室温）施加应力，当外加应力达到某一临界值时，材料会发生应力诱发马氏体相变，并伴随产生大幅度的尺寸（或形状）变化；当应力撤除后，又会发生逆马氏体相变而使材料的尺寸（或形状）回复原样。由于这样的变形和回复是由相变造成的，并且不遵从胡克定律，称为**伪弹性**（pseudo-elasticity）。伪弹性变形的量级大约在 60%，大大超过正常弹性变形。

图 2-1-14 是伪弹性材料的应力-应变曲线示意图，AB 段为常规弹性变形阶段，B 点为应

力诱发马氏体相变开始点,C 点为马氏体相变结束点,CD 段为马氏体的常规弹性变形段。在 CD 段卸载,马氏体弹性回复,在 F 点开始发生马氏体逆转变,至 G 点已完全回复到原始组织,GH 为原始组织的弹性回复段,到载荷回到零点时没有任何残留变形。这一特性在形状记忆合金中有重要应用。

2.1.5.4　内耗

材料在弹性范围加载和卸载时,如果属于理想弹性行为,则应力-应变曲线的加载段与卸载段是重合的,应力和应变是单值关系。加载时储存的弹性能在卸载时又完全释放,换句话说就是,变形过程中没有能量损耗。

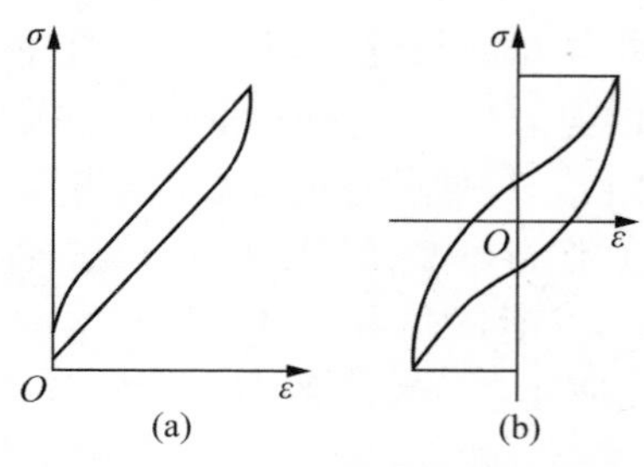

图 2-1-15　弹性滞后环的类型
(a) 单向加载;(b) 交变加载

而实际材料都为非理想弹性体,应力-应变并非单值关系,应变与时间有关。在弹性区内加载、卸载时,由于应变落后于应力,加载曲线与卸载曲线不重合,而形成一个封闭**滞后回线**(hysteresis loop),称为**弹性滞后环**(elastic leg)。存在滞后环说明加载时吸收的变形功大于卸载时释放的变形功,因而有一部分变形功被材料吸收,称为**内耗**或**内摩擦**(internal friction),其值用滞后环面积度量。在单向加载-卸载和循环交变应力情况下形成的滞后环有所不同,如图 2-1-15 所示。材料在交变载荷(振动)下吸收不可逆变形功的能力又称为**阻尼**(damping),也称为**循环韧性**(cyclic toughness),它相对于单向加载时的内耗在工程上更为重要。

内耗的大小可用振动一周在单位弧度上的相对能量损耗来度量。这个损耗取决于应变和应力之间的相位角差 δ,一般这个相角差都很小,所以常用它的正切值来表示内耗,即

$$\tan\delta = \frac{1}{2\pi}\frac{\Delta\overline{W}}{\overline{W}} \tag{2-1-30}$$

式中,$\Delta\overline{W}$ 为振动一周的能量损耗;$\overline{W}$ 为最大振动能。

假设交变应力和应变与时间的关系均用正弦函数表示,但两者相差一个相位角 δ,即

$$\sigma(t) = \sigma_0 \sin\omega t \tag{2-1-31}$$

$$\varepsilon(t) = \varepsilon_0 \sin(\omega t - \delta) \tag{2-1-32}$$

则循环一周损耗的能量为

$$\begin{aligned}\Delta\overline{W} &= \oint\sigma(t)\,\mathrm{d}\varepsilon(t) = \oint\sigma(t)\frac{\mathrm{d}\varepsilon(t)}{\mathrm{d}t}\mathrm{d}t = \sigma_0\varepsilon_0\omega\int_0^{\frac{2\pi}{\omega}}\sin\omega t\cos(\omega t-\delta)\,\mathrm{d}t \\ &= \pi\sigma_0\varepsilon_0\sin\delta\end{aligned} \tag{2-1-33}$$

振动一周的能量为

$$\overline{W} = \frac{1}{2}\sigma_0\varepsilon_0 \tag{2-1-34}$$

式中,ω 为应力变化的角频率;t 为时间;σ_0 为交变应力峰值;ε_0 为应变峰值。

上述表示方法的物理概念很明确,但直接测量 δ 角比较复杂,而且测量精度有限。所以工程上通常采用振动试样自由振动振幅衰减的自然对数值 Q^{-1} 来表征内耗的大小。如用 T_K 和 T_{K+1} 表示自由振动相邻振幅的大小,则有

$$Q^{-1} = \frac{1}{2\pi}\frac{\Delta\overline{W}}{\overline{W}} = \frac{1}{\pi}\ln\frac{T_K}{T_{K+1}} = \frac{1}{\pi}\ln\frac{T+\Delta T}{T} \approx \frac{1}{\pi}\frac{\Delta T}{T} \tag{2-1-35}$$

当试样在受迫振动时，内耗可用振动频率 ν 求得，即

$$Q^{-1}=\tan\delta=\frac{1}{\sqrt{3}}\frac{\Delta\nu}{\nu_{\tau}} \tag{2-1-36}$$

式中，$\Delta\nu$ 为振动曲线峰值两侧最大振幅一半处所对应的频率差；ν_{τ} 为共振频率。

对于大多数测量来说，在与振幅无关的条件下，根据弛豫理论可以导出内耗与应变角频率 ω 和弛豫时间 τ 的关系，即

$$\tan\delta=\Delta M\frac{\omega\tau}{1+(\omega\tau)^2} \tag{2-1-37}$$

式中，ΔM 为模量亏损，其值定义为

$$\Delta M=\frac{M_{\mathrm{U}}-M_{\mathrm{R}}}{(M_{\mathrm{U}}M_{\mathrm{R}})^{\frac{1}{2}}} \tag{2-1-38}$$

式中，M_{U} 为未弛豫模量，相当于未产生滞弹性时的弹性模量；M_{R} 为弛豫模量，相当于充分为滞弹性时的弹性模量。

式(2-1-37)为内耗的理论公式，它表明了内耗曲线的基本特征，如图 2-1-16 所示。当 $\omega\tau\gg1$ 或 $\omega\tau\ll1$ 时，$\tan\delta$ 都趋向于零；只有当 $\omega\tau=1$ 时，$\tan\delta$ 才出现极大值，它被称为内耗峰。$\omega\tau\gg1$ 意味着应力变化非常快，以至于材料来不及产生弛豫过程，相当于理想弹性体，所以内耗趋于零。$\omega\tau\ll1$ 意味着应力变化非常缓慢，有条件充分发生滞弹性应变，并且应变和应力同步变化，应力和应变组成的回路趋于一条直线，但斜率较低，内耗也趋向于零。

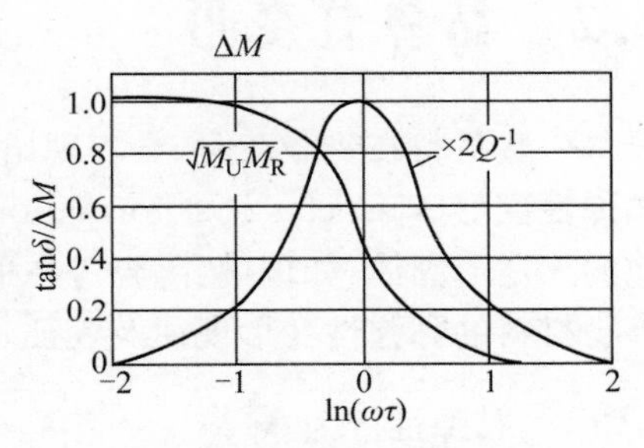

图 2-1-16　内耗峰示意图

根据式(2-1-37)所描述的关系，显然，要得到内耗曲线有两种途径：一是改变角频率 ω，得到 Q^{-1}-$\omega\tau$ 的关系曲线；二是改变温度，得到 Q^{-1}-T 的关系曲线。实际测量时上述两种方法都在应用。

材料内部一种弛豫过程对应着一种物理机制，固体材料中可能存在不同的产生内耗的弛豫机制，例如，两端钉扎位错的非弹性运动、间隙原子或置换原子在应力作用下产生的应力感生有序化、晶界的迁移、磁性的变化等，这些微观过程对不同的频率敏感并且都要消耗能量。因此，对应不同的频率会出现一系列的内耗峰，如图 2-1-17 所示。对于典型固体材料，具有数个内耗峰的曲线称为内耗谱或弛豫谱。同样，改变测量温度也可获得相应的温度内耗谱。

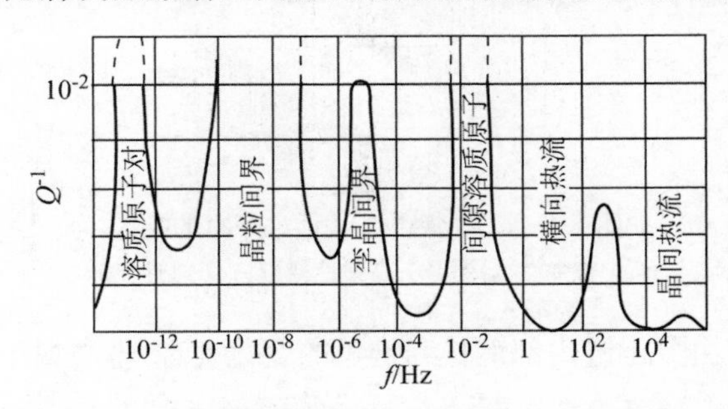

图 2-1-17　典型固体材料室温下内耗谱示意图

内耗是材料的一种重要力学性能和物理性能。高阻尼的材料消振能力好，例如铸铁因含

有石墨不易传递机械振动，具有很高的消振性，很适于用作机床设备的底座。因此，高的阻尼对降低机械噪声、抑制高速机械的振动具有很重要的意义。汽轮机叶片用 1Cr13 钢制造，原因之一就是它有高阻尼性。反之，对于仪表传感元件选用低阻尼材料，可以提高其灵敏度。乐器所用材料的阻尼愈低，则音质愈好。在物理性能方面，可以利用材料内耗与其成分、组织结构及物理性能变化间的关系，进行材料科学研究。

近年来，根据内耗的原理发展出一种称为振动时效的新工艺，即用一个振动器激发工件产生共振，在共振过程中工件中的宏观残余应力得以消除。振动时效的原理可以用位错的双动力机制加以解释，把作用于位错上的力分为激活位错的力和推动位错的力。工件共振时产生的交变应力起激活位错的作用，而宏观残余应力则起着推动位错定向运动产生定向塑性变形的作用。正是这个定向塑性变形使宏观残余应力得以消除或部分消除。这种振动时效新工艺可以节能 95%，节约时间 90%，节约费用 80%，且不影响工件力学性能，特别是对于不能采用高温回火去除宏观残余应力的工件，是消除宏观应力的新途径。

2.2 黏弹性变形

一些材料在受载荷时，会表现出类似于液体的黏性流动和弹性变形的混合特征，一般称为**黏弹性变形**(viscoelastic deformation)。黏弹性性质在高分子聚合物材料中表现得很明显，其他的无定形固体，如玻璃、陶瓷等在适当条件下也具有一定的黏弹性。本节重点讨论高分子聚合物材料的黏弹性变形规律及表征。

2.2.1 黏弹性行为 ▶

高分子聚合物材料的黏弹性行为表现得非常明显，这源于其微观结构单元对外力的响应机制。大致上可分为三大类，如图 2-2-1 所示。

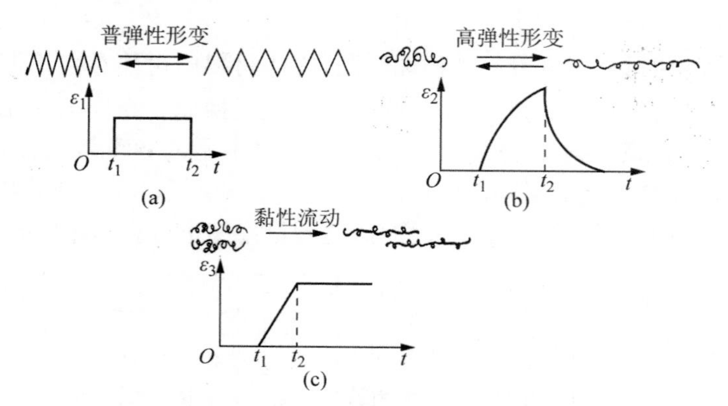

图 2-2-1 微观结构单元对外力的响应

(a) 普弹性变形；(b) 高弹性变形；(c) 黏性流动

第一类是普弹性，它由分子链内部键长和键角的变化实现，本质属于能弹性，符合胡克定律

$$\varepsilon_1=\frac{\sigma}{E_1} \tag{2-2-1}$$

第二类是高弹性，由分子链的链段伸展实现，属于熵弹性，变形量比普弹性大得多，但变形

量与时间成指数关系

$$\varepsilon_2=\frac{\sigma}{E_2}\left[1-\exp\left(-\frac{t}{\tau}\right)\right] \tag{2-2-2}$$

式中，τ 为弛豫时间，它与链段运动的黏度 η_2 和高弹模量 E_2 有关，$\tau=\eta_2/E_2$。外力去除时，高弹形变是随时间逐渐回复的。

第三类是黏性流动，由分子链间的相对滑移实现，变形不可回复并且与时间有关，若采用牛顿流动模型，则有

$$\varepsilon_3=\frac{\sigma}{\eta_3}t \tag{2-2-3}$$

式中，η_3 为本体黏度，即牛顿流体的单轴拉伸黏度。

高聚物受到外力作用时，以上 3 种变形是一起发生的，材料的总变形为

$$\varepsilon(t)=\varepsilon_1+\varepsilon_2+\varepsilon_3=\frac{\sigma}{E_1}+\frac{\sigma}{E_2}\left[1-\exp\left(-\frac{t}{\tau}\right)\right]+\frac{\sigma}{\eta_3}t \tag{2-2-4}$$

以上 3 种变形各自所占的份额视材料和温度不同而异。在玻璃化温度 T_g 以下，链段运动的松弛时间 τ 很长，ε_2 很小，分子之间内摩擦阻力很大（η_3 很大），ε_3 也很小，主要是 ε_1，因此总应变很小；在 T_g 温度以上，τ 随温度升高而变小，故 ε_2 相当大，总应变主要由 ε_1 和 ε_2 贡献，ε_3 很小；温度再升高到黏流温度 T_f 以上，不但 τ 变小，而且体系的黏度 η_3 也减小，ε_1、ε_2 和 ε_3 都比较显著。总体上，高聚物力学响应介于理想弹性体和理想黏性体之间，如图 2-2-2 所示，因此高聚物材料常被称为黏弹性材料。

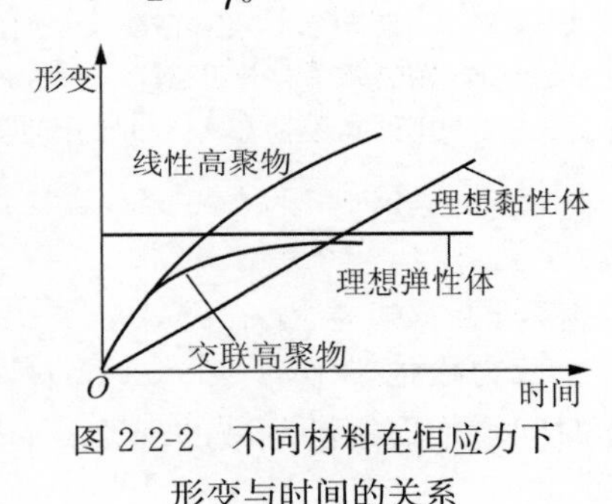

图 2-2-2　不同材料在恒应力下形变与时间的关系

2.2.2　力学松弛

由于黏弹性的存在，高聚物的力学性质会随时间的变化而变化，这又称为**力学松弛**(mechanical relaxation)。根据高聚物材料受到外部作用的情况不同，可以观察到不同类型的力学松弛现象，最基本的有蠕变、应力松弛和力学损耗。

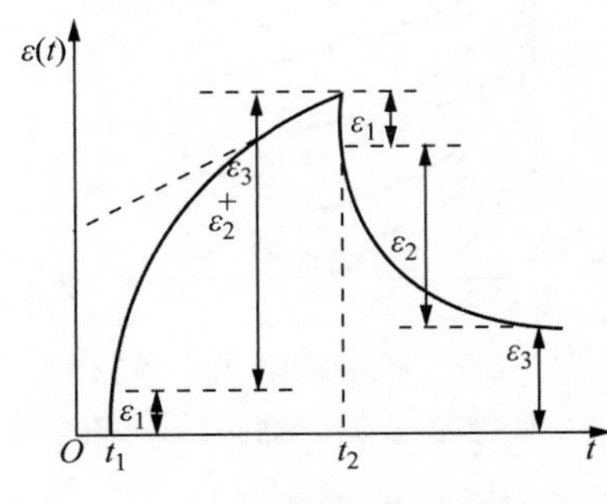

图 2-2-3　线性高聚物的蠕变曲线和回复曲线

2.2.2.1　蠕变

蠕变(creep)是指在一定温度和较小的恒定外力作用下，材料的变形随时间的增加而逐渐增大的现象。图 2-2-3 是线性高聚物在 T_g 以上的蠕变曲线和回复曲线示意图，曲线上标出了各部分变形的贡献。如果加载时间($t=t_2-t_1$)远远大于 τ，则 $\exp\left(-\frac{t}{\tau}\right)\to 0$，则 $\varepsilon_2\to\varepsilon_\infty$，即只要加载时间比高聚物的松弛时间长得多，则在加载期间，高弹性变形就已充分发展，达到平衡高弹形变。因而蠕变曲线的最后部分可以认为是纯粹的黏性流变，由这段曲线的斜率 $\Delta\varepsilon/\Delta t=\sigma/\eta_3$，可以计算材料的本体黏度 η_3，或者由回复曲线得到 ε_3 值，然后按 $\eta_3=\sigma(t_2-t_1)/\varepsilon_3$ 计算。

蠕变与温度高低和外力大小有关。温度过低或外力太小，则蠕变很小而且很慢，在短时间

内不易察觉;温度过高或外力过大,形变发展过快,也感觉不出蠕变现象;在适当的外力作用下,通常在 T_g 以上不远,链段在外力下可以运动,但运动时受到的内摩擦力又较大,只能缓慢运动,此时则可观察到较明显的蠕变现象。

各种高聚物在室温时的蠕变现象很不相同。图 2-2-4 为几种高聚物的室温蠕变曲线,可见,主链含芳杂环的刚性链高聚物具有较好的抗蠕变性能,因而成为广泛应用的工程塑料,可用来代替金属材料加工成机械零件。对于蠕变较严重的材料,使用时则需采取必要的补救措施。如硬聚氯乙烯有良好的抗腐蚀性能,可以用于加工化工管道、容器或塔等设备,但它容易蠕变,使用时必须增加支架以防止蠕变。聚四氟乙烯是塑料中摩擦系数最小的,具有很好的自润滑性能,可是由于其蠕变现象很严重,虽然不能做成机械零件,却是很好的密封材料。橡胶采用硫化交联的办法来防止由蠕变产生分子间滑移而造成的不可逆变形。

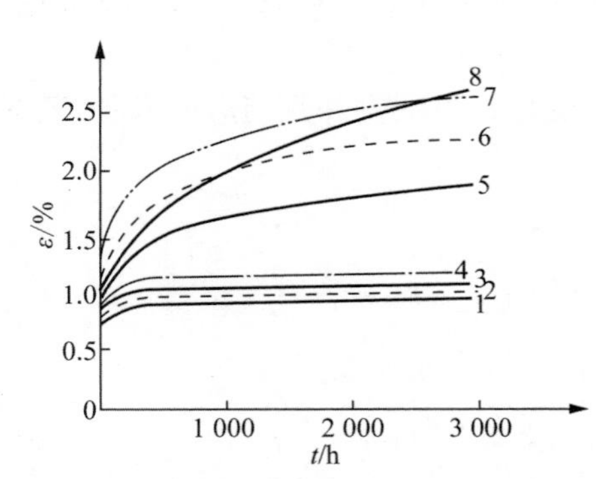

1—聚砜;2—聚苯醚;3—聚碳酸酯;4—改性聚苯醚;5—ABS(耐热级);6—聚甲醛;7—尼龙;8—ABS。

图 2-2-4 几种高聚物在 23℃时的蠕变性能比较

2.2.2.2 应力松弛

应力松弛(stress relaxation)是指在恒定温度和变形保持不变的情况下,材料内部的应力随时间增加而逐渐衰减的现象。应力与时间的关系一般为指数形式

$$\sigma = \sigma_0 \exp\left(-\frac{t}{\tau}\right) \tag{2-2-5}$$

从本质上来看,与蠕变一样,应力松弛也反映了高聚物内部分子的 3 种运动情况。当高聚物一开始被拉长时,其分子处于不平衡的构象,要逐渐过渡到平衡的构象,也就是链段顺着外力的方向运动以减少或消除内部应力。如果温度很高,远远超过 T_g,如常温下的橡胶,链段运动时受到的内摩擦力很小,应力很快就松弛掉了,甚至可以快到几乎觉察不到的地步。如果温度太低,比 T_g 低得多,如常温下的塑料,虽然链段受到很大的应力,但是由于内摩擦力很大,链段运动的能力很弱,应力松弛极慢,也就不容易觉察得到。只有在 T_g 附近的几十度范围内,应力松弛比较明显,如图 2-2-5 所示。例如含有增塑剂的聚氯乙烯丝,用它缚物,开始扎得很紧,后来会变松,就是应力松弛现象比较明显的例子。对于交联的高聚物,由于分子间不能滑移,应力不会松弛到零,只能松弛到某一数值,正因为这样,橡胶制品都是经过交联的。

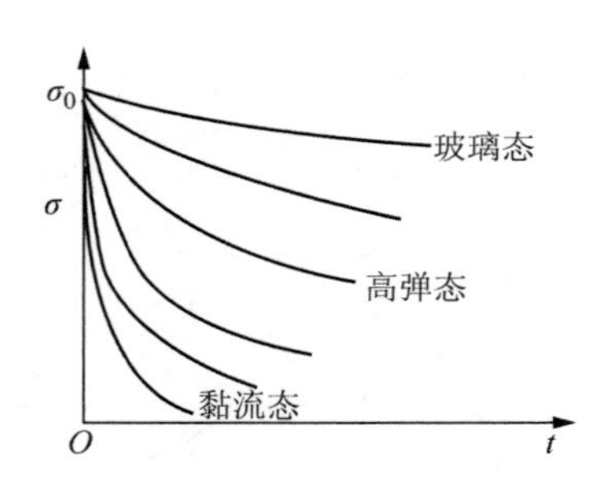

图 2-2-5 不同温度(力学状态)高聚物的应力松弛曲线示意图

2.2.2.3 力学损耗

前述蠕变和应力松弛发生在静载荷的条件下,所以统称为静态黏弹性。在交变应力下,由于应变滞后于应力,会发生内耗。又由于高聚物的黏弹性性质,其应变滞后于应力的现象更为明显,故内耗更显著。在高分子聚合物材料中,这种内耗常称为**力学损耗**(mechanical damping)，属于**动态黏弹性**(dynamic viscoelasticity)。

高聚物滞后现象与其本身化学结构有关，一般刚性分子的滞后现象小，柔性分子的滞后现象严重。一些常见橡胶品种的内耗大小可以从其分子结构上定性解释。顺丁橡胶分子链上没有取代基团，链段运动的内摩擦力较小，内耗较小；丁苯橡胶和丁腈橡胶的内耗比较大，因为丁苯橡胶有庞大的侧苯基，丁腈橡胶有极性较强的侧氰基，因而它们的链段运动时内摩擦力较大；丁基橡胶的侧甲基虽没有苯基大，也没有氰基极性强，但是它的侧基数目比丁苯、丁腈多得多，所以内耗比丁苯、丁腈还要大。

高聚物的内耗与温度的关系如图 2-2-6 所示。在 T_g 以下，高聚物受外力作用变形很小，这种变形主要由键长和键角的改变引起，速度很快，几乎完全跟得上应力的变化，所以内耗很小。温度升高，在向高弹态过渡时，由于链段开始运动，而体系的黏度还很大，链段运动时受到摩擦阻力比较大，高弹变形显著落后于应力的变化，内耗较大。当温度进一步升高时，虽然形变大，但链段运动比较自由，内耗也小了。因此，在玻璃化转变区出现一个内耗峰。向黏流态过渡时，由于分子间互相滑移，内耗急剧增大。

频率与内耗的关系如图 2-2-7 所示，频率很低时，高分子的链段运动完全跟得上外力的变化，内耗很小，高聚物表现出橡胶的高弹性；在频率很高时，链段运动完全跟不上外力的变化，内耗也很小，高聚物显现出刚性，表现出玻璃态的力学性质；只有在中等频率范围会出现较大的内耗，这个区域中材料的黏弹性表现得很明显。

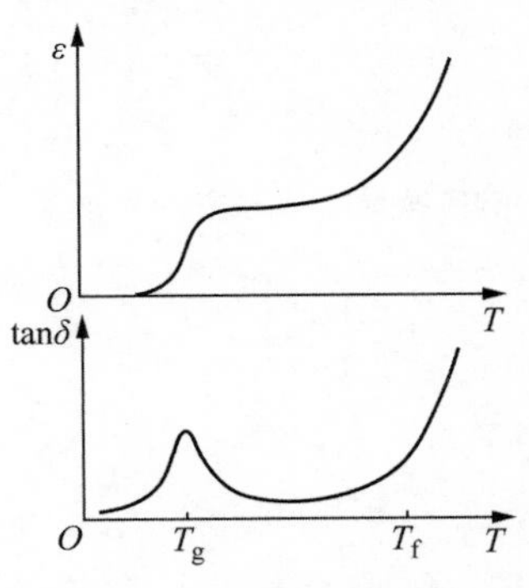

图 2-2-6　高聚物的变形及内耗与温度的关系

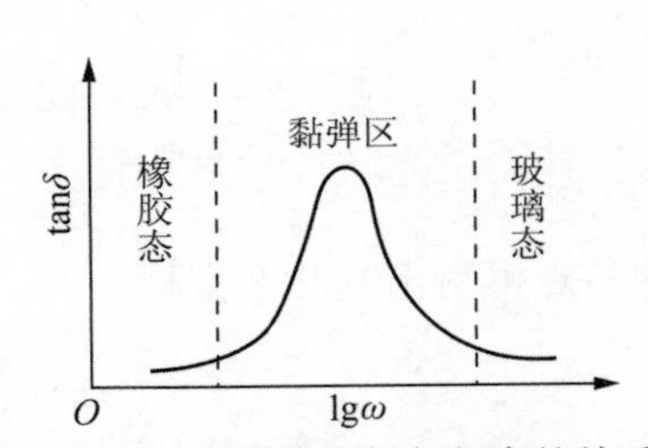

图 2-2-7　高聚物内耗与频率的关系

2.2.3　黏弹性变形的唯象描述

为了更加方便地描述力学松弛现象，很早就有人提出了用两个基本力学元件，即弹簧和活塞，来分别模拟高聚物中的弹性性质和黏性性质，并且用这两种基本元件进行不同形式的组合来描述复杂的黏弹性行为。图 2-2-8 为两个基本元件的形象符号及力学响应特征。

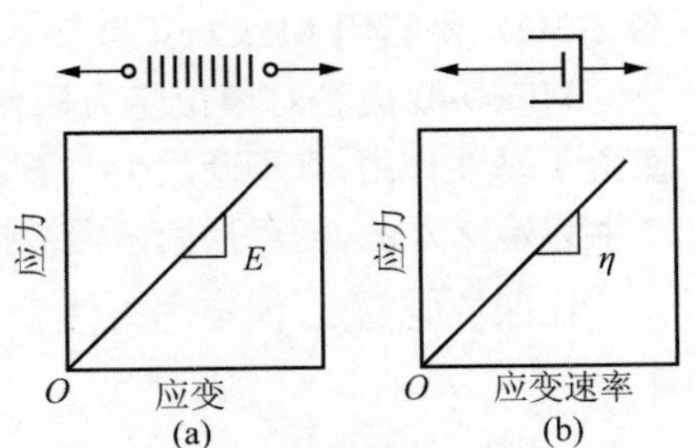

图 2-2-8　唯象描述黏弹性行为的基本力学元件的图像符号及力学响应特性
(a) 弹簧元件；(b) 活塞元件

弹簧元件服从胡克定律，即

$$\sigma = E\varepsilon = \frac{1}{D}\varepsilon \tag{2-2-6}$$

式中,E 为弹簧的模量;D 为柔量。

活塞元件又称阻尼器或黏壶,服从牛顿流动定律,即

$$\sigma=\eta\dot{\varepsilon} \quad 或 \quad \varepsilon=\frac{\sigma}{\eta}t \tag{2-2-7}$$

式中,η 为单轴拉伸黏度(下同)。由这两个基本元件可以组合成不同的模型。

2.2.3.1 Maxwell 模型

Maxwell 模型由一个弹簧和一个活塞串联而成。其特点为:两元件中应力相等,且等于总应力,即 $\sigma_e=\sigma_v=\sigma_t$;两元件应变不等,且非同时产生,总应变等于两元件应变之和,即 $\varepsilon_t=\varepsilon_e+\varepsilon_v$。图 2-2-9 为 Maxwell 模型示意图及力学响应特征,当突然施加一应力 σ_0 后,弹性应变 ε_e 瞬时发生,而随 σ_0 保持时间延长,黏性应变 ε_v 线性增长。当应力突然撤除后,弹性应变立即回复,而黏性应变残留下来,即不能完全回复。

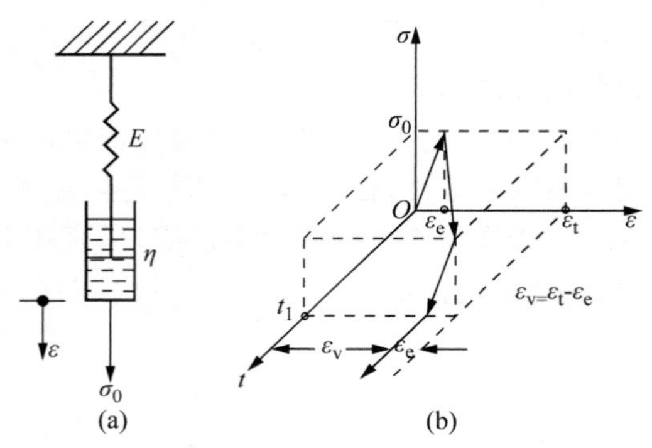

图 2-2-9 Maxwell 模型及力学响应特征

(a) 模型示意图;(b) 力学响应特征

根据此模型特点可写出其状态方程

$$\dot{\varepsilon}_t=\frac{\dot{\sigma}}{E}+\frac{\sigma}{\eta} \tag{2-2-8}$$

在恒应力 σ_0 作用 t_1 时间后的变形为

$$\varepsilon_t=\frac{\sigma_0}{E}+\frac{\sigma_0}{\eta}t_1=\sigma_0\left(\frac{1}{E}+\frac{t_1}{\eta}\right) \tag{2-2-9}$$

可见,由 Maxwell 模型得到的总蠕变是时间的线性函数,这与高聚物的蠕变特性不符(见图 2-2-9),说明用 Maxwell 模型不能模拟高聚物的蠕变过程。

Maxwell 模型对模拟应力松弛很有效。当模型受到一个外力时,弹簧瞬时发生形变,而活塞由于黏性作用,来不及发生变形,因此应力松弛的起始应变 ε_0 由理想弹簧提供,并使两个元件产生起始应力 σ_0,随后活塞慢慢被拉开,而弹簧则逐渐回缩,因而总应力下降直到完全消除为止。

在保持应变 ε_0 恒定的条件下,此时 $\dot{\varepsilon}=0$,则由式(2-2-8)得

$$\dot{\sigma}=-\frac{E}{\eta}\sigma \tag{2-2-10}$$

积分后得

$$\sigma=\sigma_0\exp\left(-\frac{E}{\eta}t\right)=\sigma_0\exp\left(-\frac{t}{\tau}\right) \tag{2-2-11}$$

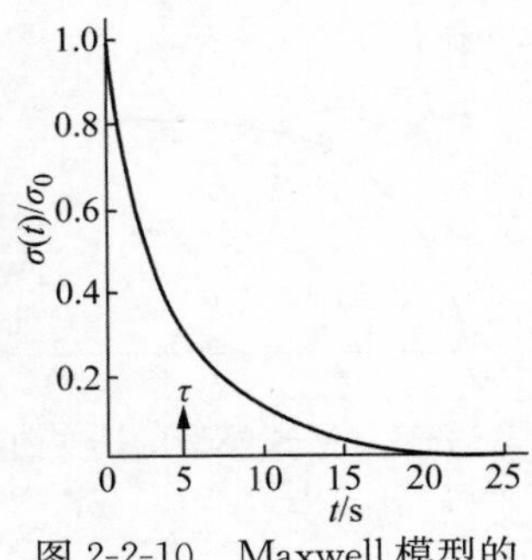

图 2-2-10 Maxwell 模型的应力松弛曲线

式中，$\tau=\eta/E$ 为松弛常数，又称为弛豫时间；σ_0 为 $t=0$ 时的应力，即 $\sigma_0=E\varepsilon_0$。此式表明，应力随应变保持时间呈指数下降，当 $t\to\infty$ 时，$\sigma\to 0$，所得曲线如图 2-2-10 所示。当 $t=\tau$ 时，$\sigma=\sigma_0/\mathrm{e}$，即 τ 为应力松弛到起始应力的 1/e 倍时所需的时间。因 $\tau=\eta/E$，所以松弛时间既与黏性系数有关，又与弹性模量有关，这也说明松弛过程是弹性行为和黏性行为共同作用的结果。

应力松弛过程也可以用模量来表示。将式(2-2-11)除以 ε_0 便得

$$E(t)=E_0\exp\left(-\frac{t}{\tau}\right) \tag{2-2-12}$$

式中，$E_0=\sigma_0/\varepsilon_0$ 表示起始模量。

2.2.3.2 Voigt-Kelvin 模型

Voigt-Kelvin 模型是由一个弹簧和一个活塞并联而成的，如图 2-2-11 所示。由于元件并联，则总应力由两个元件共同承担，即 $\sigma_t=\sigma_e+\sigma_v$；两个元件的应变总是相等的，并且等于总应变，即 $\varepsilon_t=\varepsilon_e=\varepsilon_v$。因此，可以直接写出 V-K 模型的本构方程为

$$\sigma=\sigma_e+\sigma_v=E\varepsilon+\eta\frac{\mathrm{d}\varepsilon}{\mathrm{d}t} \tag{2-2-13}$$

或

$$\frac{\mathrm{d}\varepsilon}{\mathrm{d}t}=\frac{\sigma}{\eta}-\frac{E}{\eta}\varepsilon \tag{2-2-14}$$

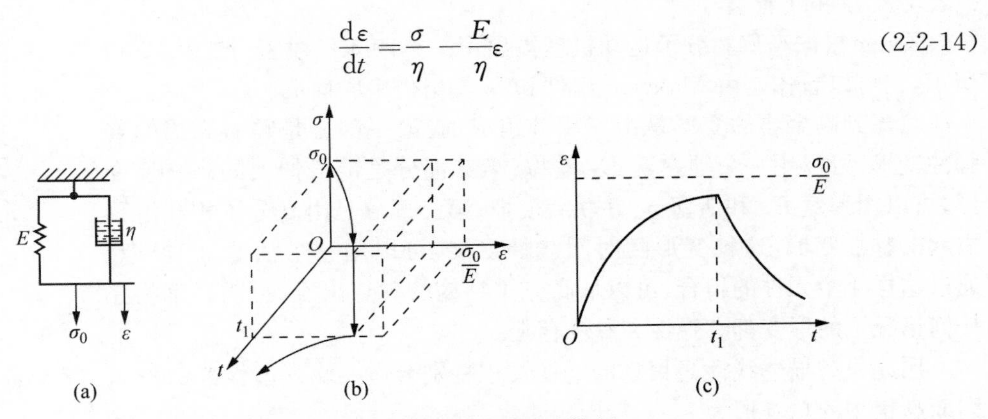

图 2-2-11 V-K 模型及力学响应特征

(a) 模型示意图；(b) 力学响应特征；(c) 应变-时间关系

V-K 模型本构关系的响应特征：突施应力为 σ_0 时，活塞将阻止弹簧瞬时伸长；随时间延长，不断产生非线性应变；若卸去应力，弹簧将迫使活塞回复，也呈非线性。这与交联高聚物蠕变过程的情形是一致的。

在蠕变过程中，应力保持不变 $\sigma=\sigma_0$，式(2-2-13)变为

$$\frac{\mathrm{d}\varepsilon}{\sigma_0-E\varepsilon}=\frac{\mathrm{d}t}{\eta} \tag{2-2-15}$$

当 $t=0$ 时，$\varepsilon=0$，式(2-2-15)积分得

$$\varepsilon(t)=\frac{\sigma_0}{E}(1-\mathrm{e}^{-t/\tau})=\varepsilon(\infty)(1-\mathrm{e}^{-t/\tau}) \tag{2-2-16}$$

式中，$\varepsilon(\infty)$是 $t\to\infty$时的平衡应变；在蠕变过程的松弛时间 τ 也称为推迟时间，表示形变推迟

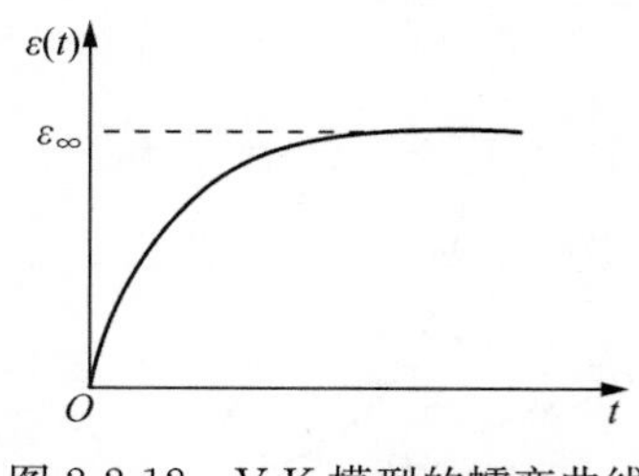

图 2-2-12 V-K 模型的蠕变曲线

发生的意思。图 2-2-12 为 V-K 模型的蠕变曲线。

蠕变过程也可以用蠕变柔量来表示。以起始应力 σ_0 去除式(2-2-16)得到

$$D(t)=D_\infty(1-e^{-t/\tau}) \tag{2-2-17}$$

必须注意,在理想弹性体中,$E=1/D$;而在黏弹性体中,$E(t)\neq 1/D(t)$,因为

$$E(t)=\frac{\sigma(t)}{\varepsilon_0}\neq\frac{\sigma_0}{\varepsilon(t)}=\frac{1}{D(t)} \tag{2-2-18}$$

当卸除应力时,$\sigma=0$,由式(2-2-13)得

$$\frac{d\varepsilon}{\varepsilon}=-\frac{E}{\eta}dt \tag{2-2-19}$$

当 $t=0$ 时,$\varepsilon=\varepsilon_\infty$,式(2-2-19)积分即得

$$\varepsilon(t)=\varepsilon_\infty e^{-t/\tau} \tag{2-2-20}$$

这是模拟蠕变回复过程的方程。

V-K 模型显然不可能用于模拟应力松弛过程,因为有活塞并联在弹簧上,要使模型建立一个瞬时应变,需要无限大的力。同时,由于模拟蠕变过程时没有永久变形,V-K 模型也不能模拟线型高聚物的蠕变过程。

2.2.3.3 Zener 模型

Zener 根据高聚物分子运动机理提出了一个四元件模型,如图 2-2-13 所示,它可以看作是由 Maxwell 组件和 V-K 组件串联而成。

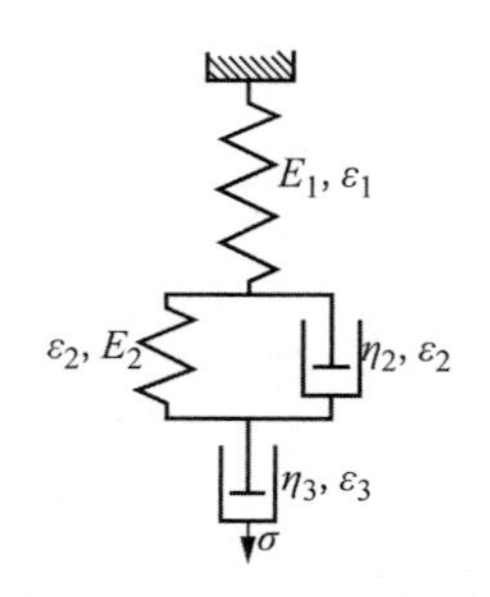

图 2-2-13 Zener 模型

考虑到高聚物的变形是由三部分组成的:第一部分是瞬时完成的普弹性变形,可以用一个硬弹簧 E_1 模拟;第二部分是链段伸展的高弹性变形,可以用弹簧 E_2 和活塞 η_2 并联后模拟;第三部分是由高分子相互滑移引起的黏性变形,这种变形随时间线性发展,可以用一个活塞 η_3 模拟。通过这样 4 个元件的组合,可以从高分子结构的观点出发,说明高聚物在任何情况下的形变都有弹性和黏性存在。

用此模型描述线性高聚物的蠕变过程特别合适。蠕变过程中 $\sigma=\sigma_0$,因而高聚物的总变形为

$$\varepsilon(t)=\varepsilon_1+\varepsilon_2+\varepsilon_3=\frac{\sigma_0}{E_1}+\frac{\sigma_0}{E_2}\left[1-\exp\left(-\frac{t}{\tau}\right)\right]+\frac{\sigma_0}{\eta_3}t \tag{2-2-21}$$

图 2-2-14 是该模型的蠕变曲线和回复曲线,以及各时刻对应的模型各元件的相应行为,它与天然橡胶实际蠕变曲线是比较接近的。

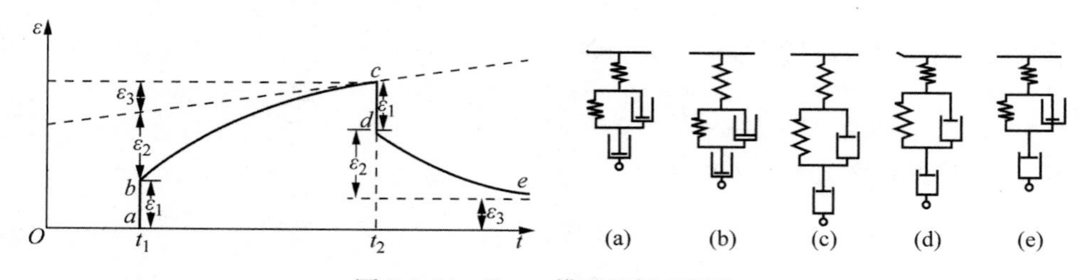

图 2-2-14 Zener 模型的蠕变行为

2.2.3.4 广义 Maxwell 模型

前述诸模型虽然可以表示出高聚物黏弹性行为的主要特征，但还是简单了一些，尤其是它们都只能给出具有单一松弛时间的指数形式的响应，而实际高聚物由于结构单元的多重性及其运动的复杂性，其力学松弛过程不止一个松弛时间，而是一个分布很宽的连续谱，为此须采用多元件组合模型进行模拟。

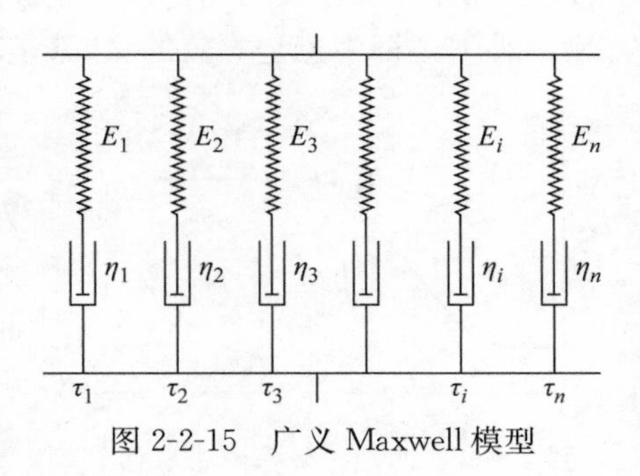

图 2-2-15 广义 Maxwell 模型

广义 Maxwell 模型是取任意多个 Maxwell 组件并联而成，如图 2-2-15 所示。每个单元由不同模量的弹簧和不同黏度的活塞组成，因而具有不同的松弛时间，当模型在恒定应变 ε_0 时，其应力应为诸单元应力之和，即

$$\sigma(t)=\varepsilon_0\sum_i^n E_i \mathrm{e}^{-\frac{t}{\tau_i}} \tag{2-2-22}$$

应力松弛模量为

$$E(t)=\sum_i^n E_i \mathrm{e}^{-\frac{t}{\tau_i}} \tag{2-2-23}$$

图 2-2-16 给出了只由两个 Maxwell 单元并联组合模型的应力松弛行为，曲线出现了两个转变，与图 2-2-17 的实际高聚物的应力松弛行为对照，显然比只有 1 个转变的 Maxwell 模型前进了一步。当 $n\to\infty$时，式(2-2-23)可写成积分形式

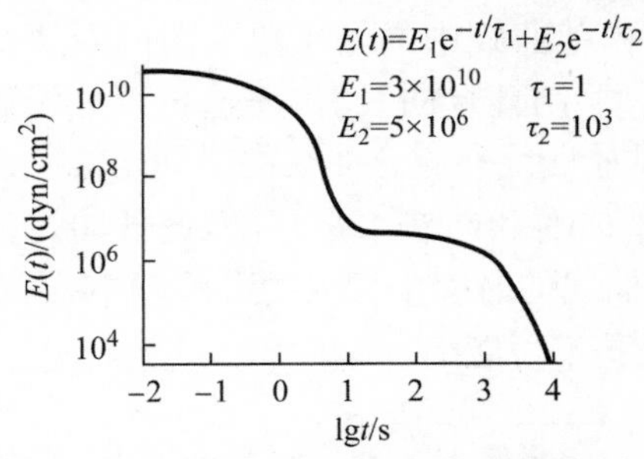

图 2-2-16 两个 Maxwell 单元并联组合模型的应力松弛行为
(1dyn$=10^{-5}$N)

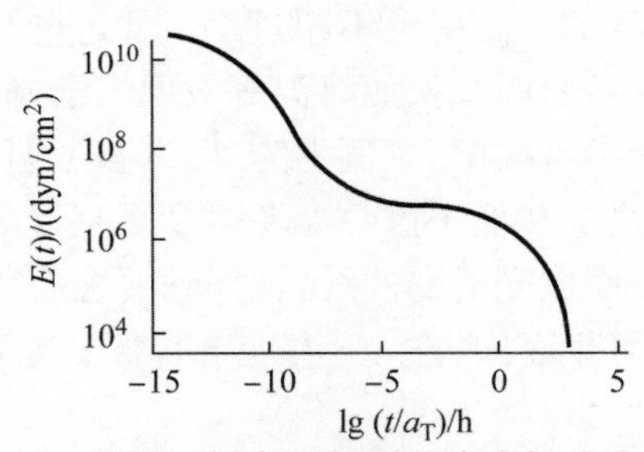

图 2-2-17 聚异丁烯在 25℃时的应力松弛叠合曲线

$$E(t)=\int_0^\infty f(\tau)\mathrm{e}^{-\frac{t}{\tau}}\mathrm{d}\tau \tag{2-2-24}$$

式中，$f(\tau)$称为松弛时间谱。

以上讨论了高聚物黏弹性的唯象力学模型。自然，唯象模型只能帮助我们认识黏弹性现象，而不可能揭示黏弹性的实质，也不能解释高聚物为何具有宽的松弛时间谱，不能解决高聚物结构与黏弹性的关系。要解决上述问题，必须借助于黏弹性的分子理论，它们要涉及较多的数学处理，本书不做介绍。

2.2.4 时温等效原理

一般在高聚物材料中，同一个力学松弛现象既可以在较高温度、较短时间内观察到，也可以在较低温度、较长时间内观察到。因此,升高温度与延长时间对分子运动是等效的,对高聚物的黏弹性行为也是等效的,这就是时温等效原理。

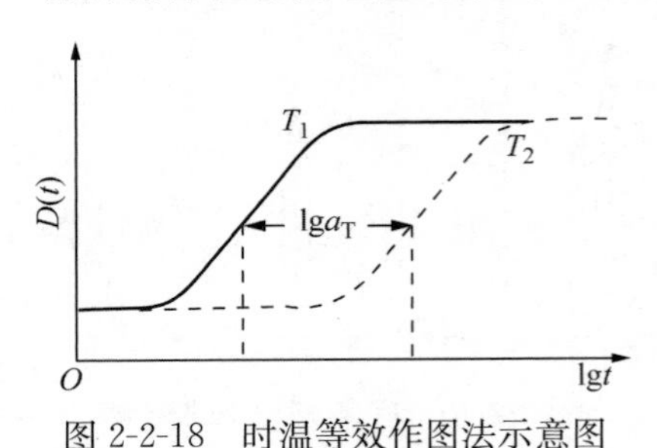

图 2-2-18 时温等效作图法示意图

时温等效性可以借助于一个转换因子 a_T 来实现,即借助于 a_T 可以将在某一温度下测定的力学数据换算成在另一个温度下的力学数据。例如,图 2-2-18 为一个理想高聚物在 T_1 和 T_2 两个温度下蠕变柔量与时间的对数关系曲线,可见,只要将这两条曲线之一沿横坐标平移 $\lg a_T$,就可以使其完全重合,其中移动因子为

$$a_T=\frac{\tau}{\tau_s} \tag{2-2-25}$$

式中,τ_s 和 τ 分别是指定温度 T_s 和 T 时的松弛时间。

时温等效原理具有重要的实用意义。利用时间和温度的这种对应关系,可以对不同温度或不同频率下测得的高聚物力学性能进行比较或换算,从而得到一些无法从试验直接测量的结果。例如,要得到低温某一指定温度时天然橡胶的应力松弛行为,由于温度太低,应力松弛进行得很慢,得到完整的数据可能需要等候几个世纪甚至于更长时间,这实际上是不可能的。为此,我们可以利用时温等效原理,在较高温度下测得应力松弛数据,然后换算成所需要的低温下的数据。

图 2-2-19 是绘制高聚物在指定温度下的模量松弛叠合曲线示意图。图的左边是在一系列温度下试验测量得到的松弛模量-时间曲线,其中每一根曲线都是在一恒定的温度下测得的,包括的时间标尺不超过 1h,因此它们都只是完整松弛曲线中的一小段。图的右边则是由左边的试验曲线按照时温等效原理绘制的叠合曲线。绘制叠合曲线时,先选定欲分析研究的温度为参考温度(本例中为 T_3),参考温度下测得的试验曲线在叠合曲线的时间坐标上没有移动,而高于和低于这一参考温度下测得的曲线,则分别向右和向左水平移动,使各曲线彼此叠合连接而成光滑的曲线,就得到叠合曲线。这种完整曲线的时间坐标大约要跨越 10～15 个数量级,可想而知,在 T_3 温度下直接试验测得这条曲线是不可能的。

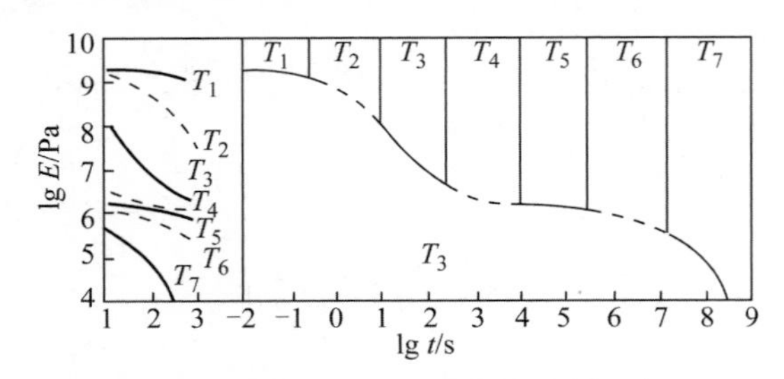

图 2-2-19 模量松弛叠合曲线绘制示意图

显然,在绘制叠合曲线时,各条试验曲线在时间坐标轴上的平移量(或移动因子)是不同的。针对很多非晶态线型聚合物,Williams、Landel 和 Ferry 提出了如下经验方程:

$$\lg a_T=\frac{-C_1(T-T_s)}{C_2+T-T_s} \tag{2-2-26}$$

式中,T_s 为参考温度;C_1、C_2 是与材料以及参考温度有关的经验常数。

2.2.5 Boltzman 叠加原理

Boltzman 叠加原理是高聚物黏弹性的一个简单但又非常重要的原理，是处理线性黏弹性行为的一个数学方法。该原理指出，高聚物的力学松弛行为是其受载历史的函数，最终的松弛行为是诸松弛过程线性加和的结果。对于蠕变过程，每个载荷对高聚物变形的贡献都是独立的，总的蠕变是各个载荷引起的蠕变的线性加和；对于应力松弛，每个应变对高聚物应力松弛的贡献也是独立的，高聚物的总应力等于历史上诸应变引起应力松弛过程的线性加和。基于这个原理，我们就可以根据有限的试验数据去预测高聚物在很宽范围内的力学性质。

对于高聚物黏弹性体，在蠕变试验中应力、应变和蠕变柔量之间的关系为

$$\varepsilon(t)=\sigma_0 D(t) \tag{2-2-27}$$

式中，σ_0 是在 $t=0$ 时作用在黏弹体上的应力。如果应力 σ_1 作用的时间是 u_1，则它引起的变形为

$$\varepsilon(t)=\sigma_1 D(t-u_1) \tag{2-2-28}$$

当这两个应力相继作用在同一黏弹体上时，根据 Boltzman 叠加原理，则总的应变是两者的线性加和（见图 2-2-20），即

$$\varepsilon(t)=\sigma_0 D(t)+\sigma_1 D(t-u_1) \tag{2-2-29}$$

现在考虑具有 n 个阶跃载荷的情况，如图 2-2-21 所示。假设 $\Delta\sigma_1,\Delta\sigma_2,\Delta\sigma_3,\cdots,\Delta\sigma_n$ 个阶跃载荷分别作用 $u_1,u_2,u_3,\cdots,u_n$ 时间，则总变形为

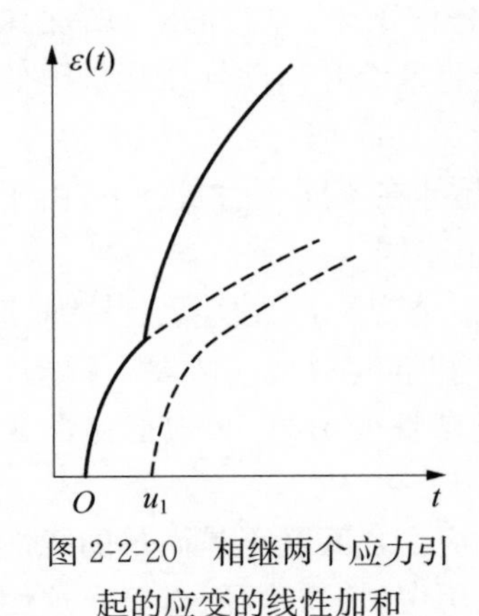

图 2-2-20 相继两个应力引起的应变的线性加和

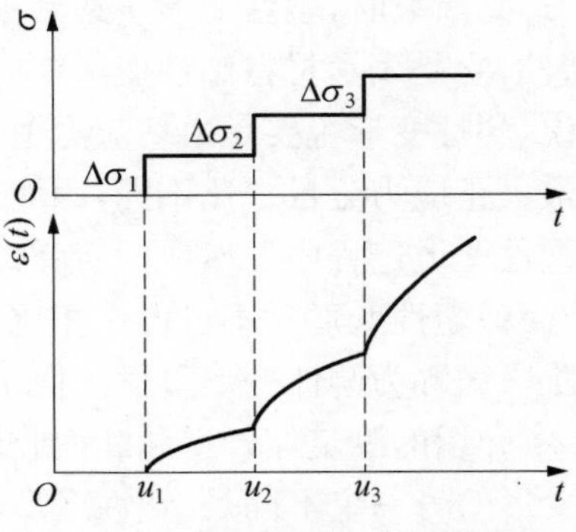

图 2-2-21 阶跃载荷程序下的蠕变叠加

$$\varepsilon(t)=\Delta\sigma_1 D(t-u_1)+\Delta\sigma_2 D(t-u_2)+\cdots+\Delta\sigma_n D(t-u_n)=\sum_i^n \Delta\sigma_i D(t-u_i) \tag{2-2-30}$$

当应力连续变化时，式(2-2-30)可写为积分形式

$$\varepsilon(t)=\int_{-\infty}^{t} D(t-u)\mathrm{d}\sigma(u)=\int_{-\infty}^{t} D(t-u)\frac{\partial\sigma(u)}{\partial u}\mathrm{d}u \tag{2-2-31}$$

式中的积分下限取$-\infty$是考虑到全部受应力的历史。式(2-2-31)分部积分时假定$\sigma(-\infty)=0$，并引入新变量$a=t-u$，则有

$$\varepsilon(t)=D(0)\sigma(t)+\int_0^t \sigma(t-a)\frac{\partial D(a)}{\partial a}\mathrm{d}a \tag{2-2-32}$$

类似地，对于应力松弛的情况，Boltzman叠加原理给出与蠕变完全对应的数学表达式。对于分别在$u_1,u_2,u_3,\cdots,u_n$作用在黏弹体上的应变$\Delta\varepsilon_1,\Delta\varepsilon_2,\Delta\varepsilon_3,\cdots,\Delta\varepsilon_n$，在时间$t$时的总应力为

$$\sigma(t)=\Delta\varepsilon_1 E(t-u_1)+\Delta\varepsilon_2 E(t-u_2)+\cdots+\Delta\varepsilon_n E(t-u_n)=\sum_i^n \Delta\varepsilon_i E(t-u_i) \tag{2-2-33}$$

当应变连续变化时，则有

$$\sigma(t)=\int_{-\infty}^t E(t-u)\frac{\partial\varepsilon(u)}{\partial u}\mathrm{d}u=E(0)\varepsilon(T)+\int_0^t \varepsilon(t-a)\frac{\partial E(a)}{\partial a}\mathrm{d}a \tag{2-2-34}$$

2.3 塑性变形

2.3.1 塑性变形的一般特点

材料在外力作用下，当应力超过弹性极限后就开始塑性变形。与弹性变形不同，塑性变形是一种不可逆变形，外力去除后塑性变形不能回复而被残留下来。随着外力增加其塑性变形量也增加，当达到断裂时，塑性变形量达到极限值。一般将这个相对塑性变形极限值称为极限塑性，简称塑性，它是表示材料塑性变形能力的一种性能。

一般来说，塑性变形主要是由切应力引起的。同一晶体在不同应力状态下，由于其最大切应力分量和最大正应力分量之比不同，因而塑性变形量也不同。

材料在塑性变形过程中仍然保留着弹性变形，所以整个变形过程实际上是弹性+塑性变形过程，可称为弹塑性变形。不过由于相比于弹性变形，塑性变形量一般要大很多，通常也把弹塑性变形阶段简称为塑性变形阶段。但是要精确测量塑性变形时，必须把弹性变形部分除去，正如第1章介绍的测定伸长率和断面收缩率那样。

与弹性变形的另一个不同是，塑性变形阶段的应力、应变之间既不是简单的线性(直线)关系，也不是单值、唯一的关系，换句话说，塑性变形与加载历史(加载途径)有关。这使得理论上精确分析塑性变形需要增量理论，而不是像描述弹性变形的(广义)胡克定律那样的全量理论。

塑性变形除主要取决于应力外，还与温度和时间(加载速率)有关。一般来说，随温度升高或加载速率降低，塑性变形能力提高。

材料塑性变形时所表现的各种力学性能指标对材料的成分、组织、结构很敏感，属于结构敏感性能。另外，塑性变形时还会引起形变强化、内应力以及一些物理性能的变化，如密度降低、电阻和矫顽力增加等。

2.3.2 塑性变形机理

塑性变形机理视材料种类而不同。晶体材料的塑性变形微观机制主要有4种类型：滑移、孪生、晶界滑动和扩散性蠕变。其中，滑移是在任何温度区段都可出现的方式，孪生主要出现在某些晶体结构和较低温度时，后两种方式则主要出现在高温时；高分子聚合物材料，塑性变形是由分子链取向实现；玻璃态固体中不存在晶体中的滑移和孪生变形机制，其永久变形是通过分子或分子基团位置的热激活交换来进行的，属于黏塑性变形机制，需要在一定温度下进行，所以普通的无机玻璃在室温下没有塑性。本节将主要介绍不同材料的重要塑性变形机理及微观过程特点，至于晶界滑动和扩散性蠕变将在第5章中介绍。

2.3.2.1 金属

1）晶体的滑移

（1）滑移系。

滑移是晶体塑性变形最主要的方式。从宏观上来看，滑移是晶体沿切应力平面发生层片间的相互滑动，大量层片间滑动的累积就导致晶体的宏观塑性变形，在抛光后的晶体表面会出现滑移的痕迹——滑移线。从微观上来看，滑移是在切应力作用下沿特定的晶面和其上特定的晶向发生原子的错动。这种特定的晶面称为滑移面，特定的晶向称为滑移方向。一个滑移面上可能有不同的滑移方向，而一个晶体也可能有不同的滑移面，一个滑移面和其上一个滑移方向的组合称为滑移系。滑移面通常是原子面密度较高的密排面，因为由晶体学分析可知，密排面的面间距大，所以密排面上下的原子结合力较小。滑移方向一般是原子线密度较大的密排方向。不同晶体具有不同的滑移面和滑移方向，因此滑移系也有差别。一般来说，滑移系愈多，晶体的塑性愈好。

面心立方(fcc)金属的滑移系为$\{111\}$-$\langle 110\rangle$，共有12个滑移系，塑性很好。体心立方(bcc)金属在室温下的滑移系为$\{110\}$-$\langle 111\rangle$，也有12个滑移系，塑性也较好，但由于位错运动的晶格阻力较大，塑性一般比fcc金属差。在高温下，bcc金属的滑移系有可能变为$\{112\}$-$\langle 111\rangle$或$\{123\}$-$\langle 111\rangle$，所以bcc金属共有3组滑移面，共48个滑移系，但这3组滑移面是在不同温度区间作用的，故在一定温度时的滑移系并不比fcc金属多。

密排六方(hcp)金属有4种滑移系统，即基面滑移、柱面滑移、Ⅰ型棱锥滑移和Ⅱ型棱锥滑移，如图2-3-1所示。不过最常见的是基面滑移，其他3种只在合适的条件下才能动作，所以塑性较fcc和bcc金属为差。表2-3-1给出了几种常见hcp金属的轴比值c/a、不同晶面相对

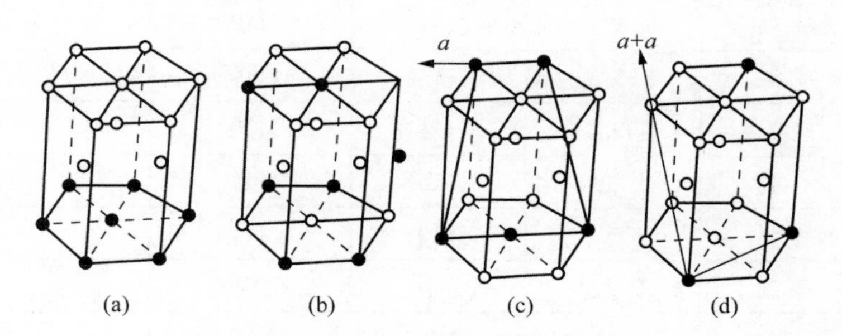

图2-3-1 密排六方金属滑移系统

(a) 基面滑移；(b) 柱面滑移；(c) Ⅰ型棱锥滑移；(d) Ⅱ型棱锥滑移

于基面的原子面密度以及作为滑移面的难易程度,不难看出,轴比愈小,则柱面及棱锥面密度就愈大,产生非基面滑移的可能性就愈大。对于镉、锌等轴比较大的金属,主要为基面滑移。

表 2-3-1 几种常见 hcp 金属的轴比值、面密度及作为滑移面的难易程度

金属	c/a	原子面密度			作为滑移面的难易次序(由易至难)
		(0001)	$(10\bar{1}0)$	$(10\bar{1}1)$	
镉	1.886	1.000	0.918	0.816	(0001)、$(1\bar{1}00)$、$(10\bar{1}1)$
锌	1.856	1.000	0.933	0.846	(0001)、$(1\bar{1}00)$、$(\bar{1}\bar{1}22)$
镁	1.624	1.000	1.066	0.940	(0001)、$(10\bar{1}1)$、(1100)
钛	1.587	1.000	1.092	0.959	$(1\bar{1}00)$、(0001)、$(\bar{1}011)$

(2) 临界分切应力。

一般晶体的滑移系有数个至十数个,但它们并非同时参与滑移,而只是当外力在某一滑移系中的分解切应力达到一个临界值时,该滑移系方可开始滑移,该分解切应力称为滑移的**临界分切应力**(critical resolved shear stress),以 τ_c 表示。

作用在滑移系上的分切应力为

$$\tau = \frac{F}{A}\cos\phi\cos\lambda = \sigma\cos\phi\cos\lambda = \sigma m \tag{2-3-1}$$

式中,F 为单轴拉伸载荷;A 为长棒横截面积;ϕ 为滑移面法线与拉伸轴夹角;λ 为滑移方向与拉伸轴夹角;σ 为拉伸正应力;$m=\cos\phi\cos\lambda$,称为 Schmit 因子。

当滑移系上的分切应力达到临界分切应力 τ_c 时,晶体沿此滑移系开始滑移,意味着晶体屈服,相应的正应力为屈服应力 σ_y,此时有

$$\tau_c = m\sigma_y \quad 或 \quad \sigma_y = \frac{\tau_c}{m} \tag{2-3-2}$$

τ_c 是一个与结构和滑移系组合有关的常数,与晶体取向无关。表 2-3-2 列出了一些金属晶体的 τ_c 值。

表 2-3-2 一些金属晶体的临界分切应力

金 属	温 度/℃	纯 度/%	滑移面	滑移方面	临界分切应力/MPa
Ag	室 温	99.99	{111}	〈110〉	0.47
Al	室 温	—	{111}	〈110〉	0.79
Cu	室 温	99.9	{111}	〈110〉	0.98
Ni	室 温	99.8	{111}	〈110〉	5.68
Fe	室 温	99.96	{110}	〈111〉	27.44
Nb	室 温	—	{110}	〈111〉	33.8
Ti	室 温	99.99	$\{10\bar{1}0\}$	$\langle 11\bar{2}0\rangle$	13.7
Mg	室 温	99.95	{0001}	$\langle 11\bar{2}0\rangle$	0.81
Mg	室 温	99.98	{0001}	$\langle 11\bar{2}0\rangle$	0.76

（续表）

金 属	温 度/℃	纯 度/%	滑移面	滑移方面	临界分切应力/MPa
Mg	330	99.98	{0001}	〈11$\bar{2}$0〉	0.64
Mg	330	99.98	{10$\bar{1}$1}	〈11$\bar{2}$0〉	3.92

由式(2-3-2)可知，屈服发生在取向因子 m 最大的滑移系上，而这与晶体相对于拉伸轴的取向有关。图 2-3-2 为并三苯单晶拉伸轴与滑移系为 3 种取向时的应力-应变曲线，以及拉伸屈服应力与取向因子的关系，显然 ϕ 愈接近 45°(滑移面与拉伸轴接近 45°角)，屈服应力愈小；而滑移面平行或垂直于拉伸轴时，屈服应力无限大，不可能发生滑移。通常把取向因子较大的拉伸方向称为软位向；反之则称为硬位向。

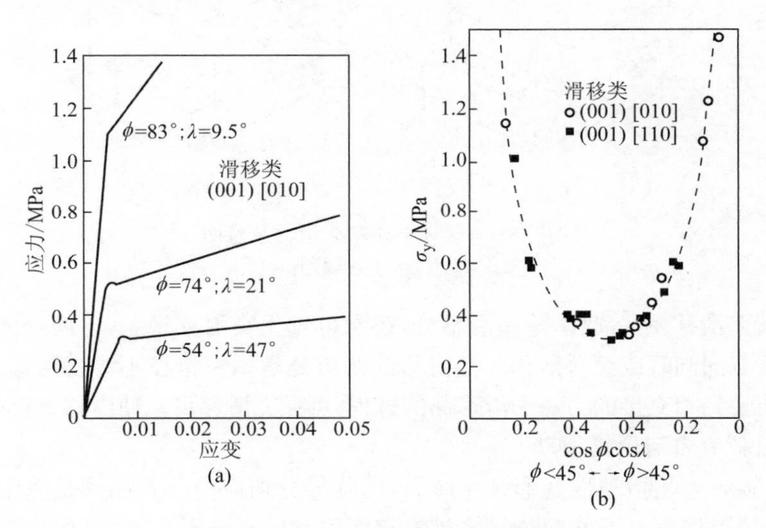

图 2-3-2 并三苯单晶的屈服特性

(a) 相对于拉伸轴 3 个不同方位的主应力-应变曲线；(b) 屈服应力与取向因子的关系

临界分切应力除与结构、滑移系有关外，还受温度影响。图 2-3-3 所示为温度和应变速率对临界分切应力影响的一般规律及一些材料的实例。在低温区(Ⅰ区)，临界分切应力 τ_c 随温度升高和应变速率的降低而降低。在这个范围内，热起伏使得位错足以克服由滑移面上障碍物导致的短程应力场。在Ⅱ区，τ_c 变成了一个非热激活参数，并且与应变速率无关，这时位错

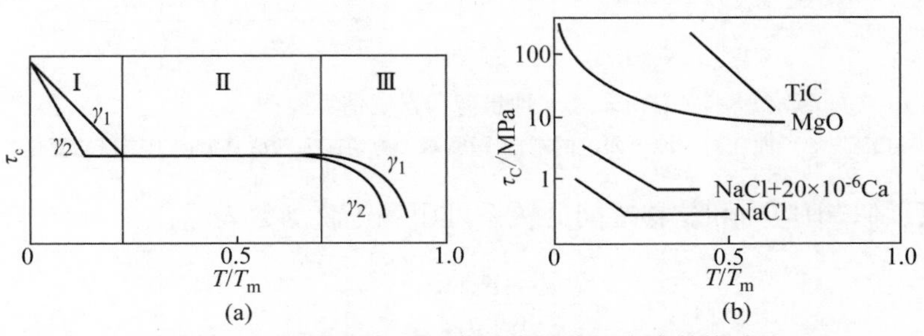

图 2-3-3 温度和应变速率对临界分切应力的影响

(a) 一般规律；(b) 一些陶瓷材料的实例

将与其他位错以及偏析物等导致的长程应力场发生交互作用。最后在Ⅲ区,塑性变形将与扩散结合,τ_c 随温度升高以及应变速率降低而降低。这一行为在蠕变过程中是很重要的。

(3) 多系滑移。

对于具有多组滑移系的晶体,滑移首先在软位向滑移系中进行,但由于滑移时受夹头限制,晶面会转动,其结果是另一组滑移面上的分切应力逐渐增加,达到其临界分切应力而开始滑移,于是晶体的滑移就可能在两组或更多的滑移系上同时进行或交替进行,从而产生多滑移。由于不同滑移面的位向不同,多滑移是以台阶状滑移形式进行的,如图 2-3-4 所示。而多滑移的结果使晶体表面产生波纹状(或交叉)滑移线。

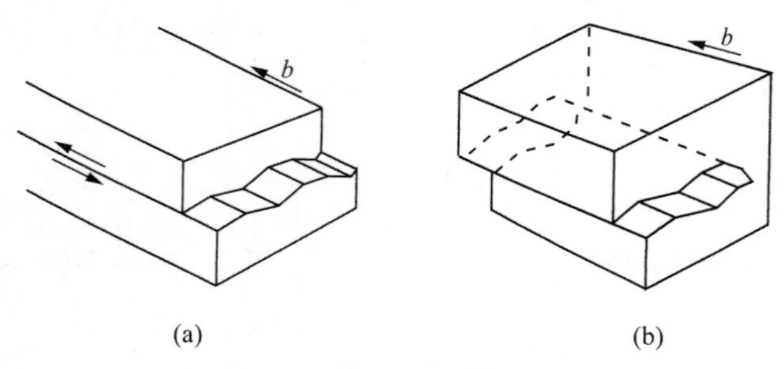

图 2-3-4　晶体台阶状多滑移示意图

(a) 刃型位错;(b) 螺型位错

对于具有较多滑移系的晶体,除多滑移外,还常可发生交滑移现象,即两个或多个滑移面沿某个共同的滑移方向同时或交替滑移。交滑移的实质是螺型位错在不改变滑移方向的前提下,从某一个滑移面转到相交接的另一个滑移面的过程,可见交滑移可以使滑移有更大的灵活性。

(4) 理论屈服应力与位错运动。

理论上,屈服应力是指塑性变形开始应力,即临界分切应力。若晶体是完整无缺陷的理想晶体,并且滑移是滑移面上下两部分晶体沿滑移面作整体刚性平移,则可用下列方法估算理想剪切强度,如图 2-3-5 所示。

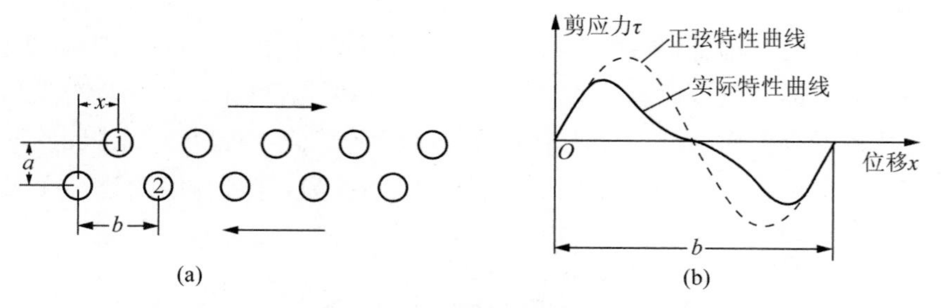

图 2-3-5　理想剪切强度估算模型

(a) 一原子面在另一原子面上的刚性平移;(b) 剪切应力随滑移方向上位移的变化

作为一级近似,剪应力和位移之间的关系可用一正弦函数表示:

$$\tau = \tau_m \sin \frac{2\pi x}{b} \tag{2-3-3}$$

式中,τ_m 为正弦波波幅,即理论剪切强度;b 为周期,即原子列间距。在位移很小时胡克定律应当适用,有

$$\tau = G\gamma = G\frac{x}{a} \tag{2-3-4}$$

在 x/b 很小时,式(2-3-3)可写为

$$\tau \approx \tau_{\mathrm{m}} \frac{2\pi x}{b} \tag{2-3-5}$$

综合式(2-3-4)和式(2-3-5),得到发生滑移时的最大剪应力为

$$\tau_{\mathrm{m}} = \frac{G}{2\pi}\frac{b}{a} \tag{2-3-6}$$

作为粗略近似,可以取 $a=b$,因而理想晶体的剪切强度可写为

$$\tau_{\mathrm{m}} = \frac{G}{2\pi} \tag{2-3-7}$$

由此模型计算出的理论屈服应力比实际材料要高出 2～4 个数量级,说明晶体刚性滑移并不符合实际情况。目前,从理论和试验上都已证实,晶体的滑移变形是通过位错移动来实现的,图 2-3-6 给出了一个由位错运动造成滑移的形象示意图,很显然,一个位错移动只需要打开一个原子键合,而不是像整体刚性滑移那样需要同时切断滑移面上的所有原子键合,因此位错滑移所需的应力就要低得多。

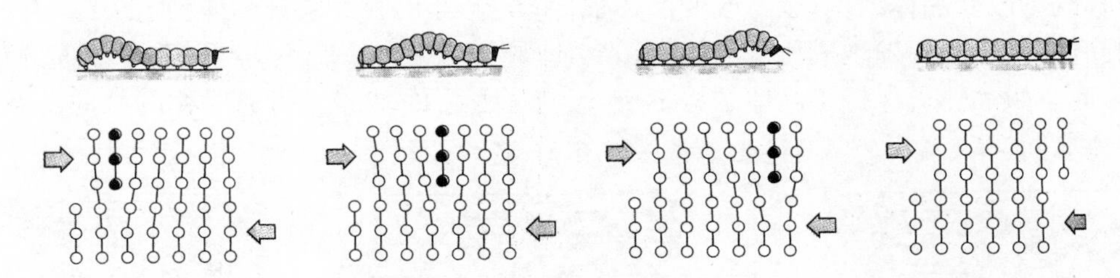

图 2-3-6 位错滑移示意图

实际晶体材料中总是存在很多位错,它们的运动就造成了塑性变形,因此位错运动的阻力愈高,屈服应力也就愈高。在纯金属单晶体中,位错的阻力主要来自两大方面:一是点阵摩擦阻力,即位错由一个平衡位置移动到下一个平衡位置所需克服的点阵势垒;二是位错本身之间的交互作用。

位错在晶体中滑移时所需克服的点阵摩擦阻力可用 Peiers-Nabarro 建立的位错点阵模型来估算,因此又称为 P-N 力,用 τ_{p} 表示:

$$\tau_{\mathrm{p}} = \frac{2G}{1-\nu}\exp\left[-\frac{2\pi a}{(1-\nu)b}\right] = \frac{2G}{1-\nu}\exp\left[-2\pi\frac{W}{b}\right] \tag{2-3-8}$$

式中,G 为剪切模量;ν 为泊松比;a 为滑移面面间距;b 为滑移方向上的原子间距;$W=\frac{a}{1-\nu}$ 为位错宽度。

P-N 力是位错运动的基本阻力,无论在什么情况下都是存在的,只是在不同条件下(如温度、晶格类型、其他强障碍作用存在等)或被重视,或被忽略。一般来说,fcc 金属 P-N 力低,在大多数情况下可以不考虑它的影响。对于沿基面滑移的 hcp 金属,也是如此。bcc 金属在中、高温时可以不考虑,但在低温时,其对 τ_{p} 的影响迅速增大,应予重视。而共价键晶体如硅、金刚石等,P-N 力很高,成为临界分切应力的主要部分。

位错运动阻力的第二部分来自它们之间的相互作用。位错间相互作用形式很多，大致包括长程弹性交互作用、相互交割以及林位错对运动位错的钉扎等。虽然这些交互作用的形式不同，但根据位错理论都可以得到它们对位错运动阻力的贡献与位错密度的平方根成正比，即

$$\tau_d = \alpha G b \sqrt{\rho} \tag{2-3-9}$$

式中，τ_d 表示位错相互作用对阻力的贡献；α 为常数；ρ 为位错密度。显然，位错密度越高，位错间交互作用越强烈，对位错运动的阻力愈大，因此材料屈服应力就愈高。

完整晶体剪切强度理论和位错理论可以给我们一个启示，欲强化晶体材料可以朝两个完全相反的方面努力：一是尽量减少位错等晶体缺陷，使之更接近于理想晶体，如晶须、纤维等；二是尽量提高位错密度，如冷变形金属等。由于制备接近理想晶体材料十分不容易，后一种强化思路是目前金属材料强化的主要机制之一。

2）晶体的孪生

孪生变形也是在切应力作用下沿着一定的晶面（孪生面）和一定的晶向（孪生方向）发生的，但它与滑移变形有很大不同，如图 2-3-7 所示。滑移是上下两部分晶体沿滑移面整体的相对错动，即假定下半部分晶体不动，上半部分所有原子均向右滑移柏氏矢量整数倍的距离，这样的滑移既不改变晶体结构，也不改变晶体取向；孪生则是孪生部分晶体[见图 2-3-7(c)中上半部分晶体]沿孪生面发生成比例的均匀切变，即原子的向右切变距离与其到孪生面的距离成正比，因此孪生晶体虽保持了晶体结构不变，但与未孪生的基体呈镜面对称的位向关系，即改变了晶体取向。

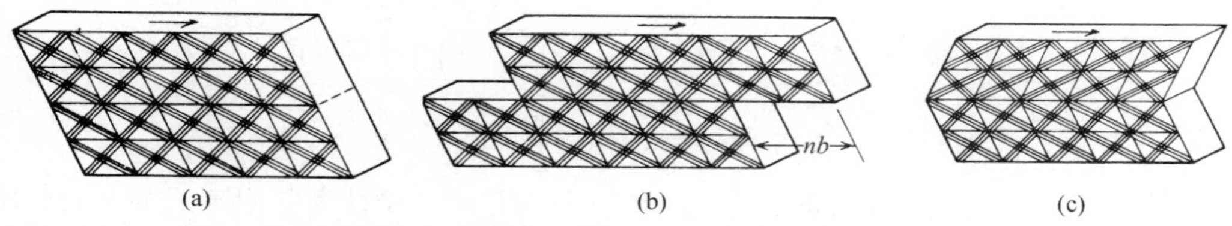

图 2-3-7　滑移变形和孪生变形的差异示意图

(a) 未变形；(b) 滑移 n_b 距离后；(c) 孪生后

在晶体中形成孪晶的主要方式有 3 种：一是通过机械变形而产生，称为变形孪晶或机械孪晶；二是晶体自气体（如气相沉积）、液体（如凝固）或固体（如固态相变）中长大时形成，称为生长孪晶；三是变形金属在其再结晶退火过程中形成，称为退火孪晶。

变形孪晶的生长同样可分为形核及长大两个阶段。晶体变形时先是以极快的速度爆发出薄片孪晶，称之为形核，然后通过孪晶界扩展来使孪晶变宽。

变形孪晶的萌生一般需要较大的应力，即孪生所需的临界分切应力要比滑移大得多。例如，测得 Mg 晶体孪生所需的分切应力为 4.9～34.3MPa，而滑移时临界分切应力仅为 0.49MPa。所以只有在滑移受阻时，应力才可能累积起孪生所需的数值，引发孪生变形。孪晶的萌生通常发生在晶体中应力高度集中的地方，如晶界等，但孪晶萌生后再长大所需的应力则相对较小。例如在 Zn 单晶中，孪晶形核时的局部应力必须超过 $10^{-1}G$(G 为切变模量)，但成核后，只要应力略微超过 $10^{-4}G$ 即可生长。孪晶萌生和长大对应力的不同要求是造成其应力-应变曲线呈锯齿状的原因。孪晶的长大速度极快，与冲击波的传播速度相当。孪晶形成时，在极短的时间内有相当数量的能量释放出来，因而有时可伴随明显的响声。孪生变形对试样的

总伸长贡献很小,但孪晶内的晶体旋转使滑移平面重新取向,滑移平面能有更高的分切应力,从而通过滑移过程产生更大的变形。

在金属的3种主要晶体结构中,孪晶在hcp金属中最为常见。在很宽的温度范围内,孪生和滑移同样是非常活跃的变形过程。这主要是hcp金属的滑移系很少,需借助孪生才能使多晶体塑性变形满足von Mises条件所需至少5个独立滑移系的要求。hcp金属的主要孪生面是$\{10\bar{1}2\}$,对于轴比更小的hcp金属(如Ti、Zr等),由于孪晶面不但有$\{10\bar{1}2\}$的,还有$\{11\bar{2}2\}$的,情况就更复杂。bcc金属易在高应变速率或低温试验条件下产生孪晶。bcc金属的孪生面通常为{112},孪生方向为$[\bar{1}\bar{1}1]$。

fcc金属的孪生面为{111},孪生方向为〈112〉。但是,因为fcc晶体在{111}面上的滑移要比孪生容易得多,所以,fcc金属除非在低温或极高的应变速率条件下,一般不产生孪生变形。

2.3.2.2 非晶态固体

相比于晶体,人们对非晶态固体塑性变形的微观机制了解还不够深入。这是因为非晶结构是长程无序的,不存在确切的滑移面和滑移方向,不可能给出塑性变形时原子移动的具体图景(包括移动距离和方向)。因此,对非晶态固体塑性变形的研究多集中在建立理论模型和数值模拟分析上。根据不同的观点,非晶态固体的塑性变形机制可以分为两大类:其一是黏滞性流变机制;其二是结构缺陷机制。后一种机制主要是仿造晶体中的位错模型来分析玻璃的塑性流动,但截至目前,还没有人为观察到非晶态固体中存在位错缺陷,因此对该模型的认同度不高。

黏滞性流动模型认为,塑性流动主要是在剪应力作用下,玻璃结构中的"活动区域"发生了相对的剪切位移,这些剪切变形可以是原子集群移动式的,也可以是原子扩散式的,如图2-3-8所示。剪切变形会在结构中产生剪切带,如图2-3-9所示,可见剪切变形是不均匀的。在剪切带中的变形量要远大于非剪切带的基体变形,这一点与晶体的滑移带类似。

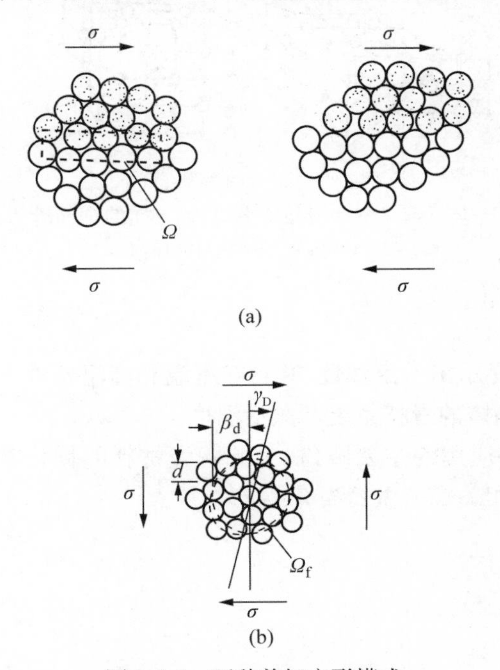

图2-3-8 两种剪切变形模式

(a) 集群移动式剪切变形;(b) 原子扩散式剪切变形

图2-3-9 在弯曲的$Fe_{29}Ni_{19}P_{14}B_6Si_2$非晶态合金中出现的密集剪切带

非晶态固体中还可能存在一种晶态固体中没有的塑性变形机制，即膨胀塑性。它是指在一定条件下玻璃态固体内部出现一种稳定的均匀孔穴现象，产生额外的膨胀应变。这一种塑性变形机制，最典型的情况就是在柔性分子链的聚合物玻璃中出现的银纹。

2.3.2.3 陶瓷晶体

绝大多数陶瓷材料在室温静拉伸(或弯曲)载荷下均不出现塑性变形，在弹性变形阶段即发生断裂。其塑性变形困难的原因在于：①离子键和共价键的方向性强，同号离子相遇时斥力极大，能满足几何条件和静电条件的滑移系非常少；②陶瓷晶体点阵常数大，使位错滑移需克服的点阵摩擦阻力(即 P-N 力)很大；③陶瓷显微结构复杂，工程结构陶瓷大多是多晶体，晶粒取向不同或晶界结构性质上的差异，如存在气孔、微裂纹、玻璃相等，导致位错不易向周围晶粒传播，而是在晶界处塞积产生应力集中，促使裂纹扩展，产生低应力脆断。

少数结构简单的单晶体陶瓷，如 MgO、KCl、KBr、LiF 等(均为 NaCl 结构)以及 CaF_2、UO_2 等(萤石型结构)，在室温下能显示出一定的塑性。图 2-3-10 为 MgO 和 KBr 晶体弯曲试验的应力-挠度曲线，图 2-3-11 则显示了 NaCl 结构陶瓷晶体的滑移系统。

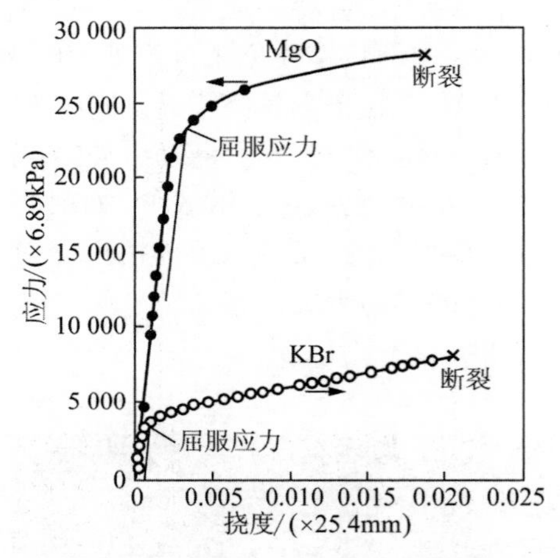

图 2-3-10 MgO 和 KBr 晶体弯曲试验时的应力-挠度曲线

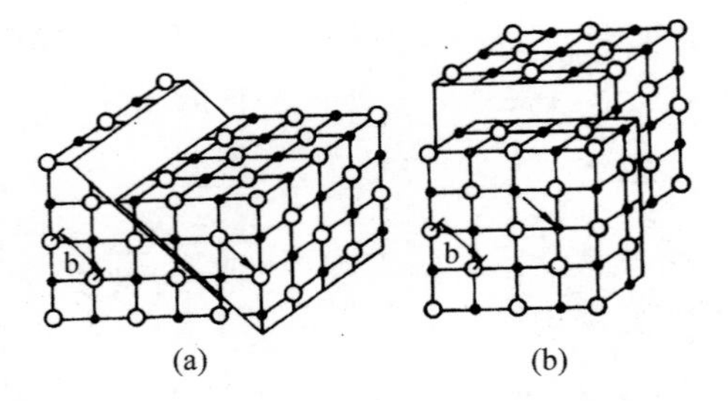

图 2-3-11 NaCl 型结构晶体沿〈110〉方向的平移滑动
(a) 在{110}面上；(b) 在{100}面上

尽管陶瓷在室温下塑性很差，但在高温下仍能显示出一定塑性，并且在室温和高温条件下具有不同的滑移系统，表 2-3-3 列出了代表性陶瓷晶体的滑移系统和激活温度。

陶瓷材料塑性差、脆性大，成为其作为结构材料应用的主要障碍，为此陶瓷材料的韧化就成为陶瓷研究中的重点和热点，本书将在第 3 章的相关章节做简要介绍。

表 2-3-3 陶瓷中的主(次)滑移系统和激活温度

材 料	晶体结构	滑移系统		激活温度/℃	
		主	次	主	次
Al_2O_3	六方	$\{0001\}\langle 11\bar{2}0\rangle$	数个	1200	
BeO	六方	$\{0001\}\langle 11\bar{2}0\rangle$	数个	1000	
MgO	立方(NaCl)	$\{110\}\langle 1\bar{1}0\rangle$	$\{001\}\langle 110\rangle$	0	1700
$MgO\cdot Al_2O_3$	立方(尖晶石)	$\{111\}\langle 1\bar{1}0\rangle$	$\{110\}\langle 1\bar{1}0\rangle$	1650	
β-SiC	立方(ZnS)	$\{111\}\langle 1\bar{1}0\rangle$		>2000	
β-Si_3N_4	六方	$\{1010\}\langle 0001\rangle$		>1800	
TiC(ZrC,HfC 等)	立方(NaCl)	$\{111\}\langle 1\bar{1}0\rangle$	$\{110\}\langle 1\bar{1}0\rangle$	900	
UO_2(ThO_2)	立方(CaF_2)	$\{001\}\langle 110\rangle$	$\{110\}\langle 1\bar{1}0\rangle$	700	1200
ZrB_2(TiB_2)	六方	$\{0001\}\langle 11\bar{2}0\rangle$		2100	
C(金刚石)	立方	$\{111\}\langle 1\bar{1}0\rangle$			
C(石墨)	六方	$\{0001\}\langle 11\bar{2}0\rangle$			
β-SiO_2	六方	$\{0001\}\langle 11\bar{2}0\rangle$			
CaF_2(BaF_2 等)	立方	$\{001\}\langle 110\rangle$			
CsBr	立方(CsCl)	$\{001\}\langle 001\rangle$			
TiO_2	四方	$\{110\}\langle 1\bar{1}0\rangle$	$\{110\}\langle 001\rangle$		
WC	六方	$\{1010\}\langle 0001\rangle$	$\{10\bar{1}0\}\langle 11\bar{2}0\rangle$		

2.3.2.4 高分子聚合物

高聚物是由长分子链凝聚而成的固体，其塑性变形有其独特的机制。一般来说，高聚物的塑性变形由银纹化和分子链取向两种可能过程实现。

1) 银纹化

银纹是非晶态聚合物在拉应力作用下形成的一种“类裂纹”缺陷，因其密度低于基体而反光呈银灰色，故称为银纹(craze)，如图 2-3-12 所示。银纹内部含有一定量(约 40%～50%)的称为银纹质的物质，不完全是孔洞，故仍有一定的力学强度，用电子显微镜对更微观的结构观察表明，银纹中的物质是一条一条平行于应力方向的微纤。银纹中有约一半的孔洞，因此载荷主要由高度取向的微纤维承担。图 2-3-13 所示为聚碳酸酯 PC 中银纹纤维的应力-应变曲线及无银纹基体的应力-应变曲线，可见银纹在屈服后仍可经历大量塑性变形，随变形增大，不断应变硬化，应力-应变曲线急剧上升。聚合物在屈服前就可产生大量银纹，随着塑性变形量增大，银纹数量增多。高密度的银纹可产生超过 100%的应变，因此，银纹是聚合物塑性变形的主要贡献者，银纹的产生和发展是聚合物塑性变形的主要形式。

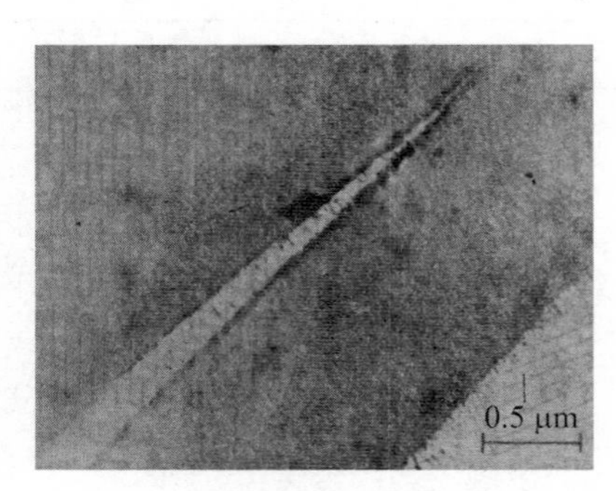

图 2-3-12　聚苯氰化物中的银纹

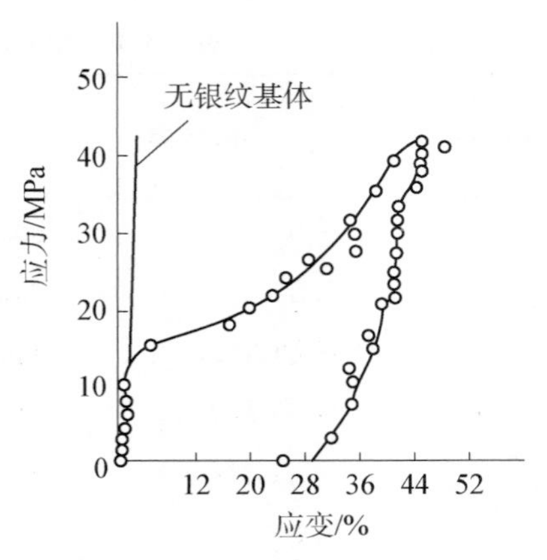

图 2-3-13　聚合物 PC 银纹和无银纹时的应力-应变曲线

2）分子链取向

一些韧性高聚物单向拉伸至屈服点发生应变软化后，常可看到试样上某些局部区域出现与拉伸方向大约呈 45°角的剪切变形带，如图 2-3-14 所示。

不同高聚物有不同的反抗拉伸应力和剪切应力破坏的能力。一般来说，韧性高聚物拉伸时，斜截面上的最大切应力首先达到材料的剪切屈服强度，因此试样上首先出现与拉伸方向呈 45°角的剪切滑移变形带(或互相交叉的剪切带)，相当于材料屈服，如图 2-3-15 所示。进一步拉伸时，变形带中由于分子链高度取向而使材料强度提高，暂时不再发生进一步变形，而变形带的边缘则进一步发生剪切变形。同时，倾角为 135°的斜截面上也会发生剪切变形，因而试样逐渐生成对称的细颈，直至细颈扩展到整个试样为止。

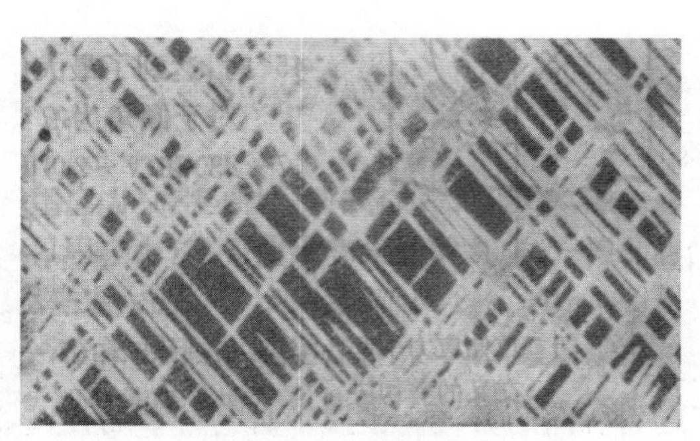
图 2-3-14　聚对苯二甲酸乙二酯中的剪切带

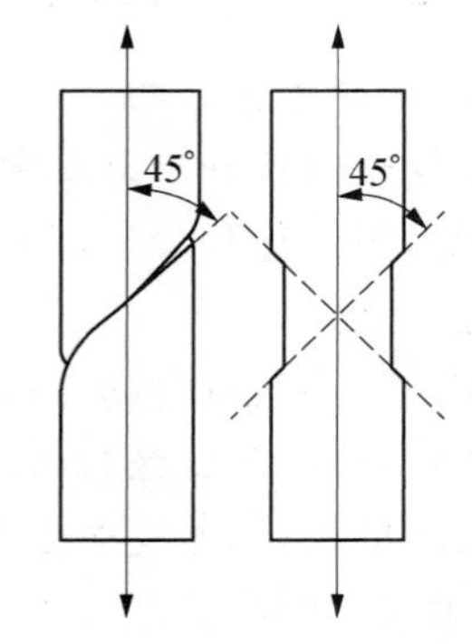

图 2-3-15　屈服试样的剪切带和细颈示意图

晶态高聚物在拉伸过程中，除了发生与上述相同的非晶区银纹化和剪切取向以外，晶区会发生晶体的变形和晶片的取向，因而形成细颈的凝聚态结构，也称为取向结构。

关于晶片的取向过程，可用图 2-3-16 表示。设晶体高聚物的结晶形态为球晶，则试样中折叠链晶片的方向就是无序的，其中大多数晶片都与拉伸方向有一定的夹角，晶片之间有非晶区[见图 2-3-16(a)]。拉伸开始时，首先是晶片之间的相对滑移和非晶区分子链的伸展[见图 2-3-16(b)]；继续拉伸时，晶片发生倾斜和转动，沿拉伸方向重排[见图 2-3-16(c)]；进一步，晶片内部发生滑移和分段[见图 2-3-16(d)];最后,晶片片段和非晶区的链都沿拉伸方向再度取向,形成试样上的细颈。

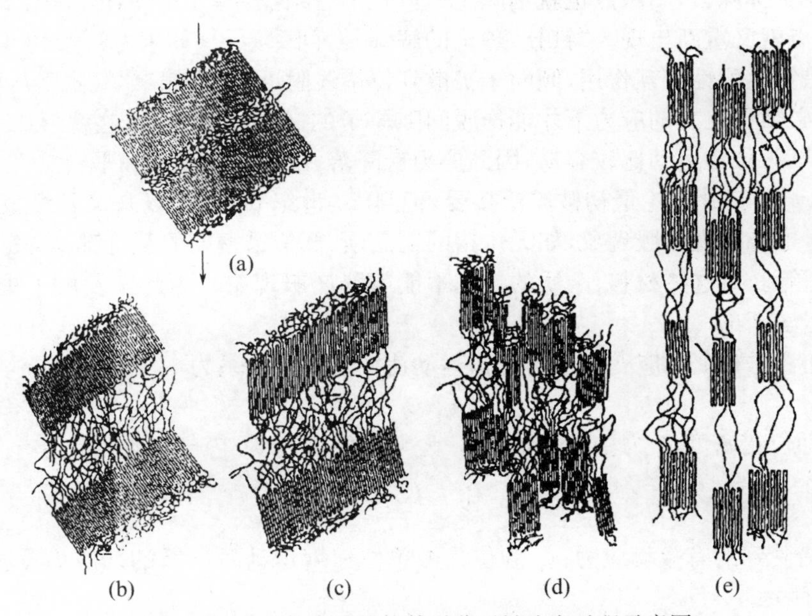

图 2-3-16 晶体高聚物拉伸时分子链取向过程示意图

2.3.3 屈服

2.3.3.1 屈服现象及本质

1) 金属的屈服

屈服的显著特点是拉伸曲线上有明显的载荷降落,并在某一接近恒定的载荷值附近起伏。发生突然下降的载荷称为上屈服点,恒定载荷称为下屈服点,在恒定载荷时产生的伸长称为屈服点伸长,如图 2-3-17 所示。

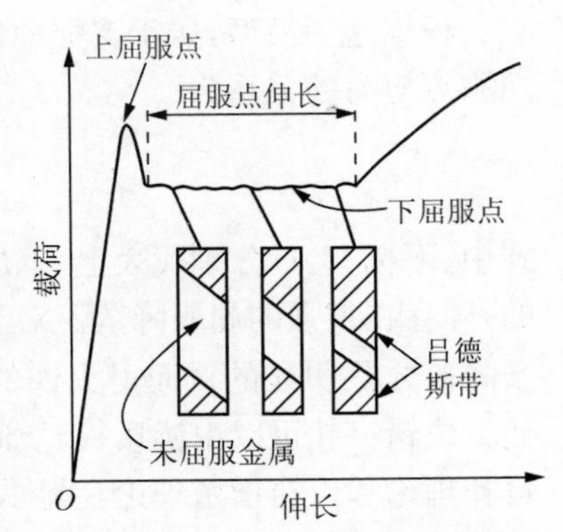

图 2-3-17 典型的非均匀屈服现象

整个屈服点伸长期间发生的变形是不均匀的。在上屈服点,用肉眼常可见到变形金属不连续的变形带出现在诸如凸起这样的应力集中处,与此同时,载荷下降到下屈服点。然后,形变带沿试棒长度方向扩展,引起屈服点伸长。通常,在若干应力集中处形成若干条带,这些带一般与拉伸轴大约成 45°,通常称它们为吕德斯带。当若干吕德斯带形成时,在屈服点伸长期间流动曲线是起伏不平的,每一个起伏相应于一条新吕德斯带的形成。在吕德斯带扩展到试棒试验部分的全长后,将进入均匀塑性变形(应变硬化)阶段,这标志着屈服点伸长结束。

非均匀屈服现象最早是在低碳钢中发现的。在适当条件下,低碳钢可以获得上、下屈服点和大约 10%的屈服点伸长。后来,屈服被认为是一种普遍现象,已在许多其他金属及合金中观察到,如多晶体钼、钛、铝、镉、锌、α 黄铜、β 黄铜等。

解释屈服的理论有很多。最早是用 Cottrell 气团“钉扎”模型来解释的，因为早期的大量试验表明，屈服与材料中含有少量的间隙型溶质或杂质原子有关。例如，采用湿氢处理从低碳钢中将碳与氮全部除去，屈服点也就消除了。可是，只要有这些元素的任何一个约为 0.001% 的含量，屈服点就又重新出现。“钉扎”理论的解释是，间隙原子(如碳、氮等)由于畸变产生的应力场与位错发生弹性交互作用，倾向于扩散到位错线附近，形成偏聚“气团”，从而锚定位错。位错要运动，必须在更大的应力下才能挣脱间隙原子的“钉扎”而移动，这就形成了上屈服点。而一旦“脱钉”后，位错运动比较容易，因此应力有降落，出现下屈服点和平台。

尽管 Cottrell 钉扎理论最初被广泛接受，但自 20 世纪 60 年代以来又陆续发现了许多位错很少的材料也能出现屈服现象，如无位错的铜晶须、低位错密度的共价键晶体硅、锗，以及离子晶体氟化锂等。对这些材料，杂质的钉扎不能解释屈服现象。为此又发展了更具普遍性的位错增殖动力学理论。

试验中加在材料上的应变速率与位错运动速率之间的关系为

$$\dot{\varepsilon}=b\rho\bar{v} \tag{2-3-10}$$

式中，ρ 为可动位错密度；b 为柏氏矢量模；$\bar{v}$ 为平均位错速度，它与施加的应力有关

$$\bar{v}=\left(\frac{\tau}{\tau_0}\right)^m \tag{2-3-11}$$

式中，τ 为位错受到的有效切应力；τ_0 为位错做单位速度运动时所需的切应力；m 为应力敏感指数，与材料有关。

在拉伸试验中，$\dot{\varepsilon}$ 由试验机夹头的运动速度决定，接近于恒值。在塑性变形开始之前，晶体中的位错密度很低，或虽有大量位错但被钉扎住，可动位错密度较低，此时需要维持一定的 $\dot{\varepsilon}$ 值，势必使 $\bar{v}$ 增大，而要使 $\bar{v}$ 增大就需要提高 τ，这就是上屈服点较高的原因。一旦塑性变形开始后，位错迅速增殖，ρ 迅速增大，此时 $\dot{\varepsilon}$ 仍维持一定值，故 ρ 的突然增大必然导致 $\bar{v}$ 的突然下降，于是所需的应力 τ 也突然下降，产生了屈服降落，这也就是下屈服点应力较低的原因。

根据这一模型，居于支配地位的参量是可动位错密度 ρ 和应力敏感指数 m，它们与上、下屈服点应力的关系为

$$\frac{\tau_U}{\tau_L}=\left(\frac{\rho_L}{\rho_U}\right)^{\frac{1}{m}} \tag{2-3-12}$$

式中，下标 U、L 分别代表上、下屈服点。对于较小的 m 值($m<15$)，上、下屈服点的比值是大的，即存在很强的屈服降落。对于铁($m=35$)，只是在初始位错密度(ρ_U)小于 $10^3\,cm^{-2}$ 时，屈服降落才是明显的。而退火铁的位错密度至少是 $10^6\,cm^{-2}$，这就要求多数的位错必须被钉扎住。位错钉扎可以由溶质、杂质间隙原子或细小碳化物、氮化物等实现。由此可以看出，位错钉扎理论和位错增殖理论在揭示非均匀屈服时并不是相互排斥而是相互补充的。

2) 高聚物的屈服

许多高聚物在一定的条件下都能发生屈服，有些高聚物在屈服后能产生很大的塑性变形。在工业应用中，热塑性聚合物和热固性聚合物往往由于屈服而失效，因此屈服现象限制了高聚物材料在承载时的使用，但使材料具有可延展性而不发生脆性断裂，这在高聚物的加工中很重要，例如塑料、薄膜或纤维的制备、加工都需要利用高聚物的塑性性质。

玻璃态高聚物处在 $T_b \sim T_g$ 和部分晶态高聚物在 $T_g \sim T_m$ 温度区间时，其典型的拉伸工程应力-应变曲线以及试样形状的变化过程如图 2-3-18 所示。在拉伸的初始阶段，宏观上表现

为试样工作段被均匀拉伸，微观上对应着键长、键角或晶区晶格常数的微小变化。随外力增加到达屈服点时，试样工作段某处首先出现“细颈”，载荷下降，在微观上由于晶区破坏或分子链段局部的定向排列形成“剪切带”。继续拉伸时，细颈长度不断扩展，未成颈段不断减小，直至试样工作段全部成为细颈再度被均匀拉伸，随后的过程就是应变硬化直至断裂。

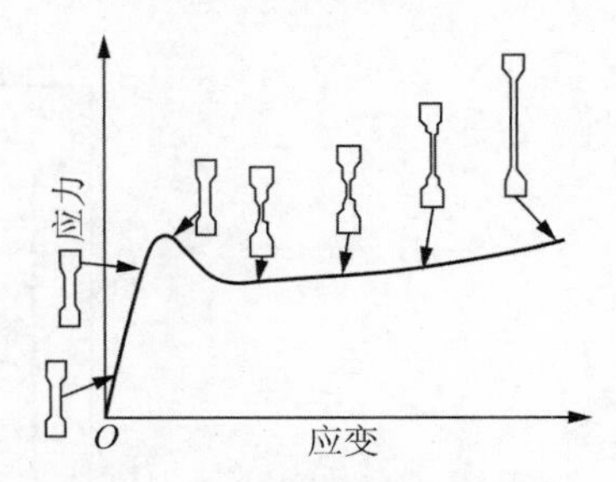

图 2-3-18　高聚物屈服过程的应力-应变曲线及试样形状变化示意图

高聚物在拉伸时，试样的截面积变化很大，所以一般采用真应力-应变曲线作为屈服判据。在体积不变的假设下，工程应力 σ 与真应力 σ' 有下列关系：

$$\sigma' = \sigma(1+\varepsilon) \tag{2-3-13}$$

式中，ε 为工程应变。根据屈服点的定义 $\frac{d\sigma}{d\varepsilon}=0$，则有

$$\frac{d\sigma}{d\varepsilon} = \frac{1}{(1+\varepsilon)^2}\left[(1+\varepsilon)\frac{d\sigma'}{d\varepsilon} - \sigma'\right] = 0 \tag{2-3-14}$$

由式(2-3-14)可解得

$$\frac{d\sigma'}{d\varepsilon} = \frac{\sigma'}{1+\varepsilon} = \frac{\sigma'}{\lambda} \quad 或 \quad \frac{d\sigma'}{d\varepsilon} = \frac{d\sigma'}{d\lambda} = \frac{\sigma'}{\lambda} \tag{2-3-15}$$

式中，$\lambda=\frac{l}{l_0}=1+\varepsilon$。根据此式，在真应力-应变曲线图上从横坐标上 $\varepsilon=-1$ 或 $\lambda=0$ 处向 σ'-ε 曲线作切线，切点便是屈服点，对应的真应力就是屈服应力 σ'_{r}。这种作图法称为 Considere 作图法，如图 2-3-19 所示，它对于根据真应力-应变曲线判断高聚物在拉伸时成颈和冷拉十分有用。

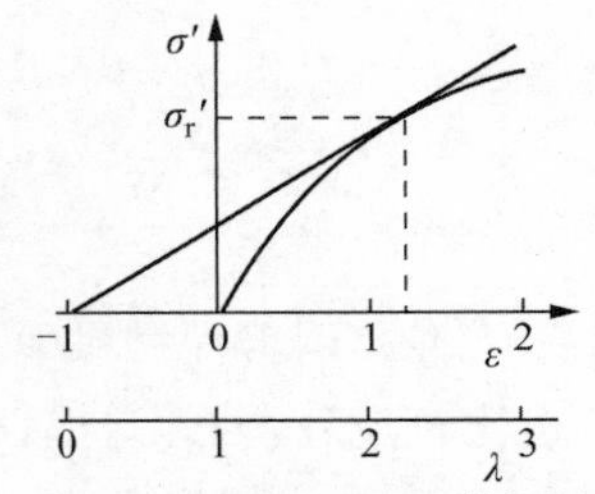

图 2-3-19　Considere 作图法

2.3.3.2　屈服强度及影响因素

图 2-3-20 给出了几大类工程材料屈服强度的比较，可以看出，不同工程材料的屈服强度差别很大，可达到 6 个数量级。在所有工程材料类别中，陶瓷具有最高的屈服强度，图中陶瓷的屈服强度值是由硬度试验估算出来的，因为陶瓷非常脆，很难采用拉伸试验来测定屈服强度值。但是应特别强调，陶瓷屈服强度高只能表明它对塑性变形的抗力高，并不能表明陶瓷断裂强度高，实际上，陶瓷总是在远低于其屈服强度的应力水平发生断裂，这是因为其总是存在很多微裂纹并很难通过塑性变形来松弛裂纹尖端应力集中，具体分析及改善办法将在第 3 章讨论。

作为一个材料类别，工程塑料具有最低的塑性变形抗力，其中最低的是泡沫塑料，这正反映了其多孔的性质。具有最高屈服强度的塑料是重度冷拉的热塑性纤维，其屈服强度与铝合金相近。纤维的高强度来源于其长分子链平行排列并与拉力方向重合，这样实际上是由很强的共价键而不是像块体材料中那样由较弱的分子键来抵御外力。

相对来说，金属的屈服强度介于陶瓷和聚合物之间。超纯金属相当软，屈服强度甚至只有 1MPa 左右。合金比纯金属强度高很多，这是因为合金元素的加入可起到相当大的强化效果，其强化的可能机制包括固溶强化、第二相强化、晶粒细化强化等。当然，基体元素以及合金元素不同，会有不同的强化效果。

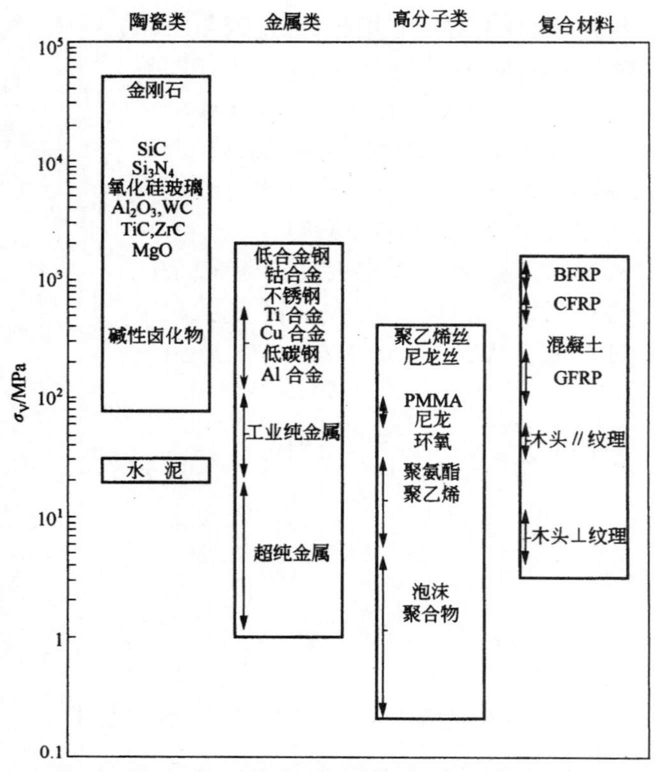

图 2-3-20　几大类工程材料屈服强度的比较

在实用工程材料中,金属材料占有重要地位,同时,对金属材料屈服强度影响因素的研究也比较充分,因此这里仅讨论影响金属材料屈服强度的因素。

1）晶体结构

晶体结构不同,位错运动的点阵摩擦阻力 τ_p(即 P-N 力)不同,表 2-3-4 给出了一些晶体结构的 τ_p 值,很明显,τ_p 取决于晶体结合键的类型以及位错结构特征。一般地,随原子结合键方向性增强,τ_p 值迅速增加,故共价键固体 τ_p 最高,离子晶体次之,金属晶体最低。在金属晶体 3 种常见结构中,又以 fcc 的 τ_p 值最低,bcc 的 τ_p 值最高。因此从本质上来说,fcc 金属属于"软金属",bcc 金属属于"硬金属"。

表 2-3-4　几类晶体结构材料 τ_p 值的数量级(外推至 0K)

结构及滑移系	近似的$(\tau_p)_0/G$
fcc 及 hcp 结构中的基面滑移	$<10^{-5}$
bcc、hcp 柱面滑移以及 fcc 非密排面滑移	5×10^{-5}
离子晶体、碱卤化物氧化物	$10^{-2}\sim 2\times10^{-2}$
共价键固体	$2\times10^{-2}\sim5\times10^{-2}$

2）晶界

晶界对位错的滑移有强烈的阻碍作用,这种作用对滑移系少的金属(如 hcp 金属)影响特别明显。图 2-3-21 为镁单晶和多晶拉伸曲线的差别,可见多晶体强度高而塑性差,应力-应变曲线上不会出现易滑移阶段，拉伸曲线一般为抛物线型。晶界对滑移障碍作用在滑移系较多的金属(如 fcc 金属)中较小，在条件合适时，滑移还能穿越晶界。

晶界的强化作用体现在晶粒大小上。晶粒愈细，晶界分数愈大，强化作用愈显著。Hall 和 Petch 两人首先提出多晶体屈服强度与晶粒直径 d 有如下经验关系：

$$\sigma_s = \sigma_i + kd^{-\frac{1}{2}} \tag{2-3-16}$$

式中，σ_i 为晶格摩擦阻力；k 为常数。图 2-3-22 为铁合金屈服强度与晶粒直径关系的试验结果。

Hall-Petch 关系是普适的经验规律，对各种常规晶粒及粗晶材料的强度、硬度都是适用的。

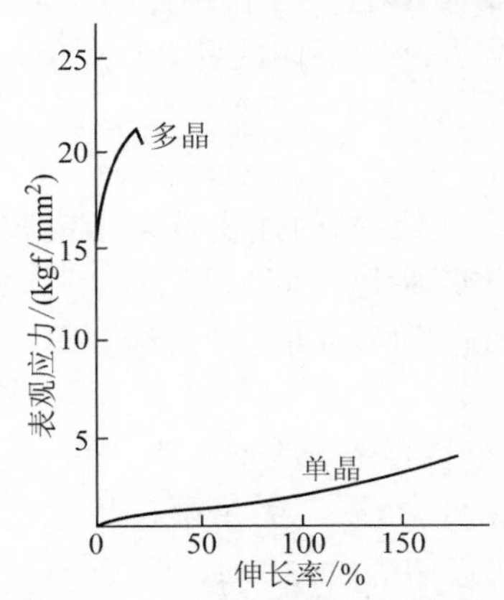

图 2-3-21 镁单晶体和多晶体的拉伸应力-应变曲线比较

注：1kgf/mm² = 9.8×10⁶Pa

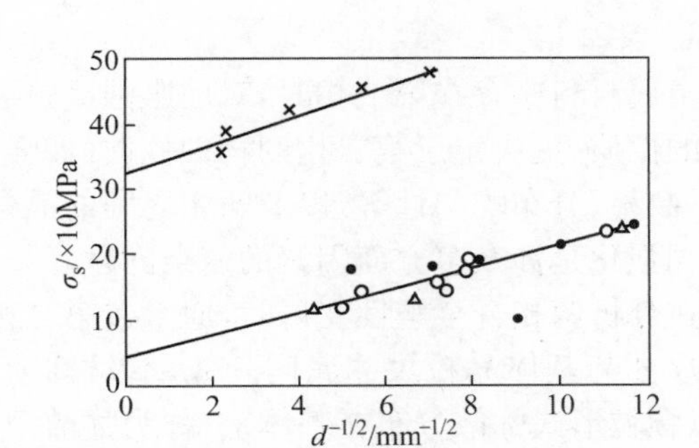

×—Fe-3%Si；●—Fe-0.045%C；○—Fe-0.060%C；△—Fe-0.020%C。

图 2-3-22 Fe 合金屈服强度与晶粒直径的关系

3) 溶质元素

与纯金属相比，由于固溶强化的原因，所有溶质元素都使滑移的临界分切应力升高。至今对大量二元合金固溶体的研究表明，在溶质浓度不太高时(稀固溶体)，随溶质浓度的增高，临界分切应力大多数为线性增加，另有少部分为抛物线增加。图 2-3-23 及图 2-3-24 分别给出了 Ag-Al 及 Fe-C 稀固溶体强化的例子，前者为线性强化，后者为抛物线强化。显然，在稀固溶体中，抛物线强化的效果较显著。

当浓度较大时，线性强化关系均不成立。如图 2-3-25 所示，在完全互溶的 Au-Ag 系中，当溶质原子浓度达到约 50%时，临界分切应力达到极值。

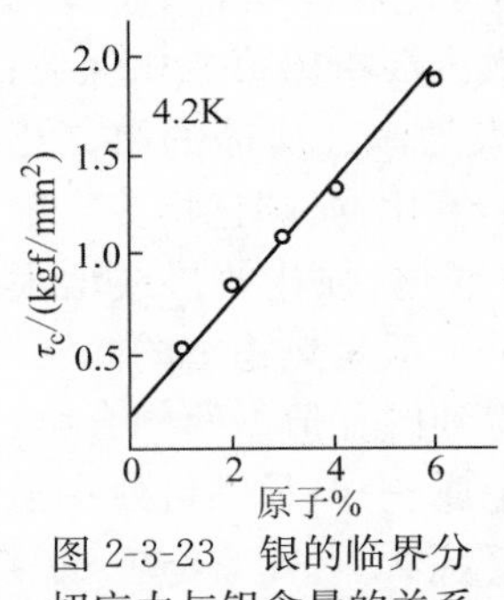

图 2-3-23 银的临界分切应力与铝含量的关系

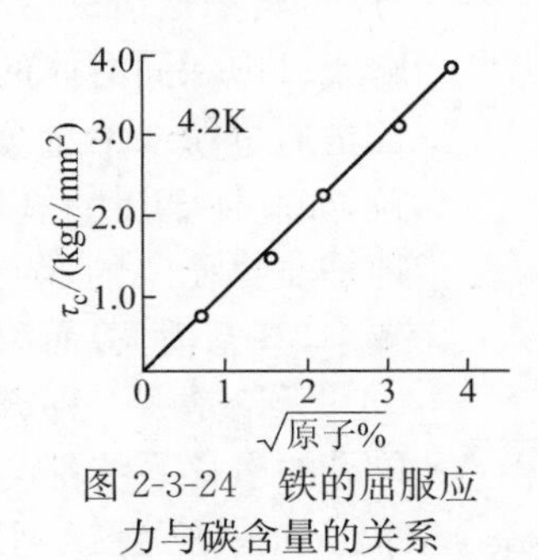

图 2-3-24 铁的屈服应力与碳含量的关系

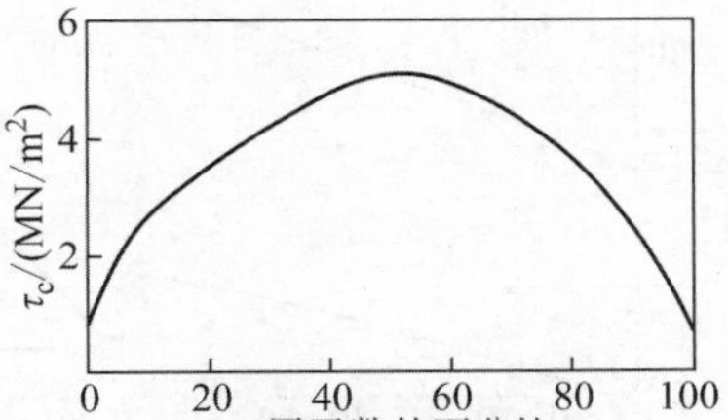

图 2-3-25 Au-Ag 固溶体临界分切应力与成分的关系

固溶强化的实质在于溶质原子与位错的交互作用阻碍了位错的运动。根据溶质和溶剂的结构和性质不同,交互作用大致可分为三类。第一类是弹性交互作用,即由位错应力场与溶质原子引起的应力场之间的交互作用。其中,又可细分为超弹性交互作用(由溶质原子与溶剂原子尺寸差造成)和介弹性交互作用(由溶质原子与溶剂原子模量差造成)。第二类是化学交互作用,即热力学平衡要求导致溶质原子在层错区偏聚分布或在基体中呈有序分布。第三类是静电交互作用,即由溶质原子造成的静电场(电荷不均匀分布)与位错造成的静电场之间的库仑交互作用。在这三类交互作用中,静电交互作用很微弱,一般不予考虑。弹性交互作用最强,是一般高强合金固溶体的主要强化原因。化学交互作用比弹性交互作用低约一个数量级,通常用来解释溶质、溶剂原子尺寸差别不大的、能形成无限互溶固溶体的合金(如 Au-Ag、Cu-Ni)的强化效果。

4) 第二相

金属材料中存在第二相时,对屈服强度也有很大影响。第二相的强化效果不仅取决于基体相的性质,更决定于第二相的物理性质(如强度、塑性、应变硬化性质等)、几何性质(如大小、形状、数量、分布均匀性等)以及两相之间的晶体学匹配情况(如界面能、界面结合等)。因此,第二相强化是涉及多方面因素的复杂问题。

在分析两相合金塑性变形时,通常按第二相的尺度大小将合金分为两大类:第一类是第二相的尺寸与基体晶粒尺寸属同一数量级,称为聚合型两相合金;第二类是第二相尺寸十分细小,以颗粒形式弥散分布在基体上,称为弥散型两相合金。这两类合金的强化特征有所不同。

对于聚合型两相合金,当两相的性质差别不太大时,合金的强度可近似地由混合法则估算

$$\sigma=\sigma_1 f_1+\sigma_2(1-f_1)=\sigma_1(1-f_2)+\sigma_2 f_2 \tag{2-3-17}$$

式中,σ_1、σ_2 分别为两相的强度;f_1、f_2 分别为两相的体积分数。

应该指出,式(2-3-17)是在两相等应变假设下得到的,与实际情况有所不符。试验结果表明,当两相性质有差异时,两个相的变形程度并不是很均匀的,即使在同一相中,晶界附近与晶内的变形程度也不同。当第二相为不能塑性变形的硬脆相时,滑移将被局限在基体相内,一般会导致合金塑性下降。至于强度如何变化,则取决于脆性相的尺寸、形状、分布等特征。碳钢中渗碳体存在的形式对钢强度的影响就是说明此现象的很好例子。

对于弥散型两相合金,第二相颗粒都是比基体硬的相,并且弥散分布于基体上,对位错运动起到很大阻碍作用,有显著的强化效果,因此第二相颗粒强化也是提高金属材料强度的重要手段之一。在基体中引入第二相颗粒通常有两种方法:其一是借助合金本身的相变特性,通过相分解或过饱和固溶体的时效沉淀析出第二相颗粒;其二是通过粉末冶金方法人为添加所需的第二相颗粒,如基体金属的氧化物、氮化物、碳化物等。前一种是非热稳定的,随温度变化,强化效果或增大或减小,甚至消失;而第二种一般是热稳定的。

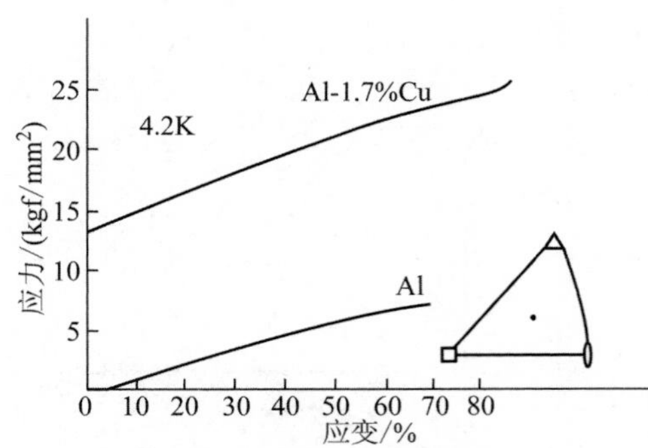

图 2-3-26 Al 及含 G. P. 区的 Al-Cu 合金在 4. 2K 时的应力-应变曲线

无论是哪一种方法得到的弥散型两相合金,其单晶的滑移系统都与纯金属一样,只不过处在滑移系上的颗粒会提高流变应力。图 2-3-26 为 Al-1. 7%Cu 合金单晶体时效出现 G. P. 区后在 4. 2K

温度下的应力-应变曲线，可见与纯铝比较，除了临界分切应力有显著提高外，变化趋势基本上是平行的，硬化曲线与晶体取向的关系也和纯铝一样。此外在合金中，加工硬化第Ⅲ阶段一般较纯金属来得晚，这可能是合金元素对基体回复抑制的结果。同样的情况在 Al-Zn、Al-Ag 和 Cu-Co 等合金中也是如此。

2.3.4　应变硬化

2.3.4.1　应变硬化现象及表征

在金属变形过程中，当应力超过屈服强度后，塑性变形并不是像屈服平台那样连续流变，而需要不断增加外力才能继续进行下去，即金属有一种阻止继续塑性变形的能力，表现在应力-应变曲线上就是随应变增大应力连续上升，这种现象称为应变硬化，也可称为形变强化。

在应变硬化阶段，真应力 S 和真应变 e 之间的关系符合 Hollomon 关系

$$S = Ke^{n} \tag{2-3-18}$$

式中，K 为应变硬化系数，其值表示真应变等于 1 时的真应力；n 为应变硬化指数。

应变硬化指数 n 反映了金属抵抗继续塑性变形的能力。在极限情况下，$n=1$，S 与 e 成正比关系，表示材料为完全理想弹性体；$n=0$ 时，$S=K=$常数，表示材料没有应变硬化能力，如室温下即产生再结晶的软金属和已经受强烈应变硬化的材料。大多数金属的 n 值在 0.1～0.5，如表 2-3-5 所示。

表 2-3-5　几种金属材料室温下的 n 值

材　料	状　态	n	材　料	状　态	n
碳钢(0.05%C)	退火	0.25	碳钢(0.6%C)	淬火+540℃回火	0.10
40CrNiMo	退火	0.15		淬火+704℃回火	0.19
钢	退火	0.3～0.35	70/30 黄铜	退火	0.35～0.40

2.3.4.2　应变硬化指数的测定

n 作为表示金属应变硬化的一个性能，生产上需要进行测定，一般是采用单向静拉伸试验的应力、应变数据，利用作图法求出 n 值。在拉伸试验中可得到工程应力 σ 和工程应变 ε 的数据，如第 1 章所述，可按下式求出真应力和真应变

$$S = (1+\varepsilon)\sigma \quad 和 \quad e = \ln(1+\varepsilon)$$

对式(2-3-18)两边取对数，得

$$\lg S = \lg K + n\lg e \tag{2-3-19}$$

式(2-3-19)表明，作真应力和真应变的双对数坐标图应为一条直线，如图 2-3-27 所示，该直线的斜率即为应变硬化指数 n；该直线在纵轴上的截距为 $\lg K$。

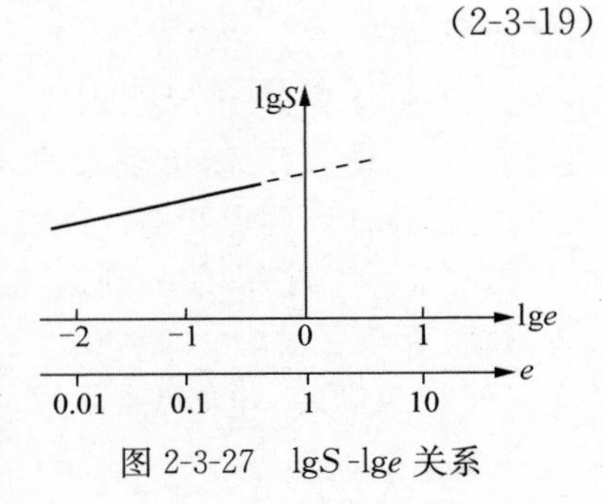

图 2-3-27　$\lg S$-$\lg e$ 关系

应变硬化指数 n 是结构敏感参量。现已发现，材料的层错能愈低，其 n 值就愈高；退火态 n 值比较大，而在冷加工状态比较小；晶粒尺寸愈大，n 值提高；在某些合金中，随溶质原子含量增加，n 值减小。试验得知，n 值与屈服强度大致呈反比关系，即 $n\sigma_s=$常数。这反映了一个大致的趋

势,即金属材料的 n 值随强度等级的增加而降低。

2.3.4.3 应变硬化的工程意义

应变硬化在工程上有很重要的意义,大致表现在如下3个方面。

(1) 应变硬化可使金属构件具有一定的抗偶然过载能力,保证构件的安全。构件在服役过程中,某些薄弱部位可能会因偶然过载而产生塑性变形,如果此时金属没有应变硬化特性,则塑性变形会一直在该部位发展下去,造成截面积减小,最后导致颈缩而断裂。但是金属有应变硬化能力,会阻止塑性变形继续发展,使过载部位的塑性变形只能发展到一定程度即停止下来,从而保证了构件安全服役。

(2) 应变硬化和塑性的适当配合可使金属进行均匀塑性变形,保证冷变形工艺顺利实施。如前所述,金属的塑性变形是不均匀的,时间上也有先有后。由于金属有应变硬化特性,哪里有变形它就在哪里阻止变形继续发展,并将变形推移到别的未变形部位,这样变形和硬化交替重复就造成了均匀塑性变形,从而可获得合格的冷成型制品。

(3) 应变硬化是强化金属的重要工艺手段之一,所以又称为冷作硬化或加工硬化。这种强化方法对不能热处理强化的金属材料尤其重要。如18-8Ni不锈钢变形前的强度 $\sigma_{0.2}=196\text{MPa}$,$\sigma_b=588\text{MPa}$;经40%轧制后,$\sigma_{0.2}=784\sim980\text{MPa}$,提高了3~4倍,$\sigma_b=1174\text{MPa}$,提高了1倍。但是冷变形强化有一个特点,即屈服强度比抗拉强度提高迅速得多,使屈强比 $\sigma_{0.2}/\sigma_b$ 明显增高,因此冷变形强化后的材料残余塑性较差,脆性较大。正是利用这一特点,可以改善较软金属的切削加工性能。例如,低碳钢由于硬度较低,切削时易产生黏刀现象,表面加工质量差。此时可利用冷变形降低塑性,使切屑容易脆断,改善切削加工性能。

应变硬化的实质是,随着应变的增加,位错迅速增殖,位错间的交互作用愈来愈强烈,使得位错运动的阻力愈来愈大。一般来说,流变应力 σ 与位错密度 ρ 的平方根成正比,即

$$\sigma=\sigma_i+\alpha Gb\sqrt{\rho} \tag{2-3-20}$$

式中,α 为常数;σ_i 为点阵摩擦阻力;G 为剪切模量;b 为柏氏矢量模。

2.3.5 颈缩

颈缩是韧性金属材料在拉伸时变形集中于局部区域的特殊现象。一般认为,试样在拉伸塑性变形时,应变硬化和截面减小是同时进行的。前者使承载力 P 不断提高,后者又使 P 不断下降,两者的相互矛盾变化就构成了拉伸曲线上 B 点前后的不同情况。实际拉伸试样由于材质和加工问题,沿整个长度上截面不可能是等应力和等强度的,总会存在薄弱部位。在 B 点之前,虽然薄弱部位先开始塑性变形,但是由于应变硬化作用,变形马上被阻止,将变形推移至其他次薄弱部位,这样的变形和硬化交替进行,就构成了均匀变形。而且由于应变硬化,其承载力 P 一直增加,表现为 $\mathrm{d}P>0$。B 点之后,因应变硬化跟不上变形的发展,变形在薄弱部位持续发展,形成颈缩,承载力 P 下降,表现为 $\mathrm{d}P<0$。因此,B 点是最大载荷点,也是颈缩开始点,亦称拉伸失稳点和塑性失稳点。由于颈缩变形速度较快,很快会导致断裂,所以找出拉伸失稳的临界条件(即颈缩判据)对于构件设计无疑是有益的。

颈缩条件应为 $\mathrm{d}P=0$。在任一瞬时,载荷 P 为真应力 S 与瞬时截面积 A 的乘积,即 $P=SA$。对 P 全微分,并令其等于零

$$\mathrm{d}P=A\mathrm{d}S+S\mathrm{d}A=0 \tag{2-3-21}$$

由式(2-3-21)解得

$$\frac{dA}{A}=-\frac{dS}{S} \tag{2-3-22}$$

在塑性变形过程中，dS 恒大于 0，dA 恒小于 0，故式(2-3-21)中第一项为正值，表示应变硬化使承载力增加；第二项为负值，表示截面收缩使承载力下降。根据塑性变形体积不变条件，即 $dV=0$，且因 $V=AL$(L 为试样长度)，故有

$$A\,dL+L\,dA=0 \tag{2-3-23}$$

由式(2-3-23)得

$$-\frac{dA}{A}=\frac{dL}{L}=de=\frac{d\varepsilon}{1+\varepsilon} \tag{2-3-24}$$

联立解式(2-3-21)、式(2-3-24)得

$$S=\frac{dS}{de} \tag{2-3-25}$$

或

$$\frac{dS}{d\varepsilon}=\frac{S}{1+\varepsilon} \tag{2-3-26}$$

式(2-3-25)或式(2-3-26)即为颈缩判据。由此可知，当真应力-真应变曲线上某点斜率(应变硬化速率)等于该点的真应力(流变应力)时，即出现颈缩，用几何作图法可确定颈缩点，如图 2-3-28 所示。

用分析方法也可确定颈缩点。在失稳点处，Hollomon 关系成立，$S_B=Ke_B^n$，$dS_B/de=Kne_B^{n-1}$。所以，$Ke_B^n=Kne_B^{n-1}$，由此得

$$e_B=n \tag{2-3-27}$$

这表明，当金属材料的最大真实均匀塑性变形量等于其应变硬化指数时，颈缩便会产生。

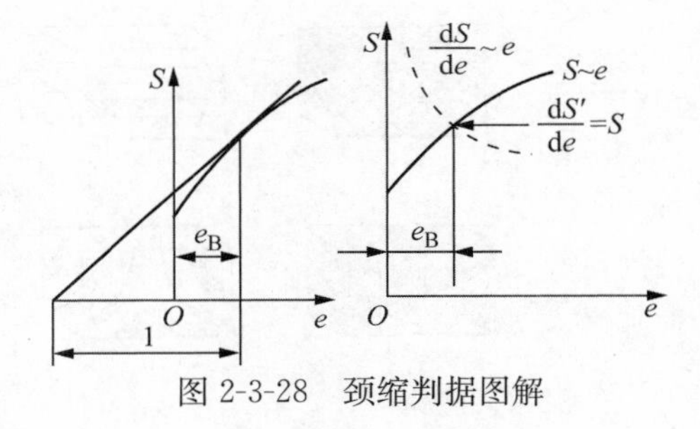

图 2-3-28　颈缩判据图解

材料是否产生颈缩与其应变硬化指数 n 有关。若 n 值低，则使 $\frac{dS}{de}=S$ 点左移，故不能有效阻止颈缩形成；反之，n 值高时，可推迟颈缩产生。

颈缩一旦产生，就像带钝缺口一样，在颈缩区产生三向应力状态，使塑性变形变得困难。为了继续发展塑性变形，必须提高轴向应力，因而颈缩处的轴向真应力高于单向受力时的真应力，并且随着颈部进一步变细，真应力还要不断增加。为了补偿颈缩处横向应力、切向应力对轴向应力的影响，求得仍然是均匀轴向应力状态下的真应力，以得到真正的真应力-真应变曲线，必须对颈部应力进行修正。一般采用 Bridgmen 修正公式

$$S'=\frac{S}{\left(1+\frac{2R}{a}\right)\ln\left(1+\frac{a}{2R}\right)} \tag{2-3-28}$$

式中，S'为修正后的真应力；S 为颈部轴向真应力(等于外加载荷除以颈缩处最小截面积)；R 为颈部轮廓线曲率半径；a 为颈部最小截面半径。

2.4　特殊结构材料的力学性能

随着人们对生活水平要求的提高和科学技术的发展，新型结构和功能材料不断涌现，如能够综合发挥金

属、陶瓷和高分子材料力学性能特点的复合材料;具有特殊力学性能的多孔结构材料;有些新的功能材料在服役中必须考虑力学性能,如生物材料;另有些材料除了巨大的应用前景外,还对材料力学性能理论本身的发展有重要意义,如复合材料和纳米材料。鉴于此,本节扼要介绍复合材料、多孔材料及纳米材料的力学性能特点。

2.4.1 复合材料

2.4.1.1 复合材料的结构类型

复合材料是由两种或两种以上不同性质、不同形态的材料通过复合工艺而形成的多相固体材料。复合材料中至少有两相,其中一相是连续的,称为基体,另一相为基体所包容,称为增加体。复合材料不仅能保持原组分材料的部分特点,还具有原组分材料所不具有的新性质。复合材料的性能取决于组元材料的种类、形态、比例、分布及复合工艺条件等因素。通过人为调节和控制这些因素,可获得不同性能的复合材料。因而复合材料是一类性能可设计的新型材料,能够在广阔范围内调节其性能以满足使用要求。

复合材料按增强材料的形态可分为颗粒增强复合材料、晶须增强复合材料、短纤维增强复合材料、长(连续)纤维增强复合材料等几大类型。由于增强体形态的多样化,复合材料存在着复杂的结构,正是由于这种复杂的结构,复合材料具有组分材料所没有的特殊性能。复合材料的结构一般可以有以下五类,如图 2-4-1 所示。

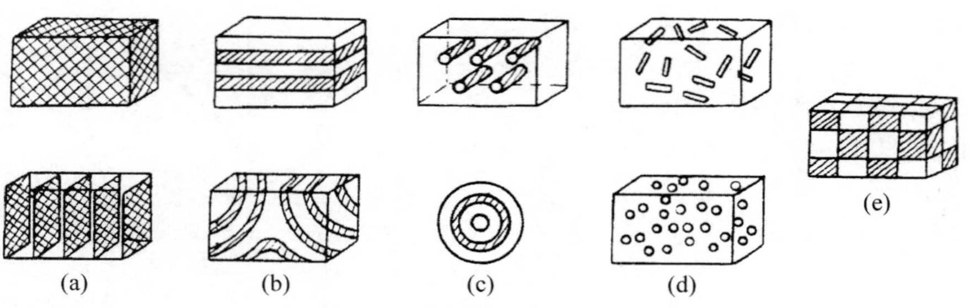

图 2-4-1 复合材料的复合体结构类型

(a) 网状结构:一相三维连续,另一相二维连续或两相都是三维连续。

(b) 层状结构:两组分相均为二维连续。所形成的复合材料在垂直于增强相和平行于增强相的方向上,其力学性能是不同的,特别是层间剪切性能差。

(c) 单向结构:增强体在一维方向上连续,特指纤维单向增强复合材料。

(d) 分散结构:增强相为不连续相,特指颗粒和短纤维(包括晶须)增强复合材料。

(e) 镶嵌结构:这是一种分段镶嵌结构,在结构复合材料中很少见。但是,各种粉末状物质通过高温烧结而形成不同相的镶嵌结构,可形成有价值的各种功能材料。

2.4.1.2 复合材料力学性能分析的基本原理

单向连续纤维复合材料沿纤维排列方向的强度和模量均很高,因此是受力结构复合材料中最重要的一类。此外,若将单向连续复合材料制成薄板形态(平面应力状态),它既可作为单独构件使用,此时称为单层板,也可将不同方向的单层板叠合起来成为叠层板(也称层合板)使用,在这种情况下,单层板又是叠层板的基本单元。因此,了解单向复合材料的强度是非常重要的。本小节仅以单向连续纤维复合材料为例,简要介绍复合材料力学性能预测和分析的主要原则。

1) 混合法则

复合材料的细观力学是把复合材料视为两种或两种以上性质不同的单相材料组成的多相非均匀体系,利用弹性力学或材料力学方法研究各组元相的性能、含量、分布、形态等对整体复合材料力学性能的影响规律。混合法则(rule of mixtures, ROM)是复合材料细观力学中的一条最基本的法则,即简单地将复合材料的力学性能表示为组元材料性能的线性叠加。现以图 2-4-2 所示的单向复合材料为例,对弹性模量进行简要分析,分析中假设基体和增强纤维的力学性能是各向同性的。

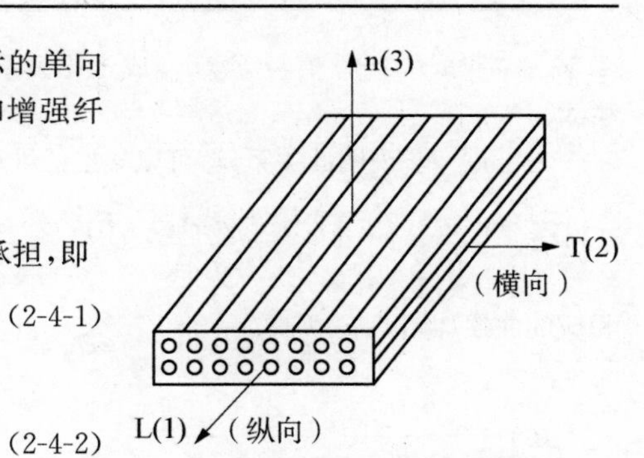

图 2-4-2　单向连续纤维增强复合材料的坐标系

(1) 纵向弹性模量 E_L

设在复合材料上沿纵向施加外力 P_L,由纤维和基体共同承担,即

$$P_L = P_f + P_m \tag{2-4-1}$$

式中,下标 f、m 分别代表纤维与基体。则应力形式表示为

$$\sigma_L A = \sigma_f A_f + \sigma_f A_f \tag{2-4-2}$$

式中,A 表示横截面积。将式(2-4-2)整理可得

$$\sigma_L = \sigma_f \frac{A_f}{A} + \sigma_m \frac{A_m}{A} = \sigma_f V_f + \sigma_m V_m \tag{2-4-3}$$

式中,V 代表体积分数。假设受力时基体和纤维沿纵向的应变相等,即

$$\varepsilon_L = \varepsilon_f = \varepsilon_m \tag{2-4-4}$$

再根据胡克定律有

$$\sigma_L = E_L \varepsilon_L, \sigma_f = E_f \varepsilon_f, \sigma_m = E_m \varepsilon_m \tag{2-4-5}$$

将(2-4-4)和(2-4-5)两式共同代入(2-4-3)式,可得

$$E_L = E_f V_f + E_m V_m \tag{2-4-6}$$

此即混合法则,表明纤维和基体对复合材料纵向弹性模量的贡献与它们各自的体积分数成正比。又由于 $V_f + V_m = 1$,混合法则又可表示为

$$E_L = E_f V_f + E_m (1 - V_f) \tag{2-4-7}$$

(2) 横向弹性模量 E_T

当单向连续纤维复合材料受到横向载荷(T 向)时,由于基体和纤维的弹性模量不同,式(2-4-4)表示的"等应变假设"就不成立了。此时,可采用"等应力假设",即认为沿着受力方向是基体和纤维以"接力"的方式承担载荷,这样,基体所受应力等于纤维所受应力,也等于复合材料所受应力,即

$$\sigma_T = \sigma_f = \sigma_m \tag{2-4-8}$$

而复合材料的横向应变为基体横向应变与纤维横向应变之和

$$\varepsilon_T = \varepsilon_f + \varepsilon_m \tag{2-4-9}$$

由此可以得到

$$\frac{1}{E_T} = \frac{V_f}{E_f} + \frac{(1 - V_f)}{E_m} \tag{2-4-10}$$

此即单向复合材料横向模量的混合法则。

2) 载荷分配

复合材料受力后,其纤维和基体承担载荷的大小是按它们的模量大小及体积分数分配的,即

$$\frac{P_f}{P_m} = \frac{\sigma_f A_f}{\sigma_m A_m} = \frac{E_f \varepsilon_f \dfrac{A_f}{A}}{E_m \varepsilon_m \dfrac{A_m}{A}} = \frac{E_f V_f}{E_m V_m} = \frac{E_f}{E_m} \frac{V_f}{(1 - V_m)} \tag{2-4-11}$$

当 V_f 一定时，P_f/P_m 值与 E_f/E_m 成正比关系。如图 2-4-3 所示。当 E_f/E_m 一定时，随 V_f 增大，P_f/P_m 也增大。

为了进一步说明此关系，还可以导出纤维承载与复合材料总载荷的比值

$$\frac{P_f}{P_L}=\frac{\sigma_f A_f}{\sigma_L A}=\frac{E_f V_f}{E_L}=\frac{E_f V_f}{E_f V_f+E_m V_m}=\frac{E_f/E_m}{E_f/E_m+(1-V_f)/V_f} \tag{2-4-12}$$

相应的曲线如图 2-4-4 所示。

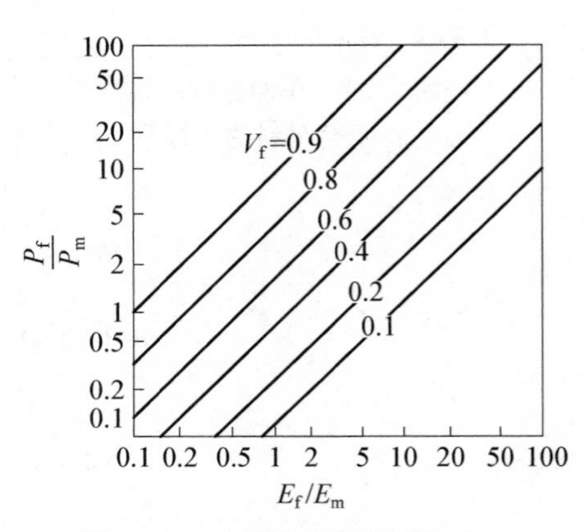

图 2-4-3 不同 V_f 条件下 P_f/P_m 与 E_f/E_m 的关系

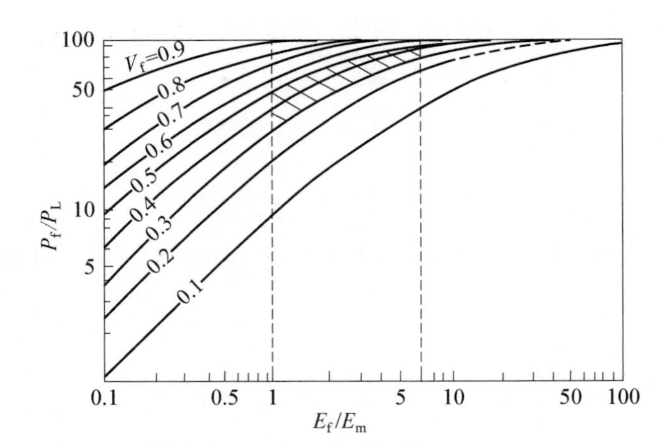

图 2-4-4 不同 V_f 条件下 P_f/P_L 与 E_f/E_m 的关系

由图 2-4-3、图 2-4-4 和式(2-4-11)、式(2-4-12)可得出两个结论。①提高纤维模量，即提高 E_f/E_m 值，可以增加复合材料中纤维承载比例，多数情况下纤维强度大于基体强度，所以能提高复合材料的强度。以玻璃纤维/环氧复合材料为例，其 E_f/E_m 约为 20，因此，即使 $V_f=10\%$，P_f/P_m 也大约能达到 70%，即有 70%的载荷是由纤维承担的。②增加纤维体积含量 V_f，也能增加纤维承载的比例以及强度。

3）各向异性

纤维增强复合材料是强烈各向异性的。单向纤维增强复合材料是正交各向异性体，且拉伸和压缩强度又有所不同，故在平面应力状态下有 5 个独立的强度参数：σ_{Lu} 为纵向拉伸强度；σ'_{Lu} 为纵向压缩强度；σ_{Tu} 为横向拉伸强度；σ'_{Tu} 为横向压缩强度；τ_u 为面内剪切强度。限于篇幅，我们仅讨论纵向拉伸和纵向压缩两种情况。

(1) 纵向拉伸强度。

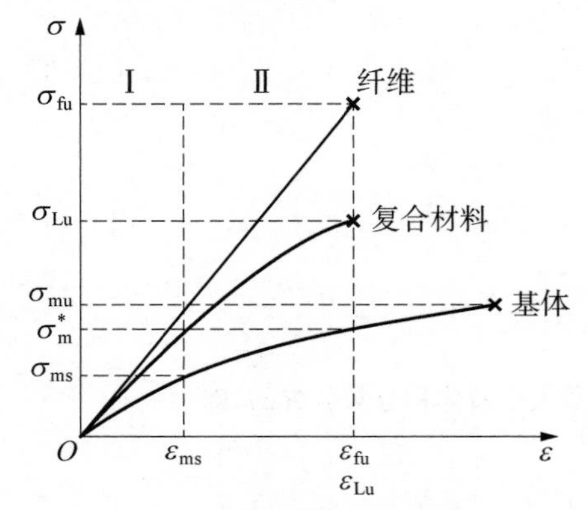

图 2-4-5 脆性纤维、塑性基体及组成的复合材料的应力-应变曲线

在纤维增强复合材料中，按纤维和基体性能的对比可以分为三类：①脆性纤维/塑性基体；②塑性纤维/塑性(脆性)基体；③脆性纤维/脆性基体。我们仅讨论第一种类型。

硼纤维、碳纤维、碳化硅纤维与金属基体或是部分树脂基体(如环氧树脂或聚酯树脂)组成的复合材料纤维是脆性破坏的，基体是塑性破坏，并且纤维的断裂应变 ε_{fu} 小于基体的断裂应变 ε_{mu}，其纤维、基体和复合材料的应力-应变曲线如图 2-4-5 所示。可以看出，复合材料的曲线介于纤维和基体之间，具体的位置取决于纤维和基体的性能以及纤维的体积分数。

对于脆性纤维/塑性基体复合材料，其应力-应变曲线大致可以为两个阶段：第一阶段是纤维和基体均为弹性变形，第二阶段是纤维仍为弹性，而基体为塑性变形。复合材料第一阶段的斜率

(即弹性横量 E_L)可由式(2-4-7)来估算。而第二阶段可能占应力-应变曲线的大部分，特别是金属基复合材料。由于复合材料纤维体积分数一般较高，且纤维的模量又比基体高得多，第二阶段的应力-应变关系更多地取决于纤维的力学性能，表现为一近似直线关系，此阶段的模量可表示为

$$E_L^{II} = E_f V_f + \left(\frac{d\sigma_m}{d\varepsilon}\right)_\varepsilon (1 - V_f) \tag{2-4-13}$$

式中，$\left(\frac{d\sigma_m}{d\varepsilon}\right)_\varepsilon$ 为应变等于 ε 时基体应力-应变曲线的斜率。

在第二阶段的末期，当复合材料的应变 ε_L 达到纤维断裂应变 ε_{fu} 时，纤维发生断裂，从而导致复合材料断裂，此时复合材料中的平均应力为复合材料纵向断裂强度 σ_{Lu}，它也符合混合法则，即

$$\sigma_{Lu} = \sigma_{fu} V_f + \sigma_m^* (1 - V_f) \tag{2-4-14}$$

式中，σ_m^* 为基体达到纤维断裂应变时承受的应力，可在基体应力-应变曲线中求得。

式(2-4-14)表示的复合材料纵向强度 σ_{Lu} 与纤维体积分数 V_f 的关系如图 2-4-6 所示，可以看出，当纤维体积分数 V_f 较小，复合材料强度 σ_{Lu} 甚至小于单纯基体时的强度 σ_{mu}，根本未达到达增强效果，反而有所弱化。这是因为纤维复合材料主要靠纤维承担载荷，在 V_f 较小时，纤维承受不了很大的载荷即发生断裂，而改由基体承受载荷，然而由于纤维占去了一部分体积，基体有效承载面减小，复合材料的断裂载荷反而较全部是基体时所能承受的断裂载荷小。为了能达到增强目的，必须要求 $\sigma_{Lu} \geqslant \sigma_{mu}$，即

$$\sigma_{Lu} \geqslant \sigma_{fu} + \sigma_m^* (1 - V_f) \geqslant \sigma_{mu} \tag{2-4-15}$$

$\sigma_{Lu} = \sigma_{mu}$ 时的 V_f 值称为临界体积分数 V_c，由式(2-4-15)解得

$$V_c = \frac{\sigma_{mu} - \sigma_m^*}{\sigma_{fu} - \sigma_m^*} \tag{2-4-16}$$

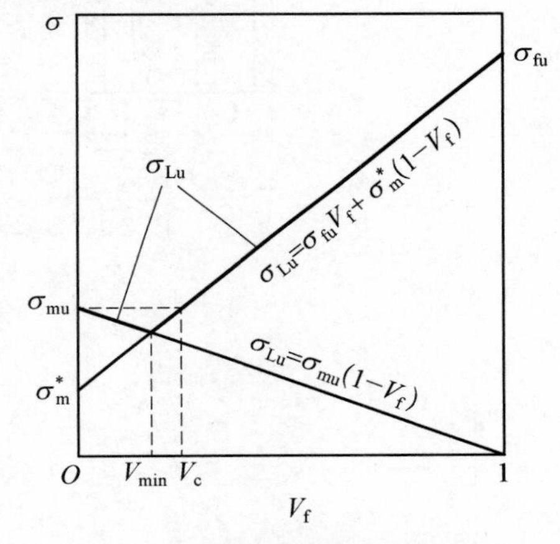

图 2-4-6　复合材料纵向强度与纤维体积分数的关系

因此，只有当 $V_f > V_c$ 时，纤维复合材料才能达到增强效果。

在上述分析中，已有了当纤维断裂时改由基体承载的概念，此时复合材料强度应为

$$\sigma_{Lu} = \sigma_{mu}(1 - V_f) \tag{2-4-17}$$

由式(2-4-17)可见，随 V_f 增大，纤维断裂后复合材料的强度减小，因此存在另一个临界体积分数(称为最小体积分数)V_{min}，当 $V_f < V_{min}$ 时，纤维断裂后，基体仍能承载；而 $V_f > V_{min}$ 时，纤维断裂后基体也不能承载，整个复合材料断裂。令式(2-4-14)和式(2-4-17)相等，可解出临界值 V_{min}，即

$$V_{min} = \frac{\sigma_{mu} - \sigma_m^*}{\sigma_{fu} + \sigma_{mu} - \sigma_m^*} \tag{2-4-18}$$

比较式(2-4-16)和式(2-4-18)可知，$V_c > V_{min}$，因此在实际纤维复合材料($V_f > V_c$)中，纤维断裂后均导致复合材料断裂。

应该指出，纵向拉伸强度服从混合法则有一个假设前提，即纤维强度不具有分散性，复合材料断裂时纤维同时全部断裂。但实际情况与此不符，纤维强度具有很大的分散性，往往产生多重破断，产生载荷再分配和应力集中，同时还可能出现纤维/基体界面脱黏等情况，使得复合材料的实际强度偏离混合法则的预测值。尽管如此，强度的“混合法则”仍然作为一个“理想”的强度值，被经常用作与实测值比较的一个基准，以衡量复合材料的增强效果。

(2) 纵向压缩强度。

在完全理想的情况下,纵向压缩时弹性模量和强度应与拉伸时相同,即符合混合法则。但对于实际复合材料,纵向拉、压性能差别很大,原因是纤维纵向受压时,易弯曲、失稳,导致多种破坏形态。从微观角度看,有3种破坏形态,如图2-4-7所示。

(a) 横向开裂。由于基体和纤维性能(如模量、泊松比)不同,材料横向膨胀时会在基体和界面上产生新的裂纹,引起横向开裂。

(b) 拉-压型屈曲。如果纤维和基体结合得相当牢固,纤维体分数 V_f 又比较小,纤维就会出现微观屈曲,使基体在横向产生同期性的拉-压变形。

(c) 剪切型屈曲。当 V_f 较大时,纤维之间互相有约束,产生协同屈曲,使基体产生剪切变形。

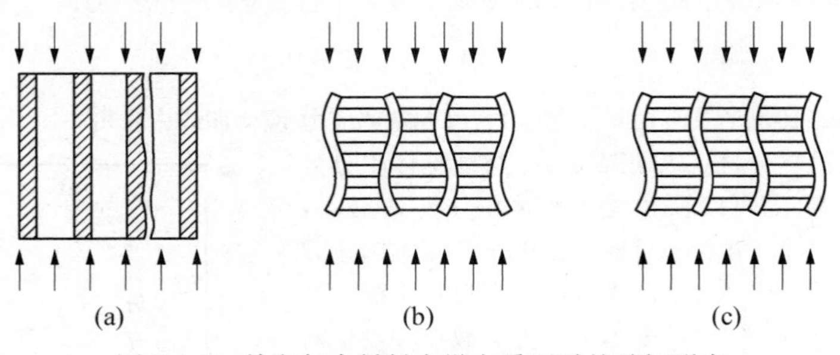

图2-4-7　单向复合材料在纵向受压时的破坏形态

(a) 横向开裂;(b) 纤维微观屈曲使基体产生横向拉、压变形;(c) 纤维微观屈曲使基体产生剪切变形

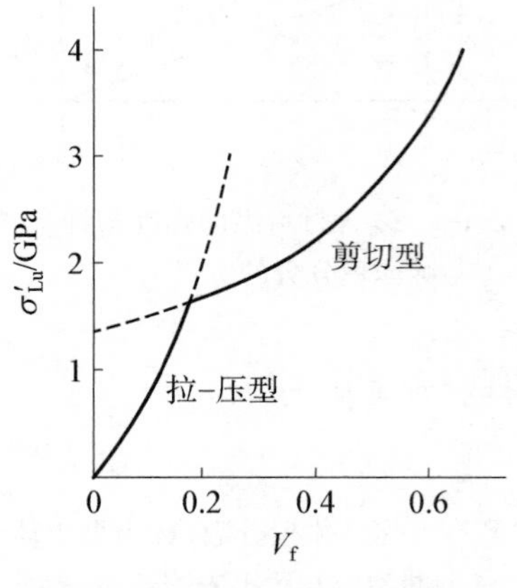

图2-4-8　玻璃/环氧复合材料的纵向压缩强度随 V_f 的变化

上述3种情况可以综合出现,使单向压缩破坏问题复杂化,所以单向复合材料纵向压缩强度分析必须结合破坏形式来进行。图2-4-8为玻璃纤维/环氧复合材料纵向压缩强度 σ'_{Lu} 与纤维体积分数 V_f 的关系,从中发现存在一个临界体积分数 V'_c,当 $V_f < V'_c$ 时,发生拉-压型失稳破坏;而当 $V_f > V'_c$ 时,发生剪切型失稳破坏。

压缩破坏机理较复杂,目前尚未完全弄清楚,所以计算 σ'_{Lu} 的方法也不成熟,目前应用较多的是利用能量法推出的结果,即

$$\sigma'_{Lu} = 2V_f\sqrt{\frac{E_f E_m V_f}{3V_m}} \quad \text{拉-压型} \tag{2-4-19}$$

$$\sigma'_{Lu} = \frac{\beta\sigma_m}{1-V_f} \quad \text{剪切型} \tag{2-4-20}$$

一般,复合材料 V_f 较大,所以起控制作用的是剪切型。由式(2-4-19)和式(2-4-20)可见,拉-压型压缩破坏强度主要受纤维和基体的杨氏模量控制;而剪切型压缩破坏强度则主要受基体剪切模量控制。

2.4.2 多孔材料

2.4.2.1 结构与表征

自然界中广泛存在着多孔结构,如鸟的翅膀、动物体的骨头、植物中的木材、树叶等,人类很早以来就一直利用工字梁、夹心板等结构来支撑重物,因为这是材料利用率最高的一种结构。泡沫塑料和泡沫金属是现代的人造多孔材料,它们相对密度低,比模量、比强度高,同时具有良好的减震和能量吸收能力,在诸如包装、衬垫、超轻结构、冲击缓冲和热交换器等方面得到应用。

多孔材料从结构上可以分为通孔和闭孔两类，如图 2-4-9 所示。通孔是连续贯通的三维多孔结构，也称为泡沫结构，最典型的代表是海绵。闭孔的形貌如同蜂窝，可视作是一种晶体结构，即存在晶粒和晶界，而晶粒是空的，晶界则是蜂窝的固体部分。描述多孔材料结构的参数有空隙率、孔径、通孔度、密度及比表面积等。多孔材料的力学性能受这些结构参数及其基体材料性能的影响。

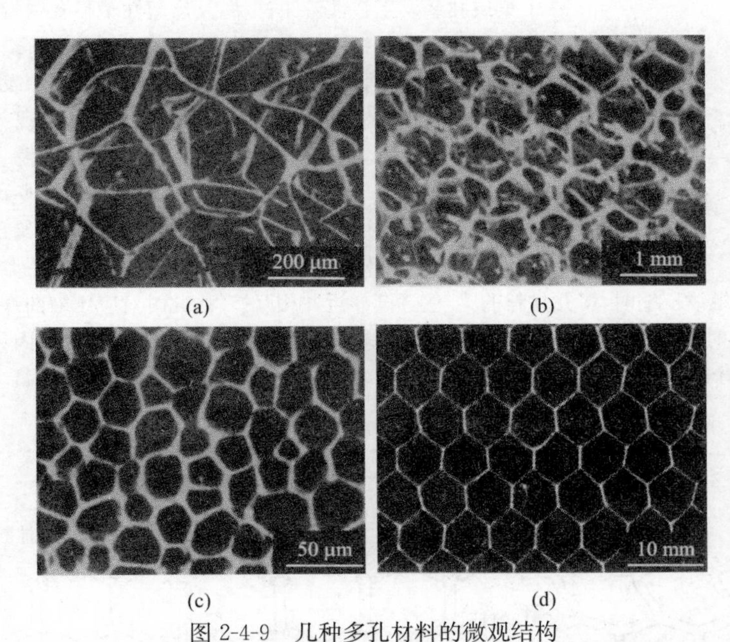

图 2-4-9　几种多孔材料的微观结构

(a) 海绵，天然通孔材料；(b) 聚氨酯，人造通孔材料；(c) 软木，天然闭孔材料；(d) 铝蜂窝，人造闭孔材料

通常采用一些理想结构模型来分析多孔材料，例如图 2-4-10(a)、(b)分别代表蜂窝(闭孔)结构和泡沫(通孔)结构，它们的密度分别表示为

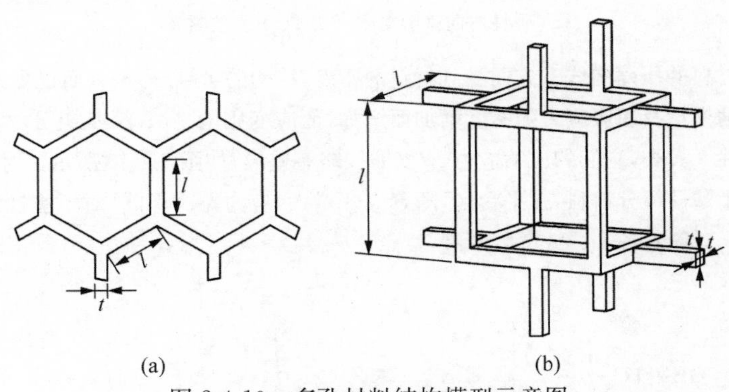

图 2-4-10　多孔材料结构模型示意图

(a) 闭孔结构；(b) 通孔结构

闭孔
$$\frac{\rho^*}{\rho_s}=\left(\frac{2}{\sqrt{3}}\right)\frac{t}{l} \tag{2-4-21}$$

通孔
$$\frac{\rho^*}{\rho_s}=3\frac{t^2}{l^2} \tag{2-4-22}$$

式中，ρ^* 为多孔材料密度；ρ_s 为构成多孔材料的固体密度；t 为孔壁宽度；l 为孔壁长度。

2.4.2.2　变形与失效

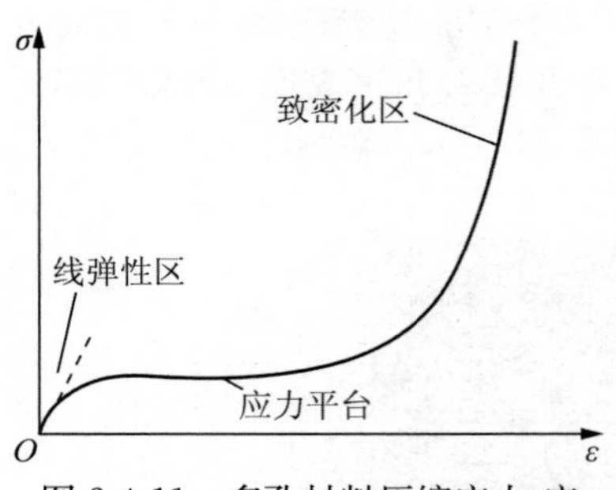

图 2-4-11　多孔材料压缩应力-应变曲线示意图

多孔材料的压缩应力-应变曲线如图 2-4-11 所示,可分为 3 个区。

(1) 线弹性区:在应力作用下发生整体表观线弹性变形,但是微孔结构单元的变形视固体组元的性质不同而可能不同,如泡沫支撑梁或孔壁发生弹性弯曲;金属及热塑性塑料孔壁发生塑性变形;陶瓷或其他脆性材料孔壁发生弹性变形,甚至局部断裂。

(2) 应力平台区(屈服平台):当多孔材料中发生弯曲、塑性变形或断裂的孔壁数量增多到一定程度时,即会出现一个在应力不变或变化不大时应变持续增大的平台区,平台区以下应力-应变曲线所包围的面积就是单位体积材料吸收的能量,显然多孔材料比起实心固体材料具有高得多的能量吸收能力。图 2-4-12 给出了产生应力平台的 3 种微观结构变化情况。

(3) 致密化区:继续压缩时,多孔材料的梁/壁逐渐靠近并相互接触,此时对应压缩曲线上致密化的开始。在某一临界应变 ε_D 时,应力快速增加,压缩曲线几乎呈直线上升。该直线的斜率就是固体组分的模量 E_s。临界应变值与多孔材料的密度之间存在如下关系

$$\varepsilon_D \approx 1-1.4\left(\frac{\rho^*}{\rho_s}\right) \tag{2-4-23}$$

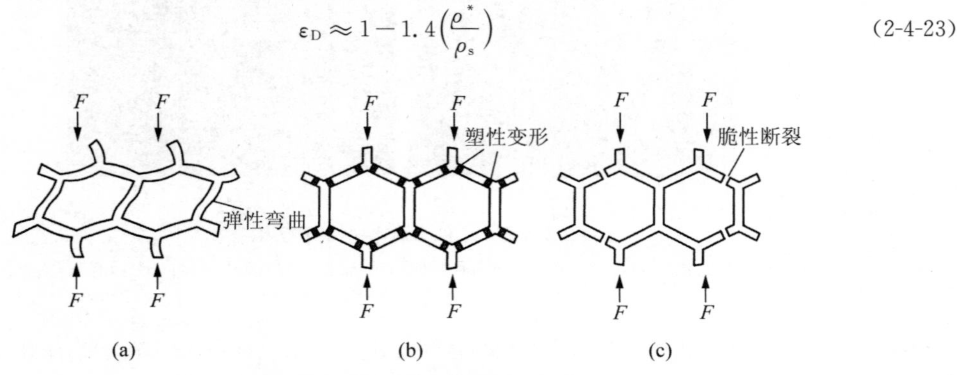

图 2-4-12　多孔材料压缩失效类型

(a) 弹性弯曲;(b) 塑性变形;(c) 脆性断裂

应该指出,多孔材料的压缩曲线一方面受到材料的密度、结构的影响,另一方面也受到组分材料性质的影响。从结构来看,压缩模量及屈服应力随密度增加而增加,而应变则随之减小;从组分材料性质来看,大致可分为弹性、塑性及脆性 3 大类,它们的压缩应力-应变曲线略有差异,如图 2-4-13 所示。对于弹性组分材料,应力平台变化平缓;对于塑性组分材料,在平台区,随着应变增大,应力略有下降;对于脆性组分材料,平台区显示锯齿状的应力波动,对应着各个梁或壁的断裂。

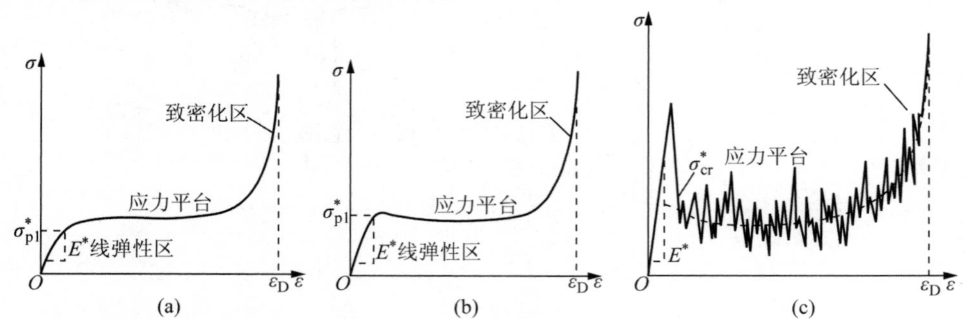

图 2-4-13　多孔材料固体组分性质对压缩曲线的影响

(a) 弹性组分材料;(b) 塑性组分材料;(c) 脆性组分材料

2.4.2.3 模量与强度

对于具有图 2-4-10 所示闭孔和通孔结构的材料，其压缩模量 E^* 分别为

闭孔
$$\frac{E^*}{E_s}=C_b\left(\frac{\rho^*}{\rho_s}\right)^3 \tag{2-4-24}$$

通孔
$$\frac{E^*}{E_s}=C_f\left(\frac{\rho^*}{\rho_s}\right)^2 \tag{2-4-25}$$

式中，C_b、C_f 分别为常数，其中 C_b 接近 1.5，C_f 接近 1。

表 2-4-1 给出了多孔材料压缩失效时相应的临界屈服应力值，可见对于闭孔和通孔结构，屈服应力与多孔材料的密度关系是不同的。此外，多孔材料弹性变形时，弹性应变量只与结构有关，而与组元材料无关。

表 2-4-1 多孔材料的压缩临界屈服应力

失效类型	临界应力	闭 孔	通 孔
弹性弯曲	$\sigma_{el}{}^*/E_s$	$0.15(\rho^*/\rho_s)^3$	$0.5(\rho^*/\rho_s)^2$
塑性变形	$\sigma_{pl}{}^*/\sigma_s$	$0.5(\rho^*/\rho_s)^2$	$0.3(\rho^*/\rho_s)^{3/2}$
开裂	$\sigma_f{}^*/\sigma_t$	$0.33(\rho^*/\rho_s)^2$	$0.65(\rho^*/\rho_s)^{3/2}$

2.4.3 纳米结构材料

纳米材料是指其特征尺度在 1～100nm 的材料，它具有一系列特殊的物理和化学性质，例如，金属颗粒的尺寸减小到几纳米时会变成绝缘体，原先呈铁磁性的粒子会产变成超顺磁性等。纳米材料同时也具有特殊的力学性能，如碳纳米管超强的弹性模量。

纳米结构材料是由纳米尺度的颗粒（晶粒）凝聚而成的三维固体（块体）材料。由于其晶粒已细化至纳米数量级，界面所占体积分数已达到 50%以上，它的力学性能相比于传统的单晶和多晶（相对而言为粗晶）材料有一些新的特点，本节予以简单介绍。但是应注意，纳米材料的制备方法很多，制备出的纳米材料质量迥异，报道的试验结果差异很大。许多制备技术（如用纳米颗粒烧结、压制）会带来杂质和空隙，使得制备的材料密度相对较低，最高只能达到理论密度的 90%～95%，这使得一些研究中的数据反映的可能不是纳米材料的本质，而是存在缺陷状态下的性能。

2.4.3.1 模量

早期试验结果显示，纳米材料的弹性模量比传统多晶材料的模量要低 15%～50%。表 2-4-2 是 Pb 和 CaF_2 分别为纳米晶体和一般晶体时弹性模量的比较，可见纳米晶的模量要小得多。后来查明是样品中的微空隙造成了模量的降低。研究结果表明，弹性模量随试样中的微孔隙增多而线性下降。无微空隙的纳米铁、铜和镍的弹性模量比普通多晶材料的略小（小于 5%），并且随晶粒减小弹性模量降低。

表 2-4-2 Pd 和 CaF_2 纳米晶与正常多晶体的弹性模量比较

性 能	材 料	一般晶体	纳米晶体	增量的百分数
杨氏模量 E/GPa	Pd	123	88	～28%
	CaF_2	111	38	～66%
剪切模量 G/GPa	Pd	43	32～25	～20%

由于纳米晶体的界面占很大部分，纳米晶体的弹性模量可以看作是由晶内和晶界两部分模量所贡献。而晶界由于为非晶态，模量较晶体约低 20%～30%，有人曾经采用 6nm 的立方晶粒及 1nm 厚度界面的简单

模型,对 Pd 系界面弹性模量做了估算,其值约 40GPa,比相应大块晶体的模量减小 50%以上。因此,纳米晶体的整体弹性模量比正常多晶体要低,利用这一思路,已有人在尝试开发低模量纳米金属材料来作为人体骨骼替代材料,以与骨骼的弹性模量尽量相匹配,从而满足生物力学相容性的要求。

2.4.3.2 强度和硬度

纳米晶固体的强度和硬度大于相同成分的粗晶固体已成为共识。试验研究表明,纳米 Pd、Cu、Au 的屈服强度和断裂强度均高于同成分的粗晶金属;Fe-1.8%C 纳米合金的断裂强度为 6 000MPa,远高于微米晶的 500MPa;用超细粉末冷压合成制备的纳米 Cu(25～50nm)的屈服强度高达 350MPa,而冷轧态的粗晶 Cu 为 260MPa,退火态的粗晶 Cu 仅为 70MPa。然而,上述结果大多是用微型样品测得的,其性能要高于常规宏观样品测得的数据。图 2-4-14 为长×宽×厚=6mm×2mm×1.5mm 的纳米 Cu(36nm)试样的拉伸应力-应变曲线,图中还包括了粗晶 Cu 以及含杂质(被污染)纳米 Cu 的应力-应变曲线,结果表明,纳米晶 Cu 的弹性模量、屈服强度、断裂强度、伸长率分别为 84GPa、118MPa、237MPa 和 6.0%,是同成分粗晶 Cu 的 0.65、1.42、1.82 倍和 0.15 倍。显然,随着样品尺寸的增加,纳米晶 Cu 与粗晶 Cu 的强度之比已不到 2 倍。另外还可见,杂质对纳米晶 Cu 的性能影响十分巨大,造成强度和塑性指标明显下降。

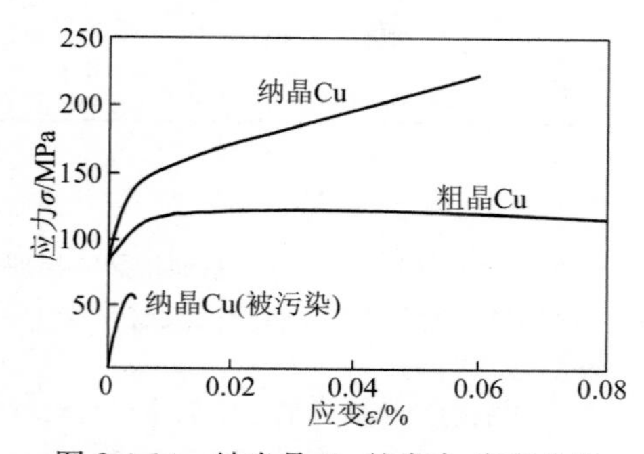

图 2-4-14 纳米晶 Cu 的应力-应变曲线

在普通金属材料中,细化晶粒是强化的有效方法之一。材料的强度与晶粒尺寸的平方根呈反比,即符合 Hall-Petch 关系。但是,当晶粒尺寸减小到纳米数量级时,Hall-Petch 关系是否还能成立呢?这是纳米材料力学性能理论中一个相当关键的问题,引起了广泛的兴趣。

由于材料的强度和硬度之间近似为正比关系,并且制备适于进行拉伸试验的大体积纳米块体材料有较大困难,自 20 世纪 80 年代末以来报道较多的是纳米材料硬度与晶粒尺寸关系的试验研究结果,归纳起来有 3 种不同的规律,如图 2-4-15 所示。

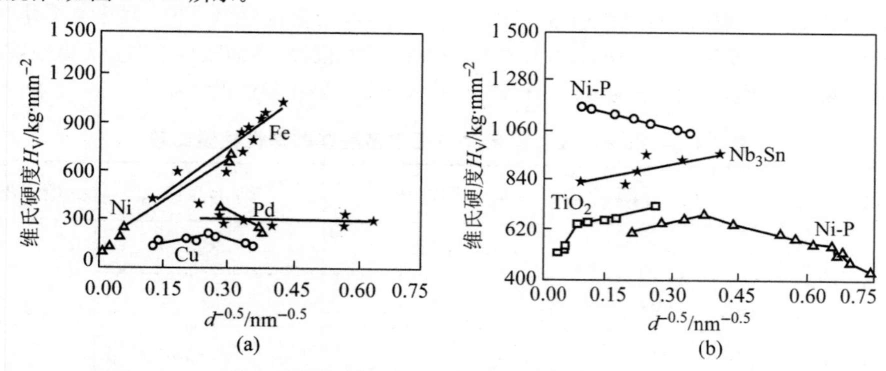

图 2-4-15 纳米晶纯金属、合金及化合物的硬度与晶粒尺寸的关系

(a) 纯金属;(b) 合金及化合物

(1) 正 Hall-Petch 关系($k>0$):对于蒸发凝聚、原位加压纳米 TiO_2,用机械合金化(高能球磨)制备的纳

米 Fe 和 Nb_3Sn_2，用金属 Al 水解法制备的 γ-Al_2O_3 和 α-Al_2O_3 纳米结构材料，进行维氏硬度试验，结果表明，它们均服从正 Hall-Petch 关系。

(2) 反 Hall-Petch 关系($k<0$)：这种关系在常规多晶材料中从未出现过，但对许多纳米材料都观察到这种反 Hall-Petch 关系，即硬度随纳米晶粒尺寸的减小而降低。例如，用蒸发凝聚原位加压制备的纳米 Pd 晶体以及非晶晶化法制备的 Ni-P 纳米晶都属于此类。

(3) 正-反混合 Hall-Petch 关系：即不是单调关系，而是存在一个拐点(临界晶粒直径 d_c)，当 $d>d_c$ 时，呈正 Hall-Petch 关系($k>0$)；当 $d<d_c$ 时，呈反 Hall-Petch 关系($k<0$)。如蒸发凝聚原位加压制成的纳米晶 Cu 和非晶晶化法制备的 Ni-P 纳米晶即属于此类。

对于纳米结构材料，上述现象的解释已不能依赖于传统的位错理论，它与常规多晶材料之间的差别关键在于界面占有相当大的体积分数，并且晶粒小到很难容纳大量位错，甚至无位错。因此，纳米晶材料性能的关键在于界面的作用，由于问题的特殊性，目前提出的模型都不够成熟，尚未形成比较系统的理论。

2.4.3.3 塑性和超塑性

对于传统金属材料，细化晶粒不仅能提高强度，还能提高塑性和韧性。然而许多试验表明，纳米晶体材料的塑性都比较低，并且随晶粒尺寸减小，伸长率明显降低。当晶粒尺寸小于 30nm 时，大多数材料的伸长率均小于 3%。进一步研究发现，纳米材料塑性的降低，与试样中的孔隙、杂质等有关。烧制的纳米铜(晶粒尺寸小于 25nm)的伸长率就低于 10%，而界面洁净、高致密纳米铜(晶粒尺寸为 30nm)的伸长率大于 30%。这充分说明缺陷、致密度等对纳米晶材料的室温塑性有很大影响，这一点在纳米陶瓷材料中表现得更为明显。

通常在恒定温度下，细化晶粒可以使超塑性在更高的应变速率下出现，同样在恒定应变速率下，可以在更低的温度下出现超塑性。对于细晶材料，晶界滑动是超塑性的主要变形机理。根据晶粒尺寸与超塑性变形的关系，可以预期纳米晶材料低温超塑性。研究结果表明，与相同成分的微晶相合金相比，纳米晶出现超塑性的温度大幅度降低：钛合金降低了 200℃，纯镍降低了 400℃，铝合金降低了 200℃。利用电解沉积技术制备的无空隙 30nm 铜块试样，在室温轧制，获得了高达 5 100%的伸长率，且在超塑性拉伸过程中，试样未表现出加工硬化现象，这意味着变形过程由晶界行为主导。

本章小结

本章讨论了材料的变形，包括变形的宏观表征、微观机制的一些基本原理以及不同类型材料的变形行为。

固体材料的变形大致可分为弹性变形、塑性变形、黏性变形、黏弹性变形、黏塑性变形等，其中前两种是最基本的，变形基本与时间无关，后几种变形都与时间相关。

弹性变形是可回复的变形，根据回复的驱动力又可分为能弹性和熵弹性两大类。晶体材料(金属、陶瓷)为能弹性变形，玻璃态固体及玻璃态聚合物在变形初期也发生能弹性变形。此时，弹性变形宏观行为可由胡克定律描述，应力与应变成正比关系且与时间无关，其比例系数称为弹性模量，它表征了弹性变形的难易程度，因而又称为材料的刚度，它是结构设计的重要参数。能弹性变形可实现的变形量较小，但弹性模量较高。弹性模量主要取决于键合力的大小，与晶体结构、组织类型、晶粒大小等基本无关。相比较而言，由共价键和离子键混合组成的陶瓷材料弹性模量最高，由金属键组成的金属及合金材料弹性模量次之，而高分子材料的弹性模量最低。天然橡胶或线性非晶态聚合物的高弹态(温度高于玻璃化温度)的弹性变形本质为熵弹性，其基本特点与能弹性刚好相反。当然，对于实际材料，经常会发生偏离理想弹性的情况，包括滞后弹性、伪弹性、包辛格效应、内耗等。

黏弹性变形是黏性变形和弹性变形的混合变形，主要发生在高分子聚合物中，有较明显的力学松弛现象,包括蠕变、应力松弛、速率效应以及力学损耗。宏观上可由符合牛顿流动定律的黏性元件(活塞)及符合胡克定律的弹性元件(弹簧)进行不同形式的组合来描述。

塑性变形是不可回复的变形。常温下晶态固体的塑性变形主要由晶体的滑移和孪生来实现,其中滑移是最主要的机制。滑移是晶体在切应力作用下沿特定晶面(滑移面)和特定晶向(滑移方向)发生两部分相互错动的现象,滑移过程中晶体的错动不是整体进行的,而是借助于位错的运动逐步实现的。因此,位错运动的难易决定了塑性变形性能。陶瓷晶体由于是由离子键和共价键混合组成的,键合方向性强,滑移的几何(静电)条件不易满足,加上陶瓷组织中微裂纹、气孔、非晶相较多,塑性极差,在断裂前基本不发生塑性变形。金属晶体由金属键组成,单个位错运动的阻力很小,塑性变形较容易。但是,设置位错运动的障碍可大大提高塑性变形抗力,例如冷变形产生大量位错的交割、钉扎,阻碍位错运动;细化晶粒增加晶界对位错运动的障碍;添加合金元素造成固溶原子或第二相对位错运动的障碍等,都是金属材料强化的基本原则和生产上常用的方法。金属材料塑性变形的一个重要特点是应变硬化,在单向拉伸时,应变硬化阶段的应力-应变关系可由 Hollomon 方程描述,其中应变硬化指数 n 表征了材料应变硬化能力。但应注意,塑性变形阶段的应力与应变关系不是唯一、确定的,与具体的加载路径(历史)有关,这是与弹性变形不同的重要之处。某些金属材料在进行大量均匀塑性变形前,还可能出现载荷(应力)降落的屈服现象,这与施加载荷的速率以及结构中位错的动力学特性有关。高分子材料的塑性变形主要借助分子链取向、银纹化、晶区碎化等微观过程实现,并且在分子链取向的同时也可能发生应变硬化。

名词及术语

胡克定律	杨氏模量	能弹性	熵弹性
比模量	弹性模量温度系数	动态模量	橡胶弹性
滞弹性	伪弹性	包辛格效应	内耗
阻尼	循环韧性	黏弹性	Newton 流动定律
Bingham 流动	假塑性流动	切变增稠流动	力学松弛
时温等效原理	滑移	孪生	滑移系
临界分切应力	Schmit 因子	非均匀屈服	吕德斯带
Cottrell 气团	应变时效	P-N 力	Hollomon 关系
应变硬化	应变硬化指数	加工硬化	晶界强化
玻璃态	高弹态	黏流态	

思考题及习题

1. 计算氯化钠和镍在〈100〉和〈111〉方向的杨氏模量,并比较这两种材料的弹性各向异性。

2. 现有 45 钢和 35CrMo 铸钢和灰口铸铁,应选用哪种材料制造机床床身?请给出选择的理由。

3. 两种非晶态聚合物 A 和 B 的相对分子质量相同但玻璃化转变温度不同,它们的弹性模量相比如何?

4. 绘出示意图表示弹性和黏弹性材料中的应变发展。假设载荷从 $t=0$ 开始作用,t 时卸载。

5. 绘出延性聚合物、延性金属、陶瓷、玻璃和天然橡胶的名义应力-名义应变的定性曲线。

6. 解释分解切应力与临界分解切应力的不同。

7. 考虑一个面心立方晶体材料,分别受到平行与<001>,<011>,<111>方向的拉伸应力。各种情况下,分别有多少个初始滑移系统?

8. 一铝单晶被用于抗拉试验,其滑移面法线与拉伸轴的夹角为 28.1°。有 3 个可能的滑移方向与相同的拉伸轴夹角分别是 62.4°、72.0°和 81.1°。

(1) 3 个滑移方向中哪一个最有利?

(2) 如果塑性形变开始于 1.95MPa 的拉应力,确定铝的临界分解切应力。

9. 如果已知某材料的真应力-真应变行为符合 Hollomon 方程,即 $S=Ke^n$,试求出此材料的抗拉强度。

10. 晶体材料塑性变形时,试验观察到材料的体积保持恒定;与此相反,弹性变形时材料的体积增大。从物理图像解释这个效应。

11. 根据体积保持恒定的结论,证明塑性变形时的泊松比为 0.5。

12. 铜发生塑性变形时的应力-应变关系可用方程 $\sigma=310\varepsilon^{0.5}$ MPa 来描述。同样,一种特殊钢可用 $\sigma=310\varepsilon^{0.3}$ MPa 进行描述。试计算这两种材料应变达到 0.01 各自所需的能量。

13. 请在一张图中画出下列金属材料拉伸的应力-应变曲线,并从强化机制的角度简要说明这些材料应力-应变曲线的特点和差异:①铝单晶体;②镁单晶体;③工业纯铁;④T8 钢;⑤过共晶白口铸铁。

14. 假设你手头现有两种金属材料,分别是 45 钢和 Ti-6Al-4V 合金,请问你能分别采取什么样的工艺方法来提高它们的强度?其强化方法的本质是什么?

15. 一般来说,位错被钉扎后其平均间距为 $L=1/\sqrt{\rho}$,ρ 为位错密度。如要位错继续运动,就必须进一步施加外力,以激活被钉扎的位错源(F-R 源)使其重新开动,而激活 F-R 源所需的应力为 $\tau=2Gb/L$。现假设对一铜单晶体沿[001]方向进行单向拉伸,试问当施加的拉应力达到 28MN/m² 时,此铜单晶体中的位错密度为多少?($G=4.1\times10^{10}\,\mathrm{N/m^2}$,$b=0.256$nm)

16. 退火纯铁晶粒大小为 16 个/mm² 时,测得 $\sigma_s=100$MPa,而当晶粒大小为 4 096 个/mm² 时,测得 $\sigma_s=250$MPa,试求晶粒大小为 256 个/mm² 时的 σ_s 值。

17. 平均晶粒直径为 5×10^{-2} mm 的铁的下屈服点为 135MPa,当晶粒直径为 8×10^{-3} mm 时,屈服点增到 260MPa。试问当晶粒直径为多少时,下屈服点为 205MPa?

18. 用你自己的话语描述半结晶聚合物下列的机理:①弹性形变;②塑性形变;③高弹体的弹性形变。

19. 在二氧化硅玻璃中添加 Na_2O 能降低 T_g 并增大黏弹应变。这种黏弹形变有些是在玻璃网络空洞中 Na 离子的应力-协助移动的结果。描述温度和作用应力的频率将如何影响这种黏弹应变。这种黏弹性与由间隙碳原子的应力-协助移动而引起 bcc 铁合金的滞弹性之间的相同点和不同点是什么?

3　材料的断裂

材料的断裂

断裂是固体材料在力的作用下分成两部分或若干部分的现象，是最彻底的失效形式。一般机器零件的断裂将造成经济损失，而大型工程结构或部件，如建筑物、机车构件、轮船、大桥、储气球罐、核电站的高压容器和锅炉等，它们发生断裂除造成经济损失外，还常引起重大人员伤亡事故，世界上这样的事故和惨痛教训不胜枚举。因此，研究断裂的规律和机理是力学和材料工作者的一项长期而又艰巨的任务，不仅具有科学意义，还具有极其重要的现实意义。

本章简要介绍断裂的基本知识，包括断裂的宏观规律、微观机理、影响因素以及反映断裂特征的抗力指标和试验方法，最后简要讨论材料增韧，防止脆性断裂的原理和实现方法。

3.1　断裂概述

3.1.1　断裂类型 ▶

断裂可以从很多角度分类，各有其优缺点。表 3-1-1 汇总了断裂的分类方法、名称以及基本特征。

按断裂前塑性变形量的大小分为韧性断裂和脆性断裂。这种分类方法从宏观角度入手，在工程上是最常用的，其好处是直观明了，反映了人们对一个材料韧、脆性的总体评价。譬如，当使用一种韧性材料时，人们往往比较放心；而使用脆性材料时就小心得多，不仅在强度设计时要将经典强度理论和断裂力学准则结合使用，在材料服役过程中还必须经常（定期）检查。但是，如此的韧、脆划分也有不足。首先，并没有一个统一的韧、脆性评判标准。究竟伸长率（或断面收缩率）达到多少才能算韧性断裂并未获得一致认同；其次，材料的韧、脆性与试验条件（如加载方式、试样类型、试样大小）及环境（如温度高低、环境介质腐蚀性强弱）等诸多因素有关。一个常温、静态、小试样条件下发生韧性断裂的材料，在或低温、或高速加载、或交变加载、或大尺寸条件下很有可能发生脆性断裂。也就是说，一个所谓的韧性材料（通常是在室温、静载条件下评定的）并不能保证在使用过程中一定发生韧性断裂，对这一点认识不清往往会造成可怕的后果。

按宏观断面取向分为正断和切断。这种分类方法对进行宏观断口分析很有用处，特别是正断通常反映断裂处于平面应变状态，而切断反映断裂处于平面应力状态。因此，根据宏观断口的断裂方式可以推知原加载方式和受力情况，并可以间接得知材料在哪方面的抵抗能力不足，以便采取改变这种不足的措施。

按断裂时裂纹扩展的路径分为沿晶断裂和穿晶断裂。多晶体材料断裂时裂纹扩展的路径可能是不同的：当裂纹穿过晶内而扩展时为穿晶断裂；当裂纹是沿晶界扩展时则为沿晶断裂。从宏观上看，穿晶断裂可以是韧性断裂，也可以是脆性断裂，如常用金属材料在室温下发生韧性穿晶断裂，而在低温下则发生脆性穿晶断裂；沿晶断裂则也可以是韧性断裂或脆性断裂，例如金属材料在高温下常发生沿晶蠕变断裂，宏观上看是韧性的，但在室温下的沿晶断裂一般都是脆性断裂，它是各种因素造成晶界弱化而导致的。

按断裂的机制分为解理断裂、微孔聚集断裂和纯剪切断裂。这种分类方法是从微观角度入手，便于直接了解断裂过程和起因，对失效分析很有帮助。纯剪切断裂是材料在切应力作用下沿滑移面分离而断裂，纯金属尤其是单晶体金属常发生这种断裂，其断口呈锋利的楔形或刀尖形，是充分发挥塑性的韧性断裂，但实际工程材料中很少见；微孔聚集断裂是通过微孔形核、长大、聚合而导致的断裂，属于比较典型的韧性断裂，常用金属材料在室温下多发生此类断裂；解理断裂是材料在拉应力作用下，以极快速度沿一定晶体学平面产生分离而导致的断裂，由于类似于大理石断裂，故取名解理断裂，属于典型的脆性断裂，多发生于陶瓷、玻璃以及低温下的某些金属中。

表 3-1-1 断裂分类及特征

分类方法	断裂名称	断裂示意图	断裂特征
按断前变形量	脆性断裂 brittle fracture		断裂前无明显塑性变形，断口光亮呈结晶状
	延(韧)性断裂 ductile fracture		断裂前有明显塑性变形，断口灰暗呈纤维状
按断裂面取向	正断 orthogonal fracture		宏观断面垂直于最大正应力
	切断 shear fracture		宏观断面平行于最大切应力
按裂纹扩展路径	穿晶断裂 transgranular fracture		裂纹在晶粒内部扩展
	沿晶断裂 intergranular fracture		裂纹沿晶粒边界扩展
按断裂机制	解理断裂 cleavage fracture		属脆性穿晶断裂，断裂面沿解理面分离
	微孔聚合断裂 microvoid coalescence fracture		沿晶界微孔聚合导致沿晶韧性断裂 晶粒内微孔聚合导致穿晶韧性断裂
	纯剪切断裂 pure shear fracture		在单晶体中，断裂面沿滑移面分离 在多晶体和高纯金属中，断裂由缩颈引起

3.1.2 断裂强度 ▶

材料的断裂强度可以从理论断裂强度和实际断裂强度两个方面分析。理论断裂强度是指用理论计算的方法得到的同时拉开断裂面上下原子键合所需的平均应力，表征了完整晶体的理论内聚强度。实际断裂强度是指材料实际断裂时的平均名义应力，它与理论断裂强度有较大差异。

在工程上，一般提到断裂强度都是针对脆性断裂，因为发生脆性断裂时的应力甚至低于屈服强度。而对于韧性断裂，更关心的是屈服强度和抗拉强度。

3.1.2.1 理论断裂强度

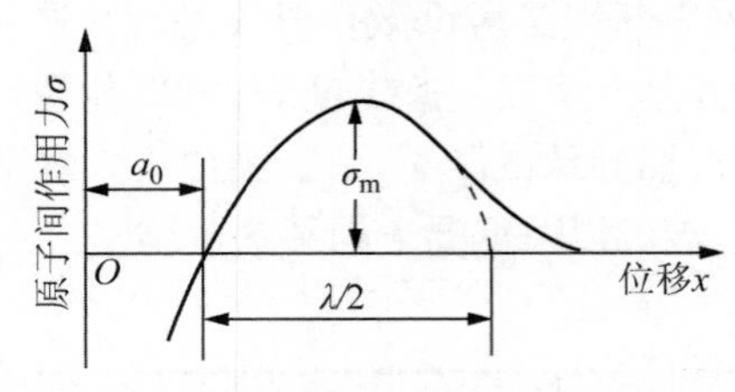

图 3-1-1 原子间交互作用力随原子间距离变化的示意图

根据图 3-1-1 所示的双原子键合力与原子间相对位移的关系模型可以近似计算理论断裂强度。

假设晶体为理想完整晶体，在不受力时原子间平衡间距为 a_0。当施加拉应力 σ 后，原子间沿应力方向的相对位移为 x，而原子间结合力随 x 的增加是先增大后降低的，存在一个峰值 σ_m，此值代表晶体在弹性状态下的最大结合力，此即拉断原子键合所需的应力——理论断裂强度。若设原子间结合力随原子间距离变化近似为正弦曲线，则有

$$\sigma = \sigma_m \sin\frac{2\pi x}{\lambda} \tag{3-1-1}$$

式中，λ 为正弦曲线波长；如果原子间位移 x 很小，则 $\sin\frac{2\pi x}{\lambda} \approx \frac{2\pi x}{\lambda}$，于是

$$\sigma = \sigma_m \frac{2\pi x}{\lambda} \tag{3-1-2}$$

在小位移情况下，胡克定律也适用，有

$$\sigma = E\varepsilon = \frac{Ex}{a_0} \tag{3-1-3}$$

合并式(3-1-2)和式(3-1-3)并消去 x，得

$$\sigma_m = \frac{\lambda}{2\pi}\frac{E}{a_0} \tag{3-1-4}$$

另一方面，晶体脆性断裂时所消耗的功用来供给形成两个新表面所需的表面能。设单位面积表面能(比表面能)为 γ_s，则断裂时形成两个单位表面外力所做的功等于 σ-x 曲线下所包围的面积，即

$$\int_0^{\frac{\lambda}{2}} \sigma_m \sin\frac{2\pi x}{\lambda}\mathrm{d}x = 2\gamma_s \tag{3-1-5}$$

由此解得

$$\lambda = \frac{2\pi\gamma_s}{\sigma_m} \tag{3-1-6}$$

将式(3-1-6)代入式(3-1-4)得

$$\sigma_m = \left(\frac{E\gamma_s}{a_0}\right)^{\frac{1}{2}} \tag{3-1-7}$$

由式(3-1-7)可见，固体的理论断裂强度可以用 3 个简单的基本参量 E、γ_s 和 a_0 来表征。以钢为例，取典型值 $E=2.0\times10^5$ MPa，$a_0=3.0\times10^{-8}$ cm，$\gamma_s=1.0$ J/m^2，计算得到理论断裂强度 σ_m 约为 2.5×10^4 MPa，即 $\sigma_m\approx E/8$。这是力-位移曲线按正弦关系近似得到的结果，如果

按其他更复杂的近似,则估算出的σ_m将在$E/4 \sim E/15$之间变动,一般取$\sigma_m \approx E/10$。这是一个很大的值,在实际材料中,除了很小的、无缺陷的金属晶须和极细直径的硅纤维可近似接近这一理论值外,目前还没有任何实用材料可以达到这样的水平。即使以目前所谓的高强度钢来说,断裂抗力能达到2 000MPa以上的也为数不多,但与σ_m比较,尚相差10倍,只相当于$E/100$。

3.1.2.2 实际断裂强度

材料实际强度远远低于理论强度的原因在于两点:第一,大多数材料都在较低的应力水平上首先发生塑性变形,最后因这种不可逆损伤的积累而破坏,塑性较好的金属材料就是这种情况;第二,材料本身并非没有毛病,它们多多少少存在材料缺陷(例如气孔、微裂纹、渣粒、夹杂、脆性颗粒)和加工缺陷(擦伤、凿伤、电弧灼伤、焊不透、加工伤痕),这些缺陷将在较低的应力水平上发展为裂纹并长大,最终导致断裂。

1921年,英国科学家A. A. Griffith分析了玻璃、陶瓷等脆性材料理论断裂强度与实际断裂强度存在巨大差异的原因,并采用能量分析法得到了表征脆性材料实际断裂强度与结构参数关系的方程,即著名的Griffith方程。他的基本观点有两个:第一,实际材料中已经存在裂纹;第二,裂纹的存在将导致系统弹性能的释放(降低)和自由表面能的增加,如果弹性能降低足以满足表面能增加的需要时,裂纹就会失稳扩展引起脆性断裂。

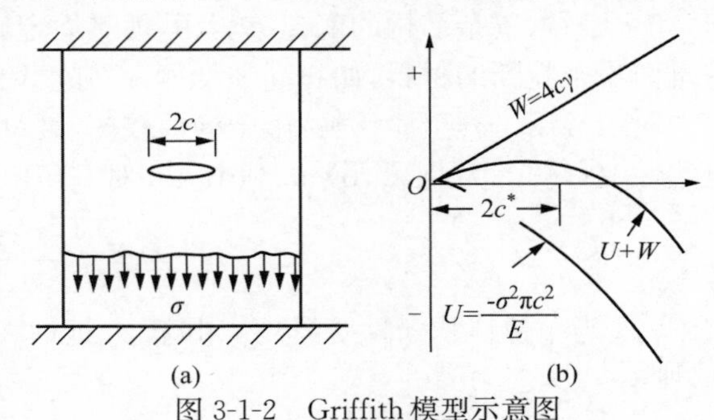

图 3-1-2 Griffith模型示意图

(a) Griffith裂纹;(b) 裂纹扩展时的能量变化

Griffith分析模型如图3-1-2所示。设有一单位厚度而宽度很大的平板,其上受到均匀拉伸应力σ的作用,使其发生弹性伸长(储存弹性应变能),随即将板上、下两端固定以隔绝与外界的能量交换,使其成为一隔离系统。如果此时在这块板中心切割出一个垂直于应力而长度为$2c$的前后表面穿透裂纹[见图3-1-2(a)],则板内原先储存的弹性能将释放一部分出来。根据弹性理论计算,此时释放出来的弹性能U为

$$U = -\frac{\sigma^2 \pi c^2}{E} \tag{3-1-8}$$

式中,E为板的弹性模量;负号表示此隔离系统能量减少。

另一方面,割开裂纹时形成了两个新表面,从而增加了系统的表面能。令γ为单位面积表面能,则长度为$2c$宽度为1的裂纹表面能为

$$W = 2 \times (2c \times 1) \times \gamma = 4c\gamma \tag{3-1-9}$$

裂纹尺寸变化时,平板中总能量变化为

$$U + W = -\frac{\sigma^2 \pi c^2}{E} + 4c\gamma \tag{3-1-10}$$

各部分能量和总能量随裂纹尺寸长度变化的趋势如图3-1-2(b)所示,可见总能量并非单调变化,而是存在一个临界尺寸$2c^*$使总能量达到峰值。当裂纹增长超过$2c^*$后,裂纹扩展将使总能量降低,即裂纹会自发(失稳)扩展,因此裂纹失稳扩展的能量条件是

$$\frac{\partial U}{\partial c} + \frac{\partial W}{\partial c} = -\frac{2\pi\sigma^2 c}{E} + 4\gamma = 0 \tag{3-1-11}$$

由此解得裂纹失稳扩展开始时的名义应力(即实际断裂强度)σ_c 为

$$\sigma_c=\sqrt{\frac{2E\gamma}{\pi c}} \tag{3-1-12}$$

此即 Griffith 方程。将此式与理论断裂强度 σ_m 计算式(3-1-7)相比,两者在形式上相似,只是前者用 $\pi c/2$ 代替了后者的 a_0。作为数量级估算,$a_0\approx10^{-8}$cm,若取 $c=10^{-2}$cm,则 $\sigma_c\approx10^{-4}\sigma_m$。由此可见,裂纹的存在会显著地降低断裂强度。

Griffith 的分析方法只依靠能量平衡原理,并未涉及裂纹尖端附近区域的应力集中问题。实际上对韧性很好的材料,如金属,裂纹尖端的应力集中一旦超过屈服强度,将会借微区塑性变形而使裂尖局部应力松弛下来,从而增加裂纹扩展的阻力。换从能量角度来考虑,裂纹扩展时弹性能的释放除了供给表面能增加以外,还需要供给塑性变形功。Griffith 模型并未考虑这一点,因此 Griffith 方程只适用于脆性材料,即裂纹前缘的塑性变形可以忽略不计的情况:①没有滑移面的非晶体材料,如玻璃;②结构的各向异性大,沿密排面的拉断远比沿其他晶面滑移容易的材料,如石墨、锌、层状结构的硅酸盐等;③位错运动的晶格阻力大,易于脆断的材料,如金刚石、复杂结构的陶瓷、钨及其他难熔金属;④由于组织细化、第二相等原因,位错运动困难而易于脆断的材料,如超高强度钢、高强度铝合金等。

对于常用工程金属材料,由于韧性较好,裂纹尖端产生较大塑性变形,裂纹扩展要消耗大量塑性变形功。为此,Orowan 和 Irwin 对 Griffith 方程进行了修正,即

$$\sigma_c=\sqrt{\frac{E(2\gamma+\gamma_p)}{\pi c}} \tag{3-1-13}$$

式中,γ_p 为单位体积塑性变形功。由于 γ_p 远远大于 γ(至少相差 1000 倍),即可以忽略表面能项,则有

$$\sigma_c=\sqrt{\frac{E\gamma_p}{\pi c}} \tag{3-1-14}$$

此式只能用于理论分析,而不能像 Griffith 方程那样进行实际计算。因为 Griffith 方程中的 γ 是与裂纹长度 c 无关的,而 γ_p 则与 c 有关,且不是线性关系,一般裂纹愈长,γ_p 愈大。但无论如何,由于裂纹尖端的塑性松弛,切断原子间结合力得不到足够的应力,致使裂纹扩展变慢,最终的断裂应力就比纯弹性体的脆性断裂应力高。

3.1.3 宏观断口

试样或构件断裂后形成的断面称为断口。断口上详细记录了断裂过程中内外因素变化所留下的痕迹与特征,是分析断裂过程和机理的重要依据。因此,断口分析是失效分析中的一个极其重要的手段。

宏观断口是指用肉眼目视、放大镜或低倍光学显微镜观察断裂面所得到的图像。脆性断裂和韧性断裂的宏观断口特征有很大差异。图 3-1-3 为一种低碳钢在低温下发生解理断裂的宏观断口,其宏观断裂面垂直于拉应力且非常光滑平整,显示断裂前几乎无宏观塑性变形。由于各个晶粒的解理面对光的反射,使得断口比较光亮。如果是沿晶脆性断裂,宏观断裂面仍然平整,但比解理断口略微灰暗一些。

图 3-1-4 为铝圆棒试样的拉伸断口,有明显的颈缩,断裂前有大量的塑性变形,故属于韧性断口。由于其上、下断口分别成杯状和锥状,所以合称为杯锥状断口,这是大多数工程金属

图 3-1-3　低碳钢光滑圆棒拉伸试样的低温脆性断裂断口　　图 3-1-4　铝光滑圆棒拉伸试样的杯锥状断口

材料在常温下断裂的情况。杯锥状断口上分 3 个典型的区域：纤维区、放射区和剪切唇，此即典型的断口三要素，如图 3-1-5 所示。

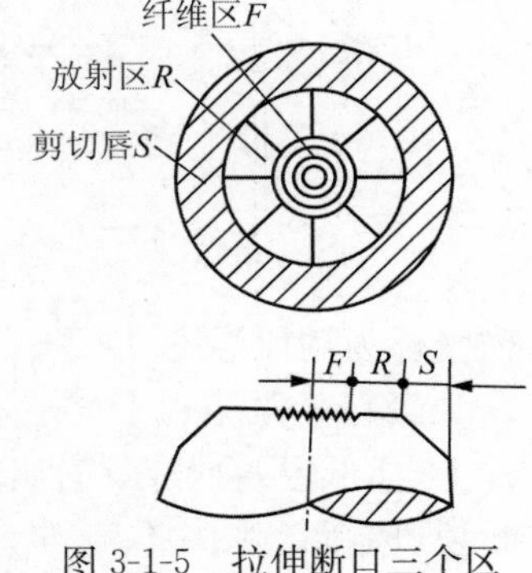

图 3-1-5　拉伸断口三个区域的示意图

(1) 纤维区：该区一般位于断口的中央，是材料处于平面应变状态下发生的断裂，呈粗糙的纤维状。纤维区的宏观平面与拉力轴垂直，是断裂的起始区。在外力作用下颈缩开始后，此区内的微空洞长大、聚合形成微裂纹，其端部产生较大的塑性变形，且集中于极窄的高变形带内。这些剪切变形带从宏观上看大致与横向呈 50°～60°角。新的微孔就在变形带内成核、长大和聚合，当其与裂纹连接时，裂纹便向前扩展了一段距离。这样的过程重复进行就形成了锯齿形的纤维区。

(2) 放射区：该区紧接着纤维区，是裂纹由缓慢扩展转化为快速不稳定扩展的标志，其特征是放射花样。放射线发散的方向为裂纹扩展方向。放射花样也是由剪切变形造成的，不过它与纤维区的剪切断裂不同，是在裂纹达到临界尺寸后快速低能量撕裂的结果。这时材料的宏观塑性变形量很小，表现为脆性断裂。但在微观局部区域，仍有很大的塑性变形。

(3) 剪切唇：该区出现在断裂过程的最后阶段，表面较光滑，与拉力方向呈 45°角。在剪切唇区域内，裂纹也是快速扩展，按断裂力学观点，此时裂纹是在平面应力状态下发生失稳扩展，材料的塑性变形量很大，属于韧性断裂区。

上述断口三区域的形态、大小和相对位置，会因试样形状、尺寸和金属材料的性能，以及试验温度、加载速率和受力状态不同而变化。一般说来，材料强度提高、塑性降低，则放射区比例增大；试样尺寸加大，放射区增大明显，而纤维区变化不大；试样表面存在缺口，不仅改变各区所占比例，裂纹形核位置还会在表面缺口处产生。

3.1.4　断裂机制图

同一种材料在不同条件下，断裂所伴随的塑性变形量不同，断裂机制也可能改变。影响断裂机制的因素很多，其中较重要的有温度和应力(包括加载速率)。以断裂图形式表示给定材料在特定条件下支配材料的断裂机制，对于材料科学工作者和从事设计的工程技术人员很有益处。

断裂机制图是以大量光滑圆柱试样在不同应力、不同温度条件下拉伸至断裂的试验结果绘制的。温度、应力对断裂的影响随材料结构不同而异，图 3-1-6 给出了 3 种典型结构金属的断裂机制图，图中纵坐标轴为用杨氏模量归一化的拉伸应力，其最高值为理论断裂强度 1/10；

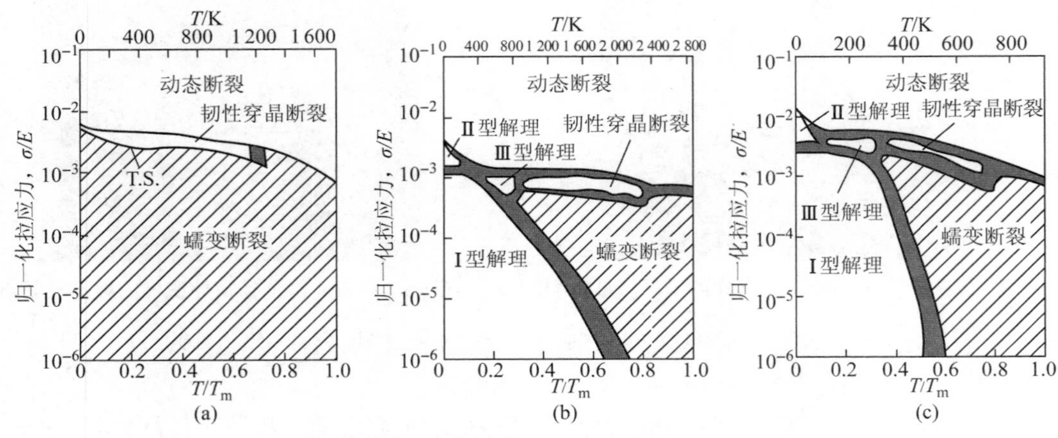

图 3-1-6　3 种典型结构金属的断裂机制图

(a) 镍;(b) 钼;(c) 镁

横坐标为约比温度 T/T_m。

面心立方(fcc)金属从本质上来说是韧性的。它们中只有两种金属，即 Ir 和 Rh，在一定条件下(如低温)会显示脆性，其余 fcc 金属均发生韧性断裂。图 3-1-6(a)为典型 fcc 金属 Ni 的断裂机制图。图中仅存在 3 个区域：最高的为动态断裂区，是在很高应变速率(加载速率)下发生的断裂，其断裂应力很高。有关动态断裂的问题将在第 5 章中介绍。最底部的阴影区为蠕变断裂区，属于延缩型破断蠕变断裂，相关内容也留至第 5 章介绍，本节仅讨论低温断裂。Ni 的低温断裂只有一种形式，即穿晶韧性断裂，这种情况也适合于除 Ir 和 Rh 的其他 fcc 金属。发生穿晶韧性断裂的应力从拉伸强度约($10^{-2}\sim10^{-3}$)E 直到动态断裂应力，约比温度区间为 0～0.7，超过此温度发生蠕变断裂。

体心立方(bcc)金属具有脆性断裂的倾向，这起因于它们的屈服强度与温度强烈相关。图 3-1-6(b)所示的为典型 bcc 金属 Mo 的断裂机制图，发生韧性断裂的温度要高于 $0.3T_m$；而在较低温度下，存在脆性断裂的 3 种模式：模式Ⅰ为Ⅰ型解理，发生在低温、有预裂纹的情况，Ⅰ型解理裂纹扩展应力低于屈服应力，尽管整体无屈服，但预裂纹尖端处仍有局部塑性变形；模式Ⅱ为Ⅱ型解理，发生在低温、较纯净材料中，解理断裂应力接近或高于屈服应力，一般伴随有局部屈服；模式Ⅲ为Ⅲ型解理，随温度升高，屈服应力下降，在材料全面屈服后发生的解理。断裂前塑性应变往往在 1%～10%。此外应注意到，bcc 金属断裂机制图上的总体应力水平要高于 fcc 金属，这说明 bcc 金属在本质上具有比 fcc 金属更高的塑性流变抗力和断裂抗力。

典型 hcp 金属 Mg[见图 3-1-6(c)]在低温区也存在 3 种脆性断裂模式，发生这 3 种模式断裂所需的应力比 bcc 金属略高，其低温断裂在某种程度上类似于陶瓷。它的断裂机制图与陶瓷也有些相似，特别是其模式Ⅱ断裂是由局部滑移引发的，因为 hcp 金属在低温下的滑移系很少。在高温下，许多滑移系被激活，故其高温断裂则与 fcc 金属很相似。

图 3-1-7 给出了两种结构陶瓷的断裂机制图。难熔氧化物如 MgO 和 Al_2O_3 是潜在的高温结构材料，因为它们的离子键-共价键(极性键)结合提供了本质上更高的流变/断裂抗力，此外，它们在高温氧化环境中也是化学稳定的。这一点与普通金属不同，后者在高温下使用时，必须采用涂层来保护。图 3-1-7(a)为 Al_2O_3 的断裂机制图，同预料的一样，高的强度导致其韧

性断裂倾向大大减小，甚至于无韧性断裂倾向。在拉伸时能观察到略显塑性的最低温度约在 $0.5T_m$，即使在此温度，也是发生模式Ⅲ的沿晶断裂。可见，高熔点氧化物比起金属、碱卤化物强度更高，但也更脆。因此，关于此类材料的增韧已成为研究热点。

碳化硅（SiC）和氮化硅（Si_3N_4）是典型的共价键固体，它们具有更高的强度，但脆性也很大，这些特性也反映在如图 3-1-7(b)所示的 Si_3N_4 断裂机制图中。相比于难熔氧化物，共价键固体在高温结构中的应用更具吸引力。这是因为后者的蠕变速率相对更低。

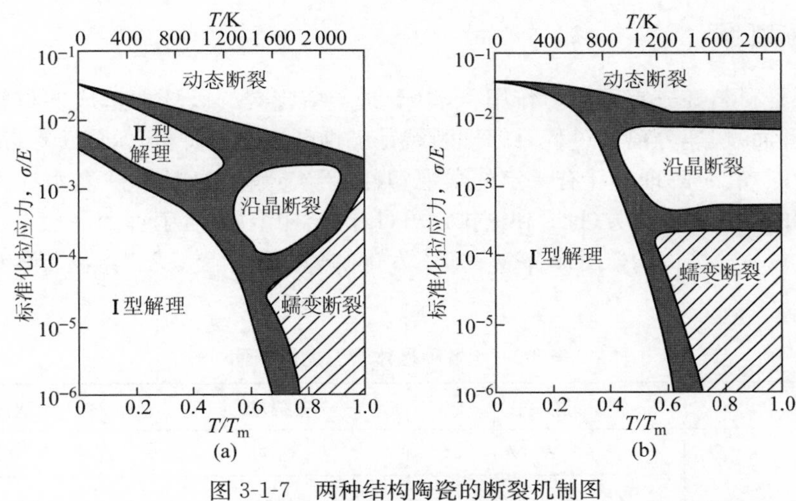

图 3-1-7　两种结构陶瓷的断裂机制图

(a) Al_2O_3；(b) Si_3N_4

关于断裂机制图，还有几点需要说明：首先，断裂机制图与同一种材料的变形机制图很相似。例如，导致蠕变变形的应力-温度组合将导致蠕变断裂，导致宏观塑性流动（基本与时间无关）的应力-温度组合将导致韧性断裂；其次，断裂机制图上的各区域只是提供了可能发生的断裂形式，但并不能保证会发生实际意义的断裂。因为断裂机制图并没有涉及时间因素。例如，如图 3-1-6(a)所示的那样，在较低应力水平时，Ni 的“蠕变”断裂温度区间甚至可降低到 0K 附近。这是因为，这种低的应力水平尚不足以引起与时间无关的塑性变形，但在理论上却可引起蠕变变形，所以断裂机制图预测为蠕变断裂。然而，在如此低温下的蠕变速率微不足道，毫无工程意义，也就是说，在有工程意义的使用寿命内是根本不会发生断裂的；再其次，如果断裂机制图中存在模式Ⅰ断裂区，这意味着如果材料存在预裂纹，将一定在该应力-温度组合区发生模式Ⅰ断裂，如果不存在预裂纹或预裂纹尺寸足够小，则不发生模式Ⅰ断裂；最后，断裂机制图是对成分、晶粒大小、组织结构敏感的，因为这些因素将影响材料的屈服强度、韧性，因而必然会影响断裂机制图。

3.2　断裂过程及机制

断裂一般包括**裂纹萌生**（crack initiation）和**裂纹扩展**（crack propagating）两个基本过程。裂纹萌生是指在力的作用下，在材料内部某些薄弱区域产生不连续的微小裂纹，作为随后发展为能引起断裂的主裂纹的核心。裂纹扩展是指已形核或原先存在的裂纹在力的作用下扩张、长大的过程。根据材料的韧脆性、构件的大小以及受载条件不同，裂纹扩展又可能分为两个阶段:第一阶段是裂纹核心扩展到临界尺寸,这一阶段的扩展速度较缓慢,称为稳态扩展或亚临界扩展;第二阶段是已扩展到临界尺寸的裂纹发生快速的扩展,引起最终断裂。这一阶段裂纹扩展速度极快,故称为失稳扩展。一般来说,如果材料脆性较大,或构件尺寸较大,或加载速率较高,稳态扩展阶段会较短,甚至没有就直接发生失稳扩展;如果材料韧性较好,或承受疲劳载荷,或在轻微腐蚀性环境中长期承受低应力,则会存在较长的裂纹稳态扩展阶段。本节以金属材料为主,简单介绍几种最典型断裂的过程及微观机制。

3.2.1 解理断裂 ▶

解理断裂是材料在一定正应力作用下,由于原子结合键的破坏而造成的材料沿特定晶体学平面(即解理面)快速分离的过程。解理断裂是脆性断裂的一种机理,属于穿晶脆性断裂,但并不等同于脆断,有时解理会伴有一定的微观塑性变形。解理断裂一般发生在陶瓷材料和低温环境下使用的某些体心立方(bcc)和密排六方(hcp)结构金属中,解理面一般是表面能最小的晶面。面心立方(fcc)结构的金属及合金一般不发生解理断裂。表 3-2-1 给出了各种晶体常见的解理面。

表 3-2-1 各种晶体常见的解理面

晶 体	材 料	主解理面	次解理面
体心立方	Fe、W、Mn	{100}	{110}
密排六方	Zn、Mg、Cd、α-Ti	{0001}	$\{11\bar{2}4\}$
金刚石型晶体	Si	{111}	
离子晶体	NaCl、LiF	{100}	{110}

3.2.1.1 解理裂纹形核

对于结晶良好的金属,特别是小体积金属,正常情况下不存在微裂纹,故必须考虑裂纹萌生问题。目前,关于金属材料解理裂纹萌生理论都有一个共同的出发点:在材料内部存在强障碍,阻止位错滑移,造成不均匀塑性变形,从而导致高应力集中并诱发微裂纹形核。图 3-2-1 为 3 种解理裂纹形核的位错模型示意图。

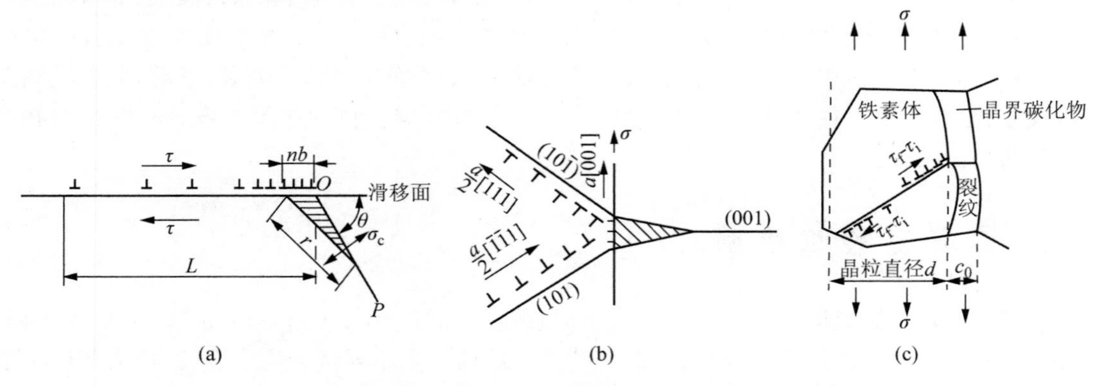

图 3-2-1 3 种解理裂纹形核的位错机制示意图

(a) 位错塞积模型;(b) 位错反应模型;(c) 碳化物启裂机制

1）位错塞积机制

该理论是 G. Zener 于 1948 年首先提出的，其模型如图 3-2-1(a)所示。在切应力作用下，位错沿滑移面滑移，遇到障碍后产生塞积，位错相互靠近。当切应力达到某一临界值时，塞积群头部处的位错相互挤紧聚合而成为高为 nb、长为 r 的楔形裂纹。A. N. Stroh 指出，如果塞积头处的应力集中不能被塑性变形所松弛，则塞积头处的局部最大拉应力将出现在与滑移面呈 70.5°角的位向上，并且其数值能够等于理论强度而形成解理裂纹。

位错塞积模型不能解释较纯金属单晶体的解理断裂，因为不能设想在纯金属单晶体中存在如此强的能阻止位错运动的障碍。

2）位错反应机制

大量试验表明，bcc 金属常沿{001}晶面发生解理。对此，Cottrell 提出了位错反应机制，如图 3-2-1(b)所示。其基本观点是，相交滑移面内两位错相遇时，在能量适合时可反应合成一个新位错。bcc 晶体中两相交滑移面(101)及$(10\bar{1})$与解理面(001)相交，三面的交线为[010]，如沿(101)面有一柏氏矢量为$\frac{a}{2}[\bar{1}\bar{1}1]$的位错和沿$(10\bar{1})$面运动的柏氏矢量为$\frac{a}{2}[111]$的位错在[010]处相遇，则产生位错合成反应$\frac{a}{2}[\bar{1}\bar{1}1]+\frac{a}{2}[111]\rightarrow a[001]$。此反应时体系能量下降，即该位错反应可自动进行，形成的新位错柏氏矢量为 $a[001]$，半原子面平行于解理面，故此位错是固定的不可滑移位错。如在每一滑移系中有多个位错，则在(001)面上产生多个合成位错，这些合成位错的半原子面都平行于解理面，且密集排列在[010]线处，致使前方产生一解理微裂纹核心。

在 bcc 金属中，上述裂纹形核是一个自发过程，但是能否长大到失稳扩展所需的临界尺寸，并且在什么条件下发生失稳扩展呢？Cottrell 采用能量分析方法，得到了裂纹失稳扩展的临界条件为

$$\sigma_s \geqslant \frac{2G\gamma_s}{k}d^{-\frac{1}{2}} \tag{3-2-1}$$

式中，σ_s 为屈服强度；G 为切变模量；γ_s 为比表面能；d 为晶粒直径；k 为 Hall-Petch 公式中的参数。此式右端可理解为解理断裂应力，以 σ_F 表示。屈服强度 σ_s 和解理断裂应力 σ_F 均为材料参数，通过两者比较，可以判断是否发生解理断裂。若 $\sigma_s \geqslant \sigma_F$，发生解理断裂；若 $\sigma_s < \sigma_F$，意味着在裂纹失稳扩展前要发生塑性变形，及产生韧性断裂。可见，为了提高解理断裂应力从而防止脆性解理断裂，可以采取如下措施：提高切变模量 G；提高表面能 γ_s；细化晶粒 d；降低 k。

3）碳化物启裂机制

Cottrell 模型并未考虑显微组织不均匀性对解理裂纹形核及扩展的影响，因而仅适用于较纯的 bcc 金属及单晶体解理断裂。对于显微组织极其复杂的钢，Smith 提出了因铁素体塑性变形导致晶界碳化物开裂形成解理裂纹的理论，如图 3-2-1(c)所示。铁素体中的位错源在切应力作用下开动，位错运动至晶界碳化物处受阻而形成塞积，塞积群头部的应力集中导致碳化物开裂而形成微裂纹。随后碳化物裂纹以解理扩展的方式向相邻铁素体扩展，导致解理断裂。

采用类似 Cottrell 的能量分析方法可以得到相应的解理断裂应力为

$$\sigma_F = \left[\frac{4E(\gamma_F + \gamma_C)}{\pi(1-\nu^2)c_0}\right]^{\frac{1}{2}} \tag{3-2-2}$$

式中，γ_F 和 γ_C 分别为铁素体和碳化物的比表面能；c_0 为晶界碳化物的厚度。c_0 愈大，σ_F 愈低，即碳化物厚度是控制断裂的主要组织参数。

对于经热处理获得球状碳化物的中、低碳钢，裂纹核是在球状碳化物上形成的，故呈圆片状，此时的解理断裂应力修正为

$$\sigma_F = \left[\frac{\pi E(\gamma_F + \gamma_C)}{2c_0}\right]^{\frac{1}{2}} \tag{3-2-3}$$

式中，c_0 为碳化物的直径。

比较式(3-2-2)和式(3-2-3)可见，平板状裂纹核变为圆片状裂纹核时，解理应力几乎增加了 1.6 倍。

除上述解理裂纹形成理论以外，还有许多其他理论，如在极低温度下，交叉孪晶带可能是产生微裂纹的主要机理；滑移带受阻于第二相粒子，也可能产生微裂纹。

3.2.1.2　解理裂纹扩展

解理裂纹可以通过两种基本方式扩展：第一种是解理方式，裂纹扩展速度极快，甚至可达到声速，如脆性材料在低温下实验就是这种情况，其模型如图 3-2-2 所示；第二种方式是在裂纹前沿先形成一些微裂纹或微孔，而后通过塑性撕裂方式相互连接，开始时裂纹扩展速度较慢，但达到临界状态时也迅速扩展而断裂，其模型如图 3-2-3 所示。显然，在这种情况下，微观上是韧性的，宏观上则是脆性的。大型中、低强度钢构件的断裂往往就是这种情况。

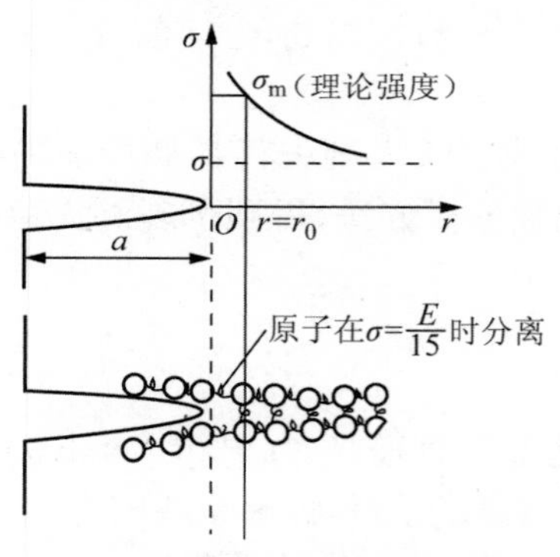

图 3-2-2　解理裂纹扩展示意图

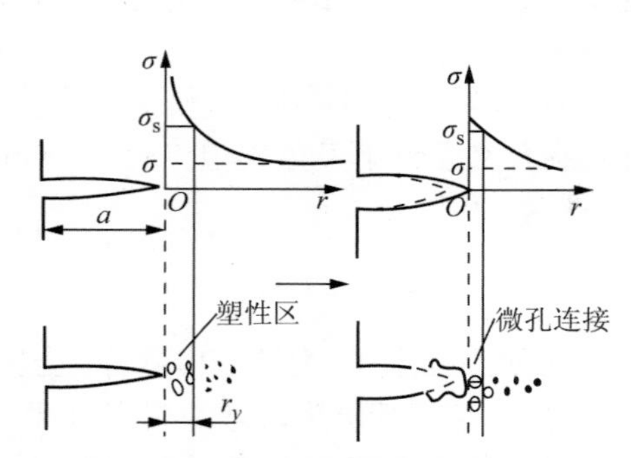

图 3-2-3　韧性撕裂裂纹扩展示意图

依据解理裂纹形成以及随之失稳扩展所需应力的相对大小，裂纹形成分成形核控制和扩展控制两类。Cottrell 裂纹一般是扩展控制的，裂纹核需要逐渐生长至临界尺寸，或者应力逐渐增大至临界值时，才能失稳扩展造成解理断裂。

金属材料中裂纹尖端总存在塑性变形，即使对于低温条件下含有预裂纹的 bcc 金属的Ⅰ型解理也是如此。裂纹扩展所消耗的能量一部分用于表面能的增加 $2\gamma_s$，另一部分用于克服塑性变形功 γ_p，裂纹扩展临界应力为

$$\sigma_F = \sqrt{\frac{E(2\gamma_s + \gamma_p)}{\pi a}} \tag{3-2-4}$$

式中，a 为裂纹半长。

Ⅱ型和Ⅲ型解理断裂都存在微裂纹形核、扩展阶段。正如 Cottrell 机制所显示的，裂纹形核倚赖于塑性变形，形成裂纹的长度与晶粒大小 d 成比例，因而解理应力为

$$\sigma_F=\sqrt{\frac{E(2\gamma_s+\gamma_p)}{\pi d}} \tag{3-2-5}$$

如果形成裂纹所倚赖的局部屈服应力超过 σ_F，则裂纹形成后继续扩展，属于形核控制解理；反之，如果 σ_F 高于屈服应力，将导致扩展控制解理。

Ⅲ型解理的断裂应力高于全面屈服应力。裂纹形成后往往会被钝化，需经历一稳态生长过程。随着裂纹长度增加，由于应变硬化，控制应力也随之增加，当达到某一临界值时发生失稳扩展导致解理断裂。

3.2.1.3 解理断裂的微观断口特征

解理断裂是沿特定晶面发生的脆性穿晶断裂，其断口特征应该是极平坦的镜面。但实际的解理断口是由许多大致相当于晶粒大小的解理小刻面集合而成的，如图 3-2-4 所示，当断口在强光下转动时，可见到闪闪发光的特征。这是因为在多晶体中，每个晶粒取向不同，尽管宏观断口表面与最大拉伸应力方向垂直，但在微观上，每个晶粒的解理面并不都是与拉应力方向垂直。

实际上，断口即使在一个解理小刻面内也不是完全平整的。多数情况下，会出现类似于梯田状的解理台阶及河流花样，如图 3-2-5 所示。这表明解理裂纹的扩展要跨越若干个相互平行但位于不同高度的解理面，当它们相遇时就形成了台阶，而当台阶相互汇合时就形成了河流花样。

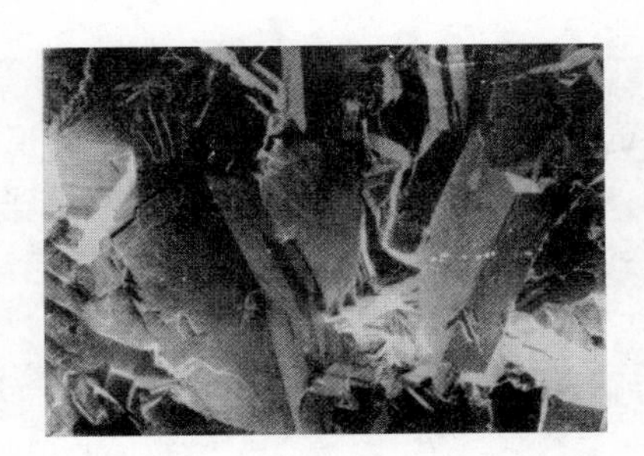

图 3-2-4 解理断口上的小刻面

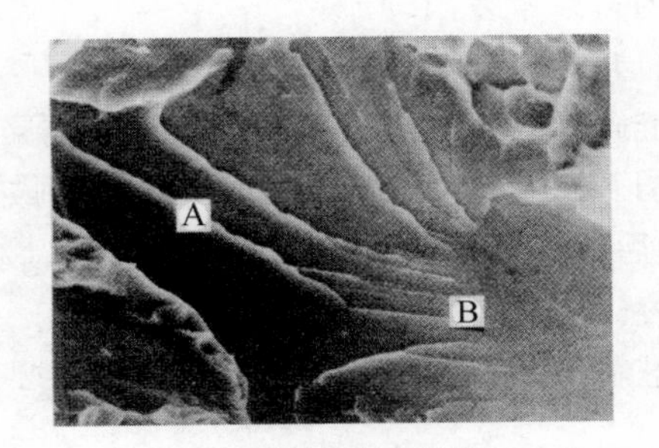

A—台阶；B—河流花样。

图 3-2-5 典型的解理断口微观形貌特征

河流花样是解理断裂的重要微观形貌特征。在断裂过程中，台阶合并是一个逐步的过程。许多较小的台阶（支流）到下游又汇合成较大的台阶（主流），如图 3-2-6 所示。河流的流向恰好与裂纹扩展方向一致。所以，可以根据河流花样的流向，判断解理裂纹的扩展方向。

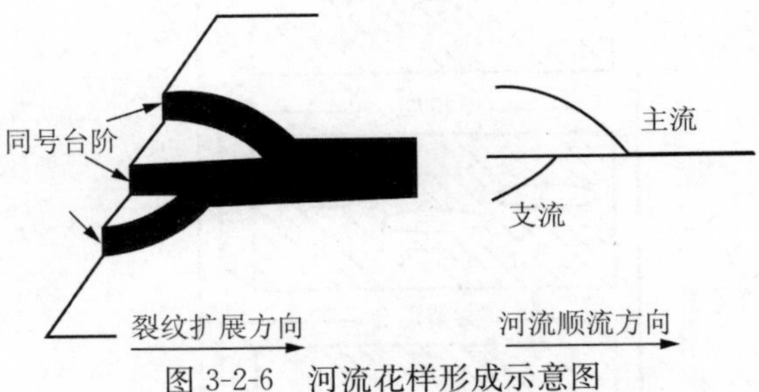

图 3-2-6 河流花样形成示意图

应该注意，当河流花样遇到大角晶界时，由于晶界两侧晶粒的解理面取向不同，解理裂纹不能沿原始位向跨越晶界，而需重新形核，致使相邻晶粒的河流花样（支流）剧增。但若遇到小角晶界、亚晶界等时，河流可连续穿过晶界，河流不发生激增。

除了解理台阶及河流花样以外，解理断裂还可能存在其他一些特征，如舌状花样、扇形花样、鱼骨状花样等，如图 3-2-7 所示。

舌状花样又称解理舌，它的形成与解理裂纹沿变形孪晶与基体之间的界面扩展有关。此

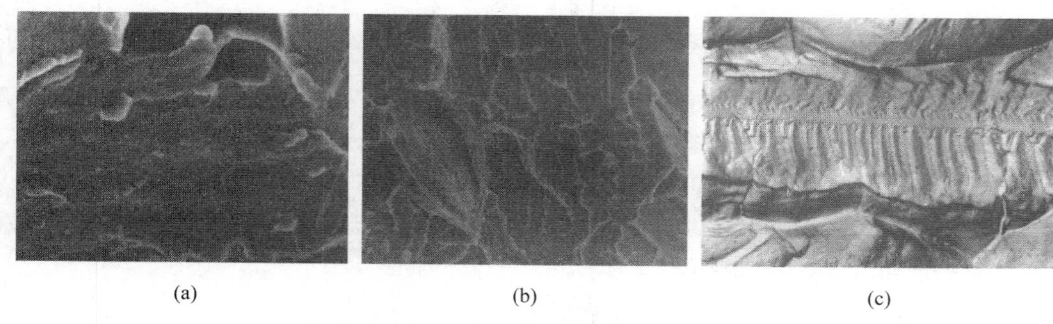

(a) (b) (c)

图 3-2-7 解理断裂的其他微观形貌特征

(a) 舌状花样;(b) 扇形花样;(c) 鱼骨状花样

种变形孪晶是当解理裂纹以很高的速度向前扩展时,在裂纹前端形成的;另一种解理舌是解理裂纹在扩展过程中局部发生二次解理,或者是滑移分离,或者是二次解理和滑移分离的混合。

在很多材料中,解理断裂面并不是等轴的,而是沿着裂纹扩展方向伸长,形成椭圆形或狭长形的特征,其外观类似扇形或羽毛状。在一个晶粒内,河流花样有时不是发源于晶界,而是在晶界附近的晶内发源,河流花样以扇形的方式向外扩展。在多晶体材料中,扇形花样在各个晶粒内可以重复出现。

3.2.1.4 准解理断裂

准解理断裂是介于解理断裂和微孔聚集断裂之间的一种过渡断裂形式。准解理的形成过程如图 3-2-8 所示。首先在不同部位(例如回火钢的第二相粒子处),同时产生许多解理裂纹核,然后按解理方式扩展成解理小刻面,最后以塑性方式撕裂,与相邻的解理小刻面相连,形成撕裂棱。

准解理断口的微观形貌特征如图 3-2-9 所示,它与解理断口的不同之处在于:第一,准解

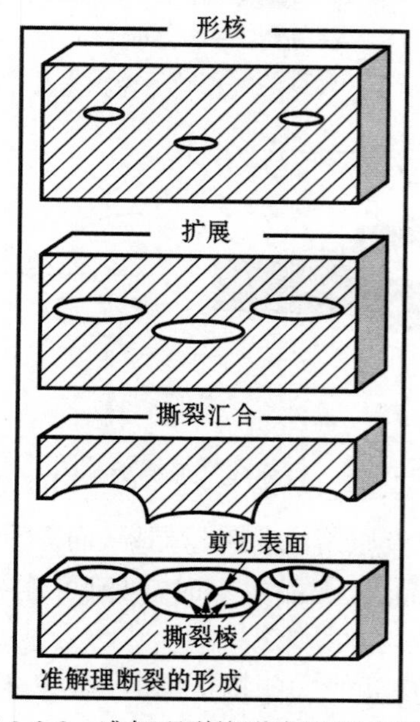

图 3-2-8 准解理裂纹形成机理示意图

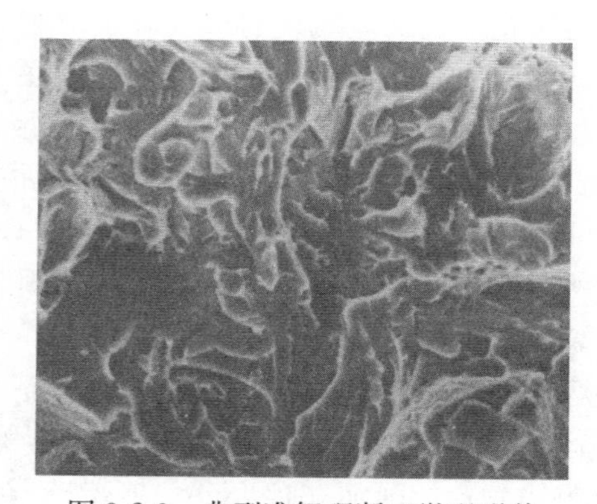

图 3-2-9 典型准解理断口微观形貌

理断裂起源于晶粒内部的空洞、夹杂物、第二相粒子处，而不像解理断裂那样，断裂源在晶界或相界上；第二，裂纹传播的途径不同，准解理是由裂纹源向四周扩展，不连续，而且多是局部扩展，解理裂纹是由晶界向晶内扩展，表现河流走向；第三，准解理小平面的位向并不与基体(bcc)的解理面{100}严格对应，相互并不存在确定关系；第四，在调质钢中准解理小刻面的尺寸比回火马氏体的尺寸要大得多，它相当于淬火前的原始奥氏体晶粒尺度。

准解理断口宏观形貌比较平整，基本上无宏观塑性或宏观塑性变形较小，呈脆性特征。其微观形貌有河流花样、舌状花样及韧窝与撕裂棱等。

3.2.2　微孔聚集断裂 ▶

大多数金属材料，尽管它们在晶体结构和合金成分方面有各种差异，但都有一个重要的破坏机理：微孔聚集。事实上，非晶态聚合物材料也是以这种机制破坏的。其基本过程可分为两个阶段：第一是空洞形核；第二是空洞长大、连接（聚合）。图 3-2-10 示意地说明了微孔聚集型断裂的过程，在应力作用下，材料内部存在的第二相粒子或夹杂物与基体脱粘，或者第二相粒子、夹杂物本身断裂，从而形成空洞。当提高应力水平时，这些微空洞逐渐长大，并连接（聚合）成一个较宽的裂纹。当这个扩展的裂纹达到临界尺寸时，构件总体破坏就发生了。由于空洞形核及空洞长大多伴随着较大量的塑性变形，因此微孔聚集型断裂是典型的韧性断裂。

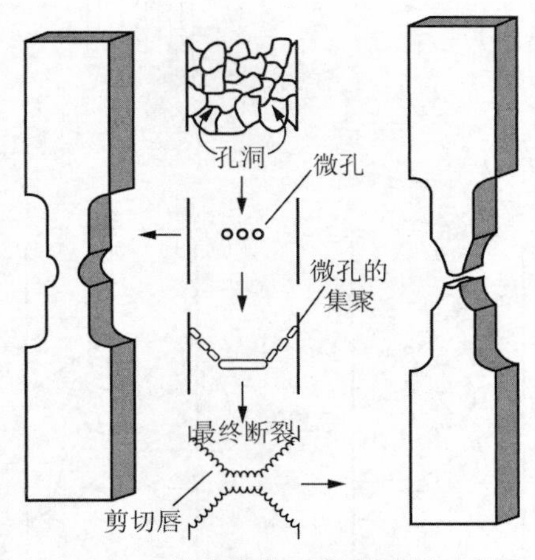

图 3-2-10　微孔聚集型断裂过程示意图

3.2.2.1　空洞形核

空洞的形核位置和机制与材料纯度有很大关系。对于高纯度单晶体，在高度塑性变形后，空洞往往在高密度位错区形成，在该区内材料已消耗掉形变硬化能力，并形成高度三向应力状态，空位在此聚集形成微裂纹，并松弛掉了部分应力，位错移动进入这些微裂纹便形成了空洞。对于高纯度多晶体金属，空洞则一般在三晶粒交界点或晶界不规则处形成。

对工程金属材料，空洞形核一般都是从夹杂物或第二相颗粒处开始的。由于颗粒与基体的模量不同，在应力作用下或是由于颗粒与基体相界面分离（脱黏），或是由于颗粒碎断而形成空洞。究竟以哪种方式萌生空洞，很大程度上取决于夹杂或第二相颗粒与基体界面结合力的强弱，例如钢中硫化锰(MnS)夹杂与基体结合力很弱，可在很低应力下因界面脱黏而萌生空洞；而钢中氧化物、碳化物、氮化物等则与基体结合较强，不易界面脱黏，需要在较高的应力下才能发生碎断而萌生空洞。

微孔形核的脱黏机制如图 3-2-11 所示。当位错运动遇到第二相颗粒时，往往按绕过机制在其周围形成位错环[见图 3-2-11(a)]，并于第二相颗粒处堆积起来[见图 3-2-11(b)]。当位错环在更大应力下移向颗粒与基体界面处时，界面即沿滑移面分离而形成微孔[见图 3-2-11(c)]。由于微孔成核，后面位错所受的排斥力大大下降而被迅速推向微孔，并使位错源重新激活，不断放出新位错环。新的位错环连续进入微孔，遂使微孔长大[见图 3-2-11(d)，(e)]。如果考虑到位错可以在不同滑移面上运动和堆积，则微孔可因一个或几个滑移面上位错运动而形成，并借其他滑移面上的位错向该微孔运动而使其长大[见图 3-2-11(f)，(g)]。

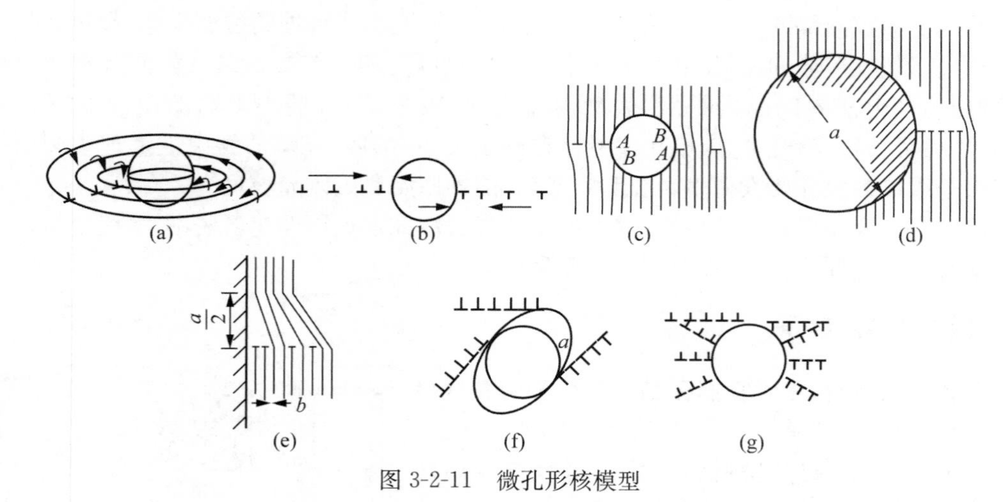

图 3-2-11 微孔形核模型

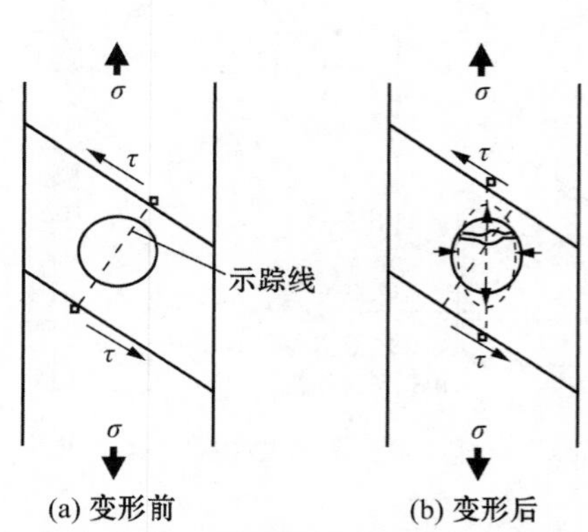

(a) 变形前 (b) 变形后

图 3-2-12 颗粒碎断形成微孔的说明

颗粒碎断形成微孔的机制可由图 3-2-12 简单说明。处在滑移带中的颗粒也要发生剪切变形,若颗粒与基体剪切模量相同,它就会变成细长椭球状(见图 3-2-12 中的虚线椭圆),但因其切变模量高于基体,实际变成短粗椭球状(见图 3-2-12 中的实线椭圆),这样就产生了变形失配,使得颗粒的南、北极部产生高的张应力,而赤道部产生压应力。当颗粒南、北极的张应力达到颗粒的断裂强度时就会使颗粒碎断,从而产生微孔洞。

3.2.2.2 空洞长大及连接

空洞萌生后,在外力作用下扩展长大,彼此之间相互接近,并且在已有空洞长大的同时,又有新的空洞不断涌现。空洞之间接近到一定程度时,空洞之间的材料达到宏观塑性变形缩颈开始的程度,即产生内缩颈,这时开始塑性失稳,空洞很快连接起来,形成裂纹并扩展,最终导致断裂。

空洞长大取决于应力-应变状态以及材料的性质。从应力-应变状态来说,如果试样是严格单轴的,空洞将沿拉伸方向伸长,横轴方向逐渐缩小,即空洞不发生汇合,对材料断裂影响很小。然而在形成缩颈的范围内,由于变形制约产生三向应力状态,横轴拉应力也会使空洞张开,形成近似球形的空洞,空洞增大造成实际承载面积迅速减小,致使材料断裂。

从微观角度来看,空洞的长大及汇合总是以裂纹扩展的方式进行的。裂纹扩展连接空洞的途径有两类:内颈缩会合及剪切型(之字形)扩展。

若材料在流变中尚未失去加工硬化能力,裂纹前端塑性变形较散漫,不会产生应变沿某特定滑移带集中,此时裂纹扩展就是主裂纹和邻近空洞之间的内颈缩过程,其简单模型如图 3-2-13 所示。在应力不大时,裂纹尖端区域的塑性应变和三轴应力还不是很高,空洞首先在夹杂物颗粒处形核,并且其长大也是很有限的。随着应力升高,裂纹尖端钝化,其顶端由于垂直于拉伸轴方向的泊松收缩向前移动,产生"伸张区"。宏观断裂的开始可以定义为钝化的裂纹尖端开始与最近邻的空洞聚集。在钝化的裂纹与最近邻空洞聚集以后,裂纹尖端的位置就向前移动到空洞远侧的一方，由于裂纹扩张的这一增量，该空洞进一步钝化，并使下一个空洞生长，直至聚集又一次发生。

当材料强度较高时，其在流变后期失去加工硬化的能力，这时在裂纹尖端前方的塑性变形趋向于集中在某特定滑移带上，如沿着最大剪应力方向而不是垂直于最大拉应力方向，主裂纹就与特定滑移带内的邻近空洞连接、聚集，形成所谓“之”字形扩展，如图 3-2-14 所示。

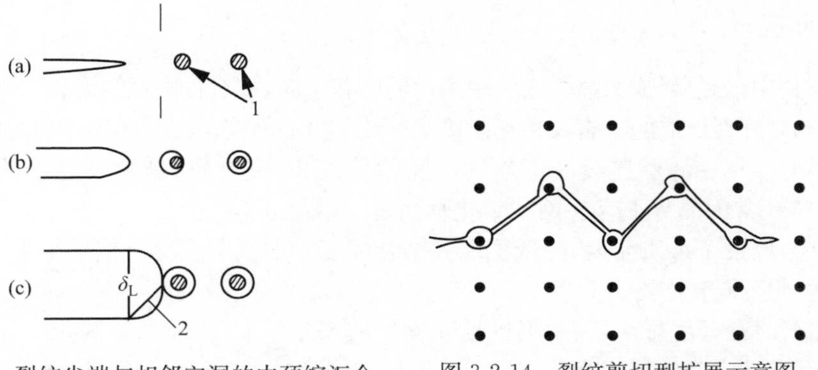

图 3-2-13　裂纹尖端与相邻空洞的内颈缩汇合

(a) 裂纹钝化；(b) 空洞生长；(c) 裂纹顶端与空洞汇合

1—夹杂物颗粒；2—伸张区

图 3-2-14　裂纹剪切型扩展示意图

3.2.2.3　微观断口特征

图 3-2-15 为金属材料微孔聚集型断裂的微观断口扫描电镜照片，其典型特征是存在**韧窝**(dimple)。韧窝是材料在微区范围内塑性变形产生的显微空洞，经形核、长大、聚集，最后相互连接而导致断裂后，在断口表面所留下的痕迹。

由于空洞主要是在夹杂颗粒处形成的，因此韧窝底部常残留有夹杂物颗粒，如图 3-2-16 所示。

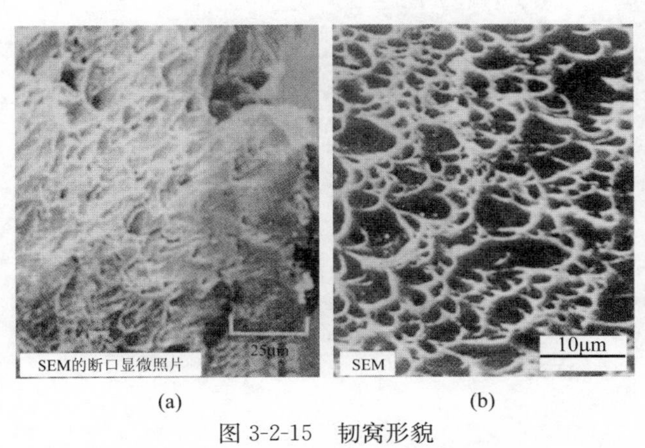

(a)　(b)

图 3-2-15　韧窝形貌

(a) 低倍；(b) 高倍

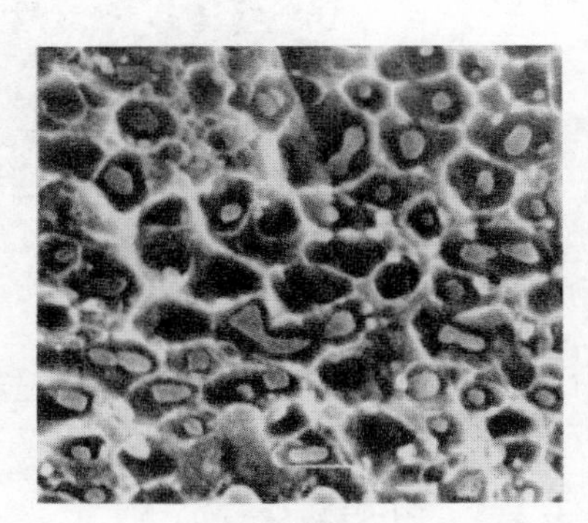

图 3-2-16　带夹杂物颗粒的韧窝形貌

韧窝的大小(直径和深度)取决于第二相颗粒的大小和密度、基体材料的塑性变形能力和形变强化指数，以及外加应力的大小和状态等。第二相颗粒密度增大或其间距减小，则微孔尺寸减小。金属材料的塑性变形能力及形变强化指数大小直接影响着已长大成一定尺寸的微孔的连接、聚合方式。形变强化指数愈大的材料,愈难以发生内颈缩,故微孔尺寸变小。应力大小和状态改变实际上是通过影响塑性变形能力而间接影响韧窝深度的。在高的静水压力之中,内颈缩易于产生,故韧窝深度增加;相反,在多向拉伸应力下或在缺口根部,韧窝则较浅。

必须指出,微孔聚集型断裂一定有韧窝存在,但在微观形态上出现韧窝,其宏观上不一定就是韧性断裂。宏观上为脆性断裂时,局部区域内也可能有塑性变形,从而显示出韧窝形态。

3.2.3 沿晶断裂

在金属材料中,当晶界成为显微组织中最薄弱的部位时,那么在解理或滑移之前就会发生晶界开裂,多数晶界开裂形成的微裂纹相互连接就导致了沿晶断裂。造成晶界开裂的原因有多种。

(1) 晶界上存在一薄层连续或不连续的脆性第二相、夹杂物,破坏了晶界的连续性。例如,高碳钢或铸铁常因晶界上存在网状碳化物而发生沿晶断裂。

(2) 晶界上偏聚了杂质元素,降低了晶界结合强度。如钢中晶界上偏聚了 P、S、Bi 等元素而造成回火脆性就属于此类。

(3) 在加载时受环境影响,某些腐蚀性元素扩散到晶界上,造成晶界弱化。如应力腐蚀开裂、氢脆等常呈现沿晶断裂的特征。

此外,某些加工过程中产生的缺陷,如淬火裂纹、磨削裂纹也可能导致沿晶断裂。沿晶断裂多半属于脆性断裂,在工程上应极力避免。

沿晶断裂的宏观断口呈冰糖状,如图 3-2-17 所示。但若晶粒很细小,则肉眼无法辨认出冰糖状形貌,此时断口一般呈晶粒状,颜色较显微断口明亮,但比纯解理脆性断口要灰暗些,因为它们没有反光能力很强的小平面。

(a)

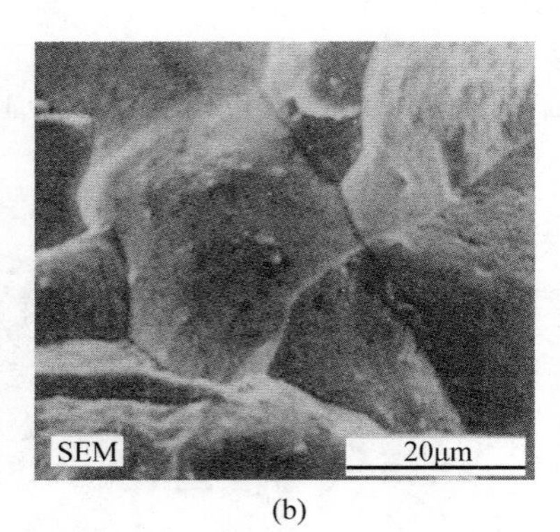

(b)

图 3-2-17 沿晶断裂断口形貌

(a) 含 0.68%P 的粗晶退火铁的室温拉伸断口;(b) 0.58%C-0.82%Mn-0.024%P-0.17%S 钢室温拉伸断口

3.2.4 韧-脆转变 ▶

3.2.4.1 韧脆转变现象

除了材料本身性质以外,影响材料韧性的主要外部因素有应力状态(加载方式)、温度以及环境介质。其中,第一点已在第 1 章中介绍过,第三点将在第 5 章相关章节介绍。本节仅简单介绍温度变化对材料韧、脆性的影响。

除面心立方(fcc)金属及合金以外,多数金属材料特别是工程上常用的中、低强度结构钢,随温度降低会发生从韧性断裂向脆性断裂的转变，即当温度低于某一临界温度 T_c 时，材料由韧性状态变为脆性状态；冲击吸收功明显下降；断裂机理由微孔聚集型变为穿晶解理；断口特征由纤维状变为结晶状。通常称此现象为韧-脆转变，而 T_c 称为韧-脆转变温度。

通常采用系列(温度)摆锤冲击试验，利用规定冲击功值或冲击断口中结晶区所占比例来确定韧-脆转变温度。冲击断口的形貌特征如图 3-2-18 所示，靠近缺口根部的是脚跟状纤维区，它是开裂的起始区域；中间部分为结晶区，是裂纹快速扩展区，此区愈大，脆性就愈大；试样底部和边缘为最后断裂的剪切唇。一般来说，温度愈低，纤维区面积减少，结晶区面积增大，材料由韧变脆。

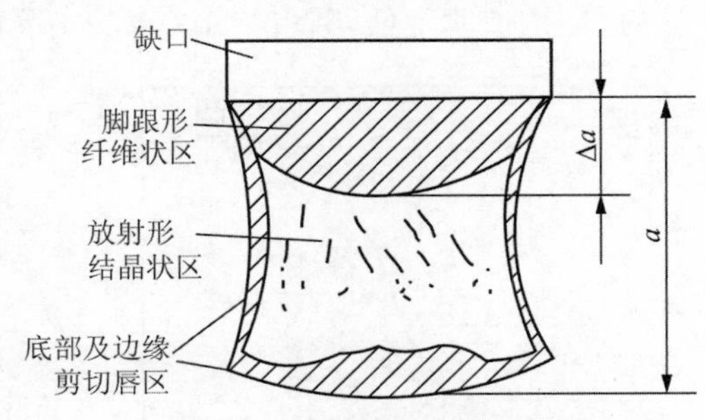

图 3-2-18 冲击断口形貌示意图

图 3-2-19 为含锰 1.39%的低碳钢在 −100～10℃的系列冲击试验的结果，包括了冲击韧

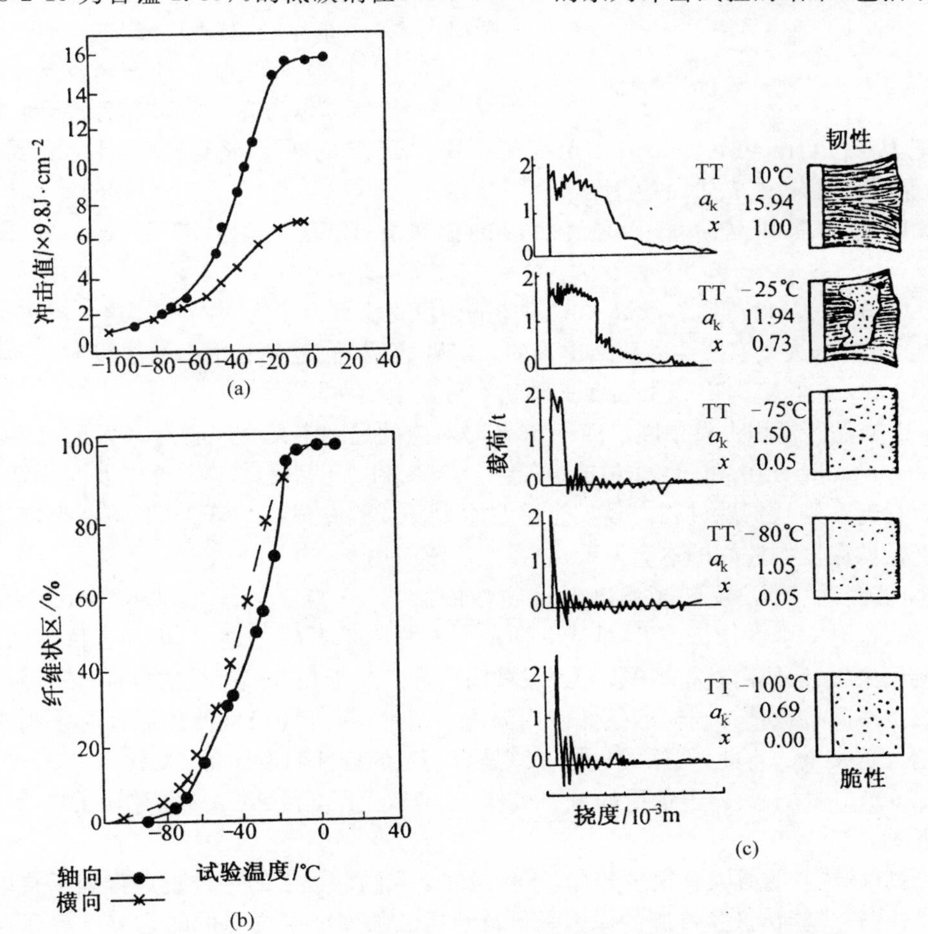

TT—试验温度(℃)；a_k—冲击值(J·cm^{-2})；x—纤维状区在断口总面积中的比例。

图 3-2-19 含锰 1.39%低碳钢板系列冲击试验结果

(a) 冲击值-温度曲线；(b) 断口纤维区面积(%)-温度曲线；(c) 载荷-挠度曲线及断口形貌

度-温度、断口纤维区面积-温度、载荷-挠度的3种关系曲线以及断口形貌示意图。很明显，在10℃时，断口为100%纤维区，冲击值很高，为韧性状态；温度降到−25℃时，冲击值下降近乎一半，断口也出现了近一半的结晶区，处在由韧性向脆性转折的过渡状态；当温度再降低至−80℃时，冲击值非常低，断口为100%的结晶区，为完全的脆性状态。

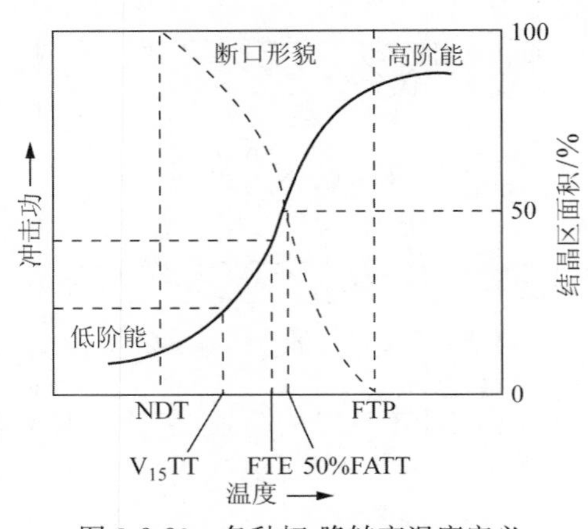

图 3-2-20　各种韧-脆转变温度定义

在一般情况下，冲击功和断口形貌在 T_c 处发生突变较少见，而是在 T_c 温度附近一个范围内逐渐改变，在这样的情况下，可以有多种方式来定义韧-脆转变温度，如图 3-2-20 所示。

(1) 当低于某一温度时，冲击功基本不随温度而变化，形成一个平台，该能量称为低阶能。以低阶能开始上升的温度定义 T_c，并记为 NDT(Nil ductility temperature)，称为无塑性或零塑性转变温度。这是最严格定义 T_c 的方法，在 NDT 以下，断口由100%结晶区(解理区)组成。

(2) 高于某一温度时，冲击功也基本不变，形成一个上平台，称为高阶能，以高阶能对应温度定义 T_c，记为 FTP(fracture transition plastic)。高于 FTP 的断裂，将得到100%的纤维状断口。显然，这是最保守定义 T_c 时的方法。

(3) 以低阶能和高阶能平均值对应的温度定义 T_c，记为 FTE(fracture transition elastic)。

(4) 以 $A_{kV}=15$ft·lb(20.3N·m)对应的温度定义 T_c，记为 V_{15}TT。这一规定主要针对船用钢板，是根据大量实践经验总结出来的。实践表明，低碳钢船用钢板服役时，若冲击韧度大于15ft·lb，或在 V_{15}TT 以上温度工作就不易发生脆性断裂。

(5) 以结晶区面积占整个断口面积50%时对应的温度定义 T_c，记为50%FATT(fracture appearance transition temperature)或 $FATT_{50}$。50%FATT 反映了裂纹扩展变化特征，可以定性评定材料在裂纹扩展过程中吸收能量的能力。试验发现，50%FATT 与断裂韧度 K_{Ic} 开始急剧降低的温度有较好的对应关系，故得到广泛应用。

韧-脆转变温度 T_c 反映了温度对韧脆性的影响，它与 δ、ψ、A_k、NSR(notch sensitivity ratio)一样，也是安全性指标。T_c 是从韧性角度选材的重要依据之一，可用于抗脆断设计，但不能直接用来设计计算机件的承载能力或截面尺寸。对于在低温服役的机件，依据材料的 T_c 值可以直接或间接地估计它们的最低使用温度。显然，机件的最低使用温度必须高于 T_c，两者之差越大越安全。为此，选用的材料应该具有一定的韧性温度储备 Δ($\Delta=T_{使用}-T_c$)，Δ 值常取20～60℃。对于受冲击负荷的重要机件，Δ 值取上限，不受冲击载荷作用的非重要机件，Δ 值取下限。

关于韧-脆转变的原因有很多解释，苏联物理学家约菲提出的一种观点得到了共识。他通过岩盐试验，首先指出产生冷脆的原因是材料的屈服强度随温度降低的趋势比解理强度降低更快，这样必然存在一个临界温度 T_c，在 $T>T_c$ 时，$\sigma_s<\sigma_f$，材料在解理前首先发生塑性变形，为韧性断裂；在 $T<T_c$ 时，$\sigma_s>\sigma_f$，材料在尚未屈服前就已经达到了解理断裂强度，故为脆性断裂。

从材料角度来看，影响韧-脆转变的因素主要有晶体结构、杂质浓度和晶粒大小等。

晶体结构愈复杂，对称性愈差，位错运动时晶格阻力(P-N 力)愈高，且随温度变化愈敏感，本质上脆性愈大。从这个角度看，陶瓷材料和 bcc 金属属于本质脆性材料；而 fcc 结构金属材料，P-N 力很小，滑移系又多，为本质韧性材料。

杂质将提高韧-脆转变温度，使材料脆性断裂倾向增大。例如，超高纯铁在－270℃时韧性仍然很高，而工业纯铁在－100℃就显示脆性；纯铬没有冷脆转变，但加入 0.02%N，则在室温就显示脆性。

一般来说，晶粒愈细，T_c 越低，韧性越大。

3.2.4.2 韧脆本质及判据

前已述及，有的材料属于本质脆性，如陶瓷、bcc 结构金属；有的属于本质韧性，如 fcc 结构金属。存在这种差异的根本原因与晶体结构和其中原子间的作用力性质有关。对于本质韧脆性的判据有很多理论，现简要介绍两种。

1) Kelly-Tyson-Cottrell(K-T-C)判据

K-T-C 判据是 20 世纪 60 年代提出的针对单晶体本质韧性/脆性判据，它是根据裂纹尖端应力场状态与晶体理想拉伸强度 σ_{ideal} 和理想剪切强度 τ_{ideal} 的关系来判别韧性和脆性的。设晶体中某个晶面存在解理裂纹，与裂纹面垂直的最大主应力为 $\sigma_{\max}$，裂纹面附近的滑移面上沿着滑移方向的最大剪切分应力为 $\tau_{\max}$，裂纹前端应力状态系数 R 定义为两者的比值，即 $R=\sigma_{\max}/\tau_{\max}$，则 K-T-C 判据可表示为

$$R > \left(\frac{\sigma}{\tau}\right)_{\text{ideal}} \text{ 为本质脆性；} \quad R < \left(\frac{\sigma}{\tau}\right)_{\text{ideal}} \text{ 为本质韧性} \tag{3-2-6}$$

在应用此判据时，对于给定的晶体结构，具体的解理面和滑移系(包括滑移面和滑移方向)都是确定的，则 R 值可由断裂力学来计算，而 σ_{ideal} 和 τ_{ideal} 可根据原子间作用势能函数来计算。表 3-2-2 列出了几种典型材料的韧性/脆性的判据参数。

表 3-2-2 几种典型材料的韧性/脆性的判据参数

晶 体	泊松比	R	$(\sigma/\tau)_{\text{ideal}}$	性 质
金刚石	0.1	3.41	1.16	脆性
NaCl	0.16	2.94	2.14	低温脆性
晶体(氩)	0.3	5.30	18.8	延性
Cu	0.416	12.6	28.2	延性
Ag	0.426	14.4	30.2	延性
Au	0.457	24.7	33.4	延性
Ni	0.366	7.9	22.1	延性
α-Fe	0.362	8.9	6.75	延性/脆性边界
W	0.278	5.5	5.04	延性/脆性边界

由表 3-2-2 可见，金刚石、NaCl 晶体为本质脆性；Cu、Ag、Au、Ni 等 fcc 结构金属皆为本质韧性；α-Fe、W 等 bcc 结构金属处在韧性/脆性边界，一般在低温下为脆性，而高温下为韧性。此外，由此表还可近似看出，对于这些材料，$(\sigma/\tau)_{\text{ideal}} \geqslant 7.5$ 时为韧性；$(\sigma/\tau)_{\text{ideal}} \leqslant 7.5$ 时为脆性。

2) Rice-Thompson(R-T)判据

R-T 理论认为，脆性解理断裂是否发生取决于裂纹尖端是否发射位错：若裂纹尖端不能发射位错，则产生

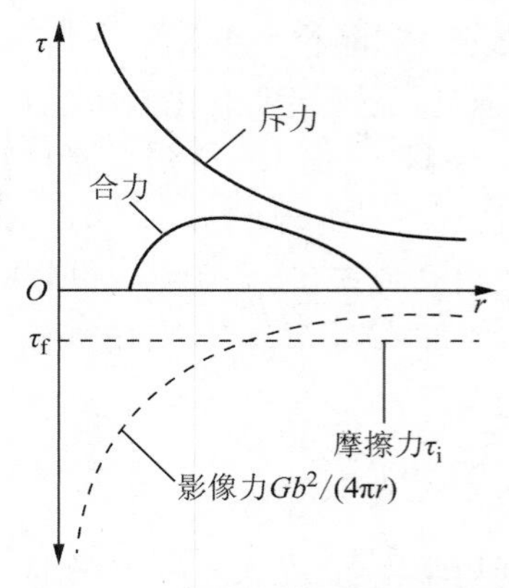

图 3-2-21 裂纹前端两种作用力与至裂纹尖端距离的关系

解理断裂，属本质脆性；若裂纹尖端可以发射位错，则产生韧性断裂，属本质韧性。

R-T 模型如图 3-2-21 所示，在裂纹尖端前沿位错受到两种作用力：

第一种是裂纹应力场对它的排斥力 $F_p=\dfrac{bK_{\mathrm{I}}}{\sqrt{r}}$ (3-2-7)

第二种是裂纹自由表面对它的影像吸引力 $F_a=-\dfrac{b^2G}{r}$ (3-2-8)

式中，b 为柏氏矢量模；G 为晶体切变模量；K_{I} 为裂纹尖端应力强度因子。

两种作用力均随 r 增大而减小，但影像力减小的速度更快，因此两种力与距离的关系曲线中必有一个交点 r_c，即存在一个临界距离 r_c，当 $r<r_c$ 时，位错不发射(本质脆)；当 $r>r_c$ 时，位错发射(本质韧)。令式(3-2-7)和式(3-2-8)相等，可解得

$$r_c=\left(\frac{Gb}{K_{\mathrm{I}}}\right)^2 \tag{3-2-9}$$

由式(3-2-9)可见，随应力强度因子 K_{I} 增加，发射位错的临界距离 r_c 减小。R-T 假定，当随 K_{I} 增加而下降的 r_c 变得与位错环宽度 r_0 相等时，将自发产生位错发射。因此，位错自发发射的临界应力强度因子为

$$K_{\mathrm{I}0}=\frac{Gb}{\sqrt{r_0}} \tag{3-2-10}$$

故将 $K_{\mathrm{I}0}$ 与 K_{Ic} 相比较，就可对材料的本质韧、脆性作出判断：若 $K_{\mathrm{I}0}>K_{\mathrm{Ic}}$(等价于 $r_0<r_{c0}$)，则为本质脆性；若 $K_{\mathrm{I}0}<K_{\mathrm{Ic}}$(等价于 $r_0>r_{c0}$)，则为本质韧性。表 3-2-3 给出了两种典型结构金属的 R-T 判据参数。

表 3-2-3 两种典型结构金属韧性/脆性的 R-T 判据参数

结构	材料	r_0/b	r_{c0}/b	位错受力特征	本质
fcc	Au	2	0.85	排斥力为主	韧
	Cu	2	1.0		
	Al	2	1.4		
	Ni	2	1.7		
bcc	Na	2/3	1.2	吸引力为主	脆
	Fe	2/3	1.9		
	W	2/3	4.0		

显然，bcc 结构的金属为本质脆性；而 fcc 结构的金属为本质韧性。

3.3 非金属材料的断裂

3.3.1 陶瓷材料的断裂

3.3.1.1 断裂强度及断裂韧度特点

从组分和相结构因素来看，以共价键和复杂离子键为主的陶瓷具有较高的理论强度。然而，陶瓷的实际强度与理论强度之间的差异比金属材料更显著，如表 3-3-1 所示。这主要是由于陶瓷材料是由固体粉末烧结成形，在粉末成形、烧结反应过程中，不仅存在大量的气孔，而且这种气孔还多呈不规则形状，其作用相当于裂纹。因此，陶瓷材料中裂纹或类裂纹缺陷比金属材料既多且大，导致实际强度与理论强度差异更大。

表 3-3-1 一些陶瓷材料和金属材料的断裂理论强度和测定值

材 料	理论强度/MPa	实测强度/MPa	理论强度/实测强度
Al_2O_3 晶须	50 000	15 400	3.3
铁晶须	30 000	13 000	2.3
奥氏体钢	20 480	3 200	6.4
高碳钢琴丝	14 000	2 500	5.6
硼	34 800	2 400	14.5
玻璃	6 930	105	66.0
Al_2O_3(蓝宝石)	50 000	644	77.6
BeO	35 700	238	150.0
MgO	24 500	301	81.4
Si_3N_4(热压)	38 500	1 000	38.5
SiC(热压)	49 000	950	51.5
Si_3N_4(反应烧结)	38 500	295	130.5
AlN(热压)	28 000	600～1 000	46.7～28.0

在压缩时,由于裂纹类缺陷可以闭合,对抗压强度影响较小。因此,陶瓷材料的抗压强度比抗拉强度大得多,其差别的程度也远大于金属。表 3-3-2 比较了铸铁和一些陶瓷材料的抗拉强度、抗压强度及它们的比值,可见,即使很脆的铸铁,其抗拉强度与抗压强度的比值也为 1/4～1/3,而陶瓷材料的相应比值几乎都在 1/10 以下。

表 3-3-2 铸铁和一些陶瓷材料的抗拉强度、抗压强度及它们的比值

材 料	抗拉强度 A/MPa	抗压强度 B/MPa	A/B
铸铁 FC10	100～150	400～600	1/4
铸铁 FC25	250～300	850～1 000	1/3.3～1/3.4
化工陶瓷	30～40	250～400	1/8.3～1/10
透明石英玻璃	50	200	1/40
多铝红柱石	125	1 350	1/10.8
烧结尖晶石	134	1 900	1/14
99%烧结氧化铝	265	2 990	1/11.3
烧结 B_4C	300	3 000	1/10

注:FC10 和 FC25 为日本牌号,分别相当于我国的 HT100 和 HT250。

脆性是陶瓷的特征,也是它的致命弱点,其断裂是典型的脆性断裂。工程陶瓷的断裂韧度比金属约低 1～2 个数量级。表 3-3-3 为常用金属材料与陶瓷材料的屈服强度和断裂韧度比较。

陶瓷材料由于脆性大,在测定抗拉强度的拉伸试验时,易在夹持部位断裂,往往测不出真实强度值。为保证正确进行陶瓷材料的拉伸试验,需要在试样及夹头设计方面做改进,这在技术上有一定难度。因此,陶瓷材料常用三点弯曲或四点弯曲试验来测定抗弯强度。一般地,抗弯强度比抗拉强度高 20%～40%。

表 3-3-3 常用陶瓷材料和金属材料的屈服强度和断裂韧度

材料	性能	
	屈服应力/MPa	断裂韧度 K_{Ic}/MPa・$m^{1/2}$
碳钢	235	>210
马氏体时效钢	1670	93
高温合金	981	77
钛合金	1040	47
陶瓷 HP-Si_3N_4	490	5.5～3.5
高韧性 ZrO_2		7～10
Al_2O_3(热压)		3～5
烧结 SiC		3～5

3.3.1.2 裂纹的成核

到现在为止,我们一直假定陶瓷材料中一开始就含有裂纹。在某些情况下裂纹确实是存在的,但是也有足够的证据指出裂纹会在应力作用下形成。对于脆性材料,总是假定裂纹是通过高应力区域中原子键的解理而形成的。这些高应力可能起源于应力集中,也可能是残余应力。高应力的存在通常与材料在显微结构尺度上的不均匀性或者局部接触所导致的非弹性变形有关。例如,在陶瓷材料制备过程中总是不可能消除所有气孔,在材料的使用过程中,这些气孔尖锐边角处的应力集中就足以诱发裂纹;再例如,接触过程(如撞击、磨蚀、磨耗等)可以产生高应力,从而诱发裂纹在接触位置附近区域形成。另外,服役过程中的温度急剧变化也会导致热应力,而引发裂纹。

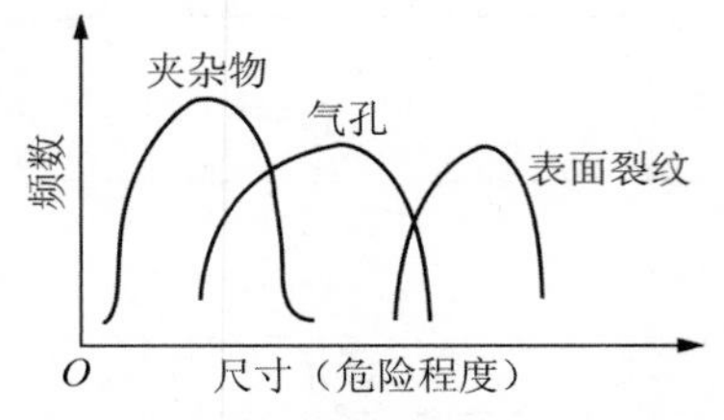

图 3-3-1 陶瓷材料中含有决定强度的不同类型裂纹

除了不同类型的裂纹之间会产生相互竞争以成为断裂源外,在同一类型裂纹中,裂纹尺寸也存在一个分布。所以,脆性陶瓷的断裂应力不是一个确定的数值,而最好是将其视为一个分布。图 3-3-1 是陶瓷材料中可能存在的一组不同类型裂纹的尺寸分布示意图。在这个例子中,最危险的裂纹类型是表面裂纹,可能在机械加工过程中产生。如果这些表面裂纹被消除或者其危险性减小,那么下一类最危险的裂纹就是气孔,它们可能成为最主要的断裂源。最后,如果气孔的危险性也得到消除,断裂可能就由组织中的夹杂物主导。当然,也存在不同类型断裂源并存的可能性。脆性材料断裂源的复杂性已经导致形成了一系列经验的统计分析方法用于描述强度分布。

3.3.1.3 断口形貌

陶瓷材料的断裂表面具有独有的特征。裂纹的初始扩展是沿着垂直于最大正应力的一个平面发生的。如果断裂是失稳的,则裂纹会发生分叉,如图 3-3-2 所示,这就会导致断裂过程中出现大量碎片,然而如果对分叉形貌进行仔细观察,通常就可以确定断裂起始的区域。

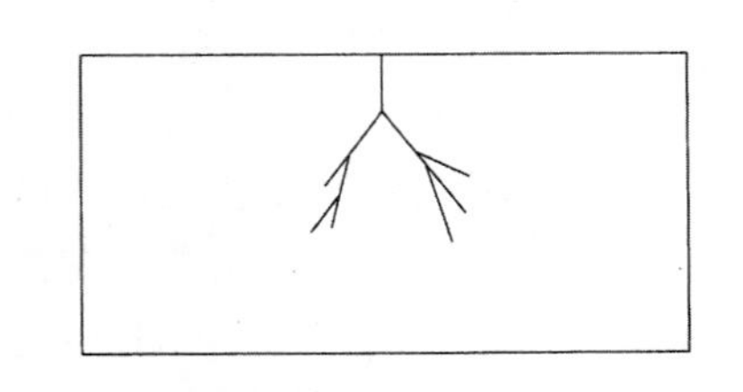
图 3-3-2 陶瓷断裂的裂纹分叉示意图

虽然与韧性的金属材料宏观断口特征明显不同,但陶瓷材料的宏观断口也可以分为3个区域，即镜面区、雾状区和羽毛状区，这一点与脆性高聚物的断口有些类似。图3-3-3是陶瓷材料的一个宏观断口。围绕着断裂源的区域是非常光滑的。在玻璃中，这一区域具有很高的反射率，通常称为镜面区。在多晶陶瓷中可以观察到同样的区域，但是由于表面晶粒的存在降低了这一区域的反射率，随着裂纹扩展，断裂面的粗糙度增大，形成了一个反射度稍差的区域，称为雾状区。在多晶陶瓷中这一区域很难辨认。最后，随着裂纹分叉，断裂面变得十分粗糙，形成了一个条纹状的区域，称为羽毛状区。这些羽毛形的痕迹指向断裂源，在确定断裂起因方面有一定作用。

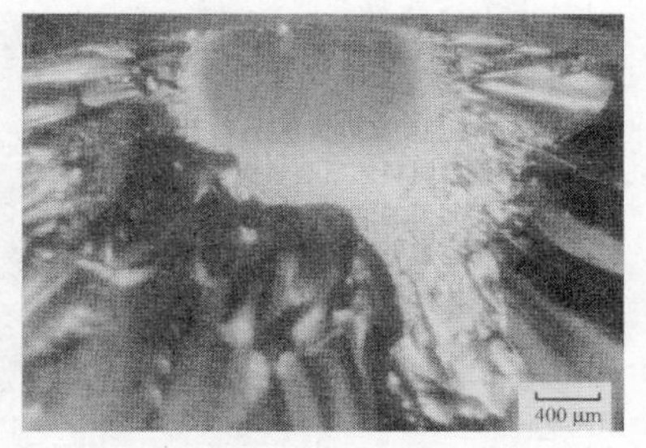

图3-3-3　陶瓷材料的宏观断口

3个不同区域的边界也可以用于获得一些定量的信息。如果测定了断裂源到这些边界的距离，例如分叉区距离R_b，就可以由下式来估算断裂应力

$$\sigma_f = \frac{M_b}{\sqrt{R_b}} \tag{3-3-1}$$

式中，M_b为分叉常数，其值对于给定的材料和显微结构而言是固定的。在不知道断裂应力的情况下，这一关系十分有用，因为通过断口分析测定了R_b后（M_b为常数），就可以反过来推算断裂应力。

在陶瓷材料中，工艺缺陷是最典型的断裂源，图3-3-4～图3-3-8给出了一些例子。例如，图3-3-4、图3-3-5、图3-3-7(a)显示了作为断裂源存在的气孔。这些气孔有时是由于有机添加剂在材料制备过程（即烧结）中发生热解而形成的。在两相材料中，两个组分混合不好就会导致团聚体的形成，后者就会成为断裂源，如图3-3-6(a)所示。显然，在制备过程中作为杂质出现的夹杂物也可以成为断裂源，图3-3-8显示氮化硅中的碳化硅不纯，夹杂物成了断裂源。在这种情况下，可以证明在低温下夹杂物应该受到残余拉应力作用，而这些应力促进了裂纹的诱发。接触引进的缺陷在脆性材料中也是常见的，通常由加工损伤、碰撞或简单的表面接触导致，图3-3-7(b)显示了单晶氧化铝（蓝宝石）纤维的断裂源自一条表面裂纹。

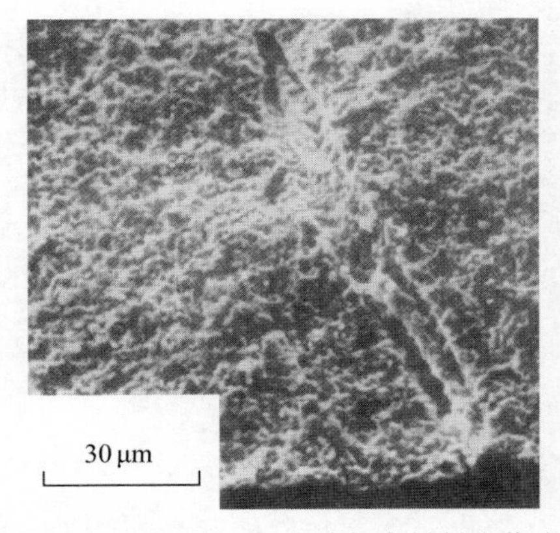

图3-3-4　氧化铝-氧化锆复合材料中作为断裂源的一个透镜状的气孔

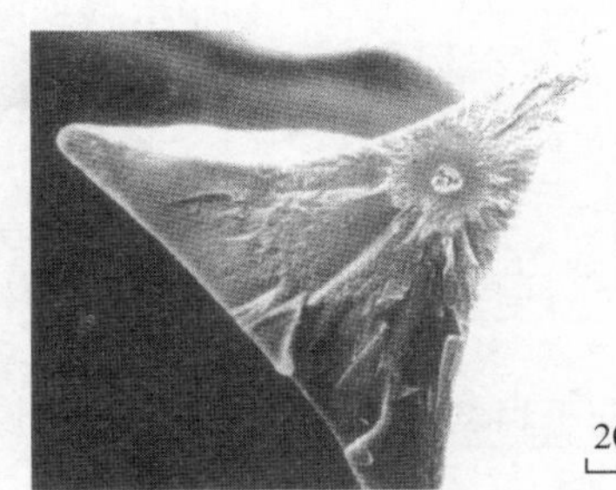

图3-3-5　具有开放结构的玻璃态碳材料中一个作为断裂源的球形气孔

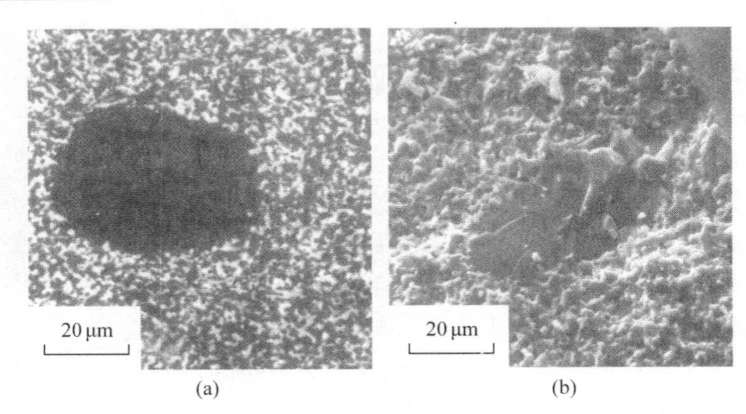

图 3-3-6　扫描电镜照片显示氧化铝-氧化锆复合材料中作为断裂源的工艺缺陷

(a) 多孔的氧化铝团聚体；(b) 大的氧化铝晶粒

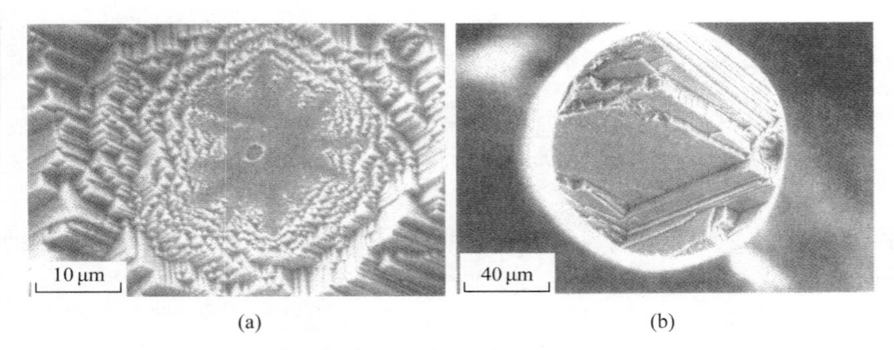

图 3-3-7　扫描电镜照片显示单晶氧化铝(蓝宝石)显微中的断裂源

(a) 内部气孔；(b) 表面裂纹

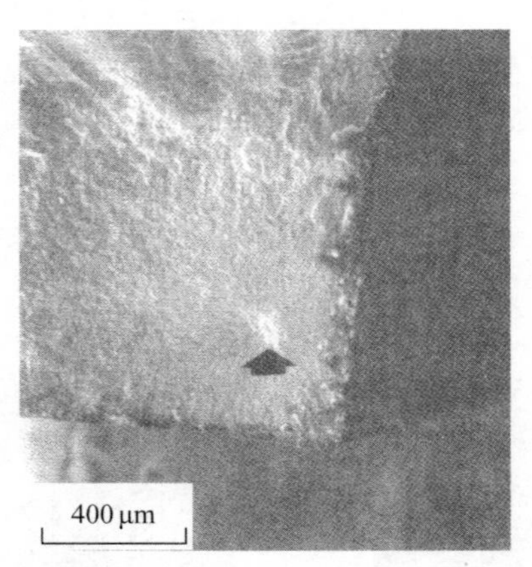

图 3-3-8　氮化硅材料中作为断裂源的一个碳化硅夹杂物

3.3.2　高分子材料的断裂

与金属材料类似，高分子聚合物材料的断裂也可分为脆性断裂和韧性断裂两大类，这既与高聚物的结构(如晶态、半晶态、非晶态)有关，也与高聚物所处的力学状态(如玻璃态、高弹态、黏流态)有关。一般来说，非晶态高聚物在玻璃化转变温度 T_g 以下主要表现为脆性断裂；高聚物单晶体可以发生解理断裂，也属于脆性断裂；T_g 温度以上的非晶态高聚物以及结晶度不太高的晶态高聚物（也称半晶态高聚物）的断裂伴随有较大的塑性变形，属于韧性断裂。

3.3.2.1　脆性断裂

聚苯乙烯塑料、非定向有机玻璃、热固性塑料等刚性高分子材料在室温下的断裂都属于脆性断裂。其基本特征是：断裂前，应力与应变之间呈良好的线性关系，即基本服从线弹性体的胡克定律；断裂应变低于 5%，断裂能低，断裂后试样几乎无残余应变，可以用 Griffith 理论描述裂纹长度和断裂应力之间的关系；断口表面与拉伸方向基本垂直。

脆性断裂过程基本可分为 3 个阶段：断裂源首先在材料最薄弱处形成，一般是主裂纹通过单个银纹扩展；随着裂纹扩展和应力水平提高，主裂纹不再是通过单个银纹扩展，而是通过多个银纹扩展，因而断面转入雾状区；当裂纹扩展到临界长度时，断裂突然发生。

几乎所有的固体高分子材料在脆性断裂时都能在断面上形成镜面区、雾状区和粗糙区这 3 个特征区域，如图 3-3-9 所示。

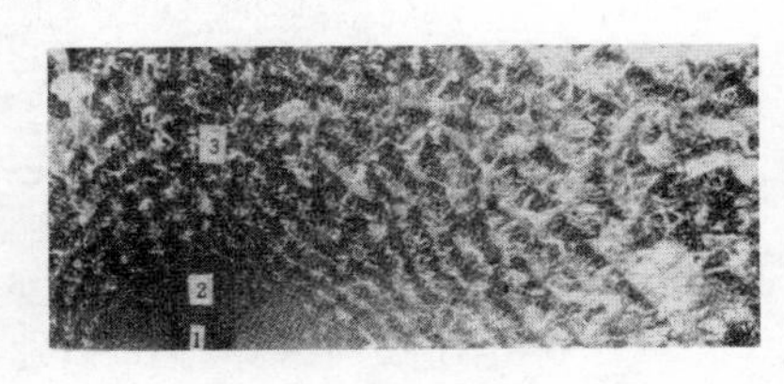

1—镜面区；2—雾状区；3—粗糙区。

图 3-3-9　脆性断口的 3 个区域

镜面区：该区为裂纹源区，宏观上呈平坦光滑的半圆形镜面状，一般出现在构件边缘或棱角处，在某些条件下也能出现在试样内部呈近似圆形。在低倍放大下，在镜面区看不到特征花样。在高倍下，可观察到许多从裂纹源出发沿裂纹扩展方向延伸的线状条纹。

雾状区：宏观上平整但不反光。在高倍下，可以看到许多抛物线花样，抛物线的轴线指向裂纹源。距离裂纹源愈远，抛物线密集程度愈高。雾状区的形成主要是由于随着裂纹的扩展，应力水平逐渐提高，材料中原先不危险的次薄弱点逐渐变为可能形成银纹和裂纹的危险点。这时主裂纹通过多个银纹扩展，因而断面上转入雾状区。换句话说，雾状区的开始意味着次裂纹源的出现。雾状区开始时，次裂纹源的数目不多，随裂纹的继续扩展，材料上所受的应力水平愈来愈高，次裂纹源也愈来愈密集。由于次裂纹和主裂纹往往不在同一平面上扩展，断面不再平整如镜。

粗糙区：宏观上呈一定的粗糙度。有时可见与裂纹源同心的弧状肋带，离裂纹源愈远，肋带之间间距愈宽。肋带区以外，有时呈粗糙的块状或台阶状，也称为“河流”花样或“羽毛状”花样。这是在裂纹快速扩展阶段，由众多次裂纹在高低不平的面上同时扩展所致。

3.3.2.2　韧性断裂

各种橡胶材料和热塑性塑料如尼龙在室温下的拉伸断裂属于韧性断裂。韧性断裂的特点是断裂应变很大，可达到百分之几十至百分之几百，断裂能很高。

高聚物的韧性断裂是银纹产生、发展的过程。银纹的影响表现在两个方面，它既是主要裂纹源，又是韧性的主要源泉。当拉伸应力增大到一定值时，银纹便在高聚物的一些弱结构、缺陷处产生，导致材料内部出现空洞。随着应变进一步增大，这些空洞可以长大成孔，孔的扩展将导致最终断裂。在银纹的一些杂质处也可能形成微裂纹，微裂纹沿银纹与基体材料界面扩展，使连接银纹两侧的纤维束断裂，造成微观缩颈，微裂纹就以这种形式发展形成裂纹。

裂纹尖端存在很高的应力集中，足以产生一个银纹密集的塑性区。因而，裂纹传播过程就是裂纹尖端银纹区产生、移动的过程。裂纹尖端高密度的银纹钝化了裂纹，松弛了应力集中。此外，由于银纹能产生很大的变形，形成银纹要消耗更多的能量，材料的韧性得到了提高。在这方面，裂纹尖端银纹区同金属材料中裂纹尖端塑性区的作用类似。

3.3.2.3 韧脆转变

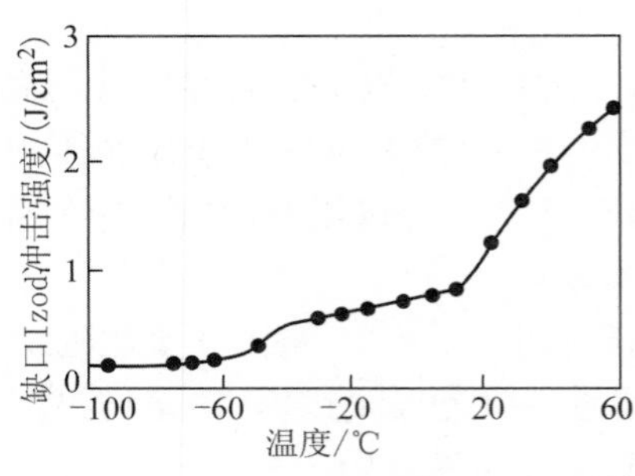

图 3-3-10 MBS 的系列冲击试验结果

高聚物也可以用系列摆锤冲击试验来研究温度对韧性/脆性的影响。图 3-3-10 为甲基丙烯酸甲酯-丁二烯-苯乙烯共聚物(MBS)的系列冲击试验结果，与金属相似，也是温度愈低，冲击功(在高聚物中称为冲击强度)愈低，脆性愈大。但不像金属那样存在非常明显的韧-脆转变温度，而是存在 3 个与高聚物力学状态相关的温度区间。

(1) 低温区($T<-50$℃)：橡胶处于玻璃态，在整个破坏过程中不能松弛，即橡胶球粒赤道平面上不能引发银纹，材料呈脆性破坏。

(2) 中间温度区($-50℃<T<20℃$)：冲击破坏开始时，在样品缺口根部的裂纹速度较低，橡胶球粒赤道平面上能引发银纹，而在裂纹高速扩展时，材料呈脆性破坏。

(3) 高温区：在缺口根部引发裂纹以及随后裂纹高速扩展时，在橡胶球粒赤道平面上能引发大量银纹，吸收冲击能量，显示出增韧作用。

按 Charpy 冲击强度，可以把高聚物从脆性到韧性分成 4 类：A——脆性，试样甚至在无缺口时断裂；B——钝缺口脆性，钝缺口试样冲击脆断，而无缺口试样不断裂；C——锐缺口脆性，在锐缺口时试样冲击断裂；D——韧性，即使在锐缺口时试样也不断裂。表 3-3-4 是各种高聚物在不同温度下的分类情况。

表 3-3-4 热塑性塑料的冲击强度分类

材 料	温 度/℃							
	−20	−10	0	+10	+20	+30	+40	+50
聚苯乙烯	A	A	A	A	A	A	A	A
聚甲基丙烯酸甲酯	A	A	A	A	A	A	A	A
玻璃填充的尼龙(干)	A	A	A	A	A	A	A	B
甲基戊烯高聚物	A	A	A	A	A	A	A	AB
聚丙烯	A	A	A	A	B	B	B	B
抗银纹丙烯酸酯类高聚物	A	A	A	A	B	B	B	B
聚对苯二甲酸乙二醇酯	B	B	B	B	B	B	B	B
聚缩醛	B	B	B	B	B	B	C	C
未增塑聚 PVC	B	B	C	C	C	C	D	D
CAB	B	B	B	C	C	C	C	C
尼龙(干)	C	C	C	C	C	C	C	C
聚砜	C	C	C	C	C	C	C	C
高密度聚乙烯	C	C	C	C	C	C	C	C
PPO	C	C	C	C	C	CD	D	D
丙烯-乙烯共聚物	B	B	B	C	D	D	D	D

（续表）

材　料	温　度/℃							
	−20	−10	0	+10	+20	+30	+40	+50
ABS	B	D	D	CD	CD	CD	CD	D
聚碳酸酯	C	C	C	C	D	D	D	D
尼龙	C	C	C	D	D	D	D	D
PTFE	BC	D	D	D	D	D	D	D
低密度聚乙烯	D	D	D	D	D	D	D	D

注：A——脆性，试样甚至在无缺口时断裂；

B——钝缺口脆性，钝缺口试样冲击脆断，而无缺口试样不断裂；

C——锐缺口脆性，在锐缺口时试样冲击断裂；

D——韧性，即使在锐缺口时试样也不断裂。

3.3.2.4　断裂的速率效应

与金属材料相比，高聚物的断裂对载荷作用时间敏感，是与速率有关的过程。换句话说，在给定温度 T 下，对高聚物施加一个恒定的应力 σ，则断裂将延迟一段时间 t_f 后发生。t_f 称为延迟寿命。图 3-3-11 给出了几种高聚物在不同温度下的应力和寿命关系曲线，可见寿命的对数与应力之间呈良好的线性关系，断裂时间随应力的提高而缩短，或者说，材料受载时间愈长，断裂强度愈低。改变温度时，强度对受载时间的依赖性随温度的提高而增加，只有在极低的温度下，才可以认为断裂强度与受载时间无关。

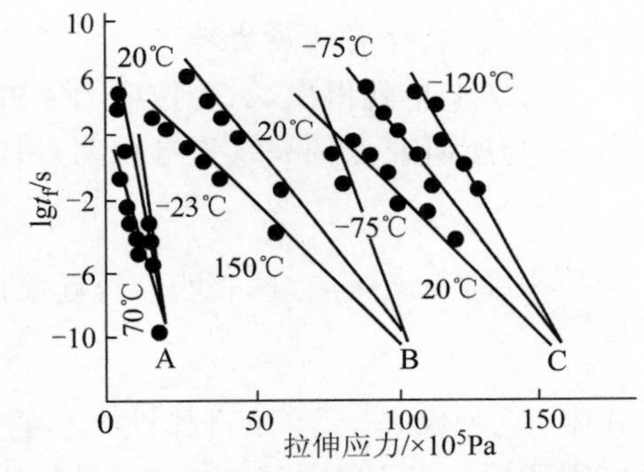

A—未取向的 PMMA；B—黏胶纤维；C—聚乙内酰胺。

图 3-3-11　不同温度下几种高聚物断裂时间与应力的关系

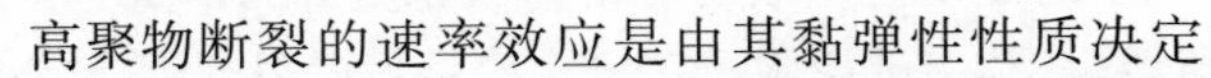
高聚物断裂的速率效应是由其黏弹性性质决定的。为解释断裂的速率效应，研究者已提出许多理论，断裂的分子热激活理论是较好的一个。该理论认为高聚物的断裂是一个松弛过程，宏观断裂是微观化学键（共价键、分子键）断裂的一个活化过程，与时间有关。把分子链化学键视为断裂的元过程，化学键断裂这种损伤的累积就导致裂纹形成，并最终整体破坏。根据分子热激活理论得出的速率效应可表示为

$$t_f = t_0 \exp\left(\frac{U_0 - \nu_s \sigma}{RT}\right) \tag{3-3-2}$$

式中，t_0 为分子振动频率的倒数；U_0 为破坏化学键的激活能（活化能）；ν_s 为结构敏感系数；R 为气体常数；T 为绝对温度。

由于高聚物的断裂是一个延迟过程，因此不能根据它们的瞬时强度而应根据它们的持久强度来计算许用应力。高聚物的长时力学性能在工程上是更有意义的。

3.4　断裂韧度▶

前已述及，工程材料和构件，特别是由高强度材料制成的构件或中、低强度材料制成的大

型构件常常发生名义应力远低于屈服强度的所谓低应力脆断，这是用传统的经典强度设计理论无法解释的。通过对这类现象多年的大量研究，现已取得共识，即这类低应力脆断是由构件在使用前即已存在的裂纹类缺陷所导致的。由于裂纹的存在，在平均外载荷(远场名义应力)并不大的情况下，在裂纹尖端附近区域产生的高度应力集中就可能达到材料的理论断裂强度，引发局部开裂，致使裂纹扩展，并最终导致整体断裂。基于此，发展出了新的断裂力学设计方法，作为对经典强度设计理论的补充。目前对重要的或大型的受力构件，均须采用这两种强度设计方法，以保证构件的安全服役。

断裂力学的基本假设是所研究对象存在固有裂纹，其中心任务是对裂纹体不均匀分布的应力场进行分析，提出描述裂纹体应力场强的力学参量和计算这些参量的方法，建立裂纹几何(包括形状、取向、尺寸等)、材料本身抵抗裂纹扩展能力、裂纹扩展引起结构破坏时的(名义)应力水平等之间的关系，确定适用的表征材料抵抗裂纹扩展能力的指标和测试方法。

3.4.1　裂纹尖端应力强度因子

3.4.1.1　裂纹尖端应力场

力学上早就得出，对受拉应力 σ 的裂纹体，沿裂纹线平面上 y 方向(垂直于裂纹面)的应力 σ_y 与所研究点到裂纹尖端距离 r 有如下关系：

$$\sigma_y \propto r^{-\frac{1}{2}} \tag{3-4-1}$$

当 $r \to 0$ 时，$\sigma_y \to \infty$。这表明裂纹前沿应力场具有 $r^{-1/2}$ 阶奇异性。式(3-4-1)也可写成

$$r^{\frac{1}{2}}\sigma_y = K \tag{3-4-2}$$

式中，K 为代表 $r^{-1/2}$ 阶奇异性大小的系数，表征了裂纹前缘应力场奇异性强度，称为**应力强度因子**(stress indensity factor)。显然，它的形式和数值大小取决于裂纹的形状、尺寸、位置、取向以及外作用力大小等。

裂纹尖端应力场的分布和应力强度因子的确定是断裂力学的重要部分，常用的方法有解析法、数值外插法(边界配置法)、有限元计算法和柔度试验法。解析法是最严格的理论分析方法，但是仅适用于裂纹几何简单的情况。

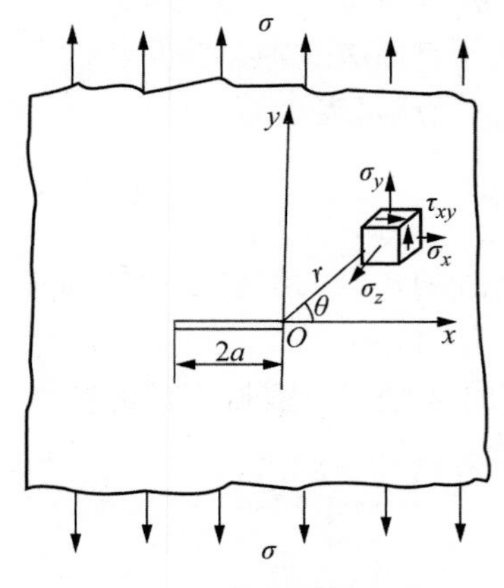

图 3-4-1　含中心穿透裂纹无限大平板应力分析模型

图 3-4-1 所示为含 $2a$ 长度中心穿透裂纹的无限大平板在垂直于裂纹面的方向上受均匀拉伸应力 σ 的情况。这种裂纹情况比较简单，根据弹性力学理论可以推导出裂纹尖端前方任意一点应力的解析表达式为

$$\begin{aligned}
\sigma_x &= \frac{K_{\mathrm{I}}}{\sqrt{2\pi r}}\cos\frac{\theta}{2}\left(1-\sin\frac{\theta}{2}\sin\frac{3\theta}{2}\right)-\sigma \\
\sigma_y &= \frac{K_{\mathrm{I}}}{\sqrt{2\pi r}}\cos\frac{\theta}{2}\left(1+\sin\frac{\theta}{2}\sin\frac{3\theta}{2}\right) \\
\sigma_z &= \nu(\sigma_x+\sigma_y) \qquad \text{(平面应变状态)} \\
\sigma_z &= 0 \qquad \text{(平面应力状态)} \\
\tau_{xy} &= \frac{K_{\mathrm{I}}}{\sqrt{2\pi r}}\sin\frac{\theta}{2}\cos\frac{\theta}{2}\cos\frac{3\theta}{2}
\end{aligned} \tag{3-4-3}$$

由式(3-4-3)可见，距离裂纹尖端愈近，各应力分量愈大，当 $r\to 0$ 时，各应力分量$\to\infty$，即裂纹尖端应力场有奇异性。一般更关心裂纹面延长线的应力及垂直与裂纹面的应力分量 σ_y，此时有

$$\sigma_y=\frac{K_{\mathrm{I}}}{\sqrt{2\pi r}} \tag{3-4-4}$$

$$\tau_{xy}=0$$

另外，由式(3-4-3)还可看出，当板材较薄而近似为平面应力状态时，裂纹尖端前沿受两向拉应力状态；而当板材厚度较大近似为平面应变状态时，裂纹尖端前沿受三向拉应力状态。这表明，平面应变的应力状态较“硬”，脆性断裂倾向较大，属于比较危险的情况。

3.4.1.2　*裂纹尖端应力强度因子*

式(3-4-3)中各应力分量表达式中均有一个共同的参数 K_{I}，它的表达式为

$$K_{\mathrm{I}}=\sigma\sqrt{\pi a}\quad (\mathrm{MPa\cdot m^{1/2}}) \tag{3-4-5}$$

对于裂纹前端的任意给定点，其坐标 r,θ 都有确定值，这时该点的应力大小完全决定于 K_{I}。换句话说，K_{I} 表示在名义应力 σ 作用下，含裂纹体处于弹性平衡状态时，裂纹前端应力场的强弱，它就是上一小节提到的应力强度因子。

应该指出，由式(3-4-5)表示的 K_{I} 表达式仅适用于图 3-4-1 所示的情况。对于更一般的裂纹形式，应力强度因子表达式可修正为

$$K_{\mathrm{I}}=Y\sigma\sqrt{a} \tag{3-4-6}$$

式中，Y 为裂纹形状系数；a 对中心裂纹为裂纹半长，对边裂纹为裂纹全长。本章附表给出了几种简单裂纹形式的 K_{I} 表达式。

3.4.1.3　*裂纹类型*

根据裂纹面位移或受力方式不同，可将裂纹分为 3 种类型，如图 3-4-2 所示。

张开型裂纹(Ⅰ型)：外力垂直于裂纹面，在拉应力作用下，裂纹尖端张开，并沿与外力垂直的方向扩展。拉板上垂直于拉力方向的贯穿裂纹、压力容器或受内压的管道壁上的纵向裂纹、飞轮上的径向裂纹等属于此类情况。

滑开型裂纹(Ⅱ型)：受面内切应力作用，其上的切应力垂直于向前扩展的裂纹前缘，故又称为前后剪切型裂纹。轮齿或花键根部沿切线方向的裂纹、受扭转作用薄壁圆管上环向贯穿裂纹、受剪力作用铆钉的剪切面内裂纹等属于此类情况。

撕开型裂纹(Ⅲ型)：外载荷是裂纹面内平行于裂纹前缘的剪力，裂纹在其自身平面内沿垂直于剪应力的方向扩展，又称为横向剪切型裂纹。受扭转作用圆轴上的环形切槽和受扭转作用圆轴上的表面环形裂纹属于此类。

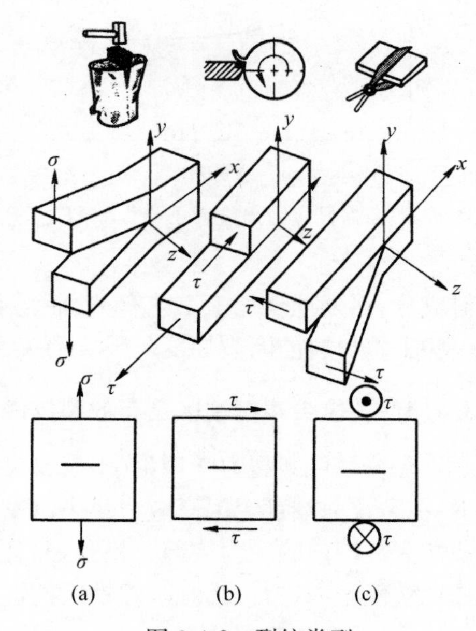

图 3-4-2　裂纹类型

(a) 张开型；(b) 滑开型；(c) 撕开型

由于裂纹存在 3 种扩展方式,其相应的应力强度因子也会不同,为加以区别,分别以 K_{I}、K_{II}、K_{III}表示。前面讨论的 K_{I} 就是在主应力作用下,裂纹在张开型扩展时的应力强度因子。在工程构件中,张开型扩展是最危险的,材料对这种裂纹扩展的抗力最低。因此,即使是其他形式的裂纹,也常按Ⅰ型处理,这样会更安全。后续讨论中,除特别指出以外,均指这种类型。

3.4.2 断裂韧度

由式(3-4-6)可知,应力强度因子 K_{I} 是取决于名义应力 σ 和裂纹尺寸 a 的复合参量。当 σ 和 a 单独或者共同增大时,K_{I} 和裂纹尖端各应力分量也随之增大。当 σ 增加到临界值 σ_c 或 a 增大到临界值 a_c 时,K_{I} 达到某一临界值 $K_{\mathrm{I}c}$,此时裂纹尖端前沿足够大的范围内应力达到了材料的解理断裂应力,裂纹便失稳扩展而导致材料断裂。这个对应于裂纹失稳扩展的临界应力强度因子 K_{Ic} 表征了材料抵抗断裂的能力,由于它具有能量的量纲,因此又称为**断裂韧度**(fracture toughness)。因此,裂纹体断裂的判据可写为

$$K_{\mathrm{I}} \geqslant K_{\mathrm{Ic}} \tag{3-4-7}$$

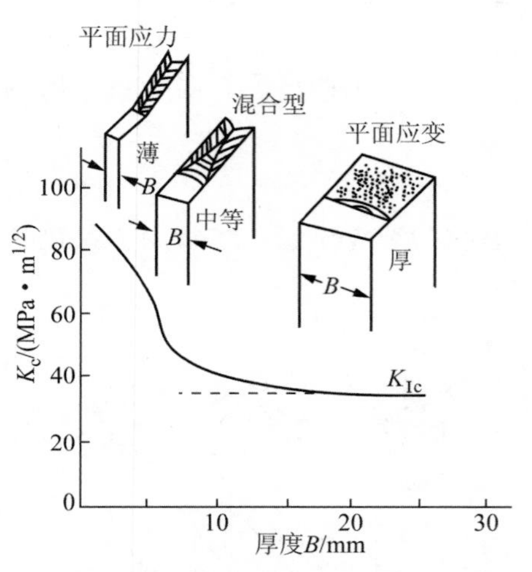

图 3-4-3 临界应力强度因子与板厚的关系

值得注意的是,对同样的材料,当板材厚度不同时,其临界应力强度因子是不同的,如图 3-4-3 所示,表现为在板厚较薄而为平面应力状态时,随板厚增加,临界应力强度因子先增加后降低;当厚度增加到某一临界值达到平面应变状态以后,临界应力强度因子就保持不变,成为材料常数。因此,工程上把Ⅰ型裂纹平面应变状态下的临界应力强度因子作为断裂韧度。

应强调指出,断裂韧度 K_{Ic}是应力强度因子 K_{I} 的临界值,两者的物理意义不同。K_{I} 是描述裂纹前端应力场强弱的力学参量,它与裂纹及物体的大小、形状、外加应力等参数有关,如应力 σ 加大,K_{I} 即增大;而断裂韧度 K_{Ic} 是评定材料阻止宏观裂纹失稳扩展能力的一种力学性能指标,它是材料常数,只与材料成分、热处理及加工工艺有关,而与裂纹本身大小、形状以及外应力大小无关。图 3-4-4 为一些工程材料的断裂韧度与强度的关系图。

3.4.3 裂纹尖端塑性区及有效裂纹修正 ▶

在线弹性断裂力学理论中,裂纹尖端存在应力奇点。但是对于金属材料,即便是超高强度钢,在裂纹前端都会因高应力集中诱发一定范围的塑性变形,形成局部塑性区,随之而来的是塑性区范围内的应力被部分松弛,并且随着裂纹扩展,塑性区也随之移动,即裂纹扩展基本上是在塑性区中进行。因此,塑性区的性质对裂纹扩展行为至为关键。

3.4.3.1 塑性区形状和尺寸

仍以无限大平板含中心 $2a$ 长穿透裂纹(见图 3-4-1)为例,将式(3-4-3)表达的裂纹尖端诸应力分量代入复杂应力状态的屈服条件——Von Mises 判据,经整理后可得塑性区边界方

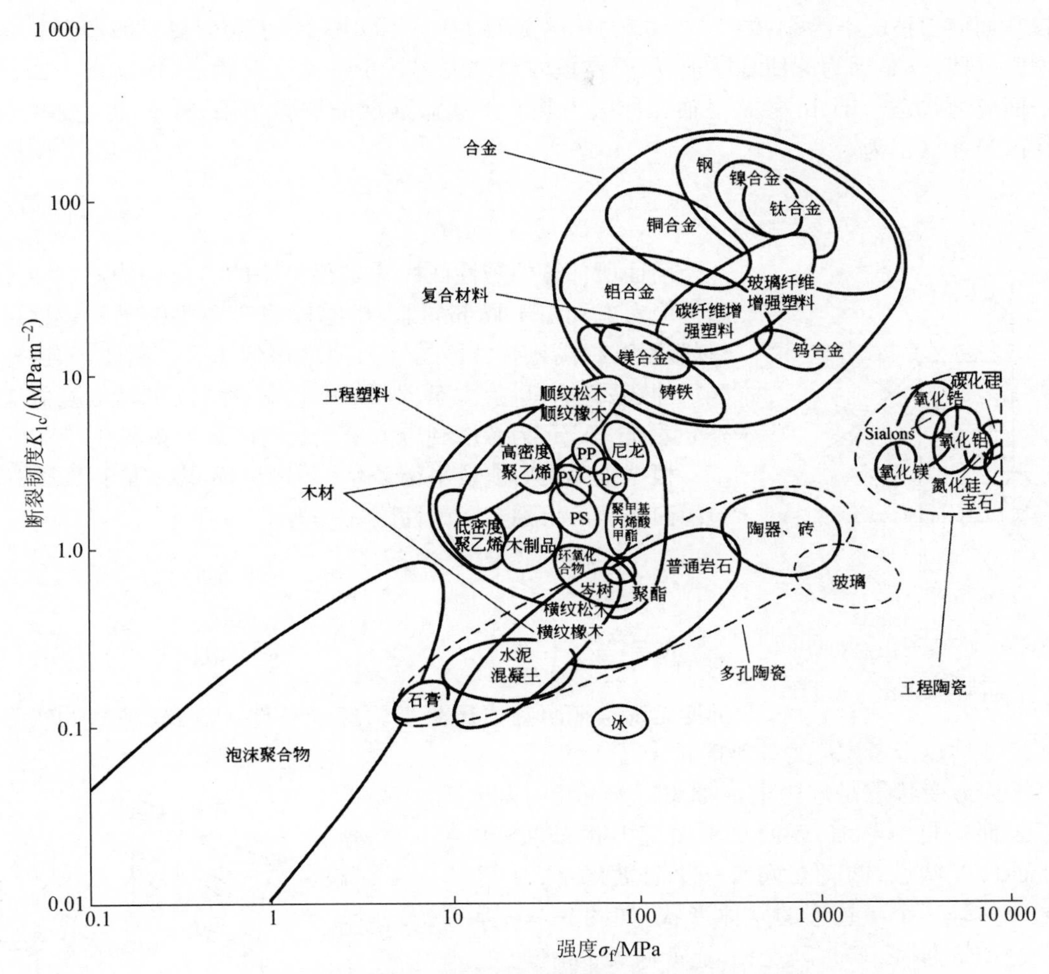

图 3-4-4 一些工程材料的断裂韧度与强度的关系图

程为

$$r=\frac{K_{\mathrm{I}}^{2}}{2\pi\sigma_{\mathrm{s}}^{2}}\cos^{2}\left(\frac{\theta}{2}\right)\left[1+3\sin^{2}\left(\frac{\theta}{2}\right)\right] \quad (平面应力) \quad (3\text{-}4\text{-}8a)$$

$$r=\frac{K_{\mathrm{I}}^{2}}{2\pi\sigma_{\mathrm{s}}^{2}}\cos^{2}\left[(1-2\nu)^{2}+3\sin^{2}\left(\frac{\theta}{2}\right)\right] \quad (平面应变) \quad (3\text{-}4\text{-}8b)$$

此两种状态下的塑性区边界如图 3-4-5 所示。

在式(3-4-8)中,令 $\theta=0$,可得到在裂纹延长线上的塑性区尺寸(取 $\nu=0.3$)

$$r_{0}=\frac{1}{2\pi}\left(\frac{K_{\mathrm{I}}}{\sigma_{\mathrm{s}}}\right)^{2}\approx\frac{1}{6}\left(\frac{K_{\mathrm{I}}}{\sigma_{\mathrm{s}}}\right)^{2} \quad (平面应力) \quad (3\text{-}4\text{-}9a)$$

$$r_{0}=\frac{(1-2\nu)^{2}}{2\pi}\left(\frac{K_{\mathrm{I}}}{\sigma_{\mathrm{s}}}\right)^{2}\approx\frac{1}{36}\left(\frac{K_{\mathrm{I}}}{\sigma_{\mathrm{s}}}\right)^{2} \quad (平面应变) \quad (3\text{-}4\text{-}9b)$$

显然,平面应变情况下,三向拉伸应力对裂纹尖端塑性变形产生了强烈的约束,其应力达到屈服的塑性区宽度

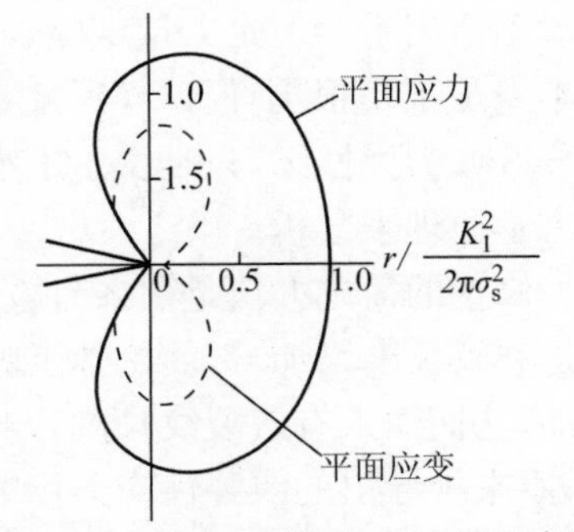

图 3-4-5 裂纹尖端塑性区边界示意图

远较平面应力情况下为小,约为平面应力情况下的 1/6。但实际上,平面应变时的塑性区要略略增大一些,这是因为即使是厚板,虽然在板内裂纹尖端处于平面应变状态,但前后板面仍处于平面应力状态。Irwin 参照三轴拉伸应力状态下屈服强度的试验结果,将平面应变状态的塑性区尺寸修正为

$$r_0=\frac{1}{4\sqrt{2}\,\pi}\left(\frac{K_{\mathrm{I}}}{\sigma_{\mathrm{s}}}\right)^2 \tag{3-4-10}$$

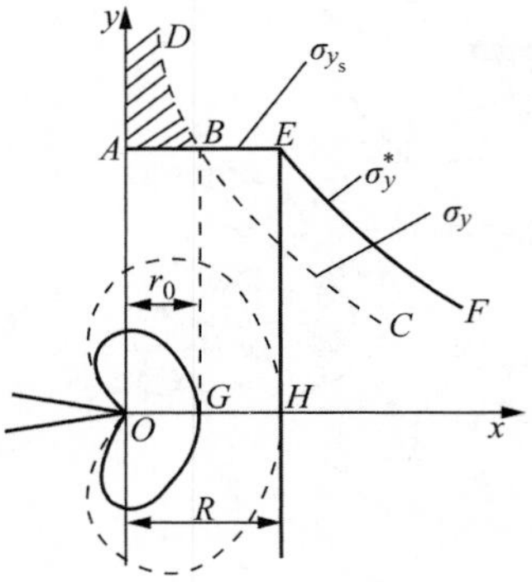

前面所估算的塑性区尺寸是很粗略的。更精确地确定塑性区还应考虑到由于局部屈服,松弛掉的应力要由毗邻弹性区的材料承担,提高该弹性区的应力使之达到屈服。因此,实际塑性区尺寸还要进一步扩大至 R,如图 3-4-6 所示,DBC 为裂纹尖端 σ_y 的分布,AEF 为考虑到应力松弛后的应力分布曲线。

图 3-4-6 应力松弛对塑性区的影响

根据松弛前后能量平衡条件(阴影区面积约等于 BEHG 所包围面积),可得到实际塑性区尺寸为

$$R=\frac{1}{\pi}\left(\frac{K_{\mathrm{I}}}{\sigma_{\mathrm{s}}}\right)^2 \quad (\text{平面应力}) \tag{3-4-11a}$$

$$R=\frac{1}{2\sqrt{2}\,\pi}\left(\frac{K_{\mathrm{I}}}{\sigma_{\mathrm{s}}}\right)^2 \quad (\text{平面应变}) \tag{3-4-11b}$$

可见无论是平面应力还是平面应变条件,应力松弛后的实际塑性区尺寸均比未考虑应力松弛时扩大了 1 倍。

平面应变状态是理论上的抽象。实际上,厚板由于表面的自由收缩,表面是平面应力状态,心部是平面应变状态,两者之间有一个过渡区,实际塑性区应该是一个哑铃形的立体形状,如图 3-4-7 所示。这个立体形塑性区是对金属韧性贡献的主体,它愈大,则韧性愈好。显然,大截面尺寸构件(平面应变状态)比小构件(平面应力状态)的韧性差。此外,材料的强度 σ_s 愈高,塑性区愈小,韧性愈差。

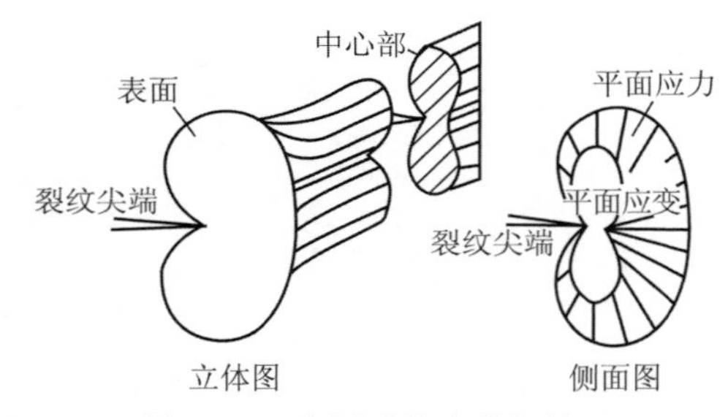

图 3-4-7 实际试件中的塑性区

3.4.3.2 有效裂纹及应力强度因子的修正

前述断裂韧度是在线弹性假设下得到的,如果裂纹尖端存在塑性区,线弹性断裂力学的方法就不适用了。但是大量试验表明,当材料的屈服强度较高时,塑性区尺寸 R 是很小的;或者 R 本身虽不是很小,但试样尺寸很大,相对来说 R 仍可看作很小。在这种情况下,裂纹前端大部分区域为弹性区,只是发生了小范围屈服,对于这种情况,只要稍加修正,仍可利用线弹性断裂力学原理来分析。

修正的简单办法是引入有效裂纹的概念,其思想是把塑性区松弛应力场的作用等效地看成是裂纹长度增加 r_y 而松弛了弹性应力场的作用。也就是说,塑性区的存在相当于裂纹长度增加,从而引入有效裂纹长度 $a+r_y$ 来代替原有裂纹长度,这样就可以不再考虑塑性区的影响,原来推导出的线弹性应力场的公式就仍然适用。

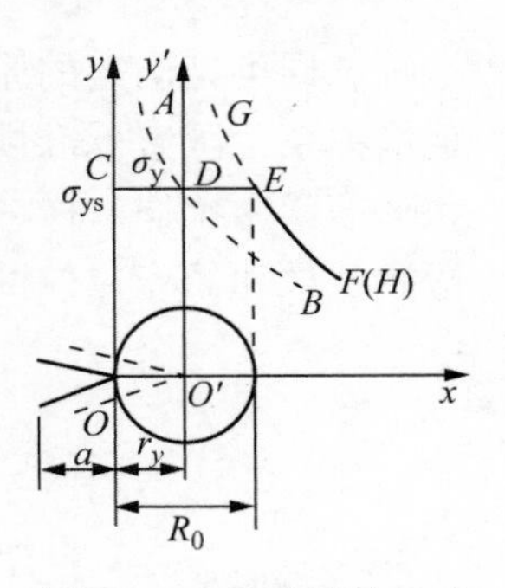

图 3-4-8 有效裂纹尺寸修正示意图

有效裂纹的修正如图 3-4-8 所示。当裂纹前端出现塑性区后，其应力分布将由虚线 AB 变为实线 CEF，其中 CE 直线为塑性区应力，EF 曲线为弹性区应力分布。设想将原始裂纹顶点由 O 点虚移动 r_y 距离至 O'点，成为有效裂纹，则虚线 GEH 可以设想为有效裂纹尖端的弹性应力分布(它在 EH 段是与实际弹性应力分布 EF 相重合)，即有

$$K_{\mathrm{I}}=Y\sigma\sqrt{a+r_y} \tag{3-4-12}$$

计算表明，r_y 正好是实际塑性区尺寸的一半，即

$$r_y=\frac{1}{2\pi}\left(\frac{K_{\mathrm{I}}}{\sigma_s}\right)^2\approx 0.16\left(\frac{K_{\mathrm{I}}}{\sigma_s}\right)^2 \quad (平面应力) \tag{3-4-13a}$$

$$r_y=\frac{1}{4\sqrt{2}\pi}\left(\frac{K_{\mathrm{I}}}{\sigma_s}\right)^2\approx 0.056\left(\frac{K_{\mathrm{I}}}{\sigma_s}\right)^2 \quad (平面应变) \tag{3-4-13b}$$

将式(3-4-13)代入式(3-4-12)就可求得修正后的应力强度因子为

$$K_{\mathrm{I}}=\frac{Y\sigma\sqrt{a}}{\sqrt{1-0.16Y^2\left(\frac{\sigma}{\sigma_s}\right)^2}} \quad (平面应力) \tag{3-4-14a}$$

$$K_{\mathrm{I}}=\frac{Y\sigma\sqrt{a}}{\sqrt{1-0.056Y^2\left(\frac{\sigma}{\sigma_s}\right)^2}} \quad (平面应变) \tag{3-4-14b}$$

计算应力强度因子 K_{I}时，应该注意修正的条件。当应力 σ 增加时，裂纹尖端塑性区也增大，偏离线弹性的程度就愈大，其修正就有必要。通常情况下当 $\sigma/\sigma_s\geqslant 0.6\sim 0.7$ 时，就需要修正。

3.4.4 断裂韧度的测试 ▶

3.4.4.1 断裂韧度试验特点

断裂力学的鲜明特色决定了断裂韧度试验方法的一系列特点。

(1) 断裂韧度试样原则上都是带有裂纹的试样，并且裂纹还要具有一定的尖度。

(2) 断裂韧度试样的形状、裂纹取向和位置以及加载条件等的选择必须使应力强度因子 K_{I}、载荷 P(或应力 σ)及裂纹尺寸 a 三者之间的定量关系为已知。如果没有上述的已知关系，则首先需要通过数字计算或力学试验的方法，进行应力强度因子的标定，从而建立上述三者间的关系。

(3) 断裂试样中，要求确定的是相应裂纹失稳扩展点的载荷。通常是以记录载荷及裂纹嘴张开的位移来间接得到上述临界点。

(4) 断裂韧度试验要求满足小范围屈服和平面应变的力学条件，而这些条件的满足又需要知道待测材料的强度(σ_s)和断裂韧度 K_{Ic}。因此，试验的有效性往往是试验前无法准确判断的。试验后必须仔细进行有效性的分析，以检验有关力学条件是否满足。如不满足，则需改变试样尺寸，重新进行试验。

3.4.4.2 试样类型及尺寸

试样制备是断裂韧度测试中关键的一环。它不仅关系到能否测得有效的 K_{Ic} 值，还关系到所测 K_{Ic} 是否具有代表性和符合工程需要。试验制备包括试样类型确定、试样几何尺寸和方位的选取、试样加工及预制裂纹等环节。

试样类型确定的原则是要已知应力强度因子 K_{I}、载荷 P 及预制裂纹长度 a 三者之间的定量关系。国家标准规定了 4 种类型试样：标准三点弯曲试样、紧凑拉伸试样、C 形拉伸试样和圆形紧凑拉伸试样。前 3 种试样的形状及各尺寸之间的关系如图 3-4-9 所示。其中，三点弯曲试样和紧凑拉伸试样使用较多。

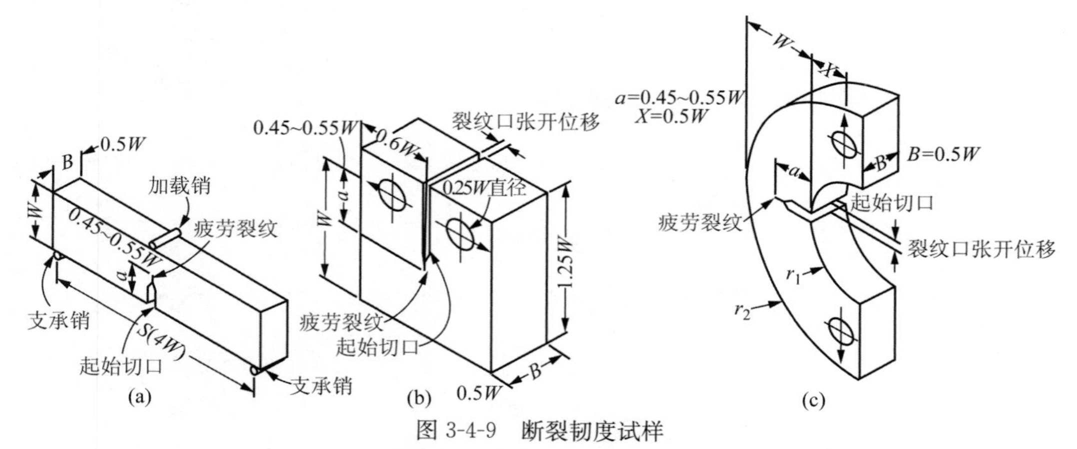

图 3-4-9　断裂韧度试样

(a) 三点弯曲试样；(b) 紧凑拉伸试样；(c) C 形拉伸试样

确定试样尺寸的原则是保证裂纹尖端为平面应变和试样整体处于小范围屈服状态。大量试验证明，为满足上述条件，试样厚度 B、裂纹长度 a（包括切口长度）及裂纹前方韧带宽度 $(W-a)$ 应满足下列各式

$$B \geqslant 2.5\left(\frac{K_{\mathrm{Ic}}^{*}}{\sigma_{0.2}}\right)^2, a \geqslant 2.5\left(\frac{K_{\mathrm{Ic}}^{*}}{\sigma_{0.2}}\right)^2, W-a \geqslant 2.5\left(\frac{K_{\mathrm{Ic}}^{*}}{\sigma_{0.2}}\right)^2 \tag{3-4-15}$$

式中，$\sigma_{0.2}$ 为试样材料的屈服强度；K_{Ic}^{*} 为试样材料断裂韧度的预估值。对于新材料或不熟悉的材料，K_{Ic}^{*} 值无法估算，可根据该材料的屈服强度与杨氏模量的比值来确定厚度，见表 3-4-1。

表 3-4-1　根据 $\sigma_{0.2}/E$ 值确定试样最小厚度 B

σ_y/E	B/mm	σ_y/E	B/mm
0.0050～0.0057	75	0.0071～0.0075	32
0.0057～0.0062	63	0.0075～0.0080	25
0.0062～0.0065	50	0.0080～0.0085	20
0.0065～0.0068	44	0.0085～0.0100	12.5
0.0068～0.0071	38	≥0.0100	6.5

3.4.4.3　测试方法

测试时，将试样装夹在带有载荷传感器的试验机上，并且在试样裂纹两边安装夹式引申计，来测量试验过程中的裂纹嘴张开位移 V。把传感器输出的载荷信号及引伸计输出的裂纹嘴张开位移信号，经过放大器分别接到 X-Y 记录仪的 Y 轴和 X 轴，即可连续记录 P-V 曲线。图 3-4-10 为三点弯曲试验装置示意图。

3.4.4.4　试验结果处理

断裂韧度 K_{Ic} 表征裂纹失稳扩展的临界抗力，所以测试的关键是确定裂纹开始失稳扩展

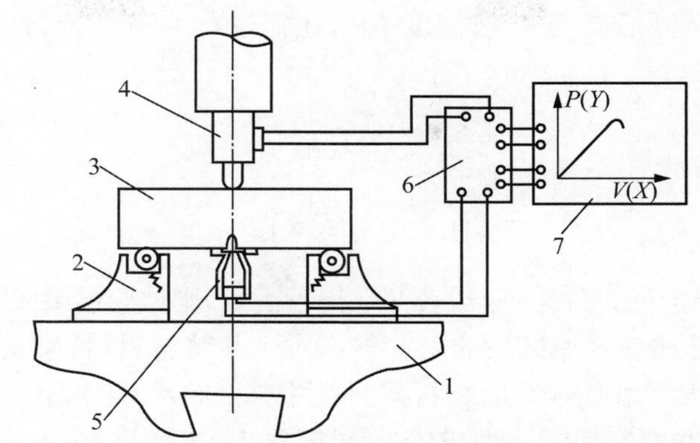

1—试验机活动横梁；2—支座；3—试样；4—载荷传感器；5—夹式引伸计；6—动态应变仪；7—X-Y 函数记录仪。

图 3-4-10　三点弯曲试验装置示意图

时的载荷 P_Q。P_Q 由 P-V 曲线确定。由于材料性能及试样尺寸不同，P-V 曲线主要有 3 种类型，如图 3-4-11 所示。确定 P_Q 的方法：先从原点 O 作一相对 P-V 曲线直线段部分斜率减少 5% 的割线，确定裂纹扩展 2% 时相应的载荷 P_5，P_5 是割线与 P-V 曲线交点的纵坐标值。如果在 P_5 以前没有比 P_5 大的高峰载荷，则 $P_5=P_Q$［见图 3-4-11(a)］；如果在 P_5 以前有一个高峰载荷，则取这个高峰载荷为 P_Q［见图 3-4-11(b)、(c)］。

试样断裂后，用工具显微镜测量试样断口的裂纹长度 a。由于裂纹前缘呈弧形，规定测量 $(1/4)B$，$(1/2)B$ 及 $(3/4)B$ 三处的裂纹长度，如图 3-4-12 所示，然后取算术平均值作为裂纹长度。

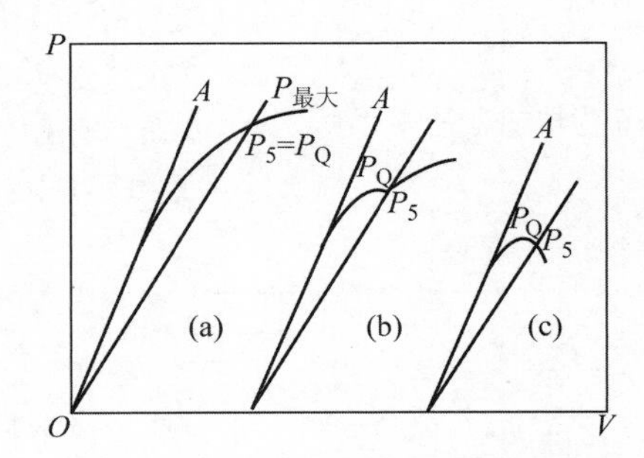

图 3-4-11　P-V 曲线 3 种类型示意图

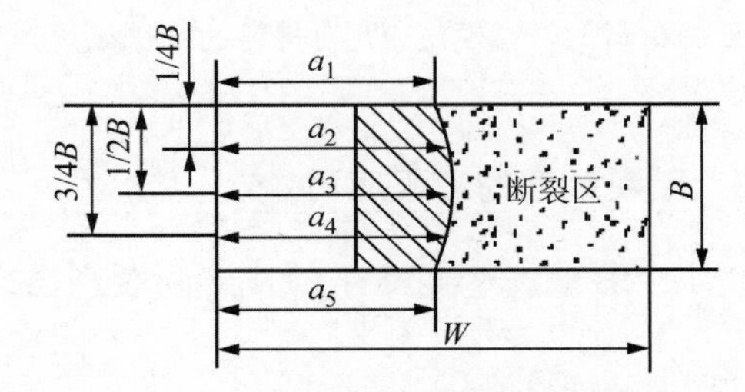

图 3-4-12　断口裂纹尺寸的测量

有了临界载荷 P_Q 和裂纹长度 a，即可计算临界应力强度因子的条件值 K_Q。对三点弯曲试样，有

$$K_Q=\frac{P_Q S}{BW^{\frac{3}{2}}}Y\left(\frac{a}{W}\right) \tag{3-4-16}$$

式中，$Y(a/W)$ 为与 a/W 有关的函数。求出 a/W 的值后即可查表得到或由下式计算 $Y(a/W)$：

$$Y\left(\frac{a}{W}\right)=\frac{3\left(\frac{a}{W}\right)^{\frac{1}{2}}\left\{1.99-\left(\frac{a}{W}\right)\left[1-\left(\frac{a}{W}\right)\right]\times\left[2.15-3.93\left(\frac{a}{W}\right)+2.7\left(\frac{a}{W}\right)^{2}\right]\right\}}{2\left[1+2\left(\frac{a}{W}\right)\right]\left[1-\left(\frac{a}{W}\right)\right]^{\frac{3}{2}}}$$

K_Q 求出后，是否能代表平面应变断裂韧度 K_{Ic}，还需进行有效性分析。当满足下列两个条件时，

$$\frac{P_{最大}}{P_Q} \leqslant 1.10 \tag{3-4-17a}$$

$$B \geqslant 2.5\left(\frac{K_Q}{\sigma_{0.2}}\right)^2 \tag{3-4-17b}$$

$K_Q = K_{Ic}$。如果不满足上述条件之一，或者两者均不满足，则试验结果无效。建议用大试样重新测定 K_{Ic}，试样尺寸至少应为原试样的 1.5 倍。对于某些材料，特别是低强度材料，满足式(3-4-17b)所需的尺寸大于可从现有的材料截面尺寸获得的尺寸，就不可能直接测量 K_{Ic}。在这种情况下，要用另一些断裂韧度，如弹塑性断裂韧度 J_{Ic} 来换算。

压痕法测定陶瓷材料的断裂韧度

陶瓷等极脆性材料的裂纹可以由接触过程产生。在过去几十年中，研究者为认识这类缺陷导致的断裂行为已经进行了大量的工作，发展了压痕断裂力学，使得利用压痕法测定极脆材料断裂韧度的方法得以建立。

在对陶瓷表面进行压痕试验时(通常采用维氏硬度计)，主要形成的是两类裂纹：其一是近似平行于表面的侧向裂纹，接触过程中发生的碎裂和侵蚀现象与其有关；其二是与表面垂直的径向裂纹，接触过程引起的强度降低与此类裂纹有关。由于径向裂纹能在表面观察到，在压痕法测断裂韧度的试验中，就是测定在一定载荷下的径向裂纹长度，并结合材料的其他常规力学性能来计算断裂韧度。

在维氏硬度计上，施加适当载荷在抛光的陶瓷材料试样表面上压出压痕，由于陶瓷性脆，在产生正方形压痕的四角，沿辐射方向出现径向裂纹，它在深度方向是半圆形的，如图 3-4-13 所示。测量表面裂纹长度 c，代入下式，即可计算断裂韧度

$$K_{Ic} = \beta\left(\frac{E}{H}\right)^{\frac{1}{2}}\left(\frac{P}{c^{\frac{3}{2}}}\right) \tag{3-4-18}$$

式中，E 为材料的弹性模量；H 为材料的维氏硬度；P 为载荷；β 为取决于压头形状的参数。

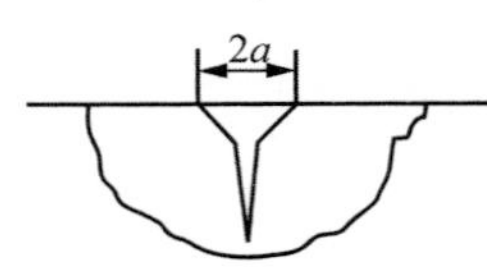

图 3-4-13　维氏压痕及裂纹示意图

3.4.5　断裂韧度的工程应用 ▶

将 K_I 参量表达式(3-4-6)代入断裂判据式(3-4-7)可得

$$Y\sigma\sqrt{a} \leqslant K_{Ic} \tag{3-4-19}$$

这是一个重要的公式，可以用来分析和计算一些实际问题，如计算构件承载能力、判断构件安全性和确定临界裂纹尺寸，因而为结构设计、材料选择、安全校核、新材料开发等提供依据。

3.4.5.1　结构设计

对于给定的材料，根据已知的断裂韧度 K_{Ic} 以及由探伤检验确定的最大裂纹尺寸 a，可由下式计算结构许用应力 σ_c，并针对要求的承载量，设计结构的形状。

$$\sigma_c = \frac{1}{Y}\frac{K_{Ic}}{\sqrt{a}} \tag{3-4-20}$$

例如，有一大型圆筒式容器由高强度钢板焊接而成。钢板厚度 $t = 5\text{mm}$，圆筒内径 $D = 1\,500\text{mm}$，钢板 $K_{Ic} = 62\ \text{MPa}\cdot\text{m}^{1/2}$。焊接后发现焊缝中有纵向半椭圆裂纹，如图 3-4-14 所示，尺寸为 $2c = 6\text{mm}$，$a = 0.9\text{mm}$。试问该容器所能承受的最大压力是多少(不考虑安全系

数，且无论多大压力均满足小范围屈服条件）？

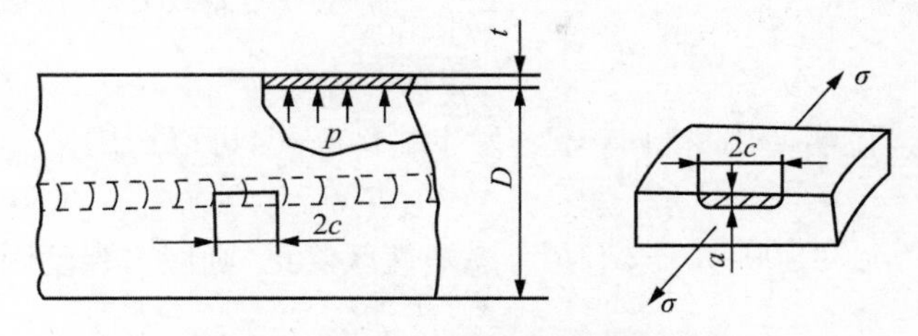

图 3-4-14 压力容器表面裂纹示意图

根据材料力学可以确定该裂纹的垂直拉应力与压力的关系为

$$P=2\sigma\frac{t}{D}$$

在 $\sigma=\sigma_c$ 时，将引起裂纹失稳扩展，而

$$\sigma_c=\frac{1}{Y}\frac{K_{Ic}}{\sqrt{\pi}} \tag{3-4-21}$$

对于表面半椭圆裂纹，$Y=\frac{1.1\sqrt{\pi}}{\Phi}$，当 $a/c=0.9/3=0.3$ 时，查表得 $\Phi=1.10$，所以 $Y=\sqrt{\pi}$。将有关数值代入式(3-4-21)后，得

$$\sigma_c=\frac{1}{\sqrt{\pi}}\frac{62}{\sqrt{0.0009}}=1166\text{MPa}$$

则容器所能承受得最大压力为

$$P_{max}=2\sigma_c\frac{t}{D}=2\times1166\times\frac{0.005}{1.5}=7.77\text{MPa}$$

3.4.5.2 材料选择

根据结构的承载要求以及可能出现的裂纹类型，计算可能的最大应力强度因子，选择能满足断裂韧度要求的材料。

例如有一火箭壳体承受很高的工作压力，其壳体周向工作拉应力 $\sigma=1400$ MPa。火箭壳体焊接后往往有纵向表面半椭圆裂纹（$a=1$mm，$a/c=0.6$）。现有两种材料，性能如下，A：$\sigma_{0.2A}=1700$MPa，$K_{IcA}=78$ MPa·m$^{1/2}$；B：$\sigma_{0.2B}=2100$MPa，$K_{IcB}=47$ MPa·m$^{1/2}$。试问从断裂力学角度考虑，应选用哪种材料为妥？

这个问题可用 K 判据来解决。

对于材料 A：

由于 $\sigma/\sigma_{0.2A}=1400/1700=0.82$，应考虑塑性区修正问题。由式(3-4-14b)，且 $Y=\frac{1.1\sqrt{\pi}}{\Phi}$得

$$K_{IA}=\frac{1.1\sigma\sqrt{\pi a}}{\sqrt{\Phi^2-0.212\left(\frac{\sigma}{\sigma_{0.2}}\right)^2}} \tag{3-4-22}$$

当 $a/c=0.6$ 时，查表得 $\Phi^2=1.62$，将有关数据代入式(3-4-22)，得

$$K_{\mathrm{IA}}=\frac{1.1\times1\,400\times\sqrt{3.14\times0.001}}{\sqrt{1.62-0.212\times\left(\frac{1\,400}{1\,700}\right)^{2}}}=71(\mathrm{MPa}\cdot\mathrm{m}^{1/2})$$

由此可见,$K_{\mathrm{IA}}<K_{\mathrm{IcA}}$,说明使用材料 A 不会发生脆性断裂,可以选用。

对于材料 B:

由于$\sigma/\sigma_{0.2\mathrm{B}}=1\,400/2\,800=0.5$,不必考虑塑性区修正,则应力强度因子由下式计算

$$K_{\mathrm{IB}}=\frac{1.1\sigma\sqrt{\pi a}}{\Phi}\tag{3-4-23}$$

同样查表可得$\Phi^2=1.62$,将有关数据代入式(3-4-23),得

$$K_{\mathrm{IB}}=\frac{1.1\times1\,400\times\sqrt{3.14\times0.001}}{\sqrt{1.62}}=68(\mathrm{MPa}\cdot\mathrm{m}^{1/2})$$

由此可见,$K_{\mathrm{IB}}>K_{\mathrm{IcB}}$,说明使用材料 B 会发生脆性断裂,不可选用。

此外,对于这一类型的问题,也可通过计算临界裂纹尺寸 a_c 和临界应力 σ_c,利用 $a<a_c$ 和 $\sigma<\sigma_c$ 的安全判据进行选材。

通过以上讨论可见,从断裂力学的观点出发,对于带裂纹构件,并不是材料的强度越高越安全,这与传统的强度理论是不一致的。

3.4.5.3 材料脆性评价

计算构件中的临界裂纹尺寸可以评价材料的脆性。一般构件中,较常见的是表面半椭圆裂纹,从安全角度取$Y=2$,如果不考虑塑性区的影响,则裂纹临界尺寸可由下式估算:

$$a_c=0.25\left(\frac{K_{\mathrm{Ic}}}{\sigma}\right)^2$$

1) 超高强度钢

这类钢屈服强度很高,但断裂韧度较低。例如,某构件的工作应力为 1 500MPa,而材料的$K_{\mathrm{Ic}}=75\mathrm{MPa}\cdot\mathrm{m}^{1/2}$,则有

$$a_c=0.25\times\left(\frac{75}{1\,500}\right)^2=0.625\mathrm{mm}$$

由此可见,只要出现 0.625mm 深的裂纹,构件就会失稳断裂,而这样小的裂纹在生产和使用过程中是很容易形成的,且不易检测。因此,要选用断裂韧度高的钢,或者降低工作应力,以保证安全。

2) 中、低强度钢

这类钢具有低温脆性,易发生韧脆转变。在韧性区,K_{Ic} 高达 $150\mathrm{MPa}\cdot\mathrm{m}^{1/2}$;在脆性区,$K_{\mathrm{Ic}}$ 则只有 $30\sim40\mathrm{MPa}\cdot\mathrm{m}^{1/2}$,甚至更低。这类钢的设计工作应力很低,往往在 200MPa 以下。若取工作应力为 200MPa,则在韧性区,$a_c=0.25\times\left(\frac{150}{200}\right)^2\approx140\mathrm{mm}$,临界裂纹很长,不易发生脆性断裂,也易于检测和修理;而在脆性区,$a_c=0.25\times\left(\frac{30}{200}\right)^2\approx5.6\mathrm{mm}$,所以很可能发生脆性断裂。

3) 球墨铸铁

这是一种廉价且易于加工的材料,具有与 45 钢相当的强度,设计工作应力很低,只有

10～50MPa。若取 $K_{\mathrm{I}c}=25\mathrm{MPa}\cdot\mathrm{m}^{1/2}$，则 $a_c=40\sim1\,000\mathrm{mm}$。因此，用球墨铸铁制造的小型零件，如小型柴油机的曲轴、联杆等，不致发生低应力脆断。但若在大型零件的制造过程中，可能形成大的铸造缺陷或高的残余拉应力，发生低应力脆断。

3.4.6 断裂的能量分析

3.4.6.1 裂纹扩展能量释放率

裂纹的扩展会导致含裂纹体的应变能或势能随之发生变化，因此可通过能量变化关系来研究断裂发生的条件。3.4.2.2 小节介绍的 Griffith 理论就是采用能量分析方法，在裂纹扩展导致的弹性能释放足以弥补形成两个新表面所需表面能时裂纹失稳扩展的假设下，得到了临界断裂应力与裂纹尺寸的关系。

现进一步分析普遍情况下的能量关系。设有一含裂纹面积为 A 的裂纹体，在绝热及静态受载过程中，当裂纹面积扩展 $\mathrm{d}A$ 时，外力做功 $\mathrm{d}W$，系统弹性应变能变化为 $\mathrm{d}U$，塑性功为 $\mathrm{d}\Lambda$，裂纹表面能为 $\mathrm{d}\Gamma$。

根据能量守恒和转换定律，体系内能的增加等于外力做功之和，即

$$\mathrm{d}W-\mathrm{d}U=\mathrm{d}\Lambda+\mathrm{d}\Gamma \tag{3-4-24}$$

式(3-4-24)左端表示的是裂纹扩展 $\mathrm{d}A$ 时系统提供的能量(势能)，用 $-\mathrm{d}\Pi$ 表示，即 $-\mathrm{d}\Pi=\mathrm{d}W-\mathrm{d}U$。根据 Irwin 定义，裂纹扩展单位面积时系统释放的能量为"裂纹扩展能量释放率"，用 G 表示，表达式为

$$G=-\frac{\partial\Pi}{\partial A}=\frac{\partial W}{\partial A}-\frac{\partial U}{\partial A} \tag{3-4-25}$$

对于受拉应力作用的Ⅰ型裂纹，在恒位移情况下，$\mathrm{d}W=0$，则有

$$G_{\mathrm{I}}=-\left(\frac{\partial U}{\partial A}\right)_{\Delta} \tag{3-4-26}$$

式中，P 为外载荷；Δ 为加载线位移；S 为裂纹体柔度。

在恒载荷情况下，$\mathrm{d}P=0$，$U=\frac{1}{2}P\Delta$，$\mathrm{d}U=\frac{1}{2}P\mathrm{d}\Delta$，即 $\mathrm{d}\Pi=-\mathrm{d}U$，则由式(3－4－25)得

$$G_{\mathrm{I}}=-\frac{1}{B}\left(\frac{\partial U}{\partial a}\right)_P=-\left(\frac{\partial U}{\partial A}\right)_P=-\frac{P^2}{2B}\frac{\mathrm{d}S}{\mathrm{d}a} \tag{3-4-27}$$

式(3-4-26)及式(3-4-27)说明，无论是恒位移或是恒载荷情况，能量释放率 G_{I} 均等于弹性应变能的变化率。即在恒位移情况下，G_{I} 等于弹性应变能释放率，无外力做功；在恒载荷情况下，G_{I} 等于弹性应变能增长率。

G 和 K 均是描述裂纹过程的参量，通过分析可以得到两者之间的关系为

$$G_{\mathrm{I}}=\frac{K_{\mathrm{I}}^2}{E}\quad\text{（平面应力情况下）} \tag{3-4-28}$$

$$G_{\mathrm{I}}=\frac{K_{\mathrm{I}}^2(1-\nu^2)}{E}\quad\text{（平面应变情况下）} \tag{3-4-29}$$

3.4.6.2 裂纹扩展阻力

式(3-4-24)右端两项代表裂纹扩展 $\mathrm{d}A$ 所消耗的能量，即阻止裂纹扩展的能量，一般定义裂纹扩展单位面积所需消耗的能量为裂纹扩展阻力，用 R 表示，表达式为

$$R=\frac{\partial \Lambda}{\partial A}+\frac{\partial \Gamma}{\partial A}=\gamma_p+2\gamma_s \tag{3-4-30}$$

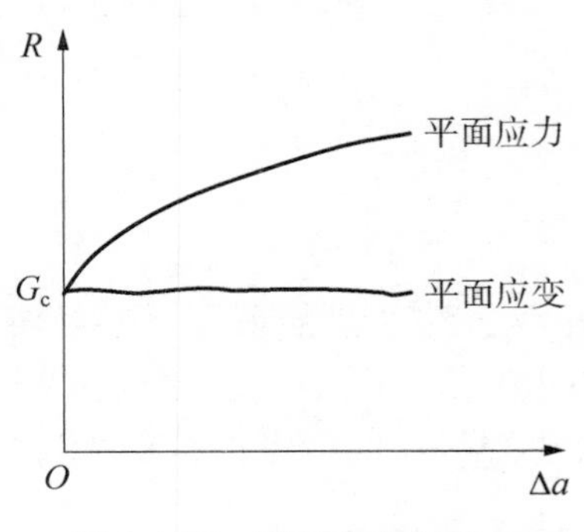

图 3-4-15　平面应力和平面应变状态的 R 曲线

式中，γ_s 为比表面能，是材料常数；γ_p 为单位体积塑性功，随裂纹尺寸变化而变化。若为平面应变断裂，$\gamma_p \approx 0$，则有

$$R=2\gamma_s=G_{\mathrm{I}c} \tag{3-4-31}$$

由式(3-4-31)和式(3-4-30)可见，发生平面应变断裂和平面应力断裂时的裂纹扩展阻力 R 是不同的，前者是一个恒定值；而后者则随裂纹扩展的进行而逐步增大。通常把裂纹扩展阻力(R)与裂纹扩展量(Δa)的关系曲线称为裂纹扩展阻力曲线(R 曲线)，如图 3-4-15 所示。

3.4.6.3　平面应力断裂韧度

对于平面应力状态，当 $G \geqslant G_{\mathrm{I}c}$ 时，裂纹开始扩展。但正如上所述，裂纹扩展阻力 R 是随裂纹尺寸 a 增大而增大的，必须提高外力功才能维持裂纹扩展，因此属于缓慢而稳定的扩展(稳态扩展)。随着稳态扩展的进行，当 $a\to$临界值 a_c 时，阻力 $R\to$临界阻力 R_c，裂纹开始失稳扩展，此临界阻力值 R_c 也称为平面应力断裂韧度，记为 G_c。则裂纹失稳扩展的能量判据为

$$G=G_c \tag{3-4-32}$$

该式是平面应力断裂的必要条件，但还不是充分条件。现以一块含中心穿透裂纹的平板为例，说明加载过程中裂纹稳态扩展和失稳扩展的情况。如略去边界效应，裂纹扩展力为 $G=K_{\mathrm{I}}^2/E=\pi\sigma^2 a/E$，则 G 为裂纹长度 a 和外加应力 σ 的函数，且 G 与 a 之间为线性关系。图 3-4-16 表示裂纹稳定扩展和失稳扩展时 G 与 R 的关系，图中 LE 曲线为 R 曲线，4 条虚直线表示 4 个不同应力下的 $G-\Delta a$ 关系。当外加应力为 σ_1 时、裂纹扩展力为 G_1，$G-\Delta a$ 曲线与 R 曲线相交于 1 点，此时有 $G=R$，裂纹有一微小扩展量 Δa_1。若外载荷不增加，裂纹不能进一步扩展。因为如再有微量扩展，虽然 G 将沿 G_1 直线上升，但阻力 R 增加得更快，即 $G<R$。要想裂纹继续扩展，必须增加外载荷，使 G 增高(随 σ^2 关系增高)。如增加外应力到 σ_2，则裂纹再一次扩展到 Δa_2 达到平衡。持续增加外载荷到 $\sigma=\sigma_4$ 时，G 曲线与 R 曲线相切于 4 点，此时如果裂纹稍有扩展，则有 $G>R$，且随扩展进行，$(G-R)$值愈来愈大，裂纹会一直扩展到完全断裂。因此，4 点是裂纹失稳扩展的临界点，而裂纹失稳扩展的充分条件是

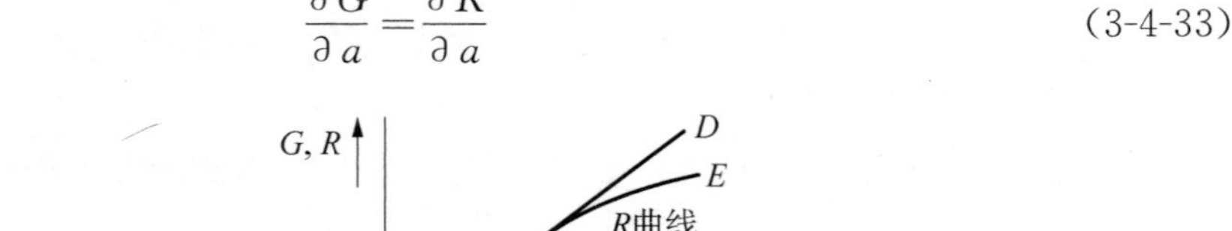

$$\frac{\partial G}{\partial a}=\frac{\partial R}{\partial a} \tag{3-4-33}$$

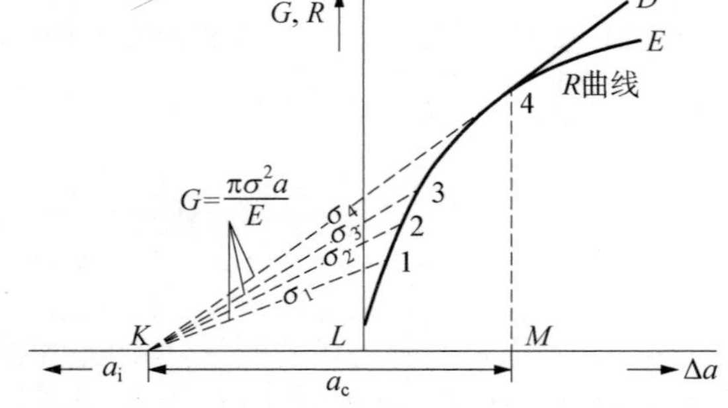

图 3-4-16　裂纹稳态扩展和失稳扩展时 G 与 R 的关系

3.5 材料的韧化

3.5.1 金属材料的韧化

3.5.1.1 控制强度

从断裂的能量分析角度来看，金属材料(包括一些韧性高聚物材料)裂纹扩展的一个特点就是除了要克服表面能 $2\gamma_s$ 以外还要克服裂纹尖端塑性变形而做功 γ_p，因此，材料的韧性可以用 $G_c=(2\gamma_s+\gamma_p)$ 来表征，当塑性变形功较大时，甚至可忽略表面能。按照图 3-5-1 所示的简化模型，有人将断裂韧度写成下式：

$$G_c = B\sigma_f\varepsilon_f\rho \tag{3-5-1}$$

式中，B 为应力状态参数；σ_f 为拉伸断裂应力；ε_f 为拉伸真实断裂应变；ρ 为裂纹尖端钝化的曲率半径。

以式(3-5-1)来看，提高材料的塑性(断裂应变)和强度(屈服应力)应能够提高材料的韧性。但是，金属材料的强度和塑性往往是以相反趋势变化的，多数情况下提高一个必降低另一个。特别是提高强度的影响并不是单一增加塑性变形功的，因为强度的提高会降低裂纹尖端曲率半径，即使裂纹钝化程度以及裂纹前端塑性区尺寸均减小，从而降低韧性。大量的试验表明，对于给定的材料(如淬火回火马氏体钢)，强度较低时断裂韧度较高。这一点在图 3-5-2 所示的几种钢材屈服强度与断裂韧度之间关系的试验结果中得到了很好的证明。这样，提高韧性的原则不是单纯提高材料的强度，而是在维持屈服强度水平的基础上来整体提升 K_{Ic}。

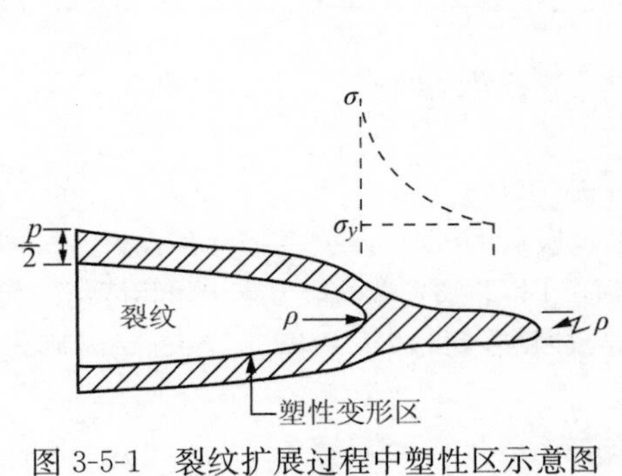

图 3-5-1 裂纹扩展过程中塑性区示意图

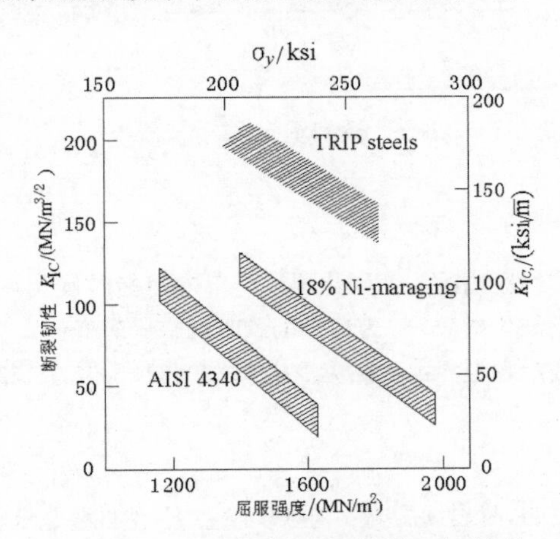

图 3-5-2 三种钢材的屈服强度与断裂韧度之间的关系

3.5.1.2 改进合金的清洁度

不同的金属材料体系，“有害”的杂质元素种类不同，这与它们的原材料形式及冶炼方法有关。例如在钢中，最有害的是 S、P，其次是 As、Sn 等；在钛合金中，是 O、N、C 等。表 3-5-1 列出了钢的纯净度对力学性能的影响，可以看出，在主要合金元素含量不变的情况下，只是提高纯净度就会使材料的断裂韧度得到明显改善。

表 3-5-1 钢的纯度对力学性能的影响

力学性能	4340 钢		18Ni 马氏体时效钢	
	工业纯	高纯度	工业纯	高纯度
$\sigma_{0.2}$/MPa	1406	1401	1328	1303

(续表)

力学性能	4340 钢		18Ni 马氏体时效钢	
	工业纯	高纯度	工业纯	高纯度
σ_b/MPa	1519	1497	1354	1362
ε_f	0.287	0.515	0.747	1.005
K_{Ic}/(MPa·$m^{\frac{1}{2}}$)	74.8	107.5	124.8	164.6(K_Q)

有害杂质元素对金属材料韧性的损害体现在3个方面:第一是可能偏聚于晶界,导致晶界结合力下降,产生晶界脆性;第二是固溶于基体中,在提高强度的同时降低了塑性,从而降低了断裂韧度;第三是形成夹杂物或第二相硬质颗粒,成为裂纹萌生之地和裂纹扩展通道,因而导致韧性下降。

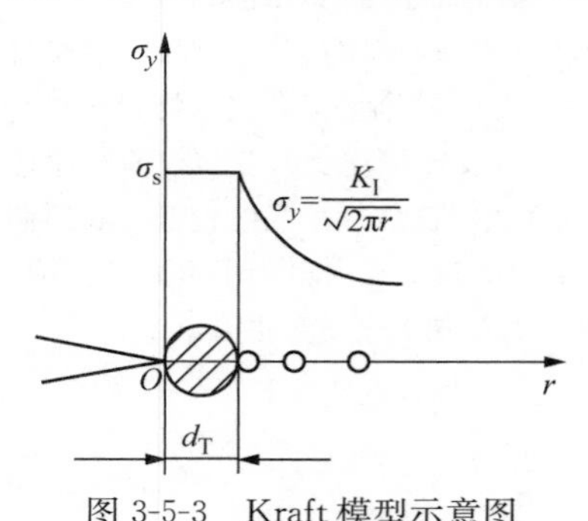

图 3-5-3 Kraft 模型示意图

Kraft 分析了第二相颗粒对断裂韧度的影响,其模型如图 3-5-3 所示。假设第二相颗粒在裂纹尖端前方 r 上均匀分布,间距为 d_T,并且等于塑性区尺寸。塑性区内的名义平均应变为 ε_y。在 r 轴上的主应力分布为

$$\sigma_y = \frac{K_I}{\sqrt{2\pi r}} \tag{3-5-2}$$

根据 Hooke 定律有

$$\varepsilon_y = \frac{\sigma_y}{E} = \frac{K_I}{E\sqrt{2\pi r}} \tag{3-5-3}$$

在 $r=d_T$处,即在基体与颗粒界面处,有

$$\varepsilon_y = \frac{K_I}{E\sqrt{2\pi d_T}} \tag{3-5-4}$$

假定塑性区内的应变硬化规律与单向拉伸时硬化规律相同,也服从 Holloman 关系:$S=K\varepsilon^n$,$\varepsilon_B=n$,其中 n 为应变硬化指数,ε_B 为达到缩颈时的临界应变值。当 ε_y 达到 ε_B 时,裂纹尖端的应力集中使相邻第二相颗粒断裂或沿颗粒界面脱黏形成空洞,空洞长大与主裂纹连接导致断裂,此时 $K_I=K_{Ic}$,$\varepsilon_y=\varepsilon_B=n$,则式(3-5-4)为

$$K_{Ic} = nE\sqrt{2\pi d_T} \tag{3-5-5}$$

此式表明,断裂韧度 K_{Ic} 与强度参量 E、塑性参量 n 以及组织结构参量 d_T 有关。

颗粒平均间距 d_T 与颗粒直径 d_P 及体积分数 f_V 有关。因为颗粒体积为$\frac{\pi d_p^3}{6}$,单位体积内颗粒数目为 $N=\frac{6f_V}{\pi d_p^3}$,因此有 $d_T=N^{-\frac{1}{3}}=d_p\left(\frac{\pi}{6}\right)^{\frac{1}{3}}f_V^{\frac{1}{3}}$,代入式(3-5-5)得

$$K_{Ic} = nE(2\pi d_p)^{\frac{1}{2}}\left(\frac{\pi}{6}\right)^{\frac{1}{2}}f_V^{-\frac{1}{6}} \tag{3-5-6}$$

由此可见,降低第二相颗粒或夹杂含量,将使 K_{Ic} 升高。但是应该指出,Kraft 模型中将线弹性应力应变关系(即 Hooke 定律)外推到大量塑性变形的缩颈阶段与实际情况有一定出入。

可以预料,去除材料中的有害元素会提高产品成本。虽然从改善合金性能的角度来看,这笔费用无可非议,但最终产品价格的提高可能使其在市场上失去竞争力。这就需要在产品应用场合的重要性和经济性之间取得平衡并做出选择。在重要的应用场合,性能、可靠性和安全性将摆在首位。例如,航空航天器的重要构件用钢,常需要采用诸如电渣重熔、真空或氩气保护熔炼等冶炼工艺,以降低钢中的气体和有害杂质含量,改善钢的塑性和韧性。

3.5.1.3 获得最佳的相结构

根据材料本质韧/脆性的讨论已经知道，fcc 结构的金属比起 bcc 和 hcp 结构的金属具有更好的韧性，但强度可能略低。因此，在组织中获得适量的 fcc 相，将在不降低强度或强度降低不大的条件下大幅度提高韧性。这在具有同素异构转变的铁及钛合金中都得到证明。

通常控制相结构的最常见办法是合金化。例如，在钢中加入稳定奥氏体的元素，如 Ni、Mn、N 等，可把 bcc 的铁素体或马氏体变为 fcc 的奥氏体。当然，钢中的马氏体强度高而脆性大，奥氏体强度低而脆性小，因此马氏体及奥氏体含量合理分布，才有望获得强度和韧性的最佳配合。

钢中奥氏体相还可能有另一种韧化机制。室温的奥氏体一般是热力学亚稳定相，在外界提供刺激（例如施加载荷）时，有可能发生诱发马氏体相变，相变过程中吸收大量能量，起到韧化效果，TRIP 钢即是一例。

为了使钛合金得到最佳的韧性，同样要重视相结构的作用。钛合金的韧性取决于合金中各相的性质、尺寸、形状和分布，如图 3-5-4 所示。从图中可以看出，亚稳定 β（bcc 相）合金的韧性最高，α（hcp 相）$+\beta$ 双相合金一般韧性较差，而且在双相合金中，β 基体中的针状 α 相比等轴 α 相的韧性高。

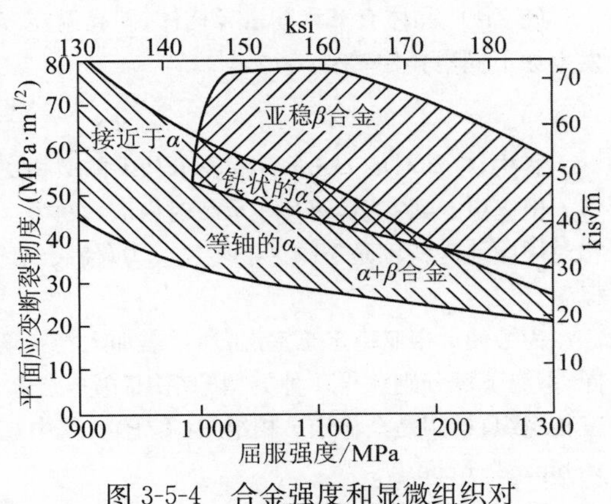

图 3-5-4 合金强度和显微组织对钛合金韧性影响

利用韧性相合理分布来提高整体材料韧性的原理在金属间化合物中也有广泛应用。例如，Co_3V 是复杂立方结构，很脆，加入 Fe 就可变为 Ll_2 立方结构，韧性可大大提高；在 NiAl 中加入 Co、Fe、Cr，在 Ni_3Al 中加入 Mn、Fe、Cr，就可能在晶界处形成一薄层 fcc 韧性相，从而提高韧性；hcp 结构的 Ti_3Al 在室温时独立滑移系只有 3 个（限于基面），而加入 Nb、Mo、V 等元素可使棱柱滑移面开动，提高塑性和韧性。

3.5.1.4 获得最佳的组织结构

对钢来说，在相同硬度下，回火马氏体韧性最高，其次是贝氏体，而铁素体＋珠光体的韧性较低。在马氏体中，位错型板条马氏体的韧性优于孪晶型片状马氏体。在贝氏体中，上贝氏体与珠光体相似，韧性较差，而下贝氏体在形貌上类似于板条马氏体，故其韧性优于片状马氏体，但比板条马氏体差。这些组织的调整可以通过热处理实现，此不赘述。

另一方面，晶粒细化也可提高材料的断裂韧度。例如，En24 钢的晶粒度由 5～6 级细化到 12～13 级，可使断裂韧度由 43.4MPa・$m^{1/2}$ 提高到 82.6MPa・$m^{1/2}$。这是因为晶粒愈细，塑性变形和裂纹扩展要消耗更多的能量。

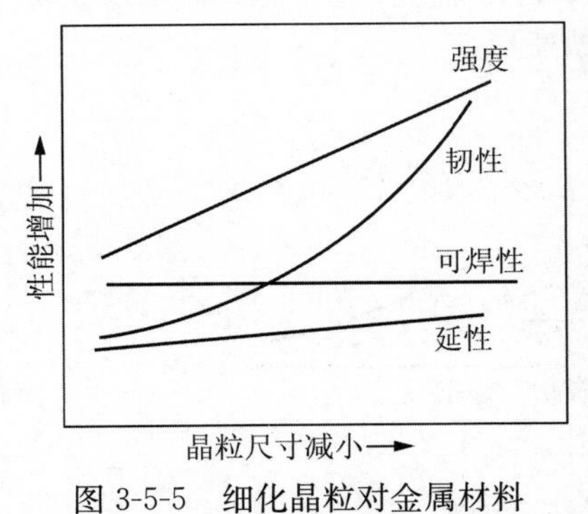

图 3-5-5 细化晶粒对金属材料重要性能影响

显微结构的细化，包括晶粒细化，是既提高材料强度又提高其韧性的唯一可能途径，如图 3-5-5 所示，因而是金属材料中特别有吸引力的强韧化方法，这可以通过在冶炼时加入变质剂，低温、快速、大变形量热加工以及循环热处理等具体工艺实现。

3.5.2 陶瓷材料的韧化

陶瓷材料脆性的致命缺点严重限制了其在受力结构件方面的应用，因此陶瓷材料的增韧就成为重要的课题。

从断裂力学角度看，陶瓷材料中裂纹扩展时所耗塑性变形功极低甚至没有，因此克服脆性的关键是在陶瓷材料结构中设置其余耗能机制，增加裂纹扩展阻力；另一方面，要尽量降低材料晶粒、气孔尺寸，减少有害杂质。从陶瓷增韧的方式看分为两大类：第一类为自增韧，即利用陶瓷自身的相变、组织和微结构特点产生增韧效果，如相变增韧、显微裂纹增韧、残余应力增韧、细化组织增韧等。第二类为外增韧，即在脆性陶瓷基体上添加能够阻碍裂纹扩展或偏转裂纹扩展途径的第二相组元，如纤维、晶须、韧性颗粒、韧性相网络结构等。实际上通过第二类增韧方式已经使其成了复合材料，故也可称为复合增韧。

3.5.2.1 自增韧

1）相变增韧

类似于 TRIP 钢，某些陶瓷在应力诱发下也会发生马氏体型相变，利用相变的附加效应达到增韧效果。现以 ZrO_2 为例说明。

纯 ZrO_2 晶体有 3 种同素异构体，即高温立方相 c、中温四方相 t 和低温单斜相 m，随温度上升或下降会发生如下同素异构转变

$$c \xleftrightarrow{\sim 2\,300℃} t \xleftrightarrow{\sim 1\,100℃} m$$

其中，冷却时的 $t \to m$ 转变属于马氏体型相变，转变时将产生约 5%的体积膨胀，并吸收大量能量。若能将 t 相亚稳定到室温，使其在承载时由应力诱发 $t \to m$ 转变，在相变吸收大量能量的同时，由于体积膨胀的 m 相对周围地区特别是裂纹区产生压应力，使裂纹闭合，不易扩展，从而表现出较高的韧性。这就是相变增韧的概念。

为了使 t 相亚稳定至室温，通常需加入稳定剂，如 Y_2O_3、CaO、CeO 等。随稳定剂含量及热处理工艺的不同，室温下可分别获得 4 种类型的组织：第一是($t+m$)双相组织；第二是($c+t$)双相组织；第三是($c+t+m$)三相组织；第四是全稳定 t 相组织(TZP)。其中，前 3 种均为含有亚稳 t 相的多相组织，统称为 PSZ(partially stabilized zirconia)。

图 3-5-6 给出了含有亚稳 t-ZrO_2 的陶瓷中裂纹扩展时裂纹尖端应力场诱发 $t \to m$ 转变及其引起的应力变化示意图。当裂纹扩展进入含有 t-ZrO_2 晶粒的区域时，在裂纹尖端应力场作用下形成过程区，即过程区内的 t-ZrO_2 将发生 $t \to m$ 转变，除产生新的断裂表面而吸收能量外，还因相变体积膨胀效应而吸收能量。同时，由于过程区内 $t \to m$ 转变粒子的体积膨胀效应而对裂纹产生压应力，阻碍裂纹扩展。具体体现在裂纹尖端应力强度因子降低，裂纹停止扩展，必须提高外力才能使其继续扩展。这样，随应力水平的增加，裂纹尖端产生的 $t \to m$ 转变的过程区不断前进，并在后面裂纹上、下留下过程区轨迹。

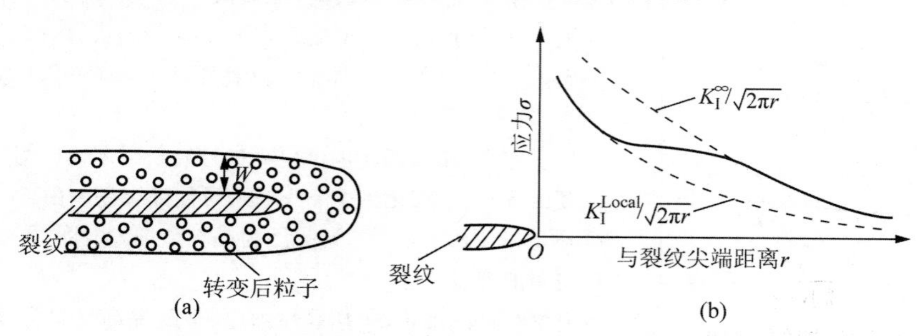

图 3-5-6　裂纹尖端应力诱发 $t \to m$ 转变增韧示意图

2）显微裂纹增韧

在脆性陶瓷基体中，当主裂纹扩展时，在其尖端的过程区内有可能由高应力集中引发微裂纹，这些微裂纹在主裂纹过程区内张开而分散和吸收能量，使主裂纹扩展阻力增大，从而提高断裂韧度，此即显微裂纹增韧，如图 3-5-7 所示。

由于过程区内微裂纹吸收能量与微裂纹的表面积，即微裂纹密度呈正比，所以断裂韧度在微裂纹不相互连接的情况下，随裂纹密度增加而增大。此外，显微裂纹也可能是冷却相变由两相膨胀系数差而引起的残余应力引发的，此时，显微裂纹密度与残余应力大小及第二相粒子的尺寸和含量有关。

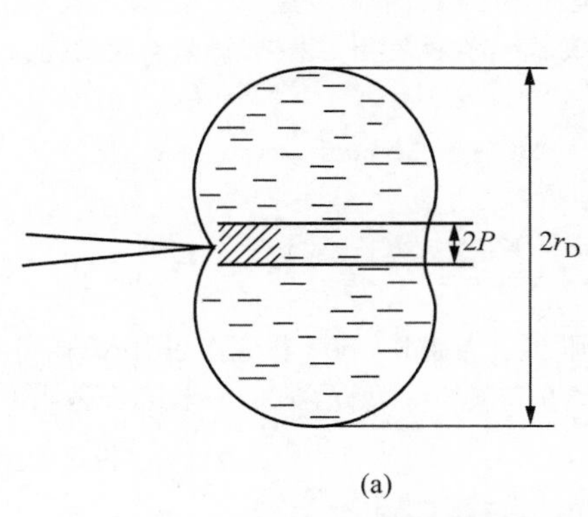

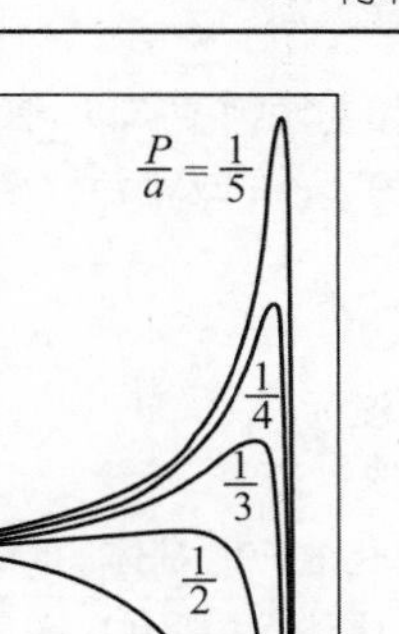

图 3-5-7　显微裂纹增韧机制示意图

(a)主裂纹尖端的微裂纹分散区($2r_D$)和过程区($2P$)；(b)断裂韧度与微裂纹密度的关系

3）残余(压)应力增韧

在陶瓷基体中，如果存在残余压应力，将会降低裂纹尖端前沿的拉应力集中，甚至将裂纹亚闭合，起到阻碍裂纹扩展、提高增韧性的效果(ΔK_{IcS})。

4）相变复合增韧

上述几种韧化机制常常相伴而生，即所谓"相变复合增韧"。这是因为任何陶瓷材料的晶粒尺寸都不是均匀单一的，而是有一个尺寸分布范围，不同尺寸的晶粒具有不同的增韧方式。现仍以 ZrO_2 为例来说明。在 ZrO_2 中，除稳定剂含量以外，t 相晶粒直径 d 也是影响冷却过程中 $t\to m$ 转变的一个重要因素。一般，随 d 减小，马氏体相变开始点 M_s 下降，即 t 相越稳定。实际陶瓷中，晶粒尺寸并不均匀，而是有一个尺寸分布范围，因此存在一个临界直径 d_c：$d>d_c$ 的晶粒在冷却到室温后已转变为 m 相，不能产生应力诱发相变增韧；$d<d_c$ 的晶粒在冷却到室温后仍然保留为 t 相，有可能产生应力诱发相变增韧。

此外，室温下 t 相对应力的稳定性也与 d 有关。一般，随 d 减小，t 相稳定性增加(即不易发生应力诱发 $t\to m$ 转变)，因此，又存在一个临界直径 d_I：$d>d_I$ 的晶粒可发生应力诱发 $t\to m$ 转变，起到增韧效果；$d<d_I$ 的晶粒不发生应力诱发 $t\to m$ 转变，无增韧效果；因此综合起来，能发生应力诱发相变增韧的晶粒尺寸应满足 $d_I<d<d_c$。

$d>d_c$ 的晶粒在冷却到室温时已转变成 m 相。试验表明，在较大的 m 相晶粒周围由于相变的体积效应会诱发出显微裂纹；而在较小的 m 相晶粒周围无显微裂纹存在，但有残余压应力存在。这是因为，大晶粒相变时产生的累积变形大，因而使周围基体产生的应力超过了断裂强度所致；小晶粒相变时产生的累积变形小，不足以产生此效应。所以，存在一个临界晶粒直径 d_m，当 $d>d_m$ 时，$t\to m$ 转变会诱发显微裂纹，产生显微裂纹增韧；当 $d<d_m$ 时，无显微裂纹，但有残余应力，产生残余应力增韧。

综上所述，对于具有连续均匀分布晶粒尺寸的 ZrO_2 陶瓷，具有相变复合增韧效果。其不同尺寸晶粒的韧化机制为：

(1) $d>d_m$：显微裂纹增韧 ΔK_{IcM}；

(2) $d_c<d<d_m$：残余应力增韧 ΔK_{IcS}；

(3) $d_I<d<d_c$：相变增韧 ΔK_{IcT}；

(4) $d<d_I$：不增韧。

图 3-5-8 给出了不同尺寸晶粒产生不同韧化机制及其对韧性贡献的示意图。当 t-ZrO_2 晶粒很小时，只有一部分晶

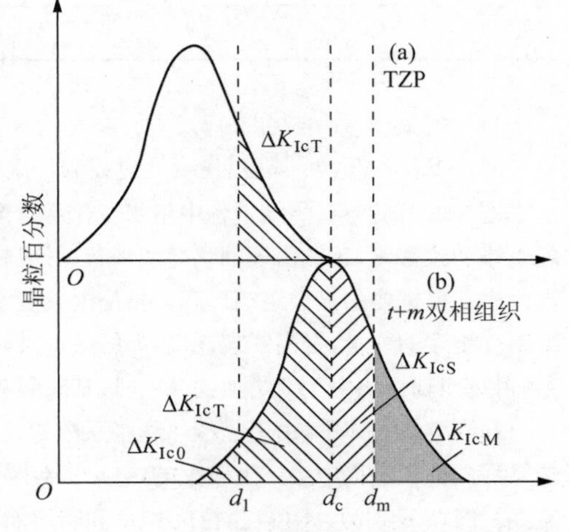

图 3-5-8　不同尺寸晶粒的增韧示意图

粒(表面层)产生相变增韧。所以,细晶粒的室温全稳定 t 相的单相多晶氧化锆 TZP 只存在单一相变增韧机制。而晶粒适当的 $t+m$ 双相并带显微裂纹的组织,却存在诱发相变增韧、显微裂纹增韧、残余应力增韧等多种复合韧化效果:

$$K_{\mathrm{Ic}(t+m)} = K_{\mathrm{Ic0}} + \Delta K_{\mathrm{IcT}} + \Delta K_{\mathrm{IcM}} + \Delta K_{\mathrm{IcS}}$$

而 TZP 的断裂韧度为

$$K_{\mathrm{Ic(TZP)}} = K_{\mathrm{Ic0}} + \Delta K_{\mathrm{IcT}}$$

式中,K_{Ic0} 为无韧化效应的基体的断裂韧度。

应注意,以上所述仅为 ZrO_2 陶瓷本身的增韧机制。若将其 $t \rightarrow m$ 相变作用引入 Al_2O_3、Si_3N_4、莫来石等其他陶瓷基体,也可产生显著的增韧效果,如图 3-5-9 和表 3-5-2 所示。可以看出,在适当的 ZrO_2 含量时,这些陶瓷基体的强度及韧性均得到明显提高。

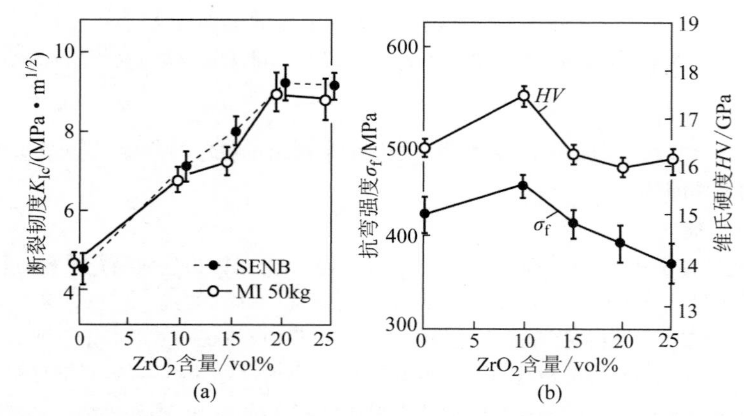

图 3-5-9 热压 Al_2O_3-ZrO_2(Y_2O_3)陶瓷的力学性能与 ZrO_2 含量的关系

表 3-5-2 ZrO_2 增韧莫来石及氮化硅复合材料的性能

材 料	σ_f/MPa	K_{Ic}/(MPa·m$^{1/2}$)
莫来石	224	2.8
莫来石+ZrO_2	450	4.5
Si_3N_4	650	4.8～5.8
Si_3N_4	750	6～7

5）控制显微结构增韧

对于 SiC 和 Si_3N_4 陶瓷,主要通过控制显微结构来增韧,例如改变晶粒形状、尺寸、晶界特性等。

图 3-5-10 为 SiC 烧结过程中组织变化示意图,随烧结过程进行时烧结时间增长,初期出现液相,同时使晶粒重排和致密化,晶粒由等轴状变成板状,形成轴径比和晶粒较大的显微组织。因此,可通过控制烧结时间和温度来获得想要的显微组织形态。扫描电镜观察表明,当轴径比增大时,裂纹扩展过程产生较大的曲折,因此要消耗更多的能量,提高断裂韧度,如图 3-5-11 所示。图 3-5-12 为 SiC 烧结体的断裂韧度与平均轴径比的关系,可见当轴径比由 1.3 增加到 3.4 时,其断裂韧度增加两倍多。

在陶瓷多晶体中,由于晶粒热膨胀系数的各向异性,或在由热膨胀系数不同的晶粒组合的陶瓷材料中,在烧结后的冷却过程中会产生较大的热应力,容易产生微裂纹。由晶界残余应力引发微裂纹的尺寸与晶粒大小有关。图 3-5-13 为 Al_2O_3 晶粒尺寸 d 和断裂能 γ 之间的关系,可见随 d 增大,γ 下降,说明较细微裂纹增韧

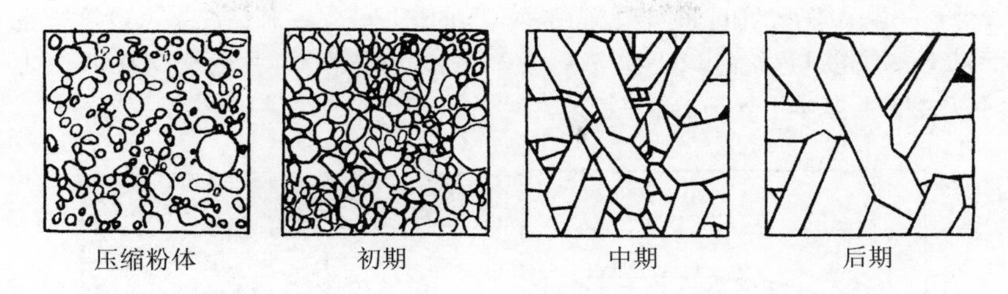

图 3-5-10 SiC(添加 Al_2O_3)烧结时显微结构的变化

图 3-5-11 柱状晶和等轴晶中裂纹走向对比

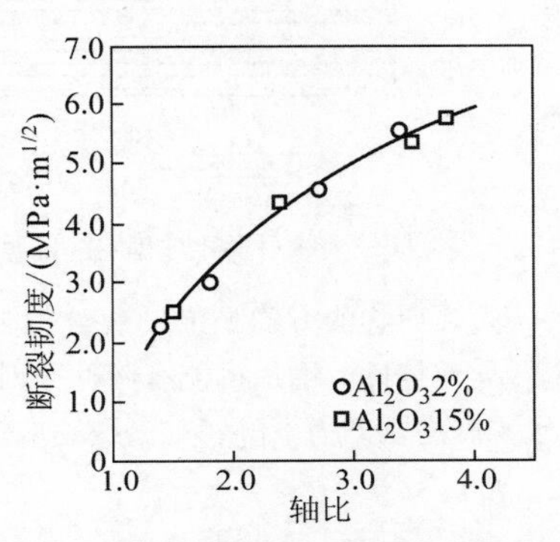

图 3-5-12 SiC 的断裂韧度与平均轴径比的关系

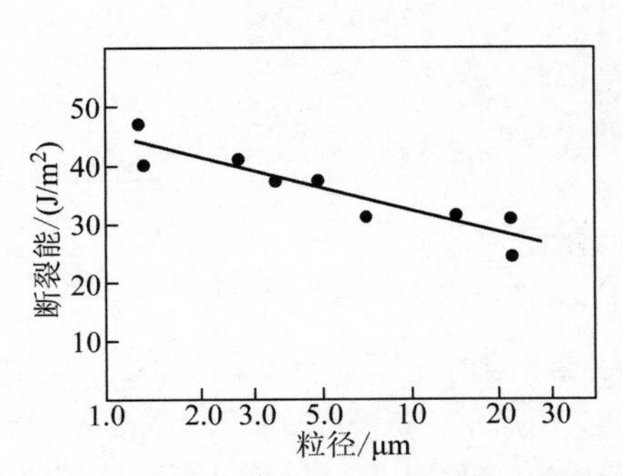

图 3-5-13 Al_2O_3 烧结体的断裂能与粒径的关系

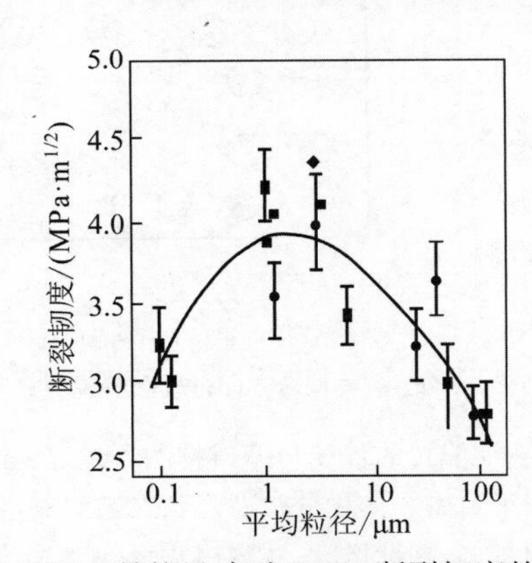

图 3-5-14 晶粒尺寸对 Si_3N_4 断裂韧度的影响

效果较好;图 3-5-14 为 Si_3N_4 晶粒尺寸和断裂韧度 K_{Ic} 之间的关系,其 K_{Ic} 随 d 增大而先升高后下降,在 1～5μm 间出现峰值,表明存在一个最佳晶粒直径,由此产生适度的微裂纹,达到最有效的微裂纹增韧效果。

3.5.2.2 复合增韧

陶瓷结构的本质脆性使得仅自增韧的效果有限,如在陶瓷基体中添加纤维、晶须、颗粒等增强体(在此处,更确切说应是增韧体)制备成陶瓷基复合材料,就有可能使裂纹扩展受到阻碍,可达到较显著的增韧效果。例如,B_4C_3 的断裂韧度在 3.0～3.2MPa・$m^{1/2}$ 之间,添加 20Vol%的 SiC 晶须后,其断裂韧度可达 5.3MPa・$m^{1/2}$。

复合增韧的机制可分为两大类,即裂纹尖端相互作用和裂纹桥接。现简要说明。

1) 裂纹尖端相互作用

这类增韧机制的主要目的是在裂纹扩展途径上设置一些障碍物以抑制裂纹运动。这些障碍物可以是第二相颗粒、晶须、纤维,或者也可能是一些不容易产生解理的区域。

当裂纹前缘受到一排障碍物的阻挡时会出现两种不同的情况。第一种情况是,尽管裂纹被障碍物钉扎,但是却可以借助裂纹弓形化过程绕过障碍物,这一点与位错受障碍物钉扎的情况有些类似。这一过程如图 3-5-15 所示,可见裂纹将基本上处于初始平面上。

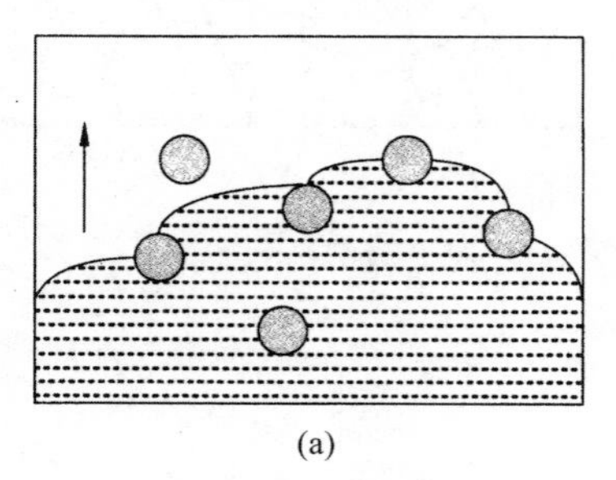

(a)

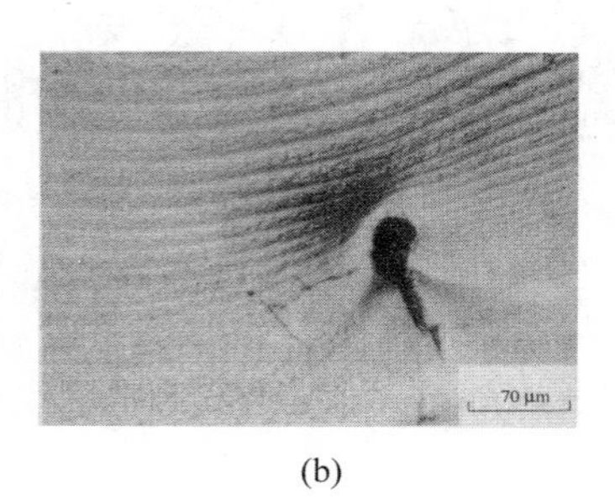

(b)

图 3-5-15 陶瓷材料的宏观断口

(a) 裂纹前缘弓形化过程图解说明;(b) 玻璃中一条裂纹的前缘与在夹杂物处的弓形化

另一种绕过障碍物的方式是借助裂纹偏转过程,即改变裂纹扩展方向从而绕过障碍物,如图 3-5-16 所示。裂纹偏转导致韧性的增加可能有两种原因:第一,裂纹偏转以后就不再属于垂直于主应力方向的Ⅰ型加载方式,裂纹扩展的驱动力下降;第二,裂纹偏转后扩展路程加长,断裂功增大。

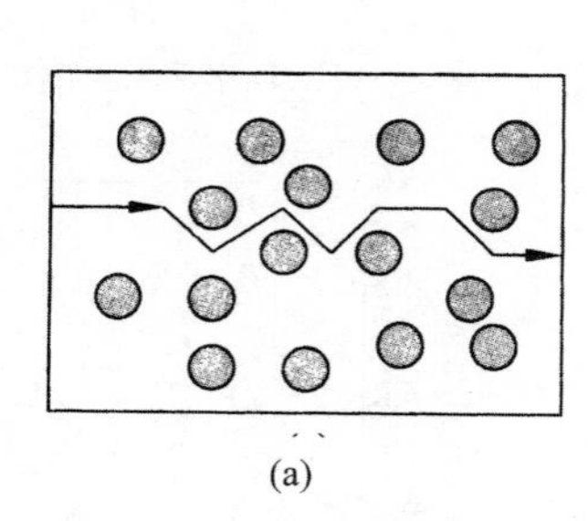

(a)

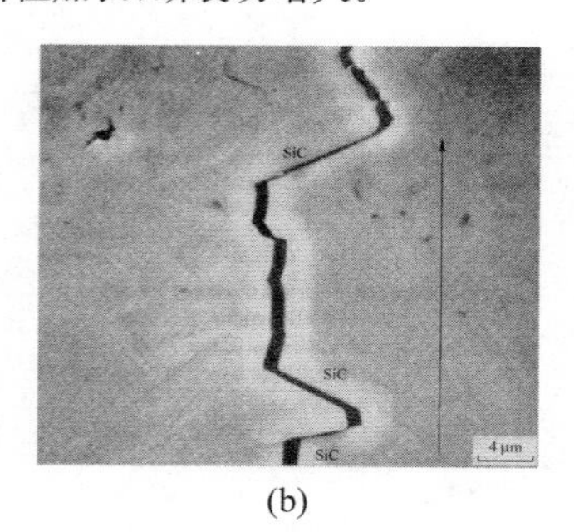

(b)

图 3-5-16 陶瓷材料的宏观断口

(a) 裂纹偏转方向过程图解说明;(b) Al_2O_3 基体中的 SiC 板状粒子导致的裂纹偏转

显然,裂纹偏转的程度与障碍物的含量、尺寸及形状有很大关系。目前,已有研究者采用各向异性断裂力学理论分析了障碍物体积分数及形状对断裂韧度的影响,如图 3-5-17 所示。在一定的体积分数范围内,随障碍物含量的增多,韧性增大;从障碍物形状来看,圆柱形增韧效果最好,饼形的次之,最差的是球形;就圆柱形障碍物来看,长径比愈大,增韧效果愈好。

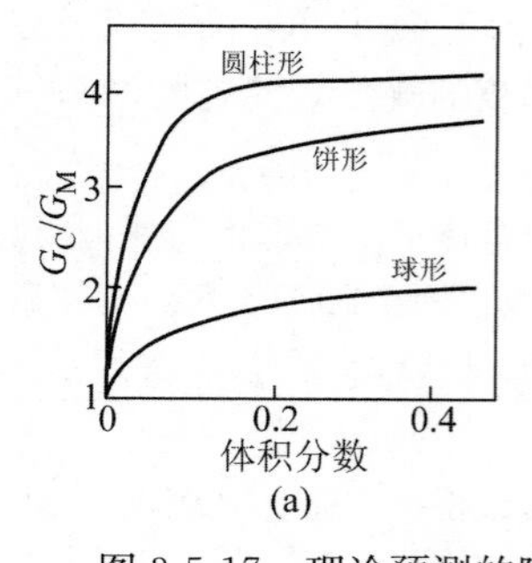

(a)

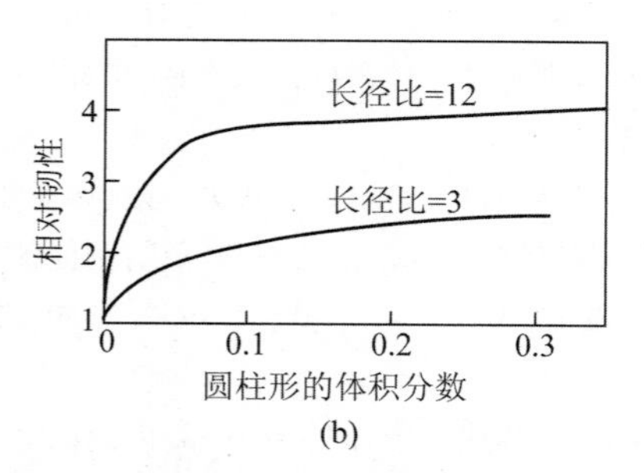

(b)

图 3-5-17 理论预测的障碍物体积分数及形状对韧性的影响

(a) 3 种形状障碍物增韧效果比较;(b) 圆柱形障碍物的长径比对韧性的影响

2）裂纹桥接

在上一小节讨论中已经指出，裂纹可以绕过障碍物并使得障碍物保持原状。在这一情况下，障碍物就在裂纹尖端尾部构成了一条韧带（未断裂带），即产生所谓的裂纹桥接作用，如图 3-5-18 所示。这个桥接带可以是纤维、晶须以及韧性颗粒。

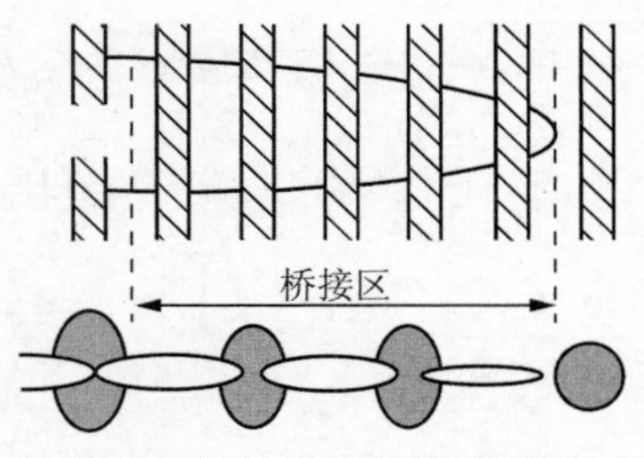

图 3-5-18 裂纹桥接示意图

在复合材料整体断裂过程中，这些桥接物将发生一些微观破坏过程，包括纤维和晶须的断裂、拔出以及与基体脱黏，韧性颗粒的塑性变形、断裂等。这些微观破坏过程都将吸收额外的能量，达到增韧效果。这一类增韧机制的定量效果可用复合材料力学理论进行分析，有兴趣的读者可参考相关的书籍和文献。

3.6 弹塑性断裂力学简介

线弹性断裂力学适用于弹性变形断裂，描述参量为应力强度因子 K 和弹性能释放率 G。K 是建立在裂纹尖端应力、应变场具有 $r^{-\frac{1}{2}}$ 阶奇异性基础上的，反映了这种奇异性的强度。当有小范围屈服时，可采用有效裂纹修正，继续使用 K 参量。但当塑性变形较大，裂纹尖端塑性区尺寸与裂纹长度同一数量级时，则修正失效，K 参量不能继续使用。G 表示了当裂纹有微量扩展 $\mathrm{d}a$ 时，受载荷裂纹体弹性能释放值 dU，当进入弹塑性阶段时，G 就失去了意义。

另一方面，一些中低强度材料进行 $K_{\mathrm{I}c}$ 测试时，需要大尺寸试样和大吨位试验机，使材料消耗、设备损耗很大，试样加工及试验费用昂贵。如果采用小试样进行测试，但它往往在变形和断裂过程中处于弹塑性范围。

因此，无论是断裂理论研究还是实际工程应用，都要求研究弹塑性阶段的断裂问题，并希望得到一个这样的参数，即从线弹性、小范围屈服直到大范围屈服甚至全面屈服各阶段都始终适用，它单值地反映了裂纹尖端应力场强度，当达到破坏临界值时，该参数也达到临界值；这个临界值既可在弹性阶段，也可在断塑性阶段作为断裂判据。

目前已经提出了几种分析弹塑性断裂问题的方法，主要有裂纹尖端张开位移法，即 CTOD（crock tip opening displacement）和 J 积分法。本节做扼要介绍。

3.6.1 CTOD

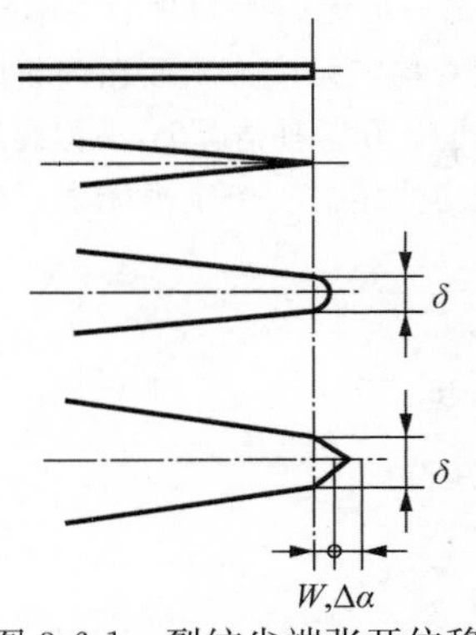

图 3-6-1 裂纹尖端张开位移

在线弹性阶段，应力参量变化明显，易于计算，因此用应力型参量来描述变形过程很方便。但当进入屈服阶段时，变形量增大很快，但应力增加却很小，因此考虑改用变形类参量作为描述参数。对裂纹来说，裂纹尖端存在剧烈的应变集中，在变形过程中，裂纹尖端首先是弹性张开，随后在塑性变形过程中逐渐钝化，钝化到一定程度裂纹开裂。如图 3-6-1 所示，研究表明，在开裂前，裂纹尖端张开位移能反映裂纹端部的形变场强度，并且开裂瞬时的裂纹张开位移值是一个与试样尺寸无关的常数，是材料的性质。因此可用它作为变形过程的参考和断裂判据。

3.6.1.1 线弹性和小范围屈服情况下的 CTOD

前已述及，在小范围屈服时，采用 Iwin 修正，将裂纹尺寸修正至 $a_e = a + r_y$ 后，即可利用线弹性断裂力学理论来求得裂纹尖端的 CTOD。

设以 δ 表示裂纹尖端张开位移，则有

$$\delta = 2v \tag{3-6-1}$$

式中，v 表示裂纹面在 y 方向的位移。对于Ⅰ型裂纹有

$$v = \frac{K_{\mathrm{I}}}{4\mu}\sqrt{\frac{r}{2\pi}}\left[(2k+1)\sin\frac{\theta}{2} - \sin\frac{3\theta}{2}\right] \tag{3-6-2}$$

式中，$k=3-4\nu$(平面应变)，$k=\frac{3-\nu}{1+\nu}$(平面应力)。

r 自有效裂纹尖端算起，在原真实裂纹尖端处，$\theta=\pi$，$r=r_y$，在平面应力情况下，$r_y=\frac{K_{\mathrm{I}}^2}{2\pi\sigma_s^2}$；在平面应变情况下，$r_y=\frac{K_{\mathrm{I}}^2}{2\pi\sigma_s^2}(1-\nu^2)$，将上述结果代入式(3-6-1)，则在平面应力情况下，有

$$\begin{aligned}\delta = 2v &= 2\frac{K_{\mathrm{I}}}{4\mu}\sqrt{\frac{K_{\mathrm{I}}^2}{2\pi\cdot 2\pi\sigma_s^2}}\left[\left(2\times\frac{3-\nu}{1+\nu}+1\right)+1\right] \\ &= \frac{4K_{\mathrm{I}}^2}{2(1+\nu)\mu\pi\sigma_s} = \frac{4K_{\mathrm{I}}^2}{\pi E\sigma_s} = \frac{4}{\pi}\frac{G_{\mathrm{I}}}{\sigma_s} = 1.27\frac{G_{\mathrm{I}}}{\sigma_s}\end{aligned} \tag{3-6-3}$$

在平面应变情况下，有

$$\begin{aligned}\delta = 2v &= 2\frac{K_{\mathrm{I}}}{4\mu}\sqrt{\frac{K_{\mathrm{I}}^2(1-2\nu)^2}{2\pi\cdot 2\pi\sigma_s^2}}\left[2\times(3-4\nu)+1+1\right] \\ &= \frac{4K_{\mathrm{I}}^2}{\pi E\sigma_s}(1-2\nu)(1-\nu^2) = \frac{4(1-2\nu)}{\pi}\frac{G_{\mathrm{I}}}{\sigma_s} = \frac{0.5}{\frac{G_{\mathrm{I}}}{\sigma_s}}\end{aligned} \tag{3-6-4}$$

式(3-6-3)和式(3-6-4)建立了 δ 与 K_{I} 和 G_{I} 之间的关系，即在线弹性和小范围屈服情况下，三者是一一对应的，当 $K_{\mathrm{I}}\to K_{\mathrm{Ic}}$，$G_{\mathrm{I}}\to G_{\mathrm{Ic}}$ 时，δ 也达到临界值 δ_c。因此，δ_c 也可同样作为断裂判据。

3.6.1.2 大范围屈服时的 CTOD

在大范围屈服情况下，塑性区修正方法已不适用。此时，由于裂尖端应力应变场的复杂性，要得到裂尖区应力、应变场的精确解较为困难。因此需要采用一些简化方法，提出一些假定，然后设法得出一些符合假定并能满足工程需要的近似解答。1960 年，Dugdale 用 maskhelishvili 方法，针对中低强度材料薄构件的长穿透裂纹的平面应力情况进行了断裂分析，简称 D-M 模型。

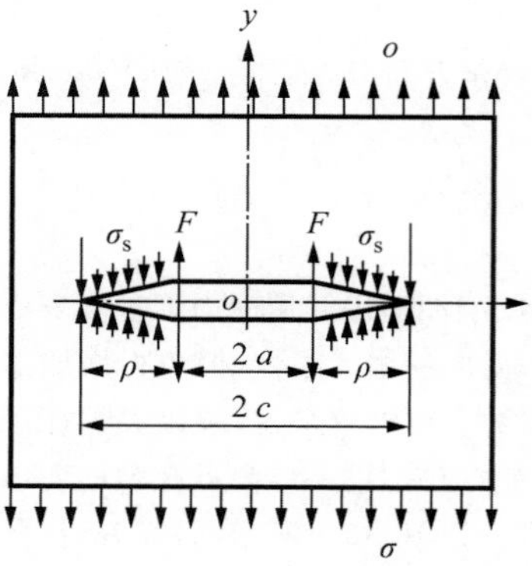

设无限大薄板中有一长为 $2a$ 的穿透裂纹，在远处作用有均匀拉伸应力 σ，裂纹尖端延伸线一条窄带区已进入屈服，其宽度为 ρ，其余区域仍处于弹性状态，如图 3-6-2 所示。材料无强化时，$\sigma_{ys}=\sigma_s$。假想将屈服区切开，然后在切开表面上加上压应力，则裂纹切开面仍然闭合。这样就把一个弹塑性问题转化成一个无限大板中含有长为 $2c=2(a+\rho)$ 的虚拟裂纹，并在无限远处受均匀拉应力 σ 而在裂纹两端长为 ρ 的段上受压应力 σ_s 的线弹性问题。在这种情况下，虚拟裂纹尖端应力强度因子 K_{I} 由两个外加作用力决定。一个是由无限远处拉应力引起

图 3-6-2 D-M 模型

$$K_{\mathrm{I}1} = \sigma\sqrt{\pi c}$$

另一个是由裂纹两端 ρ 段上分布的 σ_s 引起

$$K_{\mathrm{I}2} = -\int_a^c \frac{2\sigma_s \mathrm{d}x}{\sqrt{c^2-x^2}}\cdot\sqrt{\frac{c}{\pi}} = -2\sigma_s\sqrt{\frac{c}{\pi}}\arccos\left(\frac{a}{c}\right)$$

由于虚拟裂纹尖端的应力无奇异性，故

$$K_{\mathrm{I}1}+K_{\mathrm{I}2}=0$$

即

$$\sigma\sqrt{\pi c} - 2\sigma_s\sqrt{\frac{c}{\pi}}\arccos\left(\frac{a}{c}\right) = 0$$

可得

$$\sigma = \frac{2\sigma_s}{\pi}\arccos\left(\frac{a}{c}\right)$$

$$c = a\sec\left(\frac{\pi}{2}\frac{\sigma}{\sigma_s}\right)$$

由此得出塑性区宽度

$$\rho = c - a = a\left[\sec\left(\frac{\pi}{2}\frac{\sigma}{\sigma_s}\right) - 1\right] \tag{3-6-5}$$

在大范围屈服情况下，ρ 值可作为断裂判据，当外加应力 σ 达到断裂应力 σ_c 时，ρ 值也达到临界值 ρ_c 值。但是 ρ 及 ρ_c 值很难在试验中测定，故希望用裂纹尖端张开位移 δ 来作为参数。根据 Paris 提出的计算裂纹体位移方法可以求出 δ 表达式。由于该方法较为复杂，此处将推导过程省略，而仅把结果列出：

$$\delta = \frac{8a\sigma_s}{\pi E}\ln\left[\sec\left(\frac{\pi}{2}\frac{\sigma}{\sigma_s}\right)\right] \tag{3-6-6}$$

D-M 模型是在窄条塑性区、无形变硬化和平面应力 3 个假设条件下得到的，因而与实际情况相比只是粗略的近似，但可大致满足工程要求。但是，当 $\sigma/\sigma_s \to 1$ 时，$\delta \to \infty$，说明 D-M 模型已不适用。一般认为，当 $\sigma/\sigma_s \leqslant 0.8$ 时，计算结果与实测值符合较好。

在$\left(\frac{\pi}{2}\frac{\sigma}{\sigma_s}\right) < 1$ 的情况下，可将式(3-6-6)展开成无穷级数：

$$\delta = \frac{8a\sigma_s}{\pi E}\left[\frac{1}{2}\left(\frac{\pi\sigma}{2\sigma_s}\right)^2 + \frac{1}{12}\left(\frac{\pi\sigma}{2\sigma_s}\right)^4 + \cdots\right]$$

当 $\sigma/\sigma_s \leqslant 0.5$ 时，只取上式中的第一项带来的误差小于 11%，此时得

$$\delta = \frac{8a^2\sigma}{E\sigma_s} = \frac{K^2}{E\sigma_s} = \frac{G}{\sigma_s} \tag{3-6-7}$$

这与小范围屈服情况下的结果[见式(3-6-3)]相比，少了一个系数 $\frac{4}{\pi}$。

3.6.1.3 全面屈服情况下的 CTOD

D-M 模型只适用于较低应力水平，裂纹还是被广大弹性区包围情况。当外加应力接近或超过 σ_s 时，称为全面屈服。例如，压力容器接管或焊接结构未经退火的焊缝区，由于应力集中和残全应力，这些地区的应力和应变都超过了 σ_s 和 e_s，这些区域中的裂纹就处在全面屈服的状态下。对于这种性质的问题就不能再用 D-M 模型。

由于全面屈服后，应力增加很少，而变形大量增加，因而不再以应力作为计算 CTOD 的参量，而改用应变 e 来计算 δ。

全面屈服情况下 δ 与屈服区标称应变 e 之间的关系式，首先是 Wells 根据几个假定，曲线弹性断裂力学中小范围屈服修正公式得到的。小范围屈服时，裂纹尖端塑性区尺寸为

$$r_y = \frac{1}{2\pi}\left(\frac{K_{\mathrm{I}}}{\sigma_s}\right)^2$$

将 $G_{\mathrm{I}} = \frac{K_{\mathrm{I}}^2}{E}$ 代入上式，则有

$$r_y = \frac{EG_{\mathrm{I}}}{2\pi\sigma_s^2}$$

在大范围屈服情况下，依式(3-6-7)，将 $G = \sigma_s\delta$ 代入上式，则有

$$r_y = \frac{E\delta}{2\pi\sigma_s} = \frac{\sigma}{2\pi e_s} \qquad 或 \qquad \delta = 2\pi e_s r_y$$

在全面屈服情况下，Wells 假定屈服区应变 e 与屈服区尺寸 r_y 之间存在下述关系：

$$\frac{e}{e_s} = \frac{r_y}{a}$$

将此式代入上式便得

$$\delta = 2\pi a e \tag{3-6-8}$$

式(3-6-8)即为全面屈服情况下计算裂纹尖端张开位移的 Wells 经验公式，显然它在理论是很粗糙的。另外，试验表明此公式进行断裂安全设读报安全裕度过大。

英国焊接学会曾进行了宽板两边裂纹拉伸试验，如图 3-6-3 所示，在一定的标距 L 上测量伸长量 ΔL，计算真实名义就变 $e=\frac{\Delta L}{L}$，同时测定裂纹尖端张开位移 δ。将试验结果绘在以$\frac{e}{e_s}$为横坐标，以 $\phi=\frac{\delta}{2\pi e_s a}$为纵坐标的图中，如图 3-6-3 所示，可见试验数据分布在一条宽的分散带中，而 $\phi=\frac{e}{e_s}$直线处在分散带上方。因此，用此式作为全面屈服情况下断裂安全设计的依据过于保守。1971 年美国焊接学会改用 $\phi=\frac{e}{e_s}-0.25$ 作为设计线，即

$$\delta = 2\pi e_s a\left(\frac{e}{e_s} - 0.25\right) \tag{3-6-9}$$

此式称为 Burdekin 公式。在大应变情况下，此设计线虽在 $\phi=\frac{e}{e_s}$线下方，但仍在试验数据上方，利用此式进行设计仍具有一定的安全裕度。

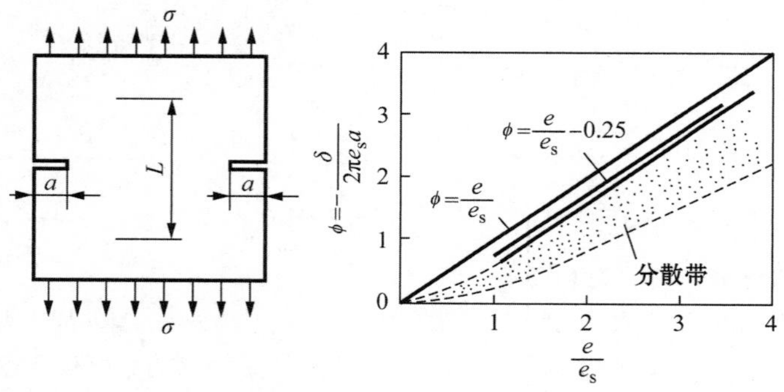

图 3-6-3　宽板拉伸试验

3.6.2　*J* 积分

1968 年，Rice 提出了一个围绕裂纹尖端与积分路径无关的线积分，称为 J 积分。由于其值与积分路径无关，因而可避开直接求解弹性边值问题。再则，由于 J 积分由围绕裂尖周围的应力、应变和位移场组成的线积分给出，因而 J 积分值由场的强度决定，即可以反过来用于描述裂纹场的强度。此外，J 积分可通过外载荷对试样所做的变形功能来测定，实测较方便。因此 J 积分是目前弹塑性断裂力学的主流参量。

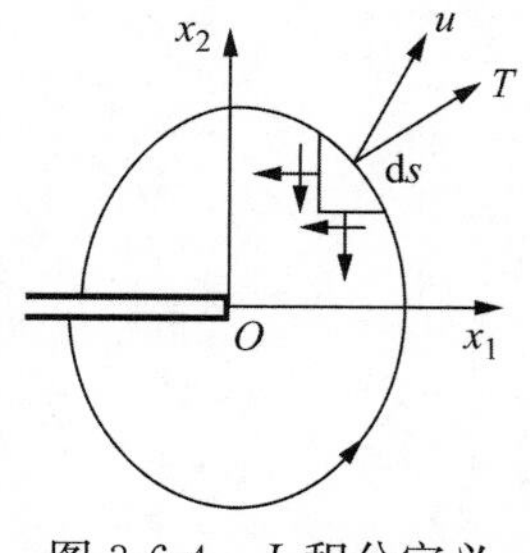

图 3-6-4　*J* 积分定义

3.6.2.1　*J* 积分的定义

可采用下面的方式简单地说明 J 积分的定义，如图 3-6-4 所示。

对于单位厚度的试样中有贯穿裂纹的情况，其弹性能释放率可写成

$$G_{\mathrm{I}} = -\frac{\partial U}{\partial a} \tag{3-6-10}$$

$$U = E - W \tag{3-6-11}$$

式中，U 为试样的内能或称势能；E 为应变能；W 为外力做的功。

设 w 为应变能密度，则有

$$E=\int \mathrm{d}E=\int w\mathrm{d}A=\iint w\mathrm{d}x_1\mathrm{d}x_2$$

若试样边界上这一特定的积分回路 Γ 上作用有拉应力 $\boldsymbol{T}$，且边界 Γ 上作用力 $\boldsymbol{T}$ 的线段 $\mathrm{d}s$ 上的位移为 $\boldsymbol{u}$，则整个边界上外力做的功为

$$W=\int \mathrm{d}\boldsymbol{w}=\int_{\Gamma}\boldsymbol{uT}\mathrm{d}s$$

若把 x_1 轴取在沿裂纹方向，则 $\mathrm{d}a=-\mathrm{d}x_1$，则式(3-6-10)可写为

$$G_{\mathrm{I}}=-\frac{\partial U}{\partial a}=\int_{\Gamma}\left(w\mathrm{d}x_2-\frac{\partial \boldsymbol{u}}{\partial x_1}\boldsymbol{T}\mathrm{d}s\right) \tag{3-6-12}$$

其中，Γ 为裂纹下表面逆时针走向到裂纹上表面的任一条路径。

式(3-6-12)两端相等只是在线弹性条件下成立，但在大范围屈服条件下，此式右端的积分仍然存在，将它定义为 J 积分，即

$$J=\int_{\Gamma}\left(w\mathrm{d}x_2-\frac{\partial \boldsymbol{u}}{\partial x_1}\boldsymbol{T}\mathrm{d}s\right) \tag{3-6-13}$$

应该指出，式中的 w 在弹性体中为应变能密度，而在弹塑性情况下应为单调加载过程中试样各处体元所接受的应力形变功密度，包括弹性应变能和塑性变性功在内。这正是 J 参量和 G 参量的差别，显而易见，在弹性情况下，J 和 G 是等效的，而在弹塑性情况下 G 失去意义。

J 积分的一个重要性质是守恒性，即积分与路径无关。对任意两积分回路 Γ 和 Γ'，如图 3-6-5 所示，总有

$$\int_{\Gamma}\left(w\mathrm{d}x_2-T_i\frac{\partial u}{\partial x_1}\mathrm{d}s\right)=\int_{\Gamma'}\left(w\mathrm{d}x_2-T_i\frac{\partial u_i}{\partial x_2}\mathrm{d}s\right) \tag{3-6-14}$$

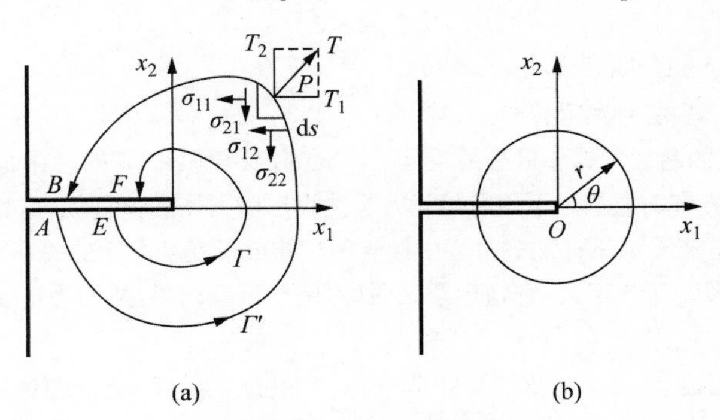

图 3-6-5 Γ 积分守恒性

更一般的描述是，对二维物体的任一闭合回路 C(闭合回路中不能有裂纹或孔)，恒有

$$\oint\left(w\mathrm{d}x_2-T_i\frac{\partial u_i}{\partial x_1}\mathrm{d}s\right)=0 \tag{3-6-15}$$

3.6.2.2 J 积分与裂纹尖端弹塑性应力场的关系

要想使 J 积分成为断裂判据的有效参量，裂纹尖端地区的应力形变场强度必须能由 J 积分值单一确定。因为只有这样，当裂纹尖端地区应力场的应力形变场达到使裂纹开始扩展的临界强度时，J 积分也达到相应的临界值 J_{Ic}，而与试件几何尺寸和加载方式无关。

1968 年，Rice 与 Rosengren 以及 Hutchinson，利用全量理论方法证明，J 积分可以决定裂纹尖端地区弹塑性应力应变场奇异性的强度。详细的证明过程请参阅相关断裂力学专著，这里只给出结果：

$$\left.\begin{aligned}\sigma_{iy}(r,\theta)&=\sigma_1\left(\frac{J}{\sigma_1 I_n}\right)^{\frac{1}{1+n}}\cdot r^{-\frac{1}{1+n}}\cdot\tilde{\sigma}_{iy}(\theta)\\ \varepsilon_{iy}(r,\theta)&=\left(\frac{J}{\sigma_1 I_n}\right)^{\frac{1}{1+n}}\cdot r^{-\frac{1}{1+n}}\cdot\tilde{\varepsilon}_{iy}(\theta)\end{aligned}\right\} \tag{3-6-16}$$

式中,I_n 为硬化指数 n 的函数,对张开型裂纹平面应变情况,在 $n=0.07\sim0.3$ 的宽广范围内的实际金属结构材料,$I_n=4.4\sim5.5$;$\tilde{\sigma}_{iy}(\theta)$ 和 $\tilde{\varepsilon}_{iy}(\theta)$ 为角因子。此式表明,J 积分反映了弹塑性裂纹应力场 $r^{-\frac{1}{1+n}}$ 阶奇异性,即是唯一、单值反映应力场强的参量,故可作为弹塑性新的判据,即

$$J \geqslant J_c$$

应该指出,式(3-6-16)所描述的应力应变场(简称 HRR 场)仍然是建立在全量理论基础上,并且只讨论了奇异性主项的结构,而不是完全解答,但是,由此提出 J 积分决定裂纹尖端场奇异性强度和 J 积分断裂判据的假设不是没有根据的。

3.6.2.3 J 与 G、K 和 CTOD 的关系

前已述及,G、K 参量只在线弹性和小范围屈服情况下有效,而 J 则在线弹性及弹塑性情况下均适用,因此在线弹性范围 J 与 G、K 应有确定的关系,在线弹性和弹塑性情况下,J 与 CTOD 也应有对应关系。

在线弹性条件下,通过证明可以得到下列关系

$$J=\frac{1-\nu^2}{E}K_{\mathrm{I}}^2=G \tag{3-6-17}$$

由上式可见,J 与 $K(G)$ 判据是等价的。而 J 判据既适用于线弹性又适用于弹塑性,因而可用小试样在弹塑性情况下测得材料的 J_{Ic} 来换算在线弹性下需要很大尺寸试样才能测得的 K_{Ic}。换算关系如下。

公制时:$K_{\mathrm{I}}=\sqrt{\dfrac{E}{1-\nu^2}}\cdot\sqrt{J}\doteq150\sqrt{J}$ (3-6-18)

国际单位制:$K_{\mathrm{I}}\doteq464\sqrt{J}$ (3-6-19)

在弹塑性情况下,有

$$J=\sigma_s\delta \tag{3-6-20}$$

可见,CTOD 断裂准则与 J 积分断裂准则是一致的。

3.6.2.4 J 积分的形变功率定义

一个工程上应用方便的断裂判据参量必须是易于试验测定和理论估算的。在非线性情况下,直接计算回路积分式(3-6-13)必须事先在增量描述下用有限元方法计算出应力场和位移场,这比较困难,不易推广应用。Rice 经过分析证明,J 积分还可由试件加载过程中接受的位能或形变功之间的关系试验测定或计算得到。换句话说,J 积分有另一个形变功率定义,它物理意义明确,便于试验测量,从而为把 J_{Ic} 当作实际应用的性能参量打下了理论基础。

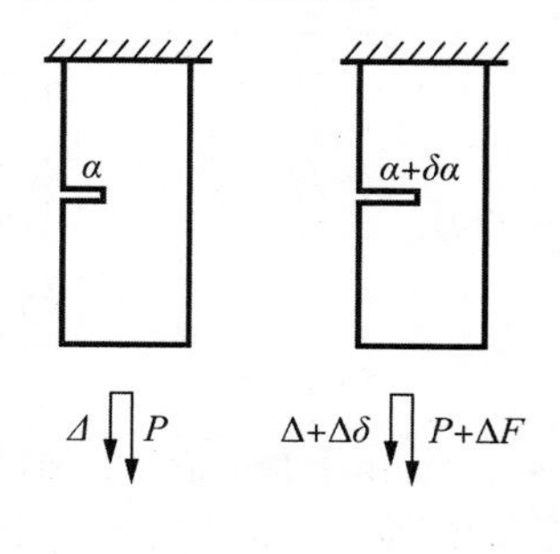

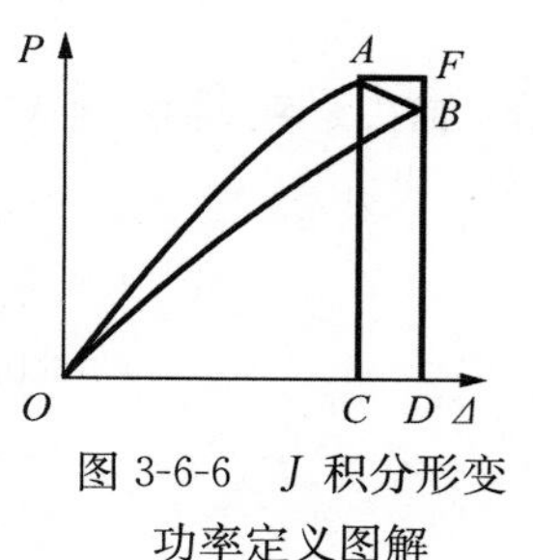

图 3-6-6 J 积分形变功率定义图解

根据能量守恒原理、J 积分守恒性、全量理论以及一些数学分析方法,Rice 证明了 J 积分与载荷 P,施力点位移 Δ,以及它们对裂纹试件做的形变功 $U=\int p\mathrm{d}\Delta$ 有如下关系:

$$J=-\frac{1}{B}\frac{\mathrm{d}U}{\mathrm{d}a}+\frac{P}{B}\frac{\mathrm{d}\Delta}{\mathrm{d}a} \tag{3-6-21}$$

此式称为 J 积分的形变功率定义,式中,B 为试件厚度;a 为裂纹长度。

关于 J 积分形变功率定义的解释可以参照图 3-6-6 进行。两试件外形尺寸完全相同,只是裂纹尺寸差一个 δa,单调加载到相近载荷和得到相近位移(P,Δ)及($P+\delta P$,$\Delta+\delta\Delta$)所测得的每条 $P\sim\Delta$ 加载曲线。由于 $P\sim\Delta$ 曲线下面积 A 给出形变功 $U=\int_0^\Delta P\mathrm{d}\Delta$,因此两试样形变功之差为

$$\delta U=A_{OBDO}-A_{OACO}=A_{ABDC}-A_{ABO}$$

当 $\delta a\to0$,$\delta P\to0$,$\delta\Delta\to0$ 时,属于高阶无穷小时的 A_{AFB} 可以忽略,A_{ABDC} 的极限为 $P\mathrm{d}\Delta$,则

$$\mathrm{d}U=P\mathrm{d}\Delta-A_{ABO}$$

$$\lim_{\delta a\to 0}\left(\frac{A_{ABO}}{B\delta a}\right)=-\frac{\mathrm{d}U}{B\mathrm{d}a}+\frac{P\mathrm{d}\Delta}{B\mathrm{d}a}=-\frac{1}{B}\frac{\mathrm{d}U}{\mathrm{d}a}+\frac{P\mathrm{d}\Delta}{B\mathrm{d}a}=J$$

即 J 的意义是两个尺寸形状完全相同，只是裂纹尺寸有 $\mathrm{d}a$ 差别的试样，在加载过程中的形变功之差。

如果两试样加载到同样位移，即 $\mathrm{d}\Delta=0$，则

$$J=-\frac{1}{B}\frac{\mathrm{d}U}{\mathrm{d}a} \tag{3-6-22}$$

该式与 G 的形式一样。已知在线弹性情况下，$J=G$，但在弹塑性情况下，$\frac{\mathrm{d}U}{\mathrm{d}a}$的含义不再是裂纹扩展-微量 $\mathrm{d}a$ 所带来的形变功之差。因为在塑性变形范围，应力应变不是单值函数。如一定要保持单值关系，就只能把讨论过程仅仅限制在加载过程而不允许有卸载的情况。但是裂纹在扩展过程中，应力场将随裂纹前进而推移，原裂纹尖端区域将不断发生卸载。因此在 J 的讨论中，原则上只讨论到裂纹即将扩展而尚未扩展的程度，故$\frac{\mathrm{d}U}{\mathrm{d}a}$不再是一个试样扩展 $\mathrm{d}a$ 后的形变功变化，而是两个同样形状尺寸的试样因裂纹长度有微小差异 $\mathrm{d}a$ 所带来的形变功之差。

J 积分的形变功率定义物理概念明确，便于试验测量，但更一般地，J 积分的能量定义可表述为，在相同的外加边界载荷下，外形尺寸相同，但裂纹长度相差 $\mathrm{d}a$ 的两试件的单位厚度位能的差异，即

$$J=-\frac{1}{B}\frac{\partial \Pi}{\partial a} \tag{3-6-23}$$

在载荷为集中载荷 P 时，有 $\Pi=U-P\mathrm{d}\Delta$，在给定位移时，$\mathrm{d}\Delta=0$，故

$$J=-\frac{1}{B}\left(\frac{\partial U}{\partial a}\right)_{\Delta} \tag{3-6-24}$$

在给定载荷时，有

$$J=-\frac{1}{B}\left(\frac{\partial \Pi}{\partial a}\right)_{P} \tag{3-6-25}$$

此两种情况下的 J 积分值如图 3-6-7 所示。

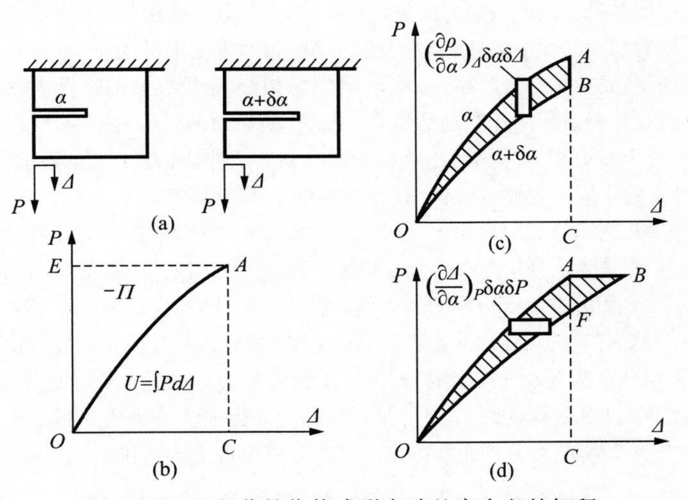

图 3-6-7　J 积分的位能或形变功差率含义的解释

应该指出，上述讨论仅限于单边裂纹试件。对作用有集中载荷 P 的中心裂纹（长度为 $2a$）和双边裂纹（每个裂纹长度为 a）的试样，由于试件几何及加载方式的对称，应有

$$J=-\frac{1}{B}\left[\frac{\partial \Pi}{\partial (2a)}\right]_{P} \tag{3-6-26}$$

$$J = -\frac{1}{B}\left[\frac{\partial U}{\partial(2a)}\right]_{\Delta} \tag{3-6-27}$$

3.6.2.5 弹塑性断裂分析中 J 积分的适用条件和范围

J 积分的3个重要特性,即积分路径无关性、与裂纹尖端奇异性强度的关系,以及与形变功率或位能间的关系,都是在小应变条件下,利用全量理论建立起来的,而不是建立在更符合实际材料弹塑性行为的增量理论基础上。严格说来,只有当物体每一点体元上的应力分量成比例增长时,全量理论才和增量理论一致。由于实际塑性材料裂纹尖端处总存在高应变区,用增量理论又普遍未能证明 J 积分的上述特性,因此在实际弹塑性或增量材料中应用 Γ 积分时必须注意其适用范围和近似程度或精度。

然而一般来说,实际工程结构遇到的弹塑性断裂分析中(例如压力容器和焊接结构的应变裂纹容限分析),包围裂纹尖端地区的周围广大弹塑性区基本上是小应变区;同样,在用小试样在弹塑性条件下测定 K_{Ic} 时,也可以选择足够的试件尺寸以保证断裂时高应变区只限制在尖端小地区中,而包围它的广大弹塑性区基本上也是小应变区,也就是说,保证试件的大范围屈服或全面屈服的程度不太深。在这个条件下,广大的小应变弹塑性区中的大回路 J 积分 $\int_{\Gamma} w\mathrm{d}y - \boldsymbol{T}\frac{\partial \boldsymbol{u}}{\partial x}\mathrm{d}s$ 与伪位能率 $-\frac{1}{B}\left(\frac{\partial U}{\partial a}\right)_{\Delta}$ 将仍旧近似相等。这是因为裂纹尖端应变区只占整个试件体积的很小部分,所消耗的形变功只占很小的百分数。对于上述两个 J 参量,即大回路积分和形变功率的数值贡献较小,上述两种形式 J 参量的数值主要由试件广大的小应变区的应力形变场强度或试件总体应力形变状态决定。这一点已被用有限元法计算大回路 J 积分和形变功率时所证明。总之,虽然裂纹尖端的高应变区不可避免地存在,但在弹塑断裂试验和工程结构弹塑性断裂分析中,通常都可以保证或设法保证广大弹塑性区仍然是小应变区,使 J 积分的两种定义等效或近似等效。这对于顺利地建立 J 积分和试件及裂纹几何尺寸、外加载荷、位移、标称应变、形变功等工程设计参量或可测参量之间的函数关系非常重要,这是应用 J 积分断裂判据的前提。

对 J 积分的另一个更现实和严重的限制是不允许有卸载发生,而裂纹在加载状态下的亚临界扩展将不可避免地引起局部地区卸载。因此,严格说来,J 积分只适用于分析裂纹扩展的开始,而不是用于包括亚临界扩展过程在内的任何裂纹扩展的过程。这一限制使一些人认为 J 积分只适用于分析平面应变断裂,而不适用于分析亚临界裂纹扩展量较大的平面应力断裂。实际上,J 积分的适用范围并不能这样简单地划分。其适用范围或有效性不仅要看加载过程中的亚临界裂纹扩展量和卸载范围的大小,也要看构件或试件屈服范围的大小和屈服形变的深度;要看是分析起裂,还是分析扩展过程或最终断裂的临界状态。例如,虽然薄壁压力容器和管道的穿透长裂纹扩展引起的断裂是平面应力断裂,断裂前的亚临界裂纹扩展量可以很大,但是利用D-M模型方法计算出的 J 积分可以用来分析这种断裂的临界条件,因为裂纹顶端的屈服区虽然已比裂纹尺寸大,但仍然为周围广大的小应变弹性区所包围,弹性区的 J 积分仍然决定了断裂是否发生。反之,虽然平面应变断裂前的亚临界裂纹扩展比较小,如果所用的试件比较小,使得少量的亚临界裂纹扩展是在韧带屈服程度较深以后发生,则不论是为了分析亚临界裂纹扩展过程(如用 J 积分测扩展阻力曲线),或是确定平面应变断裂韧度 K_{Ic} 和 J_{Ic},J 积分方法都可能变得无效。因此,在不同的应用场合下必须根据具体情况做具体分析,建立保证 J 积分近似有效的几何尺寸条件和其他有效性判据,并且最后通过试验来核实。

综上所述,虽然 J 积分全量理论有许多限制,但从工程应用容许的近似性角度上说,这些限制不是绝对的,通过引入非线性效应及卸载效应的修正,并且通过试验建立保证 J 积分方法近似有效的几何尺寸要求和有效性判据,J 积分在工程结构断裂分析和断裂韧度实验分析中的应用范围将大为扩大,而不仅局限于无裂纹扩展或起裂分析。

本章小结

本章从宏观模式和微观机理两个方面介绍了材料断裂的规律,并以此为基础讨论了材料的韧化原理。

断裂是物体在力的作用下分开为两部分或多部分的现象，包括裂纹萌生和裂纹扩展两个阶段。从断裂前发生塑性变形的大小区分，有韧性断裂和脆性断裂两大类。韧性断裂是在切应力作用下由于滑移不均匀性在材料内部较弱处（如夹杂物、晶界等）形成空洞，继而长大、互相连接直至贯通而断裂，宏观断裂常呈杯锥状、微观特征为韧窝。韧性断裂前，塑性变形量较大，能吸收较大的变形功，是受力结构最希望采用的材料。常温下的金属材料和热塑性塑料断裂大多属于此类。脆性断裂前塑性变形量很小或没有，变形功也很小。从微观机制来看，脆性断裂一般有两种形式，一是在拉应力作用下沿特定晶面的解理断裂，陶瓷和处于低温下的体心立方及密排六方金属与合金的断裂属于此类；二是由于晶界偏析或其他因素造成晶界弱化，引起沿晶断裂，钢的回火脆性断裂就是此类的典型。值得注意的是，材料究竟发生韧性断裂还是脆性断裂除与材料本身性质有关以外，还与外界条件有很大关系，降低温度、提高变形速率、改变应力（加载）状态，或在侵蚀性介质环境中，材料都有脆化的倾向。这就是说，材料的韧性和脆性在不同条件下是可以互相转化的，这一点在结构设计和材料应用中是尤其值得重视的。

陶瓷材料的拉伸强度很低，而一些金属材料，尤其是高强度金属材料制作的大型构件常常发生低应力（低于屈服强度）脆性断裂。Griffith 基于能量分析方法，首先揭示了裂纹在低应力脆断中所扮演的角色。随后发展起来的断裂力学通过对含裂纹体中裂纹尖端应力场的分析，提出了新的表征裂纹扩展的力学参量——应力强度因子，以及表征材料抵抗裂纹失稳扩展的性能参数——断裂韧度，并发展了新的强度设计方法——断裂力学设计方法。像其他力学性能指标一样，断裂韧度也是结构敏感参量，这使得人们可以通过优化成分、组织和工艺来提高断裂韧度，从而防止低应力脆性断裂的发生。但值得注意的是，材料的断裂韧度往往与材料的屈服强度变化趋势相反，因此过高地追求强度反而可能引发低应力脆断。因此只有将经典强度设计方法与断裂力学设计方法相结合，才是保证构件不发生断裂失效的基础。

断裂是韧性的还是脆性的，取决于裂纹扩展过程的能量消耗。因此，不同材料的韧化原理大致相同，即设置多种裂纹扩展耗能机制。例如，金属材料可通过提高位错活动性、扩大裂纹顶端塑性区以增加塑性变形功，细化晶粒以增加裂纹扩展阻力，减少脆性夹杂物等来增韧；对陶瓷材料，可以通过应力诱发相变、保留残余压应力、提高显微裂纹密度等耗能原理来增韧，也可以在基体中添加能阻碍裂纹前进的纤维、晶须、韧性颗粒等来增韧。

名词及术语

理论断裂强度	Grififth 方程	韧性断裂	脆性断裂
沿晶断裂	穿晶断裂	解理断裂	微孔聚集断裂
断裂机制图	准解理断裂	河流花样	内颈缩
断口三要素	韧窝	沿晶断裂	韧-脆转变
韧-脆转变温度	NDT	FTP	V_{15}TT
50%FATT	应力强度因子	断裂韧度	裂纹尖端塑性区
有效裂纹	相变增韧	显微裂纹增韧	残余应力增韧
裂纹桥接			

附表 几种裂纹的 K_I 表达式

裂纹类型	K_I 表达式		
无限大板穿透裂纹 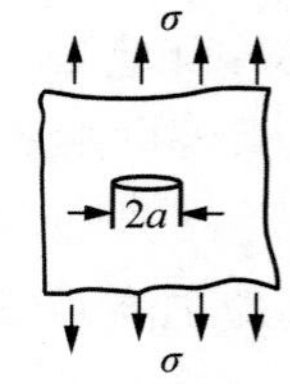	$K_I=\sigma\sqrt{\pi a}$		
有限宽板穿透裂纹 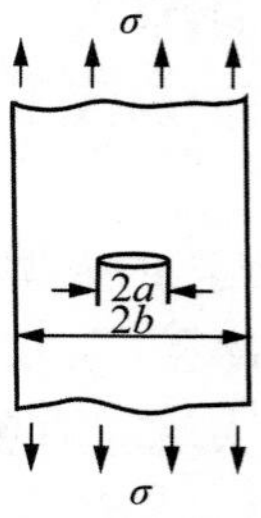	$K_I=\sigma\sqrt{\pi a}f\left(\frac{a}{b}\right)$	a/b	$f(a/b)$
		0.074	1.00
		0.207	1.03
		0.275	1.05
		0.337	1.09
		0.410	1.13
		0.466	1.18
		0.535	1.25
		0.592	1.33
有限宽板单边直裂纹 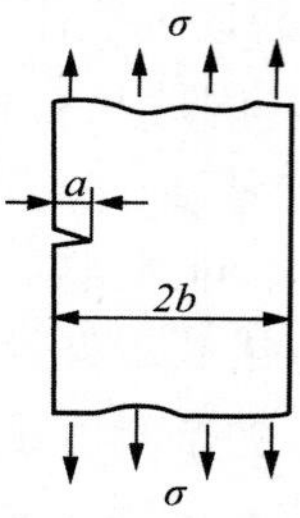	$K_I=\sigma\sqrt{\pi a}f\left(\frac{a}{b}\right)$ 当 $2b\gg a$ 时, $K_I=1.12\sigma\sqrt{\pi a}$	a/b	$f(a/b)$
		0.1	1.15
		0.2	1.20
		0.3	1.29
		0.4	1.37
		0.5	1.51
		0.6	1.68
		0.7	1.89
		0.8	2.14
		0.9	2.46
		1.0	2.89
受弯单边裂纹梁 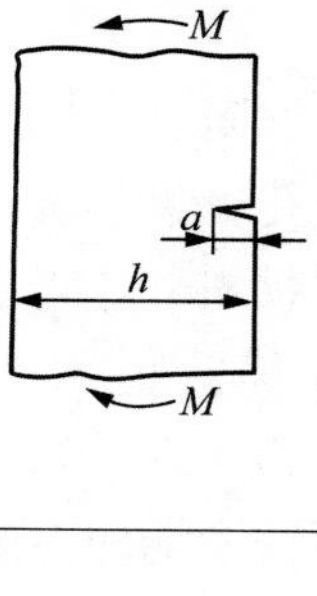	$K_I=\frac{bM}{(h-a)}f\left(\frac{a}{h}\right)$ b——梁的厚度	a/h	$f(a/h)$
		0.05	0.36
		0.1	0.49
		0.2	0.60
		0.3	0.66
		0.4	0.69
		0.5	0.72
		0.6	0.73
		>0.6	0.73

（续表）

裂纹类型	K_{I} 表达式
无限大物体内部有椭圆片裂纹，远处受均匀拉伸 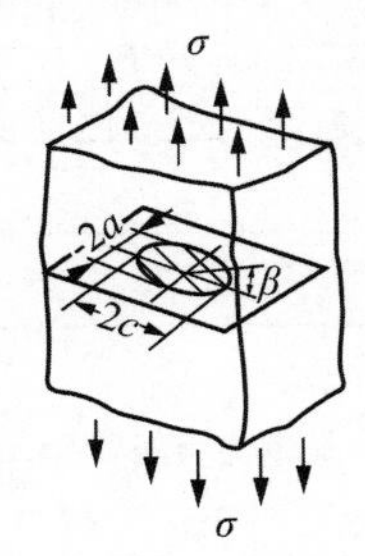 	在裂纹边缘上任一点的 K_{I}： $K_{\mathrm{I}}=\frac{\sigma\sqrt{\pi a}}{\Phi}\left(\sin^2\beta+\frac{a^2}{c^2}\cos^2\beta\right)^{1/4}$ Φ 是第二类椭圆积分： $\Phi=\int_0^{\pi/2}\left(\sin^2\beta+\frac{a^2}{c^2}\cos^2\beta\right)^{1/2}\mathrm{d}\beta$
无限大物体表面有半椭圆裂纹，远处受均匀拉伸 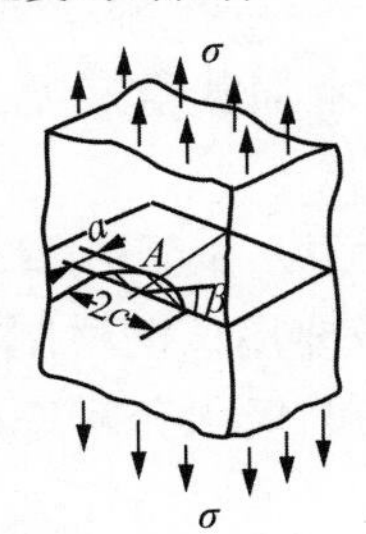 	A 点的 K_{I} 为 $K_{\mathrm{I}}=\frac{1.1\sigma\sqrt{\pi a}}{\Phi}$ $\Phi=\int_0^{\pi/2}\left(\sin^2\beta+\frac{a^2}{c^2}\cos^2\beta\right)^{1/2}\mathrm{d}\beta$

思考题及习题

1. 已知 α-Fe 的(100)晶面为解理面，其表面能为 $2\mathrm{J/m^2}$，杨氏模量为 $2\times10^5\mathrm{MPa}$，晶格常数为 $2.5\times10^{-10}\mathrm{m}$。试计算理论解理断裂强度。

2. 简要解释：

(1) 为什么对于某些给定的陶瓷材料，其断裂强度存在重大的分散？

(2) 为什么断裂强度随试件尺寸的减小而增大？

3. 什么是与韧性断裂相关的特征微观结构？

4. 什么是与金属材料的脆性断裂相关的特征微观结构？

5. 简要解释为什么 bcc 和 hcp 金属合金在温度降低过程中会经历韧性-脆性转折，而 fcc 合金不会经历该转折。

6. 钢零件可由粉末冶金制造（捣实铁粉颗粒并烧结成块体）或从固体钢块切割而得。哪种方法所得的韧性高？说明原因。

7. 是什么导致 1986 年 NASA 挑战者号的事故？

8. 铝土 Al_2O_3 是低韧性的脆性陶瓷。假设碳化硅 SiC 纤维是另一种低韧性的脆性陶瓷，能包埋于铝土中。这种做法会影响陶瓷基复合材料的韧性吗？说明原因。

9. 绘图示意陶瓷、金属和合金可能的断裂机理。阐明你期望的区别。

10. 某低碳钢的摆锤系列冲击试验数据见10题表：

10题表　低碳钢的冲击试验数据

温度/℃	冲击功/J	温度/℃	冲击功/J
60	75	10	40
40	75	0	20
35	70	−20	5
25	60	−50	1

请完成下列任务：

(1) 绘制冲击功-温度关系曲线；

(2) 确定韧-脆转变温度；

(3) 要为汽车减振器选择一种钢，它在−10℃时所需的最小冲击功为10J。试问这种钢适合此项应用吗？

11. 设有两条Ⅰ型裂纹，其中一条长度为$4a$，另一条长度为a，若前者加载至σ，后者加载至2σ，试问它们顶端附近的应力场是否相同？应力强度因子是否相同？

12. 现有一钢材，在未热处理强化时的拉伸强度为1 520MPa，断裂韧度为66MPa・$m^{1/2}$；而热处理强化后拉伸强度为2 070MPa，断裂韧度为33MPa・$m^{1/2}$。假设要用该钢材制造一个足够厚的大板件，要求其临界裂纹尺寸大于3mm(可用的缺陷探测方法的极限分辨率就这么大)，并且设计工作应力水平为拉伸强度的一半，请回答下列问题：

(1) 要满足上述条件，应采用钢材的哪一种状态？为什么？

(2) 若为减轻重量，必须使用经热处理强化的钢材，但仍采用未强化时的临界裂纹尺寸作为强化后的临界裂纹尺寸，则此时板件所能承受的最大工作应力是多少？

13. 采用屈服强度$\sigma_{0.2}$=1 500MPa、断裂韧度K_{Ic}=65MPa・$m^{1/2}$的钢材制造出一个大型厚板构件，探伤发现有4mm长的横向穿透裂纹。若该板件在轴向拉应力σ=600MPa下工作，请计算：

(1) 裂纹尖端前沿的应力强度因子K_I及塑性区宽度R_0；

(2) 该板件裂纹失稳扩展的临界应力σ_c。

14. 已知某构件的工作应力σ=800MPa，裂纹长$2a$=5mm，工作应力垂直于裂纹面，其应力强度因子$K_I=2\sigma a^{1/2}$，不同热处理状态时，钢材K_{Ic}随屈服强度$\sigma_{0.2}$的升高而下降，其变化如14题表所示：

14题表　钢材K_{Ic}和$\sigma_{0.2}$数据

热处理状态	(1)	(2)	(3)	(4)	(5)
$\sigma_{0.2}$/MPa	1 100	1 200	1 300	1 400	1 500
K_{Ic}/(MN/$m^{3/2}$)	108.5	85.25	69.75	54.25	46.5

若按许用应力$[\sigma]=\sigma_{0.2}/1.4$要求，试求出既保证材料满足强度设计要求又不发生脆性断裂的热处理状态。

15. 若已知某种材料的弹性模量 $E=2\times10^{11}$ Pa，表面能 $\gamma=8$ J/m^2，晶格常数 $a_0=2.5\times10^{-8}$ cm。

(1) 试求其理论断裂强度 σ_m；

(2) 若工作的拉伸应力为 7×10^{7} Pa，试求不发生断裂所允许的最大裂纹尺寸 a_c；

(3) 说明该裂纹使材料强度降低多少。

16. 某高压气瓶壁厚 t 为 18mm，内径 D 为 380mm，经探伤发现沿气瓶体轴向有一长度为 3.4mm 的表面深裂纹，气瓶材料在 −40℃时的抗拉强度为 843MPa，K_{Ic} 为 51.46MPa · m$^{1/2}$。试计算在 −40℃时气瓶所能承受的临界压力是多少？（提示：为方便起见，可把表面深裂纹看作穿透裂纹）

17. 马氏体时效钢的屈服强度约为 2 100MPa，断裂韧度约为 66MPa · m$^{1/2}$。用这种材料制造的飞机起落架，其最大设计应力为屈服强度的 70%。如果可检测到的裂纹长度为 2.5mm，请问，这是一个合理的工作应力吗？（假设存在的是小的边缘裂纹，且这种几何形状裂纹的应力强度因子为 $K=1.12\sigma\sqrt{\pi a}$。）

18. 某物体内有一圆盘状深埋裂纹，直径为 25mm，当作用应力为 700MPa 时，物体发生断裂破坏。试问：

(1) 在 700MPa 应力作用下的 K_I 为多少？

(2) 若用这种材料（屈服强度为 1 100MPa）制作板材断裂韧度试样，其厚度 B 为 7.5mm，宽度 W 为 37.5mm，则测得的 K_Q 值是否有效？测有效 K_{Ic} 的厚度最小为多少？

4　材料的疲劳

材料的疲劳

在工程界，**疲劳**（fatigue）特指材料或构件在应力或应变反复作用下发生损伤和断裂的现象。疲劳断裂的研究一直受到结构设计工作者和材料科学工作者的极大关注，并已成为材料强度科学的重要领域。这是因为，第一，在诸如轴、齿轮、弹簧等机械零件以及飞机、铁轨、桥梁、锅炉等大型构件中，疲劳断裂是最常见的破坏形式。统计表明，在各类机件破坏中有80%～90%属于疲劳断裂。第二，疲劳断裂通常发生在远低于材料静强度的变动应力条件下，并且破坏前一般不发生明显塑性变形，难以检测和预防，因此会造成很大的经济损失甚至灾难性事故。

疲劳断裂有许多不同的形式出现，包括仅有外加变动载荷造成的机械疲劳；变动载荷与高温联合作用引起的蠕变疲劳；机件温度变化导致热应力交变而引起的热疲劳；外加载荷及温度共同变化引起的热机械疲劳；在存在侵蚀性化学介质或致脆介质的环境中施加变动载荷引起的腐蚀疲劳；由两个部件循环接触引起的磨损疲劳（包括接触疲劳、微动疲劳）等。在上述不同疲劳形式中，循环应力的存在是共同的和最关键的因素。

本章从材料科学角度出发，以金属材料为主叙述机械疲劳行为，包括疲劳特征和规律、破坏机理；疲劳性能指标、影响因素、提高措施和测试原理。最后简单介绍非金属材料的疲劳破坏特点以及一些特殊疲劳形式的问题。

4.1　疲劳概述▶

4.1.1　变动应力

机件承受的变动应力是指应力大小或应力大小及方向随时间而变化的应力，通常分为周期变动应力和随机变动应力两大类。周期变动应力是大小和方向均随时间呈周期性变化的应力，又称为循环应力或交变应力[见图4-1-1(a)，(b)，(c)]，火车车轴和曲轴轴颈上的一点在运转过程中所受的就是循环应力；随机变动应力是大小和方向随时间呈无规则变化的应力[见图4-1-1(d)]，承受随机应力的构件很多，如汽车、拖拉机、挖掘机和飞机上的一些零件。

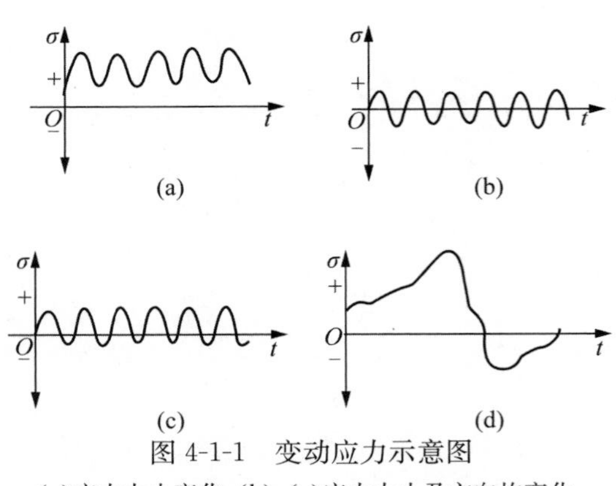

图4-1-1　变动应力示意图
(a)应力大小变化；(b)，(c)应力大小及方向均变化；(d)应力大小及方向随机变化

实际的循环应力波形可以很复杂，但材料的疲劳试验可以用正弦波形、三角波形或方波形来模拟，其中应用最多的是正弦波形，这是

由于许多实际零件所承受的就是这种正弦波形应力，一些复杂的波形(包括随机波)也可由多种正弦波来叠加。循环应力的特征可由下列几个参数表征，如图 4-1-2 所示。

最大应力 $\boldsymbol{\sigma}_{max}$——循环应力中数值最大的应力。

最小应力 $\boldsymbol{\sigma}_{min}$——循环应力中数值最小的应力。

平均应力 $\boldsymbol{\sigma}_{m}$——循环应力中的应力不变部分：$\sigma_m=\dfrac{\sigma_{max}+\sigma_{min}}{2}$ (4-1-1)

应力半幅 $\boldsymbol{\sigma}_{a}$——循环应力中应力变动部分的幅值：$\sigma_a=\dfrac{\sigma_{max}-\sigma_{min}}{2}$ (4-1-2)

应力比 $\boldsymbol{r}$ ——循环应力的不对称程度：$r=\dfrac{\sigma_{min}}{\sigma_{max}}$ (4-1-3)

$\sigma_m=0$，$r=-1$ 时，为对称循环。大多数旋转轴类零件承受此类应力。疲劳试验也常采用对称循环应力加载，如常用的旋转弯曲疲劳试验。除此以外均为非对称循环，$\sigma_m\neq0$。其中，$r=0$ 和 $r=\infty$ 两种情况分别为拉、压脉动循环，齿轮的齿根及某些压力容器承受拉应力脉动循环，轴承则承受压应力脉动循环；$\sigma_m>\sigma_a$，$0<r<1$ 的情况称为波动循环，发动机气缸盖、螺栓承受这种应力。

要综合考虑 σ_a、σ_m 和 r 这 3 个循环特征参数，才能判断疲劳应力的强弱程度。如图 4-1-3 所示，在 σ_{max} 相同的情况下，当应力循环不对称度愈大时(曲线 1)，平均应力 σ_m 愈大，σ_a将愈小，这表示交变幅度占最大应力的比例愈小，因此对材料的疲劳损害也愈小。反之，若循环不对称度减小(曲线 2)，则 σ_m 变小，σ_a增大，对材料的疲劳损害将增大。

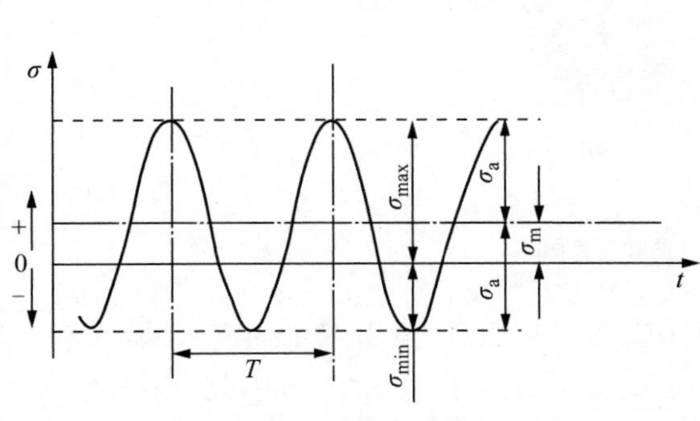

图 4-1-2 循环应力参数

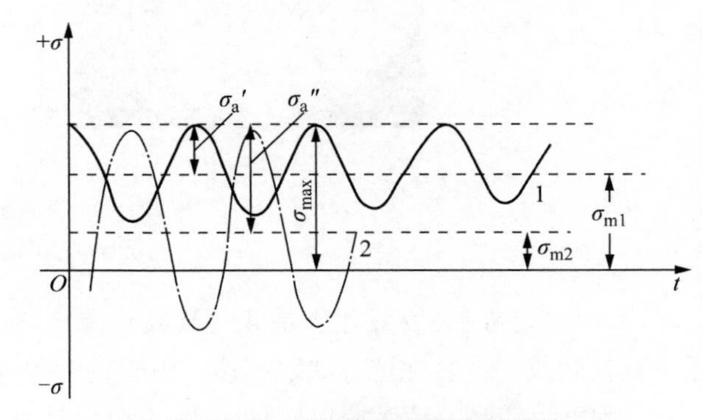

图 4-1-3 循环应力对称度的比较

4.1.2 疲劳破坏特点

经过长期研究和不断实践，人们发现疲劳破坏具有下述一些基本特点。

(1) 疲劳断裂是在低应力下的脆性断裂。由于造成疲劳破坏的循环应力峰值或幅值可以远低于材料的弹性极限，材料或构件不会产生明显的塑性变形，断裂是突然的，没有预先征兆。这是工程界最为忌讳的失效形式。

(2) 疲劳断裂属于延时断裂。静载荷下，当材料所受应力超过抗拉强度时，就立即产生破坏。但疲劳破坏是长期的过程，在循环应力作用下，材料往往要经过几百次，甚至几百万次循环才能产生破坏。因而对于疲劳寿命预测是十分重要的。

(3) 疲劳过程是一个损伤累积的过程。在循环过程中,材料内部组织逐渐发生变化,并在某些局部区域内首先产生损伤,进而逐步累积起来,当其达到一定程度后便发生疲劳断裂。

(4) 疲劳断裂从微观上看经历了裂纹萌生、裂纹稳态扩展和裂纹失稳扩展3个阶段。疲劳裂纹的萌生一般发生在构件的表面。疲劳裂纹萌生后,一般会经历一段稳态扩展阶段。当裂纹扩展到某一临界尺寸后,构件有效截面承受不了载荷时即发生裂纹失稳扩展,导致瞬时断裂。一般把裂纹失稳扩展前经受的循环次数称为疲劳寿命。显然,循环应力幅度越大或者最大循环应力越大,构件的疲劳寿命越短。

4.1.3 疲劳宏观断口

疲劳断口保留了整个断裂过程的所有痕迹,记载着许多断裂信息,具有较明显的形貌特征。而疲劳断口特征又受材料性质、加载方式、应力大小及环境等因素的影响,因此,对疲劳断口的分析是研究疲劳过程、分析疲劳失效原因的一种重要方法。

金属构件的疲劳断口在肉眼或低倍光学显微镜下看有3个明显的特征区,如图4-1-4所示。

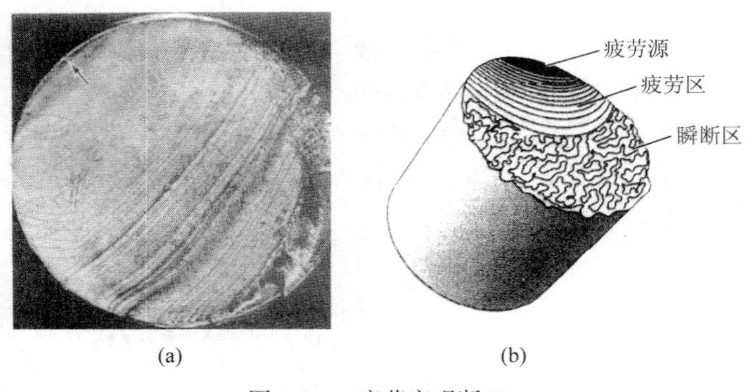

图 4-1-4 疲劳宏观断口

(a) 实物断口;(b) 3个区域的示意图

(1) 疲劳源:疲劳源区是疲劳裂纹策源地,是疲劳破坏的起始点,多出现于构件表面,常和缺口、裂纹、刀痕、蚀坑等缺陷相连。由于疲劳源区的裂纹表面受反复挤压、摩擦,因此,该区较光亮,硬度也较高。疲劳源可以是一个,也可以是多个,视加载状态而定。例如,单向弯曲疲劳仅产生1个疲劳源,而双向反复弯曲则产生两个疲劳源。若断口中同时存在几个疲劳源,可根据每个疲劳源区的光亮程度确定各疲劳源产生的先后,源区较光亮的为先产生;反之,则产生得较晚。

(2) 疲劳区:疲劳区是疲劳裂纹稳态扩展(亚临界扩展)形成的区域。它的典型特征是具有“贝壳”花样,称为贝纹线,也可称为海滩状条纹、疲劳停歇线或疲劳线。贝纹线是以疲劳源为中心的近于平行的一簇向外凸的同心圆,它们是疲劳裂纹扩展时前沿线的痕迹,一般认为是由载荷大小或应力状态的变化、频率变化或机器运行中途停车、启动等原因造成裂纹扩展产生相应微小变化所导致的。因此,这种花样常出现在实际构件的疲劳断口上,在实验室进行的连续疲劳试验的试样断口上不存在贝纹线。

(3) 瞬断区:瞬断区是疲劳裂纹失稳(快速)扩展直至断裂的区域。其形态与断裂韧度试样相近,靠近中心为平面应变状态的平断口,与疲劳裂纹扩展区处于同一个平面上;边缘则为平面应力状态的剪切唇。

疲劳宏观断口3个特征区的相对位置、形状及所占面积的比例与构件的形状、载荷类型、载荷大小等因素有关，图4-1-5给出了各种条件下宏观疲劳断口示意图。

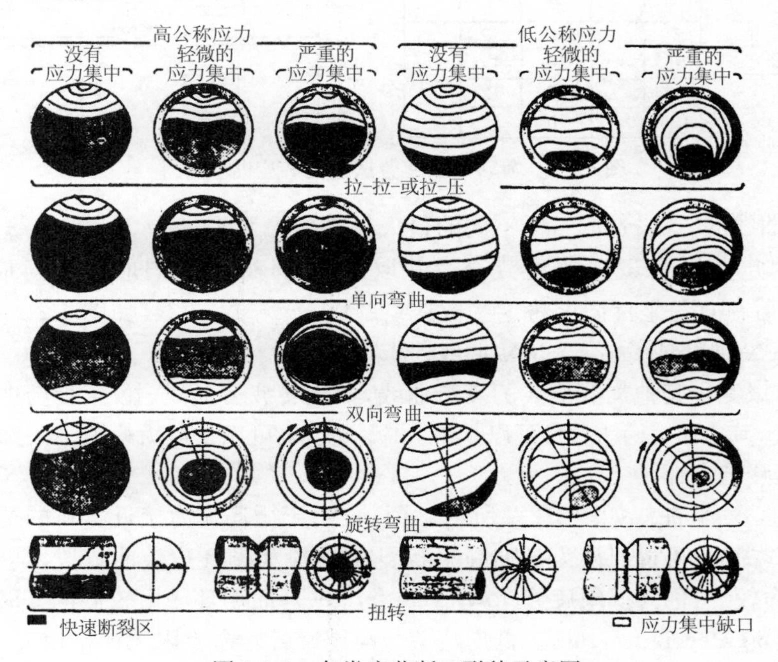

图4-1-5　各类疲劳断口形貌示意图

应该指出，以上讨论的是较低循环应力下疲劳断口的一种典型情况。在一个构件的疲劳断口上不一定能找到3个区域。由于加载条件、材料性能等原因，疲劳断口上某些区域可能很小，甚至可能消失。因此，分析具体疲劳断口时要从实际出发，不可绝对化。

4.2　疲劳的宏观表征▶

4.2.1　疲劳曲线

对于一个承受疲劳载荷的构件，人们可能会问，它在10kN的载荷下能循环多少次？在20kN的载荷下能循环多少次？或者在什么载荷下可循环无数次而不被破坏？欲回答这样的问题，必须进行大量的试验。

1860年，德国人Wöhler开启了疲劳试验的先河，他在针对火车车轴疲劳的研究工作中，首次采用旋转弯曲疲劳试验方法，测定了火车车轴材料所受名义循环应力S与疲劳循环寿命N之间的关系曲线，后被称为**Wöhler曲线**，又称**疲劳曲线**(fatigue curve)。该试验设备简单，操作方便，能够实现$r=-1$和$\sigma_m=0$的对称循环及恒应力幅的纯弯曲条件，故直到现在仍广泛应用，已发展成为标准的旋转弯曲疲劳试验方法。图4-2-1为该试验方法采用的光滑(无缺口)疲劳试样及四点旋转弯曲疲劳试验机的示意图。随着试验技术的进步，又发展了扭转、单轴拉-压等疲劳试验方法，并制订了相应的试验标准。

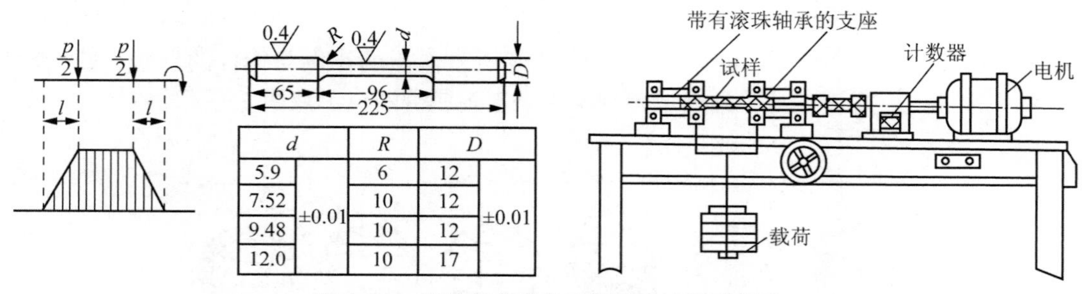

d		R	D	
5.9	±0.01	6	12	±0.01
7.52		10	12	
9.48		10	12	
12.0		10	17	

图 4-2-1　旋转弯曲疲劳试样及试验机示意图

测定疲劳曲线的方法:选取若干不同的最大循环应力水平 $\sigma_{max1}, \sigma_{max2}, \cdots, \sigma_{maxn}$,在每一个应力水平下,测定若干个试样的疲劳寿命并取平均值,得到不同应力所对应的寿命 N_1, $N_2, \cdots, N_n$,然后在直角坐标图上将这些数据绘制成 $\sigma_{max}-N$ 曲线,如图 4-2-2 所示。有时也绘制成 $\sigma_{max}-\lg N$ 曲线或 $\lg\sigma_{max}-\lg N$ 曲线。

同理,也可以测定其他加载形式的疲劳曲线,如扭转疲劳曲线、拉-压疲劳曲线等,它们统称为 S-N 曲线,其中 S 表示应力,可以是最大应力值,也可以是应力幅值;N 表示应力 S 经历的循环周次,即疲劳寿命。

一条完整的 S-N 曲线如图 4-2-3 所示。AB 段由于循环应力接近材料的抗拉强度 σ_b,循环寿命很短($N<10$),可近似认为是准静态断裂;BD 段为循环疲劳曲线段,其中循环应力较高的 BC 段寿命较短,称为**低周疲劳**(low cycle fatigue),而循环应力较低的 CD 段寿命较长,称为**高周疲劳**(high cycle fatigue)。低周疲劳与高周疲劳寿命界限无严格定义,一般为 10^4～10^5;在恒幅加载条件下,许多材料的应力-寿命曲线通常在超过 10^6 循环次数的位置上出现一个平台,循环应力幅低于此平台值时,试样可无限循环而不致破坏。此应力幅值称为**疲劳极限**(fatigue limit),用 σ_{-1} 表示。▶

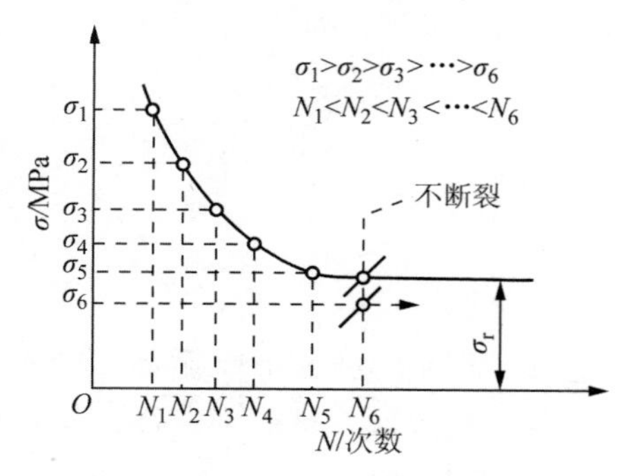

图 4-2-2　实测疲劳曲线示意图

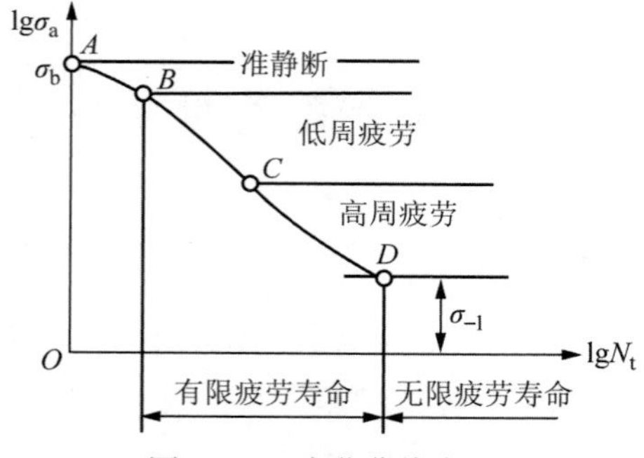

图 4-2-3　疲劳曲线全图

应该指出,在低周疲劳时,由于应力水平较高,循环过程中会产生较大应变,甚至产生塑性应变,不适于循环频率较高的试验,一般常采用较低频率、控制恒应变幅的疲劳试验方法,故又称为低频疲劳或应变疲劳。所以通常意义上的疲劳曲线特指 $N>10^4$ 范围内的应力-寿命曲线;而低周疲劳性能则用应变-寿命曲线表征。

实际上,疲劳试验数据存在很大分散性,疲劳寿命和疲劳极限都是一种统计性的量,对于重要的场合,除需要确定疲劳性能指标(如寿命、疲劳极限等)的具体数值,还需要给出取该值的概率。一般来说，光滑试样试验数据的分散性较缺口试样为大，高强度材料的数据较低强度材料的数据分散性大；低应力水平时数据的分散性较高应力水平时为大。

要精确确定每一规定应力水平下的寿命，在数据分散性很大的情况下，就不能简单对该应力下的各试样寿命进行算术平均，而要考虑其统计分布特性，求出数学期望（平均值）和方差，这就需要很多试样。例如，Muller-Stock 把 200 根试样在同一应力水平进行试验，发现寿命 N 的分布频率符合高斯或正态分布（以 $\lg N$ 表示）。

假定疲劳寿命为对数正态分布，其分布密度函数为

$$f(N)=\frac{1}{\mu\sqrt{2\pi}}\exp\left[-\frac{(\lg N-\lg\overline{N})^2}{2\mu^2}\right] \tag{4-2-1}$$

则其数学期望（即平均寿命）为

$$\lg\overline{N}=\frac{\lg N_1+\lg N_2+\cdots+\lg N_n}{n}=\frac{\sum_{i=1}^{n}\lg N_i}{n} \tag{4-2-2}$$

均方差为

$$\mu=\sqrt{\frac{\sum_{i=1}^{n}(\lg N_i-\lg\overline{N})^2}{n}} \tag{4-2-3}$$

某一指定寿命（N_i）下的存活率为

$$R(N_i)=\int_{N_i}^{\infty}\frac{1}{\mu\sqrt{2\pi}}\exp\left[-\frac{(\lg\overline{N}-\lg N)^2}{2\mu^2}\right]\mathrm{d}N \tag{4-2-4}$$

指定寿命（N_i）下的断裂概率为

$$P(N_i)=1-R(N_i) \tag{4-2-5}$$

表示应力 S、寿命 N 及断裂概率 P 三者关系的图形称为 P-S-N 曲线，它是一种三维图形。通常采用简化方法，在二维图上表示这种关系，如图 4-2-4 所示。由图可见，在 σ_1 的应力时，有 1%的试样在 N_1 周次断裂；50%的试样在 N_2 周次断裂。此外疲劳极限也具有统计性。

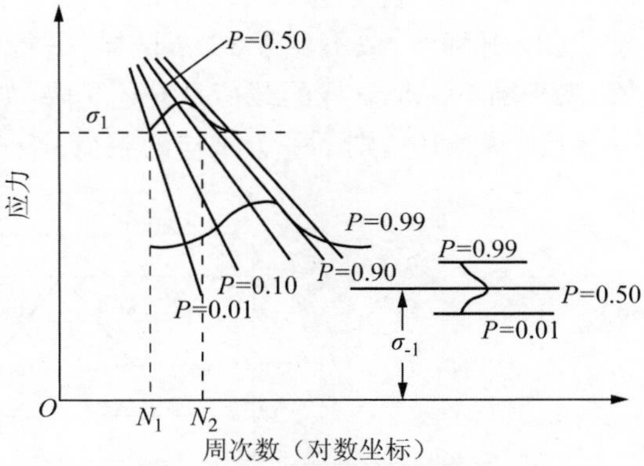

图 4-2-4 P-S-N 曲线示意图

4.2.2 疲劳极限

4.2.2.1 对称应力循环下的疲劳极限

前已述及，疲劳极限相当于疲劳曲线水平部分所对应的应力，它表示材料能经受无限次应力循环而不发生断裂的最大应力。但是对铝、镁等有色合金材料，或在腐蚀和高温环境下的金属材料，其疲劳曲线没有水平部分，如图 4-2-5 所示，此时规定能达到某一循环周次（一般为 $N=10^7\sim10^8$）而不断裂的最大应力为疲劳极限，称为条件疲劳极限。现有的试验结果表明，凡是具有应变时效能力的金属材料均有明确的疲劳极限，而无应变时效能力的材料就没有明确的疲劳极限。

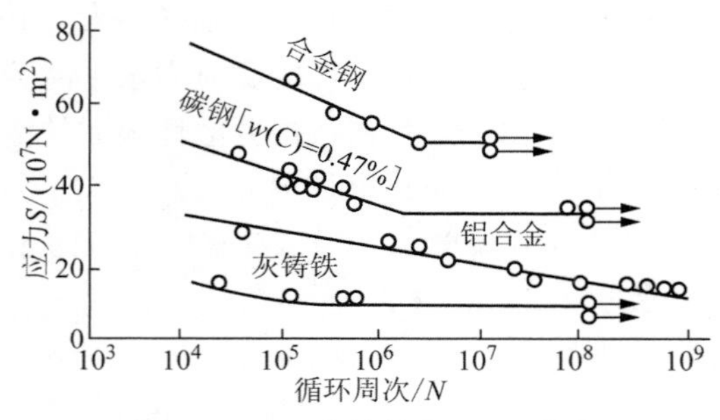

图 4-2-5 几种材料的 S-N 曲线

疲劳极限是结构材料的重要力学性能指标，是结构选材和疲劳设计的基本参数，必须由试验测定。由旋转弯曲方法测定的疲劳极限记为 σ_{-1}；由扭转疲劳方法测定的记为 τ_{-1}；由单轴拉-压疲劳方法测定的记为 σ_{-1P}。疲劳极限的测定有两种方法：其一为单点法；其二为升降法。前一种方法简单易行，但精确度较低，只能用于粗略估算；而后一种方法虽费时费力，但结果精确可靠，是测试材料疲劳极限的标准方法。下面简单介绍其测试原理。

（1）单点法：采用旋转弯曲疲劳试验方法，取 $r=-1$，规定疲劳寿命 $N_f=10^7$，首先根据经验在一给定循环应力幅 $\sigma_{a,i}$ 下测定寿命 N，若 $N<10^7$，则进一步降低应力幅至 $\sigma_{a,i+1}$，再次测定寿命 N。若仍然 $N<10^7$，则重复上述步骤；若 $N>10^7$，则计算

$$\Delta\sigma_{a,i}=\sigma_{a,i}-\sigma_{a,i+1} \tag{4-2-6}$$

若 $\Delta\sigma_{a,i}\leqslant 5\%\sigma_{a,i}$，则疲劳极限为

$$\sigma_{-1}=\frac{(\sigma_{a,i}+\sigma_{a,i+1})}{2} \tag{4-2-7}$$

（2）升降法：取不少于 13 个试样，进行分级载荷下的疲劳寿命测试。以 $N=10^7$ 为参考值，来判断下一个试样的载荷是升还是降，如图 4-2-6 所示。若 $N<10^7$，则下一个试样载荷降一级；若 $N>10^7$，则下一个试样的载荷升一级，一直到 13 个试样做完为止。

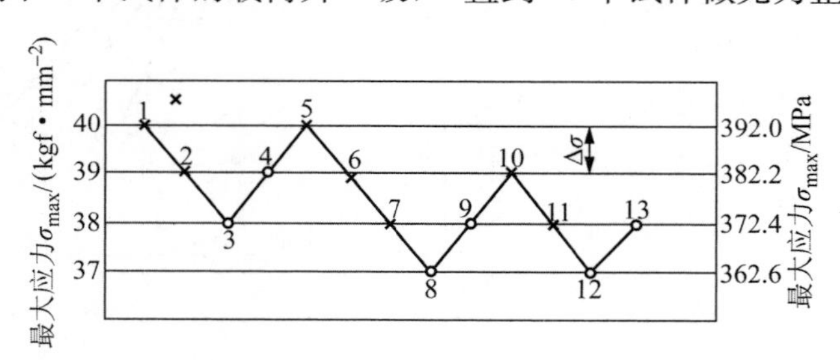

$Nc=10^7$；$\Delta\sigma=1\times9.8\text{N}\cdot\text{mm}(9.8\text{MPa})$；×—破坏；○—通过。

图 4-2-6 升降法测疲劳极限示意图

采用升降法测定的疲劳极限由下式确定：

$$\sigma_{-1}=\frac{1}{m}\sum_{i=1}^{n}v_i\sigma_i \tag{4-2-8}$$

式中，m 为有效试验总次数(破坏和通过数据均计算在内)；n 为试验应力水平级数；σ_i 为第 i 级应力水平；v_i 为第 i 级应力水平下的试验次数($i=1,2,\cdots,n$)。

同一种材料在不同应力状态下测得的疲劳极限是不同的，但它们之间有如下经验关系：

$$\sigma_{-1P}=0.85\sigma_{-1}\text{(钢)};$$
$$\sigma_{-1P}=0.65\sigma_{-1}\text{(铸铁)};$$
$$\tau_{-1}=0.55\sigma_{-1}\text{(钢及轻合金)};$$
$$\tau_{-1}=0.8\sigma_{-1}\text{(铸铁)}。$$

由上述关系可见,同一材料有 $\sigma_{-1}>\sigma_{-1P}>\tau_{-1}$。应该指出,不同应力状态下疲劳极限之间的经验关系是很多的,不同文献中可能不同,采用时应注意它们的使用范围。手册中通常给出 σ_{-1},若需要拉-压疲劳极限或扭转疲劳极限,最好进行相应的试验测定,但在一些场合下也可以根据经验公式来估算。

机件在工作条件下承受的实际交变载荷的频率变化范围很大,如固定原子反应堆在运行开始、停止以及按规定变化时,只有每月几次加载循环;飞机、发动机部件的振动是每分钟几次循环;而航空发动机及火箭气流的音响压力则为每秒几千次循环。循环频率 f 对疲劳极限的影响如图 4-2-7 所示,$f<1\text{Hz}$ 时,疲劳极限降低;f 在 50～170Hz 范围内时,对疲劳极限没有明显影响;$f>170\text{Hz}$ 时,随 f 增加,疲劳极限提高。在测定疲劳极限时,频率的选用取决于试验机类型、试样刚度和试验要求,所选取的频率不得引起试样部分发热。国家标准建议频率在 10～200Hz 范围内。

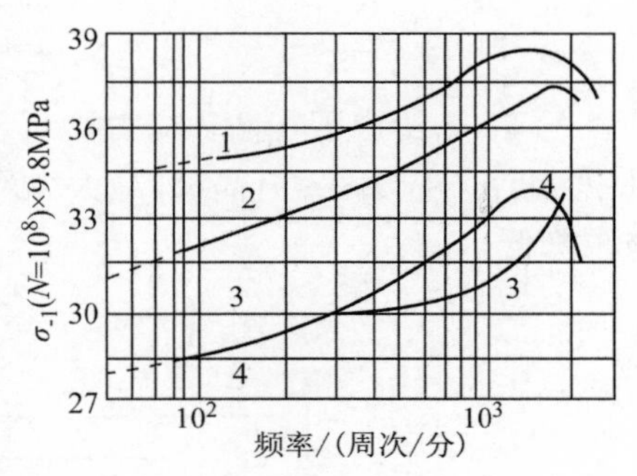

1—铬钢;2—0.4%C 钢;
3—Ni36%-Cr12%钢;4—0.2%C 钢

图 4-2-7 疲劳极限与频率的关系

疲劳极限是十分重要的力学性能,但试验测定费时费力,在不很严格的情况下,可以根据材料的静强度来近似估算。大量研究表明,材料的抗拉强度愈高,其疲劳极限也愈高。对于中、低强度钢,疲劳极限与抗拉强度之间大体呈线性关系,且可近似写为 $\sigma_{-1}=0.5\sigma_b$。但当强度较高时,就要偏离线性关系,疲劳极限就不再随抗拉强度升高而升高,甚至还会降低。研究还表明,屈强比 σ_s/σ_b 对光滑试样疲劳极限也有一定影响,所以建议用如下经验公式来计算对称循环下的疲劳极限。

结构钢: $\sigma_{-1P}=0.23(\sigma_s+\sigma_b)$; $\sigma_{-1}=0.27(\sigma_s+\sigma_b)$

铸铁: $\sigma_{-1P}=0.4\sigma_b$; $\sigma_{-1}=0.45\sigma_b$

铝合金: $\sigma_{-1P}=0.17\sigma_b+7.5$; $\sigma_{-1}=0.17\sigma_b-7.5$

青铜: $\sigma_{-1}=0.21\sigma_b$

由于疲劳极限与材料强度近似成正比,则合金化、适度的冷变形、细化晶粒和组织等强化方法可望提高材料的疲劳极限。但应注意,若强度、硬度过高,使材料脆性过大,则适得其反。

4.2.2.2 非对称应力循环下的疲劳极限

大多数机械和工程结构的零件实际上所承受的载荷属于非对称循环应力。表征非对称循环应力,除给出应力幅外,还要给出平均应力 σ_m 或应力比 r,研究非对称循环应力下的疲劳,实际上是研究平均应力或应力比对疲劳寿命的影响。

试验研究表明,平均应力水平对 S-N 曲线有很大影响。图 4-2-8 给出了在最大循环应力 σ_{max} 相同的情况下,应力比对疲劳曲线的影响,可见随应力比提高(即循环应力幅 σ_a 降低或平均应力提高),疲劳极限提高和疲劳寿命增长。

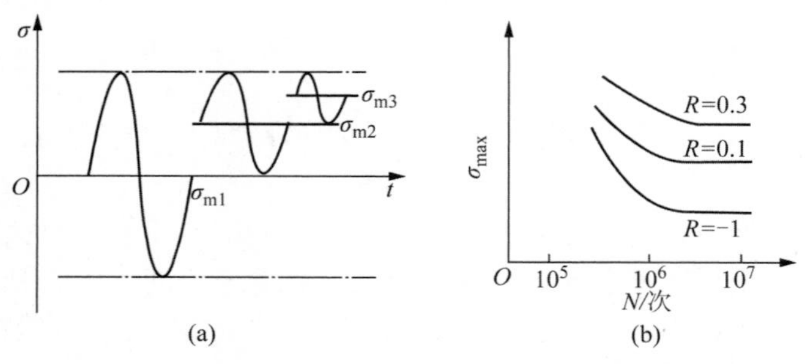

图 4-2-8　σ_{max}相同时,应力比 r 对 S-N 曲线的影响

(a) 应力循环特征;(b) S-N 曲线

图 4-2-9 给出了在循环应力幅 σ_a 相同的情况下 3 种平均应力下的疲劳曲线,在给定 σ_a 条件下,随平均应力 σ_m 升高(即最大循环应力 σ_{max} 升高或应力比 r 升高),疲劳寿命缩短,疲劳极限降低。

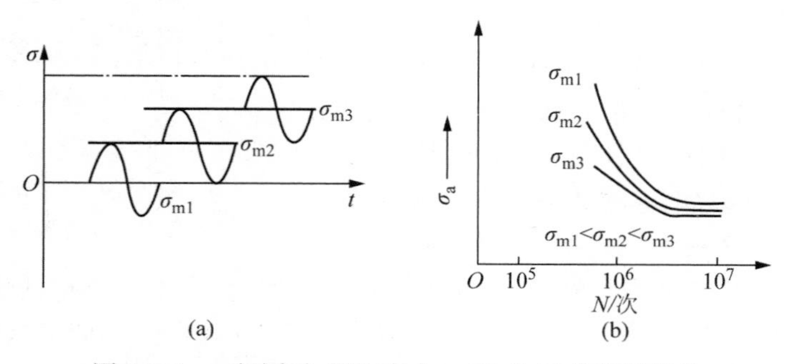

图 4-2-9　σ_a相同时,平均应力 σ_m对 S-N 曲线的影响

(a) 应力循环特征;(b) S-N 曲线

采用实测非对称循环疲劳曲线方法,虽然结果可靠,但费用和时间消耗相当可观。在工程上,也经常利用作图法来求非对称循环疲劳极限。最常用是极限循环应力图和极限循环振幅图。

极限循环应力图如图 4-2-10 所示,纵坐标和横坐标分别为极限循环应力(σ_{max},σ_{min})和平均应力 σ_m,即以相当于疲劳极限的 σ_{max} 和最小循环应力 σ_{min} 为纵坐标,因而比较直观,可直接读出疲劳极限值。对于脆性材料[见图 4-2-10(a)],在纵坐标轴上,$\sigma_m=0$,为对称应力循环,$OB=\sigma_{-1}$。在横坐标轴上,当 $\sigma_m=\sigma_b$ 时,相当于静拉伸,此时材料已不能承受交变应力作用,故 $\sigma_a=0$。过原点 O 作直线 OA 与横坐标轴成 45°角,则 OA 线上各点的应力均等于平均应力 σ_m。已知 σ_m 愈高,σ_{max} 也愈高。假定 σ_{max} 随 σ_m 提高按线性规律增加,连接直线 AB 及 AC,便得到极限循环应力图。AB 和 AC 分别表示不同 σ_m 下的 σ_{max} 与 σ_{min}。例如,取 $\sigma_m=OE$,则应力半幅 σ_a 为 GH 和 GF,EH 即为 $\sigma_m=OE$ 时的疲劳极限。若外加循环应力中的最大应力低于 EH,则材料不发生疲劳断裂;反之,则会产生疲劳断裂。可见,极限循环应力图可以告诉我们在不同平均应力下材料所能承受的 σ_{max} 和 σ_a,σ_{max} 即作为非对称循环应力下的疲劳极限。

对塑性材料而言,当应力超过屈服强度时会发生塑性变形,机件便失效不能使用。因此,

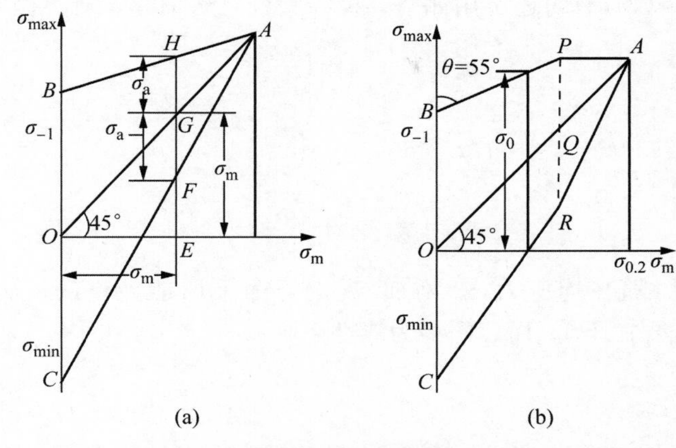

图 4-2-10 材料极限循环应力图

(a) 脆性材料；(b) 塑性材料

σ_{max} 及 σ_a 均应以 $\sigma_{0.2}$ 为界，此时极限循环应力图需修正，如图 4-2-10(b)所示。大量试验表明，图中 BP 线与纵坐标轴的夹角 θ 近似等于 55°。这样便对建立极限循环应力图提供了方便，取 $OB=OC=\sigma_{-1}$。过 B 点取 $\theta=55°$ 作直线 BP，与 $\sigma_{max}=\sigma_{0.2}$ 的水平线相交于 P，再取 $PQ=QR$ 得 R 点，连接 AR 及 RC，即得到塑性材料的极限循环应力图，其中 BPA 线就表示在不同 σ_a 下的疲劳极限 σ_r。

应指出，极限循环应力图是近似的，与实测结果略有差异。实际的 σ_{max}-σ_m 图为曲线而非直线，用作图法求出的 σ_r 偏低，比较安全，可供参考。

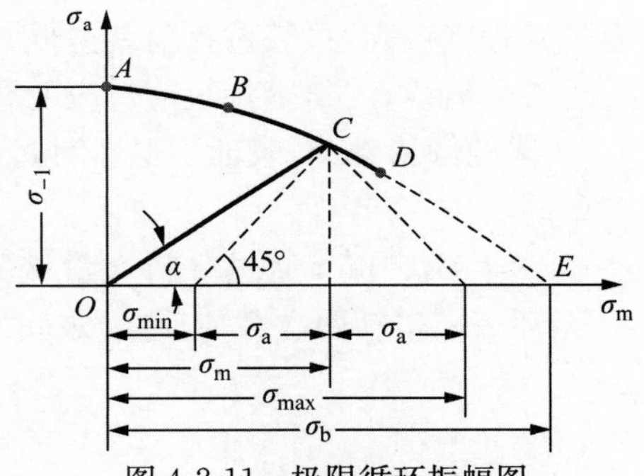

图 4-2-11 极限循环振幅图

极限循环振幅图以循环应力幅 σ_a 为纵坐标、平均应力 σ_m 为横坐标，如图 4-2-11 所示。将曲线 $ABCD$ 延长与横坐标相交得到 E 点，在 E 点处 $\sigma_a=0$，$\sigma_m=\sigma_{max}=\sigma_{min}$，相当于静拉伸强度。在曲线与纵坐标的交点 A 处，$\sigma_m=0$，故 σ_a 即为对称循环疲劳极限 σ_{-1}。除 A，E 点以外，曲线上任意一点的纵坐标及横坐标分别代表不同平均应力条件下疲劳极限时的 σ_a 和 σ_m 值，即 $\sigma_r=\sigma_m+\sigma_a$。

在曲线上任选一点 C，作 OC 连线，由于 OC 线相对于横坐标夹角的正切值与 r 有下列关系

$$\tan\alpha=\frac{\sigma_a}{\sigma_m}=\frac{\dfrac{\sigma_{max}-\sigma_{min}}{2}}{\dfrac{\sigma_{max}+\sigma_{min}}{2}}=\frac{1-r}{1+r}$$

故 OC 线上任一点具有相同的应力比 r。除 C 点以外，OC 线上各点均落在 $ABCD$ 曲线以内，所以材料在所承受的应力循环下不会发生疲劳断裂，是安全的。C 点就是该 r 下的疲劳极限。因此，我们只要知道应力比 r，就可按上式求出 $\tan\alpha$，而后从坐标原点 O 引一直线，令其与横坐标的夹角等于 α 值，该直线与疲劳极限图 $ABCD$ 曲线相交的交点，便得到对应 r 下的疲劳极限。

除了工程作图法以外,有时还可用如下 3 种经验公式来估算非对称循环疲劳极限。

Gerber 公式
$$\sigma_a=\sigma_{-1}\left[1-\left(\frac{\sigma_m}{\sigma_b}\right)^2\right] \tag{4-2-9}$$

Goodman 公式
$$\sigma_a=\sigma_{-1}\left[1-\left(\frac{\sigma_m}{\sigma_b}\right)\right] \tag{4-2-10}$$

Soderberg 公式
$$\sigma_a=\sigma_{-1}\left[1-\left(\frac{\sigma_m}{\sigma_s}\right)\right] \tag{4-2-11}$$

由上述三式可见,随平均应力 σ_m 增加,规定寿命下所能允许的应力幅 σ_a 下降,其中,Gerber 关系为抛物线规律下降,而后两种为线性下降。

4.2.3 疲劳过载

在工程上,有两种情况可使机件在高于疲劳极限的应力状态下工作:第一种是短时的偶然过载,如汽车、拖拉机的猛然起动和紧急刹车就是超载运行;第二种是有些机件不要求无限寿命,而是在高于疲劳极限的应力水平下进行有限寿命服役,如飞机起落架等。对这两种情况,仅仅依据材料的疲劳极限是不能全面评定机件的抗疲劳性能的。为此,有必要研究材料在过载下的疲劳强度和疲劳寿命。

4.2.3.1 过载持久值

材料在高于疲劳极限的应力下循环时,发生疲劳断裂的循环周次称为过载持久值。显然,应力过载程度愈高,过载持久值就愈低。将不同过载应力所对应的持久值连成一条曲线,就称为过载持久值线,与给定持久值对应的应力称为材料的持久极限。实际上,过载持久值线就是 S-N 曲线的倾斜部分,表征了材料对过载荷的抗力。过载持久值线愈陡直,材料对过载荷的抗力愈高。

1910 年,Basquin 通过分析大量试验结果,给出了循环应力幅与发生破坏的载荷反向数 $2N_f$(循环一周包括两次载荷反向)之间的经验关系式

$$\frac{\Delta\sigma}{2}=\sigma_a=\sigma'_f(2N_f)^b \tag{4-2-12}$$

式中,σ_f'为疲劳强度系数,对于大多数金属,它非常接近经过颈缩修正的单向拉伸真实断裂强度;b 为疲劳强度指数,或 Basquin 指数,对大多数金属,其值在 $-0.12\sim-0.05$ 之间。Basquin 方程也表明,循环应力与寿命的双对数关系为一条直线。

4.2.3.2 过载损伤界

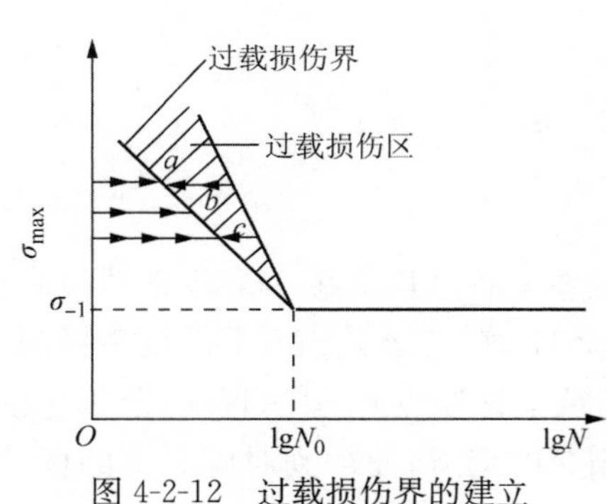

图 4-2-12　过载损伤界的建立

材料或机件在偶然短时过载运行(过载次数小于持久值)后,是否会降低其在正常工作状态下的疲劳寿命(或降低材料的疲劳极限)呢?回答是可能降低,也可能不降低,前者就称为过载损伤。是否造成过载损伤要视材料类型、过载应力大小及相应累积过载周次而定。对于给定材料,引起过载损伤,需要有一定的过载应力和一定的运转周次相配合,即在每一过载应力下,只有运转超过一个称为过载损伤界的循环周次,才会引起损伤。

过载损伤界完全由试验确定,如图 4-2-12 所示。选

定三级过载应力水平，在每一级应力水平下选取多个试样，进行不同周次的过载循环，然后再在疲劳极限的应力下运转，考察是否影响疲劳寿命，若寿命降低($N<10^7$)，说明过载周次已超过损伤界；反之，则未达到损伤界。若经过多个试样的反复试验，就可以较准确地确定在该级过载应力下的损伤界 a 点。照此办理，也可确定另两级过载应力下的损伤界 b 点和 c 点。连接 a、b、c 等点就得到了损伤界。过载损伤界与过载持久值线所夹的阴影区称为过载损伤区。过载应力-周次组合落入此区，就产生过载损伤，造成材料疲劳极限或机件正常工作的疲劳寿命降低。

过载损伤界的物理实质与非扩展裂纹有关，过载损伤界是在过载应力下运转时，造成相当于疲劳极限时非扩展裂纹尺寸之应力、周次所决定的线。换句话说，只要过载运转时所形成的裂纹长度不超过疲劳极限时允许存在的非扩展裂纹的临界尺寸，则此裂纹在疲劳极限应力下继续运转也不会再扩展，在这种情况下，过载便不至于引起疲劳极限的降低。

材料的过载损伤界愈陡直，损伤区愈窄，其抵抗疲劳过载的能力愈强。例如，18-8 不锈钢的过载损伤界很陡直，对疲劳过载不太敏感；而工业纯铁的过载损伤界则几乎是水平的，对过载非常敏感。工程上在设计过载机件或选材时，有时宁可选疲劳极限低、而疲劳损伤区窄的材料，以求安全。

4.2.3.3 *疲劳损伤累积*

用持久值线来估算机件的疲劳寿命的方法仅适用于恒幅疲劳加载。然而，实际上许多工程构件所承受的载荷是变幅的，有的甚至是随机变化的，在这种情况下要估算疲劳寿命就需要依据疲劳损伤累积理论。

疲劳损伤累积理论的基本假设是，在高于疲劳极限的应力下，每循环一次就使材料产生一定量的损伤，随循环次数增加，损伤逐步累积，当损伤累积到某一临界值 D 时，材料便发生疲劳断裂。疲劳损伤累积理论的形式有多种，其中最简单的是 Palmgren 和 Miner 提出的线性损伤理论，简称 P-M 理论。P-M 理论假设，在同一级应力水平下，每次循环产生的损伤是相同的，则在该级应力水平下所产生的损伤与在该级应力水平下循环的次数成正比。例如，如图 4-2-13 所示，一个试样在第一级交变应力 $\pm\sigma_1$ 下循环 n_1 周次后，再于 $\pm\sigma_2$ 下循环 n_2 周次断裂，则根据 P-M 理论，在 $\pm\sigma_1$ 下产生的累积损伤为 Dn_1/N_1，在 $\pm\sigma_2$ 下产生的累积损伤为 Dn_2/N_2，其中 N_1 和 N_2 分别为在第一和第二级应力水平下的持久值，这样，材料疲劳断裂时的损伤临界值 D 应等于两级应力下损伤之和

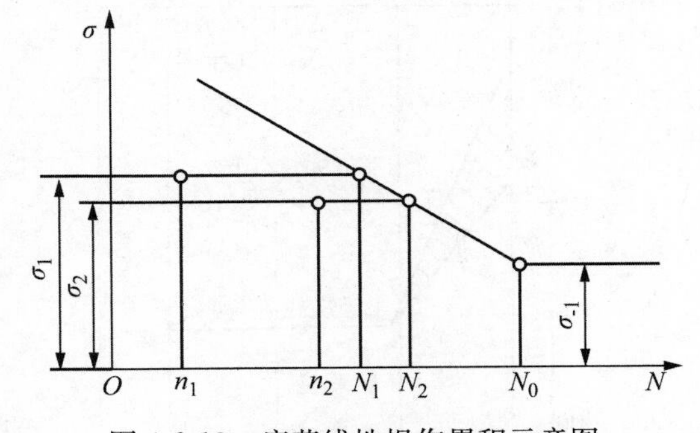

图 4-2-13 疲劳线性损伤累积示意图

$$D=\frac{Dn_1}{N_1}+\frac{Dn_2}{N_2} \tag{4-2-13}$$

或

$$\frac{n_1}{N_1}+\frac{n_2}{N_2}=1 \tag{4-2-14}$$

推广到多级应力，则有

$$\sum_{i=1}^{m} \frac{n_i}{N_i} = 1 \tag{4-2-15}$$

式中，n_i 为在第 i 级应力下循环的次数；N_i 为在第 i 级应力下的持久值；m 为应力水平级数。

应指出，P-M线性理论是近似的，它不考虑高、低载荷加载次序的影响。实际上，材料的疲劳寿命应受加载次序的影响。例如一些试验表明，钢和铝合金在低 — 高加载次序时，$\sum_{i=1}^{m} \frac{n_i}{N_i}$ 值常大于1；而在高 — 低加载次序时，钢的光滑试样的 $\sum_{i=1}^{m} \frac{n_i}{N_i}$ 值常小于1；对缺口试样，合金钢的 $\sum_{i=1}^{m} \frac{n_i}{N_i}$ 值小于1，低碳钢的 $\sum_{i=1}^{m} \frac{n_i}{N_i}$ 的平均值大于1。

4.2.3.4 次载锻炼和间歇效应

上述讨论的是过载条件下的疲劳性能。但是试验发现，金属在低于或接近于疲劳极限的应力下运转一定周次后，会使疲劳极限提高，这种现象称为次载锻炼。例如，45 钢经淬火加 200℃回火后，在 0.9σ_{-1} 应力下锻炼 2×10^6 次，整个疲劳曲线明显右移和升高，表明既延长了疲劳寿命又提高了疲劳极限，如图 4-2-14 所示。这可能是次载锻炼和轻度加工相似，提高了材料强度的缘故。有些新制成的机器在空载或不满载条件下先运行一段时间，一方面可以使运动配合部分啮合得更好(跑合)；另一方面可以利用次载锻炼原理提高机件的使用寿命。

工程实用机件几乎都是非连续、间歇地运行的，但已有的绝大多数疲劳性能数据都是在实验室用连续试验取得的。许多事实表明，机件的实际寿命与实验室数据存在明显的差别。间歇对疲劳寿命的影响是产生这种差别的主要原因之一。图 4-2-15 给出了具有应变时效 45 钢的带间歇和不带间歇的 S-N 曲线，其中带间歇试验是每隔 25 000 周次间歇(不加载)5 分钟。很明显带间歇疲劳曲线向右上方移动，即疲劳寿命和疲劳极限均提高。

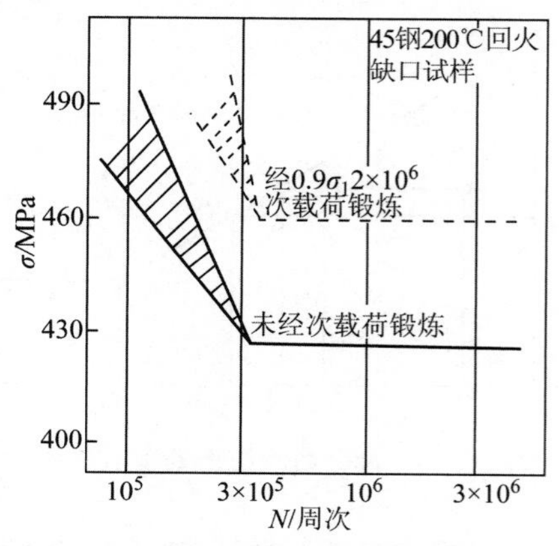

图 4-2-14　次载锻炼对疲劳曲线的影响

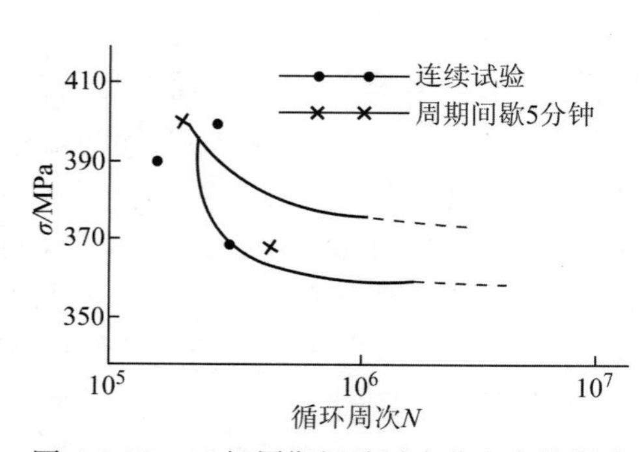

图 4-2-15　45 钢周期间歇对疲劳寿命的影响

应该指出，间歇提高疲劳寿命的效果是在次载条件下体现的。若在一定过载范围内间歇，对寿命无明显影响，甚至降低寿命。因为在次载条件下，疲劳强化占主要地位，间歇产生时效强化，因而提高寿命；而一定程度过载，疲劳弱化起主要作用，此时间歇无益。

4.2.4 疲劳缺口敏感度

实际工程构件或机器零部件常常带有台阶、拐角、键槽、油孔、螺纹等，它们类似于缺口的作用，造成该区域应力集中，因而会降低机件的疲劳寿命和疲劳强度。因此，了解缺口引起的应力集中对疲劳强度的影响也很重要。

材料在交变载荷作用下的缺口敏感性，常用疲劳缺口敏感度 q_f 评定：

$$q_f=\frac{K_f-1}{K_t-1} \tag{4-2-16}$$

式中，K_t 为理论应力集中系数，可根据缺口形状从相关手册中查到，$K_t>1$；K_f 为疲劳缺口系数，其值为光滑试样疲劳极限 σ_{-1} 与缺口试样疲劳极限 σ_{-1N} 之比：

$$K_f=\frac{\sigma_{-1}}{\sigma_{-1N}} \tag{4-2-17}$$

一般，$K_f>1$，具体数值与缺口几何形状及材料等因素有关。

根据疲劳缺口敏感度来评定材料时，可能出现两种极端情况：其一是 $K_f=K_t$，即缺口试样疲劳过程中应力分布与弹性状态完全一样，没有发生应力重新分布，这时缺口降低疲劳极限最严重，$q_f=1$；其二是 $K_f=1$，即 $\sigma_{-1}=\sigma_{-1N}$，缺口不降低疲劳极限，说明疲劳过程中应力产生了很大的重新分布，应力集中效应完全消除，$q_f=0$，材料的疲劳缺口敏感性最小。由此可以看出，q_f 值能反映疲劳过程中材料发生应力重分布，降低应力集中的能力。由于 σ_{-1N} 永远低于 σ_{-1}，因此，通常 q_f 值在 0～1 之间变化，且 q_f 愈大，缺口敏感性愈高。试验表明，结构钢的 $q_f=0.6～0.8$；球墨铸铁的 $q_f=0.11～0.25$；灰铸铁的 $q_f=0～0.05$。

低周疲劳的缺口敏感性一般小于高周疲劳，因为低周疲劳的应力较高，缺口根部一部分区域已经处于塑性区，降低了应力集中效应。

应该指出，当初人们用 q_f 而不是用 K_f 来表征缺口敏感度，是企图消除缺口几何形状的影响。但试验表明，q_f 并非是只取决于材料的常数，当缺口曲率半径小于一定值，如小于 1mm 时，仍与缺口形状有关，如图 4-2-16 所示。一般，随缺口愈尖锐，q_f 值愈小。这是因为 K_t 和 K_f 都随缺口尖锐度增加而提高，但 K_t 增高比 K_f 快。当缺口曲率半径较大时，缺口尖锐度对 q_f 的影响明显减小，q_f 与缺口形状关系不大。可见，测定材料的疲劳缺口敏感度时，缺口曲率半径应选取较大的数值。

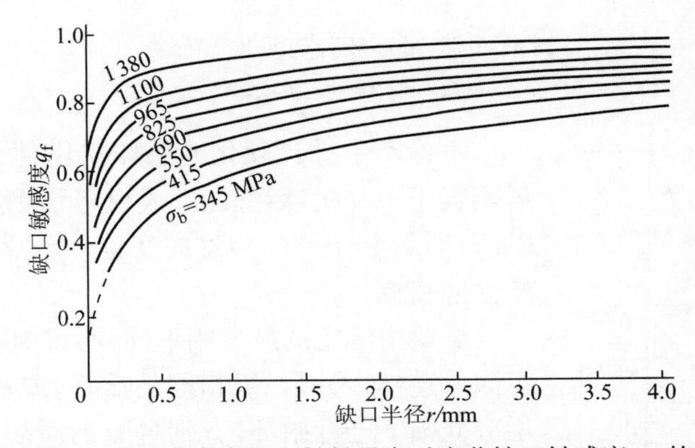

图 4-2-16　缺口曲率半径和材料强度对疲劳缺口敏感度 q_f 的影响

4.2.5　低周疲劳 ▶

许多零件或结构件，例如气缸、炮筒、压力容器、飞机起落架以及桥梁、建筑物等，在工作寿命内只承受有限次应力反复，显然，按疲劳极限或高周疲劳持久值来设计将造成材料的浪费及运行效率低下。以气缸为例，若每天充气一次，50 年内将只承受 18 250 次载荷循环，根据经过 10^5 次循环后才引起破坏的重复应力值而定的设计应力必然有很充裕的安全系数。因此，有必要研究寿命小于 10^5 的所谓低周疲劳的抗力问题。

4.2.5.1　低周疲劳特点

低周疲劳具有如下几个特点。

(1) 交变应力幅度大。由于机件设计的循环许用应力比较高，加上实际机件不可避免地存在应力集中，局部区域会因超过屈服强度而产生宏观塑性变形。所以，低周疲劳又可称为应变疲劳。

(2) 在工程上，承受低周疲劳应力的循环频率较低；在低周疲劳试验时采用的循环频率也较低，一般小于 2Hz。所以，低周疲劳也可称为低频疲劳。

(3) 由于循环应力幅度较大，故循环寿命较短，一般小于 10^5 次。

(4) 低周疲劳试验一般在“恒应变幅”控制模式下进行，用“应变-寿命曲线”($\Delta\varepsilon$-N 曲线)或“塑性应变-寿命曲线”($\Delta\varepsilon_P$-N 曲线)而非“应力-寿命曲线”(σ-N 曲线)来表征低周疲劳抗力。

4.2.5.2　材料的循环硬化及软化

金属材料在低周疲劳时，由于应力幅较大而产生宏观塑性变形，应形成应力-应变滞后回线。但循环初期的滞后回线是不封闭的。图 4-2-17 为在应变控制模式下循环初期的应力-时间曲线及应力-应变回线，可见，初期循环特性分为循环硬化和循环软化两大类。前者随循环周次增加，应力不断增大；后者则应力逐渐减小。

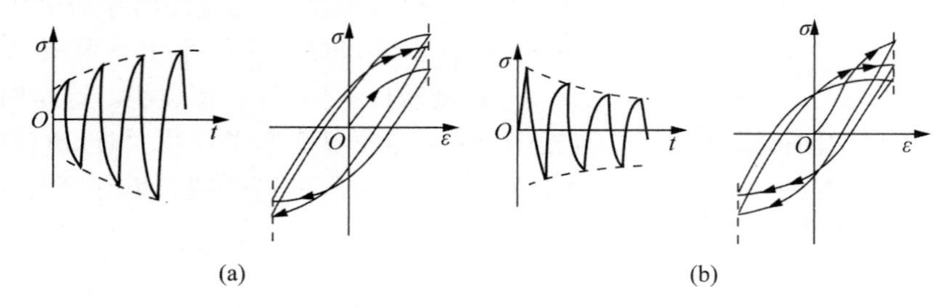

图 4-2-17　低周疲劳初期循环特性

(a) 循环硬化；(b) 循环软化

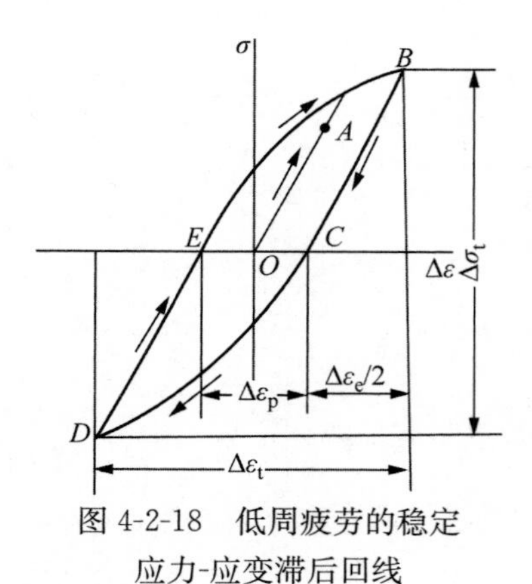

图 4-2-18　低周疲劳的稳定应力-应变滞后回线

不论产生循环硬化或循环软化，循环超过一定周次(一般不大于 100 次)后都能形成稳定、封闭的滞后回线，如图 4-2-18 所示，其中 $\Delta\varepsilon_t$ 为总应变幅，$\Delta\varepsilon_e$ 为弹性应变幅，$\Delta\varepsilon_p$ 为塑性应变幅。

试验中给定的应变幅不同，所得到的稳定滞后环大小就不同。这样，采用一组相同的试样，或单根试样，在多级、递增应变幅下进行循环，直到各自的滞后回线趋于稳定，然后把重叠在一起的各个滞后环的顶点连接起来，就得到循环应力-应变曲线，如图 4-2-19 所示。图中也给出了同样材料的一次(静拉伸)曲线，经比较可知，该材料具有循环软化特性。

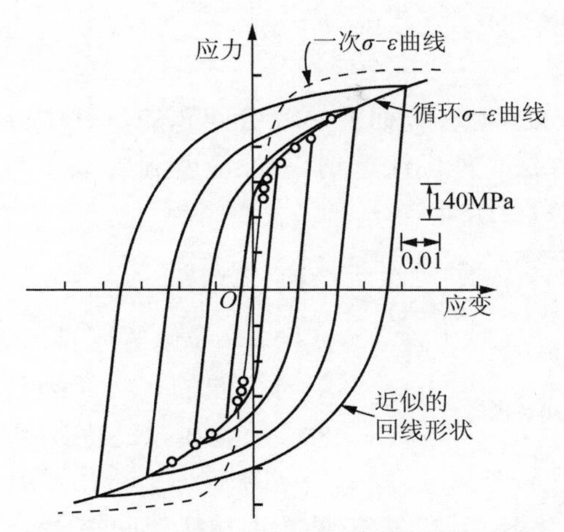

图 4-2-19 4340 钢的一次(静拉伸)应力-应变曲线
及循环应力-应变曲线(数据点代表稳定滞后回线顶点)

材料究竟发生循环硬化还是循环软化取决于其初始状态、结构特征,以及应变幅和温度等因素。图 4-2-20 给出了几种工程金属材料的一次和循环应力-应变曲线。试验发现,循环特性与材料的 $\sigma_b/\sigma_{0.2}$ 比值有关:$\sigma_b/\sigma_{0.2}<1.2$ 时,表现为循环软化;$\sigma_b/\sigma_{0.2}>1.4$ 时,表现为循环硬化;$\sigma_b/\sigma_{0.2}$ 比值在 1.2～1.4 之间时,其倾向不定,但这类材料一般比较稳定。也可用形变硬化指数 n 来判断循环变形特征:$n<0.1$ 时,材料为循环软化;$n>0.1$ 时,为循环硬化或循环稳定。

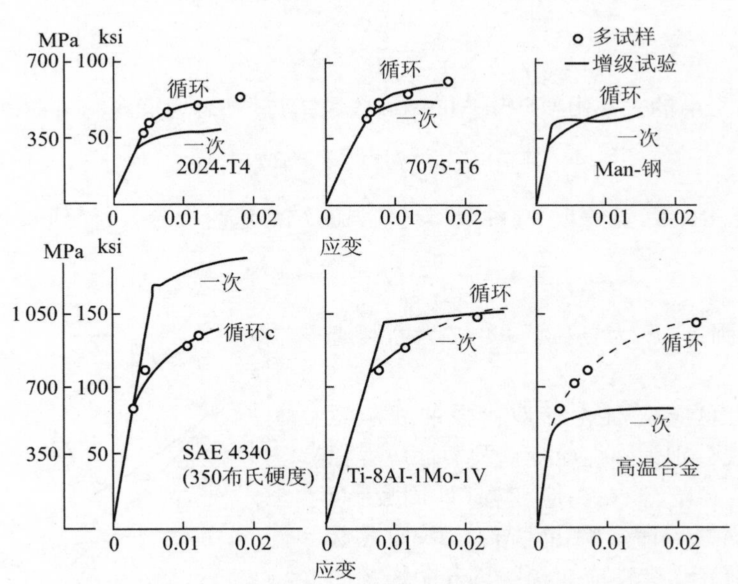

图 4-2-20 几种工程金属材料的一次和循环应力-应变曲线

综上可见,循环应变会导致材料变化抗力发生变化,使材料的强度变得不稳定。特别是用循环软化材料制作承受低周、大应力的机件时,在服役过程中将因循环软化产生过量的塑性变形而导致机件破坏或失效。因此,承受低周、大应变的构件,应选用循环稳定或循环硬化型材料。

4.2.5.3　应变-寿命曲线

1) $\Delta\varepsilon_p$-N 曲线

1954 年，Coffin 和 Manson 在独立研究热疲劳问题的过程中分别提出了一种以塑性应变幅为参量的疲劳寿命描述方法。他们注意到，塑性应变幅 $\Delta\varepsilon_P/2$ 与发生破坏的载荷反向次数 $2N_f$ 的双对数关系近似为一直线，即

$$\frac{\Delta\varepsilon_p}{2}=\varepsilon_f'(2N_f)^c \tag{4-2-18}$$

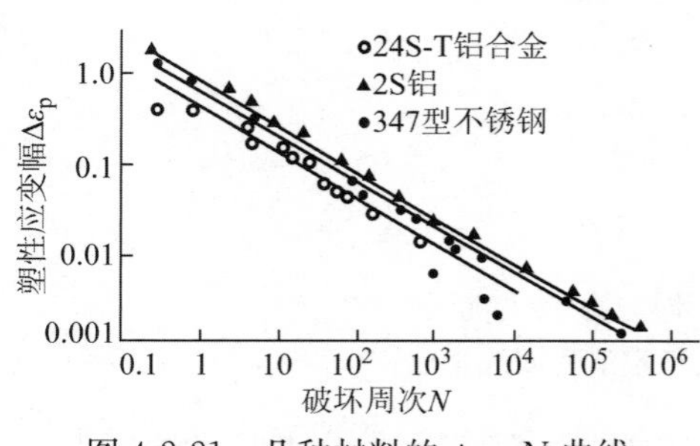

图 4-2-21　几种材料的 $\Delta\varepsilon_P$-N 曲线

式中，ε_f' 为疲劳延性系数，一般来说，它近似等于单向拉伸的真实断裂延性；c 为疲劳延性指数，对大多数金属，其值在 −0.7～−0.5 之间。

图 4-2-21 给出了几种金属的 $\Delta\varepsilon_P$-N 曲线，可见几种材料的曲线十分接近。说明低周疲劳寿命与材料类型和屈服强度关系不大，塑性应变幅才是决定低周疲劳寿命的主要因素。

2) $\Delta\varepsilon_t$-N 曲线

控制塑性应变幅在试验中较困难，一般多采用控制总应变幅的方法。总应变幅包括弹性应变幅和塑性应变幅两部分，即

$$\frac{\Delta\varepsilon_t}{2}=\frac{\Delta\varepsilon_e}{2}+\frac{\Delta\varepsilon_p}{2} \tag{4-2-19}$$

其中，弹性应变幅与寿命的关系可由 Basquin 方程及胡克定律联立得到，即

$$\frac{\Delta\varepsilon_e}{2}=\frac{\sigma_f'}{E}(2N_f)^b \tag{4-2-20}$$

而塑性应变幅与寿命的关系由 Coffin-Manson 关系描述，则总应变幅与寿命的关系可表示为

$$\frac{\Delta\varepsilon_t}{2}=\frac{\sigma_f'}{E}(2N_f)^b+\varepsilon'_f(2N_f)^c \tag{4-2-21}$$

对钢、钛、镁、铝、银、铍等近 30 种金属材料试验结果进行拟合，可得到如下经验关系

$$\frac{\Delta\varepsilon_t}{2}=\frac{3.5\sigma_b}{E}N_f^{-0.12}+e_f^{0.6}N_f^{-0.6} \tag{4-2-22}$$

式中，σ_b 为抗拉强度；E 为杨氏模量；e_f 为断裂真实伸长率。

图 4-2-22 为总应变幅-寿命双对数曲线示意图，其中两条直线分别为弹性应变幅及塑性应变幅对总寿命的贡献。显然，在高应变幅(低周疲劳)下，塑性应变幅对总寿命影响占主导作用；而在低应变幅(高周疲劳)下，弹性应变幅对总寿命影响起主导作用。两条直线交点所对应的寿命称为转折寿命，小于转折寿命的为低周疲劳；反之，则为高周疲劳。转折寿命与材料性能有关，一般来说提高材料强度将使转折寿命左移；提高材料的塑性和韧性则使转折寿命右移。

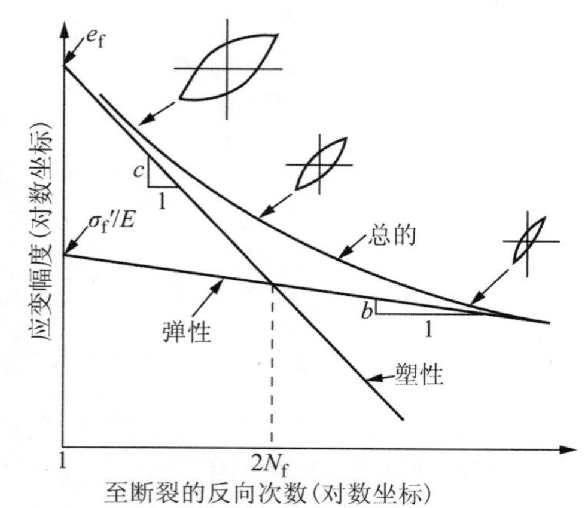

图 4-2-22　总应变幅-寿命双对数曲线示意图

由以上分析可见，不同疲劳对材料性能的要求也不同。如属于高周疲劳，应主要考虑强度；如属于低周疲劳，则应在保持一定强度的前提下，尽量提高材料的塑性和韧性。

4.2.6 疲劳裂纹扩展速率 ▶

构件的疲劳总寿命是由裂纹萌生 N_i 和裂纹扩展寿命 N_p 两部分组成的，其中裂纹扩展寿命占相当大一部分。此外在许多场合下，工程构件原本就带有裂纹，其有效疲劳寿命是使该裂纹在循环载荷下稳态扩展到临界尺寸所需的时间或循环次数，又称剩余疲劳寿命。因此，研究疲劳裂纹扩展速率对于充分发挥材料的使用潜力具有重大的科学意义和实用价值。

4.2.6.1 疲劳裂纹扩展速率的测定

疲劳裂纹扩展速率 da/dN 是指疲劳裂纹稳态扩展阶段每一循环下所扩展的距离，通常利用带预裂纹试样在恒应力幅循环试验来测定。试样采用中心穿透裂纹板材试样或三点弯曲单边切口试样，如图 4-2-23 所示，在给定循环应力幅下进行试验，每隔一定循环周次测量裂纹扩展量。裂纹长度 a 可事先在试样抛光表面的刻线上读出，或由光学放大镜、电位法、涡流法、声发射等方法测出，循环周次 N 由疲劳试验机给出。根据测得的 a 和 N 的对应数据，绘出如图 4-2-24 所示的 a-N 曲线。

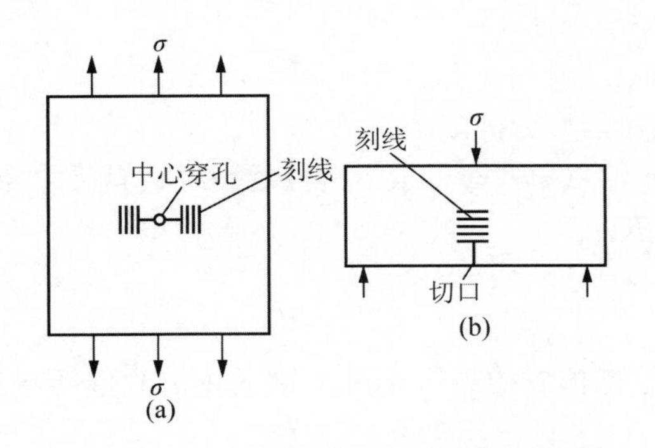

图 4-2-23 疲劳裂纹扩展速率测定

(a) 中心穿透裂纹板材试样；(b) 三点弯曲单边切口试样

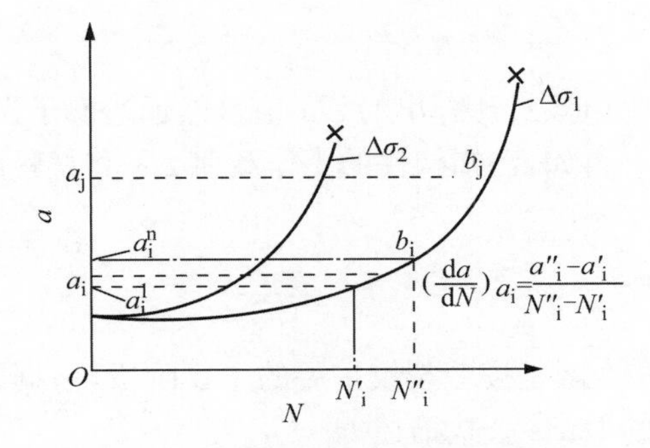

图 4-2-24 疲劳裂纹扩展过程中的 a-N 曲线（$\Delta\sigma_2>\Delta\sigma_1$）

曲线上任意一点的斜率 da/dN，即为在该裂纹纹长度时的扩展速率。可见，第一，裂纹愈长，裂纹扩展速率愈大，这是因为裂纹尖端应力强度因子 K_{I} 不断增加的缘故。当裂纹长大到临界尺寸 a_c 后，da/dN 无限大，裂纹将失稳扩展，试样断裂；第二，裂纹扩展速率不仅与裂纹长度有关，还与应力幅度有关。应力幅愈大，裂纹扩展速率愈大，a_c 相应减少。因此可认为，疲劳裂纹扩展速率是由裂纹尖端应力强度因子幅 ΔK 控制的。

4.2.6.2 疲劳裂纹扩展速率曲线

根据线弹性断裂力学，在恒应力幅循环时有

$$\Delta K_{\mathrm{I}}=K_{\max}-K_{\min}=Y\sigma_{\max}\sqrt{a}-Y\sigma_{\min}\sqrt{a}=Y\Delta\sigma\sqrt{a} \tag{4-2-23}$$

式中，Y 为形状因子。ΔK_{I} 就是裂纹尖端控制疲劳裂纹扩展的复合参量，并可以建立 da/dN-ΔK_{I} 曲线来描述疲劳裂纹扩展特征。具体做法：将 a-N 曲线上各点的 da/dN 值用图解微分法或递增多项式计算法计算出来，再利用上式将相应各点的 ΔK_{I} 值求出，并在双对数坐标系上连接即得 $\lg(da/dN)-\lg\Delta K_{\mathrm{I}}$ 曲线，称为疲劳裂纹扩展速率曲线，如图 4-2-25 所示。曲线

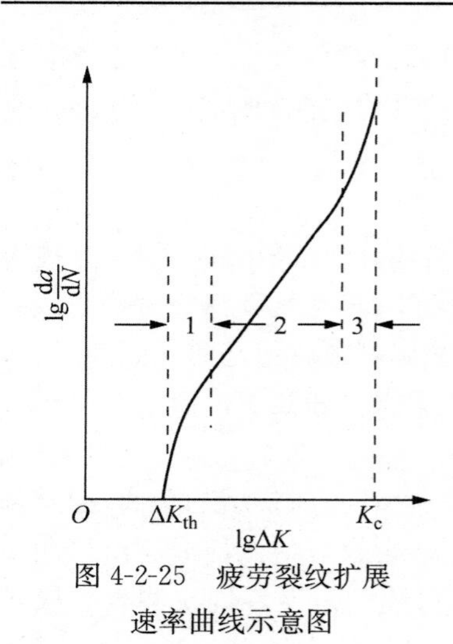

图 4-2-25 疲劳裂纹扩展速率曲线示意图

可分为如下三个区段。

1) 1 区

1 区是疲劳裂纹扩展的初始阶段，da/dN 值很小，约 $10^{-8}\sim10^{-6}$ mm/周，将直线外推达到相当于 $da/dN=10^{-6}\sim10^{-7}$ mm/周所对应的 ΔK 值，记为 ΔK_{th}，称为应力强度因子范围门槛值，简称门槛值(threshold)，它表示在这样的 ΔK 之下，裂纹实际上可以认为不扩展了，故 ΔK_{th} 是疲劳裂纹不扩展的 ΔK 最大值(临界值)，它表征了材料阻止疲劳裂纹开始扩展的能力。一般 ΔK_{th} 值很小，约为材料断裂韧度的 5%～10%。如钢的 $\Delta K_{th}\leqslant 9\mathrm{MPa\cdot m^{1/2}}$；铝合金的 $\Delta K_{th}\leqslant 4\mathrm{MPa\cdot m^{1/2}}$。

ΔK_{th} 是材料的一个重要参数，可作为带裂纹构件无限寿命设计依据：

$$\Delta K_{\mathrm{I}}=Y\Delta\sigma\sqrt{a}\leqslant\Delta K_{th} \tag{4-2-24}$$

例如，已知构件的原始裂纹长度 a 和材料的门槛值 ΔK_{th}，可求得该构件在无限疲劳寿命要求下的承载能力为

$$\Delta\sigma\leqslant\frac{\Delta K_{th}}{Y\sqrt{a}} \tag{4-2-25}$$

由该式计算出的 $\Delta\sigma$ 值显然远远低于光滑试样的疲劳极限 σ_{-1}。

再如，已知构件的工作载荷 $\Delta\sigma$ 和材料的门槛值 ΔK_{th}，即可求得构件的裂纹临界尺寸为

$$a_c=\frac{1}{Y^2}\left(\frac{\Delta K_{th}}{\Delta\sigma}\right)^2 \tag{4-2-26}$$

2) 2 区

2 区是疲劳裂纹扩展的主要阶段，占据裂纹稳态扩展的绝大部分。该区中的直线可由经典的 Paris 公式描述

$$\frac{da}{dN}=c(\Delta K)^n \tag{4-2-27}$$

式中，c 和 n 为材料常数，由试验确定。表 4-2-1 给出了一些材料的 c 和 n 值。

表 4-2-1 一些材料的 c 和 n 值

材　料	处理状态	c	n
30CrMnSi 钢	淬火 500℃回火 390℃等温处理	3.66×10^{-9} 4.63×10^{-10}	2.30 2.70
Gc-11 钢	油淬 500℃回火 350℃等温处理	2.8×10^{-10} 2.35×10^{-9}	2.78 2.35
低强、中强钢	—	—	2.3～5.2，平均 3.5
高强钢	—	—	2.2～6.7，平均 3.3
305 不锈钢	—	—	2.8～4.5，平均 3.3
钛	—	—	3.31～3.68，平均 3.5
2024 铝合金	—	—	2.7～3.8，平均 3.4
70—30 黄铜	—	—	3.6～4.9，平均 4.1

3) 3 区

3 区是疲劳裂纹扩展的最后阶段，da/dN 值很高，并随 ΔK_{I} 增加而急剧增大，很快导致材料失稳断裂，该区占裂纹扩展寿命的比例不大。

4.2.6.3 剩余疲劳寿命估算

根据疲劳裂纹扩展速率的公式，用积分法可估算出带裂纹（或缺陷）构件的剩余疲劳寿命。其基本步骤如下：

（1）采用无损探伤法确定构件的初始裂纹几何尺寸，包括长度 a_0、形状、位置和取向；

（2）根据裂纹几何尺寸，确定裂纹尖端应力强度因子范围表达式 $\Delta K_{\mathrm{I}} = Y\Delta\sigma\sqrt{a}$；

（3）根据已知材料的断裂韧度 K_{Ic} 以及名义工作应力幅 $\Delta\sigma$，确定临界裂纹长度 a_c；

（4）选定所采用的疲劳裂纹扩展速率表达式，用积分法算出从初始裂纹长度 a_0 扩展到临界裂纹长度 a_c 所需的循环周次 N_c，即为剩余疲劳寿命。例如，若采用 Paris 公式，则有

$$N_c = \int_0^{N_c} dN = \int_{a_0}^{a_c} \frac{da}{c(Y\Delta\sigma\sqrt{a})^n} \tag{4-2-28}$$

应该指出，Paris 公式虽然简单实用，但毕竟是经验公式，只适用于低应力、低扩展速率（$< 10^{-2}$ mm/周）和较长寿命（$> 10^4$）的情况。近年来，研究者还提出了如下一些经验公式。

（1）Forman 公式
$$\frac{da}{dN} = \frac{c\Delta K_{\mathrm{I}}^m}{(1-r)K_c - \Delta K_{\mathrm{I}}} \tag{4-2-29}$$

该式考虑了应力比 r、平面应变断裂韧度 K_c 的影响，以及 3 区的裂纹扩展。

（2）考虑了门槛值影响的公式
$$\frac{da}{dN} = A(\Delta K_{\mathrm{I}} - \Delta K_{\mathrm{th}})^m \tag{4-2-30}$$

该式描述了裂纹在近门槛区（1 区）和 2 区的扩展。

（3）描述整个裂纹扩展过程的公式
$$\frac{da}{dN} = \frac{A(\Delta K_{\mathrm{I}} - \Delta K_{\mathrm{th}})^m}{(1-r)K_c - \Delta K_{\mathrm{I}}} \tag{4-2-31}$$

以上各式中，A 为疲劳裂纹扩展系数，是与拉伸性能有关的常数；K_c 为与试样厚度有关的材料断裂韧度；m 为材料试验常数。

4.3 疲劳的微观过程

材料在远低于工程弹性极限的交变应力作用下仍能发生疲劳断裂的事实说明，在循环过程中材料产生了损伤。循环损伤的微观过程包括不可逆循环变形以及由其引发的疲劳裂纹萌生和疲劳裂纹扩展几个阶段。

4.3.1 延性固体的循环变形

金属在低于弹性极限的交变应力作用下，虽然整体仍处在宏观弹性状态，但在某些部位，如表面、内部界面、夹杂物、应力集中区等微观结构不均匀处发生塑性变形。这个塑性变形量虽然很小，一般在 $10^{-5} \sim 10^{-6}$ 量级，但对位错活动来说已是相当剧烈。

图 4-3-1 是退火纯铁在拉-拉疲劳过程中位错密度的变化。疲劳前的位错密度很低，经 10 次应力循环后，位错密度就显著增加，这时位错分布仍比较均匀。经 200 次循环后，位错密度进一步增加，且位错分布逐渐变得不均匀。某些局部区域位错密度较高，呈带状分布，而带之

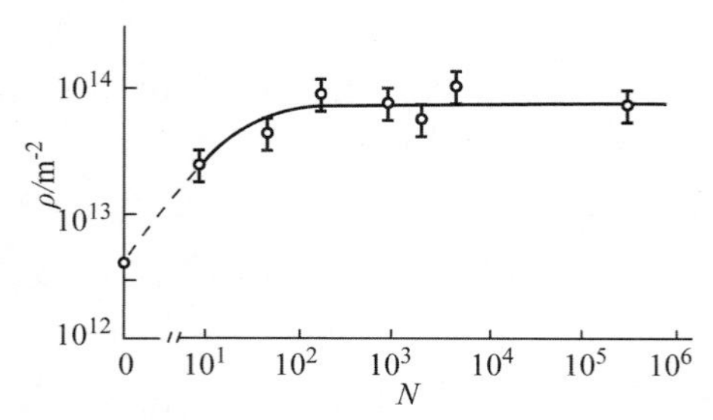

图 4-3-1　退火纯铁位错密度随循环次数的变化

间区域的位错密度很低。当循环周次继续增加时,位错密度增加缓慢,并且位错分布更加不均匀,位错集中在较窄的带中,带之间的位错密度进一步降低。最后,当位错密度不再继续增加而趋于饱和时,位错结构也趋于稳定。循环位错稳定结构的形态与循环幅度有关:循环幅度较小时为带状结构;循环幅度较大时为胞状结构,如图 4-3-2 所示。

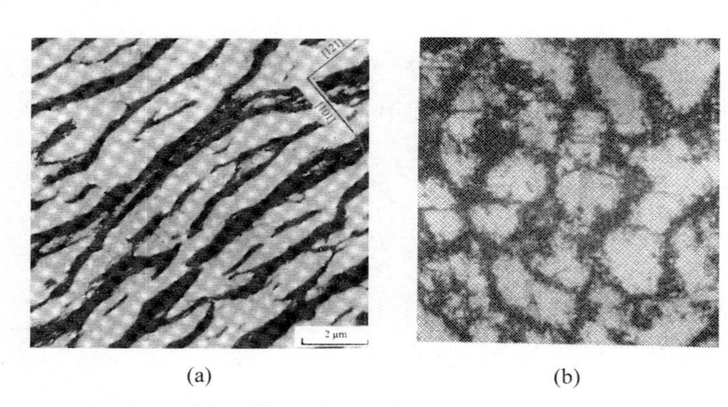

(a)　　(b)

图 4-3-2　铜单晶体的循环稳定位错结构

(a) 带状结构;(b) 胞状结构

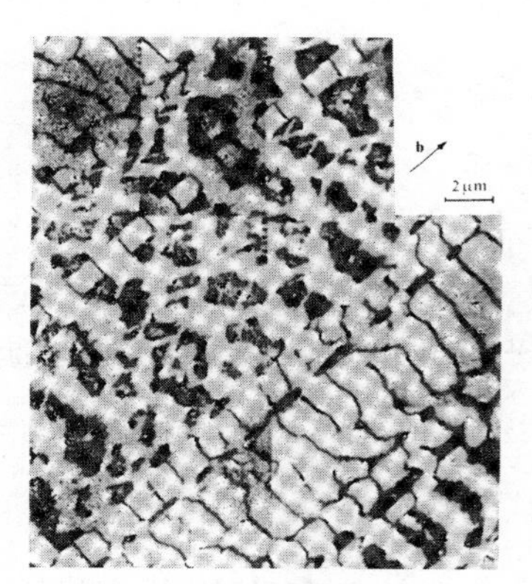

图 4-3-3　铜单晶体的循环稳定位错结构

循环加载和单调加载时位错滑移的特点不同,循环加载时还会形成单调加载时所没有的一种特殊位错组态。在单调加载时,随着载荷的增加,滑移可以传播至整个晶粒和整个金属试样。而在交变载荷下,滑移只发生在一些晶粒的局部区域。将纯铜或纯铁的疲劳试样表面抛光,而后在疲劳循环过程中不断观察试样表面,最初发现滑移线逐渐出现、增多,并形成滑移带。但是,随着循环次数增加,已形成的滑移带变宽和滑移带内的滑移线变密,而没有出现新的滑移带,即在原有滑移带之间的广大区域没有发生滑移。并且还发现,这种不均匀的局部性滑移并不发生在所有的晶粒中,有些晶粒内根本没有发现滑移带。如果把试样抛光和疲劳反复进行,会发现有些部位的滑移带反复在原位出现,就像驻扎在那里一样,永远也不消失,故把这样的滑移带称为**驻留滑移带**(persistent slip band,PSB)。PSB 的结构如图 4-3-3 所示,位错排列成高密度且平行的位错墙,墙之间为低位错密度的基体区域,位错墙垂直于滑移带长轴方向。

4.3.2 疲劳裂纹的萌生

目前，尚无统一的尺度标准来确定疲劳裂纹萌生期，常将长度为 0.05～0.10mm 的裂纹定为疲劳裂纹核，对应的循环周次为疲劳裂纹萌生寿命，其长短与应力水平有关。低应力时，疲劳裂纹萌生寿命可占总寿命的大半以上。

4.3.2.1 *表面疲劳裂纹萌生*

承受循环应力的延性金属一般在自由表面首先萌生疲劳裂纹，原因有如下几点：

(1) 在许多载荷方式下，如扭转疲劳、弯曲或旋转弯曲疲劳等，表面应力最大；

(2) 实际构件表面多存在类裂纹缺陷，如缺口、台阶、键槽、加工划痕等，这些部位极易由应力集中而成为疲劳裂纹萌生地；

(3) 相比于内部晶粒，自由表面晶粒受约束较小，更易发生循环塑性变形；

(4) 自由表面与大气直接接触，因此，如果环境是破坏过程中的一个因素，则表面晶粒受影响显然较大。

关于表面疲劳裂纹萌生机制，可由 PSB 在表面发展为“挤出脊”“挤入沟”来解释。在交变载荷下，金属的滑移集中在 PSB 中，随循环的进行，在靠近自由表面的某些 PSB 继续发展，便在金属表面形成“挤出脊”和“挤入沟”的特殊形貌，如图 4-3-4 所示。随着挤出和挤入的进一步发展，将会在挤出脊侧面或挤入沟内产生微裂纹，成为疲劳策源地。

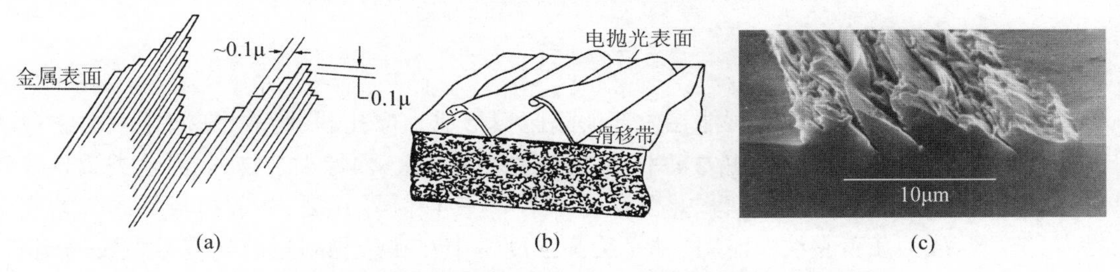

图 4-3-4 由循环载荷在表面产生的挤出脊、挤入沟

(a) 挤出脊和挤入沟细节示意图；(b) 立体示意图；(c) 铁素体钢中的挤出脊及表面裂纹照片

关于挤出和挤入的微观模型有很多，Cottrell 和 Hull 提出的交叉滑移模型是一个典型，如图 4-3-5 所示。该模型要求在循环滑移时，金属的两个交叉滑移系相继被开动。图中 S_1 和 S_2 分别代表两个滑移系中的位错源，4 个图分别表示在一个应力循环中每 1/4 周期内的滑移情况。在加载的第 1 个 1/4 周期内，滑移面 1 中的位错源 S_1 开动，在表面形成一个台阶；随后由于滑移面 1 中的位错运动受阻，在第 2 个 1/4 周期内，滑移面 2 中的位错源 S_2 开动，形成了第 2 个台阶，并切断了原先的滑移面 1；再后，在第 3 和第 4 个 1/4 周期，载荷由拉伸变为压缩，滑移面 1 和 2 分别先后开始反向滑移，结果在金属表面形成一个挤出和一个挤入。

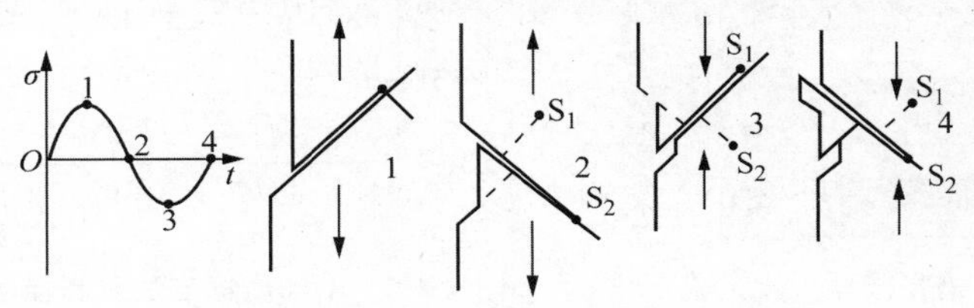

图 4-3-5 Cottrell 和 Hull 的挤出挤入模型

鉴于构件的疲劳破坏多起始于表面，材料或构件的表面状况对其疲劳极限和寿命有很大影响。表面越光洁，可作为表面缺口而引起应力集中的表面损伤(如刀痕、记号、磨裂等)越少，疲劳性能越好。不同表面状态下的疲劳寿命相差甚至可达 7～8 倍。因此，在交变载荷下工作的高强度材料制造的零件，其表面必须仔细加工，不允许有碰伤或大的缺陷。

工程上还经常采用表面强化处理的方法来提高疲劳寿命。常用的表面强化处理方法：表面冷作变形，如喷丸、滚压；表面热处理，如渗碳、渗氮、氰化、表面高频或火焰淬火等；表面镀层，如镀铬、镀镍等。表面处理提高疲劳性能的原因在于，表面强化后不但直接提高了表面层的强度，从而提高了表面层的疲劳极限，而且由于强化层存在，使表层产生残余压应力，降低了交变载荷下表面层的拉应力，使疲劳裂纹不易萌生或扩展，如图 4-3-6 所示。

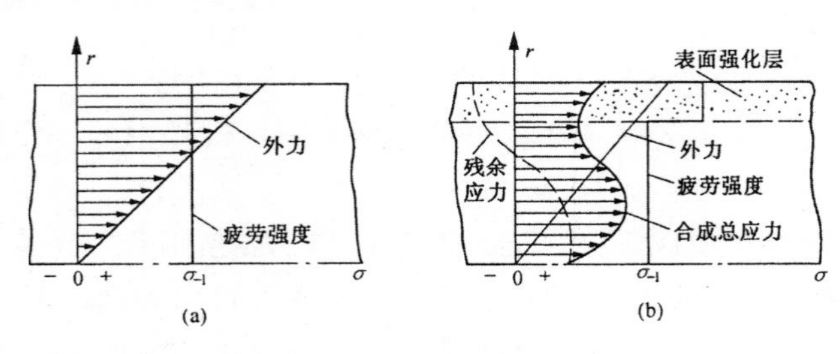

图 4-3-6　表面强化层提高疲劳极限示意图

(a) $\frac{\text{表面层外力}}{\text{疲劳强度}}>1$；(b) $\frac{\text{表面层外力}}{\text{疲劳强度}}<1$

4.3.2.2　内部疲劳裂纹萌生

在工业合金中，疲劳裂纹也可能在内部缺陷区域形成。像孔洞、熔渣、气泡这一类宏观缺陷本身就类似裂纹，易引起高的应力集中，从而萌生疲劳裂纹；而像夹杂物、晶界这类微观缺陷可阻碍基体位错滑移，造成位错塞积并引发应力集中，使得晶界开裂、夹杂物与基体脱黏或夹杂物本身碎裂，成为疲劳裂纹核。图 4-3-7 为高强度钢中在夹杂物附近萌生疲劳裂纹的例子，图中的一处 $MnO\text{-}Si_2O_3\text{-}Al_2O_3$ 夹杂物已与用 M 标示的基体部分脱黏，在夹杂物近旁形成一条与远场拉伸轴(在纸面的竖直方向上)垂直的裂纹。显然，降低材料中夹杂物的含量将有利于疲劳性能的提高，如采用真空冶炼的钢比普通电弧炉冶炼的钢夹杂物少，因而疲劳极限提高，如图 4-3-8 所示。

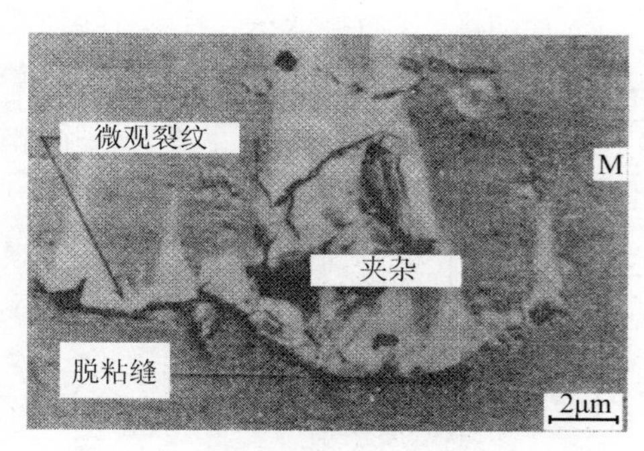

图 4-3-7　高强度钢在循环夭折试验后的扫描电子显微照片

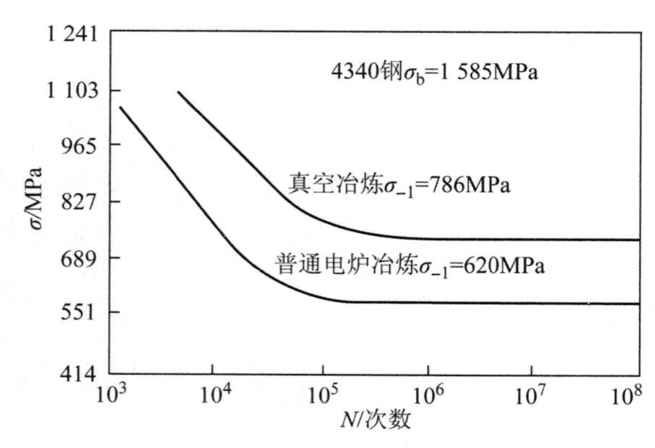

图 4-3-8　不同冶炼方法对高强度钢疲劳曲线的影响

4.3.3 疲劳裂纹的扩展

疲劳裂纹自表面萌生后，大致经历两个不同的扩展阶段，如图 4-3-9 所示。第一阶段是从个别挤入沟(挤出脊)处开始，沿最大切应力方向(与主应力方向呈 45°)的晶面向内发展；由于各晶粒的位向不同及晶界的阻碍作用，裂纹扩展方向逐渐转向与最大拉应力垂直。第二阶段是裂纹沿垂直于最大拉应力方向扩展的过程，直到未断裂部分不足以承担所加载荷，裂纹开始失稳扩展为止。

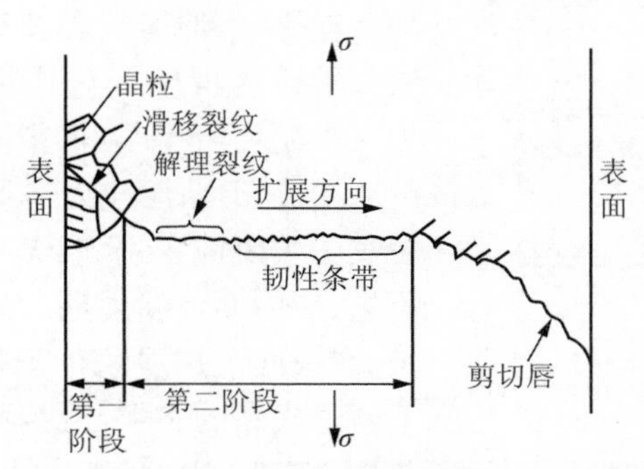

图 4-3-9 疲劳裂纹扩展的两个阶段示意图

4.3.3.1 疲劳裂纹扩展第一阶段

在疲劳裂纹扩展第一阶段，裂纹扩展速率很低，每一个应力循环大约只有 10^{-4} mm 数量级，扩展深度约为 2～5 个晶粒大小。这一阶段在疲劳总寿命中所占比例与循环应力幅 σ_a 有关：σ_a 愈高，第一阶段在总寿命中所占比例愈小；反之，σ_a 愈低，第一阶段所占比例愈大。一般认为，疲劳裂纹扩展第一阶段是在交变应力作用下，裂纹沿特定滑移面反复滑移塑性变形产生新表面(滑移面断裂)所致。

在第一阶段，每一循环裂纹扩展量很小，故微观断口上无显著特征，一般没有与扩展第二阶段相关的疲劳条带。事实上，第一阶段的断口类似于解理的形貌，没有什么塑性行为的证据。在某些情况下，可能分不出疲劳裂纹扩展的第一阶段。

4.3.3.2 疲劳裂纹扩展第二阶段

当第一阶段扩展的裂纹遇到晶界时便逐渐改变方向，转到与最大拉应力垂直的方向，此时便达到第二阶段。在第二阶段内，裂纹是穿晶扩展的，扩展速率较快，每一应力循环大约扩展微米数量级。

疲劳裂纹扩展第二阶段的一个显著特征是在高倍微观断口上常常可以看到平行排列的条带，简称疲劳条带(或疲劳辉纹)，如图 4-3-10 所示。通常，疲劳条带分为韧性条带和脆性条带两类。

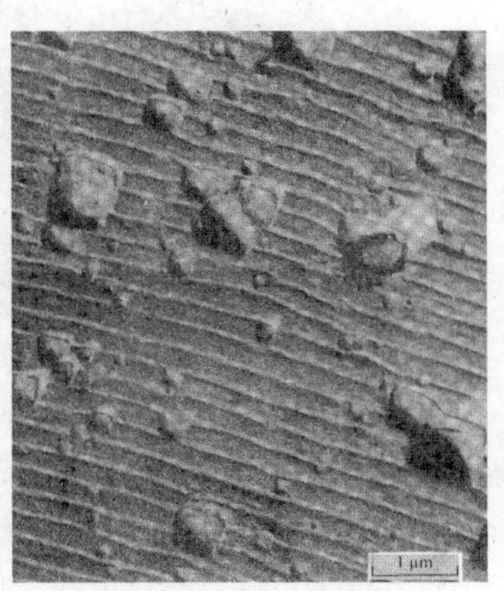

图 4-3-10 2024-T3 铝合金疲劳断口上的条带

关于韧性疲劳条带形成机制的模型有很多，其中最著名的是 Laird 于 1967 年提出的塑性钝化模型，如图 4-3-11 所示。图中左侧曲线的实线段表示交变应力的变化，右侧为疲劳裂纹扩展第二阶段中疲劳裂纹的剖面图。应力为零

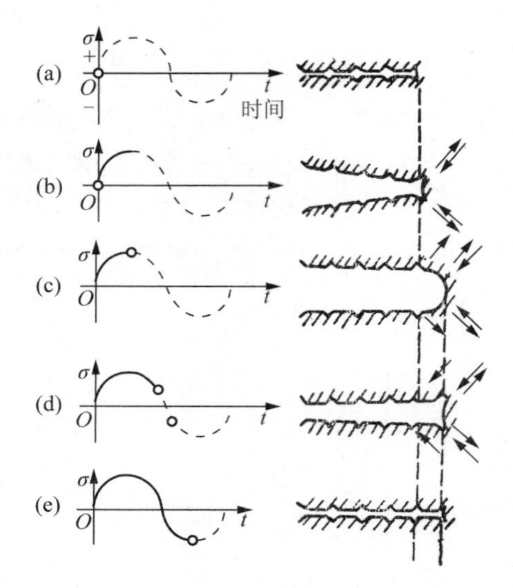

图 4-3-11 韧性疲劳条带形成过程示意图

时,裂纹呈闭合状态[见图 4-3-11(a)];拉应力增加时,裂纹张开。裂纹尖端处由于应力集中而沿 45°方向发生滑移[见图 4-3-11(b)];拉应力达到最大时,滑移区扩大,裂纹尖端变为半圆形,发生钝化,裂纹停止扩展[见图 4-3-11(c)]。这种由于塑性变形使裂纹尖端应力集中减小,滑移停止,裂纹不再扩展的过程称为“塑性钝化”;交变应力达到压应力时,滑移沿相反方向进行,原裂纹和新扩展的裂纹表面被压近,裂纹尖端被弯折成一对耳状切口,这一对耳状切口又为下一循环沿 45°方向滑移准备了应力集中条件[见图 4-3-11(d)];压应力达到最大时,裂纹表面被压合,裂纹尖端由钝变锐,形成一对尖角[见图 4-3-11(e)]。可见,应力循环一周期,在断口上便留下一条疲劳条带,裂纹向前扩展一个条带的间距。如此反复进行,不断形成新的条带,疲劳裂纹也就不断向前扩展。

脆性疲劳条带又称为解理疲劳条带,如图 4-3-12 所示,其形成过程如图 4-3-13 所示。应力为零时疲劳裂纹的初始状态如图 4-3-13(a)所示;随拉应力的增加,裂纹前端因解理断裂而向前扩展[见图 4-3-13(b)];然后在切应力作用下沿 45°方向在很窄的范围内产生局部塑性变形[见图 4-3-13(c)];发生塑性钝化,裂纹停止扩展[见图 4-3-13(d)];然后应力为零或进入压应力周期,裂纹闭合,其尖端重新变得尖锐,但裂纹已向前扩展了一个条带的距离[见图 4-3-13(e)]。由此可见,脆性疲劳条带的形成也与裂纹尖端的塑性钝化有关。

图 4-3-12 铝合金的脆性疲劳条带

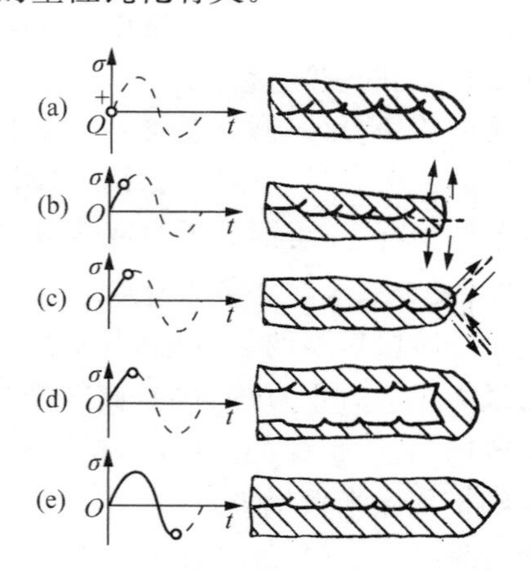

图 4-3-13 脆性疲劳条带形成过程示意图

脆性条带的特点在于,裂纹扩展不是塑性变形,而是解理断裂,因此断口上有细小的结晶解理平面或河流花样。但是,裂纹尖端又有塑性钝化,因此又具有条带特征。解理平面的走向与裂纹扩展方向一致,而与疲劳条带垂直。图 4-3-14 绘出了两种疲劳条带的示意图。

疲劳条带是疲劳断口最典型的微观特征,条带是交变应力每循环一次裂纹留下的痕迹。所以,根据条带的存在,可初步判定失效是由疲劳载荷引起的,同时,根据条带间距还可粗略估算疲劳裂纹扩展速率 da/dN。但是,计算疲劳条带数目不一定能确定出应力循环次数,因为

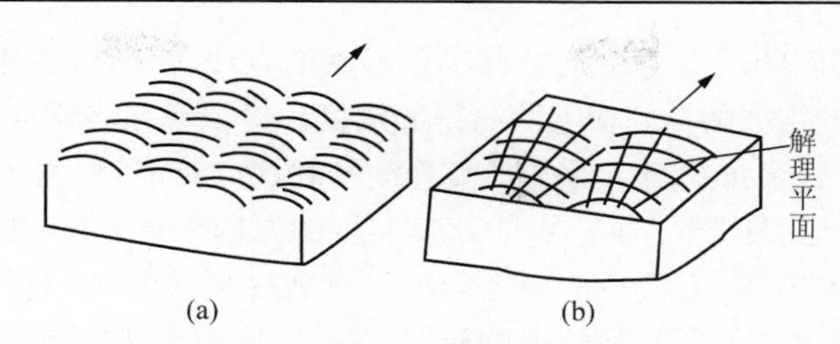

图 4-3-14 两种疲劳条带示意图
(a) 韧性条带；(b) 脆性条带

应力循环一次，未必就一定能产生一条条带，例如，在高应力幅循环之后紧接着转为低应力幅循环，则在最初转折的几个循环内还没有条带出现。在无腐蚀介质条件下，铝合金、钛合金及部分钢的疲劳断口上，常常看到清楚的韧性疲劳条带，但多数钢的疲劳条带不明显，有时甚至看不到条带。在腐蚀介质、含氢介质以及低周高应力下的疲劳断口上，则常常可以看到脆性条带。

最后应指出，在疲劳断口上用肉眼看到的贝纹线与在电子显微镜下看到的疲劳辉纹并不是一回事，前者是疲劳断口的宏观特征；而后者是疲劳断口的微观特征。两者可同时出现，或者只有其中一种出现。

4.3.4 疲劳裂纹扩展的阻滞和瞬态过程

在恒幅循环载荷作用下，名义应力场强度因子幅度或最大应力强度因子唯一地控制着疲劳裂纹扩展速率。但是在许多情况下，控制疲劳裂纹扩展的裂纹顶端局部应力强度因子幅度或它的最大值与名义外加值明显不同。疲劳裂纹扩展表观驱动力与实际驱动力之间的差异可能来自下列一些因素：

(1) 即使在远场全拉伸循环载荷作用下，裂纹面也提前闭合；

(2) 由于微观组织结构对断裂的阻碍或由于局部应力状态和载荷模式混合度的变化，裂纹扩展路径周期性偏折；

(3) 循环塑性区或应力诱导相变区内的残余应力场屏蔽远场外加载荷对裂纹顶端的作用；

(4) 纤维、颗粒、未受损晶粒或腐蚀产物对裂纹面的桥联屏蔽远场外加载荷对裂纹顶端的作用。

上述这些过程既适用于晶态或非晶态固体，也适用于脆性和延性固体，它们导致疲劳裂纹扩展的严重受阻，因而能够增强材料和结构的损伤容限特性。

4.3.4.1 *疲劳裂纹闭合效应*

Elber 在 1977 年通过试验首先发现，即使远场载荷为拉伸载荷，疲劳裂纹也能够闭合。Elber 在带中心裂纹的 2024-T3 铝合金薄板试样的侧表面裂纹顶端后部，距顶端大约 2mm 处，于裂纹面的上方和下方黏贴应变片，借此测量疲劳循环过程中裂纹顶端的张开位移 δ。图 4-3-15 为试样在远场应力全卸载过程中 δ 随应力的变化。

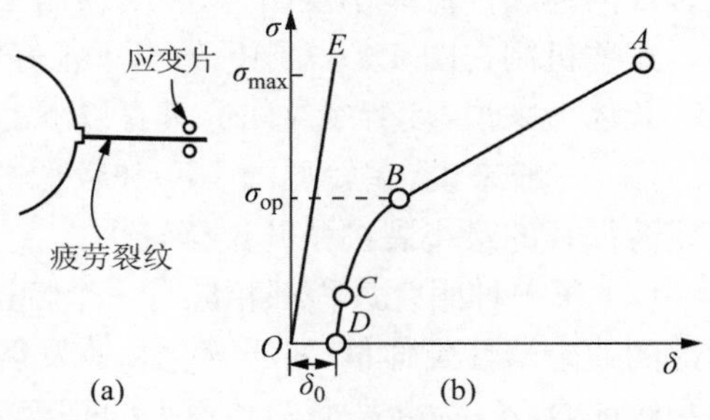

图 4-3-15 外加应力与由应变片测量得到的裂纹面张开位移之间的示意图

图中 A、B 两点之间的区段为一条具有特定斜率的直线,该斜率等于在一块带一条与疲劳裂纹具有相同长度的锯缝的全同板上所测得的刚度。这说明在名义应力由 σ_{max} 减小到 σ_{op} 的过程中,疲劳裂纹是完全张开的。当由 B 点连续卸载到 C 点时,应力-位移曲线的二阶导数变为负值,相对裂纹面已经闭合是唯一可能使其发生的原因。在 C 点以下的最后卸载阶段,应力-位移曲线又呈线性关系,CD 线的斜率等于不含疲劳裂纹的全同板的刚度(见图 4-3-15 中直线 OE 所示),这说明,在对应于 C 点的应力水平以下,裂纹是完全闭合的。当远场应力为零时,仍存在大小为 δ_0 的残余裂纹张开位移。

在裂纹闭合测量中,应当注意以下两点:第一,因为裂纹在远场应力场强度因子减小的过程中是逐渐闭合的,所以闭合应力强度因子没有确切的含义。有时采用平均闭合应力强度因子的概念,它是完全张开点和完全闭合点应力强度因子的平均值;第二,因为裂纹闭合会引入压缩挤压,所以卸载过程中裂纹面之间开始接触的应力强度因子水平与加载过程中裂纹面完全张开所需的应力强度因子水平一般是不同的。

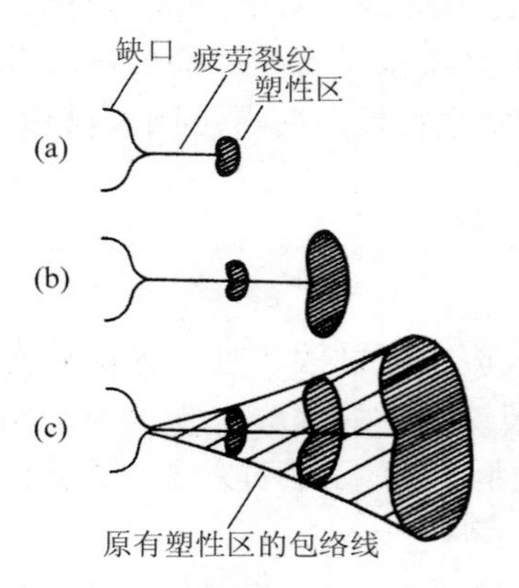

图 4-3-16 扩展疲劳裂纹周围的塑性包络区的形成过程

对疲劳裂纹闭合效应的最初解释是塑性诱发闭合机制,如图 4-3-16 所示。疲劳裂纹扩展时裂纹尖端存在塑性区,当裂纹穿过塑性区时裂纹面上卸载,原塑性区中只发生弹性恢复,而遗留下残余拉伸变形。随着裂纹逐渐扩展,应力强度因子和裂纹尖端塑性区尺寸都增大,在裂纹后部留下逐渐增大的塑性包络区。裂纹面上下都有残余拉伸变形就会使裂纹张开位移减小,在拉应力状态下提前闭合。在存在裂纹闭合效应时,对裂纹扩展有贡献的应力幅 $\Delta\sigma_{eff}$ 和应力强度因子幅 ΔK_{eff} 分别为

$$\Delta\sigma_{eff}=\Delta\sigma_{max}-\Delta\sigma_{op}=U\Delta\sigma \tag{4-3-1}$$

$$\Delta K_{eff}=\Delta K_{max}-\Delta K_{op}=U\Delta K \tag{4-3-2}$$

相应的裂纹扩展表达式为

$$\frac{da}{dN}=C(\Delta K_{eff})^m=C(U\Delta K)^m \tag{4-3-3}$$

上述式中,U 为一个小于 1 的参数,与应力比、试样几何条件、应力状态等因素有关。

在 Elber 的塑性诱发闭合效应发现后,人们对疲劳裂纹闭合问题进行了大量研究,又发现了一些其他类型的裂纹闭合及裂纹阻滞机制,包括氧化物诱发闭合、裂纹面粗糙诱发闭合、渗入裂纹内的黏性流体诱发闭合、裂纹顶端相变诱发闭合、裂纹偏折、纤维桥联、颗粒桥联(捕获)等。这些机制在图 4-3-17 中已给出了很好的示意说明,此处就不再一一讨论。

总体上来说,疲劳裂纹闭合具有以下的基本特征。

(1) 一般来说,在较低的 ΔK 和较低的应力比 r 条件下,裂纹闭合现象更为明显,因为此时疲劳循环的最小裂纹张开位移较小。

(2) 每一种闭合过程都相应有一个特征尺度 d_0。对于塑性诱发裂纹闭合,d_0 为裂纹尖端后部的残余塑性延伸量;对于氧化物诱发裂纹闭合,d_0 为断裂面氧化层厚度;对裂纹面粗糙诱发裂纹闭合,d_0 为断裂面凹凸不平的高度;对相变诱发裂纹闭合,d_0 为相变区在裂纹面垂直方向上的尺寸增加量。

(3) 当疲劳裂纹出现在自由表面或应力集中部位时,裂纹闭合的程度通常随裂纹长度的

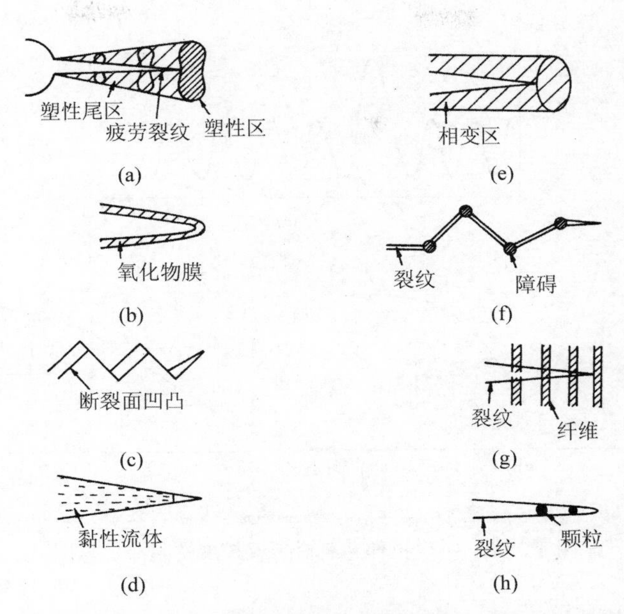

图 4-3-17　恒幅疲劳裂纹扩展阻滞机制的示意说明

(a) 塑性诱发裂纹闭合；(b) 氧化物诱发裂纹闭合；(c) 裂纹粗糙诱发裂纹闭合；(d) 流体诱发裂纹闭合；(e) 相变诱发裂纹闭合；(f) 裂纹偏折；(g) 纤维桥联裂纹；(h) 颗粒桥联(捕获)裂纹

增加而得到提高，直到裂纹长度达到饱和值为止。裂纹长度超过该饱和值后，闭合度通常与裂纹长度无关。

(4) 导致疲劳裂纹闭合的作用机制可能涉及裂纹尖端，例如塑性诱发和相变诱发闭合；也可能涉及裂纹尖端后部，例如氧化物诱发闭合。

(5) 关于应力状态对裂纹闭合程度的影响，目前尚未得到明确的结论。

4.3.4.2　拉伸超载阻滞效应

在疲劳裂纹扩展过程中，以一次拉伸超载形式出现的，或以高幅-低幅交替变化的模块式加载形式出现的载荷变动对裂纹扩展有阻滞作用，甚至可以使裂纹扩展完全停滞。图 4-3-18 示意地说明了一次拉伸超载后的裂纹扩展行为。

疲劳裂纹在标准循环载荷 ΔK_B 下扩展时，每一种材料有一个相应的特征扩展速率 $(da/dN)_B$。如果在这期间进行一次拉伸超载，随后再进行标准循环，则在超载期间会有一个短暂的加速扩展阶段，随后就会出现一个长时间的减速扩展阶段，裂纹在这段时间的扩展距离 a_d 称为延迟距离。扩展速率达到最低值后又会逐渐增大，最终能赶上超载前标准循环的特征值 $(da/dN)_B$。产生拉伸超载阻滞效应的原因比较复杂，不同的材料可能有不同的机制，大致有如下几种：

(1) 拉伸超载引起塑性诱发裂纹闭合水平进一步提高，反过来又促进裂纹扩展速率降低；

(2) 拉伸超载引起裂纹顶端钝化程度加大，降低裂纹扩展速率；

(3) 拉伸超载使裂纹顶端因反向屈服而产生的压缩应力区增大，降低裂纹扩展速率；

(4) 拉伸超载有可能在平面应力条件下使裂纹产生偏折或分叉，降低裂纹扩展速率等。

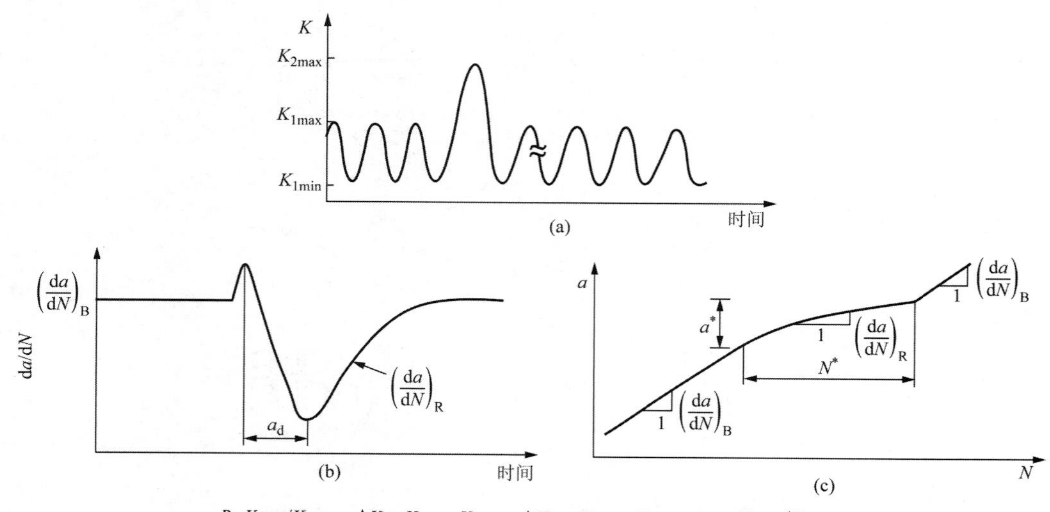

$R=K_{1min}/K_{1max}$；$\Delta K_B=K_{1max}-K_{1min}$；$\Delta K_{OL}=K_{2max}-K_{1min}$；$r_{OL}=K_{2max}/K_{1min}$。

图 4-3-18　一次拉伸超载对裂纹扩展的阻滞示意图

4.3.4.3　压缩超载的瞬态效应

实验表明，在恒幅拉伸疲劳(平均应力大于 0)过程中进行一次或数次压缩超载，会加速随后恒幅拉伸疲劳的裂纹扩展速率，如图 4-3-19 所示。

压缩超载加速裂纹扩展速率的原因可能有下列两种：一是超载压缩在卸载后，会产生较大的残余拉伸应力，从而提高裂纹尖端有效应力场强度因子幅度；二是压缩超载导致了断裂表面粗糙度的平化，降低了表面粗糙度，减弱裂纹闭合效应。

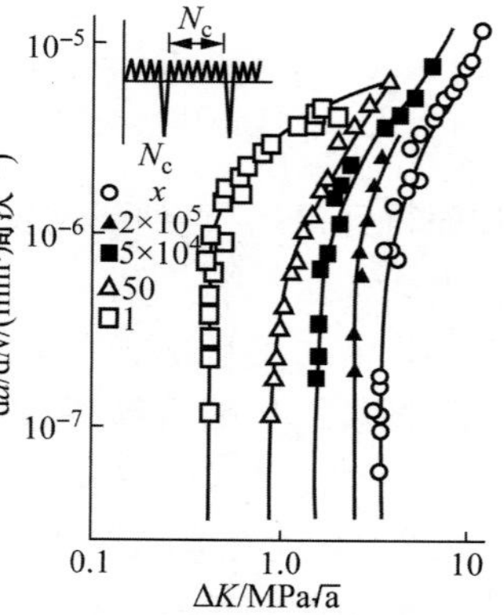

图 4-3-19　压缩超载对 2024-T351 铝合金疲劳裂纹扩展速率的影响

4.4　非金属材料的疲劳

4.4.1　陶瓷材料的疲劳

陶瓷材料疲劳的概念与金属材料有所不同。陶瓷材料的疲劳分为静态疲劳、动态疲劳和循环疲劳。静态疲劳是指在脆性环境中在恒定持久载荷作用下发生的延迟失效断裂，对应于金属材料中的应力腐蚀开裂和高温蠕变；动态疲劳是指以恒定的速度加载，研究材料失效断裂对加载速率的敏感性，类似于金属材料应力腐蚀研究中的慢应变速率拉伸；循环疲劳是指在循环应力作用下发生的失效断裂，对应于金属中的机械疲劳。本节仅简要介绍陶瓷材料的循环疲劳(以下简称疲劳)。

4.4.1.1　陶瓷材料的疲劳寿命

陶瓷材料疲劳的一个主要特点是疲劳寿命的试验结果非常分散，最长与最短的疲劳寿命相差可达 5～6 个数量级。因此，陶瓷材料疲劳寿命的试验结果必须进行统计分析。统计分析表明，陶瓷材料的寿命数据也遵循对数正态分布。图 4-4-1 及 4-4-2 分别给出了 Al_2O_3 陶瓷疲劳寿命试验结果的概率分布特征和具有给定存活率的疲劳寿命曲线。

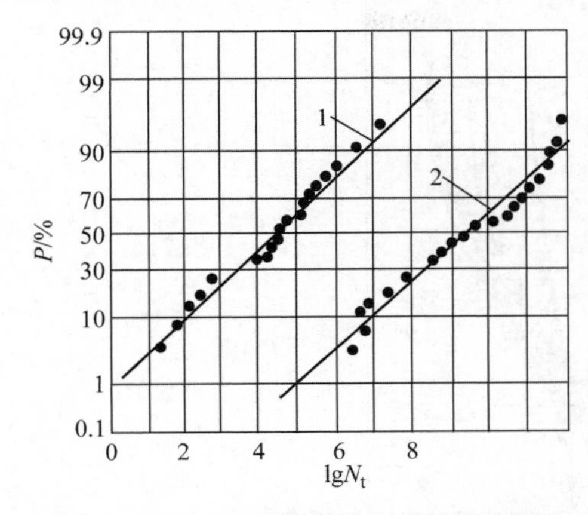

图 4-4-1 Al_2O_3 陶瓷疲劳寿命试验结果的概率分布

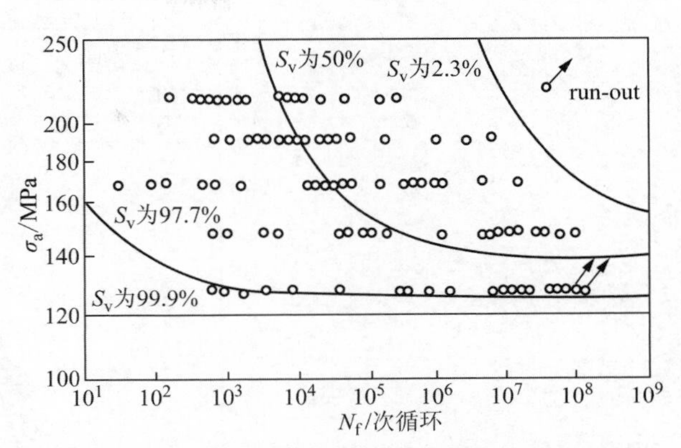

图 4-4-2 Al_2O_3 陶瓷具有给定存活率的疲劳寿命曲线

由图 4-4-2 可见,随着存活率的提高,疲劳寿命曲线趋于水平,这是不同于金属疲劳的又一个特点。同时也表明,陶瓷材料结构要达到高的存活率,只能采用无限寿命或安全寿命设计。

4.4.1.2 陶瓷材料的疲劳裂纹萌生

延性材料(如金属)在循环载荷作用下,在局部区域产生非均匀循环滑移,造成不可逆微观形变,它是疲劳裂纹萌生的基础。但是对于陶瓷这样的高脆性材料,位错运动非常困难,很难由循环滑移引发疲劳裂纹萌生。

一般认为,工程陶瓷材料中不可避免地存在微观缺陷和微裂纹,它们都是潜在的疲劳裂纹策源地,在循环载荷作用下,其中的一条或几条微裂纹发展成为疲劳裂纹。另外,在陶瓷材料的疲劳过程中,还可能由如下运动学不可逆微观损伤而萌生疲劳裂纹:

(1) 在循环载荷下,晶界(单项体系)、相界(多相体系)开裂;

(2) 由于往复循环载荷作用,微观裂纹或长裂纹表面之间的桥联带不断磨损和断裂;

(3) 在拉伸或压缩循环应力作用下,宏观或微观裂纹的表面相互频繁摩擦所形成的小颗粒嵌入裂纹表面之间;

(4) 晶界和界面热残余应力的释放导致微观开裂;

(5) 剪切或膨胀转变(如形变孪生、马氏体相变等)产生过大应力,形成微裂纹等。

总之,陶瓷材料的组织结构以及循环应力作用下的不可逆微观损伤机理非常复杂,至今还没有一个微观机理可以较好地解释陶瓷材料的疲劳试验数据。

4.4.1.3 陶瓷材料的疲劳裂纹扩展

陶瓷材料疲劳裂纹扩展速率曲线与金属材料一样,也存在 3 个区域,即近门槛区、稳态扩展区和快速扩展区,如图 4-4-3 所示。然而,陶瓷材料的 K_{Ic} 值和 $\Delta K_{th}/K_{Ic}$ 的比值很低,只有金属的十分之一至几十分之一。因此,陶瓷材料的裂纹扩展速率曲线非常陡峭。当 $\Delta K < \Delta K_{th}$ 时,裂纹不扩展,一旦开始扩展,则扩展非常之快,比金属快几个数量级。当 $K_{max} = \Delta K/(1-r) = K_{Ic}$ 时,裂纹失稳扩展,引起断裂。降低陶瓷材料裂纹扩展速率的主要措施是提高断裂韧度 K_{Ic}。

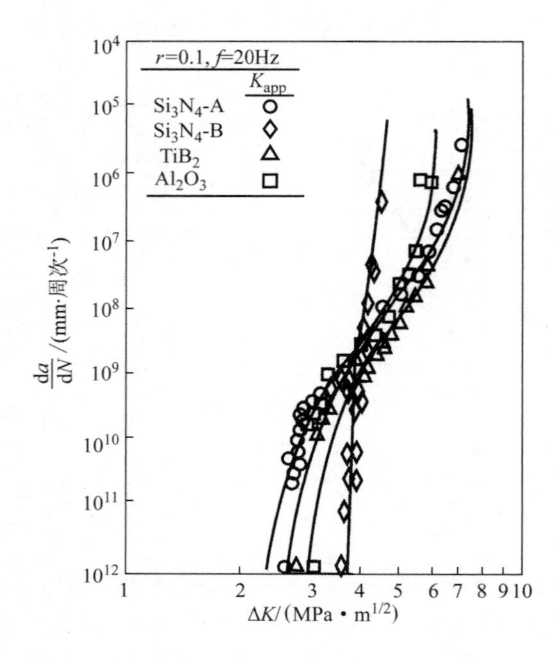

图 4-4-3 几种陶瓷材料的疲劳裂纹扩展速率曲线

上述陶瓷材料疲劳性能的特点决定了陶瓷结构件的疲劳设计思想,其应与金属的有所不同。其主要原因:陶瓷材料疲劳寿命的分散性大,若陶瓷零部件的设计应力高于存活率为99.9%时的疲劳极限,则陶瓷零部件的疲劳可靠性大大降低,而且利用裂纹扩展寿命效益有限,且风险很大。

4.4.2 高分子材料的疲劳

一般说,高分子材料的疲劳抗力较差,多数高分子材料的疲劳极限仅是其抗拉强度的20%~40%。因此,高分子材料要能在更多的重要结构中取代金属材料,重要的一环就是研究、改良高分子材料的疲劳抗力。根据高分子材料结构特点,循环载荷造成的疲劳损伤表现在两个方面:其一,材料的黏弹性变形性质使机械能转变为热;其二,循环载荷使分子重新排列,造成链节脱开和滑移,并使分子重新取向以及形成空洞。这些损伤的累积和发展,将导致高分子材料两种不同形式的疲劳破坏:一是热疲劳破坏;二是疲劳裂纹萌生、扩展造成的疲劳断裂。

4.4.2.1 高分子材料的热疲劳

由于高分子材料的黏弹性性质,应变落后于应力,两者之间存在着一定的相位差。这样,应力每循环一周,就要消耗掉一部分能量,这部分能量主要转换成热,使试样或构件温度升高。在一定条件下,温度升高引起的热软化和塑性流动可导致试样或构件破坏。这种形式的破坏称为热疲劳。

在每一应力循环中所消耗的能量为

$$\dot{U}=\pi fJ''(f,T)\sigma^2 \tag{4-4-1}$$

式中,f 为循环频率;J''为损耗柔度。

如果不考虑向周围环境的热传导,则温度升高速率可表示为

$$\Delta\dot{T}=\frac{\pi f J''(f,T)\sigma^2}{\rho C_p} \tag{4-4-2}$$

式中，ρ 为密度；C_p 为热容。

式(4-4-2)表明，影响滞后加热的主要外部因素有应力、频率及损耗柔度。温度升高速率与应力平方项成正比。因此可以预期，随应力增加，温度迅速升高。图 4-4-4 表示了聚四氟乙烯在不同应力水平下温度升高曲线。应力水平高于持久极限的所有试验，聚合物由于热量产生比散失快，而被加热到熔点(如温度升高到 A,B,C,D,E 所示)。当应力低于持久极限时，温度升高到一有限值，滞后保持恒定(曲线 F)，试样循环 10^7 次也不破坏。

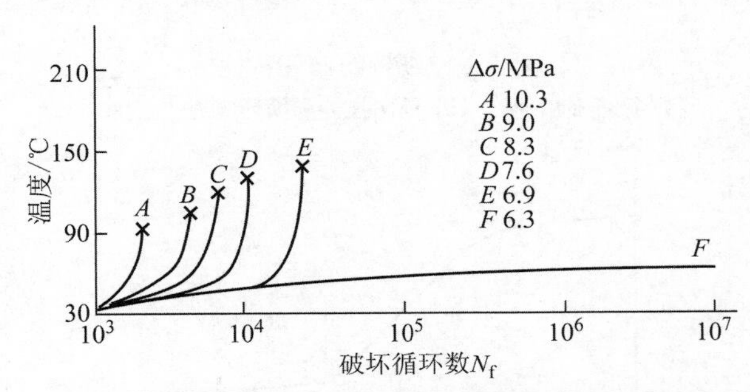

图 4-4-4　聚四氟乙烯在不同应力水平下至热破坏时温度上升曲线

由式(4-4-2)还可知，温度升高速率随应力交变频率增高而增高。这样，其他条件相同的构件，频率愈高，疲劳寿命愈短。损耗柔度 J'' 是频率、温度的函数。在玻璃化温度 T_g 以下，J'' 变化不大，当温度接近 T 时，J'' 迅速升高。这说明，试样温度在疲劳循环的早期阶段升高很缓慢，直到接近最后破坏时温度才显著升高。可见，热疲劳破坏主要发生在循环寿命的最后阶段。在低频、低应力条件下，温升一般限于一有限值。例如，对聚乙内酰胺在室温 21℃下施加振幅为 8MPa、频率为 50Hz 的循环应力，经 10^4 次循环，试样温度达到 27℃并保持稳定，这时机械能输入和热能损失趋于平衡。因此，可以通过各种途径抑制热疲劳破坏，如限制外加应力、降低试验频率、冷却试件或周期性地停止施加载荷以及增加试样表面积与体积的比值。在这种情况下，将发生由于疲劳裂纹产生、扩展造成的疲劳断裂。

4.4.2.2　高分子材料的机械疲劳

金属材料由于成分、冷加工或热处理状态的不同，可表现出循环硬化或循环软化特征，但高分子聚合物材料只表现循环软化，聚合物的成分、分子结构、试验温度和加载频率只影响其软化程度，而从未观察到循环硬化现象。结晶度影响循环软化的程度和速率。应变幅较低时，非晶态聚合物具有软化孕育期，随应变幅增大，孕育期逐渐消失。图 4-4-5(a)为聚碳酸酯(PC)室温应变控制的应力-应变循环滞后环，开始时表现为循环软化，循环一定周次后，趋于稳定。图 4-4-5(b)为其循环应力-应变曲线，与单调拉伸曲线相比，发生明显的循环软化。

与金属材料一样，可以用 S-N 曲线来描述聚合物材料的疲劳性能，只是试验的频率要低一些。图 4-4-6 给出了聚合物的典型 S-N 曲线，可见应力幅随循环寿命的变化分为 3 个不同的区段。

Ⅰ区应力幅大，银纹在第一个应力循环便产生了。疲劳行为实际上是预制银纹体的疲劳行为，而疲劳过程是裂纹在银纹材料中扩展至临界尺寸的过程。Ⅰ区存在与否以及该区曲线的斜率取决于银纹形成的倾向：对于容易形成银纹的聚合物，如 PS 和 PMAA，有明显的Ⅰ区存在。

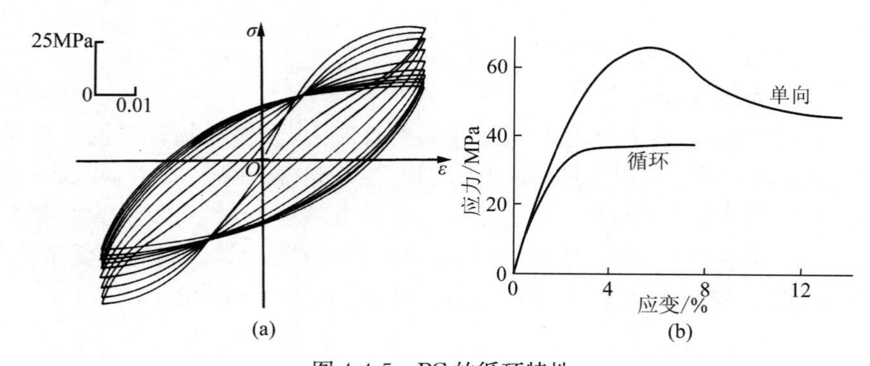

图 4-4-5 PC 的循环特性

(a) 循环滞后回线；(b) 单向拉伸和循环应力-应变曲线

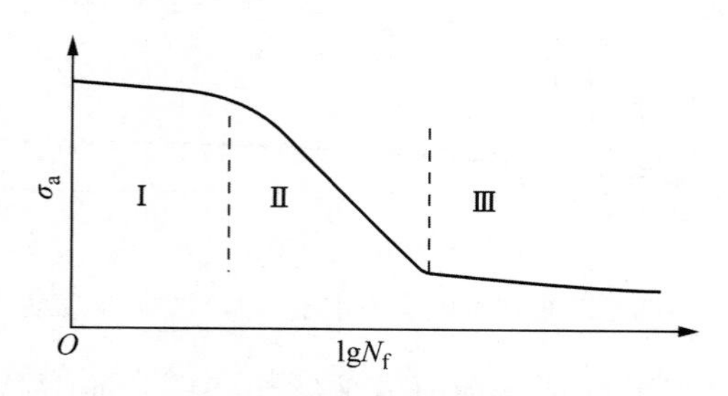

图 4-4-6 聚合物材料典型的 S-N 曲线

Ⅱ区中，疲劳寿命随应力幅降低而增大，疲劳过程存在一个银纹形成、生长以及裂纹形成、扩展的阶段。这阶段所对应的应力均低于银纹瞬时形成的应力值 σ_0，因而随应力降低，银纹形成阶段延长，表现为寿命对应力倚赖关系较强。对不同的聚合物，这一段的斜率不同。

Ⅲ区对应着材料的疲劳极限，其值约为抗拉强度的 0.2～0.5。表 4-4-1 列出了部分热塑性聚合物的疲劳极限。

表 4-4-1 部分热塑性聚合物的静强度与疲劳极限

材　料	静抗拉强度 σ_b/MPa	疲劳极限(10^7 周次) σ_a/MPa	σ_a/σ_b
醋酸纤维素(CA)	34.5	6.9	0.20
聚苯乙烯(PS)	40.0	8.6	0.21
聚碳酸酯(PC)	68.9	13.7	0.20
聚苯醚(PPO)	72.4	13.7	0.19
聚甲基丙烯酸甲酯(PMMA)	72.4	13.7	0.19
尼龙 66(25%水)	77.2	23.4	0.30
聚甲醛(POM)	68.9	34.5	0.50
聚四氟乙烯(PTFE)			
40Hz	20.7	4.1	0.20
30Hz	20.7	6.2	0.30
20Hz	20.7	9.6	0.47

聚合物的疲劳裂纹扩展速率主要取决于应力强度因子范围 ΔK，与金属材料一样，其扩展速率 da/dN 与 ΔK 的关系也遵循 Paris 公式，不过与金属材料相比，在相同的 ΔK 下，聚合物的裂纹扩展速率要大很多。图 4-4-7 给出了几种聚合物的试验结果，不论是结晶态、非晶态，还是橡胶态的聚合物都有很好的关联性。尼龙 66、聚四氟乙烯、酚醛树脂等半晶态聚合物的抗疲劳裂纹扩展性能一般比较好，这可能是由于结晶区以微晶变形方式延缓了裂纹扩展。

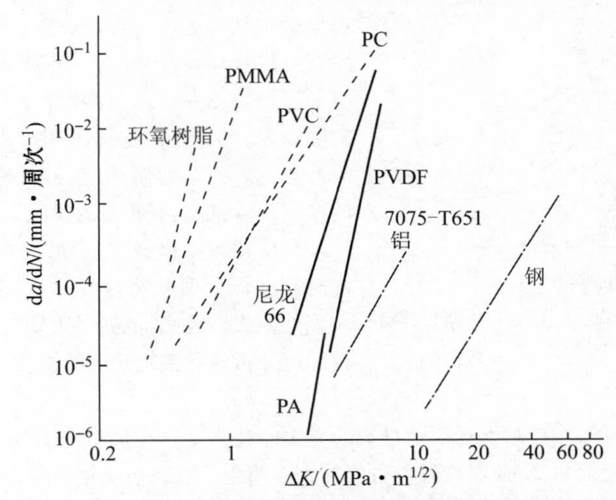

图 4-4-7　结晶态与非晶态聚合物疲劳裂纹扩展速率比较

聚合物材料的疲劳断口也具有疲劳条纹。与金属材料不同的是，只在高 ΔK 范围，疲劳条纹是均匀的，条纹间距对应于每一应力循环的扩展量；而在低 ΔK 范围，裂纹扩展是不连续的，每周扩展量也不相同，因而和条纹间距不一一对应。

4.5　特种条件下的疲劳

4.5.1　接触疲劳

许多机器零件是在滚动接触条件下工作的，如滚动轴承、齿轮、涡轮、凸轮、轧辊等。在反复的接触应力作用下，金属材料会发生接触疲劳破坏。

接触疲劳一般可分两种：其一是圆柱体与圆柱体的线接触，如齿轮的接触；其二是球体与平面的点接触，如滚珠轴承的接触。图 4-5-1 为两圆柱体线接触时的接触应力分析图，根据弹性力学分析，接触压应力 σ_z 沿 y 轴按半椭圆分布，在接触中心（$y=0$）处，σ_z 达到最大值 $\sigma_{z\max}$，并有

$$\sigma_z = \sigma_{z\max}\sqrt{1-\frac{y^2}{b^2}} \tag{4-5-1}$$

其中，

$$b = 1.52\sqrt{\frac{p}{EL}\left(\frac{R_1R_2}{R_1+R_2}\right)}$$

$$\sigma_{z\max} = 0.418\sqrt{\frac{pE}{L}\left(\frac{R_1+R_2}{R_1R_2}\right)} \tag{4-5-2}$$

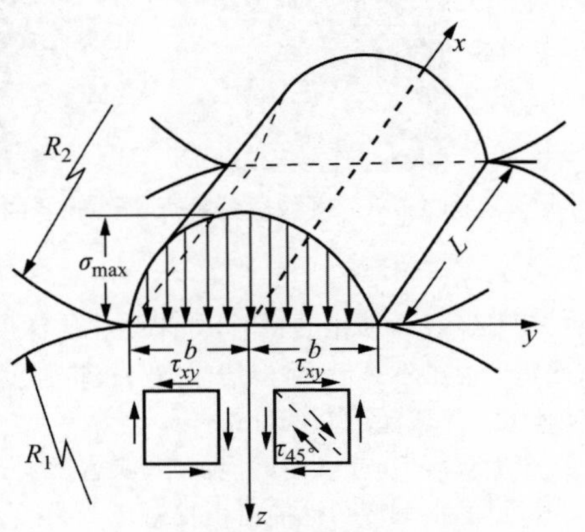

图 4-5-1　两圆柱体线接触表面应力分析图

式中，R_1、R_2 分别为两圆柱体半径；L 为长度；p 为法向压力；E 为综合弹性模量，且

$$E=\frac{2E_1E_2}{E_1+E_2}$$

E_1、E_2 分别为两圆柱体弹性模量。

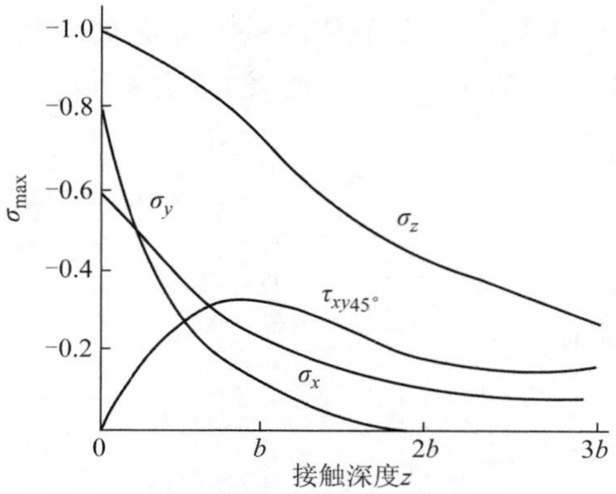

实际接触应力是三向压应力 σ_z、σ_x、σ_y，在通过中心($y=0$)的对称面上 σ_z、σ_x、σ_y 为主应力，它们以及沿 45°截面上的主切应力 $\tau_{xy45°}$ 沿深度 z 方向的分布如图 4-5-2 所示。可以看到，$\tau_{xy45°}$ 在 $z=0.786b$ 处达到最大值 $\tau_{xy45°\max}$，且 $\tau_{xy45°\max}\approx0.3\sigma_{z\max}$。两物体一旦脱离接触，该切应力即刻降为零。这样，在连续滚动过程中切应力交替变化，为 $0\sim\tau_{xy45°\max}$ 的脉动循环应力，可造成表面接触疲劳破坏。同样，点接触也具有相似的情况。

图 4-5-2　两圆柱体线接触应力沿深度分布规律

在反复滚动接触时，当最大切应力超过材料的屈服强度时便在该处引起塑性变形，经多次循环作用后，裂纹便在该处形成。因此，根据最大切应力与材料强度之间的比较即可分析各种接触疲劳的损伤及失效形式。

1) 麻点剥落

在无滑动的滚动接触中，裂纹将在切应力最大的亚表面处产生。在带有滑动的滚动中，由于表面摩擦力的作用，最大切应力点向表面靠拢，此时裂纹也可能在表面萌生。裂纹在反复切应力作用下不断发展，使表面金属成碎块掉下，遗留一凹坑，称为麻点剥落，如图 4-5-3 所示。一般当接触应力较小、摩擦力较大或表面质量较差(如脱碳、烧伤、淬火不足、有夹杂物等)时，易出现麻点剥落。

2) 浅层剥落

在纯滚动或摩擦力很小的情况下，由于次表层承受着最大的循环切应力，因此，此处材料(介于 $0.5b\sim0.7b$ 之间)将发生循环塑性变形，在变形层内产生位错塞积和空位，并逐步形成裂纹，如图 4-5-4 所示。一般认为，裂纹沿非金属夹杂物平行于表面扩展，而后垂直扩展至表面，形成盆状剥落凹坑，深度一般为 0.2～0.4mm。

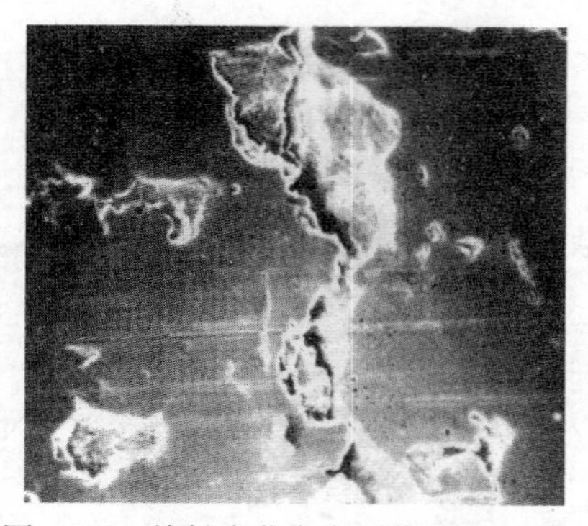

图 4-5-3　接触疲劳麻点剥落的表面形貌

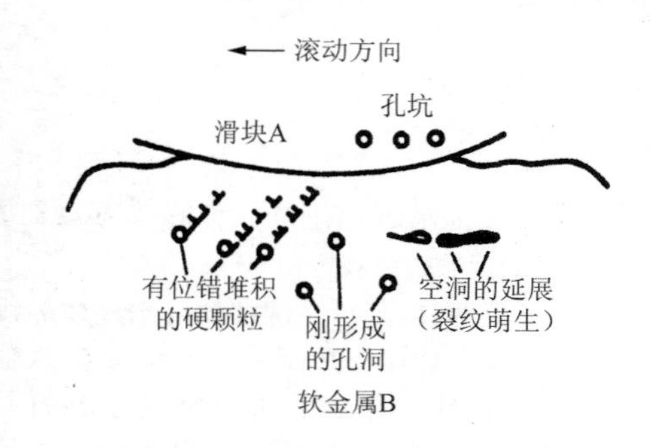

图 4-5-4　浅层剥落裂纹形成示意图

3) 深层剥落

一般经表面强化的材料，如果强化层深度不足，裂纹源多位于硬化层与心部的交界处，如图 4-5-5 所示。该处切应力虽不算最大，但切应力与抗拉强度的比值为最大，使该处优先萌生裂纹，造成硬化层的大块材料剥落，其深度一般超过 0.4mm。

产生剥落后，就会使磨损加剧，噪音增大，并使零件的啮合情况恶化，甚至导致断裂。

材料的接触疲劳性能可由接触疲劳曲线 $\sigma_{\max}$-N 描述，$\sigma_{\max}$ 为最大接触压应力，N 为断裂周次。图 4-5-6 为 14CrMnSiNi2Mo 钢的实测接触疲劳曲线，图中水平线对应的应力为接触疲劳强度，斜线为过载持久值。

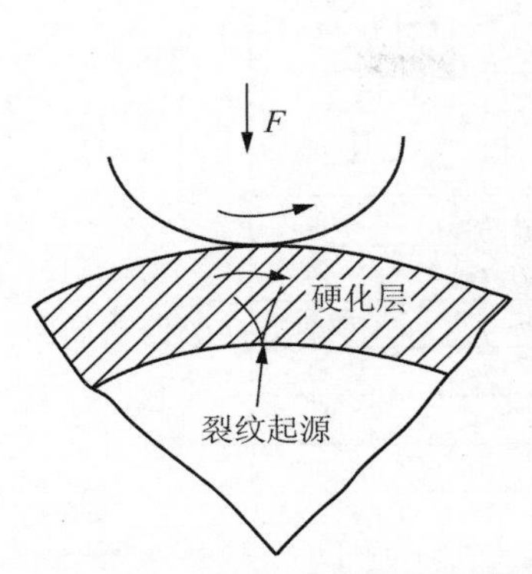

图 4-5-5 硬化层裂纹示意图

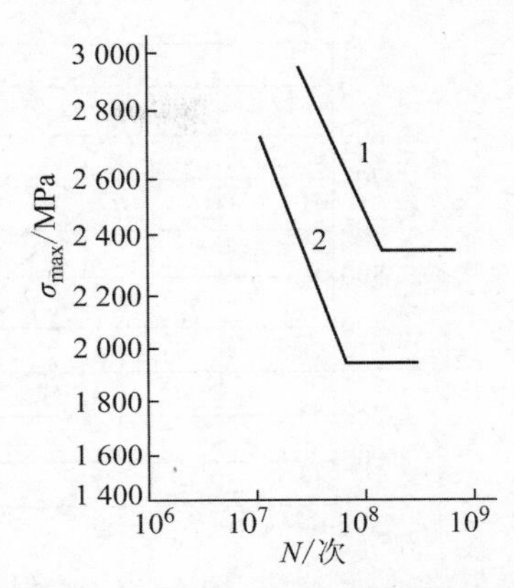

曲线 1—碳氮共渗，层深 0.66mm；曲线 2—渗碳，层深 0.76mm。

图 4-5-6 14CrMnSiNi2Mo 钢的实测接触疲劳曲线

接触疲劳寿命一方面取决于载荷大小、润滑条件和表面粗糙度等因素，另一方面又与材料有关。当材料中含有尺寸较大的脆性夹杂物（氧化物、氮化物、硅酸盐等）时，将严重降低齿轮和轴承的使用寿命。含有少量（6%以下）、细小（平均尺寸 0.5～1μm）、形状圆正的碳化物时，可提高接触疲劳强度。对于经表面强化的零件，不仅要注意表面硬度，还要控制表层硬度梯度，防止在过渡区产生裂纹。对于两个互相接触的滚动体，要注意两者的硬度匹配。

4.5.2 冲击疲劳

机械工业中有不少机件，如锤杆、凿岩机活塞、钎尾等，往往是工作在承受小能量的多次冲击载荷的情况下，一般总在多次（$>10^3$）冲击后才会断裂，而不是一次或少数几次冲击就断裂的，并且所承受的冲击能量也远小于一次冲击断裂的能量。试验表明，当试样破坏前承受的冲击次数 N 少于 500～1 000 次，试样的断裂规律与一次冲击相同；当 $N>10^5$ 时，破坏后具有典型的疲劳断口特征，说明是各次冲击损伤累积的结果，不同于一次冲击破坏过程，所以多次冲击抗力不能用 A_k 值简单代替，一般用多次冲击疲劳试验来描述。

多冲试验一般在落锤式多次冲击试验机上进行，冲击频率为 450r/min 或 600r/min，冲击能量为 0.1～1.5J（依靠冲程调节）。以冲击能量 A 为纵坐标，冲击次数 N 为横坐标，可作出冲击疲劳曲线，一般冲击疲劳曲线上不存在平台。

表 4-5-1 列出了 3 种不同强度塑性配合的钢材的常规力学性能，图 4-5-7 为相应钢材的多冲疲劳曲线。值得注意的是这三条曲线互有交点。在冲击能量较高时，具有较高塑性、韧性的钢（正火态 25 钢）有较高的多冲寿命；相反，在冲击能量较低时，具有较高强度的钢（油淬态 T8 钢）的多冲寿命较高。这个规律与低周疲劳和高周疲劳对强度及塑性的要求是一致的。在冲击次数为 $10^2\sim10^5$ 次时，试验结果符合 Coffin-Manson 公式。此外，冲击疲劳裂纹扩展速率与应力场强度因子幅之间的关系也符合 Paris 公式。这说明冲击疲劳具有一般疲劳的共同属性。

表 4-5-1 三种钢材的常规力学性能

材料及热处理	常规机械性能				
	σ_b/MPa	σ_s/MPa	δ/%	ψ/%	a_k/(N·m/m^2)
25 钢(920℃正火)	378	241	41.0	70	>980 670 未断
45 钢(840℃水淬 600℃回火)	726	520	26.2	62.0	>980 670 未断
T8 钢(780℃油淬 200℃回火)	1 059	—	10	36.0	509 948.4

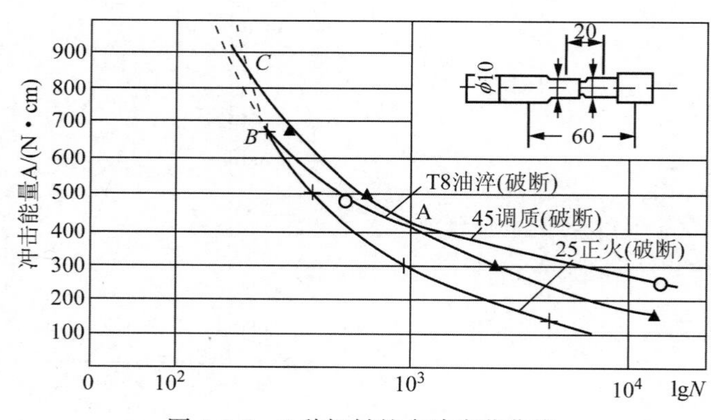

图 4-5-7　3 种钢材的多冲疲劳曲线

但冲击疲劳也具有自身的特点：冲击载荷以应力波形式在材料内快速传播，有明显的尺寸和体积效应，并可反映材料对应变速率的敏感性。例如，有回火脆性的钢，其冲击疲劳裂纹扩展速率高于一般疲劳裂纹扩展速率；相反，粉末冶金材料在冲击疲劳下具有较低的疲劳裂纹扩展速率。

4.5.3　微动疲劳

材料一方面承受疲劳载荷，同时又遭受微动损伤，就会导致微动疲劳破坏。所谓“微动”是指两接触表面之间发生小振幅的反复相对运动。汽轮机、压缩机叶片根部、钢丝绳中互相接触的股索以及键、螺栓、弹簧等，都有因微动疲劳而失效的例子。

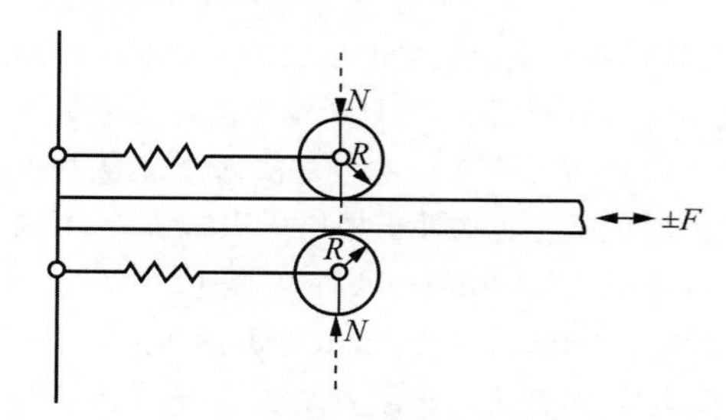

图 4-5-8　微动疲劳试验示意图

图 4-5-8 为微动疲劳试验装置示意图。疲劳试样一端固定于机架，另一端受轴向拉-压载荷 F。另有两个圆柱体在压力 N 作用下分别压在疲劳试样两侧。试样与两圆柱体之间发生小振幅的相对滑动。

微动疲劳是包括磨损、氧化、疲劳三者联合作用的特殊形式。在钢的微动损伤表面上常可看到一层红棕粉末，将其除去后可发现许多小麻坑，还可发现大量表面裂纹，它们大多垂直于滑动方向。其中某些表面裂纹可发展为疲劳裂纹，最终导致疲劳断裂。

4.5.4　多轴疲劳

绝大多数的疲劳试验数据都是在单轴加载或 Ⅰ 型裂纹扩展条件下获得的，但零件或构件的实际受力状态要复杂得多。例如，压力容器、管道系统、飞机结构以及发动机叶片和传动轴等在服役过程中都承受多轴应力状态的反复载荷。更广泛地看，很多零件的缺口或几何不连续处总是在不同程度上承受多轴应力。而多轴应力状态下疲劳裂纹扩展速率和疲劳寿命与单轴状态相比，可以有很大差别。因此，有必要开展多轴疲劳的研究。

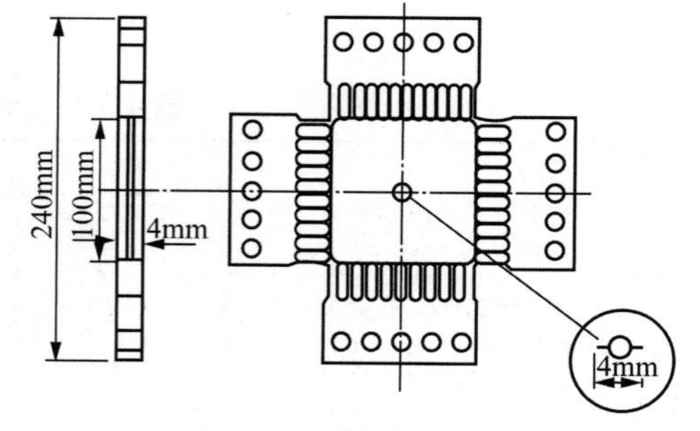

图 4-5-9　双轴疲劳试样

图 4-5-9 表示双轴加载的“十字形”疲劳试样，在 x 和 y 方向可独立循环加载。引入参数 Π 表征载荷的双轴程度：$\Pi=\sigma_x/\sigma_y$。当 $\Pi=0$ 时，为单轴加载；$\Pi=-1$ 时，为纯剪切；$\Pi=+1$ 时，为等双轴加载。

在小范围屈服条件下，考虑到裂纹尖端区应力渐进展

开式的第二项，有

$$
\begin{aligned}
\sigma_{yy} &= \frac{K_{\mathrm{I}}}{2\pi r}\cos\frac{\theta}{2}\left(1+\sin\frac{\theta}{2}\sin\frac{3\theta}{2}\right)+f(r^{\frac{1}{2}}) \\
\sigma_{xx} &= \frac{K_{\mathrm{I}}}{2\pi r}\cos\frac{\theta}{2}\left(1-\sin\frac{\theta}{2}\sin\frac{3\theta}{2}\right)+(\Pi-1)\sigma+f(r^{\frac{1}{2}}) \\
\tau_{xy} &= \frac{K_{\mathrm{I}}}{2\pi r}\sin\frac{\theta}{2}\cos\frac{\theta}{2}\cos\frac{3\theta}{2}+f(r^{\frac{1}{2}})
\end{aligned}
\tag{4-5-3}
$$

式中，$(\Pi-1)\sigma$ 称为 T 应力。裂纹尖端塑性区的近似尺寸为

$$
r_{\mathrm{p}} = a\left\{\sec\left\{\frac{\pi}{(\Pi-1)+\left[4\sigma_s^2/\sigma^2-3(\Pi-1)^2\right]^{\frac{1}{2}}}\right\}-1\right\} \tag{4-5-4}
$$

由此式可见，塑性区尺寸与$(\Pi-1)$有关。

以 $\Delta\sigma$ 取代σ，并用 $2\sigma_{\mathrm{s}}$ 取代 σ_{s}，即可求出疲劳载荷下的反向塑性区尺寸。现已证明，疲劳裂纹扩展速率与反向区尺寸有关。裂纹扩展速率以纯剪切最快，等双轴加载最慢。多轴加载和混合型裂纹扩展可以有各种各样组合，这里不再展开。

4.5.5　变幅疲劳

相对于恒幅疲劳，变幅疲劳寿命的预测要复杂得多。因为除了加载变量（应力幅、频率、应力比等）和环境介质的影响外，各循环载荷间的相互作用可能极大地影响疲劳裂纹的扩展。

按载荷谱不同，变幅疲劳可以分为简单变幅疲劳和复杂变幅疲劳。前者指偶然发生的单个过载叠加在常幅疲劳的情况；后者指由若干程序载荷块所组成的程序载荷谱疲劳和随机载荷谱疲劳。复杂变幅疲劳又有稳定变幅加载和非稳定变幅加载之分，如图 4-5-10 所示。

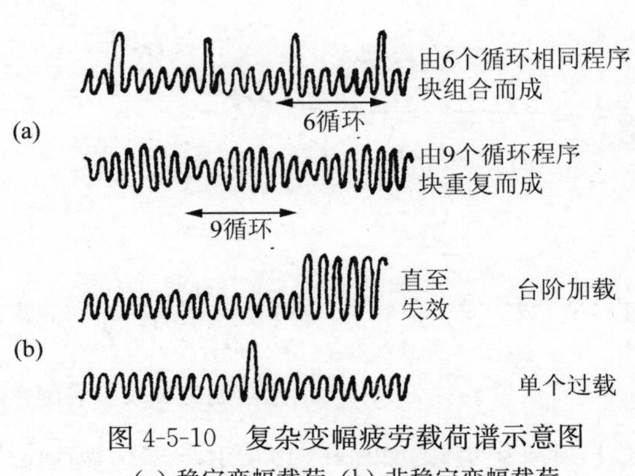

图 4-5-10　复杂变幅疲劳载荷谱示意图

(a) 稳定变幅载荷；(b) 非稳定变幅载荷

稳定变幅载荷谱由若干相同的程序块组成，非稳定变幅载荷谱的程序块的顺序则没有重复性。真实载荷谱往往更复杂。尽管整个载荷谱可以认为是稳定的，但是从组成载荷谱的各个独立变幅程序块来看却可能是随机的和非稳定的。

图 4-5-11 为单个过载对 2024 铝合金疲劳裂纹扩展行为的影响，图 4-5-12 为多次过载对 7010－T7 铝合金疲劳裂纹扩展的影响。可以看出，拉伸过载使裂纹突然扩展一个增量，然后裂纹扩展速率下降。但是，过载引起的最大延缓效应不是在过载后立即发生，而是有一个滞后期，过载引起的延缓效应取决于过载比的大小、过载数目和过载发生时的应力强度因子。对于过载比小于 1.4 的单个过载，过载延缓效应可以忽略不计；对于多次过载，即使过载比小于 1.2，仍可观察到延缓效应的存在。当有间断过载发生时，若后面的过载发生在

前面延缓效应期间，则使前面过载延缓效应减弱。压缩过载能够抵消拉伸过载的延缓效应。试验表明，重复的过载可以使延缓效应增大，过载次数愈多，过载导致的裂纹扩展速率降低得愈大。当过载比和过载数目相同时，过载延缓效应的大小取决于过载后恒幅疲劳载荷的应力比 r，r 愈小，延缓效应也愈小。

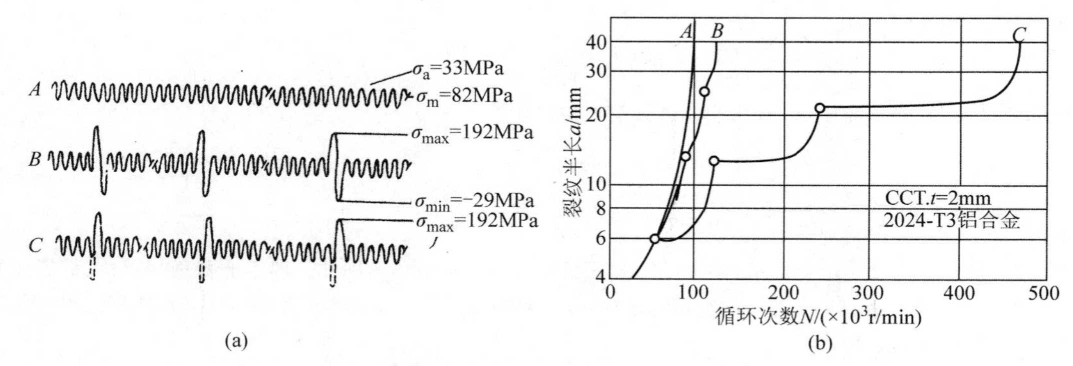

图 4-5-11　单个过载对 2024 铝合金疲劳裂纹扩展行为的影响

(a) 载荷谱；(b) 疲劳裂纹扩展曲线

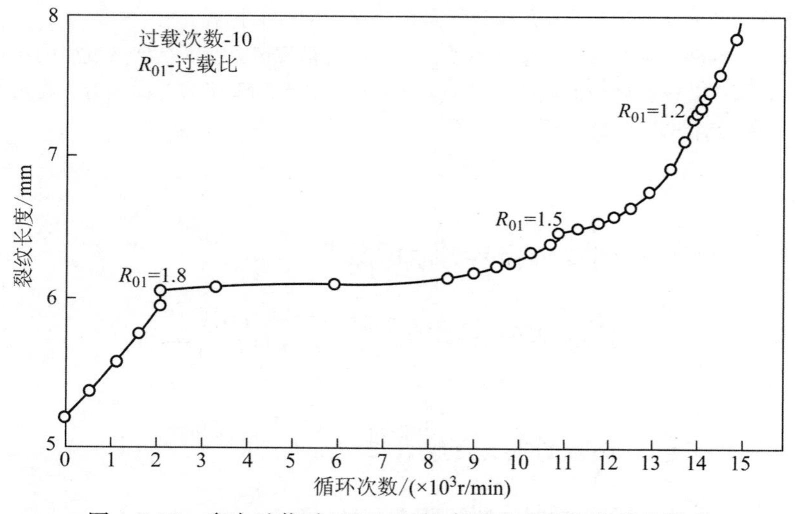

图 4-5-12　多次过载对 7010-T7 铝合金疲劳裂纹扩展的影响

不同程序载荷谱对疲劳裂纹扩展行为的影响如图 4-5-13 所示，当最大载荷保持恒定，只有最小载荷变化时($P_1 \sim P_4$)，试验寿命与 Miner 线性法则预测的寿命较吻合，即载荷间的交互作用可以忽略不计；对于上台阶状和下台阶状的程序载荷谱($P_5 \sim P_8$)，载荷间的交互作用十分明显，与线性理论预测的寿命相比较，载荷间的交互作用使疲劳寿命增加 40%～70%。

图 4-5-14 是载荷顺序和循环数目对疲劳寿命的影响。载荷谱的循环数目相同时，载荷谱的编排顺序对疲劳寿命有明显影响，按“高—低”“低—高—低”和“低—高”载荷谱的次序，疲劳寿命递减。其他加载参量相同时，组成载荷谱的循环数目愈多，疲劳寿命愈长。

过载引起裂纹的延缓扩展归因于过载在裂纹尖端形成的大塑性区。当外加载荷恢复到较低水平时，塑性区周围的弹性恢复将对过载大塑性区施加很大的残余压应力，当裂纹扩展进入过载塑性区后，裂纹后方大的残余塑性变形又增加了裂纹闭合力。由于这两个原因，过载延缓了裂纹扩展。

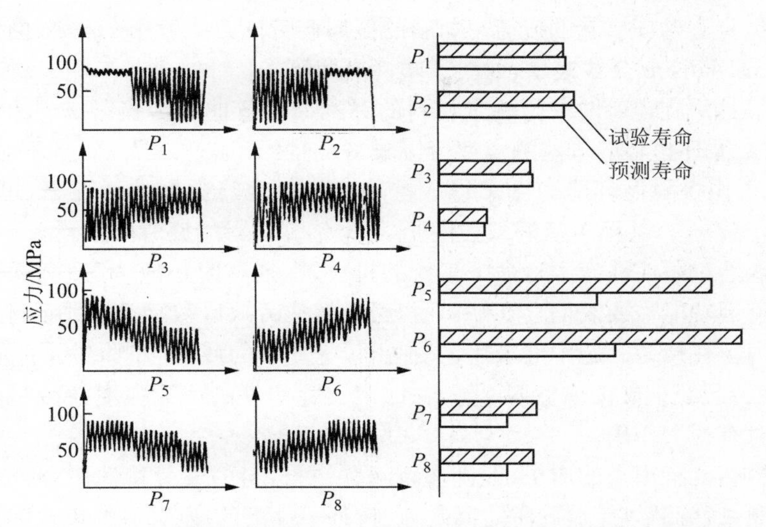

图 4-5-13 程序载荷谱对 2024-T3 铝合金疲劳裂纹扩展行为的影响

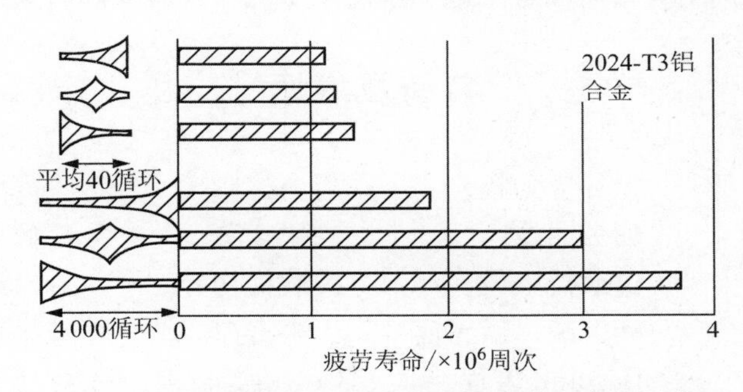

图 4-5-14 载荷顺序和循环数目对疲劳寿命的影响

本章小结

材料在交变载荷作用下的失效形式是疲劳，根据载荷大小不同，分为高周（应力）疲劳和低周（应变）疲劳。

疲劳断口一般有疲劳源、疲劳裂纹扩展区和瞬时断裂区。疲劳裂纹扩展区的典型宏观断口具有贝纹线，微观断口具有疲劳条带。

疲劳断裂也有裂纹形成和裂纹扩展两个阶段。驻留滑移带，挤出脊，侵入沟，以及晶界、孪晶界、杂质等处常常是疲劳裂纹形核的地方。疲劳裂纹扩展有缓慢扩展的亚临界扩展和裂纹快速扩展的失稳扩展两个过程。

高周疲劳是应力循环引起的疲劳，一般用 $\sigma_{\max}$-N 曲线来表示材料的疲劳抗力。钢铁材料的疲劳曲线出现平台，对应的应力称为疲劳极限 σ_{-1}。某些有色金属材料的疲劳曲线不出现疲劳极限，这时一般规定循环寿命为 10^7 或 10^8 时对应的应力为条件疲劳极限。循环应力低于疲劳极限时不发生疲劳破坏；循环应力高于疲劳极限时，会发生疲劳断裂，断裂时的循环周次称为有限疲劳寿命。疲劳裂纹扩展速率大致可用 Paris 公式计算，决定于疲劳裂纹尖端的应力场强度因子幅度。

低周疲劳是应变循环引起的疲劳。材料的低周疲劳抗力一般用 ε_{max}-N 曲线描述，疲劳断裂寿命用 Coffin-Manson 公式表示，取决于塑性应变幅。

多数情况下是用旋转弯曲试验测定材料的对称循环弯曲疲劳极限 σ_{-1}，但有时也采用轴向拉-压的方法或循环扭转的方法测定疲劳极限，分别表示为 σ_{-1p} 及 τ_{-1}。不对称循环条件下的疲劳极限 σ_r 可由极限循环应力图求得。在缺乏材料性能数据的情况下，可用经验公式由 σ_{-1} 来计算 σ_{-1p} 或 τ_{-1}，甚至可从静载强度 σ_b，$\sigma_{0.2}$ 估算材料的疲劳极限。

对于承受偶然过载或在有限寿命下工作的机件，在选材时还应考虑它们的过载持久值和损伤界。当机件因功能需要表面存在缺口时，必须按疲劳缺口敏感度来评定材料。

由于断裂力学在疲劳问题中的应用，又提出了一些新的疲劳性能指标，例如疲劳裂纹扩展速率 da/dN 疲劳裂纹扩展门槛值 K_{th} 等，在评定实际构件的疲劳强度，特别是有裂纹构件的疲劳寿命估算时有很大作用。

疲劳研究虽然已有很长的历史，但许多新问题、新材料的疲劳特性研究得还不够透彻，如疲劳短裂纹问题，疲劳裂纹扩展的阻滞问题，在特种条件下的疲劳问题，以及陶瓷、聚合物及复合材料的疲劳规律和机制等方面仍有待进一步深入研究。读者应随时关注这些方面的进展。

名词及术语

循环应力	循环应力幅	应力比	疲劳源
贝纹线	疲劳曲线	高周疲劳	低周疲劳
疲劳极限	过载持久值	过载损伤界	次载锻炼
间歇效应	疲劳缺口敏感度	无限寿命	循环硬化
循环软化	Basquin 方程	Coffin-Manson 关系	疲劳裂纹扩展速率
阈值	Paris 公式	剩余疲劳寿命	驻留滑移带
疲劳裂纹闭合效应	拉伸超载阻滞效应	接触疲劳	冲击疲劳
微动疲劳	多轴疲劳	变幅疲劳	

思考题及习题

1. 疲劳试验的平均应力为 100MPa，应力变化幅度为 50MPa。试计算最大应力、最小应力和应力比。

2. 已知某种钢的应力幅和失效时的循环次数 N_f 如下：

2 题表　某种钢的应力幅及失效循环次数

应力幅/ MPa	达到失效时的循环次数
500	10^4
400	7×10^4
350	10^5
275	10^6

（续表）

应力幅/ MPa	达到失效时的循环次数
250	$>10^7$
225	$>10^7$

（1）绘制 S-N 曲线，并确定其疲劳极限；

（2）如果设计项目要求最小疲劳寿命为 10^5 次循环，那么许用的最大应力幅是多少？

3. 对低碳钢光滑圆柱试样进行对称循环疲劳试验，发现当应力幅为 420MPa 时，试样在第一次加载过程（1/4 循环）时就断裂；当应力幅为 210MPa 时，断裂时的循环次数为 10^6 次；当应力幅稍低于 210MPa 时不再发生疲劳断裂。请回答下列问题（提示，在双对数坐标系下的过载持久值线为直线）：

（1）给出描述此材料疲劳行为的数学表达式；

（2）计算应力幅为 315 MPa 时的疲劳寿命；

（3）假设钢材首先在 315 MPa 应力幅下循环了 100 次，那么然后在 280 MPa 应力幅下能循环多少次而不断裂？

4. 4 题图为 3 种金属材料对圆柱形试样在对称拉一压循环条件下实际测定的疲劳曲线（S-N 曲线），请回答下列问题：

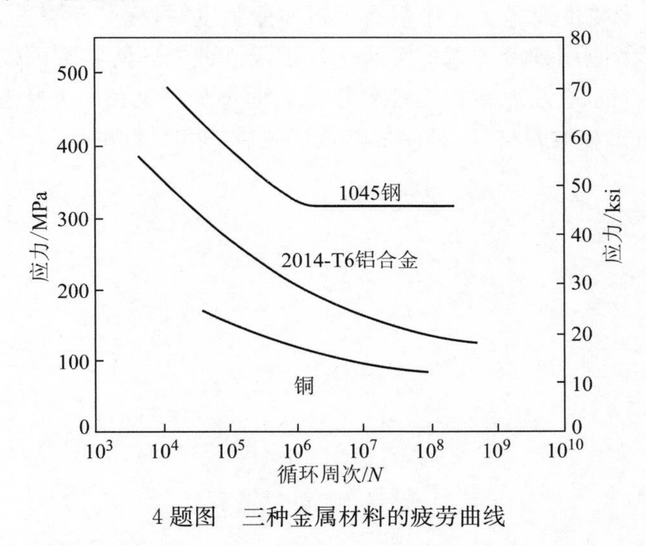

4 题图　三种金属材料的疲劳曲线

（1）对 1045 钢，若载荷幅度为 22 000N，计算不使疲劳破坏发生的最小允许直径（设安全因子为 2）；

（2）对直径为 8.00mm 的铜圆柱试样，若承受的最大拉伸载荷和压缩载荷分别为 +7 500N 和 −7 500N，试估算其疲劳寿命；

（3）对直径为 12.5mm 的 2014-T6 铝合金圆柱试样，若规定疲劳寿命为 1.0×10^7 次循环，试估算其所能允许的最大循环载荷幅度。

5. 现有一材料，已知其杨氏模量 E 为 205GPa，拉伸强度 σ_f 为 1 850MPa，拉伸断裂应变 ε_f 为 0.7，循环硬化指数 n' 为 0.15。假设其在进行循环应变控制疲劳时经受了 1 000 次循环

(2 000 次载荷反向)后断裂,试计算该疲劳试验所采用的总应变范围是多少?

6. 许多金属材料的疲劳裂纹扩展速率服从$\frac{da}{dN}=c(\Delta K)^n$,并且 n 等于 4。如果原始裂纹尺寸为 a_0,最终裂纹尺寸为 a_f,请证明:与提高断裂韧度 K_{Ic} 的方法相比较,通过降低裂纹原始尺寸 a_0 能更有效地提高整个疲劳寿命。

7. 某一压力容器的层板上有一长度为 $2a=42$mm 的周向穿透裂纹,容器每次升压和降压交变应力为 $\Delta\sigma=100$MPa,通过计算已知该容器允许的临界裂纹长度 $2a_c=225$mm。设该容器钢材的疲劳裂纹扩展速率符合 Paris 公式,且参数 $c=2\times10^{-10}$,$n=3$,试估算该容器的疲劳寿命和经 10 万次循环后的裂纹长度是多少?

8. 黄河载重汽车 6135 型发动机连杆大头螺栓,在工作时承受交变应力,最大拉力为 59 460N,最小拉力为 56 900N,螺栓螺纹处内径为 11. 29mm。试求交变应力幅 σ_a、平均应力 σ_m 和应力比 R。

9. 举出导致疲劳寿命数据分散的 5 个因素。

10. 因疲劳破坏的某钢试件表面呈亮晶状或粒状外观。外行会解释破坏是由于金属在使用过程中结晶。对此说法予以纠正。

11. 从尺寸和成因两方面简要解释疲劳条纹与贝纹线的区别。

12. 列出 4 条用于增强金属合金抗疲劳能力的措施。

13. 解释材料所承受的总应力水平没有超过屈服强度时,疲劳断裂是如何发生的。

14. 用于高周疲劳应用领域的钢常常通过化学或机械处理使其表面硬化。通常钢内部非常软并且具有延展性,也就是说,内部可能处于退火而不是淬火和回火状态。解释为什么即使对于表面要求硬的和相对脆的材料,其内部首选仍是软的和延性的。

5　材料在不同工程环境下的力学性能

前面4章已经介绍了材料的常规力学性能试验方法、相应的力学性能指标以及材料在常态下的力学响应(变形、断裂)。这里的“常态”主要是指室温、大气氛围、静载或有规律交变载荷等环境、力学条件。然而,很多工程材料的实际服役条件可能很复杂,例如在高温环境中,在带腐蚀性环境中,在带有相互接触、摩擦的环境中,在高速加载时,甚至在更苛刻的极端环境场合下,如超高温、超低温、超高压、超真空、微重力、辐照等。材料在这些环境中的力学响应行为、试验方法以及评定的性能指标都与“常态”下不同。

工程环境下的力学性能

本章介绍材料在高温、高速加载、腐蚀性气氛以及摩擦等环境下的力学性能。

5.1　高温力学性能

5.1.1　概述

相比于常温,材料在高温下力学性能变化的总体趋势是:强度下降;塑性增加;变形和断裂与载荷作用时间有关,蠕变现象明显。产生这些变化的原因与材料微观结构和组织的变化有关:热振动晶格间距加大,使晶体滑移变得更容易;某些常温下的强化相溶解于基体;回复或再结晶使基体软化;晶粒长大;高温氧化环境加速裂纹萌生、扩展;原子活动能力增强,扩散加剧等。

在高温下工作的构件根据时间可以分为两类:一类是短时工作的,如火箭和导弹的发动机、高温变形加工件(锻造、热挤、热轧)、机加工刀具等。对这类构件材料,只需高温短时拉伸(也可称为高温瞬时拉伸)、高温硬度等常规力学性能试验方法和相应指标即可评定;另一类更重要的是长时间工作的,如高压锅炉、汽轮机、燃气轮机、柴油机、航空发动机以及化工炼油设备等部件,它们都是在高温下长期负载运行的。对于此类构件材料,单纯用常温以及高温短时拉伸的性能来评定是不够的,需要考虑时间因素,因为长时间的蠕变变形甚至断裂会导致构件失效。例如,蒸汽锅炉及化工设备的一些高温高压管道,虽然所承受的应力小于工作温度下材料的屈服强度,但在长期使用过程中,则会产生缓慢而连续的塑性变形,使管径日益增大以致最终破裂。因此,对高温长时工作的材料,蠕变性能的研究和评定就是最重要的一环。

5.1.2　高温蠕变▶

5.1.2.1　蠕变曲线

材料在长时间的恒载荷作用下,发生缓慢塑性变形的现象称为**蠕变**(creep),由此导致的断裂称为蠕变断裂。发生蠕变所需的应力可以很低,甚至远低于高温屈服强度。而发生蠕变的温度则是相对的,蠕变在低温下也会产生,但只有在约比温度(T/T_m)高于0.3时才较显著,所以通常称为高温蠕变。例如,碳钢温度超过300℃、合金钢温度超过400℃时,就必须考虑蠕变的影响;陶瓷材料发生显著蠕变的温度高于金属材料;但高分子聚合物甚至在室温时也

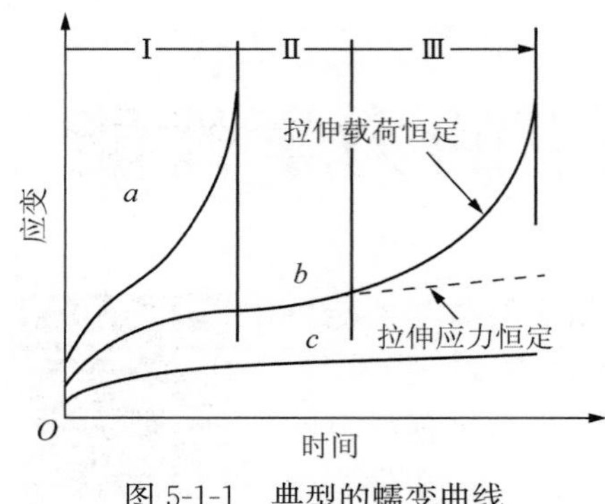

图 5-1-1 典型的蠕变曲线

需考虑蠕变性能。

材料的蠕变特征可以由蠕变曲线表征。蠕变曲线是在恒载荷(或恒应力)作用下,应变量随时间发展的关系曲线。图 5-1-1 中曲线 b 为晶体材料(金属、陶瓷)的一条典型蠕变曲线,其中实线表示恒载荷作用下的情况;而虚线表示恒应力作用下的情况。恒应力蠕变曲线适合进行理论研究、分析,而恒载荷蠕变曲线更接近实际工程条件。本节后面提到的蠕变曲线均为后一种情况。

由图 5-1-1 可见,在施加恒载荷后,试样首先产生瞬时应变,包括弹性应变和塑性应变(如果施加的应力超过材料屈服应力的话),然后发生与时间相关的蠕变变形,典型的蠕变过程可以分为 3 个阶段。

第Ⅰ阶段为减速蠕变阶段,又称过渡蠕变阶段。这一阶段开始时的蠕变速率 $d\varepsilon/dt$ 很大,随时间延长蠕变速率逐渐减小,到此阶段终了时,蠕变速率达到最小值。

第Ⅱ阶段为恒速蠕变阶段,也称稳态蠕变阶段。其特征是蠕变速率基本保持恒定。一般所指的蠕变速率就是此阶段的蠕变速率值,它是衡量材料抗蠕变性能的重要指标。

第Ⅲ阶段为加速蠕变阶段,随时间延长,蠕变速率逐渐增大,到 D 点时产生蠕变断裂。

同一种材料的蠕变曲线随应力的大小和温度的高低而不同。当减小应力或降低温度时,蠕变第Ⅱ阶段延长,甚至不出现第Ⅲ阶段,如图 5-1-1 曲线 c 所示;当增加应力或提高温度时,蠕变第Ⅱ阶段缩短,甚至消失,试样经减速蠕变阶段后很快进入加速蠕变阶段而断裂,如图 5-1-1 曲线 a 所示。

蠕变曲线是实测的结果,为了方便应用,研究者提出了许多拟合蠕变曲线的经验关系式,称为蠕变律。通常,要很好地拟合蠕变曲线,一般需要用多项式表示:

$$\varepsilon = \varepsilon_0 + f(t) + \dot{\varepsilon}_s t + g(t) \tag{5-1-1}$$

式中,ε_0 为瞬时弹性应变;$f(t)$ 为减速蠕变过程中的应变-时间关系函数,根据温度不同,可能为对数关系,也可能为幂函数关系;$\dot{\varepsilon}_s$ 为稳态蠕变速率;$g(t)$ 为加速蠕变阶段的应变-时间关系,此阶段尚未建立带有普遍意义的关系。

大量试验表明,稳态蠕变速率对数与绝对温度的倒数呈线性关系,如图 5-1-2 所示。因

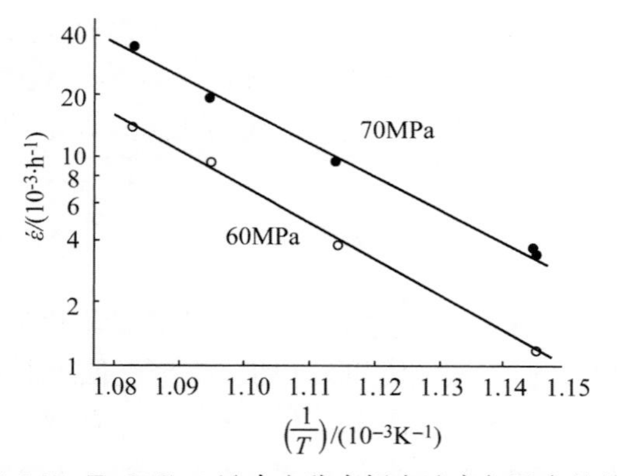

图 5-1-2 Fe-24Cr-4Al 合金稳态蠕变速率与温度的关系

此，稳态蠕变速率与温度的关系可表示为如下的关系

$$\dot{\varepsilon}_s = A_1 \exp\left(-\frac{Q_c}{RT}\right) \tag{5-1-2}$$

式中，Q_c 为蠕变表观激活能。表 5-1-1 给出了一些金属的 Q_c 及自扩散激活能 Q_{sd}，可见两者很相近，说明蠕变和扩散过程紧密相关。

表 5-1-1　一些金属的蠕变表观激活能 Q_c 和自扩散激活能 Q_{sd}

材料	Q_c/eV	Q_{sd}/eV	材料	Q_c/eV	Q_{sd}/eV
Al	1.55	1.5	Cu	2.1	2.1
β—Ti	1.4	1.35～1.52	Nb	4.26	4.1～4.6
γ—Fe	3～3.2	2.8～3.2	Mo	4.2～4.6	4～5
β—Co	2.9	2.7～2.9	W	6.1	5.2～6.7
Ni	2.74～	2.9～3.1	Au	1.8	1.7～1.95

试验还表明，稳态蠕变速率与应力的双对数呈线性关系，如图 5-1-3 所示。在较低的应力下，可写为如下幂律形式

$$\dot{\varepsilon}_s = A_2 \sigma^n \tag{5-1-3}$$

式中，n 为稳态蠕变速度应力指数。

在较高应力水平下，幂律蠕变规律失效，此时可用指数函数来近似表示

$$\dot{\varepsilon}_s = A'_2 \exp(B\sigma) \tag{5-1-4}$$

综合温度和应力的影响有

$$\dot{\varepsilon}_s = A_3 \sigma^n \exp\left(-\frac{Q_c}{RT}\right) \tag{5-1-5}$$

或

$$\frac{\dot{\varepsilon}_s kT}{DGb} = A\left(\frac{\sigma}{G}\right)^n \tag{5-1-6}$$

式中，D 为自扩散系数；G 为切变模量；b 为位错柏氏矢量；k 为玻耳兹曼常数。

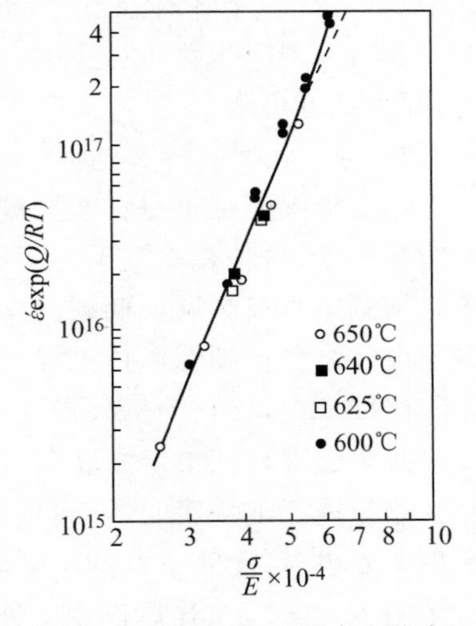

图 5-1-3　Fe-24Cr-4Al 合金稳态蠕变速率与应力的关系

式(5-1-5)和式(5-1-6)所表示的蠕变速率与应力、温度的关系式被称为蠕变本构方程或蠕变方程。

5.1.2.2　蠕变性能

1）蠕变极限

蠕变极限(creep limit)的定义有两种。

(1) 在给定温度下，使试样在蠕变第Ⅱ阶段产生规定稳态蠕变速率的最大应力，记为 $\sigma_{\dot{\varepsilon}}^{T}$。例如 $\sigma_{1\times10^{-5}}^{500}=80\text{MPa}$，表示在 500℃下产生稳态蠕变速率 1×10^{-5}/h 的应力为 80MPa。

(2) 在给定温度和时间条件下，使试样产生规定蠕变应变的最大应力，记为 $\sigma_{\frac{\varepsilon}{t}}^{T}$。例如 $\sigma_{\frac{1\%}{10\,000}}^{500}=$ 100MPa，表示在 500℃下使试样在 10 000h 产生 1%蠕变应变的应力为 100MPa。

由于蠕变极限的第Ⅱ阶段很长，因此，蠕变初期阶段的蠕变量相对很小，可以忽略不计。

因而上述两种蠕变极限有着当量关系，即 $\sigma^{T}_{1\times10^{-5}}=\sigma^{T}_{\frac{1\%}{10^5}}$ 和 $\sigma^{T}_{1\times10^{-4}}=\sigma^{T}_{\frac{1\%}{10^4}}$。此两种蠕变极限常在火力发电材料中采用。其他工程耐热材料的蠕变极限另有规定。

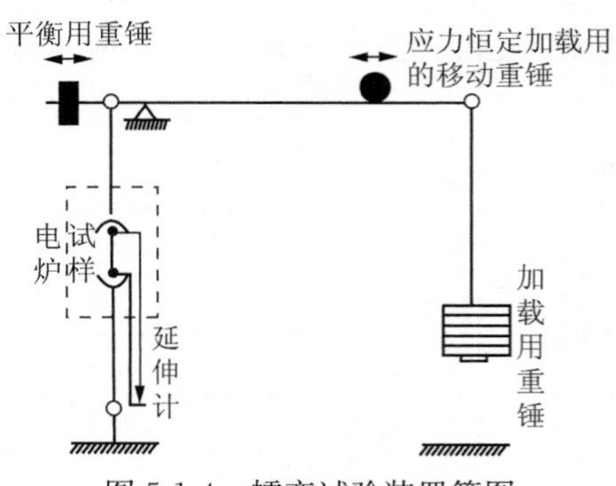

图 5-1-4　蠕变试验装置简图

蠕变极限需要试验测定。从载荷精度、加载时间的稳定性以及经济性的要求来说，拉伸蠕变试验机的加载方法多采用重锤杠杆法，如图 5-1-4 所示。整个试验系统分为 3 大部分：第一是杠杆加载系统，其中有可移动重锤，在试验过程中逐步移动它可保持恒应力条件，若固定不动，则为恒载荷加载；第二是加热、保温系统；第三是应变测量、记录系统。

蠕变极限测定的大致原理如下，在同一温度下，选择至少 4 种应力水平，测定其蠕变曲线，并求出蠕变速率。在同一温度下，蠕变速率与外加应力有如下关系：

$$\dot{\varepsilon}=A\sigma^{n} \tag{5-1-7}$$

式中，A，n 为与材料及试验条件有关的常数。在双对数坐标中，上式为一条直线(见图 5-1-3)。利用线性回归法求出 A 和 n，再用内插法或外推法，即可求出规定蠕变速率下的应力，即为蠕变极限。

2) 持久强度及持久塑性

蠕变极限表征了材料抵抗蠕变变形的抗力，但不能反映断裂时的强度和塑性。与常温下的情况一样，材料在高温下的变形抗力与断裂抗力是两种不同性能的指标。因此，对高温材料还必须测定其在高温长期载荷作用下抵抗断裂的能力，即**持久强度**(rupture stress)。特别是对于设计某些在高温运转过程中不考虑变形量的大小，而只是考虑在承受给定应力下使用寿命的构件来说，材料的持久强度更是极其重要的性能指标。

持久强度是在给定温度 T 下，恰好使材料就能够过规定时间 t 发生断裂的应力值，记为 σ^{T}_{t}。这里所指的规定时间、温度是以设计要求而定的，对于锅炉、汽轮机等，设计寿命为数万至数十万小时；而航空发动机则为一千或几百小时。例如，某材料在 700℃承受 300MPa 的应力作用下，经 1 000h 后断裂，则称这种材料在 700℃、1 000h 下的持久强度为 300MPa，即 $\sigma^{700℃}_{1\,000h}=300$MPa。相应地也可以说，这种材料在 700℃、300MPa 应力下的持久寿命为 1 000h。

材料的持久强度或持久寿命是通过**持久试验**(stress rupture test)测定的。持久试验与蠕变试验相似，但更简单一些，一般不需要在试样过程中测定应变或伸长量，只要测定试样在给定温度和应力下的断裂时间。

对于设计寿命为数百至数千小时的构件，其材料的持久强度可以直接用同样时间的试验来确定。但是对于设计寿命为数万乃至数十万小时的构件，要进行这么长时间的试验是不现实的。因此需要采用外推法。通常用在一定温度下的规定应力 σ 和持久寿命 t_r 的双对数曲线(即持久曲线 $\lg\sigma$-$\lg t$)来整理持久试验数据。图 5-1-5 为典型的持久曲线，可以看出，高应力、短时间的曲线呈直

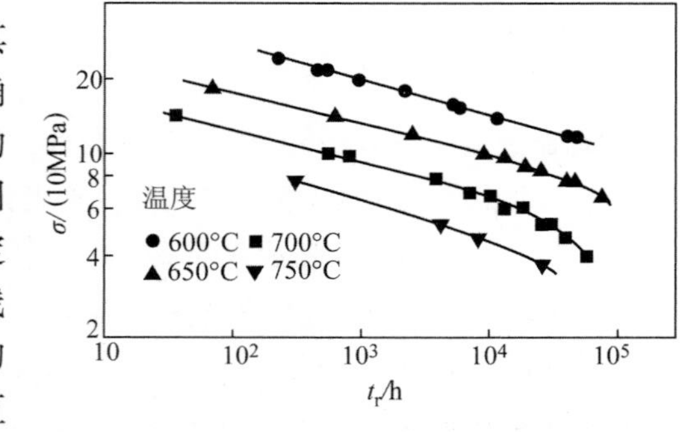

图 5-1-5　某钢种应力与持久寿命的关系曲线

线；但低应力长时间的数据偏离原有直线关系，有向下弯曲的趋势，也就是说，实际低应力持久寿命将低于利用高应力数据外推预测的寿命。

大量持久试验数据表明，持久寿命与稳态蠕变速率成反比，即

$$t_r\dot{\varepsilon}_s = C_0 \tag{5-1-8}$$

式中，C_0 为与材料有关的常数。此式称为 Monkman-Grant 关系。根据稳态蠕变速率与温度和应力的关系，持久寿命可以用下式表示：

$$\frac{1}{t_r} \propto \dot{\varepsilon}_s = A\sigma^n \exp\left(-\frac{Q_c}{RT}\right) \tag{5-1-9}$$

但当应力较低时，利用式(5-1-9)估算寿命将产生较大误差。为此可将式(5-1-9)改写为

$$\lg t_r = \frac{P_1}{T} - P_2 \tag{5-1-10}$$

假定 P_2 是应力的函数 $P(\sigma)$，则

$$P(\sigma) = \frac{P_1}{T} - \lg t_r \tag{5-1-11}$$

这里 $P(\sigma)$ 是温度、断裂时间综合参数，称为 OSD 参数。

假定 P_1 是应力的函数，则得到另一个温度、时间综合参数，称为 Larson-Miller 参数

$$P(\sigma) = T(P_2 + \lg t_r) \tag{5-1-12}$$

将不同温度和应力下 0.5Cr-0.5Mo-0.25V 钢的持久试验数据按上述两种参数整理的结果绘制于图 5-1-6 中，可见 $\lg\sigma$ 和两种参数的关联性相当好，很大的应力、温度范围内的持久数据可以用一条曲线来拟合，这个曲线叫作主曲线。

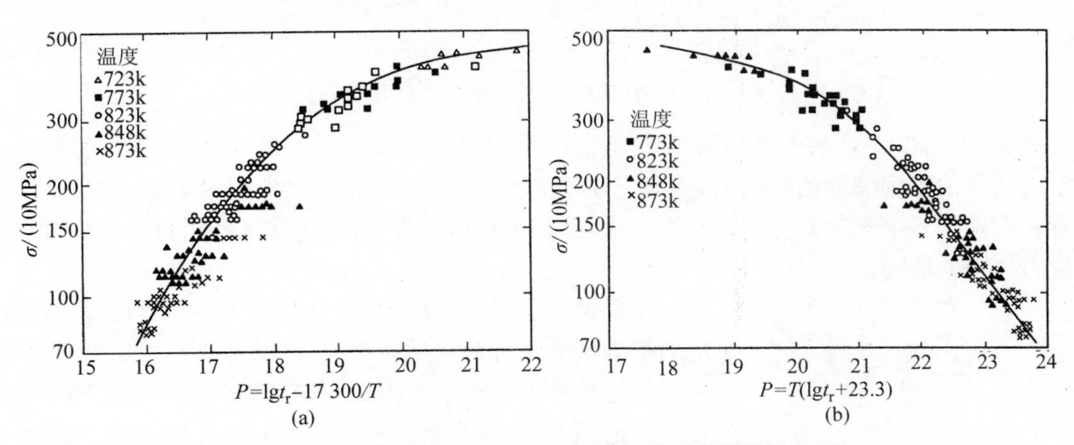

图 5-1-6　0.5Cr-0.5Mo-0.25V 钢的持久试验数据的整理

(a) OSD 参数法；(b) Larson-Miller 参数法

利用温度、应力综合参数的好处是可以用温度换取时间，当需要某一温度下的低应力长时间数据时，可以用提高温度时的短时数据来外推。这种外推法已得到广泛应用，尤其是 Larson-Miller 参数法已成为工程合金持久性能的通用表示法。

应该指出，应力与 OSD 参数或 Larson-Miller 参数的关系不是直线，即主曲线是向下弯曲的。因此，利用同一温度的高应力短时数据外推到低应力时仍不能外推得太远，否则将高估实际性能，得出危险的结果。

通过持久强度试验，测量试样在断裂后的伸长率和断面收缩率，还能反映材料在高温的持久塑性。持久塑性是衡量材料蠕变脆性的一项重要指标，过低的持久塑性会使材料在使用中产生脆性断裂。试验表明，材料的持久塑性并不总是随载荷持续时间的延长而降低。因此，不能用外推法来确定持久塑性的数值。对于高温材料持久塑性的具体指标，还没有统一的规定。制造汽轮机、燃气轮机紧固件用的低合金铬钼钒钢，一般希望持久塑性(伸长率)不小于3%～5%，以防止脆断。

5.1.2.3 松弛稳定性

蠕变现象是在恒载荷(或恒应力)下发生的缓慢变形。反过来，如果给定一个恒应变，则初始产生这个应变的应力将随时间延长而降低，这就是**应力松弛**(stress relaxation)现象。图5-1-7为高温紧固螺栓中的应力松弛现象，螺栓拧紧后，被紧固构件对螺栓产生一个反作用力，使螺栓产生一弹性应变和相应的弹性应力，随时间延长，该应力会引起蠕变变形，同时弹性应变逐渐减小以维持总应变不变，这必然使得弹性应力下降，即产生应力松弛。所以从本质上来说，应力松弛仍然是蠕变的结果。

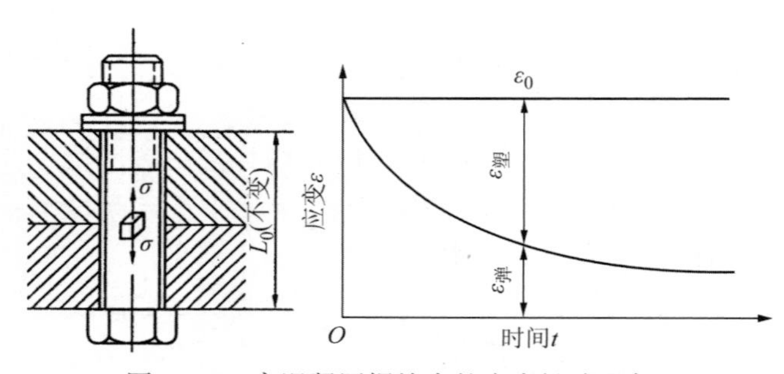

图5-1-7 高温紧固螺栓中的应力松弛现象

毫无疑问，应力松弛现象在高温结构部件中也是常发生的，例如燃气轮机、蒸汽轮机组合转子或法兰的紧固螺栓的紧固力，高温下使用的弹簧的弹力，热压部件的紧固压力，热交换器内管和端板压入部分紧固力的减小等。显然，为了维持正常工作，上述部件用材料应具备高的抗应力松弛的能力。

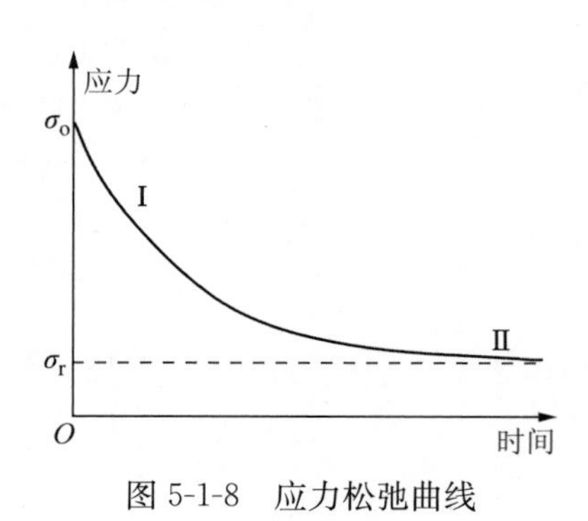

图5-1-8 应力松弛曲线

不同的材料具有不同的抵抗应力松弛的能力。材料抵抗应力松弛的能力称为松弛稳定性，可通过应力松弛曲线评定。应力松弛曲线就是在给定温度和给定应变条件下试样中的弹性应力与时间的关系曲线。图5-1-8为典型的应力松弛曲线，可见应力松弛过程分为两个阶段：第Ⅰ阶段为应力急剧降低阶段；第Ⅱ阶段为应力缓慢降低阶段。对于不同的材料，在相当试验温度和初应力下，经时间 t 后，如果残余应力值愈高，说明该种材料松弛稳定性愈好。

应力松弛试验方法分为拉伸应力松弛和弯曲应力松弛两大类。拉伸应力松弛试验需要在带温度控制、应变控制和载荷(应力)记录的试验机上进行，试验步骤较复杂，对设备的要求较高。而弯曲应力松弛试验较简单，现简单介绍其测试原理。

弯曲应力松弛试验用的试样为环形试样，如图 5-1-9 所示。试环的厚度一定，其工作部分 BAB 由两个偏心圆 R_1 及 R_2 构成，使环的径向宽度 h 随 φ 角而变化，以保证在试环开口处打入楔子时，在 BAB 半圆内的所有截面中具有相同的应力。试环的非工作部分 BCB 的截面较大，致其弹性变形可忽略不计。试验时，将一已知宽度 b_0 的楔子打入开口处，使原开口的宽度 b 增大。根据材料力学公式，可计算出试环由于开口宽度增大在工作部分所承受的应力，即初应力 σ_0。试样加楔后，放在一定温度的炉中保温至预定时间，取出冷却，拔出楔子。这时由于试环有一部分弹性变形转变为塑性变形，因而开口的宽度比原宽度 b 大，测出实际宽度，就可算出环内残余应力的大小。然后，仍将楔子打入，第二次入炉，炉温不变，延长保温时间。这样依次进行，就可测出经不同保温时间后环内的残余应力数值，据此绘出松弛曲线。

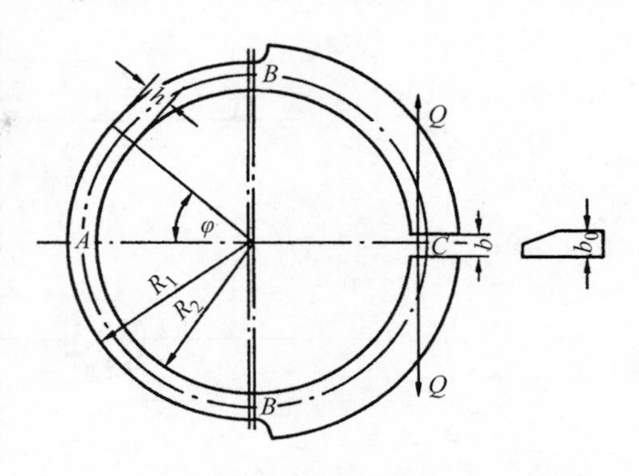

图 5-1-9　弯曲应力松弛试验用的环形试样
（R_1=28.6mm，R_2=25.0mm）

5.1.2.4　蠕变的微观过程

1）蠕变变形机制

在纯金属和耐热钢中均能发现，在蠕变过程中常伴随硬度、弹性模量、内耗以及电阻等性能随时间而变化，说明在蠕变过程中有组织结构的变化。这些变化包括位错运动（滑移、攀移）、点缺陷（原子、空位）扩散、晶界滑动，它们是蠕变变形的主要机制。

（1）位错滑移。

在蠕变整个阶段都有位错滑移产生，所以滑移是蠕变过程中的重要机制。对纯金属和单相固溶体的观察表明，经过仔细退火内部位错密度很低的金属，在蠕变初期位错密度迅速增加，很快形成位错缠结并最终过渡到胞状结构，大部分位错相互缠结形成胞壁，而胞内位错很少。当应力较大、蠕变第一阶段变形量较大时，胞壁位错逐渐整齐排列形成亚晶界，胞状结构也就变成亚晶组织。

在蠕变第一阶段，随着变形量增加，总位错密度增加，亚结构细化。在第二阶段达到稳态时，位错结构也达到稳定，位错结构不变化，如图 5-1-10 所示。

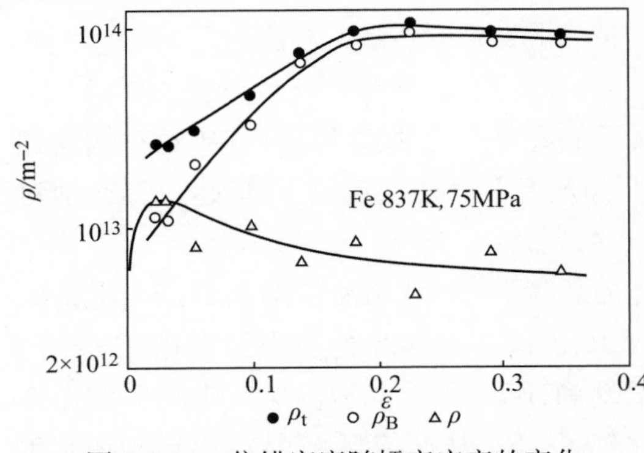

图 5-1-10　位错密度随蠕变应变的变化

利用位错理论来解释蠕变规律有很多模型，例如较早的 Mott 和 Nabarro 提出的位错耗竭理论、继后提出的林位错理论、Weeterman 位错攀移理论等，其中位错攀移模型得到了较多的认同。该理论认为，蠕变从第Ⅰ阶段向第Ⅱ阶段过渡以及在第Ⅱ阶段，位错不断增殖，同时又不断通过攀移而消失，图 5-1-11 为位错攀移的几种形式。这样，由位错增殖产生的加工硬化与由位错攀移控制产生的回复软化处于动态平衡，造成稳态蠕变。

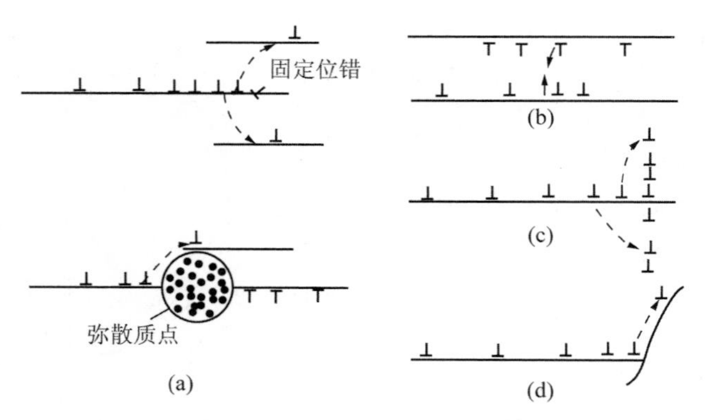

图 5-1-11 刃型位错攀移克服障碍的模型

(a) 逾越障碍在新的滑移面上运动;(b) 与邻近滑移面上的异号位错反应;(c) 形成小角晶界;(d) 消失于大角晶界

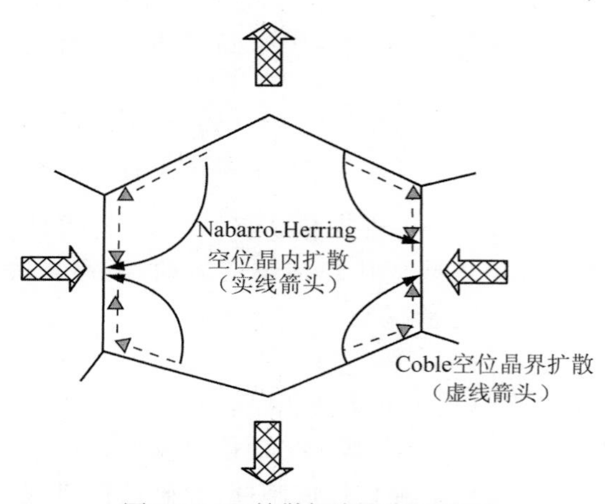

图 5-1-12 扩散蠕变机制示意图

(2) 原子扩散。

当温度很高、应力很低时,蠕变速率与应力成正比,这种蠕变与位错关系不大,蠕变主要是由应力作用下物质的定向流动造成的,称为扩散蠕变。

扩散蠕变的过程如图 5-1-12 所示,上、下方晶界受拉应力,空位形成能较低,空位浓度较高;两侧晶界由于侧向收缩而受压应力,空位浓度较低。由于存在空位浓度梯度,上下晶界的空位将向两侧晶界扩散迁移,而原子扩散方向恰好相反,造成晶粒沿拉伸方向伸长。

根据空位扩散路径不同,又可分为两种:第一种是空位在晶内扩散,称为 Nabarro-Herring 蠕变;第二种是空位沿晶界扩散,称为 Coble 蠕变。前者发生在相对较高的温度;而后者则发生在相对较低的温度。

(3) 晶界滑动。

在高温下,由于晶界强度下降,于是在载荷作用下晶界将产生滑动和迁移,从而对蠕变伸长做出贡献,但贡献的大小视蠕变试验条件而定。当温度升高和形变速度下降时,晶界滑动对蠕变伸长的贡献加大,有时可以占总蠕变量的 30%~40%。

晶界滑动和迁移的过程如图 5-1-13 所示。在外加载荷下,A,B 两晶粒的晶界产生滑动以及 B,C 两晶粒晶界在垂直于外力方向的迁移,使 A、B、C 这 3 个晶粒的交点位置由 1 变到 2[见图 5-1-13(a)到(b)]。为了适应 A、B 两晶粒的滑动和迁移,在 C 晶粒内会产生相应的形变带。此后,A、B 两晶粒边界继续滑动,但在原滑动方向将受阻,从而使 B、C 晶粒边界又在其垂直方向进行迁移。此时,三晶粒的汇合点又由 2 迁移到 3[见图 5-1-13 状态(c)]。而 A 晶粒边界在另一方向可以产生滑动而达到图 5-1-13(d)所示的状态。这样 A、B、C 三晶粒由于滑动和迁移而产生了变形,从而对蠕变伸长量做出了贡献。

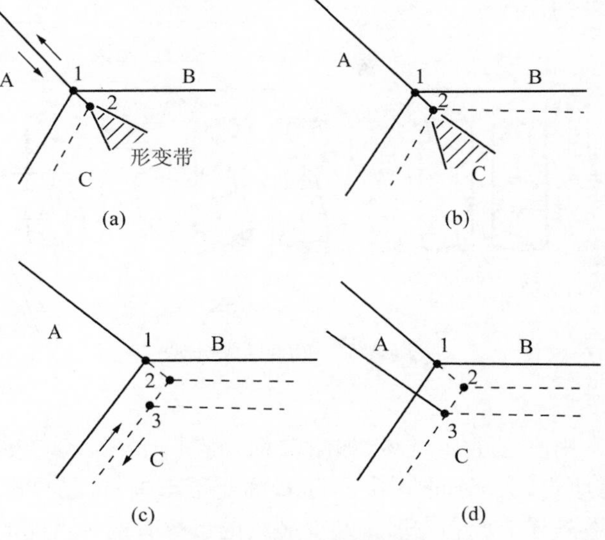

图 5-1-13 晶界滑动和迁移的示意图

显然，晶粒越细，晶界滑动对总变形量的贡献就越大。因此，对高温蠕变来说，晶粒细的蠕变速度较大，随晶粒直径的增加，蠕变速度减小。但晶粒尺寸足够大以致晶界滑动对总变形量贡献小到可以忽略时，蠕变速率将不依赖于晶粒尺寸，如图 5-1-14 所示。

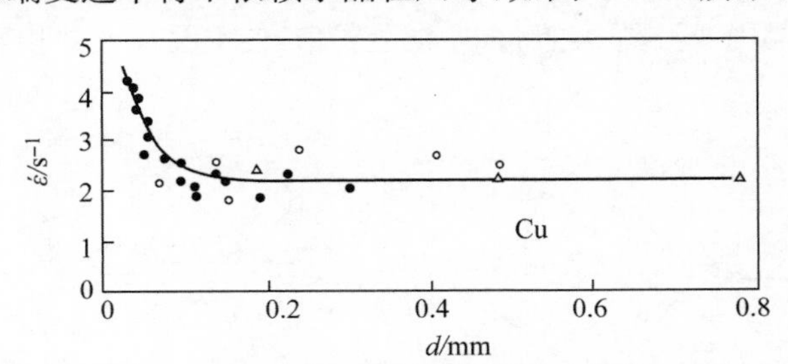

图 5-1-14 稳态蠕变速率与晶粒直径的关系

对于金属材料和陶瓷材料，晶界滑动一般是由晶粒的纯弹性畸变和空位的定向扩散引起的。但前者的贡献不大，主要还是空位的定向扩散。所以有时将晶界滑动蠕变机制也归类到扩散蠕变机制当中。对于含有牛顿液态或似液态第二相物质的陶瓷材料，由于第二相的黏性流动也可引起蠕变。

上述蠕变机制在不同的温度和应力下所起作用不同，这可以由蠕变变形机制图来描述。图 5-1-15 为典型的蠕变机制图，图中的边界线清楚地划分了各种机制的作用范围，不同的材料只是这些边界线的位置不同而已。

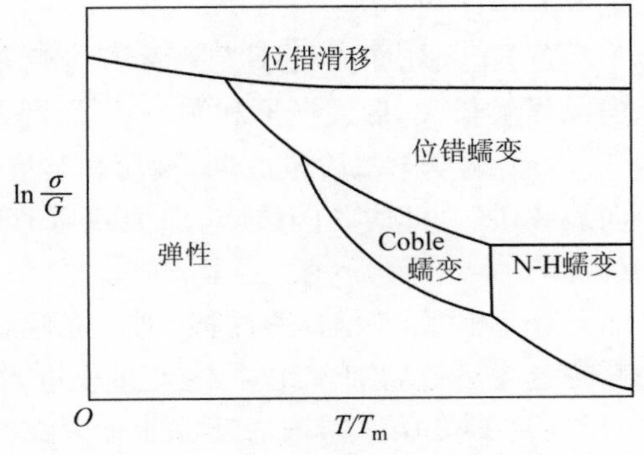

图 5-1-15 典型的蠕变机制图

2）蠕变断裂机制

金属材料在蠕变过程中可发生不同形式的断裂，按照断裂时塑性变形量大小的顺序，可将蠕变断裂分为 3 个类型，即沿晶蠕变断裂、穿晶蠕变断裂及延缩性断裂,如图 5-1-16 所示。

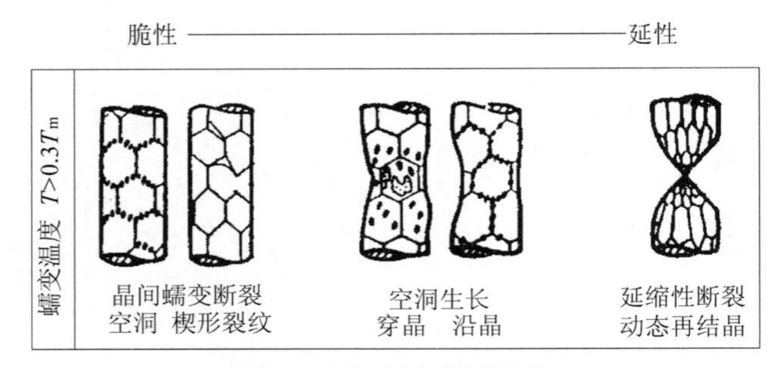

图 5-1-16 蠕变断裂分类

(1) 沿晶蠕变断裂。

沿晶蠕变断裂是常用高温金属材料(如耐热钢、高温合金等)蠕变断裂的一种主要形式。主要是因为在高温、低应力较长时间作用下,随着蠕变不断进行,晶界滑动和晶界扩散比较充分,促进了空洞、裂纹沿晶界形成和发展。蠕变裂纹的形核有两种可能的方式。

第一种是在三晶粒交界处由于晶界滑动造成应力集中,如果应力集中不能被松弛,则会在三叉晶界处形成楔形裂纹,如图 5-1-17 所示。

第二种蠕变裂纹形核方式是空洞在晶界上聚集形成裂纹,如图 5-1-18 所示。在垂直于拉应力的晶界上,当应力水平超过临界值时,通过空位聚集的方式形成空洞。空洞核心一旦形成,在拉应力作用下,空位由晶内或沿晶界继续向空洞处扩散,使空洞长大并相互连接形成裂纹。

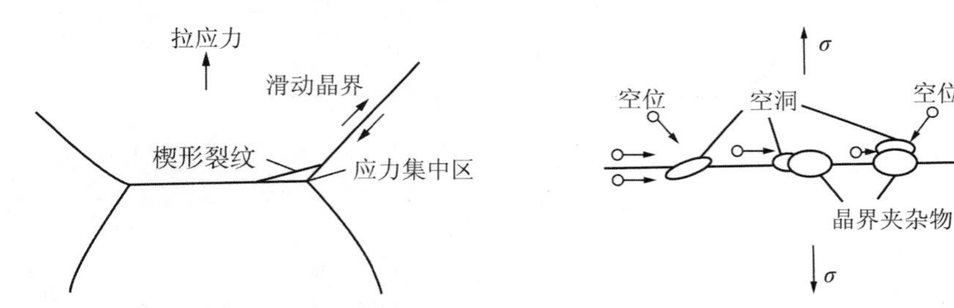

图 5-1-17 楔形裂纹在三叉晶界处的萌生　　图 5-1-18 空洞在晶界上聚集形成裂纹示意图

据上所述,沿晶蠕变断裂的过程可用图 5-1-19 来描述。

(a) 在蠕变初期,晶界滑动在三叉晶界处形成裂纹核心或在晶界台阶处形成空洞核心[见图 5-1-19(a)]。

(b) 已形成的核心达到一定尺寸后,在应力和空位流的同时作用下,优先在与拉应力垂直的晶界上长大,形成楔形和洞形裂纹,是为蠕变第二阶段[见图 5-1-19(b)]。

(c) 蠕变第二阶段后期,楔形和洞形裂纹连接而形成终止于 2 个相邻的三叉晶界处的“横向裂纹段”。此时,在其他与应力相垂直的晶界上,这种“横向裂纹段”相继产生[见图 5-1-19(c)]。

(d) 相邻的“横向裂纹段”通过向倾斜晶界的扩展而形成“曲折裂纹”,裂纹尺寸迅速增大,蠕变速度迅速增加。此时,蠕变过程进入到第三阶段[见图 5-1-19(d)]。

(e) 蠕变第三阶段后期,“曲折裂纹”进一步连接,当扩展至临界尺寸时,便产生蠕变断裂[见图 5-1-19(e)]。

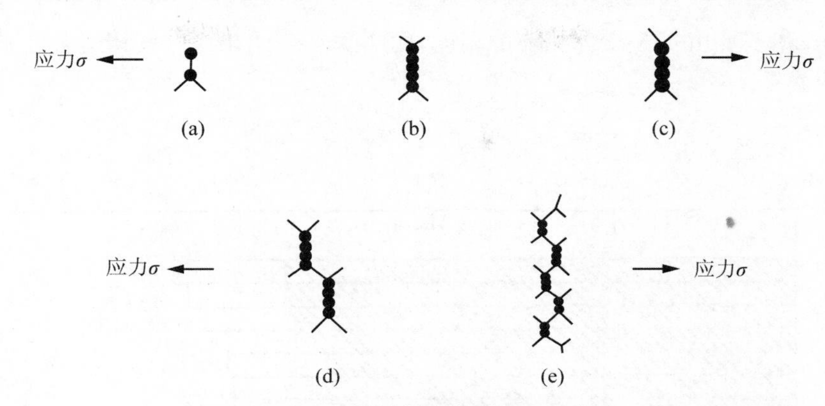

图 5-1-19　沿晶蠕变断裂过程示意图

(a) 空洞形核;(b) 分散长大;(c)“横向裂纹段”的形成;(d)“曲折裂纹”的形成;(e)“曲折裂纹”的连接

(2) 穿晶蠕变断裂。

穿晶蠕变断裂主要发生在高应力条件下。其断裂机制与室温条件下的韧性断裂类似,是空洞在晶粒中夹杂物处形成,并随蠕变进行而长大、汇合的过程。

(3) 延缩性蠕变断裂。

延缩性断裂主要发生在高温($T>0.6T_m$)条件下。这种断裂过程总伴随着动态再结晶,在晶粒内不断产生细小的新晶粒。由于晶界面积不断增大,空位将均匀分布,从而阻碍空洞的形成和长大。因此,动态再结晶抑制沿晶断裂。晶粒大小与应变量成反比。在缩颈处晶粒要细得多,缩颈可伴随动态再结晶一直进行到截面积减小为零时为止。

5.1.2.5　常见高温结构材料的蠕变性能

1) 金属

根据前面的讨论可知,适于高温使用的材料应具有高熔点、高弹性模量以及低自扩散系数等特性。耐热钢及合金的基体材料一般选用熔点高、自扩散激活能大或层错能低的金属及合金。这是因为在一定温度下,熔点越高的金属自扩散越慢;如果熔点相近但结构不同,则自扩散激活能越高者扩散越慢;堆垛层错能越低者越易产生扩展位错,使位错难以产生割阶、交滑移及攀移。这些都有利于降低蠕变速率。大多数 fcc 结构金属的高温强度比 bcc 结构金属的高,就是因为这个原因。

在基体中加入铬、钼、钨、铌等合金元素形成单相固溶体,除产生固溶强化作用外,还因合金元素使层错能降低,易形成扩展位错,以及溶质原子与溶剂原子的结合力较强,增大了扩散激活能,从而提高蠕变极限。一般来说,固溶元素的熔点越高,其原子半径与溶剂相差得越大,对热强性提高越有利。

合金中如果含有弥散相,由于它能强烈阻碍位错的滑移和攀移,因而是提高高温强度更有效的办法。弥散型粒子硬度越高、弥散度越大、热稳定性越高,则强化作用越好。对于时效强化合金,通常在基体中加入相同原子百分数的合金元素时,多种元素要比单一元素的效果好。

在合金中添加能增加晶界扩散激活能的元素(如硼及稀土等),则既能阻碍晶界滑动,又能增大晶界裂纹的表面能,因而对提高蠕变极限,特别是提高持久强度是很有效的。

目前,高温合金的研制工作主要集中在镍基和钴基合金,而早期的铁基合金因为熔点较低,自扩散系数较高,正在被不断地取代。图 5-1-20 给出了许多镍、钴和铁基合金在 140MPa

应力下与 100h 和 1 000h 断裂寿命相应的温度，而图 5-1-21 给出了一些铸造合金 100h 的持久强度与温度的关系。

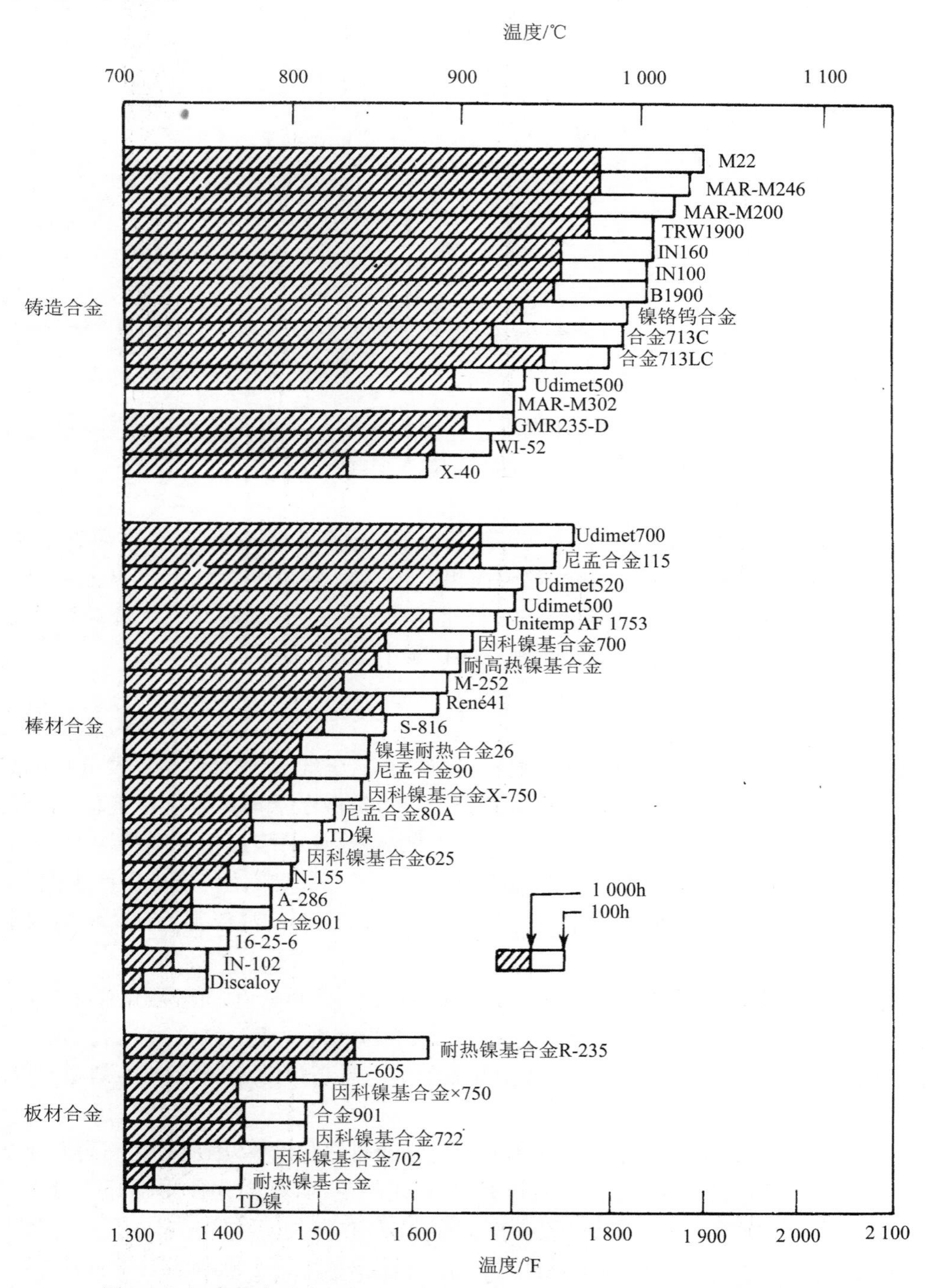

图 5-1-20 高温合金在 140MPa 应力下，经 100 和 1 000h 后发生断裂的温度

由图 5-1-21 可以看到，在高的温度下，这些铸造高温合金也是很快地丧失了承载能力。材料工作者不断地通过改变合金化或形变热处理方法来寻求改善这些材料高温力学性能的途

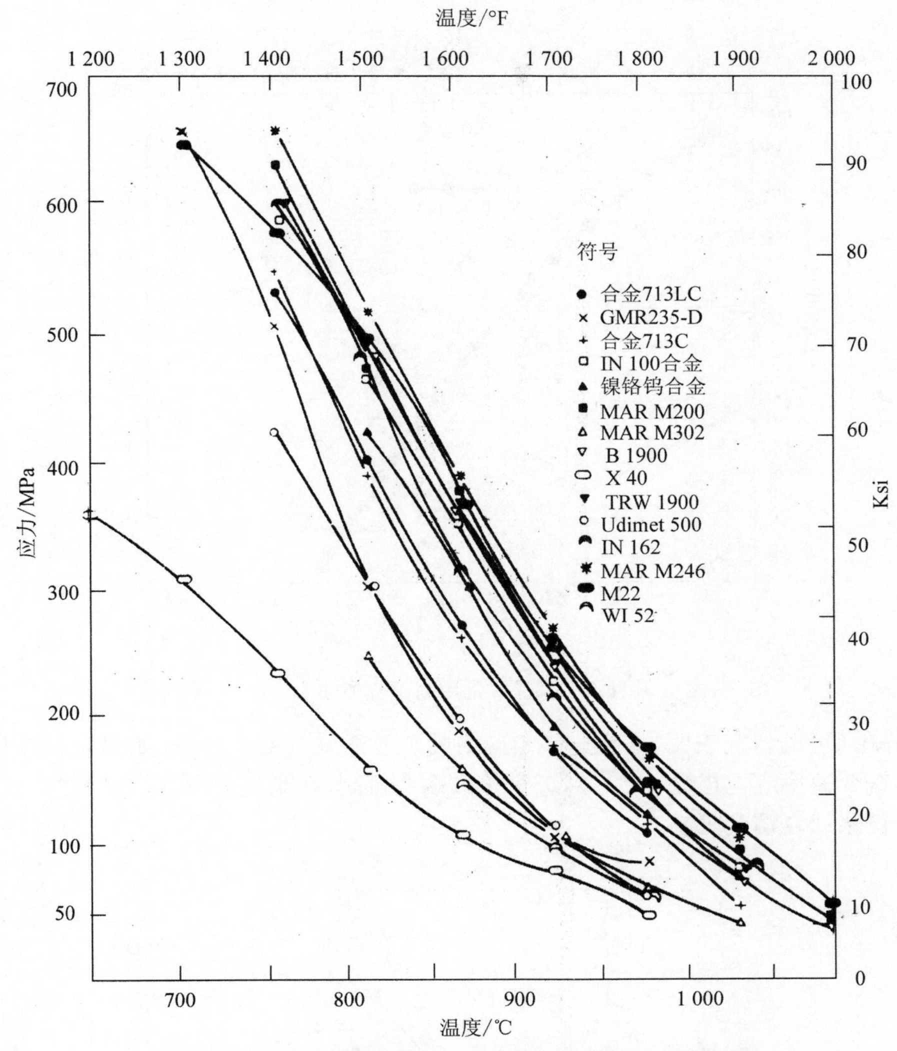

图 5-1-21　一些铸造合金 100h 的持久强度与温度的关系

径。一个有效的办法是普通合金的定向结晶，用以得到单相合金，或者具有显著拉长晶粒边界的合金，这样就可以把晶界滑移和扩散流动过程（即 Nabarro-Herring 和 Coble 型蠕变）的影响降至最小。对不同化学成分的合金（特别是共晶成分的合金），采用定向结晶工艺，已经有可能制造出具有比任何常用的高温合金性能都好的复相共晶合金，如图 5-1-22 所示。

2）陶瓷

与金属一样，陶瓷材料中也存在空位、位错和晶界等晶体缺陷，同样存在体扩散、晶界扩散、晶界滑动等过程。因此，陶瓷的蠕变现象、蠕变规律和蠕变机制与金属及合金大致相同。只是由于陶瓷的熔点一般都很高，金属中所出现的位错蠕变和扩散蠕变等过程在陶瓷中要在更高的温度下才能发生。除温度和应力外，影响陶瓷材料蠕变性能的因素还包括显微组织、晶体缺陷、晶粒尺寸、相组成、晶界形状、气孔率及周围环境气氛等。

一般情况下，随气孔率的增加，蠕变速率增大，例如对 MgO，12%气孔率时的蠕变速率比 2%气孔率的快 5 倍。

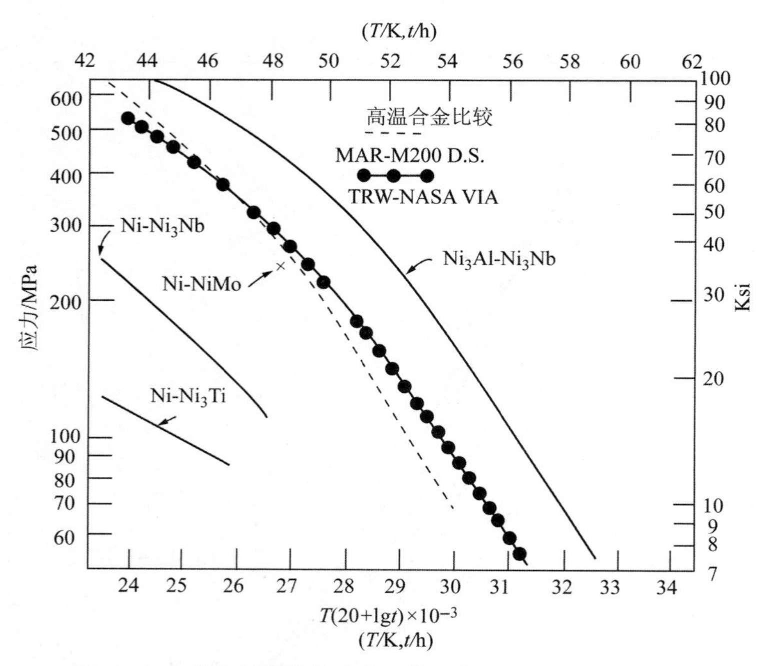

图 5-1-22 几种复合共晶和常用高温合金的 Larson-Miller 图

对多晶 UO_2 的研究表明,蠕变速率与应力的关系曲线有两个区域,如图 5-1-23 所示。在低应力下,蠕变速率应力指数 $n=1$,对应于扩散蠕变机制;在高应力下,应力指数 n 在 4～5 之间,对应于位错回复蠕变机制。

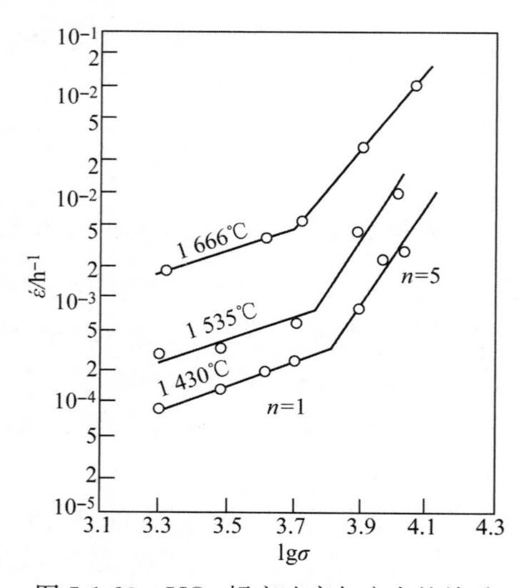

图 5-1-23 UO_2 蠕变速率与应力的关系

表 5-1-2 列出了在同一温度和压力下一些多晶和非晶陶瓷材料的蠕变速率。试验数据在一定程度上表明不同材料之间蠕变速率的差异可能与化学组成或晶体结构关系不大,而与材料的显微组织(晶粒、气孔率、位错、点缺陷等)的关系紧密。

表 5-1-2　一些陶瓷材料的扭转蠕变数据

材　　料	1 300℃，5.52MPa 下蠕变速率/h^{-1}
多晶 Al_2O_3	0.13×10^{-5}
多晶 BeO	30×10^{-5}
多晶 MgO(注浆成型)	33×10^{-5}
多晶 MgO(等静压成型)	3.3×10^{-5}
多晶 $MgAl_2O_4$(2～5μm)	26.3×10^{-5}
多晶 $MgAl_2O_4$(1～3mm)	0.1×10^{-5}
多晶 ThO_2	100×10^{-5}
多晶 ZrO_2(稳定化)	3×10^{-5}
石英玻璃	0.001
软玻璃	8
隔热耐火砖	0.005
铬镁砖	0.000 5
镁砖	0.000 02

图 5-1-24 为多种多晶体氧化物的高温、低应力蠕变速率，不同材料之间并无本质差异，这一结果可能预示着氧化物蠕变中位错是很难运动的。

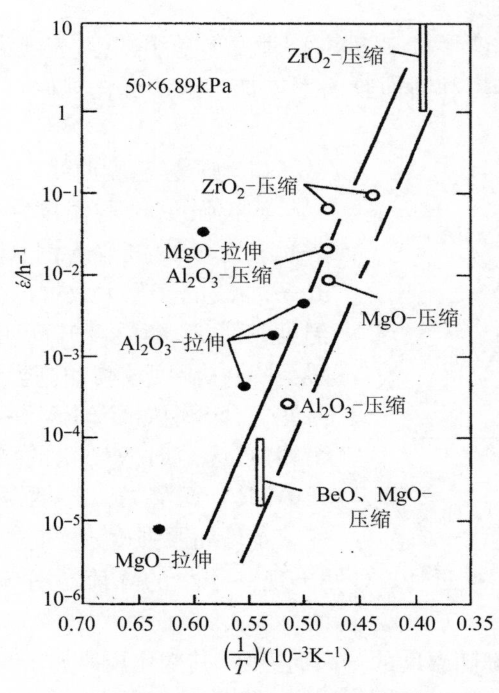

图 5-1-24　各种氧化物的蠕变速率

5.1.3 高温瞬时力学性能

5.1.3.1 高温拉伸性能

1) 高温拉伸试验

高温拉伸试验主要测定材料在高于室温时的抗拉强度、屈服强度、伸长率及断面收缩率等性能指标,可在装有管式电炉及测量和控制温度等辅助设备的一般试验机上进行,其试验原理与室温静拉伸完全相同。

图 5-1-25 为低碳钢和 1Cr18Ni9Ti 不锈钢在不同温度下的拉伸曲线,可以看出,在高温条件下塑性变形出现较早,钢的屈服点变得不明显,屈服强度难以测定。

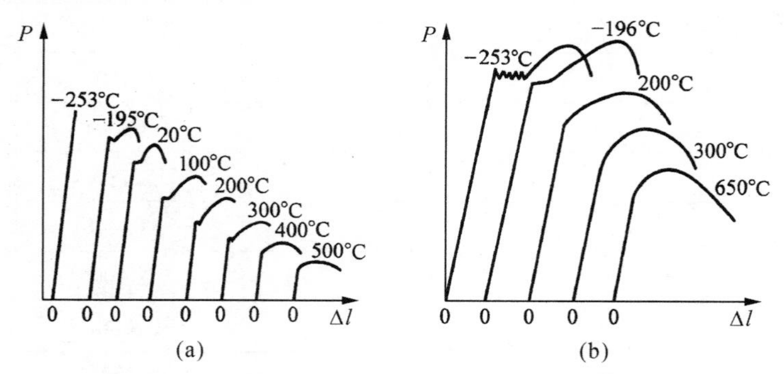

图 5-1-25 两种金属材料在不同温度下的拉伸曲线

(a) 低碳钢;(b) 1Cr18Ni9Ti 不锈钢

2) 强度、塑性与温度的关系

在高温条件下,材料的变形机制增多,塑性变形易于进行,表现为强度降低,形变强化系数及形变强化指数下降,延伸率和断面收缩率增加。这些变化规律可用强度-温度曲线及塑性-温度曲线来描述。

(1) 强度-温度曲线。

抗拉强度 σ_b 与温度之间的关系可用 σ_b-T 曲线表示。对于大多数碳钢、CrMoV 钢及耐热不锈钢,σ_b-T 曲线的变化大致可以分为 3 个区间:在低温区,温度较低,σ_b 随温度升高明显下降;在中温区,σ_b 缓慢下降;在温度较高的高温区,σ_b 急速下降。碳钢和某些低合金钢如 CrMoV 钢,在中间阶段 σ_b 会出现一个峰值,这是时效硬化的结果。图 5-1-26 为 20 钢、15CrMoV 钢及 18-8 不锈钢的 σ_b-T 曲线。

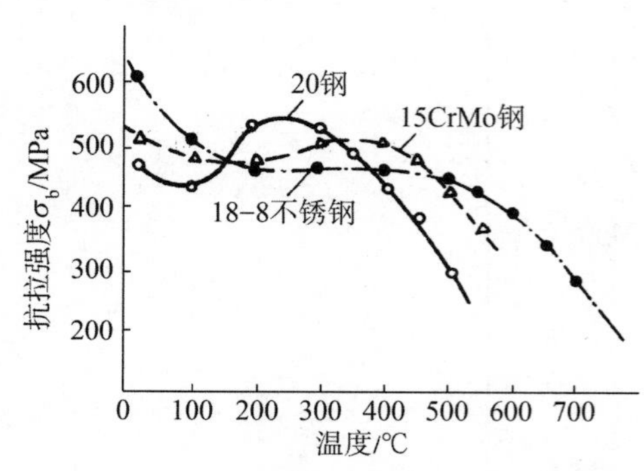

图 5-1-26 3 种钢材的 σ_b-T 曲线

条件屈服强度 $\sigma_{0.2}$ 与温度之间也有类似关系,但中温区的峰值不明显,而在接近 400℃处出现一个小的峰值。图 5-1-27 为上述三种钢材的 $\sigma_{0.2}$-T 曲线。

各种金属的屈服强度都随温度的升高而下降,其变化规律如图 5-1-28 所示。

(2) 塑性-温度曲线。

塑性随温度变化的规律可用伸长率-温度($\delta-T$)和断面收缩率-温度($\psi-T$)曲线表示。

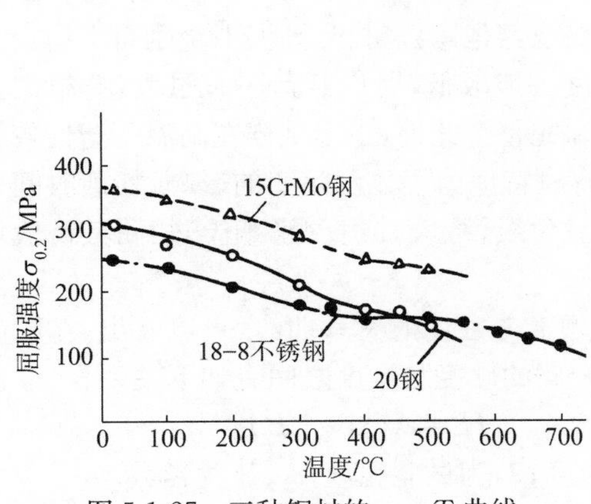

图 5-1-27 三种钢材的 $\sigma_{0.2}$-T 曲线

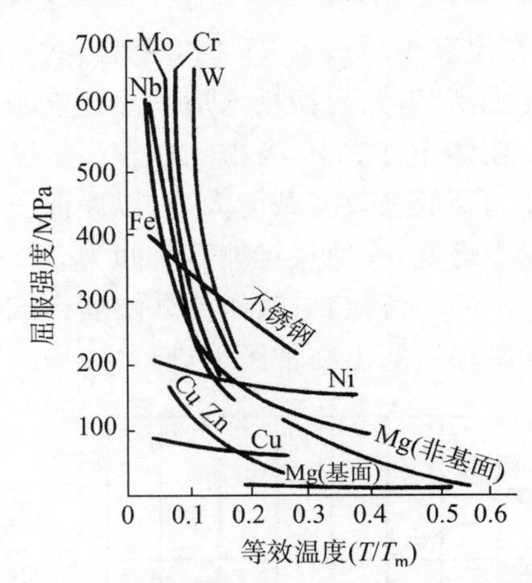

图 5-1-28 不同温度下一些金属材料的屈服强度

图 5-1-29 为两种钢材的 $\delta-T$ 和 $\psi-T$ 曲线，可见也存在 3 个区间：在低温区，δ 和 ψ 随温度升高而逐渐下降；在中温区，δ 和 ψ 达到一个最低值，然后又开始回升；在高温区，随温度升高，δ 和 ψ 大幅度升高。在回升阶段，δ 和 ψ 于接近 400℃处呈现一个小的波峰，该温度与 $\sigma_{0.2}-T$ 曲线上谷值处的温度相对应。在其他类似的低合金耐热钢中这种现象也普遍存在。

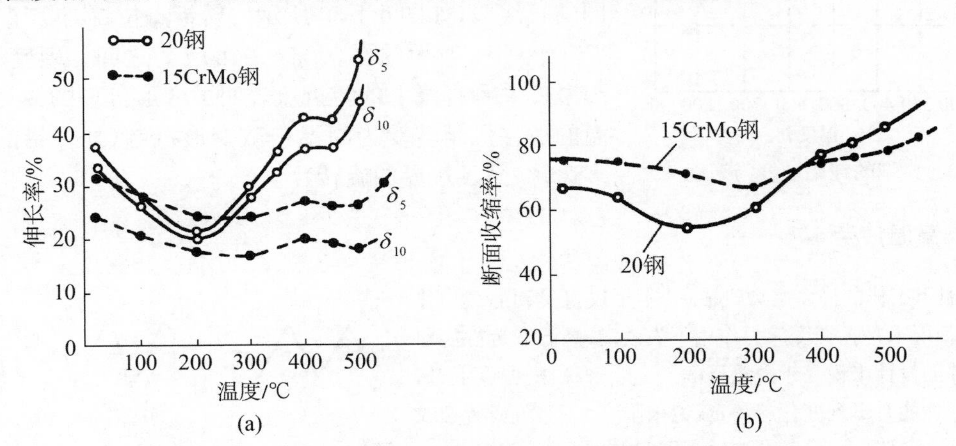

图 5-1-29 两种钢材的塑性-温度关系曲线

(a) $\delta-T$ 曲线；(b) $\psi-T$ 曲线

5.1.3.2 高温硬度

金属材料的高温硬度，对于高温轴承和某些工具材料等是重要的质量指标。此外，目前正在研究高温下硬度随载荷持续时间延长而下降的规律，试图据此确定同温度下的持久强度，以减少或省去长时间的持久试验。因此，高温硬度试验的应用将日益广泛。

1) 高温硬度试验

高温硬度试验在设备方面涉及试样加热、保温、控温和防止氧化等一系列问题。目前，在试验温度不太高的情况下，仍用布氏、洛氏和维氏试验法。在试验机的工作台上须加装一个密闭的试样加热保温箱（包括加热及冷却系统、测温装置、通入保护气体系统、高真空系统及移动试样位置装置等），并加长压头的压杆，使之伸入密闭的加热箱内。应注意热对试验机的损害，要求水冷、隔热等。如试验温度较高、要求严格时，则多采用特制的高温硬度计。试验机的压头，在温度不超过800℃时，可用金刚石锥(维氏和洛氏)和硬质合金球(布氏和洛氏)，当试验温度更高时，则应换用人造蓝宝石或刚玉制的压头或其他陶瓷材料，高温下金刚石不稳定。

在操作方法上，考虑到在较高温度下试样温度一般较低，所以载荷不宜过大，并根据试验温度的高低来改变载荷大小，以保证压痕的清晰和完整。此外，由于试样在高温下塑性较好和易发生蠕变，一般规定加载时间为30～60 s。但有时特地为了显示蠕变的影响，加载时间可延续1～5 h，所得结果叫作持久硬度。试样上压痕对角线(维氏)或直径(布氏)的测量一般均待试样冷却后取出在常温下进行。

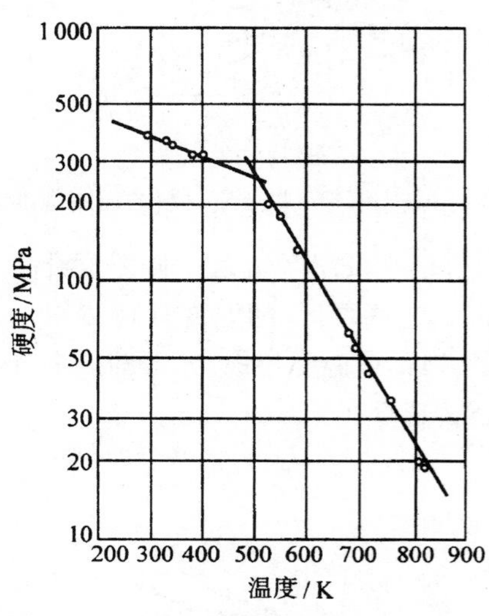

图 5-1-30 典型的纯铝硬度与温度关系

2) 高温硬度与温度的关系

各种纯金属的硬度与温度之间有如下关系

$$H = A\exp(-BT) \tag{5-1-13}$$

式中，H 为硬度；T 为试验温度；A、B 为常数。

两边取对数得

$$\lg H = \lg A - \frac{BT}{2.3} \tag{5-1-14}$$

该式表明，硬度的对数与温度成正比直线关系。然而试验表明，在某个温度处直线有一个转折点，形成两段斜率不同的直线段，如图5-1-30所示。转折点位置与金属得熔点 T_m 有关，一般大约在(0.4～0.6)T_m 之间。硬度(对数)与温度关系直线上的转折点表明了变形机理的转变：由低温的滑移机制转变为高温扩散变形机制(如位错的攀移、多边化、晶粒边界的旋转)。

5.1.4 高温疲劳

高温下工作的许多动力机械，并不是仅仅受到静载荷作用，很多情况下是在交变应力作用下失效的，高温疲劳性能对这些构件的设计来说是十分重要的。一般来说，随温度上升，材料疲劳性能有下列变化趋势：疲劳极限 σ_{-1} 下降；疲劳裂纹扩展速率 da/dN 上升；疲劳裂纹扩展门槛值 ΔK_{th} 下降。

5.1.4.1 高温疲劳寿命

目前，高温疲劳设计数据通常来自反向弯曲或轴向应变控制的低周疲劳试验。在蠕变温度范围内，常用的低周疲劳波形如图5-1-31所示。

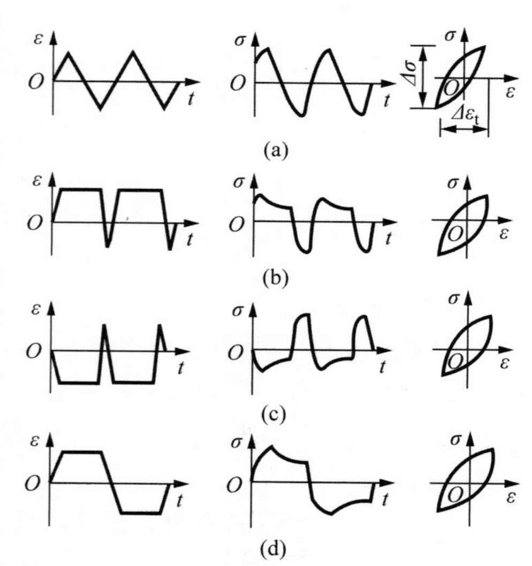

图 5-1-31 应变控制疲劳试验的典型波形

(a) 连续应变循环；(b) 拉应变保持循环；(c) 压应变保持循环；(d) 拉-压应变保持循环

在蠕变温度范围内，疲劳寿命随拉应变保持时间延长而降低。这归因于许多因素，如晶界空洞形成、环境的影响、热时效引起的显微组织失稳、缺陷的形成等。在高温发生的这些变化都与时间有关，因此必须考虑疲劳与蠕变的交互作用。

由图5-1-32可以看出，当应变范围较大时($\Delta\varepsilon_t > \pm 1\%$)，低周疲劳是主要的失效方式，拉应变保持时间和应变速率对材料的疲劳性能影响不大；当应变范围较小时，属高周疲劳，也不需要考虑应变保持时间内引起的蠕变损伤；中间应变范

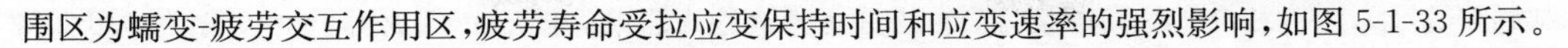

围区为蠕变-疲劳交互作用区，疲劳寿命受拉应变保持时间和应变速率的强烈影响，如图 5-1-33 所示。

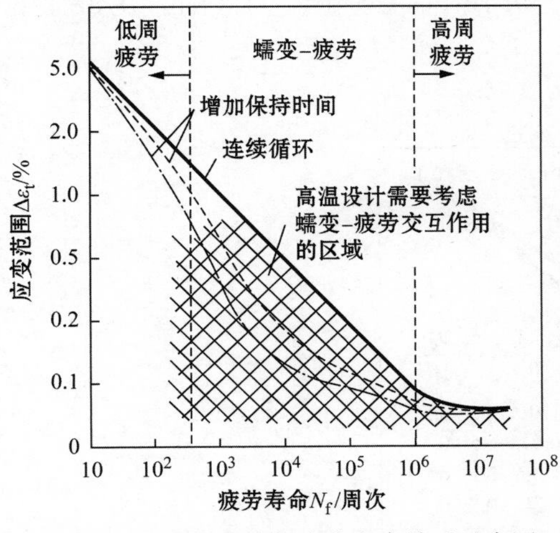

图 5-1-32 应变范围与疲劳寿命关系示意图

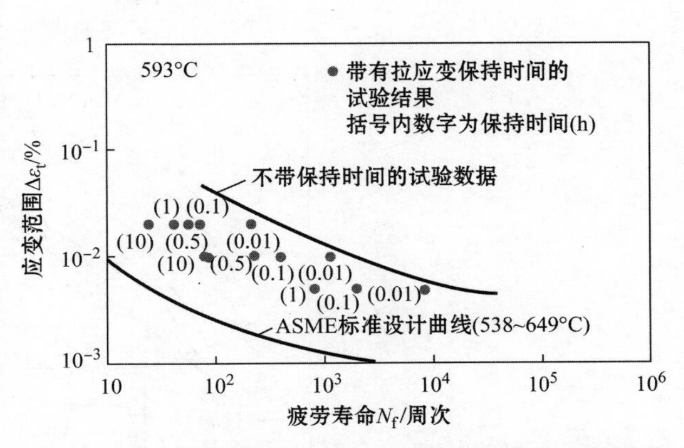

图 5-1-33 拉应变保持时间对 316 不锈钢疲劳寿命的影响

在应变范围恒定时，失效时间 t_f 与疲劳寿命 N_f 的对数之间的关系为一直线，如图 5-1-34 所示，这时可用幂函数描述：

$$t_f = AN_f^m \tag{5-1-15}$$

式中，A、m 为与应变范围、材料、温度和试验方法有关的参数。

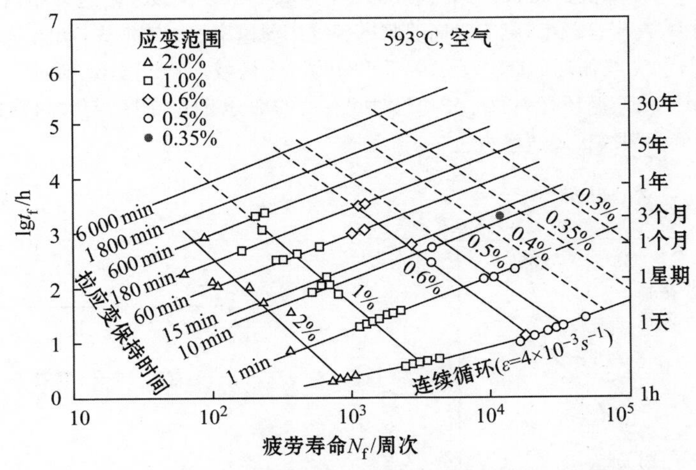

图 5-1-34 304 不锈钢高温疲劳时效时间与疲劳寿命的关系

若循环频率为 f，每循环拉应变保持时间为 t_h，则式(5-1-15)可写为

$$N_f = \left(\frac{1}{Af} + \frac{t_h}{A}\right)^{\frac{1}{m-1}} \tag{5-1-16}$$

该式表明，当 A 和 m 由短拉应变保持时间的试验结果测得后，则可以外推成应变保持时间的疲劳寿命。

5.1.4.2 高温疲劳裂纹扩展

由于存在应力集中和各种缺陷，高温构件的疲劳和蠕变损伤是高度局部化的，其寿命主要取决于裂纹的扩展而不是裂纹的萌生。因此，建立在光滑试样高温疲劳裂纹萌生基础上的寿命预测方法对于这类构件是不合适的。试验表明，许多合金虽然具有高的疲劳和蠕变强度，但其疲劳裂纹扩展抗力却较差。因此，研究材料在疲劳一蠕变交互作用下裂纹扩展行为对于预测高温构件的疲劳寿命具有重要意义。

加载频率、波形、温度和介质对高温疲劳裂纹扩展行为有很大影响。图 5-1-35 为 Cr-Mo-V 钢在 538℃和梯形波加载下疲劳裂纹扩张速率 da/dN 与应力场强度因子范围(ΔK)的关系曲线。可以看出,da/dN 随拉应力保持时间的延长而增加。

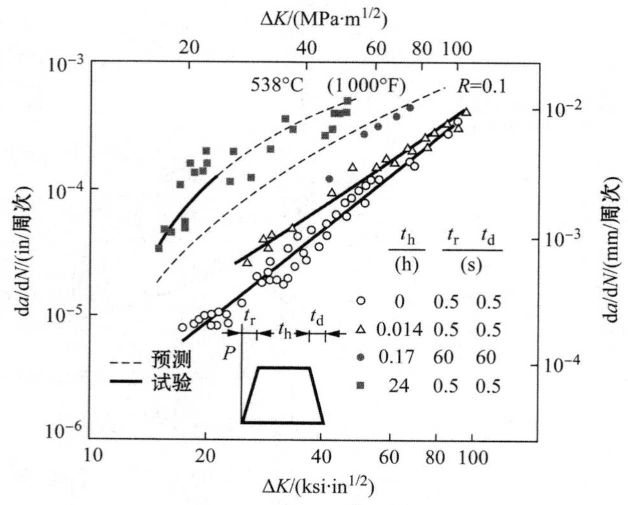

图 5-1-35 Cr-Mo-V 钢在 538℃和梯形波加载下疲劳裂纹扩展速率与应力场强度因子范围的关系曲线

当加载频率从 66.7Hz 降低到 0.0014Hz 时,da/dN 增大一个数量级。但这种影响随频率增大而减小,似乎存在一个临界频率,高于该频率,频率对高温频率裂纹扩展速率的影响消失,如图 5-1-36 所示。

在恒定 ΔK 下,da/dN 与循环周期 $1/f$ 的关系可分为 3 个区域,如图 5-1-37 所示。Ⅰ区:f 较大,da/dN 与 f 无关;Ⅱ区:da/dN 由与循环有关的部分和与时间有关的部分组成;Ⅲ区:与时间有关部分 da/dt 达到稳定状态,该区中,高温疲劳裂纹扩展速率为

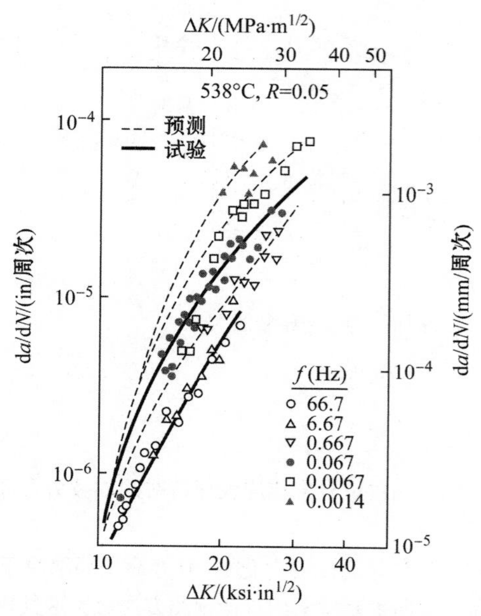

图 5-1-36 不同频率下 304 不锈钢高温疲劳裂纹扩展速率与应力场强度因子范围的关系

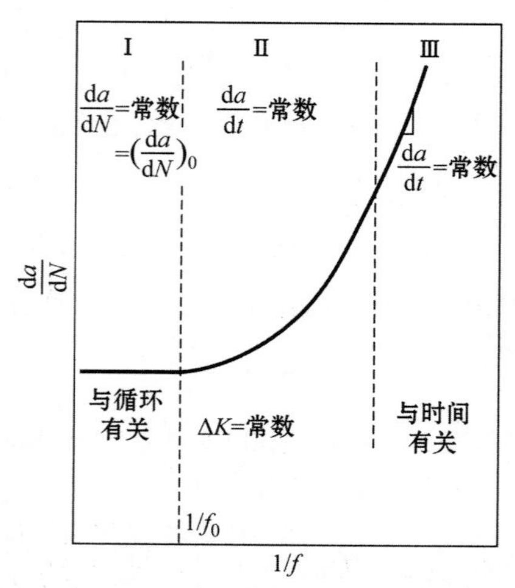

图 5-1-37 304 高温疲劳裂纹扩展行为与循环周期的关系示意图

$$\frac{da}{dN}=\frac{1}{f}\frac{da}{dt} \tag{5-1-17}$$

空气中频率对 da/dN 影响较大；在惰性气体中，频率的影响很小，如图 5-1-38 所示。这说明此种合金的疲劳裂纹扩展速率对时间（频率）的依赖关系主要归因于环境的影响，而不是蠕变损伤。另外一些材料，例如不锈钢的高温疲劳裂纹扩展行为主要与蠕变空洞形成有关，而环境气氛的影响是第二位的。对于三角波，在频率相同的情况下，裂纹扩展速率按：慢-快三角波、平衡三角波、快-慢三角波的顺序由快变慢。频率相同的梯形波和平衡三角波的裂纹扩展速率相近，如图 5-1-39 所示。

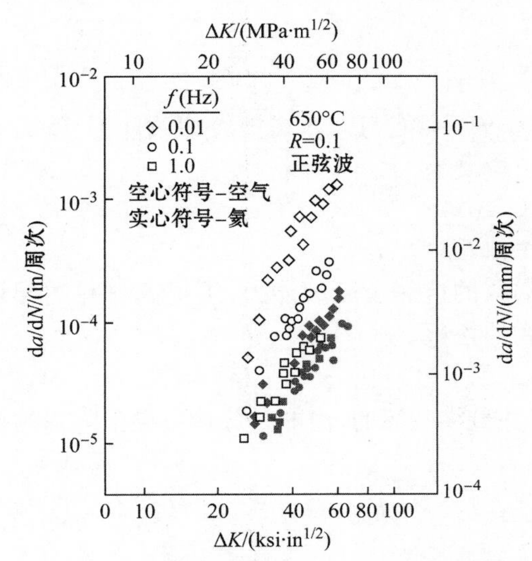

图 5-1-38 不同频率和环境下 Inconel718 合金高温疲劳裂纹扩展速率与应力场强度因子范围的关系

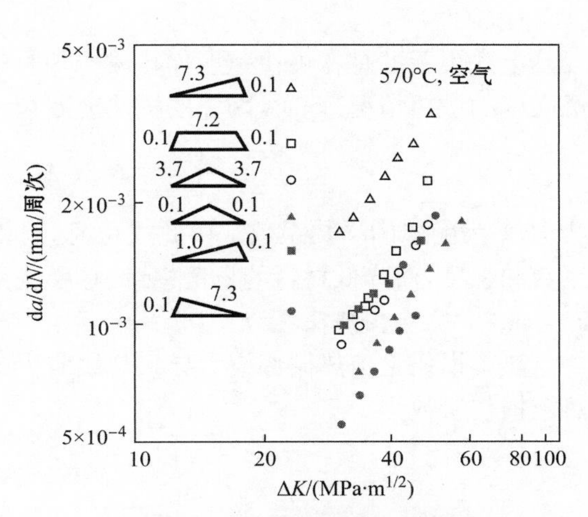

图 5-1-39 波形对 304 高温疲劳裂纹扩展速率的影响

综上所述，与时间有关的损伤是在缓慢加载过程中产生的，损伤程度随加载时间 t_r 的增长而增大；在卸载半周期中，损伤能够部分地恢复，恢复程度随卸载时间 t_d 与 t_r 的比值增大而增加；在梯形波保持时间内也发生损伤，但损伤程度低于加载过程中的损伤程度。在缓慢加载过程中，裂纹尖端附近形成两种类型的蠕变损伤——空洞和楔形开裂，都可以在压缩载荷作用下得以部分恢复。由于裂纹尖端塑性区在卸载过程中承受周围弹性恢复给予的压应力，因此上述 3 种损伤恢复能在卸载过程中发生，从而减慢了与时间有关的裂纹生长。在相同 ΔK 下，温度升高导致疲劳裂纹扩展速率增大，温度的影响随频率的降低而增大。这是因为温度升高导致材料弹性模量和屈服强度下降，从而影响了疲劳裂纹扩展速率的缘故。

5.1.5 抗热震性

大多数陶瓷在生产和使用过程中都处于高温状态，要经受温度的急剧变化。而陶瓷的导热性很差，温度变化会带来较大的热应力。热应力大致有两类：一类是由温度梯度引起的，这类热应力的大小与材料的弹性模量（E）和温度差（ΔT）成正比，即 $\sigma=\alpha E\Delta T$，其中 α 为陶瓷的热膨胀系数；另一类热应力是由材料的不均匀结构性质引起的，如热膨胀系数的各向异性、多相陶瓷各组元的热膨胀系数及弹性模量差、化学反应、相变膨胀或收缩等。

当温度变化引起的热应力大到一定程度，会导致陶瓷构件的失效。材料承受温度骤变而不破坏的能力称为抗热震性。材料热震失效可分为两类：一类是瞬时断裂，称之为热震断裂；另一类是在热冲击循环作用下，材料先出现开裂（损伤），通过损伤的累积最终发生整体破坏，称之为热震损伤。

5.1.5.1 热震断裂及抗力

热震断裂是在温度变化引起的热应力超过材料的断裂强度时引起的瞬时断裂。根据热弹性理论,可以导出使热应力达到断裂强度所需要的最小温差 ΔT_C 为

$$\Delta T_C = S\ \frac{(1-\nu)\sigma_f}{\alpha E} \tag{5-1-18}$$

式中,S 为试样形状因子;E、α、ν、σ_f 分别为材料的杨氏模量、热膨胀系数、泊松比、断裂强度。

定义 $R=\Delta T_C/S$ 为抗热震断裂参数,即

$$R = \frac{(1-\nu)\sigma_f}{\alpha E} \tag{5-1-19}$$

上式表示的是在极快速度加热或冷却时的抗热震断裂能力。在缓慢冷却条件下,就需考虑陶瓷的散热情况,此时,陶瓷的抗热震断裂参数可定义为

$$R' = \lambda R = \lambda\ \frac{(1-\nu)\sigma_f}{\alpha E} \tag{5-1-20}$$

式中,λ 为陶瓷的导热系数。由此式可见,要提高陶瓷的抗热震断裂能力,须提高材料的导热系数和强度,而降低材料的杨氏模量、热膨胀系数和泊松比。

5.1.5.2 热震损伤及抗力

热震损伤是由热循环应力导致裂纹萌生、扩展并最终破坏的,由能量分析可导出陶瓷的抗热震损伤参数为

$$R'' = \frac{E}{(1-\nu)\sigma_f^2} \tag{5-1-21}$$

比较(5-1-20)式和(5-1-21)式可以看出,抗热震断裂与抗热震损伤对性能的要求似乎有矛盾。抗热震断裂要求低弹性模量、高强度;抗热震损伤则要求高弹性模量、低强度。适量的微裂纹及孔洞存在有利于阻止裂纹扩展,提高抗热震损伤性。致密高强的陶瓷材料很容易炸裂,而多孔陶瓷由于强度低,适用于温度起伏较大的环境。

5.2 高速加载下的力学性能

高速作用于物体上的载荷称为冲击载荷。一般来说,加载过程非常短暂或应力上升非常迅速的载荷均是冲击载荷。在冲击载荷作用下,材料的应变速率往往超过 10^2/s,甚至超过 10^6/s。材料在这样高的应变速率下,如何发生变形和断裂?其规律和机制是什么?这就是本节要讨论的问题。

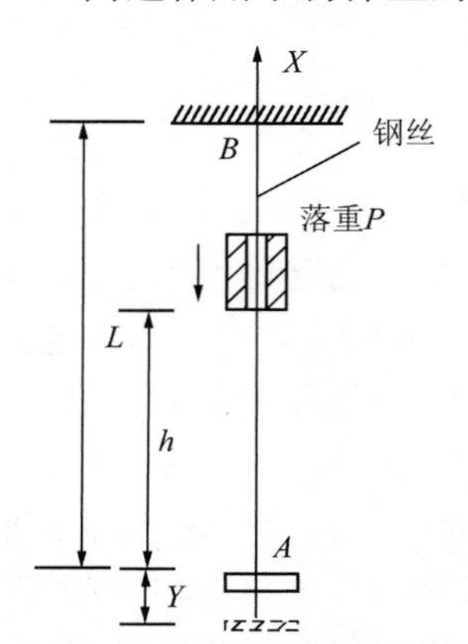

图 5-2-1 Hopkinson 钢丝冲击拉伸试验装置示意图

5.2.1 概述

5.2.1.1 Hopkinson 钢丝拉伸试验

材料在高应变速率下的变形与断裂有许多明显不同于准静态载荷下的特征。Hopkinson 在 20 世纪初进行的钢丝冲击拉伸试验充分显示了这一点。利用图 5-2-1 所示的试验装置,他发现:

(1) 钢丝断裂位置不是在接触处 A,而是在悬挂固定端处 B;

(2) 动态屈服强度约为静态屈服强度的两倍左右;

(3) 钢丝在 1.5 倍于静态屈服强度的应力作用下,经 $100\mu s$ 之后才发生屈服,说明材料在动态载荷作用下有延迟屈服现象。

在一些基本假设下,如钢丝只发生弹性变形,其伸长正比于冲击产生的应力并且与时间无关,在冲击过程中不发生其他能量损失,依据能量守恒定律可以得到冲击拉伸时钢丝内的最大应力 σ_{max} 以及钢丝末端的位移 Y 分别为

$$\sigma_{max}=\frac{P}{S}\left(1+\sqrt{1+\frac{2hES}{PL}}\right) \tag{5-2-1}$$

$$Y=\frac{PL}{SE}\left(1+\sqrt{1+\frac{2hES}{PL}}\right) \tag{5-2-2}$$

式中,S 为钢丝截面积;E 为钢丝杨氏模量;其他符号参见图 5-2-1。上两式中,括号前的项分别表示了在静态载荷下的应力和伸长,因此括号内的项则表示了冲击载荷的影响,称为冲击系数。与静载荷不同的是,冲击载荷产生的最大应力还取决于落锤高度、材料性质以及钢丝长度。

倘若受冲击钢丝发生了塑性变形,原则上仍可通过能量守恒原理计算最大应力和伸长。在这种情况下,除弹性应变能外,还必须计及塑性应变能。塑性应变能可以通过应力-应变曲线计算。但是正如后面将要看到的,塑性变形部分的应力-应变曲线是对加载速率敏感的。因而要准确计算塑性应变能应当采用相应应变率下的应力-应变曲线,这往往带来一些困难。

5.2.1.2 *应力波*

当物体的局部位置受到冲击时,物体内质点的扰动会向周围地区传播开,此即应力波的传播。固体中的应力波通常可分为纵波及横波两大类。

(1) 质点运动方向平行于波的传播方向的称为纵波,纵波又可分为两类:一类是压缩波,质点运动方向与波的传播方向一致;另一类是拉伸波,质点运动方向与波的传播方向相反;

(2) 质点运动方向与波的传播方向相互垂直的应力波称为横波,例如扭转波。

此外,也还有质点的纵向运动和横向运动结合起来的应力波,例如弹性介质中的表面波、弹塑性介质中的耦合波等。

为了便于理解后续将要介绍的材料冲击失效形式,现考虑应力波在如图 5-2-2 所示的复合杆中的传播情况。设对杆 1 施加一个自左向右的入射应力波 σ_I;在杆 1 中产生强度为 σ_R 的反射波;在杆 2 中产生强度为 σ_T 的透射波。则根据波动力学可求出

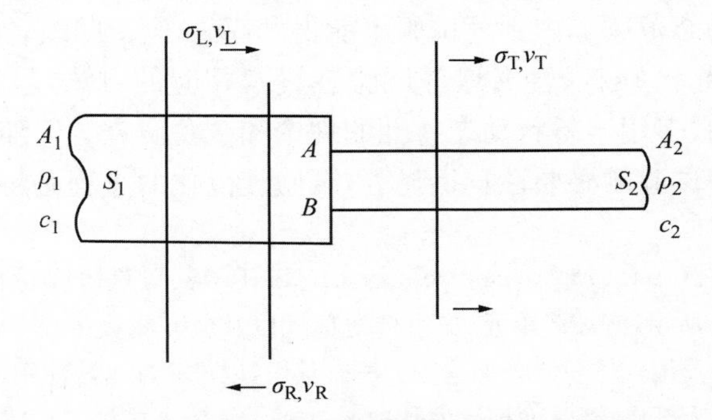

图 5-2-2 复合杆中弹性波的传播分析模型

$$\sigma_T = \frac{2A_1\rho_2c_2}{A_2\rho_2c_2 + A_1\rho_1c_1}\sigma_I \tag{5-2-3}$$

$$\sigma_R = \frac{A_2\rho_2c_2 - A_1\rho_1c_1}{A_2\rho_2c_2 + A_1\rho_1c_1}\sigma_I \tag{5-2-4}$$

式中，ρ_1、ρ_2 分别为杆 1 和杆 2 的密度；A_1、A_2 分别为杆 1 和杆 2 的横截面积；c_1、c_2 分别为弹性应力波在杆 1 和杆 2 中的传播速度。现在讨论两个特例。

(1) 自由端反射：此时 $A_2=0$，则 $\sigma_R=-\sigma_I$，表明应力波在自由端反射后应力改变了符号，原压缩波成为拉伸波。

(2) 固定端反射：此时 $A_2\to\infty$，因而 $\sigma_R\to\sigma_I$，$\sigma_T\to 0$，表示应力波在固定端反射时应力与入射时相同，所以杆端总应力加倍。

5.2.1.3 力学性能试验的应变速率

图 5-2-3 表示了不同力学试验的应变速率范围。

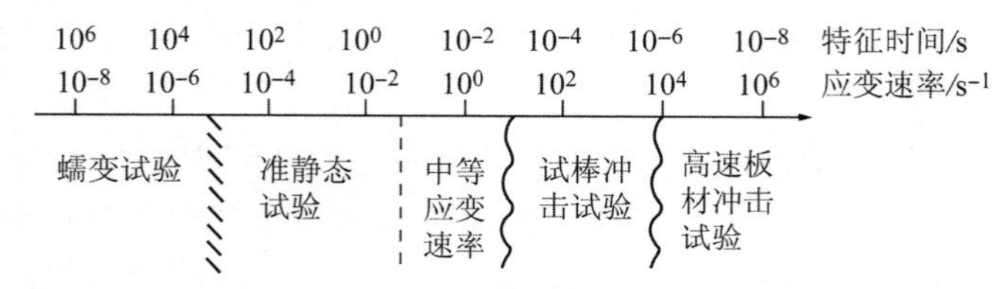

图 5-2-3 各种力学试验的应变率范围

蠕变试验的应变率最低，约为 $10^{-8}\sim10^{-5}$/s。通常进行的拉伸、压缩、弯曲、扭转等试验均属于准静态试验，其应变率为 $10^{-5}\sim10^{-1}$/s，在此应变率范围内，材料的力学性能无明显变化。在蠕变和准静态试验条件下，可以忽略试样的惯性，从热力学观点这一范围的变形过程均属于等温过程。动态试验可分为亚动态、冲击、超速冲击试验，由于变形速度很高，是热力学绝热过程。亚动态试验的应变速率约为 $10^{-1}\sim10^{1}$/s 量级；以 Hopkinson 压杆为主要方法的冲击试验的应变速率约为 $10^{2}\sim10^{4}$/s 量级；而超速冲击试验的应变速率约为 $10^{4}\sim10^{7}$/s，甚至可达 10^{8}/s 量级，要产生这样高的应变速率，需要利用轻气炮装置，通过弹体和试样的高速撞击来实现。

图 5-2-3 还给出了在相应的应变速率下产生 1%应变所需的时间，通常称为特征时间。在高应变率下的特征时间为毫秒(10^{-3}s)、微秒(10^{-6}s)，甚至毫微秒(10^{-9}s)。

摆锤式冲击弯曲试验简单、实用，目前仍是生产实践中最广泛采用的动态力学试验方法，其应变速率大致在亚动态范围。由于其试验不能得到应力-应变曲线，特别是应变速率尚不够高，近代发展了 Hopkinson 压杆、轻气炮等试验装置及相应的方法，但这些方法尚未规范化，还未应用到工程设计中，多用于材料动态特性的理论和试验研究。但随着生产技术的发展，高应变率下材料力学性能试验的必要性日臻显著，试验规范化的进程必将加速。

Hopkinson 压杆冲击试验

分离式 Hopkinson 压杆(split Hopkinson pressure bar，SHPB)装置是研究材料动态力学性能的重要工具。该装置简图如图 5-2-4 所示，有加载单元、应力传送单元以及应变测量单元三部分组成。压杆的加载方法主要有爆炸、机械冲击以及用气体激波管加速等方法。其中，以机械冲击法应用最多，它是通过悬挂抛射机构使撞击杆加速，然后与输入杆碰撞，从而把压力脉冲通过输入杆传入试样。SHPB 装置可使试样产生高达 10^4/s 量级的应变速率。

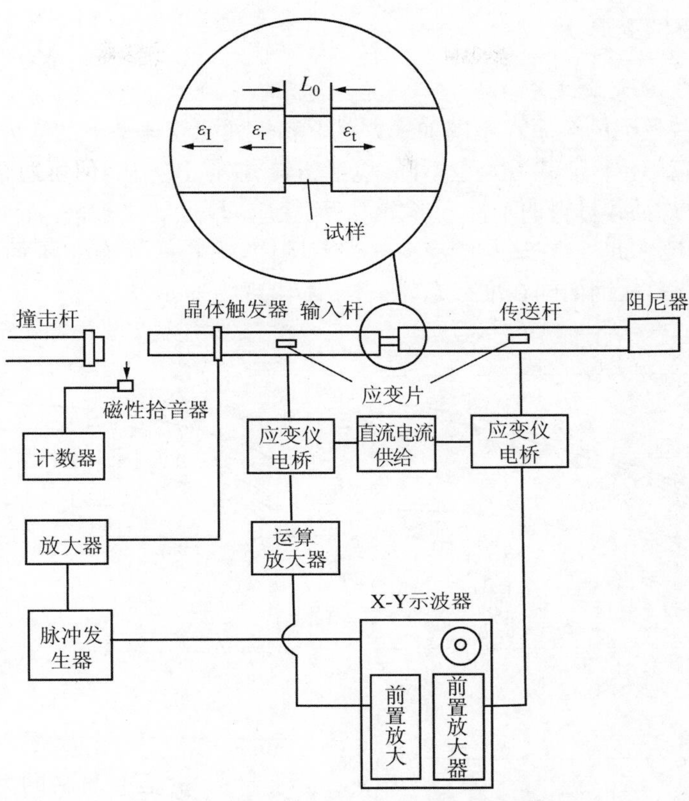

图 5-2-4　分离式 Hopkinson 压杆装置简图

当输入杆中的压缩应力波达到试样时，一部分被试样前端界面反射，另一部分进入试样并继续向前传播。当这部分波到达试样末端时又被分为两部分，一部分透射进入传送杆，另一部分在末端面被反射回试样中，并将在试样两端面发生多次反射。利用装在输入杆和传送杆上的应变片和应变测量装置可以连续地记录入射、反射和透射应力脉冲的应变-时间曲线，从而可以确定试样两端面的位移，再根据一维应力波理论计算试样的应力和应变。

设入射、反射和透射的应变脉冲分别为 ε_I、ε_r 和 ε_t，则试样的应变 ε_{sp} 为

$$\varepsilon_{sp} = -\frac{2C_0}{L_0}\int_0^t \varepsilon_r \mathrm{d}t \tag{5-2-5}$$

式中，C_0 为应力波在杆中的传播速度；L_0 为试样的原始长度；t 为应力波持续时间。

作用在试样两个端面的压力 P 依赖于透射的应变脉冲

$$P = AE\varepsilon_t \tag{5-2-6}$$

依此，可求出作用于试样的应力

$$\sigma_{sp} = \frac{P}{A_s} = \frac{A}{A_s}E\varepsilon_t \tag{5-2-7}$$

式中，A_s 为试样截面积；A 为压杆截面积（输入杆和传送杆截面积相同）；E 为试样的杨氏模量。

通过改变撞击杆的长度或撞击速度，可以改变应力波的强度和延迟时间，在试样中产生不同的应力、应变。依据多次冲击的测量结果，可以绘制出材料在不同应变速率下的应力-应变曲线，以及求出材料在不同应变速率下的强度和塑性。

通过修改 SHPB 装置，也可以实现杆件的冲击拉伸和冲击扭转试验。

5.2.2 高速载荷下的变形

5.2.2.1 动态应力-应变曲线

图 5-2-5 为一些较纯的金属在不同加载方式下和不同应变速率下的应力-应变曲线。尽管各种金属的晶格类型不同，加载方式也不同，包括扭转、拉伸和冲压，但可总结出一个共同的规律，即随着应变率的增加，材料的塑性变形抗力(流变应力)也随之提高，而 bcc 金属显示出最大的应变速率敏感性。此外，在试验的应变速率范围内，铝和钛为连续屈服；铜在较高应变速率下出现物理屈服；而软钢如同在准静态时一样，都出现物理屈服。

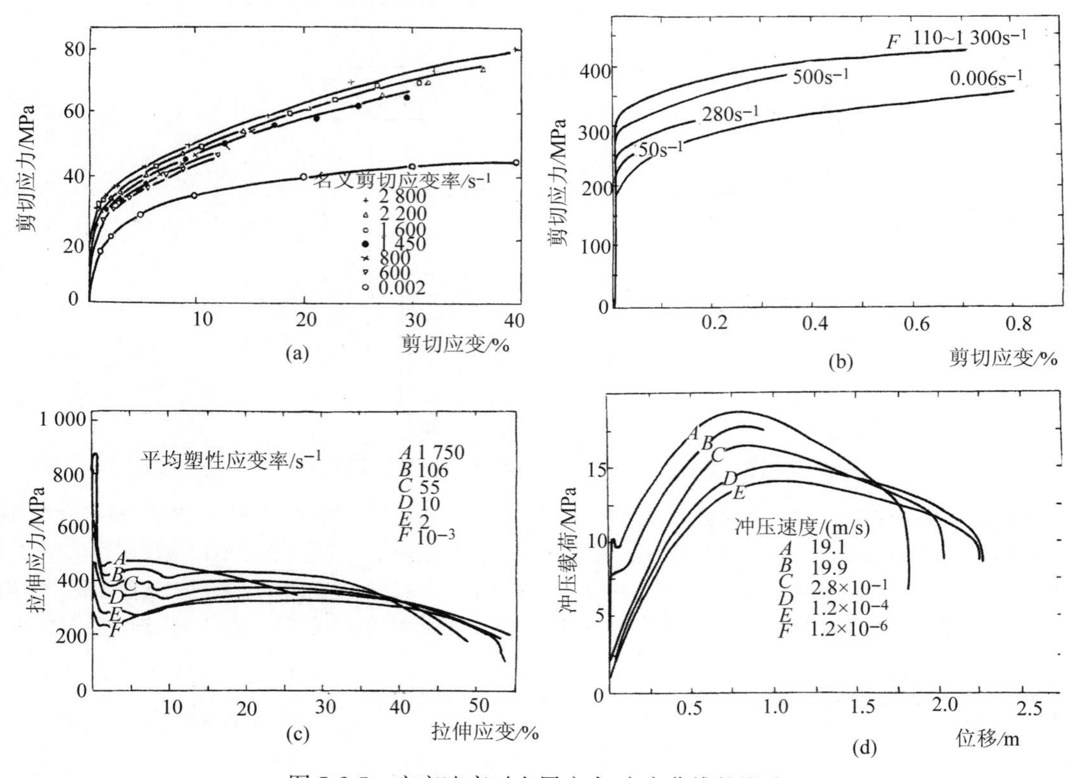

图 5-2-5 应变速率对金属应力-应变曲线的影响

(a) 铝(扭转)；(b) 钛(扭转)；(c) 软钢(拉伸)；(d) 铜(冲压)

对于合金来说，这种变化的总体趋势仍然不变，只是应变速率对流变应力的影响有所减弱。例如，纯铝是应变速率敏感材料，其高应变率(10^3/s)的流变应力比准静态提高 20%～60%；但对经时效强化的变形铝合金，其动态应力-应变曲线几乎与准静态的重合。

由以上试验结果可见，高速加载下的应力与应变不是单值关系，还与应变速率有关，所以应该用应力-应变-应变速率三维坐标系中的曲面来表示三者之间的函数关系。为简化起见，一般把若干条不同应变速率的应力-应变曲线同时绘在一个平面图上，如图 5-2-6 所示。曲线 OYF 为应变速率趋于无穷大时的应力-应变曲线，代表材料本构关系中与时间无关的部分，各应力-应变曲线终点的连线 FTR 代表材料在不同应变速率下发生断裂的临界条件的轨迹，本构关系可在应力-应变平面坐标上用分布在 $OYFTR$ 曲线为界的区域中的一族恒应变速率曲线来描述。

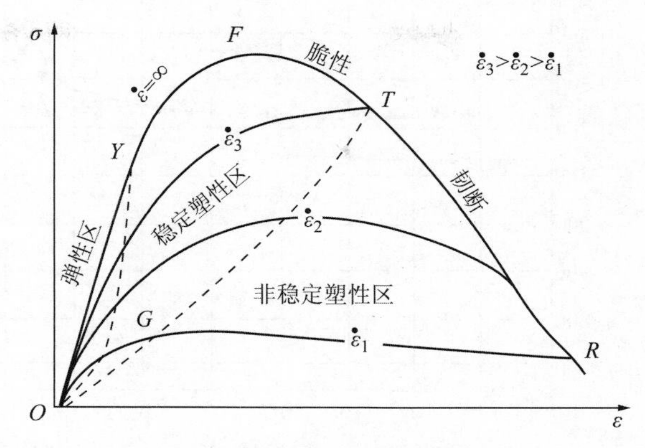

图 5-2-6　不同应变率下的应力-应变曲线

(1) 弹性区(E 区)——对金属,为 *OY* 直线;对高聚物,为 *OY* 虚线。

(2) 稳定塑性区(SP 区)——*OYFTO* 包络区:在该区,材料塑性变形是均匀的,不会产生缩颈等局部大变形,故最终断裂是脆性的。*OY* 虚线代表了材料在不同应变速率下由弹性状态进入稳定塑性状态的临界值,这就是涉及应变率效应的屈服准则。

(3) 非稳定塑性区(USP 区)——*OTRO* 包络区:*OT* 虚线代表了材料在不同应变速率下由稳定塑性状态进入非稳定塑性状态的临界条件,这就是涉及应变率效应的颈缩和塑性失稳屈服准则。在此区内,最终断裂为韧性断裂。

5.2.2.2　强度和塑性

高应变率下流变应力的提高与位错运动性质的改变有关,大体有如下原因:在冲击载荷作用下,瞬间作用于位错上的应力很高,造成位错运动速率增加、位错能量增加、宽度减小,故 P-N 力增大,使滑移临界切应力增大,产生附加强化;由于冲击载荷应力比较高,使较多的位错源同时开动,增加了位错密度和滑移系数目,位错交互作用强烈,抑止了易滑移阶段的产生和发展。

大量试验证明,在应变速率低于 10^2/s 的范围内,材料的强度和塑性不会有明显变化;在当应变速率超过($10^2\sim10^3$)/s 以后,加大应变速率可以提高屈服强度和抗拉强度,但对塑性(伸长率)的影响却很复杂。下面试举几个合金钢的例子。

图 5-2-7 为经淬火回火的 35NiCrMoV 钢的试验结果,随应变率的提高,强度也随之提高,但并非必然使塑性降低;恰恰相反,在($10^2\sim10^4$)/s 应变率范围内,断面收缩率和伸长率都有所提高。在 CrMoV 钢中也得到类似结果。

图 5-2-8 为 18Ni 马氏体时效钢的试验结果。该钢是一种新型的超高强度钢,含 18%Ni、8%Co、5%Mo 和 0.6%Ti,依靠析出金属间化合物(Ni_3Ti 等)而时效强化,具有很好的强度和塑性配合。这种钢的屈强比很高,均匀伸长率较小,但仍有相当高的塑性。随着应变率的提高,其屈服强度和抗拉强度单调提高,但其断面收缩率几乎保持不变,或者略有下降,但绝对值仍在 40%以上。

由以上例子可见,对于不同合金成分和显微组织的钢,它们对应变率的敏感性可能有很大不同,为了确定强度和塑性的变化趋势,只有进行试验。表 5-2-1 列出了几种金属材料的试验数据,供参考。

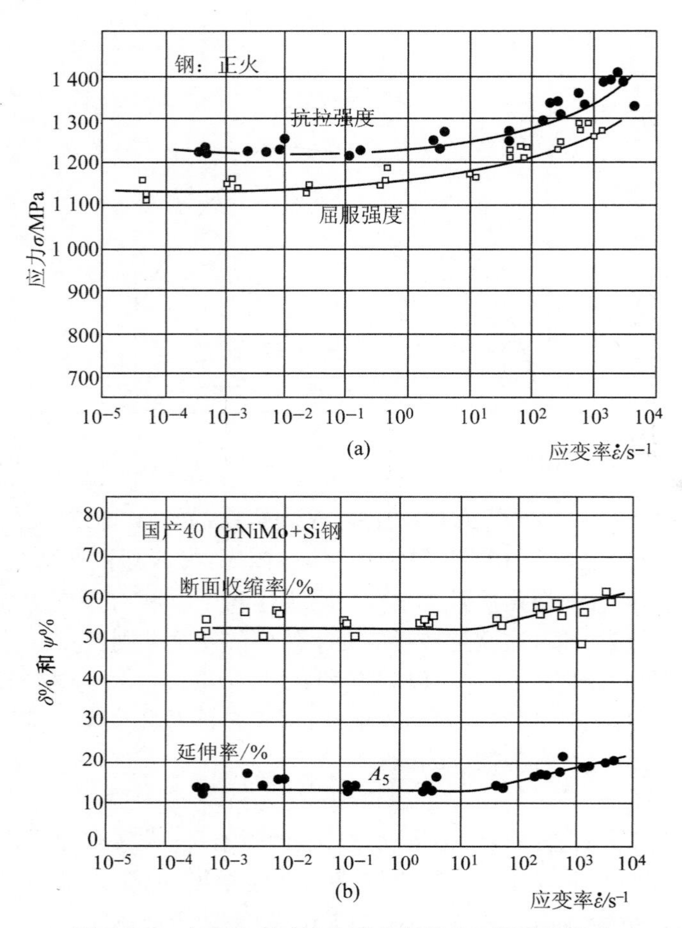

(a)

(b)

图 5-2-7　应变速率对淬火回火钢强度和塑性的影响

(a) 屈服强度和抗拉强度；(b) 伸长率和断面收缩率

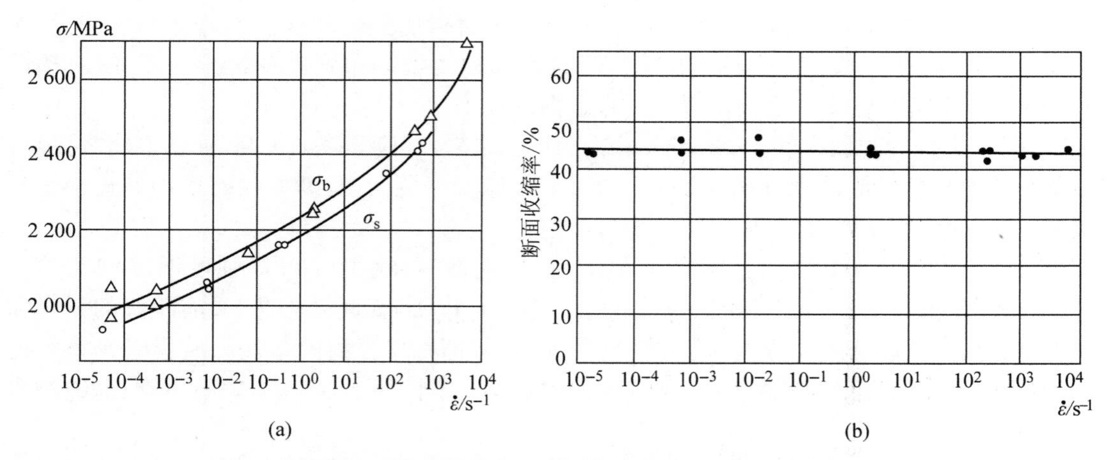

(a)

(b)

图 5-2-8　应变速率对马氏体时效钢强度和塑性的影响

(a) 屈服强度和抗拉强度；(b) 断面收缩率

表 5-2-1　几种金属材料的冲击加载性能

	铸铁	碳钢	黄铜	铜	铅	铝
E/GPa	113.8	203.5	93.1	113.8	17.3	69.0
ρ_0/(g/cm^3)	7.2	7.75	8.3	8.86	11.35	2.65
c_L/(m/s)	3966	5151	3352	3688	1189	5090
c_T/(m/s)	2469	3239	2042	2286	701	3109

注：$c_L/c_T=\sqrt{E/G}=\sqrt{2(1+\nu)}$

5.2.2.3　迟屈服

在高速加载下，塑性应变往往落后于应力，出现一定时间的滞后。图 5-2-9 为碳钢试样在快速加载条件下应力、应变及应变速率与时间的关系。可见，开始加载 10μs 后，应力达到最大值，但在 30μs 后才出现塑性流动，说明材料在一短暂时间内承受了比屈服点更高的应力而没有发生屈服，此即“迟屈服”。屈服滞后的时间依赖于应力和温度，当应力越高或温度越高时，滞后时间越短。

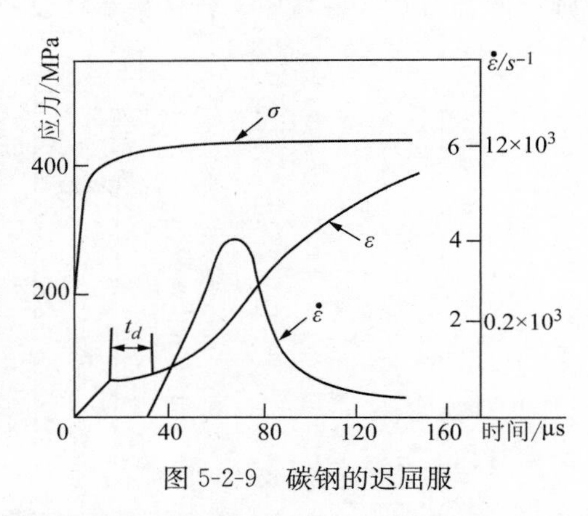

图 5-2-9　碳钢的迟屈服

5.2.2.4　韧脆转变

高应变速率可使某些金属由韧性断裂转变为脆性断裂，例如，Mo 在 2/s 应变速率下，伸长率已降为零，但不同晶格金属的伸长率随应变速率变化趋势并不相同，如图 5-2-10 所示。一般，对 bcc 金属，随应变速率增高，伸长率明显降低；对 fcc 金属，伸长率不发生明显变化；对 hcp 金属，则较复杂，例如 Zn 的伸长率下降，而 Ti 的伸长率无明显变化。

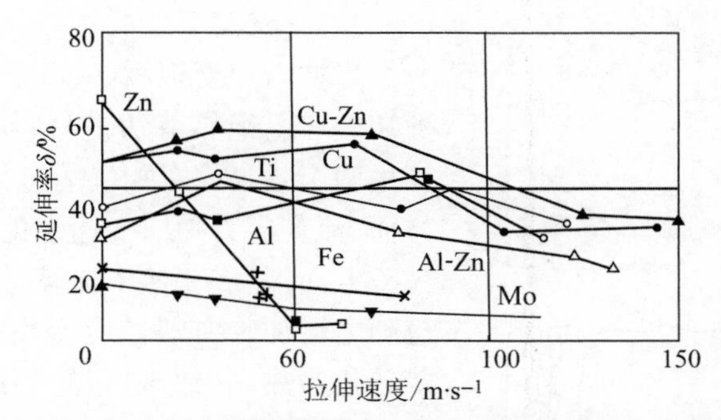

图 5-2-10　一些纯金属及合金的伸长率随应变速率的变化

5.2.3　高速载荷下的断裂 ▶

高速冲击载荷下材料的失效和破坏比较特殊，常常难以归类和分析。在高应变率下，不仅材料的强度和塑性会发生变化，而且断裂机制也可能完全不同于准静态。从实际应用来看，高应变率的冲击拉伸较为少见（理论研究材料动态特性有用），常见的是冲击压缩，如在物体表面的撞击、炸药爆炸、子弹或炮弹击中靶子等。

5.2.3.1 剥落破裂

剥落破裂是高应变速率下材料的一种断裂形式，是由压缩应力波在材料自由表面反射转变为拉伸应力波作用造成的。

当一个压缩波垂直地冲击一个自由表面时，将被反射为同等强度的拉伸波。反射的拉伸波将与原压缩波的尚未到达自由表面的部分进行叠加。图 5-2-11 表示了波形为三角形、波前最大应力为 σ_0、波长为 λ 的应力波在自由表面的反射的分析。原压缩波波前 GH 反射为拉伸波的波前 CG'，CG' 与该入射压缩波部分 BC 叠加，拉伸合力为 CD。当波继续向左方运动时，则拉伸合力 CD 将增加。若材料不破裂，则拉伸应力将达到最大值 σ_0。

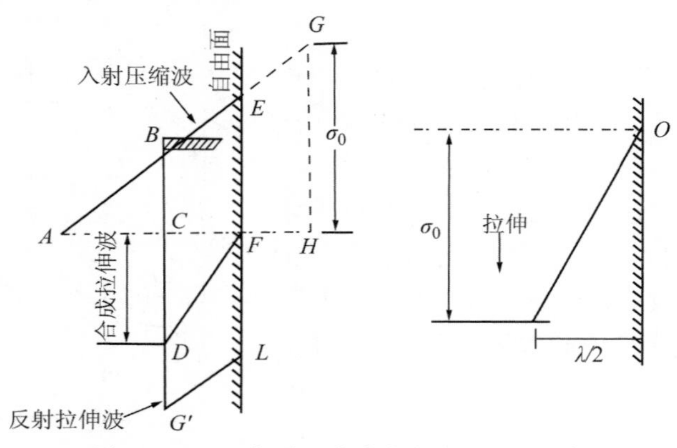

图 5-2-11 三角形压缩波在自由表面的反射

当瞬间拉伸应力波的强度大于材料的临界正常断裂强度时，材料就会发生一层剥落。若应力波强度足够大(大于断裂强度的 2 倍)，就可能发生多层剥落，如图 5-2-12 所示。第一层剥落破裂产生后，就在原来波的尾部产生一个新的自由面，并立即对原入射压缩波的剩余部分进行反射。这种过程将一直继续到波的后部应力绝对值小于临界断裂强度时为止。

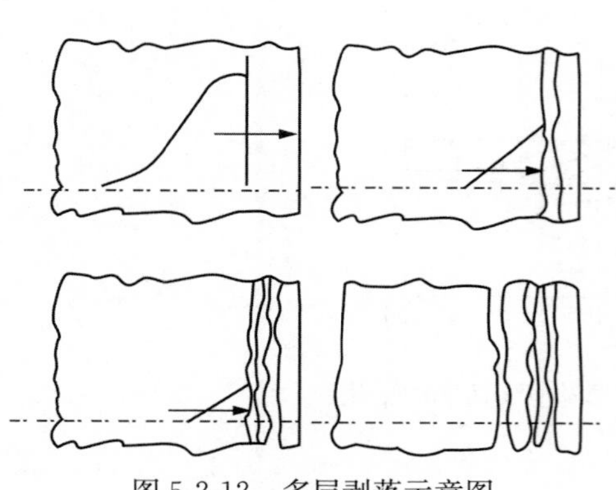

图 5-2-12 多层剥落示意图

5.2.3.2 绝热剪切破坏

当冲击速度很高(600m/s)时，还可能发生绝热剪切破坏。绝热剪切是材料在高速压缩载荷下，所产生两个效果完全相反的过程相互作用的结果。一方面，流变应力随应变速率提高而提高(硬化过程)；另一方面，随应变速率提高，塑性变形局部化的倾向也随之增加。在塑性应变集中部位，局部塑性变形能转化为热，导致该区域材料软化。当材料软化倾向大于硬化倾向时，局部的软化将进一步促进变形更加集中。反过来更进一步促进局部温度剧烈上升，有时甚至会超过相变温度。由于应变速率很高，这一过程进行得很快，可视为绝热过程。

绝热剪切带又可分两种：一种是变形带，其中晶粒经受严重畸变，但晶体结构未变化；另一种是相变带，其晶体结构已因快速加热和冷却而发生变化，常称为“白亮带”。在钢中，它其实是未回火的马氏体。当绝热剪切变形发展到一定程度后，会沿着绝热剪切带产生裂纹，并最终导致材料破坏。

5.2.3.3　冲击动态失效

冲击一般在两个物体之间发生。动的一个称为“弹”，静的一个称为“靶”。除了两者的相对速度以外，“弹”和“靶”的力学性能(强度、塑性、韧性、模量)、物理性能(密度、比热、导热率、熔化热、汽化热)以及几何形状都可能对失效过程产生影响。

Johnson 最早提出用损伤参数 D 来划分动态失效模式：

$$D=\frac{\rho V^2}{\overline{Y}} \tag{5-2-8}$$

式中，ρ 为弹的密度；V 为弹的速度；$\overline{Y}$ 为靶的失效强度，通常用剪切强度表征。

D 值愈高，意味着惯性过程对材料行为起愈重要的作用，而显微组织退居次要地位。

(1) 低速范围($D<10^{-3}$)：对脆性材料，断裂过程以裂纹扩展方式进行，可用线弹性断裂力学描述；对塑性材料，则为韧性断裂。

(2) 中速范围($10^{-3}<D<1$)：当“弹”的速度大于 500m/s 量级时，位错运动不再依赖热激活，而是取决于声子拖曳作用，因而流变应力对应变速率的敏感性大为升高，裂纹出现分叉现象。裂纹扩展速度 C_b 约为纵向波速 C_L 的 3/10，并且应力场强度因子 K_{Ib} 接近静态断裂韧度 K_{Ic} 的 4 倍，这是开始出现裂纹分叉的两个条件。对于脆性材料，则发生多重裂纹扩展，导致碎裂。

(3) 高速范围($D>1$)：此时失效过程取决于惯性过程，显微组织影响下降。在极端情况下，当冲击速度 V 超过 1 000m/s 时，“弹”和“靶”在冲击点绝热熔化，甚至气化。

下面以中速范围的穿甲弹撞击装甲板来简单分析冲击动态失效的可能模式。图 5-2-13 表示了 6 种可能的失效模式以及装甲板硬度与失效模式的关系。当装甲板硬度较低(<350HV)时，则因塑性变形而穿孔；当硬度稍高(350～450HV)时，则产生局部绝热剪切带，并冲下直径与装甲弹相同的圆柱体；继续提高硬度(450～560HV)时，则由于应力波的作用，在板的背面附近产生层裂或星状开裂；最后的两种失效模式是在板的背面产生碎片和剥落。

要评价穿甲弹和装甲板，可应用一个经验公式

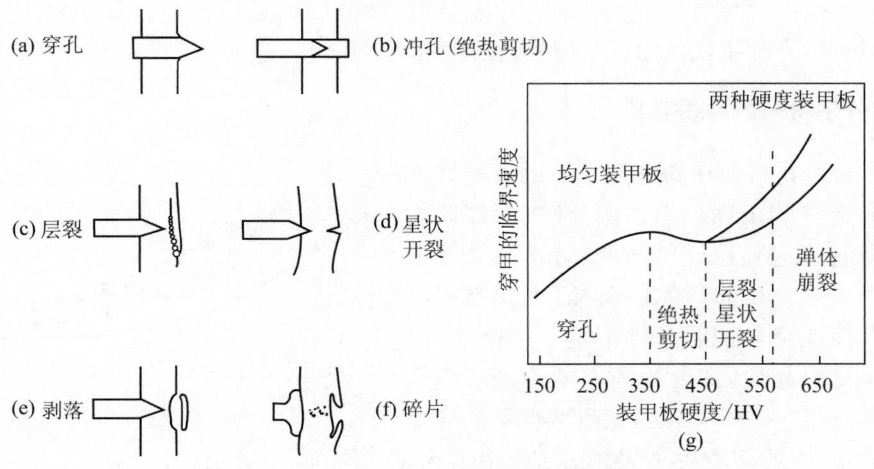

图 5-2-13　装甲板的失效模式及与其硬度的关系

$$h=\frac{mV^2}{\pi d^2}\frac{1}{\sigma_0} \tag{5-2-9}$$

式中,h 为装甲板厚度;σ_0 为装甲板强度;m 为穿甲弹质量;d 为穿甲弹直径;V 为穿甲弹速度。

由以上分析可知,要提高装甲板的防御能力,就既要提高外表面的强度,又要提高内表面的韧度(以防止碎片和剥落)。一种很有效的方法是采用复合钢板,如外表层陶瓷、内表层金属的复合板。从另一方面来看,要提高穿甲弹的破坏能力也有两个办法,一是提高"长度/直径"比值;二是选用高比重的金属,如钨、铀等。

5.2.4 动态断裂韧度

对于一个含裂纹体,若施加高应变率的冲击载荷,其裂纹尖端将承受极大的应力速率 $\dot{\sigma}$ 和应力强度因子速率 $\dot{K}$,当达到一定的临界条件时即发生失稳断裂,这属于动态加载条件下的突然失稳断裂问题。现有研究表明,在动态载荷作用下,裂纹尖端应力仍然存在 $r^{-\frac{1}{2}}$ 阶奇异性,所以,Ⅰ型裂纹的动态应力强度因子可以定义为

$$K_{\mathrm{I}}^{\mathrm{d}}=\lim_{r\to 0}\sqrt{2\pi r}\,\sigma_{yy}(r,\theta,t) \tag{5-2-10}$$

因为应力是时间的函数,故应力强度因子也是时间的函数,有时可记为 $K_{\mathrm{I}}^{\mathrm{d}}(t)$。它与准静态时的应力强度因子 $K_{\mathrm{I}}^{\mathrm{s}}$ 之间的关系可由一个与时间相关的修正系数 $M_{\mathrm{I}}(t)$ 来联系:

$$K_{\mathrm{I}}^{\mathrm{d}}=M_{\mathrm{I}}(t)K_{\mathrm{I}}^{\mathrm{s}} \tag{5-2-11}$$

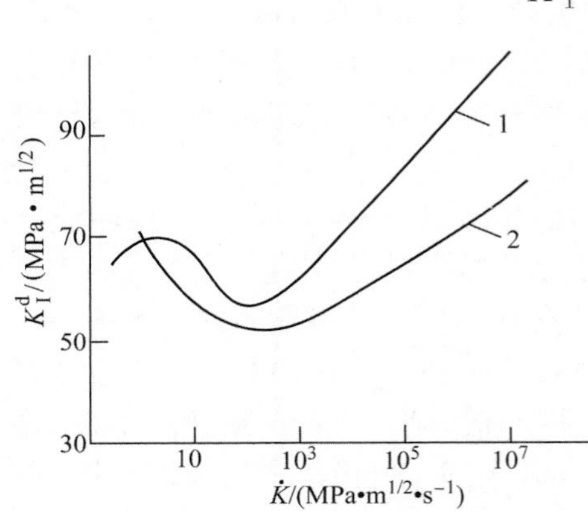

1—NiCrMo 钢;2—CrMoV 钢。

图 5-2-14 加载速率对断裂韧度的影响

动态应力强度因子达到某一临界值时,试样发生失稳断裂,该临界值即为动态断裂韧度,记做 K_{Id}。材料的 K_{Id} 与加载速率 $\dot{K}$ 并非单调增加关系,如图 5-2-14 所示,当 $\dot{K}$ 达到某值时,K_{Id} 出现最低值,随后 K_{Id} 又随 $\dot{K}$ 增加而增加。这是因为在某临界 $\dot{K}$ 前,高速加载使塑性变形受到限制,韧性下降;超过这个临界值,高速变形近似绝热过程,变形能量不易散逸,转化成热量,升高了试样温度,又使韧性提高。

5.2.5 高分子材料的冲击强度

高分子聚合物材料在高应变率下的力学性能也具有十分重要的工程价值。例如,飞行器的窗户必须经得起高速颗粒或雨滴的撞击,高压开关的塑料保护罩须经得起偶尔的碰撞,工程塑料制成的齿轮即使在突然加载条件下也不应断裂等。与一般金属材料相比,高聚物的力学性能对应变速率更敏感。图 5-2-15 表示了聚酰胺在不同应变速率下的剪应力-剪应变曲线,随应变速率增高,

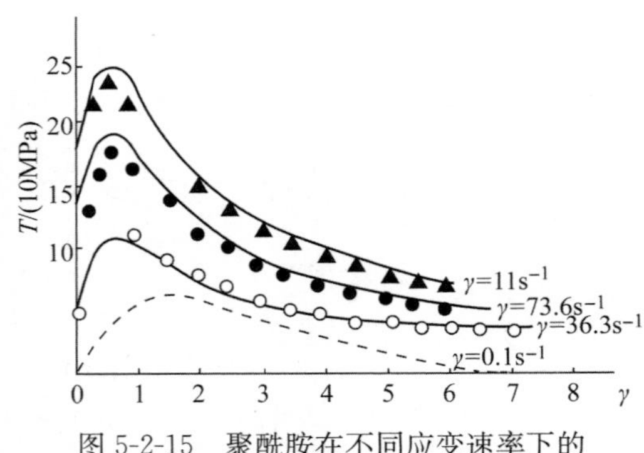

图 5-2-15 聚酰胺在不同应变速率下的剪应力-剪应变曲线

曲线斜率明显增大。另一方面,应变速率的微小变化都可能使高聚物发生脆性断裂。随应变速率提高,高分子材料进行黏弹性变形及塑性变形的倾向减小,使通常表现韧性断裂的材料发生脆性断裂。天然橡胶就是一个很好的例子。在液氮温度及持久载荷作用下,天然橡胶也会发生脆性断裂。

温度对高分子材料的冲击强度也有影响。与金属材料类似,高分子材料也有一个冲击值发生急剧变化的很小温度区间,相应的断裂类型由韧性断裂转变为脆性断裂。转变温度的数值取决于应变速率和缺口条件。图 5-2-16 表示了硬聚氯乙烯冲击值随实验温度的变化,随缺口半径减小,韧-脆转变温度升高。

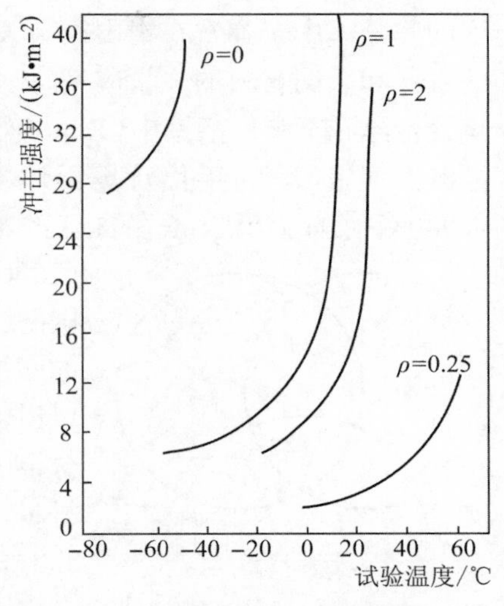

图 5-2-16　温度对硬聚氯乙烯光滑及缺口试样冲击强度的影响

目前,关于聚合物在冲击载荷下变形和断裂机理的研究还不系统。在冲击载荷下,银纹形成以前变形是均匀的。冲击载荷下银纹萌生应力与屈服应力成比例,取决于分子量、试样处理温度。在冲击载荷下,裂纹顶端银纹区仍然有阻碍裂纹扩展的作用,因而高分子材料的冲击功与银纹的体积成正比。冲击断裂试样的断口一般有不同程度的白亮区。白亮区是由变形中产生的银纹造成的。试验结果证实了白亮区越大,即银纹材料体积越大,聚合物的冲击抗力越高。

5.3　环境诱发断裂

材料在力和腐蚀性环境共同作用下发生断裂的现象称为**环境诱发断裂**(environmentally induced cracking,EIC)。产生 EIC 的力可以是外加载荷造成的应力,也可以是残余应力,一般只有拉应力起作用,但都低于材料的屈服强度。也就是说,在无腐蚀性环境作用下是不会发生断裂的。此外,所谓的腐蚀性环境通常是指轻微的腐蚀性,如果没有力的作用,也不会发生严重的腐蚀失效。所以 EIC 既不同于一般的静载断裂,又不是腐蚀。EIC 有两个特点:一是具有延迟性,需要在力和环境共同作用较长一段时间后发生;二是由于应力较小,断裂前无明显的塑性变形,属于典型的脆性断裂。

EIC 有多种类型:在静态应力和腐蚀性介质共同作用下的断裂称为**应力腐蚀断裂**(stress corrosion cracking, SCC);在应力和氢环境下的断裂称为**氢致断裂**(hydrogen induced cracking),常称为**氢脆**。它是 SCC 的一种形式,但在工程上特别重要,所以单独划分为一类;在应力和液态金属环境中材料的断裂称为**液体金属脆**(liquid metal induced cracking,LMIC)等。本节对上述几种 EIC 做简要的介绍。

5.3.1　应力腐蚀断裂 ▶

SCC 是普遍而又历史悠久的现象。已经发现公元前一世纪至公元一世纪间古代波斯王国少女头像上具有脆性开裂裂纹的外观和裂纹大量分叉的 SCC 特征。但是,人们有意识地注意 SCC 只是始于工业突飞猛进的 19 世纪下半叶,当时由于冲压黄铜弹壳获得广泛应用,在印度的弹药库中子弹常在梅雨季节发生开裂,称为“季裂”,这是最著名的 SCC 实例。随着工业的发展和金属材料的大量应用,人们又陆续发现不止在黄铜中有 SCC,还有如含银和铜的冷拉合金丝在 $FeCl_3$ 溶液中(1886 年);蒸汽机车铆接锅炉在碱性溶液中(19 世纪末);铝合金在潮湿大气中(1920 年代);奥氏体不锈钢在高温氯化物或碱液中以及镁合金在潮湿大气中(1930 年代);金属设备在含硫的油、气田中(1940 年代末);钛合金在海水、NaCl 水溶液中(1950 年代)等。因此,SCC 的现象是普遍的,它已成为一个涉及国防、化工、电力、石油、宇航、海洋开发、原子能工业等非常广泛的腐蚀失效问题。造成 SCC 事故的合金-环境体系愈来愈多。可以说,绝大多数的合金是发生 SCC 的,特别是铝合金、镁合金、镍合金、高强度钢、不锈钢及钛合金等在工业应用中最重要的金属材料。

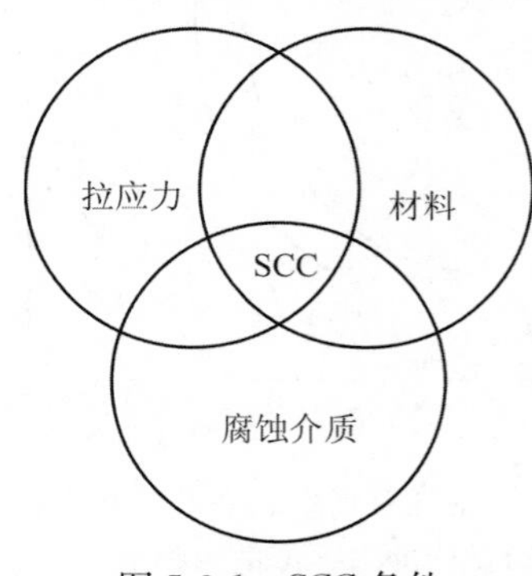

图 5-3-1 SCC 条件

5.3.1.1 应力腐蚀断裂特征

SCC 的发生需要具备三要素,即拉应力、特定的腐蚀介质以及相应的金属材料。应力、环境和材料三者的关系如图 5-3-1 所示,只有三者有交集时,才能发生 SCC。

1) 力学特征

(1) 拉应力。SCC 只有在拉应力下才发生,在压应力下不发生。这个拉应力除了构件的工作应力之外还可能是其他的应力,如制造过程(铸造、成型、焊接、安装等)中产生的残余应力、因温度梯度产生的热应力、因相变产生的相变应力(第二类残余应力)以及裂纹中腐蚀产物的楔入应力等。表 5-3-1 是日本不锈钢制造机械所发生的 SCC 事故调查结果。可见,由于残余应力引起的 SCC 占总的 SCC 事例的 81.5%,因此残余应力必须引起足够的重视。

表 5-3-1 按应力来源统计 SCC 事故的百分数

应力来源	占总 SCC 事故的百分数/%
加工残余应力	48.7
焊接残余应力	31.0
装配残余应力	1.8
服役时的热应力	15.0
服役时工作应力	3.5

(2) 临界应力。存在一个临界应力,小于该应力则不发生 SCC。合金所承受的应力愈小,至断裂的时间 t_F 愈长,当应力小于某一临界值 σ_{SCC} 后,或应力场强度因子小于某临界应力场强度因子 K_{ISCC} 后,$t_F \to \infty$,如图 5-3-2 所示。但并不是所有材料在各种介质中都存有临界值,图 5-3-3 是 40CrNiMo 钢在 3.5%NaCl 及在 H_2S 水溶液中的 $K_I - t_F$ 曲线,可见该钢在 3.5% NaCl 水溶液中的 K_{ISCC} 约为 $55kgf/mm^{3/2}$,而在 H_2S 水溶液中则不存在 K_{ISCC}。

2) 环境特征

(1) 腐蚀介质的特效性。对于一种合金,只有在特定的腐蚀介质中含有某些对发生 SCC

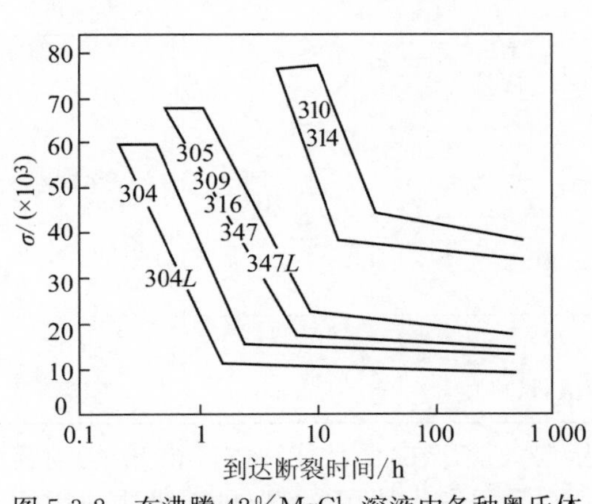

图 5-3-2 在沸腾 42%$MgCl_2$ 溶液中各种奥氏体不锈钢的 σ-t_F 曲线

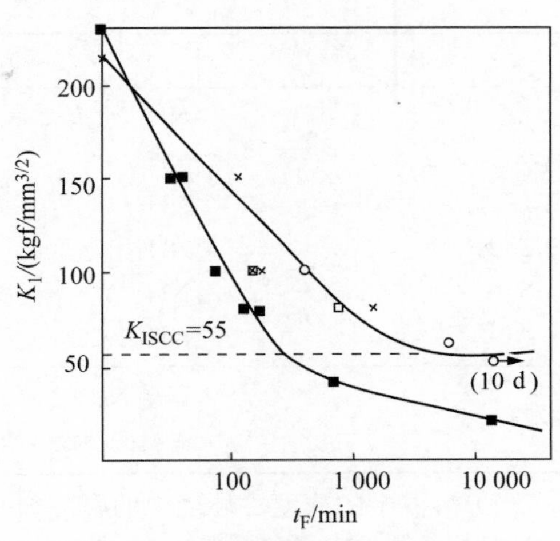

×为在海水中；■为在 H_2S 水溶液中。

图 5-3-3 40CrNiMo 钢在 3.5%NaCl 及在 H_2S 水溶液中的 K_I-t_F 曲线

有特效作用的离子、分子时才会发生 SCC。例如，锅炉钢在碱溶液中的“碱脆”；低碳钢在硝酸盐中的“硝脆”；奥氏体不锈钢在含有氯离子溶液中的“氯脆”；黄铜在带有氨气氛中的“氨脆”等。表 5-3-2 给出了常用合金发生 SCC 的特定腐蚀介质。但应当指出，随着工业进一步的发展，接触的介质将增多，所采用的合金种类也将增多，将有更多的材料-环境组合发生 SCC。

表 5-3-2 对 SCC 敏感的材料/介质组合

合 金	腐 蚀 介 质	温 度
碳钢和低合金钢	NaOH 水溶液 NaOH+$NaSiO_2$ 水溶液 硝酸盐水溶液，HCN 水溶液 液体氨，H_2S 水溶液，海水 混合酸(H_2SO_4+HNO_3)	>50℃ >250℃ 室温
奥氏体不锈钢	$MgCl_2$ 氯化物水溶液，高温水，海水，H_2SO_4+NaCl，HCl	60～200℃
马氏体不锈钢	海水，NaCl 水溶液，NaOH 水溶液，NH_3 水溶液，H_2SO_4，HNO_3，H_2S 水溶液	室温
Ni-高温合金	NaOH 水溶液，锅炉水，水蒸气+SO_2，浓 Na_2S 水溶液	260～322℃
Al-Zn Al-Mg Al-Cu-Mg Al-Mg-Zn Al-Zn-Cu	空气，NaCl+H_2O_2 水溶液 空气，NaCl 水溶液 海水 海水 NaCl+H_2O_2 水溶液	室温

(续表)

合 金	腐 蚀 介 质	温 度
Cu-Al	NH_3,水蒸气	室温
Cu-Zn	NH_3	
Cu-Zn-Sn	NH_3	
Cu-Zn-Ni	NH_3	
Cu-Sn	NH_3	
Cu-Sn-P	NH_3+CO_2	
Ti,Ti 合金	熔融 NaCl	>260℃
	有机酸,海水,NaCl 水溶液,HNO_3	室温

(2) 溶液中的浓度。环境中的腐蚀剂并不一定要大量存在,而且往往浓度很低,均匀腐蚀是微不足道的,但却能发生 SCC。例如,Inconel-600 常用来代替在含 Cl^- 的溶液中使用的不锈钢,但是在 300℃以上只要含有$(1\sim10)\times10^{-6}$ 个 O_2 或 Pb 杂质,也会使其发生晶间型 SCC;核电站高温水中仅需$(1\sim10)\times10^{-6}$ 个 Cl^- 离子便可使奥氏体不锈钢发生 SCC。

(3) SCC 的电化学因素。依据伴随裂纹扩展过程的电化学反应,应力腐蚀可以分成两种基本类型,即阳极反应型和阴极反应型。图 5-3-4 表示了两种类型应力腐蚀反应以及电流和断裂时间的关系。

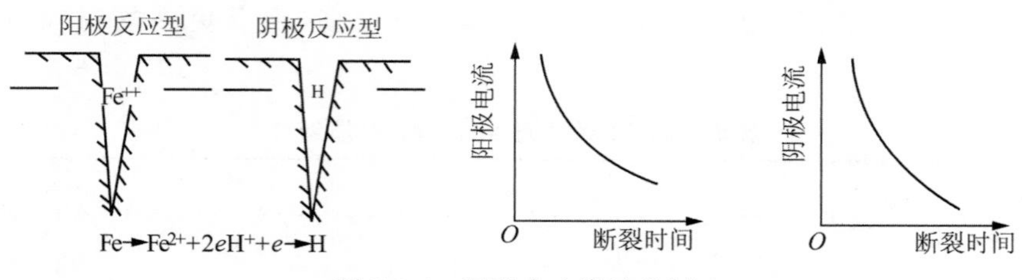

图 5-3-4 两种应力腐蚀机制

阳极反应型应力腐蚀的裂纹形成与扩展是以阳极金属溶解为基础的,裂纹扩展速度由阳极溶解速度决定;阴极反应型应力腐蚀依赖于氢原子形成和向内部的扩散,因而也称为氢脆型应力腐蚀。

实际应力腐蚀过程中,裂纹生长是局部腐蚀的结果。局部腐蚀是由金属和电解质之间电化学反应造成的。由于这些部位存在着电化学不均匀性,电极电位不相等的区域就会构成电池的两个极而开始发生腐蚀。相对电极电位较低的作为阳极不断溶解,向电解质(溶液)中放出正离子,并且把当量电子留在原处,而相对电极电位较高的局部(阴极)则把电子释放给溶液中的离子。例如,铁在海水中的电化学反应可能为

$$\text{阳极反应}:Fe \rightarrow Fe^{2+}+2e$$

$$\text{阴极反应}:2e+\frac{1}{2}O_2+H^2O \rightarrow 2(OH)^-$$

$$\text{电解质中}:Fe+\frac{1}{2}O_2+H_2O \rightarrow Fe(OH)_2$$

阳极腐蚀速度是由腐蚀电流 I 控制的(见图 5-3-5),而 I 又和与阴极电位 V_C 与阳极电位

V_A 的差及腐蚀电池电阻 R 有关

$$I=\frac{V_C-V_A}{R} \tag{5-3-1}$$

金属的表面腐蚀是由其与环境相互作用控制的。若在介质中的极化过程相当强烈，则（V_C-V_A）值很低，腐蚀过程就被抑制。极端情况是阳极金属表面形成了保护膜（钝化膜），腐蚀停止。与此相反，若介质中去极化（活化）过程很强，则金属就受到全面腐蚀。局部腐蚀介于上两者中间，在局部腐蚀过程中，活化与钝化交替进行，保护膜最易局部破裂，暴露的基体成为阳极，保护膜成为阴极，由此组成腐蚀电池。

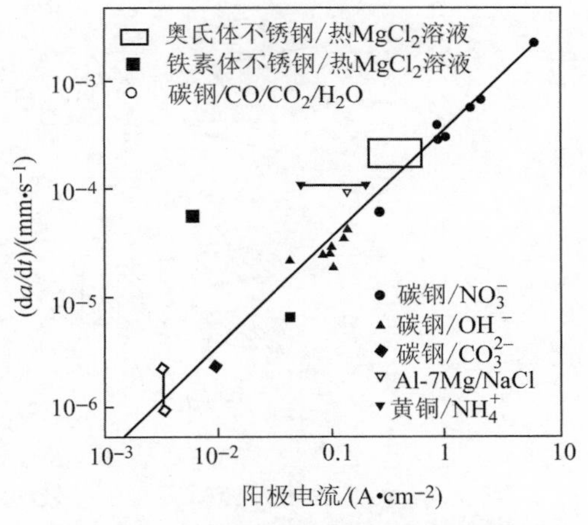

图 5-3-5 裂纹扩展速度与阳极电流的关系

拉应力的存在不仅促进钝化膜破裂，而且降低阳极电位，加速阳极溶解，导致腐蚀加剧和 SCC 裂纹扩展。

3）材料特征

（1）化学成分。钢的化学成分对 SCC 敏感性是一个极为重要的因素。成分的微小变化往往会引起 SCC 敏感性转变。纯金属抗 SCC 的能力远高于合金，甚至用极纯金属制备的合金，对 SCC 抗力也将大为改善。

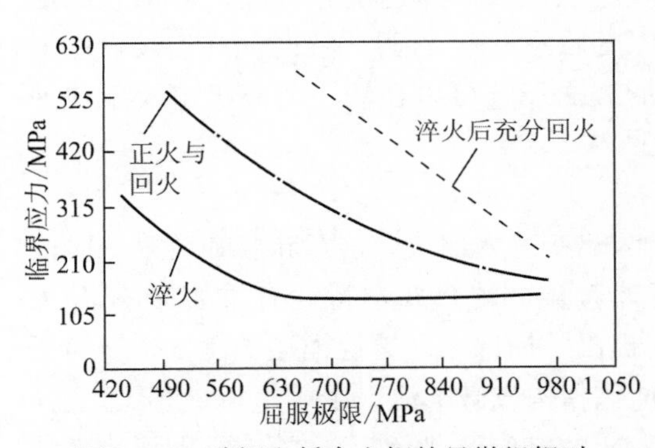

图 5-3-6 碳钢和低合金钢的显微组织对抗 H_2S 应力腐蚀断裂临界应力的影响

（2）组织结构。钢对 SCC 的敏感性还取决于组织结构，包括晶粒大小、形态、相结构以及缺陷、加工状态等。图 5-3-6 为显微组织对钢在 H_2S 水溶液中 SCC 的影响，其 SCC 抗力按如下的顺序递降：铁素体中的球状碳化物组织→完全淬火回火后的组织→正火和回火后的组织→正火后的组织→淬火后未回火的马氏体组织。

合金的组织对 SCC 抗力的影响很复杂，已有大量的试验研究结果。限于篇幅，无法在此详细介绍，有兴趣的读者可参考相关的文献。

5.3.1.1 应力腐蚀断裂机理

材料工作者对于 SCC 的机理一直在进行研究，提出了许多理论模型，但至今尚未有一个统一的看法，这主要是因为 SCC 的体系太多，影响因素既多且复杂。这里简要概述几种主要的模型，其示意图如图 5-3-7 所示。

1）氢致开裂模型

如图 5-3-7(a)所示，如果应力腐蚀的阴极反应是析氢反应 $H^+ + e \longrightarrow H$，H 原子进入金属并富集在裂纹尖端，当 H 原子富集到足够程度后，便能引发脆性开裂。这实际上是 HIC 的特例，是应力腐蚀条件下发生的氢致开裂。但是，在某些低强度的延性合金中观察到析氢反而抑制 SCC，所以 HIC 可能是高强度合金 SCC 的控制因素，而对低强度合金不是主要因素。

2）钝化膜破裂模型

如图 5-3-7(b)所示，在应力作用下晶体滑移产生的表面台阶处钝化膜受到破坏，露出“新

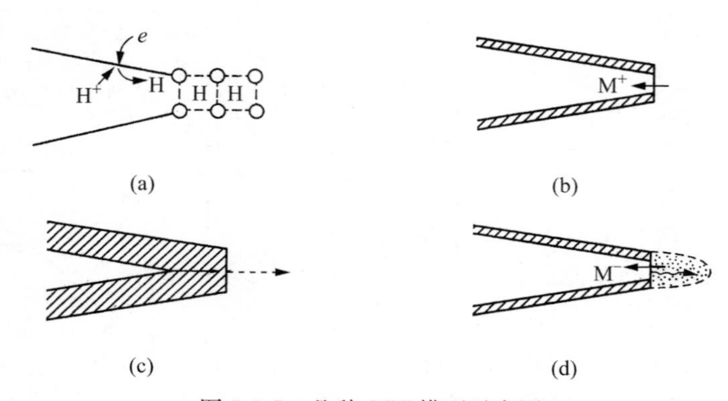

图 5-3-7 几种 SCC 模型示意图

(a) 氢致开裂模型;(b) 钝化膜破裂模型;(c) 表面膜引发开裂模型;(d) 局部表面塑性模型

鲜"活性(无钝化膜)金属。新鲜金属相对于钝化膜是阳极,而阳极溶解导致 SCC 裂纹的扩展。

3) 表面膜引发开裂模型

该模型是为解释某些情况下 SCC 穿晶裂纹扩展速度非常快且扩展不连续的现象而提出的,如图 5-3-7(c)所示。假定合金表面存在脆性表面膜,这种表面膜在某些合金中可能是合金元素贫化层,而在纯金属和某些合金中可能是表面氧化膜。当裂纹扩展速度足够快时,表面膜中扩展的裂纹可以穿过膜/金属界面进入基体金属,形成脆性表面膜需要阳极溶解过程,而裂纹扩展则无须阳极溶解或腐蚀过程的帮助。于是,较小的阳极溶解速度导致脆性表面膜的形成,然后表面膜中的裂纹快速扩展到亚表面区一定深度后停下来,经过一段时间在裂纹尖端形成新的表面膜之后再次扩展。总之,在应力作用下的表面裂纹可以在较小的阳极电流下快速且不连续扩展。

4) 局部表面塑性模型

腐蚀环境的蠕变试验表明,随试样阳极电流增加,蠕变速度加快。这意味着蠕变第一阶段的加工硬化因阳极电流而软化。这一事实表明,腐蚀对合金的金属学特性有重要影响,SCC 可能和裂纹尖端局部塑性变形有关。基于此,Jones 提出了局部表面塑性模型如图 5-3-7(d)所示,合金表面钝化膜破裂后露出的新鲜金属和周围钝化膜构成微电池。由于电位差很大,无钝化膜的活性表面产生很大的阳极电流。在钝化膜比较弱的电位区,膜破裂后不能立即形成新的钝化膜。因阳极电流而软化的区域很小,软化区域的塑性变形受到周围加工硬化(未软化)区域的约束。在裂纹尖端区域的微变形受到周围区域约束时,该微小区域产生三向应力状态(平面应变条件),变形被抑制而处于脆性状态。当继续受到应力作用时脆性裂纹就会形成并扩展。

5.3.1.2 应力腐蚀断裂的断裂力学分析

1) 应力腐蚀断裂临界应力场强度因子

根据断裂力学原理,对无腐蚀环境的裂纹体,当 $K_{\mathrm{I}}<K_{\mathrm{Ic}}$ 时,裂纹不会扩展,而 K_{I} 取决于裂纹长度 a 及工作应力 σ,即 $K_{\mathrm{I}}=Y\sigma\sqrt{a}$ 。

在给定工作应力下,若原始裂纹尺寸 a_0 小于临界裂纹尺寸 a_c,试样不会扩展和断裂。但在腐蚀环境下,由于应力腐蚀的作用,原始裂纹会随时间延续而缓慢长大,致使裂纹尖端应力强度因子升高,经过 t_f 时间,裂纹尺寸达到 a_c,即 $K_{\mathrm{I}}=K_{\mathrm{Ic}}$,则发生脆性断裂。

随给定的工作应力下降(即 K_{I} 下降),断裂时间 t_f 延长,如图 5-3-8 所示。试验表明,对每一个特定的介质/材料体系，都存在一个临界应力 σ_{SCC} 或临界应力强度因子 K_{ISCC}，当工作应力 $\sigma<\sigma_{SCC}$（$K_{I}<K_{ISCC}$），则断裂时间无限长，即不发生 SCC。

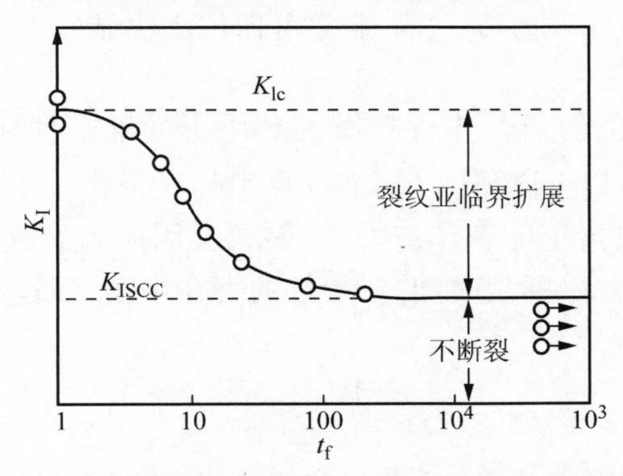

图 5-3-8　初始应力强度因子与 SCC 断裂时间的关系

每一种材料在特定环境介质中的 K_{ISCC} 是个常数，可由实验测定。一般，$K_{ISCC}=\left(\frac{1}{2}\sim\frac{1}{5}\right)K_{IC}$，且随材料强度级别的提高，$K_{ISCC}/K_{IC}$ 的比值下降。

2）应力腐蚀断裂裂纹扩展速率

单位时间内裂纹扩展量称为 SCC 裂纹扩展速率，它是应力强度因子的函数 $\frac{da}{dt}=f(K_{I})$。已经确认大多数材料的裂纹扩展速率与应力强度因子的关系可分为 3 个阶段，如图 5-3-9 所示。

Ⅰ：随 K_{I} 上升，da/dt 迅速增加；

Ⅱ：da/dt 与 K_{I} 关系不大，主要由电化学过程控制；

Ⅲ：裂纹长度已接近脆断的临界尺寸，da/dt 又迅速增加，直到失稳断裂。

由此可见，在恒定的工作应力下，由于应力和腐蚀的联合作用，裂纹经历了加速→恒速→再加速 3 个扩展阶段，致使 K_{I} 达到 K_{Ic}，发生 SCC。实际材料的 da/dt-K_{I} 曲线受多种因素

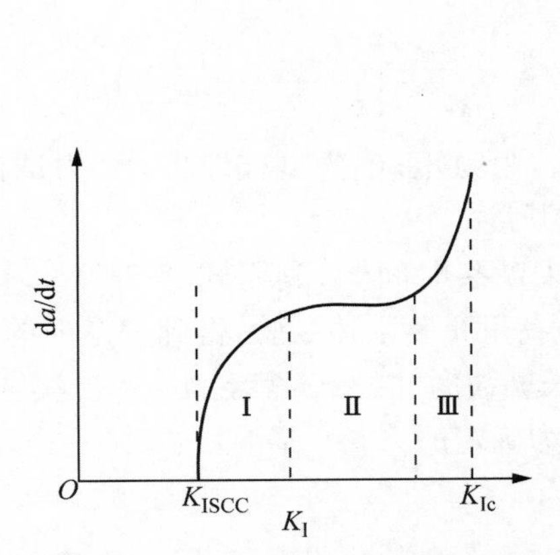

图 5-3-9　SCC 裂纹扩展速率与应力场强度因子的关系

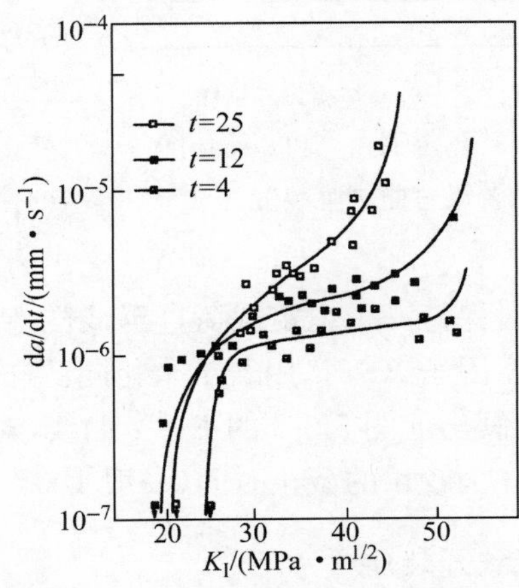

图 5-3-10　Al 合金在质量分数 35％NaCl 水溶液中 SCC 裂纹扩展速率与应力强度因子的关系

的影响。图 5-3-10 显示了一种铝合金在质量分数 35%NaCl 水溶液中的 da/dt - K_{I} 曲线，它基本上与图 5-3-9 所示的一样，但第Ⅰ阶段的 da/dt 上升很快。da/dt -K_{I} 关系还受到试样尺寸的影响，板愈厚，K_{ISCC} 愈小，da/dt 愈高，且第Ⅱ阶段不明显。

3）应力腐蚀断裂寿命估算

根据 K_{ISCC} 和 da/dt 能够评估构件在腐蚀环境下的安全性和 SCC 寿命。因为 $K_{\mathrm{I}} < K_{\mathrm{ISCC}}$ 时，构件是安全的，所以可以利用 K_{ISCC} 计算出临界裂纹尺寸 a_0^*：如果 $a_0 < a_0^*$，则不发生 SCC；如果 $a_0 > a_0^*$，则在给定的工作应力下，裂纹会因应力腐蚀而不断扩展，此时可根据 da/dt 来预测构件的使用寿命(断裂时间)。构件的寿命中第二阶段占了绝大部分，而此阶段的 da/dt 近似为常数，即

$$\frac{da}{dt} = A \tag{5-3-2}$$

裂纹由 a_0 扩展到第二阶段终了时(a_2)所需时间为

$$t_f = \frac{a_2 - a_0}{A} \tag{5-3-3}$$

而

$$a_2 = \left(\frac{K_{\mathrm{I}2}}{Y\sigma}\right)^2 \tag{5-3-4}$$

式中，$K_{\mathrm{I}2}$ 为第二阶段终了时的应力场强度因子。应注意，由于未考虑第一、第三阶段，这样估算的寿命偏于保守。

4）K_{ISCC} 的测试

目前，测量 K_{ISCC} 最简单、最常用的是悬臂梁弯曲试验。试样与测定 K_{Ic} 的三点弯曲试样相同，只是略长一些以便装夹。试验装置如图 5-3-11 所示。试样一端固定在立柱上，另一端和一个力臂相连，力臂的另一端通过砝码加载荷。试样上预制疲劳裂纹(与测定 K_{Ic} 一样)，在裂纹周围放置所研究的腐蚀介质。裂纹尖端的应力强度因子为

$$K_{\mathrm{I}} = \frac{4.12M}{BW^{3/2}}\left[\frac{1}{(a/W)^3} - \left(\frac{a}{W}\right)^3\right]^{\frac{1}{2}} \tag{5-3-5}$$

式中，$M = PL$，为力矩；B 为试样厚度；W 为试样宽度；a 为预制裂纹长度。

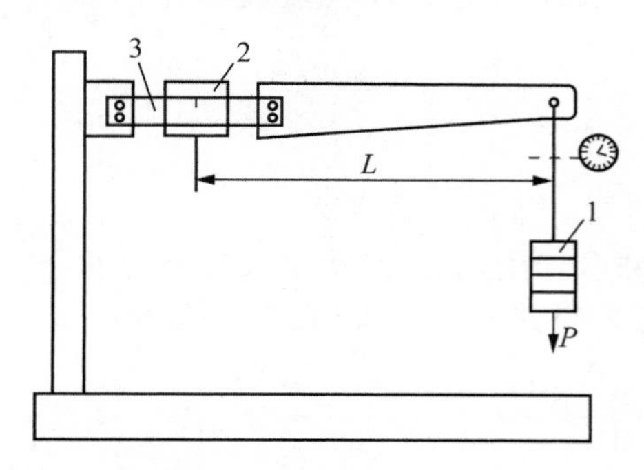

1—加载砝码；2—环境箱；3—试样。

图 5-3-11　测定 K_{ISCC} 和 da/dt 的悬臂梁弯曲试验装置

试验时保持一个恒定载荷直至试样断裂，记录下断裂时间 t_1，利用式(5-3-5)计算出初始应力场强度因子 $K_{\mathrm{I}1}$。用若干个相同试样在不同载荷下重复上述试验，得到一系列的 t_i 和相应的 $K_{\mathrm{I}i}$，画出如图 5-3-8 的 K_{I}-t 曲线，对应无限长断裂时间的 K_{I} 就是 K_{ISCC}。实际测试中可以规定一个较长的截止时间(一般 100～300h)作为确定的 K_{ISCC} 基准。

5.3.2　氢致开裂

金属材料由于受到含氢气氛的作用而引起的断裂称为氢致开裂(HIC)。因为 HIC 均为脆性断裂，故常称为氢脆。氢脆可以按很多方法分类，表 5-3-3 给出了氢脆的类型及大致

特征。

表 5-3-3 氢脆的分类及其特征

分类的出发点	氢损伤的类型	特征
氢的来源	1. 内部氢脆	氢在材料使用之前就存在于内部,这种氢一般是由于材料在冶炼、热处理、酸洗、电镀、焊接过程中吸收的氢
	2. 环境氢脆	材料在使用过程中与氢气氛接触或是由于使用过程中阴极的电化学反应 $e+H^+ \longrightarrow H$ 最后导致氢脆
氢脆敏感性与应变速度的关系	1. 第一类氢脆	随着形变速度增加而增加
	2. 第二类氢脆	随着形变速度增加而降低
氢促使氢脆的方式	1. 氢腐蚀(气体氢化物)	氢与金属的第二相(夹杂物,合金添加剂)交互作用而生成高压气体。如在铜合金中 生成:$2H+O=H_2O$ 钢中:$4H+C=CH_4$
	2. 氢鼓泡、白点(形成分子氢)	当金属或合金吸附氢气是吸热反应,温度愈高,氢的溶解度愈大,在快速冷凝过程中可能析出大量的氢气,产生高压氢气气泡致使金属发生了脆性开裂
	3. 氢化物型氢脆	对于 IVB 或 VB 族金属而言,由于它们与氢有较大的亲和力,极易生成氢化物型氢脆,如在室温时,氢在 α 钛及锆合金中溶解度较小,钛与氢又具有较大的化学亲和力,因此最后以形成氢化钛(TiH)而发生氢脆
消除氢脆的可能性	1. 可逆性氢脆	当材料经低速变形后,如果卸掉负荷,静止一定时间,再进行高速变形,材料的塑性可以得到恢复,典型的如高强度钢的滞后断裂
	2. 不可逆性氢脆	对应力是不可逆的,如氢腐蚀氢鼓泡或氢化物氢脆一旦形成脆性裂纹,金属的塑性变形等是不可恢复的
出现脆性的加载条件	1. 延迟断裂	在静载作用下,由裂纹引发,裂纹扩展缓慢,裂纹扩展不连续,低应力下发生低变形速度导致氢脆性断裂
	2. 冲击型氢脆	冲击载荷作用下,在高的应变速度时出现脆性

5.3.2.1 金属中的氢的存在形式及危害

在腐蚀介质中,氢可以通过阴极反应产生,如 $2H^+ + 2e \longrightarrow H_2$,$2H_2O + 2e \longrightarrow H_2 + 2OH^-$。氢以原子态氢进入金属,它是上述阴极析氢过程的过渡态。某些物质能够延迟分子氢 H_2 的形成,延长氢在合金表面的存在时间,从而促进氢向合金渗入。这些物质有 P、As、S、Se、Sb 等。氢还可在热处理、焊接以及其他加工过程中从含氢的环境渗入金属。渗入金属中的氢可能以下列 3 种形式之一存在,并造成不同形式的氢脆。

1) 氢气压力引起的开裂

溶解在材料中的氢在某些缺陷部位析出气态氢 H_2(或与氢有关的其他气体),当 H_2 的压力大于材料的屈服强度时产生局部塑性变形，当 H_2 的压力大于原子间结合力时就会产生局部开裂。某些钢材在表面酸洗后能看到像头发丝一样的裂纹，在断口上则观察到银白色椭圆形斑点，称为白点。

白点的形成是氢气压力造成的。钢的化学成分和组织结构对白点形成有很大影响，奥氏体钢对白点不敏感；合金结构钢和合金工具钢中容易形成白点。钢中存在内应力时会加剧白点倾向。

焊接件冷却后有时也能观察到氢致裂纹。焊接是局部冶炼过程，潮湿的焊条及大气中的水分会促进氢进入焊接熔池，随后冷却时可能在焊肉中析出气态氢，导致微裂纹。焊接前烘烤焊条就是为了防止氢致裂纹。

2）氢化物脆化

许多金属(如 Ti、Zr、Hf、V、Nb、Ta、稀土等)能够与渗入内部的氢形成稳定的氢化物。氢化物属于一种脆性相，金属中析出较多的氢化物会导致韧性降低，引起脆化。

3）原子态氢造成氢致滞后断裂

氢可以溶解在金属中形成固溶体。室温下氢在一般金属中的溶解度很低，约为 $10^{-9}\sim10^{-10}$。在某些可形成氢化物的金属(如 V、Nb、Ti、Zr、Hf)中氢的浓度可达 10^{-4} 量级。

氢在固溶体中的分布是不均匀的。晶体中的各种缺陷，如空位、位错、晶界等可以和氢发生交互作用，从而将氢吸引到这些缺陷处，使这些缺陷成为氢陷阱。当材料中存在不均匀应力场时，氢向高拉应力区富集，这与应力作用下空位扩散类似。裂纹尖端存在应力集中，因此，氢会向裂纹尖端集中。

材料受到载荷作用时，原子氢向拉应力高的部位扩散形成氢富集区。当氢的富集达到临界值时就引起氢致裂纹形核和扩展，导致断裂。由于氢的扩散需要一定的时间，加载后要经过一定的时间才断裂，所以称为氢致滞后断裂。

氢致滞后断裂的外应力低于正常的抗拉强度，裂纹试件中外加应力场强度因子也小于断裂韧度。氢致滞后断裂是可逆的，除去材料中的氢就不会发生滞后断裂。

即使在均匀的单向外加应力下，材料中的夹杂和第二相等结构不均匀处也会产生应力集中，导致氢的富集。设应力集中系数为 α，则 $\sigma_h=\alpha\sigma$，应力集中处的氢浓度为

$$C=C_H\exp\left(\frac{\alpha\sigma V_H}{RT}\right) \tag{5-3-6}$$

式中，C_H 为合金中的平均氢浓度；V_H 为氢在该合金中的偏摩尔体积(恒温、恒压下加入 1mol 氢所引起的金属体积的变化)。

若氢的浓度达到临界值 C_{th} 时断裂，对应的外应力即为氢致滞后断裂的门槛应力 σ_{th}，即

$$\sigma_{th}=\frac{RT}{\alpha V_H}(\ln C_{th}-\ln C_H) \tag{5-3-7}$$

若 $\sigma<\sigma_{th}$，即使经过长时间扩散也达不到临界氢浓度，不会发生氢致滞后断裂；若 $\sigma>\sigma_{th}$，经过时间 t_f 后，发生断裂，且应力越大，滞后断裂时间越短。

5.3.2.2 氢脆的特征

不管是原来钢中含有一定量的氢或是后来由于环境提供的氢，其氢含量并未超过氢的溶解度极限，即氢处于固溶状态时，那么在较低的静载荷作用下，钢将发生低速的应变，最后发生脆断。这种钢在低应力作用后，经过一段孕育期，在内部产生裂纹，这种裂纹在应力作用下进

行亚临界扩展，当达到临界裂纹长度时，发生突然脆性断裂。这种断裂称为延滞断裂。

图 5-3-12 所示的延滞断裂应力-时间曲线的形状和含义与一般疲劳的 S-N 曲线相似，故有时也称为静疲劳曲线。曲线上存在一个上限应力，即正常拉伸速度下得到的断裂应力。若应力超过此上限值，钢立即产生断裂；曲线上也存在一个下限应力，即应力低于此值后，加载时间再长也不发生断裂，该值称为延滞断裂（氢脆）的临界应力，以 σ_{HC} 表示；在上、下限应力之间，裂纹的孕育期和扩展速度基本相同。

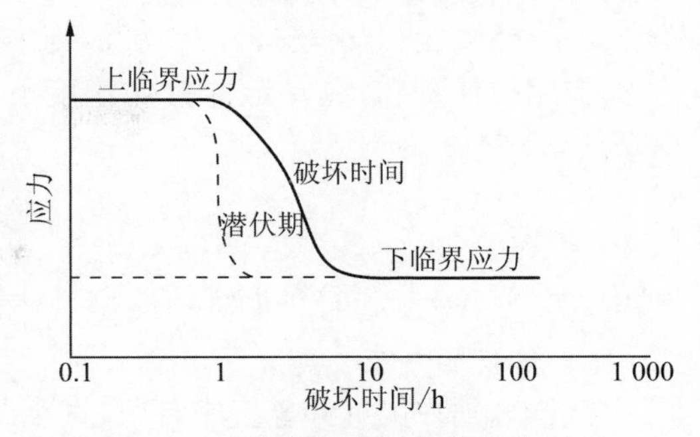

图 5-3-12　充氢高强度钢在静载作用下延滞断裂应力-时间曲线

5.3.2.3　氢脆的机理

氢导致氢脆必须有 3 个步骤。一是氢的进入。氢必须进入金属点阵中方可造成氢脆，单纯的表面吸附是不致脆化的。二是氢在金属中的迁移。氢进入金属中后，必须通过输送过程，方可把氢集中到某一局部区域。氢的迁移一般有两种途径，即在晶体点阵中扩散以及沿缺陷（如位错、晶界）的扩散。在 bcc 结构的铁或钢中，常温下扩散速率比较高，故氢的迁移以点阵扩散为主，而在 fcc 结构的奥氏体钢和铝合金等低扩散率的合金中，则是以位错输送为主。第三是氢的局部化。少量的氢如果均匀分布在金属中，则不造成显著的危害。实际上，氢在金属中总是偏聚于局部的，特别是应力集中区或各种微观结构非均匀区，如位错、晶界、沉淀或夹杂的相界、气孔和微孔等。

关于氢脆机理目前尚无统一认识，但较为流行的说法有内压模型、表面吸附模型以及结合键模型。

（1）内压模型：氢在金属中以分子态析出，产生的压力使金属在内部缺陷处发生弱化导致氢脆。该模型在解释某些合金钢中的白点和焊接冷裂等现象较成功，但不能解释氢致塑性损失和氢致滞后断裂的可逆性。

（2）表面吸附模型：氢在裂纹面上吸附使表面能降低，从而降低了裂纹扩展时的阻力。该模型对延性很好的金属不适用，因为在延性金属中，裂纹扩展的阻力主要来自裂纹尖端塑性区的塑性变形功，表面能的贡献很少。

（3）结合键模型：氢溶入金属晶格后使原子间结合力降低，使得在较低的应力下原子键断裂，从而使微裂纹易形核、扩展。

5.3.2.4　氢脆的评定方法

评定氢脆的试验方法有弯曲法、断面收缩率比较法以及爆破压力法。

1）弯曲法

应用板状试样，在特制的夹具上对试样进行一定角度的弯曲（通常是 120°），直至试样断裂，记录弯曲的总次数 n，则氢脆系数 α 可表示为

$$\alpha=\frac{n_0-n}{n_0} \tag{5-3-8}$$

式中，n_0 为不含氢（或对比试样）弯曲至断裂所需次数。当 $\alpha=0$ 时，说明金属对氢脆不敏感；而当 $\alpha=1$ 时，则极为敏感。

2) 断面收缩率比较法

应用拉伸试样,在一定的拉伸速度下,测量试样断裂时的断面收缩率 ψ,氢脆系数可表示为

$$\alpha=\frac{\psi_0-\psi}{\psi_0} \tag{5-3-9}$$

式中,ψ_0 为不含氢试样的断面收缩率。α 在 0~1 之间变化,其值愈小,氢脆敏感性也愈小。

3) 爆破压力法

试样分别在氩气和氢气中打压,直至试样破裂,破裂时的气体压力分别为 P_A 及 P_H,则钢在氢中的变脆指数 F 定义为

$$F=\frac{P_A-P_H}{P_A}\times 100\% \tag{5-3-10}$$

试样破裂后,还可根据试样的外形,定性地判别钢在氢中的变脆程度。氢脆程度高的钢变形较小,沿圆周开裂;氢脆程度较弱的,打压后,中部隆起,并有径向裂纹。

5.3.3 液体金属脆 ▶

5.3.3.1 液体金属脆的概念

当金属构件与液体金属接触时,由于液体金属的作用,构件往往会发生延迟断裂,称为液体金属脆断(LMIC)。

液体金属往往都是那些低熔点金属,如锌、镉、钠和锂等。在不太高的温度下,它们就能熔化成液体和气化成金属气体。当金属构件暴露在熔化了的金属中时,由于渗透作用,这些低熔点金属即可向金属构件内部沿晶界扩散,因而弱化了晶界,造成金属材料的低应力脆断。当构件承受较大的应力时,断裂可能立即发生。但是,当构件受力较小时(低于材料的屈服强度),则要经过一定的孕育期后才会发生。

发生 LMIC 的温度不一定要超过这些低熔点金属的熔点。例如,AISI4340 钢或 200B 马氏体钢的缺口试样,暴露在镉中,当温度在 230℃时就可能发生 LMIC,而这一温度还低于镉的熔点(231℃)。

5.3.3.2 产生液体金属脆的条件

金属构件与液体金属长期接触就可能产生 LMIC,但并不是所有固体-液体接触都会产生。产生 LMIC 一般应具备以下条件:

(1) 它们之间不能形成稳定的高熔点金属间化合物;

(2) 它们之间没有较大的溶解度;

(3) 固体金属必须与液体金属接触,建立固体-液体金属间的真正接触面,以浸湿固体金属,但接触面不一定要很大。

5.3.3.3 液体金属脆的特点

(1) 液体金属引起的脆断明显降低材料的断裂强度和总的伸长率。例如,低碳钢由于锂引起的 LMIC,其伸长率仅为 2%~3%。

(2) LMIC 往往是沿晶断裂,但在裂纹传播过程中,也可能出现部分穿晶断裂。当应力状态为拉应力时,断面常和应力轴垂直。

(3) 材料的强度越高,对 LMIC 越敏感。

(4) 单相金属的晶粒度，对 LMIC 的断裂应力有明显影响。晶粒越粗大，断裂应力越低。

5.3.3.4 常见工程材料的液体金属脆断

工程上常用的金属材料如碳钢、不锈钢、低合金钢、铝、铜、钛、镍等，与液体金属接触而产生 LMIC 的敏感性是不同的，大致有下面的规律。

(1) 碳钢和低合金钢对许多液体金属引起脆断是敏感的。在温度为 260～815℃时，镉、黄铜、青铜、铜、锌、铟、锂都可能使其产生 LMIC。

(2) 不锈钢在一般情况下不发生 LMIC。

(3) 铝和铝合金可被液体镓、钠、锡脆化。

(4) 黄铜、青铜对水银所引起的脆化特别敏感。在黄铜、青铜中加入锡或钠，可降低由于水银而引起的脆性。黄铜、青铜还可能被锡、铅脆化。

(5) 镁合金对 LMIC 不太敏感，只有钠和锌才能使它们产生脆化。

(6) 钛和钛合金承受应力时，水银可能引起它的脆化，熔融的镉也能引起钛脆化。

5.3.4 辐照效应

入射的高能粒子(γ 射线、电子、质子、离子、中子等)与物质相互作用所引起的物质组织结构、物理性能、力学性能的变化，总结起来称为辐照效应。其中，中子的辐照效应又具有特别的意义。自 20 世纪 60 年代以来，原子反应堆迅速发展，反应堆压力容器需在一定温度、压力和严重的中子辐照下工作，而金属在中子辐照下会导致内部空洞成核和长大、氦气泡等辐照损伤，从而使材料脆化。因此，研究辐照损伤规律对避免反应堆压力容器脆性断裂、确保原子反应堆安全性有重要意义。

5.3.4.1 微观辐照损伤

入射粒子与固体中原子发生非弹性碰撞，使固体内电子激发、电离、传递或交换电子，由此可在离子晶体中产生色心；在高分子材料中引起键的破坏；在金属材料中只是释放热量，没有其他效应。

入射粒子与固体中原子发生弹性碰撞，则当传递给受撞击原子的能量大于原子的离位阈能时，则它就离开结点，形成一个空位和一个 Frank 间隙原子。若初级离位原子的能量很大时，则又能使其邻近原子离位，形成离位级联。

入射粒子的能量超过兆电子伏量级时，就有可能使固体原子核发生嬗变，而形成新的原子核。

材料受到的辐照效应随射线种类不同而不同，具体如表 5-3-4 所示。

表 5-3-4 各种射线的辐照效应

辐射类型	能量/eV	行程	电离效应	离位效应	嬗变效应
紫外光	$10\sim10^3$	不定	有	无	无
X 射线	$10^3\sim10^5$	厘米～米	有	无	无
γ 射线	$10^7\sim10^8$	厘米～米	有	少量	无
中子(热)	0.01～0.1	不定	无	无	有
中子(快)	$10^4\sim10^7$	厘米	无	有	少量
带电核子	$10^4\sim10^9$	微米～毫米	有	有	少量

(续表)

辐射类型	能量/eV	行程	电离效应	离位效应	嬗变效应
带电重离子	$10\sim10^4$	<100nm	有	有	无
裂变碎片	$\sim10^8$	1~10μm	有	有	有
电子	$\geqslant10^6$	0.1~1mm	有	有	无

5.3.4.2 宏观辐照损伤效应

1) 辐照诱发相变

相的稳定性因辐照而大大改变,这包括其动力学及所形成相的本性和平衡态两个方面。所形成相的成分可以与无辐照情况不同,还能形成平衡相图上没有的新相。

辐照诱发相变是因为出现了在单独热环境中没有的驱动力,辐照后产生过饱和度非常大的点缺陷(空位和间隙原子),从而使与空位有关的扩散过程加剧。溶质原子与这两种点缺陷之一相结合,流向缺陷阱。不同元素因空位交换产生的扩散率是不同的,导致扩散最慢的元素偏聚在阱致空位梯度的底部。

辐照后产生了微观结构阱 Frank 间隙原子环、氦泡和从它发展起来的空洞,在这些辐照诱发阱常常沉淀出新相。

2) 辐照脆性

bcc 金属和钢铁材料受到快中子照射后,力学性能会发生很大的变化。图 5-3-13 为低碳钢被快中子照射后的拉伸应力-应变曲线,可见经一定剂量中子照射之后,其强度明显增加,其中屈服强度可提高一倍以上,而加工硬化率却下降,因此抗拉强度虽然也增加,但不如屈服强度敏感。在大剂量(如 $10^{20}/cm^2$)照射之后,可出现屈服之后立即颈缩、没有均匀硬化阶段的现象,这时屈服强度就是抗拉强度。塑性指标中受到损害最大的就是均匀延伸部分,严重时可达到均匀延伸为零的程度,因此总的延伸率和断面收缩率都下降,这就是辐照脆性。

对于 fcc 结构的奥氏体钢,其辐照脆性是以钢的塑性降低作为衡量标准;而对于 bcc 结构的铁素体钢,辐照脆性是以其韧-脆转变温度来衡量的,经中子照射后韧-脆转变温度会升高。

图 5-3-14 为辐照对铁素体钢的系列温度冲击试验曲线的影响,可见完全韧性断裂的冲击值降低,即辐照后冲击值-温度曲线上限水平下降 ΔE;辐照后韧-脆转变温度提高了 ΔT。现在已广泛接受以 40.68J 的夏比冲击能所对应的温度作为韧-脆转变温度。

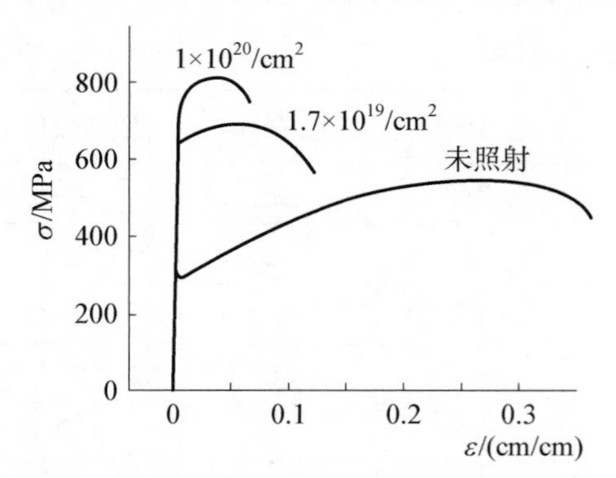

图 5-3-13 受快中子照射的低碳钢(0.2%C)的应力-应变曲线(图中数字为照射剂量)

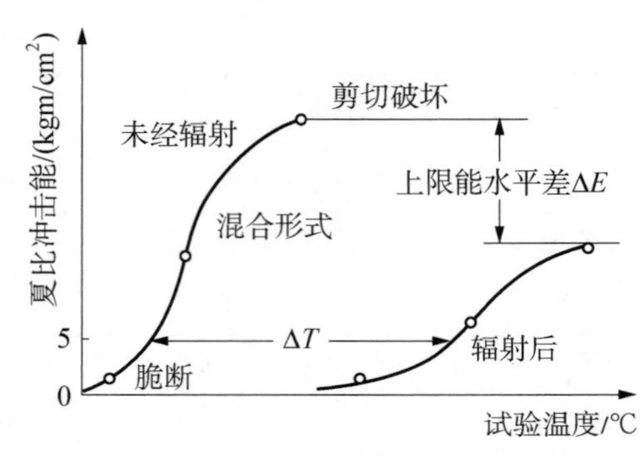

图 5-3-14 辐照脆化对铁素体钢夏比冲击能-温度关系曲线的影响

ΔE 和 ΔT 在辐照脆性评定中是两个重要的性能指标。许多文献根据钢材经辐照后测定的 ΔE 和 ΔT 值建立了由辐照剂量来推算 ΔT 的经验公式，下式是其中一种

$$\Delta T = a + b\lg(\varphi t) + c[\lg(\varphi t)]^2 \tag{5-3-11}$$

式中，a、b、c 为常数；φt 为辐照剂量(中子数/cm^2)。应该指出，经验公式只适用于具体的试验钢种。事实上，辐照后脆性增大并不单纯取决于辐照剂量，还取决于辐照温度、钢材内部组织以及其他因素。

对于反应堆压力容器钢的研究表明，产生辐照脆性的原因是材料中微量铜的析出。辐照之前固溶在基体中的微量铜，在辐照缺陷的帮助下，离开原来的位置，相互聚集形成极小的 fcc 结构析出物。除了铜以外，影响辐照脆性的其他元素还有磷(P)、硫(S)、砷(As)、锡(Sn)等，其中磷的影响更大一些。

受到辐照损伤的金属当所处的环境温度有利时，其内部缺陷会发生重新排列，并且把一部分或者全部因辐照而形成的缺陷消灭，它的物理、化学、力学性能逐渐回复到原来的水平。这种现象称为辐照损伤的回复。图 5-3-15 为低碳钢辐照后在退火过程中的回复过程，可见，明显的回复是从 350℃开始，在较高温度时回复率可达 100%。

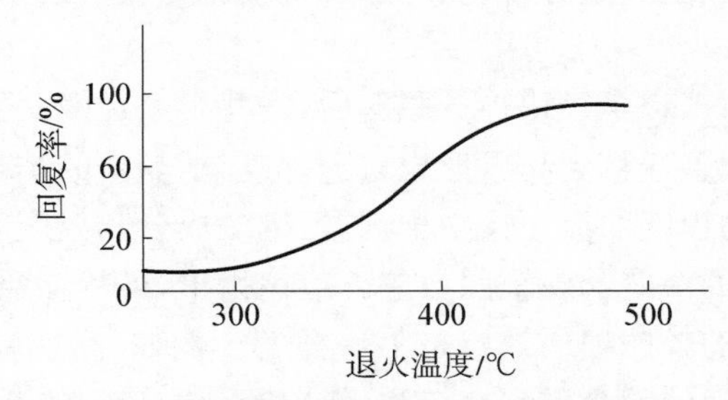

图 5-3-15　辐照后低碳钢的力学性能(σ_s、σ_b 或 δ)随退火温度的变化

(辐照温度为 150℃，剂量为 $4\times10^{18}/cm^2$，退火时间为 1h)

3) 辐照蠕变

辐照蠕变是指材料在辐照时经受应力作用的缓慢变形。辐照蠕变可以分为两类：第一类是无辐照时也能发生，但辐照加快了蠕变速率，故称为辐照增强蠕变；第二类是在无辐照时不会发生，它必须依靠辐照去诱发，故称为辐照诱发蠕变。

由于受试验条件的限制，辐照蠕变的研究远没有纯高温蠕变那样成熟。目前，仅对几种材料的辐照蠕变进行了研究，如对快反应堆的包壳材料 316 不锈钢、轻水堆、压水堆的包壳材料锆合金等。

4) 辐照疲劳

由于试验困难，有关辐照下的疲劳试验尚未见到，只有一些辐照后进行疲劳试验的报告，而且数量也比辐照蠕变的少。现有的试验结果表明，辐照后材料的疲劳寿命缩短了，这可能与辐照引起的材料脆化有关。

5) 辐照生长

材料因辐照引起形状改变而没有明显体积改变的现象称为辐照生长。它常发生在对称性低的晶体中，如铀(α 相)、hcp 结构的锆合金和石墨。α 相铀(斜方晶系)在低温辐照时，在[010]方向生长，[100]方向收缩，而在[001]方向没有明显改变。石墨受辐照后，在 c 轴方向生

长,在 a 轴方向缩短。

关于辐照生长的机制有两种推测:一种意见认为是空位即间隙原子各向异性的扩散所引起的;另一种意见则认为是点缺陷凝聚成位错环的效应。直接观察的结果支持后一种观点。

采用细化晶粒、减少织构、加入合金元素改变结晶构造等措施可以抑制材料的辐照生长。

6) 辐照肿胀

辐照肿胀是指材料在辐照条件下密度减小、体积增大的现象。经透射电镜观察表明,辐照肿胀是由于在金属晶粒内形成了小空洞。产生辐照肿胀的原因普遍认为是位错择优吸收间隙原子,即辐照产生的间隙原子优先向位错迁移,引起位错的攀移,于是金属中间隙原子的浓度便低于空位浓度,过量的空位就会聚集形成空位团,并发展成为三维的晶体缺陷——空洞。

此外,结构材料中一些元素吸收中子发生嬗变,生成氦,不溶于基体的氦原子有足够的活动性,能在点阵中形成气体原子团,并发展成空洞。这一现象在快堆或聚变堆中尤为明显。

影响钢肿胀的因素有:晶体结构、基体成分、添加的溶质元素、热机械处理、离位速率、温度史、应力等。为了降低肿胀率或使之延期发生,针对上述影响因素,普遍采用了抗肿胀合金(铁素体或高镍奥氏体合金),或通过成分变化、冷加工等措施延缓常规不锈钢中肿胀的出现。

7) 氦脆

如上所述,不锈钢和高镍合金经快中子照射后,一些组元经嬗变生成氦。如果温度高到氦原子可以迁移的温度,氦大多迁移到晶界形成氦泡,减弱了晶间的结合力,造成沿晶脆性断裂。这种现象称为氦脆,脆化的程度取决于快中子剂量、钢的成分和温度等。

以上简要介绍了材料的一些宏观辐照效应。应该指出,虽然辐照损伤过程和机理相近,但是在辐照条件下各种材料的辐照损伤效应是不一样的。例如,高能粒子在高分子材料中引起的级联碰撞将引起分子链间的键合(聚合、交联)或引起分子链间的断链(降解),从而导致性能变化。在工业上已经利用了这类辐照效应,如聚乙烯交联、橡胶的辐照硫化、涂料的辐照固化、制作各层具有各自特性的较厚玻璃钢等。

另外,材料因辐照还会产生一些间接反应。例如,腐蚀介质的成分由于辐照分解而发生变化、材料表面的保护性氧化膜因辐照出现损伤、材料表面的参与化学反应的原子会从辐照射线获得能量,这些现象往往会加速材料的腐蚀。

5.4 材料的磨损性能

两个物体在接触状态下相对运动(滑动、滚动,或滑动+滚动)都会产生摩擦,因摩擦造成接触表面材料质量损失、尺寸变化的称为磨损。磨损是机械设备、运动构件等最常见的失效形式之一,例如,轴与轴承、活塞环与气缸、十字头与滑块、齿轮与齿轮之间经常因磨损,造成尺寸变化、表层脱落,因而失效。可见,磨损是降低机器和工具效率、精确度甚至使其报废的一个重要原因。此外,磨损不仅直接影响机件的使用寿命,还将增加能耗(约增加 1/3~1/2),产生噪音和振动,造成环境污染。因此,研究磨损规律,提高机件耐磨性,对延长机件寿命具有重要意义。

本节以金属材料为主,讨论磨损的基本规律、试验方法以及提高耐磨性的措施,最后对非金属材料的磨损特点做简要介绍。

5.4.1 概述▶

5.4.1.1 金属的表面特性

1）表面形貌

金属表面的几何形貌是由加工工艺决定的。从宏观上来看存在表面坡度，表面坡度的程度称为宏观粗糙度；从微观看，即使采用最精密的加工方法，表面也存在显微凹凸形貌，显微凹凸的程度称为显微粗糙度。所以表面粗糙度是由宏观粗糙度和显微粗糙度综合决定的，如图 5-4-1 所示。

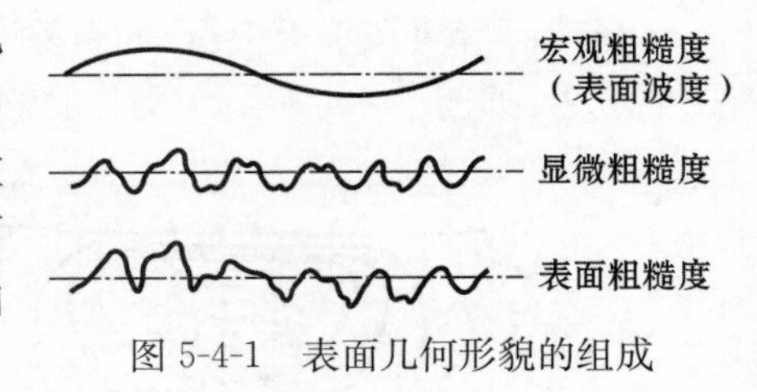

图 5-4-1 表面几何形貌的组成

当采用车、铣、刨加工方法时，得到的表面显微凹凸分布是定向的；当采用研磨和电解抛光时，则显微凹凸可能呈各向均匀分布的。通常采用光学显微镜、电子显微镜、干涉显微镜、反射显微镜、轮廓检测仪等装置评定表面形貌，也可以采用斜切截面法和轮廓检测仪。

2）表层组织

当金属表面洁净时，表面和接近表面的原子处于“不饱和”状态，具有较高的活性，会和来自环境的物质发生交互作用。交互作用大致可分为以下 3 类。

（1）物理吸附：借助于范德瓦耳斯力，表面吸附一些环境外来物质。在吸附过程中没有电子的交换，所以物理吸附是比较弱的，比较容易去除，吸附的交互作用能通常小于 10kcal/mol。例如，洁净的表面吸附惰性气体氩；双原子氧分子可以附着在污染了的表面等。

（2）化学吸附：固体表面和吸附物之间存在电子交换作用的吸附称为化学吸附。化学吸附的作用较强，要从表面去除化学吸附物需要很大的能量。化学吸附的物质保留其自身的个性。如氧强烈地吸附在铁和钛的表面。

（3）化学反应：当化学吸附的物质浓度超过一定量时或温度足够高时，吸附的物质将与基体金属的某一元素产生化学反应，形成化学反应产物。在金属中最典型的就是氧化膜。

物理吸附、化学吸附和化学反应都会使洁净表面的表面能下降，因此，固体的表面不可能是“洁净”的，总是存在着吸附物质或化学反应产物。换句话说，固体表面是很容易被污染的，而且这污染层很稳定，要消除也不大容易。所以在研究摩擦磨损时，表面的这个特点是不能忽视的。图 5-4-2 为退火金属表层组织的示意图，图中各表层的厚度尺寸是粗略的。可以看出，最外层是吸附层和反应层（即氧化物层）；次表层为加工过程中形成的具有不同物理冶金特点的层，即低位错密度层和严重加工硬化层；最内部的是基体金属。

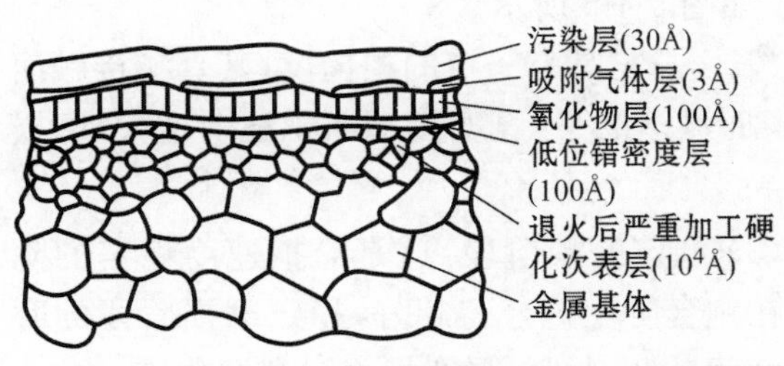

图 5-4-2 退火金属表层组织示意图

3）接触表面应力分布

当两个固体表面接触时，两个表面间有作用力和反作用力。作用于表面的力首先使接触表面产生弹性变形，当作用力足够高时，便发生塑性变形。试验及理论分析表明，当球面滑块与平板弹性接触时，最大的剪应力不在接触表面，而在接触区下面的次表面层，且材料内最大剪应力呈近似椭圆形环状分布,如图 5-4-3 所示。在摩擦滑动时(方向由纸面指向外),作用在次表层的最大剪应力区向表面移动,球面滑块与平板之间的摩擦力愈大,最大剪应力愈接近表面,当摩擦力足够大时,最大剪应力出现在表面。因为产生裂纹和形成磨粒的起源地常常就是最大剪应力区,所以确定最大剪应力区的部位是很重要的。

当球面滑块在平板上滑动时,除了出现最大剪应力区以外,在滑块后跟的平板内出现最大拉伸应力,如图 5-4-4 所示。脆性材料的摩擦裂纹源就常常在这里形成。

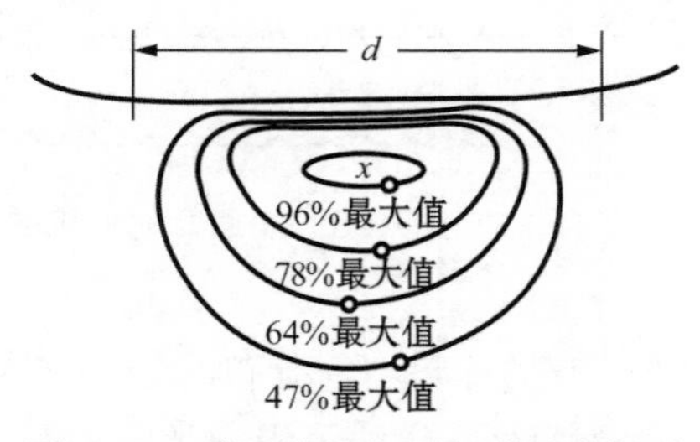

图 5-4-3　球面滑块与平板弹性接触时的最大剪应力位置 x

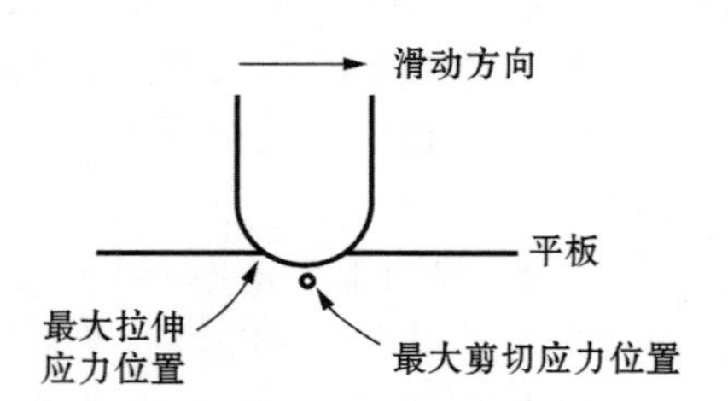

图 5-4-4　最大拉伸应力部位

5.4.1.2　摩擦与磨损的基本概念

摩擦是接触物体相对运动时产生阻碍运动的现象。这种阻力称为摩擦力,它与接触时的法向压力 p 及摩擦系数 μ 成正比

$$F=\mu p \tag{5-4-1}$$

用来克服摩擦力所做的功一般都是无用功,在机械运动中常以热的形式散发出去,使机械效率降低,特别是还会造成表面材料损失,这就是磨损。因此可以说,摩擦和磨损是物体相互接触并做相对运动时伴生的两种现象,摩擦是磨损的原因;磨损是摩擦的结果。

减小摩擦偶件的摩擦系数,可以降低摩擦力,既可以保证机械效率,又可以减少机件磨损。这方面的实例很多,例如使用润滑油及选择适当的摩擦偶件材料等。

但是,事物都有两面性,在某些情况下却要求尽可能增大摩擦力,如车辆的制动器、摩擦离合器等。如果没有鞋子与地面的摩擦力,人们将寸步难行。

5.4.1.3　磨损的基本过程

机件正常运行的磨损过程一般分为 3 个阶段,如图 5-4-5 所示。

(1) 跑合阶段(又称磨合阶段):新的摩擦偶件表面总是具有一定的粗糙度,其真实接触面积较小,所以刚开始时的磨损速率较大。但随着表面逐渐磨平,真实接触面积逐渐增大,磨损速率减缓。

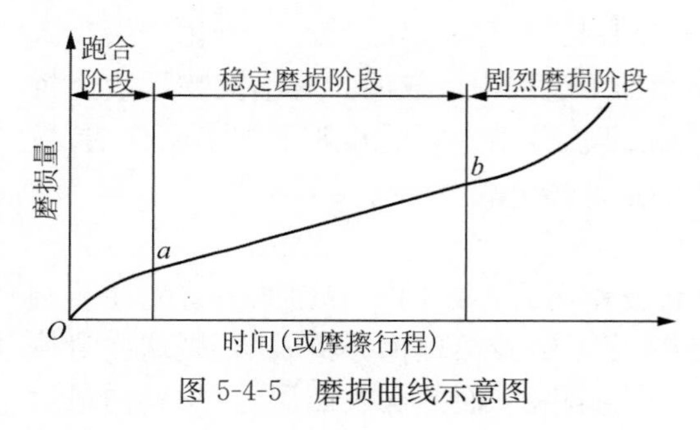

图 5-4-5　磨损曲线示意图

(2) 稳定磨损阶段:这是磨损速度稳定的阶段。在跑合阶段跑合得越好,稳定磨损阶段的磨损速度就越低,此阶段的时间(耐磨寿命)就越长。

(3) 剧烈磨损阶段:随着机件工作时间增加,摩擦偶件接触表面之间间隙逐渐扩大,机件表面质量下降,润滑剂薄膜被破坏,机件振动加剧,磨损速度急剧增加,很快引起失效。

图 5-4-5 的磨损曲线将因具体工作条件不同

而有很大差异，有时也会发生如下情况：转入稳定磨损阶段后，很长时间内磨损不大，无明显的剧烈磨损阶段，机件寿命较长；第1、2阶段无明显磨损，但当表层达到疲劳极限后，即产生剧烈磨损；因摩擦条件恶劣，跑合阶段后立即转入剧烈磨损阶段，机件无法正常运行。

5.4.1.4 磨损类型

根据磨损条件和磨损机理，通常将磨损分为以下几大类。

(1) 黏着磨损：两种材料表面某些接触点产生黏合并拽开引起的磨损。

(2) 磨粒磨损：由于硬颗粒或硬突起物使材料产生迁移引起的磨损。

(3) 磨蚀磨损：由于外界环境引起金属表层的腐蚀产物(主要是氧化物)剥落，与金属磨面之间的机械磨损相结合而出现的磨损。

(4) 微动磨损：两个表面之间发生小振幅相对振动引起的磨损。

(5) 冲蚀磨损：材料受到小而松散的流动粒子冲击时表面出现破坏的一种磨损。

(6) 麻点疲劳磨损(接触疲劳)：表面在接触压应力长期循环作用下产生表面疲劳剥落损坏现象。

以上几类磨损中，接触疲劳比较特殊，已在第4章中介绍过，本节不再讨论。表5-4-1列出了工业领域中发生的各种磨损类型所占的大致比例，可见磨料磨损和黏着磨损占了最大的比例，本节将做重点介绍，其他磨损类型仅做一般概念性介绍。

表 5-4-1 各类磨损所占的比例

磨损类型	百分数/%
磨粒磨损	50
黏着磨损	15
冲蚀磨损	8
微动磨损	8
腐蚀磨损	5
其他	14

5.4.1.5 耐磨性

耐磨性 ε 是指材料在一定摩擦条件下抵抗磨损的能力，通常以磨损率 $\dot{W}$ 的倒数来表示，即

$$\varepsilon = \frac{1}{\dot{W}} \tag{5-4-2}$$

磨损率是指材料在单位时间或单位运动距离内产生的磨损量。磨损量并不是材料的固有特性，而是与磨损过程中的工作条件(如载荷、速度、温度、环境因素等)、材料本身性能及相互作用等因素有关，因此材料的耐磨性必然是工作条件的函数，脱离材料的工作条件来评定材料耐磨性的好坏是没有实际意义的。同样，在工程实际中也找不到一种适合于所有工作条件的“万能”的耐磨材料。所以人们往往采用“相对耐磨性”的概念，即用一种“标准”材料作为参考试样，用待测材料与参考材料在相同磨损条件下进行试验的结果进行评定。因此，相对耐磨性可定义为

$$\varepsilon_{相}=\frac{\varepsilon_{试}}{\varepsilon_{标}}=\frac{\frac{1}{\dot{W}_{试}}}{\frac{1}{\dot{W}_{标}}}=\frac{\dot{W}_{标}}{\dot{W}_{试}} \tag{5-4-3}$$

可见,相对耐磨性是一个无量纲参数。

5.4.2 磨损机理

5.4.2.1 黏着磨损

1) 黏着磨损现象

两种材料表面某些接触点局部压应力超过该处材料屈服强度,发生黏合并在剪应力作用下拽开而产生的一种表面损伤称为黏着磨损。

黏着磨损的微观过程如图 5-4-6 所示。机件表面由于加工的影响,实际材料表面接触仅发生在少数的微凸体顶尖上,产生很高的应力,以致因超过材料的屈服强度而发生塑性变形,倘若接触面上的润滑油膜、氧化膜等被挤破,使裸露材料的新鲜表面直接接触,发生熔合焊着(冷焊),或因表面摩擦生热温度升高使相接触的材料直接焊合。在随后的滑动中,刚形成的黏着点被剪断、拉开,并转移到一方材料表面,然后脱落下来形成磨屑,之后又在其他地方形成新的黏着点,如此"黏着→剪断→脱落→再黏着"不断地循环。总之,黏着磨损的过程就是黏着点不断形成又不断被破坏并脱落的过程。

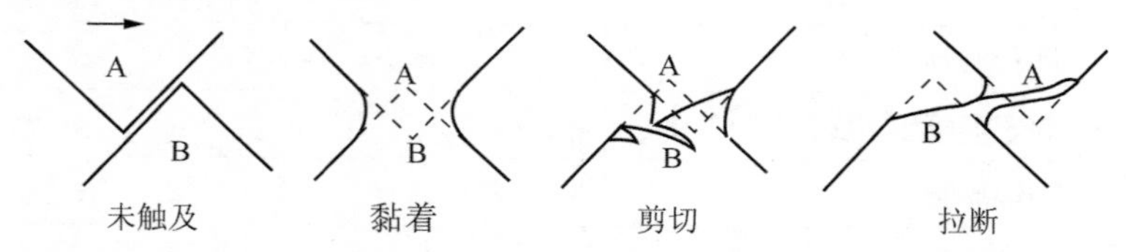

图 5-4-6 黏着点剪切过程示意图

根据磨损程度,常常把黏着磨损分为以下 4 种。

(1) 涂抹:剪切发生在离黏着点不远的较软金属浅表层内。软金属涂抹在硬金属表面上形成轻微磨损。但随压力加大,磨损将显著加剧。如铅基合金与钢对磨时,铅基合金便涂抹在钢件表面上,此时,较软金属的剪切强度小于黏着点的焊合强度,而硬金属的剪切强度高于界面处的强度。

(2) 擦伤:剪切发生在软金属的亚表层内,有时硬金属也被划伤。铝合金零件与钢摩擦时就是这样。擦伤时接触表面的剪切强度既大于软金属,也大于硬金属。转移到金属表面的黏着物对软金属有犁削作用。

(3) 黏焊:又称为胶合,它的实质是固相的焊合。

(4) 咬卡:当外力不能克服界面的结合强度时,摩擦副的相对运动将被迫停止。

黏着磨损发生的条件是:摩擦副相对滑动小;接触面氧化膜脆弱;润滑条件差;接触应力大以及机械性能相差不大的摩擦副。

2) 黏着磨损机理

分析黏着磨损的模型如图 5-4-7 所示。设在法向力 p 作用下,摩擦面上有 n 个黏着点,每个黏着点均为直径 d 的球体,磨损只发生在下半球的软材料上。接触处压缩屈服强度近似等于单向压缩屈服强度 σ_{sc} 的三倍，黏着点接触面真实面积为 $\pi d^2/4$。则作用在接触点真实面积上的法向力为

$$p = n\,\frac{\pi d^2}{4}3\sigma_{sc} \approx n\,\frac{\pi d^2}{4}H_V \tag{5-4-4}$$

式中，H_V 为硬度。而单位滑动距离内出现的接触点数为

$$N = \frac{n}{d} = \frac{4p}{3\pi\sigma_{sc}d^3} \tag{5-4-5}$$

再设软材料上被拉拽出半球的概率为 K（黏着磨损系数），则滑动 L 距离后总拉拽出的磨损量为

$$\begin{aligned} W &= KNV'L = K\,\frac{4p}{3\pi\sigma_{sc}d^3}\,\frac{2\pi}{3}\left(\frac{d}{2}\right)^3 L \\ &= K\,\frac{pL}{9\sigma_{sc}} = K\,\frac{pL}{3H_V} \end{aligned} \tag{5-4-6}$$

K 反映配对材料黏着力大小，取决于摩擦条件和摩擦副材料。只有当 $p<1/3H_V$ 时，式(5-4-6)才适用；当 $p>1/3H_V$（即 $p>\sigma_{sc}$）时，K 值迅速增加，磨损量 W 也迅速增加，造成大面积的焊合及咬死，整个接触表面发生塑性变形，接触面积不再与载荷呈正比，如图 5-4-8 所示。

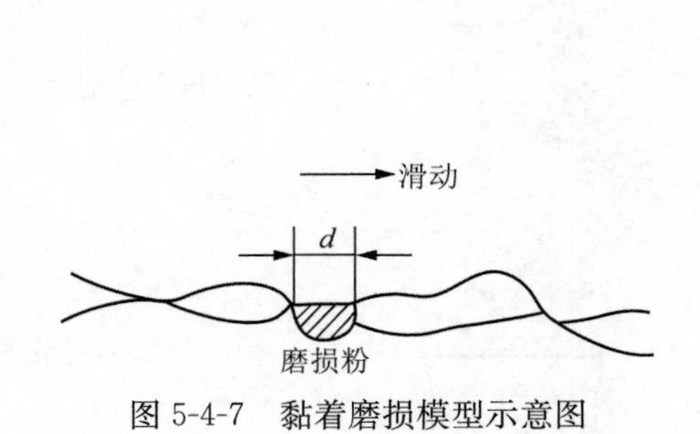

图 5-4-7　黏着磨损模型示意图

图 5-4-8　黏着磨损系数 K 与接触压力的关系

5.4.2.2　磨粒磨损

1）磨粒磨损现象

摩擦副的一方表面存在坚硬的细微凸起或在接触面间存在硬质粒子（从外界进入或从接触表面脱落）时产生的磨损称为磨粒磨损，也称为磨料磨损，如图 5-4-9 所示，其中第一种情况称为两体磨粒磨损；后一种情况称为三体磨粒磨损。

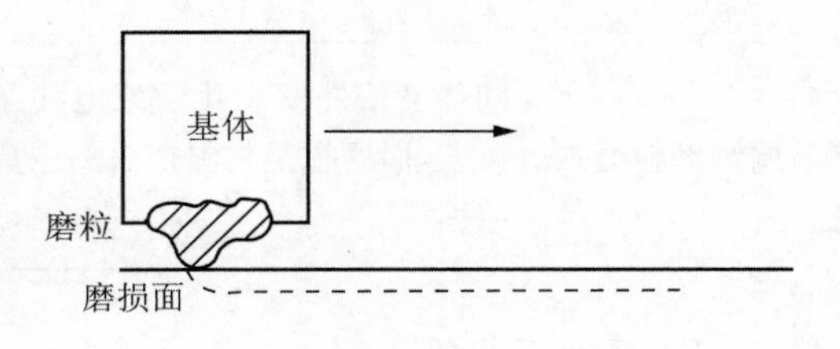

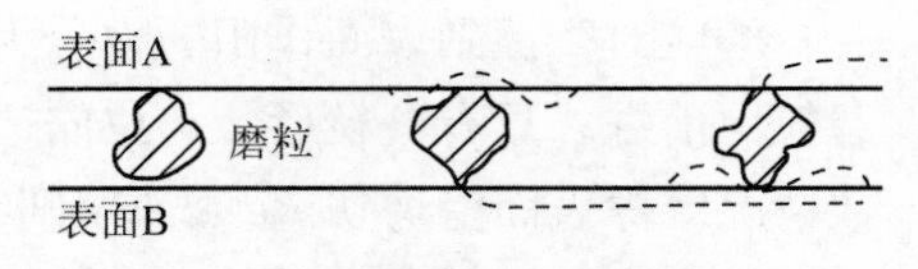

图 5-4-9　磨粒磨损的两种形式

磨粒磨损是工业领域中最常见的一种磨损形式，约占 50%。磨粒磨损又可以细分为很多类，表 5-4-2 给出了常见的磨粒磨损的分类方法、定义以及工业应用场合的实例。

表 5-4-2　工业中常见的磨粒磨损的一般分类方法和定义

磨粒磨损类型	定　义	示意图	实　例
低应力磨粒磨损	松散磨料自由地在表面上滑动，磨料不产生破碎	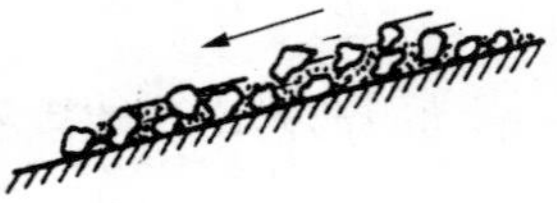	犁地和输送过程，例如，犁铧、溜槽、料仓、漏斗、料车等
高应力磨粒磨损	磨料在两个工作表面间互相挤压和摩擦，磨料被不断破碎成愈来愈小的碎片，总载荷可能较低而局部应力却很高	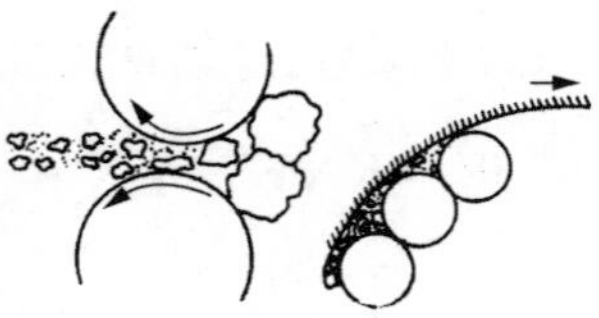	研磨机中的磨杆、磨球、衬板；滚式破碎机中的滚轮
凿削型磨粒磨损	粗糙磨料使磨损表面撕裂出很大的颗粒，这种磨损通常形成很高的应力，经常在输送或破碎大块材料时发生		颚式破碎机中的齿板、轧辊
冲击磨粒磨损	磨料(通常是块状)垂直或以一定的倾角落在材料表面上，其情况与冲蚀磨损很相似，但局部应力要高得多	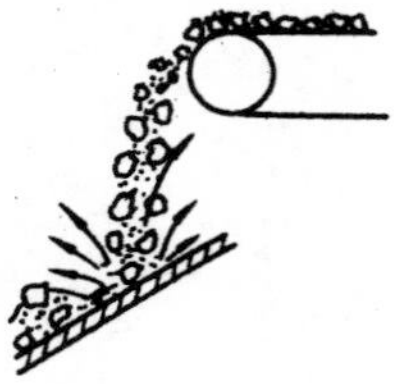	破碎机中的滑槽或锤头
冲蚀磨损	材料同含有固体颗粒的液体做相对运动，在表面造成的损耗		泵中的壳体、叶轮和衬套
气蚀-冲蚀磨损	固体同液体做相对运动，在气泡破裂区产生高压或高温而引起的磨损，并伴有流体与磨料的冲蚀作用		泥浆泵中的零件
腐蚀磨粒磨损	同环境条件发生化学或电化学反应，而磨损是材料损失的主要原因		水田拖拉机履带板，化学工业中的泵零件

2）磨粒磨损机理

磨粒对摩擦副表面作用的力分为法向力和切向力。法向力在表面形成压痕，切向力推动磨粒向前进。只有磨粒形状与位向适当时，被推进的磨粒才似刀具切削表面，切痕长而浅。多数情况摩擦表面受剪切、犁皱或切削综合作用。当磨粒较圆钝或材料表面塑性较高时，磨粒滑过后仅犁出沟槽，两侧材料因塑性变形沿沟槽两侧堆积，并不从表面切削下来，随后的摩擦又会将堆积的部分压平，如此反复地“塑性变形→堆积→压平”，便导致裂纹形成并引起剥落。

对磨粒磨损的分析可采用图 5-4-10 所示的模型。设压力 p 将硬材料的凸起部分或磨粒(呈圆锥体状)压入较软材料中，当滑动 L 距离后，在软材料表面犁出一条沟槽，此时，作用在凸出部分的法向力除以该接触部分在水平面上投影的实际面积 πr^2 应等于软材料的接触压缩屈服强度，即

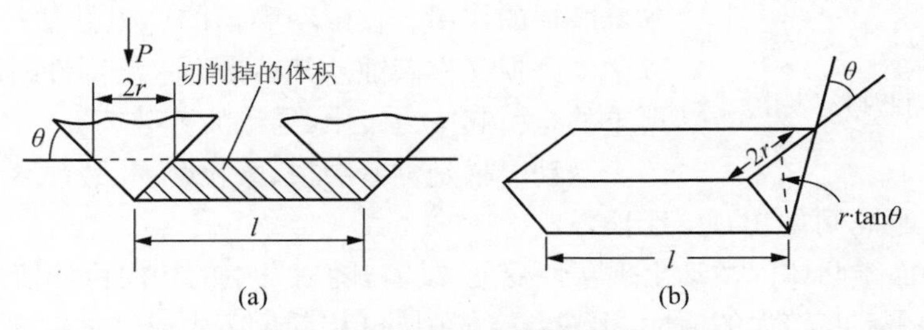

图 5-4-10 磨粒磨损模型示意图

(a) 模型；(b) 磨损体积计算示意图

$$p=(3\sigma_{sc})\pi r^2=H\pi r^2 \tag{5-4-7}$$

被切削下来的软材料体积[图 5-4-10(a)中阴影区部分]为磨损量 $W=r^2L\tan\theta$，将此代入式(5-4-7)得到

$$W=\frac{PL\tan\theta}{3\pi\sigma_{sc}}\approx\frac{PL\tan\theta}{H} \tag{5-4-8}$$

由此式可见，磨粒磨损量 W 与接触压力 p、滑动距离 L 呈正比，与材料硬度 H 呈反比；并且与硬材料凸出部分或磨粒形状 θ 有关。

5.4.2.3 其他磨损

1) 磨蚀磨损

磨蚀磨损是由于外界环境引起金属表层的腐蚀产物(主要是氧化物)剥落，与金属磨面之间的机械磨损(磨粒磨损与黏着磨损)相结合而出现的磨损。空气、腐蚀性介质的存在会加速磨蚀磨损。在氮气等不活泼气体和真空中则可减少磨蚀磨损。磨蚀磨损包括下列几种类型：

(1) 各类机件中普遍存在的氧化磨损；

(2) 在水利机械中出现的侵蚀磨损(气蚀)；

(3) 在化工机械中因特殊腐蚀气氛引起的磨蚀磨损。

2) 氧化磨损

氧化磨损的产生是当摩擦副一方的突起部分与另一方做相对滑动时，在产生塑性变形的同时，有氧气扩散到变形层内形成氧化膜，而这种氧化膜在遇到第二个突起部分时有可能剥落，或者因应力而自身破裂，使新露出的金属表面重新又被氧化，这种氧化膜不断被除去又反复形成的过程就是氧化磨损。

氧化磨损是最广泛的一种磨损形式，并且是各类磨损中磨损速率最小的一种，因此也是生产中允许存在的一种磨损形态。所以在与磨损做斗争中，总是首先创造条件使其他可能出现的磨损形态转化为氧化磨损，其次再设法减少氧化磨损速率，从而延长机件寿命。

3) 微动磨损

在机器的嵌合部位、紧配合处之间虽然没有宏观相对位移，但在外部变动负荷及振动的影

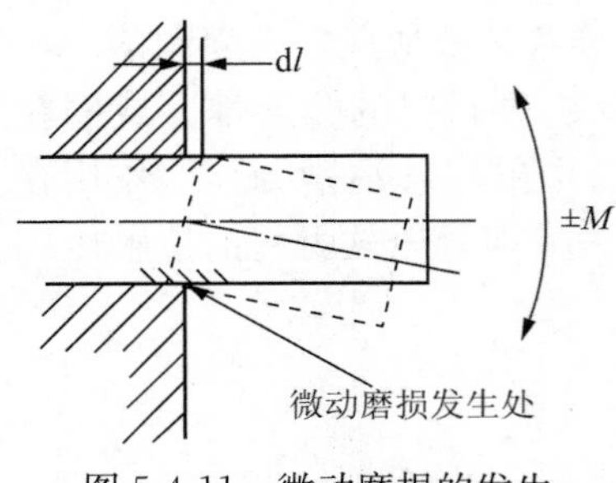

图 5-4-11　微动磨损的发生

响下，由于弹性变形产生微小的滑动，此时表面上产生大量的微小氧化物粉末，由此造成的磨损叫作微动磨损，如图 5-4-11 所示。

由于微动磨损集中在局部地区，又因两摩擦表面永不脱离接触，磨损产物不易往外排出，故兼有氧化磨损、研磨磨损、黏着磨损的作用。在微动磨损的产生处往往会形成蚀坑(所以微动磨损又称咬蚀)，其结果不仅使部件精度、性能下降，更严重的是引起应力集中，导致疲劳破坏。

微动磨损是黏着磨损、磨粒磨损、磨蚀磨损和接触疲劳的复合磨损过程。通常可能出现 3 个阶段。

(1) 两接触面微凸体因微动出现塑性变形、黏着，随后发生的切向位移使黏着点脱落。

(2) 脱落的颗粒有较大的活性，很快与空气中的 O_2 起反应生成氧化物。由于两摩擦面不脱离接触，在随后的相对位移中，发生脱落的颗粒将起到磨料作用。若有高湿度的环境，还会有磨蚀磨损发生，加剧了表面剥落。

(3) 接触区产生疲劳。

4) 冲蚀磨损

冲蚀磨损是含有固体颗粒的流体以一定速度和角度对材料表面冲击(或冲刷)所造成的磨损。冲蚀磨损是航空航天、能源、化工、建材、农业等工业中很多机械或零部件损坏报废的一个重要原因。例如，在航空航天工业中，直升机的旋翼、喷气发动机的进气涡轮、导弹头罩等也存在冲蚀磨损问题。

冲蚀磨损常以冲蚀磨损率 ε 表示，即每单位质量的粒子(磨料)所造成的材料质量损失(磨损量)

$$\varepsilon = \frac{\Delta W_{M}}{W_{G}} \tag{5-4-9}$$

式中，ΔW_{M} 为材料的质量损失；W_{G} 为粒子(磨料)的重量。

冲蚀磨损表面形貌特征是表面上有大量的冲蚀凹坑，凹坑的边缘有隆起。凹坑处有材料沿粒子冲击方向的流动，直到材料在高应变下断裂而形成磨屑。可以预期，表面硬化的材料经受粒子冲击时，表层材料高应变断裂发生得较快。脆性材料在粒子冲击时，在有缺陷处形成微裂纹，裂纹不断扩展而形成碎片脱落，在表面上留下微坑。因此，脆性材料和塑性材料具有不同的冲蚀磨损规律。

5.4.3　磨损试验方法

磨损试验方法可分为现场实物试验和实验室试验两类。前者具有与实际情况一致或接近一致的特点，试验结果的可靠性大。但这种试验所需时间长，且外界因素的影响难以掌握和分析。后者虽具有试验时间短、成本低、易于控制各种因素影响的优点，但试验结果往往不能直接表明实际情况。因此，研究重要机件的耐磨性时两种方法都要兼用。

5.4.3.1　磨损试验原理及磨损试验机

磨损试验是在试样与对磨材料之间加上中间物质，使其在一定的负荷下按一定的速度做相对运动，如图 5-4-12 所示，在一定的时间或摩擦距离后测量其磨损量。所以，一台磨损试验机应包括试样、对磨材料、中间材料、加载系统、运动系统和测量设备。

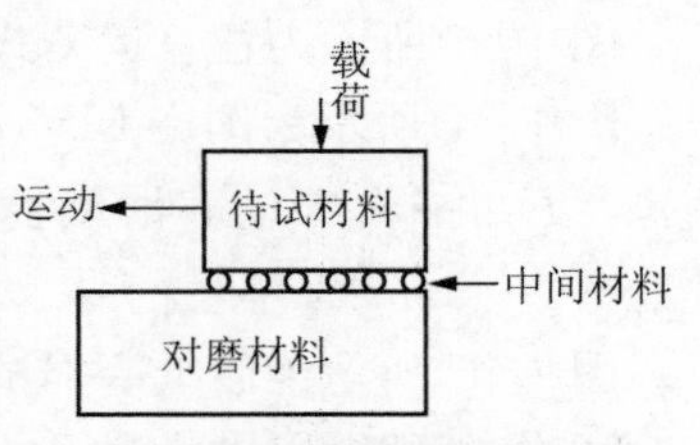

图 5-4-12 磨损试验原理示意图

加载方式大多采用压缩弹簧或杠杆系统。运动方式有滑动、滚动及滑动+滚动。试样形状、表面状态和工作环境则根据相关国家标准或实际工况而定。中间材料既可以是固体(如磨料),也可以是液体(如润滑油)或气体(如空气等)。对磨材料既可以与试样材料相同,又可以不同,应按试验目的而定。

实验室用的磨损试验机种类很多,大体上可分为下列两类。

(1) 新生面摩擦磨损试验机。这类试验机的原理如图 5-4-13 所示。对磨材料摩擦面的性质总是保持一定,不随时间发生变化。图 5-4-13(a)为摩擦面的一方不断受到切削,使之形成新的表面而进行磨损试验;图 5-4-13(b)为圆柱与杆子型摩擦,摩擦轨道按螺旋线转动;图 5-4-13(c)为平面与杆子型摩擦,使之在不断变更的新摩擦轨道上进行磨损试验。切削刀具等试样的磨损试验应采用这类试验机。

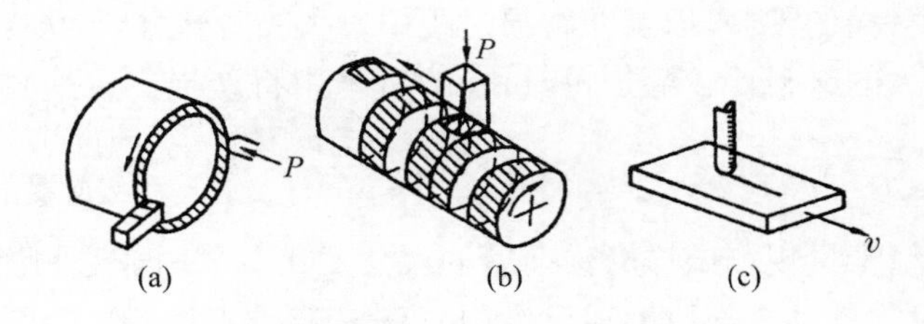

图 5-4-13 新生面摩擦磨损试验机原理图

(2) 重复摩擦试验机。此类试验机种类很多,图 5-4-14 为其中几种的原理图。

图中(a)所示为杆盘式,是将试样加上载荷紧压在旋转圆盘上,试样既可在圆盘半径方向往复运动,又可以是静止的。在抛光机上加一个夹持装置和加载系统即可制成此种试验机。

图中(b)所示为杆筒式,采用杆状试样紧压在旋转圆筒上进行试验。

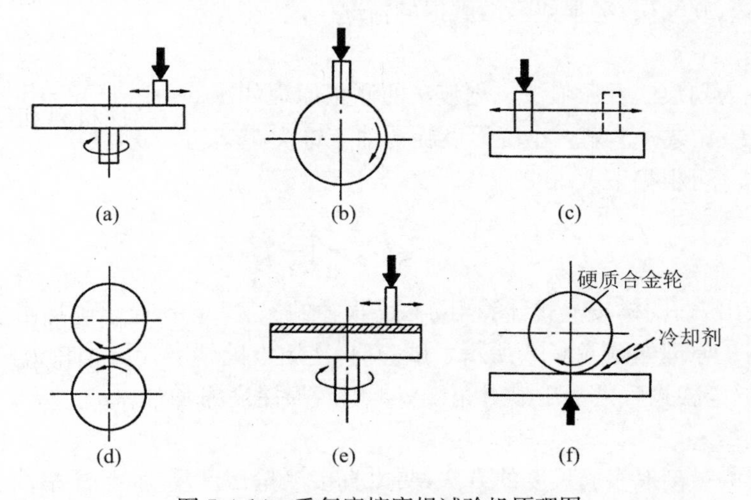

图 5-4-14 重复摩擦磨损试验机原理图

图中(c)所示为往复运动式,试样在静止平面上做往复直线运动。

图中(d)所示为国产 MM-200 型磨损试验机原理示意图,主要用来测定金属材料在滑动摩擦、滚动摩擦、滚动和滑动复合摩擦及间隙摩擦情况下的磨损量,以比较各种材料的耐磨性能。

图中(e)所示为砂纸磨损试验机,与图中(a)所示的情况相似,只是对磨材料为砂纸。

图中(f)所示为快速磨损试验机,旋转圆轮为硬质合金,能迅速获得试验结果。

5.4.3.2 磨损量的测定

材料耐磨性的评定关键是磨损试验中的磨损量测定。根据磨损量确定方法不同大体分为如下几类:失重法、尺寸变化测定法、表面形貌测定法、刻痕法、化学分析法等。现对其做简要介绍。

1) 失重法

失重法的关键是用精密天平称试样磨损前后的质量变化。这种方法比较简单,它较广泛地适用于各种高、低精度磨损量的测定。但要注意称量前试样的清洗和干燥以及合适的称量天平的选择。一般来说,对于中等硬度的材料可以选用万分之一克的天平。对于某些产生不均匀磨损或局部严重磨损的零件,以及在磨损过程中发生黏着转移时,失重法就不够准确。

对于比重相差较大的材料比较磨损量时,一般可采用将磨损失重换算成体积变化量来评定磨损结果。

2) 尺寸变化测定法

该法的关键是用精密量规测试样磨损前后的尺寸变化。采用普通的测微卡尺或螺旋陀螺仪,可以很方便地测量零件某个部位磨损尺度(长度、厚度或直径)的变化量。例如,内燃机缸套主要是测定其内径的磨损量;拖拉机履带板主要是测定其销孔、跑道和节销部位的尺寸变化。

3) 表面形貌测定法

利用触针式表面形貌测量仪可以测出磨损前后表面粗糙度的变化。此法可全面评价磨损表面的特征,但它不易定量估计出零件或试样的磨损值。这种方法主要适用于磨损量非常小的超硬材料(陶瓷、硬涂层)磨损或轻微磨损的情况。

4) 刻痕法

刻痕法可分为划痕法及压痕法。划痕法的测量原理如图 5-4-15 所示,用一金刚石锥体令其绕 x-x 轴旋转,在试样上划一小坑。设旋转轴至锥尖距离为 r,划坑长 l_1 可在显微镜中测量,磨损试验前 h_1 可根据下式求出:

$$h_1 = r - \sqrt{r^2 - \left(\frac{l_1}{2}\right)^2}$$

磨损试验后再量出 l_2,同样按上式计算出 h_2,磨损掉的深度 $\Delta h = h_1 - h_2$ 即可求出。

压痕法的测量原理如图 5-4-16 所示。试验前,使用维氏硬度计压头在试样表面上打上压痕,量出对角线 d_1,试验后再量压痕对角线 d_2,则磨损深度为 $\Delta h = (d_1 - d_2)/7$,压痕对角线是压痕深度的 7 倍。

刻痕法采用测量刻痕表面尺度的方法,要比直接测量深度精确,且压痕小,不会太大地影响机件性能,但此法不宜测量太软的金属。

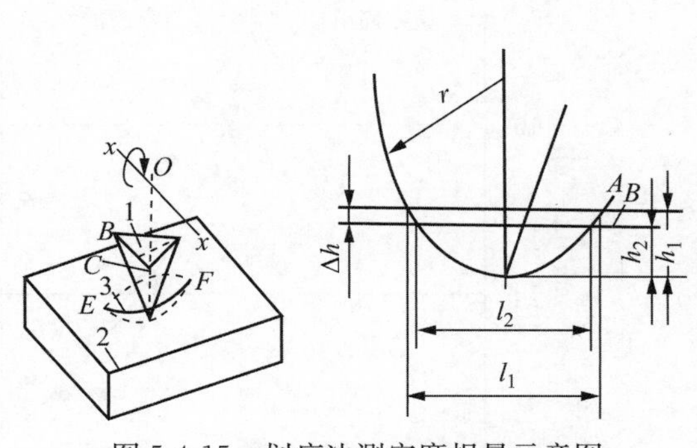

图 5-4-15 划痕法测定磨损量示意图

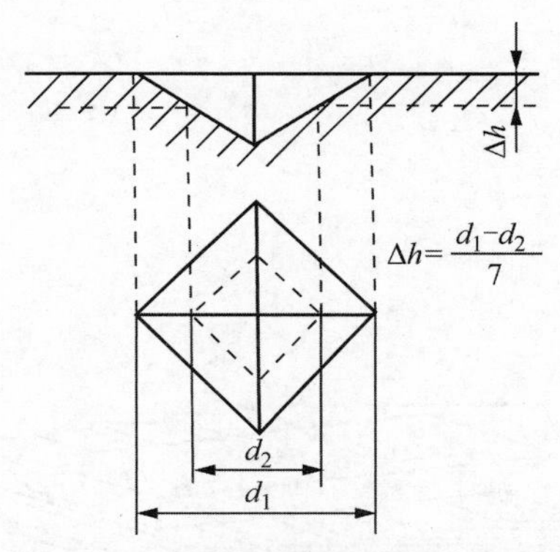

图 5-4-16 压痕法测定磨损量示意图

5) 化学分析法

化学分析法用来测定摩擦副落在润滑剂中的磨损产物含量,从而间接测定磨损速度。因为机件发生摩擦时,金属磨屑会不断掉入油中,油中金属含量就不断增加,只需知道油的总量,便可每隔一定时间从油箱中取出油样品,从单位体积的油中分析出金属的含量,得出各个时间的磨损速度,用 mg/L 表示。此法只适用于测量具有密封油循环系统的机器磨损速度,并且不能测量单个机件的磨损量。

5.4.4 非金属材料的磨损特性

5.4.4.1 陶瓷材料磨损特性

通常的陶瓷磨损有两种形式,即黏着磨损和磨粒磨损。一般在大气或者润滑条件下,陶瓷材料的黏着磨损率是非常低的,氧化铝陶瓷即是如此。当两个表面接触时,如果其中之一的硬度显著低于另一方时,将发生磨粒磨损。

不论氧化物陶瓷还是非氧化物陶瓷,其磨损性能具有各向异性。图 5-4-17 为金属铁在 Al_2O_3 蓝宝石上滑动磨损的情况,图中 θ 为基面(0001)与滑动表面的夹角,测量了两个相反滑动方向(A 向和 B 向)的磨损率。可以看出,在 Fe 沿着基面台阶进行滑动时(A 方向)比逆基面台阶滑动(B 方向)具有较高的磨损率,而且磨损率随 θ 角而变化的幅度顺台阶比逆台阶方向变化要大。这种效应在金属材料中从未发现过。

工程陶瓷材料受接触应力后,在局部的应力集中区表层发生塑性变形,或在水、空气、介质、气氛的影响下形成易塑性变形的表层,进而开裂产生磨屑。因此,陶瓷的摩擦磨损行为对表面状态极为敏感。图 5-4-18 表明当气氛(空气)压力下降时,Al_2O_3、TiC 陶瓷的摩擦系数增加,磨损率也加大。图 5-4-19 为反应烧结 Si_3N_4 陶瓷在真空、空气中从室温到 1 200℃高温时的摩擦系数。室温时,反应烧结 Si_3N_4 陶瓷在真空环境中摩擦系数大于空气环境的,但高温时则相反。真空环境下,MoS_2 的润滑效果可以维持到 1 000℃,但在空气中,高温 MoS_2 氧化,将增大摩擦系数。

5.4.4.2 聚合物材料磨损特性

聚合物的硬度虽然远低于工程陶瓷和金属,但其具有较大的柔顺性,故在不少场合应用下显示出较高的抗划伤能力。聚合物的化学组成、结构与金属相差较大,两者的黏着倾向很小。磨粒磨损时,聚合物对磨粒具有良好的适应性、就范性和埋嵌性。其特有的高弹性又可在接触

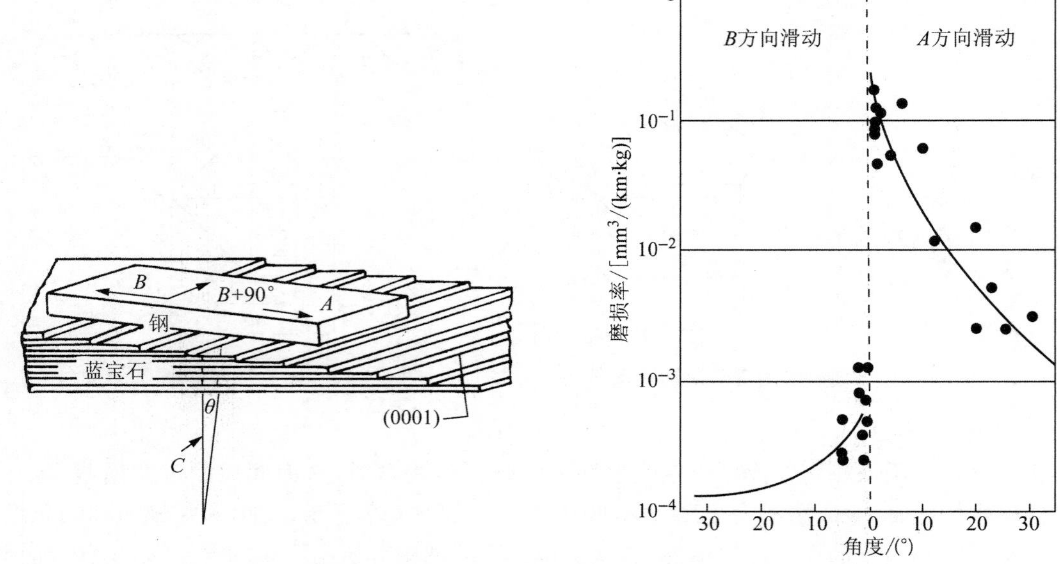

图 5-4-17　Fe 在 Al_2O_3 表面滑动磨损试验

(a) 滑动方向及滑动表面与基面夹角的示意图;(b) 磨损率的试验测定结果

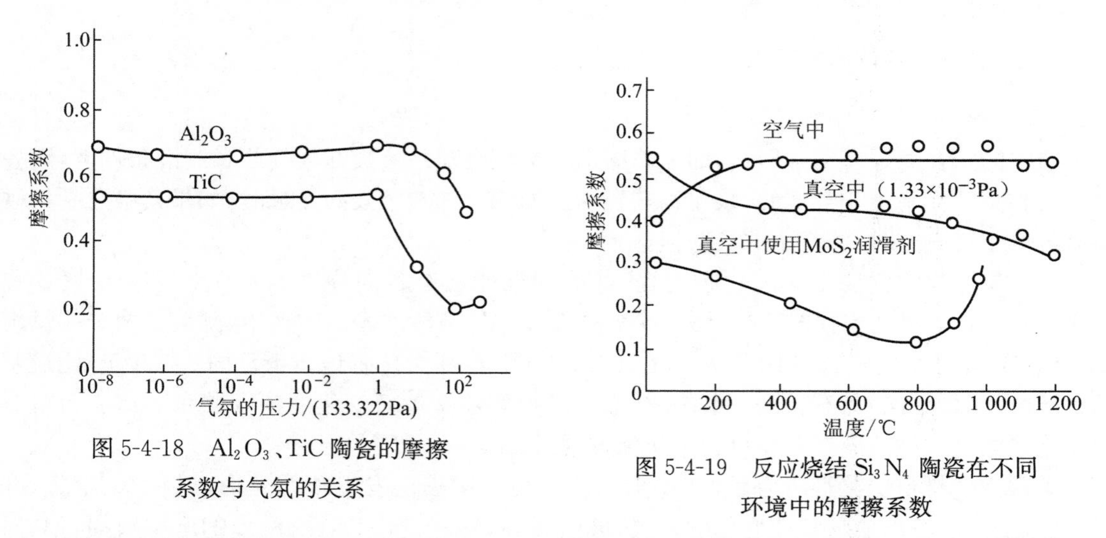

图 5-4-18　Al_2O_3、TiC 陶瓷的摩擦系数与气氛的关系

图 5-4-19　反应烧结 Si_3N_4 陶瓷在不同环境中的摩擦系数

表面产生变形而不发生切削犁沟式损伤。就耐磨性而言,聚合物与金属配对的摩擦副优于金属与金属配对的摩擦副。但需特别注意,摩擦热使聚合物有显著的蠕变现象。

聚合物材料的磨损和其他材料一样,涉及几种引起材料去除的机理,如平面滑动磨损、磨粒磨损和冲蚀等。

对于平面滑动及磨粒磨损机理,磨损率可采用下式表示:

$$\dot{W}=K_{\mathrm{I}}\frac{f}{H}=K\frac{A}{A_0} \tag{5-4-10}$$

式中,f 为压应力;H 为硬度;A 为有效接触面积;K 为磨损系数,它与磨损机理有关。如果磨损机理相同,则 K 是一个常数,并与温度无关。可见,在聚合物中,物质的去除机理及磨损系

数 K 可以在很大的范围内发生变化。如将聚合物与金属比较，由于前者的硬度很低，因此其磨损率常高于普通金属。如果将不同的聚合物进行比较，则会发现当摩擦力较低时，其磨损率也相应较低。但聚四氟乙烯(PTFE)和尼龙(PA)与这个规律相矛盾，前者具有最低的表面能及最低的摩擦系数，却表现出较高的磨损率，至少在熔点以下的试验温度范围内是如此。从这些试验中可知，具有低表面能的材料其分子之间的结合强度也较弱，因而在不大的摩擦力作用下，也容易发生磨损。聚合物的这种摩擦和磨损相对立的特性限制了它们的实际应用。因此，寻找合适分子结构的聚合物，使其摩擦、磨损都减到最小，是一个很复杂的问题。

聚合物由于是长分子链结构，其磨损机理与金属有很大不同。图 5-4-20 示意地给出了几种可能的磨损机理。

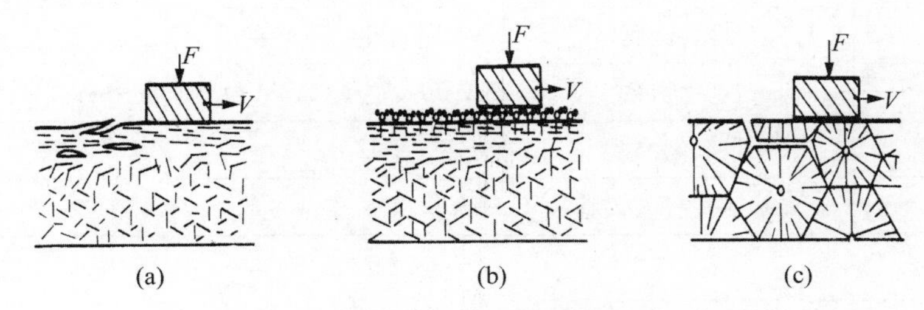

图 5-4-20 不同聚合物结构磨损机理模型

(a) PTFE,PE,PP 的细晶结构分子线性排列及分层剥落；(b) PA 由于水分子的黏附层而使黏着剪切应力降低；(c) PP 球晶间裂纹在粗球晶中的形成

聚四氟乙烯(PTFE)的高磨损率可以从分子结构和形变性能方面来解释：在中等温度范围内，刚性分子能够形成线性排列，当在滑移方向受剪切时，由于它们分子间的结合力很弱，因此材料很容易通过分层剥落而去除[见图 5-4-20(a)]。而对于尼龙(PA)较高的摩擦力，可以在表面形成一个变形层，由于它们的分子之间的结合力较强，因此变形层不容易剥落，且由于水分子在尼龙表面上的黏附和渗透，可以在摩擦界面上起润滑剂的作用，材料显示了较高的磨损抗力[见图 5-4-20(b)]。

综上所述，可以看出几乎没有一种单独的聚合物能够同时满足摩擦系数低而且磨损率又小的要求。如果在一较大的温度范围内要求具有低的摩擦系数，而其磨损抗力可以忽略的话，聚四氟乙烯(PTFE)将是最好的选择；如在室温下使用，低的磨损率是主要的要求，而摩擦系数大小无所谓的话，则尼龙(PA)是最合适的。

5.5 材料在极端环境下的行为

随着科学技术的发展，愈来愈多的材料被使用在极端环境中，如超高温、超低温、超高压、超高真空、超强磁场、宇宙空间(微重力)、强辐射等。在这些极端环境下，材料的性能有别于在常态下，需要得到重视。本节简单介绍此方面的内容。

5.5.1 超高温

超高温通常指 2 000℃以上的温度。在如此高温下对材料性能的要求主要是高温强度、组织稳定性和化学稳定性。图 5-5-1 为许多材料的强度-温度关系曲线，可见随着温度的升高，材料的强度降低。在 2 000℃以上的温度，有应力的情况下，能使用的材料只有钨及其合金、石墨、碳化物、氮化硼等，可它们的耐氧化性又太差。到目前为止还没有可能在 1 650℃以上温度使用的耐氧化的结构材料。

一些用于或有潜力用于高温结构的材料如表 5-5-1 所示。在有应力的情况下,金属系材料和陶瓷材料的使用温度如图 5-5-2 所示。在使用温度高于 1300℃、低应力条件下,可使用 SiC。虽然它的高温强度可维持到 1 600℃,且耐氧化性也是最好的,但断裂韧性很低,只有 4.8～5.8MPa · $m^{1/2}$,作发热元件时,其使用温度小于 1 500℃。

表 5-5-1 一些高温结构材料

体 系	材料种类	
金属材料	金属间化合物	轻质、高比强化合物:TiAl、Ni_3Al、NiAl
		难熔金属间化合物:Nb_3Al、$MoSi_2$ 等
	难熔金属	W、Mo、Nb、Ta 等的合金
陶瓷材料	氧化物系	Al_2O_3、赛隆(Si-Al-O-N)、莫来石
	非氧化物系	Si_3N_4、SiC
复合材料	金属基、陶瓷基、碳基(C-C 复合材料)	

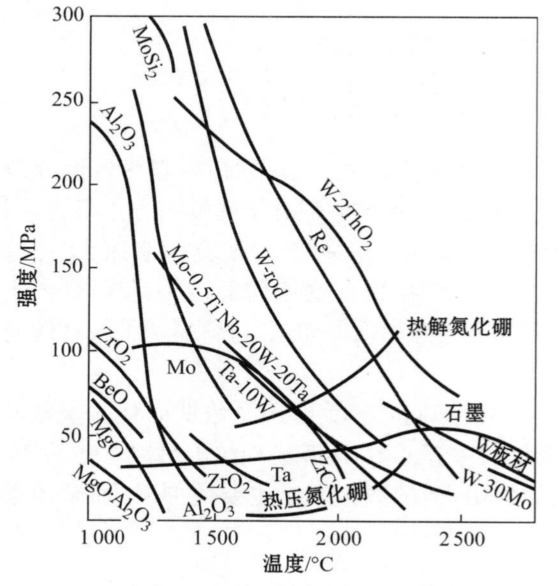

图 5-5-1 一些材料的强度-温度关系曲线

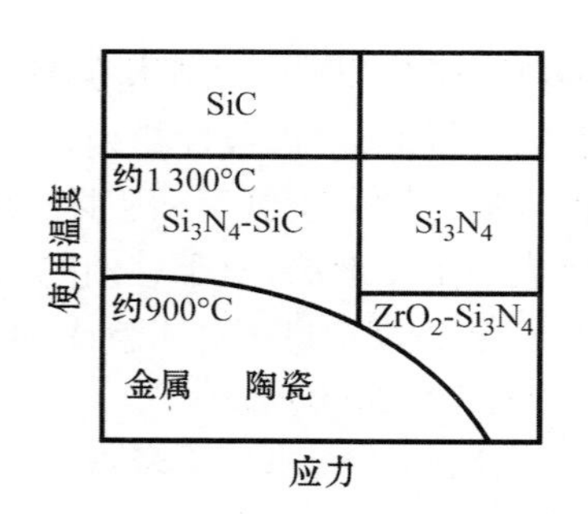

图 5-5-2 特殊作用条件的候选材料

一些复合材料和其他材料的高温强度如图 5-5-3 所示。一些陶瓷基复合材料(如 SiC-SiC、SiC-玻璃陶瓷)在 1 400℃以上的温度时强度急剧下降。

近年来开发了定向陶瓷凝固技术自生长复合材料(melt growth composite,MGC),即将两种氧化物配成共晶成分、熔化、定向凝固,精确地控制晶体生长,研究者利用这种技术制备了 Al_2O_3-YAG 系和 Al_2O_3-$GdAl_2O_3$ 系复合材料,取得了较好的结果。图 5-5-4 为 Al_2O_3-YAG 系的烧结材料和 MGC 材料的高温弯曲强度对比,表 5-5-2 为 Al_2O_3-YAG 系和 Al_2O_3-$GdAl_2O_3$ 系的 MGC 材料的高温弯曲强度试验结果。非常明显,虽然 Al_2O_3-YAG 系 MGC 材料在低温下比其烧结材料强度略低,但前者的室温强度一直维持到 2 000℃还没有降低,高于烧结材料的强度。在 1 600℃、10^{-4}/s 蠕变速率的蠕变强度是同样成分烧结材料的 13 倍。特别是在大气中,在 1 700℃处理 1 000h,没有看到强度降低和组织变化,说明材料热稳定性非常好。

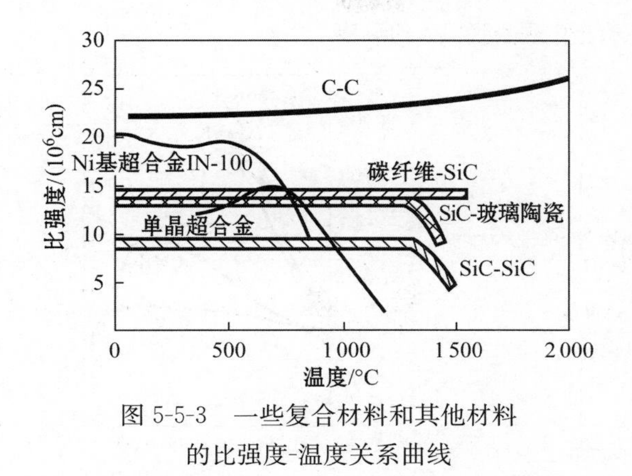

图 5-5-3 一些复合材料和其他材料的比强度-温度关系曲线

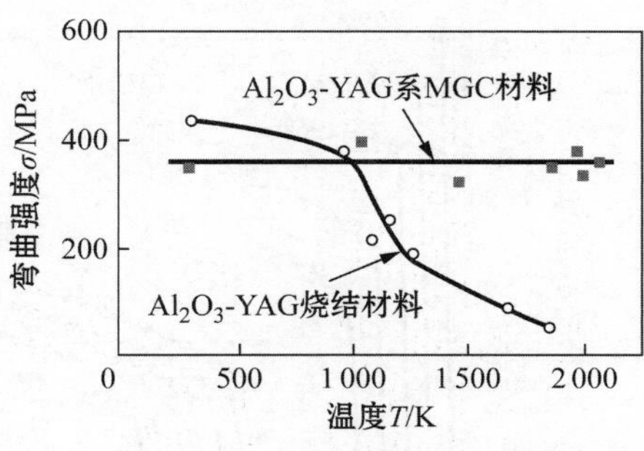

图 5-5-4 Al_2O_3-YAG 系 MGC 材料和烧结材料的弯曲强度-温度关系曲线

Al_2O_3-$GdAl_2O_3$ 系 MGC 材料在 1 600℃的弯曲屈服强度约为 700MPa，而且在弯曲试验中显示出不断裂的延性。

C-C 复合材料的密度在 2g/cm^3 以下，其比强度不随温度升高而下降（见图 5-5-3）。与其他材料相比，它的高温比强度非常优异，已在宇航、航空等领域应用。最大缺点是其在氧化气氛下，600℃左右时开始失去强度。现有保护技术可使 C-C 复合材料使用到 1 600℃。目前着重研究提高 C-C 复合材料的抗氧化能力和与其相匹配的抗氧化覆盖层（涂层或镀层），也在研制混合基体的复合材料，如 C-C＋SiC_2、C-C＋BN_2、C-C＋TiC 等。

表 5-5-2 MGC 技术制备材料的高温弯曲强度

材　　料	温度/℃	
	1 600	1 800
Al_2O_3-YAG 系 MGC 材料	362MPa	370MPa
Al_2O_3-$GdAl_2O_3$ 系 MGC 材料	700MPa	

总之，超高温材料的研究与开发尚处于初级阶段，许多问题，如超高温的获得、在超高温条件下材料试验方法与评估，都有待进一步研究。

5.5.2 超低温

在物理学中，超低温是指在 0.002K 以下的温度，而在工程学中则说法不一，一般是指 77～204K。在此温度范围内，研究者对材料的物理性能，特别是超导性能，进行了广泛深入的研究，而对力学性能则研究得比较少。

5.5.2.1 低温下材料的拉伸性能

图 5-5-5 给出了 bcc 和 fcc 两种典型结构金属材料在不同低温下的拉伸真应力-真应变曲线，可以看出，低温下金属材料的强度和韧性发生了很大变化。

一般来说，bcc 结构的合金在低温下强度增加，而韧性和塑性却降低很多。在降到某一温度时，伸长率突然下降，此时屈服强度几乎等于抗拉强度，在此温度发生了韧-脆转变。Fcc 结构的合金在低温下强度也增加，但同时还能保持较高的韧性和塑性，屈服后的加工硬化也很显著。因此，只有 fcc 金属和合金才适宜在超低温下工作。但是近年来的一些研究表明，具有 bcc 和 hcp 结构的材料脆化在很大程度上取决于间隙元素含量。

在超低温下，奥氏体不锈钢以及铝、钛、铜合金的拉伸曲线上都出现微小的锯齿状变形。图 5-5-6 给出了 304L 不锈钢在不同温度的拉伸应力-应变曲线。由室温到液氮温度，曲线平滑，到达液氦温度，形变曲线呈锯齿状，应力和应变的关系不确定，且伴有绝热形变所导致的温度升高。伴随着锯齿状形变，在 18-8 不锈钢中观察到马氏体相变;在铜、钛合金中观察到孪晶;在铝合金中观察到粗大的滑移。

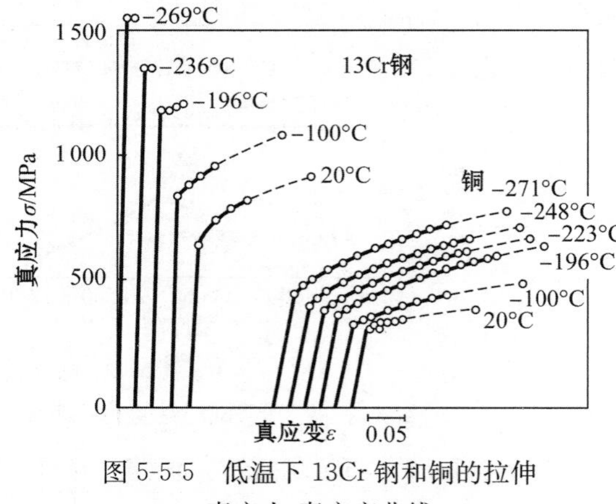

图 5-5-5 低温下 13Cr 钢和铜的拉伸真应力-真应变曲线

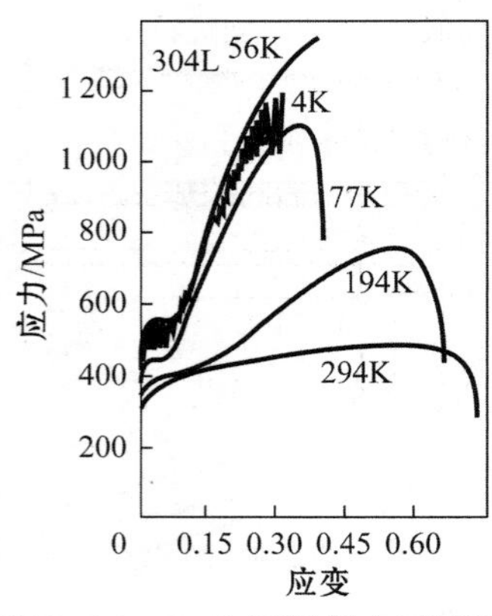

图 5-5-6 304L 不锈钢在不同温度下的拉伸应力-应变曲线

目前只对少数高分子材料进行过低温力学性能研究,尚未发现在低温可作为结构材料使用的。图 5-5-7 给出了高密度聚乙烯的拉伸应力一应变曲线与温度的关系。表 5-5-3 列出了两种高分子材料的低温拉伸性能和 Izod 冲击值。

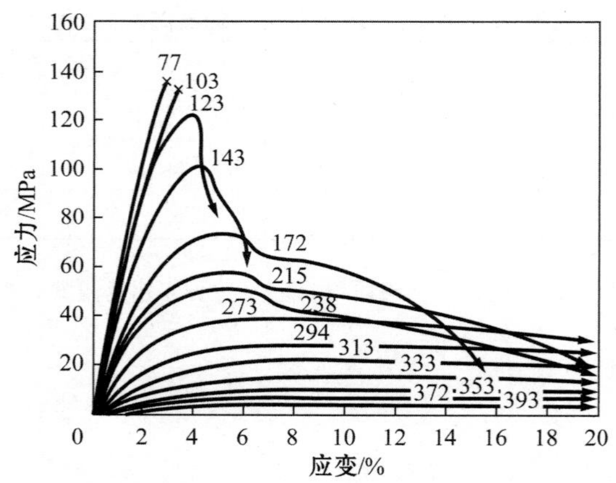

图 5-5-7 不同温度下聚乙烯的拉伸应力-应变曲线,当 $T<100$K 时,材料在屈服前就发生断裂

表 5-5-3 高分子材料的低温拉伸性能和艾氏冲击值

特性		温度/K			
		297	195	77	20
聚氯三氟乙烯 PCTFE	拉伸强度/MPa	37.9	89.5	121	141
	伸长率/%	147	15	3	1
	艾氏冲击值/($J\cdot m^{-1}$)	74.0	68.7	66.1	71.9
聚四氟乙烯 PTFE	拉伸强度/MPa	30.3	40.0	108	131
	伸长率/%	284	35	7	3
	艾氏冲击值/($J\cdot m^{-1}$)	60.8	63.5	63.5	66.7

5.5.2.2 材料的低温疲劳性能

在超低温下，长时间进行疲劳试验是十分困难的，故低温疲劳的数据较少。图 5-5-8 和图 5-5-9 分别给出了奥氏体不锈钢和钛合金在不同温度下的疲劳曲线。可见，随温度降低，疲劳强度升高。不锈钢焊件的疲劳强度比基材低。不锈钢和钛合金的疲劳裂纹扩展速率与温度的关系较小。在焊缝熔接区的疲劳裂纹扩展速率有比金属基材稍高的趋势。

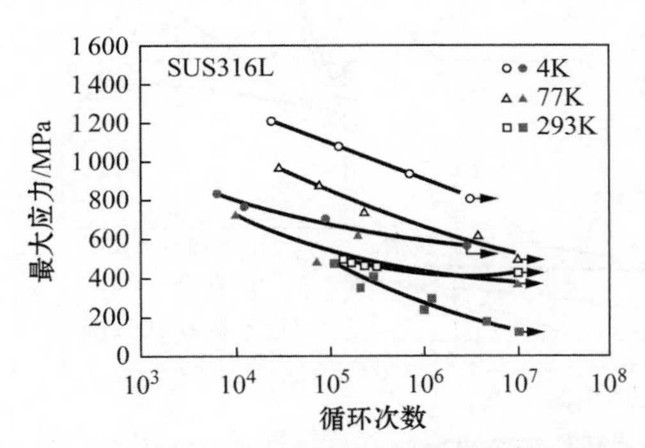

图 5-5-8 316L 不锈钢在 3 种温度下的疲劳曲线

空心点—基材；实心点—焊缝

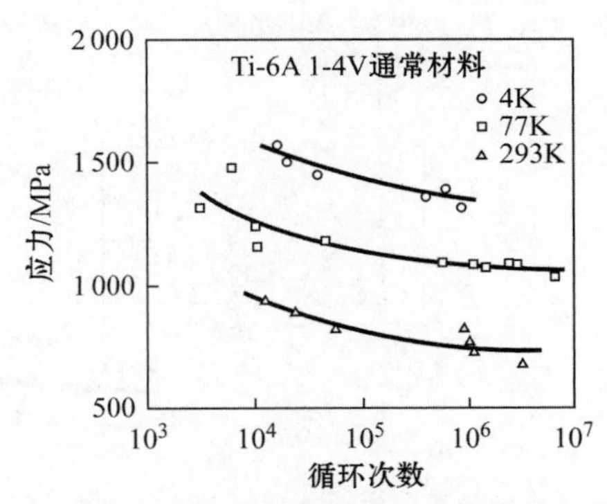

图 5-5-9 钛合金在 3 种温度下的疲劳曲线

5.5.2.3 材料的低温蠕变性能

在液氦中测定了奥氏体不锈钢的蠕变行为。随着试验温度的降低，蠕变变形减小，蠕变速率减慢。可是在 200h 试验时间内，蠕变速率不为零。

5.5.3 超高压

多大压力才能算超高压，目前还没有统一的说法。我国的分类法把 100MPa 以上的压力规定为超高压。近代的高压技术已经获得了超过 361GPa 的高压，而超高速冲击试验还可获得更高的压强。

在高压下，元素或化合物的结构会因原子间距和配位数的改变而发生变化。这种变化可以是可逆的，也可以是不可逆的，有些高压高温下形成的相还可保留到大气压下，如金刚石和氮化硼。因此，随着高压技术的进步，有可能见到更多的高压现象，发现更新的材料。

5.5.3.1 高压相变

通过高压试验，已发现了一些元素和化合物的新结构。图 5-5-10 所示为碳的压力 p-温度 T 状态图，图中存在与动力学行为相关的 4 个区域。

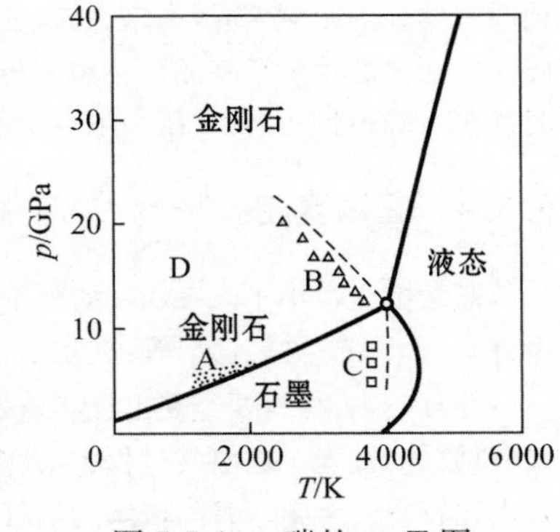

图 5-5-10 碳的 p-T 图

A 区：当碳溶于金属熔体，例如铁、镍或钴的熔体中时，石墨至金刚石转变的快速发生区域，在这个区域利用静态高压装置可进行金刚石的商业化生产。

B 区：纯石墨快速转变为金刚石的区域。这一区域位于石墨熔化线的延长线附近。现阶段如果利用静压装置，在大的体积中不能达到这些温度和压强。但是如果利用冲击方法，就能商业化生产金刚石。

C 区：金刚石快速转变为石墨的区域，它位于金刚石熔化线的延长线附近。

D 区：六角相石墨加压时，电阻率急剧下降的区域。在这一区域的高温段，对六角相石墨退火处理将产生六角相金刚石。

试验发现,在13GPa的压力下,铁的α相(bcc结构)会转变为ε相(hcp结构)。此外,对各种铁基合金的高压相变特征也做过探索,其中包括Fe-Si、Fe-Co、Fe-V、Fe-cR、Fe-Mo、Fe-Mn、Fe-C等二元合金以及各种Fe-Ni-Cr三元合金,在高压下均产生$\alpha \rightarrow \varepsilon$相变。

在大量的由高压引起的结构相变中,氢的金属化研究引起人们的重视。已经有人计算得出,在200～300GPa压强之间存在分子相的能带重叠,并且在380GPa压强时将形成简单六角结构。这一结构具有金属性质,并在T_c大约为230K的温度下成为超导体。

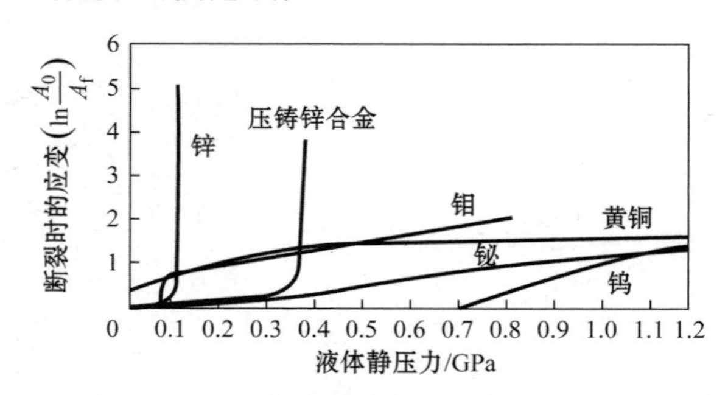

图5-5-11　压力对不同金属断裂应变的影响

5.5.3.2　压力对材料力学性能的影响

对一系列可锻金属,液体静压力一般不能使应力-应变曲线变化,在对铜、锌、锌合金、镁合金和多种钢材进行的扭转试验中也有类似结果。但是,液体静压力对铸造和粉末压实成形金属材料有重要影响,压力的增加会使应力-应变曲线升高。在压力达到一定值后,则影响较小。看来这是液体静压力对试样进一步压实,组织致密化所致。

在三维压缩应力作用下,金属的延展性或断裂应变值增加,断裂应变与压力之间的关系视金属不同而不同。对于有延展性的钢等金属,它们的断裂应变和压力之间显示出线性关系;对于hcp金属锌、镁和铋以及bcc金属钨、钼、铬等,在大气压力下,它们都相当脆,随着压力增加到某一临界值时,延展性迅速上升,如图5-5-11所示。延性增加的原因可能是压缩应力抑制了裂纹和其他缺陷的扩展。

压力对材料的韧-脆转变温度也有影响。一般来说,韧脆转变温度随液体静压力增高而下降。例如对钼来说,当施加压力为0.14GPa时,其韧-脆转变温度从50℃下降到2℃。

已对许多种类的聚合物进行了液体静压下的拉伸、扭转和压缩试验。液体静压力对聚合物的应力-应变曲线有明显的影响,随压力增大,其屈服强度和杨氏模量都增大,但断裂应变的变化却很复杂。正常情况下,脆性化合物的延展性初始时会由于压力的升高而小量增大,在更高的压力下,断裂伸长率没有进一步增大,有时甚至下降;对于在大气压力下有很大伸长率的聚合物,随压力增加而导致断裂伸长率急剧下降。

5.5.4　超高真空

通常把压强小于0.1MPa的整个压强区间,按照压力大小分为几个小区域:低真空,$1\times10^{5}\sim1\times10^{2}$Pa;中真空,$1\times10^{2}\sim1\times10^{-1}$Pa;高真空,$1\times10^{-1}\sim1\times10^{-6}$Pa;超高真空,$1\times10^{-6}\sim1\times10^{-12}$Pa。

在真空中,材料要经受出气和蒸发两个过程。溶解在材料中的气体要解溶,表面吸附的气体要脱附,即出气(或放气)过程。在出气过程中,大多数有机材料出气的主要成分是水蒸气,而且出气速率较高,随时间的衰减也比较慢。金属、陶瓷、玻璃的出气速率比较低,而且随时间衰减比较快。陶瓷和玻璃出气的主要成分也是水蒸气,其次是CO和CO_2;金属常温出气主要是水蒸气,在烘烤时,水蒸气可以基本除尽,出气主要受体内扩散出的气体(H_2、N_2、C_nH_m、CO、CO_2、O_2、一般H_2居多)控制。

若真空压强大大低于材料的蒸气压时,材料将要挥发。

出气和蒸发两个过程与压强、温度、材料的表面状态有关。

在高真空条件下,高分子材料的出气过程十分激烈。聚合物中的低分子物质,如溶剂、催化剂、抗氧化剂、制造助剂等添加剂都可能挥发，同时伴随着聚合物成分的变化，因而引起性能的劣化。石墨-环氧等几种聚合物基复合材料的热真空试验表明，高真空影响了材料的弹性模量、强度、膨胀系数和断裂韧性。硅橡胶出气导致硬化、脆化和龟裂。

对于金属材料，降低空气压力，环境中的氧、水蒸气等组分减少了，从而减少了环境气氛对材料的作用，使韧性、强度、疲劳寿命等均得到提高。

5.5.5 空间环境

5.5.5.1 概述

离地面 200～600km 的空间称作低轨道空间。在这一空间，材料处于微重力、高真空和温度交变的空间环境，遭受太阳射线和带电粒子的辐射、原子氧的侵蚀以及微流星和空间碎片的高速撞击。

在高真空下，如前所述，有机聚合物中的低分子物质可能挥发，这不仅对材料性能本身有影响，挥发物还会污染飞行器的其他部位(如光学玻璃)。

在空间环境下，电磁辐射对材料的物理、化学等性能都有重要影响。300nm 波长以下的紫外线光子能量高于 376.6kJ/mol，而有机聚合物分子的结合键能一般在 250～418kJ/mol。紫外光的能量可使高分子断链，结构发生变化，拉伸强度下降，透光率、耐热性等均发生变化。

在空间环境下还存在带电粒子辐射。带电粒子辐射会导致材料外层电子被激发到高能级，即削弱原子间的键合力，改变分子活性，造成高分子材料的断裂、分解、变色、弹性模量和拉伸强度下降。带电粒子辐射对聚合物材料性能的影响程度取决于带电粒子的能量和剂量。对于低地球轨道环境来说，主要是低能电子的作用。对于工作寿命为 30 年的空间站，它只有 10^4～10^5 Gy 的剂量，对于结构材料构不成很大的威胁，但由于带电粒子的辐射作用主要是体现在材料的表层，其对涂层材料的影响是不容忽视的。

5.5.5.2 微陨石和空间碎片

微陨石的质量一般小于 1mg，直径小于 1mm，速度为 11～72km/s。人造轨道碎片的密度为 0.5～2.89g/cm^3，飞行速度为 2～16km/s。据 NASA1991 年对空间碎片的统计，在 200km 的近地空间共有 300×10^4 kg 空间碎片。

微陨石和空间碎片高速撞击飞行器，可使飞行器材料表面成坑，形成裂纹，飞行器壳体发生层裂或护壳破坏，已有多次航天器失事是由于空间碎片的撞击所引起，采用保护屏可抗击超高速冲击，保护航天器。

5.5.5.3 氧化剥蚀

原子氧是由光分解氧分子产生的。原子氧的密度和撞击能随高度而变化，在低地轨道空间环境中，原子氧的密度为 10^4 个/cm^3。空间飞行器大约以 8km/s 的速度运行。原子氧束流以通量为 10^{12}～10^{15} 个原子/($cm^3\cdot s$)和 5eV 的动能与其表面相撞。原子氧这种冲击作用等价于 5×10^4 K 的高温，从而引起材料的表面形貌变化，质量损失，材料性能(光学、电学、热学、力学性能)的变化。

原子氧碰撞到材料表面上，可引发许多物理和化学过程：简单散射；与氮发生化学反应；形成激活态的氮氧化物，然后通过去活化，产生辉光放电；为表面所俘获形成氧化物，从表面迁移到材料内部。

通常采用侵蚀速率(或称反应系数)定量地表征原子氧的侵蚀，其定义为

$$R_e = \frac{\text{材料损失体积}}{\text{总入射原子数}}(\text{cm}^3/\text{原子}) \tag{5-5-1}$$

表 5-5-4 列出了美国航天飞机从 STS-3 到 STS-8 多次飞行任务中，先后将各种材料(包括热控涂层)在轨道中做暴露试验，返回地面后测试所得到的结果。可见，在各类有机热控涂层中，有机硅漆受原子氧的影响最小，有机氟次之。

在高度为 300～400km 的飞行器上对树脂基复合材料进行了试验，总试验时间为 300 个昼夜，热循环的温度为－90～120℃，总计 4 800 个循环，试样放置方向与飞行方向平行，试验结果如表 5-5-5 所示。

表 5-5-4 有机热控涂层及材料的原子氧反应效率

材 料	原子氧反应效率/(10^{-24} cm^3)	材 料	原子氧反应效率/(10^{-24} cm^3)
聚酰亚胺膜	2.6	Z276 白色有光聚氨酯漆	0.85
含炭黑聚酰亚胺膜	2.5	401-C10 紫黑平光环氧漆	0.67
聚酯膜	2.85	高温石墨漆	3.3
FEP 氟膜	<0.03	S-13G/LO 白色平光有机硅漆	未测试到有变化
Z302 黑色有光聚氨酯漆	4.5	石墨纤维增强环氧 T300/934	2.5
Z306 黑色无光聚氨酯漆	0.85		
Z853 黄色有光聚氨酯漆	0.75		

注:反应效率指每个原子氧侵蚀材料的体积

表 5-5-5 树脂基复合材料热循环试验前后的性能

材料名称	密度/(g·cm^{-3})	σ_b/MPa		E/GPa		硬度变化/%	质损/%
		试验前	试验后	试验前	试验后		
玻璃-环氧	1.79	623	602	26.80	26.70	−8	0.1
玻璃-酚醛	1.97	929	1 028	41.50	41.75	18	0.4
碳-酚醛	1.48	546	522	59.25	58.50	31	1.9
有机纤维-酚醛	1.13	284	256	23.45	20.55	24	1.2

本章小结

本章主要讨论了材料在高温、高速加载、摩擦、轻微腐蚀性介质等常见工程条件及环境下的力学性能。

材料在高温下的力学性能与常温下不同,除了一般是强度降低、塑性增加以外,最重要的是出现蠕变现象,并且其他高温力学行为,如应力松弛、疲劳-蠕变交互作用等,也是由蠕变而引发的。材料在高温下,由于原子的热激活和扩散作用,蠕变变形除与常温下一样以位错滑移的方式进行外,还可以通过晶界滑动和空位扩散等方式进行,并且在高温下位错可通过攀移和交滑移克服滑移的障碍。因此,即使作用的应力较小,塑性变形也会不断进行而产生与时间相关的蠕变。高温蠕变断裂的机理也与常温下不同,主要是在晶界上空洞形成和长大及其相互连接而形成裂纹后所引起的,因此大多为沿晶断裂。

温度和载荷作用时间对材料的高温力学行为有很大影响。因此,评定材料的高温力学性能指标,应考虑温度和时间的因素,常见的有蠕变极限、持久强度和松弛稳定性。蠕变极限是高温长时静载下的塑性抗力指标,持久强度在一定程度上表征材料在高温长时服役下抵抗过载的能力。前者以考虑变形为主,后者则主要考虑材料的断裂抗力。对于在高温下工作而依靠原始弹性变形得到工作应力的机件,其失效往往起因于应力松弛。在这种情况下,就应以松弛稳定性作为评定材料的依据。

从材料结构来看，陶瓷材料键合很强，不易滑移和空位扩散，因此抗蠕变性能较高；金属材料的抗蠕变性能比陶瓷略次，但差异也很大，主要与合金的化学成分、晶体结构、组织有关。一般遵守下列原则都可以提高金属材料的蠕变抗力：选择高熔点金属作为合金基体；在基体上形成稳定、细小弥散的强化颗粒；减少晶界或形成单晶体等。

材料在高速冲击载荷下的变形与断裂行为十分复杂。当外应力低于 σ_s 时，应力波不造成材料的不可逆变化，Hooke 定律适用；当 $\sigma>\sigma_s$ 但 $<10^4$ MPa 时，材料响应可用耗散过程来描述，需考虑大变形、黏滞性、热传导等，本构关系很复杂，为非线性；当 σ 超过强度几个数量级时，材料可作为非黏性可压缩流体来处理，其真实材料结果可不考虑，响应行为可用热力学参数描述。高速冲击下的失效模式也很复杂，与应力波传播特点及构件形状相关，可能出现剥落破裂、绝热剪切破坏和冲击绝热熔化等。

在高速冲击载荷下，材料的强度指标一般比静载荷下高，这为结构设计带来方便，只要承受冲击机件危险截面上的应力估算是准确的，则按静加载取许用应力计算截面尺寸应该是偏于安全的。在冲击载荷下，材料的韧性一般会下降，即所谓冲击脆化，但塑性的变化很复杂，需视具体材料而定。

材料在环境介质作用下的断裂形式主要是应力腐蚀开裂（SCC）和氢致开裂（HIC）。前者是材料在拉应力作用下，在特定的腐蚀介质中产生的断裂现象，而后者主要发生在含氢环境中的金属。金属材料长期在低熔点液态金属介质中也会产生脆性延迟断裂，称为液体金属脆（LMIC）。如果是交变载荷，则产生腐蚀疲劳。腐蚀性介质的存在会促进裂纹萌生和裂纹扩展，使材料在较低的应力（远低于屈服应力）下经过一段延迟时间后也可以发生脆性断裂。特别是在应力和环境介质联合作用下，材料的断裂抗力比单个因素分别作用后再叠加起来的要低得多。因此，对于在环境介质下服役的机件必须考虑其力学行为的特点。

断裂力学在环境断裂中得到广泛应用。评定材料抵抗 SCC 的力学性能指标，可用应力腐蚀临界应力强度因子 K_{ISCC} 和应力腐蚀裂纹扩展速率 $\mathrm{d}a/\mathrm{d}t$。HIC 也有类似的力学性能指标。应用这些指标可以估算机件在环境介质中的剩余寿命。

由于决定各种环境断裂的 3 个要素为环境介质、力学条件和材质，工程上防止此类断裂事故的措施是在三要素中去掉一个因素，或改变一个因素的状况。至于改变哪个因素要由生产工艺条件、环境改变的可能性及技术经济指标等方面综合考虑，择优决定。此外，由于环境断裂中往往伴随有电化学反应，因此也可采用电化学保护来防止。

两个物体在接触状态下相对运动会产生摩擦，由此造成接触表面材料质量损失、尺寸变化的现象称为磨损。磨损是一个复杂的包括力学的、物理的和化学的过程。根据磨损条件和磨损机理，通常将磨损分为以下几大类：①黏着磨损；②磨料磨损；③磨蚀磨损；④微动磨损；⑤冲蚀磨损；⑥麻点疲劳磨损（接触疲劳），这些不同的磨损形式的宏观表现、微观机理、影响因素以及表面磨损形貌特征既有相同之处，也有不同之处，读者应注意区别。

材料的耐磨性是一个系统性质，目前尚无统一的评定材料耐磨性的力学性能指标，通常就用质量损失或尺寸变化来间接评定耐磨性好坏。

同一机件虽服役条件变化，其磨损类型也会发生变化，甚至可能同时存在几种类型的磨损。决定一个机件在具体服役条件下究竟为何种磨损有下列 3 个因素：力学条件、介质和摩擦副材料的性质。力学条件指摩擦类型、滑动速度、接触载荷等，其中以滑动速度的影响最大；介质指气体、液体、有无润滑和磨粒存在、介质的性质及介质与摩擦副表面是否有化学反应等；摩擦副材料性质指与氧的亲和力、形成氧化膜的性质、在常温和高温下的黏着倾向、力学性能(硬度、韧性、塑性、弹性模量、屈服强度、疲劳强度等)、热稳定性,以及与润滑剂相互作用的性能等。由此可见,要预防机件磨损失效,首先要了解机件的服役条件,其次要分析在该条件下有哪些磨损在起作用,哪一类磨损是主要的,如此才能找到有针对性的措施,收到预期效果。

名词及术语

蠕变	减速蠕变	恒速蠕变	加速蠕变
稳态蠕变速率	蠕变极限	持久强度	应力松弛
蠕变断裂	应力波	迟屈服	动态应力-应变曲线
剥落破裂	绝热剪切破坏	动态断裂韧度	环境诱发断裂
应力腐蚀开裂	氢致开裂	氢脆	液体金属脆
摩擦	磨损	耐磨性	磨损率
相对耐磨性	黏着磨损	磨料磨损	磨蚀磨损
微动磨损	冲蚀磨损	氧化磨损	

思考题及习题

1. 透平燃气发动机在恒速下运行时,沿工作叶片的离心力为 40MPa。100mm 长的叶片工作中最大只允许伸长 1mm。叶片材料的稳态蠕变速率如下:40MPa 应力,在 800℃下,蠕变速率为 7.3×10^{-4}/s;在 950℃下,蠕变速率为 1.29×10^{-3}/s。请计算 750℃下工作时叶片的工作寿命。

2. 耐热钢在 538℃时蠕变第Ⅱ阶段的行为是

$$\dot{\varepsilon}=1.16\times10^{-24}\sigma^{8}$$

式中,$\dot{\varepsilon}$ 为蠕变速率(h^{-1});σ 为应力(MPa)。已知蠕变激活能为 100kcal/mol。

(1) 预测该钢在 500℃下、应力为 150MPa 时的蠕变速率;

(2) 如果工作温度为 550℃,并要求在工作期间蠕变应变量不超过 0.01。试估算工作寿命分别为 100 000h 和 500 000h 时的最大许用应力。

3. Cr-Ni 奥氏体不锈钢持久试验数据如下表所示:

3 题表　Cr-Ni 奥氏体不锈钢持久试验数据

温度/℃	应力/MPa	断裂时间/h	温度/℃	应力/MPa	断裂时间/h
540	480.5	1 670	600	343.2	3 210
	549.2	435		411.8	268
	617.8	112		480.5	112
	686.5	23		514.8	45
				549.2	24

（续表）

温度/℃	应力/MPa	断裂时间/h	温度/℃	应力/MPa	断裂时间/h
650	171.6	43 895	730	117.7	17 002
	205.9	12 011		137.3	9 534
	240.2	2 248		171.6	812
	274.6	762		192.2	344
	308.9	198		233.4	61
650			810	68.6	15 343
	343.5	95		86.3	5 073
	377.6	64		103.0	1 358
	411.8	25		119.6	722
				137.3	268
				171.6	28

请完成下列任务：

（1）绘出应力与持久时间的关系曲线；

（2）求出 810℃下经受 2 000h 的持久强度；

（3）求出 730℃下 10 000h 的许用应力（设安全系数 $n=3$）。

4. 列出 4 条用于增强金属合金抗蠕变能力的措施。

5. 如何区分蠕变与应力松弛。

6. 一个结构构件应用于一个应力-温度场环境中，其稳态蠕变率是 10^{-10}/s，这个材料的蠕变在其预期寿命内不能超过 0.1%。如果这是唯一的设计准则，估算在这种条件下，这个构件能够存在多久？

7. 加载速率对金属材料的力学性能（包括屈服强度、抗拉强度、伸长率、断裂韧度等）有什么影响？

8. 准静态变形和高速加载变形过程中，金属微观结构的变化有什么差异？

9. 对一开有单边缺口的大试样在持久载荷作用下的裂纹扩展速率进行观察发现，材料在腐蚀介质加速下裂纹扩展呈现第Ⅰ和第Ⅱ阶段，而无第Ⅲ阶段。当预制裂纹深 a 为 3mm 时，在 50MPa 应力作用下裂纹刚好扩展，当裂纹扩展至 5mm 时，进入第Ⅱ阶段，其 $da/dt=2\times10^{-4}$ mm/s，试问裂纹在第Ⅱ阶段扩展能经历多长时间？（提示：材料的断裂韧度为 $20\text{MPa}\cdot\text{m}^{1/2}$，单边裂纹顶端的应力场强度因子表达式为 $K_{\text{I}}=1.12\sigma\sqrt{\pi a}$）

10. 有一厚度为 2.0mm、宽度为 40mm 的板材，其性能指标如下：$\sigma_{0.2}=1\,500\text{MPa}$，$K_{\text{Ic}}=80\text{MPa}\sqrt{\text{m}}$，$K_{\text{ISCC}}=16\text{MPa}\sqrt{\text{m}}$（在 3.5%NaCl 中），$\Delta K_{\text{th}}=4\text{MPa}\sqrt{\text{m}}$。要求该板材在受到 4 000kgf 的静拉伸载荷作用下能长期安全工作（不发生塑性变形或断裂）。试问在以下几种情况下能否达到使用要求？

（1）若材料无损伤，在空气中服役；

（2）若材料经无损探伤发现存在长的裂纹，在空气中服役；

（3）若存在长的裂纹，在海洋腐蚀环境中服役；

（4）若存在 $2a=4.0$mm 长的裂纹，在空气中服役，仅受到 $\Delta P=1\,000$kgf 的循环疲劳拉伸载荷的作用(不受 4 000kgf 的静拉伸载荷作用)。(注:$K_{\mathrm{I}}=1.25\sigma\sqrt{\pi a}$)

11. 将两块单晶体金属各自加工到晶面级光洁度,且取同一晶面,对合后转一定角度,使之晶面重合,能否把它们完好地“焊”在一块?需要加压力吗?

12. 为什么有时把摩擦副做得一硬一软?

13. 从粗糙到光洁再到晶面级光洁度,相互摩擦构件的磨损量如何变化?

14. “材料的硬度越高,耐磨性越好”,这种说法对吗?为什么?

6 材料的热学性能

热是能量的一种表现形式。材料的热学性能是表征材料与热相互作用行为的一种宏观特性，包括热容、热膨胀、热传导、热辐射、热稳定性等。在许多工程实际应用中，必须控制材料的热学性能，才能实现预定的目的。例如：精密仪器、仪表、光学构件等使用的材料要求低的热膨胀系数；电真空材料要求具有一定的热膨胀系数；热敏元件却要求高的热膨胀系数；工业炉衬、建筑材料要求低的导热系数，从而保持优良的隔热性能；燃气轮机叶片、晶体管散热器、暖气片等则要求高的导热性，以使散热较快；航天飞行器重返大气层的隔热材料除了要求低的导热性以外，还要求材料有较大的比热容，从而使其温度升高需要大量的热量。电子封装材料除了要求较低的膨胀系数以外，还要求材料具有较高的热导率。由此可见，材料的热学性能在实际应用中经常起到关键的作用，并成为选择材料的基本依据。另一方面，材料的组织结构发生变化时，热性能也会发生变化，因此，热性能分析是材料研究中常用的方法之一，特别是对于确定临界点并判断材料的相变特征具有重要的意义。

热学性能

本章主要讨论材料的热容、热膨胀、热传导这三大热学性能的相关内容，最后简要介绍热电性和常用热分析方法及其在材料科学研究中的应用。

6.1 热容

6.1.1 热容的定义

材料在温度上升或下降时要吸收或放出热量。在没有相变或化学反应的条件下，材料温度升高 1K 所吸收的热量 Q，称为该材料的**热容**(heat capacity)，用大写字母 C 表示，单位为 J/K。因此温度 T 时材料的热容为

$$C_T = \left(\frac{\partial Q}{\partial T}\right)_T \tag{6-1-1}$$

显然，热容并不是一个纯材料参数，材料的量不同，热容就不同。为便于不同材料之间的比较，通常定义单位质量 m 的热容为**比热容**(specific heat capacity)，用小写字母 c 表示，单位为 J/(kg・K)或 J/(g・K)。则温度 T 时的材料比热容为

$$c_T = \frac{1}{m}\left(\frac{\partial Q}{\partial T}\right)_T \tag{6-1-2}$$

另外，把 1mol 材料的热容称为**摩尔热容**(molar heat capacity)，用 C_m 表示，单位为 J/(mol・K)。

由式(6-1-1)或式(6-1-2)可见，要求得温度 T 时的热容，必须知道热量和温度的微分关系。工程上，常采用**平均比热容**(average specific heat capacity)的概念，即

$$c_a = \frac{1}{m}\frac{Q}{T_2 - T_1} \tag{6-1-3}$$

式中,m 为材料的质量;Q 为材料从温度 T_1 升高到 T_2 过程中吸收的热量。

热容与过程的性质有关,虽然热容有好几种表示形式,但我们通常感兴趣的只有两种,即定压热容和定容热容。**定压热容**:当升温过程压力不变时,1mol 材料的热容称为**定压热容**,以 C_p(或 $C_{p,\mathrm{m}}$)表示

$$C_p=\left(\frac{\partial Q}{\partial T}\right)_p=\left(\frac{\partial H}{\partial T}\right)_p \tag{6-1-4}$$

式中,H 为热焓。

定容热容:当升温过程维持体积一定时,1mol 材料的热容,以 C_V(或 $C_{V,\mathrm{m}}$)表示

$$C_V=\left(\frac{\partial Q}{\partial T}\right)_V=\left(\frac{\partial U}{\partial T}\right)_V \tag{6-1-5}$$

式中,U 为内能。

从试验的角度看,C_p 的测定要方便得多,但从理论角度,C_V 更有意义,因为它可以直接从系统的能量变化来计算。根据热力学可以推导出 C_V 和 C_p 的关系为

$$C_p-C_V=\frac{\alpha^2V_\mathrm{m}T}{\beta} \tag{6-1-6}$$

式中,α 为体积膨胀系数,β 为体积压缩率,V_m 为摩尔体积。对于固体,当温度降到很低时,C_V 和 C_p 的差别消失,在室温下,两者的差别为 5%左右,但是到高温时,特别是在晶态固体的熔点附近,或者非晶态固体的玻璃化转变温度附近时,它们的差异就比较明显。

6.1.2 固体热容理论简介

材料基础理论中晶体结构是由球棒组成的刚性模型进行描述的,但实际固体中的点阵原子(离子)并不是固定不动的,而是围绕其平衡位置做微小振动。热容来源于受热后点阵原子(离子)的振动加剧和体积膨胀对外做功。固体热容理论就是根据原子(离子)热振动的特点,从理论上阐明了热容的本质,并建立了热容随温度变化的定量关系。

6.1.2.1 经典热容理论

在 19 世纪就已发现了两个有关晶体热容的经验定律。第一个是元素的热容定律——**杜隆-珀蒂**(Dulong-Petit)**定律**:元素的定容摩尔热容为 25J/(mol·K)。实际上,大部分元素的热容都接近该值,特别是在高温时符合得更好。但轻元素的热容则略有误差,如表 6-1-1 所示。

表 6-1-1 某些轻元素的定容摩尔热容

元　素	H	B	C	O	F	Si	P	S	Cl
C_V/(J·mol^{-1}·K^{-1})	9.6	11.3	7.5	16.7	20.9	15.9	22.5	22.5	20.4

第二个是化合物热容定律——**奈曼-柯普**(Neumann-Kopp)**定律**:化合物分子热容等于构成此化合物各元素原子热容之和。例如,双原子化合物的摩尔热容为 2×25J/(mol·K);三原子化合物的摩尔热容为 3×25J/(mol·K);余类推。

这两条经验定律可以用经典理论来解释,即把气体分子的热容理论直接用于固体,用经典统计力学处理晶体热容。根据晶格振动理论,在固体中可以用谐振子代表每个原子在一个自由度的振动,能量为 $k_\mathrm{B}T$(k_B 为玻耳兹曼常数)。1mol 晶体有 N_A 个原子,每个原子有 3 个振动自由度,且能量按自由度均分,则总平均能量为 $3N_\mathrm{A}k_\mathrm{B}T$,则定容摩尔热容为

$$C_V=\left(\frac{\partial E}{\partial T}\right)_V=3N_A k_B=3R=24.91\text{J/(mol}\cdot\text{K)}$$

式中，N_A 为阿伏伽德罗常数，R 为气体常数。由该式可知，晶体定容摩尔热容是一个与温度无关的常量。但杜隆-珀蒂定律只在高温范围内（室温以上）对一部分物质是正确的，而低温下偏差较大，更不能解释 C_V 随温度下降而减小的试验事实。这是因为，以气体分子动力学概念确定热容时，认为运动着的质点在一定范围内能量的变化是连续的，可有任意值。把这种认识用于物质中振动着的离子（原子），特别是在低温范围是不合适的。

6.1.2.2　热容的量子理论

1907 年爱因斯坦提出谐振子的能量应该是量子化的，即只有特定的振动模才是被允许的，与电子被允许的能态非常类似。这些晶格振动的能量子被称为声子。频率为 ν_i 的谐振子振动能量 E_i 为

$$E_i=\left(n+\frac{1}{2}\right)h\nu_i \tag{6-1-7}$$

式中，h 为普朗克常数；n 为声子量子数；$\frac{1}{2}h\nu_i$ 为零点能（温度为 0K 时谐振子具有的能量），因是常数，常把它略去。图 6-1-1 为频率为 ν_i 的声子所允许的能级示意图。

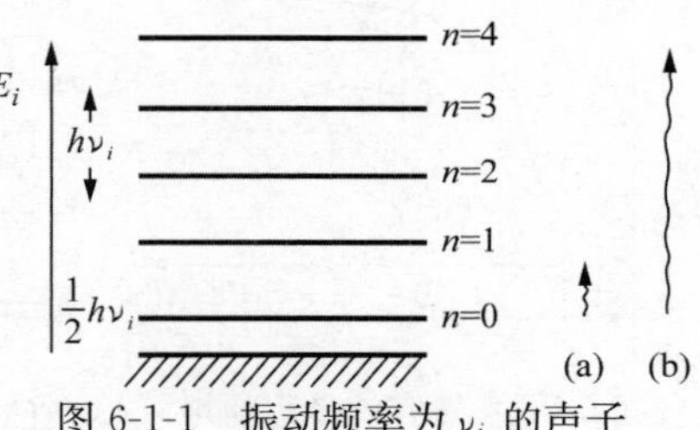

图 6-1-1　振动频率为 ν_i 的声子所允许的能级示意图

(a) 低温时的平均能量；(b) 高温时的平均能量

根据玻耳兹曼分布，具有能量 E_i 的谐振子数目正比于 $\exp\left(\frac{-E_i}{kT}\right)$，因此温度 T 时振动频率为 ν_i 的谐振子平均能量为

$$\overline{E}_i=\frac{\sum_0^{\infty}nh\nu_i\exp\left(-\frac{nh\nu_i}{kT}\right)}{\sum_0^{\infty}\exp\left(-\frac{nh\nu_i}{kT}\right)}=\frac{h\nu_i}{\exp\left(\frac{h\nu_i}{kT}\right)-1} \tag{6-1-8}$$

1mol 固体谐振子总振动能为

$$E=\sum_{i=1}^{3N_A}\overline{E}_i=\sum_{i=1}^{3N_A}\frac{h\nu_i}{\exp(\frac{h\nu_i}{kT})-1} \tag{6-1-9}$$

1）爱因斯坦量子热容理论

爱因斯坦把晶体点阵中的原子看作独立振动的谐振子，以相同频率振动，因此晶体的平均能量为

$$E=3N\frac{h\nu}{\exp(\frac{h\nu}{kT})-1} \tag{6-1-10}$$

式中，ν 为谐振子振动频率。

据此计算得到晶体摩尔热容为

$$C_{V,\mathrm{m}}=\frac{\partial E}{\partial T}=3N_A k\left(\frac{h\nu}{kT}\right)^2\frac{\exp\left(\frac{h\nu}{kT}\right)}{\left[\exp\left(\frac{h\nu}{kT}\right)-1\right]^2} \tag{6-1-11}$$

令 $\theta_{\mathrm{E}}=\frac{h\nu}{k}$，称为爱因斯坦特征温度，则有

$$C_{V,\mathrm{m}}=3R\left(\frac{\theta_{\mathrm{E}}}{T}\right)^{2}\frac{\exp\left(\frac{\theta_{\mathrm{E}}}{T}\right)}{\left[\exp\left(\frac{\theta_{\mathrm{E}}}{T}\right)-1\right]^{2}}=3Rf_{\mathrm{E}}\left(\frac{\theta_{\mathrm{E}}}{T}\right) \tag{6-1-12}$$

当 $T\gg\theta_{\mathrm{E}}$，有

$$C_{V,\mathrm{m}}=3R\exp\left(\frac{\theta_{\mathrm{E}}}{T}\right)\approx 3R \tag{6-1-13}$$

当 $T\ll\theta_{\mathrm{E}}$，有

$$C_{V,\mathrm{m}}=3R\left(\frac{\theta_{\mathrm{E}}}{T}\right)^{2}\exp\left(-\frac{\theta_{\mathrm{E}}}{T}\right) \tag{6-1-14}$$

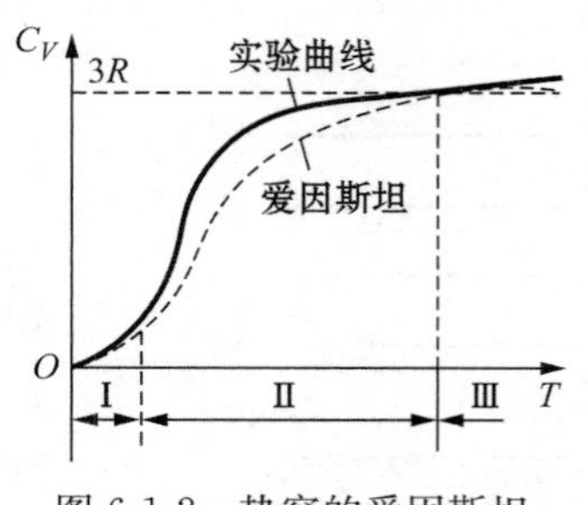

图 6-1-2　热容的爱因斯坦模型与实验值比较

爱因斯坦理论计算值与试验曲线在高温部分符合较好(见图 6-1-2)，但低温部分的理论值相比试验值下降得过快。产生低温区较大偏差的原因在于爱因斯坦理论假定原子振动互不相关，且以相同频率振动，而实际上晶体点阵间相互关联，振动频率也有差异，这些因素在低温表现得尤为突出。

2) 德拜理论

德拜(Debye)理论是在爱因斯坦理论基础上发展的。他认为晶体中各原子间存在着弹性斥力和引力，这种力使原子的热振动相互受牵连而达到相邻原子间协调地振动，于是他把晶体中原子的振动看成是各向同性连续介质中传播的弹性波，弹性波的振动能量是量子化的，具有量子的不连续性。并假定原子振动的频率是不同的，可连续分布于零到最大振动频率 ν_{m} 之间，在低温时，参与低频振动的原子较多；随着温度的升高，参与高频振动的原子逐渐增多，当温度高于德拜特征温度 Θ_{D} 时，几乎所有的原子均按 ν_{m} 振动，在振动过程中，晶体中某一个给定原子的总体位移是所有振动模式的加和。

从上述认识出发，可以得到 1mol 晶体振动能量为

$$E=\int_{0}^{\nu_{\mathrm{m}}}\overline{E}g(\nu)\mathrm{d}\nu=\int_{0}^{\nu_{\mathrm{m}}}\frac{h\nu}{\exp\left(\frac{h\nu}{kT}\right)-1}g(\nu)\mathrm{d}\nu \tag{6-1-15}$$

式中，$g(\nu)$为晶格振动模式密度；$g(\nu)\mathrm{d}\nu$ 为频率从 ν 到 $\nu+\mathrm{d}\nu$ 之间的谐振子数。德拜把晶格振动看成是弹性波在晶体内的传播，可以证明

$$g(\nu)=\frac{12\pi\nu^{2}}{v^{2}} \tag{6-1-16}$$

式中，v 表示弹性波的传播速度。

令 $x=\frac{h\nu}{kT}$，可求得热容为

$$C_{V}=9R\left(\frac{T}{\Theta_{\mathrm{D}}}\right)^{3}\int_{0}^{x}\frac{\mathrm{e}^{x}x^{4}}{\mathrm{e}^{x}-1}\mathrm{d}x \tag{6-1-17}$$

式中，德拜特征温度 $\Theta_{\mathrm{D}}=\frac{h\nu_{\mathrm{m}}}{k}$。

根据式(6-1-17),高温时,$T \gg \Theta_D$,得到 $C_V \approx 3R$,可见高温时德拜热容理论与经典热容理论一致,和试验热容曲线的高温段符合较好。这说明了在高温下原子几乎都可以振动,因而使热容接近一个常数。

低温时,$T \ll \Theta_D$,可得

$$C_V = \frac{12\pi^4}{5} R \left(\frac{T}{\Theta_D}\right)^3 \tag{6-1-18}$$

该式表明,低温时,$C_V \propto T^3$,这和试验热容曲线相符合,如图6-1-3所示。这就是著名的德拜三次方定律。它反映了在低温时,固体温度升高所吸收的热量,主要用于增强点阵原子的振动,使得具有高频振动的振子数急剧增多。

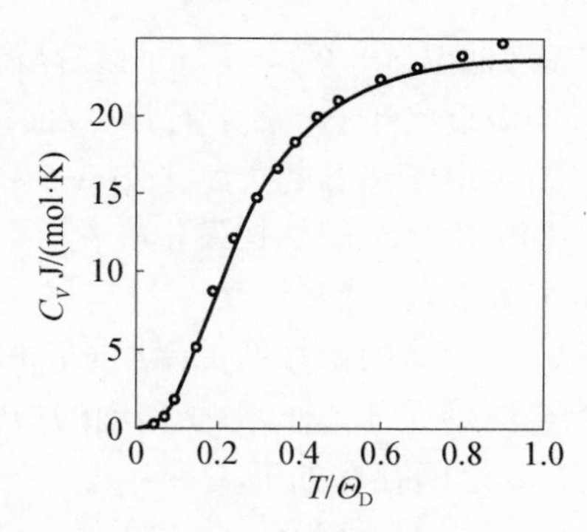

图 6-1-3 热容的德拜模型与试验值比较(圆圈为试验值)

德拜理论虽比爱因斯坦理论有很大进步,但德拜把晶体看成是连续介质,这对于原子振动频率较高部分不适用,故德拜理论对一些化合物的热容计算与试验不符。另外,德拜认为 Θ_D 与温度无关也不尽合理。至于金属热容,由于没有考虑自由电子对热容的贡献,故在很高温度(T>1 000K)和极低温度(T<5K),理论与试验不符合。

6.1.3 金属及合金的热容

6.1.3.1 金属的热容

金属与其他固体的重要差别是其内部有大量自由电子,因此金属的热容除晶格热振动的贡献以外,自由电子对热容也有贡献,即金属热容 C_V 实际上是由两部分组成

$$C_V = C_V^a + C_V^e \tag{6-1-19}$$

式中,C_V^a 为点阵离子振动的热容;C_V^e 为电子热容。

金属中并不是所有自由电子都对电子热容有贡献,在量子自由电子理论中,电子在能态中的分布受泡利原理限制,只有费米面以内约 $K_B T$ 范围里的电子才能受到热激发而跃迁至较高的能级;因此尽管金属中有大量的价电子,但实际对电子比热容有贡献的却很少。用量子自由电子理论可以算出自由电子对热容的贡献与温度成正比

$$C_V^e = \gamma T \tag{6-1-20}$$

式中,系数 γ 的数量级为 10^{-4}。

由于在一般温度下,电子的热容比离子振动的热容小得多,所以只考虑离子振动的热容就够了。但在温度很高或很低的情况下,电子热容的贡献就不可忽视。试验已经证明,温度低于5K时,$C_V \propto T$,即热容以电子贡献为主。

过渡族金属中电子热容贡献更为突出,它包括 s 层、d 层和 f 层电子热容。正因为如此,过渡族金属的定容热容远比简单金属的大。

受电子热容的影响,金属的热容曲线不同于其他键合晶体的热容曲线,在高温时,其 C_V 随着温度升高而增加,并不停留在 $3R$ 处;在温度接近 0K 时,其 C_V 随温度沿着直线缓慢地下降。图 6-1-4 为铜的定容摩尔热容 C_V 随温度 T 变化的曲线,可分为3个区域:Ⅰ区(温度接近 0K 区),$C_V \propto T$;Ⅱ

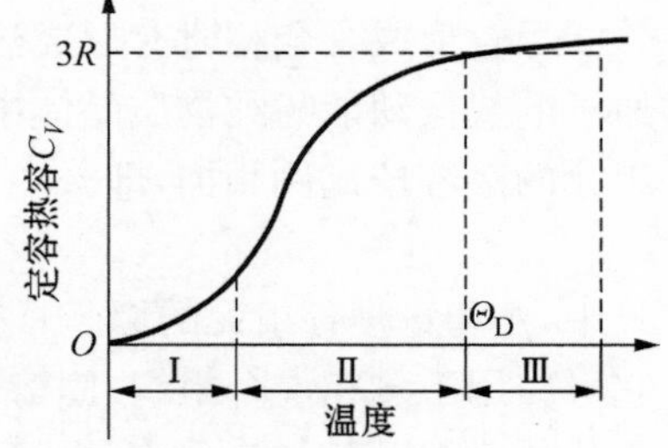

图 6-1-4 铜的定容摩尔热容 C_V 随温度变化曲线

区(低温区),$C_V \propto T^3$;Ⅲ区(高温区),当温度达到 Θ_D 温度附近,C_V 变化很平缓,近于恒定值。当温度高于 Θ_D 较多时,热容曲线稍有平缓上升趋势,$C_V > 3R$,其增加的部分主要就是金属中自由电子热容的贡献。图 6-1-4 是金属材料不发生相变时,C_V-T 曲线的共性规律。在升温过程中内部组织结构发生变化,因有不连续的热效应产生,使 C_V-T 曲线发生突变。

6.1.3.2　德拜温度

金属的德拜特征温度 Θ_D 和特征频率 ν_m 是两个与金属本性有关的物理参数。若认为在金属熔点 T_m 处,原子振动的振幅达到使晶格破坏的数值,则特征频率即最大振动频率 ν_m 与 T_m 之间存在如下关系

$$\nu_m = 2.8 \times 10^{12} \sqrt{\frac{T_m}{A_r V_m^{2/3}}} \tag{6-1-21}$$

式中,A_r 为元素相对原子质量;V_m 为摩尔体积,单位为 cm^3/mol。式(6-1-21)称为林德曼(Lindlman)公式。由该式并联系 Θ_D 定义可得

$$\Theta_D = 137 \sqrt{\frac{T_m}{A_r V_m^{2/3}}} \tag{6-1-22}$$

通过测量金属的熔点按此式可以确定 Θ_D,显然德拜温度的高低可相对地反映原子间结合力的强弱。熔点 T_m 高,即材料原子间结合力强,Θ_D 便高。尤其是原子量小的金属更为突出。例如,金刚石的 Θ_D 为 2 230K,而铅的 Θ_D 为 105K。Θ_D 除了可以通过熔点进行计算以外,也可通过热容公式(6-1-18)计算。表 6-1-2 所列是某些物质的德拜温度。

表 6-1-2　物质的德拜温度

物质	Θ_D/K	物质	Θ_D/K	物质	Θ_D/K	物质	Θ_D/K
Ag	225	Ti	420	Al	428	Ga	320
K	91	Zr	291	C	2 230	Cd	209
Hg	72	Zn	308	In	108	Ru	600
Cs	38	V	380	Rb	56	Rh	480
Be	1 440	Nb	275	Hf	252	Co	445
Mg	400	Ta	240	Ni	450	Ir	420

6.1.3.3　合金热容

对于合金除了满足前述金属热容的一般规律,还需考虑合金相的热容及合金相的形成热的基本特点。

尽管形成合金相时有形成热而使总的结合能量增大,高温时仍可粗略地认为合金中每个原子的热振动能与纯物质晶体中同一温度的热振动能是一样的。合金的摩尔热容 C_m 是由其组元的热容按比例相加,即

$$C = pC_1 + qC_2 \tag{6-1-23}$$

式中,p 和 q 是各组元的原子百分数;C_1,C_2 为各组元的摩尔热容。上式即为奈曼-柯普定律,它可应用于多相混合组织、固溶体或化合物。由奈曼-柯普定律计算出的热容值与试验值相差不超过 4%。该定律不仅适用于金属化合物,还适用于中间相、固溶体和多相合金。但不适用于低温条件或铁磁性合金。

6.1.4 陶瓷材料的热容

由于陶瓷材料主要由离子键和共价键组成，室温下几乎无自由电子，因此热容与温度关系更符合德拜模型。但不同材料德拜温度是不同的，例如石墨为1 873K，BeO为1 173K，Al_2O_3 为923K，这取决于键合强度、材料弹性模量、熔点等。图6-1-5所示为几种陶瓷材料的热容温度曲线，可见热容都是在接近 Θ_D 时趋近 25J/mol·K。此后温度增加，热容几乎不变，只有MgO稍有增加。

陶瓷材料热容与温度的关系可以由如下经验公式来描述

$$c_p = a + bT + cT^{-2} + \cdots \tag{6-1-24}$$

式中，a、b、c 为与材料有关的常数。

陶瓷材料的热容是结构不敏感性能，与相结构的关系不大。如图6-1-6所示，CaO和 SiO_2（石英）1∶1的混合物与 $CaSiO_3$（硅灰石）的热容-温度曲线基本重合。但在相变时，由于热量的不连续变化，热容会出现突变，如图6-1-6中 α 型石英转变为 β 型石英时所出现的明显变化，其他所有晶体在多晶转化、铁电转变、铁磁转变、有序—无序转变等相变情况下都会发生类似的突变。

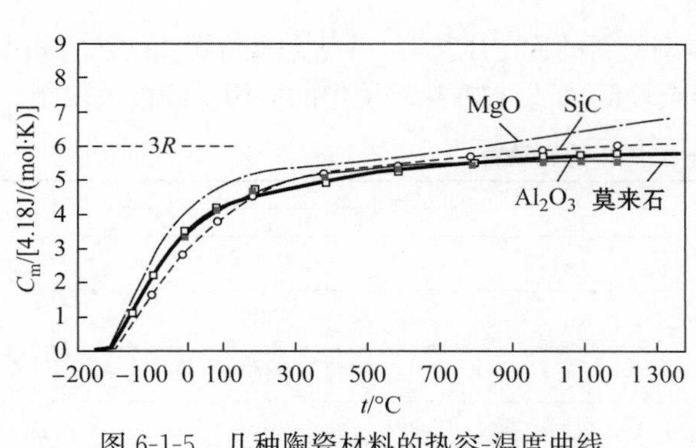

图6-1-5 几种陶瓷材料的热容-温度曲线

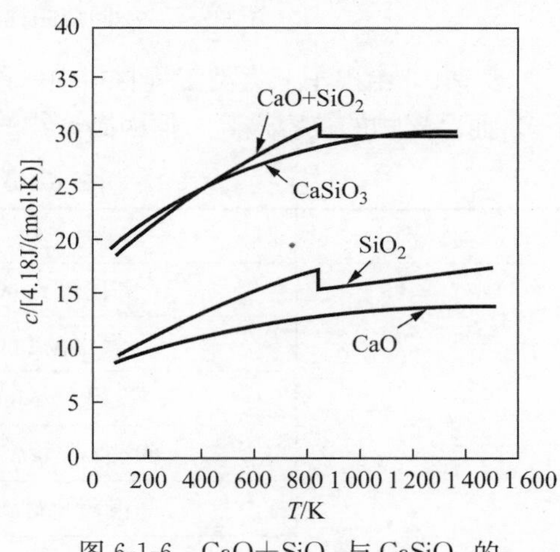

图6-1-6 CaO+SiO_2 与 $CaSiO_3$ 的热容温度曲线

另外，陶瓷材料单位体积的热容与气孔相关。多孔材料因为质量轻，所以热容小，故提高轻质隔热材料的温度所需的热量远低于致密的耐火材料。

试验还证明，在较高温度下陶瓷热容同样具有加和性，化合物的摩尔热容等于构成该化合物各原子热容的总和，即

$$C = \sum n_i C_i \tag{6-1-25}$$

式中，n_i 为化合物中元素 i 的原子数；C_i 为化合物中元素 i 的摩尔热容。

这一公式对于计算大多数氧化物和硅酸盐化合物，在573K以上的热容时都比较符合，同样对于多相复合材料可用如下公式计算

$$C = \sum g_i C_i \tag{6-1-26}$$

式中，g_i 为材料中第 i 种组成的质量百分比；C_i 为材料中第 i 种组成的摩尔热容。

6.1.5 聚合物材料的热容

高分子聚合物多为半晶态或非晶态结构,其热容不一定符合晶体热容理论。大多数高聚物的比热容在玻璃化温度以下比较小,温度升高至玻璃化转变点时,由于热运动加剧,热容出现台阶式变化。结晶态高聚物的热容在熔点处出现极大值,温度更高时热容又减小。图 6-1-7 给出了具有不同结晶程度的高聚物其热容随温度变化情况。室温下高聚物的比热容约为 1.71 J/(g·K),密度约为 1 200kg/m^3,因此它们的体积热容约为 2.1×10^6 J·m^{-3}·K^{-1}。

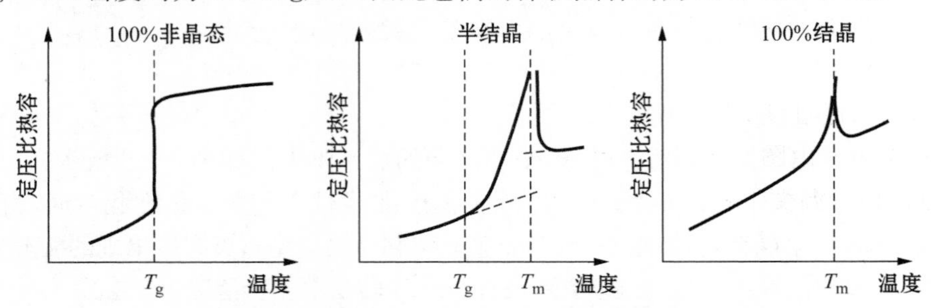

图 6-1-7 不同结晶程度高聚物的热容随温度的变化趋势

表 6-1-3 给出了三大类工程材料中一些典型材料的比定压热容,可见金属与陶瓷的热容相差不多,而高聚物的热容最高。但因高聚物的熔点较低,所以它在热环境中的应用受到极大限制。

表 6-1-3 一些材料的比热容

类 别	材 料	比定压热容 c_p/(J·kg^{-1}·K^{-1})
陶瓷	氧化铝 Al_2O_3	775
	氧化铍 BeO	1 050
	氧化镁 MgO	940
	尖晶石 $MgAl_2O_4$	790
	熔融氧化硅 SiO_2	740
	纳钙玻璃	840
金属	铝	900
	铁	448
	镍	443
	316 不锈钢	502
高聚物	聚乙烯	2 100
	聚丙烯	1 880
	聚苯乙烯	1 360
	聚四氟乙烯	1 050

6.1.6 相变对热容的影响

材料在发生相变时,形成新相的热效应与形成新相的形成热有关。其一般规律是以化合物相的形成热最高，中间相形成热居中，固溶体形成热最小。在化合物中以形成稳定化合物的形成热最高，反之形成热低。相变从热力学角度划分，可分为一级相变、二级相变或更高级相变。一级相变的特点是相变发生时，两平衡相的化学势相等，但化学势的一阶偏微分不相等。二级相变的特点是在临界温度、临界压力时，化学势的一阶偏微分相等而二阶偏微分不相等。图 6-1-8 给出了相变温度和焓 H、自由能 G、熵 S 及比热容 C_p 的关系。下面分别予以介绍。

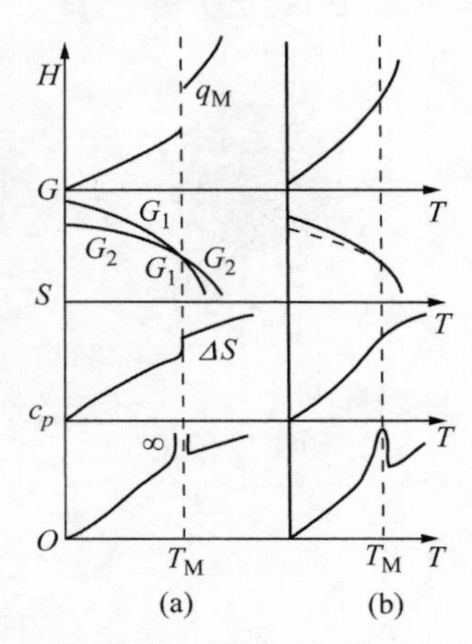

图 6-1-8 热焓 H、自由能 G、熵 S 和比热容 c_p 的变化图
(a) 一级相变；(b) 二级相变

6.1.6.1 一级相变

热力学分析已证明，发生一级相变时，除有体积突变外，还伴随相变潜热发生。由图 6-1-8(a)可见一级相变时热力学函数变化的特点，即在相变温度下，H 发生突变，热容为无限大。一级相变发生在恒温恒压下，$\Delta H = \Delta Q$，故相变潜热 Q 可直接从 H-T 的关系曲线得到。具有这种特点的相变很多，诸如纯金属的三态变化、同素异构转变、共晶、包晶转变等。固态的共析转变也是一级相变。

6.1.6.2 二级相变

这类转变大都发生在一个有限的温度范围。由图 6-1-8(b)可见，发生二级相变时，其焓也发生变化，但不像一级相变那样发生突变；其热容 C_p 在转变温度附近也有剧烈变化，但为有限值。这类相变包括磁性转变、部分材料中的有序-无序转变（有人认为部分转变可属于一级相变）、超导转变等。图 6-1-9 所示为纯铁加热发生磁性转变时，热容有明显变化。

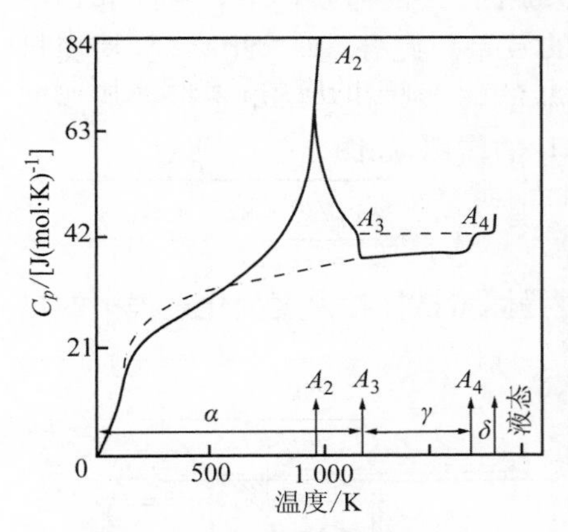

图 6-1-9 纯铁热容随温度的变化

6.1.6.3 相变材料的应用

现代建筑向高层发展，要求所用围护结构为轻质材料。但普通轻质材料热容较小，导致室内温度波动较大。从图 6-1-10 可以看出，相变材料具有较高的储能密度。目前，采用的相变材料的潜热达到 170J/g 甚至更高，相变材料在温度变化 1℃时储存同等热量将需要 190 倍普通建材的质量，对于房间内的气温稳定及空调系统工况的平稳是非常有利的。

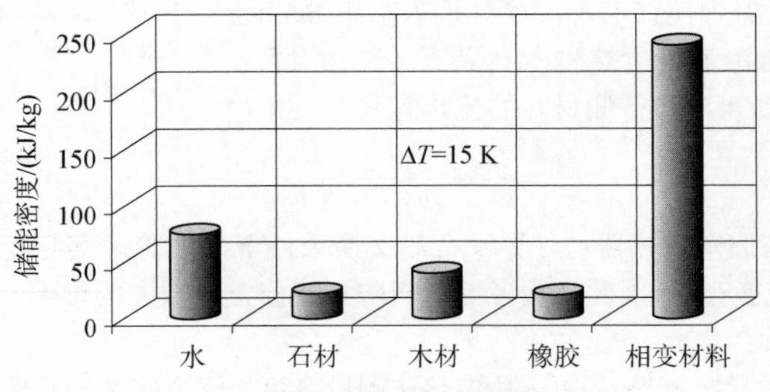

图 6-1-10 常见材料与相变储能密度对比

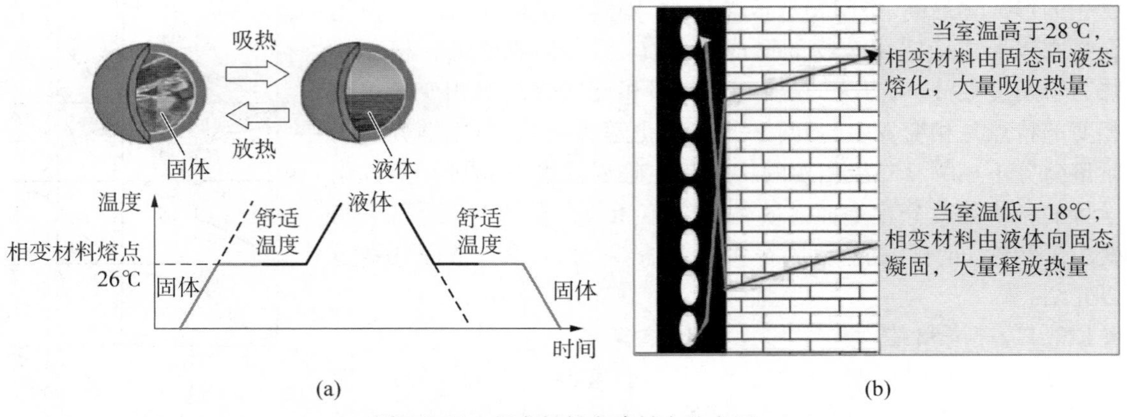

图 6-1-11　相变材料在建材中的应用

图 6-1-12　相变材料为芯片降温

图 6-1-11 为相变材料应用于建筑材料中维持温度稳定的机理。当室温高于 28℃时，相变材料由固态向液态熔化，大量吸收热量；当室温低于 18℃时，相变材料由液态向固态凝固，大量释放热量。由此起到维持温度相对稳定的效果。此外，基于此原理，相变材料还用于芯片降温，能够平抑高功率电子器件的温度波动，起到保护芯片的作用，如图 6-1-12 所示。

6.1.7　热容的测量

热容的测量方法很多，基本的依据是热平衡原理，关键是测量试样在温度变化过程中的热焓变化量。

6.1.7.1　混合法

该法是在加热器和量热器中进行。量热器如图 6-1-13 所示，C 为铜制量热器筒，T 为曲管温度计，P 为搅拌器，J 为套筒，G 为保温用玻璃棉。

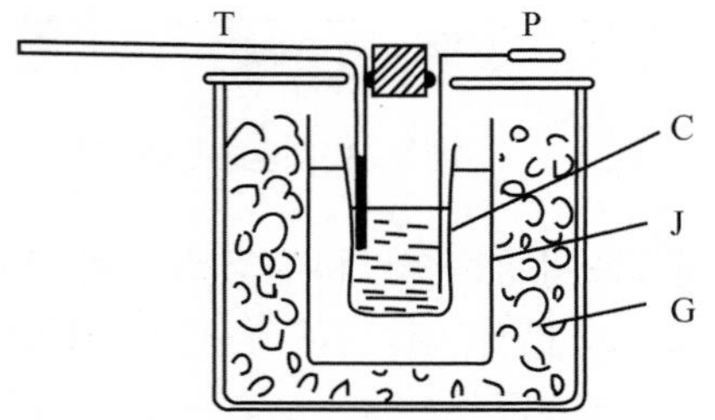

T—曲管温度计；P—搅拌器；C—铜制量热器筒；J—套筒；G—保温玻璃棉。

图 6-1-13　量热器示意图

测量过程：将精确测重、质量为 m 的试样由细线吊挂在加热器中加热到温度 T_2，然后迅速投入温度为 T_1、质量为 m_0、比热为 c_0 的量热器的水中，使混合后的温度达到 T_3。设铜制量热器＋搅拌器＋温度计插入水中部分的热容为 q（已知），则在忽略量热器与外界热交换的情况下，按照热平衡原理，可求得待测材料的比热容为

$$c_m = \frac{(m_0 c_0 + q)(T_3 - T_1)}{m(T_2 - T_3)} \tag{6-1-27}$$

式(6-1-27)是在假定量热器与外界没有热交换条件下的结论。实际上只要有温度差异存在，就必然会有热交换存在，因此必须考虑如何防止或修正热散失的影响。

6.1.7.2　电热法

对于金属这样的导电材料，还可采用电热法测量热容。该法的测试原理如图 6-1-14 所示。

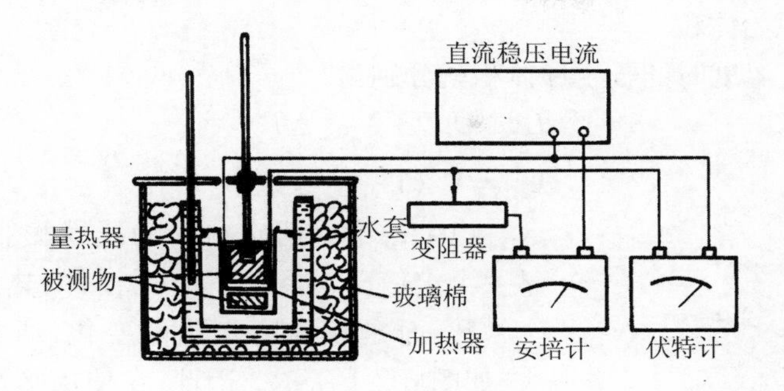

图 6-1-14 电热法测量热容示意图

将两个圆柱形待测试样的中间夹上加热器之后置于量热器中，待测物的周围注入蒸馏水，插入温度计并连接电路。当通以电流强度为 I 的直流电时，加热器两端电压为 V，在 τ 秒内加热器放出热量为 $VI\tau$。这些热量传给量热器及其中各物体，使其温度从 T_1 升高到 T_2，这时在假定量热器与外界无热交换的条件下，利用热平衡原理可求得待测试样的比热容为

$$c_m=\frac{1}{m}\left(\frac{VI\tau}{T_2-T_1}-m_0c_0-m_1c_1-q_1-q_2\right) \tag{6-1-28}$$

式中，m 为待测试样质量；m_0 为量热器中水的质量；m_1 为量热器的质量；c_0 为水的比热；c_1 为量热器比热；q_1 为加热器热容；q_2 为温度计插入水中部分的热容。

同样，采用该法也必须考虑如何防止或修正热散失的影响。

6.2 材料的热膨胀

6.2.1 热膨胀的表征及工程意义 ▶

物体的体积或长度随温度的升高而增大的现象称为**热膨胀**(thermal expansion)。通常用**热膨胀系数**(coefficient of thermal expansion，CTE)来表征材料的热膨胀性能。

单位长度的物体温度升高 1℃时的伸长量称为线膨胀系数，以 α_L 表示；类似地，单位体积的固体温度升高 1℃时的体积变化量称为体积膨胀系数，以 α_V 表示。则在温度 T 时的线膨胀系数和体积膨胀系数分别为

$$\alpha_L=\frac{1}{L}\frac{\mathrm{d}L}{\mathrm{d}T} \tag{6-2-1}$$

$$\alpha_V=\frac{1}{V}\frac{\mathrm{d}V}{\mathrm{d}T} \tag{6-2-2}$$

实践证明，许多物体的长度随温度升高呈线性增加，因此工程上定义 $\bar{\alpha}_L$ 为 ΔT 温度区间的平均线膨胀系数

$$\bar{\alpha}_L=\frac{1}{L_0}\frac{\Delta L}{\Delta T} \tag{6-2-3}$$

式中，L_0 为试样的原始长度。

同样地，平均体积膨胀系数为

$$\bar{\alpha}_V=\frac{1}{V_0}\frac{\Delta V}{\Delta T} \tag{6-2-4}$$

式中,V_0 为试样的原始体积。

这样,材料在 T 温度时的长度和体积就分别为

$$L_T = L_0(1+\bar{\alpha}_L \Delta T) \tag{6-2-5}$$

$$V_T = V_0(1+\bar{\alpha}_V \Delta T) \tag{6-2-6}$$

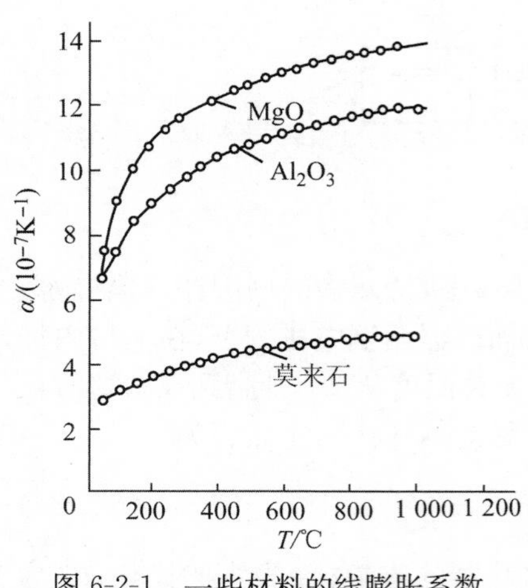

图 6-2-1 一些材料的线膨胀系数与温度的关系

以上讨论是假定材料为线性膨胀的,即热膨胀系数是一个定值。实际上,固体材料的热膨胀系数并不是一个常数,而是随温度变化而变化,通常随温度升高而加大,如图 6-2-1 所示。因此,在使用平均膨胀系数时,要特别注意使用的温度范围。

另外还应注意,对各向异性的材料,线性膨胀系数存在各向异性,此外相变将会使材料的长度(体积)发生突变,因此,在计算或测量热膨胀系数时,所采用的温度范围内应没有相变发生。

热膨胀系数对精密仪器、仪表工业具有重要意义。例如,微波设备、精密计时器、宇宙航行雷达天线等都要求在服役环境温度变化范围内具有很高的尺寸稳定性,因此选用的材料应有较低的热膨胀系数;另外热膨胀性能是电子封装材料一个非常重要的物理性能,由于集成电路的集成度迅猛增加,导致芯片发热量急剧上升,使得芯片寿命下降。据报道,温度每升高10℃,因 GaAs 或 Si 半导体芯片寿命缩短而产生的失效就比原来的增加了 3 倍。其主要原因之一就是因为在微电子集成电路或大功率整流器件中,材料之间的热膨胀系数不匹配而引起的热应力造成的。

在多晶、多相及复合材料中,由于各相的热膨胀系数不同,会引起热应力,这已成为选材、用材的突出矛盾。例如,石墨垂直于 c 轴方向的线膨胀系数为 1.0×10^{-6}/K,而平行于 c 轴方向的线膨胀系数为 27×10^{-6}/K,所以石墨在常温下极易因热应力较大而强度不高,但在高温下内应力消除,强度反而升高。

材料的热稳定性直接与膨胀系数大小有关。一般热膨胀系数愈小,热稳定性愈好。Si_3N_4 的线膨胀系数为 2.7×10^{-6}/K,在陶瓷材料中是偏低的,因此热稳定性也好。

6.2.2 常用工程材料的热膨胀性能

表 6-2-1 列出了常见工程材料在室温附近的线性膨胀系数,可见金属、陶瓷、高分子聚合物三大类材料的热膨胀性能差别很大。

表 6-2-1 一些材料的线膨胀系数

材 料	$\alpha_{th}\times10^{-6}$/℃$^{-1}$	材 料	$\alpha_{th}\times10^{-6}$/℃$^{-1}$
金属		商业 Ti	8.2
Al	25	可伐(Fe-Ni-Co)	5

（续表）

材　料	$\alpha_{th} \times 10^{-6}/℃^{-1}$	材　料	$\alpha_{th} \times 10^{-6}/℃^{-1}$
Cr	6	陶瓷	
Co	12	Al_2O_3	6.5～8.8
Cu	17	BeO	9
Au	14	MgO	13.5
Fe	12	SiC	4.8
Pb	29	Si	2.6
Mg	25	α-Si_3N_4	2.9
Mo	5	β-Si_3N_4	2.3
Ni	13	尖晶石($MgAl_2O_4$)	7.6
Pt	9	钠钙硅玻璃	9.2
K	83	硼硅酸盐玻璃	4.6
Ag	19	硅石(纯度为96%)①	0.8(用作灯泡)
Na	70	硅石(纯度为99.9%)①	0.55(与可伐配合)
Ta	7		
Sn	20	高分子(无取向)	
Ti	9	聚乙烯	100～200
W	5	聚丙烯	58～100
Zn	35	聚苯乙烯	60～80
1020钢	12	聚四氟乙烯	100
不锈钢	17	聚碳酸酯	66
3003铝合金	23.2	尼龙(6/6)	80
2017铝合金	22.9	醋酸纤维素	80～160
ASTMB152铜合金	17	有机玻璃	50～90
黄铜	18	环氧树脂	45～90
Pb-Sn焊料(50-50)	24	酚醛树脂	60～80
AZ31B镁合金	26	硅树脂	20～40
ASTM B160镍合金	12		

注:①指质量分数

1）金属材料

总体上来说,金属材料的热膨胀系数介于陶瓷和高分子材料之间,但不同的金属材料相互比较,也有较大差异。最高的是钾、锌、铅、铝、镁、锡等低熔点金属,最低的则是钨、钼、铬等较高熔点的金属。

2）陶瓷及玻璃材料

相比较而言,陶瓷和玻璃材料在三大类工程材料中热膨胀系数是最低的,但是由于它们的结构较复杂,热膨胀系数差别也很大。玻璃的结构比具有同样化学组成的晶体更加空敞,因此其热膨胀系数比其晶体形态的材料要低。例如石英(SiO_2)玻璃的热膨胀系数仅为 $0.57\times10^{-6}/K$,而多晶石英的热膨胀系数则达到 $12\times10^{-6}/K$。

3) 高分子材料

高分子材料具有最高的热膨胀系数,约为 $10^{-4}/K$,其中热塑性聚合物由于高分子链之间没有一次键,所以显示出相当高的线膨胀系数。如 PVDF、尼龙的线膨胀系数分别为 $1.28\times10^{-4}/K$ 和 $7.2\times10^{-5}/K$。

6.2.3 热膨胀的物理本质

6.2.3.1 晶格振动的非谐性

固体材料的热膨胀与原子的非简谐振动(非线性振动)有关。简单地说,温度升高,导致原子间距增大,因此产生热膨胀。如果原子的热振动为简谐振动,不会改变相邻的原子间距,即原子振动的中心位置不变,不会引起热膨胀。实际上,原子热振动时,原子的位移和原子间相互作用力呈非线性和非对称的关系,因而引起热膨胀。这可用双原子模型进行解释。

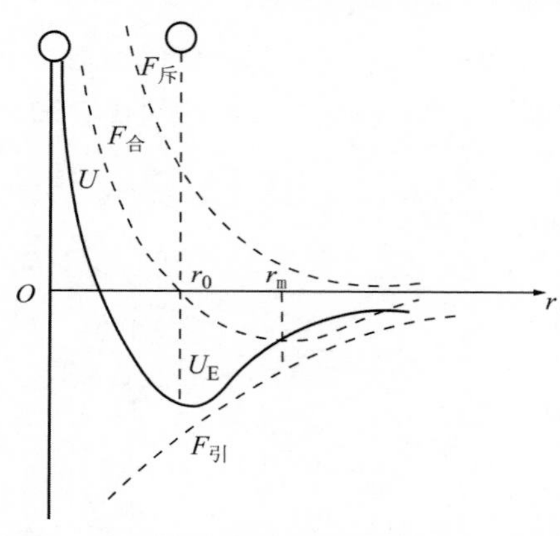

图 6-2-2 双原子模型中一对原子间的相互作用力 F 及势能 u 与原于间距 r 的关系

假定有一对相邻原子结合在一起,此时假定左边的一个原子不动,右边的另一个原子振动,它们相互之间同时受到两种力的作用。一种是异性电荷的库仑吸引力,另一种是同性电荷的库仑斥力与泡利不相容原理所引起的斥力。吸引力 $F_{引}$ 和斥力 $F_{斥}$ 与原子间距 r 的关系如图 6-2-2 所示。由于斥力随原子间距的变化比引力大,所以合力的曲线在平衡位置两侧并不对称。在 r_0 处,$F_{引}=F_{斥}$,$F_{合}=0$。当 $r>r_0$ 时,$|F_{引}|>F_{斥}$,引力占优势,两原子相互吸引,合力变化较缓慢;当 $r<r_0$ 时,$|F_{引}|<F_{斥}$,斥力占优势,两原子相互排斥,合力的变化比较陡峭。因此,原子振动的平均位置就不在 r_0 处而要向右移动,使相邻原子的平均距离也要增加。温度越高,振幅越大,r_0 两侧受力不对称情况越显著,平衡位置向右移动得越多,相邻原子的平均距离也就增加得越多,以致晶胞参数增大,晶体膨胀。

两原子相互作用势能与原子间距 r 的关系亦呈不对称曲线变化,如图 6-2-3 所示。$U(T_1)$,$U(T_2)$,…,$U(T_n)$ 表示在不同温度时的能量状态。当原子热振动通过平衡位置 r_0 时,全部能量转化为动能;偏离平衡位置时,部分动能转化为势能;到达振幅最大值时全部能量转化为势能。如加热到 T_1 温度时,能量曲线上 a、b 两点就代表原子在热振动时的振幅及达到的最大势能值,最大势能间对应的 ab 线段的中心为原子振动中心的位置。由势能曲线的不对称性可以看到,随温度升高,势能由 $U(T_1)$ 向 $U(T_3)$ 变化,振幅增加,振动中心向右移,即原子间距增

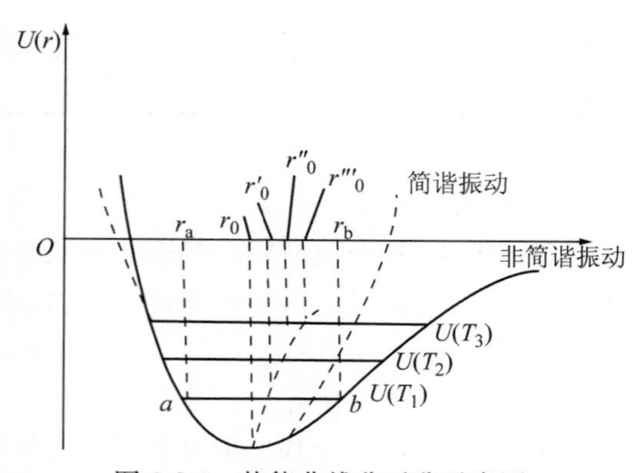

图 6-2-3 势能曲线非对称示意图

大，产生热膨胀现象。

从数学角度看，两个原子间的势能是两个原子间距离 r 的函数，即 $U=U(r)$。将原子间距 r 表示为平衡间距 r_0 与偏移量 δ 的和，并在 $r=r_0$ 处将 $U(r)$ 展开为 Tailor 级数：

$$U(r)=U(r_0)+\left(\frac{\mathrm{d}U}{\mathrm{d}r}\right)_{r_0}\delta+\frac{1}{2!}\left(\frac{\mathrm{d}^2U}{\mathrm{d}r^2}\right)_{r_0}\delta^2+\frac{1}{3!}\left(\frac{\mathrm{d}^3U}{\mathrm{d}r^3}\right)_{r_0}\delta^3+\frac{1}{4!}\left(\frac{\mathrm{d}^4U}{\mathrm{d}r^4}\right)_{r_0}\delta^4+\cdots \tag{6-2-7}$$

式(6-2-7)右边第一项为常数；由于势能曲线在 $r=r_0$ 处为最小值，即 $(\mathrm{d}U/\mathrm{d}r)_{r=r_0}=0$，所以第二项等于零；第三项是关于偏移量 δ 的二次项，反映了原子在平衡位置附近的简谐振动；第四项(三次项)反映了原子振动过程中的非谐振部分；第五项(四次项)则反映了振幅很大时的振动软化现象。

在式(6-2-7)中，关于偏移量 δ 不对称的三次项是导致固体热膨胀现象的数学根源。事实上，根据图 6-2-2 中势能曲线的形状不难看出，式(6-2-7)中三次项的系数(U 的三阶导数)是负数。因此，当 δ 取负值(原子间距缩小)时，式(6-2-7)右边的二次项和三次项同号，从而引起 U 的迅速上升；反之，当 δ 取正值(原子间距扩大)时，二次项和三次项异号，U 的上升将比较缓慢。

采用玻耳兹曼统计方法，在忽略更高次项的简化条件下，可计算出平均偏移量

$$\bar{\delta}=\frac{3A_3kT}{4A_2^2} \tag{6-2-8}$$

式中，A_2 和 A_3 分别为式(6-2-7)中二次项和三次项的系数。由此可得到体积膨胀系数

$$\alpha_V=\frac{\mathrm{d}\bar{\delta}}{r_0\mathrm{d}T}=\frac{3A_3k}{4A_2^2r_0} \tag{6-2-9}$$

6.2.3.2 晶体中的热缺陷

晶体中各种热缺陷的形成将造成局部点阵的畸变和膨胀。热缺陷虽然是造成畸变和膨胀的次要因素，但随着温度的升高，热缺陷浓度呈指数增加，所以在高温时，热缺陷的影响对某些晶体也就变得重要了。如图 6-2-4(a)所示，在 NaCl 晶体中产生的肖特基缺陷对反应方程式可以写成

$$\mathrm{Null}\leftrightarrow 2\mathrm{V}_{\mathrm{Cl}}^{\cdot}+\mathrm{V}'_{\mathrm{Na}} \tag{6-2-10}$$

其中 Null 表示一个分子式单位。

如图 6-2-4(b)所示，AgCl 晶体产生弗仑克尔缺陷对的反应方程式可写成

$$\mathrm{Ag}_{\mathrm{Ag}}^{x}\leftrightarrow\mathrm{Ag}_i^{\cdot}+\mathrm{V}'_{\mathrm{Ag}} \tag{6-2-11}$$

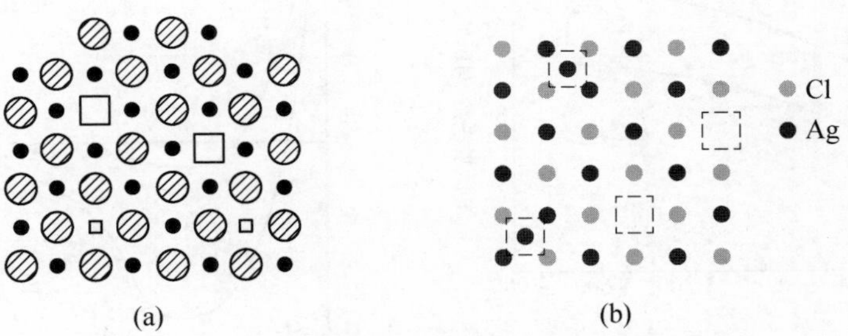

图 6-2-4 (a)肖特基缺陷和(b)弗仑克尔缺陷

实际晶体中总含有缺陷，特别是点缺陷会引起体积变化，从而影响到热膨胀性能。一般来说，点缺陷的浓度与温度强烈相关，温度升高由空位引起的晶体附加体积变化为

$$\Delta V = BV_0 \exp\left(-\frac{Q}{kT}\right) \tag{6-2-12}$$

式中，B 为常数；V_0 为晶体在 0K 时的体积；Q 为空位形成能；k 为玻耳兹曼常数，T 为热力学温度。

温度接近熔点时，热缺陷的影响趋于明显，下式给出了由空位引起的体积膨胀系数变化值

$$\Delta\alpha_V = B\frac{Q}{T^2}\exp\left(-\frac{Q}{kT}\right) \tag{6-2-13}$$

6.2.4 格林爱森定律及固体极限膨胀方程

固体材料受热引起的体积膨胀是晶格振动加剧的结果。而晶格振动的加剧也就意味着原子(离子)热运动能量的增大，升高单位温度时能量的增量也正是热容的定义。所以热膨胀系数显然与热容密切相关。格林爱森从晶格振动理论导出金属体积膨胀系数 α_V 与热容 C_V 的关系为

$$\alpha_V = \frac{\gamma}{KV}C_V \tag{6-2-14}$$

此即格林爱森定律。式中，γ 为格林爱森常数，表示原子非线性振动的物理量，一般物质的 γ 为 1.5～2.5；K 为体积弹性模量，单位为 Pa；V 为体积。

图 6-2-5 为 Al_2O_3 的热膨胀系数和比热容对温度的关系曲线，可以看出这两条曲线近似平行、变化趋势相同，即两者的比值接近于恒值，其他的材料也有类似的规律。在 0K 时 α 和 c 都趋于零。通常由于高温时有显著的热缺陷等原因，使 α 值连续增大。

固体材料的热膨胀与点阵中质点的位能有关，而质点的位能是由原子间的结合力特性所决定的。原子间结合力越强的材料，其势阱越深(见图 6-2-6)，升高同样温度，振幅增加得越少，因此热膨胀系数亦越小。对多数金属材料，线膨胀系数 α 与结合能(E_m)成反比

$$\alpha = \frac{a}{E_m + b} \tag{6-2-15}$$

式中，a、b 为常数，取决于晶格类型，如表 6-2-2 所示。

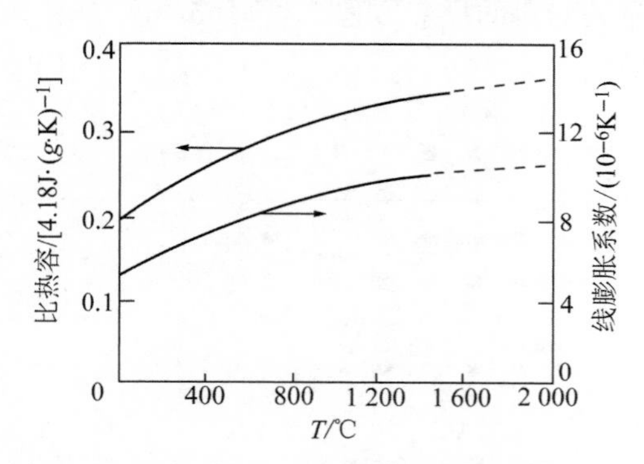

图 6-2-5 Al_2O_3 的比热容、膨胀系数与温度的关系

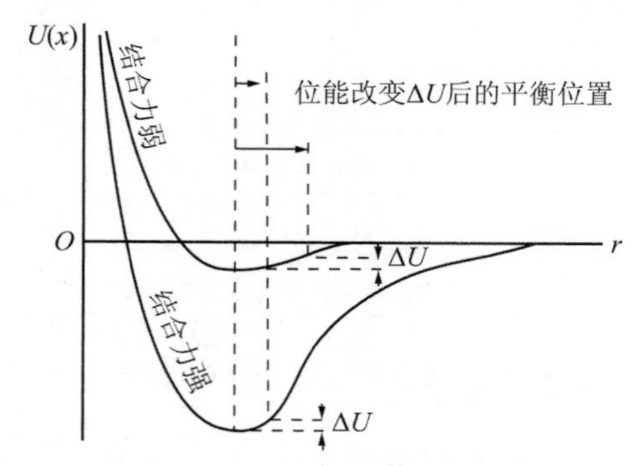

图 6-2-6 两种不同结合力所对应的势能曲线示意图

表 6-2-2　三种晶格的参数 a,b 值

晶格类型	a	b
面心立方	1 270	5.0
体心立方	973	−100
密排六方	885	0

原子间结合力越大,升高同样温度振幅增加越小,偏离平衡位置的位移也小,因此热膨胀系数越小。

格林爱森还给出了固体热膨胀极限方程,即一般纯金属从 0K 加热到熔点 T_m,相对膨胀量约为 6%。

$$T_m \alpha_V = \frac{V_{T_m} - V_0}{V_0} \approx 0.06 \tag{6-2-16}$$

式中,V_0、V_{T_m} 分别为金属在绝对零度和熔点时的体积。

从式(6-2-16)可见,固体加热,体积增大 6%时,晶体原子间的结合力已经很弱,以至于熔化为液体。同时还可以看出,因为在 0K 到熔点之间体积要膨胀 6%,所以熔点愈低的固体,其热膨胀系数就愈大,反之亦然。

6.2.5　影响热膨胀的因素 ▶

6.2.5.1　晶体各向异性

由热膨胀系数的定义可知,应变是一个二阶张量,温度是一个标量,所以热膨胀系数是一个二阶张量,因此对具有不同对称性的晶体,其膨胀系数的个数也不一样,对于立方晶体,其膨胀系数呈现各向同性,而随着对称性的降低,其热膨胀系数有各向异性。表 6-2-3 列出了描述不同晶系热膨胀性所需要的基本热膨胀系数。

表 6-2-3　不同晶系描述热膨胀性能所需要的基本热膨胀参数

立方晶系	α_{11}	α_{11}	α_{11}			
四方晶系	α_{11}	α_{11}	α_{33}			
六方晶系	α_{11}	α_{11}	α_{33}			
正交晶系	α_{11}	α_{22}	α_{33}			
单斜晶系	α_{11}	α_{22}	α_{33}		α_5	
三斜晶系	α_{11}	α_{22}	α_{33}	α_4	α_5	α_6

对于立方晶系

$$\alpha_V = 3\alpha_{11} \tag{6-2-17}$$

对于六角和三角方晶系

$$\alpha_{\text{average}} = \frac{1}{3}(\alpha_{33} + 2\alpha_{11}) \tag{6-2-18}$$

对于斜方晶系

$$\alpha_{\text{average}} = \frac{1}{3}(\alpha_{11} + \alpha_{22} + \alpha_{33}) \tag{6-2-19}$$

除了单斜和三斜晶系,所有单晶体任意方向的热膨胀系数可由下式计算

$$\alpha_{\omega}=\sum\alpha_{i}\cos^{2}\omega_{i} \tag{6-2-20}$$

式中，i 为1,2,3，表示三个主轴，ω_i 为选定方向与 i 轴的夹角。

一般来说，杨氏模量较高的方向将有较小的膨胀系数，反之亦然。例如，像石墨这样的层状晶体结构，在层状平面内的热膨胀系数比垂直于平面的小得多。对于一些具有很强非等轴性的晶体，某一方向的热膨胀系数可能是负值，结果体积膨胀可能非常低，如 $AlTiO_3$、堇青石以及各种锂铝酸盐。β-锂霞石($LiAlSiO_4$)总体膨胀系数甚至是负的。这些材料可以用于平衡某些部件结构中的热膨胀，以提高部件的抗热振性能。但是应注意，很小或负的体积膨胀系数往往是与高度各向异性结构相联系的，在这类材料的多晶体中，晶界处于很高的热应力状态下，导致材料固有强度降低。

对高聚物来说，长链分子中的原子沿链方向是共价键相连的，而在垂直于链的方向上，近邻分子间的相互作用是弱的范德瓦耳斯力，因此结晶高聚物和取向高聚物的热膨胀具有很大的各向异性，有些方向上甚至能得到负的热膨胀系数。例如，聚乙烯沿 a、b 和 c 轴方向上的线膨胀系数分别为 $20\times10^{-5}/K$、$6.4\times10^{-5}/K$ 和 $1.3\times10^{-5}/K$。

6.2.5.2 材料致密度

通常，结构紧密的晶体膨胀系数较大，例如 MgO、BeO、Al_2O_3 和 $MgAl_2O_4$ 等的晶体结构都是基于阳离子紧密堆积的结构，它们都具有相当大的热膨胀系数[$(8\sim10)\times10^{-6}/℃$]。致密度较小的晶体膨胀系数较小，这是由于开放结构能吸收振动能及调整键角来吸收振动能所导致的，比如锂灰石($LiAlSi_2O_6$)的热膨胀系数只有 $2\times10^{-6}/℃$。因此对于相同的物质，由于结构不同，膨胀系数也不同。最典型的例子是 SiO_2，多晶石英的膨胀系数为 $12\times10^{-6}/℃$，而石英玻璃则只有 $0.57\times10^{-6}/℃$。

玻璃的热膨胀性能还与其网络结构的强度有关，如熔融石英全由硅氧四面体构成，网络负离子间键合力大，故具有最小的膨胀系数。加入碱金属或碱土金属氧化物能使网络断裂，造成玻璃膨胀系数增大。若加入 B_2O_3、Al_2O_3、Ga_2O_3 等氧化物，则它们参与网络构造，使已断裂的硅氧网络重新连接起来，使热膨胀系数下降。若加入具有高键合力的离子 Zn^{2+}、Zr^{2+}、Th^{4+} 等，则它们处于网络间的空隙，对周围硅氧四面体起聚集作用，也促使热膨胀系数降低。

氧离子紧密堆积的结构有较高的致密度，其热膨胀系数的典型值是从室温附近的$(6\sim8)\times10^{-6}/K$ 增加到德拜温度附近的$(10\sim15)\times10^{-6}/K$。

另外，原子间的作用力强，则对应的热膨胀系数一般较小，反之，原子间的作用力弱，则对应的热膨胀系数一般较大。许多晶体中同时包含弱键和强键，因此其中的某些原子紧密堆积，而有些原子则相对松散堆积，如图 6-2-7 所示。图(a)中长度为 l_1 紧密堆积的结构单元由软性基体分开，紧密堆积结构单元的膨胀系数 α_1 要比软性基体的膨胀系数 α_2 小很多，其总体的热膨胀系数可以通过下式进行计算：

$$\frac{l_1\alpha_1+l_2\alpha_2}{l_1+l_2} \tag{6-2-21}$$

这个模型可以用来预测层状或者链状材料的热膨胀系数，其中的 α_1 和 α_2 可以通过测试其他材料的热膨胀系数来获得。

在玻璃、石英等比较开放的结构当中，如图 6-2-7(b)所示。多面体的旋转可导致特别大或者特别小的热膨胀系数，其膨胀系数可表示为

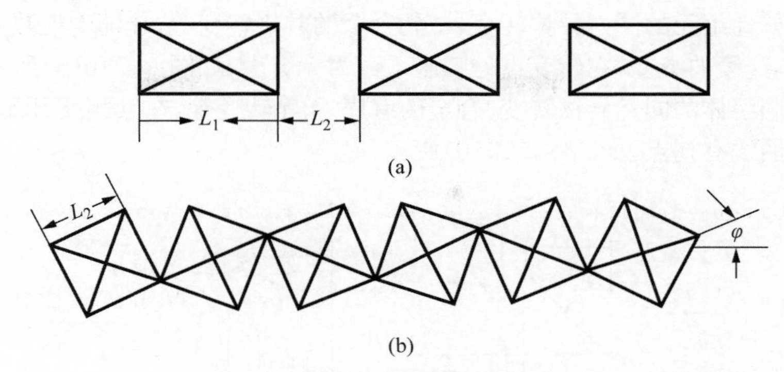

图 6-2-7　两个假设的模型用来解释

(a) 不连锁结构的热膨胀系数；(b) 开放网络结构的热膨胀系数

$$\frac{1}{l}\frac{dl}{dT}-\tan\varphi\frac{d\varphi}{dT} \tag{6-2-22}$$

式中的第一项对应由正方体本身引起的热膨胀系数，第二项对应网格变形扭曲引起的热膨胀系数，在石英中，φ 角的减少对热膨胀系数的贡献至少占到一半以上。

6.2.5.3　固溶体

固溶体的膨胀系数与溶质元素的膨胀系数及含量有关。一般来说，加入膨胀系数大于基体的溶质时，将提高固溶体的热膨胀系数；反之，则降低固溶体的热膨胀系数。图 6-2-8 表示不同溶质对铁的膨胀系数的影响。图 6-2-9 则为一些连续固溶体合金的热膨胀系数与成分的关系。对于大多数固溶体合金，膨胀系数介于两组元膨胀系数之间，符合线性相加律，但比直线规律略低一些。若在基体中加入过渡族元素，则固溶体的膨胀系数变化就没有规律性。

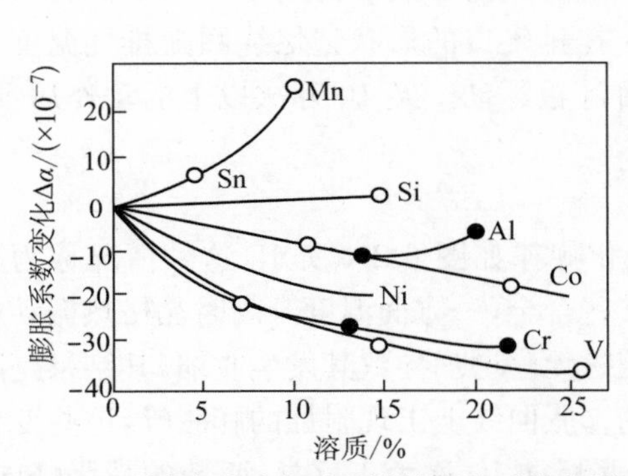

图 6-2-8　不同溶质元素对纯铁线膨胀系数的影响

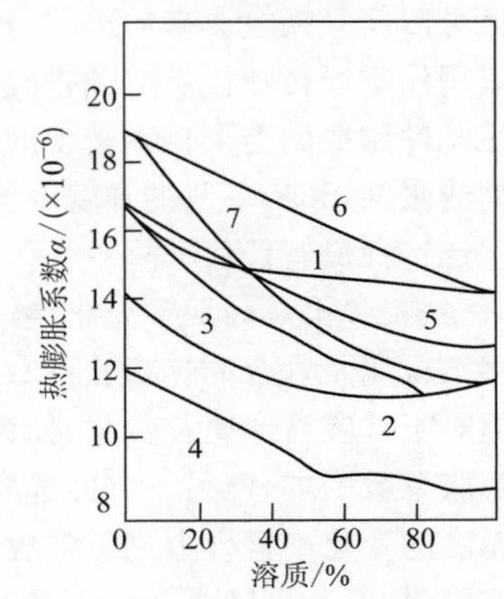

1—CuAu；2—AuPd；3—CuPd；4—CuPd(−140℃)；5—CuNi；6—AgAu；7—AgPd。

图 6-2-9　一些连续固溶体的线膨胀系数与溶质含量的关系(35℃)

当形成金属间化合物时，情况就比较复杂。例如，在 α-Fe 中加入碳，若形成碳化物，则使钢的热膨胀系数降低。

6.2.5.4　相变

当材料在温度变化过程中有相变发生时，其膨胀量和膨胀系数都会发生变化。当为一级相变(恒温)时,如纯组元的同素异构转变、二元合金的共析转变等,伴随着比热容的突变,其热膨胀系数将有不连续的突变,在转变点处膨胀系数为无穷大,如图 6-2-10(a)所示;当为二级相变(变温)时,如固溶体的同素异构转变、合金的有序-无序转变等,在其相变开始温度和终了温度处,膨胀系数曲线有拐点,如图 6-2-10(b)所示。

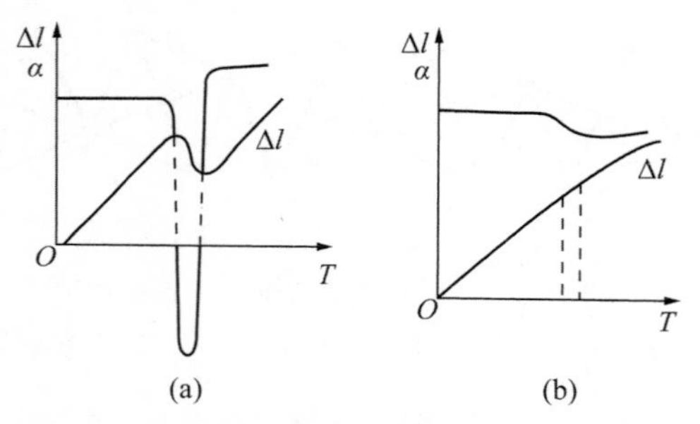

图 6-2-10 相变时膨胀量与膨胀系数变化示意图

(a) 一级相变;(b) 二级相变

由于相变对膨胀量和膨胀系数的影响,反过来,可以通过分析膨胀量与温度的关系来研究材料的相变特征。其中,相变材料如形状记忆合金,作为一种高热膨胀材料具有广泛用途。

形状记忆合金是 1932 年瑞典人奥兰德在金镉合金中首次观察到的,即合金的形状被改变之后,一旦加热到一定温度时,它又可以变回原来的形状,人们把具有这种特殊功能的合金称为形状记忆合金。

形状记忆合金具有非常广泛的用途,例如可以作为太空的天线,将制好的天线在低温下压缩成一个小铁球,使它的体积缩小到原来的千分之一,这样容易运上太空,之后太阳强烈的辐射加热就可以使其恢复原来的形状,按照需求向地球发回宝贵的宇宙信息。另外形状记忆合金还可以用作空调百叶板。空调排气口上装有百叶板,风向在制冷时向上,取暖时向下;利用形状记忆元件制造的上下自动转换的百叶板,安装在排气口的形状记忆线圈随排气温度变化进行收缩或张开,和另一侧的弹簧一起自动控制百叶板运动。经 10 万次以上的动作后证实,其形状记忆特性没有任何下降。

6.2.5.5 铁磁性金属的反常膨胀 ▶

大多数金属及合金的热膨胀系数随温度的变化规律如图 6-2-1 所示,这种情况称为正常膨胀。但对于铁磁性金属及合金,如铁、钴、镍及某些合金,一方面温度升高时晶格热振动增加会使热膨胀系数增加,但另一方面温度升高时会使磁无序增加导致其发生收缩,其结果是膨胀系数随温度的变化不符合上述正常规律,在正常的膨胀曲线上出现附加的膨胀峰,这些变化称为反常膨胀,如图 6-2-11 所示。其中,镍和钴的膨胀峰向上,称为正反常;而铁的膨胀峰向下,称为负反常。铁-镍合金也具有负反常的膨胀特性,如图 6-2-12 所示。

具有负反常膨胀特性的合金可以制备膨胀系数接近零或为负值的因瓦合金,或者在一定温度范围内膨胀系数基本不变的可伐合金以及一般在室温至 100℃温度范围内具有很高膨胀系数的高膨胀合金,在工业领域的某些应用中有很大的价值。如因瓦合金也叫不胀钢,其平均膨胀系数一般为 1.5×10^{-6}/℃,含镍在 36%时达到 1.8×10^{-8}/℃,且在温度为 −80℃±100℃时均不发生变化,其被广泛用于无线电、精密仪表、仪器等。可伐合金为含镍 29%、含钴

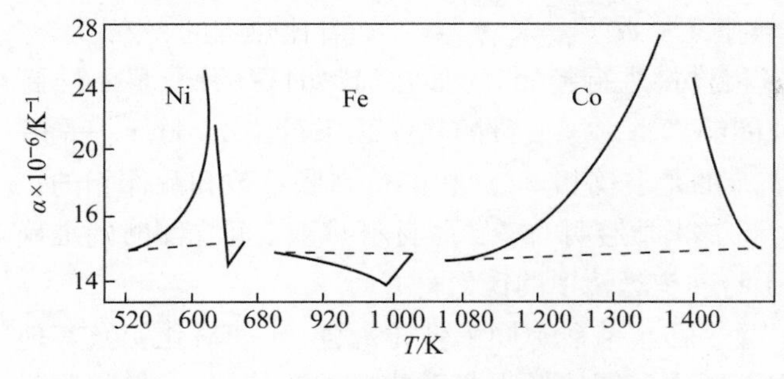

图 6-2-11　铁、镍、钴在磁性转变区的膨胀曲线

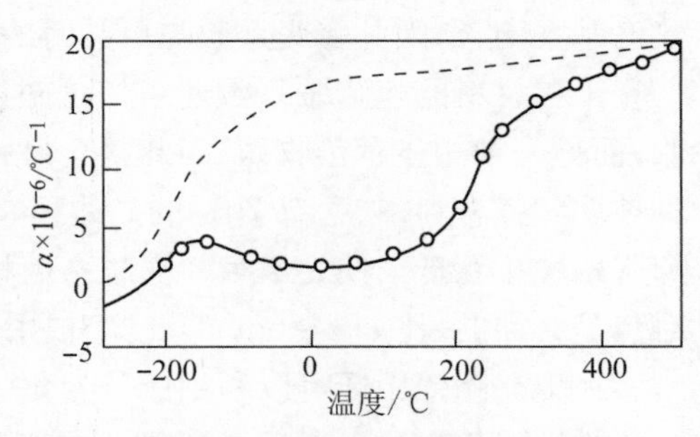

图 6-2-12　Fe-35%Ni(原子)合金负反常膨胀曲线

17%的硬玻璃铁基封接合金。该合金在 20～450℃内具有与硬玻璃相近的线膨胀系数，其适用于发射管、振荡管、引燃管、晶体管以及管封插头、继电器外壳等电真空器件。高膨胀合金，一般在室温至 100℃温度范围内具有很高的膨胀系数，其平均线膨胀系数高于 15×10^{-6}/℃。在元素周期表中，是由 Ni、Co、Fe 等过渡族元素组成的某些合金广泛用作工程技术领域中使用的测温元件。高膨胀合金很少单独使用，几乎都与低膨胀合金组元配对复合成热双金属使用。

6.2.5.6　复相(合)材料

两相合金若是机械混合物，则膨胀系数介于两相的膨胀系数之间。若两相弹性模量差别不是太大时，近似符合混合律(rule of mixtures，ROM)：

$$\alpha=\alpha_1 f_1+\alpha_2 f_2=\alpha_1 f_1+\alpha_2(1-f_1)=\alpha_1(1-f_2)+\alpha_2 f_2 \tag{6-2-23}$$

式中，α_1、α_2 分别为两相的热膨胀系数；f_1、f_2 分别为两相的体积分数。

若两相的弹性模量相差较大时，则按下式计算为好

$$\alpha=\frac{\alpha_1 f_1 E_1+\alpha_2 f_2 E_2}{f_1 E_1+f_2 E_2} \tag{6-2-24}$$

式中，E_1、E_2 分别为两相的杨氏模量。

推广到多相合金及复合材料，有

$$\alpha=\frac{\sum_i \frac{\alpha_i W_i K_i}{\rho_i}}{\sum_i \frac{W_i K_i}{\rho_i}} \tag{6-2-25}$$

此式称为特纳(Turner)公式，式中的 W_i、K_i、ρ_i 分别代表第 i 组元相的质量分数、体积弹性模量和密度。

总体上，多相材料的膨胀系数对各相的大小、形状及分布不敏感，主要取决于各相的性质和含量。

陶瓷材料都是一些多晶体或是由几种晶体和玻璃相组成的复合体。对于各向同性晶体组成的多晶体(致密且无液相)，它的热膨胀系数与单晶体相同，假如晶体是各向异性的，或复合材料中各相的热膨胀系数是不同的，则它们在烧成后的冷却过程中会产生内应力或微裂纹，内应力或微裂纹的存在会导致膨胀系数的变化。比如某些含有 TiO_2 的复合体和多晶氧化钛，因在烧成后的冷却过程中坯体内存在了微裂纹，这样在再加热时，这些微裂纹又趋于闭合，所以在不太高的温度时，可观察到反常低的热膨胀系数，只有温度达到 1 300K 以上时，由于微裂

纹已基本闭合,因此膨胀系数与单晶时的数值又一致了。

工程材料的热膨胀系数还可以通过多相材料进行控制,比如在加热时,一种相显示热膨胀,而另一种相显示热收缩,因此整个材料能够显示出零或负的热膨胀系数。Zerodur™ 是一种玻璃陶瓷材料,它含有 70%的晶体相,剩余的是玻璃相,玻璃相的负膨胀系数和晶体相的正膨胀系数相互抵消使之成为零膨胀系数材料。光学透明的零膨胀材料对于空间探测时的准确对焦是必须的,比如 Zerodur™ 已经被用于哈勃望远镜中的镜面衬底。

在多晶陶瓷中还可以利用成分变化引起热膨胀系数不同来强化陶瓷,比如氧化铝及其他一些难熔氧化物可以通过在高温下在其表面形成具有较低膨胀系数的固溶体层,该低膨胀系数层的引入将会在表面层中形成压应力从而达到化学强化的目的。

6.2.5.7 *材料设计中膨胀系数匹配性原则*

对于多相复合材料,当组成相的膨胀系数差别较大时,会产生较大的内应力,甚至开裂,所以在进行材料设计时必须考虑膨胀性能的匹配。

对于金属与陶瓷(玻璃)的封接,为了封接得严密可靠,除了必须考虑陶瓷材料与焊料的结合性能外,还应该使陶瓷和金属的膨胀系数尽可能接近。对于薄膜、涂层和釉层,它们的膨胀系数一般选择适当小于基体的膨胀系数,这样容易在它们内部形成压应力,提高结合强度。

6.2.6 热膨胀系数的测定

工程上常测定指定温度区间内的平均线膨胀系数,试验的关键是测定指定温度区间内试样长度的伸长量,然后用公式(6-2-3)计算线膨胀系数。由于一般试样由温度变化引起的试样长度变化量很小,所以试验中的关键就是准确测量、放大并记录试样的伸长量。伸长量的放大通常有 3 种方法,即光学放大、机械放大和电放大,以此为基础生产出了多种膨胀仪。下面各举一例,简要说明测量原理,试验细节不过多阐述。

6.2.6.1 *光学放大法*

光学式膨胀仪主要有光杠杆式膨胀仪和光干涉式膨胀仪。下面仅介绍光杠杆式膨胀仪的测量原理,如图 6-2-13 所示。

膨胀仪的核心部分是由一块小的等腰直角三脚架组成的光学杠杆机构。在三脚架的当中有一凹面镜,起反射光束的作用。在三脚架的顶点 A 安放一个固定铰链,顶点 B 和顶点 C 分别与装有标准试样和待测试样的传感石英杆紧密接触。若待测试样长度不变,而只有标准试样长度变化时,三脚架以 AC 为轴转动,由此通过凹面镜反射到照相底片上的光点沿水平方向移动,用以记录试样温度的变化;若标准试样长度不变,仅待测试样伸长,则三脚架以 AB 为轴转动,反射光点沿垂直方向移动,用以记录试样的热膨胀量;当试样和标样同时受热膨胀时,光点便在底片上显示感光出图 6-2-14 所示的膨胀曲线。通过膨胀仪可将曲线的伸长放大 200, 400 和 800 倍。它除适于作膨胀分析外,还适用于测量材料的热膨胀系数。

标准试样的作用是指示和跟踪待测试样的温度,它的位置靠近待测试样。为了准确反映温度,对标准试验的材料有如下要求:其膨胀量与温度成正比;在使用温度范围内无相变以及不易氧化;与待测试样的导热系数接近等。在较低温度范围内研究有色金属及合金时,常用铝和铜作标准试样。研究钢铁材料时,由于加热温度比较高,常采用皮洛斯(PYROC)合金($80\%_{at}$Ni-$16\%_{at}$Cr-$4\%_{at}$W)。

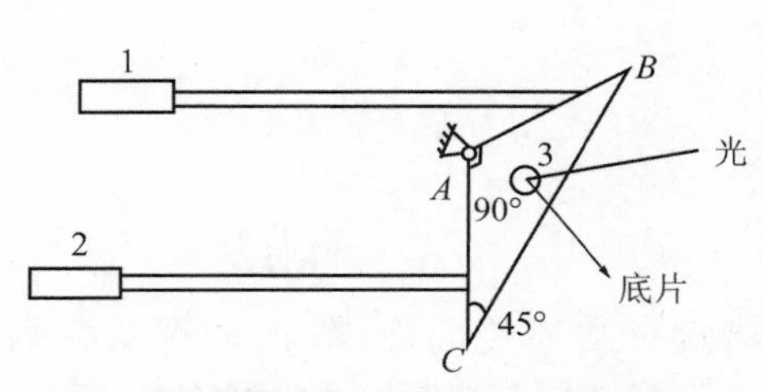

1—标准试样；2—待测试样；3—凹面镜。

图 6-2-13 光杠杆式膨胀放大原理图

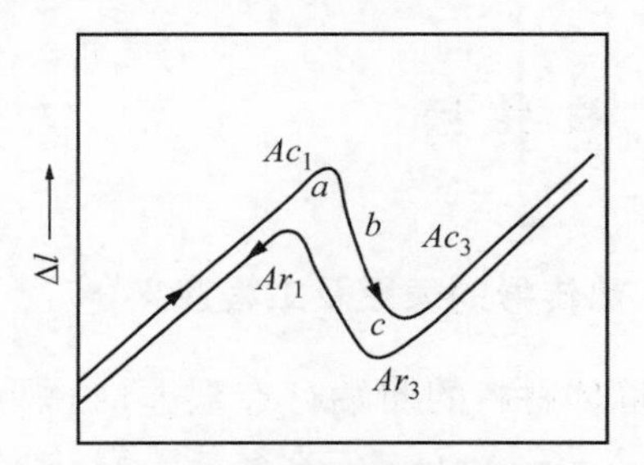

图 6-2-14 亚共析钢的热膨胀曲线示意图

6.2.6.2 机械放大法

机械放大法包括千分表式和机械杠杆式。图 6-2-15 为机械杠杆式膨胀仪示意图，它一般可以把伸长量放大几百倍，且工作情况相当稳定。

从图 6-2-15 看出，试样的膨胀经过杠杆的放大传递到记录用的笔尖上，安放在转筒上的记录纸以一定速度移动，因而可以把膨胀量随时间的变化记录下来。与此同时，用一个温度控制与记录装置记录试样的升温情况，并根据这两条曲线换算成膨胀曲线。

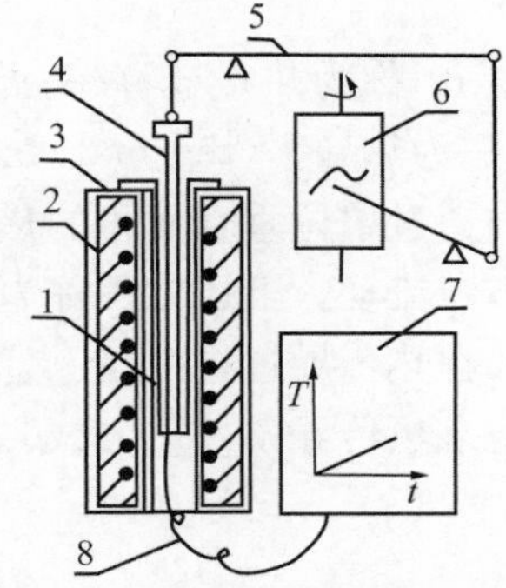

1—试样；2—加热炉；3—石英套管；4—石英顶杆 5—杠杆机构；6—转筒；7—温度记录仪；8—热电偶。

图 6-2-15 杠杆式膨胀仪示意图

6.2.6.3 电放大法

电放大法是利用各种电学原理放大并检测试样的热膨胀量，即把试样的长度转换为电信号，然后再对电信号进行处理，绘出膨胀曲线。测试仪器主要有电感式膨胀仪和电容式膨胀仪。由于电信号便于利用现代电子技术和计算机技术，易于实现测量技术的自动化。

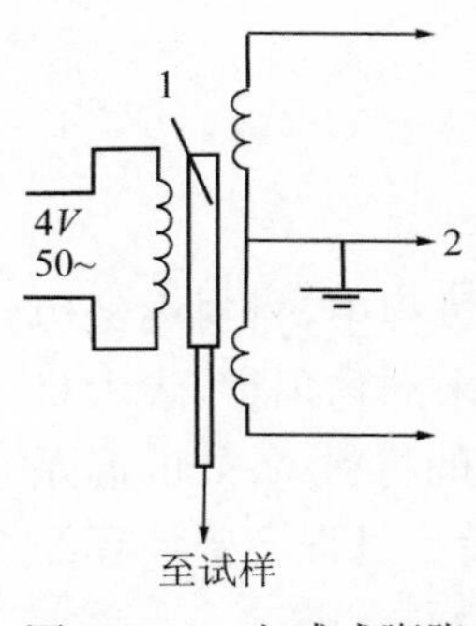

图 6-2-16 电感式膨胀仪测量原理示意图

图 6-2-16 为电感式膨胀仪测量原理示意图，它的放大倍数可达 6 000 倍，关键部分是用差动变压器作为位移传感器。差动变压器由初级线圈、次级线圈和磁芯组成。初级线圈和次级线圈绕在同一个绝缘管轴上，次级线圈由两段完全相同的绕组反向串接而成，它们相对初级线圈处于完全对称位置。磁芯在管轴内可以沿轴向移动。测试前，调节磁芯处于两端次级线圈的中间位置，反接的次级线圈产生的感生电动势相互抵消，各差动变压器输出电压为零。磁芯通过石英传杆与加热器内的试样相连，试样受热膨胀，推动磁芯沿管轴运动，使磁芯偏离平衡位置，两端次级线圈产生的感生电动势将不相等，差动变压器便有信号电压输出。这个信号电压与试样伸长量呈线性关系。将此信号和温度信号经放大处理后输入 *X-Y* 函数记录仪，便可得到试样的膨胀曲线。

6.3 热传导

6.3.1 热传导的表征及工程意义 ▶

当固体材料的两端存在温差时,热量会从热端自动地传向冷端,这种现象称为**热传导**(thermal conduction)。在热能工程、制冷技术、工业炉设计、工件加热和冷却、房屋采暖与空调、燃气轮机叶片散热、电子封装技术以及航天器返回大气层的隔热等一系列技术领域中,材料的导热性能都是个重要的问题。

实践证明,当一块固体材料两端存在温差时,单位时间内流过的热量正比于温度梯度,即

$$\frac{dQ}{dt}=-\lambda A\frac{dT}{dx} \tag{6-3-1}$$

式中,dQ/dt 称为热量迁移率;dT/dx 为温度梯度;A 为横截面面积;λ 为代表材料导热能力的常数,称为热导率(thermal conductivity)或导热系数,其物理意义是指单位温度梯度下,单位时间内通过单位垂直面积的热量,其单位为 $W\cdot m^{-1}\cdot K^{-1}$。方程中加负号表示热量沿 T 降低的方向流动。上述方程称为热传导的**傅里叶(Fourier)定律**。

假如在热传导过程中,各点的温度维持不变,称为稳态热传导;反之,则称为非稳态热传导。在稳态热传导条件下,式(6-3-1)可写为

$$\Delta Q=-\lambda A\frac{dT}{dx}\Delta t \tag{6-3-2}$$

式中,ΔQ 为在 Δt 时间内沿 x 方向传过的热量。

对于非稳态热传导,温度是随时间变化的,物体内单位面积上温度随时间的变化率为

$$\frac{dT}{dt}=\frac{\lambda}{\rho c_p}\frac{d^2T}{dx^2} \tag{6-3-3}$$

式中,ρ 为密度;c_p 为比定压热容。该式表明,非稳态热传导时的温度变化速率与材料的导热能力 λ 成正比,与贮热能力(体积热容 ρc_p)成反比。因此,在工程上常定义与导热系数有关的一个参数

$$\alpha=\frac{\lambda}{\rho c_p} \tag{6-3-4}$$

该参数称为**热扩散率**(thermal diffusivity)或**导温系数**,单位为 m^2/s。

热扩散率的引入是出于非稳态热传导过程的需要。在不稳定热传导过程中,材料内经历着热传导的同时还有温度场随时间的变化。热扩散率正是把两者联系起来的物理量,表示材料内部温度趋于均匀的能力。在相同的加热或冷却条件下,热扩散率越大的材料,各处的温差越小。例如,金属工件在加热炉内被加热的情形就是一种典型的非稳态导热过程。要计算经过多长时间才能使工件达到某一预定的均匀温度,就需要知道导温系数。

与电导率和电阻率之间的关系一样,也可以引入热阻率 ω 的概念,且同样可以把合金固溶体的热阻分为基本热阻(本征热阻)ω_p 和残余热阻 ω_0 两部分。本征热阻也是基质纯组元的热阻,为温度的函数。热阻率 ω 可表示为

$$\omega=\omega_0+\omega_p \tag{6-3-5}$$

热阻的大小表征着材料对热传导的阻隔能力，故可以根据材料热阻的数值对工程技术的不同装置进行“隔热”或“导热”的计算。此类隔热装置的应用十分广泛，例如锅炉、冷冻、冷藏、石油液化、建筑结构等需要隔热；燃气轮机叶片和电子封装材料等要求导热，特别是那些超低温和超高温装置对隔热材料有更严格的要求。例如，近代低温物理技术已能达到 10^{-4}K，液化天然气需要长途运输，航天飞行器需要携带液氢燃料，而飞船返回大气层时前沿局部要经受 4 273～5 773K 的高温。隔热材料和热防护材料对于实现这些目标是至关重要的。

6.3.2 热传导的物理机制

6.3.2.1 电子和声子传导

热传导过程就是材料内部的能量传输过程。在固体中能量的载体可以有自由电子、声子(晶格振动的格波)和光子(电磁辐射)。因此，固体的导热包括电子导热、声子导热和光子导热。对于纯金属，由于当中存在大量的自由电子，而且电子的质量小，能迅速地实现热量的传递，电子导热是其主要机制，因此金属一般都具有很大的热导率；在合金中声子导热的作用增强；在半金属或半导体内声子导热常与电子导热相仿；而在绝缘体内，自由电子极少，所以声子导热是其主要导热机制。由于只有在极高温下才可能有光子导热存在，通常可以不考虑光子导热。根据不同导热机制的贡献，可以把固体材料的导热系数写成

$$\lambda = \lambda_e + \lambda_a \tag{6-3-6}$$

式中，λ_e 为电子导热系数；λ_a 为声子导热系数。

由于声子概念的引入，我们可把格波与物质的相互作用理解为声子和物质的碰撞，把格波在晶体中传播时遇到的散射看作是声子同晶体中质点的碰撞，把理想晶体中热阻的来源看成是声子同声子的碰撞。正因为如此，可以设想用气体中的热传导概念来处理声子热传导问题，因为气体热传导是气体分子(质点)碰撞的结果，晶体热传导是声子碰撞的结果，因此晶体的热传导可以近似地用气体热传导的表达式进行描述。

根据气体分子运动理论，理想气体的导热系数为

$$\lambda = \frac{1}{3} c v \bar{l} \tag{6-3-7}$$

式中，c 为单位体积气体热容；v 为分子速度；$\bar{l}$ 为分子的平均自由程。借用气体导热系数公式近似地描述固体材料中电子、声子和光子的导热机制，则有

$$\lambda = \frac{1}{3} \sum_j c_j v_j \bar{l}_j \tag{6-3-8}$$

式中，带下标 j 的参数表示不同载热体类型的相应物理量。例如，电子的导热系数可写成

$$\lambda_e = \frac{1}{3} c_e v_e \bar{l}_e \tag{6-3-9}$$

式中，c_e 为单位体积电子热容；v_e 为电子速度；$\bar{l}_e$ 为电子的平均自由程。

由于电子的平均自由程 $\bar{l}_e$ 完全由金属中自由电子的散射过程所决定，因此如果点阵是完整的，电子运动不受阻碍，即 $\bar{l}_e$ 为无穷大，则导热系数也无限大。实际上，由于热运动引起阵点上原子的偏移，杂质原子引起的弹性畸变，位错和晶界引起的点阵缺陷，电子导热受到这些散射机制的影响变得十分复杂。通过近似计算知，金属中电子导热率和声子导热率之比 $\lambda_e/\lambda_a \approx 30$。可见，金属中电子导热占主导地位，而声子对导热的贡献十分微弱。同样可以得

到金属导热率与绝缘体导热率之比 $\lambda_{金属}/\lambda_{绝缘体}\approx 30$，因为金属阵点上正离子所起的导热作用与绝缘体中的情形大致相同。但是，由于电子对声子的散射而使得金属的声子导热与绝缘体的有所不同。在低温下金属中电子对声子的散射通常起主导作用，因而限制了声子的平均自由程，使得金属中的声子导热 λ_a 比起具有相同弹性性能绝缘体的 λ_a 要小。

由于"电子-电子"间的散射对于能态密度很高的金属相当重要，因此在许多场合下对于过渡族金属必须考虑其影响。此外，在极低温度下，位错通常是散射声子最重要的因素，在高温和高点缺陷浓度的情况下，点缺陷引起的热阻与点阵的非谐振动相联系。试验表明，点缺陷对声子散射的影响有一个粗略的规则：大区域缺陷主要在最低温度下显示对热阻的贡献；点、面缺陷则主要在中等温度下显示出来。

6.3.2.2 光子热导

固体中除了声子的热传导外，还有光子的热传导。这是因为固体中分子、原子和电子的振动、转动等运动状态的改变会辐射出频率较高的电磁波。这类电磁波覆盖了一较宽的频谱。其中具有较强热效应的是波长在 0.4～40μm 的可见光与部分近红外光的区域。这部分辐射线就称为热射线。热射线的传递过程称为热辐射。由于它们都在光频范围内，其传播过程和光在介质(透明材料、气体介质)中传播的现象类似，也有光的散射、衍射、吸收和反射、折射，所以可以把它们的导热过程看作是光子在介质中传播的导热过程。

对于介质中辐射传热过程，可以定性地解释为任何温度下的物体既能辐射出一定频率的射线，同样也能吸收类似的射线。在热稳定状态，介质中任一体积元平均辐射的能量与平均吸收的能量相等。当介质中存在温度梯度时，相邻体积间温度高的体积元辐射的能量大，吸收的能量小；温度较低的体积元正好相反，吸收的能量大于辐射的，因此产生能量的转移，整个介质中热量从高温处向低温处传递。描述介质中这种辐射能的传递能力就是辐射热导率 λ_r。辐射热导率 λ_r 仍与体积热容、光子传递速度、平均自由程相关。

在温度不太高时，固体中的电磁辐射能很微弱，但在高温时就明显了。因为辐射能 E_r 与温度的四次方成正比。设固体温度为 T，则黑体单位容积的辐射能 E_r 为

$$E_r=\frac{4\sigma n^3 T^4}{c} \tag{6-3-10}$$

式中，σ 是斯忒藩-玻耳兹曼常数[$5.67\times10^{-8}\,\mathrm{W/(m^2\cdot K^4)}$]，$n$ 是折射率，c 是光速($3\times10^8\,\mathrm{m/s}$)。

由于辐射传热中，定容热容相当于提高辐射温度所需的能量，所以

$$C_V=\left(\frac{\partial E}{\partial T}\right)=\frac{16\sigma n^3 T^3}{c} \tag{6-3-11}$$

同时，将辐射线在介质中的速度 $v=c/n$，以及式(6-3-11)代入式(6-3-8)，可以得到辐射的传导率

$$\lambda_r=\frac{16}{3}\sigma n^2 T^3 l_r \tag{6-3-12}$$

式中，l_r 为辐射光子的平均自由程。

实际上，光子传导的 C_V 和 l_r 都依赖于频率，所以更一般的形式仍应是式(6-3-8)。

对于辐射线是透明的介质，热阻很小，l_r 较大；对于辐射线不透明的介质，l_r 很小；对于完全不透明的介质，$l_r=0$，在这种介质中，辐射传热可以忽略。一般来说，单晶和玻璃对于辐射线是比较透明的，因此在 773～1 273K 辐射传热已很明显，而大多数烧结陶瓷材料是半透明或

透明度很差的，其 l_r 要比单晶和玻璃的小得多，因此，一些耐火氧化物在 1773K 高温下辐射传热才明显。

光子的平均自由程除与介质的透明度有关外，对于频率在可见光和近红外光的光子，其吸收和散射也很重要。例如，吸收系数小的透明材料，当温度为几百摄氏度时，光辐射是主要的；吸收系数大的不透明材料，即使在高温时光子传导也不重要。在无机材料中，主要是光子的散射问题，这使得其 l_r 比玻璃和单晶的都小，只是在 1 500℃以上，光子传导才是主要的，因为高温下的陶瓷呈半透明的亮红色。

6.3.2.3　量子涨落

除了热辐射，热传导、热对流这两种通过声子传热的方式都无法在真空中发生。但在量子物理学家看来，真空并不是一片真正的“虚空”，而是充满了量子涨落。

为了理解声子如何通过量子涨落传热，让我们假设真空中有两个分开放置且温度不同的物体。高温物体中的声子可以将热量传给真空中的虚粒子，然后这些虚粒子又将热量传给低温物体。如果我们将两个物体都视为振动的原子集合体的话，那么虚粒子就像一根弹簧，将一个物体的振动传给另外一个，如图 6-3-1 所示。

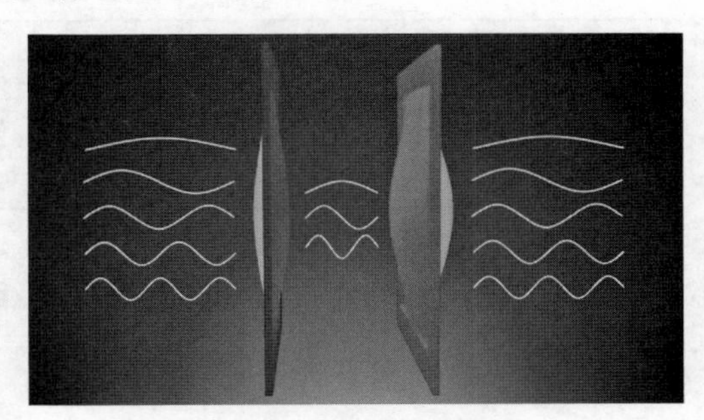

图 6-3-1　量子涨落示意图

2019 年，《自然》杂志刊登的一项研究则证实了这一传导方式的存在，量子效应可以让声子在真空中传递热量。在试验中，研究者以两片厚度约为 100nm 的氮化硅薄膜为研究对象，观察其在不同温度下以相同频率进行振动时的能量交换情况，进而计算出了试验中声子传递能量的最高效率，约 6.5×10^{-21} J/s。

6.3.3　维德曼-弗朗兹定律

在量子论出现之前，人们研究金属材料的热导率时发现一个引人注目的试验事实：在室温下许多金属的热导率与电导率之比 λ/σ 几乎相同，而不随金属不同而改变，称为**维德曼-弗朗兹**(Widemann-Franz)**定律**。定律同样表明，导电性好的材料，其导热性也好。后来洛伦兹(Lorenz)进一步发现，λ/σ 比值与温度 T 成正比，该比例常数称为**洛伦兹数**，且可导得

$$L=\frac{\lambda}{\sigma T}=\frac{\pi^2}{3}\left(\frac{k_B}{e}\right)^2=2.45\times10^{-8}\,\mathrm{W\cdot\Omega\cdot K^{-2}} \tag{6-3-13}$$

式中，k_B 为玻耳兹曼常数，e 为电子电量。

当温度高于德拜温度 Θ_D 时，对于电导率较高的金属，均满足上式。但对于电导率较低的金属，在较低温度下，L_0 是变数。

事实上，试验测得的热导率有两部分组成，即满足式(6-3-6)，则维德曼-弗朗兹定律应写成

$$\frac{\lambda}{\sigma T}=\frac{\lambda_e}{\sigma T}+\frac{\lambda_1}{\sigma T}=L_0+\frac{\lambda_1}{\sigma T} \tag{6-3-14}$$

由此可见，只有当温度高于德拜温度 Θ_D 时，金属导热主要由自由电子贡献时，维德曼-弗朗兹定律才成立，洛伦兹数才近似为常数。因为金属中的热传导不仅仅依靠电子来实现，也还有声子的作用，尽管它所占有的比例很小。然而，随着温度的降低电子的作用很快被削弱，使导热

过程变得复杂起来。因此,不同金属的洛伦兹数偏离恒定值。从表 6-3-1 可见,不同金属的 λ 值有些差别,对于合金间的差异则更大。如果计算出声子的导热系数,从总的热导率 λ 中减去声子部分的贡献,则洛伦兹数修正为

$$L' = \frac{\lambda - \lambda_a}{\sigma T} \approx 2.5 \times 10^{-8}\ \mathrm{W \cdot \Omega / K^2} \tag{6-3-15}$$

修正后的洛伦兹数 L',除 Be 和 Cu 以外,对绝大多数金属都符合得很好,对合金也可适用。

应当看到,即使维德曼-弗朗兹定律和洛伦兹数是近似的,但它们所建立的电导率与热导率之间的关系还是很有意义的。由于与电导率相比热导率的测定既困难又不准确,这就提供了一个通过测定电导率来确定金属热导率的既方便又可靠的途径。

表 6-3-1 若干金属洛伦兹数的实验值($\times 10^{-8}\ \mathrm{W \cdot \Omega \cdot K^{-2}}$)

金属	Ag	Au	Cd	Cu	Ir	Mo	Pb	Pt	Sn	W	Zn
0℃	2.31	2.35	2.42	2.23	2.49	2.61	2.47	2.51	2.52	3.04	2.31
100℃	2.37	2.40	2.43	2.33	2.49	2.79	2.56	2.60	2.49	3.2	2.33

6.3.4 工程材料的热导率及其影响因素

6.3.4.1 工程材料热导率的比较

表 6-3-2 给出了一些常用工程材料的热导率,可见碳材料中金刚石、石墨的热导率最高,金属材料的热导率次之,陶瓷材料和高分子材料的较低。

碳材料具有热导率高、机械性能优良、密度低、热膨胀系数小等优点,因此,被认为是一种很有发展潜力的新型高导热材料。当前高导热碳材料主要有金刚石及类金刚石碳膜,高定向石墨、掺杂石墨、高导热柔性石墨,高导热碳纤维及其复合材料,碳纳米管、石墨烯及其复合材料,高导热碳泡沫等。碳材料的导热主要通过晶格的振动,即格波(声子)通过晶体结构基元(原子)的相互制约和相互谐调的振动来实现热的传导,高的热导率主要来源于碳原子间牢固的结合和高度有序的石墨晶格排列。如金刚石由于原子间结合力很强,在低温条件下,不同种类声子发生碰撞的概率很低,故声子的平均自由程很大,因而具有很大的热导系数。石墨导热片因其在导热方面的突出特性,在智能手机、超薄的 *PC* 和 *LED* 电视等方面有着广泛的应用。

表 6-3-2 一些常用工程材料的热导率

材 料	$K/(\mathrm{W \cdot m^{-1} \cdot K^{-1}})$	材 料	$K/(\mathrm{W \cdot m^{-1} \cdot K^{-1}})$
金属		陶瓷	
Al	300	Al_2O_3	34
Cr	158	BeO	216
Cu	483	MgO	37
Au	345	SiC	93
Fe	132	SiO_2	1.4
Pb	40	尖晶石($MgAl_2O_4$)	12
Mg	169	钠钙硅玻璃	1.7

(续表)

材　料	$K/(W\cdot m^{-1}\cdot K^{-1})$	材　料	$K/(W\cdot m^{-1}\cdot K^{-1})$
Mo	179	二氧化硅玻璃	2
Ni	158	高分子(无取向)	
Pt	79	聚乙烯	0.38
Ag	450	聚丙烯	0.12
Ta	59	聚苯乙烯	0.13
Sn	85	聚四氟乙烯	0.25
Ti	31	聚异戊二乙烯	0.14
W	235	尼龙	0.24
Zn	132	酚醛树脂	0.15
1020 钢	52	半导体	
不锈钢	16	Si	148
黄铜	120	Ge	60
碳材料		GaAs	46
石墨(平行片层)	1500	氮化硼六方	56.94
石墨(垂直片层)	10		
Ⅱa 金刚石	2000		

金属导热性高是除了由于晶格热振动产生的声子导热以外,还因为存在显著的自由电子导热。根据维德曼-弗朗兹定律可以推测,电导率愈高的金属,热导率也愈高。从表 6-3-2 中可看出,电导率高的铜、银、金、铝的热导率比电导率低的铁、镍、钴等金属的热导率要高。

陶瓷、玻璃等材料由于多是共价键、离子键或这两者的混合形式,基本不存在自由电子,所以主要以声子导热为主,电子导热基本可忽略,总体上来说导热性低于金属。但陶瓷结构很复杂,含有很多气孔或玻璃相,故不同陶瓷材料之间的热导率差别也很大。例如,金属性较强的氧化铍(BeO)的热导率高达 $2.2W\cdot cm^{-1}\cdot K^{-1}$,甚至高过许多金属,低温时接近金属铂的热导率;致密稳定化的二氧化锆陶瓷(ZrO_2)的热导率相当低,是良好的高温耐火材料。气孔率大的保温砖具有很低的热导率,而粉状材料的热导率更低,具有很好的保温性能。SiO_2 气凝胶是目前隔热性能最好的材料,具有其他材料无法比拟的保温隔热效果,且具有密度低、防水阻燃、绿色环保等优点,它与玻璃纤维等耐热纤维骨架复合后是目前已知最好的固体保温隔热材料。

高分子聚合物中以共价键为主,不存在自由电子,热传导主要是通过分子(或原子)相互碰撞的声子导热,因此结晶程度就对热导率有重要影响。由于高聚物很难形成完整的单晶体,因此结晶或非结晶高聚物的热导率都很低,相对来说,结晶度高的高聚物热导率较高。在高聚物中,分子内的热导率高于分子间的热导率,所以分子量的增加对热导率的提高有利。在取向的高聚物中,取向方向上的热导率高于垂直于取向方向的热导率。另外,在高分子聚合物中加入导热性好的材料如 Al_2O_3 和 BN,也能显著提高聚合物的热导性能。

共轭高聚物具有较高的耐热性和声子各向同性传导的良好环境,具有相对较好的导热性。例如,聚乙炔的热导率为 $7.5W\cdot m^{-1}\cdot K^{-1}$,比塑料高 30 倍。聚吡咯热导率为 $5.0W\cdot m^{-1}\cdot K^{-1}$,聚对亚苯基为 $4.0W\cdot m^{-1}\cdot K^{-1}$,聚噻吩为 $3.8W\cdot m^{-1}\cdot K^{-1}$。可见,导电高分子的导热能力比普通非共轭高聚物强 20～30 倍,将导电高分子与普通高聚物共混可大大提高高聚物的热导率,增强其热传导能力。

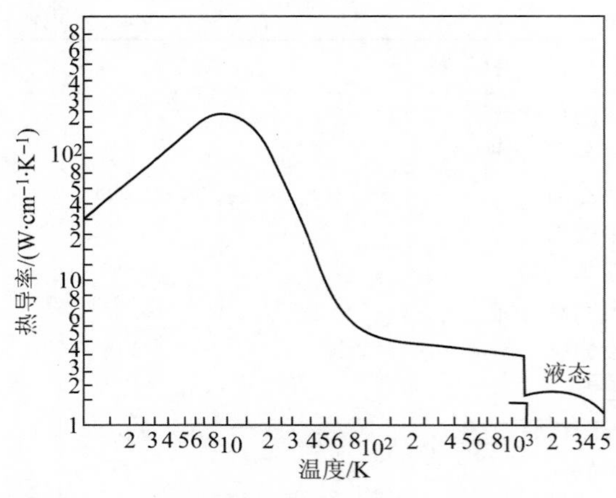

图 6-3-2 纯铜(99.999%)热导率随温度变化曲线

6.3.4.2 温度对热导率的影响

温度对热导率有重要影响。图 6-3-2 给出了纯铜热导率随温度变化的实测曲线,可见热导率随温度的变化并非是单调的,而是在某一临界温度出现极大值,在低于临界温度的范围内,热导率随温度升高而增加;在高于临界温度的范围内,热导率则随温度的增加而下降。

金属热导率与温度的关系可由电子热阻率的概念来解释。前已述及,类似于电阻率、热阻率也可分为晶格热阻率(本征热阻率)ω_P 和缺陷热阻率(残余热阻率)ω_0 两部分。在低温下,缺陷阻挡起主要作用,按维德曼-弗朗兹定律有

$$\frac{\lambda}{\sigma T}=\frac{\rho_0}{\omega_0 T}=L \tag{6-3-16}$$

式中,ρ_0 为残余电阻率;L 为电子热导的洛伦兹系数。由于 ρ_0 与温度无关,所以缺陷热阻率 ω_0 与温度成反比,即

$$\omega_0=\frac{\beta}{T} \tag{6-3-17}$$

式中,β 为比例常数。

在高温下,声子阻挡起主要作用,按维德曼-弗朗兹定律有

$$\frac{\lambda}{\sigma T}=\frac{\rho_P}{\omega_P T}=L \tag{6-3-18}$$

式中,ρ_P 为本征电阻率。在高温下,它与温度成正比,故 ω_P 为一常数。

在中温区,声子阻挡与缺陷阻挡都起作用,并且缺陷热阻率随温度升高按 T^{-1} 规律下降;声子热阻率随温度升高按 T^2 规律上升,则总热阻率为

$$\omega=\omega_0+\omega_P=\frac{\beta}{T}+\alpha T^2 \tag{6-3-19}$$

热导率与温度的关系为

$$\lambda=\frac{1}{\beta/T+\alpha T^2} \tag{6-3-20}$$

由式(6-3-19)描绘出的热阻率-温度关系曲线如图 6-3-3 所示,可见热阻率有一个极小值,相应地,热导率就有一个极大值。

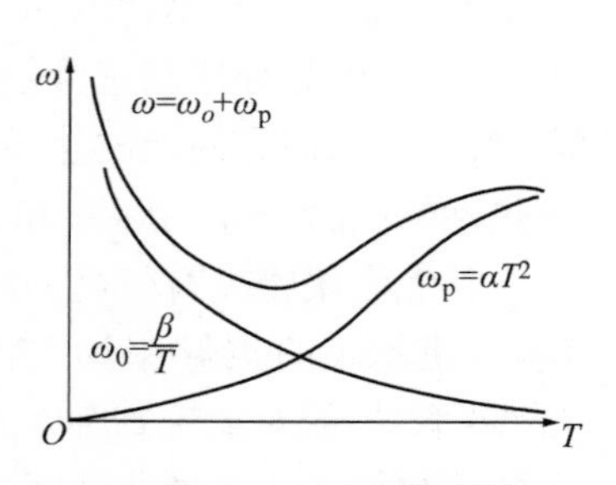

图 6-3-3 电子热阻率的温度关系

实际上,陶瓷的热导率与温度的关系也与金属类似,存在一个极大值,如图 6-3-4 所示。当温度很低时,平均自由程 l 已增大到晶粒的大小,达到了上限,因此,l 值基本上无多大变化。而热容 C_V 在低温下与 T^3 成正比,V 为常数,所以,λ 也近似与 T^3 成比例地变化。因此,随着温度升高,λ 迅速增大。随着温度继续升高,C_V 随温度 T 的变化也不再与 T^3 成比例,并在德拜温

度以后，趋于一恒定值；l 值因温度升高而减小，并成了主要影响因素。因此，λ 值随温度升高而迅速减小。在更高的温度时，C_V 已基本上无变化；l 值也渐趋于下限。所以，λ 随温度的变化变得缓和。在达到 1 600K 的高温后，λ 值又有少许回升。这是高温时辐射传热带来的影响。

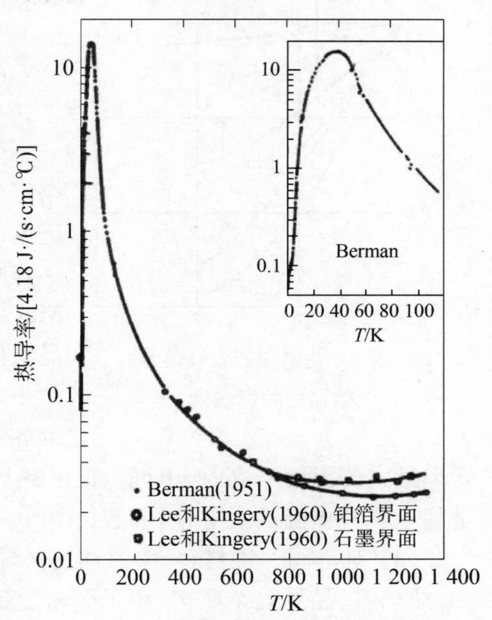

图 6-3-4 Al_2O_3 陶瓷的热导率随温度的变化

但是对于非晶态的玻璃及高分子聚合物，热导率-温度关系曲线却是单调增加的，不存在极大值，如图 6-3-5 所示，分为 3 个阶段。① OF 段相当于 400～600K 中低温温度范围，光子导热的贡献可以忽略，主要为声子热导，温度升高，热容增大，声子热导率相应上升。② Fg' 段相当于 600～900K 温度区间，随着温度不断升高，热容不再增大，逐渐为一常数，声子热导率亦不再随温度升高而增大，但此时光子热导开始增大，因而热导率开始上扬。若无机材料不透明，则仍是一条与横坐标轴接近平行的直线段 Fg。③ $g'h'$ 段相当于温度高于 900K 的范围。在这一阶段，温度升高时，声子热导率变化仍不大，但光子的平均自由程明显增大，由式(6-3-12)可知光子的热导率随温度的三次方规律急剧增大，因此热导率曲线急剧上扬。若无机材料不透明，由于它的光子导热很小，则不会出现 $g'h'$ 段，曲线是 gh 段。

试验测得的许多不同组分玻璃的热导率-温度曲线都与图 6-3-5 所示的理论曲线相同，如图 6-3-6 所示。

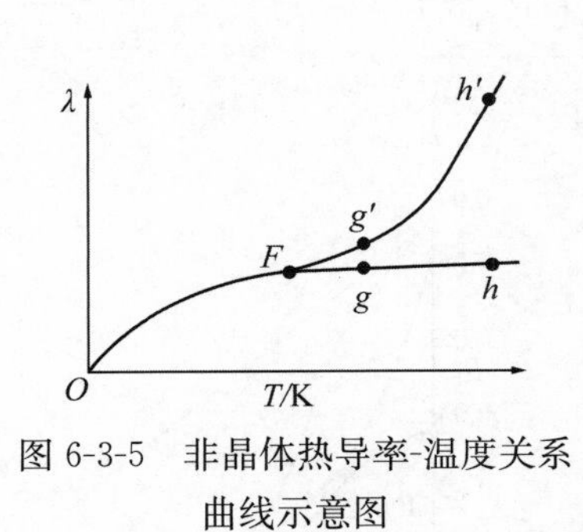

图 6-3-5 非晶体热导率-温度关系曲线示意图

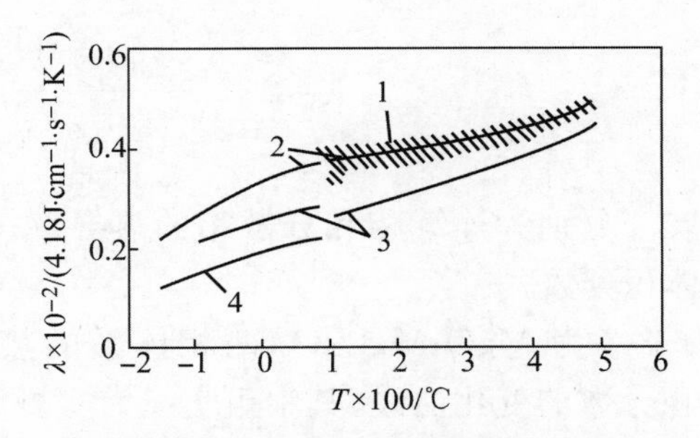

1—钠玻璃；2—熔融 SiO_2；3—耐热玻璃；4—铅玻璃。

图 6-3-6 几种不同组分玻璃的热导率-温度关系实验曲线

6.3.4.3 成分对热导率的影响

合金中加入杂质元素将使缺陷热阻增强，导热性下降。杂质原子与晶格原子结构差异较大的元素，如锰、铝和硅的加入对铁的热导率影响较大；杂质原子与晶格原子结构差异较小的元素，如钴和镍的加入对铁的热导率影响较小。图 6-3-7 为某些杂质元素对铁基体热导率的影响。还有一个规律是基体金属的热导率愈高，合金元素受到的影响愈大。例如，合金元素中镍对铜的影响就比对铁的影响大。有序固溶体结构周期性延长使电子的平均自由程增加，使导热系数提升。金属间化合物可当作有序合金来考虑。

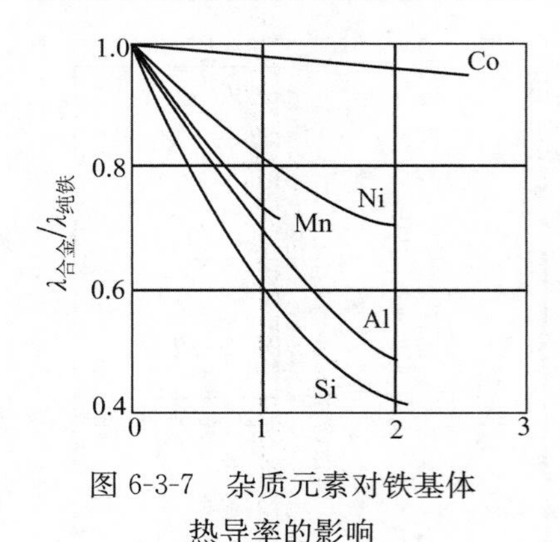

图 6-3-7 杂质元素对铁基体热导率的影响

6.3.4.4 晶体结构对热导率的影响

晶体结构对热导率的影响较复杂，大致可以总结出如下几条规律。

(1) 结构越复杂，热导率越小。这是因为声子热导与晶格振动的非谐性有关，晶体结构越复杂，晶格振动的非谐性程度越大，格波受到的散射越大，因此声子平均自由程 l 越小，热导率越低。例如，镁铝尖晶石的热导率比 Al_2O_3 和 MgO 的热导率都低。莫来石的结构更复杂，其热导率比尖晶石的还要低。

(2) 对于非等轴晶系的晶体，热导率也存在各向异性。例如，石英、金红石、石墨等都是在热膨胀系数低的方向热导率最大。温度升高时，不同方向的热导率差异趋于减小。这是因为温度升高，晶体的结构总是趋于具有更高的对称性。

(3) 对于同一种材料，多晶体的热导率总是比单晶体小。由于多晶体中晶粒尺寸小、晶界多、缺陷多、晶界处杂质多，声子更易受到散射，声子平均自由程小得多，所以热导率就小。

(4) 对于同一种材料，非晶态的热导率总是比晶态的小。例如，石英晶体的热导率可以比石英玻璃的热导率高 3 个数量级。这是因为，非晶体为近程有序结构，可以近似地把它看成是晶粒很小的晶体，它的声子平均自由程近似为一常数，即等于 n 个晶格常数，而这个常数值是晶体中声子平均自由程的下限，所以热导率就小。

6.3.4.5 复相材料的热导率

对于复相材料，如常用的陶瓷，典型的组织特征是晶体相分散在连续的玻璃相中，这类材料的热导率可按下式计算：

$$\lambda = \lambda_c \times \frac{1 + 2V_d\left(1 - \frac{\lambda_c}{\lambda_d}\right) \Big/ \left(1 + \frac{2\lambda_c}{\lambda_d}\right)}{1 - V_d\left(1 - \frac{\lambda_c}{\lambda_d}\right) \Big/ \left(1 + \frac{2\lambda_c}{\lambda_d}\right)} \tag{6-3-21}$$

式中，λ_c、λ_d 分别为连续相和分散相的热导率；V_d 为分散相的体积分数。

图 6-3-8 为 MgO-Mg_2SiO_3 两相体系的热导率随组分体积分数的变化曲线，其中粗实线为实测结果，细实线为按式(6-3-21)计算的结果。可见，在体积分数的两端处，实测结果与计算结果十分吻合；而在中间部分，两者差别较大。这是由于当 MgO 含量高于 80%或 Mg_2SiO_3 含量高于 60%时，MgO 或 Mg_2SiO_3 为连续相，这时复相陶瓷的热导率主要取决于连续相的热导率；而在中间组成时连续相和分散相的区别不明显。这种结构上的过渡状态使热导率变化曲线呈 S 形。

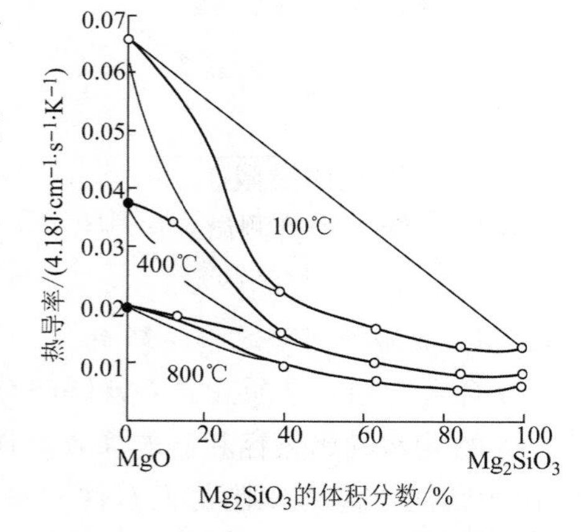

图 6-3-8 MgO-Mg_2SiO_3 体系热导率随组分体积分数的变化

6.3.4.6 气孔对热导率的影响

气体是热的不良导体。显然，材料中若含有较多的气孔，将严重降低热导率，这一点对陶瓷材料十分重要。

当温度不太高、气孔率不大、气孔尺寸较小且均匀分散在陶瓷介质中时，这样的气孔可视作分散相，但它的热导率与固体相比很小，可近似看作为零($\lambda_d \approx 0$)，则由式(6-3-21)可得到

$$\lambda = \lambda_s(1-p) \tag{6-3-22}$$

式中，λ_s 为固体的热导率；p 为气孔率。

在不改变结构状态的情况下，气孔率的增大，总是使热导率降低，这就是二氧化碳气凝胶，多孔、泡沫硅酸盐，纤维制品，粉末和空心球状轻质陶瓷制品的保温原理。

6.3.5 热导率的测定

固体材料热导率的测定方法很多，但大致可分为稳态法和非稳态法两大类，前者可测定导热系数(热导率)，后者可测定导温系数(热扩散率)。本节仅简单介绍一种稳态热导率测定方法。

热导率测量是在导热系数测定仪上进行的，导热系数测定仪如图6-3-9所示。AB 为待测材料制成的圆柱体，在其一端由电加热成为高温端，在另一端通水冷却成为低温端，则热量由高温端流向低温端，在试样长度方向上存在温差，如图6-3-10所示。在加热一段时间后，使圆柱试样的热传导达到稳态(即圆棒上各点的温度不随时间变化)后开始计时，在 τ 时间内，沿试棒各截面流过的热量 Q 为(忽略圆柱体侧面散失的热量)

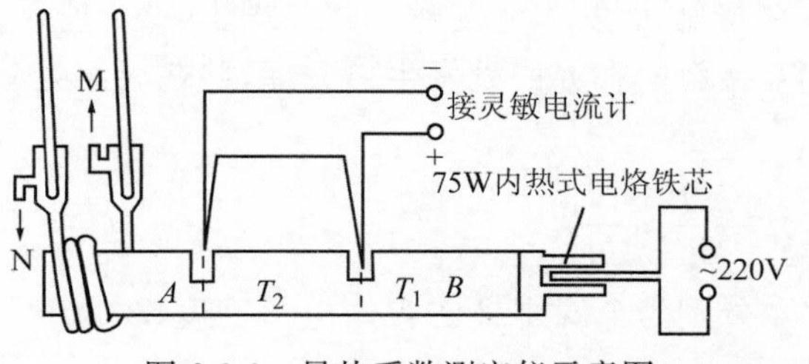

图6-3-9 导热系数测定仪示意图

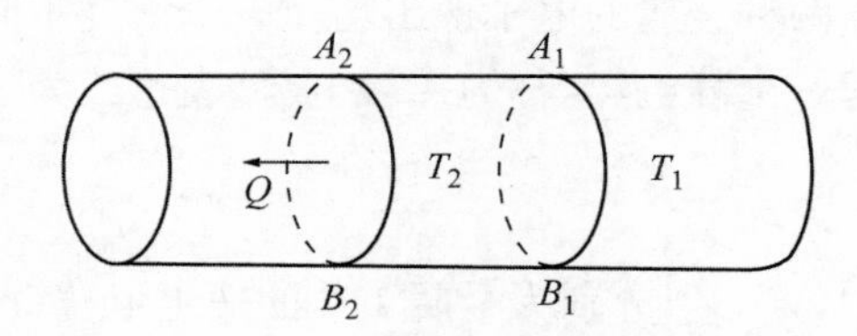

图6-3-10 导热系数测定仪测量原理示意图

$$Q = \lambda S \tau \frac{T_1 - T_2}{L} \tag{6-3-23}$$

式中，S 为圆柱体横截面积；T_1、T_2 分别为 A_1B_1 和 A_2B_2 两个截面处的温度；L 为该两截面之间的距离；λ 为待测试样的热导率。

低温端在 τ 时间内流出的冷却水质量为 m，其温度由流入时的 T_3 升高到流出时的 T_4，则有

$$Q = mc(T_4 - T_3) \tag{6-3-24}$$

式中，c 为水的比热容。根据热平衡原理，联立式(6-3-23)和式(6-3-24)，并考虑到 $S = \pi d^2/4$ (d 为圆柱体直径)，则可解得

$$\lambda = \frac{4Lc(T_4 - T_3)m}{\pi d^2 (T_1 - T_2)\tau} \tag{6-3-25}$$

其中，T_3 和 T_4 用水银温度计测量，T_1 和 T_2 则用插在圆柱体中的热电偶测量。

6.4　热电性

在材料中存在电位差时会产生电流，存在温度差时会产生热流。从电子构成论的观点来看，在金属和半导体中，不论是电流还是热流都与电子的运动有关，故电位差、温度差、电流、热流之间存在着交叉联系，这就是**热电效应**(thermoelectric effect)。

6.4.1　热电效应及本质

热电效应可以概括为3个基本的类型：塞贝克效应、珀耳帖效应及汤姆逊效应。

6.4.1.1　塞贝克效应

1823年，德国科学家塞贝克(T. Seebeck)发现，当两种不同导体(或半导体)A和B连成闭合回路，并且两接头处温度不同时，则回路中将产生电流和相应的电动势，如图6-4-1所示。由塞贝克效应产生的电动势称为热电势，用ε表示，它的数值与两接头处的温度差成正比，即

$$\varepsilon_{AB}=S_{AB}\Delta T \tag{6-4-1}$$

式中，比例系数S_{AB}称为A和B间的相对塞贝克系数(或热电势系数)，单位为$\mu V/K$。

因为热电势有方向性，所以S_{AB}也有方向性。通常规定，在冷端其电流由A流向B，则S_{AB}为正，显然ε_{AB}也为正。相对塞贝克系数具有加和性，即

$$S_{AB}=S_A-S_B \tag{6-4-2}$$

式中，S_A、S_B分别为材料A、B的绝对塞贝克系数。

产生塞贝克效应的原因在于两个不同导体在接触处会产生接触电势，如图6-4-2所示。由于两种金属的电子逸出功及电子浓度不同，相互接触时在界面处发生再分配，并在界面处建立起一个静电势，称为接触电势，表达式为

$$V_{12}=(V_2-V_1)+\frac{kT}{e}\ln\frac{N_1}{N_2} \tag{6-4-3}$$

式中，V_1、V_2分别为金属1、2的逸出电位；N_1、N_2分别为金属1、2的自由电子密度；k为玻耳兹曼常数；T为接触处的绝对温度；e为电子电荷。

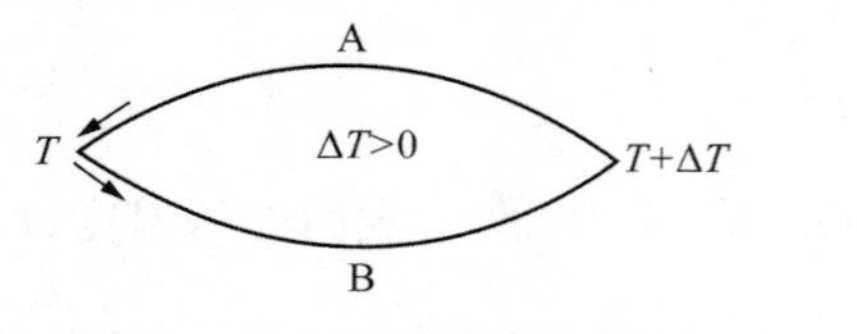

图6-4-1　塞贝克效应示意图

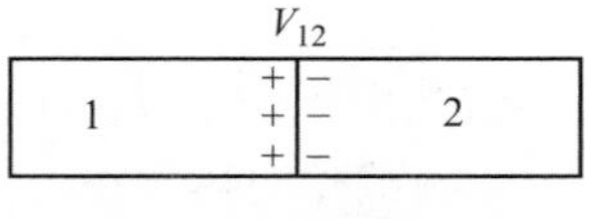

V_{12}

1	+ − + − + −	2

图6-4-2　接触电势示意图

当此两金属头尾相接有两个接触点时，若两接触点温度不同($T_1\neq T_2$)，则在两接触点的接触电位也不相同，即$V_{12}(T_1)\neq V_{12}(T_2)$，这样在回路中就会产生热电势

$$\begin{aligned}\varepsilon_{12}&=V_{12}(T_1)-V_{12}(T_2)=(V_2-V_1)+\frac{kT_1}{e}\ln\frac{N_1}{N_2}-(V_2-V_1)-\frac{kT_2}{e}\ln\frac{N_1}{N_2}\\&=(T_1-T_2)\frac{k}{e}\ln\frac{N_1}{N_2}\end{aligned} \tag{6-4-4}$$

实际上，当某一种金属(如金属1)的两端温度不同时，温度梯度在造成热流的同时也会造

成自由电子的流动，使低温端富集电子带负电，而高温端缺少电子带正电，即形成一个阻止电子进一步扩散流动的温差电场，如图 6-4-3 所示。当该电场对电子的电场力 F_e 等于热扩散力 F_T 时，金属的两端就建立起一个稳定的温差电位差 $V_1(T_1、T_2)$。同样，在金属 2 的两端也会建立起 $V_2(T_1、T_2)$。对于由金属 1 和 2 组成的整个回路来说，金属 1 及 2 上的温差电位差方向相反，但因材料不同，即使两端温差相同，两者的温差电势也不会抵消。则回路的热电势应为

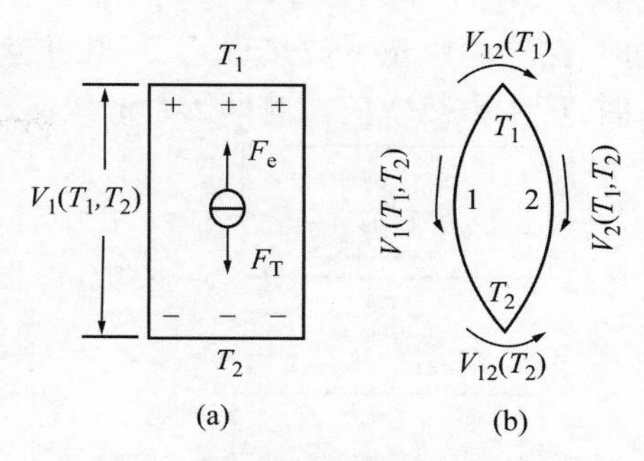

图 6-4-3　温差电位差与塞贝克电动势

$$\varepsilon_{12}=V_{12}(T_1)-V_{12}(T_2)+V_2(T_1,T_2)-V_1(T_1,T_2) \tag{6-4-5}$$

6.4.1.2　*珀耳帖效应*

1834 年，法国科学家珀耳帖(J. C. A. Peltier)发现，当两种不同导体(或半导体)材料组成回路并有电流在回路中通过时，将使其中一接头处放热，另一接头处吸热，电流方向相反时，则吸、放热接头互换，此即珀耳帖效应，如图 6-4-4 所示。

接头处吸收(或放出)的热量称为珀耳帖热 Q_P，它可以表示为

$$Q_P=\pi_{AB}It \tag{6-4-6}$$

式中，I 为电流，t 为时间；π_{AB} 为材料 A 和 B 间的相对珀耳帖系数，它表示单位电流每秒吸收或放出的热量，单位为 V。通常规定，电流由 A 流向 B 时，若发生吸热现象，则 π_{AB} 取正值；反之，则取负值。同样相对珀耳帖系数也具有加和性，即

$$\pi_{AB}=\pi_A-\pi_B \tag{6-4-7}$$

式中，π_A、π_B 分别为材料 A、B 的绝对珀耳帖系数。

珀耳帖效应可用接触电位差来解释，如图 6-4-5 所示。由于在两金属的接头处有接触电位差 V_{12}，设其方向都是由金属 1 指向金属 2。在接头 A 处，电流由金属 2 流向金属 1，即电子由金属 1 流向金属 2，显然接触电位差的电场将阻碍形成电流的这种电子运动，电子在这里要反抗电场力做功 eV_{12}，它的动能减小。减速的电子与金属原子碰撞，又从金属原子取得动能，从而使该处温度降低，须从外界吸收热量；而在接头 B 处，接触电位差的电场则使电子加速，电子越过时动能将增加 eV_{12}，被加速的电子与接头附近的原子碰撞，把获得的动能传给金属原子，从而使该处温度升高，释放出热量。

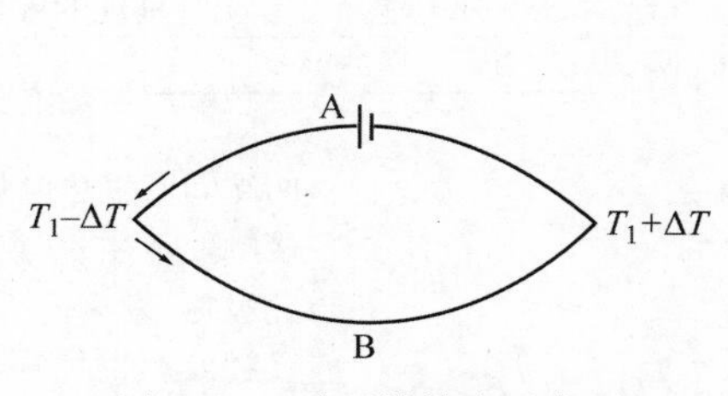

图 6-4-4　珀耳帖效应示意图

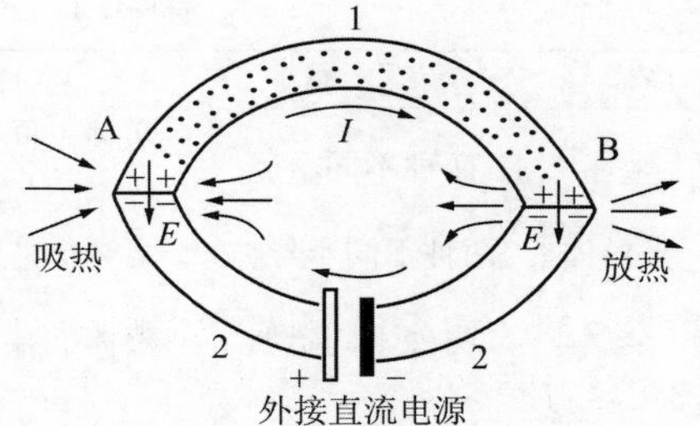

图 6-4-5　珀耳帖效应的解释

6.4.1.3　*汤姆逊效应*

1851 年，英国科学家汤姆逊(W. Thomson，开尔文勋爵)根据热力学理论，证明珀耳帖效应是塞贝克效应的逆过程，并预测在具有温度梯度(因而有热流)的一根均匀导体中通以电流

时，会产生吸热或放热现象，当电流与热流方向一致时，产生放热效应；当电流与热流方向相反时，产生吸热效应。此即汤姆逊效应，吸收或放出的热量称为汤姆逊热 Q_T，其值为

$$Q_T = \mu It\Delta T \tag{6-4-8}$$

式中，I 为电流；t 为时间；ΔT 为导体两端温差；μ 为汤姆逊系数，习惯上，当电流方向与温度梯度方向相同时，μ 取正值。

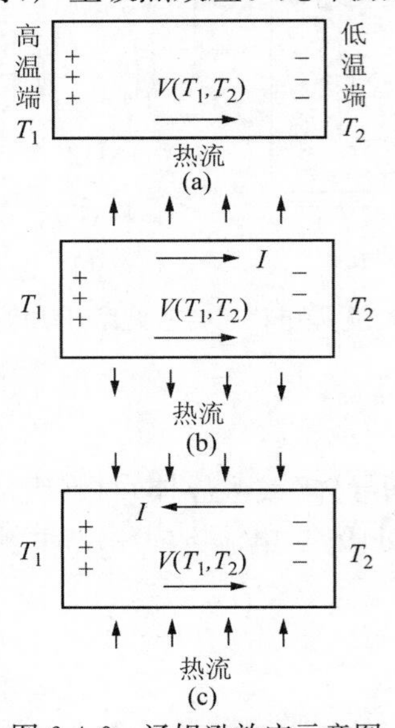

图 6-4-6 汤姆逊效应示意图
(a)无外加电流时；
(b)外加电流由高温端流向低温端时；
(c)外加电流由低温端流向高温端时

对汤姆逊效应可做如下解释(见图 6-4-6)，当某一金属存在一定的温度梯度(温差)时，由于高温端 T_1 的自由电子平均速度大于低温端 T_2，所以由高温端向低温端扩散的电子比反向扩散的电子要多，使得高、低温端分别出现正、负净电荷，形成一个温差电位差 $V(T_1, T_2)$，方向由 T_1 端指向 T_2 端。当外加电流 I 与 $V(T_1, T_2)$ 同向时，电子将从 T_2 向 T_1 定向流动，同时被温差电场加速，电子从温差电场中获得的能量，除一部分用于运动到高温端所需的动能外，剩余的能量将通过电子与晶格的碰撞传给晶格，使整个金属温度升高并放出热量，如图 6-4-6(b)所示。当外加电流 I 与 $V(T_1, T_2)$ 反向时，电子将从 T_1 向 T_2 定向流动，且被温差电场减速，但这些电子与晶格碰撞时，从金属原子获得能量，而使晶格能量降低，这样整个金属温度就会降低，并从外界吸收热量，如图 6-4-6(c)所示。

6.4.1.4 3 种热电效应的联系及比较

一个由两种导体组成的回路，当两接触端温度不同时，3 种热电效应会同时产生。塞贝克效应产生热电势和热电流，而热电流通过接触点时要吸收或放出珀耳帖热，热电流通过导体时要吸收或放出汤姆逊热，也即材料的 3 种热电效应是相互关联的。

汤姆逊根据热力学理论导出了 3 个效应的系数之间的下列关系

$$\pi_{AB} = S_{AB}T \tag{6-4-9}$$

$$\frac{dS_{AB}}{dT} = \frac{(\mu_A - \mu_B)}{T} \tag{6-4-10}$$

表 6-4-1 给出了 3 种热电效应的比较。

表 6-4-1 三种热电效应的比较

效应		材料	加温情况	外电源	所呈现的效应
塞贝克	金属	两种不同金属	两种不同的金属环，两端保持不同的温度	无	接触端产生热电势
	半导体	两种不同半导体	两端保持不同的温度	无	两端间产生热电势
珀耳帖	金属	两种不同金属	整体为某温度	加	接触处产生焦耳热以外的吸热、发热
	半导体	金属与半导体	整体为某温度	加	接触处产生焦耳热以外的吸热、发热
汤姆逊	金属	两条相同金属丝	两条相同金属丝各保持不同的温度	加	温度转折处吸热或放热
	半导体	两种半导体	两端保持不同的温度	加	整体发热(温度升高)或冷却

6.4.2 材料热电性能的表征

6.4.2.1 绝对热电势系数

前面介绍塞贝克效应时已经指出，双导体回路的相对塞贝克系数可以由组成回路的两个导体的绝对塞贝克系数算出，如式(6-4-2)所示。实际上，每种导体(或半导体)的绝对塞贝克系数也称为绝对热电势系数(以下简称热电势系数)，它表示材料形成温差热电势的能力[见图 6-4-3(a)]，定义为单位温差形成的温差热电势，即

$$S=\frac{\mathrm{d}V}{\mathrm{d}T} \tag{6-4-11}$$

根据量子力学，可以推出热电势系数的一般表达式为

$$S=\frac{\pi^2}{3}\frac{k^2T}{e}\frac{\partial}{\partial E}[\ln\sigma(E)]_{E=E_\mathrm{F}} \tag{6-4-12}$$

式中，k 为玻耳兹曼常数；T 为绝对温度；e 为电子电荷；σ 为电导率；E_F 为费米能。

对于正常金属和合金，在德拜温度以上，式(6-4-12)是有效的。根据该式，结合不同能带结构的具体金属，可以得到不同类金属热电势系数的具体表达式。单价贵金属(如 Cu、Ag、Au)的热电势系数表达式为

$$S=-\frac{\pi^2}{2}\frac{k^2T}{eE_\mathrm{F}} \tag{6-4-13a}$$

对于过渡族金属，由于能带结构中 s 带和 d 带重叠，因此其热电势系数表达式为

$$S=-\frac{\pi^2}{6}\frac{k^2T}{e(E_0+E_\mathrm{F})} \tag{6-4-13b}$$

式中，E_0 为 d 带的最高能级能量。

由于贵金属的费米能 E_F 大约为 6eV，而过渡族金属和它们的低浓度合金的“相当”费米能(E_0-E_F)只有约 1eV，所以过渡族金属及其低浓度合金的热电势系数远比贵金属大，至少是 2 倍。因此在同样温度下，过渡族金属的塞贝克热电势比贵金属更大，并且其热电势与温度的关系具有很好的线性特性。图 6-4-7 为铂和铂-铑合金的热电势系数与温度的关系曲线，表 6-4-2 给出了一些元素的绝对热电势系数值。

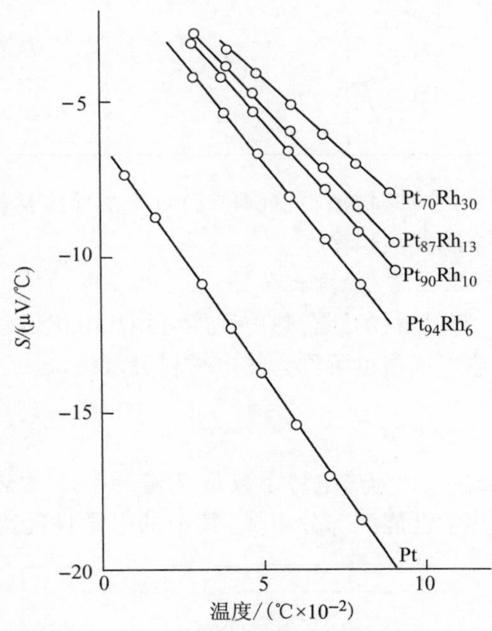

图 6-4-7 铂和铂-铑合金的热电势系数与温度的关系

表 6-4-2 一些元素的绝对热电势系数(μV/℃)

温度/K	Cu	Ag	Au	P	Pd	W	Mo
100	1.19	0.73	0.82	4.29	2.00		
200	1.29	0.85	1.34	−1.27	−4.85		
273	1.70	1.38	1.79	−4.45	−9.00	0.13	4.71
300	1.84	1.51	1.94	−5.28	−9.99	1.07	5.57

(续表)

温度/K	Cu	Ag	Au	P	Pd	W	Mo
400	2.34	2.08	2.46	−7.83	−13.00	4.44	8.52
500	2.83	2.82	2.86	−9.89	−16.03	7.53	11.12
600	3.33	3.72	3.18	−11.66	−19.06	10.29	13.27
700	3.83	4.72	3.43	−13.31	−22.09	12.66	14.94
800	4.34	5.77	3.63	−14.88	−25.12	14.65	16.13
900	4.85	3.85	3.77	−16.39	−28.15	16.28	16.68
1000	5.36	7.95	3.85	−17.86	−31.18	17.57	17.16
1100	5.88	9.06	3.88	−19.29	−34.21	18.53	17.08
1200	6.40	10.15	3.86	−20.69	−37.24	19.18	16.65
1300	6.91		3.78	−22.06	−40.27	19.53	15.92
1400				−23.41	−43.30	19.60	14.94
1600				−26.06	−49.36	18.97	12.42
1800				−28.66	−55.42	17.41	9.52
2000				−31.23	−61.48	15.05	6.67
2200						12.01	4.30
2400						8.39	2.87

应该指出,式(6-4-12)对于半导体材料也是成立的,而且半导体材料的热电势系数一般比金属要大很多。

6.4.2.2 热电优值

材料的综合热电性能可用热电优值(figure of merit)Z 来表示,其值愈大,热电性能愈好。热电优值也可称为热电材料灵敏值,定义为

$$Z=\frac{S^2\sigma}{\lambda}=\frac{S^2}{\rho\lambda}(\mathrm{K}^{-1}) \tag{6-4-14}$$

式中,S 为热电势系数;σ 为电导率;λ 为热导率;ρ 为电阻率。可见,热电优值 Z 由电学性能和热学性能两部分组成,其中的电学性能部分 $S^2\sigma$ 称为热电材料的"功率因子"。在实际应用中,为了不同测量数据之间的比较,通常也用无量纲优值 ZT 来表示材料的热电性能。

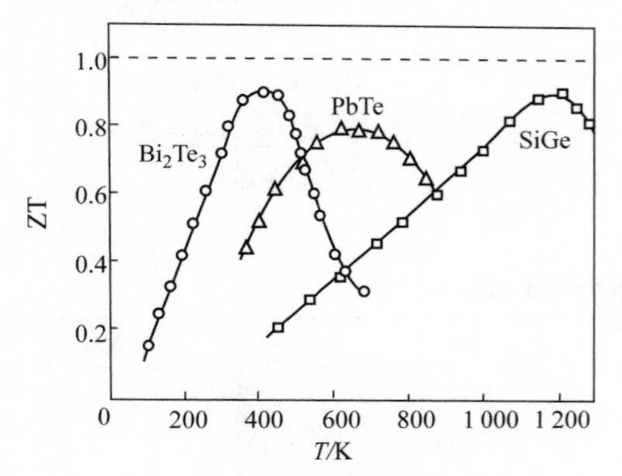

图 6-4-8 主要商业化热电材料的热电优值与温度的关系

在 20 世纪,俄国科学家 A. Ioffe 发现,掺杂半导体具有比当时已知热电材料高得多的热电效应,引发了半导体热电材料的研究热潮,并开发了一系列热电材料,如应用于 250℃以下的室温型 Bi_2Te_3 系列化合物,在 400℃左右使用的中温型 PbTe 化合物以及最高使用温度可达到 1 000℃的高温型 SiGe 合金。这些材料的最高热电优值 ZT 都接近 1,如图 6-4-8 所示,它们的成功开发使得热电材料在发电和制冷方面得到了真正商业化应用。

6.4.3 热电效应的应用

6.4.3.1 温度测量

由塞贝克效应可知，热电势与两接点处的温差成正比。如果保持冷端温度不变，则热电势应与热端温度成正比。实际上，热电势还受其他一些因素影响，常用经验公式表示为

$$\varepsilon = \alpha T + \beta T^2 + \gamma T^3 \tag{6-4-15}$$

式中，α、β、γ 均为材料参数。

若在组成热电偶的两根不同金属之间串联另一种金属，只要被串联金属两端的温度相同，则对回路中的总热电势并无影响，此即"中间金属定律"。利用塞贝克效应和中间金属定律，可以制成热电偶来测量温度，即将两种不同金属的一端焊在一起，作为热端放入待测温度环境，而将另一端分开并保持恒温(通常是室温)，并分别串接补偿导线(第三金属)，再接入电位差计，测量热电势，反过来计算(查表)热端温度。

尽管金属比半导体的热电势率小，但因金属比半导体价格低，较易制成丝状的形式，故具有更易再现的热电特性，且在较大的温度区间能保持热电势与温差的线性关系，通过多个热电偶串联成热电堆可获得高灵敏度，足以探测微弱的温差乃至红外辐射。

热电偶种类很多，已研制的组合热电偶材料近 300 种，已标准化的 15 种，工业上广泛应用的有 8 种，其中最常见的是铂铑-铂、镍铬-镍硅、铜-康铜、金钴合金-铜、金铁合金-镍铬等热电偶。铂铑-铂热电偶可测 1 700℃高温；镍铬-镍硅热电偶有更高的灵敏度和与温度成正比的热电势；铜-康铜热电偶在高于室温直至 15K 的温度区间内仍具有高灵敏度；低于 4K 的温度可用特种金钴合金-铜或金铁合金-镍铬热电偶来测量。热电偶测温被广泛用于科研和工业生产中，仅在美国每年生产的热电偶材料就达几百吨之多。

半导体热电材料虽然难以像金属那样加工成丝状热电偶，但半导体材料具有更高的塞贝克系数，对温度更敏感，可用于制造高灵敏度温度传感器、红外传感器以及热流量传感器。

目前已有研究者开发出基于硫化银(Ag_2S)柔性半导体的新型高性能无机柔性热电材料和器件，其在室温时热电优值可显著提升至 0.44。基于硒元素固溶 Ag_2S 的面内型热电发电器件在 20K 温差下，最大归一化功率密度达到 0.08W/cm^2，比目前最好的纯有机热电器件高 1～2 个数量级。该材料有望在以分布式、可穿戴式、植入式为代表的新一代智能微纳电子系统等领域得到广泛应用。

6.4.3.2 热-电转换

利用热电材料制备的"热-电"转换装置(thermo-electric device，TE 装置)，通过材料内部的载流子输运，实现"热能"和"电能"的直接相互转换，可用于温差发电(塞贝克效应)及电制冷(珀耳帖效应)。

TE 装置的基本模块一般是由 P 型和 N 型半导体热电材料单元相互串联而成，如图 6-4-9 所示。在模块中通直流电，模块的一面将吸热，而另一面将放热。利用这种方法制冷的装置称为珀耳帖制冷器。可用于冷热型饮水机、小型冰箱、便携式冷藏箱以及激光头和红外探测器的局部冷却装置等。

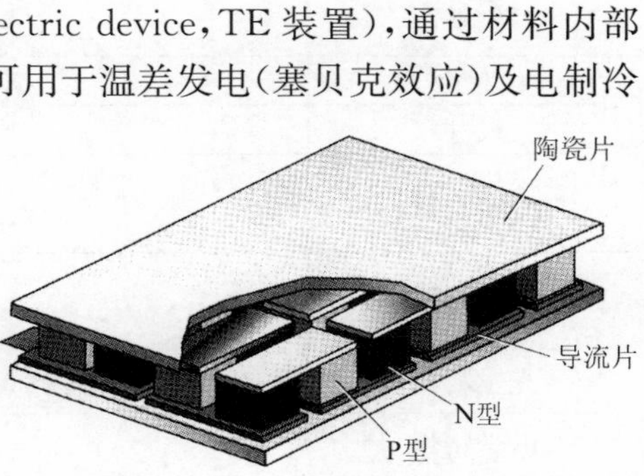

图 6-4-9 热电器件模块示意图

利用TE装置发电,已在许多领域得到应用,其中最著名的是“放射性同位素热电发电装置”(radioisotope thermoelectric generator,RTG)。RTG以^{238}Pu作为燃料,其优点是半衰期长(约87年)、安全性好(放射的是穿透力很弱的α射线)。美国NASA自1961年以来,已经在几十个航天器上使用RTG作为电源。俄罗斯在北冰洋安装了1000多个使用RTG作为电源的海洋灯塔。这些发电装置可以免维护安全运行20年以上。此外,使用燃油或天然气的TE发电装置也已经大量应用于石油、天然气输运管道阴极保护电源以及偏远地区的自动控制系统、自动运行装置和通信装置的电源等领域。近年来,能源和环保问题促进了利用余热、废热等低品位热源的TE发电应用研究,例如,利用汽车发动机以及电力、冶金、玻璃、水泥等行业的废热发电将具有重要的发展前景,而这离不开热电材料的进步。

与其他能量转换过程相比较,TE装置的能量转换不包含任何零部件机械运动,不需要任何化学介质,也不涉及材料本身的成分、微观组织和晶体结构的变化。因此,TE装置具有两个方面的显著特点:第一是运行过程中不产生任何形式的化学和物理污染(噪声污染、电磁波污染等);第二是运行装置免维护、可靠性高、寿命长。

6.5 热分析方法及应用

6.5.1 热分析方法

热分析法是在程序控制温度下,测量物质的物理性质与温度关系的一种技术。物理性质包括温度、热量、质量、尺寸、力学特性、声学特性、光学特性、磁学特性及电学特性等。根据国际热分析协会(ICTA)的分类,热分析方法分为9类,共17种,如表6-5-1所示。

表6-5-1 热分析方法的分类

物理性质	热分析技术名称	缩写
质量	热重法 等压质量变化测定 逸出气检测 逸出气分析 放射热分析 热微粒分析	TG EGD EGA
温度	升温曲线测定 差热分析	 DTA
热量	差示扫描量热法	DSC
尺寸	热膨胀法	
力学特性	热机械分析 动态热机械法	TMA DMA
声学特性	热发声法 热传声法	
光学特性	热光学法	
电学特性	热电学法	
磁学特性	热磁学法	

常用的热分析方法主要有普通热分析法、示差分析及微分热分析。

普通热分析方法就是简单地测定试样加热或冷却过程中温度变化和时间的关系曲线，可确定材料的结晶、熔化的温度或温度区间，该法适合于研究热效应较大的物质转变等问题。由于固态相变中的热效应小，需采用灵敏度更高的示差热分析、差动分析、热重分析、热膨胀分析等。

6.5.1.1 *差热分析*(differential thermal analysis，DTA)

差热分析是在程序控制温度下，将被测材料与参比物在相同条件下加热或冷却，测量试样与参比物之间温差 ΔT 随温度 T 或时间 t 的变化关系。差热分析的工作原理如图 6-5-1 所示，图中 1 和 2 分别为试样和参比物。在 DTA 试验中所采用的参比物应为热惰性物质，即在整个测试的温差范围内它本身不发生分解、相变、破坏，也不与被测物质产生化学反应，同时参比物的比热容、热传导系数等应尽量与试样接近，如硅酸盐材料经常采用高温煅烧的 Al_2O_3、MgO 或高岭石作参比物，钢铁材料常用镍或铜作为参比物，处在加热炉中的试样和参比物在相同条件下加热或冷却，试样和参比物之间的温差由对接的两支热电偶进行测定。热电偶的两个接点分别与盛放试样和参比物的坩埚底部接触。这样测得的温差电势就可以把试样 T_s 和参比物 T_r 之间的温差 ΔT 记录下来。当升温或降温过程中没有相变时，$T_s=T_r$，$\Delta T=0$。若试样发生吸热或放热反应，则可得到温差 ΔT 变化曲线，如图 6-5-2 所示。

图 6-5-3 为某高聚物的 DTA 曲线，其基线是水平线，直至发生组织转变时才产生拐折，在加热过程中依次发生玻璃化转变、结晶、熔融、热氧化裂解等转变，从该曲线上可测得其对应的特征温度 T_g、T_c、T_m、T_{ox}、T_d 等。

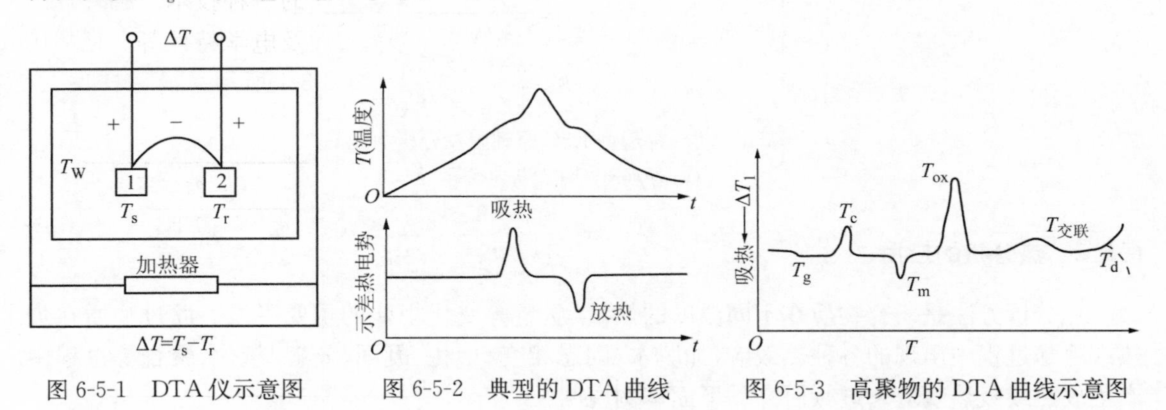

图 6-5-1 DTA 仪示意图　　图 6-5-2 典型的 DTA 曲线　　图 6-5-3 高聚物的 DTA 曲线示意图

6.5.1.2 *差示扫描量热法*(differential scanning calorimetry，DSC)

DTA 技术具有方便快速、样品用量少及适用范围广的优点，被广泛应用于材料物理化学性能变化的研究。但由于差热分析与试样的热传导有关，热导率随温度不断变化(该法假定试样和参比物与金属块之间的热导率与温度无关)，其热量定量分析相当困难，且同一物质在不同实验条件下测得的值往往不一致。为了保持 DTA 技术的优点并克服其缺点而发展了差示扫描量热法。

差示扫描量热法是在程序温度控制下，在加热或冷却过程中，在试样和参比物的温度差保持为零时，测量输入到试样和参比物的功率差与温度或时间的关系。根据测量方法不同，分为功率补偿差示扫描量热法和热流式差示扫描量热法. 记录的曲线称为差示扫描量热(DSC)曲线，纵坐标为试样和参比物的功率差，亦可称为热流率，单位为 J/s，横坐标为时间或温度。

功率补偿型 DSC 原理如图 6-5-4 所示,其主要特点是试样与参比物分别具有独立的加热器和热传感器。通过调整试样的加热功率 E_s,使试样和参比物的温差 $\Delta T=0$,这样可以从补偿的功率直接计算热流率,即

$$\Delta W=\frac{\mathrm{d}Q_s}{\mathrm{d}t}-\frac{\mathrm{d}Q_r}{\mathrm{d}t}=\frac{\mathrm{d}H}{\mathrm{d}t} \tag{6-5-1}$$

式中,ΔW 为所补偿的功率;$\frac{\mathrm{d}Q_s}{\mathrm{d}t}$为单位时间内供给试样的热量;$\frac{\mathrm{d}Q_r}{\mathrm{d}t}$为单位时间内供给参比物的热量;$\frac{\mathrm{d}H}{\mathrm{d}t}$为单位时间内试样的热焓变化,又称热流率,即 DSC 曲线的纵坐标。也就是说,差示扫描量热法就是通过测定试样与参比物吸收的功率差来反映试样的热焓变化,即 DSC 曲线下的面积就是试样的热效应。

值得指出的是,DSC 曲线和 DTA 曲线形状相似,但它们的物理意义不同。DSC 曲线的纵坐标表示热流率,DTA 曲线的纵坐标表示温度差。

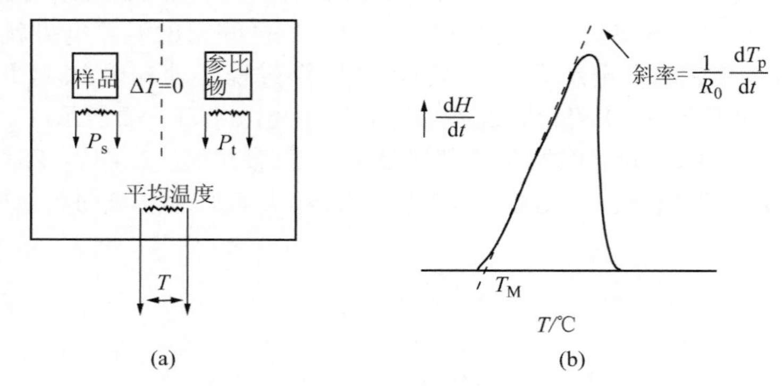

图 6-5-4 功率补偿型 DSC 原理图及分析曲线

(a) 原理图;(b) 分析曲线

6.5.2 热分析的应用

热分析方法是研究物质在不同温度的热量、质量等变化规律的重要手段。通过物质在加热或冷却过程中出现的各种热效应,如脱水、固态相变、熔化、凝固、分解、氧化、聚合等过程中产生放热或吸热效应来进行研究。下面举例说明。

6.5.2.1 相图研究

建立合金的相图,需测定一系列合金状态变化温度(临界点),绘出相图中所有的转变线(如液相线、固相线、共晶线、包晶线等)。合金状态变化的临界温度可用热分析法测出。下面用建立简单二元系相图为例说明。图 6-5-5 为取某一成分的合金用差热分析法测出它的 DTA 曲线。如图中(a)所示,试样从液相冷却,到达 x 处开始凝固,放出熔化热使曲线陡直上升,随后逐渐下降,接近共晶温度时,DTA 曲线接近基线。该峰面积的大小取决于 A 组分的含量,A 组分越多,峰面积越大。在共晶温度处,试样集中放热,出现陡直的放热峰,共晶转变结束后,DTA 曲线重新回到基线。绘制相图时取宽峰的起始点 T_1 和窄峰的峰值所对应的温度 T_2 为凝固和共晶转变温度。按照上述方法测出不同成分的 DTA 曲线,将宽峰的起始点和窄峰的峰值分别连接成光滑曲线,即获得液相线和共晶线,如图中(b)所示。

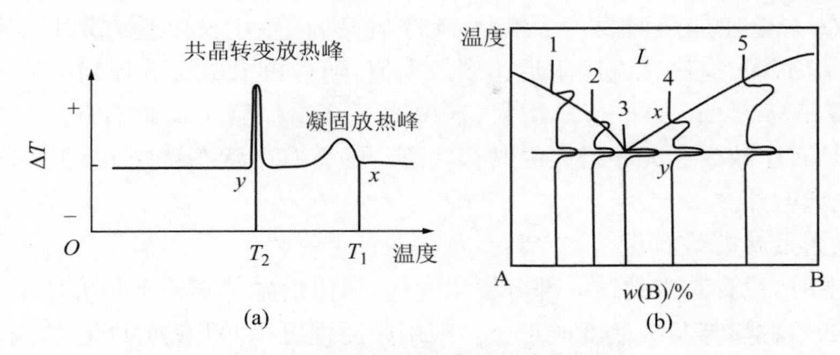

图 6-5-5　差热分析曲线及合金相图

(a) DTA 曲线；(b) 不同成分的 DTA 曲线

一般来说，根据热分析确定相图后，还需用金相法进行验证。

6.5.2.2　比热容的测定

比热容可用 DSC 方法测定，这一方法与常规的量热计法相比，具有试样用量少，测试速度快和操作简便的优点。

使用功率补偿型 DSC 测定比热容的步骤如下：先用两只空坩埚在较低温度 T_1 记录一段恒温基线，然后程序升温，最后在较高温度 T_2 恒温，由此得到自温度 T_1 至 T_2 的曲线称为基线的空载曲线，见图 6-5-6(b)。T_1 至 T_2 是本次试验的测温区间。此后测量 T_1 至 T_2 温度区间内标准试样（蓝宝石）与待测试样的 DSC 曲线，如图 6-5-6(a)所示。升温过程中传入试样的热流率可用下式表示：

$$\frac{\mathrm{d}H}{\mathrm{d}t}=c_p m\left(\frac{\mathrm{d}T}{\mathrm{d}t}\right) \tag{6-5-2}$$

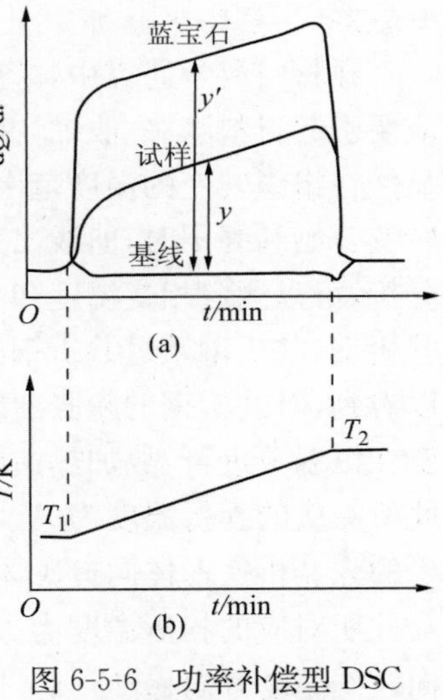

式中，$\mathrm{d}T/\mathrm{d}t$ 是升温速率；c_p 是待测试样的比定压热容；m 是待测试样的质量。上式是根据比定压热容定义导出的，适用于没有物态和化学组成变化且不做非体积功的等压过程。实践证明，此法得到的 c_p 值误差较大。可采用比较法，按下式计算

图 6-5-6　功率补偿型 DSC 测定比热容方法示意图

$$c_p=c'_p\frac{m'}{m}\frac{y}{y'} \tag{6-5-3}$$

式中，c'_p 是标准试样的比定压热容；m' 是待测试样的质量；y 和 y' 可从图 6-5-6(a)中得到。

6.5.2.3　研究合金的无序-有序转变

可以通过测量比热容来研究合金的有序-无序转变。例如，当 Cu-Zn 合金的成分接近 CuZn 时，形成体心立方点阵的固溶体。它在低温时为有序状态，随着温度的升高便逐渐转变为无序状态。这种转变为吸热过程，属于二级相变。测得的 CuZn 合金比热容曲线如图 6-5-7 所示。若这种合金在加热过程中不发生相变，则比热容随温度变化沿着虚线 AE 呈直线增大。

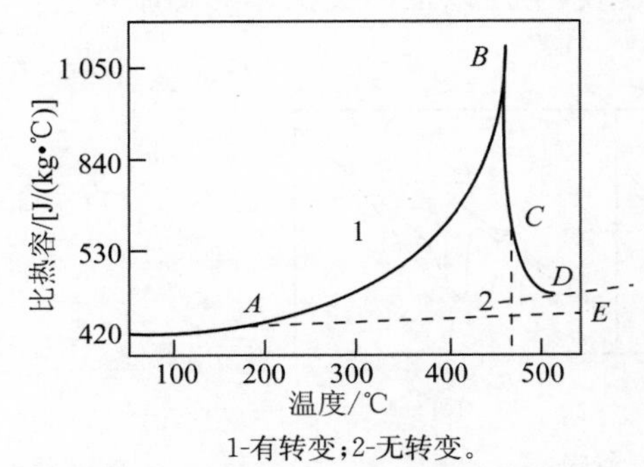

1-有转变；2-无转变。

图 6-5-7　CuZn 合金加热过程中比热容的变化曲线

但是,由于 CuZn 合金在加热时发生了有序-无序转变,产生吸热效应,故其真实比热容沿着 AB 曲线增大,在 470℃有序化温度附近达到最大值,随后再沿 BC 下降到 C 点;温度再升高,CD 曲线则沿着稍高于 AE 的平行线增大,这说明了高温保留了短程有序。比热容沿着 AB 线上升的过程是有序减少和无序增大的共存状态。随着有序状态转变为无序状态的数量的增加,曲线上升也愈剧烈。

6.5.2.4 测试高聚物的结晶度

高聚物熔融时,只有其中的结晶部分发生变化,所以熔融热实质上是破坏结晶结构所需的热量。聚合物的熔融热与其结晶度成正比。利用该原理可用 DTA 或 DSC 法测定高聚物的结晶度,即

$$\alpha_c = \frac{\Delta H_f}{\Delta H_\infty} \tag{6-5-4}$$

式中:α_c 为结晶度;ΔH_f 是被测试样的熔融热;ΔH_∞ 是结晶度为 100%试样的熔融热,又称平衡熔融热。ΔH_∞ 可通过查表或作 100%结晶度样品测得,ΔH_f 可通过 DTA 或 DSC 曲线熔融峰面积测定得到。

6.5.2.5 热膨胀分析

在材料科学研究中,膨胀分析也是一种非常重要的手段。例如,钢组织转变产生的体积效应要引起材料膨胀、收缩,并叠加在加热或冷却过程中单纯因温度改变引起的膨胀和收缩上,显然在组织转变的温度范围内,由于附加的膨胀效应导致膨胀曲线偏离一般规律,致使在组织转变开始和终了时,曲线出现拐折,拐折点即对应转变的开始及终了温度.因此,通过膨胀曲线分析,可以测定相变温度和相变动力学曲线。例如,应用膨胀热分析精确测定钢的临界点。亚共析钢、共析钢及过共析钢的普通热膨胀曲线和示差热膨胀曲线如图 6-5-8 所示。从图中可以看到,对共析钢的膨胀曲线来说,由于加热时珠光体向奥氏体转变时伴随体积的收缩,且转变在恒温下进行,故加热曲线上出现近于垂直的下降,冷却曲线上则出现相应垂直的上升。在此所对应的拐折温度为 A_{c_1} 和 A_{r_1}。对于亚共析钢的膨胀曲线,加热到共析转变后,紧接着发生的先共析铁素体向奥氏体的转变,也伴有体积收缩效应,故曲线下降发生在一个温度区间。与此所对应的拐折温度为 A_{c_1} 和 A_{c_3},冷却时则为 A_{r_3} 和 A_{r_1}。由于热滞后作用,A_{r_3} 和 A_{r_1} 将向较低温度方向移动。对过共析钢膨胀曲线来说,由于二次渗碳体的溶解和析出过程缓慢,因此使共析转变明显地表现出近于垂直变化的特点,并使 $A_{c_{cm}}$ 和 $A_{r_{cm}}$ 的温度间隔较大。又因钢中二次渗碳体的相对量少,其加热溶解时的体积收缩效应,不足以抵消奥氏体的膨胀效应,故此阶段膨胀曲线是上升的。

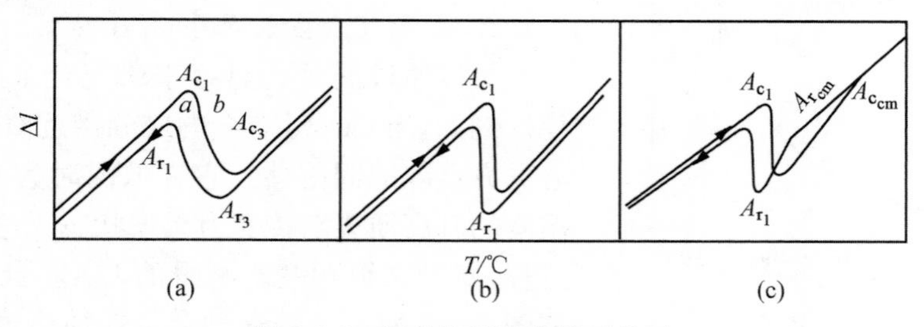

图 6-5-8　钢的热膨胀曲线示意图

(a) 亚共析钢;(b) 共析钢;(c) 过共析钢

本章小结

本章主要介绍了在工程上最常用的几种热学性能的概念、表征、机理、影响因素及测定方法,最后对常用热分析方法及应用做了简单介绍。

热容是材料温度升高 1℃所吸收的热量,它并非是材料常数,而与材料的量有关。为此特定义了单位质量材料的热容为比热容,相似的还有摩尔热容。从物理本质上来说,热容是温度升高晶格吸收能量(热量)而加剧热振动的量度。从试验上来看,热容随温度升高而增大,并且在不同的温度区间有不同的变化规律,在高温下,热容基本为一个定值。杜隆-珀蒂定律和奈曼-柯普定律这两条经验定律分别较好地描述了纯组元和化合物在高温下为常数的规律,而由晶格振动量子化的德拜理论能较好地解释热容在整个温度区间的变化规律。在三大类工程材料中,高分子聚合物的比热容最高,陶瓷次之,金属材料最低。虽然热容对组织结构不太敏感,但是相变会使热容产生突变(一级相变)或拐点(二级相变)。因此对热焓(或热容)与温度关系研究的热分析方法就是研究材料相变的有力工具。

热膨胀是物体随温度升高而膨胀的现象,表征材料热膨胀性能的参数是热膨胀系数,分为线膨胀系数和体积膨胀系数。前者定义为温度升高 1℃时,物体在长度方向的应变量;后者则为温度升高 1℃时,单位体积物体的体积变化量。热膨胀的根源来自晶格热振动的非谐性,其特性则主要与固体键合强弱有关,结合键愈强,热膨胀系数愈小。因此,主要为范德瓦耳斯键的高分子材料的热膨胀系数最高,而以离子键或共价键为主的陶瓷和玻璃的热膨胀系数最低,大部分金属材料的热膨胀系数介于两者之间。晶体的热膨胀系数与热容有密切关系,且两者随温度的变化规律相似,这可由格林爱森定律描述。材料的热膨胀系数是组织结构的敏感参量,并且相变会因新、旧两相比容不同而引起物体体积和长度的突变,因而使热膨胀系数发生突变或拐点,这也是利用膨胀分析来研究材料相变或组织转变的基础。

热传导是热量从固体的高温端流向低温端的物理现象,表征材料热传导能力的参数是热导率(导热系数)和热扩散率(导温系数)。固体的导热机制分为电子热导、声子热导、光子热导和量子涨落。光子热导只在高温下起作用。金属材料中,电子热导和声子热导均存在,并且以电子热导为主,故热导率最高,且与电导率相关,可由维德曼-弗朗兹定律描述,电导率愈高的金属,热导率也愈高。晶态固体的热导率随温度升高并不是单调升高,而是出现一个热导率的峰值,这一点与热容和热膨胀系数的规律不同。陶瓷和高分子材料中,主要为声子热导,故它们的导热性都比金属要差很多,相比之下,高分子材料的热导率比陶瓷更低。

热电性是由热或温度变化造成电学性能变化的一种耦合性能,有塞贝克、珀耳帖和汤姆逊三大热电效应,读者应初步了解这些效应的物理机制、相互关系及相关应用。

名词及术语

热容	比热容	定压热容	定容热容
摩尔热容	杜隆-珀蒂定律	奈曼-柯普定律	德拜特征温度
热膨胀系数	格林爱森定律	反常膨胀	热传导
热导率	热扩散率	热阻率	电子导热

声子导热	光子导热	维德曼-弗朗兹定律	热电性
塞贝克效应	珀耳帖效应	汤姆逊效应	热分析
DTA	DSC		

思考题及习题

1. 要分别将 2kg 的铝、钠、钙玻璃和聚乙烯从 20℃升温到 100℃，试计算各自需要多少能量？三者的比热容分别为 900J/(kg·K)，840J/(kg·K)和 2 100J/(kg·K)。

2. 为什么聚合物材料的热容很高？如果按照单位体积的材料进行计算时，其热容量与其他材料相比较时，结果又如何？

3. 举出在工程应用中你可能选用下列两类材料的例子：(1)低比热容材料；(2)高比热容材料。

4. 金刚石在室温下的定容比热容并非是 25J/(mol·K)，而只有 7.5J/(mol·K)，是金刚石在室温下不遵守杜隆-珀蒂定律，还是其他原因造成的？

5. 请阐明相变材料在建筑保温材料中的巨大应用前景。

6. 集成电路组成部分之一的通道是由铝制成的。其长度为 100μm，截面积为 $2\mu m^2$，有 10^{-4}A 的电流在其中流过 2s。假设产生的所有热量都用来加热铝的条带。请计算所造成的温度升高值。

7. 一根直径为 4cm 的棒，在 25℃时的长度为 2.000m，如果该棒在 1 000℃下的长度为 2.002m，试计算该棒材的线膨胀系数。

8. 如果你想打开一个玻璃瓶上的“贴紧”的金属盖子，你会将玻璃瓶置于冷水中还是放于热水之中？为什么？

9. 从室温开始，是否有可能通过温度的变化而使一个硅的样品的体积增大 1%？又是否可能通过改变温度而使同一个样品的体积减小到其室温时的 99%？

10. 在冬天，即使在相同的温度下，接触汽车金属门把手要比接触塑料方向盘感觉冷得多，试解释其原因。

11. 高分子材料在新型电光器件中具有重要的应用，非晶态高分子材料使用中遇到的问题之一是稳定性较差，即其分子链结构容易破坏。请问用于电灌器件的高分子材料的玻璃化转变温度高好，还是低好？为什么？

12. 金刚石的热膨胀系数很小导热系数却很高，试分析其物理机制，并画出热膨胀和导热系数随温度变化的曲线。

13. 热电效应有几种？用于制备热电偶的是哪种热电效应？用于温差制冷的又是哪种热电效应？简要说明其物理机制。

14. 已知镁在 0℃的电阻率为 $4.4\times10^{-6}\Omega\cdot cm$，电阻温度系数为 0.005/℃。试计算它在 400℃时的热导率。

7　磁学性能

磁性是一切物质的基本属性，从微观粒子到宏观物体以至宇宙间的天体都存在磁现象。磁性是磁性材料的一种使用性能，磁性材料具有能量转换、存储或改变能量状态的功能，被广泛应用于计算机通信、自动化、影像、电机仪器仪表、航空航天、农业以及医疗等技术领域。此外，磁性不只是一个宏观的物理量，它与物质的微观结构密切相关，因此，研究磁性是研究物质内部微观结构的重要方法之一，亦是研制新型磁性材料的要求。

磁学性能

本章在简单介绍磁性基本概念的基础上，重点介绍了最具应用价值的铁磁性的概念、表征、规律、影响因素、测量和在材料研究中的应用。

7.1　磁性基本概念及磁学量▶

物质在磁场中使之具有磁性的过程称为**磁化**(magnetization)。能够被磁化的或者能够被磁性物质吸引的物质称为**磁性物质或磁介质**(magnetic medium)。一切物质都具有磁性，都是磁介质，任何空间都存在磁场，只是强弱不同而已。

如果将两个磁极靠近，在两个磁极之间会产生作用力——同性相斥或异性相吸。磁极之间的作用力是在磁极周围空间传递的，这里存在着磁力作用的特殊物质，称之为**磁场**(magnetic field)。磁场与物体的万有引力场、电荷的电场一样，都具有一定的能量。磁场还具有本身的特性：磁场对载流导体或运动电荷表现作用力；载流导体在磁场中运动要做功。

在描述材料的磁性时，经常用到下列的基本概念及磁学量。

7.1.1　磁场强度、磁感应强度和磁导率

1820 年，奥斯特发现电流能在周围空间产生磁场，一根通有 I 安培(A)直流电的无限长直导线，在距导线中心 r(m)处产生的**磁场强度**(magnetic field strength)数值为

$$H=\frac{I}{2\pi r}\qquad(\text{国际单位制：A/m})\tag{7-1-1}$$

材料在磁场强度为 $\boldsymbol{H}$ 的外加磁场作用下，会在材料内部产生一定**磁通量密度**(magnetic flux density)，称其为**磁感应强度 $\boldsymbol{B}$**，即在强度为 $\boldsymbol{H}$ 的磁场中被磁化后，物质内磁场强度的大小，单位为特斯拉(T)或韦伯/米^2(Wb/m^2)。$\boldsymbol{B}$ 和 $\boldsymbol{H}$ 是既有大小、又有方向的向量，两者成正比

$$\boldsymbol{B}=\mu\boldsymbol{H}\tag{7-1-2}$$

式中，μ 为**磁导率**(magnetic permeability)，单位为亨利/米(H/m)。磁导率是磁性材料最重要的性能之一，反映了磁介质的特性，表示在单位强度的外磁场下材料内部的磁通量密度。

若磁场中为真空介质，则磁感应强度为

$$\boldsymbol{B}_0=\mu_0\boldsymbol{H}\tag{7-1-3}$$

式中,μ_0 为真空磁导率,其值为 $4\pi\times10^{-7}$(H/m)。

7.1.2 磁矩和原子固有磁矩

根据经典电磁学理论,任一封闭电流都具有**磁矩** $\boldsymbol{m}$(magnetic moment),其方向与环形电流法向方向一致,大小等于电流 I 与环形面积 A 的乘积

$$m=IA \tag{7-1-4}$$

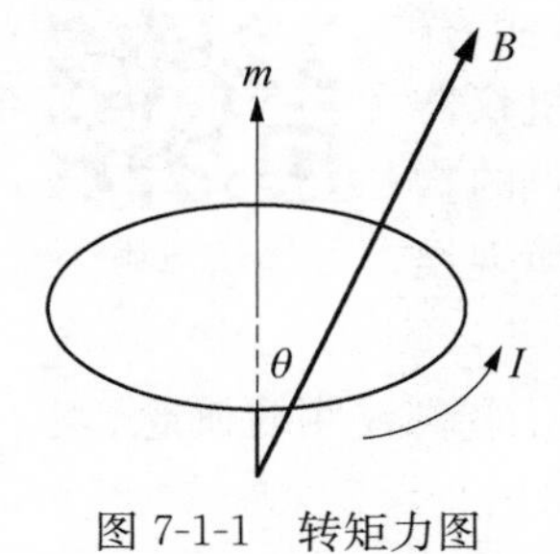

图 7-1-1 转矩力图

将磁矩 $\boldsymbol{m}$ 放入磁感应强度为 $\boldsymbol{B}$ 的磁场中,它将受到磁场力的作用而产生转矩(见图 7-1-1),其所受力矩为

$$\boldsymbol{T}=\boldsymbol{m}\times\boldsymbol{B} \tag{7-1-5}$$

此转矩力图使磁矩 $\boldsymbol{m}$ 处于势能最低的方向。磁矩与外加磁场的作用能称为静磁能。处于磁场中某方向的磁矩,所具有的静磁能为

$$E=-\boldsymbol{m}\cdot\boldsymbol{B} \tag{7-1-6}$$

所以,磁矩是表征材料磁性大小的物理量。磁矩愈大,磁性愈强,即物体在磁场中受的力愈大。

材料的磁性来源于原子磁矩。根据近代物理学的观点,组成物质的基本粒子(电子、质子、中子等)均具有本征磁矩(自旋磁矩),同时电子在原子内绕核运动以及质子和中子在原子核内的运动也要产生磁矩。这些磁性的小单元称为物质的元磁性体。原子磁矩包括电子轨道磁矩、电子自旋磁矩和原子核磁矩三部分。如图 7-1-2 所示,原子核磁矩又包括质子自旋磁矩和中子自旋磁矩,电子磁矩又包括电子轨道磁矩和电子自旋磁矩。试验和理论都证明原子核磁矩很小,只有电子磁矩的二千分之一,故可以略去不计。

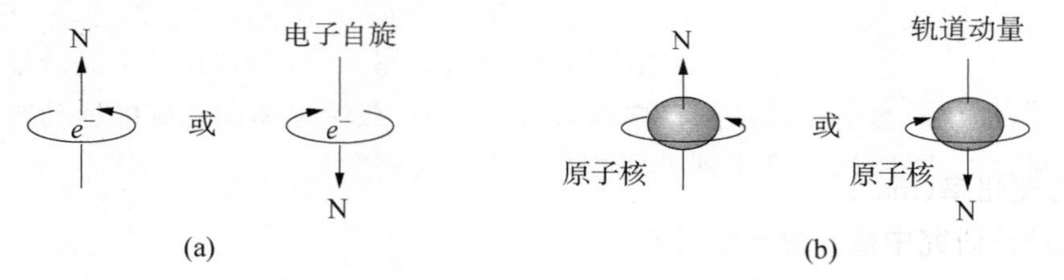

图 7-1-2 原子磁矩来源

电子绕原子核轨道进行运动,犹如一环形电流,此环流将在其运动中心处产生磁矩,称为**电子轨道磁矩**(electronic orbital magnetic moment)。电子轨道磁矩的大小为

$$m_l=l\frac{eh}{4\pi m}=lm_{\mathrm{B}} \tag{7-1-7}$$

$$m_{\mathrm{B}}=\frac{eh}{4\pi m}=0.927\times10^{-23}\,\mathrm{J/T} \tag{7-1-8}$$

式中,e 为电子的电荷;h 为普朗克常数;m 为电子的静止质量;l 为以 $h/2\pi$ 为单位的轨道角动量。m_{B} 称为**玻尔磁子**(Bohr magneton),它是电子磁矩的最小单位。

电子的自旋运动产生**自旋磁矩**(electronic spin magnetic moment),电子自旋磁矩大小为

$$m_{\mathrm{s}}=s\frac{eh}{2\pi m}=2sm_{\mathrm{B}} \tag{7-1-9}$$

式中,s 为电子自旋磁矩角动量,以 $h/2\pi$ 为单位。

试验测得电子自旋磁矩在外磁场方向上的分量恰为一个玻尔磁子，即

$$m_{sz} = \pm m_B \tag{7-1-10}$$

式中，符号取决于电子自旋方向，一般取与外磁场方向 z 一致的为正，反之为负。

原子中电子的轨道磁矩和电子的自旋磁矩构成了**原子固有磁矩 $\boldsymbol{m}$**。理论计算证明，如果原子中所有电子壳层都是填满的，由于形成一个球形对称的集体，则电子轨道磁矩和自旋磁矩各自相抵消，此时原子固有磁矩为零。只有原子中存在未排满电子层时，原子才具有磁矩。

7.1.3 磁化强度和磁化率

当磁介质在磁场强度为 $\boldsymbol{H}$ 的外加磁场中被磁化时，会使它所在空间的磁场发生变化，即产生一个附加磁场 $\boldsymbol{H}'$，这时，其所处的总磁场强度 $\boldsymbol{H}_{\text{total}}$ 为两部分的矢量和，即

$$\boldsymbol{H}_{\text{total}} = \boldsymbol{H} + \boldsymbol{H}' \tag{7-1-11}$$

通常，在无外加磁场时，材料中原子固有磁矩的矢量总和为零，宏观上材料不呈现出磁性。但在外加磁场作用下，便会表现出一定的磁性。实际上，磁化并未改变材料中原子固有磁矩的大小，只是改变了它们的取向。因此，材料磁化的程度可用所有原子固有磁矩矢量 $\boldsymbol{m}$ 的总和 $\sum \boldsymbol{m}$ 来表示。由于材料的总磁矩和尺寸因素有关，为了便于比较材料磁化的强弱程度，一般用单位体积的磁矩大小来表示。单位体积的磁矩称为**磁化强度**(intensity of magnetization)，用 $\boldsymbol{M}$ 表示，其单位为 A/m，它等于

$$\boldsymbol{M} = \frac{\sum \boldsymbol{m}}{V} \tag{7-1-12}$$

式中，V 为物体的体积。

磁化强度 $\boldsymbol{M}$ 即前面所述的附加磁场强度 $\boldsymbol{H}'$，磁化强度不仅与外加磁场强度有关，还与物质本身的磁化特性有关，即

$$\boldsymbol{M} = \chi \boldsymbol{H} \tag{7-1-13}$$

式中，χ 称为**磁化率**(magnetic susceptibility)，量纲为 1，其值可正、可负，它表征物质本身的磁化特性。在理论研究中常采用摩尔磁化率 $\chi_A = \chi V$(V 为摩尔原子体积)，有时采用单位质量磁化率 $\chi_d = \chi/\rho$(ρ 为密度)。

如图 7-1-3 所示，在磁场中存在磁介质时，磁感应强度为

$$\boldsymbol{B} = \mu_0(\boldsymbol{H} + \boldsymbol{M}) \tag{7-1-14}$$

式中，$\mu_0 \boldsymbol{H}$ 是材料对自由空间磁场的反应，$\mu_0 \boldsymbol{M}$ 是材料对磁化引起的附加磁场的反映。

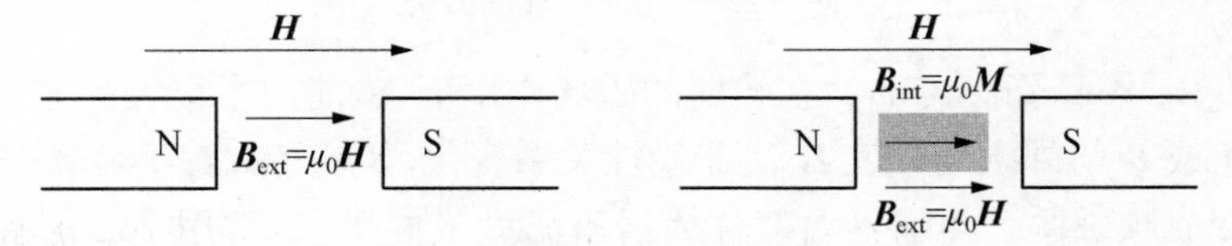

图 7-1-3 在真空及磁介质中物质磁化的过程

将式(7-1-13)代入式(7-1-14)可得

$$\boldsymbol{B} = \mu_0(1+\chi)\boldsymbol{H} = \mu_0\mu_r\boldsymbol{H} = \mu\boldsymbol{H} \tag{7-1-15}$$

式中，$\mu_r = 1+\chi$，为相对磁导率。

7.2 物质磁性的分类

所有物质,相对于磁场都会产生磁化现象,只是其磁化强度 $\boldsymbol{M}$ 的大小不同而已。利用图 7-2-1 所示的测量系统(高感度天平),按照物质对磁场反应的大小可以把磁性分为如图 7-2-2 所示五类。

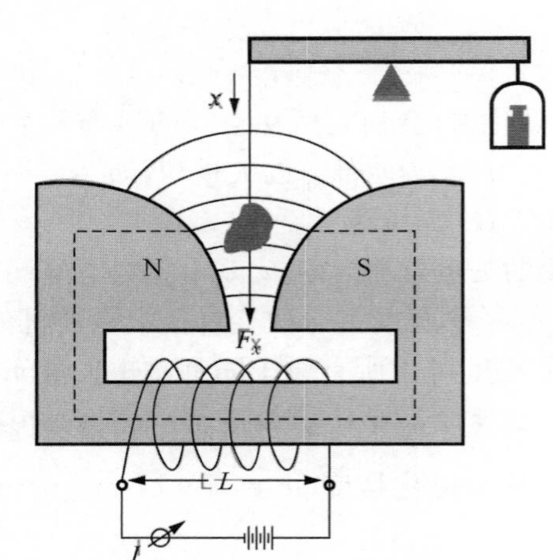

图 7-2-1 按物质对磁场的响应进行磁性分类

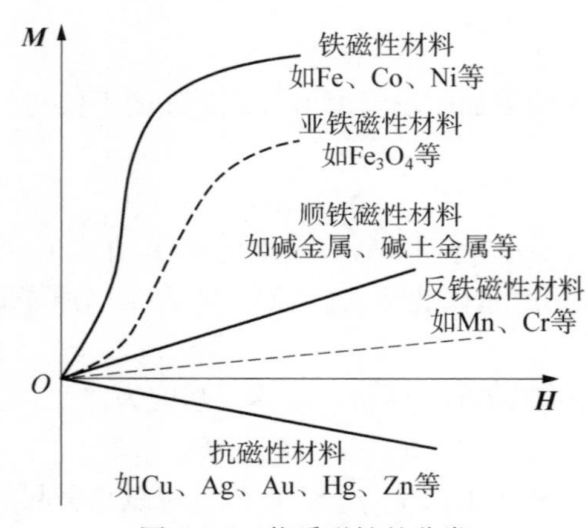

图 7-2-2 物质磁性的分类

(1) 铁磁性(ferromagnetism)。在较弱的磁场作用下,就能产生很大的磁化强度。χ 是很大的正数,且 $\boldsymbol{M}$ 或 $\boldsymbol{B}$ 与外磁场强度 $\boldsymbol{H}$ 呈非线性关系变化,如铁、钴、镍等。铁磁体在温度高于某临界温度后变成顺磁体。此临界温度称为居里温度或居里点,常用 T_C 表示。铁磁体是本章要重点介绍的磁性物质。

(2) 亚铁磁性(ferrimagnetism)。这类磁体类似于铁磁体,但 χ 值没有铁磁体那样大。磁铁矿(Fe_3O_4)、铁氧体等属于亚铁磁体。

(3) 顺磁性(paramagnetism)。磁化率 χ 为正值,约为 $10^{-6} \sim 10^{-3}$。它在磁场中受微弱吸力。根据 χ 与温度的关系可分为:①正常顺磁体,其 χ 与温度成反比关系,金属铂、钯、奥氏体不锈钢、稀土金属等属于此类；②χ 与温度无关的顺磁体，例如锂、钠、钾、铷等金属。

(4) 反铁磁性(antiferromagnetism)。χ 是小的正数，在温度低于某温度时，它的磁化率随温度升高而增大。这个温度称为奈尔温度，用 T_N 表示。高于 T_N 时，其行为像顺磁体，如氧化镍、氧化锰等。有一些反铁磁体如 $FeCl_2$，在磁场的作用下可转变成铁磁体。

(5) 抗磁性(diamagnetism)。磁化率 χ 为很小的负数，大约在 10^{-6} 数量级。它们在磁场中受微弱斥力。金属中约有一半简单金属是抗磁体。根据 χ 与温度的关系，抗磁体又可分为：①“经典”抗磁体，它的 χ 不随温度变化，如铜、银、金、汞、锌等；②反常抗磁体，它的 χ 随温度变化，且其大小是前者的 10～100 倍，如铋、镓、锑、锡、铟等；③完全抗磁体，如超导体等。

7.3 抗磁性和顺磁性

7.3.1 离子或原子的抗磁性

原子磁性的研究表明，原子的磁矩取决于未填满电子壳层的电子轨道磁矩和自旋磁矩。对于电子壳层已填满的原子，电子轨道磁矩和自旋磁矩的总和等于零，这是在没有外磁场的情况下原子所表现出来的磁性。当施加外磁场时，即使对于那种总磁矩为零的原子也会显示磁矩，这是由于外加磁场感生的轨道磁矩增量对磁性的贡献。

根据拉莫(Lamor)定理，在磁场中电子绕中心核的运动只不过是叠加了一个电子进动，就像一个在重力场中的旋转陀螺一样，由于拉莫进动是在原来轨道运动之上的附加运动，如果绕核的平均电子流起初为零，施加磁场后的拉莫进动会产生一个不为零的绕核电子流。这个电流等效于一个方向与外加场相反的磁矩，因而产生了抗磁性。可见，物质的抗磁性不是由电子的轨道磁矩和自旋磁矩本身所产生，而是由外加磁场作用下电子绕核运动所感生的附加磁矩造成的。

为了讨论简便起见，取两个轨道平面与磁场 $\boldsymbol{H}$ 方向相垂直而运动方向相反的电子为例，如图 7-3-1 所示。当无外磁场时，电子绕核运动相当于一个环电流，其大小为 $i=e\omega/2\pi$，此环电流产生的磁矩大小为

$$m=i\pi r^{2}=\frac{e\omega r^{2}}{2} \tag{7-3-1}$$

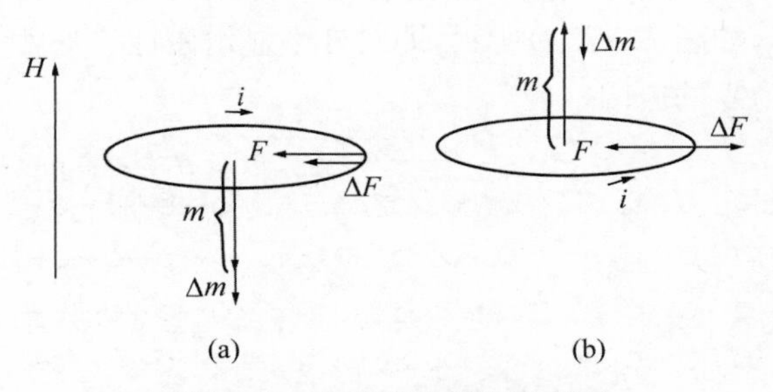

图 7-3-1 形成抗磁磁矩示意图

式中，e 为电子电荷；ω 为电子绕核运动角速度；r 为轨道半径。此时，电子受到的向心力 $F=mr\omega^{2}$。假如磁场 $\boldsymbol{H}$ 作用于旋转着的电子，则将产生一个附加的洛伦兹力 $\Delta\boldsymbol{F}=\boldsymbol{H}\times i\times 2\pi r=\boldsymbol{H}er\omega$，这个附加力的出现使向心力 F 增大或减小。根据朗之万(Langevin)理论，电子轨道半

径 r 不变,因此必然导致绕核运动角速度 ω 变化,即

$$F + \Delta F = mr(\omega + \Delta\omega)^2 \tag{7-3-2}$$

解此式并略去 $\Delta\omega$ 的二次项得

$$\Delta\omega = eH/2m \tag{7-3-3}$$

这就是拉莫进动角频率,由此产生附加磁矩 $\Delta m = \Delta i \cdot \pi r^2$,因为 $\Delta i = e\Delta\omega r^2/2$,故有

$$\Delta m = -\frac{e^2 r^2}{4m}H \tag{7-3-4}$$

式中,负号表示附加磁矩 Δm 的方向与外磁场 H 方向相反。这样就解释了物质产生抗磁性的原因,即在外磁场作用下由于电子轨道运动产生了与外磁场方向相反的附加磁矩。由上式还可发现,附加磁矩 Δm 与外磁场 H 成正比,这说明抗磁磁化是可逆的,即当外磁场去除后,抗磁磁矩即行消失。

既然抗磁性是电子轨道运动感生的,可见任何物质在外加磁场的作用下都要产生抗磁性。但是必须指出,并非所有物质都是抗磁体,这是因为原子往往还存在着轨道磁矩和自旋磁矩所组成的顺磁磁矩。当原子系统的总磁矩等于零时,抗磁性就容易表现出来。如果电子壳层未被填满,即原子系统具有总磁矩时,只有那些抗磁性大于顺磁性的物质才成为抗磁体。抗磁体的磁化率与温度无关或变化极小。

大部分电子壳层被填满了的物质属于抗磁性物质。例如惰性气体、离子型固体(如氯化钠)等;共价键的碳、硅、锗、硫、磷等通过共有电子而填满了电子层,故也属于抗磁性物质;大部分有机物质也属于抗磁性物质。金属中属于抗磁性物质的有铋、铅、铜、银等。

7.3.2 离子或原子的顺磁性▶

材料的顺磁性来源之一是原子具有固有磁矩。产生顺磁性的条件就是原子的固有磁矩不为零,在如下几种情况下,原子或离子的固有磁矩不为零:①具有奇数个电子的原子或点阵缺陷;②内壳层未被填满的原子或离子。金属中主要有过渡族金属(d 壳层没有填满电子)和稀土族金属(f 壳层没有填满电子)。

正离子的固有磁矩在外磁场方向上的投影,形成原子的顺磁磁矩。在通常温度下离子在不停地振动。根据经典统计理论可知,原子的动能 E_k 正比于温度,即 $E_k \propto kT$(k 为玻耳兹曼常数),随着温度的升高,振幅增加。由于热运动的影响,原子磁矩倾向于混乱分布,在任何方向上原子磁矩之和为零,如图 7-3-2(a)所示,即对外不显示磁性。这就是顺磁性物质在无外磁场作用时,宏观磁特性为零的原因。

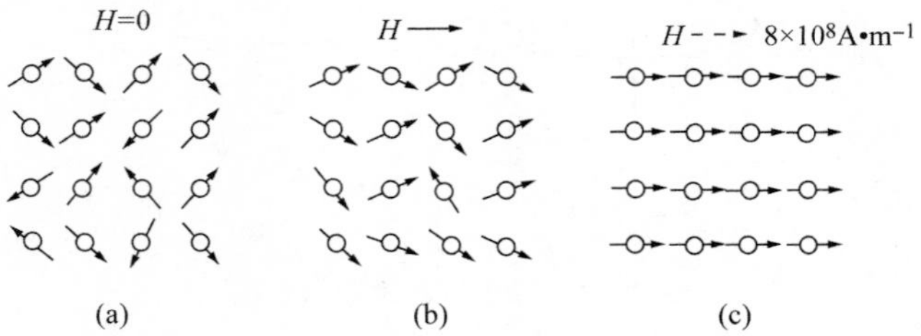

H=0　　H ⟶　　H - - ▸ 8×10^8A•m^{-1}

(a)　(b)　(c)

图 7-3-2　顺磁体磁化过程示意图

当加上外磁场时,外磁场要使原子磁矩转向外磁场方向,结果使总磁矩大于零而表现为正向磁化,如图 7-3-2(b)所示。但受热运动的影响,原子磁矩难以一致排列,磁化十分困难,故室

温下顺磁体的磁化率一般仅为 $10^{-6}\sim10^{-3}$。据计算在常温下要克服热运动的影响使顺磁体磁化到饱和，即原子磁矩沿外磁场方向排列，所需的磁场约为 $8\times10^{8}\mathrm{A}\cdot\mathrm{m}^{-1}$，这在技术上是很难达到的，如图 7-3-2(c)所示。但如果把温度降低到绝对零度附近，实现磁饱和就容易得多。例如，顺磁体 $CdSO_4$，在 1K 时，只需 $H=24\times10^{4}\mathrm{A}\cdot\mathrm{m}^{-1}$ 便达到磁饱和状态。总之，顺磁体的磁化乃是磁场克服热运动干扰，使原子磁矩沿磁场方向排列的过程。

值得指出的是，顺磁性物质的磁化率是抗磁性物质磁化率的 $1\sim10^{3}$ 倍，所以在顺磁性物质中抗磁性被掩盖了。

大多数具有固有磁矩的物质都属于顺磁性物质，如钛、铝、钒、稀土金属以及在居里点以上的铁磁金属都属于顺磁体，此外，过渡族金属的盐也表现为顺磁性。其中，少数物质可以准确地用居里(Curie)定律进行描述，即它们的原子磁化率与温度成反比(见图 7-3-3)，即

$$\chi=\frac{C}{T} \tag{7-3-5}$$

式中，C 称为居里常数；T 为绝对温度。目前已能够由理论计算 $C=Nm_{\mathrm{B}}^{2}/3k$，这里 N 为阿伏伽德罗常数；m_{B} 为玻尔磁子，k 为玻耳兹曼常数。

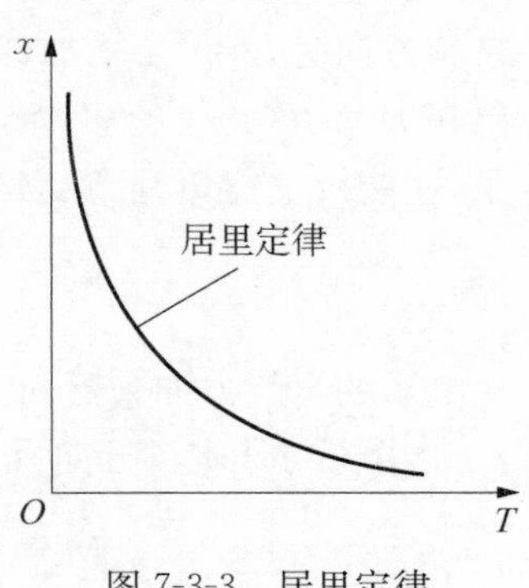

图 7-3-3 居里定律

还有相当多的固体顺磁物质，特别是过渡族金属元素不符合居里定律。它们的原子磁化率与温度的关系由居里-外斯(Curie-Weiss)定律来描述，即

$$\chi=\frac{C'}{T+\Delta} \tag{7-3-6}$$

式中，C' 是常数；Δ 对于一定的物质也是常数，对不同的物质可以大于零或小于零，对存在铁磁转变的物质来说，$\Delta=-T_{\mathrm{c}}$，T_{c} 表示居里温度，在 T_{c} 以上铁磁体属于顺磁体，其磁化率 χ 大致服从居里-外斯定律，此时磁化强度 $\boldsymbol{M}$ 和磁场 $\boldsymbol{H}$ 保持着线性关系，只是在很强磁场或足够低的温度下，这些顺磁体才表现出复杂的性质，如顺磁饱和与低温磁性反常。

碱金属锂、钠、钾、铷等的磁化率 χ 在 $10^{-7}\sim10^{-6}$ 之间，与温度无关，它们的顺磁性是由价电子产生的，由量子力学可以证明它们的 χ 与温度没有依赖关系。

7.3.3 自由电子的顺磁性和抗磁性

某些金属(例如 Mg)的 $3d$ 电子层已填满，$3s$ 电子为自由电子，这时材料的磁性主要由自由电子产生。自由电子的磁性来源于电子的自旋磁矩，在外磁场作用下，自由电子的自旋磁矩转到外磁场方向，因而显示顺磁性。下面利用量子电子理论来讨论这个问题。

设单位体积金属中有 N 个自由电子。在 0K 温度，按照费米统计，这些电子分布在 $N/2$ 个能级上。每个能级上有两个自旋方向相反的电子，电子的自旋磁矩等于零或几乎等于零。电子具有的最高能量为 $E_F(0)$，如图 7-3-4 所示。

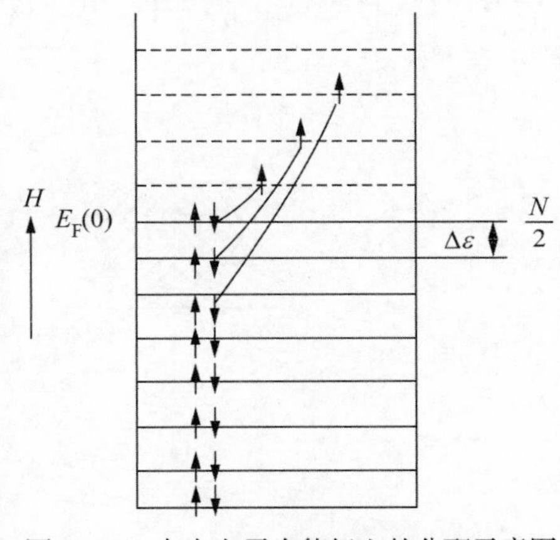

图 7-3-4 自由电子在能级上的分配示意图

加上外磁场后，其中 $N/2$ 个电子的自旋磁矩 m_B 平行于外磁场方向，状态稳定；另 $N/2$ 个电子的自旋磁矩与外磁场方向反平行。这后一半电子力图将自旋方向转动 180°，使之与外磁场方向一致。每个这样的转动都将降低磁能 $2m_BB_0$（即从 m_BB_0 降到 $-m_BB_0$）。但由于泡利不相容原理，每一能级最多只能允许有两个自旋方向不同的电子，因此只有费米面附近的那些电子，才能改变方向，跳到高于 $E_F(0)$ 的能级上去，电子的能量必然增加。从电子的费米分布来看，第一个电子改变了自旋方向跳到较高的能级上去，能量增加 $\Delta\varepsilon$，$\Delta\varepsilon$ 是自由电子能级之间的差值。第二个电子改变自旋方向时，能量要增加 $3\Delta\varepsilon$。依此类推，当第 Z 个自由电子改变自旋方向时，能量要增加 $(2Z-1)\Delta\varepsilon\approx 2Z\Delta\varepsilon$。当磁能的降低与电子能量增高相等时，就可求出在 B_0 的作用下有多少个自由电子改变了自旋方向。对于第 Z 个改变自旋方向的自由电子，在能级上能量升高 $2Z\Delta\varepsilon$，应等于其磁能的降低 $2m_BB_0$。

$$2Z\Delta\varepsilon = 2m_BB_0 \tag{7-3-7}$$

$$Z = m_BB_0/\Delta\varepsilon \tag{7-3-8}$$

从电子的自旋方向来看，有 $(N/2+Z)$ 个电子的自旋磁矩与外磁场方向同向平行，有 $(N/2-Z)$ 个电子与外磁场方向反平行。因此，单位体积的自由电子的总磁化强度为

$$M = \left[\left(\frac{N}{2}+Z\right)-\left(\frac{N}{2}-Z\right)\right]m_B = 2Zm_B = \frac{2m_B^2}{\Delta\varepsilon}B_0 \tag{7-3-9}$$

自由电子的顺磁性磁化率应当是

$$\chi = \frac{M}{H} = \frac{2\mu_0 m_B^2}{\Delta\varepsilon} \tag{7-3-10}$$

自由电子的顺磁性，又称泡利顺磁性，还可以从能级密度 $Z(E)$ 与能量 E 的关系图得到说明，如图 7-3-5 所示。假设自由电子处于基态，自由填满费米能以下各能级，图中阴影线部分的面积恰好表示填充的数目。没有外磁场时，自旋相反的两种自由电子数目相等，那么总自旋磁矩为零。当有外加磁场 B_0 时，自旋磁矩 m_B 平行于外磁场的自由电子有附加势能 $-m_BB_0$，能量降低了；而自旋磁矩同磁场方向相反的电子的附加能量为 $+m_BB_0$，能量升高了。在热力学平衡条件下，电子必先填充能量低的能级。因此在费米能级 E_F 附近，有一部分磁矩本来同磁场反平行的电子，变到和磁场平行的方向，直到两种磁矩取向的电子最高能量相等。这样就必然改变电子的填充状态，原来虚线上的电子自旋磁矩将反转方向，由反平行转为平行于外磁场方向，从而增加了平行自旋电子数，结果显示了顺磁性。

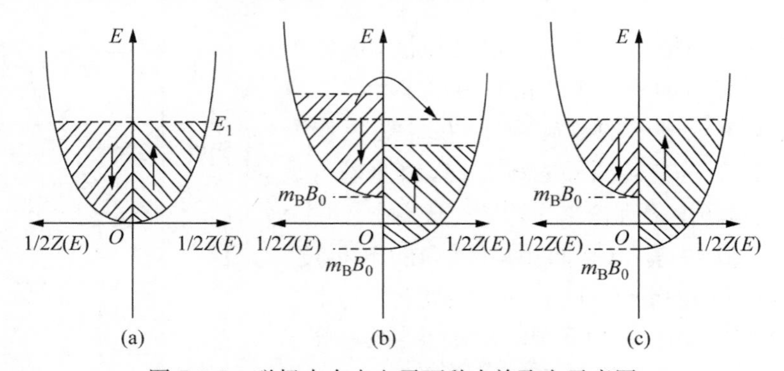

图 7-3-5　磁场中自由电子两种自旋取向示意图

(a) $B_0=0$；(b) $B_0\neq 0$ 未平衡；(c) $B_0\neq 0$ 达到平衡

由于电子运动都产生抗磁磁矩，因此自由电子在磁场下也表现出抗磁性，但由于来源于自旋磁矩的顺磁性大于抗磁性，因此自由电子整体上表现为顺磁性。一般而言，自由电子的顺磁性比较小。

7.3.4　金属的抗磁性和顺磁性

金属是由点阵离子和自由电子构成，因此金属的磁性要从以下四方面考虑：①正离子的顺磁性；②正离子的抗磁性；③自由电子的顺磁性；④自由电子的抗磁性。如前所述，正离子的抗磁性来源于其电子的轨道运动，正离子的顺磁性来源于原子的固有磁矩。而自由电子的顺磁性源于电子的自旋磁矩，在外磁场的作用下，自由电子自旋磁矩转向外磁场方向。根据离子和自由电子磁矩在具体情况下所起的作用，可以分析金属的抗磁性和顺磁性。

在 Cu、Ag、Au、Zn、Cd、Hg 等金属中，它们的正离子所产生的抗磁性大于自由电子的顺磁性，因而它们属于抗磁体。但金属的抗磁性总是小于其离子的抗磁性，这一试验事实表明，导电电子是具有顺磁性的。表 7-3-1 分析了各元素的抗磁性和顺磁性。

非金属中除了氧和石墨外，都属于抗磁体并且它们的磁化率与惰性气体相近。以 Si、S、P 以及许多有机化合物为例，它们基本上以共价键结合，由于共价电子对的磁矩相互抵消，这些物质均成为抗磁体。在元素周期表中，接近非金属的一些金属元素如 Sb、Bi、Ga、灰锡，Tl 等，它们的自由电子在原子价增加时逐步向共价结合过渡，因而表现出异常的抗磁性。

所有的碱金属（Li、Na、K、Rb、Cs）和除 Be 以外的碱土金属都是顺磁体。虽然这两类金属元素在离子状态时都具有与惰性气体相似的电子结构，离子呈现抗磁性，但由于自由电子的顺磁性占主导地位，仍然成为顺磁体。

过渡族金属在高温时都属于顺磁体，但其中有些存在铁磁转变（如 Fe、Co、Ni），有些则存在反铁磁转变（如 Cr），这些金属的顺磁性主要是由于 $3d$、$4d$、$5d$ 电子壳层未填满，而 d 和 f 态电子未抵消的磁矩形成晶体离子结构的固有磁矩，因此产生强烈的顺磁性。

表 7-3-1　各元素的抗磁性和顺磁性分析

	碱金属与碱土金属	过渡稀土族金属	Cu、Au、Ag、Zn、Cd、Hg	惰性气体
离子 $\chi_{抗}$	有	有	主要	主要
离子 $\chi_{顺}$	无	主要	无	无
自由电子 $\chi_{顺}$	主要	有	有	无
结论	顺磁性	顺磁性 铁磁性	抗磁性	

稀土金属有特别高的顺磁磁化率，而且磁化率的温度关系也遵从居里-外斯定律。它们的顺磁性主要是由于 $4f$ 电子壳层磁矩未抵消而产生的。这些金属中的钆（Gd）在 16℃±2℃以下转变为铁磁体。

顺磁性和抗磁性都是外磁场下诱导出来的。如图 7-3-6 所示，撤去外磁场，磁性消失，对于抗磁体则磁矩消失，对于顺磁体，则是磁矩重新混乱排列或磁矩的消失，对外不显示磁性。

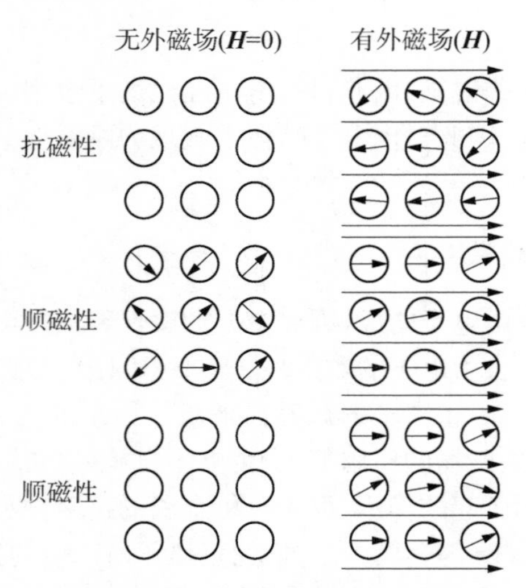

图 7-3-6　材料的顺磁性和抗磁性

7.4　铁磁性

7.4.1　铁磁性材料的特性——磁化曲线和磁滞回线

如前所述,铁磁体具有很高的磁化率,即在不是很强的磁场作用下,就可得到很大的磁化强度,其磁化曲线(M-H 或 B-H)是非线性的。铁磁性材料的磁学特性与顺磁性、抗磁性物质不同之处主要表现在**磁化曲线**(magnetization curve)和**磁滞回线**(magnetic hysteretic loop)上。

图 7-4-1 中的两条实曲线为典型的铁磁体的磁化曲线,随磁场的增加,磁感应强度 B 开始时增加较缓慢,然后迅速地增加,再缓慢地增加,最后当磁场强度达到 H_s 时,磁化至饱和。此时的磁化强度称为**饱和磁化强度 $\boldsymbol{M}_s$**(saturation magnetization intensity),对应的磁感应强度称为**饱和磁感应强度 $\boldsymbol{B}_s$**(saturation magnetic flux density)。磁化至饱和后,磁化强度不再随外磁场的增加而增加。由于 $B=\mu_0(H+M)$,故当磁场强度大于 $\boldsymbol{H}_s$ 时,$\boldsymbol{B}$ 受 $\boldsymbol{H}$ 的影响仍将继续增大。所有铁磁性物质从退磁状态开始的基本磁化曲线都有如图 7-4-1 的形式。它们之间的区别只在于开始阶段区间的大小、饱和磁化强度 M_s 的大小和上升陡度的大小。这种从退磁状态直到饱和前的磁化过程称为技术磁化。

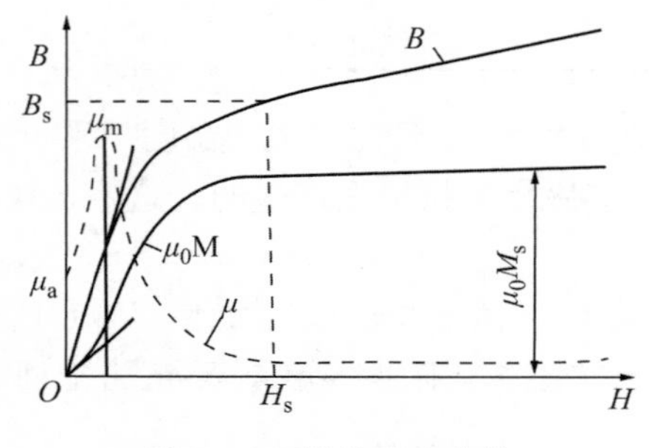

图 7-4-1　铁的磁化曲线

从磁化曲线 B-H 上各点与坐标原点连线的斜率可得到各点的磁导率 μ，因此可以建立 μ-H 曲线，如图 7-4-1 中的虚线所示。当 $H=0$ 时，$\mu_a=\lim\Delta B/\Delta H$ 称为**起始磁导率**(initial permeability)。对于那些工作在弱磁场下的软磁材料，如信号变压器、电感器的铁芯等，希望具有较大的起始磁导率，这样可以在较小的 H 下产生较大的 B。在 μ-H 曲线上存在的极大值 μ_{max} 称为**最大磁导率**(maximum permeability)。对于在强磁场下的软磁材料，如电力变压器、功率变压器等，要求有较大的最大磁导率。

试验表明，铁磁材料从退磁状态被磁化到饱和的技术磁化过程中存在着不可逆过程，即从饱和磁化状态 b 点降低磁场 H 时(见图 7-4-2)，磁感应强度 B 将不沿着原磁化曲线下降而是沿 bc 缓慢下降，这种现象称为**磁滞**(hysteresis)。当外磁场降为 0 时，得到不为零的磁感应强度 B_r，称为**剩余磁感应强度**(remanence)。要将 B 减小到零，必须加一反向磁场 $-H_c$，该反向磁场值称为**矫顽力**(coercivity)。通常把曲线 cd 段称为退磁曲线。进一步增大反向磁场到 $-H_s$，磁化强度将达到 $-B_s$。此后再减小反向磁场并施加正向磁场 H，B 将沿 $efgb$ 变化为 $+B_s$，得到一个闭合曲线 $b\to c\to d\to e\to f\to g\to b$，称为磁滞回线。磁滞现象表明，技术磁化过程和材料中的不可逆变化有重要的联系。

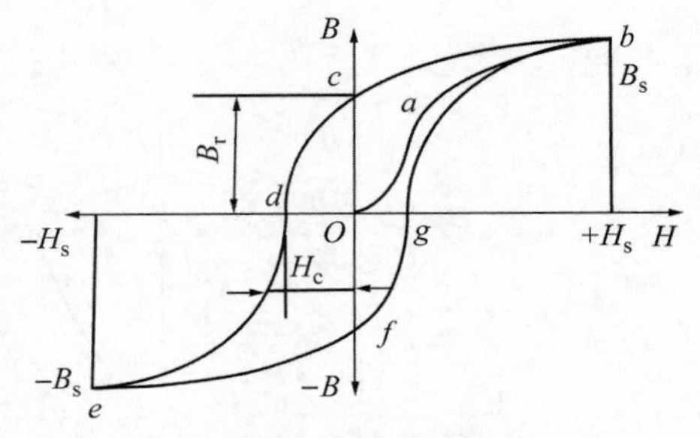

图 7-4-2 铁的磁滞回线

如果磁滞回线的起点不是图 7-4-2 中磁饱和状态 b 点，而是从某个小于 H_s 的状态开始变化一周，则磁滞回线将变得扁平些。由此可见，继续减小磁场 H，则剩磁 M_r 和矫顽力 H_c 均将随之减小。因此，当施加于材料的交变磁场幅值 $H\to 0$ 时，回线将成为一条趋向坐标原点的螺线，直至 H 降到 0 时，M 亦降为 0，铁磁体将完全退磁。这就提供了一种有效的技术退磁方法。

磁滞回线所包围的面积表示磁化一周时所消耗的功，称为**磁滞损耗 Q**(hysteretic losses)，其大小为

$$Q=\oint H\mathrm{d}B \tag{7-4-1}$$

磁滞回线的第二象限部分也称为退磁曲线，从中还可以定义出如下磁性技术参数(见图 7-4-3)。

(1) 最大磁能积

$$(BH)_m=B_d H_d \tag{7-4-2}$$

(2) 隆起度(凸出系数)

$$\gamma=\frac{(BH)_m}{B_r H_c} \tag{7-4-3}$$

(3) 回复系数

$$\tan\alpha=\frac{\Delta B}{\Delta H} \tag{7-4-4}$$

不同的磁性材料其磁化曲线和磁滞回线的形状有所不同，其矫顽力、磁化率等也不同。人们通常将矫顽力 H_c 很小而磁化率 χ 很大的材料称为**软磁材料**(soft magnetic materials)；而将 H_c 大而 χ 小的材料称为**硬磁材料**(hard magnetic materials)或**永磁材料**(permanent magnetic materials)。两者的磁滞回线的差异如图 7-4-4 所示。软磁材料的磁滞回线细小，具有高磁导率、低矫顽力等特性，因此被广泛应用于变压器、继电器、感应圈等铁芯，磁路的连接、磁屏、开关和存储元件等；硬磁材料的磁滞回线宽大，具有高矫顽力、高剩磁与高最大磁能积等特性，因此被广泛应用于电装、电机、电话机、录音机、收音机、拾音机和稀土永磁电机等。

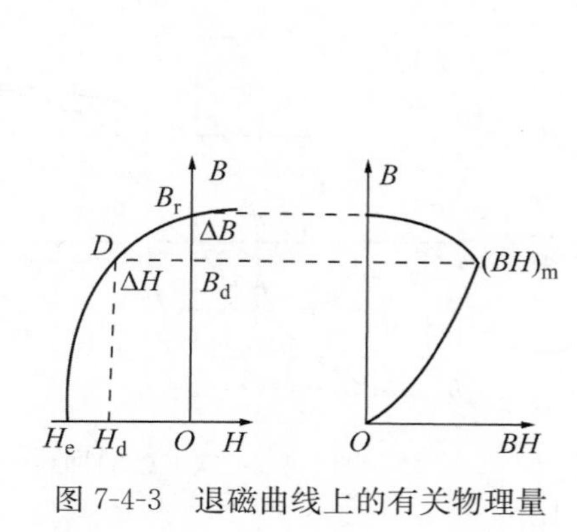

图 7-4-3　退磁曲线上的有关物理量

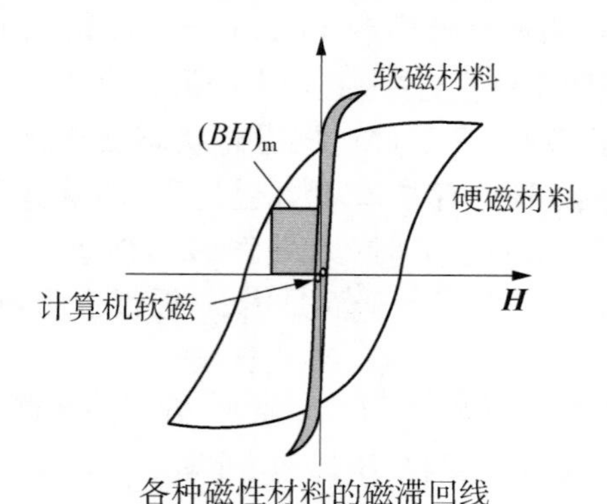

图 7-4-4　软磁和硬磁材料的磁滞回线比较

7.4.2　铁磁性的物理本质

7.4.2.1　自发磁化

从前面的讨论可以看出，铁磁性物质(铁磁体)的磁化特性与抗磁和顺磁物质有很大差别，体现在：①磁化曲线为非线性；②存在磁饱和与磁滞现象；③磁化是不可逆的，交变磁化时形成磁滞回线；④磁化率及磁化强度远高于抗磁和顺磁性。这说明铁磁性的本质和铁磁体的磁化过程都是很复杂的。

最早对铁磁性本质作出理论解释的是法国科学家外斯，他于 1907 年提出了“分子场”假说，即认为在铁磁体内部存在很强的分子场，在其作用下，在一定尺寸范围的区域(磁畴)内原子固有磁矩趋于同向平行排列，产生**自发磁化**(spontaneous magnetization)。各自发磁化小区域(磁畴)的磁化方向各不相同，其磁性彼此相互抵消，所以对外并不显示磁性。

外斯的假说取得了很大的成功，试验证明了它的正确性，并在此基础上发展了现代铁磁性理论，更好地解释了铁磁性的本质和铁磁体在磁场中的行为。

试验证明，铁磁物质自发磁化的起因是原子具有未被抵消的自旋磁矩，而轨道磁矩对铁磁性几乎无贡献(由于凝聚成晶体时，原子外层电子轨道受到点阵周期场的作用，方向是变动的，故不能产生联合磁矩，即轨道磁矩对总磁矩无贡献)。原子的核外结构表明，过渡族金属的 3d 壳层都未被电子填满，因此这些金属的原子都有剩余的自旋磁矩。表 7-4-1 给出了过渡族金属的核外电子排布结构。

表 7-4-1　3d 壳层的电子结构

元素	原子序数	21	22	23	24	25	26③	27③	28③	29	30
	元素名②	Sc^{3dT}	Ti^{3dT}	V^{3dT}	Cr^{3dT}	Mn^{3dT}	Fe^{3dT}	Co^{3dT}	Ni^{3dT}	Cu	Zn
	磁性	顺磁性	顺磁性	顺磁性	反铁磁性	反铁磁性	铁磁性	铁磁性	铁磁性	抗磁性	抗磁性

（续表）

	壳层结构①	$3d4s^2$	$3d^24s^2$	$3d^34s^2$	$3d^54s^1$	$3d^54s^2$	$3d^64s^2$	$3d^74s^2$	$3d^84s^2$	$3d^{10}4s^1$	$3d^{10}4s^2$
电子的壳层结构	3d 电子数及其自旋排布	↑ — — — —	↑ ↑ — — —	↑ ↑ ↑ — —	↑ ↑ ↑ ↑ ↑	↑ ↑ ↑ ↑ ↑	↑↓ ↑ ↑ ↑ ↑	↑↓ ↑↓ ↑ ↑ ↑	↑↓ ↑↓ ↑↓ ↑ ↑	↑↓ ↑↓ ↑↓ ↑↓ ↑↓	↑↓ ↑↓ ↑↓ ↑↓ ↑↓
	4s 壳层电子数	2	2	2	1	2	2	2	2	1	2

注：① 每一种元素的 $1s^22s^22p^63s^23p^6$ 壳层均省略；
② 上角标为 3dT 的元素称为 3d 壳层过渡元素；
③ 铁磁性元素晶体中不成对电子数的实测值比按洪德准则预测的值要小。

由表 7-4-1 可见，Fe、Co、Ni 和元素周期表中与它们近邻的元素 Mn、Cr 等的原子磁性并无本质差别。但 Fe、Co、Ni 是铁磁性的，而 Mn、Cr 却是非铁磁性的，这说明原子具有未填满的电子壳层（即原子有未抵消的自旋磁矩）仅是产生铁磁性的必要条件，但不是充分条件。金属要具有铁磁性，关键还在于它的自旋磁矩能自发地排列在同一个方向上，亦即能产生自发磁化，这才是产生铁磁性的充分条件。

究竟是什么力量使铁磁体元磁矩平行排列，从而实现自发磁化呢？海森堡（Heisenberg）和弗兰克（Frank）按照量子论证明，物质内部相邻原子的电子之间存在一种来源于静电的相互交换作用，由于这种交换作用对系统能量的影响，迫使各原子的磁矩平行或反平行。

当原子相互接近形成晶体时，电子云要相互重叠，电子要相互交换位置，对于过渡族金属，原子的 3d 态与 4s 态能量相差不大，因此它们的电子云重叠时，引起 4s、3d 态电子的再分配，即发生了交换作用。这种相邻原子的电子交换效应，其本质仍是静电作用力（称为交换力）迫使相邻原子的电子自旋磁矩有序排列，其作用的效果好像强磁场一样，外斯的“分子场”就是由此而得名。这种交换作用产生的附加能量称为交换能 E_{ex}

$$E_{ex} = -A\cos\varphi \tag{7-4-5}$$

式中，A 为交换积分；φ 为相邻原子两个电子自旋磁矩之间的夹角。由此式可知，交换能的正负取决于 A 和 φ。在 $A>0$ 的情况下，当 $\varphi=0$ 时，交换作用最强，表明只有当相邻原子磁矩同向平行排列，系统才具备能量最低的条件，从而实现自发极化，产生铁磁性。反之，在 $A<0$ 的情况下，当 $\varphi=\pi$ 时，交换作用最强，自发磁矩反向排列时能量最低。

理论计算证明，交换积分 A 不仅与电子运动状态的波函数有关，而且强烈地依赖于原子核之间的距离 a（点阵常数），如图 7-4-5 所示。只有当原子核之间的距离 a 与参加交换作用的电子距核的距离（未填满电子壳层半径）r 之比大于 3 时，交换积分 A 才有可能为正。若 a/r 值太大，则原子核间距太大，电子云重叠很少或不重叠，电子间静电交换作用很弱，对电子自旋磁矩的取向影响很小，它们可能呈现顺磁性。Fe、Co、Ni 以及某些稀土元素满足自发磁化的条件。Mn、Cr 的 a/r 小于 3，A 是负值，它们不是铁磁性金属，但通过合金化作用，改变其点阵常数，使得 a/r 大于 3，便可得到铁磁性合金。

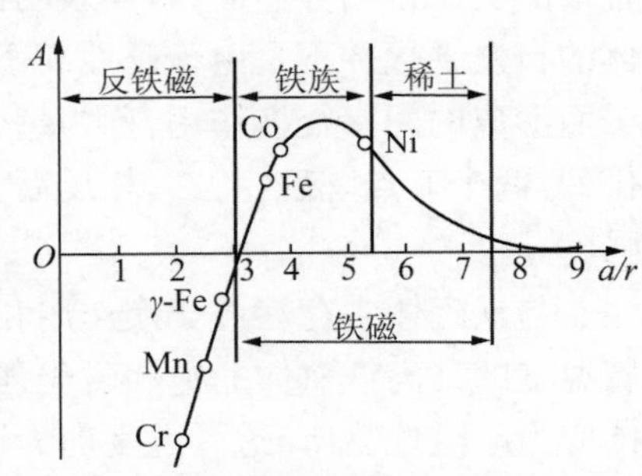

图 7-4-5 交换能积分 A 与 a/r 的关系

综上所述,铁磁性产生的条件是:①原子内部要有未填满的电子壳层;②a/r 大于 3 使交换积分 A 为正。前者指的是原子本征磁矩(固有磁矩)不为零;后者指的是要有一定的晶体点阵结构。

根据自发磁化的过程和理论,可以解释许多铁磁特性,例如温度对铁磁性的影响。当温度升高时,原子间距加大,降低了交换作用,同时热运动不断破坏原子磁矩的规则取向,故自发磁化强度 M_s 下降,直到温度高于居里点,完全破坏原子磁矩的规则取向,自发磁化就不存在了,材料由铁磁性变为顺磁性。同样,可以解释磁晶各向异性、磁致伸缩等。

7.4.2.2 反铁磁性和亚铁磁性

根据前面的讨论,相邻原子间的静电交换作用使得原子磁矩有序排列。如果交换积分 $A<0$ 时,则原子磁矩取反向平行排列,系统能量最低。若相邻原子磁矩相等,由于原子磁矩反平行排列,原子磁矩相互抵消,使自发磁化强度等于零。这样一种特性称为反铁磁性。研究发现,纯金属 α-Mn、Cr,金属氧化物如 MnO、Cr_2O_3、CuO、NiO 等属于反铁磁性物质。这类物质无论在什么温度下其宏观特性都是顺磁性的,χ 相当于常规强顺磁性物质磁化率的数量级。温度很高时,χ 很小,温度逐渐降低,χ 逐渐增大,降至某一温度,χ 升至最大值;再降低温度,χ 又减小。当温度趋于 0K 时,χ 趋于定值,如表 7-4-2 所示。χ 最大的一点的温度称为奈尔点,以 T_N 表示。在温度大于 T_N 以上时,χ 服从居里-外斯定理。MnO、MnS、NiCr、Cr_2O_3、VO_2、FeS_2、FeS 等都属于这一类物质。奈尔点是反铁磁性转变为顺磁性的温度(有时也称为反铁磁物质的居里点),在奈尔点附近普遍存在热膨胀、电阻、比热、弹性等反常现象。由于这些反常现象,使反铁磁体可能成为有实用意义的材料。例如,具有反铁磁性的 Fe-Mn 合金可作为恒弹性材料。

亚铁磁性物质由磁矩大小不同的两种离子(或原子)组成,相同磁性的离子磁矩同向平行排列,而不同磁性的离子磁矩反向平行排列。由于两种离子的磁矩不相等,反向平行的磁矩就不能恰好抵消,两者之差表现为宏观磁矩,这就是亚铁磁性。目前所发现的亚铁磁体一般都是 Fe_2O_3 与二价金属氧化物所组成的复合氧化物,是非金属磁性材料,一般称为铁氧体,其分子式为 $MeO \cdot Fe_2O_3$(Me 代表铁、镍、锌、钴、镁等二价金属离子)。铁氧体按其导电性应属于半导体,但常作为磁介质而被利用。它不易导电,其高电阻率的特点使它可以应用于高频磁化过程。

在铁氧体中磁性离子都被比较大的氧离子所隔离,由于间隔比较大,磁性离子间不会存在直接的交换作用。然而,事实表明铁氧体内部存在着很强的自发磁化。进一步研究表明,铁氧体的自发磁化并不是由于磁性离子间的直接交换作用,而是由于通过夹在磁性离子间的氧离子而形成的间接交换作用,称为超交换作用。这种超交换作用使每个亚点阵内离子磁矩平行排列,两个亚点阵磁矩方向相反而大小不等,因而抵消了一部分,剩余部分则表现为自发磁化强度。

与铁磁体中存在着交换作用和热运动的矛盾一样,铁氧体内同样存在这一对矛盾,因而随着温度的升高铁氧体的饱和磁化强度也要降低。当达到足够高的温度时,自发磁化消失,铁氧体变为顺磁性物质,这一温度即为铁氧体的居里温度。显然,超交换作用越强,参加这种交换作用的离子数目越多,居里温度就越高。

前面我们已经讨论了物质原子或离子磁矩有序排列的 3 种情况,以及与其相对应的磁性,即铁磁性、反铁磁性和亚铁磁性。表 7-4-2 表示出不同种类磁性材料中磁结构的特征以及它们的磁化率与温度的关系。

表 7-4-2 磁性分类及特征

分类		原子磁矩	M-H 特性	M_s，$\frac{1}{\chi}$随温度的变化	物质实例
强磁性	铁磁性	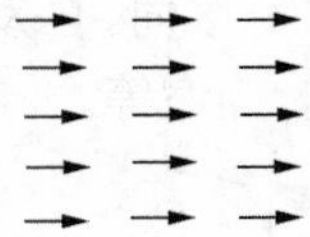	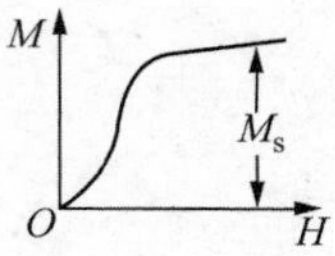 M, M_s, O, H	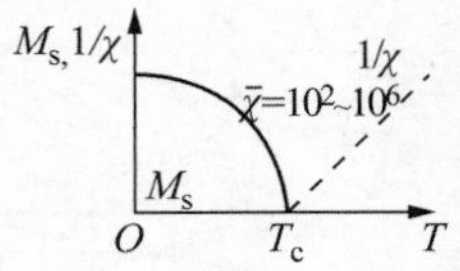 $M_s, 1/\chi$, $1/\chi$, $\bar{\chi}=10^2\sim10^6$, M_s, O, T_c, T	Fe、Co、Ni、Gd、Tb、Dy等元素及其合金、金属间化合物等 FeSi、NiFe、CoFe、SmCo、NdFeB、CoCr、CoPt 等
	亚铁磁性	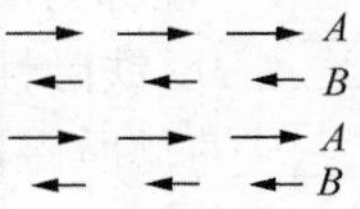 A B A B	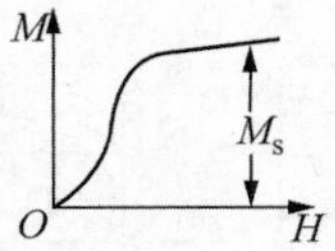 M, M_s, O, H	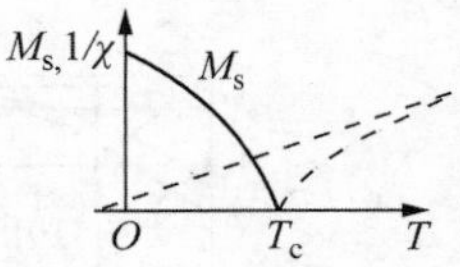 $M_s, 1/\chi$, M_s, O, T_c, T	各种铁氧体系材料（Fe、Ni、Co 氧化物）； Fe、Co 等与重稀土类金属形成的金属间化合物（TbFe 等）
弱磁性	顺磁性	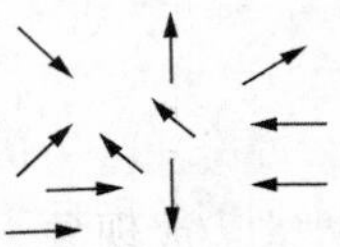	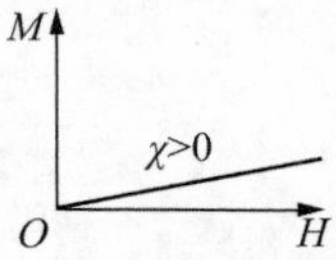 M, $\chi>0$, O, H	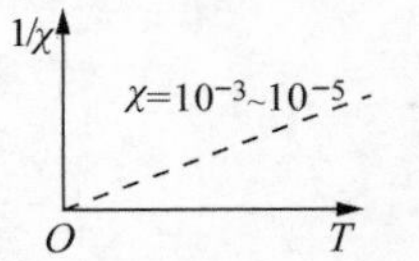 $1/\chi$, $\chi=10^{-3}\sim10^{-5}$, O, T	O_2、Pt、Rh、Pd 等 Ⅰa 族（Li、Na、K 等） Ⅱa 族（Be、Mg、Ca 等） NaCI、KCI 的 F 中心
	反铁磁性	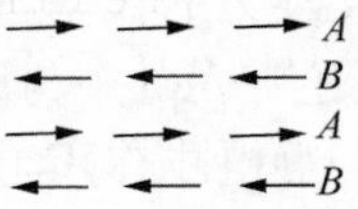 A B A B	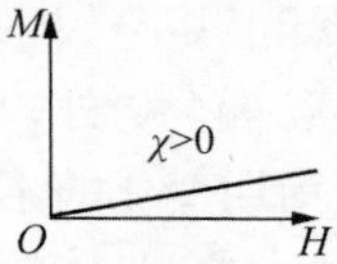 M, $\chi>0$, O, H	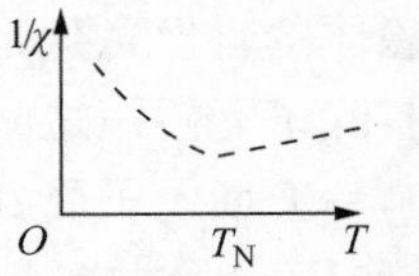 $1/\chi$, O, T_N, T	Cr、Mn、Nd、Sm、Eu 等 3d 过渡元素或稀土元素，还有 MnO、MnF_2 等合金、化合物等
抗磁性		轨道电子的拉莫回旋运动	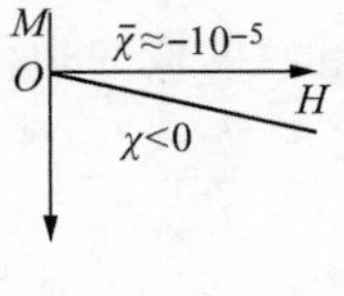 M, O, $\bar{\chi}\approx-10^{-5}$, H, $\chi<0$		Cu、Ag、Au C、Si、Ge、α-Sn N、P、As、Sb、Bi S、Te、Se、 F、CI、Br、I He、Ne、Ar、Kr、Xe、Rn

7.5 磁晶各向异性和退磁能

7.5.1 磁晶各向异性及其形成原因

在单晶体的不同晶向上，磁性能是不同的，称为**磁晶各向异性**（magnetocrystalline anisotropy）。为了使铁磁体磁化，要消耗一定的能量，从热力学的分析知，晶体磁化时所增加的自由能 ΔG 等于磁场所做的功，可表示为

$$\Delta G = \int_0^M H\,\mathrm{d}M \tag{7-5-1}$$

即磁化曲线与 M 坐标轴所包围的面积称为磁化功，如图 7-5-1 所示。

研究发现，沿铁磁单晶体某些方向磁化时所需的磁化功比沿另外一些方向磁化时所需的磁化功要小得多，这些晶体学方向称为易磁化方向。不同的金属都存在自己的易磁化方向(称为易磁化轴)和难磁化方向(称为难磁化轴)。从图 7-5-2 可见，铁单晶体沿<100>方向的磁化功最小，而沿<111>方向磁化功最大。因此，铁的易磁化轴是<100>方向，难磁化轴是<111>；镍的易磁化轴为<111>方向，难磁化轴是<100>；钴的易磁化轴是<0001>方向，难磁化轴是<01$\bar{1}$0>。

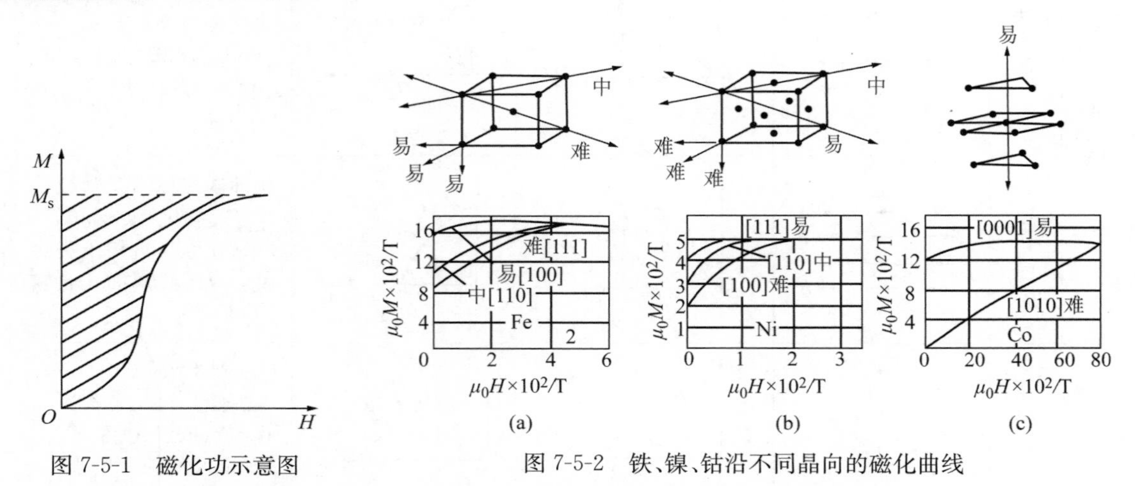

图 7-5-1　磁化功示意图

图 7-5-2　铁、镍、钴沿不同晶向的磁化曲线

从前面已经知道，铁磁体的自发磁化是由于元磁矩之间量子交换力的作用所产生的耦合。磁晶各向异性的存在表明：除了元磁矩之间的相互耦合之外，必须还有元磁矩与原子点阵之间的耦合。在晶体的原子中，一方面电子受到空间周期变化的不均匀静电场作用，另一方面邻近原子间电子轨道还有交换作用。通过电子的轨道交叠，晶体的磁化强度受到空间点阵的影响。由于自旋-轨道相互作用，电荷分布为旋转椭球形而不是球形。非对称与自旋方向有密切联系，所以自旋方向相对于晶轴的转动将使交换能改变，同时也使一对原子电荷分布的静电相互作用能改变，这两种效应都会导致磁晶各向异性。

7.5.2　磁晶各向异性常数

沿不同方向的磁化功不同，反映了磁化强度矢量 $\boldsymbol{M}$ 沿不同方向取向时的能量不同，$\boldsymbol{M}$ 沿易磁化轴时能量最低(一般取此能量为基准)，沿难磁化轴时能量最高。磁化强度矢量沿不同晶轴方向的能量差代表磁晶各向异性能，用 E_k 表示。磁晶各向异性能是磁化强度矢量方向的函数。对于立方晶系，设 α、β、γ 分别是磁化强度与 3 个晶轴方向所成夹角的方向余弦，即 $\alpha=\cos\theta_1$，$\beta=\cos\theta_2$，$\gamma=\cos\theta_3$，根据晶体的对称性和三角函数的关系式可得

$$E_k=K_0+K_1(\alpha^2\beta^2+\beta^2\gamma^2+\gamma^2\alpha^2)+K_2\alpha^2\beta^2\gamma^2 \tag{7-5-2}$$

式中，K_1、K_2 称为磁晶各向异性常数，与物质结构有关；K_0 代表主晶轴方向磁化能量，与变化的磁化方向无关。一般情况下，K_2 较小可忽略，而把 K_1 视为磁晶各向异性常数。铁在 20℃时的 K_1 值约为 $4.2\times10^4\,\text{J/m}^3$，钴的 K_1 值为 $4.1\times10^5\,\text{J/m}^3$，镍的 K_1 值为 $-0.34\times10^4\,\text{J/m}^3$，负号表示镍的易磁化方向是<111>，而难磁化方向是<100>。通过比较可知，六方点阵对称性差，各向异性常数较大。

对于立方晶体，当晶体沿<100>方向磁化时，$\alpha=1$，$\beta=\gamma=0$，所以 $E_k=K_0$。当晶体沿

<110>方向磁化时，$\alpha=\beta=\frac{1}{\sqrt{2}}$，$\gamma=0$，所以 $E_k=K_0+K_1/4$。当晶体沿<111>方向磁化时，$\alpha=\beta=\gamma=\frac{1}{\sqrt{3}}$，这时 $E_k=K_0+K_1/3$，可见，对于 Fe 或 Co，磁矩沿难轴时单位体积中的能量比沿易轴时要高出 $K_1/3$。

磁晶各向异性常数的大小关系到磁化的难易程度，故高磁导率的软磁材料的一个重要条件就是 K_1 的绝对值要小，而作为大矫顽力的硬磁材料却要求较大的 K_1 值，研究磁晶各向异性将为寻求新型磁化材料提供线索。

7.5.3　退磁能

铁磁体在磁场中的能量为静磁能。它包括铁磁体与外磁场的相互作用能和铁磁体在自身退磁场中的能量，后一种静磁能常称为退磁能。

铁磁体的形状对磁性有重要影响。非取向的多晶体并不显示磁的各向异性，把它做成球形则是各向同性的。实际应用的铁磁体一般都不是球形的，而是棒状的、片状的或其他形状的。若将同一种铁磁体做成 3 个不同形状的试样，即环状、细长棒状和粗短棒状，并测量它们的磁化曲线（棒状试样在开路条件下测量），将得到 3 条不重合的磁化曲线，如图 7-5-3 所示。从图中看出，不同形状的试样磁化行为是不同的，这种现象称为形状各向异性。

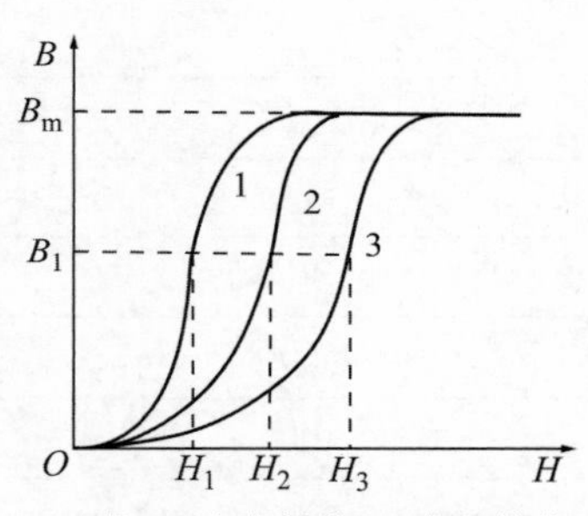

1—环状；2—细长棒状；3—粗短棒状。

图 7-5-3　不同几何尺寸试样的磁化曲线

铁磁体的形状各向异性是由退磁场引起的。当有限尺寸的物体在具有较大磁化强度时出现磁性的极化。此时，在试样内部和外部存在外加磁场的同时，还存在由物体界面上的表面磁荷所形成的附加磁场，在试样内部这个附加磁场与磁化方向相反（或接近相反），它起到退磁的作用，因此称为退磁场，如图 7-5-4 所示。若用 $\boldsymbol{H}_e$ 表示外磁场，$\boldsymbol{H}_d$ 表示表面磁荷产生的退磁场，则作用在试样内部的总磁场 $\boldsymbol{H}$ 为

$$\boldsymbol{H}=\boldsymbol{H}_e+\boldsymbol{H}_d \tag{7-5-3}$$

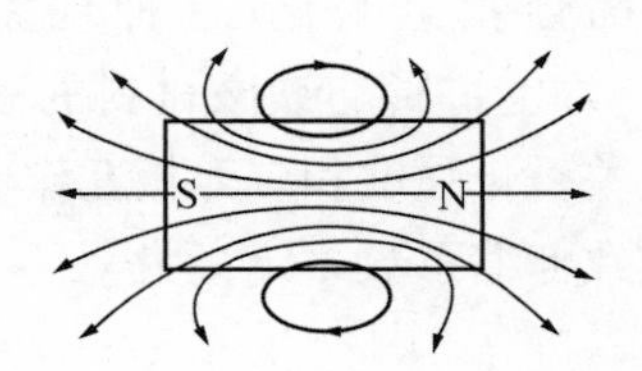

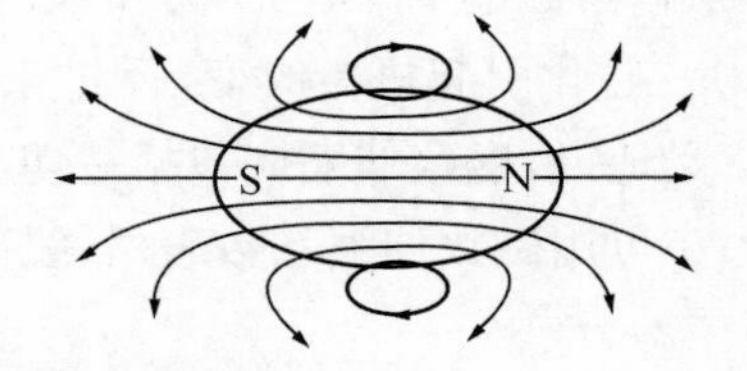

图 7-5-4　表面磁荷产生的退磁场

必须指出的是，一般情况下退磁场往往是不均匀的，它与物体的几何形状有密切关系。由于退磁场的不均匀将使原来有可能均匀的磁化也会不均匀。此时，磁化强度与退磁场之间找不到简单关系。

当物体表面为二次曲面（如回转椭球体表面）且外加磁场均匀时，退磁场 $\boldsymbol{H}_d$ 与磁化强度 $\boldsymbol{M}$ 关系的表达式为

$$\boldsymbol{H}_d=-N\boldsymbol{M} \tag{7-5-4}$$

式中，N 为退磁因子。式(7-5-4)说明退磁场与磁化强度成正比，负号表示退磁场的方向与磁化强度的方向相反。退磁因子的大小与铁磁体的形状有关。例如，棒状铁磁体试样越短越粗，N 越大，退磁场越强，于是试样需在更强的外磁场作用下才能达到饱和。表 7-5-1 列出了某些退磁因子值。

退磁场作用在铁磁体上的单位体积的退磁能可表示为

$$E_d = -\int_0^M \mu_0 H_d \mathrm{d}M = -\frac{\mu_0}{2} N M^2 \tag{7-5-5}$$

表 7-5-1　椭球体长轴上的退磁因子的计算值与圆柱体试验值

长短轴之比	长椭球(计算)	圆柱体(试验)
0	1.0	1.0
1	0.3333	0.27
2	0.1735	0.14
5	0.0558	0.004
10	0.0203	0.0172
20	0.00675	0.00617
50	0.00144	0.00129
100	0.000430	0.00036
200	0.000125	0.000090
500	0.0000236	0.000014
1000	0.0000066	0.0000036
2000	0.0000019	0.0000009

7.6　磁致伸缩和磁弹性能

铁磁体在磁场中被磁化时，其形状和尺寸都会发生变化，这种现象称为**磁致伸缩**(magnetostriction)。磁化引起机械应变，反过来应力也将影响铁磁材料的磁化强度，故亦称为“压磁效应”。广义地说，磁致伸缩应包括一切有关磁化强度和应力相互作用的效应。

磁致伸缩的大小可用磁致伸缩系数表示，线磁致伸缩系数 λ 定义为

$$\lambda = \frac{\Delta l}{l} \tag{7-6-1}$$

式中，l 为铁磁体原来的长度；Δl 为磁化引起的长度变化量。$\lambda > 0$ 时，表示沿磁场方向的尺寸伸长，称为正磁致伸缩；$\lambda < 0$ 时，表示沿磁场方向的尺寸缩短，称为负磁致伸缩。所有铁磁体均有磁致伸缩的特性，但不同的铁磁体其磁致伸缩系数不同，一般在 $10^{-6} \sim 10^{-3}$ 之间。随着外磁场的增强，铁磁体的磁化强度增强，这时 $|\lambda|$ 也随之增大。当 $H = H_s$ 时，磁化强度达到饱和值 M_s，此时 $\lambda = \lambda_s$。对一定的材料，λ_s 是个常数，称为饱和磁致伸缩系数。表 7-6-1 给出了铁磁性金属及合金的饱和磁致伸缩系数。

表 7-6-1 常见铁磁金属及合金的饱和磁致伸缩系数

材 料	饱和磁致伸缩
Ni	-40×10^{-6}
Co	-60×10^{-6}
Fe	-9×10^{-6}
Co－40Fe	70×10^{-6}
Fe_3O_4	60×10^{-6}
$NiFe_2O_4$	-26×10^{-6}
$CoFe_2O_4$	-110×10^{-6}
Fe-13Al	40×10^{-6}
Fe 系非晶态	$(30\sim40)\times10^{-6}$

体积磁致伸缩系数定义为

$$\lambda_V=\frac{\Delta V}{V} \tag{7-6-2}$$

式中，V 为铁磁体原来的体积；ΔV 为磁化后的体积变化量。除因瓦合金具有较大的体积磁致伸缩系数外，其他的铁磁体的体积磁致伸缩系数都十分小，其数量级约为 $10^{-10}\sim10^{-8}$。在一般的铁磁体中，仅在自发或顺磁化过程（即 M_s 变化时）才有体积磁致伸缩发生。当磁场强度小于饱和磁场强度 M_s 时，只有线磁致伸缩，而体积磁致伸缩十分小。

磁致伸缩是原子磁矩有序排列时电子间的相互作用导致原子间距调整而引起的。晶体点阵结构不同，磁化时原子间距的变化情况也不同，因此呈现不同的磁致伸缩性能。从铁磁体的磁畴结构变化来看，材料的磁致伸缩效应是其内部各个磁畴形变的外观表现。

单晶体的磁致伸缩也具有各向异性。图 7-6-1 为铁、镍单晶体沿不同晶向的磁致伸缩系数。由图可见，铁在不同晶向上的磁致伸缩系数相差很大。

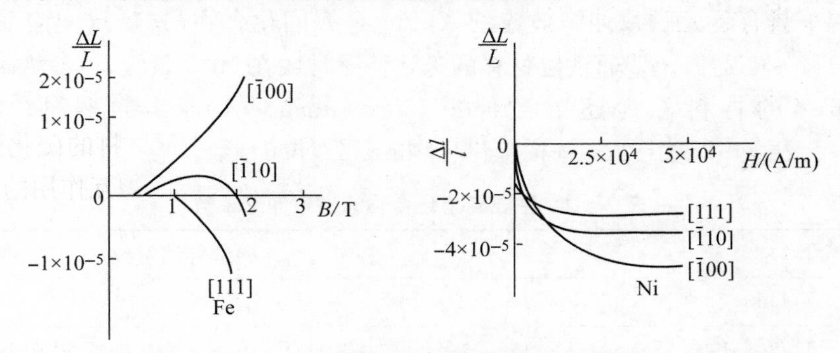

图 7-6-1 铁、镍单晶体不同晶向的磁致伸缩系数

在多晶铁磁体中磁致伸缩各向同性，其磁致伸缩系数是不同取向晶粒的系数的平均值，用 $\bar{\lambda}_s$ 表示。对于立方晶系，$\bar{\lambda}_s$ 与单晶体的 λ_s 有如下关系

$$\bar{\lambda}_s=\frac{2\lambda_{s<100>}+3\lambda_{s<111>}}{5} \tag{7-6-3}$$

物体在磁化时要发生磁致伸缩，如果形变受到限制，则在物体内部产生应力。这样，物体

内部将产生弹性能，称为磁弹性能。物体内部缺陷、杂质等都可能增加其磁弹性能。

对于多晶体，磁化时由于应力的存在而引起的磁弹性能可由下式计算：

$$E_\sigma = \frac{3}{2}\lambda_s \sigma \sin^2\theta \tag{7-6-4}$$

式中，θ 是磁化方向和应力方向的夹角；σ 是材料所受应力；λ_s 为饱和磁致伸缩系数；E_σ 是单位体积中的磁弹性能(磁弹性能密度)。

从式(7-6-4)可以看出，磁弹性能与 $\lambda_s\sigma$ 的乘积成正比，且随应力与磁化方向的夹角 θ 而改变。当 $\theta=0°$时，$E_\sigma=0$；当 $\theta=90°$时，$E_\sigma=\frac{3}{2}\lambda_s\sigma$。如果 λ_s 和 σ 均为正值(即对应于正磁致伸缩和拉应力)，$\theta=0°$时能量最小，$\theta=90°$时能量最大；如 λ_s 或 θ 为负值，$\theta=0$ 时能量最大，$\theta=90°$时能量最小。由此可见，应力也会使材料发生各向异性，称之为应力各向异性，它也像磁晶各向异性那样影响着材料的磁化。

对于正磁致伸缩的材料($\lambda_s>0$)，在拉应力情况下，$\theta=0$ 时能量最小。因此，由于拉应力的作用，材料的磁化强度将转向应力 σ 方向，即加强拉应力方向的磁化。对于负磁致伸缩的材料($\lambda_s<0$)，在拉应力情况下，在 $\theta=90°$时能量最小，磁化强度将转向垂直于应力 σ 方向，即减弱拉应力方向的磁化。同理，也可分析压应力对正(负)磁致伸缩材料磁化的影响。

与磁晶各向异性一样，应力各向异性对磁化也产生阻碍作用，因而与磁性材料的性能密切相关。显然，要得到高磁导率的软磁材料就必须使其具有低的 K 值和 $\lambda\sigma$ 值，硬磁材料则相反。

超磁致伸缩效应及超磁致伸缩材料

磁致伸缩现象早在 19 世纪中叶就被发现，历史相当久远。利用 Ni、坡莫合金、铁氧体等铁磁性材料的磁致伸缩效应制作的音响变换振子(超声波发振器)等器件，早有实际应用。但在该领域中，以锆钛酸铅为代表的压电材料已占据主导地位。磁致伸缩材料居次要地位的主要原因是其磁致伸缩量太小，大致在 10^{-5}(0.001%)量级，从而其应用范围受到限制。

1963—1965 年，在重稀土金属 Tb、Dy 等单晶体中发现了很高的磁致伸缩现象；1972 年成功开发出室温下具有超大磁致伸缩效应的 $TbFe_2$ 金属间化合物，其磁致伸缩系数高达$(1\sim2)\times10^{-3}$(0.1%～0.2%)。普通铁磁材料的磁致伸缩常数在 10^{-6} 量级，一般将磁致伸缩常数高于 10^{-3} 量级的材料称为**超磁致伸缩**(giant magnetostrictive)材料，典型代表为 $Tb_{1-x}Dy_xFe_y$。表 7-6-2 列出了一些稀土化合物的磁致伸缩系数。

表 7-6-2 主要稀土化合物的磁致伸缩系数

化 合 物	磁致伸缩常数
$TbFe_2$	1.753×10^{-3}
Tb-30%Fe	1.590×10^{-3}
$SmFe_2$	-1.560×10^{-3}
$Tb(CoFe)_2$	1.487×10^{-3}
$Tb(NiFe)_2$	1.151×10^{-3}
$TbFe_3$	6.93×10^{-4}

（续表）

化 合 物	磁致伸缩常数
$DyFe_2$	4.33×10^{-4}
Pr_2Co_{17}	3.36×10^{-4}
a-$TbFe_2$	3.08×10^{-4}

注：a 表示非晶态。

随着超磁致伸缩效应的发现，磁致伸缩材料的应用愈加广泛，主要有如下几个应用领域。

（1）伺服机构：包括 VTR、照相机、快门等电子设备部件；直线马达、小型马达等小型电器装置；打印头、各种转换器（如平板扬声器的开发）、阀门开闭等自动化部件；机器人；阀门控制、燃料喷嘴控制、引擎的拉杆开闭等交通、车船部件。

（2）磁致伸缩振子：包括共振型振子，如超声波焊机、切割机、声呐（鱼群探测器、测深仪等）；强制振动振子，如医疗器具、粉碎机、高速马达、压延设备等。

（3）传感器：包括压力传感器、应变片、位置传感器等。

（4）执行单元：如确定宇宙天体望远镜位置的器件、泵，振动器等。

7.7 磁畴结构 ▶

外斯假说认为铁磁体自发磁化成若干个小区域磁畴，各个磁畴的磁化方向不同，所以大块磁铁对外不显示磁性。通常可用“粉纹法”显示磁畴，即将试样表面适当处理后，敷上一层含有铁磁粉末的悬胶，然后在显微镜下进行观察。由于铁磁粉末受到试样表面磁畴磁极的作用，将聚集在磁畴的边界处，在显微镜下便可观察到铁磁粉末排成的图像。图 7-7-1 为铁硅合金用粉纹法显示的磁畴结构示意图，有的磁畴大而长，称为主畴，其自发磁化方向沿晶体的易磁化方向；小而短的磁畴叫副畴，其磁化方向不定。

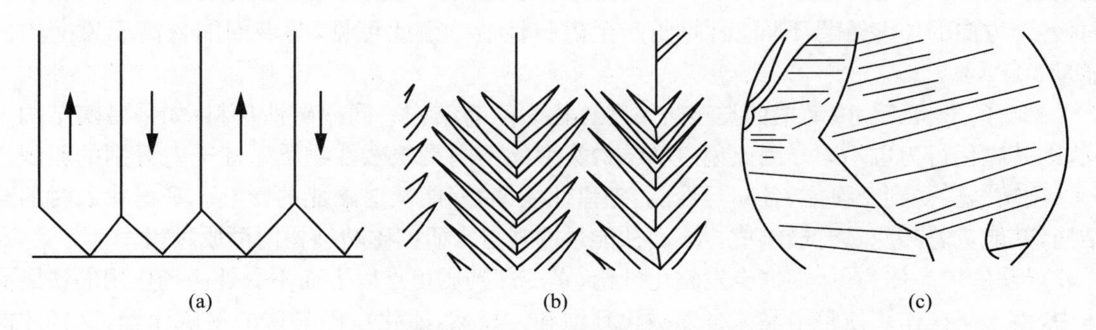

图 7-7-1 铁硅合金磁畴结构示意图

(a)铁-硅单晶(100)面的磁畴结构；(b)当平面与(100)之间形成小角度时的磁畴结构；(c)多晶铁硅合金的晶界和磁畴界

相邻磁畴的边界称为畴壁。畴壁是磁畴结构的重要组成部分，它对磁畴的大小、形状以及相邻磁畴的关系均有重要的影响。在弱磁场范围内，铁磁体的技术磁化过程主要是畴壁的位移过程，这些过程决定了一些重要的磁学参数，如起始磁化率和可逆磁化率等。在周期应力的作用下，畴壁的不可逆位移可以消耗振动能量，使合金具有阻尼性能。

畴壁可分为两种,一种为180°畴壁,另一种称为90°畴壁。铁磁体中一个易磁化轴上有两个相反的易磁化方向,两个相邻磁畴的磁化方向恰好相反的情况常常出现,这样两个磁畴间的畴壁即为180°壁。在立方晶体中,若 $K_1>0$,易磁化轴互相垂直,则两相邻磁畴方向可能垂直,形成90°畴壁。如果 $K_1<0$,易磁化方向为<111>,两个这样的方向相交109°或71°,如图7-7-2所示,两相邻磁畴方向夹角可能为109°或71°。由于它们和90°相差不大,此类畴壁有时也称为90°畴壁。

畴壁是一个过渡区,有一定厚度。磁畴的磁化方向在过渡区中逐步改变方向。整个过渡区中原子磁矩都平行于畴壁平面,这种壁叫布洛赫(Bloch)壁,如图7-7-3所示。铁中畴壁厚约为300个点阵常数。

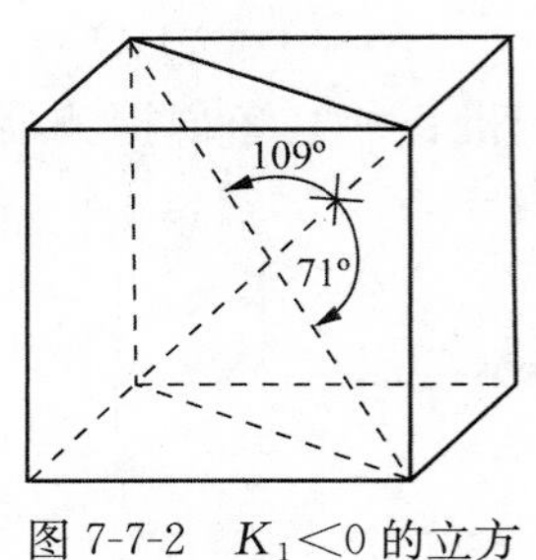

图7-7-2　$K_1<0$ 的立方晶体中易磁化轴的交角

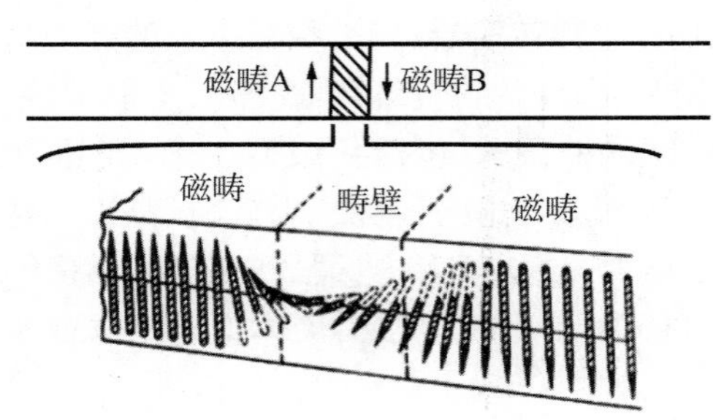

图7-7-3　布洛赫壁磁矩逐渐转向示意图

畴壁具有交换能、磁晶各向异性能及磁弹性能。因为畴壁是原子磁矩方向由一个磁畴的方向转到相邻磁畴方向的逐渐转向的一个过渡层,所以原子磁矩逐渐转向比突然转向的交换能小,但仍然比原子磁矩同向排列的交换能大。如只考虑降低畴壁的交换能 E_{ex},则畴壁的厚度 N 越大越好。但原子磁矩的逐渐转向,使原子磁矩偏离易磁化方向,因而使磁晶各向异性能 E_k 增加,所以磁晶各向异性能倾向于使畴壁变薄。综合考虑这两方面的因素,单位面积上畴壁能 E_{wall} 最小值所对应的壁厚 N_0,便是平衡状态时畴壁的厚度。由于原子磁矩的逐渐转向,各个方向的伸缩难易不同,因此便产生磁弹性能。由此可见,畴壁的能量高于磁畴内的能量。

磁畴的形状、尺寸、畴壁的类型与厚度总称为磁畴结构。同一磁性材料,如果磁畴结构不同,则其磁化行为也不同。因此说磁畴结构类型的不同是铁磁性物质磁性千差万别的原因之一。磁畴结构受到交换能、各向异性能、磁弹性能、畴壁能及退磁能的影响。平衡状态时的畴结构,其能量总和应具有最小值。下面从能量的观点来研究磁畴结构的形成过程。

以铁磁单晶体为例,根据自发磁化理论,在冷却到居里点以下而不受外磁场作用的铁磁晶体中,由于交换作用使整个晶体自发磁化到饱和。显然,磁化应沿晶体的易磁化轴,这样才能使交换能和磁晶各向异性能处于极小值。但因晶体有一定形状和大小,整个晶体均匀磁化的结果必然产生磁极。磁极的退磁场却给系统增加了退磁能。以单轴晶体(如钴)为例,分析图7-7-4所示的结构,可以了解磁畴结构的起因,其中每一个分图表示铁磁单晶的一个截面。图7-7-4(a)表示整个晶体均匀磁化为"单畴"。由于晶体表面形成磁极的结果,这种组态退磁能最大。从能量的观点,把晶体分为两个或四个平行反向的自发磁化区域可以大大降低退磁能,如图7-7-4(b)、(c)所示。当磁体被分为 n 个区域(即 n 个磁畴)时,退磁能降到原来的

$1/n$。但由于两个相邻磁畴间畴壁的存在,又需要增加一定的畴壁能,因此自发磁化区域的划分并不是可以无限地小,而是以畴壁能及退磁能相加等于最小值为条件。为了进一步降低能量,可以形成图 7-7-4(d)或(e)所示的磁畴结构,其特点是晶体边缘表面附近为封闭磁畴,即出现三角形封闭畴。它们具有封闭磁通的作用,使退磁能降为零。但由于封闭畴(副畴)与主轴的磁化方向不同,引起的磁致伸缩不同,因而会产生磁晶各向异性能和磁弹性能。这样,只有当铁磁体的各种能量之和具有最小值时,才能形成平衡状态的磁畴结构。形成封闭畴后,对外不显示磁性。

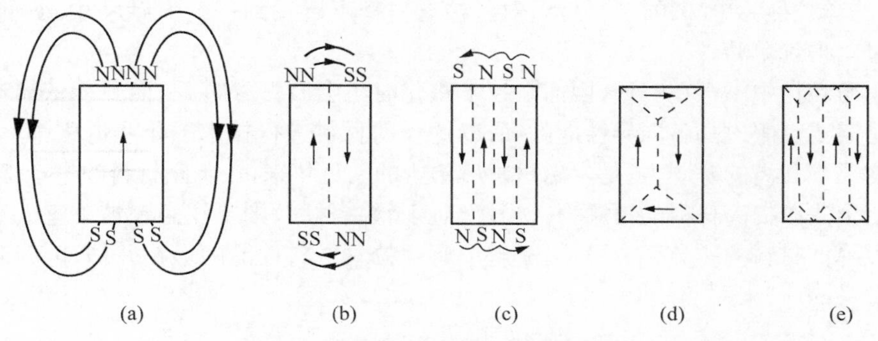

图 7-7-4 单畴晶体中磁畴的起因

上面从能量上分析了均匀单晶体的磁畴结构。不同种类、不同形状的铁磁体,就可能形成各种形状的磁畴结构。实际的磁畴结构往往比上述简单的例子更为复杂。由于实际使用的铁磁物质大多数是多晶体。多晶的晶界、第二相、晶体缺陷、夹杂、应力、成分的不均匀性等对磁畴结构有显著的影响,因而实际多晶体的磁畴结构是十分复杂的。

一个系统从高磁能的单畴转变为低磁能的分畴组态,从而导致系统能量降低的可能性是形成磁畴结构的原因。在多晶体中,晶粒的方向杂乱且每一个晶粒都可能包括许多磁畴。它们的大小和结构同晶粒的大小有关。在一个磁畴内磁化强度一般都沿晶体的易磁化方向,在同一晶粒内,各磁畴的自发磁化方向相互存在一定关系,但在不同晶粒间,由于易磁化轴方向的不同,磁畴的磁化方向就没有一定关系。由于大量磁畴沿不同方向,就整体来说,材料对外显示出各向同性。图 7-7-5 为多晶体中磁畴结构的示意图,图中示出每一个晶粒分成片状磁畴。可以看出,在晶界的两侧磁化方向虽然转过一个角度,但磁通仍然保持连续,这样,在晶界上才不容易出现磁极,因而退磁能较低,磁畴结构才较稳定。当然,在多晶体的实际磁畴结构中,不可能全部是片状磁畴,必然还会出现许多附加畴来更好地实现能量最低的原则。

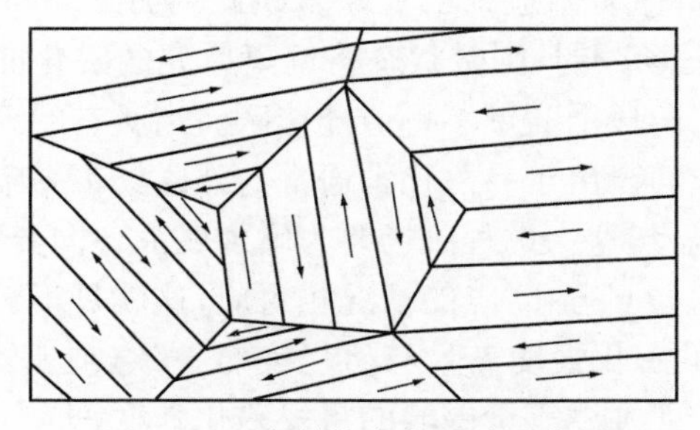
图 7-7-5 多晶体中的磁畴示意图

如果晶体内部存在着由非磁性夹杂物、应力、空隙等引起的不均匀性,将使畴结构复杂化。一般来说夹杂和空隙对畴结构有两方面的影响。一方面,当畴壁切割夹杂物或空隙时,一部分畴壁被夹杂物占据,其有效面积减小,使畴壁能降低;另一方面由于在夹杂处磁通的连续性遭到破坏,势必出现磁极和退磁场能,为减少退磁场能,往往要在夹杂物附近出现楔形畴或者附加畴。

如前所述,即使对于铁磁单晶体,为了降低退磁能一般总是形成多畴结构。但如果组成材料的颗粒足够小,畴壁能影响增大,整个颗粒可以在一个方向自发磁化到饱和,从而成为单个磁畴,这样的颗粒称为单畴颗粒。显然,对各种材料都可以找到一个临界尺寸,小于这个尺寸的颗粒都可以得到单畴。

由于单畴颗粒中不存在畴壁,因而在技术磁化时不会有壁移过程,而只能依靠畴的转动。畴的转动是需要克服磁晶各向异性能的,所以这样的材料进行技术磁化和退磁都不容易。它具有低的磁导率和高的矫顽力,是永磁材料所希望的。近年来,在永磁材料的生产工艺中普遍采用粉末冶金法以提高材料的矫顽力。当然,对于软磁材料,则要注意颗粒不宜太小,以免成为单畴以致降低材料的磁导率。可见,了解单畴颗粒对材料性能的影响并估计其临界尺寸是具有实际意义的。

7.8 技术磁化微观机制 ▶

技术磁化过程实质上是外加磁场对磁畴的作用过程,也就是外加磁场把各个磁畴的磁矩方向转到外磁场方向(或近似外磁场方向)的过程。技术磁化是通过两种方式进行的,一是磁畴壁的迁移;一是磁畴的旋转。磁化过程中有时只有其中一种方式起作用,有时是两种方式同时作用,磁化曲线和磁滞回线是技术磁化的结果。

铁磁物质的基本磁化曲线可以大体分为 3 个阶段。图 7-8-1 表示基本磁化曲线各个阶段磁畴结构的特点。假如材料原始的退磁状态为封闭磁畴,在弱磁场的作用下,对于自发磁化方向与磁场成锐角的磁畴,由于静磁能低的有利地位而发生扩张,而成钝角的磁畴则缩小。这个过程是通过畴壁的迁移来完成的,由于这种畴壁的迁移,材料在宏观上表现出微弱的磁化,与 A 点的磁畴结构相对应。然而,畴壁的这种微小迁移是可逆的,如此时去除外磁场,则磁畴结构和宏观磁化都将恢复到原始状态。这就是第一阶段即畴壁可逆迁移区。如果此时从 A 状态继续增强外磁场,畴壁将发生瞬时的跳跃。换言之,某些与磁场成钝角的磁畴瞬时转向与磁场成锐角的易磁化方向。大量元磁矩瞬时转向,故表现出强烈的磁化。这个过程的壁移以不可逆的跳跃式进行,称为巴克豪森效应或巴克豪森跳跃,与图 7-8-1 中 B 点磁化状态相对应。假如在该区域(如 B 点)使磁场减弱,则磁状态将偏离原先的磁化曲线到达 B'点,显示出不可逆过程的特征。这就是第二阶段即畴壁不可逆迁移区。当所有的元磁矩都转向与磁场成锐角的易磁化方向后晶体成为单畴。由于易磁化轴通常与外磁场不一致,如果再增强磁场,磁矩将逐渐转向外磁场 H 方向。显然这一过程磁场要为增加磁晶各向异性能而做功,因而转动很困难,磁化也进行得很微弱,这与 C 至 D 点的情况相对应,这就是第三阶段即磁畴旋转区。当磁场强度达到 H_s 值时,磁畴的磁化强度矢量与磁场完全一致(或基本上一致),磁化达到饱和,称为磁饱和状态。这时的磁化强度等于磁畴的自发磁化强度 M_s。可见,技术磁化包含着两种机制:壁移磁化和畴转磁化。

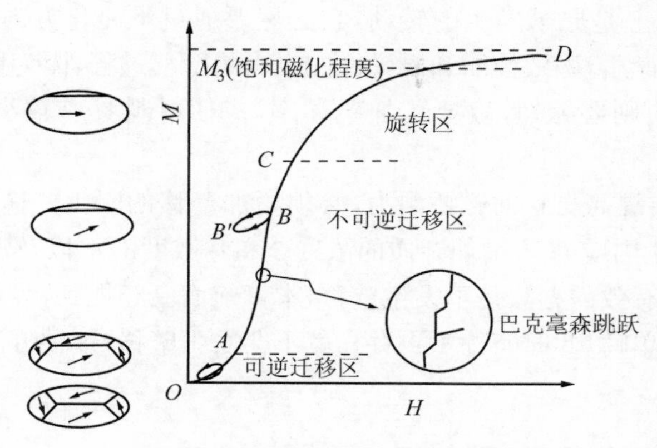

图 7-8-1 技术磁化过程的 3 个阶段

根据铁磁晶体内部畴壁迁移阻力的来源，曾经提出过两种不同的理论模型：内应力理论和杂质理论。

内应力理论认为，铁磁体中内应力的分布状态决定了畴壁迁移的阻力。应力分布梯度越大，畴壁移动时表面能越大，即壁移阻力也越大。

如图 7-8-2 所示，杂质理论认为，当材料中包含着杂质时，畴壁就要被杂质穿破。从能量角度考虑，当畴壁穿过杂质或空隙的位置时，畴壁面积最小，因此能量最低。如果施加磁场使畴壁移动离开这个位置，畴壁的面积就要增大，畴壁能量的增高就要给迁移造成阻力。

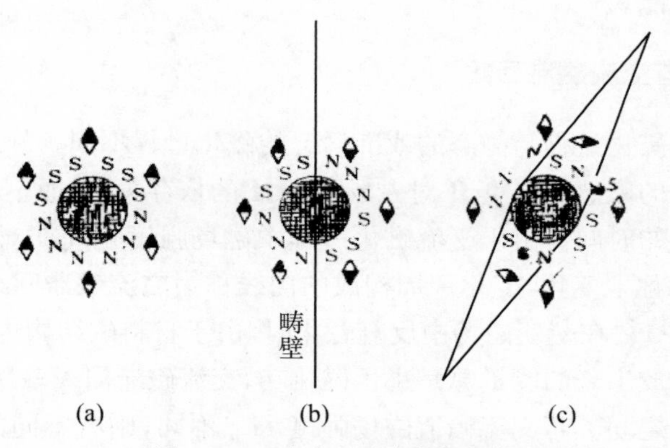

图 7-8-2 畴壁经过夹杂物的情况

由上述两种原因造成的阻力越大，磁化过程就越困难，材料的导磁性越差。在微弱的磁场中，畴壁微小移动并未越过应力所造成的势垒或脱开杂质的钉扎，此时表现出微弱的磁化。若去除磁场，畴壁仍可回到原处，即磁化是可逆的。而当磁场增大到一定值后，畴壁克服势垒或挣脱杂质钉扎，便产生跳跃，表现为迅速磁化。此时去除磁场，畴壁移动到一个亚稳态位置，即不再回到原始位置，故材料保留一定的剩余磁性。要使剩磁为零需加一反向磁场，以克服应力和杂质所造成的阻力。应力愈大，杂质愈多，铁磁体的矫顽力愈大。

归纳起来，影响畴壁迁移的因素很多。首先是铁磁材料中夹杂物、第二相、空隙的数量及其分布。其次是内应力起伏的大小和分布，起伏越大，分布越不均匀，对畴壁迁移阻力越大。为提高材料磁导率，就必须减少夹杂物的数量，减小内应力。再次是磁晶各向异性能的大小。因为壁移实质上是原子磁矩的转动,它必然要通过难磁化方向,故降低磁晶各向异性能也可提高磁导率。最后,磁致伸缩和磁弹性能也影响壁移过程,因为壁移也会引起材料某一方向的伸长,另一方向则要缩短,故要增加磁导率,应使材料具有较小的磁致伸缩和磁弹性能。

从以上分析可知,要提高材料的磁矫顽力,必须增加壁移的阻力。途径有:提高磁致伸缩系数 λ_s,设法使材料产生内应力 σ,增加杂质的浓度 β 和弥散度 δ/d 以及选择 K_1 值较高而 M_s 值较低的材料等。但最有效的办法是不发生壁移,本章前面已经提到,当材料中的颗粒小到临界尺寸以下时可以得到单畴,此时畴壁不再存在就不会发生壁移,这种方法对提高硬磁材料的矫顽力非常重要。

7.9 动态磁化

前面介绍的铁磁材料的磁性能主要是在直流磁场下的表现,称之为静态(或准静态)特性。但大多数铁磁(包括亚铁磁)材料都是在交变磁路中起传导磁通的作用,即作为通常所说的“铁芯”或“磁芯”。例如,电机和电力变压器使用的铁芯材料在工频工作,是一个交流磁化过程。随着电子信息技术的发展,许多磁性材料在高频下工作。因此,研究磁性材料尤其是软磁材料在交变磁场条件下的表现关系到许多技术领域的进步。磁性材料在交变磁场,甚至脉冲磁场作用下的性能统称磁性材料的动态特性。由于大多数磁性材料是在交流磁场下工作,故动态特性早期亦称交流磁性能。

7.9.1 交流磁化过程与交流磁滞回线

软磁性材料的动态磁化过程与静态的或准静态的磁化过程不同。静态过程只关心材料在该稳恒状态下所表现出的磁感应强度 $\boldsymbol{B}$ 对磁场强度 $\boldsymbol{H}$ 的依存关系,而不关心从一个磁化状态到另一磁化状态所需要的时间。由于交流磁化过程中磁场强度是周期对称变化的,因此磁感应强度也跟着周期性对称地变化,变化一周构成的曲线称为**交流磁滞回线**(dynamic magnetic hysteretic loop)。铁磁材料在交变磁场中反复磁化时,由于材料磁结构内部运动过程的滞后,反复磁化过程中晶体释放出来的能量总是小于磁化功,交流磁滞回线表现为动态特征,形状介于直流磁滞回线和椭圆之间。若交流幅值磁场强度 H_m 不同,则有不同的交流磁滞回线。交流磁滞回线顶点的轨迹就是交流磁化曲线或简称 B_m-H_m 曲线。B_m 称为幅值磁感应强度。图 7-9-1 为 0.10mm 厚的 Fe-6A1 软磁合金在 4kHz 下的交流磁滞回线和磁化曲线。当交流幅值磁场强度增大到饱和磁场强度 H_s 时,交流磁滞回线面积不再增加,该回线称为极限交流磁滞回线,由此可以确定材料饱和磁感应强度 B_s、交流剩余磁感应强度 B_r,这种情况和静态磁滞回线相同。

研究表明,动态磁滞回线有以下特点:①交流磁滞回线形状除与磁场强度有关外,还与磁场变化的频率 f 和波形有关;②一定频率下,交流幅值磁场强度不断减少时,交流磁滞回线逐渐趋于椭圆形状;③当频率升高时,呈现椭圆回线的磁场强度的范围会扩大,且各磁场强度下回线的矩形比 B_r/B_m 会升高。这些特点从图 7-9-2 所示的钼坡莫合金带材(厚度 50μm)不同频率下的交流磁滞回线形状比较上都有所体现。

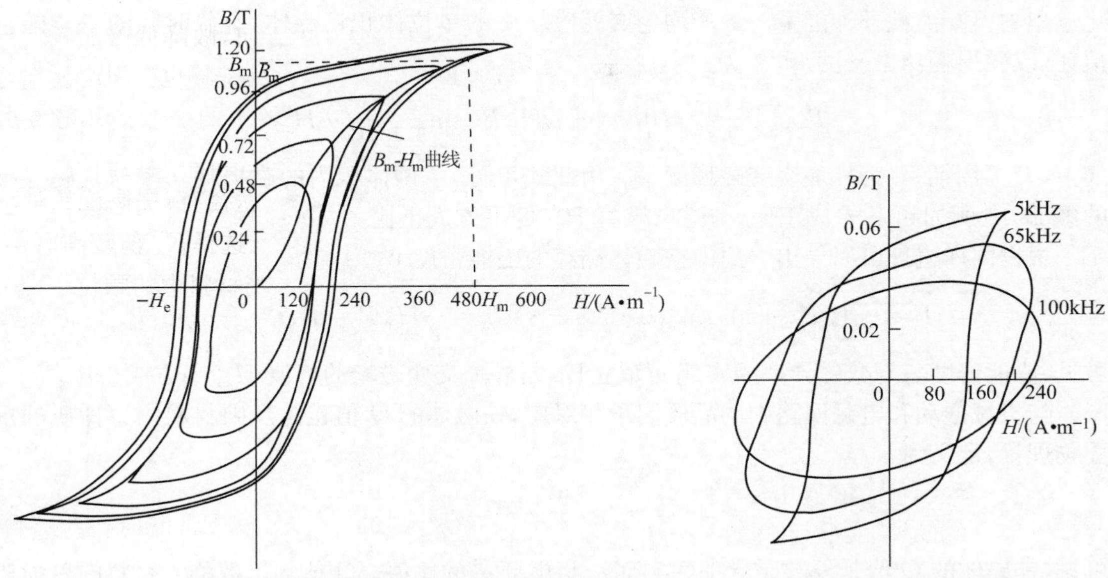

图 7-9-1 Fe-6Al 软磁合金的磁化曲线和交流磁滞回线(4kHz)

图 7-9-2 钼坡莫合金带的交流磁滞回线

7.9.2 复数磁导率

由上面讨论可知,在交变磁场中磁化时,磁化态改变需要时间,即 **B** 和 **H** 有相位差,磁导率不仅反映类似静态磁化导磁能力的大小,而且还要反映 **B** 和 **H** 间的相位差,因此,需要采用**复数磁导率**(complex magnetic permeability)。

设样品在弱交变场磁化,且 **B** 和 **H** 具有正弦波形,并以复数形式表示,**B** 与 **H** 存在的相位差为 φ,则

$$H = H_m e^{i\omega t} \tag{7-9-1}$$

$$B = B_m e^{i(\omega t - \varphi)} \tag{7-9-2}$$

从而由磁导率定义得到复数磁导率为

$$\dot{\mu} = \frac{B}{\mu_0 H} = \frac{B_m}{\mu_0 H_m} e^{-i\varphi} = \mu' - i\mu'' \tag{7-9-3}$$

其中

$$\mu' = \frac{B_m}{\mu_0 H_m} \cos\varphi \tag{7-9-4}$$

$$\mu'' = \frac{B_m}{\mu_0 H_m} \sin\varphi \tag{7-9-5}$$

由上述公式可知,复数磁导率 $\dot{\mu}$ 的实部 μ' 是与外加磁场 **H** 同位相,而虚部 μ'' 比 **H** 落后 90°。复数磁导率的模为 $|\mu| = \sqrt{(\mu')^2 + (\mu'')^2}$,称为总磁导率或振幅磁导率(亦称幅磁导率)。$\mu'$称为弹性磁导率,与磁性材料中储存的能量有关;$\mu''$称为损耗磁导率(或称黏滞磁导率),它与磁性材料磁化一周的损耗有关。

复数磁导率虚部 μ''的存在使得磁感应强度 **B** 落后于外加磁场 **H**,引起铁磁材料在动态磁

化过程中不断消耗外加能量。处于均匀交变磁场中的单位体积铁磁体,单位时间的平均能量损耗(或磁损耗功率密度)P_{loss} 为

$$P_{\text{loss}}=\frac{1}{T}\int_{0}^{T}H\,\mathrm{d}B=\frac{1}{2}\omega H_{\mathrm{m}}B_{\mathrm{m}}\sin\varphi=\pi f\mu''H_{\mathrm{m}}^{2} \tag{7-9-6}$$

式中,T 为周期,f 为外加交变磁场频率。由此式可见,单位体积内的磁损耗功率与复磁导率的虚部 μ''、所加频率 f 成正比,与磁场峰值 H_{m} 的平方成正比。

根据同样道理可以导出一周内铁磁体储存的磁能密度 W_{storage} 为

$$W_{\text{storage}}=\frac{1}{2}HB=\frac{1}{T}\int_{0}^{T}H_{\mathrm{m}}\cos\omega t B_{\mathrm{m}}\cos(\omega t-\varphi)\,\mathrm{d}t=\frac{1}{2}H_{\mathrm{m}}B_{\mathrm{m}}\cos\varphi=\frac{1}{2}\mu'\mu_{0}H_{\mathrm{m}}^{2} \tag{7-9-7}$$

可见,磁能密度与复数磁导率的实部 μ' 成正比,与外加交变磁场的峰值 H_{m} 平方成正比。

与机械振动和电磁回路中的品质因子相对应,铁磁体的 Q 值也是反映材料内禀性质的重要物理量,定义为

$$Q=2\pi f\frac{W_{\text{storage}}}{P_{\text{loss}}}=\frac{\mu'}{\mu''} \tag{7-9-8}$$

可见,铁磁体的 Q 值是复数磁导率的实部 μ' 与虚部 μ'' 的比值。Q 值的倒数称为材料的磁损耗系数或损耗角正切,即

$$Q^{-1}=\tan\varphi=\frac{\mu''}{\mu'} \tag{7-9-9}$$

综上所述,复数磁导率的实部与铁磁材料在交变磁场中储能密度有关,而其虚部却与材料在单位时间内损耗的能量有关。磁感应强度相对于磁场强度落后造成材料的磁损耗。

7.10　铁磁性的影响因素

影响铁磁性的因素主要有两方面:一是外部环境因素,如温度和应力等;二是材料内部因素,如成分、组织和结构等。从内部因素考察,可把表示铁磁性的参数分成两类:组织敏感参数和组织不敏感参数。凡是与自发磁化有关的参量都是组织不敏感的,如饱和磁化强度 M_{s}、饱和磁致伸缩系数 λ_{s}、磁晶各向异性常数 K 和居里点 T_{c} 等,它们与原子结构、合金成分、相结构和组成相的数量有关,而与组成相的晶粒大小、分布情况和组织形态无关。而居里点 T_{c} 只与组成相的成分和结构有关,K 只取决于组成相的点阵结构,而与组织无关。凡与技术磁化有关的参量都是组织敏感参数,如矫顽力 H_{c}、磁导率 μ 或磁化率 χ 及剩磁 B_{r}。

7.10.1　温度的影响

对室温时为铁磁性的物质来说,当温度升高到特定温度(居里温度 T_{c})后,转变为顺磁性,符合居里-外斯定律,如图 7-10-1 所示。

$$\chi=\frac{C'}{T-T_{\mathrm{c}}}$$

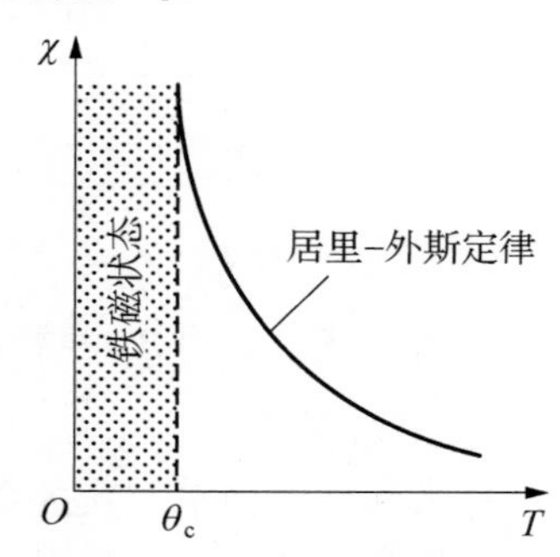

图 7-10-1　居里-外斯定律

图 7-10-2 为温度对铁、钴、镍的饱和磁化强度 M_{s} 的影响。温度升高使原子热运动加剧,原子磁矩的无序排列倾向增大而造成饱和磁化强度 M_{s} 下降,当温度接近居里点时,M_{s} 急剧下降,至居

里点时下降至零，从铁磁性转变为顺磁性。这种变化规律是铁磁金属的共性。

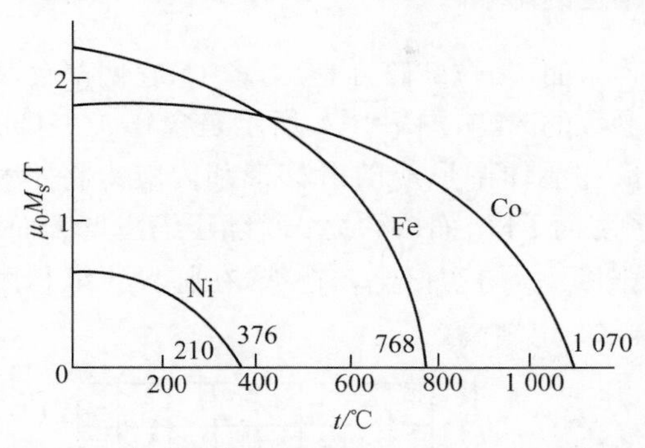

图 7-10-2　铁、钴、镍的饱和磁化强度 M_s 与温度的变化

到目前为止，人类所发现的元素中，仅有 4 种金属元素在室温以上是铁磁性的，即铁、钴、镍和钆。在极低温度下有 5 种元素是铁磁性的，即铽、镝、钬、铒和铥。表 7-10-1 列出了几种材料的居里温度。

表 7-10-1　几种材料的居里温度

材　料	Fe	Ni	Co	Fe_3C	Fe_2O_3	Gd	Dy
居里温度/℃	768	376	1 070	210	578	20	−188

7.10.2　应力的影响

铁磁体在应力作用（此处讨论的应力为弹性应力）下，其磁化将发生显著变化。当应力方向与金属的磁致伸缩为同向时，则应力对磁化起促进作用，反之则起阻碍作用。由图 7-10-3 可以看到拉、压应力对镍磁化曲线的影响。这是由于镍的磁致伸缩系数是负的，即沿磁场方向磁化时，镍在此方向上是缩短而不是伸长。因此，拉伸应力阻碍磁化过程的进行，受力愈大，磁化就愈困难，如图 7-10-3(a)所示；压应力则对镍的磁化有利，使磁化曲线明显变陡，如图 7-10-3(b)所示。

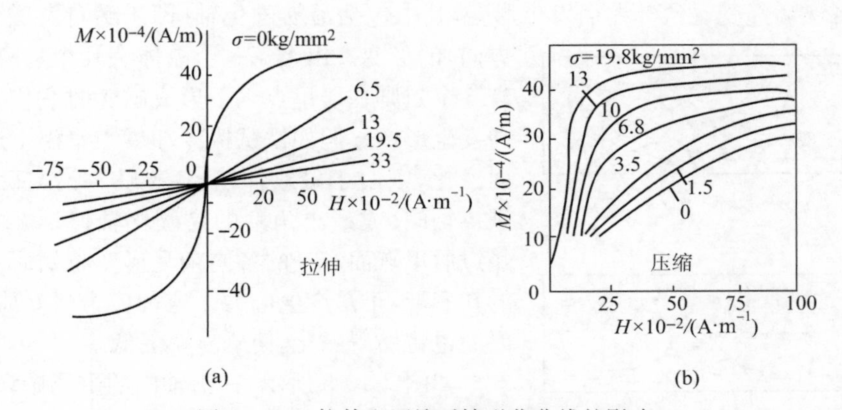

图 7-10-3　拉伸和压缩对镍磁化曲线的影响

7.10.3　加工硬化和晶粒细化的影响

加工硬化引起晶体点阵扭曲，晶粒破碎，内应力增加，它们都会对壁移造成阻力，所以会引起与组织结构有关的磁性参数的改变，图 7-10-4 所示是含 0.07%C 的铁丝经不同压缩变形后铁磁性的变化。冷加工变形在晶体中形成的滑移带和内应力将不利于金属的磁化和退磁过程。磁导率 μ_m 随冷加工形变而下降，而矫顽力 H_c 随压缩率增大而增大。饱和磁化强度与加工硬化无关。剩余磁感应强度 B_r 的变化比较特殊，在临界压缩程度下(约 5%～8%)急剧下降，而在压缩率继续增大时，B_r 也增高。

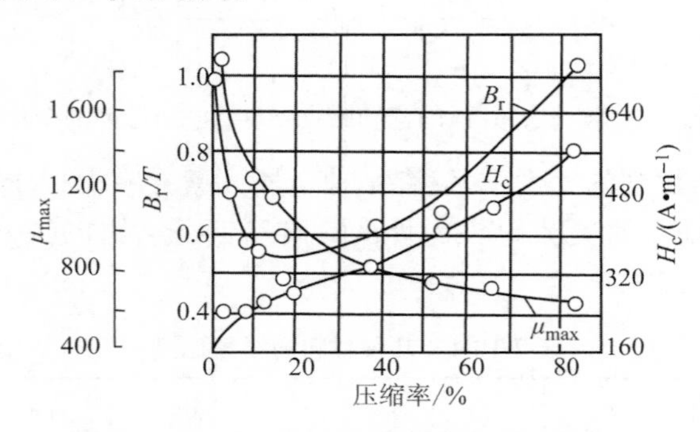

图 7-10-4　冷加工变形量对纯铁磁性的影响

再结晶退火与加工硬化的作用相反，退火之后，点阵扭曲恢复，内应力消除，故使磁化易于进行，在完全再结晶情况下，金属的铁磁性可以恢复到加工硬化前的情况。

晶粒细化对磁性的影响和加工硬化作用相同，晶粒愈细，则矫顽力和磁滞损耗愈大，而磁导率愈小。这是因为晶粒愈细，晶界愈多，而晶界处晶格扭曲畸变，这样，对磁化的阻力也愈大。

7.10.4　磁场退火

我们知道，铁磁材料从高温冷却过程中，在通过居里点时形成磁畴。由于材料从顺磁体变为铁磁体，各磁畴经受磁致伸缩而发生形变，其中包括沿易磁化轴(即磁畴自发磁化到饱和的方向)的形变。由于每一个晶体有几个易磁化轴(如铁有 6 个)，则在居里点以下形成磁畴时它们将在不同方向发生形变。假如铁试棒冷却后在室温下顺着棒的轴向磁化，则由于磁致伸缩，各磁畴将沿与磁场方向(即试棒轴向)成最小角度的易磁化轴伸长。由于冷却时经过居里点而产生的各向杂乱形变将妨碍室温下磁化的新变形，于是产生应力。这种应力将妨碍磁致伸缩，因而也将妨碍磁化，使磁导率降低。

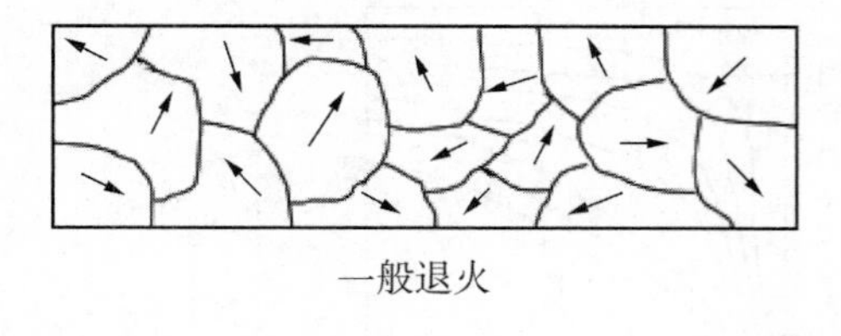
一般退火

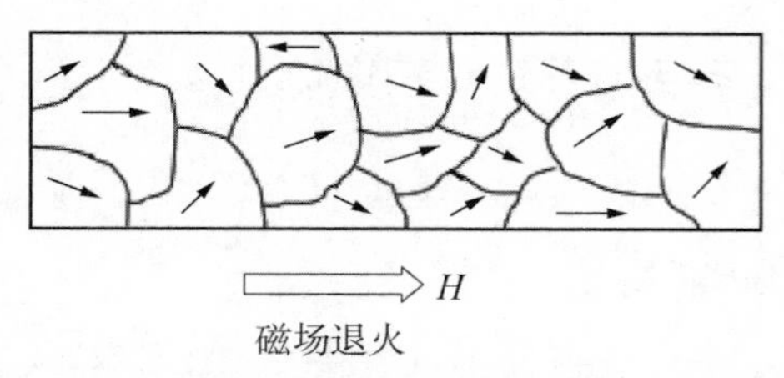

磁场退火

图 7-10-5　磁场退火与一般退火的区别

如图 7-10-5 所示，在沿轴向的磁场中缓慢冷却时，因为基元区域的磁化向量沿着与外磁场(试样轴向)成最小角度的易磁化轴，则每一磁畴的磁致伸缩和范性形变将沿该方向发生。换句话说，磁畴将在室温磁化时沿应伸长(在正磁致伸缩情况下)的方向预先伸长。经过磁场中退火的样品,其磁致伸缩将不妨碍磁化。样品的磁化变得更容易,从而在该方向将有高的磁导率。

因此,高的磁导率不但可以由晶体易磁化轴的择优取向(通过冷加工和再结晶手段)达到,同样也可以由内应力的择优取向(通过磁场中退火的手段)达到。前者称为冷加工或再结晶织构,而后者称为磁织构。

7.10.5 合金成分和组织的影响

合金元素(包括杂质)的含量对铁磁性有很大影响。绝大多数合金元素都将降低饱和磁化强度。当不同金属组成合金时,随着成分的变化形成不同的组织,合金的磁性也有不同的变化规律。

7.10.5.1 固溶体

如果铁磁金属中溶入顺磁或抗磁金属形成置换固溶体,饱和磁化强度 M_s 总是要降低,且随着溶质原子浓度的增加而下降。例如在铁磁金属镍中溶入 Cu、Zn、Al、Si、Sb,其饱和磁化强度 M_s 不但随溶质原子浓度而降低,而且溶质原子价数越高,M_s 降低得越剧烈,这是由于 Cu、Zn、Al、Si、Sb 等溶质原子的 $4s$ 电子进入镍中未填满的 $3d$ 壳层,导致镍原子的玻尔磁子数减少,溶质原子价数越高,给出的电子数越多,则镍原子的玻尔磁子数减少得越多,M_s 降低幅度越大。

铁磁金属与过渡族金属组成的固溶体则有不同变化规律。如 Ni-Mn、Fe-Ir、Fe-Rh、Fe-Pt 等合金,在这些固溶体中少量第二组元引起 M_s 的增加。这是因为溶质是强顺磁过渡族金属的缘故。这种 d 壳层未填满的金属好像是潜在的铁磁体,在形成固溶体时,通过点阵常数的变化,使交换作用增强,因此对自发磁化有所促进。当溶质浓度不高时,M_s 有所增加,但浓度较高时,由于溶质原子的稀释作用,使 M_s 降低。

事实上在很多情况下,含有这种过渡族金属和其他非铁磁性元素(常常是普通金属或非金属)的固溶体是铁磁性的。

两种铁磁性金属组成固溶体时,磁性的变化较复杂。从图 7-10-6 可看出,Ni-Co 合金的 M_s 随浓度的增加而单调增加;Fe-Co 合金则不同,在 Co 含量 30%(原子)处有极大值,可见在这类合金中存在比纯铁的铁磁性更强的工业合金。Fe-Ni 合金 M_s 变化特点与 Fe-Co 合金类似。

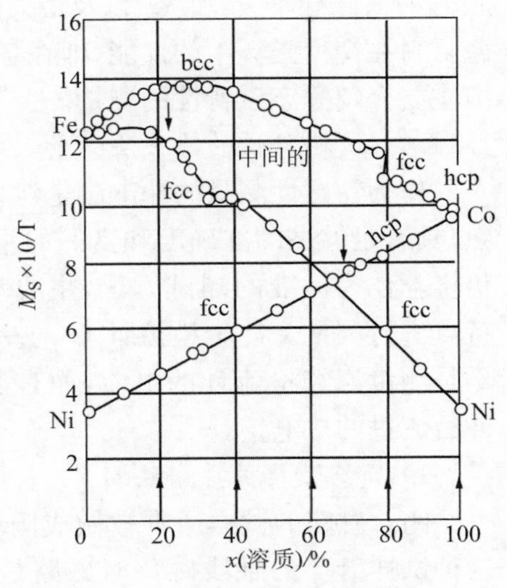

图 7-10-6 铁磁性组元组成的合金磁化强度随成分的关系

7.10.5.2 化合物

铁磁金属与顺磁或抗磁金属所组成的化合物和中间相,如 Fe_7Mo_6、$FeZn_7$、Fe_3Au、Fe_3W_2、$FeSb_2$、NiAl、CoAl 等,由于这些顺磁或抗磁金属的 $4s$ 电子进入铁磁金属未填满的 $3d$ 壳层,因而使铁磁金属 M_s 降低,呈顺磁性。

铁磁金属与非金属所组成的化合物 Fe_3O_4、$FeSi_2$、FeS 等均呈亚铁磁性,即两相邻原子的自旋磁矩反平行排列,而又没有完全抵消。常见的 Fe_3C 和 Fe_4N 则为弱铁磁性。

7.10.5.3 多相合金

在多相合金中,如果各相都是铁磁相,则合金的总饱和磁化强度由各组成相的磁化强度之和来决定(即相加定律),即

$$M_s = M_{s1}\frac{V_1}{V} + M_{s2}\frac{V_2}{V} + \cdots + M_{sn}\frac{V_n}{V} \tag{7-10-1}$$

式中,$M_{s1}, M_{s2}, \cdots, M_{sn}$ 是各组成相的饱和磁化强度;$V_1, V_2, \cdots, V_n$ 为各组成相的体积,合金的体积 $V = V_1 + V_2 + \cdots + V_n$。利用此公式可对合金进行定量分析。

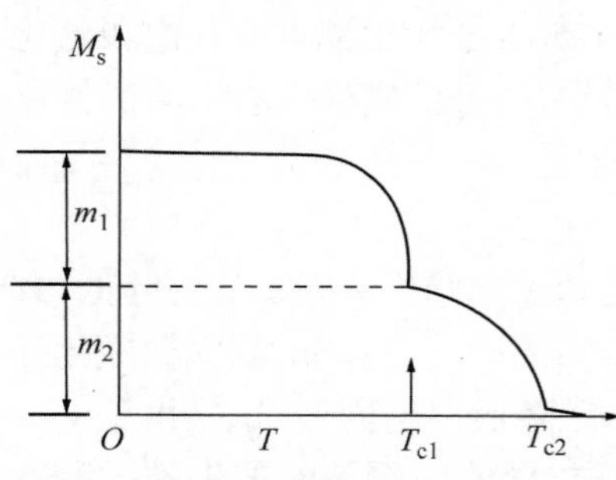

图 7-10-7 由两种铁磁相组成的合金的饱和磁化强度与温度的关系曲线

多相合金的居里点与铁磁相的成分、相的数目有关,合金中有几个铁磁相,就相应地有几个居里点。图 7-10-7 所示为由两种铁磁相组成合金的饱和磁化强度 M_s 与温度 T 的关系曲线,这种曲线叫热磁曲线。图上有两个拐折,对应于两铁磁相的居里点 T_{c1} 和 T_{c2}。图中 $m_1/m_2 = V_1M_1/V_2M_2$。

利用这个特性可以研究合金中各相的相对含量及析出过程。

合金中析出的第二相对 T_c、M_s 有影响,它的形状、大小、分布等对于组织敏感的各磁性能影响极为显著。

7.11 磁性的测量及磁性分析的应用

7.11.1 磁性的测量

铁磁材料的磁性包括直流磁性和交流磁性。前者为测量直流磁场下得到的基本磁化曲线、磁滞回线以及由这两类曲线所定义的各种磁参数,如饱和磁化强度 M_s、剩磁 M_r 或 B_r、矫顽力 H_c、磁导率 μ_i 和 μ_m 以及最大磁能积 $(BH)_{max}$ 等,属于静态磁特性。后者主要是测量软磁材料在交变磁场中的性能,即在各工作磁通密度 B 下,从低频到高频的磁导率和损耗。本节主要介绍静态磁特性的测量。

7.11.1.1 磁特性的冲击法测量

作为铁磁性测量的冲击法是建立在电磁感应基础上的经典方法,在理论和实践上均较成熟,具有足够高的准确度和良好的重复性,目前国际上仍推荐作为标准的测试方法,主要利用冲击检流计的特点进行测量。冲击检流计 G 与一般检流计不同,它不是测量流经检流计的电流,而是测量在一个电磁脉冲后流过的总电量。

1) 闭路试样的冲击法测量

闭合磁路的试样通常被做成圆环形或方框形。当这种试样沿环的轴线磁化时磁路是闭合的,没有退磁场,漏磁通极小,因此测试精度较高。为了减小由于环形试样径向磁化不均匀所引起的误差,应使环形试样

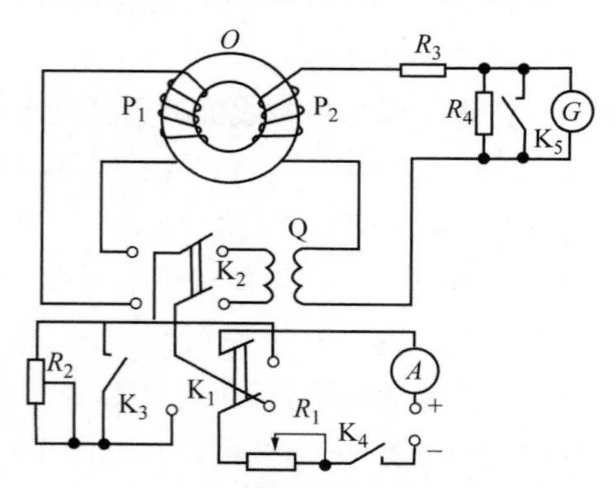

图 7-11-1 冲击法测量磁性线路原理图

内外径尽量接近。该方法的原理图如图 7-11-1 所示。给试样提供磁化场的是磁化线圈 P_1，测量线圈为 P_2，其产生的感应电流由冲击检流计 G 测量。

当电源通过磁化线圈 P_1 施加一个脉冲电流 i 时，根据安培环路定律在螺线环中产生的磁场为

$$H=\frac{W_1 i}{\pi D} \tag{7-11-1}$$

式中，W_1 为磁化线圈 P_1 的匝数，D 为环形试样截面的平均直径。

当磁化电流从 0 瞬时增加到 i 时，磁场相应地从 0 增到 H，与此同时材料的磁化强度也从 0 增加到 M，在测量线圈 P_2 中将突然产生一个磁通量 $\Phi=BS$，式中，S 为试样的截面积；W_2 为磁化线圈 P_2 的匝数。测量线圈 P_2 中产生的感应电势为

$$e=-W_2\frac{\mathrm{d}\Phi}{\mathrm{d}t} \tag{7-11-2}$$

设测量回路中的总电阻为 R，则感应电势 e 在测量回路中引起的感应电流为

$$i_2=\frac{e}{R}=-\frac{W_2}{R}\frac{\mathrm{d}\Phi}{\mathrm{d}t} \tag{7-11-3}$$

流经测量回路的总电量应为脉冲电流 i_2 对时间 t 的积分，即

$$Q=\int_0^i i_2\mathrm{d}t=\int_0^{\Phi}\frac{W_2}{R}\frac{\mathrm{d}\Phi}{\mathrm{d}t}\mathrm{d}t=\frac{W_2 BS}{R} \tag{7-11-4}$$

这个电量 Q 与冲击检流计光点的最大偏移量 α 成正比，即 $Q=C_b\alpha$，C_b 称为冲击常数，是冲击检流计自身的参数。因此得出

$$B=\frac{C_b R}{W_2 S}\alpha \tag{7-11-5}$$

由于冲击常数 C_b、测量线圈匝数 W_2、测量回路总电阻 R 和试样截面积 S 均为已知量，因此可以根据检流计偏移量 α 算出材料的磁感应强度 B。

式(7-11-5)中的冲击常数 C_b 可以从本线路中的标准互感器 Q 得到。双刀开关 K_2 合在左面位置，与磁化线圈 P_1 的电源接通，合在右面位置时，与标准互感器 Q 接通。设标准互感器 Q 主线圈上电流 i 由 0 变到 i'，其副线圈两端产生的感应电势为

$$\varepsilon'=-M\frac{\mathrm{d}i}{\mathrm{d}t} \tag{7-11-6}$$

因此在测量回路中产生感生电流为

$$i'_0=\varepsilon'/R \tag{7-11-7}$$

设通过检流计的电量为 Q'，并引起其偏转角 α_0，则

$$Q'=C_b\alpha_0=\int_0^i i'\mathrm{d}t=\int_0^i \varepsilon'/R\mathrm{d}t=-\int_0^{i'}\frac{M}{R}\frac{\mathrm{d}i}{\mathrm{d}t}\mathrm{d}t=-\frac{M}{R}i' \tag{7-11-8}$$

故可得到

$$C_b R=-\frac{M}{\alpha_0}i' \tag{7-11-9}$$

式中，M 为互感系数。将式(7-11-9)代入式(7-11-5)可算出 B。

冲击法测量闭路试样静态磁特性，实际上是测定不同磁化电流所产生的磁场 H 下试样的磁感应强度 B，测量时环形试样的磁化线圈 P_1 经过主电路的电阻值为 R_1 的调节变阻器由直

流电源供电。在测量基本磁化曲线时,利用 K_1 改变磁化电流的方向,这时 K_3 将电阻值为 R_2 的变阻器短路。在测定磁滞回线时则通过电阻值为 R_2 的变阻器改变磁化电流。R_3 和 R_4 分别为互感次级线圈及试样测量线圈的等效电阻,用以保证检流计回路的电阻在分度和测量过程中保持恒定。

2) 开路试样的冲击法测量

由于靠螺绕环不能产生强磁场,这种利用环形闭路试样测定磁化曲线和磁滞回线的方法只适合于测定软磁材料。对于硬磁材料,需要在较强的外磁场条件下才能磁化到饱和,试样一般做成棒状(开路试样),测量线圈绕在试样上,如图 7-11-2 所示,将试样夹持在电磁铁的两极头之间。电磁铁的磁化线圈通以不同电流,在两极头间产生磁场,试样在强磁场中磁化。

由于开路试样内部存在着非均匀的退磁场,其内部磁场是不均匀的,因此,开路试样的磁性测量必须解决两个问题:一个是消除或减小试样非均匀磁化的影响,另一个是如何测量材料的内部磁场。

为了使开路试样均匀磁化,必须采用能够产生强磁场的磁导计或电磁铁作为磁化装置。但是,磁场强度越高,均匀区域越小,所以必须使试样的形状和大小符合一定要求。具体要求可参考有关手册。

在永磁材料的测试中,往往使用"抛脱法"而不是电流换向法。这是因为电磁铁和磁导计等磁化装置本身的电感量大,电流变化的延续时间长。抛脱法可分为抛线圈和抛样品两种。当把测 B 线圈抛到磁场为零处,就可以测量试样中的 B 值。将试样从测 B 线圈中抽走,就可以测量试样的磁化强度 $M = B - B_0$。将测 H 线圈抛到磁场为零处或者转 180°,就可以测到试样中的磁场强度 H。例如,可以借助带孔的电磁铁进行材料饱和磁化强度 M_s 的测量,如图 7-11-3 所示,称为 Stablein 法或冲击磁性仪测量法,测量时先选定一个足够强的磁场,然后将试样 1 从磁极 2 的中心迅速送到磁极间隙处的测量线圈 3 中,或从线圈中抽出,借助线圈中磁通的变化来测量材料的 M_s。

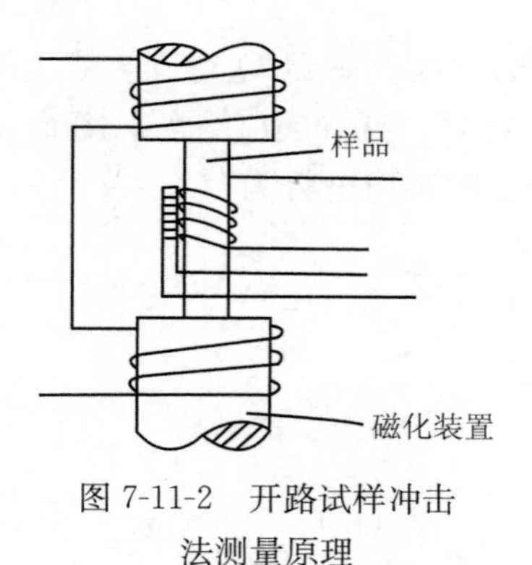

图 7-11-2 开路试样冲击法测量原理

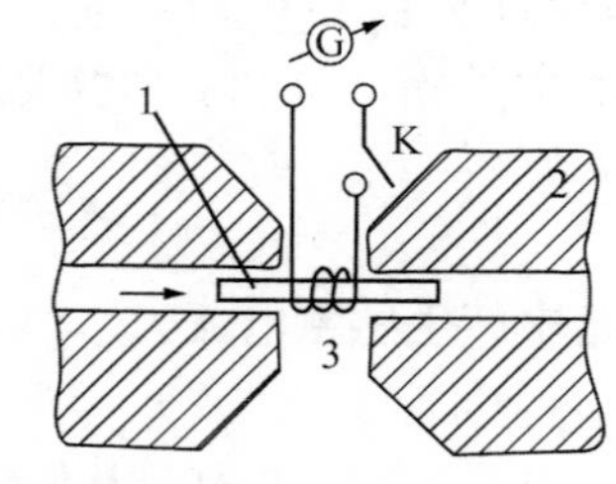

图 7-11-3 冲击磁性仪测量原理

设试样送入前测量线圈中的磁通为 Φ_1,试样送入后的磁通增加到 Φ_2,则试样送入前后磁通的变化为

$$\Delta\Phi = \Phi_2 - \Phi_1 = \mu_0(HS_1 + M_sS_2) - \mu_0 HS_1 = \mu_0 M_s S_2 \tag{7-11-10}$$

因此

$$M_s = \frac{\Delta\Phi}{\mu_0 S_2} \tag{7-11-11}$$

式中，S_1 为测量线圈的截面积；S_2 为试样的截面积。此过程中磁通变化感应出的电量 Q 为

$$Q=\int_0^{\Delta\Phi}\frac{W}{R}\frac{\mathrm{d}\Phi}{\mathrm{d}t}\mathrm{d}t=\frac{W\Delta\Phi}{R} \tag{7-11-12}$$

式中，W 为线圈匝数，R 为测量回路电阻。由于冲击检流计 $Q=C_b\alpha$ 的关系，故得

$$\Delta\Phi=\frac{RC_b}{W}\alpha \tag{7-11-13}$$

将式(7-11-13)代入式(7-11-11)得到

$$M_s=\frac{C_bR}{\mu_0WS_2}\alpha \tag{7-11-14}$$

由于 C_b、R、μ_0、W 和 S_2 均为已知量，故只要读出试样抛脱后检流计的偏移量即可求得材料的 M_s。

一般说来，抛脱法比电流换向法所得到的结果更为准确，但要求抛脱的速度要快而且一致。为此须设置必要的机械装置。如果材料的矫顽力不太高，做抛脱法时一般采用螺线管作为磁化装置。

静态磁特性的冲击测量法虽有许多优点，但也存在测量速度慢、冲击检流计中的线圈悬挂系统怕振动和冲击以及使用和维护不方便等缺点。由于电子技术的进步可以对线圈中感生电动势进行瞬时积分，从而能测量缓慢变化的磁通，这不仅从根本上克服了冲击检流计的局限性，还可以获得比磁电式、磁通表高得多的测量灵敏度，此外它可以用计算机自动记录磁化曲线和磁滞回线。由于受篇幅限制，有关磁性能自动测量内容就不做介绍。

在研究工作中，经常不需测定完整的磁化曲线和磁滞回线，只需测出某些磁学量，下面介绍有关测试方法。

7.11.1.2 *磁转矩仪(热磁仪)测量法*

磁转矩法是通过测量磁化饱和的棒状试样在均匀磁场中所受到的力矩来确定材料的饱和磁化强度 M_s。

仪器的中心部分结构原理如图 7-11-4 所示。试样 1 位于两磁极 2 间的均匀磁场中，固定在杆 4 的下端，在杆 4 的上端装有个反射镜 5，并通过一个弹簧 3 固接在仪器的支架上。在仪器的一侧设置一个光源 7，它所发出的光束对准镜子射在标尺 6 上。

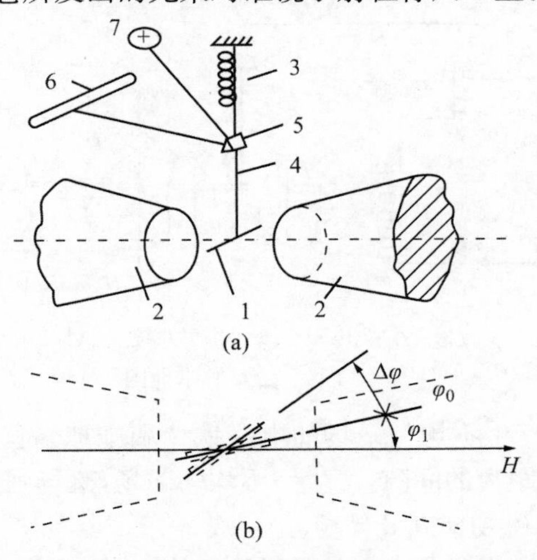

1-试样；2-磁极；3-弹簧；4-固定杆；5-反射镜；6-标尺。

图 7-11-4 磁转矩仪结构原理

如待测试样在水平面上的初始位置与磁场的夹角为 φ_0，如图 7-11-4(b)所示。从磁场对磁体的作用可知，一个磁化强度为 **M** 的试棒在磁场中将受到一个力矩的作用，此力矩(即磁转矩)L_1 使试棒转向磁场方向，其大小为

$$L_1 = \mu VHM_s \sin\varphi_1 \tag{7-11-15}$$

式中，V 为试棒的体积；H 为试棒所处的外磁场；φ_1 为试棒与磁场的夹角。由于试棒固定在弹性元件上，它的微小转动都会引起弹簧的变化，因而产生一反抗力矩 $L_2 = C\Delta\varphi$。此处 C 为弹簧的弹性系数。当两个力矩作用的结果达到平衡状态时，$L_1 = L_2$。设平衡时试棒与磁场的夹角为 φ_1，则 $\Delta\varphi = \varphi_0 - \varphi_1$，代入式(7-11-15)可得

$$M = \frac{C}{\mu_0 VH \sin\varphi_1}\Delta\varphi \tag{7-11-16}$$

如果使用刚性足够大的弹簧，试棒与磁场的初始夹角 φ_0 限制在 20°以内，即在测量过程中的 $\Delta\varphi$ 值很小，因而可以认为 $\sin\varphi_1 = \sin\varphi_0$，则

$$M = \frac{C}{\mu_0 VH \sin\varphi_0}\Delta\varphi \tag{7-11-17}$$

式中，$\Delta\varphi$ 可以通过标尺上光点偏移的读数和反射镜与标尺间的距离求得。

必须指出的是，以上分析都是基于试棒轴线与磁化强度矢量重合的考虑。实际上由于试棒长度有限，在试棒中总是存在纵向和横向的退磁因子，故 **M** 与试棒轴线方向不完全重合。因此，严格地说，磁转矩仪所记录的偏转角与试棒的饱和磁化强度不成线性关系，但在多数情况下，把它们看成线性关系所得到的结果已能满足材料研究中的要求。

用此方法测定 **M** 绝对值有一定困难，但用此法测定磁化强度 M 的动态变化却很方便。若要测量 **M** 随温度变化，则在设备上要有加热装置，因此又称热磁仪。

热磁仪经过适当改造，可以用于测定板材的磁各向异性，所以有时也称为磁各向异性仪。

7.11.1.3 *磁天平(或磁秤)测量法*

抗磁体和顺磁体均属于弱磁体，一般通过样品在非均匀磁场中的斥力或吸力来确定其磁化率。这种方法称为磁天平(磁秤)法，其结构原理如图 7-11-5 所示。

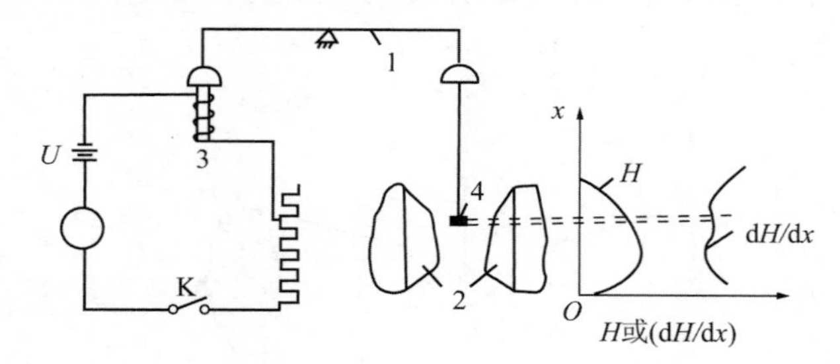

1-分析天平；2-电磁铁；3-平衡力系统；4-试样。

图 7-11-5 磁天平原理图

磁天平由分析天平 1、产生不均匀磁场的电磁铁 2 和施加平衡力的系统 3 组成。磁铁的极头有一个坡度，造成不等距离的间隙，产生一不均匀磁场，磁场强度 H 沿 x 方向的变化可事先测出，并得知沿 x 方向的磁场梯度 $\mathrm{d}H/\mathrm{d}x$。

将试样 4 放入磁场中，则由磁化产生的静磁能 E 等于磁场对材料的磁化功，即

$$E=\int HV\mathrm{d}M=\chi V\int_0^H H\mathrm{d}H=\frac{1}{2}\chi VH^2 \tag{7-11-18}$$

这时磁场对试样沿 x 方向的作用力(斥力或吸力,依材料为抗磁或顺磁而定)应为

$$F=\frac{\mathrm{d}E}{\mathrm{d}x}=\chi VH\frac{\mathrm{d}H}{\mathrm{d}\chi} \tag{7-11-19}$$

式中,V 为试样体积;χ 为试样的磁化率。

由于磁场强度 H、沿 x 方向的磁场强度 $\mathrm{d}H/\mathrm{d}x$ 和试样的体积 V 均为已知量,因此只要测出试样所受的力 F 即可计算出试样的磁化率 χ。测量时调整系统 3 中的电流使其产生与 F 相等的力,使天平达到平衡,此时根据电流的大小即可确定 F。

也可以用已知金属的 χ 值进行标定,若已知某金属的磁化率 χ_1 和相应的电流 i_1,而电流 i_2 对应试样的磁化率 χ_2,则 χ_2 可以近似地按下式求出

$$\chi_2=\chi_1\frac{i_2}{i_1} \tag{7-11-20}$$

磁天平法对于弱磁体的测量是很重要的,但也可以测量铁磁性。如配备加热和冷却装置,还可以对合金在加热和冷却过程中相和组织的变化进行跟踪研究,目前对磁天平的测量已经可以实现自动化,这种仪器已成为弱磁分析的一个有力工具。

7.11.2 磁性分析的应用

铁磁性分析在研究金属中应用广泛,它可以用来研究合金的成分、相和点阵的结构、应力状态以及组织转变等方面的问题。

钢是金属材料中组织变化比较复杂的合金之一。经不同热处理工艺所得到的组织及它们的组成相具有不同的磁性。铁素体、珠光体、贝氏体和马氏体均为强铁磁性组织,Fe_3C 是弱铁磁相,合金碳化物及残余奥氏体均为顺磁相。同一成分的钢处于不同组织状态时,磁性有很大的差异。因此,在研究钢的组织转变时,可采用磁性法。由于多相系统的磁化强度服从相加原则,故可采用饱和磁化强度的变化情况作为相分析根据,确定不同相发生分解的温度区间,判断生成相的性质。

7.11.2.1 测定残余奥氏体量

许多钢材经过淬火,除了得到淬火马氏体外,还有残余奥氏体。根据式(7-10-1)可知其饱和磁化强度 M_s 为

$$M_s=M_M\frac{V_M}{V}+M_A\frac{V_A}{V} \tag{7-11-21}$$

式中,M_s 为待测试样的饱和磁化强度,M_M 和 M_A 分别是马氏体和残余奥氏体的饱和磁化强度,V_M 和 V_A 分别是马氏体和残余奥氏体的体积,V 是试样体积。由于奥氏体是顺磁体,$M_A\approx 0$,因此,残余奥氏体的体积含量 φ_A 为

$$\varphi_A=\frac{V-V_M}{V}=\frac{M_M-M_s}{M_M} \tag{7-11-22}$$

这种方法是利用待测试样的饱和磁化强度 M_s 与一个完全是马氏体的试样饱和磁化强度 M_M 做比较,从而求得残余奥氏体的体积百分数。这个纯马氏体的试样称为标准试样,要获得纯马氏体组织的试样非常困难,在实际测量中常用相对标准试样来代替理想马氏体试样,即用

淬火后立即进行深冷处理或回火处理的试样作相对标准试样。

利用上述方法测定残余奥氏体时,试样和标准试样的饱和磁化强度可用冲击磁性仪法和热磁仪法测出,常用的是冲击磁性仪法,这种方法测量速度快,精度高。

如果钢中含有两个或更多非铁磁相,则还要通过其他方法(如定量金相法)配合才能最后确定残余奥氏体量。

7.11.2.2 研究淬火钢的回火转变

淬火钢在回火过程中,马氏体和残余奥氏体都要发生分解而引起磁化强度的变化。由于多相系统的磁化强度服从相加原则,故可采用饱和磁化强度随回火温度的变化作为相分析的根据,确定不同相发生分解的温度区间,判断生成相的性质。

在回火过程中残余奥氏体分解的产物都是铁磁性相,会引起饱和磁化强度的升高;马氏体分解析出的碳化物是弱铁磁相,会引起饱和磁化强度的下降。回火过程中析出的碳化物 θ 相(Fe_3C),χ 相(Fe_3C_2)和 ε 相($Fe_{2.4}C$)的居里温度分别为 210℃、265℃和 380℃。分析回火过程中磁化强度的变化时,必须分清楚是温度的影响还是组织变化的影响。

图 7-11-6 所示为 T10 钢淬火试样回火时饱和磁化强度变化的典型曲线。曲线 1 表明在 20～200℃加热时磁化强度缓慢下降,冷却时不沿原曲线恢复到原始状态,而沿曲线 3 升高。这说明试样内部组织发生了变化,即所谓回火第一阶段的转变。曲线下降的原因,从饱和磁化强度与温度的关系看,与一般下降的规律是一致的,这说明存在温度的影响。但曲线是不可逆的,说明不只是温度的影响,试样组织也发生了变化,即从马氏体中析出了碳化物。这种组织转变的不可逆性导致磁化强度的不可逆变化。

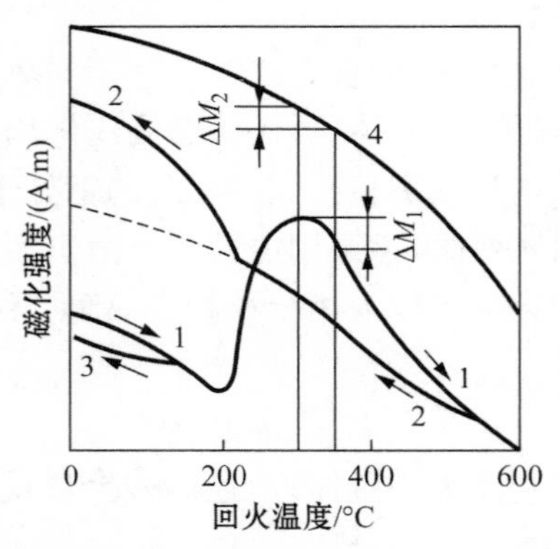

图 7-11-6 T10 钢淬火使用在加热和冷却时饱和磁化强度的变化曲线

在 200～300℃范围内是回火的第二阶段,其特点是曲线随温度的升高而急剧升高。此时,虽然温度升高导致饱和磁化强度下降仍然存在,但是残余奥氏体分解生成的回火马氏体却是强铁磁相。另外,对于析出的 θ 相和 χ 相来说该温度已接近或超过它们的居里点,将引起磁化强度下降。但曲线表明磁化强度仍大幅度上升,说明在这些因素中残余奥氏体的分解和转变占主导地位。

回火过程的第三阶段是 300～350℃,这个温度区间内磁化强度显著下降。这里也同样存在温度对磁化强度的影响。但应注意,这个温度范围距铁的居里点还较远,不会引起这样急剧地下降。从工业纯铁 M-T 曲线 4 可见,300～350℃磁化强度的变化 ΔM_2,远远小于淬火钢的变化 ΔM_1,这说明除了温度的影响之外,主要还是组织变化引起的。在这个温度区间中,θ 和

χ 相是顺磁的，它们对磁化强度已无影响，而残余奥氏体的分解只能导致饱和磁化强度升高。因此，只有从 ε 相变成顺磁相、马氏体分解的继续进行来分析磁化强度大幅度下降的原因。

回火第四阶段在 350～500℃。350℃以上曲线单调下降，在 350～500℃试样的磁化强度和退火状态还存在一个差值(1 和 2 曲线不重合)。这说明回火组织还没有达到稳定的平衡状态，故可推断在此温度区间淬火钢中仍然存在相变。此温度区间距铁的居里点还远，温度的影响仍然存在，但并不大。磁化强度下降的原因主要是 χ 相和铁作用生成 Fe_3C，造成了铁素体基体的相对含量减小，导致曲线下降。

500℃以上温度回火，曲线下降和随后冷却过程中的曲线升高是可逆的。这说明已完成淬火组织的所有分解和转变，而达到平衡组织状态。这里使曲线下降的原因只有温度的影响。在此温度范围内完成渗碳体的聚集和球化，这个组织分布的变化不能反映在组织结构不敏感的参量 M_s 上。多数中、低合金钢淬火后在回火过程中饱和磁化强度的变化规律和 T10 钢类似。

7.11.2.3　*研究过冷奥氏体等温分解*

用热磁仪测定钢的等温分解动力学曲线是比较方便的，所以应用较多。

由于奥氏体是顺磁体，而其分解产物珠光体、贝氏体、马氏体等均为铁磁体，因此，在过冷奥氏体分解过程中，钢的饱和磁化强度与转变产物的数量成正比。

测量过程如下：将试样放在磁极之间的高温炉中加热到奥氏体化温度，加强磁场。因为奥氏体是顺磁体，所以试样在磁场作用下并不发生偏转。通过专门机构，很快地将加热炉从磁极之间取出，并换上等温炉(等温炉的温度已调至预定的温度)，这时过冷奥氏体将在该温度下发生等温分解，其分解产物(在高温区等温为珠光体，中温区为贝氏体，低温区为马氏体)都是铁磁相。随着等温时间加长，分解产物增多，试样磁化强度 M_s 增加，试样的偏转角也就增大。连续记录下试样的转角，经过适当的换算，就可以算出奥氏体转变量，因而也就可以绘出奥氏体等温分解曲线(见图 7-11-7)。将不同温度下测得的转变开始时间 t_0 和转变终了时间 t_f 标到温度-时间坐标中，便可得到过冷奥氏体的等温转变曲线(C 曲线)。

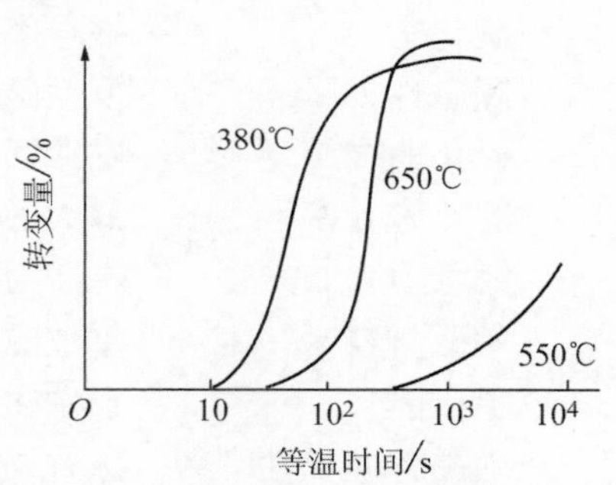

图 7-11-7　热磁法测得的过冷奥氏体等温转变动力学曲线

本 章 小 结

本章在简单介绍物质磁性的本质和分类的基础上，较详细地介绍了铁磁性的宏观表征、微观理论、影响因素、测试方法以及磁性分析在材料研究中的应用。

物质的磁性来源于原子固有磁矩，而原子固有磁矩又取决于电子磁矩并且主要是电子自旋磁矩，原子具有固有磁矩的条件是核外有未填满的电子壳层。

根据物质在外磁场中的表现可以将磁性分为抗磁性、顺磁性、铁磁性、亚铁磁性和反铁磁性五大类。抗磁性来源于轨道电子的拉莫运动，是所有物质都具有的磁性；顺磁性来源于原子固有磁矩或自由电子的自旋磁矩在外磁场下的定向排列，顺磁性物质的磁化率与温度之间的关系服从居里定律;原子固有磁矩能在无外磁场作用下自发形成定向排列小区域(磁畴)的物质则表现为铁磁性。铁磁性的本质在于亚壳层未排满电子的自旋磁矩。

铁磁性物质的磁化率和磁导率远远高于其他磁性物质,是磁性材料的基础。铁磁体的磁化特征是具有磁滞回线和磁致损耗。描述铁磁性的主要磁学性能有磁化率、起始磁导率、最大磁导率、饱和磁化强度、矫顽力、剩余磁感应强度、最大磁能积、磁晶各向异性常数、磁致伸缩系数等。凡是与自发磁化有关的磁性参数都是组织不敏感的,如饱和磁化强度、饱和磁致伸缩系数、磁晶各向异性常数、居里点等;反之,凡是与技术磁化有关的参数,则是组织敏感的,如矫顽力、磁化率、磁导率、剩余磁感应强度等。

对铁磁性参数的测量有冲击法、磁转矩仪法、磁天平法、振动样品磁强计法等,而磁性分析在材料研究中也有很多应用,例如,测定钢中的残余奥氏体量、研究淬火钢的回火转变、研究钢中过冷奥氏体的等温转变、建立合金相图等。

名词及术语

磁性　磁化　磁介质　磁场
磁场强度　磁感应强度　磁矩　原子固有磁矩
磁化率　磁导率　铁磁性　亚铁磁性
顺磁性　反铁磁性　抗磁性　居里定律
磁化曲线　磁滞回线　饱和磁化强度　饱和磁感应强度
起始磁导率　最大磁导率　磁滞　剩余磁感应强度
矫顽力　磁滞损耗　最大磁能积　软磁材料
硬磁材料　复数磁导率　磁晶各向异性　磁致伸缩
退磁能　自发磁化　磁畴　技术磁化
磁晶各向异性常数　磁致伸缩系数　饱和磁致伸缩系数

思考题及习题

1. 铁原子具有 2.2 玻尔磁子。试求铁的饱和磁化强度 M_s(铁的相对原子质量为 55.9,密度为 7.87g/cm^3)。

2. 某些不锈钢的磁化率小于 1。你如何能够将它们从包括其他不锈钢、普碳钢、黄铜、铝等在内的一堆废金属材料中分离出来?

3. 如果你将一块巨大的铁磁性单晶体放入一个磁场中,它的长度是否会发生能够实际测量出来的增加? 再将其从磁场中移出来,又是否会明显缩短?

4. 在 $H=5\times10^5$ A/m 的外磁场下,某材料的磁感应强度 $B=0.630$T。

(1) 试计算该材料的磁导率和磁化率;

(2) 该材料的磁性属于哪一类,为什么?

5. 在 $H=200$A/m 的外磁场下,某材料的磁化强度 $M=1.2\times10^6$ A/m。

(1) 试计算该材料的磁导率、磁化率和磁感应强度;

(2) 该材料的磁性属于哪一类,为什么?

6. 某铁磁体具有剩磁 $B_r = 1.27T$，矫顽力 $H_c = 50\,000A/m$，当磁场强度 H 为 100 000A/m 时达到饱和，饱和磁感应强度 $B_s = 1.50T$。根据上述数据，请绘出磁场强度在 −100 000～100 000A/m 范围内的完整磁滞回线，并在轴上的相应位置标注符号。

7. 当你将信用卡存放在钱夹中时，使它们上面的磁条挨放到一起不好，为什么？

8. 一个合金中有两种铁磁性相，用什么试验方法证明？

9. 能否利用纯镍的磁致伸缩效应控制直线位移 5mm 的阀？

10. 某变压器磁钢具有如下数据：

10 题表　变压器钢数据

$H/(A \cdot m^{-1})$	0	10	20	50	100	150	200	400	600	800	1 000
B/T	0	0.03	0.07	0.23	0.70	0.92	1.04	1.28	1.36	1.39	1.41

(1) 画出 B-H 关系曲线；

(2) 求出初始磁导率和初始相对磁导率；

(3) 求出最大磁导率及所对应的磁场强度和磁化率。

11. 工厂中常发生“混料”现象。假如某钢的淬火试样，又经不同温度回火后混在一起了。可用什么方法将各不同温度回火试样、淬火试样区分开来（不能损伤试样）？

12. 对铜、镁、铁的磁性进行分类，并解释其本质原因。

13. 为何磁畴中的元磁矩一般都要形成一个闭环，且元磁矩的方向都是沿着易磁化方向的？

8 电学性能

电学性能

材料的电学性能是指在外电场下材料内部电荷的响应行为，大致分为导电性和介电性两大类。前者表征材料内部的电荷做长距离定向流动的性能；后者表征材料内部正、负电荷发生微观尺度的相对位移而产生极化的性能。此外，在除电场以外的其他物理场作用下，也可能发生涉及电的复杂耦合效应，如压电效应、铁电效应、热释电效应、光电效应、磁电效应等。所有这些电学性能在电力、电子工业，特别是高技术领域都有重要的应用。

本章主要讨论材料的导电和介电两大电学性能的概念、规律、机理、影响因素和测量方法。最后简单介绍耦合电学效应。

8.1 导电性能

8.1.1 概述

8.1.1.1 导电性的表征

当材料两端施加电压 V 时，材料中有电流 I 通过，这种性能称为**导电性**（electric conduction）。电流 I 的大小可由欧姆定律求出

$$I=\frac{V}{R} \tag{8-1-1}$$

式中，R 为材料的**电阻**（resistance），其值不仅与材料本身的性质有关，还与其长度 L 及截面积 S 有关，即

$$R=\rho\frac{L}{S} \tag{8-1-2}$$

式中，ρ 称为**电阻率**（resistivity）或**比电阻**（specific resistance）。电阻率只与材料特性有关，而与导体的几何尺寸无关，因此评定材料导电性的基本参数是电阻率。电阻率的单位为 $\Omega\cdot m$，有时也用 $\Omega\cdot cm$ 或 $\mu\Omega\cdot cm$，工程技术上也常用 $\Omega\cdot mm^2/m$。它们之间的换算关系为

$$1\mu\Omega\cdot cm=10^{-8}\Omega\cdot m=10^{-6}\Omega\cdot cm=10^{-2}\Omega\cdot mm^2/m$$

根据电学理论，$I=SJ$（J 为电流密度），$V=LE$（E 为电场强度），则式(8-1-1)可写为

$$J=\frac{1}{\rho}E \tag{8-1-3}$$

定义电阻率的倒数为**电导率**（electric conductivity），用 σ 来表示，即

$$\sigma=\frac{1}{\rho} \tag{8-1-4}$$

由此则式(8-1-3)可写为

$$J=\sigma E \tag{8-1-5}$$

该式表明，通过材料的电流密度正比于电场强度，比例系数即为电导率 σ，其量纲为 $\Omega^{-1}\cdot m^{-1}$ 或 S/m(西/米)。

工程中也常用相对电导率(IACS%)来表征材料的导电性能。其定义是，把国际标准软纯铜(20℃时电阻率为 0.017 24Ω·mm^2/m)的电导率作为 100%，其他材料的电导率与之相比的百分数即为该材料的相对电导率。例如，铁的 IACS%为 17%，铝的 IACS%为 65%。

电阻率和电导率都是表征材料导电能力的基本参数，前者便于工程测量，后者则因能够与携电粒子的数目及运动速度相联系，故在材料研究中常用。

8.1.1.2　材料导电性的划分

各种材料呈现出范围很宽广的导电性，在室温下导电性最佳的金属材料(如银和铜)和导电性最差的材料(如聚苯乙烯和金刚石)之间电阻率的差别达 25 个数量级。如果考虑到低温下超导体的导电性，则电阻率的差别可达到 40 个数量级，这是物理特性中所知的最大差别，其比值等同于宇宙 10^{26} 与电子 10^{-14} 大小的差别。表 8-1-1 给出了常用工程材料在室温时的电导率。

表 8-1-1　常用工程材料室温电导率

材料类别	$\sigma/(\Omega^{-1}\cdot cm^{-1})$	材料类别	$\sigma/(\Omega^{-1}\cdot cm^{-1})$
聚合物		钯	9.2×10^4
尼龙	$10^{-12}\sim10^{-15}$	铅	4.8×10^4
聚碳酸酯	5×10^{-17}	铂	9.4×10^4
聚乙烯	$<10^{-16}$	锡	9.1×10^4
聚丙烯	$<10^{-15}$	钽	8.0×10^4
聚苯乙烯	$<10^{-16}$	锌	1.7×10^5
聚四氟乙烯	10^{-18}	锆	2.5×10^4
聚氯乙烯	$10^{-12}\sim10^{-16}$	普碳钢(1020)	1.0×10^5
酚醛树脂	10^{-13}	不锈钢(304)	1.4×10^4
聚酯	10^{-11}	灰铸铁	1.5×10^4
硅酮	$<10^{-12}$	陶瓷	
乙缩醛	10^{-15}		
金属与合金		ReO_3	5.0×10^5
铝	3.8×10^5	CrO_2	3.3×10^4
银	6.3×10^5	SiC	1.0×10^{-1}
金	4.3×10^5	Fe_3O_4	1.0×10^2
钴	1.6×10^5	SiO_2	$<10^{-14}$
铬	7.8×10^4	Al_2O_3	$<10^{-14}$
铜	6.0×10^5	Si_3N_4	$<10^{-14}$
铁	1.0×10^5	MgO	$<10^{-14}$
镁	2.2×10^5	Si	1.0×10^{-4}
镍	1.5×10^5	Ge	2.3×10^{-2}

一般根据电阻率 ρ 的大小，把材料分为如下三类。

(1) 导体(conductor)：$\rho<10^{-5}\,\Omega\cdot m$。

(2) 半导体(semiconductor)：$10^{-5}\,\Omega\cdot m<\rho<10^{9}\,\Omega\cdot m$。

(3) 绝缘体(insulator):$\rho > 10^9\ \Omega \cdot m$。

金属及合金一般属于导体材料,纯金属的电阻率在 $10^{-8} \sim 10^{-7}\ \Omega \cdot m$ 之间,合金的电阻率在 $10^{-7} \sim 10^{-5}\ \Omega \cdot m$ 之间,此外,碳材料如石墨烯($10^{-6}\ \Omega \cdot m$)、碳纳米管以及掺杂氧化锡材料,如 ITO 和 FTO 等非金属材料按其电阻率大小进行划分,都可以归属为导体材料;元素周期表ⅣB族中的硅、锗、锡及它们的某些化合物,以及少量的陶瓷和高分子聚合物为半导体;绝大多数陶瓷、玻璃和高分子聚合物为绝缘体材料。

8.1.1.3 导电机理

1) 载流子

电流是电荷在空间的定向流动。任何物质,只要存在带电荷的自由粒子——载流子,就可以在电场作用下产生电流。不同的材料,占主导地位的载流子类型不同,就具有不同的导电机理。

金属中,载流子是自由电子,故称电子电导。

无机材料中,载流子有两类:一类是离子(包括正离子、负离子和空位);另一类是电子。由于无机非金属材料多是离子键和共价键结合,自由电子很少,占主导地位的是离子,故导电机制为离子电导。

电子电导和离子电导具有不同的特性。电子电导具有霍尔效应;离子电导则有电解效应。

除了电子和离子这两类常见载流子外,还有形式比较特殊的载流子,如在超导体中,载流子是因某种相互作用而结成的双电子对(库柏对);在导电高分子聚合物中,则是由称为孤子的特殊电子形态作为载流子。

2) 载流子迁移率

物体导电现象的微观本质就是载流子的定向迁移。设有一横截面积为单位面积的导体,其单位体积内载流子数目为 n,每一载流子携带的电荷量为 q。若沿长度方向施加强度为 E 的外电场(见图 8-1-1),则作用在每一个载流子上的力为 qE。在这个力的作用下,每一载流子在 E 的方向上发生迁移,其平均速度为 v。则单位时间内通过截面的电荷为

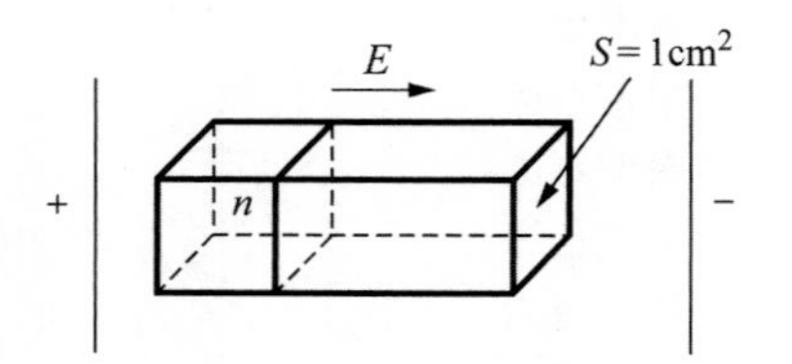

图 8-1-1 定义载流子迁移率的示意图

$$J = nqv \tag{8-1-6}$$

将式(8-1-6)代入式(8-1-5)可得

$$\sigma = \frac{J}{E} = \frac{nqv}{E} \tag{8-1-7}$$

定义

$$\mu = \frac{v}{E} \tag{8-1-8}$$

μ 为载流子的**迁移率**(mobility),其含义为单位电场下载流子的平均漂移速度。

3) 电导率

由式(8-1-7)和式(8-1-8)可将电导率表示为如下形式

$$\sigma = nq\mu \tag{8-1-9}$$

若材料中对电导率有贡献的载流子有多种,则总电导率为

$$\sigma = \sum_i \sigma_i = \sum_i n_i q_i \mu_i \tag{8-1-10}$$

式中，下标 i 表示载流子类型。由此式可见，决定材料导电性好坏的本质因素有两个：一是载流子浓度；二是载流子迁移率。温度、压力等外界条件，以及键合、成分等材料因素都对载流子数目和载流子迁移率有影响。任何提高载流子浓度或载流子迁移率的因素都能提高电导率，降低电阻率。但应注意的是，某一个因素对载流子浓度和载流子迁移率可能会有相反的影响，如温度提高一般增加载流子浓度，但降低载流子迁移率，在这样的情况下，电导率的升高还是下降就取决于两者竞争的结果，视情况而定了。

为了表征不同载流子对导电的贡献，还会经常引入输运数的概念，定义为

$$t_x=\frac{\sigma_x}{\sigma_T} \tag{8-1-11}$$

式中，σ_x 为某种载流子输运电荷的电导率；σ_T 为各种载流子输运电荷形成的总电导率；t_x 表示某一种载流子输运电荷占全部电导率的分数。通常以 t_i^+、t_i^-、t_e^+、t_e^- 分别表示正离子、负离子、电子和空穴的输运数，并把离子输运数 $t_i>0.99$ 的导体称为离子导体，把 $t_i<0.99$ 的称为混合导体。

载流子类型不同，电导率的具体表达式也不同。

4）电子导电

对于电子电导，经典自由电子电子理论认为，在金属晶体中，离子构成了晶格点阵，并形成一个均匀的电场，价电子是完全自由的，可以在整个金属中自由运动，就像气体分子充满整个容器一样，因此，可以把价电子看成"电子气"。它们的运动遵循经典力学气体分子的运动规律(机械碰撞)，服从麦克斯韦-玻耳兹曼方程。在无电场作用时，电子沿各个方向随机运动，因此没有电流，在电场的作用下，电子沿电场的反方向漂移直到其发生碰撞，更加恰当的描述是其受到了与电场力方向相反的摩擦力作用。因此，金属或合金中的电阻主要是由于电子与晶体中的不完整结构(杂质原子、空位、晶界和位错等)发生碰撞产生的。

自由电子理论成功地解释了欧姆定律、维德曼-弗朗兹定律及焦耳-楞次定律，但无法解释二价金属的电导率为何不是一价金属的两倍，以及实际测得的金属电子比热比理论计算值小得多的问题。

其后根据量子自由电子理论，金属电子气服从费米-狄拉克统计分布，并认为电子受到的晶格势场作用是均匀的，从而说明只有费米面附近的电子才能对导电做出贡献，并利用能带理论(考虑离子实际所造成周期性势场的作用)才导出电导率的表达式：

$$\sigma=\frac{n_{\mathrm{eff}}e^2 l_F}{m^* v_F} \tag{8-1-12}$$

式中，n_{eff} 为单位体积内实际参加传导电子数；m^* 为电子有效质量，它是考虑晶体点阵对电子作用的结果；e 为电子电量；l_F 为费米面附近电子平均自由程；m 为电子质量；v_F 为费米面附近电子平均运动速度。

量子自由电子理论较好地解释了金属导电及电阻产生的物理本质。量子力学证明，当电子波在绝对零度(0K)下通过一个理想的完整晶体时，将不受散射而无阻碍传播，此时电阻率为零。在晶体点阵完整性遭到破坏的地方，电子波才受到散射，因而产生电阻。实际上金属不仅内部存在缺陷和杂质，而且由于温度引起的离子运动(热振动)振幅的变化，都会使理想晶体点阵的周期性遭到破坏，电子波在这些地方发生散射而产生附加电阻，降低导电性。

从连续能量分布的价电子在均匀势场中的运动，到不连续能量分布的价电子在均匀势场

中的运动，再到不连续能量分布的价电子在周期性势场中的运动，分别是经典自由电子论、量子自由电子论、能带理论这3种分析材料导电性理论的主要特征。

导体、半导体和绝缘体三者导电性的差别可通过能带理论进行解释。金属导体的能带分布通常有两种情况：一是价带和导带重叠，而无禁带；二是价带未被价电子填满，所以这种价带本身就是导带(见图8-1-2)。因此，在外电场的作用下电子很容易从一个能级转到另一个能级上去而产生电流。有这种能带结构的材料就是导体。

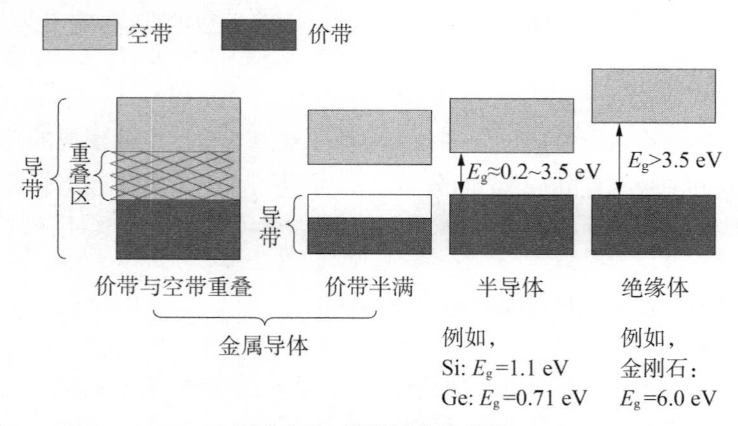

图8-1-2　能带结构示意图

而对于绝缘体，导带与价带之间存在一个较宽的禁带，如图8-1-2所示，由于满带中的电子没有活动的余地，即便是禁带上面的能带完全是空的(空带)，在外电场的作用下电子也很难跳过禁带。也就是说，电子不能趋向于一个择优方向运动，即不能产生电流。有这种结构的材料是绝缘体。半导体的能带结构与绝缘体相同，所不同的是它的禁带比较窄，如图8-1-2所示，电子跳过禁带不像绝缘体那么困难。满带中的电子受到光、热激发能跃过禁带而进入上面的导带，在外电场作用下导体中的自由电子或价带中的空穴便产生电流。

5) 离子导电 ▶

对于陶瓷、玻璃等离子型固体，导电机理主要为离子电导。离子电导可以分为两大类：第一类离子电导源于晶体点阵中基本离子的运动，称为离子固有电导或本征电导；第二类离子电导是结合力比较弱的离子运动造成的，这些离子主要是杂质离子，因而称为杂质电导。

对于本征离子电导，载流子由晶体本身热缺陷——弗兰克缺陷和肖特基缺陷提供。由于热缺陷的浓度随温度的升高而增大，因此本征离子电导率σ_s与温度T的关系可用下式表示：

$$\sigma_s = A_s \exp\left(-\frac{E_s}{kT}\right) \tag{8-1-13}$$

式中，A_s与E_s均为材料的特性常数；k为玻耳兹曼常数；T为绝对温度。E_s称为离子激活能，其值大小与可迁移的离子从一个空位跳到另一个空位的难易程度有关。而A_s取决于可迁移的离子数，即离子从一个空位到另一个空位的距离以及有效的空位数目。从上式可以看到，电导率取决于温度T和离子激活能E_s。常温下，kT和E_s相比很小，因此只有在高温下，本征电导才显著。

杂质离子亦可成为载流子。杂质离子载流子的浓度取决于杂质的数量和种类，因为杂质离子的存在，不仅增加电流载体数量，而且使点阵发生畸变，杂质离子离解活化能变小。在低

温下，离子晶体的电导主要由杂质载流子浓度决定。由杂质引起的电导率也可以用式(8-1-14)的形式表示，即

$$\sigma = A_i \exp\left(-\frac{B_i}{T}\right) \tag{8-1-14}$$

式中，A_i 与 B_i 均为材料常数。

离子导电特性的最典型应用就是锂离子电池。

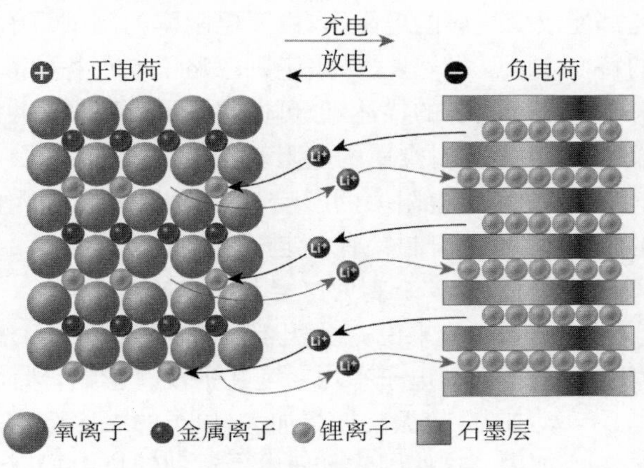

图 8-1-3 锂离子电池工作示意图

图 8-1-3 为锂离子电池的工作示意图。充电时，锂离子从正极的锂离子化合物中迁移至负极的碳材料中储存起来，此时电池储存了能量。放电时，锂离子又从负极的碳材料中穿过电解质薄膜回到正极的锂离子化合物中，释放出能量。

8.1.2 金属的导电性 ▶

8.1.2.1 马基申定则

金属主要是以自由电子导电，根据式(8-1-12)可得到金属的电阻率：

$$\rho = \frac{m^* v_F}{n_{eff} e^2 l_F} \tag{8-1-15}$$

此式适用的是不含杂质又无缺陷的纯金属理想晶体。实际上金属与合金中不但含有杂质和合金元素，而且还存在晶体缺陷。传导电子的散射发生在电子-声子、电子-杂质原子以及与其他晶体点阵静态缺陷碰撞的时候。在铁磁体和反铁磁体中还要发生磁振子的附加碰撞。

理想金属的电阻对应电子-声子散射和电子-电子散射，可以看成基本电阻。这个电阻在绝对零度时降为零。晶体中的缺陷和杂质对电子的散射是绝对零度下金属存在残余电阻的实质。这个电阻表示了金属的纯度和完整性。因此当金属中有缺陷时会引起额外的散射。此时散射系数由两部分组成：

$$\nu = \nu_T + \Delta\nu \tag{8-1-16}$$

式中，散射系数 ν_T 与温度 T 成正比，$\Delta\nu$ 与杂质浓度成正比，与温度无关。这样，总的电阻包括金属的基本电阻和溶质（杂质）浓度引起的电阻（与温度无关）。这就是著名的**马基申**(Matthiessen)定则，用下式表示：

$$\rho = \rho(T) + \rho' \tag{8-1-17}$$

式中,$\rho(T)$为与温度有关的金属基本电阻,即溶剂金属(纯金属)的电阻;ρ'为取决于化学缺陷和物理缺陷而与温度无关的残余电阻。此处所指的化学缺陷为杂质原子以及人工加入的合金元素原子。物理缺陷指空位、间隙原子、位错以及它们的复合体。对于给定的金属或合金,其杂质原子的数量是一定的,但是空位或晶界的数量会经过不同的热处理后发生变化,比如淬火后的金属其室温电阻率由于淬火空位的增加而显著增加,淬火后的金属通过室温时效或者在稍高于室温的温度回火,其电阻可以回复到淬火前金属的电阻值。同样地,再结晶,晶粒长大以及一些其他冶金工艺都能改变金属的电阻率,由于电阻率的测试简单,因此在材料研究中电阻率是最被广泛研究的特性之一。显然,马基申定则忽略了电子各种散射机制间的交互作用,给合金的导电性做了一个简单而明了的描述,但可以很好地反映低浓度固溶体的试验事实。

从马基申定则可以看出,在高温时金属的电阻基本上取决于$\rho(T)$,而在低温时则取决于残余电阻ρ'。因此,研究晶体缺陷对电阻率的影响,对于估计晶体结构的完整性有重要意义。掌握这些缺陷对电阻的影响,就可以研制具有一定电阻值的金属。

8.1.2.2 金属电阻率与温度的关系

一般来说,金属电阻率随温度升高而增大。尽管温度对有效电子数和电子平均速度几乎没有影响,然而温度升高会使离子振动加剧,热振动振幅加大,原子的无序度增加,周期势场的涨落也加大。这些因素都使电子运动的自由程减小,散射概率增加而导致电阻率增大。金属的电阻率随温度变化的一般规律如图 8-1-4 所示,可见金属电阻率在不同温度范围内变化规律是不同的,大致可分为 3 个区间:

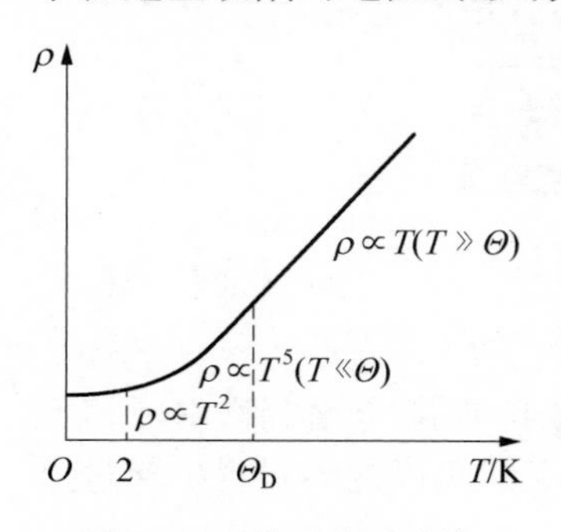

图 8-1-4 普通非过渡族金属电阻温度曲线

(1) 温度 $T \leqslant 2$K 时,电阻率ρ与温度的平方成正比;

(2) 2K$<T \ll \Theta_D$(德拜特征温度)时,ρ与温度的 5 次方成正比;

(3) $T \gg \Theta_D$ 时,ρ与温度成正比。

造成如此规律与电子的散射机制有关。在理想完整的晶体中电子的散射取决于温度所造成的点阵畸变,金属的电阻取决于离子的热振动。也就是说,除了最低的温度以外,在所有温度下大多数金属的电阻都取决于“电子-声子”散射。在极低温下(2K)时,“电子-电子”散射对电阻的贡献可能是显著的。根据德拜理论,晶格热振动的特征在Θ_D以上和以下两个温度区域存在本质的差别,这就是在这两个温度区间内电阻率与温度关系不同的原因。

一般情况下高于室温以上温度金属的电阻与温度关系为

$$\rho_T = \rho_0(1+\alpha T) \tag{8-1-18}$$

式中,ρ_0表示绝对零度时的电阻率,即残余电阻率,α表示线性电阻温度系数。大多数纯金属的$\alpha \approx 4\times10^{-3}$。过渡金属,特别是铁磁性金属,具有较高的$\alpha$值,例如铁的$\alpha$值为$6\times10^{-3}$。

过渡族金属的电阻与温度的关系经常出现反常,特别是具有铁磁性的金属在发生磁性转变时,电阻率出现反常[见图 8-1-5(a)]。一般金属的电阻率与温度是一次方关系,对铁磁性金属在居里点以下温度不适用。镍的电阻随温度变化如图 8-1-5(b)所示,在居里点以下温度偏离线性关系。铁磁性金属电阻-温度反常是由于铁磁性金属内参与自发磁化的d及s壳层电子云相互作用引起的。

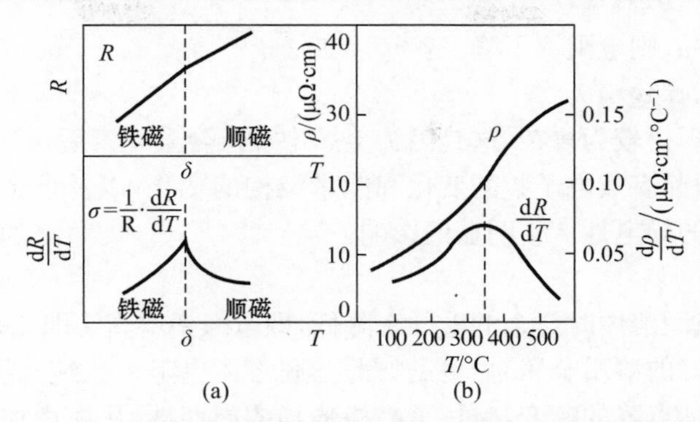

图 8-1-5 温度对磁性金属比电阻和电阻温度系数的影响

(a) 铁磁性金属；(b) 金属镍

8.1.2.3 应力和冷加工变形的影响

弹性应力范围内的单向拉应力使原子间的距离增大、点阵的畸变增大，导致金属的电阻增大。此时，电阻率 ρ 与拉应力有如下关系

$$\rho=\rho_0(1+\beta\sigma) \tag{8-1-19}$$

式中，ρ_0 为未加载荷时的电阻率；β 为应力系数；σ 为拉应力。

弹性应力范围内的压应力对电阻的影响恰好与拉应力相反，由于压应力使原子间的距离减小，点阵的畸变减小，大多数金属在三向压力(高达 1.2GPa)的作用下，电阻率下降，并且有如下关系

$$\rho=\rho_0(1+\varphi p) \tag{8-1-20}$$

式中，ρ_0 是真空下的电阻率；φ 是压力系数，为负值；p 是压力。

弹性应力范围内的压力对过渡族金属的影响最显著，这些金属的特点是存在具有能量差别不大的未填满电子的壳层。因此，在压力作用下，有可能使外壳层电子转移到未填满的内壳层。这就要表现出性能的变化。

高的压力甚至会导致物质金属化，引起导电类型的变化，而且有助于从绝缘体→半导体→金属→超导体的某种转变。表 8-1-2 列举了某些元素获得金属导电性的临界压力。

表 8-1-2 某些半导体和绝缘体转变为金属态的临界压力

元素	S	Si	Ge	H	金刚石	P	AgO
$P_{极限}$/GPa	40	16	12	200	60	20	20
ρ/(μΩ·cm)	—	—	—	—	—	60±20	70±20

室温下测得经相当大的冷加工变形后纯金属(如铁、铜、银、铝)的电阻率，比未经变形的只增加 2%～6%。只有金属钨、钼例外，当冷变形量很大时，钨电阻可增加 30%～50%，钼增加 15%～20%。一般单相固溶体经冷塑性变形后，电阻可增加 10%～20%。而有序固溶体电阻增加 100%，甚至更高。也有相反的情况，如镍-铬、镍-铜-锌、铁-铬-铝等中形成 K 状态，则冷加工变形将使合金电阻率降低。

冷加工变形使金属的电阻率增大。这是由于冷加工变形使晶体点阵畸变和晶体缺陷增加，特别是空位浓度的增加，造成点阵电场的不均匀而加剧对电磁波散射的结果。此外，冷加工变形使原子间距有所改变，也会对电阻率产生一定影响。若对冷加工变形的金属进行退火，

使它产生回复和再结晶,则电阻率下降。

8.1.2.4 合金的导电性

合金的导电性表现得较为复杂,这是因为金属中加入合金元素后,其异类原子引起点阵畸变,组元间相互作用引起有效电子数的变化和能带结构的变化,以及合金组织结构的变化等,这些因素都会对合金的导电性产生明显的影响。

1) 固溶体的导电性

一般情况下,形成固溶体时合金的电导率降低,即电阻率增高。即使是在导电性差的金属溶剂中溶入导电性很好的溶质金属时,也是如此。固溶体电阻率比纯金属高的主要原因是溶质原子的溶入引起溶剂点阵的畸变,破坏了晶格势场的周期性,从而增加了电子的散射概率,使电阻率增大。同时,由于组元间化学相互作用(能带、电子云分布等)的加强使有效电子数减少,也会造成电阻率的增高。

在连续固溶体中合金成分距组元越远,电阻率也越高,在二元合金中最大电阻率常在50%原子浓度处(图 8-1-6),而且可能比组元电阻率高几倍。铁磁性及强顺磁性金属组成的固溶体情况有异常,它的最大电阻率一般不在50%原子处(见图 8-1-7)。

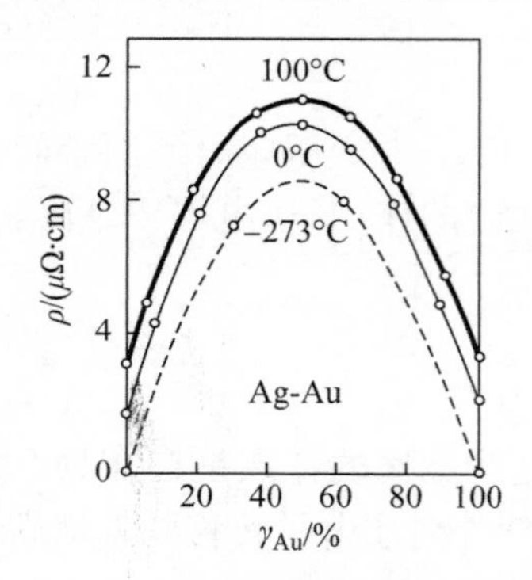

图 8-1-6 Ag-Au 合金电阻率与成分关系图

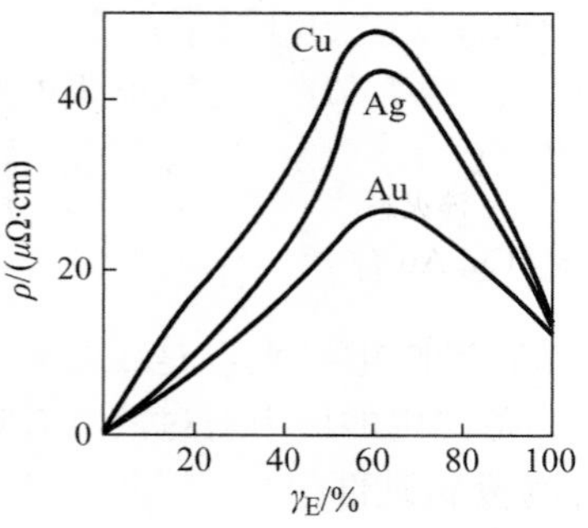

图 8-1-7 Cu-Pd、Ag-Pd、Au-Pd 合金电阻率与成分关系

低浓度固溶体电阻率表达式为

$$\rho = \rho_0 + C\Delta\rho \tag{8-1-21}$$

式中,ρ_0 表示固溶体溶剂组元的电阻率;C 是杂质原子含量;$\Delta\rho$ 表示 1%溶质原子引起的附加电阻率。这就是著名的马基申定律,它表明合金电阻由两部分组成:一是溶剂的电阻,它随着温度升高而增大;二是溶质引起的附加电阻。

试验证明,除了过渡族金属外,在同一溶剂中溶入 1%(原子百分数)溶质金属所引起的电阻率增加,取决于溶剂和溶质金属的价数,其增加的电阻率与它们价差的平方成正比,其数学表达式为

$$\Delta\rho = \rho_0 + b(\Delta z)^2 \tag{8-1-22}$$

式中,b 是常数;Δz 表示溶剂与溶质之间的价差。此式称为诺伯里-林德法则(Linde's rule)。

2) 有序固溶体的导电性

固溶体有序化对合金的电阻有显著的影响,其影响作用体现在两方面。一方面,固溶体有序化后,其合金组元化学作用加强,电子结合比无序固溶体增强,这使导电电子数减少而合金的剩余电阻增加。另一方面,晶体的离子电场在有序化后更对称,从而减少电子的散射,因此使电阻降低。通常情况下,第二个方面的因素占优势,因此有序化后,合金的电阻总体上是降

低的。

图 8-1-8 和图 8-1-9 指出了铜-金合金在有序化和无序化时电阻率变化特征。图 8-1-8 中曲线 1 表明，无序合金（淬火态）同一般合金电阻率变化规律相似。曲线 2 表明，有序合金 Cu_3Au，CuAu（退火态）的电阻率比无序合金低得多。若完全有序合金 Cu_3Au 和 CuAu 中没有残余电阻，则其阻值将落在图 8-1-8 中的虚线上。当温度高于转变点（有序-无序转变温度），合金的有序态被破坏，合金为无序态，则电阻率明显升高，如图 8-1-9 所示。

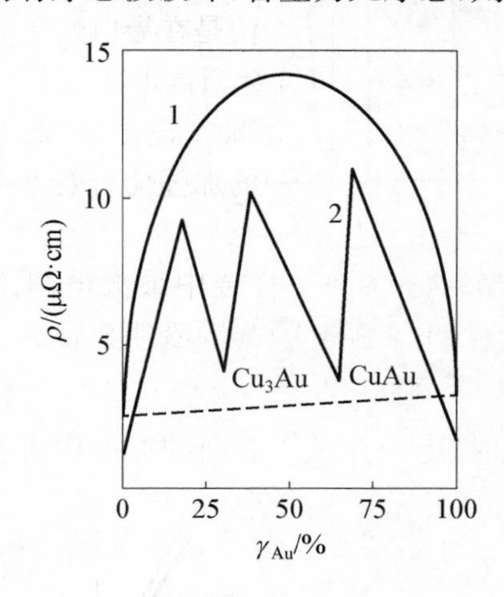

1—淬火态；2—退火态。

图 8-1-8 Cu_xAu 合金电阻率与成分关系

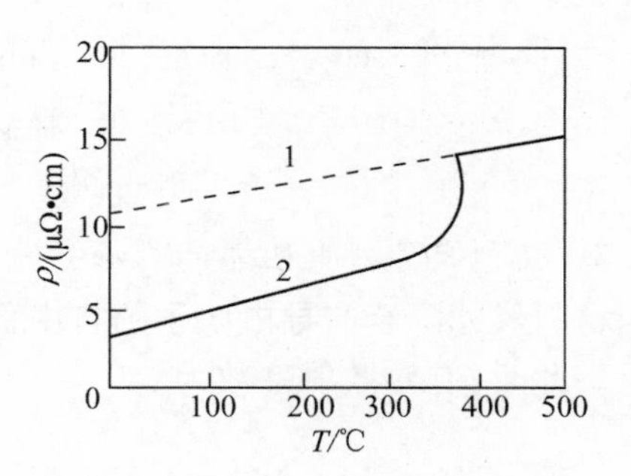

1—无序（淬火态）；2—有序（退火态）。

图 8-1-9 Cu_3Au 合金有序化对电阻率影响

3）化合物、中间相、多相合金的导电性

当两种金属原子形成化合物时，其电阻率要比纯组元的电阻率高很多，这是因为组成化合物后原子间的金属键部分地转化为共价键或离子键，使导电电子数减少所致，因此电阻率增高。正是由于键合性质发生变化，在一些情况下，金属化合物是半导体。

一般来讲，中间相的导电性介于固溶体与化合物之间。化合物的电阻率是较高的，而且在温度升高时，电阻率增高；但在熔点，电阻率反而下降。间隙相的导电性与金属相似，部分间隙相还是良导体。

多相合金的导电性不仅与组成相的导电性及相对量有关，还与组成相的形貌有关，即与合金的组织形态有关。例如，两个相的晶粒度大小对合金电阻率就有很大影响。尤其是当一种相（夹杂物）的大小与电子波长为同一数量级时，电阻率升高可达 10%～15%。因为电阻率是一个组织结构敏感的物理量，所以对于多相合金的电阻率很难定量计算。

当合金是等轴晶粒组成的两相机械混合物，并且两相的导电率相近（比值为 0.75～0.95），那么，当合金处于平衡状态时，则电导率和两组元的体积分数呈线性关系：

$$\sigma = C_1\sigma_1 + C_2\sigma_2 \tag{8-1-23}$$

式中，σ_1、σ_2 和 σ 分别为各相和多相合金的电导率；C_1、C_2 为各相的体积分数，并且 $C_1+C_2=1$。通常可近似认为多相合金的电阻率为各相电阻率的加权平均。

图 8-1-10 为合金电阻率与状态图关系的示意图。图中标有 ρ 的曲线表示状态图所对应相的电阻率变化。其中，图 8-1-10(a) 表示连续固溶体电阻率随成分的变化为非线性的，而在图 8-1-10(b) 中 $\alpha+\beta$ 的相区中，电阻率变化呈线性关系，而在相图两端固溶体区域电阻率变化

不是线性的,图 8-1-10(c)表示具有 AB 化合物的电阻率变化。显然,电阻率达到最高点。而图 8-1-10(d)表示具有某种间隙相的电阻率变化,由图可见,电阻率较形成它的组元下降。应当说对于金属间化合物以及中间相电性能的研究并不深入,还有许多现象值得研究。

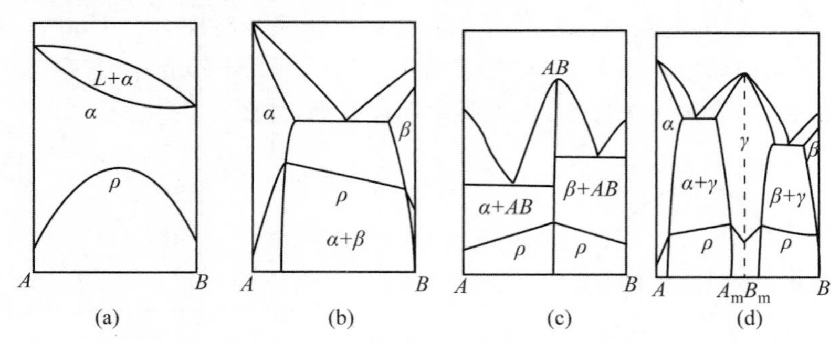

图 8-1-10　合金电阻率与状态图关系示意图

(a) 连续固溶体;(b)多相合金;(c)化合物;(d)间隙相

8.1.2.5　几何尺寸对电阻率的影响

当材料尺寸降至与导电电子的自由程同一数量级时,电子在试样表面的散射构成新的附加电阻。此时,有效散射系数为

$$\frac{1}{L_{\text{eff}}}=\frac{1}{L}+\frac{1}{L_{\text{d}}} \tag{8-1-24}$$

式中,L 和 L_{d} 分别为电子在试样中和表面的散射自由程。

薄膜的电阻率为

$$\rho_{\text{d}}=\rho_0\left(1+\frac{L}{d}\right) \tag{8-1-25}$$

式中,ρ_0 为大尺寸式样的电阻率;d 为薄膜厚度。

8.1.3　半导体的电学性能

从能带理论知,半导体的能带结构类似于绝缘体,存在禁带。具有半导体性质的单质元素是周期表中ⅣA 族的硅和锗,此外还有大量由Ⅲ—Ⅴ族、Ⅱ—Ⅳ族,Ⅳ—Ⅳ族元素组成的化合物半导体。

8.1.3.1　本征半导体的电学性能

本征半导体就是指纯净的无结构缺陷的半导体。在绝对零度和无外界影响的条件下,半导体的空带中无电子,即无运动的电子。但当温度升高或受光照射时,共价键中的价电子由于从外界获得了能量,其中部分获得了足够大能量的价电子就可以挣脱束缚,离开原子而成为自由电子。反映在能带图上,就是一部分满带中的价电子获得了大于 E_{g} 的能量,跃迁到空带中去。这时空带中有了一部分能导电的电子,称为导带。而满带中由于部分价电子的迁出出现了空位置,称为价带(见图 8-1-11)。当一个价电子离开原子后,在共价键上留下一个空位(称空穴),在共有化运动中,相邻的价电子很容易填补到这个空位上,从而又出现了新的空穴,其效果等价于空穴移动了。在无外电场作用下,自由电子和空穴的运动都是无规则的,平均位移为零,所以并不产生电流。但在外电场的作用下,电子将逆电场方向运动,空穴将顺电场方向运动,从而形成电流。

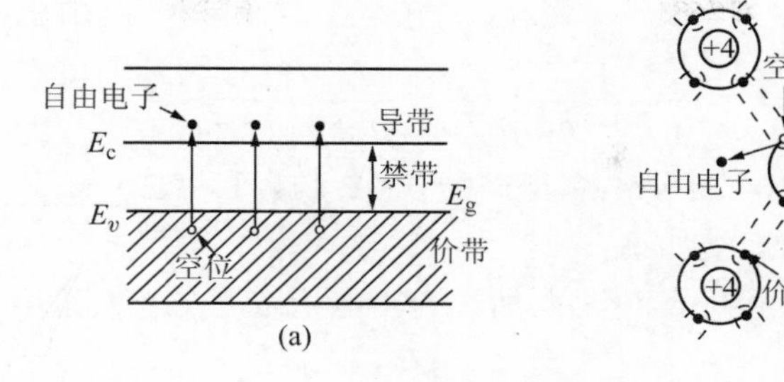

图 8-1-11　本征激发过程

从能带图可以看出，自由电子在导带内（导带底附近），空穴在价带内（价带顶附近），在本征激发（常见是热激发）过程中它们是成对出现的。在外电场作用下，自由电子和空穴都能导电，所以它们统称为载流子。

1）本征载流子的浓度

本征载流子的浓度表达式为

$$n_i = p_i = K_1 T^{3/2} \exp(-\frac{E_g}{2kT}) \tag{8-1-26}$$

式中，n_i、p_i 分别为自由电子和空穴的浓度；$K_1 = 4.82 \times 10^{15} K^{-3/2}$；$T$ 为绝对温度；k 为玻耳兹曼常数；E_g 为禁带宽度。

由式(8-1-26)可知，本征载流子的浓度 n_i、p_i 与温度 T 和禁带宽度 E_g 有关。随着 T 的增加，n_i、p_i 显著增大。E_g 小的 n_i、p_i 大，E_g 大的 n_i、p_i 小。在 $T=300\text{K}$ 时，硅的 $E_g=1.1\text{eV}$，$n_i=p_i=1.5\times10^{10}\text{cm}^{-3}$；锗的 $E_g=0.72\text{eV}$，$n_i=p_i=2.4\times10^{13}\text{cm}^{-3}$。可见在室温条件下，本征半导体中载流子的数目是很少的，它们有一定的导电能力但很微弱。

2）本征半导体的迁移率和电阻率

本征半导体受热激发后，载流子不断发生热运动，在各个方向上的数量和速度都是均布的，故不会引起宏观的迁移，也不会产生电流。但在外电场的作用下，载流子就会有定向的漂移运动，产生电流。这种漂移运动是在杂乱无章的热运动基础上的定向运动，所以在漂移过程中，载流子不断地互相碰撞，使得大量载流子定向漂移运动的平均速度为一个恒定值，并与电场强度 E 成正比。自由电子和空穴的定向平均漂移速度分别为

$$v_n = \mu_n E \tag{8-1-27a}$$

$$v_p = \mu_p E \tag{8-1-27b}$$

式中，比例常数 μ_n 和 μ_p 分别表示在单位场强下自由电子和空穴的迁移率。

自由电子的自由度大，故它的迁移率 μ_n 较大；而空穴的漂移实质上是价电子依次填补共价键上空位的结果，这种运动被约束在共价键范围内，所以空穴的自由度小，迁移率 μ_p 也小。在室温下，本征锗单晶中，$\mu_n=3\,900\text{cm}^2/(\text{V}\cdot\text{s})$，$\mu_p=1\,900\ \text{cm}^2/(\text{V}\cdot\text{s})$；本征硅单晶中，$\mu_n=1\,400\ \text{cm}^2/(\text{V}\cdot\text{s})$，$\mu_p=500\ \text{cm}^2/(\text{V}\cdot\text{s})$，硅迁移率比锗小是因其 n_i 小。

若本征半导体中有电场，其电场强度为 E，空穴将沿 E 方向做定向漂移运动，产生空穴电流 i_p，自由电子将逆电场方向做定向漂移运动，产生电子电流 i_n，所以总电流应是两者之和。因此，总电流密度 J 为

$$J = J_n + J_p = qn_i v_n + qp_i v_p = qn_i\mu_n E + qp_i\mu_p E \tag{8-1-28}$$

式中，J_n、J_p 分别为自由电子和空穴的电流密度，q 为电子电荷量的绝对值。所以本征半导体

的电阻率

$$\rho=\frac{E}{J}=\frac{E}{qn_i\mu_nE+qp_i\mu_pE}=\frac{1}{qn_i(\mu_n+\mu_p)} \tag{8-1-29}$$

在 300K 时，本征锗的 $\rho=4.7\times10^{-7}\Omega\cdot m$，本征硅的 $\rho=2.14\times10^{-3}\Omega\cdot m$。

本征半导体的电学特性可以归纳如下：

(1) 本征激发成对地产生自由电子和空穴，所以自由电子浓度与空穴浓度相等，都等于本征载流子的浓度 n_i；

(2) 禁带宽度 E_g 越大，载流子浓度 n_i 越小；

(3) 温度升高时载流子浓度 n_i 增大；

(4) 载流子浓度 n_i 与原子密度相比是极小的，所以本征半导体的导电能力很微弱。

8.1.3.2 杂质半导体的电学性能

通常制造半导体器件的材料是杂质半导体。在本征半导体中人为地掺入五价元素或三价元素将分别获得 n 型(电子型)杂质半导体和 p 型(空穴型)杂质半导体。

1) n 型半导体

在本征半导体中掺入五价元素的杂质(磷、砷、锑)就可以使晶体中自由电子的浓度极大地增加。这是因为五价元素的原子有 5 个价电子，当它顶替晶格中的一个四价元素的原子时，它的 4 个价电子与周围的 4 个硅(或锗)原子以共价键相结合后，还余下了 1 个价电子变成多余的，如图 8-1-12 所示。

理论计算和试验结果表明，这个价电子能级 E_D 非常靠近导带底，(E_C-E_D) 比 E_g 小得多，$(E_C\text{-}E_D)$ 的值在锗中掺磷为 0.012eV，在硅中掺锑为 0.039eV，掺砷为 0049eV。所以在常温下，每个掺入的五价元素原子的多余价电子都具有大于 $(E_C\text{-}E_D)$ 的能量，可以进入导带成为自由电子，因而导带中的自由电子数比本征半导体显著地增多。把这种五价元素称为施主杂质(因其能提供多余价电子)，E_D 称为施主能级，$(E_C\text{-}E_D)$ 称为施主电离能。图 8-1-13 所示为 n 型半导体的能带图。

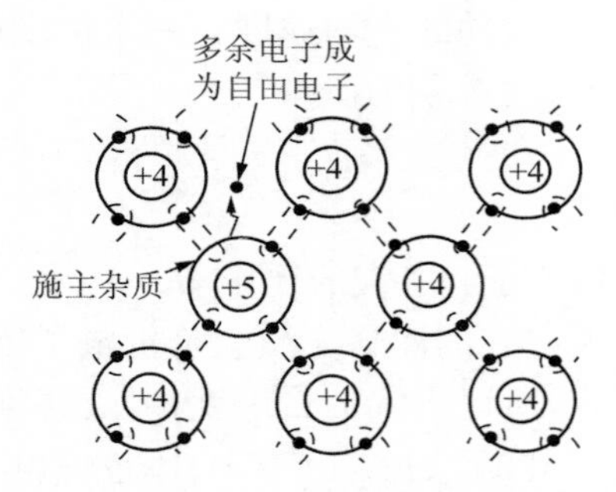

图 8-1-12　n 型半导体的结构

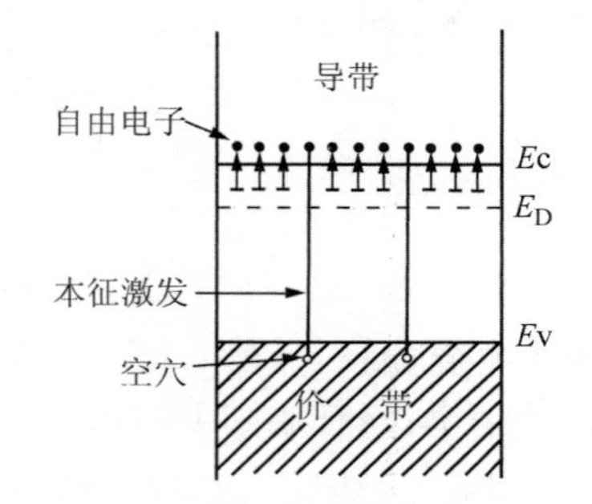

图 8-1-13　n 型半导体的能带图与费米分布图

在 n 型硅中，自由电子的浓度大($1.5\times10^{14}cm^{-3}$)，故自由电子称为多数载流子，简称多子。同时，由于自由电子的浓度大，由本征激发产生的空穴与它们相遇的机会也增多，故空穴复合掉的数量也增多，所以 n 型硅中空穴的浓度($1.5\times10^{6}cm^{-3}$)反而比本征半导体中的空穴浓度小，故把 n 型半导体中的空穴称为少数载流子，简称少子。在电场作用下，n 型半导体中的电流主要由多数载流子——自由电子产生，也就是说，它是以电子导电为主，故 n 型半导体

又称为电子型半导体，施主杂质也称 n 型杂质。n 型半导体的电流密度为

$$J = J_n = qn_{n0}\mu_n E \tag{8-1-30}$$

式中，n_{n0} 为 n 型半导体的自由电子的浓度，n 型半导体的电阻率为

$$\rho \approx \frac{1}{qn_{n0}\mu_n} \approx \frac{1}{qN_D\mu_n} \tag{8-1-31}$$

式中，N_D 为 n 型半导体的掺杂浓度。在 n 型硅半导体中若 $N_D = 1.5\times10^{14}\ \text{cm}^{-3}$，当 $\mu_n = 1\,400\ \text{cm}^2/(\text{V}\cdot\text{s})$ 时，$\rho_n = 30\mu\Omega\cdot\text{cm}$，可见 n 型硅半导体的电阻率比本征硅半导体减小到 1/7 000，也就是它的导电能力增强了 7 000 倍。

2) p 型半导体

在本征半导体中，掺入三价元素的杂质(硼、铝、镓、铟)，就可以使晶体中空穴浓度大大增加。因为三价元素的原子只有 3 个价电子，当它顶替晶格中的一个四价元素原子，并与周围的 4 个硅(或锗)原子组成 4 个共价键时，必然缺少 1 个价电子，形成 1 个空位置，如图 8-1-14 所示。在价电子共有化运动中，相邻的四价元素原子上的价电子就很容易来填补这个空位，从而产生 1 个空穴。理论计算和试验结果表明，允许价电子占据的能级 E_A 非常靠近价带顶，即 $(E_A—E_V)$ 远小于 E_g 的值，在硅中掺镓为 0.065eV，掺铟为 0.16eV，锗中掺硼或铝为 0.01eV。在常温下，处于价带中的价电子都具有大于 $(E_A—E_V)$ 的能量，都可以进入 E_A 能级。所以每一个三价杂质元素的原子都能接受 1 个价电子，而在价带中产生 1 个空穴。我们把这种三价元素称为受主杂质(因其能接受价电子)，E_A 称为受主能级，$(E_A—E_V)$ 称为受主电离能。图 8-1-15 所示为 p 型半导体能带图。

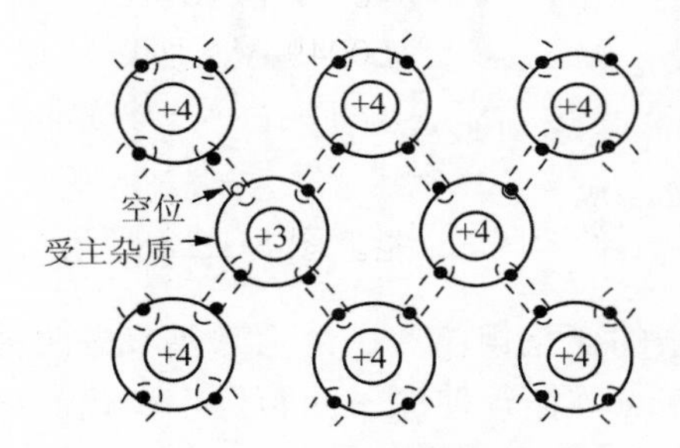

图 8-1-14　p 型半导体的结构

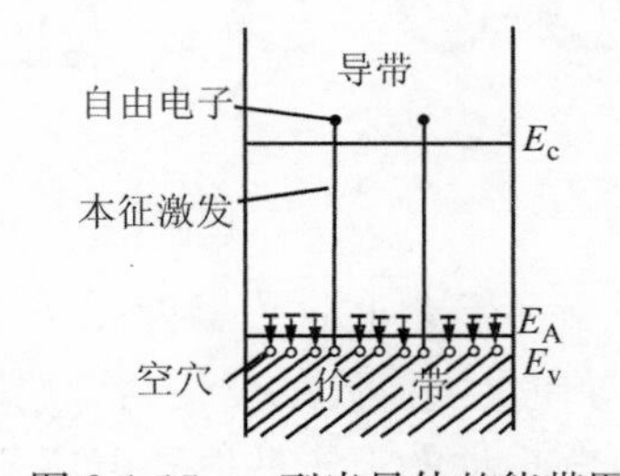

图 8-1-15　p 型半导体的能带图

p 型半导体的电阻率为

$$\rho_p \approx \frac{1}{qN_A\mu_p} \tag{8-1-32}$$

式中，N_A 为受主杂质浓度。

p 型半导体中的电导率为

$$\sigma \approx \sigma_p = qN_A\mu_p \tag{8-1-33}$$

与本征半导体相比，杂质半导体(n 型半导体和 p 型半导体)，具有如下特性。

(1) 掺杂浓度与原子密度相比虽很微小，但是却能使载流子浓度极大地提高，导电能力因而也显著增强。掺杂浓度愈大，其导电能力也愈强。

(2) 掺杂只是使一种载流子的浓度增加，因此杂质半导体主要靠多子导电。当掺入五价元素(施主杂质)时，主要靠自由电子导电；当掺入三价元素(受主杂质)时，主要靠空穴导电。

可以通过试验来区别 p 型半导体和 n 型半导体。这些试验方法有：利用示波器显示半导

体材料在交流信号时的伏安曲线,在对一个接触电极进行加热的状态下测试半导体材料的电导率,测量半导体材料的霍尔效应的极性等。

化合物半导体通常具有与硅和锗相似的能带结构。周期表的Ⅲ族元素和Ⅴ族元素是典型的例子,Ⅲ族元素镓(Ga)和Ⅴ族元素砷(As)结合在一起形成化合物砷化镓。在砷化镓中,每个原子平均有 4 个价电子。镓的 $4s^2 4p^1$ 能级与砷的 $4s^2 4p^3$ 能级形成 2 个杂化能带。每个能带能够容纳 $4N$ 个电子。价带和导带之间的禁带宽度为 1.35eV。砷化镓半导体掺杂后也可以形成 p 型半导体或 n 型半导体。化合物半导体的禁带较大,所以耗尽区平台也较宽,而且化合物半导体中载流子的移动速率较大,所以它的导电性比较好。

离子化合物半导体又称为缺陷半导体。在离子化合物半导体中,如果含有多余的阴离子,则为 p 型半导体;含有多余的阳离子,则为 n 型半导体。许多氧化物和硫化物都有这种半导体性能。

例如氧化锌(ZnO)中,如果锌出现多余,这些锌原子就会变成锌离子 Zn^{2+},它给出的两个电子成为载流子。这些电子受到一个较小的能量激发后,进入导带传导电流,如图 8-1-16 所示。这时的氧化锌是 n 型半导体。

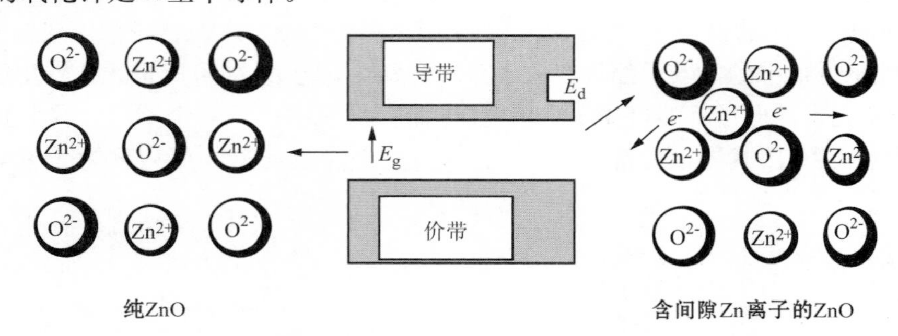

图 8-1-16 n 型半导体 ZnO 的形成

8.1.3.3 温度对半导体电阻的影响

半导体的导电性随温度的变化与金属不同,呈现复杂的变化规律。在讨论时要考虑两种散射机制,即点阵振动的声子散射和电离杂质散射。由于点阵振动使原子间距发生变化而偏离理想周期排列,引起禁带宽度的空间起伏,从而使载流子的势能随空间变化,导致载流子的散射。显然,温度越高振动越激烈,对载流子的散射越强,迁移率下降。至于电离杂质对载流子的散射则是由于随温度升高载流子热运动速度加大,电离杂质的散射作用也就相应减弱,导致迁移率增加。正是由于这两种散射机制的作用,使半导体的导电性随温度的变化与金属不同而呈现复杂的变化。如图 8-1-17 所示为 n 型半导体电阻率在不同温度区间的变化规律。

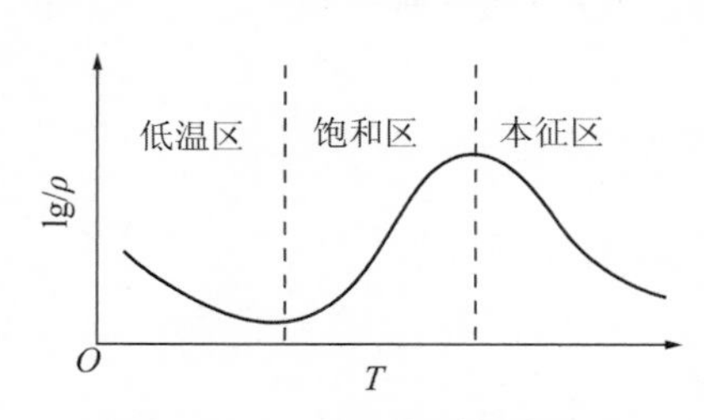

图 8-1-17 n 型半导体电阻率随温度的变化规律

在低温区,施主杂质并未全部电离。随着温度的升高,电离施主增多使导带电子浓度增加。与此同时,在该温度区内点阵振动尚较微弱,散射的主要机制为杂质电离,因而载流子的迁移率随温度的上升而增加。尽管电离施主数量的增多在一定程度上也要限制迁移率的增加,但综合的效果仍然使电阻率下降。当升高到一定温度后杂质全部电离,称为饱和区。由于本征激发尚未开始,载流子浓度基本上保持恒定。然而,这时点阵振动的声子散射已起主要作用而使迁移率下降,因而导致电阻率随温度的升高而增高。温度进一步升高,进入本征区,由于本征激发,载流子随温度而显著增加的作用已远远超过声子散射的作用,故又使电阻率重新下降。

利用半导体的性能可以制得各种电子器件。例如,由于半导体的导电性与温度有关,利用这一特性可以制成半导体热电仪,用于火灾报警器。

8.1.3.4 半导体的物理效应

在半导体的物理效应中,最重要的是导电性和光学特性。其效应包括:半导体材料的敏感效应、光致发光效应(荧光效应)、电致发光效应和光伏特效应等。利用半导体物理效应制备的电子器件在现代社会中具有非常重要的作用。

1) 半导体导电性的敏感效应

从半导体的能带可知,半导体的禁带宽度较小,在光、热等外界条件的作用下,价带中的电子可获得能量有机会跃迁到导带上去,在价带中留下空穴。因此,半导体导电性受环境的影响很大,产生了一些半导体的敏感效应。

(1) 热敏效应。

温度增加时,电子动能增大,造成晶体中自由电子和空穴的数目增加,因而电导率升高。通常情况下电导率(电阻率)与温度的关系为

$$\rho = \rho_0 e^{\frac{B}{T}} \tag{8-1-34}$$

式中,B 为材料电导活化能,B 越高,电阻率随温度变化越大。

还有一些半导体,在某些特定的温度附近电阻率变化显著。如"掺杂"的 $BaTiO_3$(添加稀土金属氧化物)在其居里点附近,当发生相变时,电阻率剧增 $10^3 \sim 10^6$ 数量级,如图 8-1-18 所示。

具有热敏特性的半导体可以制成各种热敏温度计、无触点开关、火灾报警器等。

(2) 光敏效应。

光的照射使某些半导体材料的电阻明显下降的现象,称为"光电导"。其本质在于光子把能量传给价带电子,使其跃迁至导带而在价带中留下空穴,从而促使电阻率急剧下降。可见,光子的能量应大于半导体的禁带宽度,才能产生光电导。图 8-1-19 表示光敏半导体在明场和暗场下的电流密度对比。

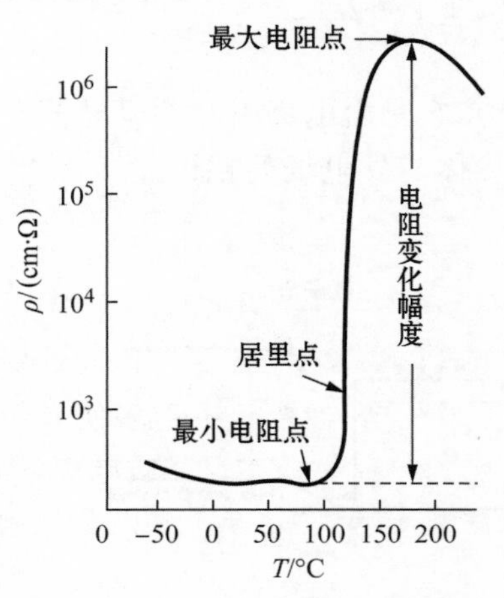

图 8-1-18 掺杂 $BaTiO_3$ 陶瓷电阻率随温度变化曲线

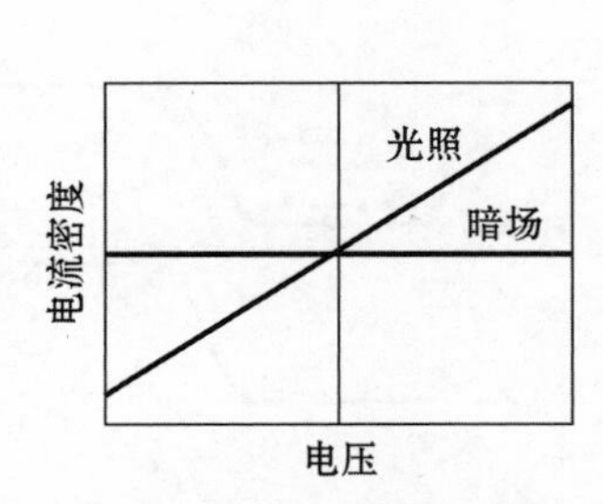

图 8-1-19 光敏效应示意图

把光敏材料制成光敏电阻器,广泛应用于各种自动控制系统,如利用光敏电阻可实现照明自动化。

(3) 电压敏感效应。

某些半导体(如氧化锌陶瓷半导体)的电流和电压之间不成线性关系,即电阻随电压而变。利用此效应可制成"压敏电阻器",应用于过电压吸收、高压稳压、避雷器等。

2) 光致发光效应

价带的电子受到入射光子的激发后,会跃过禁带进入导带。如果导带上的这些被激发的电子又跃迁回到价带时,会以放出光子的形式来释放能量,这就是光致发光效应,也称为荧光效应。

光致发光现象不会在金属中产生,如图 8-1-20 所示。因为在金属中,价带没有充满电子,低能级的电子一般激发到同一价带的高能级。在同一价带内,电子从高能级跃迁回到低能级,所释放的能量太小,产生的光子的波长太长,远远超过可见光的波长。

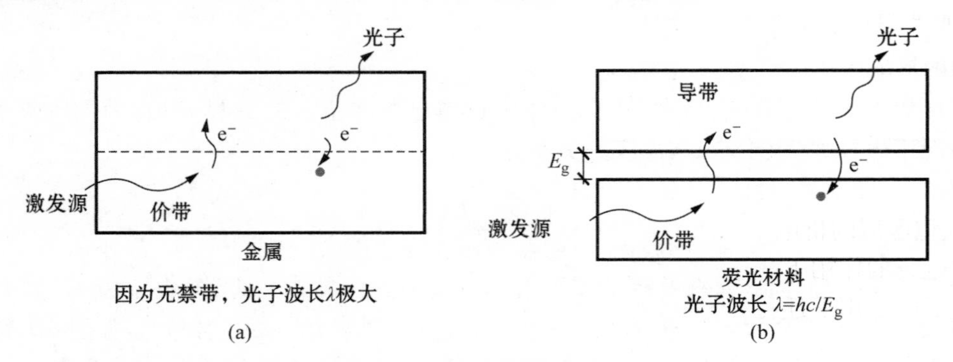

图 8-1-20 荧光产生原理

(a) 没有禁带的金属;(b) 有禁带的半导体

在某些陶瓷和半导体中,价带和导带之间的禁带宽度不大不小,所以被激发的电子从导带跃过禁带回到价带时释放的光子波长刚好在可见光波段。

日光灯灯管的内壁涂有荧光物质。管内的汞蒸气在电场作用下发出紫外线,这些紫外线轰击在荧光物质上使其发光。关掉电源后荧光物质便不再发光。

3) 电致发光效应

电致发光最重要的应用就是发光二极管(LED),它是由电场引起的半导体发光现象。在 pn 结中,如果给 pn 结加上正向偏压,即让 p 型半导体与外电场的正极连接,n 型半导体与外电场的负极连接,如图 8-1-21 所示。

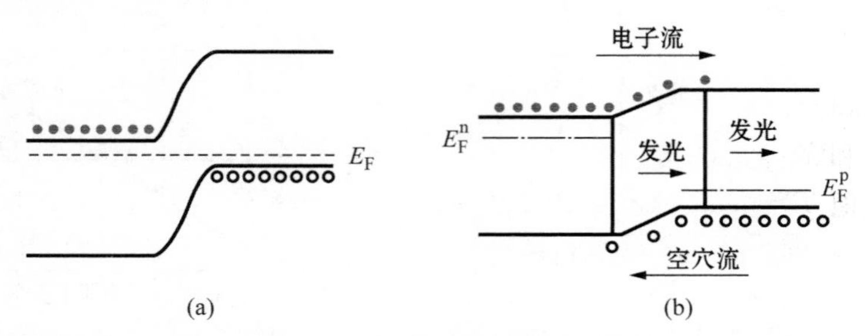

图 8-1-21 注入发光能带图

(a) 平衡 pn 结;(b) 正向偏压注入发光

载流子在正向偏压的作用下发生扩散。n 型半导体区内的多数载流子电子扩散到 p 型半导体区内，同时 p 型半导体区内的多数载流子空穴扩散到 n 型半导体区内。这些注入 p 区的电子和注入 n 区的空穴都是非平衡少数载流子，它们不断与多数载流子进行复合而发光，这就是半导体 pn 结发光的基本原理。几乎所有的 pn 结都会出现这种发光现象，而发光较大的那些 pn 结则用来制作发光二极管。

常用的发光二级光材料有：用于红光的 GaP∶ZnO 和 GaAsP 系材料；用于绿光的 GaP∶N 材料；用于橙、黄光的 InGaAlP 系材料；用于蓝光的 GaN 系材料等。发光二极管最突出的优点是低电压（～2V）、低电流（20～50mA）、高效长寿和小型化，因此被广泛应用于新一代的照明灯具及显示屏。

4）光伏特效应

光生伏特效应是目前主流太阳能电池的理论基础。目前，常用的硅太阳能电池就是利用 pn 结制成的。

p 型半导体和 n 型半导体接触时会产生 pn 结，又称为空间电荷区、势垒区等，这些空间电荷在结区形成了一个从 n 区指向 p 区的电场，称为内建电场。pn 结开路时（零偏状态），在热平衡下，由于浓度梯度而产生的扩散电流与由于内电场作用而产生的漂移电流相互抵消，总电流为零，也就是说没有净电流流过 pn 结。这时如果有光辐射到半导体上，且 $E>E_g$，光子将被吸收，入射光子流与价电子相互作用，把电子激发到导带，在价带中产生空穴，形成电子-空穴对，n 型区域的价电子被激发到导带上后，就停留在 n 型导带上，而在 n 型价带上的空穴则在内建电场的作用下迁移到 p 型价带上去；同样，p 型区域的价电子被激发到导带上后，将在内建电场的作用下迁移到 n 型导带上去，而在 p 型价带上的空穴则就停留在该价带上，即 pn 结产生的内建电场可以将光生电子和空穴分离开来。如果在 pn 结的外部接上回路，就构成了太阳能电池的基本原理。

8.1.4 超导电性 ▶

1911 年“绝对零度”先生翁纳斯（Kamerlingh Onnes）在试验中发现，水银的电阻在 4.2K 温度附近，突然下降到无法测量的程度，或者说电阻为零。之后人们又发现许多金属和合金冷却到足够低的温度时电阻突然降到零。这种在一定的低温条件下材料电阻突然失去的现象称为超导电性。材料有电阻的状态称为正常态，失去电阻的状态称为超导态。材料由正常状态转变为超导状态的温度称为临界温度，以 T_c 表示。由于超导态的电阻小于目前所能检测的最小电阻（$10^{-27}\Omega\cdot m$），因此可以认为超导态没有电阻。因为没有电阻，超导体中的电流将持续流动。超导体中有电流而没有电阻，说明超导体是等电位的，超导体内没有电场。

超导电性不仅出现在金属中，还出现在合金、化合物中，甚至在一些半导体和氧化物陶瓷中也存在超导电性。

8.1.4.1 超导体特性和超导体的三个性能指标

完全导电性和完全抗磁性是超导体的两个最基本的特性。完全导电性是指当物质的温度下降到某一确定值 T_c（临界转变温度）时，物质的电阻率由有限值变为零的现象，也称为零电阻现象。例如，在室温下把超导体做成圆环放在磁场中，并冷却到低温使其转入超导态，这时把原来的外磁场突然去掉，则通过超导体中的感生电流，由于没有电阻而将长久存在，成为不衰减电流。有报道说，用 $Nb_{0.75}Zr_{0.25}$ 合金导线制成的超导螺管磁体，估计其超导电流衰减时间不小于10万年。

超导体的另一个特性是它的完全抗磁性。处于超导态的材料,不管其经历如何,磁感应强度始终为零。这就是所谓的迈斯纳(Meissner)效应,说明超导态的超导体是抗磁体,此时超导体具有屏蔽磁场和排除磁通的功能。当用超导体做成圆球并使之处于正常态时,磁通通过超导体[见图8-1-22(a)]。当球处于超导态时,磁通被排斥到球外,内部磁场为零[见图8-1-22(b)]。迈斯纳效应可以用磁悬浮试验来演示,当我们将永久磁铁慢慢落向超导体时,磁铁会被悬浮在一定的高度上而不触及超导体。其原因是,磁感应线无法穿过具有完全抗磁性的导体,因而磁场受到畸变而产生向上的浮力。

评价实用超导材料有3个性能指标如图8-1-23所示。第1个是超导体的临界转变温度T_c,转变温度愈接近室温其实用价值愈高。目前,超导转变温度最高的是金属氧化物高温超导体,也只有140K左右,金属间化合物最高的是Nb_3Ge,只有23.2K。在超导现象发现以后,人们一直在为提高超导临界转变温度而努力。

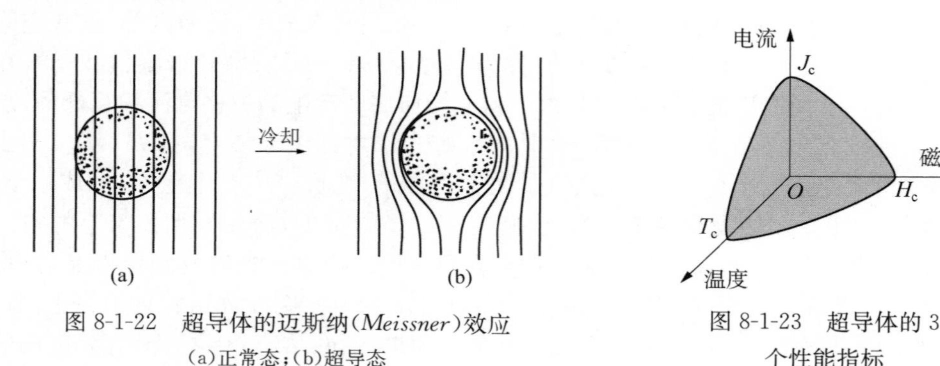

图8-1-22 超导体的迈斯纳(*Meissner*)效应
(a)正常态;(b)超导态

图8-1-23 超导体的3个性能指标

第2个指标是临界磁场强度H_c。当温度$T<T_c$时,将磁场作用于超导体,若磁场强度大于H_c时,磁力线将穿入超导体,即磁场破坏了超导态,使超导体回到了正常态,此时的磁场强度称为临界磁场强度H_c。低温超导体随着温度T下降,H_c线性增加,即满足下列关系

$$H_c=H_{c0}\left[1-\left(\frac{T}{T_c}\right)\right] \tag{8-1-35}$$

式中,H_{c0}是0K时超导体的临界磁场。因此,可以定义临界磁场就是破坏超导态的最小磁场。H_c与材料性质有关,不同超导材料临界磁场变化范围很大。

临界电流密度是评价超导体的第3个指标。除磁场影响超导转变温度外,通过的电流密度也会对超导态起影响作用。它们是相互依存和相互影响的。若把温度从超导转变温度下降,则超导体的临界磁场也随之增加。如果输入电流所产生的磁场与外加磁场之和超过超导体的临界磁场H_c时,则超导态被破坏。此时,通过的电流密度称为临界电流密度J_c。随着外磁场的增加,J_c必须相应减小,从而保持超导态。故临界电流密度是保持超导态的最大输入电流。

8.1.4.2 两类超导体

大多数纯金属(除V、Nb、Ta外)超导体,在超导态下磁通从超导体中全部逐出,显示完全的抗磁性(迈斯纳效应),它们的磁化曲线如图8-1-24(a)中的曲线Ⅰ所示。当$H<H_c$时显示出完全抗磁性,当$H>H_c$时,超导态变为正常态。但在铌、钒及其合金中,允许部分磁通透入,仍保留超导电性,这类超导体称为第二类超导体。它们的磁化曲线如图8-1-24(a)中的曲

线Ⅱ所示。

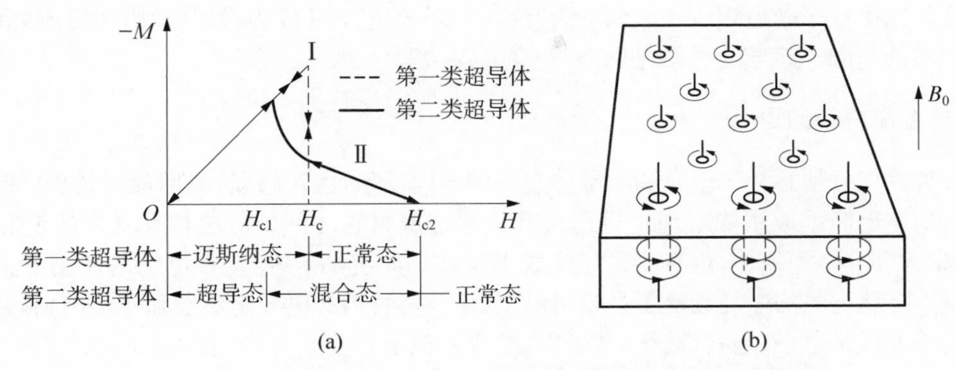

图 8-1-24　图 8-1-24　(a)超导体磁化曲线;(b)漩涡态

对第二类超导体,存在两个临界磁场,较低的 H_{c1} 和较高的 H_{c2}。在低于 H_{c1} 的外磁场中,该超导体如同第一类超导体那样,当 $H<H_{c1}$ 时显示出完全的抗磁性。而当外磁场高于 H_{c1} 时,磁通开始部分地透入超导体内,当外磁场继续增加时,进入超导体内的磁通线也增加。磁通线能进入超导体内说明超导体内已有部分区域转变为正常态(但仍保持零电阻特性),这时的超导体处于混合态(漩涡态),如图 8-1-24(b)所示。当外磁场增大到 H_{c2} 时,超导体由混合态完全转变为正常态,磁场完全穿透超导体。H_{c2} 值可以是超导转变热力学计算值 H_{c1} 的 100 倍或更高。在相当高的磁场下仍有超导电性,仍能负载无损耗电流,故第二类超导体在建造强磁场电磁铁方面有重要的实际意义。

8.1.4.3　超导现象的物理本质

超导的微观物理本质由巴丁(Bardeen)、库珀(Cooper)和施里弗(Schrieffer)等在 1957 年揭示,简称为 BCS 理论。这个理论认为,超导现象产生的原因是由于超导体中的电子在超导态时,电子之间存在着特殊的吸引力,而不是正常态时电子之间的静电斥力。这种吸引力使电子双双结成电子对,它是超导态电子与晶格点阵间相互作用产生的结果。这种电子对,又称为库珀电子对。无数电子对相互重叠又常常互换搭配对象形成一个整体,电子对作为一个整体的流动产生了超导电流。这些成对的电子在材料中规则地运动时,如果碰到物理缺陷、化学缺陷或热缺陷,而这种缺陷所给予电子的能量变化又不足以使"电子对"破坏,则此"电子对"将不损耗能量,即在缺陷处电子不发生散射而无阻碍地通过,这时电子运动的非对称分布状态将继续下去。这一理论揭示超导体中可以产生永久电流的原因。

当温度低于临界转变温度 T_c 时,电子结成对,而温度超过 T_c 时,电子对将被拆散。这就是超导体中存在临界温度 T_c 的原因。由于拆开电子对需要一定能量,因此超导体中基态和激发态之间存在能量差,即能隙度或外磁场强度增加时,电子对获得能量,当温度或外磁场强度增加到临界值时,电子对全部被拆开成正常态电子。这一重要的理论预言了电子对能隙的存在,成功地解释了超导现象。这一理论的提出标志着超导理论的正式建立,使超导研究进入了一个新的阶段。

超导的另一个重大的理论是约瑟夫森(Josephson)于 1962 年提出的量子隧道效应。他根据 BCS 理论预言,在薄绝缘层隔开的两种超导材料之间有电流通过,即"电子对"能穿过薄绝缘层(隧道效应);同时还产生一些特殊的现象,如电流通过薄绝缘层无须加电压,倘若加电压,电流反而停止而产生高频振荡。这一超导物理现象称为“约瑟夫森效应”。他的预言随后得到试验验证。这个量子隧道效应今天就称为“约瑟夫森效应”，并成为微弱电磁信号探测和其他电子学应用的基础。超导隧道结也称为“约瑟夫森结”。

8.1.5 非金属材料的导电性

能带理论很好地解释了金属和半导体材料的导电现象，但对陶瓷、玻璃及高分子材料等非金属材料却不能简单地用能带理论进行解释。非金属材料之间的导电性和导电机制相差很大，它们中大部分是绝缘体，也有些是导体或半导体。即使是绝缘体，在电场的作用下也会产生漏电流。金属材料的电导载流子是自由电子，半导体材料的电导是电子和空穴，而非金属材料的载流子可以是电子、空穴，离子、离子空位，或者孤子。

8.1.5.1 玻璃的导电性

玻璃的电导基本上是离子电导，而电子电导可以忽略。玻璃中电导机理与离子晶体的相似，因此适合于离子晶体情况的公式(8-1-13)和式(8-1-14)也适用于玻璃体。只是由于玻璃的结构比较松散，一般的电导活化能比较低，电导率比相同组分的晶体大一些。

纯净玻璃的电导率一般较小，但如含有少量的碱金属离子就会使电导率大大增加，这是由于在玻璃的松散结构中，碱金属离子不能与两个氧原子联系以延长点阵网络，从而造成弱联系离子，使电导率增加。图 8-1-25 显示了碱金属离子浓度对碱硅玻璃电导率的影响。在碱金属氧化物含量不大的情况下，电导率随碱金属离子浓度增加线性增大，但浓度达到一定限度时，电导率呈指数增长。这是因为，碱金属离子首先填充在玻璃结构的松散处，此时碱金属离子的增加只是增加导电载流子数。当间隙填满之后，继续增加碱金属离子，就开始破坏原来结构紧密的部位，使整个玻璃结构进一步松散，因而活化能降低，电导率呈指数上升。

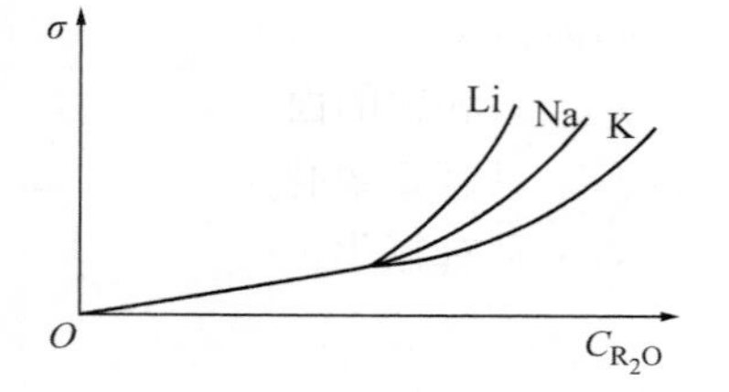

图 8-1-25 碱金属离子浓度对碱硅玻璃电导率的影响

实践表明，利用“双碱效应”和“压碱效应”可以降低玻璃的电导率。

双碱效应是指当玻璃中碱金属离子总浓度较大(占玻璃组成的 25%～30%)时，若碱离子总浓度不变，含两种碱离子的玻璃的电导率比只含 1 种碱离子的玻璃的电导率要小。当两种碱金属浓度比例适当时，甚至可以使玻璃电导率降低 4～5 个数量级。产生双碱效应的原因是玻璃中锂、钠、钾离子的氧离子配位数不同。当含有两种碱离子的玻璃从熔融态冷却硬化时，氧离子根据不同碱离子尺寸而对碱离子作不同的配位，碱离子半径大时，其配位空间也大，当此离子离开后留下的缺位也大，反之则较小。大体积离子难以进入小体积缺位，小体积离子进入大体积缺位也会产生一定的应力，亦即在能量上不如进入同体积缺位有利。因此，碱金属离子基本上只进入同种碱金属离子留下的缺位中，这样互相干扰结果使电导率大大下降。此外，由于大离子不能进入小缺位，堵塞通路，妨碍了小离子的运动，使迁移率下降，这是双碱效应的另一方面原因。

压碱效应是指含碱玻璃中加入二价(碱土)金属氧化物，特别是重金属氧化物，使玻璃的电导率降低。相应的二价阳离子半径愈大，这种效应愈强。这是由于二价阳离子与玻璃中的氧离子结合比较牢固，能嵌入玻璃网络结构，以致堵住了迁移通道，使碱金属离子移动困难，因而电导率降低。当然，如用二价离子取代碱金属离子，也可得到同样效果。

8.1.5.2　陶瓷材料的导电性

陶瓷材料一般都包括晶体相和玻璃相，故其电导情况就是离子晶体电导和玻璃电导这两种情况的综合。前已述及，对相同组成的物质来说，在一般情况下，结构完整的晶体比玻璃相和微晶相的电导率要低，这是因为玻璃相结构松散，微晶相的缺陷较多，它们的活化能都比较低的缘故。陶瓷坯体中数量最多的主晶相通常都是熔点较高的矿物，而全部低熔点物质几乎都进入玻璃相中，这是从化学组成的方面来考虑。另外从坯体结构来考虑，玻璃相填补了坯体晶粒间的空隙，并形成连续的网络，因此玻璃相是漏导的主要原因。陶瓷材料的电导问题基本上就是坯体中玻璃相的电导问题。例如，几乎不含玻璃相的刚玉瓷，其绝缘电阻很高，而玻璃相含量高(且多由碱金属氧化物组成)的绝缘子瓷的电阻却比较低。

玻璃相的绝缘电阻低也不是绝对的，例如石英玻璃和硼氧玻璃足可以和性能最好的陶瓷材料媲美，因此，重要的还是玻璃相的组成。利用双碱效应和压碱效应可大大降低玻璃相的电导率，从而降低陶瓷材料的电导率。例如，有人用压碱效应原理把一般硬质瓷(电瓷等)中用作熔剂的长石全部用含二价金属的熔剂代替，制成一类高电阻低损耗瓷(如钡长石瓷)，可作高频瓷使用。

8.1.5.3　快离子导体

具有离子导电的固体物质称为固体电解质。有些固体电解质的电导率比正常离子晶体的电导率高出几个数量级，故通常称它们为快离子导体(fast ionic conductor，FIC)或超离子导体(superionic conductor)。一般可以把它们分成如下3组：

(1) 银和铜的卤族和硫族化合物，金属原子在这些化合物中键合的位置相对随意；

(2) 具有β-氧化铝结构的高迁移率的单价阳离子氧化物；

(3) 具有氟化钙(CaF_2)结构的高浓度缺陷氧化物，如$CaO\cdot ZrO_2$、$Y_2O_3\cdot ZrO_2$。

图8-1-26给出了快离子导体电导率的范围及其应用。图的中间为电导率对数标尺，两边为电子、离子导电材料。

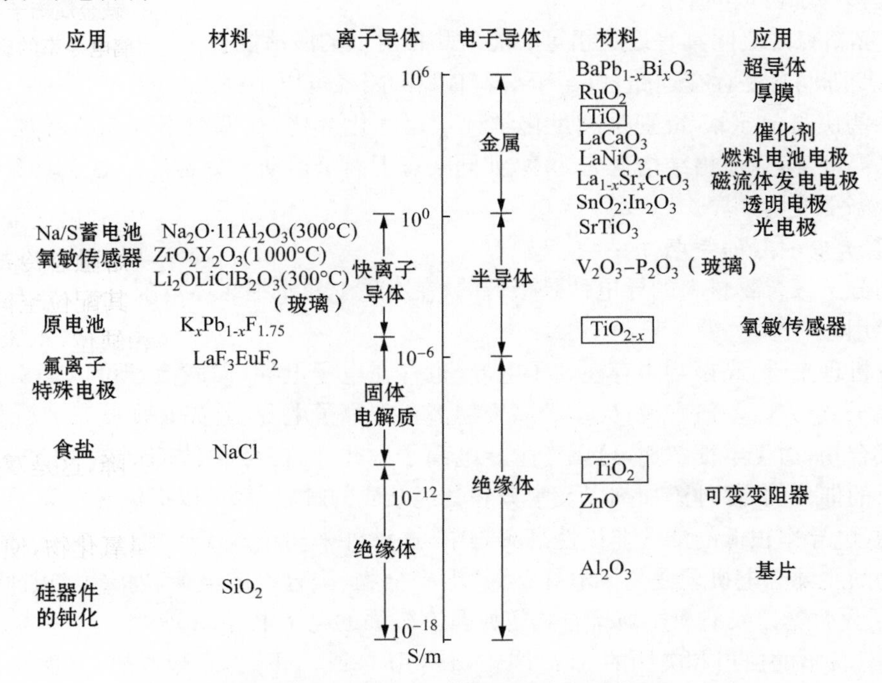

图8-1-26　快离子导体的电导率及其应用

某些快离子导体有纯阳离子导电,例如β-氧化铝、β'-氧化铝和β''-氧化铝。β-氧化铝代表的化学式为 $AM_{11}O_7$,其中 A 为阳离子,有一价离子,它们可以是 Na^+、K^+、Ag^+、Tl^+或 Li^+,可移动性最大。对β-氧化铝,$t_i=1$,应用于 300℃的 Na-S 电池。同样,具有 β-氧化铝结构的亚铁磁性材料 $KFe_{11}O_7$ 为离子和电子的混合导电,因为含有 Fe^{2+} 和 Fe^{3+} 混合离子,故用作电池的电极;而用 CaO 稳定的 ZrO_2 则几乎完全是阴离子 O^{2-} 导电。表 8-1-3 列出了几种快离子导体导电的数量级和激活能。

表 8-1-3 几种快离子导体电导率和激活能

材 料	电导率 $\sigma/(\Omega^{-1}\cdot cm^{-1})$	激活能 ΔH_{de}/eV	焓/(4.18×10^3 J/mol)
α-AgI(146~555℃)	1(150℃)	0.05	1.15
Ag_2S(>170℃)	3.8(200℃)	0.05	1.15
CuS(>91℃)	0.2(400℃)	0.25	5.75
$AgAl_{11}O_{17}$	0.1(500℃)	0.18	4.14
β-氧化铝	0.35(300℃)	0.01	0.23
$ZrO_2\cdot10\%Sc_2O_3$	0.25(1 000℃)	0.65	14.95
$Bi_2O_3\cdot25\%Y_2O_3$	0.16(700℃)	0.60	13.80

晶体结构的特征决定其导电的离子类型和电导率的大小。一般来说,快离子导体的结构具有以下 4 个特征:

(1) 晶体结构的主体是由一类占有特定位置的离子构成;

(2) 具有大量的空位,这些空位数量远高于可移动的离子数,因此,在无序的晶格里总是存在可供迁移离子占据的空位;

(3) 亚晶格点阵之间具有近乎相等的能量和相对低的激活能;

(4) 在点阵间总是存在通路,以至于沿着有利的路径可以平移。

对于某些快离子导体,特别是满足化学计量比的化合物,在低温下存在传导离子有序结构。在较高温度下,亚晶格结构变为无序,如同液态下离子运动十分容易。对于缺陷化合物甚至可以在低温下变为无序。

8.1.5.4 聚合物材料的导电性

一般高分子聚合物材料的导电性是很低的,在本质上属于绝缘体范围,在工程上大量作为绝缘材料使用。

从导电机理来看,高聚物中存在离子电导,也存在电子电导,即载流子可以是正、负离子,也可以是电子、空穴。一般来说,大多数高聚物都存在离子电导,首先是那些带有强极性原子或基团的聚合物,由于本征解离,可以产生导电离子。此外,在合成、加工和使用过程中,进入聚合物材料的催化剂、各种添加剂以及水分和其他杂质的解离,都可以提供导电离子。在没有共轭双键的、电导率很低的那些非极性高聚物中,这种外来离子成了导电的主要载流子,因而这些高聚物的主要导电机理是离子电导;而共轭聚合物、聚合物的电荷转移络合物、聚合物的自由基-离子化合物以及有机金属聚合物等则具有较强的电子电导。

1977 年,日本的白川和美国的 Mac Diamid 等用 I_2 或 AsF_5 掺杂聚乙炔,发现聚乙炔的电

导率从 10^{-9}S/cm 提高到 10^{3}S/cm 量级，聚乙炔掺杂后作为第一个导电高分子引起了广泛兴趣。从此，在世界范围内开展了对导电高分子的系统研究。迄今，导电高分子已研究的有共轭高聚物、高分子传荷(CT)复合物、共盐聚合物、金属高聚物以及非碳高聚物等。其中，聚乙炔$(CH)x$仍是研究最多的导电高聚物，本书仅简单介绍它的导电机理。聚乙炔分子链的结构如图 8-1-27 所示，它的结构特征：碳原子彼此以“双键→单键→双键”交替键合形成准一维碳链，每 1 个氢原子分别与 1 个碳原子键合位于碳链的两侧；每个碳原子与两个碳原子和 1 个氢原子相邻；每个碳原子有 4 个价电子，在聚乙炔分子键中，碳原子以 sp^2 杂化轨道相互交叠与相邻碳原子形成碳-碳 σ 键，并以 sp^2 杂化轨道与氢原子的 s 轨道交叠形成碳-氢 σ 键；每个碳原子还有 1 个价电子(p_z 轨道)，它在分子键中形成 π 电子，如图 8-1-28 所示。

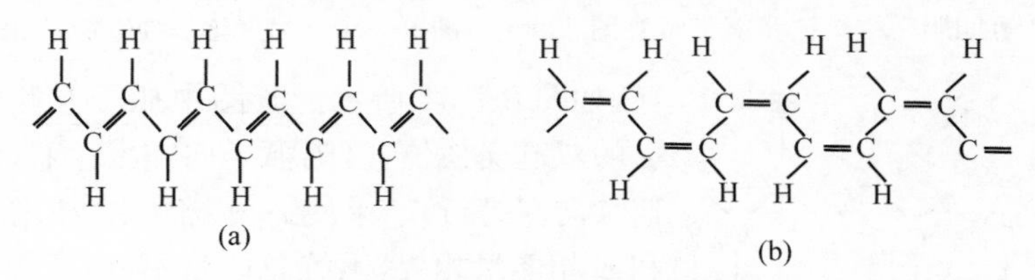

图 8-1-27 聚乙炔分子链结构示意图

(a) 反式；(b) 顺式

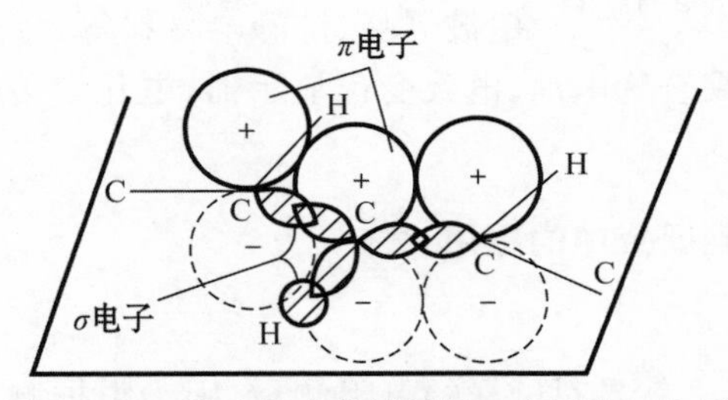

图 8-1-28 聚乙炔中碳原子的 σ 电子和 π 电子

设想碳原子等间距地排列成一维晶格，晶格常数为 a(对聚乙炔，$a=0.122$nm)。在碳链一维晶格中，碳原子提供的 π 电子的能态形成能带，能带中的能级数为碳原子数 N，考虑到电子自旋，该能带可容纳 $2N$ 个电子。每个碳原子提供一个 π 电子，N 个 π 电子占据该能带一半，如图 8-1-29 所示。如此半填满的能带应该具有很强的导电性。但试验测量结果表明，本征的聚乙炔并不是导体，上述设想与实际情况不符。通过分析发现，问题在于碳原子等间距排列并非是系统的最低能量状态。为此，设想碳原子两两相聚(二聚化)的状态，如图 8-1-30 所示。此时，晶格常数增大一倍，布里渊区缩小一倍，能带一分为二。能带中央出现的禁带将二聚化前半填满能带的电子能量下压，使系统的能量降低。在二聚化状态下，禁带宽度约为 1.5eV，与无机半导体禁带宽度相当(Si 的禁带宽度为 1.12eV)，称为聚合物半导体，通过掺杂可显著提高电导率。

在掺杂的反式聚乙炔中有异常的试验现象，即在一定的掺杂浓度范围内，反式聚乙炔具有高的电导率，但其磁化率却为零，这意味着导电的载流子虽然带电荷，却没有自旋。换句话说，其导电机制并不是单纯的电子电导。为此，有人提出了**孤子**(soliton)电导模型：反式聚乙炔有两个能量最低的二聚化状态 A 相和 B 相，这两个状态的结构对称，能量相同。若 A 相和 B 相在同一个分子链上共存，两者之间就会形成畴壁，称为孤子。在孤子处，单、双键交替结构被破

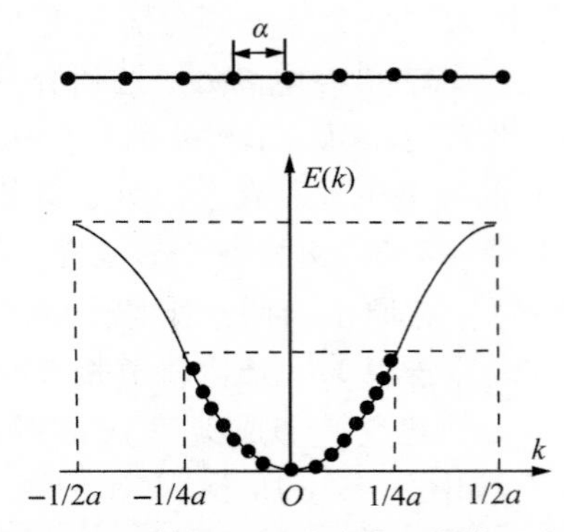

图 8-1-29 等间距一维碳链及能带示意图

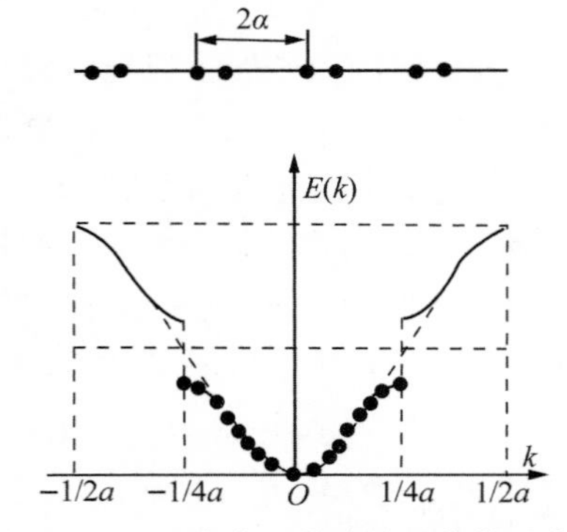

图 8-1-30 二聚化一维碳链及能带示意图

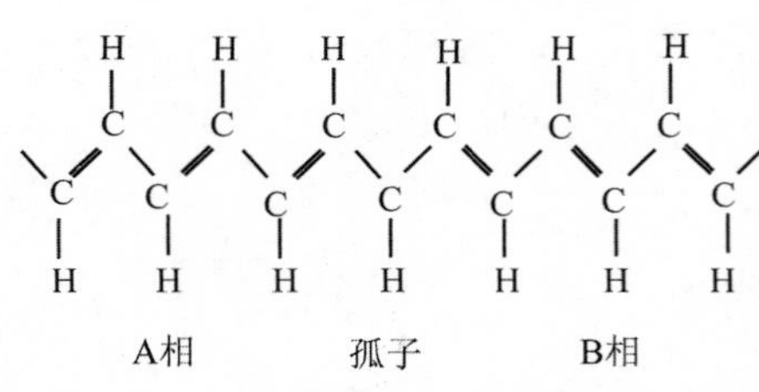

图 8-1-31 反式聚乙炔的 A 相、B 相和孤子

坏,如图 8-1-31 所示。若图中孤子左侧的单键与其相邻的双键交换位置,则孤子向左发生移动,如此移动可连续向左进行,结果使 A 相缩短、B 相增长。由于 A 相和 B 相能量相等,系统总能量不变,所以孤子可自由向左或向右移动。但在外加电场作用下,带电孤子就会产生定向迁移,形成电流。导电聚合物主要用作电极、电磁波屏蔽、抗静电材料等。此外,也在半导体器件和发光器件等方面得到应用,如聚合物电池、电致变色显示器、电化学传感器、场效应管、聚合物发光二极管(OLED)等。

8.1.6 电阻的测量及在材料研究中的应用

8.1.6.1 电阻的测量

材料导电性的测量实际上就是对试样的电阻测量,因为根据测定的电阻值和试样的几何尺寸就可以算出电阻率。跟踪测量试样在变温或变压装置中的电阻,就可以建立电阻与温度或压力的关系,从而得到电阻温度系数或电阻压力系数。

1) 金属导体电阻的测量

金属及合金的电阻率一般都很小,需要较高灵敏度的测量方法。一般采用双电桥法或电位差计法,它们都属于比较测量法,即把待测量与已知量(标准量)采用某种方式进行比较而获得测量结果。

图 8-1-32 为双电桥测量原理图。待测电阻 R_x 和标准电阻 R_n 相互串联,并串联在有恒直流源及可变电阻 R 的回路中。由可变电阻 R_1、R_2、R_3、R_4 组成的电桥臂线路与 R_x、R_n 线段并联,并在其间的 f、c 点连接检流计。调整电流以及 4 个可变电阻,使桥路中 f 点和 c 点的电位相等(检流计指 0),电桥处于平衡状态,则有

$$R_x = R_n \frac{I_1 R_1 - I_2 R_3}{I_1 R_2 - I_2 R_4} \tag{8-1-36}$$

若设计双电桥时,使 $R_1 = R_3$,并使 R_2 和 R_4 可同步调整,保持 $R_2 = R_4$。通过调整 R_3 和 R_4,即可实现桥路平衡,此时

$$R_x = R_n \frac{R_1}{R_2} \tag{8-1-37}$$

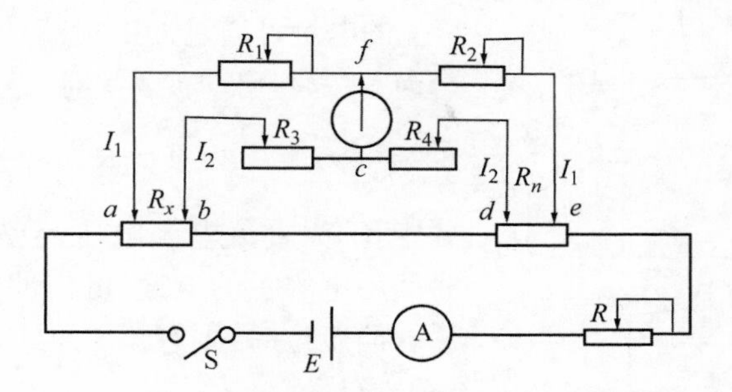

图 8-1-32 双电桥法测量电阻原理示意图

电位差计法测量电阻的原理如图 8-1-33 所示。当一恒定直流电分别接通待测试样和标准电阻时，可分别测得试样和标准电阻两端的电压降 U_x 和 U_n，则待测电阻可由下式计算

$$R_x = R_n \frac{U_x}{U_n} \tag{8-1-38}$$

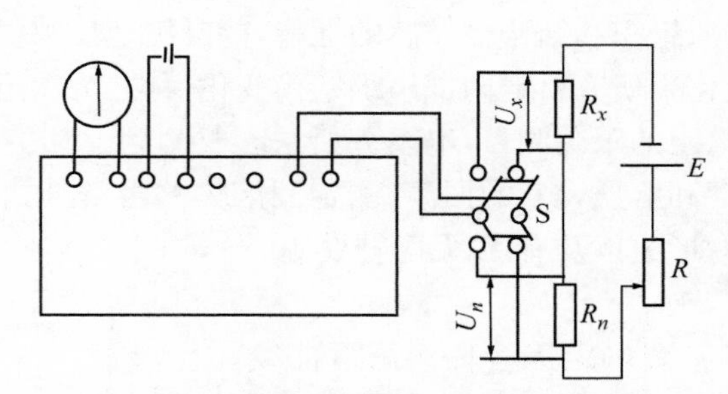

图 8-1-33 电位差计测量电阻原理示意图

2) 半导体电阻的测量

半导体材料的电阻常用四探针法来测量，如图 8-1-34 所示。这种方法测量时，使用相距约 1mm 的四根金属探针同时与试样表面接触，通过恒流源给其中两根探针（如 1、4）通以小电流，使试样内部产生电压降，并以高输入阻抗的电位差计或数字电压表来测量其他的两根探针（如 2、3）的电压，然后计算电阻率

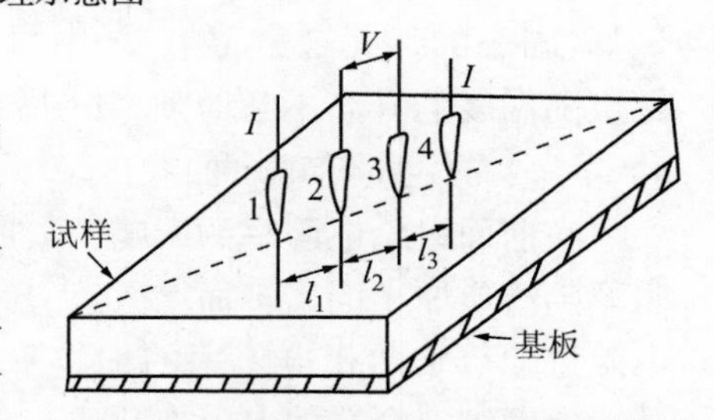

图 8-1-34 四探针法测量电阻原理示意图

$$\rho = 2\pi\left(\frac{1}{l_1} - \frac{1}{l_1 + l_2} + \frac{1}{l_3} - \frac{1}{l_3 + l_2}\right)^{-1} \frac{V}{I} \tag{8-1-39}$$

若 4 根探针是等间距的，即 $l_1 = l_2 = l_3 = l$，则可简化为

$$\rho = 2\pi l \frac{V}{I} \tag{8-1-40}$$

为了减小测量区域以观察电阻率的不均匀性，四根探针不一定都排成一直线，也可以排成正方形或矩形。例如，排成边长为 l 的正方形时，其电阻率由下式计算

$$\rho = \frac{2\pi l}{2 - \sqrt{2}} \frac{V}{I} \tag{8-1-41}$$

3) 绝缘体电阻的测量

绝缘体的电阻可用冲击检流计法测量，如图 8-1-35 所示。待测电阻 R_x 与一个电容 C 串联，

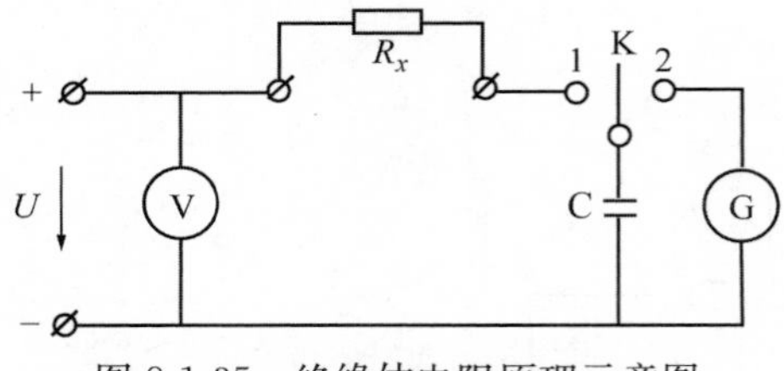

图 8-1-35 绝缘体电阻原理示意图

C 上的电量可通过冲击检流计来测量。若换接开关 K 合向 1 位时,启动秒表计时,经过 t 时间后,近似有

$$R_x \approx \frac{Ut}{Q} \tag{8-1-42}$$

式中,U 为直流电源电压;t 为充电时间;Q 为充电 t 时间后电容上的电量,可由冲击检流计测出。当开关 K 合向 2 位时,则有

$$Q = C_b \alpha_m \tag{8-1-43}$$

式中,C_b 为冲击检流计的冲击常数;α_m 为检流计的最大偏移量(可直接读出)。因此得

$$R_x = \frac{Ut}{C_b \alpha_m} \tag{8-1-44}$$

用冲击检流计可测得绝缘电阻高达 $10^{16}\,\Omega$。

8.1.6.2 电阻分析的应用

电阻率是对材料成分、组织和结构极敏感的性能,能灵敏地反映材料内部的微弱变化。因此,常用测量电阻率的变化来研究材料内部组织结构变化,称之为电阻分析。由于很容易对材料的许多物理过程进行电阻的跟踪测量,电阻分析法在材料科学研究中得到广泛应用。诸如研究过饱和固溶体的脱溶和溶质元素的回溶、测定固溶体的溶解度曲线、研究合金的时效、研究合金的不均匀固溶体的形成以及有序-无序转变等。

1) 建立合金相图

建立合金状态图时,常要确定固溶体溶解度曲线,而溶解度的确定采用电阻分析则是一种很有效的方法。例如,固态的二元合金 B 在 A 中只能是有限溶解且溶解度随温度的升高不断增加,如图 8-1-36(a),图中曲线 ab 即为要测定的溶解度曲线。

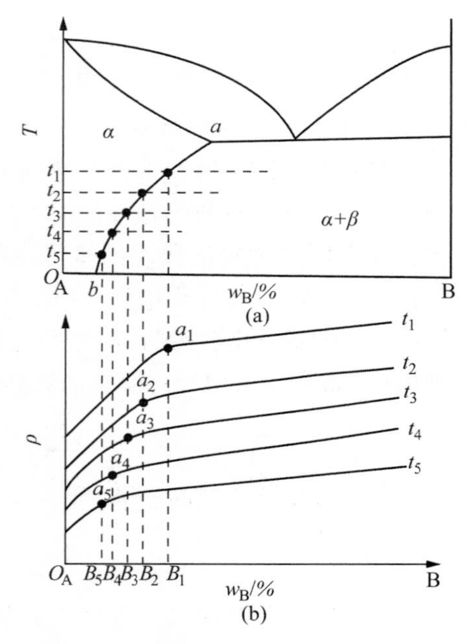

图 8-1-36 不同温度下电阻率随合金分变化及与状态图的对应关系

在前面讨论电阻率的影响因素时谈到,固溶体的电阻率随溶质原子的增多而增大,而形成两相混合物时的电阻近似等于两相电阻率的加权平均值。这样如果在某一温度测定合金的电阻率与成分的关系曲线,在临界点处就会产生一个转折,得到在某一温度下的溶解度点,在一系列温度下测出这些点就可得到溶解度曲线。

具体试验时,先制成一组不同成分的试样,在温度 t_1 加热保温,使组织成分均匀,再淬火,以保留其在温度 t_1 时的组织。然后,分别测定每个试样的电阻,算出电阻率,由此作出在 t_1 温度下加热淬火的电阻率 ρ 与成分 ω_B(%)的关系曲线,定出转折点 a_1,用上面同样的方法再分别在 t_2、t_3、t_4 等一系列温度下加热淬火,得到各个温度下的 ρ-ω_B(%)曲线,图 8-1-36(b)每个曲线上都有一个转折点 $a_1, a_2, \cdots, a_n$,每个点都对应着一个成分 $B_1, B_2, \cdots, B_n$,将这些点在状态图中连成一条曲线,就得到了溶解度曲线,如图 8-1-36(a)所示。

2）研究合金时效

合金的时效往往伴随着组织转变过程，从而使电阻发生显著的变化，所以电阻分析法是研究合金时效最有效的方法之一。

对经过 490℃/8h＋520℃/8h 水淬的 Al-Si-Cu-Mg 铸造合金在不同温度进行时效，记录电阻随时间的相对变化 $\Delta R/R$，如图 8-1-37 所示。在时效初期，电阻不但没有降低，反而增加了，这与固溶体中析出极细小弥散小区域（称为二度晶核或 GP 区）有关，这些二度晶核的出现使导电电子发生散射，因而导致电阻增大。当合金开始脱溶析出 $CuAl_2$ 和 MgSi 时，电阻开始下降。随着时效温度的增高和时间的延长，新相的析出量增加，合金的电阻进一步下降。试验证明，这种合金的最佳时效温度为 160～170℃，因为此时在合金内形成大量的 GP 区导致合金强化而获得良好的力学性能。

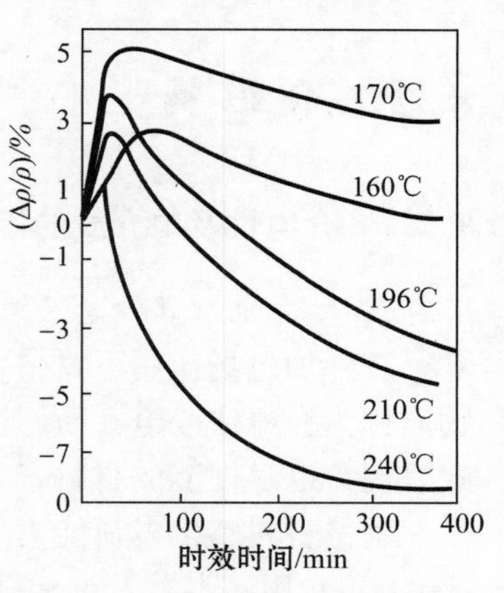

图 8-1-37　Al-Si-Cu-Mg 铸造合金时效过程中电阻的变化（原始状态：490℃/8h＋520℃/8h 水淬）

3）材料疲劳过程的研究

材料的应力疲劳是内部位错的增殖、裂纹扩展等一系列微观缺陷发展导致宏观缺陷发展的过程，将引起电阻的变化。用电阻法进行研究时，可将试样开好缺口，装在试验机上，对试样施加周期载荷并通恒定直流电流，在试样缺口两端测定电压。所测到的电位变化代表缺口区电阻的变化，这一变化预示着材料疲劳的发展过程。

图 8-1-38 所示为金属镍在低周期应力疲劳过程中电阻变化曲线。采用板材试样并开成 V 形缺口，所施载荷为每分钟一个应力周期。根据所记录的疲劳过程，电阻变化可以分为 4 个阶段。第 1、2 阶段电阻变化不大；第 3 阶段电阻值有缓慢增加的趋势，这对应于材料内部缺陷密度不断的增高；第 4 阶段的电阻变化更加明显，这时试样内部裂纹已发展到表面出现微裂纹。探测点之间电位的变化和裂纹长度之间存在函数关系。利用电阻变化监测裂纹张开位移（COD）试样中裂纹缓慢生长是一个有效的方法。

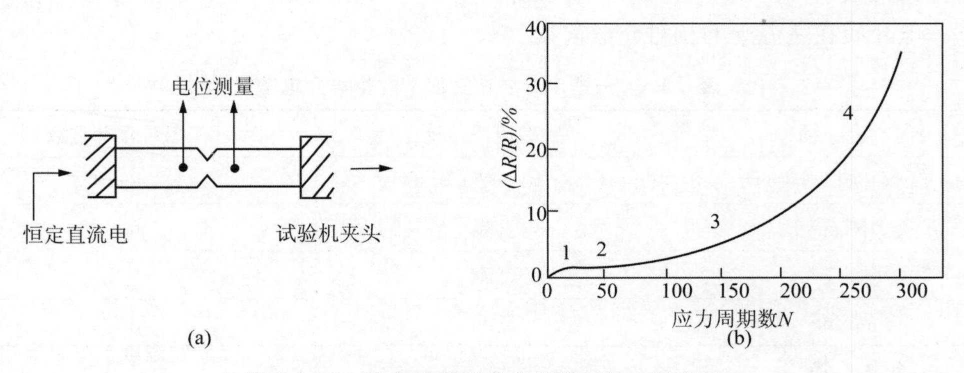

图 8-1-38　镍在低周期应力疲劳时的电阻变化

（a）试样示意图；（b）电阻变化曲线

8.2 介电性

8.2.1 介电性及电介质的极化

8.2.1.1 介电性的概念及表征

在外加电场作用下,材料表面感生出电荷的性能称为**介电性**(dielectric)。具有介电性的物质称为介电体或电介质,其电阻率一般大于 $10^8 \Omega \cdot m$,它是在电场中以感应而非传导的方式呈现其电学性能的材料。

衡量材料感生电荷能力的指标称为**介电常数**(dielectric constant),用 ε 表示。对于只有两个极板的简单电容器(见图 8-2-1),电容 C 与极板面积 A 成正比,而与极板之间距离 d 成反比:

$$C = \varepsilon \frac{A}{d} \tag{8-2-1}$$

若极板间为真空,则有

$$C_0 = \varepsilon_0 \frac{A}{d} \tag{8-2-2}$$

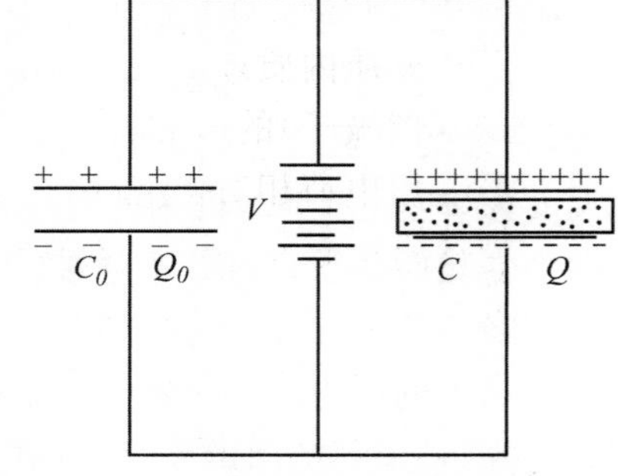

图 8-2-1 静电场中介质的极化

式中,ε_0 为真空介电常数,其值为 8.85×10^{-12} F/m。

相对介电常数 ε_r 定义为

$$\varepsilon_r = \frac{C}{C_0} = \frac{\varepsilon}{\varepsilon_0} \tag{8-2-3}$$

则有

$$C = \varepsilon_r \varepsilon_0 \frac{A}{d} \tag{8-2-4}$$

显然,电容器极板中间加入电介质后,其电容量要比真空介质时高,升高的倍数为电介质的相对介电常数,它反映了电介质介电性的高低,是一个很重要的电学性能参数。表 8-2-1 给出了一些电介质在室温下的相对介电常数。

表 8-2-1 一些电介质在室温下的相对介电常数

电　介　质	频率范围/Hz	相对介电常数
二氧化硅玻璃	$10^2 \sim 10^{10}$	3.78
金刚石	直流	6.6
α-SiC	直流	9.7
多晶 ZnS	直流	8.4
聚氯乙烯	60	3.0
聚甲基苯烯酸甲酯	60	3.5
钛酸钡	10^6	3000
刚玉	$60(10^6)$	9(6.5)

从电介质中存储能量的角度来看，电容器存储的能量 W 为

$$W=\frac{1}{2}CU^2=\frac{1}{2}\varepsilon\frac{S}{d}U^2=\frac{1}{2}\varepsilon\frac{S}{d}(Ed)^2=\frac{1}{2}\varepsilon VE^2 \tag{8-2-5}$$

因此

$$\varepsilon=\frac{2W}{VE^2} \tag{8-2-6}$$

式中，E 为电场强度，V 为电容器的体积。因此，介电常数又可理解为在单位电场强度下，单位体积中所存储的能量。

8.2.1.2　极化的概念

介电性的本质是在外电场作用下电介质内部的**极化**(polarization)。所谓极化是指在外电场作用下，介质内质点(离子、原子、分子)或不同区域的正、负电荷重心发生分离，形成内部的电偶极矩(偶极子)的过程。

设正、负电荷相对位移矢量为 $\boldsymbol{u}$，则电偶极矩为

$$\boldsymbol{\mu}=q\boldsymbol{u} \tag{8-2-7}$$

其方向是从负电荷指向正电荷，即与外电场方向一致。

介质粒子电偶极矩的大小也可用“粒子极化率 α”来表示，它定义为单位电场强度下介质粒子电偶极矩的大小，即

$$\alpha=\frac{\mu}{E_{\mathrm{loc}}} \tag{8-2-8}$$

式中，E_{loc} 表示作用在微观粒子上的局部电场，与外加电场并不相同。极化率 α 表征材料的极化能力，只与材料的性质有关。

电介质按其分子中正负电荷的分布状况可分为：

(1) 中性电介质，它由结构对称的中性分子组成，如图 8-2-2(a)所示，其分子内部的正负电荷中心互相重合，因而电偶极矩 $\mu=0$；

(2) 偶极电介质，它是由结构不对称的偶极分子组成，其分子内部的正负电荷中心不重合，而显示出分子电矩 $\mu=qd$，如图 8-2-2(b)所示；

(3) 离子型电介质，它是由正负离子组成。一对电荷极性相反的离子可看作一偶极子。

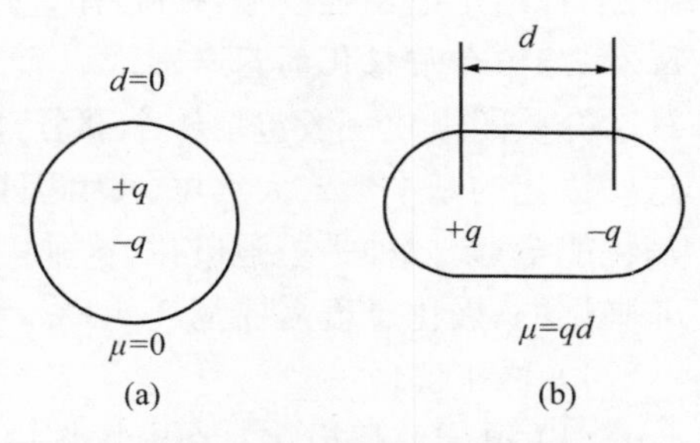

图 8-2-2　中性分子与偶极分子电荷分布图
(a)中性电介质；(b)偶极电介质

电介质在电场的作用下，其内部电偶极矩发生取向排列，正端转向电场负极、负端转向电场正极，在平行于极板的两个表面分别感生出正、负电荷，亦称束缚电荷，并且在极板上吸引了等量异号的自由电荷，如图 8-2-3 所示。这就是介电性的产生根源。传导与极化是物质对电场的两种主要响应方式，它们虽有主次，但往往同时存在。电介质与绝缘体是密切联系、但并不能等同的两个概念。绝缘体肯定是电介质，但电介质却不仅仅包括绝缘体。虽然大部分实用电介质材料为绝缘体，然而半导体甚至金属都有电介质的特性，只是其对外电场的响应中传导效应远远超过了极化效应而已。

8.2.1.3　极化的量度

电介质在电场作用下的极化程度可用极化强度矢量 $\boldsymbol{P}$ 以及极化率 χ 表征。

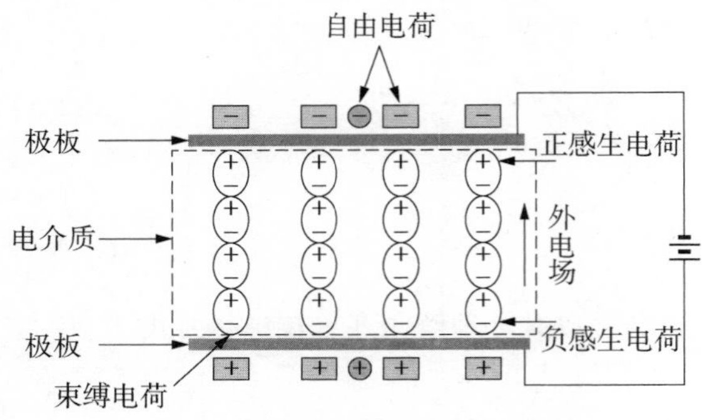

图 8-2-3 极化与感生电荷示意图

极化强度 $\boldsymbol{P}$ 是单位体积的介质内电偶极矩的总和，单位为库/米^2(Q·m^{-2})，即

$$\boldsymbol{P}=\frac{\sum\boldsymbol{\mu}}{V} \tag{8-2-9}$$

如果介质单位体积内粒子数为 n，由于每一偶极子的电偶极矩具有同一方向(沿电场方向)，而偶极子的平均电偶极矩为 $\overline{\boldsymbol{\mu}}$，则

$$\boldsymbol{P}=n\overline{\boldsymbol{\mu}}=n\alpha\boldsymbol{E}_{\mathrm{loc}} \tag{8-2-10}$$

对于一定材料来说，n 和 α 一定。

根据静电场理论，介质的极化强度大小 P 应等于束缚电荷的面密度，而图 8-2-1 中两个电容器极板电荷的差值($Q-Q_0$)相当于电介质极化的束缚电荷数。故电极化强度

$$P=\frac{Q-Q_0}{S}=(\varepsilon_r-1)\frac{Q_0}{S} \tag{8-2-11}$$

而 Q_0/S 为无电介质的真空电容器电荷密度，且有

$$\frac{Q_0}{S}=\frac{C_0V}{S}=\frac{\varepsilon_0(S/d)V}{S}=\varepsilon_0\frac{V}{d}=\varepsilon_0E \tag{8-2-12}$$

将式(8-2-12)代入式(8-2-11)得

$$P=\varepsilon_0(\varepsilon_r-1)E \tag{8-2-13}$$

令 $\chi=(\varepsilon_r-1)$，称为极化率，则式(8-2-13)可写为

$$P=\varepsilon_0\chi E \tag{8-2-14}$$

显然，在给定电场强度下，极化率 χ 愈大，介质的极化强度愈大，介电能力 ε_r 也愈大。

8.2.1.4 介质极化的基本形式

介质的极化一般包括 4 个部分：电子极化、离子极化、偶极子转向极化和空间电荷极化。这些极化的基本形式大致可分为两种：第一种是位移极化，这是一种弹性瞬时完成的极化，不消耗能量；第二种是松弛极化，这种极化与热运动有关，完成这种极化需要一定的时间，并且是非弹性的，极化过程需要消耗能量。

1) 位移极化

(1) 电子位移极化。在电场作用下，构成介质原子的电子云中心与原子核发生相对位移，形成感应电矩而使介质极化的现象为电子式极化，又称电子位移极化。电子位移极化的形成过程很快，仅需 $10^{-16}\sim10^{-14}$s。它的极化是完全弹性的，即外电场消失后会立即恢复原状，且不消耗任何能量。电子位移极化在所有电介质中都存在。仅有电子位移极化而不存在其他极化形式的电介质只有中性的气体、液体和少数非极性固体。

(2) 离子位移极化。在离子晶体中，除离子中的电子要产生位移极化外，处于晶格结点上的正负离子也要在电场作用下发生相对位移而引起极化，这就是离子位移极化。这种极化过程也很快，约 $10^{-13}\sim10^{-12}$s，也不消耗能量。这种极化因离子间束缚力较强，离子位移有限，一旦撤去外电场后又会恢复原状，故称离子弹性位移极化。

2) 弛豫(松弛)极化

弛豫极化虽然也是由电场作用造成的，但它还与粒子的热运动有关。例如，当材料中存在弱联系电子、离子和偶极子等松弛粒子时，热运动使这些松弛质点分布混乱，而电场力

图使这些粒子按电场规律分布,最后在一定温度下发生极化。这种极化具有统计性质。极化造成带电质点的运动距离可与分子大小相比拟,甚至更大。这种极化建立过程较长,约 $10^{-5} \sim 10^{-2}$ s,并且要克服一定的势垒,需吸收能量,因此与位移极化不同,弛豫极化是非可逆过程。

(1) 电子弛豫极化。晶格的热振动、晶格缺陷、杂质、化学成分的局部改变等因素,使电子能态发生改变,出现位于禁带中的局部能级,形成弱束缚电子。例如,"F-心"就是由一个负离子空位俘获一个电子所形成的。"F-心"的弱束缚电子为周围结点上的离子所共有,晶格热振动时,吸收一定的能量由较低的局部能级跃迁到较高的能级而处于激发态,连续地由一个阴离子结点转移到另一个阴离子结点。外加电场使这种弱束缚电子运动具有方向性,就形成了极化状态。这种极化与热运动有关,也是一个热松弛过程,且不可逆,伴随有能量损耗,电子松弛极化建立的时间约 $10^{-9} \sim 10^{-2}$ s,当电场频率高于约 10^{9} Hz 时,这种极化形式就不存在了。

(2) 离子弛豫极化。在离子晶体和无定形体中,往往有一定数量的束缚力较弱的离子,它们在热的影响下将做无规则的跳跃迁移。无外电场时,这种迁移沿各个方向概率相同,故无宏观电矩;当外加电场后,正负离子沿电场正向或逆向跃迁率增大,形成了正负离子分离而产生介质极化。这种迁移的过程可与晶格常数相当,因而比弹性位移距离大。但离子弛豫极化的迁移又和离子电导不同,前者离子仅作有限距离的迁移,只能在结构松散区或缺陷区附近移动。

3) 偶极子转向极化

偶极分子在无外电场时就有一定的偶极矩,但因热运动缘故,它在各方向上杂乱无章地排列,故无外电场时偶极电介质的宏观电矩为零。但有外电场时,偶极子受到转矩的作用,有沿外电场方向排列的趋势,而呈现宏观电矩,形成极化。此极化称偶极子转向极化或固有电矩的转向极化。这种极化所需时间较长,约 $10^{-10} \sim 10^{-2}$ s,且极化是非弹性的,即撤去外电场后,偶极子不能恢复原状,故又称偶极松弛式极化。在极化过程中要消耗一定能量。

4) 空间电荷极化

在一部分电介质中存在着可移动的离子。在外电场作用下,正离子将向负电极侧移动并积累,而负离子将向正电极侧移动并积累,这种正、负离子分离所形成的极化称空间电荷极化。这种极化所需时间最长,约 10^{-2} s。因此空间电荷极化只对直流或低频下的电场强度有贡献。空间电荷极化常常发生在不均匀介质中。

空间电荷极化随温度升高而下降。这是因为温度升高,离子运动加剧,离子容易扩散,因而空间电荷减少。

在上述几种极化方式中,电子极化、离子极化及空间电荷极化都是正、负电荷在电场作用下发生相对位移而产生的,故统称为位移极化。而偶极子转向极化是由于偶极子在外电场作用下发生转向形成的,故称为转向极化。根据电介质的极化形式,把其分为两大类:只有位移极化的电介质称为非极性材料;有转向极化的电介质称为极性材料。

以上介绍的极化是外加电场作用的结果,而有一种极性晶体无外电场作用下自身已存在极化,这种极化称自发极化,发生在铁电体中,本章后面将做介绍。表 8-2-2 总结了电介质可能发生的极化形式、可能发生的频率范围以及与温度的关系等。

表 8-2-2 晶体电介质极化形式小结

极化形式		极化形式存在的电介质	发生极化的频率范围	温度作用
电子极化	位移极化	一切电介质	直流到光频	不起作用
	弛豫极化	钛质瓷、以高价金属氧化物为基的陶瓷	直流到超高频	随温度变化有极大值
离子极化	位移极化	离子结构电介质	直流到红外	随温度变化有极大值
	弛豫极化	存在弱束缚离子的玻璃、晶体陶瓷	直流到超高频	随温度升高增强
取向极化		存在固有电偶极矩的高分子电介质以及极性晶体陶瓷	直流到高频	随温度变化有极大值
空间电荷极化		结构不均匀电介质	直流到 10^3 Hz	随温度升高而减弱
自发极化		温度低于 T_c 的铁电体	与温度无关	随温度变化有极大值

8.2.1.5 电介质中的有效场和克劳修斯—莫索蒂方程

要建立宏观极化强度与微观极化率之间的关系,必须要知道作用在分子、原子的局部电场 $\boldsymbol{E}_{loc}$ 的表达式。事实上,作用在分子、原子上的有效电场与外加电场 $\boldsymbol{E}_0$,电介质形成的退极化场 $\boldsymbol{E}_d$,还有分子或原子与周围带电质点的相互作用有关。克劳修斯—莫索蒂利用洛伦兹球模型获得了宏观极化强度与微观分子、原子极化率的关系。

1) 有效电场

当电介质极化后,在其表面形成了束缚电荷。这些束缚电荷将形成一个电场,方向与极化电场的方向相反,故称为退极化场 $\boldsymbol{E}_d$,如图 8-2-4 所示。根据静电学原理,由均匀极化所产生的电场等于分布在物体表面上的束缚电荷在真空中产生的电场,一个椭圆形样品可形成均匀极化并产生一个退极化场。因此,外加电场 $\boldsymbol{E}_0$ 和退极化场 $\boldsymbol{E}_d$ 共同作用才是宏观电场 $\boldsymbol{E}_{宏}$:

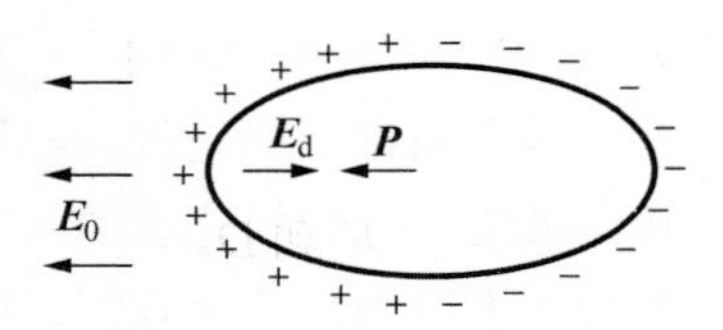

图 8-2-4 退极化场 $\boldsymbol{E}_d$

$$\boldsymbol{E}_{宏}=\boldsymbol{E}_0+\boldsymbol{E}_d \tag{8-2-15}$$

莫索蒂利用洛伦兹球模型导出了极化球腔内局部电场 $\boldsymbol{E}_{loc}$ 的表达式:

$$\boldsymbol{E}_{loc}=\boldsymbol{E}_{宏}+\frac{1}{3\varepsilon_0}\boldsymbol{P} \tag{8-2-16}$$

2) 克劳修斯—莫索蒂方程

根据静电场理论,电容器极板上自由电荷面密度用矢量 $\boldsymbol{D}$ 表示,称为电位移。电位移 $\boldsymbol{D}$ 与外加电场 $\boldsymbol{E}$ 的关系为

$$\boldsymbol{D}=\varepsilon\boldsymbol{E}=\varepsilon_0\boldsymbol{E}+\boldsymbol{P} \tag{8-2-17}$$

把极化强度数值 $P=n\alpha E_{loc}$ 代入上式,可得到

$$\varepsilon_r=1+\frac{n\alpha E_{loc}}{\varepsilon_0 E} \tag{8-2-18}$$

根据洛伦兹关系则可推导出

$$\frac{\varepsilon_r - 1}{\varepsilon_r + 2} = \frac{n\alpha}{3\varepsilon_0} \tag{8-2-19}$$

此式称为克劳修斯-莫索蒂方程，它建立了宏观量 ε_r 与微观量 α 之间的关系，此式适用于分子间很弱的气体、非极性液体和非极性固体，以及一些 NaCl 型离子晶体和具有适当对称形式的晶体。

对于具有两种以上极化粒子的介质，上式可变为

$$\frac{\varepsilon_r - 1}{\varepsilon_r + 2} = \frac{1}{3\varepsilon_0}\sum_i n_i\alpha_i \tag{8-2-20}$$

8.2.1.6 介电常数的温度系数

根据介电常数与温度的关系，电介质可以分为两大类：一类是介电常数与温度呈强烈非线性关系的电介质，属于这类介质的有铁电体和松弛极化十分明显的材料，对于这类材料很难用介电常数的温度系数来描述其温度特性；另一类是介电常数与温度呈线性关系的电介质，这类材料可用介电常数的温度系数 $TK\varepsilon$ 来描述介电常数与温度的关系。

介电常数的温度系数 $TK\varepsilon$ 定义为

$$TK\varepsilon = \frac{1}{\varepsilon}\frac{\mathrm{d}\varepsilon}{\mathrm{d}T} \tag{8-2-21}$$

8.2.1.7 交变电场下的介电常数

以上讨论是电介质在恒定电场下的情况。当电介质在正弦函数交变电场作用下时，$\boldsymbol{D}$、$\boldsymbol{E}$、$\boldsymbol{P}$ 均为复数矢量，此时介电常数也变成复数，若介质中发生松弛极化，$\boldsymbol{D}$、$\boldsymbol{E}$、$\boldsymbol{P}$ 均有不同相位。

如果矢量滞后相位角 δ 时，则有

$$\boldsymbol{E} = \boldsymbol{E}_0 e^{i\omega t} \tag{8-2-22}$$

$$\boldsymbol{D} = \boldsymbol{D}_0 e^{i(\omega t - \delta)} \tag{8-2-23}$$

因为 $D = \varepsilon^* E$ 和 $D_0 = \varepsilon_s E_0$，所以有

$$\varepsilon^* = \frac{D}{E} = \frac{D_0}{E_0} e^{-i\delta} = \varepsilon_s(\cos\delta - i\sin\delta) \tag{8-2-24}$$

式中，ε^* 为复介电常数；ε_s 为静态介电常数。

定义

$$\varepsilon' = \varepsilon_s \cos\delta \tag{8-2-25a}$$

$$\varepsilon'' = \varepsilon_s \sin\delta \tag{8-2-25b}$$

式中，ε'、ε''分别为复介电常数的实部和虚部。

8.2.2 介质损耗

8.2.2.1 介质损耗的概念

电介质在外电场作用下，其内部会有发热现象，这说明有部分电能已转化为热能耗散掉，电介质在电场作用下，在单位时间内因发热而消耗的能量称为电介质的损耗功率，或简称**介质损耗**(dielectric loss)。介质损耗是应用于交流电场中电介质的重要品质指标之一。介质损耗不但消耗了电能，而且使元件发热影响其正常工作。如果介电损耗较大，甚至会引起介质的过热而绝缘破坏，所以从这种意义上讲，介质损耗越小越好。

8.2.2.2 介质损耗的形式

各种不同形式的损耗是综合起作用的。由于介质损耗的原因是多方面的,所以介质损耗的形式也是多种多样的。介电损耗主要有以下形式。

1) 漏导损耗

实际使用中的绝缘材料都不是完善的理想电介质,在外电场的作用下,总有一些带电粒子会发生移动而引起微弱的电流,这种微小电流称为漏导电流,漏导电流流经介质时使介质发热而损耗了电能。这种因电导而引起的介质损耗称为"漏导损耗"。实际的电介质总存在一些缺陷,或多或少存在一些带电粒子或空位,因此介质不论在直流电场或交变电场作用下都会发生漏导损耗。

2) 极化损耗

极化损耗指介质在发生缓慢极化时(松弛极化、空间电荷极化等),带电粒子在电场力的影响下因克服热运动而引起的能量损耗。

一些介质在电场极化时也会产生损耗,这种损耗一般称为极化损耗。位移极化从建立极化到其稳定所需时间很短(约为 $10^{-16}\sim10^{-12}$s),这在无线电频率(5×10^{12} Hz 以下)范围均可认为是极短的,因此基本上不消耗能量。其他缓慢极化(例如松弛极化、空间电荷极化等)在外电场作用下,需经过较长时间(10^{-10} s 或更长)才达到稳定状态,因此会引起能量的损耗。

若外加频率较低,介质中所有的极化都能完全跟上外电场变化,则不产生极化损耗。若外加频率较高时,介质中的极化跟不上外电场变化,于是产生极化损耗。

3) 电离损耗

电离损耗(又称游离损耗)是由气体引起的,含有气孔的固体介质在外加电场强度超过气孔气体电离所需要的电场强度时,由于气体的电离吸收能量而造成损耗,这种损耗称为电离损耗。

4) 结构损耗

在高频电场和低温下,有一类与介质内部结构的紧密度密切相关的介质损耗称为结构损耗。这类损耗与温度关系不大,损耗功率随频率升高而增大。

试验表明,结构紧密的晶体或玻璃体的结构损耗都很小,但是当某些原因(如杂质的掺入、试样经淬火急冷的热处理等)使它的内部结构变松散后,其结构损耗就会大大升高。

5) 宏观结构不均匀性的介质损耗

工程介质材料大多数是不均匀介质。例如陶瓷材料就是如此,它通常包含有晶相、玻璃相和气相,各相在介质中是呈统计分布的。由于各相的介电性不同,有可能在两相间积聚了较多的自由电荷使介质的电场分布不均匀,造成局部有较高的电场强度而引起了较高的损耗。但作为电介质整体来看,整个电介质的介质损耗必然介于损耗最大的一相和损耗最小的一相之间。

8.2.2.3 介质损耗的表征

电介质在恒定电场作用下,介质损耗的功率为

$$W=\frac{U^2}{R}=\frac{(Ed)^2}{\rho\dfrac{d}{S}}=\sigma E^2 Sd \tag{8-2-26}$$

定义单位体积的介质损耗为介质损耗率为

$$w=\sigma E^2 \tag{8-2-27}$$

在交变电场作用下，电位移 $\boldsymbol{D}$ 与电场强度 $\boldsymbol{E}$ 均变为复数矢量，此时介电常数也变成复数，其虚部就表示了电介质中能量损耗的大小。

如图 8-2-5 所示，从电路观点来看，电介质中的电流密度为

$$J=\frac{\mathrm{d}D}{\mathrm{d}t}=\frac{\mathrm{d}}{\mathrm{d}t}\varepsilon E=\frac{\mathrm{d}}{\mathrm{d}t}(\varepsilon'-i\varepsilon'')E_0\mathrm{e}^{\mathrm{i}\omega t}$$

$$=\omega\varepsilon''E+\mathrm{i}\omega\varepsilon'E=J_{\mathrm{r}}+\mathrm{i}J_{\mathrm{c}} \tag{8-2-28}$$

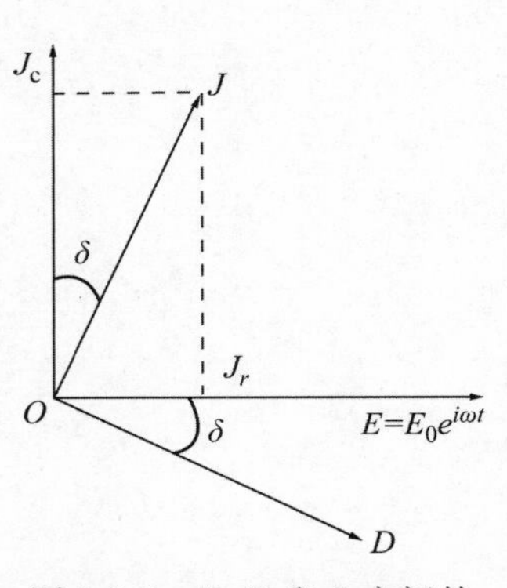

图 8-2-5　E、D 和 J 之间的相位关系图

式中，ε' 和 ε'' 分别为复介电常数的实部和虚部，$J_{\mathrm{r}}=\omega\varepsilon''E$，与 E 同相位，称为有功电流密度，导致能量损耗；$J_{\mathrm{c}}=\omega\varepsilon'E$，相比 E 超前 90°，称为无功电流密度。

定义

$$\tan\delta=\frac{J_{\mathrm{r}}}{J_{\mathrm{c}}}=\frac{\varepsilon''}{\varepsilon'} \tag{8-2-29}$$

式中，δ 称为损耗角，$\tan\delta$ 称为损耗角正切。

损耗角正切表示为获得给定的存储电荷要消耗的能量的大小，是电介质作为绝缘材料使用时的重要评价参数。为了减少介质损耗，希望材料具有较小的介电常数和更小的损耗角正切。损耗因素的倒数 $Q=(\tan\delta)^{-1}$ 在高频绝缘应用条件下称为电介质的品质因素，希望它的值要高。

8.2.2.4　频率对介质损耗的影响

前面介绍电介质极化微观机制时，曾分别指出不同极化方式建立并达到平衡时所需的时间。事实上，只有电子极化可以认为是瞬时完成的，其他极化形式都需要时间，称为弛豫(松弛)时间 τ。因此，在交变电场作用下，电介质的介电常数及介质损耗都与频率 ω 相关，可用德拜方程描述：

$$\varepsilon'_{\mathrm{r}}=\varepsilon_{\mathrm{r}\infty}+\frac{\varepsilon_{\mathrm{rs}}-\varepsilon_{\mathrm{r}\infty}}{1+\omega^2\tau^2} \tag{8-2-30a}$$

$$\varepsilon''_{\mathrm{r}}=(\varepsilon_{\mathrm{rs}}-\varepsilon_{\mathrm{r}\infty})\left(\frac{\omega\tau}{1+\omega^2\tau^2}\right) \tag{8-2-30b}$$

$$\tan\delta=\frac{(\varepsilon_{\mathrm{rs}}-\varepsilon_{\mathrm{r}\infty})\omega\tau}{\varepsilon_{\mathrm{rs}}+\varepsilon_{\mathrm{r}\infty}\omega^2\tau^2} \tag{8-2-30c}$$

式中，$\varepsilon_{\mathrm{rs}}$ 为静态下的相对介电常数；$\varepsilon_{\mathrm{r}\infty}$ 为光频下的相对介电常数；$\varepsilon'_{\mathrm{r}}$ 为交变电场下的相对介电常数；$\varepsilon''_{\mathrm{r}}$ 为相对复介电常数 $\varepsilon_{\mathrm{r}}^*$ 的虚部，称为相对损耗因子。

根据德拜方程绘出的曲线如图 8-2-6 所示，由此可得到如下结论。

(1) 当电场频率很低($\omega\to 0$)时，各种极化都能跟上电场的变化，即所有极化都能完全建立，介电常数达到最大而不造成损耗。

(2) 随频率逐渐升高时，松弛极化从某一频率开始跟不上电场的变化，此时松弛极化对介电常数的贡献减少，$\varepsilon_{\mathrm{r}}'$ 显著下降；$\varepsilon_{\mathrm{r}}''$ 和 $\tan\delta$ 升高，即产生介质损耗。当 $\omega=1/\tau$ 时，介质损耗达到峰值；而当 $\omega=\sqrt{\varepsilon_{\mathrm{rs}}/\varepsilon_{\mathrm{r}\infty}}/\tau$ 时，损耗角正切达到峰值。

(3) 当频率达到很高时，松弛极化来不及建立，对介电常数无贡献，介电常数仅由位移极

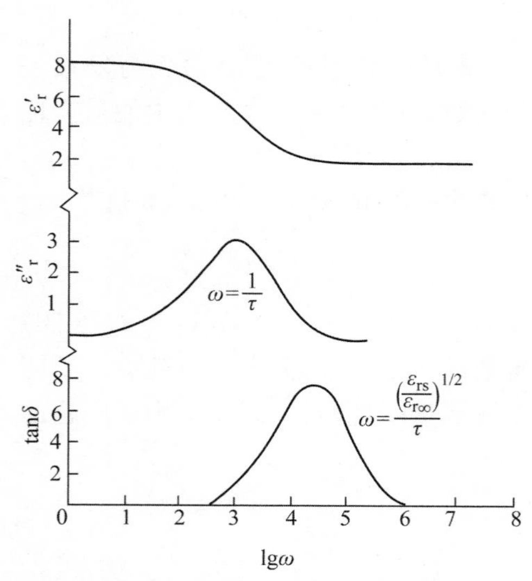

图 8-2-6　相对复介电常数及损耗角正切与电场频率的关系曲线

化决定，$\varepsilon'_r \to \varepsilon_{r\infty}$，趋于最小值；$\varepsilon''_r$ 和 $\tan\delta$ 均减小。当 $\omega \to 0$ 时，$\varepsilon''_r \to 0$，$\tan\delta \to 0$，此时无损耗。

8.2.2.5　工程材料的介质损耗

1）离子晶体的损耗

离子晶体的介质损耗与其结构的紧密程度有关。

紧密结构的晶体离子都排列很有规则，键强度比较大，如 α-Al_2O_3、镁橄榄石晶体等，在外电场作用下很难发生离子松弛极化，只有电子式和离子式的位移极化，所以无极化损耗，仅有的一点损耗是由漏导引起的(包括本征电导和少量杂质引起的杂质电导)。这类晶体的介质损耗功率与频率无关，损耗角正切随频率的升高而降低。因此，以这类晶体为主晶相的陶瓷往往用在高频场合，如刚玉瓷、滑石瓷、金红石瓷、镁橄榄石瓷等。

结构松散的离子晶体，如莫来石($3Al_2O_3 \cdot 2SiO_2$)、堇青石($2MgO \cdot 2Al_2O_3 \cdot 5SiO_2$)等，其内部有较大的空隙或晶格畸变，含有缺陷和较多的杂质，离子的活动范围扩大。在外电场作用下，晶体中的弱联系离子有可能贯穿电极运动，产生电导损耗。弱联系离子也可能在一定范围内来回运动，形成热离子松弛，出现极化损耗。所以这类晶体的介质损耗较大，由这类晶体作主晶相的陶瓷材料不适用于高频，只能应用于低频场合。

2）玻璃的损耗

复杂玻璃中的介质损耗主要包括 3 个部分：电导损耗、松弛损耗和结构损耗。哪一种损耗占优势，取决于外界因素——温度和电场频率。高频和高温下，电导损耗占优势；在高频下，主要的是由弱联系离子在有限范围内移动造成的松弛损耗；在高频和低温下，主要是结构损耗，其损耗机理目前还不清楚，可能与结构的紧密程度有关。

一般来说，简单玻璃的损耗是很小的，这是因为简单玻璃中的"分子"接近规则的排列，结构紧密，没有弱联系的松弛离子。在纯玻璃中加入碱金属氧化物后，介质损耗大大增加，并且随着加入量的增大按指数规律增大。这是因为碱性氧化物进入玻璃的点阵结构后，使离子所在处点阵受到破坏，结构变得松散，离子活动性增大，造成电导损耗和松弛损耗增加。

3）陶瓷材料的损耗

陶瓷材料的介质损耗主要来源于电导损耗、松弛质点的极化损耗和结构损耗。此外，表面气孔吸附水分、油污及灰尘等造成的表面电导也会引起较大的损耗。

在结构紧密的陶瓷中，介质损耗主要来源于玻璃相。为了改善某些陶瓷的工艺性能，往往在配方中引入一些易熔物质（如黏土），形成玻璃相，这样就使损耗增大。如滑石瓷、尖晶石瓷随黏土含量增大，介质损耗也增大。因而一般高频瓷，如氧化铝瓷、金红石等很少含有玻璃相。

大多数电工陶瓷的离子松弛极化损耗较大，主要原因：主晶相结构松散，生成了缺陷固溶体、多晶型转变等。常用陶瓷和电容器瓷的损耗角正切值分别如表 8-2-3 和表 8-2-4 所示。

表 8-2-3　常用装置瓷的损耗角正切

瓷　料		莫来石	刚玉瓷	纯刚玉瓷	钡长石瓷	滑石瓷	镁橄榄石瓷
$\tan\delta \times 10^{-4}$	(293±5)K	30～40	3～5	1.0～1.5	2～4	7～8	3～4
	(353±5)K	50～60	4～8	1.0～1.5	4～6	8～10	5

表 8-2-4　电容器瓷的损耗角正切(20℃,50Hz)

瓷　料	金红石瓷	钛酸钙瓷	钛酸锶瓷	钛酸镁瓷	钛酸锆瓷	锡酸钙瓷
$\tan\delta \times 10^{-4}$	4～5	3～4	3	1.7～2.7	3～4	3～4

4）高分子材料的损耗

高分子聚合物电介质按单体单元偶极矩的大小可分为极性和非极性两类。一般地，偶极矩在 0～0.5D（德拜）的是非极性高聚物；偶极矩在 0.5D 以上的是极性高聚物。非极性高聚物具有较低的介电常数和介质损耗，其介电常数约为 2，介质损耗小于 10^{-4}；极性高聚物则具有较高的介电常数和介质损耗，并且极性愈大，这两个值愈高。表 8-2-5 给出了一些高聚物的损耗角正切值。

表 8-2-5　常见高聚物的损耗角正切(20℃,50Hz)

高　聚　物	$\tan\delta \times 10^{-4}$	高　聚　物	$\tan\delta \times 10^{-4}$
聚四氟乙烯	<2	环氧树脂	20～100
聚乙烯	2	硅橡胶	40～100
聚丙烯	2～3	氯化聚醚	100
四氟乙烯-六氟丙烯共聚物	<3	聚酰亚胺	40～150
聚苯乙烯	1～3	聚氯乙烯	70～200
聚砜	6～8	ABS 树脂	40～300
聚碳酸酯	9	尼龙 6	100～400
聚三氟氯乙烯	12	尼龙 66	140～600
聚苯醚	20	聚甲基丙烯酸甲酯	400～600
聚邻苯二甲酸二烯丙酯	80		

高聚物的交联通常能阻碍极性基团的取向，因此热固性高聚物的介电常数和介质损耗均随交联度的提高而下降。酚醛树脂就是典型的例子，虽然这种高聚物的极性很强，但只要固化

比较完全,它的介质损耗就不高。相反,支化使分子链间作用力减弱,分子链活动能力增强,介电常数和介质损耗均增大。

高聚物的凝聚态结构及力学状态对介电性影响也很大。结晶能抑制链段上偶极矩的取向极化,因此高聚物的介质损耗随结晶度升高而下降。当高聚物结晶度大于70%时,链段上偶极的极化有时完全被抑制,介电性能可降至最低值。同样的道理,非晶态高聚物在玻璃态下比在高弹态下具有更低的介质损耗。

此外,高聚物中的增塑剂、杂质等对介电性能也有很大影响。

8.2.3 介电强度

8.2.3.1 介电强度的表征

介质的特性,如绝缘、介电能力,都是指在电场强度范围内材料的特性。当施加于电介质上的电场强度或电压增大到一定程度时,电介质就由介电状态变为导电状态,这一突变现象称为**介电击穿**(dielectric breakdown),简称击穿。此时所加电压称为击穿电压,用 U_b 表示,发生击穿时的电场强度称为击穿电场强度,用 E_b 表示,又称**介电强度**(dielectric breakdown strength)。在均匀电场下有

$$E_b = \frac{U_b}{d} \tag{8-2-31}$$

各种电介质都有一定的介电强度,即不允许外电场无限加大。在电极板之间填充电介质的目的就是要使极板间可承受的电位差比空气介质承受的更高些。表8-2-6列出了一些普通电介质材料的介电强度。

表8-2-6 一些电介质的介电强度

材　料	温度/℃	厚度/cm	介电强度×10⁻⁶/(V/cm)
聚氯乙烯(非晶态)	室温	—	0.4(ac)
橡胶	室温	—	0.2(ac)
聚乙烯	室温	—	0.2(ac)
石英晶体	20	0.005	5(dc)
$BaTiO_3$	25	0.02	0.117(dc)
云母	20	0.002	10.1(dc)
$PbZrO_3$(多晶)	20	0.016	0.079(dc)

8.2.3.2 击穿形式

介质击穿的形式可分为热击穿、电击穿和化学击穿3种。对于任何一种材料,这3种击穿形式都可发生,主要取决于试样的缺陷情况和电场的特性以及器件的工作条件。

1) 电击穿

材料的电击穿是一个"电过程",即仅有电子参加。在强电场作用下,原来处于热运动状态的少数"自由电子"将沿反电场方向定向运动,并不断撞击介质内的离子,同时将其部分能量传给这些离子。当外加电压足够高时,自由电子定向运动的速度超过一定临界值(即获得一定电

场能)可使介质内的离子电离出一些新的电子——次级电子。无论是失去部分能量的电子还是刚冲击出的次级电子都会从电场中吸取能量而加速,有了一定的速度又撞击出第三级电子。这样连锁反应,将造成大量自由电子形成"电子潮",这个现象也叫"雪崩",它使贯穿介质的电流迅速增长,导致介质的击穿。这个过程大概只需要 10^{-8}~10^{-7}s,因此电击穿往往是瞬息完成的。

从能带理论可以认为,电场强度增大时电子能量增加,当有足够的电子获得能量越过禁带而进入上层导带时,绝缘材料就会被击穿而导电。

2) 热击穿

绝缘材料在电场下工作时由于各种形式的损耗,部分电能转变成热能,使介质被加热。若外加电压足够高,将出现器件内部产生的热量大于器件散发热量的不平衡状态,热量就在器件内部积聚,使器件温度升高。升温的结果又进一步增大损耗,使发热量进一步增多。这样恶性循环的结果使器件温度不断上升。当温度超过一定限度时,介质会出现烧裂、熔融等现象而完全丧失绝缘能力。

3) 化学击穿

长期运行在高温、潮湿、高电压或腐蚀性气体环境下的绝缘材料往往会发生化学击穿。化学击穿与材料内部的电解、腐蚀、氧化、还原、气孔中气体电离等一系列不可逆变化有关,并且需要相当长时间,材料被"老化"逐渐丧失绝缘性能,最后导致被击穿而破坏。

化学击穿有两种主要机理:

(1) 在直流和低频交流电压下,由于离子式电导引起电解过程,材料中发生电还原作用,使材料电导损耗急剧上升,最后由于强烈发热称为热击穿;

(2) 当材料中存在封闭气孔时,由于气体的游离放出的热量使器件温度迅速上升,变价金属氧化物(如 TiO_2)在高温下金属离子加速从高价还原成低价离子,甚至还原成金属原子,使材料电子电导大大增加,电导的增加反过来又使器件强烈发热,导致最终击穿。

8.3 铁电性

8.3.1 铁电性基本概念

有一类晶体,比如 $BaTiO_3$,在无外电场作用下可发生自发极化,在晶体内部形成许多电偶极矩平行排列的小区域(电畴);在施加外电场(技术极化)时,极化强度 P 随外电场强度 E 非线性增加,介电常数是一个与电场强度有关的变化值;在外电场交变时,极化强度与电场强度的关系曲线具有"电滞回线"特点,即必须施加反向电场才能够将极化强度降为 0,存在"剩极化"和"矫顽力",如图 8-3-1 所示。该类晶体的自发极化、形成电畴以及技术极化的性质与铁磁体的自发磁化,形成磁畴以及技术磁化的行为很相似,故仿造铁磁性的名称,将该类极化性质称为**铁电性**

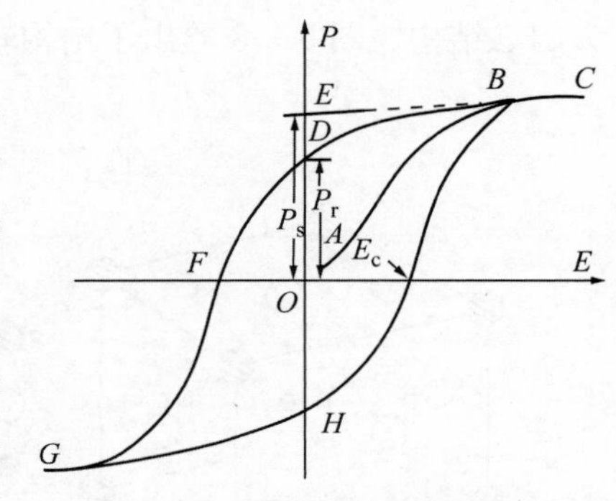

图 8-3-1 电滞回线示意图

(ferroelectricity),该类晶体称为**铁电体**(ferroelectrics)。

铁电体是电介质(介电体)的一个亚类,除具有自发电极化的基本特征,同时具有压电性和热释电性,此外一些铁电晶体还具有非线性光学效应、电光效应、声光效应、光折变效应和反常光生伏特效应。铁电体这些性质使它们可以将声、光、电、热效应互相联系起来,成为一类重要的功能材料。

8.3.2 铁电性的微观理论

8.3.2.1 自发极化微观机制

铁电性的本质在于自发极化,而自发极化来源于晶体中原子(离子)位置的变化,这与晶体的结构密切相关。现已查明自发极化机制有多种,如氧八面体中离子偏离中心的运动;氢键中质子运动有序化;氢氧根基团择优分布;含其他离子集团的极性分布等。下面简单介绍具有钙钛矿型结构的钛酸钡的自发极化机制。

钛酸钡在温度 $T>120℃$ 时为立方结构,在 $5℃<T<120℃$ 时为四方结构,在 $-90℃<T<5℃$ 时为斜方结构,而在 $T<-90℃$ 时为菱方结构。研究表明,钛酸钡在 120℃以下均能产生自发极化而具有铁电性。

钛酸钡的晶胞结构如图 8-3-2 所示,晶胞顶点的 8 个位置被钡离子 Ba^{2+} 占据,6 个面心位置被氧离子 O^{2-} 占据,组成氧八面体,而 1 个钛离子 Ti^{4+} 占据体心位置,处在氧八面体的中心。在较高温度(大于 120℃)时,钛酸钡为立方等轴晶系,点阵常数 $a=4.005Å$,O^{2-} 的半径为 1.32Å,所以两个 O^{2-} 间的空隙为 $4.005-2\times1.32=1.365Å$,而 Ti^{4+} 的直径为 1.28Å,也即氧八面体空腔的线度大于 Ti^{4+} 的直径,Ti^{4+} 在八面体间隙内有移动的余地。在温度较高时,由于 Ti^{4+} 在各个方向的热振动概率是一样的,所以 Ti^{4+} 的平均位置处于八面体中心,具有最高的对称性,不出现电矩,即不发生自发极化。当温度降低时,Ti^{4+} 的平均热振动能降低了,某些因热涨落其热振动能特别低的 Ti^{4+} 便不足以克服 Ti^{4+} 与 O^{2-} 间的相互作用,此时 Ti^{4+} 就有可能向着某一个 O^{2-} 靠近(自发位移),并使这个 O^{2-} 发生强烈的电子位移极化,结果使晶体顺着这一方向延长,形成了自发极化轴,对其周围晶胞所造成的内电场使得 Ti^{4+} 的这种自发位移可涉及周围晶胞中,使所有 Ti^{4+} 都同时沿着同一方向位移,而相应的 O^{2-} 则发生电子位移极化,这样就形成了自发极化相同的小区域,即电畴。在出现自发极化的同时,晶胞的形状发生了轻微的改变,晶轴在 Ti^{4+} 位移的方向伸长,其他方向缩短,使钛酸钡晶体从立方结构变为四方结构。图 8-3-3 给出了结构转变时各种离子的位移量,Ti^{4+} 向一个 O^{2-} 位移 0.12Å,而

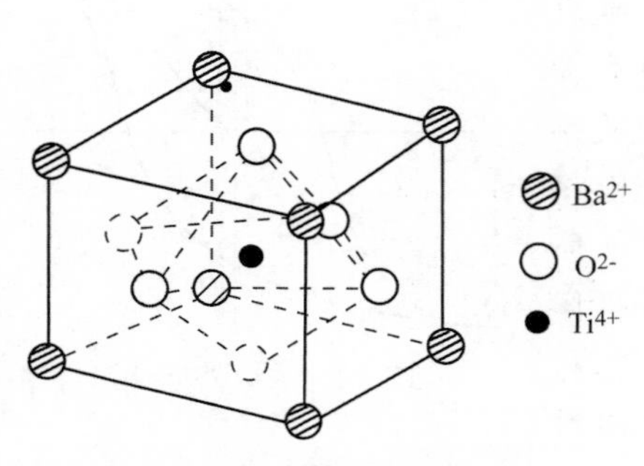

图 8-3-2 钛酸钡的晶胞结构

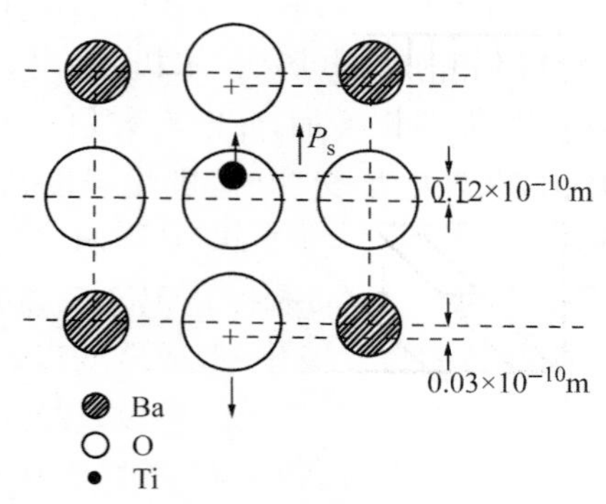

图 8-3-3 钛酸钡自发极化时的离子位移
[在(100)面上的投影]

对应的O^{2-}向相反方向移动0.03Å，Ba^{2+}也略有移动。更精细的研究表明，自发极化包括两个部分，一部分来源于离子直接位移；另一部分是由于电子云的形变（电子极化）。其中，离子位移极化占总极化的39%。

8.3.2.2 铁电相变

从以上分析可见，伴随着自发极化总是有结构的改变，这一类转变称为铁电相变，转变的临界温度就是居里温度（居里点）。反之，结构相变并不一定能导致自发极化，只有产生自发极化的相变才是铁电相变。一般来说，铁电相变是发生在由高温冷却到低温的过程中，也就是说，居里点以下为铁电体；居里温度以上为非铁电体（仿照顺磁性的名称称为顺电体），介电常数也服从“居里-外斯定律”：

$$\varepsilon_r = \frac{C}{T - T_c} \tag{8-3-1}$$

式中，ε_r为相对介电常数；C为居里常数；T为绝对温度；T_c为居里温度。

除了上述的离子位移型铁电相变以外，还有可能产生固有电偶极矩定向排列的有序-无序型铁电相变，这属于二级相变。

8.3.2.3 铁电体的电畴

前已指出，铁电晶体中存在一系列自发极化方向不同的小区域，而每个小区域中所有晶胞的自发极化方向相同，这样的小区域称为铁电畴(ferroelectric domain)。对于常温下四方晶系的钛酸钡，自发极化只能沿着[001]，[010]，[100]三个方向，故各电畴的自发极化方向只能互为180°和90°，如图8-3-4所示。当钛酸钡为正交晶系结构时，自发极化轴由[001]转为[011]，这样除有互为180°的电畴以外，还有互成71°和109°的电畴。当钛酸钡为三方晶系结构时，自发极化轴由[001]转为[111]，除了90°和180°的电场以外，还有60°和120°的电畴。由于需要满足热力学稳定而要求能量最低，晶体中电畴的各种取向，最终要使晶体中极化强度的矢量和为零。

在技术极化时，铁电畴总是趋向于与外电场方向一致，这被形象地称为铁电畴的“转向”。在足够高的电场强度和足够长的时间作用下，所有电场的自发极化方向都趋于与外电场方向一致，使整个晶体成为一个单畴。对钛酸钡技术极化过程中电畴运动情况进行观察时发现，原始晶体中存在着许多180°和90°畴壁[见图8-3-5(a)]，在外电场作用下，180°畴壁不断减少[见图8-3-5(b)]，继而180°畴壁消失[见图8-3-5(c)]，最终90°畴壁也完全消失，整个晶体成单一畴[见图8-3-5(d)]。

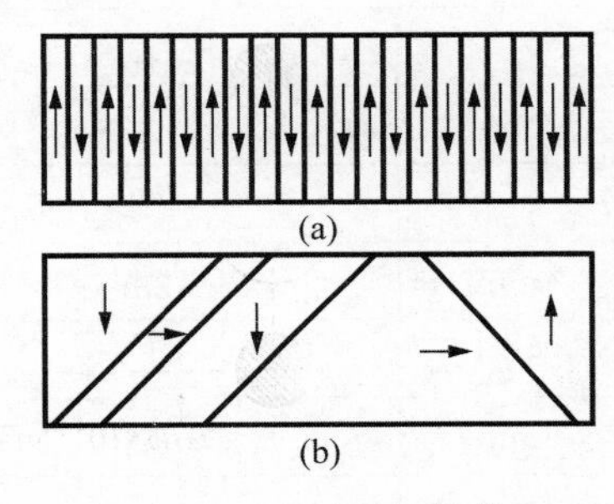

图8-3-4 钛酸钡晶体中的180°和90°的电场

(a) 反平行的电畴；(b) 互相垂直的电畴

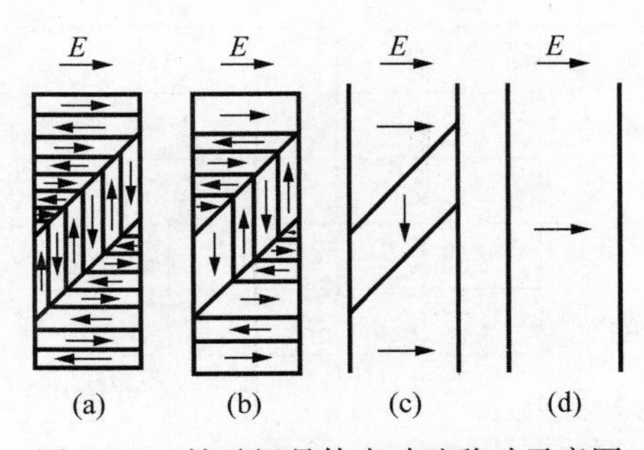

图8-3-5 钛酸钡晶体中畴壁移动示意图

进一步的研究发现,180°畴的转向是通过许多尖劈形新畴的形成、发展实现的,在外电场作用下,尖劈形新畴不断出现和向前长大,逐渐波及整个180°畴,如图8-3-6所示;而90°畴同样也产生与外电场方向一致的尖劈形新畴,只是这些新畴不是沿着外电场方向长大、发展,而是与外电场成45°角的方向发展,因此晶体中出现了许多90°畴壁,如图8-3-7所示。这些90°的畴壁还可通过侧向移动使电场扩展长大,最终使晶体成为一个与外电场同向的单畴。

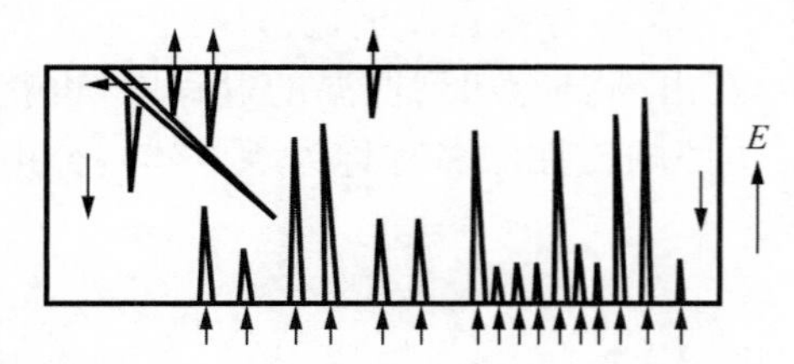

图 8-3-6　180°电畴中新畴的出现和发展

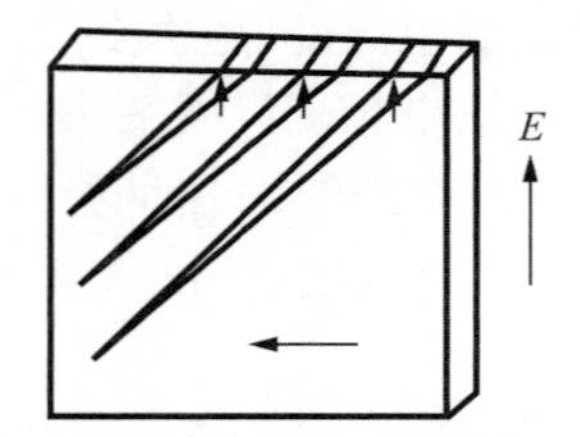

图 8-3-7　90°电畴中新畴的出现和发展

实际上,180°畴转向比较充分,并且由于转向时结构畸变小,内应力小,因而这种转向比较稳定。而90°畴的转向是不充分的,对钛酸钡陶瓷,90°畴大约只有13%转向,而且由于转向引起较大内应力,所以这种转向不稳定。当外加电场撤去后,则有小部分电畴偏离极化方向,恢复原位,大部分电畴则停留在新转向的极化方向上,造成"剩余极化"。

由以上分析可见,正是由于自发极化铁电畴的存在,铁电体的技术极化曲线为非线性以及呈电滞回线状,它们的电极化行为与铁磁体在技术磁化时的行为类似。

8.3.3　铁电体的类型

出现自发极化的必要条件是晶体结构不具有对称中心,但是反过来,无对称中心的晶体并不一定能产生自发极化而成为铁电体。表8-3-1给出了所有晶系结构的宏观对称性(点群),无中心对称的点群共有21种,其中只有10种具有极轴,即所谓的极性晶体,它们都有自发极化。但是具有自发极化的晶体,只有其电偶极矩可在外电场作用下改变到原相反方向的,才能称之为铁电体。根据化学成分的不同,通常把铁电体分成含氢和不含氢的两大类,表8-3-2列出了一些铁电体的例子。

表 8-3-1　晶体的点群

光轴	晶系	中心对称点群		无中心对称点群				
				极轴		无极轴		
双轴晶体	三斜	$\bar{1}$		1		无		
	单斜	2/m		2	m	无		
	正交	mmm		mm2		222		
单轴晶体	四方	4/m	4/mmm	4	4mm	$\bar{4}$	$\bar{4}2m$	422
	三方	$\bar{3}$	$\bar{3}m$	3	3m	32		
	六方	6/m	6/mmm	6	6mm	$\bar{6}$	$\bar{6}m2$	622
光各向同性	立方	m3	m3m	无		432	$\bar{4}3m$	23
总　数		11		10		11		

表 8-3-2 一些铁电体的结构、名称以及分子式

类 型	结 构	名 称	分子式
不含氢铁电体	钙钛矿型	钛酸钡	$BaTiO_3$
		铌酸钾	$KNbO_3$
		钽酸钠	$NaTaO_3$
	钛铁矿型	钽酸锂	$LiTaO_3$
	烧绿石型	铌酸镉	$Cd_2Nb_2TiO_7$
		钽酸铅	$PbTa_2O_6$
含氢铁电体	酒石酸钾钠型	酒石酸钾钠	$NaKC_4H_4O_6 \cdot 4H_2O$
	磷酸二氢钾型	磷酸二氢钾	KH_2PO_4
		砷酸二氢钾	KH_2AsO_4
	硫铵型	硫酸铵	$(NH_4)_2SO_4$
		硫酸镉铵	$(NH_4)_2Cd_2(SO_4)_3$

8.4 压电性

8.4.1 压电效应

1880 年,法国的居里兄弟(Piere Curie 和 Jacques Curie)发现,对 α-石英单晶体在一些特定方向上加力,则在与力垂直方向的平面上出现正、负束缚电荷。后来的研究证实,许多晶体材料都有这种按所施加的力成比例地产生电荷的能力,因此称此特性称为**压电性**(piezoelectricity)。压电性具有可逆性,即按所施加的电压成比例地产生几何应变(或应力),此现象称为逆压电效应,有时也称为电致伸缩效应。而前者称为正压电效应。压电性的本质是机械作用(应变或应力)引起晶体介质的极化,从而导致介质两端表面出现符号相反的束缚电荷,因此压电性属于介电性的一种,应产生于电介质之中,主要是离子晶体中。

压电效应可以由图 8-4-1 形象地加以解释。其中图(a)表示非对称中心的晶体中正、负离子在某平面上的投影,此时无外力,正、负电荷中心重合,电极化强度为 0,表面不带电;图(b)和(c)表示对晶体施加压力(或拉力)使其变形,导致正、负电荷中心分离,晶体对外显示电偶极矩,表面出现束缚电荷。拉和压时,表面带电的符号正好相反;图(d)和(e)表示在施力面上镀上金属电极,就可检测到这种电位差的变化。只是极板上感应电荷与介质表面束缚电荷符号相反,这时电位差的方向与机械力的方向一致,称为纵向压电效应;图(f)和(g)则表示有些压电材料也可能出现电位差方向与施力方向垂直的情况,称为横向压电效应。

从以上分析来看,晶体的非中心对称性是产生压电效应的必要条件。具有中心结构对称的晶体,即使受到拉力或压力,其正、负电荷的对称排列也不会改变,即不会产生净电偶极矩,也就不会呈现压电性。当然,并不是所有非对称中心的晶体一定有压电性,因为压电体首先必须是电介质(或至少具有半导体性质),同时其结构必须有带正、负电荷的质点——离子或离子团。也就是说,压电体必须是离子晶体或者由离子团组成的分子晶体。

由于压电效应只能发生在不具有对称中心的晶体中,是仅由晶体的对称性所决定的,在

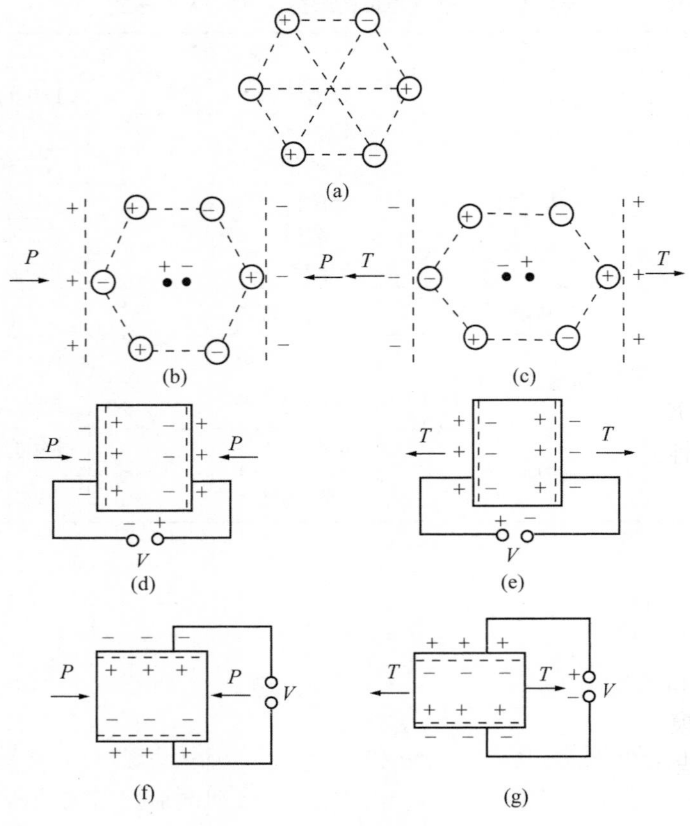

图 8-4-1 压电效应示意图

32 个宏观对称类型(点群)中,不具有对称中心的有 21 种,即 1、2、3、4、$\bar{4}$、6、$\bar{6}$、$\bar{4}$m、mm、3m、4m、6m、222、32、42、62、$\bar{4}$2m、$\bar{6}m^2$、23、$\bar{4}$3m、43。但是,最后一种(43)的压电常数为零,所以有 20 种是可以有压电效应的。因此,实际上具有压电效应的晶体很多,目前已发现的压电体超过千种,包括晶体、多晶体(压电陶瓷)、聚合物、生物体(如骨骼)等,其中常见的有 α-石英晶体、钛酸钡、钛酸铅(压电陶瓷)、锆钛酸铅(PZT)、二氧化碲(非铁电压电晶体)、磷酸二氢钾(KDP、水溶铁电晶体)等,铌镁酸铅-钛酸铅(PMN-PT)是近年来发现的性能优良的压电单晶。

8.4.2 压电性表征

8.4.2.1 压电常数

在正压电效应中,电荷密度(电位移 D)与应力 T 成正比;在逆压电效应中,应变 S 与电场强度 E 成正比。由于正、逆压电效应的本质是一致的,对应的规律应相同,所以上述两种正比关系应有相似的结果,它们可以分别表示为

$$D = dT \tag{8-4-1}$$

$$S = dE \tag{8-4-2}$$

式中,d 为压电常数,它在正、逆压电效应中是相同的,即

$$d = \frac{D}{T} = \frac{S}{E} \quad (\text{C/N}) \text{ 或} (\text{m/V}) \tag{8-4-3}$$

压电常数是压电体的重要特性参数，它是压电体把机械能（电能）转换为电能（机械能）的比例系数，反映了应力或应变与电场或电位移之间的联系，直接反映了材料机电性能的耦合关系和压电效应的强弱。

实际上，$\boldsymbol{D}$、$\boldsymbol{E}$ 均为矢量，$\boldsymbol{T}$、$\boldsymbol{S}$ 均为二阶对称张量，则压电系数是有方向的，属于三阶张量，即有 3^3 个分量，其中有 18 个独立分量。故完整表示压电效应的方程为

$$\boldsymbol{D}_i = \boldsymbol{d}_{ij}\boldsymbol{T}_j \tag{8-4-4}$$

$$\boldsymbol{S}_j = \boldsymbol{d}_{ij}{}^{\mathrm{T}}\boldsymbol{E}_i \tag{8-4-5}$$

式中，下标 $i=1,2,3$ 表示电的方向；下标 $j=1,2,\cdots,6$，表示力的方向。上标 T 表示转秩矩阵。

8.4.2.2　机电耦合系数

机电耦合系数 K 是一个综合反映压电晶体的机械能与电能之间耦合关系的物理量，所以它是衡量压电材料性能的一个很重要参数。其定义为

$$K = \frac{\text{转化的机械能}}{\text{静电场下输入的电能}} \quad \text{（逆压电效应）} \tag{8-4-6}$$

$$K = \frac{\text{机械能转变的电能}}{\text{输入的机械能}} \quad \text{（正压电效应）} \tag{8-4-7}$$

机电耦合系数 K 是一个无量纲的物理量，其值越大，压电性能越好。

除了压电常数和机电耦合系数以外，压电体要投入应用还需要考虑许多其他的性能参数，如相对密度、弹性模量、介电常数、介电损耗、谐振频率、频率常数等，限于篇幅不再介绍。表 8-4-1 列出了一些压电材料的性能参数。

表 8-4-1　一些压电材料的性能参数

材　料	密度/($g\cdot cm^{-3}$)	弹性常数/($10^{-11}N\cdot m^{-2}$)	介电常数	压电常数/($10^{-12}C\cdot N^{-1}$)	机电耦合系数/%
水晶	2.65	7.7	4.5	2.0	10
罗息盐	1.77	1.8	350.0	27.5	73
PZT	7.50	8.4	1 200.0	110.0	30
$BaTiO_3$	5.70	11.0	1 700.0	78.0	21
聚氯乙稀	——	——	——	0.4	——
聚氟乙烯	——	——	——	1.0	——
PVDF(β)	1.78	0.2	10.0	6.7	——
PVDF	1.78	0.3	13.0	20.0	——
PVDF/PZT	3.50	0.4	55.0	23.0	——
尼龙 11	——	——	——	0.5	——
PMG	——	——	——	(5.0)	——
PPG	——	——	——	(4.0)	——

8.4.3 压电效应的应用

8.4.3.1 压电振荡器

把一适当切削的石英晶体镀上两个电极，其在电路中等效于一个 LC 电路，把它接入图 8-4-2 所示的电路中，便能产生频率高度稳定(频率稳定度高达 10^{-14})的正弦振荡。

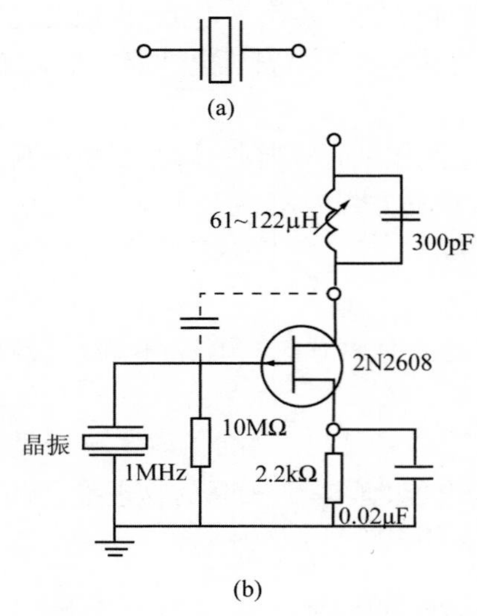

图 8-4-2 1MHz 石英晶体振荡器

石英晶体元件能产生几千赫到几千兆赫的电振动，可将其作为标准信号源，广泛用于石英钟、石英手表、计算机的时钟脉冲发生等诸多场合。

8.4.3.2 超声发射器和接收器

用压电常数大和机电耦合系数大的压电材料做成换能器可在水中、地下和固体中发射和探测超声波。这种超声波换能器广泛用于潜水艇声呐、鱼探仪、地下结构探测仪、超声波成像仪(如 B 超)、超声波探伤仪等等。

8.4.3.3 信号处理器

用压电材料的压电效应可以制作滤波器、鉴频器、延迟线、衰减器、放大器等，广泛用于雷达、军事通信、导航设备上。

8.4.3.4 压电发电机、压电马达

用压电陶瓷可产生脉冲高压，用来制作压电打火机、汽车点火器、压电引信、高压电源等。

8.5 热释电性

8.5.1 热释电效应

热释电现象最早是在电气石晶体中发现的。当均匀加热一块电气石晶体时，通过筛孔向晶体喷射一束硫黄粉和铅丹粉，结果发现晶体一端出现黄色，另一端变为红色。但是，如果不是在加热过程中，喷粉试验不会出现两种不同颜色，如图 8-5-1 所示。现在已经认识到，电气石是三方晶系 3m 点群，结构上只有唯一的三次(旋)转轴，具有自发极化。在未加热时，它们的自发极化电偶极矩完全被吸附的空气中的电荷屏蔽掉。但在加热时，由于热膨胀导致正、负离子的相对位移，导致极化发生改变，使屏蔽电荷失去平衡。因此，晶体的一端的正电荷吸引硫黄粉显黄色；另一端吸引铅丹粉显红色。这种由于温度变化而产生表面电荷变化的现象，此效应称为**热释电效应**(pyroelectric effect)。

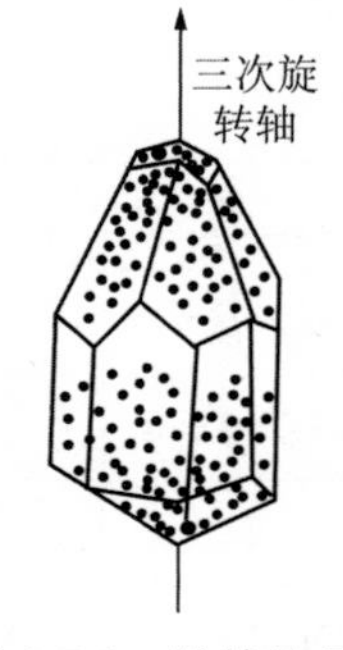

图 8-5-1 坤特法显示电气石的热释电性

应注意，热释电性和热电性是两种不同的电学性能，后者是热(或温度)导致的载流子长程输运性质，属于导电现象的一种；而前者则是由热(或温度)导致极化性能的改变，属于介电性的一种。

8.5.2 热释电效应本质及表征

对热释电效应的研究表明，具有热释电效应的晶体一定具有自发极化（固有极化），并且在结构上具有极轴。所谓极轴是指晶体中唯一的轴，该轴两端往往具有不同性质，且采用对称操作不能与其他晶体的方向重合。因此，具有对称中心的晶体是不可能有热释电性的，这一点与压电体对结构的要求是一样的。但是，具有压电性的晶体并不一定具有热释电性，这与两者产生条件的不同有关。压电效应是由机械力引起正、负电荷中心相对位移，并且在不同方向上位移大小是不相等的，因而出现净电偶极矩；而温度变化时，晶体受热膨胀却在各个方向上同时发生，并且在对称方向上必定有相等的膨胀系数。换句话说，在这些方向上所引起的正、负电荷重心的相对位移也是相等的，也就是正、负电荷重心重合的现状并没有因为温度变化而改变，如图 8-5-2 所示，所以没有热释电现象。

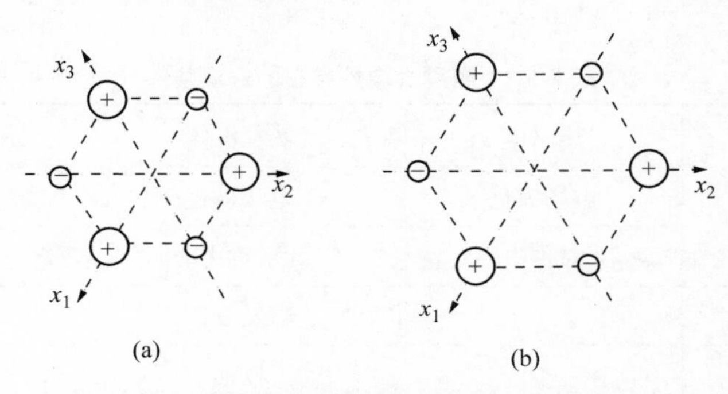

图 8-5-2 α-石英不产生热释电性的示意图
(a) 加热前；(b) 加热后

在 32 个晶体点群中，有 20 种为非中心对称晶体，它们都是压电晶体。其中，又有以下 10 种点群的晶体具有唯一的极轴，具有热释电性：1、2、m、2mm、4、4mm、3、3mm、6、6mm。这类晶体也称为电极性晶体。最早发现的热释电晶体是电气石，后来又陆续发现了许多其他的热释电晶体，其中比较重要的是钛酸钡、硫酸三甘酞、一水合硫酸锂、亚硝酸钠、铌酸锂以及钽酸锂等。

表征材料热释电性能的主要参数是热释电常数 p，它定义为单位温度变化引起的自发极化强度的变化量，即

$$p=\frac{\mathrm{d}P_{\mathrm{s}}}{\mathrm{d}T} \tag{8-5-1}$$

式中，P_{s} 为自发极化强度。据此，热释电效应也可以解释为材料受到热辐射后，晶体自发极化强度随温度而变化的现象，因此其表面电荷也发生变化。如果在晶体两端连接一负载 R_{s}，则会产生热释电电位差

$$\Delta V=AR_{\mathrm{s}}p\,\frac{\mathrm{d}T}{\mathrm{d}t} \tag{8-5-2}$$

式中，A 为电极面积；R_{s} 为负载电阻；p 为热释电常数；$\frac{\mathrm{d}T}{\mathrm{d}t}$为加热速率。

在回路中产生的热释电电流为

$$I=\frac{\Delta V}{R_s}=Ap\frac{dT}{dt}=p\frac{\Phi}{d\rho C_p} \tag{8-5-3}$$

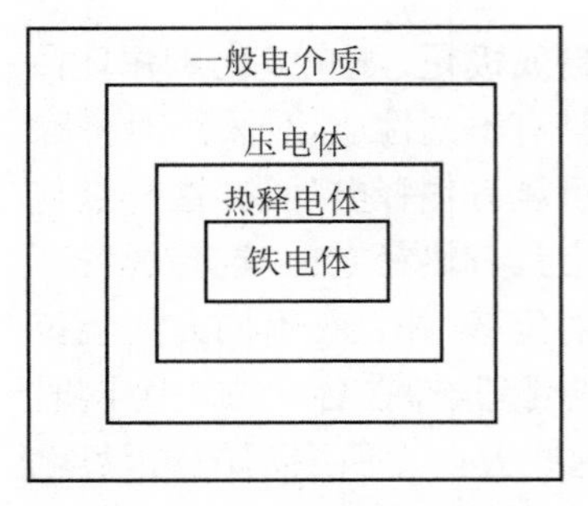

图 8-5-3　各种介电体之间的相互关系

式中,Φ 为吸热流量,表示单位时间吸热的多少,热释电材料的 Φ 值愈大愈好;d 为晶体厚度;ρ 为晶体密度;C_p 为晶体的比热。

介电性、压电性、热释电性、铁电性的关系

至此,已经介绍了一般介电体、铁电体、压电体和热释电体,它们之间互有联系和区别。表 8-5-1 列出了它们存在的宏观条件,而图 8-5-3 则表明了它们之间的相互嵌套关系。可见,铁电体一定是热释电体、压电体和介电体。同样,热释电体也一定是压电体和介电体;反过来说,介电体只有一部分是压电体,压电体中只有一部分是热释电体。同样,热释电体也只有一部分是铁电体。

表 8-5-1　各种介电性存在的宏观条件

一般电介质	压电体	热释电体	铁电体
电场极化	电场极化	电场极化	电场极化
	无对称中心	无对称中心	无对称中心
		自发极化	自发极化
		极轴	极轴
			电滞回线 *

8.5.3　热释电效应的应用

热释电材料对温度的敏感性已被用来测量 $10^{-6}\sim10^{-5}$℃这样微小的温度变化。目前,性能较好且广泛应用的热释电材料有硫酸三甘氨酸(TGS)及其衍生物、氧化物单晶、高分子压电材料等。热释电红外探测器是一种新型热探器,它们广泛用于非接触式温度测量、红外光谱测量、激光参数测量、红外摄像与空间技术等。热释电摄像管结构简单,可用于安全防护与监视、医学热成像、监视热污染等。

本 章 小 结

本章主要介绍了材料的导电性、介电性和铁电性。

导电性是指在外电场作用下材料内部电荷载运子(载流子)定向流动的行为。衡量材料导电性的基本参数是电阻率和电导率,两者互为倒数。根据电阻率的大小可将材料分为导体、半导体和绝缘体三大类。金属一般是导体;陶瓷、玻璃和高分子聚合物一般是绝缘体。根据导电机制可分为电子电导、离子电导等。通过分析载流子的浓度(能带理论)和迁移率可以分析导体、半导体和绝缘体的导电性及影响因素。超导体和高分子聚合物半导体的导电机制比较复杂,人们并未完全掌握,本章只是做了一般性介绍。导电性的测量方法非常多,本章只是针对导体、半导体和绝缘体各介绍了 1～2 种测试方法的原理。导电性与材料组织结构密切相关，可以通过导电性（电阻率）与温度、时间的变化关系来研究材料的相变、内部微结构变化等。

介电性是指在外电场作用下材料内部由于极化而在材料表面产生感生电荷的行为。能够极化的物质称为电介质，从导电性的角度来说它们一般是绝缘体。电介质的主要作用在于两方面：一是建立电场和储存能量（介电性）；二是限制电流通过（绝缘性）。衡量材料介电性的基本参数是介电常数，其值愈高介电能力愈强。克劳修斯-莫索蒂方程把微观的极化率与宏观的极化强度联系了起来，指出了改善介电常数的途径。在高频场合下的另一个重要性能指标是介质损耗，不同的极化形式具有不同的介质损耗，介质损耗愈小，愈能在高频场合下运用。衡量绝缘体性能的重要参数是介电强度（抗电强度或击穿强度），温度、频率以及结构因素都对击穿形式和介电强度有较大影响。

铁电性是一种特殊的介电性，具有非线性极化的性质，其本质来源于晶体的自发极化。自发极化的电偶极矩在外电场作用下（技术极化）可以发生转向，因而具有电滞回线的特征。

名词及术语

电阻率	电导率	导体	半导体
绝缘体	载流子	输运数	迁移率
能带理论	马基申定则	电子电导	离子电导
本征离子电导	杂质离子电导	双碱效应	压碱效应
快离子导体	本征载流子	多子	少子
超导电性	迈斯纳效应	约瑟夫森效应	BCS 理论
孤子	介电性	电介质	介电常数
极化	极化率	极化强度	位移极化
松弛极化	偶极极化	空间电荷极化	复介电常数
介质损耗	漏导损耗	极化损耗	电离损耗
结构损耗	损耗角正切	介电强度	电击穿
热击穿	化学击穿	铁电性	自发极化
电滞回线	铁电畴	反铁电体	压电性
压电效应	压电常数	机电耦合系数	热释电性
热释电常数			

思考题及习题

1. 请预测一种金属玻璃与同成分的金属晶体相比，其电导率是比较高，还是比较低？假定导电两者均为电子电导，并且载流子浓度相同。

2. 请就下面情况举出一例材料，当其晶体缺陷浓度增加时：

(1) 电导率减小；

(2) 电导率增大。

3. 与粗大的沉淀相比较，相同体积分数但弥散分布的第二相粒子能够使合金的电阻率提高更多。请解释其原因。

4. 为什么导体中的电子是有效的载流子,而处于施主能级上的电子却不是有效的载流子?

5. 假设有两个半导体芯片,一个是用硅制造的;另一个是用锗制造的,但是表面上不能将它们区分开。请设计一个电导试验,将这两个芯片区别开来。

6. 一般来说,金属的电导率要高于陶瓷和聚合物。举例说明这个一般性规律并非永远正确。

7. 一个可乐瓶所用的玻璃与高温实验用坩埚的玻璃相比,哪种玻璃的电阻率高? 为什么?

8. 对于下列条件,确定所给的变量是增大、减小,还是保持不变。

(1) 随温度升高:①电子被散射(发生碰撞)的时间间隔;②金属中载流子的迁移率;③金属的电导率;④半导体中的载流子数量;⑤半导体中载流子的迁移率;⑥半导体的电阻率。

(2) 随缺陷浓度增加:①电子被散射(发生碰撞)的时间间隔;②金属的电导率。

(3) 随样品横截面积增加:①样品的电导率;②样品的电阻。

9. 氢在常压下是绝缘体,而在一定的高压下却表现出金属的导电性。为什么?

10. 一根塑料棒,其电导率为 $3.5\times10^{-8}(\Omega\cdot \mathrm{cm})^{-1}$,长度为 10m,测得其电阻为 0.08Ω。请计算这根棒的横截面积。需要加多高的电压,才能使棒中的电流达到 3.2A?

11. 镍铬丝电阻率(300K)为 $1\times10^{-6}\Omega\cdot \mathrm{m}$,加热至 400K 时电阻率增加 5%。假定在 400K 温度以下马基申法则成立,试计算由于晶格缺陷和杂质引起的电阻率。

12. 假定一种材料由等量的电子和空穴输送电荷,且电子的迁移率是空穴迁移率的 3 倍。现测得该材料的电阻率为 $3.15\times10^{-1}\Omega\cdot \mathrm{m}$,而每类载流子的数量为 $1\times10^{13}\mathrm{cm}^{-3}$,请估算电子的迁移率。

13. 现有一样品,其厚度为 1mm,外加电压为 110mV,载流子迁移率为 $0.43\mathrm{m}^2/(\mathrm{V}\cdot \mathrm{s})$。试计算该样品中载流子的漂移速度。

14. 考虑一种本征半导体,温度从 50℃升高到 100℃时电导率增大一倍。

(1) 计算该半导体的能带间隙;

(2) 如果一块材料的电阻在 50℃时为 25Ω,它在 100℃时的电阻是多少?

15. 画出一种 n 型半导体的能带结构图。给出:①导带在价带顶上方 1.2eV;②由 n 型掺杂引入的能级在导带下面 0.3eV 处;③在 25℃时,材料的电导率为 $5\times10^{-6}(\Omega\cdot \mathrm{cm})^{-1}$,计算该材料在 150℃下的电导率。

16. 一种新型多晶陶瓷,在 10^2 Hz、10^{11} Hz 和 10^{16} Hz 下介电常数的测量结果分别为 6.5、5.5 和 4.5。请说明这种变化的合理性。

17. 介电强度是一个本征性质还是非本征性质? 相对介电常数和极化强度又如何? 对于同样的样品,什么因素会导致样品的介电强度降低?

18. 一个电容器是由 0.1mm 厚的多晶体氧化铝制成的。要使其极化强度达到 $10^{-7}\mathrm{C/m}^2$,需要施加多高的电压? 电介质能否承受这个电压?

19. 将铜置于强电场中,测得其极化强度为 $8\times10^{-8}\mathrm{C/m}^2$,请计算电荷中心的平均偏移距离。

20. 一块 1cm×4cm×0.5cm 的陶瓷介质,其电容为 $2.4\times10^{-6}\mu\mathrm{F}$,$\tan\delta$ 为 0.02。试求该

材料的相对介电常数和在 11kHz 下的电导率。

21. 一个电容器中的电介质是尺寸为 25mm×25mm×0.01mm 的聚苯乙烯。计算当功率损耗不超过 0.1W 时安全使用所能够承受的最高电压。假设电场的频率为 10^6 Hz。

9　光学性能

光学性能

材料在与光的相互作用中表现出来的性能称为材料的光学性能，它是制备和应用光学材料的基础。例如，玻璃的高透光性使其可以制成光学玻璃，这种玻璃在望远镜、显微镜、照相机、摄影机、摄谱仪等器件上有广泛应用；高纯、高透明纤维可以用于光通信；利用对红外光透明的半导体可制造红外透镜；利用掺钕的钇石榴石晶体可制中小型脉冲激光器、连续激光器等。材料对可见光的不同吸收和反射使我们周围的世界呈现五光十色；利用材料在能量激发下的发光性可以制成发光材料，在信息显示技术领域有重要意义。因此，研究材料的光学性能就显得十分重要。

本章主要介绍材料对光的折射、反射、吸收、散射、透射以及材料的光发射等光学性能的基本概念、规律和应用。最后，简要介绍耦合光学效应和非线性光学效应。

9.1　光的基本性质▶

9.1.1　光的波粒二象性

光是人类最早认识和研究的一种自然现象。然而对于光本质的认识，在人类历史上却经历了长期的争论和发展过程，最早的是牛顿(Newton)的粒子说，即认为光是由光源发射出的粒子流，并以此解释了光的反射和折射定律；随后是惠更斯(Huygens)的波动说，即认为光是一种波，解释了光的干涉和衍射等粒子说不能解释的现象；1860 年，麦克斯韦创立了电磁波理论，既解释了光的直线传播和反射，又解释了光的干涉和衍射，表明光是一种电磁波。1905 年，爱因斯坦首次将光子的能量、动量等表征粒子性质的物理量与频率、波长等表征波动性质的物理量联系起来，并建立了定量关系，即

$$E = h\nu = \frac{hc}{\lambda} \tag{9-1-1}$$

式中，ν 为光波频率；c 为光波速度；λ 为光波波长；h 为普朗克常数，其数值为 $6.626 \times 10^{-34}\,\mathrm{J \cdot s}$。这个最小的能量单元就称为**光子**(photon)。光子是同时具有微粒和波动两种属性的特殊物质，是光的双重本性的统一。本章在讨论材料的光学性能时，将根据需要分别或同时采用光子和光波两种概念。

光是一种电磁波，它是电磁场周期性振动的传播所形成的。在光波中，电场和磁场总是联系在一起的。电磁波具有宽阔的频谱，如图 9-1-1 所示，其中可以用光学方法进行研究的那一部分光波只占很小的一部分，它的范围从远红外到紫外并延伸到 X 射线区。光波中人眼能够感受到的只占一小部分，其波长大约在 390～770nm，称为可见光。在可见光范围内，不同的波长引起不同的颜色视觉。图 9-1-1 给出了各种颜色的光波所对应的波长范围。白光是各种色光的混合光。

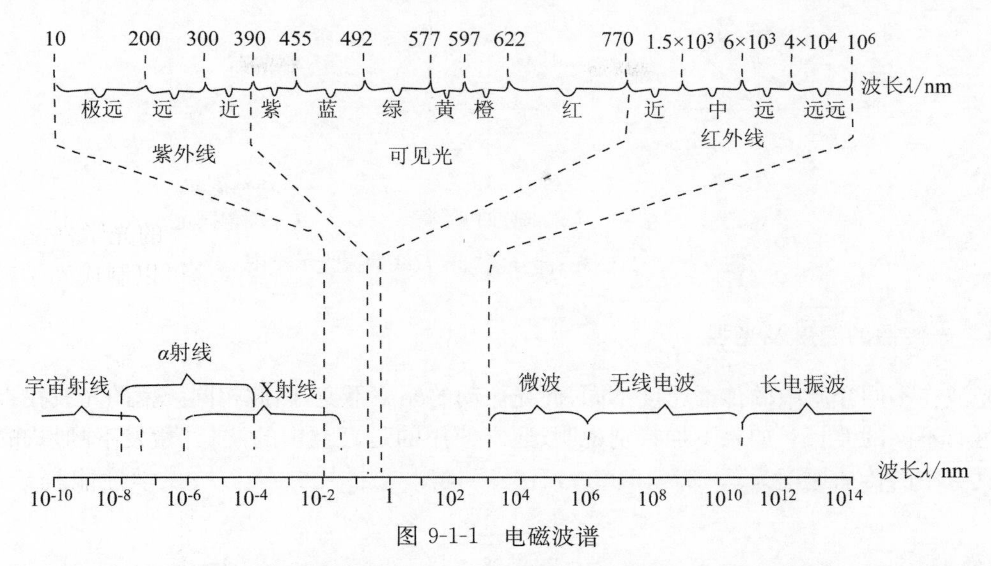

图 9-1-1 电磁波谱

光波是一种横波,其中的电场强度 $\boldsymbol{E}$ 和磁场强度 $\boldsymbol{H}$ 的振动方向互相垂直。它们和光波的传播方向 S(即光的能量流动方向)之间构成一个直角坐标系,如图 9-1-2 所示。图中的电场强度 $\boldsymbol{E}$ 平行于 x 轴,电振动始终保持在 x-z 平面内,磁场强度则平行于 y 轴并且磁振动保持在 y-z 平面内,光波则沿 z 轴传播出去。由于人的视觉、植物的光合作用,以及绝大多数测量光波的仪器对光的反应主要由光波中的电场所引起,磁场对介质的作用远比电场要弱,而且可以根据电场强度算出磁场强度,因此实际讨论光波时往往只需考虑电场的作用,而将磁场忽略。所以电场强度矢量被直接作为“光矢量”。

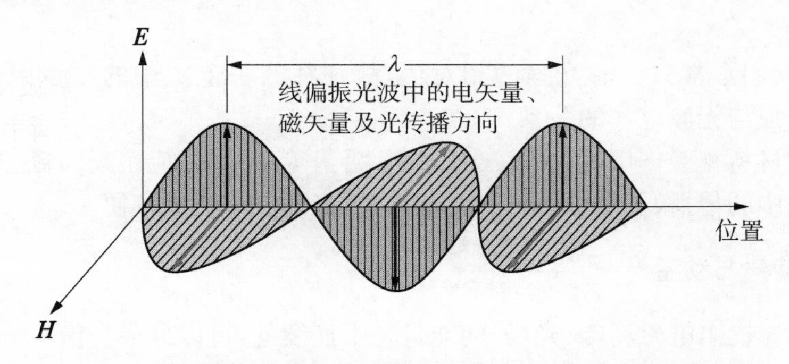

图 9-1-2 线偏振光波中的电振动、磁振动及光传播方向

9.1.2 光矢量及光的偏振性

偏振性是横波的特有性质。如果光波电矢量的振动只限定在某一个确定方向称为平面偏振光(或线偏振光)。电矢量在垂直光传播方向的平面内随时间规则变化的轨迹呈椭圆或圆,这样的光可以称为圆偏振光、椭圆偏振光等。光波也可以由各种振动方向的波复合而成。如果在垂直于光传播方向的平面内电矢量振动取向机会均等,这样的光就称为“自然光”。太阳光和普通照明灯光都属于自然光。利用偏振元件可以从自然光中分离出线偏振光来(见图 9-1-3)。

图 9-1-3 自然光、部分偏振光及线偏振光示意图

9.1.3 光传播的速度及光强

光波在不同介质中的传播速度不同,而光振动的频率不变,因此相同频率的光波在不同介质中可有不同的波长。如果不加特别说明,通常使用的是真空中的波长值。各种形式的电磁波在真空中的传播速度为 $c=3\times10^{8}\,\mathrm{m/s}$,有

$$c=\frac{1}{\sqrt{\varepsilon_0\mu_0}} \tag{9-1-2}$$

式中,ε_0 为真空介电常数,μ_0 为真空磁导率。

光波的传播伴随着光能量的流动。在单位时间里流过垂直于传播方向的单位截面积的能量称为光波的能流密度。由电磁场的麦克斯韦方程组可得到能流密度的表达式

$$\boldsymbol{S}=\boldsymbol{E}\times\boldsymbol{H} \tag{9-1-3}$$

场矢量 $\boldsymbol{E}$ 和 $\boldsymbol{H}$ 都是以 10^{14} Hz 高频振荡的物理量,故仪器所能测量到的仅仅是能流密度的时间平均值,称为光波的强度或光强,表示为

$$I=\frac{c}{4\pi}E_0^2 \tag{9-1-4}$$

在实际应用中,人们常常只关心光强的相对值,故往往略去上式中的常数因子,而直接使用 $I=E_0^2$ 来表示光强与光波电场的关系。

在讨论光与材料相互作用产生的反射、透射、折射等现象时,应用光的粒子性更容易理解。讨论光波在介质中的传播、干涉、衍射及偏振等应用光的波动性更方便。

9.1.4 光子的能量与动量

爱因斯坦首先提出电磁场(或光场)的能量是不连续的,可以分成一份一份最小的单元(光子能量):

$$E=h\nu=\frac{hc}{\lambda} \tag{9-1-5}$$

式中,h 为普朗克常数;ν 为波频率;c 为波速;λ 为波长。

爱因斯坦还根据相对论的质能关系预言光子具有分立的动量:

$$P=\frac{h}{\lambda} \tag{9-1-6}$$

根据此观点,光波照射到物体上就相当于一串光子打到物体表面,对物体产生一定的压力(尽管很小)。这个论断也为后来测量光压的试验所证实。

9.1.5 光与固体相互作用▶

当光从一种介质进入另一种介质时(例如从空气进入固体),一部分透过介质,一部分被吸收,一部分在两种介质的界面被反射,还有一部分被散射。

用光辐射能流率表示单位时间内通过与光传播方向垂直的单位面积的能量,单位为W/m^2。设入射到材料表面的光辐射能流率为I_0,I_r、I_a、I_t、I_s分别表示光反射、吸收、透过和散射部分的光辐射能流率,则根据能量守恒定律有

$$I_0 = I_r + I_a + I_t + I_s \tag{9-1-7}$$

则有

$$R + \alpha + T + S = 1 \tag{9-1-8}$$

式中,$R = I_r/I_0$称为反射系数;$\alpha = I_a/I_0$称为吸收系数;$T = I_t/I_0$称为透射系数;$S = I_s/I_0$称为散射系数。从微观上分析,光通过固体时所发生的现象,实际上是光子与固体材料中的原子、离子、电子之间的相互作用。两种重要的作用如下所述。

(1) 电子极化。电磁辐射的电场分量,在可见光频率范围内,电场分量与传播过程中的每个原子发生作用,引起电子极化,即造成电子云和原子核电荷重心发生相对位移。其结果是当光线通过介质时,一部分能量被吸收,同时光波速度减小,导致折射产生。

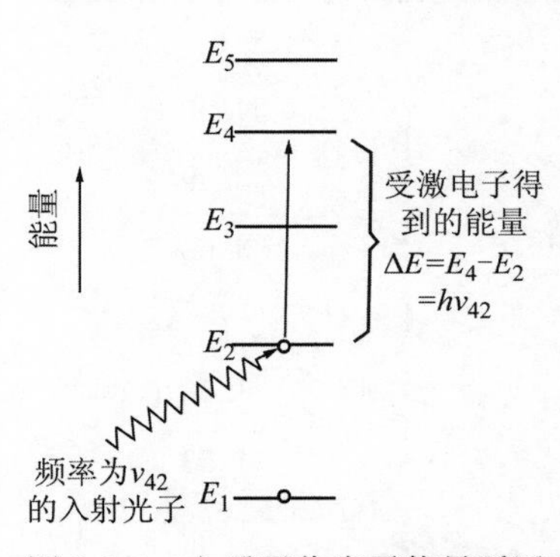

图 9-1-4 电子吸收光子能量跃迁至高能级示意图

(2) 电子能态转变。光子被吸收和发射,都可能涉及固体材料中电子能态的转变。为了讨论简便,考虑单个原子情况,如图 9-1-4 所示,E_2能级上的电子吸收光子能量跃迁到高能级E_4,发生的能量变化ΔE与光子的频率关系为

$$\Delta E = h\nu \tag{9-1-9}$$

式中,h为普朗克常数;ν为入射光子频率。

此处应明确以下两个概念。一是原子中电子能级是分立的,能级间存在特定的ΔE。因此只有能量为ΔE的光子才能被该原子通过电子能态转变而吸收;二是受激电子不可能无限长时间地保持在激发状态,经过一段时间后,它又会衰变回基态,同时发射出电磁波。衰变的途径不同发射出的电磁波频率就不同。

9.2 光在固体中的传播特性

9.2.1 光的折射

9.2.1.1 光的折射及折射率

光从介质 1 通过界面进入介质 2 时,与界面法线所形成的入射角为α,折射角为γ,α和γ满足以下关系:

$$\frac{\sin\alpha}{\sin\gamma} = \frac{n_2}{n_1} = n_{21} \tag{9-2-1}$$

式中,n_2和n_1分别为介质 1 和介质 2 的绝对折射率,n_{21}称为介质 2 相对于介质 1 的相对折

射率。它与光波的波长及界面两侧介质的性质有关,而与入射角无关。

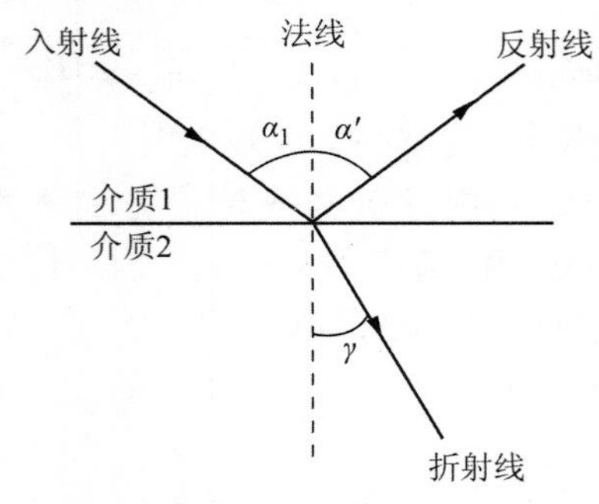

图 9-2-1 光折射示意图

自然界天然介质的折射率是大于 1 的正数。如空气的 $n=1.0003$,固体氧化物 $n=1.3\sim2.7$,硅酸盐玻璃 $n=1.5\sim1.9$。不同组成、不同结构的介质的折射率是不同的。表 9-2-1 列出了一些材料的折射率。

表 9-2-1 一些透明材料在不同单色光下的折射率

材料	平均折射率	材料	平均折射率
空气	1.00	**半导体**	
水	1.33	锗	4.00
冰	1.31	硅	3.49
陶瓷		GaAs	3.63
金刚石	2.43	**聚合物**	
Al_2O_3	1.76	环氧树脂	1.58
SiO_2	1.544,1.553	尼龙 6,6	1.53
MgO	1.74	聚碳酸酯	1.60
NaCl	1.55	聚苯乙烯	1.59
$BaTiO_3$	2.40	高密度聚乙烯	1.54
派热克斯玻璃	1.47	聚四氟乙烯	1.30～1.40
钠钙硅玻璃	1.51	聚氯乙烯	1.54
铅硅酸盐玻璃	2.50	聚对苯二甲酸乙二醇酯	1.57
方解石	1.658, 1.486		

折射现象的实质是由于介质密度不同,光通过时,传播速度不同。介质 2 相对于介质 1 的相对折射率

$$n_{21}=\frac{n_2}{n_1}=\frac{v_1}{v_2} \tag{9-2-2}$$

式中,v_1 和 v_2 分别为光在介质 1 和介质 2 中的传播速度。

由此可见,材料的折射率反映了光在该材料中传播速度的快慢。两种介质相比,折射率较

大者，光的传播速度较慢，称为光密介质；折射率较小者，光的传播速度较快，称为光疏介质。

在真空中的速度 c 与在介质中的速度 v 之比即为介质的绝对折射率 n，即

$$n = \frac{c}{v} = \sqrt{\varepsilon_r \mu_r} \tag{9-2-3}$$

式中，ε_r 为介质的介电常数；μ_r 为介质的磁导率，n 又称为介质常数。

在非磁性介质中，$\mu_r \approx 1$，因此，

$$n = \sqrt{\varepsilon_r} \tag{9-2-4}$$

由式(9-2-3)可知，介质的折射率 n 随介质的介电常数 ε_r 的增大而增大。ε_r 与介质的极化现象有关。当光的电磁辐射作用到介质上时，介质的原子受到外加电场的作用而极化，正电荷沿着电场方向移动，负电荷沿着反电场方向移动，这样正负电荷的中心发生相对位移。外电场越强，原子正负电荷中心距离愈大。由于电磁辐射和原子的电子体系相互作用，光波被减速。因此，材料的折射率从本质上讲，反映了材料的电磁结构(对非铁磁介质主要是电结构)在光波电磁场作用下的极化性质或介电特性。正是因为介质的极化，“拖住”了电磁波的步伐，才使其传播速度变得比在真空中慢。材料的极化性质又与构成材料的原子的原子量、电子分布情况、化学性质等微观因素有关。这些微观因素通过宏观量介电常数影响光在材料中的传播速度。

当介质材料的离子半径增大时，其 ε_r 增大，因而 n 也随之增大。因此，可以用大离子得到高折射率的材料，如 PbS 的 $n=3.912$，用小离子得到低折射率的材料，如 $SiCl_4$ 的 $n=1.412$。

在同质异构材料中，高温时存在的晶型折射率较低，低温时的晶型折射率较高。例如：常温下的石英玻璃，$n=1.46$，数值最小；常温下的石英晶体，$n=1.55$，高温时的鳞石英，$n=1.47$；方石英的 $n=1.49$。可见常温下的石英晶体 n 值最大。

9.2.1.2 色散

材料的折射率随入射光的频率的减小(或波长的增加)而减小，该现象称为折射率的色散(chromatic dispersion，CD)，其表征为

$$\eta_{CD} = \frac{dn}{d\lambda} \tag{9-2-5}$$

在给定入射光波长 λ_0 的情况下，有

$$\eta_{CD}^{\lambda_0} = \left(\frac{dn}{d\lambda}\right)_{\lambda_0} \tag{9-2-6}$$

色散值可直接由色散曲线 n-λ 作切线求斜率而得，几种材料的色散如图 9-2-2 所示。然而，最实用的方法是用固定波长下的折射率表示，最常用的是“倒数相对色散”，即“色散系数”γ_d：

$$\gamma_d = \frac{n_D - 1}{n_F - n_C} \tag{9-2-7}$$

式中，n_D、n_F 和 n_C 分别为以钠的 D 谱线(589.3nm)、氢的 F 谱线(486.1nm)和 C 谱线(656.3nm)为光源测得的折射率。分析图 9-2-2 中的曲线可发现以下规律：

(1) 对于同一材料，波长愈短则折射率愈大；

(2) 波长愈短则色散率愈大；

(3) 对于不同材料，在同一波长下，折射率愈大者色散率愈大；

(4) 不同材料的色散曲线间没有简单的数量关系。

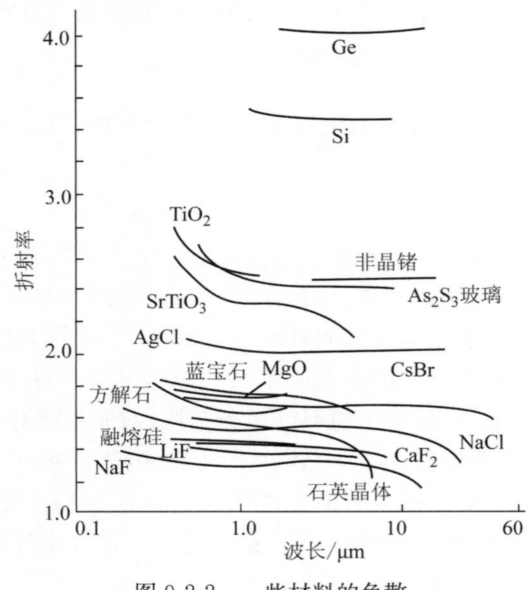

图 9-2-2　一些材料的色散

9.2.1.3　双折射

对于非晶态和立方晶体这些各向同性的材料，当光通过时，光速不因传播方向改变而改变，故材料只有一个折射率，称之为均质介质。

但是，除立方晶体以外的其他晶型，都是非均质介质。光进入非均质介质时，一般都要分为振动方向相互垂直、传播速度不等的两个波，它们分别构成两条折射光线，这个现象称为双折射，如图 9-2-3 所示。双折射的两束光中有一束光的偏折方向符合折射定律，所以称为寻常光(或 o 光)，相应的折射率称为常光折射率 n_o，不论入射光的入射角如何变化，n_o 始终为一常数。另一束光的折射方向不符合折射定律，称为非常光(或 e 光)，相应的折射率称为非常光折射率 n_e。一般地说，非常光的折射线不在入射面内，并且折射角以及入射面与折射面之间的夹角不但和原来光束的入射角有关，还和晶体的方向有关(见图 9-2-4)。例如，石英的 $n_o=1.543$，$n_e=1.552$；方解石的 $n_o=1.658$，$n_e=1.486$；刚玉的 $n_o=1.760$，$n_e=1.768$。一般来说，沿着晶体密堆积程度较大的方向 n_e 较大。双折射是非均质晶体的特性，这类晶体的所有光学性能都和双折射有关。

图 9-2-3　双折射现象

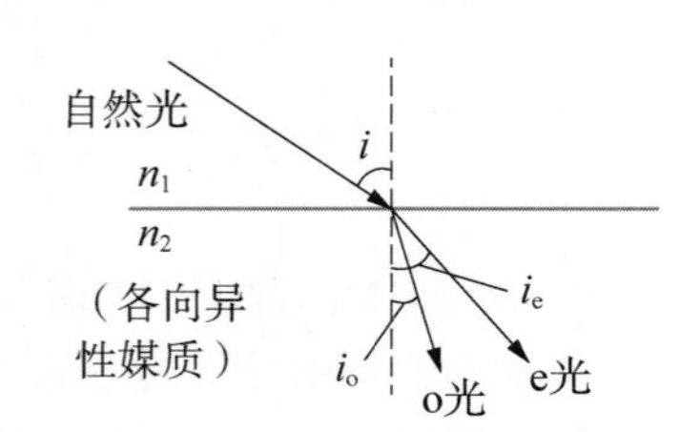

图 9-2-4　o 光和 e 光的示意图

当光沿介质晶体的某些特殊方向入射时，可不发生双折射现象，只有 n_o 存在，该特殊方向称为晶体光轴。当光沿垂直于光轴的方向入射时，n_e 达到最大值，此值是材料常数。只有一个光轴的晶体称为单轴晶体，例如方解石、石英等；具有两个光轴的晶体称为双轴晶体，如云母、硫黄、黄玉等。若沿光轴入射，则只有 o 光。

双折射产生的原因可由图 9-2-5 示意地说明。在第 8 章讨论电介质极化时曾说到，电荷沿电场方向位移而形成电偶极矩，电场对球形电子云的极化是各向同性的。但是，对双原子分子就不能有这种各向同性了，因为极化还与晶体中相邻原子的局部电场有关。原子的电偶极矩 μ 等于局部电场 E_{loc} 和极化率 α 的乘积，即 $\mu=\alpha E_{\text{loc}}$，而局部电场是外加电场 E 和相邻原子偶极子电场的矢量和。在图 9-2-5(a)的情况下，偶极子电场加强了 E，结果使这两个原子的极化更大些，因而得到较大的极化率和较大的折射率；图 9-2-5(b)的情况则不同，相邻原子偶极矩电场使 E 减弱，减少了这两个原子的极化和折射率。因此，平行于这个分子的偏振光波的传播速度比垂直于该分子的偏振光波来得慢，这就是造成双折射的原因。同理，高度对称的等轴晶系类似球形的分子，各向同性，因此无双折射现象；而非等轴晶系则类似于双原子分子的情况，是各向异性的，有双折射现象。利用晶体材料的双折射性质可以制成特殊的光学元件，在光学仪器和光学技术中有广泛应用。例如，制造可将自然光分解成偏振方向互相垂直的两束线偏振光的洛匈棱镜和渥拉斯顿棱镜；利用双折射和全反射原理，将光束分解成两束线偏振光后，再除去一束、保留另一束的起偏和检偏元件——尼科耳棱镜和格兰棱镜；制成各种晶体波片，实现光束偏振状态的转换；可用于测量微小相位差的偏光干涉仪；用于检测材料中应力分布的偏光显微镜等。

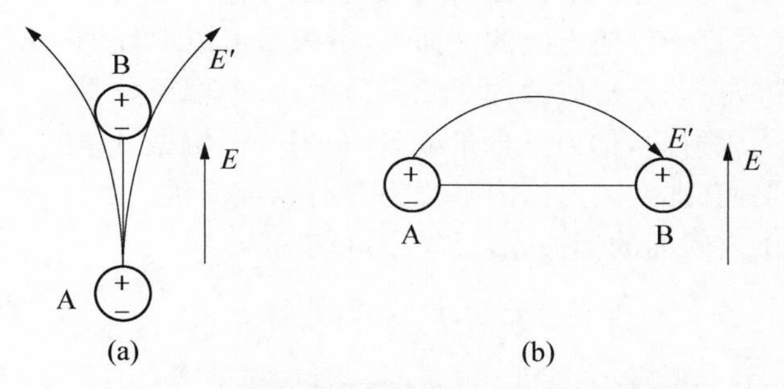

图 9-2-5　在电场中的双原子分子极化示意图

9.2.1.4　负折射率材料

负折射(negative refraction)是俄国科学家 Veselago 在 1968 年提出的，指当光波从具有正折射率的材料入射到具有负折射率材料的界面时，光波的折射与常规折射相反，入射波和折射波处在于界面法线方向同一侧，其机理如图 9-2-6 所示。

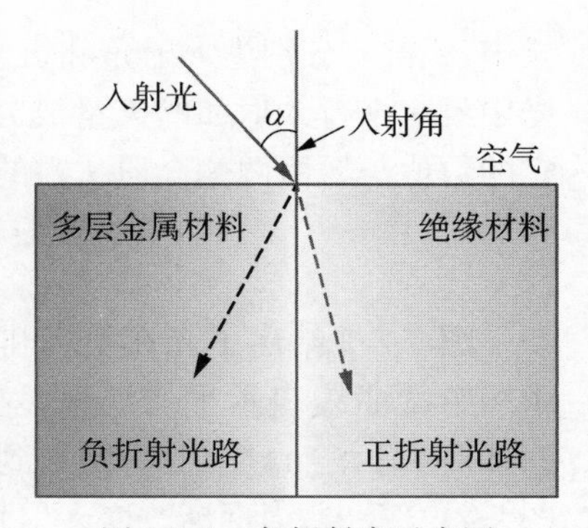

图 9-2-6　负折射率示意图

$$n^2=\varepsilon_r\mu_r \tag{9-2-8}$$

$$n=\pm\sqrt{\varepsilon_r\mu_r} \tag{9-2-9}$$

2001 年加州大学的 DavidSmith 等人利用以铜为主的复合材料首次制造出在微波波段具有负介电常数、负磁导率的物质，并观察到了其中的反常折射定律，如图 9-2-7 所示。利用负折射率材料的本身性质可以得到“超透镜”,并将这种超透镜应用到显微镜上,可以显著提高显微镜精度,能够看到如DNA这样小的物质。负折射材料能够用光束来处理信息和电子产品,提高存储容量和计算速度。此外,负折射率材料作为战斗机表面或整体材料,能够使电磁波发生弯曲绕过而不会反射到雷达上,从而实现较好的隐身效果。

图 9-2-7　反常折射材料

9.2.2　光的反射

9.2.2.1　光的反射及反射率

当光线由介质1入射到介质2时,在两介质界面上分成了折射光和反射光。由于反射,透射光强度下降,如图9-2-8所示。

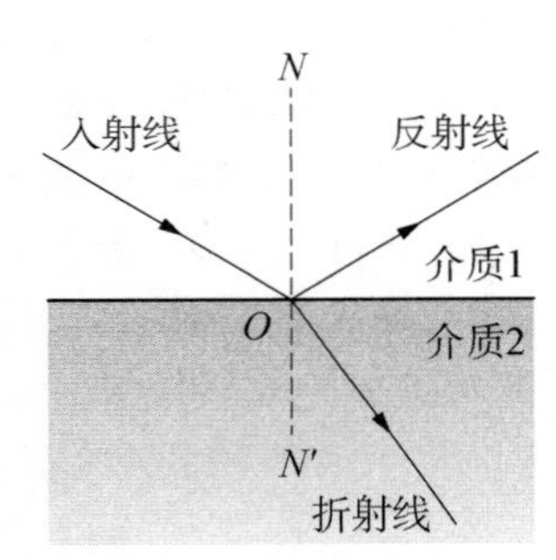

图 9-2-8　光的折射和反射

光在两种介质的界面上发生反射和折射时不仅传播方向发生变化,能量也将变化。根据麦克斯韦方程组和电磁场的边界条件可以得到有关的结果。

光的反射率和透射率与光的偏振方向有关并随入射角度而变化。已知光是横波,在垂直于传播方向的平面上,电矢量可以取任何方向。因此,可以把光波振动分解成两种线偏振分量,一个偏振分量的振动方向垂直于光的入射面,称为S分量或S波;另一个偏振分量的振动方向平行于入射面(即在入射面内),称为P分量或P波。

对振动方向垂直于入射面的偏振光,反射率可表示为

$$R_s=\frac{\sin^2(\alpha-\gamma)}{\sin^2(\alpha+\gamma)} \tag{9-2-10}$$

对振动方向平行于入射面的偏振光,反射率可表示为

$$R_p=\frac{\tan^2(\alpha-\gamma)}{\tan^2(\alpha+\gamma)} \tag{9-2-11}$$

式中,α 和 γ 分别为入射角和折射角。当 $\alpha+\gamma=90°$ 时,$\tan(\alpha+\gamma)=\infty$,因此 $R_p=0$,表示反射光中没有平行入射面的矢量成分。此时的入射角称为布儒斯特(Brewster)角,常以 α_B 表示。它的数值与界面两侧介质材料的折射率有关,普遍关系为

$$\tan\alpha_B=\frac{n_2}{n_1} \tag{9-2-12}$$

图9-2-9给出了光在空气和玻璃界面上反射时P波和S波的反射率与入射角的关系,其中居中的曲线表示平均情况,对应于自然光的反射率。从图9-2-9可以看出,当入射角 $\alpha=54°40'$ 时,P波的反射率下降到零。这就是玻璃材料的布儒斯特角。从反射率曲线(见图9-2-9)看出,当逐渐改变入射角时,随着入射角的增大,反射光线会越来越强,而透射(折射)光线则越来越弱,直至为零。利用布儒斯特角可以产生偏振光。光线以布儒斯特角入射时,反

射光是全偏振光。在激光器中常将光学元件以布氏角安装以便产生偏振的激光束。

当光线垂直入射时，$\alpha=\gamma=0$，则有

$$R_s=R_p=R=\left(\frac{n_2-n_1}{n_2+n_1}\right)^2=\left(\frac{n_{21}-1}{n_{21}+1}\right)^2 \quad (9\text{-}2\text{-}13)$$

这表明在垂直入射的情况下，光在界面上的反射率取决于两种介质的相对折射率 n_{21}。

如果介质 1 为空气，可以认为 $n_1=1$，则 $n_{21}=n_2$；如果 n_1 和 n_2 相差很大，那么界面反射损失就严重；如果 $n_1=n_2$，则 $R=0$，因此在垂直入射的情况下，几乎没有反射损失。

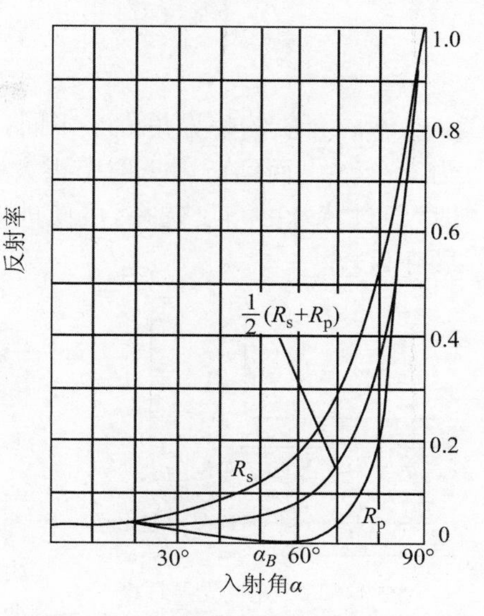

图 9-2-9　反射率随入射角的变化

由于陶瓷、玻璃等材料的折射率较空气的大，因此反射损失严重。如果透镜系统由许多块玻璃组成，则反射损失更可观。为了减小这种界面损失，常常采用折射率和玻璃相近的胶将它们粘起来，这样，除了最外和最内的表面是玻璃和空气的相对折射率外，内部各界面都是玻璃和胶的较小的相对折射率，从而大大减小了界面的反射损失。

利用光的反射原理制作的元件是反射镜。反射镜的表面可以磨成光滑的平面、球面或其他曲面。平面反射镜通常用于改变光的传播方向；球面或曲面反射镜除了可以改变光束的方向以外，还会对光波有会聚或发散作用。在这方面它可以代替透镜，应用于望远镜（如大型天文望远镜）或其他光学仪器中。为了提高反射率，可用真空镀膜方法在玻璃或石英表面蒸镀金属膜。现代光学技术发展了一种利用多光束干涉原理制成的多层介质膜反射镜，它对特定波长的反射率接近 100%。金属膜和多层介质膜反射镜已被普遍应用于激光技术中。

9.2.2.2　全反射

当光束从折射率 n_1 较大的光密介质进入折射率 n_2 较小的光疏介质，即 $n_2<n_1$ 时，则折射角大于入射角。当入射角达到某一角度 α_c 时，折射角可等于 90°，此时有一条很弱的折射光线沿界面传播。如果入射角大于 α_c，就不再有折射光线，入射光的能量全部回到第一种介质中。这种现象称为全反射，α_c 角就称为全反射的临界角，如图 9-2-10 所示。根据折射定律可求得临界角的表达式为

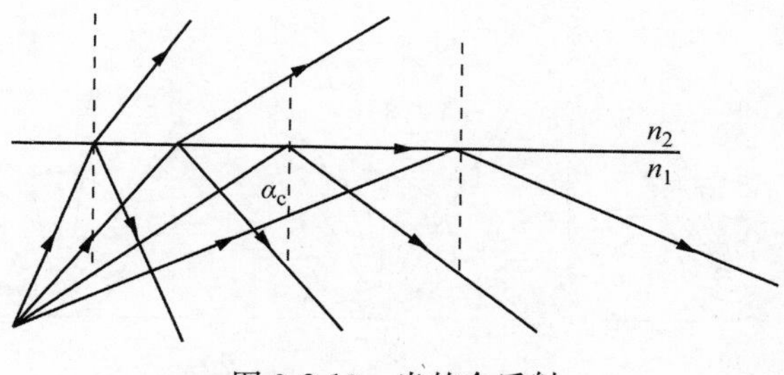

图 9-2-10　光的全反射

$$\sin\alpha_c=\frac{n_2}{n_1} \tag{9-2-14}$$

不同介质的临界角大小不同,例如普通玻璃对空气的临界角为 42°,水对空气的临界角为 48.50°。而钻石因折射率很大($n=2.417$),故临界角很小,容易发生全反射。切割钻石时,经过特殊的角度选择,可使进入的光线全反射并经色散后向其顶部射出,看起来就会光彩夺目。

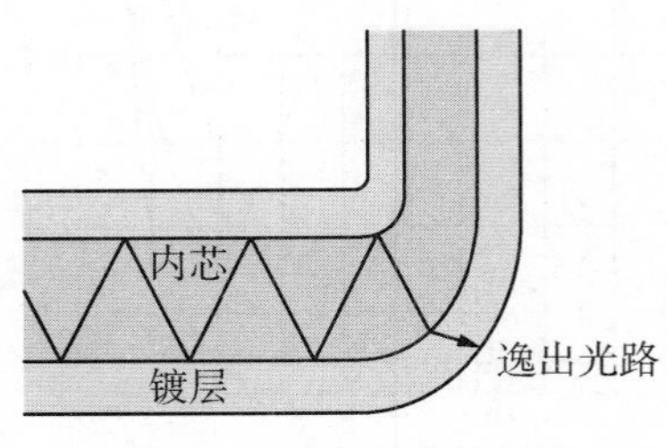

图 9-2-11　光在光导纤维里面的传播示意图

全反射原理的传统应用是制成全反射棱镜,在光学系统中起到改变光路的作用。此外,全反射原理在光通信技术中也有重要的应用,即可以制作一种新型光学元件——光导纤维,简称光纤。光纤是由光学玻璃、光学石英或塑料制成的直径为几微米至几十微米的细丝(称为纤芯),在纤芯外面覆盖直径 100～150μm 的包层和涂敷层。包层的折射率比纤芯低约 1%,两层之间形成良好的光学界面。当光线从一端射入纤维内部时,如果其方向与纤维表面的法向所成夹角大于 42°,则光线全部内反射,无折射能量损失。因此光线在内外两层之间产生多次全反射而传播到纤维另一端,如图 9-2-11 所示。

实际使用中常将多根光纤聚集在一起构成纤维束或光缆。如果使纤维束两端每条纤维的排列次序完全相同,就可用来传输图像,每根光纤只传递一个像素,整幅图像就被光缆传递到另一端。目前,常用的光纤材料有石英玻璃、多成分玻璃和复合材料。自然界的奇观海市蜃楼中的下蜃景就是由于折射和全反射形成的。在沙漠中看到海市蜃楼的原因是由于沙漠近地表的空气干燥且热,密度小,折射率小,随着高度的上升,空气折射率逐渐增大。远处较高的地方照射过来的光线向下传播时会发生折射,入射角逐渐增加,最后在近地表发生全反射进入人眼,使人看到幻象。

9.2.2.3　界面反射与光泽

物体的光泽取决于该物体对光的反射效果,它与反射表面的粗糙度有关(见图 9-2-12):表面平整时产生镜反射,反射光线具有较强的方向性;表面粗糙时产生漫反射,反射光线没有方向性。显然,镜反射有较亮的光泽。

雕花玻璃器皿含铅量高,折射率高,因而反射率也高,有很好的装饰效果;宝石的高折射率使其具有高反射性能。

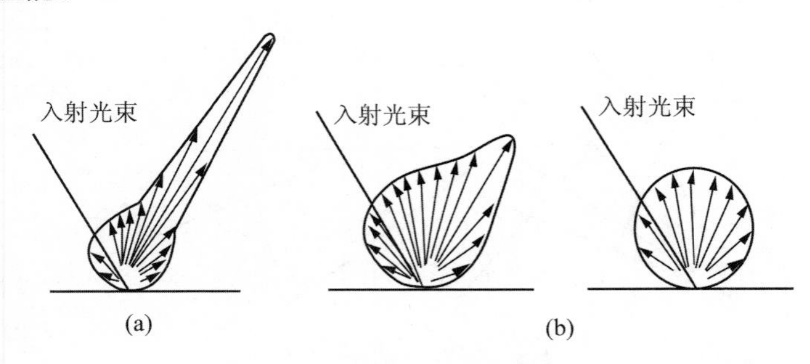

图 9-2-12　镜反射和漫反射示意图

(a)镜反射;(b)漫反射

9.2.3　光的吸收 ▶

当光束通过介质时，一部分光的能量被材料所吸收，其强度将被减弱，即为光吸收。

9.2.3.1　吸收系数与吸收率

假设强度为 I_0 的平行光束通过厚度为 l_0 的均匀介质，如图 9-2-13 所示，光通过一段距离 l 之后，强度减弱为 I，再通过一个极薄的薄层 $\mathrm{d}l$ 后，强度变成 $I+\mathrm{d}I$，入射光强减少量 $\mathrm{d}I/I$ 应与吸收层的厚度 $\mathrm{d}l$ 成正比，即

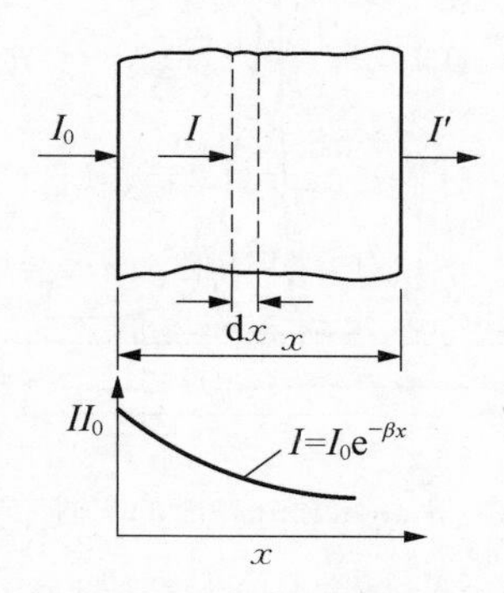

图 9-2-13　朗伯定律示意图

$$\frac{\mathrm{d}I}{I}=-\beta\mathrm{d}l \tag{9-2-15}$$

式中，负号表示光强随着 l 的增加而减弱；β 为吸收系数，即光通过单位距离时能量损失的比例系数，其单位为 cm^{-1}，它取决于介质材料的性质和光的波长。对一定波长的光波而言，吸收系数是和介质的性质有关的常数。对式(9-2-15)积分得

$$I=I_0e^{-\beta l} \tag{9-2-16}$$

此式称为**朗伯**(Lambert)**定律**。它表明，在介质中光强随传播距离呈指数式衰减。β 越大，材料越厚，光就被吸收得越多，因而透过后的光强度就越小。不同材料的 β 有很大差别，例如，空气的 $\beta\approx10^{-5}\,\mathrm{cm}^{-1}$；玻璃的 $\beta=10^{-2}\,\mathrm{cm}^{-1}$；而金属的 β 在 $10^4\,\mathrm{cm}^{-1}$ 以上。若 $\beta l\ll1$，则式(9-2-16)可近似为

$$\beta l=\frac{I_0-I}{I_0} \tag{9-2-17}$$

取 $A=\beta l$，A 称为吸收率，上式表示经过厚度为 l 的材料后光强被吸收的比率。

光的吸收是材料中的微观粒子与光相互作用过程中表现出的能量交换过程。光作为一种能量流，在穿过介质时，当入射光子的能量与介质中某两个能态之间的能量差值相等时，将引起介质的价电子跃迁，或使原子振动而消耗能量。此外，介质中的价电子会吸收光子能量而被激发，当尚未退激时，在运动中与其他分子碰撞，电子的能量转变成分子的动能即热能，从而构成光能的衰减，这就是产生光吸收的原因。即使在对光不发生散射的透明介质，如玻璃、水溶液中，光也会有能量的损失。

9.2.3.2　吸收与波长的关系

研究物质的吸收特性时发现，任何物质都只对特定的波长范围表现为透明，而对另一些波

长范围则不透明。从图 9-2-14 中可见,在电磁波谱的可见光区,金属和半导体的吸收系数都很大。但是电介质材料,包括玻璃、陶瓷等大部分无机材料在这个波谱区内都有良好的透过性,也就是说吸收系数很小。这是因为电介质材料的价电子所处的能带是填满了的。它不能吸收光子而自由运动,而光子的能量又不足以使价电子跃迁到导带,所以在一定的波长范围内,吸收系数很小。

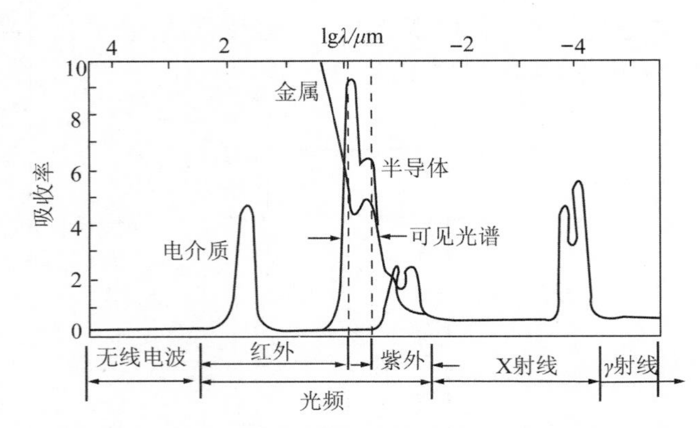

图 9-2-14 金属、半导体和电介质的吸收率随波长的变化

但是,在紫外区出现了紫外吸收端,这是因为波长越短,光子能量越大。当光子能量达到介质禁带宽度时,电子就会吸收光子能量从满带跃迁到导带,此时吸收系数将骤然增大。

这里需指出的是图 9-2-14 中电介质在红外区的吸收峰产生的原因。它与可见光和紫外端吸收产生的原因不同,这是由于离子的弹性振动与光子辐射发生谐振消耗能量所致,即声子吸收。材料发生振动的固有频率由离子间结合力决定。为了有较宽的透明频率范围,必须使吸收峰远离可见光区,因此希望材料最好有高的电子能隙值、弱的原子间结合力以及大的离子质量。要使谐振点的波长尽可能远离可见光区,即吸收峰处的频率尽可能小,需选择较小的材料热振动频率。

吸收还可分为选择吸收和均匀吸收。例如,石英在整个可见光波段都很透明,且吸收系数几乎不变,这种现象称为“一般吸收”。但是,在 3.5～5.0μm 的红外线区,石英表现为强烈吸收,且吸收率随波长改变发生剧烈变化,这种同一物质对某一种波长的吸收系数可以非常大,而对另一种波长的吸收系数可以非常小的现象称为“选择吸收”。任何物质都有这两种形式的吸收,只是出现的波长范围不同而已。透明材料的选择吸收使其呈不同的颜色。如果介质在可见光范围对各种波长的吸收程度相同,则称为均匀吸收。在此情况下,随着吸收程度的增加,颜色从灰变到黑。将能发射连续光谱的白光源(例如卤钨灯)所发的光经过分光仪器(如单色仪、分光光度计等)分解出单色光束,并使之相继通过待测材料,可以测量吸收系数与波长的关系,得到吸收光谱。

由图 9-2-15 及图 9-2-16 可见,金刚石和石英这两种电介质材料的吸收区都出现在紫外和红外波长范围。它们在整个可见光区,甚至扩展到近红外和近紫外都是透明的,是优良的可见光区透光材料。

电子受激跃迁造成吸收,但当从激发态回到低能态时,又会重新发射出光子,但其波长并不一定与吸收光的波长相同。因此,透射光的波长分布是非吸收光波和重新发射的光波的混合波。透明材料的颜色是由混合波的颜色决定的。例如,蓝宝石是 Al_2O_3 单晶,如图 9-2-17

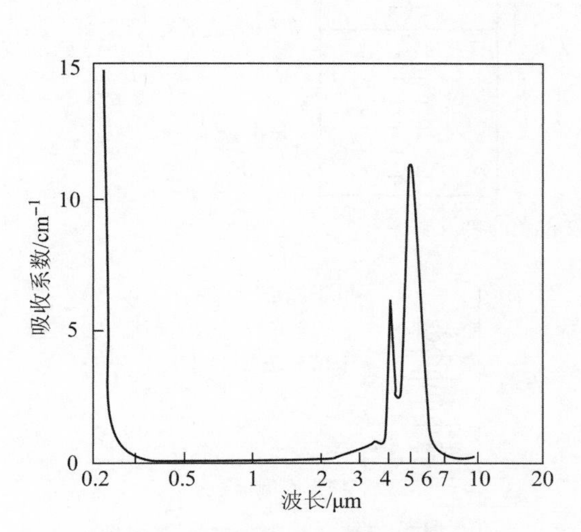

图 9-2-15 金刚石的吸收光谱图

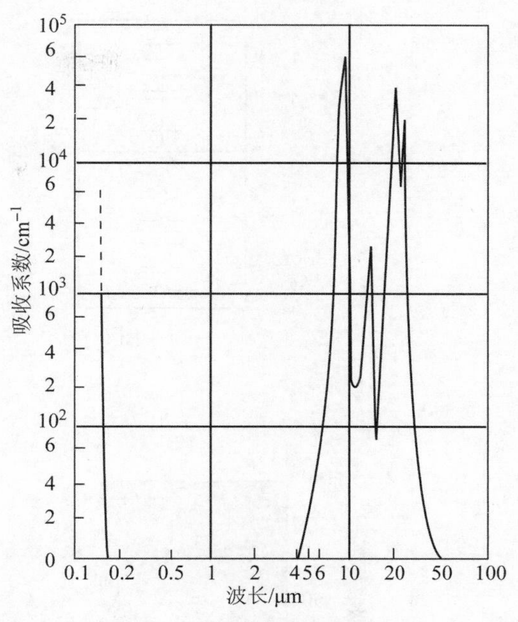

图 9-2-16 石英的吸收光谱

所示，透射波在整个可见光范围内，光的波长分布均匀，因此呈无色。红宝石是在 Al_2O_3 单晶中加入少量 Cr_2O_3，因此在 Al_2O_3 禁带中引进了 Cr^{3+} 杂质能级，对波长约为 0.4μm 的蓝紫色光和波长约为 0.6μm 的黄绿色光有强烈的选择性吸收，因此非吸收光和重新发射的光波决定了其呈红色。

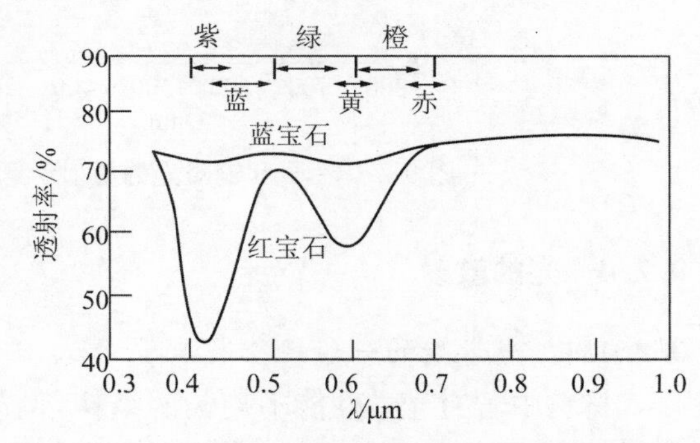

图 9-2-17 蓝宝石和红宝石透射光的波长分布

玻璃和熔石英是最常见的非金属光学材料，它们在可见光区是透明的，但光线垂直入射时，每个表面仍约有 4%的反射。高分子材料中有机玻璃在可见光波段与普通玻璃一样透明，在红外区也有相当的透射率，可作为各种装置的光学窗口。聚乙烯在可见光波段不透明，但在远红外区透明，可作远红外波段的窗口和保护膜。耐高温的透明陶瓷在航天领域也常作为重要的窗口材料。由于金属表面可以吸收所有入射光，如果产生非稳态的高能电子，这种电子迅速回到“基态”并发出同样波长的光子(见图 9-2-18)，即对所有光的吸收和再发射是均匀的，因此大多数金属是白色或者银色的。对于金和铜，由于他们在短波段的反射率小，黄色和红色在长波段优先被反射，因此呈现相应的颜色，如图 9-2-19 所示。

对于半导体，当光子能量大于禁带宽度 E_g 的时候，光子能够被吸收；当光子能量小于禁带宽度 E_g 的时候，光子则会被透过。当所有的可见光都能被吸收时，则半导体的颜色为黑色，比如 Si 单晶，半导体能带示意图如图 9-2-20 所示。绝缘体拥有一个很大的禁带宽度，这一值通常大于可见光能(E_g=2.7～1.6eV)，因此所有的可见光都不能被吸收，因此绝缘体单晶材料一般是无色透明的。

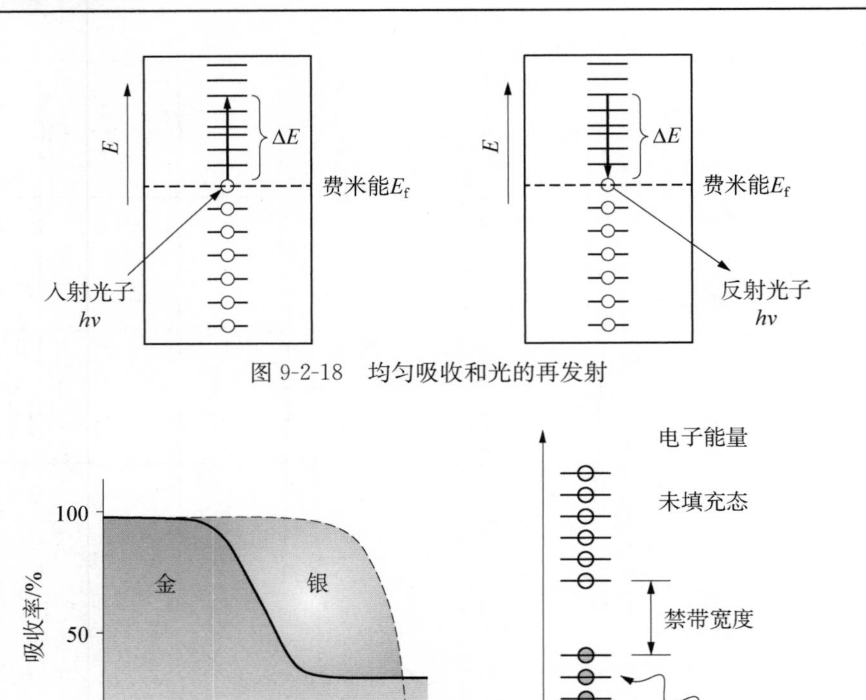

图 9-2-18　均匀吸收和光的再发射

图 9-2-19　金和铜对光的反射示意图

图 9-2-20　半导体能带示意图

9.2.4　光的散射

9.2.4.1　光散射的一般规律及本质

材料中若有光学性能不均匀的结构，例如含有小颗粒的透明介质、光学性能不同的晶界相、气孔或其他夹杂物，都会引起一部分光束偏离原来的传播方向而向四面八方弥散开来，这种现象称为光的散射。产生散射的原因是光波遇到不均匀结构产生的次级波，与主波方向不一致，与主波合成出现干涉现象，使光偏离原来方向，从而引起散射。

光的散射导致原来传播方向上光强减弱。对于相分布均匀的材料，其散射减弱规律与吸收规律具有相同形式

$$I = I_0 e^{-Sl} \tag{9-2-18}$$

式中，I_0 为光的原始强度；S 为散射系数。散射系数与散射质点的大小、数量以及散射质点与基体的相对折射率等因素有关。

在本章第一节讲过，材料对光的散射是光与物质相互作用的基本过程之一。原则上，当光波的电磁场作用于物质中具有电结构的原子、分子等微观粒子时将激起粒子的受迫振动，这些受迫振动的粒子就会成为发光中心，向各个方向发射球面次波。空气中的分子就可以作为次波源，把阳光散射到我们眼里，使我们看得见蔚蓝色的天空。各种烟尘、云雾微粒，无论是固态还是液态，都由许多原子或分子组成，它们在光照下都会发出次波。由于固态和液态粒子结构的致密性，微粒中每个分子发出的次波位相互关联，合作发射形成一个大次波。由于各个微粒

之间空间位置排列毫无规则，这些大次波不会因位相关系而互相干涉，因此微粒散射的光波从各个方向都能看到。这是我们白天看得见明亮天空的又一个原因。

纯净的液体和结构均匀的固体都含有大量的微观粒子，它们在光照下无疑也会发射次波。但由于液体和固体中的分子排列很密集，彼此之间的结合力很强，各个原子、分子的受迫振动互相关联，合作形成共同的等相面，因而合成的次波主要沿着原来光波的方向传播，其他方向非常微弱。通常我们把发生在光波前进方向上的散射归入透射。应当指出的是，发生在光波前进方向上的散射对介质中的光速有决定性的影响。

惠更斯原理只是表象地解释光在光滑平整的介质界面上发生反射和折射，并没有说明作为“次波源”的实体究竟是什么。现在应把界面上的原子、分子等微观粒子视作受迫振动的发光中心，它们的整齐排列和密集分布使得次波互相叠加，形成反射波面和折射波面，沿着反射定律和折射定律所预言的方向传播。假如介质的表面并不平整，而是由许许多多取向不规则的凹凸分布的小镜面构成（如毛玻璃表面），那就要发生光的“漫反射”。这是因为每一个小镜面的线度远大于光的波长，而一个镜面上的不平整度小于波长。此时，每个小镜面的反射遵从反射定律，只因小镜面法线的取向漫无规律，其反射光也散布到不同的方向。

与散射现象不同，光的衍射是由个别不均匀的介质小区域（如小孔、狭缝、小障碍物等）所形成的，这些区域的尺度一般可与光的波长相比拟。由于介质分子的振动产生次波并叠加，使所形成的波面上出现不同强度分布的衍射特性。一般空气中微粒的散射是由大量排列无序的小区集合形成的，因此散射波在总体上观察不到衍射现象。

9.2.4.2 散射系数与散射中心尺寸的关系

散射系数与散射质点的大小、数量以及散射质点与基体的相对折射率等因素有关。图 9-2-21 显示了散射质点尺寸对散射系数的影响，可见其并非单调关系，当光的波长约等于散射质点的直径时，出现散射的峰值。

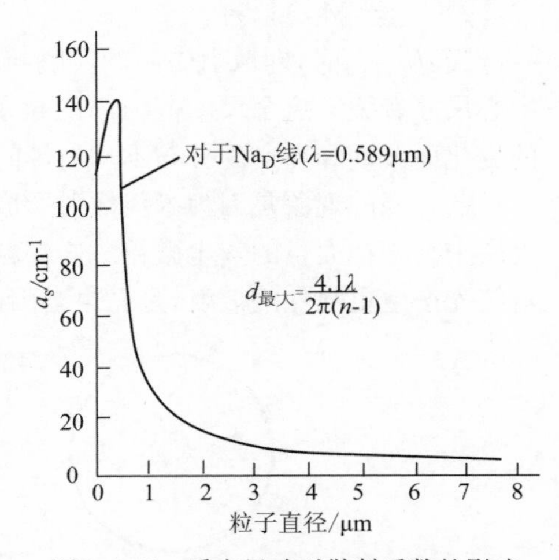

图 9-2-21 质点尺寸对散射系数的影响

图 9-2-21 中所用入射光为 Na_D 谱线（$\lambda=0.589\mu m$），介质为玻璃，其中含有 1%（体积）的 TiO_2 作为散射质点，两者的相对折射率 $n_{21}=1.8$。散射最强时，质点的直径为

$$d_{max}=\frac{4.1\lambda}{2\pi(n-1)}=0.48\mu m \qquad (9\text{-}2\text{-}19)$$

显然，光的波长不同时，散射系数达到最大时的质点直径也有所变化。

9.2.4.3 弹性散射

光的散射现象有多种多样的表现。根据散射前后光子能量（或光波波长）变化与否，可以分为弹性散射和非弹性散射两大类。散射前后光的波长（能量）不发生变化的散射称为弹性散射。与弹性散射相比，通常非弹性散射要弱几个量级，常常被忽略，只有在一些特殊安排的实验中才能观察到。

从经典力学的观点，弹性散射过程可看成光子和散射中心的弹性碰撞，结果只是把光子碰到不同的方向上去，并没有改变光子的能量。散射光强 I_S 与入射光波长 λ 的关系为

$$I_S \propto \frac{1}{\lambda^{\sigma}} \tag{9-2-20}$$

式中，σ 为与散射中心尺度 d_0 大小有关的参量。

按 d_0 与 λ 的大小比较，弹性散射又可分为 3 种类型(见图 9-2-22)。

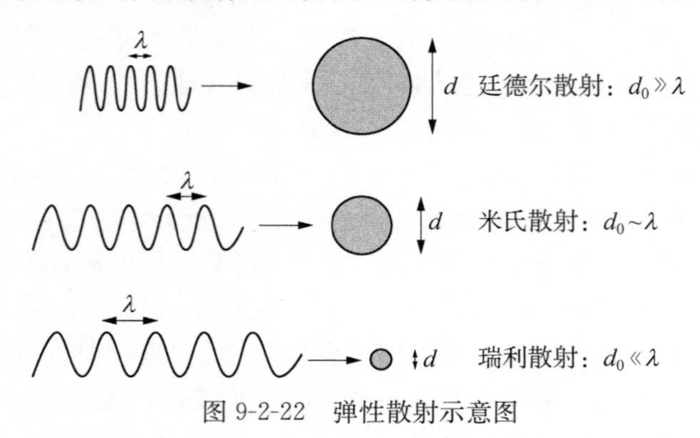

图 9-2-22 弹性散射示意图

1) 廷德尔(Tyndall)散射

当 d_0 远远大于 λ 时，$\sigma \to 0$，即当散射中心的尺度远远大于光波的波长时，散射光强与入射光波长无关。例如，粉笔灰颗粒的尺寸对所有可见光均满足这一条件，所以粉笔灰对白光中所有单色成分都有相同的散射能力，看起来是白色的；天上的白云是由水蒸气凝成比较大的水滴所组成，线度也在此范围内，所以散射光也呈白色。

2) 米氏(Mie)散射

当 $d_0 \approx \lambda$ 时，即散射中心的尺度与入射光波长可以比拟时，σ 在 0～4 时，具体数值与散射中心尺寸有关。这个尺度范围内的粒子散射光性质比较复杂，例如存在散射光强随 d_0/λ 值的变化而波动和在空间分布不均匀等问题。

蓝月亮的现象是因为米氏散射形成的，当发生火山爆发、森林大火或某些异常天气时，大气层中会存在大量的灰尘微粒。这些颗粒尺寸和光的波长相仿，此时光出现米氏散射，大气会对红光产生更强烈的散射，月亮也会因此而显蓝色，如图 9-2-23 所示。

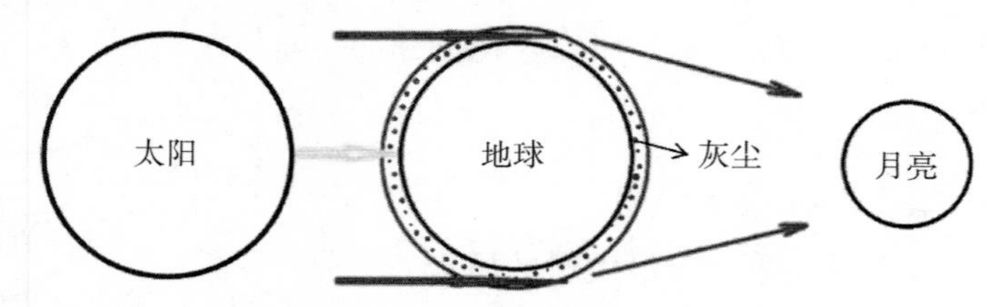

图 9-2-23 蓝月亮的形成原因

3) 瑞利(Rayleidl)散射

当 d_0 远远小于 λ 时，$\sigma=4$。即散射中心的尺度远远小于入射光波长时，散射光强与波长的四次方呈反比。即

$$I_S \propto \frac{1}{\lambda^{4}} \tag{9-2-21}$$

此即瑞利散射定律。

按照瑞利散射定律，微小粒子($d_0 \ll \lambda$)对长波的散射不如短波有效。图 9-2-24 展示了散

射强度与波长的关系，可见，在可见光的短波侧（$\lambda=400$nm，紫光）散射强度要比长波侧（$\lambda=720$nm，红光）的散射强度大约大了10倍。据此，不难理解晴天早晨的太阳为何呈鲜红色，而中午却变成白色。图9-2-25表示地球大气层结构和阳光在一天中不同时刻达到观察者所通过的大气层厚度。大气中的分子对光谱上蓝紫色的散射比红橙色为甚，阳光透过大气层愈厚，紫蓝色成分损失愈多，因此到达观察者的阳光中蓝紫色的比例就愈少。所以，太阳在 A 处看起来是白色在 B 处变为黄色，在 C 处变为橙色，而在 D 处则变为红色。另外，我们看到的蓝天以及呈浅蓝色的气凝胶也是由于瑞利散射引起的。

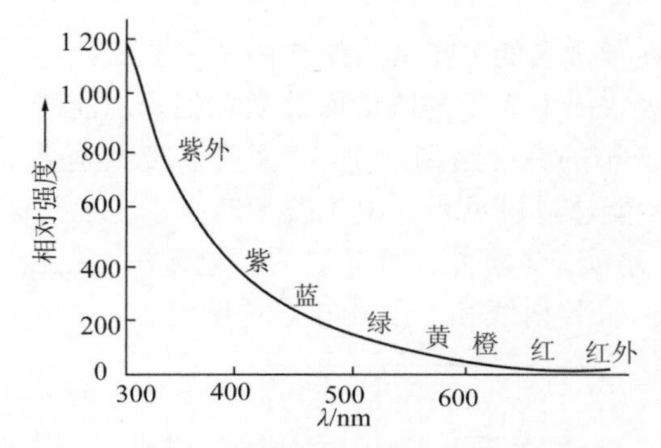

图 9-2-24 瑞利散射强度与波长的关系

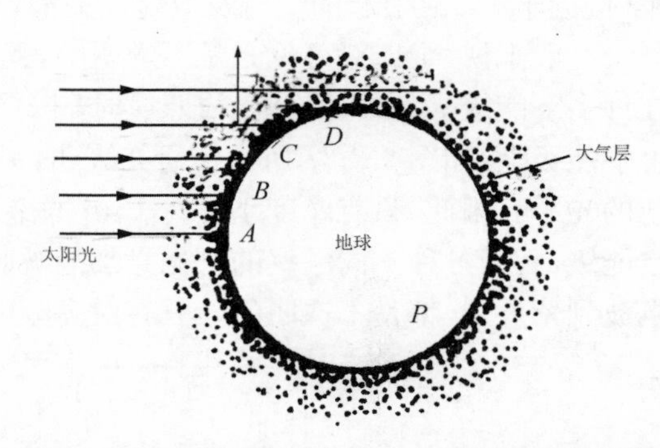

图 9-2-25 地球表面大气中的分子引起的光散射

应该指出，瑞利散射并非气体介质所特有。固体光学材料在制备过程中形成的气泡、条纹、杂质颗粒、位错等，都可以称为散射中心。人们通常根据散射光的强弱判断材料光学均匀性的好坏。对各种介质弹性光散射性质的测量和分析，可以获取胶体溶液、浑浊介质、晶体和玻璃等光学材料的物理化学性质，确定流体中散射微粒的大小和运动速率。利用激光在大气中的散射可以测量大气中悬浮颗粒的密度和监测大气污染的程度等。

9.2.5 光的透射

透光性是一个综合指标，即“光能”通过介质材料后剩余光能所占的百分比。综合考虑反射、吸收、散射后（见图9-2-26），有

$$I=I_0(1-R)^2 e^{-(\beta+S)x} \tag{9-2-22}$$

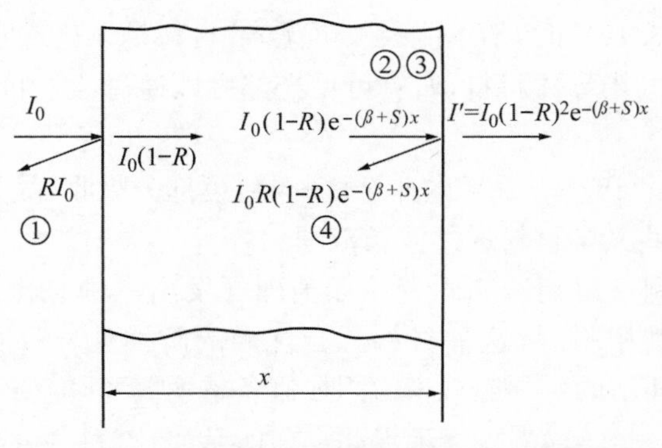

图 9-2-26 光透过介质时的反射、散射与吸收损失

由式(9-2-22)可见，影响介质透光性的光学参数主要有吸收系数β、反射系数R和散射系数S。

(1) 吸收系数β：对陶瓷、玻璃等电介质材料，β值在可见光范围内是比较低的，故吸收损失较小。

(2) 反射系数R：材料对周围环境的相对折射率越大，反射损失也就越大。金属的R值很高，几近于1，而无机玻璃的R约为0.5。

(3) 散射系数S：这是最影响电介质透光性的因素，有如下几个方面可影响散射系数，即宏观及显微缺陷越多，S越大；晶粒位向会使双折射效果不同，影响散射系数；气孔的折射率很小(接近于1)，故引起的反射及散射损失都较大。

一般来说，金属对可见光是不透明的，其原因在于金属的电子能带结构中费米能级以上存在许多空能级，当金属受到光线照射时，电子容易吸收入射光子的能量而被激发到费米能级以上空能级上，如图9-2-27所示。研究表明，只要金属箔的厚度达到0.1μm，便可以吸收全部入射的光子。因此，只有厚度小于0.1μm的金属箔才能透过可见光。由于费米能级以上有许多空能级，因而各种不同频率的可见光都能被吸收。事实上，金属对所有的低频电磁波(从无线电波到紫外光)都是不透明的。只有对高频电磁波，如X射线和γ射线才是透明的。

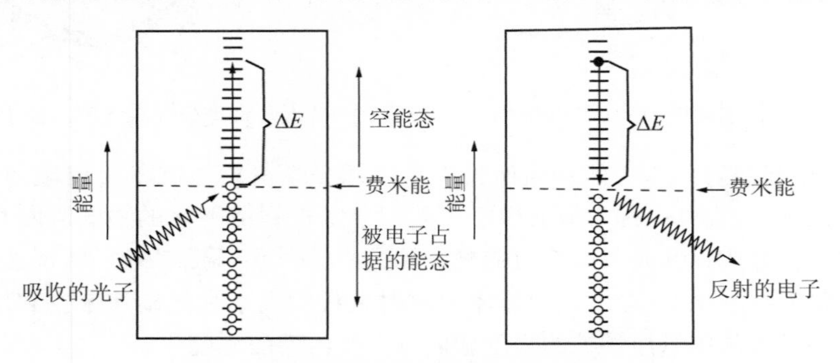

图9-2-27　金属吸收光子后电子能态的变化

非金属材料的电子能带结构特征是存在禁带(E_g)，欲产生光子吸收(即不透明)的条件是

$$h\nu > E_g \quad \text{或} \quad \frac{hc}{\lambda} > E_g \tag{9-2-23}$$

可见光的最小波长和最大波长分别为0.4μm和0.7μm，由上式分别计算的临界禁带宽度分别为3.1eV及1.8eV，则有：

(1) 当材料的E_g>3.1eV时，不可能吸收可见光，材料是无色透明的；

(2) 对E_g<1.8eV的半导体材料，所有可见光都可以通过激发价带电子向导带转移而被吸收，因而是不透明的；

(3) 对于E_g介于1.8eV～3.1eV的非金属材料，可部分吸收，故是带色透明的。

图9-2-28显示了一些光学材料透过波长范围。

利用光的透射可以制备得到透明陶瓷。如美国开发出一种氧氮化铝(AlON)陶瓷粉末，经过高温高压制成透明装甲材料，这种材料具有优异的防弹性、耐冲击性和耐久性。NASA有意将其应用于国际空间站的弯顶舱视窗。想要制备透明陶瓷，需要满足晶粒尽量细小，尺寸接近均一，晶粒内无气泡封入，晶界处无玻璃相、气孔、杂质，材料具有高密度，尽可能接近理论密度这几个条件。不同透明度的氧化铝陶瓷如图9-2-29所示。

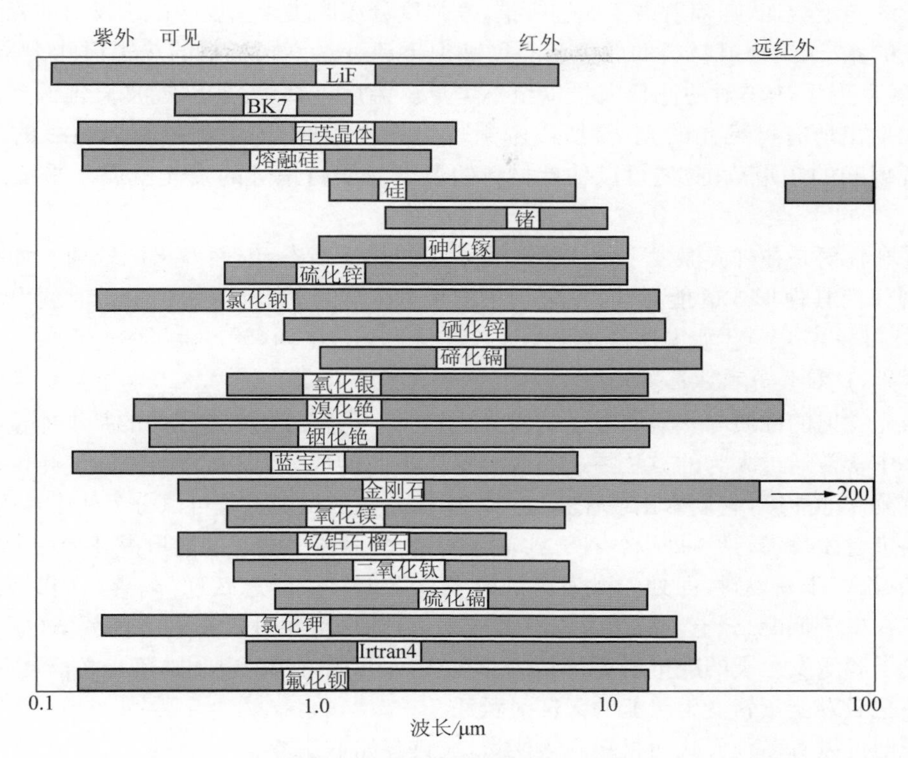

图 9-2-28 光学材料透过波长范围

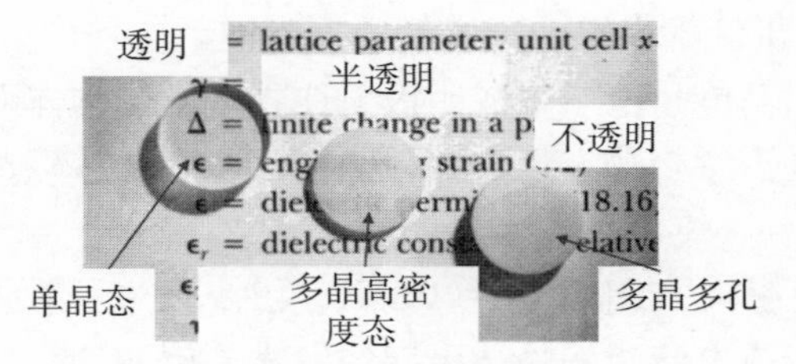

图 9-2-29 不同透明度氧化铝陶瓷示意图

9.3 材料的光发射

9.3.1 光发射概述 ▶

9.3.1.1 光发射基本概念

材料的光发射是材料以某种方式吸收能量之后，将其转化为光能，即发射光子的过程。发光是人类研究最早也应用最广泛的物理效应之一。一般来说，物体发光可分为平衡辐射和非平衡辐射两大类。

平衡辐射的性质只与辐射体的温度和发射本领有关，又可称为热辐射。当材料开始加热时，电子被热激发到较高能级，特别是原子外壳层电子与核作用较弱，易激发，当电子跳回它们的正常能级时就发射出低能长波光子，波长位于可见光之外。温度继续增加，热激活增加，发射高能量的光子增加,则辐射谱变成连续谱,其强度分布取决于温度。由于发射的光子包括可见光波长的光子,热辐射材料的颜色和亮度随温度改变。不同材料的热辐射能力是不同的。这样,在较低温下热辐射的波长太长以至不可见。温度增加,发射出短波长光子。在高温下材料热辐射出所有可见光的光子,所以辐射成为白光辐射,即看到材料为白亮的。用高温计测量辐射光的频带范围,便可以估计材料的温度。如白炽灯的发光就属于平衡或准平衡辐射。

非平衡辐射是在外界激发下物体偏离了原来的热平衡态,继而发出的辐射。如果发生辐射或出现任何其他形式的能量,激发电子从价带进入导带,当其返回到价带时便发射出光子(能量为1.8～3.1eV)。如果这些光子的波长在可见光范围内,就产生了发光现象。与热辐射发光相区别,这种发光称为冷光。

材料光发射的性质与它们的能量结构紧密相关。我们已经知道固体的基本能量结构是能带。固体中常常通过人为的方法掺杂一些与基质不同的成分,以改善固体的发光性能。杂质离子具有分立的能级,它们常出现在禁带中。固体发光的微观过程可以分为两个步骤:第一步是对材料进行激发(激励),即以各种方式输入能量,将固体中电子的能量提高到一个非平衡态(激发态);第二步是发射,即处于激发态的电子自发地向低能态跃迁(陷落),同时发射光子。若材料存在多个低能态,电子陷落可以有多种渠道,则材料就可以发射多种频率(颜色)的光。若发射光子和激发光子的能量相等,则发射的光称为共振荧光。电子陷落未必都发射光子,也可能存在把激发能量转变为热能的无辐射跃迁。

发光前可以有多种方式向材料注入能量,大致有如下几类。

(1) 光致发光:由光频波段电磁波来激发“发光物体”而发光。例如,日常照明用的荧光灯就是通过紫外线激发涂布于灯管内壁的荧光粉而发光的。

(2) 阴极射线发光:由高能量电子束或阴极射线轰击发光物体而引起的发光。例如,彩色电视机的颜色就是采用电子束扫描、激发显像管内不同成分的荧光粉,使它们发射红、绿、蓝3种基色波而实现的。

(3) 放射线发光:由快速粒子或高能射线(如X、α、β、γ及中子射线)轰击物体引起的发光。

(4) 电致发光:由电场或电流激发物体引起的发光。例如,通过对绝缘发光体施加强电场导致发光;或从外电路将电子(空穴)注入半导体导带(价带),导致载流子复合而发光。作为仪器指示灯的发光二极管就是半导体复合发光的例子(见图9-3-1)。

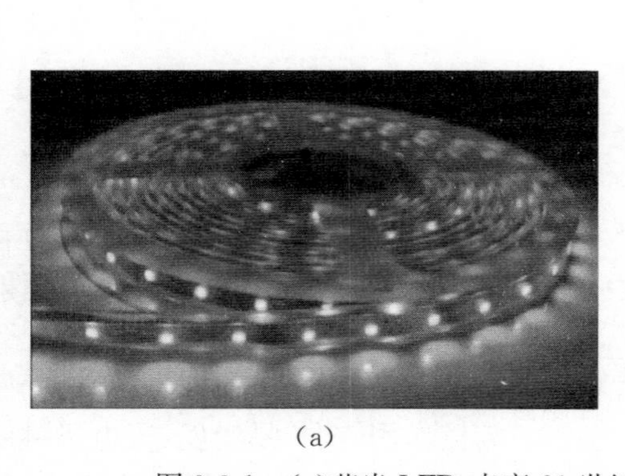

(a)

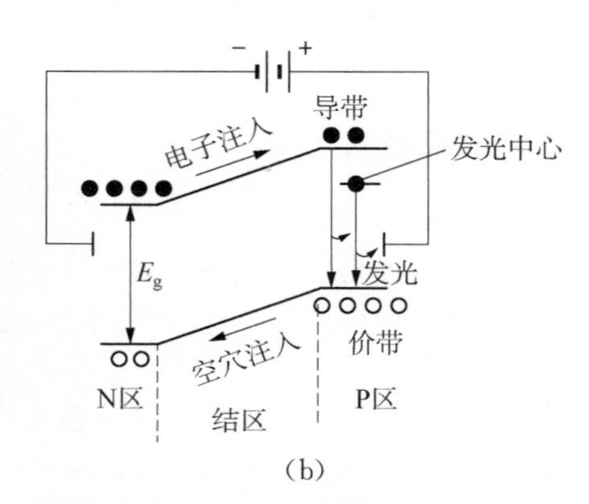

(b)

图9-3-1 (a)蓝光LED:点亮21世纪的发明;(b) 电致发光原理示意图

固体光发射性质是与激发光子的能量 E(即入射光频率或波长)有关的,因为 E 的不同将导致电子跃迁的不同,大致有下列几种情况:①电子在一个能带内的“准能级”之间跃迁,发射连续光谱;②电子在主壳层之间的跃迁,发射特征谱线;③电子在亚壳层(即能带)之间跃迁,发射单色光。

自然界中很多物质都或多或少可以发光。但近代显示技术所用的发光材料主要是无机化合物。在固体材料中主要是采用禁带宽度比较大的绝缘体,其次是半导体,它们通常是以多晶粉末、单晶或薄膜的形式被应用的。

发光材料除了要有合适的基质为主体外,还要选择掺入微量杂质作为“激活剂”。这些微量杂质一般被用来充当发光中心,有些也被用来改变发光体的导电类型。在很多情况下还加入另一种称为“助熔剂”的杂质,以促进材料的结晶或与激活剂匹配(调整点阵中的电荷量)。譬如,ZnS:(Ag,Cu)表示 ZnS 基质中掺有杂质 Ag 和 Cu。这种材料发出 525nm 中心波长的黄绿光,可用于示波管。从应用的角度看,感兴趣的光学性能通常是发光的颜色、强度和延续时间。所以,材料的发光特性主要从发射光谱、激发光谱、发光寿命和发光效率进行评价。

9.3.1.2　发光性能评价

1)发射光谱

发射光谱是指在一定的激发条件下发射光强度按波长的分布。发射光谱的形状与材料的能量结构有关,有些材料的发射光谱呈现宽谱带,甚至由宽谱带交叠而形成连续谱带;有些材料的发射光谱则是线状结构。图 9-3-2 为 $Y_2O_2S{:}Tb^{3+}$ 的发射光谱,呈现复杂的谱线结构,它由于同时可发射绿色和蓝色光,常被选作黑白电视显像材料。

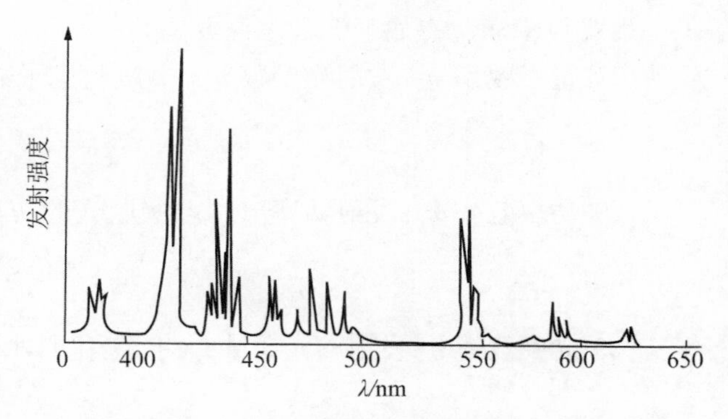

图 9-3-2　$Y_2O_2S{:}Tb^{3+}$ 的线状发射光谱

2)激发光谱

激发光谱是指材料发射某一种特定谱线(或谱带)的发光强度随激发光的波长而变化的曲线。能够引起材料发光的激发波长也一定是材料可以吸收的波长。就这一点而言,激发光谱与吸收光谱有类似之处。但是,有的材料吸收光之后不一定会发射光,就是说它可能把吸收的能量转化为热能而耗散掉。对发光没有贡献的吸收是不会在激发光谱上得到反映的。通过激发光谱的分析,可以找出使材料发光采用什么波长进行光激励最为有效。激发光谱和吸收光谱都是反映材料中从基态始发的向上跃迁的通道,因此都能给出有关材料能级和能带结构的有用信息。与之形成对比的是,发射光谱则是反映从高能级始发的向下跃迁过程。图 9-3-3 所示为 $Y_2SiO_5{:}Eu^{3+}$ 部分高分辨率的激发光谱,其中两个吸收峰间距仅有约 0.2nm,接收波长为 612nm。

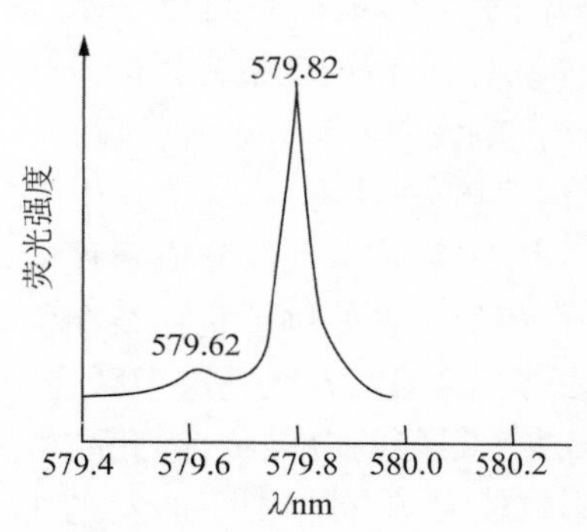

图 9-3-3　$Y_2SiO_5{:}Eu^{3+}$ 的部分激发光谱

3)发光寿命

发光体在激发停止后持续发光时间的长短称为发光寿命(荧光寿命或余辉时间)。一般来说,发光强度 I 随时间 t 延

长是按指数规律衰减的,即

$$I = I_0 e^{-\alpha t} \tag{9-3-1}$$

式中,α 为表示电子在单位时间内跃迁到基态的概率的系数。

定义光强衰减到初始值 I_0 的(1/e)所经历的时间为发光寿命 τ,则有

$$\tau = \frac{1}{\alpha} \tag{9-3-2}$$

但某些材料的发光涉及比较复杂的中间过程,其光强衰减规律呈双指数或双曲线形式,难以用一个反映衰减规律的参数来表示。在工程应用中往往约定,从激发停止时的发光强度 I_0 衰减到 $I_0/10$ 的时间为余辉时间。根据余辉时间的长短可以把发光材料分为超短余辉(<1μs)、短余辉(1~10μs)、中短余辉(10^{-2}~1ms)、中余辉(1~100ms)、长余辉(0.1~1s)、超长余辉(>1s)6 个范围。不同应用目的对材料的发光寿命有不同的要求,例如短余辉材料常应用于计算机的终端显示器;长余辉和超长余辉材料常应用于夜光钟表字盘、夜间节能告示板、紧急照明等场合。

4) 发光效率

发光效率通常有如下 3 种表征方法。

(1) 量子效率 η_q:发射光子数 n_{out} 与吸收光子数(或输入的电子数)n_{in} 之比,即

$$\eta_q = \frac{n_{out}}{n_{in}} \tag{9-3-3}$$

(2) 功率效率 η_p:发射功率 P_{out} 与吸收光的功率(或输入的电功率)P_{in} 之比,即

$$\eta_p = \frac{P_{out}}{P_{in}} \tag{9-3-4}$$

(3) 光度效率 η_l:发射的光通量 L(单位:流明,lm)与输入的光功率(或电功率)P_{in} 之比,即

$$\eta_l = \frac{L}{P_{in}} \tag{9-3-5}$$

9.3.1.3 发光的物理机制

固体材料发光可以有两种微观的物理过程:一种是分立中心发光;另一种是复合发光。对于不同的发光材料来说,可能只存在其中一种过程,也可能两种过程兼有。

1) 分立中心发光

分立中心发光材料的发光中心通常是掺杂在透明基体材料中的离子,有时也可以是基体材料自身结构的某一个基团。选择不同的发光中心和不同的基体组合,可以改变发光体的发光波长,调节其光色(由于晶体场的改变引起)。不同的组合当然也会影响发光效率和余辉长短。

发光中心分布在晶体点阵中,或多或少会受到点阵上离子的影响,使其能量状态发生变化,进而影响材料的发光性能。发光中心与晶体点阵之间相互作用的强弱又可以分成两种情况:第一种是发光中心基本是孤立的,它的发光光谱与自由离子很相似。最好例子是掺杂在各种基质中的三价稀土离子。它们产生光学跃迁的是 $4f$ 电子,发光只是在 $4f$ 次壳层中跃迁。在 $4f$ 电子的外层还有 8 个电子(2 个 $5s$ 电子,6 个 $5p$ 电子)形成了很好的电屏蔽,因此晶格场的影响很小;第二种是发光中心受基体点阵电场(晶格场)的影响较大,这种情况下的发光性能与自由离子很不相同,必须把发光中心和基质作为一个整体来分析。晶格场对发光离子的影响主要表现在以下几个方面。

(1) 影响光谱结构。晶格场的扰动会引起中心离子简并能级的分裂，因而发光谱线也会引起分裂。这样就使发射光谱比自由离子时要复杂，如图 9-3-2 中所看到的复杂谱线结构。

(2) 影响光谱相对强度。这源于晶格场的参与改变了跃迁选择定则，从而也改变了不同谱线的跃迁概率。例如，彩色电视三基色中发红光的材料常选择 Eu^{3+} 为发光中心，它在中心对称的晶格场中却以发射橙色谱线为主(属 $^5D_0-^7F_1$ 跃迁)，中心波长为 593nm，不符合要求[见图 9-3-4(a)]。但是，如果出现非中心对称的晶格场，就可以破坏偶极跃迁的"宇称选择定则"，使得原先禁戒的 $^5D_0-^7F_2$ 跃迁成为可能。这时波长 618nm 的红光成为主要发光谱线，从而满足彩电色度要求[见图 9-3-4(b)]。

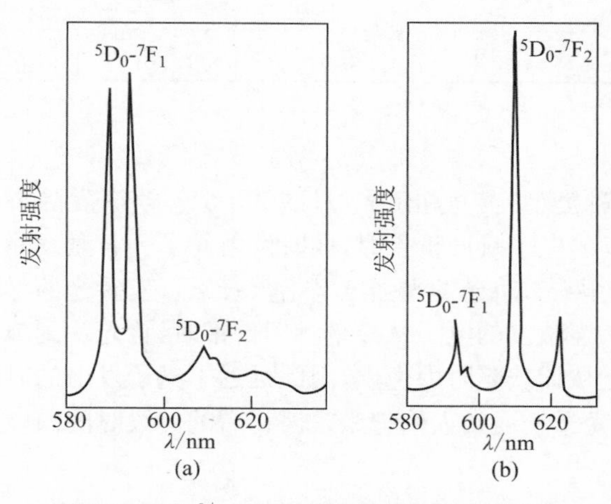

图 9-3-4 Eu^{3+} 在不同基质晶体中的发射光谱

(a)在 $NaLuO_2$ 晶体中(中心对称)；(b)在 $NaGdO_2$ 晶体中(非中心对称)

2) 复合发光

复合发光与分立中心发光最根本的差别在于，复合发光时电子的跃迁涉及固体的能带。电子被激发到导带时在价带上留下一个空穴，因此当导带的电子回到价带与空穴复合时，便以光的形式放出能量。这种发光过程称为复合发光。复合发光所发射的光子能量等于禁带宽度。通常复合发光采用半导体材料，并且以掺杂的方式提高发光效率。

我们在第 8 章已介绍过，在本征半导体中掺入五价元素或三价元素将分别获得 n 型(电子型)半导体和 p 型(空穴型)半导体。当 n 型半导体和 p 型半导体相接触时，n 区的电子要向 p 区扩散，而 p 区的空穴要向 n 区扩散。由于载流子的扩散使两种材料的交界处形成空间电荷，在 p 区一侧带负电，n 区一侧带正电，如图 9-3-5(a)所示，因而形成一个称为"p-n 结"的电偶极层和与其相应的接触电位差。显然，p-n 结内的电场方向阻止着电子和空穴进一步扩散。电子要从 n 区扩散到 p 区，必须克服高度为 $e\Delta V$ 的势垒，如图 9-3-5(b)所示。如果 p-n 结上施加一个正向外电压 V(把正极接到 p 区，负极接到 n 区)，那么势

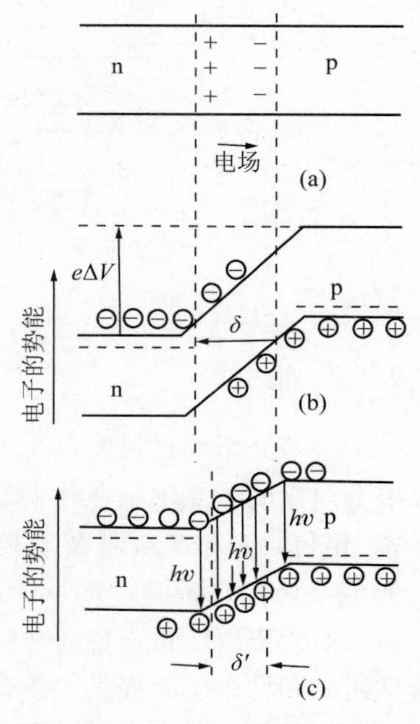

图 9-3-5 P-N 结势垒的形成和在外电场作用下的减弱

垒的高度就降低到 $e(\Delta V - V)$，势垒区的宽度也要变窄(从 δ 变成 δ')，如图 9-3-5(c)所示。由于势垒的减弱，电子便可以源源不断地从 n 区流向 p 区，空穴也从 p 区流向 n 区。这样，在 p-n 结区域，就有大量的电子和空穴相遇而产生复合发光。半导体发光二极管就是根据上述原理制作的发光器件。表 9-3-1 列出了几种半导体材料的禁带宽度和相应的发光波长，其中 Ge，Si 和 GaAs 等禁带宽度较窄，只能发射红外光，另外三种则可发射可见光。

表 9-3-1　半导体材料的禁带宽度和复合发光波长

材料	Ge	Si	GaAs	GaP	$GaAs_{1-x}P_x$	SiC
E_g/eV	0.67	1.11	1.43	2.26	1.43～2.26	2.86
λ/nm	1850	1110	867	550	867～550	435

9.3.2　冷光

冷光发光一般有两种类型：荧光和磷光(见图 9-3-6)。当激发除去后在 10^{-8} s 内发的光称为荧光，其发光是被激发的电子跳回价带时，同时发射光子。若激发除去后在一段时间内材料仍能发光，这种发光称为磷光，磷光发光强度呈指数衰减。发磷光的材料往往含有杂质并在能隙附近建立了施主能级，当激发的电子从导带跳回价带时，首先跳到施主能级并被捕获。在它跳回价带时，电子必须先从捕获陷阱内逸出，因此延迟了光子发射的时间。陷阱中的电子逐渐逸出后跳回价带并发射光子。通常人们把激发停止后的一段时间内能发光的复杂晶体无机物质叫磷光体。

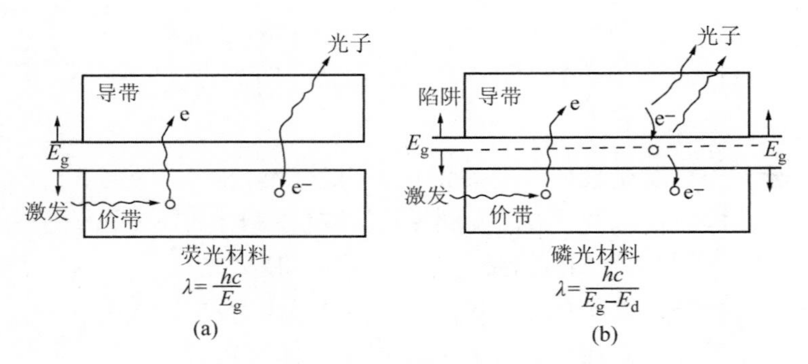

图 9-3-6　(a)荧光发射；(b)磷光发射

9.3.3　激光

上节介绍的材料发光时所发射的光子均为随机、独立的，即产生的光波不具有相干性。本节要讨论的激光则是在外来光子的激发下诱发电子能态的转变，从而发射出与外来光子的频率、相位、传输方向以及偏振态均相同的相干光波。这种光即为**激光**(light amplified by stimulated emission of radiation，LASER)，其主要特点为高指向性、极窄的光谱线宽和高强度。激光辐射能量在空间和时间上的高度集中，可以达到比太阳强 10^{10} 倍的亮度。激光为科学研究和计量检测提供了强有力的手段，而且大大推动了信息、医学、工业、能源和国防领域的现代化进程。激光之所以具有传统光源无与伦比的优越性，其关键在于它利用了材料的受激辐射。本节将对材料产生受激辐射的性质和激光形成的机制进行讨论。

9.3.3.1　激光现象及本质

我们前面介绍的材料发光属于自发辐射，即固体在接受外界能量后电子的能量提高到高能态并自发地向低能态跃迁，同时发射光子。而受激辐射的过程是：当一个能量满足 $h\nu=E_2-E_1$ 的光子趋近高能级 E_2 的原子时，有可能诱导高能级原子发射一个和自己性质完全相同的光子，此受激辐射的光子与入射光子具有相同的频率、方向和偏振状态，因此，受激辐射是一种共振或相干过程，一个入射光子被放大为两个光子，若此过程继续，则入射光子的数目成等比级数地放大。由此可以看到，受激辐射是受激吸收的逆过程，它的发生使高能级的原子数减少。

按照玻耳兹曼分布原理，通过计算可以证明，与自发辐射相比，在热平衡条件下受激辐射也完全可以忽略。怎样才能使受激辐射占主导地位呢？关键在于设法突破玻耳兹曼分布，使上能级的粒子数大于下能级的粒子数，这个条件称为“粒子数反转”。这里的“粒子”两字泛指任何具体介质中的微观粒子，而不局限于原子。在热平衡条件下，光波通过物质体系时总是或多或少地被吸收，因而越来越弱，但是实现了粒子数反转的体系却恰恰相反。由于受激辐射放出的光子数多于被吸收的光子数，辐射将越来越强。换言之，实现粒子数反转的介质具有对光的放大作用，称为“激活介质”，它是能产生光的受激辐射并起放大作用的物质体系。

下面以红宝石激光器为例讲述激光产生的过程。

红宝石是历史上首次获得激光（1960 年）的材料。它是在蓝宝石（$A1_2O_3$）单晶基质中掺杂 Cr^{3+} 而形成的，Cr^{3+} 使其呈红色。红宝石激光器工作原理如图 9-3-7 所示。将红宝石制成棒状，两端为相互平行的平面，其中一个端面能部分透光，另一端面对光波有完全反射作用。在激光管内，用氙气闪光灯辐照红宝石。红宝石在被辐照之前 Cr^{3+} 都处于基态（其能级见图 9-3-8）。图 9-3-8 中 $^4A_2$ 为基态，$^4F_1$ 和 $^4F_2$ 为两个分布很宽的能级，对应的吸收分别形成很宽的吸收带，即紫带（360～450nm）和绿带（510～600nm）。在氙气闪光灯（波长 560nm）照射下，Cr^{3+} 中的电子受激转变为高能态（$^4F_1$ 和 $^4F_2$），造成粒子数反转。处于高能态的电子可通过两个途径返回基态：①直接从受激高能态返回基态，同时发出光子，由此产生的光不是激光；②受激高能电子首先衰变为亚稳态 ^2E，由于 ^2E 有较长能级寿命，因此可积累较多的 Cr^{3+}。当有几个电子自发从亚稳态返回基态时，带动更多电子以“雪崩”形式返回基态，从而发射出越来越多光子。那些平行于红宝石轴向的光子在两镜面之间来回传播，强度越来越强，此时从部分镜面发射出来的光束就是高强度相干波，也就是激光。^2E 能级由两个支能级 ^2A 和 E 组成，它

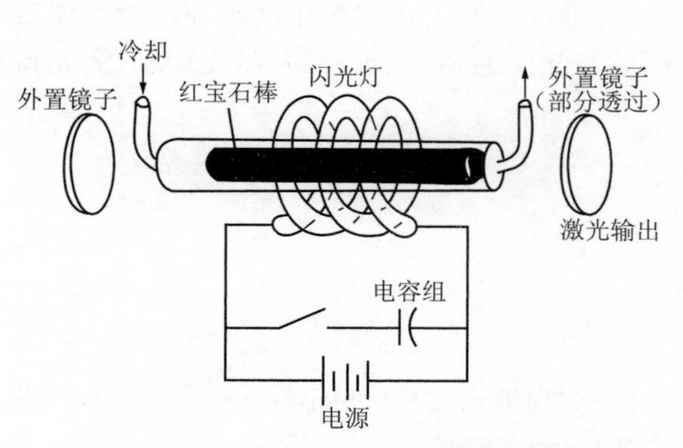

图 9-3-7　红宝石激光器工作原理

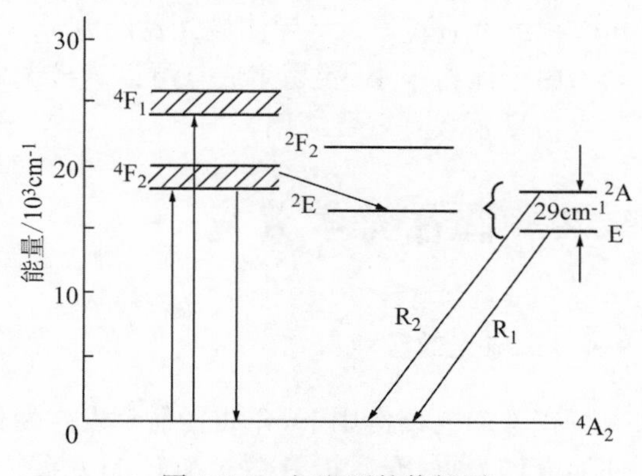

图 9-3-8　红宝石的能级图

们向激光低能级$^4A_2$(基态)跃迁时产生R_1(694.3nm)谱线和R_2(692.9nm)谱线,其中R_1线跃迁概率较大,但两条谱线均可能产生激光,光束呈深红色。

从上面介绍可以看出,红宝石激光器主要部分是Al_2O_3单晶中掺入少量激活物质Cr^{3+}形成的激光晶体,是一种从基态经亚稳态再到激发态的三能级运转激光系统。

一般来说,激光的产生必须具备以下几个条件。首先要实现粒子数的反转,也就是使上述处于激发态的原子数超过基态,这样,受激辐射才能胜过吸收和自发辐射,在光与原子的相互作用中居于主导地位。其次要有合适的工作物质和能量供应。选择工作物质主要看它是否具有适用的能级结构,是否有利于实现粒子数反转,获得所需频率的激光。能量供应过程又称“抽运”或“泵浦”,它是为工作物质提供跃迁所需的能量,真正实现粒子数反转的。另外,通常还要有一个谐振装置,即光学谐振腔,其作用类似于电子学中的选频放大器,它能使某些特定模式(频率、相位、偏振态及传播方向一定)的光子不断得到正反馈而加强,抑制其他模式光子的增长,而且使之很快衰减掉。最简单的光学谐振腔是由两块平行放置的反射镜构成的。

9.3.3.2 *激活介质*

激光工作物质分为气体激光器、液体激光器、固体激光器和半导体激光器四大类。

上述红宝石激光属于固体激光。固体激光通常采用光激励(称为光泵),因此要求介质有较宽的吸收谱带,以使有较多发光中心离子被激发。被激发的离子一般通过无辐射跃迁过渡到激光作用的高能级。这个过程希望有高的量子效率,以达到高的荧光量子效率。发射激光的高能级应具有较长的寿命,以便可以积累较多的粒子,利于形成粒子数反转。此外,作为发射激光的低能级应占有尽可能少的粒子数,为此应尽量避免采用基态为激光跃迁的低能级。

由于固体激光器体积小、结构紧凑,在工业加工、医科手术、跟踪测距、光纤通信等领域有广泛应用。

半导体激光器本是固体激光器的一种,因工作机制独特而另列为一类。它是利用半导体能带跃迁的复合发光引发受激辐射而形成激光的。半导体激光器的基本结构是由掺杂浓度很高的半导体材料制成p-n结,在垂直于结平面的方向施加正向偏压,将电子和空穴分别从n型材料的导带和p型材料的价带注入结区,使得结区中的导带布居许多电子,而价带只有空穴,从而造成结区中的粒子数反转。通常利用材料垂直于结平面方向的两个自然解理端面构成光学谐振腔。当增益足够大时,可以从p-n结的结区沿着结平面方向朝两端发射出激光。常用的半导体激光材料主要为Ⅲ-Ⅴ族和Ⅱ-Ⅵ族化合物半导体及其固溶体,如GaAs、$Al_xGa_{1-x}As$、InP、PbS、PbTe等。半导体激光器的波长一般在红外区,目前正在向可见区延伸。半导体激光器由于体积很小、容易集成且可以直接调制,因此在光纤通信、光盘读写、激光印刷、激光雷达等信息领域有重要应用。

9.4 耦合光学效应

9.4.1 电光效应

在外加电场作用下,介质折射率发生变化的现象称为**电光效应**(electrooptical effect)。设外加电场为E,介质折射率n和E的关系一般可以展开为级数形式

$$n = n' + aE + bE^2 + \cdots \tag{9-4-1}$$

式中，n'为无外加电场时介质的折射率；a、b 为常数。aE 为一次项，由此项引起的折射率变化称为一次电光效应，也称泡克耳斯(Pockels)效应；由二次项 bE^2 引起的折射率变化称为二次电光效应，也称克尔(Kerr)效应。

一次电光效应发生在不具有中心对称的一类晶体中，如水晶和钛酸钡等。它们本是具有圆球(光各向同性)折射率体，在电场作用下产生了双折射，折射率体成为旋转椭球体，即成为单轴晶体。同样，单轴晶体加上电场后，将旋转椭球体的光折射率体变为三轴椭球光折射率体。对于电光晶体，由电场诱发的双折射的折射率差为

$$\Delta n = n_0 - n_e = n_0^3 \gamma E \tag{9-4-2}$$

式中，n_0 为常光折射率；n_e 为非常光折射率；γ 为介质电光系数。

二次电光效应具有中心对称和结构任意混乱的介质，它们不具有一次电光效应，只具有二次电光效应。由于二次电光效应诱发的双折射的折射率差为

$$\Delta n = n_0 - n_e = k\lambda E^2 \tag{9-4-3}$$

式中，k 为电光克尔常数；λ 为入射光真空波长。

产生电光效应的实质是，在外电场作用下，构成物质的分子产生极化，使分子的固有电矩发生变化，从而介质的折射率也就起了变化。

电光材料最重要的用途是作光调制器。如图 9-4-1 所示，电光晶体材料放置在两片正交偏振片之间，在检偏振片的前面插入一片 $\lambda/4$ 波片。当激光束通过时，加在晶体上的交变电压使晶体折射率变化，通过晶体的 o 光和 e 光产生相位差，引起出射光强度变化。o 光和 e 光之间产生的相位差 $\Delta\varphi$ 和光程差 Γ 分别为

$$\Delta\varphi = \frac{2\pi}{\lambda}(n_0 - n_e)L = \frac{2\pi}{\lambda}n_0^3\gamma EL = \frac{2\pi}{\lambda}n_0^3\gamma V \tag{9-4-4}$$

$$\Gamma = \Delta nL = n_0^3\gamma EL = n_0^3\gamma V \tag{9-4-5}$$

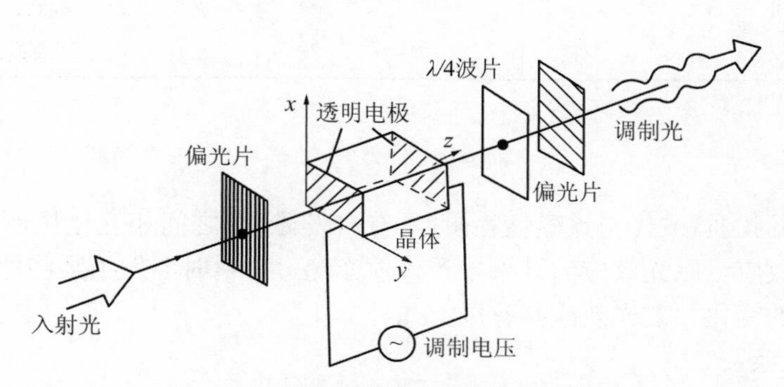

图 9-4-1 电光晶体的光调制方式示意图

式中，V 为加在晶体光轴方向的电压。

这样，只要将电信号加到电光晶体材料上，激光便被调制成载有信息的调制光。使光由完全不透到透过最大，需产生半个波长的相位延迟。使晶体材料产生半个波长相位延迟所加的电压称为半波电压，用 $V_{\lambda/2}$ 或 V_π 表示。一般 $V_{\lambda/2}$ 小，所需功率低，调制器制作变得容易，成本也低。

作为优良的电光材料，应该具有大的电光系数、高的折射率、低的半波电压，此外还要求介电常数小以减少高频损耗，在使用的光波段透光性好，温度稳定性和化学稳定性好等性能。

表 9-4-1 列出了常见电光晶体的结构、分子式以及性能参数。

表 9-4-1 主要电光晶体及其性质

晶体种类		居里点/K	折射率 n_0	介电常数	半波电压/V	备 注
KDP 型晶体	KDP(KH_2PO_4)	123	1.51	21.0	7 650	
	AKP($NH_4H_2PO_4$)	148	1.53	15.0	9 600	
	KD^*P(KD_2PO_4)	222	1.51	—	3 400	
	KDA(KH_2AsO_4)	97	1.57	21.0	6 200	
	ADA($NH_4H_2AsO_4$)	216	—	14.0	13 000	
	RDA(RbH_2PO_4)	110	1.56	—	7 300	
立方系钙钛矿型晶体	$KTa_xNb_{1-x}O_3$(KTN)	≈283	2.29	$\approx 10^4$	380	光损伤
	$BaTiO_3$	393	2.40		310	
	$SrTiO_3$	33	2.38			
	$Pb_3MgNb_2O_9$	265	2.56	$\approx 10^4$	1 250	无光损伤
铁电性钙钛矿型晶体	$KTa_xNb_{1-x}O_3$(KTN)	≈283	2.32		≈90	光损伤
	$BaTiO_3$	393	2.39		481	
	$LiNbO_3$(LN)	1 483	2.29		2 940	光损伤
	$LiTaO_3$(LT)	933	2.18		2 840	
闪锌矿型晶体	ZnS		2.36	8.3	10 400	
	ZnSe		2.66	9.1	7 800	
	ZnTe		3.10	10.1	2 200	
	GaAs		3.60	11.2	≈5 600	10.6μm
	CuCl		2.00	7.5	6 200	
	Se		2.80	8.0	19 300	10.6μm

9.4.2 磁光效应

光与磁场中的物质,或光与铁磁性物质(具有自发磁化)之间相互作用所产生的各种光学现象统称为磁光效应。磁光效应的结果导致入射光经过材料时会发生某些性质(如旋光性、折射性、偏振性等)的变化。磁光效应共有以下几种。

9.4.2.1 法拉第效应

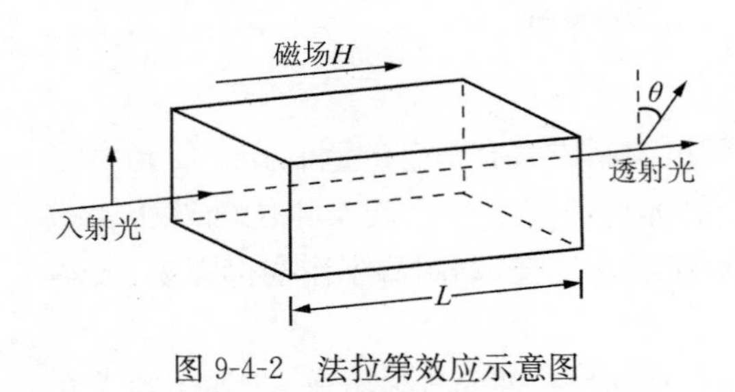

图 9-4-2 法拉第效应示意图

在强磁场作用下,许多非旋光性物质会显示出旋光性,这种现象称为**法拉第效应**(Faraday effect),或称为磁致旋光效应。法拉第效应是光与原子磁矩相互作用而产生的现象。当 YIG($Y_3Fe_5O_{12}$)等一些透明物质透过直线偏振光时,若同时施加与入射光平行的磁场,如图 9-4-2 所示,透射光将在其偏振面上旋转一定的角度。对铁磁性材料而言,法拉第旋转角 θ_F 由下式表示

$$\theta_{\mathrm{F}} = FL\frac{M}{M_{\mathrm{s}}} \tag{9-4-6}$$

式中，F 为法拉第旋转系数(°/cm)；L 为材料长度；M_{s} 为饱和磁化强度；M 为沿入射光方向的磁化强度。

对于所有透明物质来说，都会产生法拉第效应，不过现在已知的法拉第旋转系数大的磁性体主要是稀土石榴石系物质，表 9-4-2 给出了典型石榴石系晶体的法拉第效应参数。

表 9-4-2 稀土-铁石榴石单晶的法拉第效应参数

	法拉第旋转系数 $F/[(°)\cdot\mathrm{cm}^{-1}]$	$\frac{\lvert F\rvert}{\alpha}/(°)$	波长/μm
$Y_3Fe_5O_{12}$(YIG)	600	8	0.8
	250	3000	1.15
$(Gd_{1.8}Bi_{1.2})Fe_5O_{12}$	−11000	150	0.78
$(GdBi)_3(FeAlGa_5)O_{12}$	−1530	1177	1.3
	−7500	100	0.8
$(Yb_{0.3}Tb_{1.7}Bi_1)Fe_5O_{12}$	−1800	486	1.3
	−1200	667	1.55

注：表中 α 为吸收系数。

9.4.2.2 科顿-穆顿效应

在强磁场作用下，一些各向同性的透明磁介质呈现出双折射现象，称为**科顿-穆顿效应**(Cotton-Mouton effect)，又称磁致双折射效应，如图 9-4-3 所示。

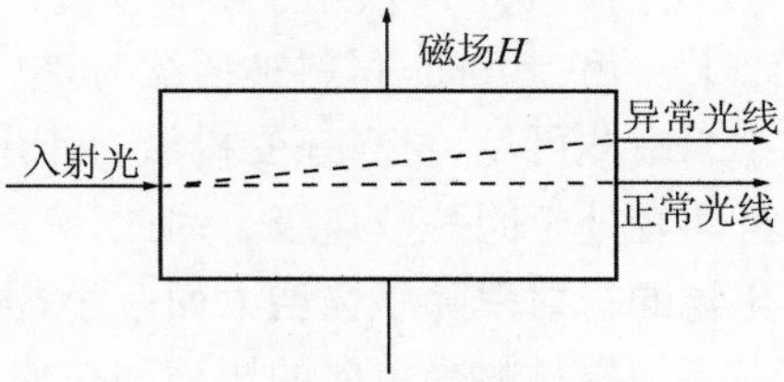

图 9-4-3 科顿-穆顿效应示意图

由磁致双折射效应所产生的双折射率与磁场强度 H 的平方成正比，即

$$\Delta n = n_0 - n_{\mathrm{e}} = KH^2 \tag{9-4-7}$$

式中，K 为科顿-穆顿常数。

磁致双折射效应是分子在外磁场作用下产生定向排列所致。这种效应仅在少数纯液体中表现得较明显，而在一般固体中是不明显的。

9.4.2.3 克尔效应

线偏振光入射到磁介质表面时其反射光的偏振面发生偏转，这种现象称为**克尔效应**(Kerr effect)。按磁化强度和入射面的相对取向来区分，还可分成极向、横向和纵向三类克尔效应。极向和纵向克尔磁光偏转都正比于磁化强度，偏振面的旋转方向与磁化强度方向有关。

9.4.2.4 光磁效应

物质受到光照后磁性能(磁化率、磁晶各向异性、磁滞回线等)发生变化的现象称为光磁效应。产生光磁效应的原因是光使电子在二价和三价铁离子间发生转移从而产生磁性变化。

9.4.2.5 塞曼效应

对发光物质施加磁场，光谱发生分裂的现象称为塞曼效应。从应用角度看，还属于有待开发的领域。

磁光效应，特别是法拉第效应，已被用来制作各种磁光调制器，如图 9-4-4 所示。其原理是用调制信号去控制磁场强度的变化，从而使介质中通过的光的偏振面发生相应的周期性变化，再经检偏器，转化成光强度的变化，这就实现了光的强度调制。

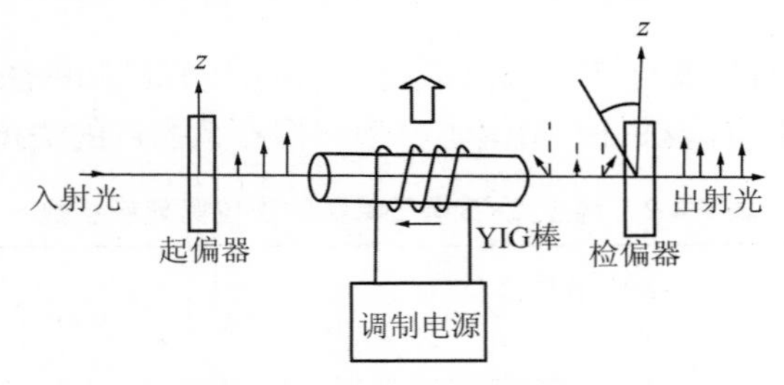

图 9-4-4　磁光调制器示意图

9.4.3　光弹效应

对材料施加机械应力而引起材料折射率变化的现象称为**光弹效应**(photoelastic effect)。机械应力对材料产生的应变导致晶格内部的改变，并同时改变了弱连接的电子轨道形状的大小，因此引起材料极化率和折射率的改变。材料应变 ε 与折射率的关系如下

$$\Delta\left(\frac{1}{n^2}\right)=\frac{1}{n_2^2}-\frac{1}{n_1^2}=P\varepsilon \tag{9-4-8}$$

式中，n_1，n_2 分别为加应力前、后材料的折射率；P 为光弹系数。

光弹系数 P 依赖于材料所受的压力，因为压力增加，原子堆积更紧密，引起密度和折射率增大。另一方面，材料被压缩时，电子结合得也更紧密，其结果使得材料的极化率和折射率减小。由此可见，材料在受机械力作用时，会对材料的折射率产生两个相互抵消的影响效果，而且两者处于同一数量级。因此，有些氧化物的折射率随压力增大而增大(如 Al_2O_3)；而有些氧化物的折射率随压力增大而减小；甚至有些氧化物的折射率不随压力而改变。

如果材料受单向的压缩和拉伸，则在材料内部发生轴向的各向异性。这样的材料在光学性质上和单轴晶体类似，可产生双折射现象。

在工程上，可利用光弹效应来分析复杂形状构件的应力分布状况。此外，光弹效应在声光器件、光开关、光调制器等方面也有重要应用。

9.4.4　声光效应

利用压电效应产生的超声波通过晶体时，引起晶体折射率的变化，这种现象称为**声光效应**(acoustooptic effect)。由于声波是弹性波，当其通过晶体时，使晶体内质点产生随时间变化的压缩和伸长应变，其间距等于声波的波长。其结果与光弹效应相同，也使介质的折射率发生相应变化。因此，当光束通过压缩-伸长应变层时，就会产生折射或衍射。

根据超声波频率的高低和声光作用长度的不同，声光作用可以分为布拉格衍射和拉曼-奈斯衍射两类。

1) 布拉格衍射

当超声波的波长较短(高频超声)，声速宽，光线以与超声波面成布拉格角度 θ 方向入射，则可发生与晶体 X 射线衍射完全相同的情况，即产生布拉格衍射，如图 9-4-5(a)所示。布拉格

角 θ 与一级衍射光强分别 I_1 为

$$\sin\theta = \frac{\lambda}{2\lambda_s} \tag{9-4-9}$$

$$I_1 = I_0 \sin^2\left(\frac{\Delta\varphi}{2}\right) \tag{9-4-10}$$

式中，λ 为光波波长；λ_s 为声波波长；I_0 为入射光强；$\Delta\varphi$ 为超声光栅幅度，也称相移。在布拉格衍射中，只出现 0 级和 1 级衍射光，故可以获得较高的能量利用率。

2）拉曼-奈斯衍射

声波波长较长（低频超声）、声速窄、光线平行声波面入射时，可产生多级衍射，即拉曼-奈斯衍射，如图 9-4-5(b)所示。以入射光前进的方向的 0 级衍射光为中心，产生前后呈对称分布的±1 级、±2 级等高次衍射光。

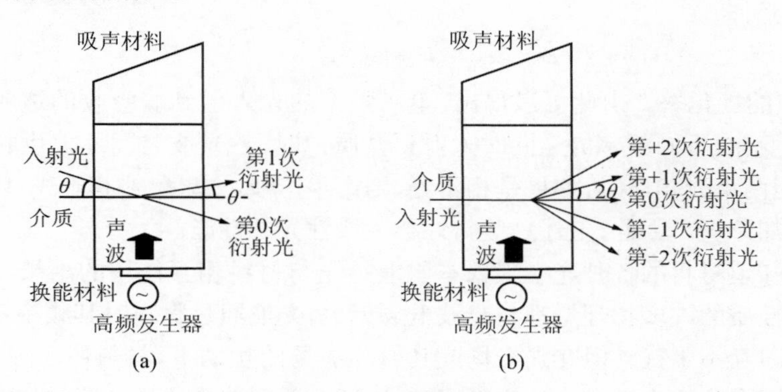

图 9-4-5 声光效应示意图

(a)布拉格衍射；(b)拉曼-奈斯衍射

由以上分析可见，衍射可使光束产生偏转，此类偏转称为声光偏转。声光偏转角度与超声波的频率有关，一般在 1°～4.5°之间。此外，衍射光的频率和强度还与弹性应变成比例。0 级衍射光束和入射光束频率 ν_0 相同。但是，±1 级衍射衍射频率则是 $\nu_0 \pm \nu_m$。ν_m 与超声波的频率相关。调制超声波的频率就可以调制衍射光束的频率；也可以通过调制超声波的振幅，使衍射光束引起相应的强度调制。因此，可以将声光效应的原理用于光的偏转、调制、信息处理和滤光等。图 9-4-6 为声光调制器的示意图，它由四部分组成：一是驱动电声换能器工作的电子线路系统；二是将电信号转换成声信号的换能器，或称声振荡器，它是由压电晶体或压电半导体材料制成；三是光波和声波相互作用的场所——声光介质，一般为固体材料，有时也用液体材料；四是由吸声材料构成的声吸收器。

研究表明，在一定超声波功率下，声光材料的光衍射效率与一个综合的材料性能参数 M 成正比，而参数 M 可表示为

$$M = \frac{P^2 n^2}{\rho v^3} \tag{9-4-11}$$

式中，P 为光弹性系数；n 为材料折射率；ρ 为材料密度；v 为声速。由此式可见，光弹性系数高、折射率高、密度小、声速低的晶体具有较高的光衍

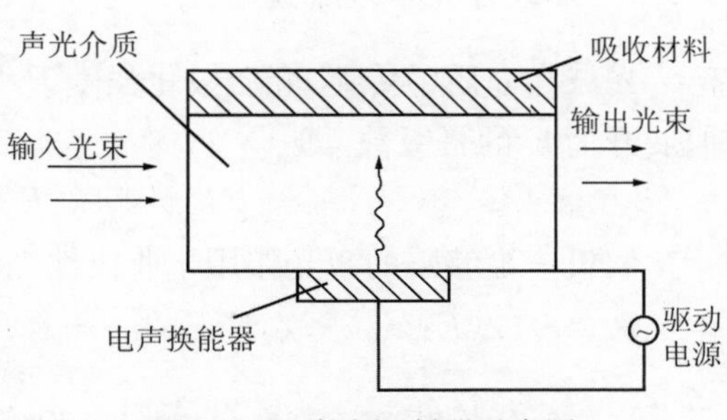

图 9-4-6 声光调制器示意图

射效率。当然,在实际应用时,上述条件并不是都能同时满足。例如,为了提高偏转速度,使声波的波面迅速随之变化,就要求声速大;而声速大,又不利于分辨率的提高和获得大的偏转角。一般来说,含有高极化离子(如 Pb^{2+}、Te^{4+}、I^{5+} 等)的晶体折射率高、密度大、声速小。

重要的声光晶体有 $LiNbO_3$、$LiTaO_3$ 和 $PbMoO_5$ 等,所有这些晶体的折射率都在 2.2 左右,而且在可见光区都是高度透明的。

9.5 非线性光学效应

在激光技术出现以前,描述普通光学现象的重要公式常表现出数学上的线性特点,在解释介质的折射、散射和双折射等现象时,均假定介质的电极化强度 P 与入射光波中的电场 E 成简单的线性关系,即

$$P=\varepsilon_0\chi E \tag{9-5-1}$$

式中,χ 为介质的极化率。由此可以得出,单一频率的光入射到非吸收的透明介质中时,其频率不发生任何变化;不同频率的光同时入射到介质中时,各光波之间不发生相互耦合,也不产生新的频率;当两束光相遇时,如果是相干光,则产生干涉,如果是非相干光,则只有光强叠加,即服从线性叠加原理。因此,上述这些特性称为线性光学性能。

我们已经知道材料的各种光学现象本质上是光与材料相互作用的结果。在光波较弱时,表征材料光学性质的许多物理量都与光波电场无关,光波通过材料时其频率不会改变,不同频率的光波传播时互不干扰。但在强光场或其他外加场的扰动下,材料原子或分子内电子的运动除了围绕其平衡位置产生微小的线性振动外,还会受到偏离线性的附加扰动,此时材料的电容率往往变为时间或空间的函数,材料的极化响应与光波电场不再保持简单的线性关系,这种非线性极化将引起材料光学性质的变化,导致不同频率光波之间的能量耦合,从而使入射光波的频率、振幅、偏振及传播方向发生改变,即产生非线性光学效应。在光电子技术中广泛利用这种非线性光学效应来实现对光波的控制。

非线性光学材料的发展与激光技术密切相关。1960 年,Mainan 成功制出了世界上第一台红宝石激光器。1961 年,Franken 首次将激光束射入石英晶体(α-SiO_2),发现了两束出射光,一束为原来入射的红宝石激光,波长为 694.3nm,而另一束为新产生的紫外光,波长为 347.2nm,频率恰好为红宝石激光频率的 2 倍。这是国际上首次发现的“激光倍频”现象,标志着非线性光学的诞生。

9.5.1 非线性光学效应概述

光波在介质中传播,介质极化强度 P 是光波电场强度 E 的函数。在一般情况下,将 P 近似展开为 E 的幂级数,即

$$P=\varepsilon_0(\chi_1 E+\chi_2 E^2+\chi_3 E^3+\cdots) \tag{9-5-2}$$

假设一足够强的激光作用于非线性光学材料上,其电场 $E=E_0\sin\omega t$,从方程得

$$\begin{aligned}P&=\varepsilon_0(\chi_1 E\sin\omega t+\chi_2 E^2\sin^2\omega t+\chi_3 E^3\sin^3\omega t+\cdots)\\&=\varepsilon_0\chi_1 E\sin\omega t+\frac{1}{2}\varepsilon_0\chi_2 E^2(1-\cos 2\omega t)+\frac{1}{4}\varepsilon_0\chi_3 E^3(3\sin\omega t-\sin 3\omega t)+\cdots\end{aligned} \tag{9-5-3}$$

式中，$\varepsilon_0\chi_1 E\sin\omega t$ 一项代表一般线性电介质的极化反应；第二项含有二个分量，其中 $-\frac{1}{2}\varepsilon_0\chi_2 E^2\cos 2\omega t$ 分量正是入射波频率二倍的电场的极化变化，说明单一频率的激光作用光学材料上产生了二次谐波现象(SHG)。如果考虑晶体的各向异性和光子与晶体间的耦合作用，则晶体的电极化强度 P 的 3 个分量为 P_1、P_2、P_3，电场 E 的 3 个分量为 E_1、E_2、E_3，写成通式，则式(9-5-3)可改写为

$$P_i=\sum_i \chi_{ij}^{(1)}E_j+\sum_{j,k}\chi_{ijk}^{(2)}E_jE_k+\sum_{i,j,k}\chi_{ijkl}^{(3)}E_jE_kE_l+\cdots \tag{9-5-4}$$

式中，$\chi_{ij}^{(1)}$ 是线性极化系数(或称线性极化率)，$\chi_{ijk}^{(2)}$，$\chi_{ijkl}^{(3)}$…分别为二阶、三阶……非线性极化系数，χ 是张量，各项系数的数值逐项下降 7、8 个数量级；ω_1，ω_2，ω_3…为不同光频电场的角频率。从上式可见，极化强度 P 可以分成两部分，第一项为线性极化，第二项以后分别为二阶、三阶……高阶非线性极化。通常把以非线性极化观点解释的一大类新效应称为"非线性光学效应"。在强光光学范围内，光波在介质中传播时不再服从独立传播原理，两束光相遇也不再满足线性叠加原理，而要发生强的相互作用，并由此使光波的频率发生变化。

将上式对光频电场求导得

$$\frac{\mathrm{d}P_i}{\mathrm{d}E}=\sum\chi_{ij}^{(1)}+\sum\chi_{ijK}^{(2)}E+\sum\chi_{ijkl}^{(3)}EE+\cdots \tag{9-5-5}$$

线性光学性质只与 $\chi_{ij}^{(1)}$ 有关(而与光频电场强度无关)；高于 $\chi_{ijk}^{(2)}$ 以上的非线性高次项，可引起介质的非线性光学效应，其中二次项 $\chi_{ijk}^{(2)}$ 所引起的非线性光学效应最显著，应用也最广泛。

二次非线性极化可单独写为

$$P_i^{(2)}=\sum\chi_{ijk}^{(2)}(\omega_1,\omega_2,\omega_3)E_j(\omega_1)E_k(\omega_2) \tag{9-5-6}$$

式中，$P_i^{(2)}$ 为二阶极化项所产生的非线性电极化强度分量；$\chi_{ijk}^{(2)}$ 为二阶非线性极化系数(二阶非线性光学系数)；ω_1、ω_2 分别为基频光的角频率；$\omega_3=\omega_1\pm\omega_2$；$E_j$、$E_k$ 分别为入射光的光频电场分量。

当 $\omega_3=\omega_1+\omega_2$ 时，所产生的二次谐波为和频，和频产生的二次谐波频率大于基频光波频率(波长变短)，这种过程称为上转换。采用上转换方法可将红外光转换成可见光(见图 9-5-1)。上转换的特殊情况是 $\omega_1=\omega_2=\omega$，则 $\omega_1+\omega_2=2\omega$，光波非线性参量相互作用结果是产生倍频(波长为入射光的一半)，若 $\omega_2=2\omega_1$，则 $\omega_3=3\omega_1$，结果产生基频光 3 倍数的激光。同样也可产生基频的 4 倍、5 倍等激光。

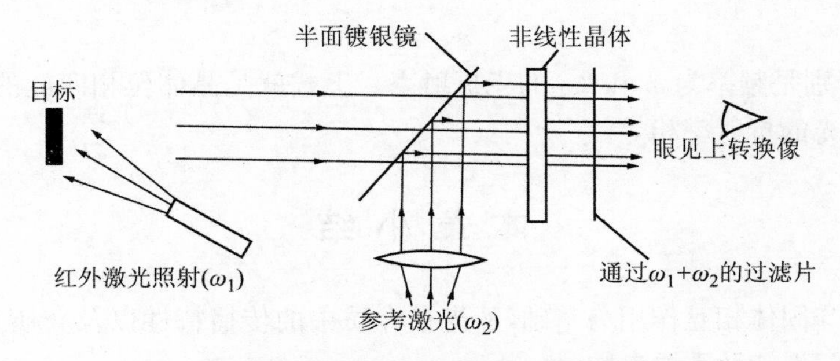

图 9-5-1 红外光转换成可见光示意图

而当 $\omega_3=\omega_1-\omega_2$ 时，所产生的二次谐波为差频，差频产生的谐波频率小于基频光波频率

(波长变长),从可见光或近红外激光可获得红外、远红外乃至亚毫米波段的激光。这种过程称为下转换。其特殊情况是当 $\omega_1=\omega_2$ 时,$\omega_3=\omega_1-\omega_2=0$,激光通过晶体产生直流电极化,称为光整流。

和频与差频统称为混频。

9.5.2 产生二阶非线性光学效应的条件

1) 入射光为强光

普通光源的光强约为 $1\sim10W\cdot cm^{-1}$,光电场强度约为 $0.1\sim10V\cdot cm^{-1}$,远低于原子内的库仑场强(约 $10^9V\cdot cm^{-1}$),因此普通光源发出的光入射到晶体上时仅能观察到线性效应;而激光属于强光,其光强高达 $10^{10}W\cdot cm^{-1}$,光电场强度可达 $10^7V\cdot cm^{-1}$,接近原子内电场强度,则极化高次项的贡献已不能忽略。正是这些高次项产生了各类非线性光学效应。

2) 晶体对称性要求

晶体的极化特性与晶体对称性有关。在 32 种点群中,只有 18 种才有可能出现非线性光学效应(属压电体类)。

3) 位相匹配

基频光射入非线性光学晶体,不同时刻在晶体中的不同部位所发射的二次谐波,在晶体内传播的过程中要发生相干现象,相干的结果决定着输出光的强度。如果位相一致(位相差为零),则二次谐波得到不断加强。如果位相差不一致,则二次谐波将相互抵消;位相差为 180°时,不会有任何二次谐波的输出。

设基频光与倍频光的角频率分别为 ω_1 和 ω_2,相应的波矢量分别为 $\boldsymbol{K}_1$ 和 $\boldsymbol{K}_2$,根据能量守恒定律,应该符合以下关系

$$\omega_1+\omega_1=2\omega_1=\omega_2 \tag{9-5-7}$$

位相匹配就意味着该过程中相应的波矢量关系为

$$\boldsymbol{K}_1+\boldsymbol{K}_1=2\boldsymbol{K}_1=\boldsymbol{K}_2 \tag{9-5-8}$$

或

$$\Delta\boldsymbol{K}=2\boldsymbol{K}_1-\boldsymbol{K}_2=0 \tag{9-5-9}$$

根据波矢的定义:$\boldsymbol{K}=(n/c)\cdot\omega\boldsymbol{k}$,式中,$n$ 是频率为 ω 的光波折射率;c 为光波在真空中的速度;$\boldsymbol{k}$ 为光波的单位矢量。

由此可推出

$$n_2=n_1 \tag{9-5-10}$$

式中,n_1 和 n_2 分别是频率为 ω 和 2ω 的光折射率。上式就是晶体位相匹配的条件,即倍频光的折射率与基频光的折射率相等。

本章小结

本章以光子与固体相互作用为基础,从光在介质中的传播特性以及介质发光性两个方面介绍了材料的光学性能及重要参数。

折射率是材料的一个重要光学性能参数,它包含着度量光线在材料中行进速度的信息。色散是折射率随波长变化的结果,它解释了白光在透过棱镜或其他透镜后分解成各种单色光

的现象。

一种材料的吸收率、反射率与透射率之和为 1。在一种材料的表面发生反射的光线量可以用菲涅耳公式来计算。全反射发生于入射光线大于临界角的所有入射角度下。该临界角由界面两侧材料的折射率共同决定。吸收损失可以通过兰博特定律,依据吸收系数进行计算。而透射率就是既未被吸收,也没有被反射以及散射的那部分光线的量。散射是材料内部折射率不均匀一致造成的,它可以降低材料的透明性,使材料变得半透明或混浊。

材料的光发射是材料以某种方式吸收能量之后发射光子的特性。发光的过程分为激发和发射两个部分。激发就是给发光材料注入能量,可以有多种方式,例如可见光、阴极射线、电场等。发射就是吸收能量而跃迁到高能级的电子再返回低能级时发射光子的过程。根据材料结构及电子跃迁情况的不同,可发射出单色光、特征射线、连续谱线等。在受激辐射下可发射激光。评价光发射的性能主要有发射光谱、激发光谱、发光寿命、发光效率等。

在电场、磁场、力场以及超声波等的作用下,材料的某些光学性质会产生变化,可分别发生电光效应、磁光效应、声光效应、光弹效应等耦合光学效应。读者应初步了解这些效应的表现规律和物理机制,为今后功能材料课程的学习打下基础。

在强光照射下,由于非线性极化,可产生复杂的非线性光学效应。

名词及术语

折射	色散	双折射	负折射率
反射	全反射	漫反射	镜反射
吸收	散射	弹性散射	透射
光发射	发射光谱	激发光谱	发光寿命
余辉时间	发光效率	分立中心发光	复合发光
冷光	荧光	磷光	受激辐射
粒子反转	磁光效应	法拉第效应	科顿-穆顿效应
磁光克尔效应	光磁效应	塞曼效应	光弹效应
声光效应	倍频效应		

思考题及习题

1. 计算在垂直入射条件下丙烯酸塑料(廉价相机镜头材料)的反射率,已知其折射率为 1.5。

2. 窗玻璃从其厚度方向看上去是透明的,但是如果从侧面上看则呈绿色。试解释该现象。

3. 是否存在折射率小于 1 的材料?

4. 将一个透明的物体浸没于水中,该物体需要具有什么样的性质才能使你看不到它?

5. 在光学显微镜中,在很高的放大倍数(1 000 倍)时使用的是油镜头,这时在物镜和样品之间的区域中填充着油(而不是空气),为什么?

6. 受到光线中紫外线的照射时啤酒质量会降低。为什么大多数情况下都是用棕色或绿色的瓶子来装啤酒?

7. 一种层状复合材料是由聚乙烯和钠钙硅玻璃制成的。聚乙烯薄膜的顶层厚度为0.2mm,玻璃的厚度为1.0mm。如果入射光线沿着与其法向成①20°、②70°的方向入射,光线将沿着什么方向穿过聚乙烯和玻璃?

8. 简单解释海市蜃楼现象产生的原因。

9. 一入射光以较小的入射角连续透过 x 块平板玻璃,设该玻璃的折射率为 R,试证明透过后的光强为入射前的 $(1-R)^x$。

10. 有一种光纤的纤芯折射率为1.50,包层的折射率为1.40,计算光从空气进入芯部形成全反射的临界角?

11. 请判断下面材料中的哪些对于可见光是透明的?

11题表　不同材料的 E_g 值

材　料	E_g/eV
金刚石	5.4
ZnS	3.54
GaAs	1.35
PbTe	0.25

12. 假设X射线用铝材屏蔽,如果要使95%的X射线能量不能穿过它,则铝材的厚度至少要多少?铝的吸收系数为0.42cm^{-1}。

13. 从外层空间观察天空是什么颜色?为什么会与从地球上观察天空的颜色不同?

14. 洗发香波有各种颜色,但其泡沫总是白的,为什么?

15. ZnS中杂质形成的陷阱能级为导带下的1.38eV,试计算发光波长及发光类型。

参考文献

[1] 冯端,师昌绪,刘治国. 材料科学导论[M]. 北京:化学工业出版社,2002.
[2] 詹姆斯·谢弗,等. 工程材料科学与设计[M]. 第二版. 余永宁,强文江,等译. 北京:机械工业出版社.
[3] Donald R A, Pradeep P P. The Science and Engineering of Materials[M]. 4th edition. 北京: 清华大学出版社,2005.
[4] 王从增. 材料性能学[M]. 北京:北京工业大学出版社,2001.
[5] 孙茂才. 金属力学性能[M]. 哈尔滨:哈尔滨工业大学出版社,2003.
[6] 束德林. 金属力学性能[M]. 第二版. 北京:机械工业出版社,1995.
[7] 郑修麟. 工程材料的力学行为[M]. 西安:西北工业大学出版社,2004.
[8] "金属机械性能"编写组. 金属机械性能[M]. 北京:科学出版社,1985.
[9] 周惠久,黄明志. 金属材料强度学[M]. 北京:高等教育出版社,1989.
[10] 匡震邦,顾海澄,李中华. 材料的力学行为[M]. 北京:高等教育出版社,1998.
[11] 李庆生. 材料强度学[M]. 太原:山西教育科学出版社,1990.
[12] 杨道明,朱勋,李紫桐. 金属力学性能与失效分析[M]. 北京:冶金工业出版社,1991.
[13] 哈宽富. 金属力学性质的微观理论[M]. 北京:科学出版社,1983.
[14] 匡震邦,顾海澄,李中华. 材料的力学行为[M]. 北京:高等教育出版社,1998.
[15] 张俊善. 材料强度学[M]. 哈尔滨:哈尔滨工业大学出版社,2004.
[16] 石德珂. 位错与材料强度[M]. 西安:西安交通大学出版社,1998.
[17] George E D. Mechanical Metallurgy[M]. 3rd edition. 北京:清华大学出版社,2006.
[18] Couttney T H. Mechanical Behavior of Materials[M]. New York: McGraw Hill,2000.
[19] Yu H, Sergiy N S, Mamoun M. Mechanical Properties of Materials[M]. 北京:冶金工业出版社,2005.
[20] Richard W. Hertzberg. Deformation and Fracture Mechanics of Engineering Materials[M]. 4th edition. New York:Wiley,1996.
[21] Meyers M A, Chawla K K. Mechanical Behaviors of Materials[M]. Second edition. Cambrige: Cambridge University Press, 2009.
[22] Anderson T L. Fracture Mechanicas: Fudamentals and Applications[M]. Third edition. Boca Raton: CRC press, 2005.
[23] Charlie R B, Aśhok C. 工程材料的失效分析[M]. 谢斐娟,孙家骧,译. 北京:机械工业出版社,2003.
[24] 张栋,钟培道,陶春虎,等. 失效分析[M]. 北京:国防工业出版社,2004.
[25] 邓增杰,周敬恩. 工程材料的断裂与疲劳[M]. 北京:机械工业出版社,1996.
[26] 钱志屏. 材料的变形与断裂[M]. 上海:同济大学出版社,1989.
[27] 徐灏. 疲劳强度[M]. 北京:高等教育出版社,1988.
[28] Suresh S. 材料的疲劳[M]. 第二版. 王中光,等译. 北京:国防工业出版社,1999.
[29] 弗罗斯特 N E,马什 K J,普克 L P. 金属疲劳[M]. 汪一麟,邵本逑,译. 北京:冶金工业出版社,1984.
[30] Green D J. 陶瓷材料力学性能导论[M]. 龚江宏,译. 北京:清华大学出版社,2003.
[31] 何贤昶. 陶瓷材料概论[M]. 上海:上海科学普及出版社,2005.
[32] 何曼群,陈维孝,董西侠. 高分子物理[M]. 上海:复旦大学出版社,1990.
[33] 焦剑,雷渭媛. 高聚物结构、性能与测试[M]. 北京:化学工业出版社,2003.

[34] 郭贻诚,王震西. 非晶态物理学[M]. 北京:科学出版社,1984.
[35] 肖纪美. 材料学的方法论[M]. 北京:冶金工业出版社,1994.
[36] 陈树川,陈凌冰. 材料物理性能[M]. 上海:上海交通大学出版社,1999.
[37] 田莳. 材料物理性能[M]. 北京:北京航空航天大学出版社,2002.
[38] 宋学孟. 金属物理性能分析[M]. 北京:机械工业出版社,1983.
[39] 邱成军,王元化,王义杰. 材料物理性能[M]. 哈尔滨:哈尔滨工业大学出版社,2003.
[40] 华南工学院,南京化工学院,清华大学. 陶瓷材料物理性能[M]. 北京:中国建筑工业出版社,1980.
[41] 吴其胜. 材料物理性能[M]. 上海:华东理工大学出版社,2006.
[42] 赵新兵,凌国平,钱国栋. 材料的性能[M]. 北京:高等教育出版社,2006.
[43] 马如璋,蒋民华,徐祖雄. 功能材料学概论[M]. 北京:冶金工业出版社,2006.
[44] 周馨我. 功能材料学[M]. 北京:北京理工大学出版社,2002.
[45] White M A. Properties of Materials[M]. Oxford:Oxford University Press,1999.
[46] 方俊鑫,陆栋. 固体物理学(上册)[M]. 上海:上海科学技术出版社,1980.
[47] 田民波. 磁性材料[M]. 北京:清华大学出版社,2005.
[48] 孙自珍. 电介质物理基础[M]. 广州:华南理工大学出版社,2002.
[49] Jenkins F A, White H E. 光学基础[M]. 杨光熊,郭永康,译. 北京:高等教育出版社,1994.
[50] Musikant S. Optical Materials[M]. New York:Marcel Dekker Inc. ,1985.
[51] 中国金属学会,中国有色金属学会. 金属材料物理性能手册 1—金属物理性能及测试方法[M]. 北京:冶金工业出版社,1987.
[52] 何业东,齐慧滨. 材料腐蚀与防护概论[M]. 北京:机械工业出版社,2005.
[53] 肖继美,曹楚南. 材料腐蚀学原理[M]. 北京:化学工业出版社,2002.
[54] 方坦纳 M G,格林 N D. 腐蚀工程[M]. 左景伊,译. 北京:化学工业出版社,1982.